2021中国供热优秀学术论文集

中国城镇供热协会 编

中国建筑工业出版社

图书在版编目（CIP）数据

2021中国供热优秀学术论文集 / 中国城镇供热协会编. — 北京：中国建筑工业出版社，2022.7
ISBN 978-7-112-27502-1

Ⅰ.①2… Ⅱ.①中… Ⅲ.①供热工程－学术会议－文集 Ⅳ.①TU833-53

中国版本图书馆CIP数据核字(2022)第100819号

责任编辑：杜　洁　张文胜
责任校对：姜小莲

2021中国供热优秀学术论文集
中国城镇供热协会　编

*

中国建筑工业出版社出版、发行（北京海淀三里河路9号）
各地新华书店、建筑书店经销
北京红光制版公司制版
廊坊市海涛印刷有限公司印刷

*

开本：880毫米×1230毫米　1/16　印张：40¾　字数：1791千字
2022年7月第一版　　2022年7月第一次印刷
定价：128.00元
ISBN 978-7-112-27502-1
(39560)

版权所有　翻印必究
如有印装质量问题，可寄本社图书出版中心退换
（邮政编码100037）

编 审 委 员 会

主 任 委 员：江　亿

副主任委员：刘　荣　牛小化

委　　　员（按姓氏笔画排序）：

于黎明　王　芃　王　淮　王向伟　王建军　方修睦
邓琴琴　田贯三　由世俊　付　林　刘海燕　孙　刚
运晓丽　李　锐　李永红　李春林　张　欣　张昌豪
张承虎　张晓松　陈　亮　陈　泓　陈　超　陈鸣镝
陈鸿恩　周志刚　郑忠海　赵金玲　赵惠中　闻作祥
钟　崴　段洁仪　袁闪闪　贾　震　夏建军　徐　军
高建民　郭　华　黄　维　鲁亚钦　简　进　綦京峰
端木琳　樊　敏　魏庆芃

前　言

供热是民生工程，中华人民共和国成立以来特别是改革开放以来，我国供热事业得到了长足发展。供热是传统行业，也是现代科学技术综合应用与发展的一个重要领域。作为世界上拥有最大供热管网规模的国家，我国供热领域各单位以及各位专家学者、技术人员，立足本职、开拓创新，一直致力于促进行业科技进步，为行业的低碳、可持续、高质量发展付出了辛勤劳动和聪明才智。

供热领域人才的发展是供热行业可持续发展的关键，是供热企业核心竞争力的集中体现。为了推动供热领域的科技创新和人才发展，在江亿院士为代表的专家带领下，在会员单位的支持下，2018年至今，中国城镇供热协会（以下简称协会）技术委员会联合《区域供热》杂志社已经成功举办四届中国供热学术年会。每年的年会通过行业内供热企业、研究机构、高等院校、设计单位等几百家单位的广泛参与，汇聚行业众多专家学者、青年才俊，就主场专家报告、二十多项专题，上百篇论文开展学术研讨和观点交锋，发现了一批新技术、新工艺、新方法，促进了供热理论与实践的结合，挖掘出一大批供热行业的技术新人，营造了行业前所未有的浓厚学术氛围，极大地促进了我国供热行业学术水平的不断提升。

本书集合了协会"第四届中国供热学术年会（2021）"中多个论坛专题，涉及"双碳"目标下的城镇供热规划与新能源发展、蓄热与储热技术、燃煤燃气锅炉节能环保技术、多热源联网运行与调节、供热计量与智慧运营、供热工程设计与施工、水处理与管道防漏防腐保温技术、长输与大温差供热技术、工业余热利用、农村清洁取暖与可再生能源供热、智慧供热、运行管理与降本增效、运行管理与水泵节电、热力站与建筑物末端节能、二次网平衡与调节等15个行业热点话题。收录的120篇优秀论文是在学术年会征集的400多篇论文的基础上，经以江亿院士为代表的学术委员会40多位专家多轮评审后优选的。研读论文，不仅是一个学习的过程，使我们能够直观地了解作者的观点和思考；同时也能够感受到他们对供热技术执着的探索精神和对学术研究一丝不苟的态度。这些生动的描述、夯实的数据、鲜明的结论、宝贵的经验以及最新的供热运行系统工程案例，无不源自于他们对自身工作的认真思考，以及经历的"实践、反思、再实践、在反思、再验证"的探索过程。相信本书能够为读者带来很好的体验，为行业输送新鲜血液。

"路漫漫其修远兮，吾将上下而求索"。今后，协会也将继续发挥积极作用，在国家能源行业相关政策指引下，在相关部委指导下，力争在更广的领域、更深的层面持续开展行业学术研究和实践；汇聚供热行业集体智慧，推进供热行业学术研究水平进一步提高；携手供热行业各企业、专家、学者，克难奋进，开拓创新，加快供热行业与现代信息技术深度融合，助力供热低碳发展、早日实现"双碳"目标。

感谢120篇论文的作者向行业呈现的力作，感谢编审委员会专家们提出的修改建议，最后欢迎供热同行就论文观点共同探讨并提出宝贵意见。

中国城镇供热协会

2022年3月

目 录

专题1 "双碳"目标下的城镇供热规划与新能源发展

欧洲主要国家热电协同系统数据分析研究
………………… 张俊杰 石宏岩 夏建军 尹顺永（3）

西藏高原地区清洁供暖现状及发展趋势分析
………………… 王 刚 史娇阳 周 游 魏 岩（8）

"双碳"目标下太原市集中供热发展方向思考
………………… 李建刚 齐卫雪 姬克丹 石光辉 陈 鹏（12）

新疆首个逾10万 m² 超低温空气源热泵供热项目实际运行研究
………………… 张 贤 马贵东 蒲学军 俞兆斌 张利新（19）

供热能源利用经济性比选及经营模式的研究
………………………………………… 王立川（26）

转移驱动力的热电协同系统设计研究
………………… 王笑吟 吴彦廷 付 林（32）

核能长距离供热方案研究
………………… 王 潇 陈 杰 付 林（38）

专题2 蓄热与储热技术

新型土壤跨季节蓄取电厂余热的热泵系统应用案例分析
………………… 王晓萍 李文涛 李少臣 周瑞华 田晓峰（47）

温度分层型蓄能水箱蓄能与释能过程差异分析
………………… 董波伟 王海超（52）

新型固体显热储热系统在集中供暖中的应用
………………… 李仲博 李 智（57）

"碳达峰、碳中和"背景下水储热技术在供热领域的可行性研究分析
………………… 郝鹏慧 陈鸣镝（60）

空气能-地热能协同储能的多能互补供暖系统性能研究
………………… 靖赫然 吴玉庭 全贞花 王林成 娄晓莹（64）

自耦合相变蓄热热泵系统经济性分析
………………… 惠芳芳 张 琼 杨雯佳 曹宏麟 翟有蓉（70）

专题3 燃煤燃气锅炉节能环保技术

220t/h 高温高压煤粉锅炉脱硝超低排放改造实例
………………………………………… 秦长清（77）

某热源厂52MW循环流化床锅炉启动过程氮氧化物排放浓度超标的原因分析及对策
………………… 李德成 刘 帅 吕大为 马宝成 段继贵
徐升财 刘 驰（81）

58MW 煤粉工业锅炉 SCR 脱硝系统改造及优化
………………… 张 超 王帅阳 杰 王光圣 孙 岩
王昕怡 徐浚哲（84）

2×58MW＋2×70MW 水煤浆锅炉烟气深度净化及余热回收利用技术应用分析
………………… 朱树峰 武 宇 高 斌 宋国山 王 涌
李庆岩 王利涛（91）

深度践行超净排放理念的某工程燃煤锅炉提标策略与改造实践
………………………………………… 贾立夫（98）

燃煤锅炉生物质与煤混燃技术的探讨
………………………………………… 朱泳龙（101）

烟气排放连续监测系统常见问题及解决措施
………………… 康佳月 丛艳忠 王立峰 张会宾（104）

燃气锅炉房中烟气-水换热和吸收式热泵系统分析与运用
………………… 安兵飞 郑海菇（108）

论燃气锅炉烟气排放连续监测系统设备原理及故障分析
………………… 田永琦 王 健 周立文 李博轩
刘 乂 王 雪（116）

燃气锅炉烟气深度利用的工程应用分析
………………… 方 军 王 军 许焕斌 陈 参 赵柏宇（120）

锅炉能效优化研究与节能降耗潜力分析
………………… 刘哲先 张 涵 边永庆 吕家兴（123）

专题4 多热源联网运行与调节

多种可再生能互补联合热泵热水高效制备系统
………………… 时晓军 李 岩 孙林娜（131）

太古一级网与城西调峰热源厂并网运行实践
………………… 石光辉 申鹏飞（137）

基于多热源联网水力分析系统浅谈末端区域供热效果改善策略
………………………………………… 李斌斌（141）

望京蓝天锅炉房基于循环水系统蓄热的区域锅炉房运行调峰方案
………………………………………… 刁晨曦（150）

集中供热系统中多热源联网运行调节探讨
………………… 张 迪 刘亚男 代 斌（154）

集中供热系统分时段供暖方法探索与研究
………………………………………… 杨双欢（158）

极寒天气下自控系统优化调控
………………… 赵 凯 沈桂东 刘庆峰 王 新（163）

专题5 供热计量与智慧运营

基于热计量数据下的供热分析
………………… 姚秀菊 陈栋基 黄璐璐 俞倩倩（169）

供热计量用户热耗影响因素分析
………………… 李春阳 甄 鹏 左河涛 罗 奥
夏建军 康子侠（173）

基于建筑物特性及热计量数据对室温影响的研究
………………… 邵鹏勇 夏 青 孙 森 孙 磊（179）

居住建筑分户热计量实施与节能分析研究
………………………………………… 辛瑞峰（188）

热计量智慧运营及数据应用实践
………………………………………… 杨 斌（192）

综合提升计量管理水平 保障热计量数据准确可靠
………………………………………… 王 娟（195）

专题6 供热工程设计与施工

长输蒸汽管网疏水计算和设备选型
………………… 王 鑫 刘 芃 朱 正（203）

直埋蒸汽管道外护管牺牲阳极的阴极保护设计
　　……………………………………… 周　游　姬晓旭（206）
低真空循环水供热系统改为三级热网的技术
　方案分析
　　………………… 邵传民　林逸飞　田贯三（210）
大管径热水管道架空敷设设计要点
　　……………………………………… 梁玉辉　李　鑫（214）
应用多级闪蒸的海水淡化水热同产技术
　　………………… 张　浩　易禹豪　谢晓云　江　亿（218）
热力地下工程深孔帷幕注浆止水技术试验研究
　　……………………………………… 刘仰鹏　甄　悦（225）
锅炉房型钢混凝土梁翼缘热处理技术应用
　　………… 龚　悦　邹　欣　范雅薇　呼　缨　曹宏麟（233）

专题7　水处理与管道防漏防腐保温技术

污水资源化利用在新城建智慧城市绿色能源应用
　中的解决方案
　　……………………………………… 牛学青　向文鉴（241）
热电联产二次网供热系统生物黏泥去除技术应用
　　………………………………………………… 郝圣楠（245）
采用防腐阻垢剂水处理方式的二次危害分析及
　解决办法
　　……………………………………… 张弓弛　刘世康（248）
供热管道泄漏机理浅析
　　………………………………………………… 张　冲（253）
温度胶囊泄漏监测系统在智能化供热运维管理
　中的应用
　　………………………………………………… 林剑锋（256）
供热系统不同形式除污器保温设施综合性能对比
　　………………………… 白　鹤　范文强　刘　鹏（263）
耐热聚乙烯（PE-RT Ⅱ）聚氨酯预制保温管技术
　优势及工程应用
　　………… 郭兰芳　韩成鹏　臧智杰　饶大文　赵宇明
　　　　　　　　　　　　　　　　　　　石　英　张永康（266）
城镇供热预制直埋管道发泡情况的超声波检测研究
　　………………… 王春生　魏　健　李智卿　陈焰然（271）

专题8　长输与大温差供热技术

水热同送系统工艺设计与水力工况分析
　　………………… 王明卿　付　林　杨　波　刘宪岭（277）
太古一级网集中降温负荷消纳及联网运行水力分析
　　………………………… 樊　敏　姬克丹　石光辉（284）
长输供热管网热损失及输热效率应用分析
　　………………………………………………… 李登峰（289）
太古热网回水温度影响因素分析
　　………………………… 杜世聪　杨丽敏　姬克丹（294）
太古长输供热管线温降统计及分析
　　………………………………………………… 毕思奇（297）
吸收式换热器性能影响因素探究
　　………………………… 刘国庆　谢晓云　朱超逸　石宏岩（300）
换热站大温差机组实际应用案例分析
　　………… 崔　燕　蔡正燕　聂　克　李晓婷　陶　霞（306）
新型双级楼宇式吸收式换热器在实际工程中应用测试
　　………… 孙　萌　方　豪　朱超逸　杨恩博　丛　全
　　　　　　　　　　　　　　　　　　　左河涛　朱　旭（309）

专题9　工业余热利用

我国全境清洁供暖的工业余热潜力分析
　　………………… 吕靳佳　方　豪　王春林（319）
低品位余热利用及淄博市未来供热规划的设想
　　………… 李永红　付　林　常珊珊　杜志锋（326）
基于压缩式热泵的余热回收供热方式分析
　　………………… 苗　青　孔令凯　张世钢　张梦予（331）
城镇集中供热系统节能降耗分析
　　………… 王凤娟　方　豪　王春林　江永澎　李焱赫（337）
电解铝烟气余热在城市集中供热中的应用实践
　　……………………………………… 纪格文　吕云强（344）
"双碳"目标下的大数据中心余热应用
　　………………………………………………… 张　辉（347）

专题10　农村清洁取暖与可再生能源供热

基于平衡点温度的空气源热泵供热项目优化设计方法
　　……………………………………… 程鹏月　闫　妍（355）
农村建筑物集中供热改造后节能措施的研究
　　……………………………………… 刘彩霞　周　浩（358）
生物质成型燃料动态燃烧特性实验台设计及初步实验
　　………… 盛室齐　孟祥坤　单　明　刘彦青　杨旭东（363）
东北农村地区生物质零碳供热模式探索
　——以吉林省辽源市为例
　　………… 章露才　张中秀　宋晓栋　李　爽　郑　桥（369）

专题11　智慧供热

智慧供热平台地理信息与生产运行建设探索
　　………………… 王亚楠　申鹏飞　石光辉（375）
人工智能语音交互系统在供热行业中的研究与应用
　　………………………………………………… 白　云（380）
智慧供热——推进互联网与能源系统深度融合
　　………………… 温孝斌　李　刚　杨雪琴（384）
太原市智慧供热平台云化迁移研究与实践
　　………… 樊　敏　齐卫雪　石光辉　李建刚（389）
网络安全保障在供热工业控制系统中的应用与研究
　　………………………………………………… 孙思维（395）
基于大数据分析的智慧供热用户数据整合系统
　　………… 朴成刚　张宇阳　李甲年　邵鹏勇　夏　青（398）
基于供热数据监测的供热故障诊断专家系统
　　………………… 邵鹏勇　夏　青　孙　磊　孙　淼（408）
供热室温稳定度分析与应用
　　……………………………………… 史登峰　周　飞（415）
集中供热条件下居住建筑热环境监测调查
　　侯启贤　谢静超　姬　颖　尹　鹏　赵姗姗　刘加平　李庆平（421）
供热热负荷预测中的温度参数修正
　　………… 马晶晶　石光辉　陈　鹏　李建刚（425）
浅谈智慧热网室温调控运行模式
　　……………………………………… 李和杨　范绍鑫（429）
无线室温监测设备常见问题及解决办法
　　……………………………………… 赵　晶　赵　阳（434）
基于智慧型供热系统进行系统性运行调节的
　方法学研究
　　………………… 李　盟　成　洁　韩仲杰　李明光（437）
基于主数据系统的供热企业数据治理实践
　　………… 王　磊　陈立明　王健鹏　王占海　吕　青（446）

主数据系统在企业数据治理中的应用分析
……………………………………… 刘 利（453）

专题12 运行管理与降本增效

热力行业供热系统停用保养的应用
……………… 马秀琴 盛轶 刘利捷（461）
周边停热导致用户室温不达标问题的解决方法探究
……………… 王 塞 陈慧林 牛群海（465）
供热企业水电热成本控制与管理
……………………………………… 张守礼（468）
论优质服务在供热领域的重要性
……………………………………… 夏晓一（477）
浅析省煤器漏泄的原因
……………………………………… 范先君（480）
加强漏水治理，降低供热成本
……………… 于贵山 于文涛 陆 俊（482）
管网故障影响度及管网故障影响率在
供热中的应用
……………………………………… 王卫杰（488）
"互联网＋安全"助力青岛能源恒源热电安全
生产管理水平再提升
……………… 单晶晶 刘 胜 康在龙（492）

专题13 运行管理与水泵节电

提升集中供热企业热力管网应急抢险效率的思考
……………… 刘海涛 左新鹏 范国良（499）
高压变频器IGBT故障原因分析
……………………… 白达人 齐卫雪（502）
热电联产管网中继泵站一键启停自动控制的应用与探讨
……………… 祝成文 董现海 苏亚忠（506）
中继泵站基于电网晃电现象电气升级
改造案例分析
……………………………………… 杨闻名（510）
三元流叶轮在热网循环泵节能改造中的应用
……………… 韩玉华 张 磊 徐庆东（512）
长输热网吸收式换热机组电耗经济性分析
……………… 王林文 王晶晶 陈 鹏（517）
循环泵节电技术
……………………… 于贵山 于文涛（520）

专题14 热力站与建筑物末端节能

供热系统差异化热平衡调节及应用分析
………… 郭晓涛 李保国 徐 欣 冯杨洋 高 帅（533）
某换热站壁挂炉调峰运行及氮氧化物排放分析
……………… 林逸飞 江悦悦 邰传民 王歆涛
兰 聪 田贯三（536）

寒冷地区某大型集中供热系统热力站热耗
指标基准及节热潜力分析
………… 陈 云 孙春华 冯浩宇 夏国强
高晓宇 吴向东（540）
供热系统分时段串联运行调节方法的应用研究
………… 高 帅 李保国 张 黎 赵晶巍 郭晓涛（545）
北京市石景山区集中供热的节能措施研究
……………………… 董燕京 尹海全（549）
某热力站高层建筑直连供热系统改造方案的研究
……………………… 周 浩 叶 龙（554）
基于红外测温的建筑室温及热损失敏感性分析
………… 张 宇 王春林 卜 凡 燕 达（559）
楼宇式吸收式换热站与楼宇常规换热站的对比分析
……………… 姜 楠 石宏岩 谢晓云（564）
板式热交换器机组能效测试与评价方法研究
………… 韦虹宇 骆政园 白博峰 任纪罡
蔡 斌 周文学（573）
楼宇式换热站与常规式换热站的对比分析
……………… 孙铭泽 孟凡会 谢晓云 石宏岩（579）

专题15 二次网平衡与调节

基于AI群控的二次网单元平衡调节案例介绍
………… 刘海涛 陈立明 杨 超 刘兰斌
李灵秀 刘亚萌（587）
供热分户系统水力平衡调控技术应用
……………………… 文 超 徐瑞祥（591）
耗热量指标在供热调控中的节能分析与实践应用
……………… 张燕子 来 婷 周 磊（598）
智慧供热架构下几种二次网平衡调控方式效果探讨
……………………… 韩国杰 程万里（604）
二次网平衡技术调节控制策略分析
……………………… 王永春 张寒冰（610）
集中供热系统二次网节能技术应用分析
……………… 刘亚男 张 迪 代 斌（613）
二次管网水力失调分析与节能改造实例
……………………………………… 王勇磊（620）
基于"三供一业"改造基础上的二次网水力平衡
调控技术分析及应用
……………………… 孙 婧 张 斌（628）
岳康园高区户间热平衡系统的优化与分析
………… 张 杰 赵 睿 朱 雷 尹 飞
孙 琪 孟 晨（631）
通过热计量数据分析不同平衡调节方式的可行性
………… 张一帆 梁 欢 李 明 王 云 王 林（636）

# 专题1 "双碳"目标下的城镇供热规划与新能源发展

欧洲主要国家热电协同系统数据分析研究

赤峰学院资源环境与建筑工程学院　张俊杰　石宏岩
清华大学建筑学院　夏建军　尹顺永

【摘　要】本文通过收集欧洲主要国家的电网运行数据，建立数据库并分析借鉴欧洲部分国家的多能源协同运作方式。本文的研究内容分为两部分：一是数据分析。通过欧洲互联电网与北欧电交所等公开数据平台以及与国外科研机构对接收集欧洲主要国家电网数据，建立数据库，分析各类能源发电装机容量、随负荷的调节波动特征、调峰幅度及贡献以及各国电力进出口灵活调配机制，归纳得出跨区域、多热源协同发展思路。二是影响因素分析及技术路线的提取。综合分析数据及该国资源、地理位置等因素，得出各国跨区域多能源协同调节方式与地域特点的匹配关系。
【关键词】欧洲国家　热电协同　电网运行　电力调峰

0　引言

电力是能源消费主要形式，可再生能源发电是电源结构清洁低碳化主要手段，风力发电又是当前发展最成熟的可再生能源利用技术。然而，与传统化石能源相比，风力发电不稳定，受制于天气因素，有着强不可控性，且具有两个对电网的控制非常不利的特点：一是出力随机性；二是逆调峰特性。风力资源丰富的地域与北方供热地域高度重叠，例如"三北地区"。在北方供暖地区，热源形式以热电联产为主，但是广泛利用热电联产进行热电联供却与大规模可再生能源（主要为风能）发电并网存在矛盾。热电联产机组在供暖季以供热负荷的大小来确定发电量，相当于把发出的电作为供热的副产品。在供暖季夜间既是热负荷高峰期，又是风电出力的高峰期。为了保证供热电厂就不能降低发电量，但是夜间又是用电低谷时间，这就限制了风电并网出力。2018年，全国并网风电弃风电量277亿kWh，弃风率7%[1]。燃煤热电联产灵活性调节是供暖季电网调峰的重要难点，热电协同是低碳能源的重点。如何消纳可再生能源发电已成为当前热点问题。本文对欧洲主要国家进行数据处理分析，对欧洲国家区域热电协同聚类分析，以期推进我国可再生能源利用情况。

对于国外电力系统调峰能力的研究，Karimi A等[2]提出一种抽水蓄能电站调度对调峰填谷的影响，并针对伊朗抽水蓄能电站对伊朗电网的日常调度，使其拥有最大调峰能力的运行策略。Faias S等[3]提出一种方案识别量化风电过量，并应用于葡萄牙电力系统，预计在将来风电装机容量发展至总容量25%以上时，抽水蓄能无法提供充足的调峰能力，需要额外的储能装置。彭波等[4]介绍法国利用核电机组进行调峰，这是由于法国电力系统调峰手段较为有限，受资源和地理环境限制灵活调节电源建设受到制约。Jani Mikkola与Peter D Lund[5]提出一个快速易用、成本最低的优化模型，并应用模型对芬兰赫尔辛基市能源系统分析，计算了可再生能源接纳量。Lund H[6]针对不同能源系统整合风电的调控策略，并估计了丹麦2020年风电消纳情况，在50%风电出力情况下，单独的热泵和蓄热器有助于风电的整合。

与中国相比，国外对热电协同和风电消纳的研究开展较早，各种方案模型也种类繁多。但是由于国外电源结构、灵活性电源建设情况与我国差异巨大，政策也不尽相同，找到适应我国不同地域的欧洲国家情况，学习借鉴其热电协同调度手段，具有参考价值。

1　研究方法

1.1　原始数据获取

针对欧洲国家电力系统原始数据的获取，主要从欧洲互联电网（ENTSO-E）网站下载，下载的基础数据包括电力装机（Installed Capacity per Production Type）、逐时发电量（Actual Generation per Production Type）、跨境输电量（Cross-Border Physical Flow）、总负荷（Total Load）。国家基础信息如地理位置、资源情况、气候环境通过中国外交部网站获取，人口、国内生产总值（GDP）和人均GDP通过世界银行获取，如图1所示。

1.2　数据处理分析

处理数据使用EXCEL与MATLAB两种软件，过程包括检查数据问题（错误数据的筛选，例如是否有缺失数据、重复数据的情况）、数据处理（每个国家实时进出口电力的量和净进出口的量，保留不同国家间的进出口电力数据，通过MATLAB按照时间坐标生成逐月、逐天、逐时数据）。

1.3　研究技术路线

针对欧洲不同国家数据处理分析后提炼出的特点主要有：①主要的调峰手段是什么，调峰规律如何变化；②定量分析各类调峰的贡献幅度；③不同国家进出口电力流动与依靠出口电力进行调节的国家需求差异。

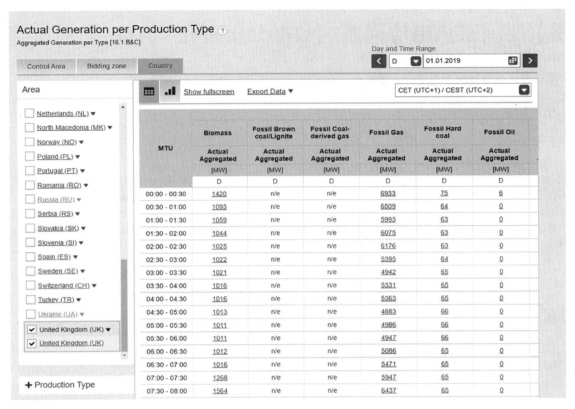

图 1 ENTSO-E 网站数据

2 以英国为例对电力系统特点分析

2.1 英国电力系统介绍

2019 年英国电力总装机为 87.61GW，非化石能源装机比例 41.4%。图 2 为英国电力系统装机发展变化情况与 2019 年电力结构图。由图可见，在 2015—2019 年间，英国的陆上风电、燃气发电增长迅速，燃煤、燃油发电下降。在 2019 年电力结构中燃气发电为装机的主体部分。

2019 年英国年电力消耗量 2774.46 亿 kWh，其中进口的电力占比 8.2%，出口电力占比 0.87%，净进口电力占比 8.89%，人均用电量 4151kWh。图 3 是英国 2015—2019 年间各类电源发电总量对比图，可以看出，天然气和风光电发电量均有较大幅度增长，核电、燃煤发电有较大程度下降，进出口电力变化不大。图 4 中可看出，在各种类型电源中，核电发电小时数最高。核电各月发电小时数变化差异不大，说明其全年基本保持运行。而燃气、燃煤集中于供暖季月份发电小时数偏高。燃油、其他类型全年发电小时数较为均衡，用于顶尖峰负荷。光电与燃气、燃煤、风电不同，其出力在夏季偏高，受光照影响大，与供暖季电力负荷高、夏季负荷低的消费曲线相反。

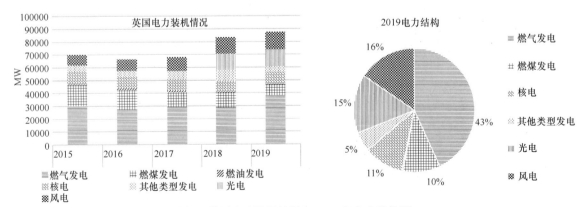

图 2 英国电力装机情况与 2019 年电力结构图

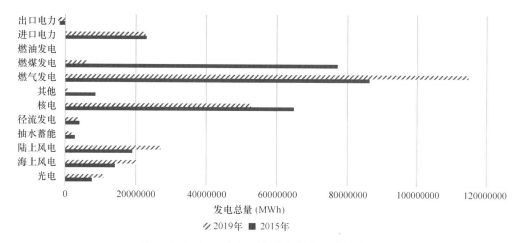

图 3　2015/2019 年英国各类电源发电总量对比图

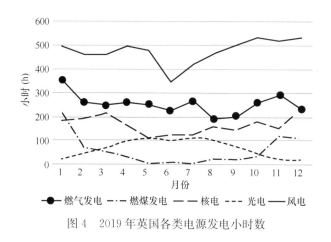

图 4　2019 年英国各类电源发电小时数

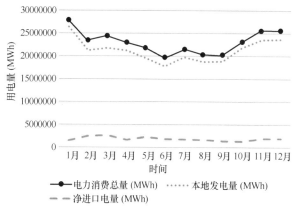

图 5　2019 年英国逐月用电量

2.2 英国电力消费负荷特性

由图 5 对英国月度电力情况处理数据进行分析。在供暖季所在的月份本地电源发电量明显高于非供暖季。1 月电力消费最高，6 月份电力消费最低。2019 年发电量月度波动比例 29.6%。波动性可再生能源（陆上风电、海上风电、光电、不可调的径流发电）中夏季光电出力较大，春冬两季风电出力较大，径流发电变化范围不大。

对英国逐日用电数据处理进行分析。2019 年单日最高发电量 10.3 亿 kWh，最低发电量 5.7 亿 kWh，单日发电量波动比例 45.3%，有明显的周天效应。

2.3 英国电力调节特性

电力负荷波动情况一方面要清楚总电力消费的波动情况（图 6 中所占面积），另一方面要清楚调峰目标曲线的波动情况（图 6 中带标记的折线）。

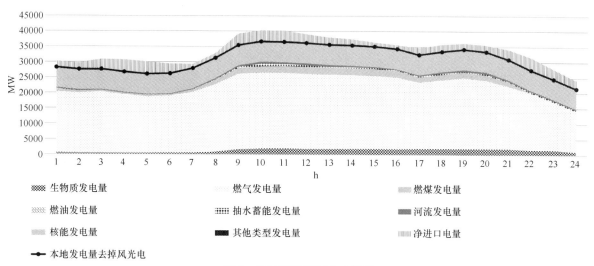

图 6　20190205 英国电力调节

以图6中2019年2月5日为例，单日电力消费量96万MW，其日电力消费波动比例为40.43%。日最大波动可再生率28%，日平均波动可再生率0.16，可再生能源发电占比较大，因为全部消纳了可再生能源，波动性变大，调峰目标也随之升高。英国全年调峰目标波动比例43.61%，每天平均调峰目标幅度14163MW。针对电力负荷波动情况来分析调峰，从图6中可以看出燃气发电调峰幅度贡献率最大，其他抽水蓄能、燃煤等也有一定的调峰贡献。这一日消费波动幅度15036MW，而整体调峰幅度16110MW。

从全年来说，英国在2019年主要调峰手段为燃气发电，全年调峰目标为5498193MW，燃气发电调节贡献3947946MW，燃气发电的总幅度/总调峰目标占比达71.8%。2015年的情况与2019年差别不大，也是以燃气发电为主要调峰手段，区别是规模较2019年有所下降。

2.4 英国电力系统总结

英国电力系统特征：①燃气发电、核电的装机比例高，而燃煤、燃油发电的比例低且主要用于供暖季供暖与调峰，整体上灵活性很强；②调峰的主要手段是燃气发电，次要手段是进出口调节和燃煤发电；③核电是不宜调节类型电源，作为稳定的基础发电电源。

英国电力系统2015—2019年发展总体特点：①电力装机中非化石能源比例提高，燃煤与核电规模大幅下降；②调峰的主要手段燃气发电的主导地位没有改变；③供暖季期间，燃气、燃油发电等调节灵活的电源跟随负荷的变化响应更快。在对各种类型电源发电量数据处理后，画出单日调峰幅度、调节比例和发电小时数图表后分析。

在对英国不同类型电源调节贡献分析，全年燃气发电贡献幅度最大。次等调节手段中进出口调节284天（77.8%），燃煤发电46天（12.6%），抽水蓄能30天（8.2%），生物质发电5天（1.4%）。对比2015年英国电力系统情况，其中的变化包括：新增了生物质发电，减少了燃煤发电，风光电的规模扩大。电力消费整体下降了9%。

3 欧洲主要国家电力系统总结

3.1 欧洲部分国家电力系统情况

已完成数据库的国家包括：爱沙尼亚、拉脱维亚、立陶宛、英国、爱尔兰、罗马尼亚、保加利亚、塞尔维亚、希腊、斯洛文尼亚、克罗地亚、波斯尼亚和墨塞哥维那、意大利、西班牙、葡萄牙、黑山共和国。

在欧洲大部分国家，其电力装机和用量非化石比例高，化石能源发电小时数低，非化石能源装机比例超过50%的有拉脱维亚、斯洛文尼亚、西班牙、葡萄牙等，而瑞士已经接近100%可再生能源运行。这些国家工业革命完成的早，经济基础好，能源转型快。我国是发展中国家，不应急于求成，逐渐向清洁化能源结构转型。图7展示欧洲各国经济与用能特点。在这些欧洲国家中，可以看到人均用电量高的国家或是发展中国家，例如保加利亚处于工业化进程中，或是有高耗能高端产业结构的发达国家如斯洛文尼亚。而人均用电量较低的国家大部分都是发达国家，经济普遍以第三产业为主，甚至英国已经去工业化，波黑由于经济和工业都不发达，处于落后地位。

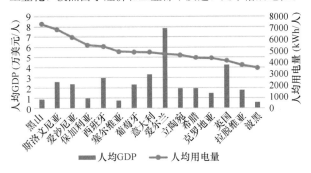

图7 欧洲国家人均GDP与人均用电量

在欧洲，大比例的水电装机和灵活的进出口为欧洲提供了调峰的便利，我国应因地制宜的发展合适的手段。在欧盟，主要由输电运营商联盟（ENTSO-E）和欧盟能源监管合作机构（ACER）负责电力系统调度与监管的协调[7]。在供暖季，主要以燃气发电、燃煤发电、燃油发电作为顶尖峰负荷。图8是欧洲各国化石能源一年中在春冬两季发电小时数占全年发电小时数占比情况，从中可以看出，在这些地理位置偏北的欧洲国家，在供暖季化石能源利用情况较多，主要用于供暖负荷，普遍占比超过了55%。

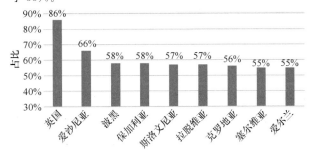

图8 欧洲部分国家春冬两季化石能源
发电小时数占比情况

3.2 电力调峰手段特点

中国工程院院士黄其励认为在电力系统中，灵活调峰电源至少要占到总装机的10%～15%，我国目前占比不到6%。灵活调节电源的建设包括火电厂灵活性改造、天然气调峰电站、抽水蓄能电站等。而在欧洲，这些灵活调节电源也是调峰的主力阵营。

在英国、拉脱维亚、爱尔兰、希腊、意大利、西班牙、葡萄牙这些欧洲国家中，燃气发电是主要的调峰手段之一。在电网调峰中，储能电池能够达到秒级响应，但是其成本高；抽水蓄能、燃气能够达到分钟级响应，成本适中；煤电机组深度调峰能够达到小时级响应，成本最低。电网调峰随着负荷变化速率不同，需要不同响应速度的调峰电源，相比来看，燃气发电有着分钟级的响应速度，成本较低，负荷调节的范围宽，变负荷能力强，可为风电、光伏等可再生能源提供调峰服务，缓解或消除此类可再生能源不稳定、瞬时变化大对电网产生的冲击，保障电网的安全稳定运行[8]。

抽水蓄能于1882年在瑞士诞生以来发展到现在，特别是对提高电网的调峰空间、加强新能源消纳能力有着重要意义。抽水蓄能电站可以在富风时期抽水，在风电出力低谷期发电，可以极大缓解弃风的压力。抽水蓄能电站启停速度快、发电稳定，能够适应电网负荷急剧增长或下降的状况，其灵活特性应对风力等新能源发电的随机性和不均匀性有着天然优势，可提高电网对新能源消纳空间规模，为大力发展新能源创造条件[9]。在欧洲，拉脱维亚、立陶宛、爱尔兰、保加利亚、塞尔维亚、斯洛文尼亚、克罗地亚、西班牙、葡萄牙、黑山都是大规模应用水电来调峰的国家。

在欧洲，由于各国发电能力与调峰能力的不同，结合各国电力供需形势，电力就要从更宏观的角度调度分配。可再生能源发电消纳空间的不足可以由其他国家的电力缺口承担，欧洲多国之间可以进行电力交换互补余缺。斯洛文尼亚、黑山、塞尔维亚因其地理位置特殊而作为电力交换枢纽。欧洲各国电网互联互通，进出口电力作为调峰手段为欧洲各国电力系统稳定做出一定贡献。

3.3 欧洲部分国家电力系统未来规划

大力发展可再生能源是各国的共识。2014年欧盟委员会制定了《2030年气候与能源框架协议》，协议要求到2030年要让温室气体排放水平相比1990年降低40%，可再生能源普及率在电力部门要提高至45%，欧盟内部电力市场互联比例达到15%。2018年6月，欧盟更新了气候与能源框架协议，欧盟委员会、欧洲议会、欧盟理事会签署协议，将可再生能源占能源消费比例的目标定在32%[10]。2020年3月，欧盟委员会发布《欧洲气候法》，从法律层面确保达成到2050年实现气候中性的承诺。

下面是欧洲一些主要国家的电力规划。

英国在2019年6月27日通过了新修订的《气候变化法案》，该法案确立英国要在2050年实现温室气体净零排放。2019年3月14日，英国发布"海上风电产业战略规划"，该规划明确提出海上风电装机容量将在2030年前达到3000万kW，为英国提供30%以上的电力。在交通领域，CCC建议最晚在2035年不再销售新的柴油和汽油车辆，同时扩大电动车以及充电设备供应[11]。

西班牙政府提交的法律草案计划在2050年前实现零碳排放目标。根据该项法律草案，西班牙政府承诺在21世纪中叶前使西班牙电力系统实现100%应用可再生能源，立即禁止所有新的煤炭、石油和天然气开采项目，终止化石燃料直接补贴，并在2040年前使所有新的车辆无排放。

德国能源转型源于20世纪七八十年代，根据德国能源转型战略目标，2022年完全弃核；2018年弃煤；2050年德国温室气体排放将比1990年减少80%～95%，可再生能源占终端能源消费比重达60%，一次能源消费总量比2008年减少50%[12]。

法国同样也在能源转型的路上。法国的能源主体为核电，为了优化能源结构，法国开始大力发展可再生能源，减少核电装机。2019年9月，法国国会通过《能源与气候法案》，正式以立法形式明确2050年实现碳中和的目标，该法案明确法国将大力发展可再生能源：到2035年将核电占比从75%降至50%，2022年完全弃煤电[13]。

4 结论

本文通过对欧洲部分国家热电协同系统数据分析研究，基于欧洲互联电网的电力数据，主要得出以下结论：

从体量上来说，英国、保加利亚、希腊、意大利、西班牙这些国家人口多、面积大，相应的电力装机总量多、发电量大，并且电源种类多，都在7种以上。而其他国家人口少、面积小，电源种类有多有少。电源种类丰富对电网调峰有着积极作用。

从经济情况上来看，一般来说，一个国家人均用电量越高，其经济发展就会越好。一方面在经济的快速发展下，国民生活水平提高，电力消费也会随之提升。而另一方面，只有有一定经济基础，才能够完成电力系统的清洁化、智能化、效率化的转型，对电力行业的转型需要资金投入，我国在对火电厂灵活性调峰也有相应的补贴政策。在欧洲这些国家中，人均GDP高的国家非化石装机比例也普遍比较高。

从自然资源禀赋来看，国家的电源结构取决于自身资源情况。英国、爱尔兰、希腊天然气资源丰富，燃气发电是主要发电手段之一；爱沙尼亚页岩油资源丰富，燃页岩油是其发电的主体；保加利亚、塞尔维亚、希腊、波黑煤矿资源丰富，燃煤发电是主要发电手段之一。

从调节手段来看，进出口电力、水电调节和燃气发电调节以其灵活性强、调节范围广的特点成为主要调峰手段，但是进出口电力和水电调节应用更广泛、规模更大。在研究的15个欧洲国家中，以进出口电力为主要调峰方式的国家有9个，分别是爱沙尼亚、拉脱维亚、立陶宛、塞尔维亚、斯洛文尼亚、克罗地亚、西班牙、葡萄牙、黑山；以水电调节为主要调峰的国家有9个，分别是拉脱维亚、立陶宛、保加利亚、塞尔维亚、斯洛文尼亚、克罗地亚、波黑、葡萄牙、黑山；以燃气发电调节为主要调峰的国家有4个，分别是英国、爱尔兰、希腊、意大利；燃垃圾发电调节的有意大利，燃页岩油发电调节的有爱沙尼亚。

经过对欧洲国家分析，进出口电力是最主要的调峰方式之一，我国可以加强电网互联互通建设，结合风、光、水电出力特性和各区域电力供需形势，建设电力交换枢纽，统筹考虑能源流向、经济效益等宏观因素，实现跨区域电力的互联互通。同时我国水电开发利用已经接近饱和，接下来要充分利用其调峰能力，并在此基础上充分发展其他灵活电源。

外国由于能源结构、政策等与我国有着一定差异，不能完全借鉴国外模式，要开发具有我国特色的调峰手段，例如火电厂深度改造增加调峰能力。本文主要从供给侧研究，需求侧响应本次研究无法体现，后面期待对需求侧例如储能、电动汽车等发展作进一步研究。期待我国能够因地制宜学习借鉴欧洲国家经验，可再生能源发展蒸蒸日上。

参考文献

[1] 国家能源局. 2018年可再生能源并网运行情况介绍[EB/OL]. [2019-01-28]. http://www.nea.gov.cn/2019-01/28/c_137780519.htm.

[2] Karimi A, Heydari S L, Kouchakmohseni F, et al. Scheduling and value of pumped storage hydropower plant in Iran power grid based on fuel-saving in thermal units[J]. The Journal of Energy Storage, 2019, 24: 100753.

[3] Faias S, De Sousa J, Reis F S, et al. Assessment and optimization of wind energy integration into the power systems: Application to the portuguese system[J]. IEEE Transactions on Sustainable Energy, 2012, 3(4): 627-635.

[4] 彭波, 余文奇, 刘云. 国外核电机组参与系统调峰情况分析[J]. 南方电网技术, 2011, 5(3): 23-26.

[5] Jani M, Peter D L. Modeling flexibility and optimal use of existing power plants with large-scale variable renewable power schemes[J]. Energy, 2016, 112: 364-375.

[6] Lund H. Large-scale integration of wind power into different energy systems[J]. Energy, 2005, 30(13): 2402-2412.

[7] 北极星输配电网. 欧洲互联电网成员国概况(含关键指标)[EB/OL]. [2014-11-19]. https://shupeidian.bjx.com.cn/html/20141119/565487-4.shtml, 2014-11-19.

[8] 单彤文. 天然气发电在中国能源转型期的定位与发展路径建议[J]. 中国海上油气, 2021, 33(2): 205-214.

[9] 汤宁, 张玮. 从电网保障安全与负荷低谷消纳角度分析抽水蓄能电站应用的影响[J]. 电气时代, 2021, 4: 14-15, 18.

[10] European Commission. 2030 Climate-energy package[R]. Bruxelles: European Commission, 2018.

[11] 孙一琳. 2019年英国能源转型之路[J]. 风能, 2020, (1): 74-75.

[12] 司纪朋, 张斌. 德国能源转型跟踪[J]. 中国电力企业管理, 2019, 7: 59-63.

[13] 陈伟, 郭楷模, 岳芳, 等. 世界主要经济体能源战略布局与能源科技改革[J]. 中国科学院院刊, 2021, 36(1): 115-117.

西藏高原地区清洁供暖现状及发展趋势分析

中国城市建设研究院有限公司　王　刚　史娇阳　周　游　魏　岩

【摘　要】 西藏不属于传统的北方供暖地区,但冬季供暖需求是非常迫切并且必要的。在"碳中和""碳达峰"的大背景下,结合能源供给情况综合分析,推荐清洁供暖项目作为西藏优先采用的热源形式。作为全世界可再生资源储量最丰富的地区,不再建议西藏地区采用化石能源作为供热系统的能源供给方式。

【关键词】 西藏高原　清洁供暖　减碳

1　背景资料

西藏地区认真践行绿色发展理念,全面开展蓝天、碧水、净土保卫战,开创了生态环境保护工作新局面。监测数据表明西藏是世界上生态环境质量最好的地区之一。

同时西藏也是世界上自然环境最恶劣的地区之一,海拔4000m以上的地区占全区总面积的85.1%。

西藏冬季严寒漫长。据目前掌握的气象资料可知,所有县级以上城市中那曲地区双湖县供暖季时间最长,达到247d。阿里地区革吉县冬季最冷,冬季室外计算温度为-19.89℃。民用建筑节能设计气候分区及占比图见表1、图1。

西藏民用建筑节能设计气候分区[1]　　　表1

气候分区		代表城市
严寒地区	严寒地区(A)	那曲市、色尼区、比如县、聂荣县、安多县、索县、班戈县、巴青县、尼玛县、双湖县、噶尔县、普兰县、札达县、日土县、革吉县、改则县、措勤县
严寒地区	严寒地区(B)	当雄县、昂仁县、谢通门县、仲巴县、亚东县、吉隆县、聂拉木县、萨嘎县、申扎县、丁青县、嘉黎县、左贡县、萨迦县、隆子县、错那县
寒冷地区(C)		拉萨市、林周县、尼木县、曲水县、堆龙德庆区、达孜区、墨竹工卡县、日喀则市、南木林县、江孜县、定日县、拉孜县、白朗县、仁布县、康马县、定结县、岗巴县、昌都市、江达县、贡觉县、类乌齐县、察雅县、八宿县、芒康县、洛隆县、边坝县、山南市、乃东区、扎囊县、贡嘎县、桑日县、琼结县、曲松县、措美县、洛扎县、加查县、浪卡子县、林芝市、巴宜区、工布江达县、米林县、墨脱县、波密县、察隅县、朗县

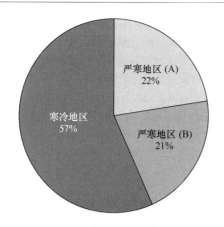

图1 西藏气候分区占比图

由此可知,虽然西藏不属于传统的北方供暖地区,但其冬季供暖需求是非常迫切并且必要的。

引用江亿院士团队2019年建筑运行相关二氧化碳排放状况统计数据,见图2[①]。供暖相关的二氧化碳排放量占整个建筑运行二氧化碳排放量的25%,占总排放的比例约为5.5%,充分说明供暖系统有巨大的减排空间。

2 西藏供暖发展历程及现状

西藏高原地区真正意义上的第一个供暖项目是从2012年开始的拉萨市供暖项目,此后陆续又有了那曲市及阿里地区噶尔县等一系列集中供暖项目。到目前为止全西藏共有16个县城及126个乡镇已建成集中供暖系统,另有4个县城正在进行集中供暖系统建设。

目前全西藏供暖面积已达到3200万 m^2。

据初步调查了解,目前已建成及在建的集中供暖项目采用的热源形式包括太阳能、电能、生物质、地热及燃煤供暖。

地级市中,拉萨市采用燃气锅炉及燃气壁挂炉的供暖方式,那曲市采用燃煤锅炉房的供暖(暂未实现超低排放)方式,阿里地区噶尔县采用燃煤热电联产(暂未实现超低排放)方式。

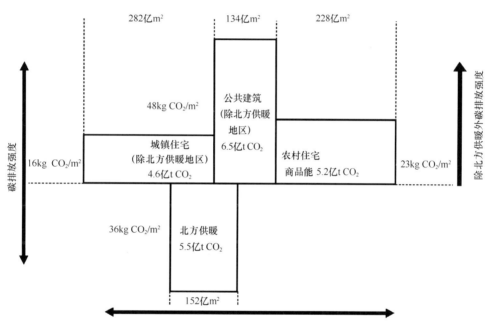

图2 建筑运行相关二氧化碳排放状况统计数据

16个已建成集中供暖系统的县城中采用的热源形式统计如表2所示。

县城已建成集中供暖系统热源形式统计表 表2

序号	热源方式	县城	小计
1	太阳能	萨嘎县、岗巴县、仲巴县、浪卡子县、申扎县	5
2	电能	安多县、嘉黎县、班戈县	3
3	生物质	日土县、改则县、措勤县、革吉县、工布江达县	5
4	地热	错那县	1
5	燃煤锅炉	丁青县、尼玛县	2
	合计		16

4个在建集中供暖系统的县城中采用的热源形式统计如表3所示。

县城在建集中供暖系统热源形式统计表 表3

序号	热源方式	县城	小计
1	太阳能	昂仁县	1
2	电能	聂荣县、双湖县	2
3	地热	当雄县	1
	合计		4

县城供暖热源形式占比见图3。

目前待建的县城还有52个,其中属于严寒A类的还有4个,分别为普兰县、札达县、比如县和索县;属于严

---

① 江亿院士团队2019年建筑运行相关 CO_2 排放状况统计数据。

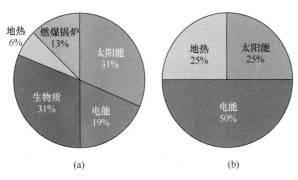

图 3 县城供暖热源形式占比图
(a) 已建供暖项目；(b) 在建供暖项目

寒B类的还有7个，分别为吉隆县、聂拉木县、昂仁县、萨迦县、亚东县、左贡县、隆子县；属于寒冷地区的还有41个。

已实现供暖的126个乡镇中那曲地区占107个，阿里地区占14个，山南地区占5个。目前乡镇热源方式全部采用生物质锅炉供暖。

3 存在的问题及解决办法

(1) 非节能建筑比例高、建筑能耗大，且大部分供暖项目未与既有建筑节能改造同步实施，进而导致供暖项目投资及运行费用均居高不下。

解决办法：自治区住建部门正在拟定相关的政策文件，要求建筑节能改造必须作为供暖项目实施的先决条件，否则供暖项目不予立项。

(2) 个别地区供水、排水及供电等基础设施不完善，导致热源厂、换热站需打自备井或者需送水车定期送水；供热系统产生的污水无处可排，直接就地排放；供电系统无法保证稳定供电，供热系统长时间采用柴油发电机供电等情况方式。这都直接或间接增加了初投资及运行费用，并且供热系统的安全性也无法得到保证。

解决办法：为保证供暖项目的顺利实施，自治区相关部门已经加大供水、排水及供电等基础设施的投资力度，目前已经有一批市政基础设施项目陆续进行立项、建设并投入使用。

(3) 供电价格高且全区无执行峰谷电价的相关政策。

解决办法：自治区层面已与供电部门进行了多次协商，探讨降低电价的有效措施及西藏地区实行峰谷电价的可行性，目前还在商讨过程中。

(4) 西藏地域辽阔，各地市海拔、气象条件、太阳能辐照度等差异较大。但目前现行的国家标准及地方标准中，尚有大部分的县城无供暖期长度、供暖期室外计算温度、供暖期室外计算平均温度、供暖季太阳能辐照度等基础数据。设计单位选型计算时只能参考附近城市或县城的参数，但往往与实际情况差异巨大，故供暖系统设备选型无法满足实际需求，供暖效果不佳，运行费用理论估算值偏离实际发生值等情况时有发生。

解决办法：通过编制《西藏自治区清洁供暖设计导则》，补充完善缺失的设计数据。目前该设计导则已经通过了自治区住房城乡建设厅及相关专家的审查，准备近期正式发布。

(5) 目前自治区范围内已建和在施的供暖项目建设主体大部分为市、县发改及住建部门。受知识储备、项目管理经验、投资、项目实施周期、设计单位设计方案合理性等诸多因素的影响，部分供暖项目出现供热效果不佳、运行费用高于预期等一系列问题。

解决方法：在供暖项目可研评审环节前，由自治区住房城乡建设厅组织相关领域的专家对设计方案进行评审，确保经多方论证后设计思路不会出现较大偏差。同时在谋划在条件成熟时，对所有已建和在施项目进行项目后评价。论证项目预期目标是否达到，主要效益指标是否实现；查找项目成败的原因，总结经验教训，及时有效反馈信息，提高未来新项目的管理水平。

4 西藏清洁能源情况

西藏具备太阳能、电能（水电、光电）、地热能、空气能多能互补的综合能源供应体系。

(1) 太阳能

西藏地区的太阳能资源是全国乃至全世界最丰富的地区之一（表4、表5）。

西藏自治区太阳能资源区域汇总表　　表4

太阳能资源最丰富区域	拉萨市	城关区、尼木县、曲水县
	日喀则市	昂仁县、白朗县、定日县、岗巴县、江孜县、康马县、萨嘎县、萨迦县、桑珠孜区、谢通门县、亚东县、仲巴县、定结县
	山南市	贡嘎县、浪卡子县、隆子县
	林芝市	朗县
	那曲市	班戈县、尼玛县、申扎县
	阿里地区	措勤县、噶尔县、改则县、革吉县、普兰县、日土县、札达县
太阳能资源很丰富区域	拉萨市	堆龙德庆区、当雄县、林周县、墨竹工卡县
	日喀则市	吉隆县、拉孜县、南木林县、聂拉木县、仁布县
	昌都市	卡若区、丁青县、贡觉县、洛隆县、芒康县
	山南市	乃东区、琼结县、措美县、错那县、加查县、曲松县、桑日县、扎囊县
	那曲市	安多县、巴青县、嘉黎县、色尼区、双湖县、聂荣县

西藏各市（区、县）太阳总辐射时空分布　　　　表5

市	区、县	年太阳总辐射（MJ/m²）	最大月总辐射（MJ/m²）		最小月总辐射（MJ/m²）		最大季总辐射（MJ/m²）		最小季总辐射（MJ/m²）	
拉萨市	城关区	6433.7	5	685.1	12	416.6	春	1852.4	冬	1295.8
	堆龙德庆县	6252.2	5	677.4	12	392.2	春	1850.6	冬	1295.1
昌都市	卡若区	5167.7	5	561.4	12	315.5	夏	1529.0	冬	986.5
	丁青县	5618.1	5	593.5	1、12	378.8	春	1611.7	冬	1139.2
日喀则市	桑珠孜区	6836.6	5	742.1	12	427.6	春	2042.2	冬	1360.9
	江孜县	6910.8	5	733.8	12	457.3	春	2027.9	冬	1435.5
山南市	乃东区	6018.9	5	685.7	12	331.8	春	1836.9	冬	1071.4
	贡嘎县	6342.6	5	683.8	12	402.3	春	1859.0	冬	1261.8
那曲市	那曲县	6096.7	5	658.0	12	421.5	春	1778.0	冬	1173.9
	安多县	6101.9	5	675.0	12	364.5	春	1806.4	冬	1147.7
林芝市	巴宜区	4224.2	5	460.8	12	251.4	夏	1252.8	冬	787.2
	米林县	3819.2	5	446.7	12	185.7	夏	1201.5	冬	624.8
阿里地区	噶尔县	7344.0	6	803.7	12	410.2	夏	2200.0	冬	1300.4
	改则县	6508.0	6	744.2	12	337.2	夏	2049.1	冬	1072.0

（2）电能

目前，西藏形成了以水电、光电相结合的模式[①]。区内电网联为一体，主电网覆盖72个县（区），供电人口330万人，建成和在建电力装机1020万kW。瓦托、金桥、加查水电站投产发电。24个扶贫光伏项目实现并网。累计外送电力63亿kWh，实现了西藏电力从紧缺限电到富余输出的历史性转变。

（3）地热能

西藏地区地热能品质高、蕴藏量巨大。

（4）天然气

西藏地区油气资源匮乏。目前生产、生活用气均由青海省格尔木市采用槽罐车的方式运输，运距长、气价高。

2011年10月，世界海拔最高的拉萨天然气站建成投产，结束了拉萨市无天然气的历史；2016年启动了"气化日喀则"工程，日喀则成为西藏自治区第二个用上天然气的城市。

2017年8月青海油田公司与那曲地区行署签订了那曲地区天然气站建设项目合作协议。此举标志着那曲将成为继拉萨、日喀则之后，第三个实现"气化"的地区。

目前，天然气终端项目已开始向那曲、日喀则、山南、昌都、林芝等地和高海拔偏远牧区辐射延伸。

格尔木至拉萨的天然气管道项目目前正在有序实施过程中。

5　西藏清洁供暖的发展趋势

在"碳中和、碳达峰"的大背景下，结合能源供给情况综合分析，西藏清洁供暖项目推荐优先采用的热源形式依次为：太阳能供暖、电供暖、地热供暖。作为全世界可再生资源储量最丰富的地区，不再建议西藏地区采用化石能源作为供热系统的能源供给方式。

具备可采用多种热源形式的地区，应综合考虑热用户的建筑规模、用途、项目所在地的能源供应条件、能源价格以及国家节能减排政策等因素，经技术、经济比较分析，可选择其中一种最优的供暖方式，也可采用多能互补的热源形式。

围护结构热指标越高，年耗热量越高，供热初投资及运行费用也越高，因此有效降低热指标能够带来非常直观的经济和环保效益。因此，建筑节能改造一定要在清洁供暖工程实施之前或至少同步实施。

从热源、管网到室内供暖，实现整个供热系统的可监可控、精准调节，以降低系统能耗，实现不同建筑类型的不同时段运行模式切换。

参考文献

[1] 西藏自治区住房和城乡建设厅. DBJ 540001—2016[S]. 西藏自治区民用建筑节能设计标准.

[①] 西藏自治区政府工作报告，2021年1月。

"双碳"目标下太原市集中供热发展方向思考

太原市热力集团有限责任公司　李建刚　齐卫雪　姬克丹　石光辉　陈　鹏

【摘　要】能源和建筑行业是实现"双碳"目标的重点领域和关键环节,根据清华大学建筑节能研究中心的估算,中国建筑运行能源消耗造成的碳排放占全国的16%左右,其中,北方地区城镇供热约占建筑运行排放的25%以上。太原市作为北方城市集中供热的典范,形成了以热电联产和工业余热为主、天然气调峰为辅,各类热泵及新能源等为补充的供热格局。"双碳"目标下,太原市集中供热面临着能源结构调整、电厂关停、发电负荷不稳定等新问题,如何及早布局,在低碳供热上持续创新,从源、网、站、户各环节找出低碳的发展方向,是本文探讨的重点。

【关键词】双碳　大型集中供热　余热　低成本　蓄热　集中降温　优质服务

0　引言

"双碳"是一场广泛而深刻的经济社会系统性变革,"双碳"目标的确立,要求能源、电力、建筑、交通、工业等领域做出重大低碳转型,据清华大学研究显示,碳中和目标需要2050年非化石能源在我国一次能源总消费中占比达到75%左右,同时大力推动交通领域的电气化、建筑领域的零碳化,推动经济社会发展建立在资源高效利用和绿色低碳发展的基础之上。这意味着按照"双碳"目标,电力系统将更新演变为新能源为主体的新型电力系统[1],建筑形式将逐渐更新迭代为能量自平衡的零能耗建筑[2]。此时,大型集中供热系统很可能会逐渐退出城市供热的主导地位,由能源型企业转变为服务型企业。为此,自我革命、自我更新,以低碳为契机及早筹划:充分发挥既有管网的输送能力,将低碳+低成本+优质服务做到极致,并拓展增值服务是大型集中供热企业可持续发展的方向。

太原市在2016年底投运太古供热项目,后在2017年底实现了35t/h以下的燃煤锅炉清零,由于太古项目大比例回收了零碳余热的特性,同步提高了太原市集中供热零碳热源的比例。但整个集中供热系统各个环节从减碳角度仍存在很大的进步空间,需要进一步探索和创新:热源侧由现在的清洁化进一步向低碳化调整,并优化运行结构,发展新技术提升余热[3]的使用比例,逐步建设新的零碳或者低碳热源;热网侧在进一步降低输送电耗和管网水耗的同时,提高热网运行的灵活性,充分发挥热网低品位能源输配的特性,夏季尝试收集数据中心等各类余热,冬季充分利用余热进行供热;热力站侧应该进一步做好精细化调节控制,向分布式能源靠拢,尝试成为多能互补的中心;用户侧进一步降低建筑物耗热量指标,提升精细化控制水平,降低建筑能耗,逐步推行室温监测全覆盖,并进一步提升用户服务水平,拓展增值服务。

1　太原市集中供热碳排放对比

太原市集中供热分为源、网、站、户等几个环节。太原市目前共有大型集中供热热源14处,另外有分布式燃气调峰热力站90余座。太原市城区整体供热面积2.35亿㎡,其中集中供热2.12亿㎡,设计居民158万户,一次管网长1677km,热力站2143座;区域清洁供热2332万㎡,涉及居民燃气供热243个小区。

建筑节能和更新迭代是最终端节能,热源是主要产能环节,网和站也有一定的能源消耗。由于建筑环节非集中供热企业所能左右,为此,参照集中常规的运行指标热量消耗、水耗、电耗来进行测算。为分析各环节的碳排放,以热力集团2020年供暖季运行数据为基础,将热耗、电耗、水耗等全部折算为标准煤耗,对比如表1所示,在各环节中热源折标消耗占比最大,其次为热力站水耗,最低是热源电耗。水耗和电耗本身就是节能的方向,与降低碳排放方法和方向一致。

2020—2021供暖季能源消耗折算标煤比例　　　表1

项目	热源总耗热量	热源耗水量	热力站耗水量	热源耗电量	热力站耗电量	合计
折标煤占比	84.67%	13.97%		1.37%		100.00%
	84.67%	5.99%	7.98%	0.67%	0.70%	

由于热源部分折标煤占比最大,对热源构成进行了进一步折标分析。太原市火力发电为基础的热源8处,常规热电联产为太原二电厂、白家庄电厂、瑞光电厂、太钢电厂;燃气热电联产为嘉节电厂和华能东山电厂,另外两个基于低温回水的长输供热是兴能电厂和国锦电厂,兴能电厂采用基于低温回水的余热回收比例最高。燃气、燃煤热源厂6处,城南为燃气+燃煤锅炉;城西为燃煤锅炉;小店、晋源、东山、东峰均为燃气热源厂;另外有分布式燃气调峰热力站73座。经过归纳统计后,把太钢余热部分和太古长输余热部分作为零碳热源,其余热电联产冷凝热为常规热电联产做考虑。统计后如表2所示,零碳热源占比约为1/3,常规热电联产占比一半以上,其余为天然气部分,燃煤热源厂占比最小。从热源角度,既有余热用尽及低碳热源替代都有很大的减碳空间。

2020—2021供暖季热源消耗折算标煤比例　表2

项目	热源厂天然气用量	热力站天然气用量	热源厂标煤用量	常规热电联产	零碳能源占比	热总耗量
折标煤比例	8.38%	0.12%	5.60%	50.37%	33.71%	100.00%

2 热源的低碳转型

根据有关专业人士推测，未来我国的能源结构将以绿电为主，其中风光电将从目前能源结构中的6.7%，在碳中和下提高到58.3%，以替代煤、气化石燃料；火电将从目前能源结构中的64%降到12.5%，未来保留的火电主要用于电力调峰和应急保障，以确保电网的稳定性、灵活性、经济性、可靠性，其燃料结构也将由生物质能、燃气和煤碳组成。

2.1 热电联产火电厂未来定位及发展演变

太原市8大基础热源，无论是常规热电联产，还是比例回收余热的兴能电厂均为现状火力发电，其未来所有的发展路线都会随着整个电力行业变化。未来随着可再生能源进一步大力发展，非化石能源在一次能源消费中比重大幅度提升，目前作为主体电源的火力发电将逐渐转变为基础性和调节性电源[4]。

2.1.1 火电未来的发展路线

其发展路径可以参照2020年《加快中国燃煤电厂退出：通过逐厂评估探索可行的退役路径》[5]报告，其观点为：加快中国电力行业深度减排，推动传统燃煤电厂从能源系统中有序退出是可行的。为实现这一目标，中国应该停止新增燃煤电厂，在短期内迅速淘汰已被识别出的优先退役机组，并尽快对煤电的定位进行调整，推动煤电由基荷电源向调节电源进行转变。

2.1.2 火电的压舱石地位

虽然跟随碳达峰新能源进一步高速发展，占比会进一步提高，但由于火电技术的可靠性、稳定性和灵活性，作为基础性和调节性电源，它可以支持和配合日益增长的风电和太阳能发电这些间歇式不稳的电源的发展，因此，作为我国电力稳定生产和供应"压舱石"的燃煤火电不可能退出我国的电力生产。2019年在全国非化石能源发电量占比仅为32.6%情况下，风电和光电就已经普遍面临并网难、消纳难、调度难等问题，因此，在未来几十年内，在从煤电为主过渡到以新能源为主的新型电力系统期间，电力系统的安全性、经济性、灵活性均需要提升，火力发电会全面转型为新能源调峰的运行方式。

2.1.3 火电演变方式的探讨

作为太原市基础能源的火力发电厂面临着同样的问题。对于火力厂的发展方向，在以上两点的基础上分析发展方向如下：从保障能源安全和匹配新能源发电特性的角度，未来火力发电厂必须保留一部分作为调峰及应急备用；从电厂自身节能增效角度，保留大型高效的火力发电机组，逐步淘汰超期服役、小机组；从减碳角度，保留的火力发电厂应该进行余热深度回收供热；从为新能源调峰角度，电厂需要做深度灵活性改造，进一步提升电厂的负荷变化比；从城市建设角度，城市内的燃煤火力发电厂会逐步关停；从余热回收经济半径角度，应优先保留城市周边80~200km[6]以内的符合上述条件的电厂做余热回收及灵活性改造。对于保留下来的火力发电机组，实现高效和低煤耗发展，深度利用余热，在此基础上逐步实现煤电与生物质耦合发电。

2.1.4 太原市火电发展及存在的问题

作为太原市集中供热基础热源，目前嘉节、华能两座燃气电厂仅在供热期运行，未来应该考虑回收烟气余热，进一步提高深度调峰的能力来降低碳排放。其余的6座燃煤电厂，白家庄电厂作为关停淘汰的小机组，由于其特殊的高海拔位置，暂时应该保留，并仅在严寒期运行，将来在有替代热源的情况下转为应急备用热源；对于位于太原市北部的二电厂、东部的瑞光电厂、太钢电厂等也应该逐渐减少非供热期的投运时间，重点放在供热期使用。

在近几个供暖季已经出现的火电厂日负荷波动大、突发降温时电负荷不足而导致供热能力欠缺的问题预计会进一步加剧，需要采用调峰热源联网运行或者增设蓄热罐等设施保障严寒期供热的稳定性，以避免对集中供热能力保障和稳定产生不利影响。

2.2 大型热源厂未来定位及面临的问题

太原市既有的燃气、燃煤热源厂在太原供热发展历程中发挥了重要的作用，另外还有正在筹建之中的阳曲燃煤热源厂、城西燃气热源厂、东部燃气热源厂的建成投运也将为太原市集中供热提供更大的保障，为此，将来热源厂的低碳化路线也非常重要。

2.2.1 碳排放强度测算

对于各种热源的碳排放强度，参照日本《能源统计年鉴》2008年公布的化石能源碳排放系数的数据，如表3所示，另外测算燃煤热源厂及燃气热源厂的碳排放强度。

各种电源及大型热源厂的平均碳排放强度[(g·CO$_2$)/kWh]　表3

电源名称	煤电	*燃煤热源厂	天然气发电	*燃气热源厂	光伏	地热	光热	生物质	核电	风电	潮汐	水电
碳排放强度	1001	543.43	469	219.1	48	45	22	18	16	12	8	4

注：为了简化比较，加*的按照热源厂直接产生1kWh的热量进行测算，大型燃煤热源厂的综合效率按照83%测算，大型燃气热源厂按照93%测算。

2.2.2 燃气热源厂的低碳策略

太原市大型热源厂目前多数为天然气热源厂，天然气作为一种清洁能源具有应急响应快、调整灵活的特点，且燃气的碳排放强度约为燃煤的一半，为此，在低碳目标下应该优于燃煤首先投入使用；而从企业运行成本角度，应后于燃煤投入使用。但是天然气存在价格高和严寒期气量紧张的问题，更加适合作为调峰热源使用，也应该进一步控制燃气用量，可以考虑优先启动分布式的进一步提高控制精度，同时采用与基础热源联网运行来减少燃气用量，未来可以采用蓄热罐进一步有效控制调峰用气量。

6月9日，旭阳能源河北定州至高碑店氢气长输管道可行性研究全面启动，管道全长约145km，是国内目前规划建设的最长氢气管道。管道起点位于河北省定州市旭阳能源产业园，终点位于河北省保定市高碑店市新发地物流园，管径为508mm，设计输量10万t/年，这标志我国零碳气源的开启。未来跟随整个燃气结构调整，太原市在产量足够的条件下，可以逐渐换为氢气后将更加清洁低碳。

2.2.3 燃煤热源厂的低碳策略

基于我国多煤缺油少气的能源结构，煤炭一直是集中供热能源供应的主力军和压舱石。伴随太原市城市供热发展规模由小到大、由分散到集中的过程，燃煤锅炉直接供热规模也经历由小到大的过程。燃煤热源厂烟气排放也在不断升级，除尘、脱硫、脱硝标准也在一直提高。2017年全国大规模推行煤改气、煤改电，太原市小店、东山、晋源、城南等大型燃煤热源厂也逐年改为天然气热源厂。城南热源厂保留了4台64MW的燃煤锅炉并做了超低排放改造，在燃气供应紧缺、极寒天气时，燃煤锅炉可以作为应急备用热源，缓解热源紧张的局面，具有兜底保障作用，转为调峰热源和可靠的应急备用热源，作为集中供热热源的压舱石。

2.2.4 大型热源厂的发展方向

如果以碳排放强度来区分各种电源，煤、天然气均属于高碳电源，而其余的8种电源均为低碳电源，包括可以作为火电燃料的生物质。参照火电的碳排放强度，生物质的碳排放强度只有$18(g·CO_2)/kWh$，是燃煤碳排放强度的0.018[7]。因此，生物质耦合发电实际上是推动煤电向可再生能源发电的过渡，燃煤热源厂也可以参照这个路线进行。与煤、石油、天然气的资源富集程度和燃料获得方式不同，生物质资源分散、收集、处理加工、运输链条多样且不易规模化，其燃料成本（进而导致发电成本）比煤炭高得多，也比风电、太阳能发电的成本高。

从目前的热源结构看来，燃煤热源厂的热源构成比例已经很低，在"双碳"目标下，燃气热源厂无论是从成本上或者碳排放上也应该予以控制；燃煤热源厂使用比例会进一步降低，但作为兜底保障作用的热源仍然必须存在。参照火力发电机组的低碳化改造路线，对于太原市的大型热源厂，未来可以参照以下路线发展，以降低碳排放。

（1）通过生物质与煤耦合混烧，并不断增加生物质混烧比，可以大幅度降低燃煤的碳排放[8]。

（2）对于大型天然气热源厂进一步控制不再增长用量，可以随着整个供气行业进行调整，逐渐置换为氢能等低碳气源。

（3）CCUS技术的研发和示范正在取得重要进展，预计在2025—2045年期间，CCUS技术将会逐步得到大面积的推广应用，使煤碳燃烧达到近零排放。那时，如果实行与生物质混烧，在采用了CCUS技术，就可实现负的碳排放。

（4）大型热源厂保留一定的比例即可，未来新的热源建设应向新能源方向发展。

3 近期的主力低碳方向

绝对的零排放是无法实现的，碳中和是将人为活动排放的二氧化碳及其对自然产生的影响，通过节能提效、植树造林、技术创新等，降到几乎可以忽略的程度，从而实现排放源和碳汇之间的平衡。但在实现碳中和之前，技术路径的优劣顺序应该依次为：节能提效、降低碳排放强度、增加低碳能源和减少高碳能源、通过植树造林强化自然碳汇、以及二氧化碳捕集、封存和利用。超前部署高效CCUS、二氧化碳制烯烃等技术，难度高、投资大，不适现阶段的国情。

未来的供热热源不再是各类燃煤燃气锅炉，可能转变为各类电动热泵、电锅炉，可以依靠电力实现清洁供暖，是热电联产余热、工业余热以及其他可以利用的数据中心等余热资源。未来电力的构成是风电、光电、水电、核电为主，但是此类新能源存在着冬夏季节差问题，冬季枯水期，水力功率不到夏季40%，冬季太阳能日照时间短，光伏日发电量不到夏季一半，冬季、夏季电力负荷接近，冬季北方需要50亿GJ热源。为此，坚持低碳、零碳的节能方向，转变供热方式，大力发展可持续热电联产、工业余热、核电余热等热源供热，推动空气能热泵等替代燃煤燃气锅炉，加强浅层及中心层地热运用，在夏热冬冷的城市边远地区积极倡导空气能热泵等低碳、分散的取暖方式。对于大型城市集中供热，大力回收各种余热是目前主要的低碳发展方向[9]。

3.1 节能增效仍然是第一优选

根据谢克昌院士介绍，2020年，我国非化石能源占一次能源消费的比重为15.8%，剩余仍是化石能源。在84.2%的比例中，煤炭就占了56.8%，这个数据不可能很快调整。根据中国工程院的研究，到2030年，煤炭比重仍将在50%左右，依然是主体能源。我国基本国情和发展阶段，决定了能源转型的立足点和首要任务是切实做好煤炭清洁高效开发利用[10]。

在此背景下，我国还面临能源利用效率偏低的现实。谢克昌院士指出，我国单位国内生产总值（GDP）能耗是世界平均水平的1.4~1.5倍。若能达到世界平均，每年可少用13亿tce，减排34亿t二氧化碳，约占2020年碳排放总量的1/3。因此，相比拓展二氧化碳资源化利用途径，节能提效才是实现碳达峰、碳中和目标的第一优选[11]。节能提效和集中供热一直努力实现的精细化管理节能降耗方向一致，在双碳的要求下，应该加快利用智慧供热等进一步提高管理水平，节能提效，尽早达到智慧供热的终极目标，实现按需供热下的终极节能。

3.2 余热的进一步挖潜收集使用

太阳能、风能等新能源难以应用于大规模的集中供热，且存在"不可控"短板：装机发电能力严重受限于昼夜日照、季节变化、天气阴晴、风力大小等自然气象条件。我国大量在运的火力发电厂，作为我国近期"主体电源、基础地位"、中期"基荷电源与调节电源并重"、远期"调节电源"，在很长的一段时间之内仍将发挥主要作用。为此，将此部分火力发电厂的余热作为清洁低碳的热源，余热具有成本低、资源丰富等优势，非常适合作为基础供热热源，成为大规模零碳集中供热的优选，并应该尽可能的回收利用。

据统计，我国北方供暖地区在运火力发电厂冬季排放的余热量可基本满足城镇供暖的总需求。回收电厂余热，既可以提高电厂能源利用效率、降低碳排放，又能够有效提高存量资产的利用率，相对减少了发电企业产能过剩。除火力发电厂做好定位之后保留的一部分，其余热就应该充分回收。太原市集中供热，对于以余热为主的兴能电厂，应该提高余热利用比例来实现降低碳排放，一是采用集中降温进一步降低系统整体的回水温度；二是降低系统回水温度的同时，降低系统供水温度，尽量工作在余热回收温度区，减少严寒期的抽气加热；三是开始尝试大规模储热，未来回收非供暖期的余热，在严寒期使用。对于嘉节华能等燃气热电厂，应该进一步利用低温回水回收其烟气余热等，再进一步在提高供热能力的同时降低碳排放。

3.3 储热装置的应用

蓄热罐[12]在国内也有应用的介绍，但是在德国的供热管网中使用更为普遍，尤其是短期蓄热。图1是德国蓄热罐的典型使用方式，蓄热罐在集中供热管网中有三种设置方式（图中：Erzeuger——热源、Speicher——蓄热罐、Netz——热网、Verbraucher——用热终端）。第一种方式是热源处设置蓄热罐储能，第二种则是在热源和用热终端之间的供热管网上选取合适的位置设置，第三种方式是用热终端（热力站或热用户）的储热。在德国很多热电厂或热电联产工厂会设置蓄热罐，Stadtwerke Detmold的燃木锅炉厂里就有。因为德国热电厂或热电联产工厂并不是持续投产，会根据电价的市场波动而变化，当电价高时大量生产，反之减产。

水介质蓄热罐按照时间长短分为两类：在一个完整的循环周期内，蓄热罐分为季节性（长期性）和短期储热。短期蓄热如图2所示，需用于频繁的装、卸交替，并达到数量级的周期数，平均每年多达200个完整周期。对

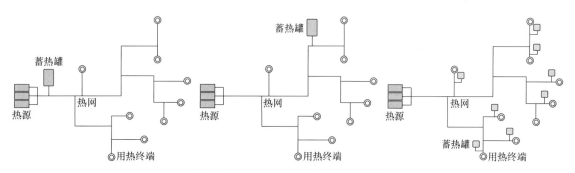

图1 德国蓄热装置的三种布置方式

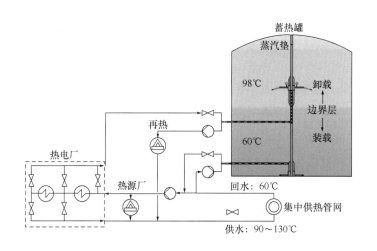

图2 典型蓄热系统示意及实景图

于长期蓄热罐，一个完整的周期是指蓄热罐在一年内的累积装卸量达到标称容量。长期储热的典型应用是与太阳能相结合。在夏季热能储存在这里，以便在寒冷的月份使用，这种储热称为季节性储热，因为它们通常每年仅执行一个完整的装卸周期。外形纤细表面体积比大，热量损失大，但是压力及温度更高，能蓄更高温的热水，适合配套使用提供高温蓄热。

余热作为未来非常适合集中供热的宝贵资源，在非供热期也应该予以回收，为此开展大规模跨季储热设备的研究，高效储存非供暖季的余热，用于冬季供暖。可以回收大量余热资源，将仅运行冬季三、四个月的余热回收装置为全年运行，三倍产热量，不再需要调峰热源，通过改变从蓄热装置取热流量平衡需求变化；同时可以提高供热系统的可靠性，热源和长输管道故障对供热影响进一步降低。

3.4 全面的低温回水

实现未来零碳供热的核心技术，一是跨季节储热技术，二是降低回水温度的技术，三是高效回收各类低品位余热的技术，四是建筑保温和减少冷风渗透技术，进一步降低热需求。此四项中，最核心的还是低温回水，通过太古大温差长输供热项目就可以看出，低温回水导致了电厂余热的方便回收和高比例回收，并且显著提高了集中供热管网的输热能力。欧洲早期采用第四代低温供热技术，未来跨季节储热必然是大型的常压型蓄热体，最高蓄热温度肯定控制在95℃以下，为此低温回水就成为最好的选择。

3.5 核能利用

3.5.1 低温核泳池

可用来实现区域供热的泳池式低温供热堆[13]。"燕龙"泳池式低温供热堆是由中核集团自主研发的。2017年11月28日，一座400MW的"燕龙"低温供热堆在北京正式发布，供暖建筑面积可达约2000万m^2，相当于20万户三居室。"燕龙"是中核集团在针对北方城市供暖需求开发的一种安全经济、绿色环保的堆型产品，其原理是将反应堆堆芯放置在一个常压水池的深处，利用水层的静压力提高堆芯出口水温以满足供热要求。热量通过两级交换传递给供热回路，再通过热网将热量输送给千家万户。"燕龙"具有"零"堆熔、"零"排放、易退役、投资少等显著特点，在反应堆多道安全屏障的基础上，增设压力较高的隔离回路，确保放射性与热网隔离。池式低温供热堆选址灵活，内陆沿海均可，适合北方内陆。泳池式低温供热在经济方面，热价远优于燃气，与燃煤、热电联产有经济可比性。反应堆退役彻底，厂址可实现绿色复用。

低温核泳池也是余热用尽之后的清洁低碳供热热源，可以根据当地情况考虑使用，但是仍然建议建设在距离城市较远的地方。未来当一些火力发电厂由于服役年限等原因关停的话，如果低碳热源不足，可以考虑建设低温核泳池堆作为替代热源。

3.5.2 凤麟核电宝

基于对核能与核安全的深入认识，"凤麟核"从源头确保核安全的革新理念出发，提出了超小型先进核能系统"核电宝"，它具备"超安全、超小型、超长效"的特征，不仅从源头避免了传统核事故，还能够将尺寸做得非常小，比如千瓦级只有排球那么大，兆瓦级可放在集装箱内，一次更换核燃料可以连续运行10～30年。"核电宝（Hedianbao）"这个专有名词已被世界核协会（WNA）收录，带动了国际国内核能研究领域的新热潮，美国、俄罗斯等核能强国近年来也公布了类似的核电源研发计划。在分析核能发展历程和目前能源的多元化需求的基础上，凤麟核提出"从源头确保核安全"的"四项革新"举措，并提出第五代核能系统（简称"核5G"）及其技术特征，并认为这将成为先进核能未来发展方向。

相信在不久的将来，小巧灵活的核电宝等小型化、低温化核能利用装置，结合灵活完善的城市热网，将实现城市供电供暖、海洋与海岛开发、船舶与航空航天动力等重要应用，为核能的安全高效利用开辟新途径。

4 网、站、户的变化调整

4.1 进一步提升大热网调度水平和灵活性

太原市早期集中供热热网是根据工程供热范围布置，经过多年发展，多个热网已经连接成一整张网，并呈现了一定的电网特性，只要回水温度足够低，经济输送半径就可以进一步加大。随着新能源的发电比例逐渐提高，系统运行方式分散性、日运行方式变化频率显著增加，电网会由各个新能源发电点分散的回收建筑自身无法消纳的电量；但对于各类低品位余热，如数据中心余热等，由热网来回收，同时作为各散热设备的冷却系统则非常类似，就这对超大型热网的灵活性运行提出了很高的要求，可能今天热网属于放热状态，明天属于收集热量状态，输送方向也在经常变化。为此，热网的发展方向是如何充分发挥一张热网的作用，让热网变得更灵活、可控程度更高、安全性更高，配合蓄热设备，实现多元化经营。

KC Kavvadias[6]等认为电网和热网均起到能量输配作用，当供热半径≥200km时，使用电网输送能量效率更高，当供热半径≤200km时，采用热网输送更为合适。为此，对于一个大型城市，集中供热热网对于低品位能源的输配有很强的优势。

4.2 热力站的多能互补

未来建筑行业是决定一个城市碳中和是否成功的重要因素，建筑未来的发展方向是继续降低建筑能耗，或者是将风能、太阳能光伏与建筑一体化，通过城市有机物发电、地热与地质储能，发挥综合减排作用。建筑实现从耗能向产能的根本性转变，换热站作为一个小区内的低品位能源的交换中枢，未来的发展模式，可以参照德国住宅的集中供热模式。在德国，对于普通人来说，大多都有自己的小型房屋，人们可以自己考虑决定到底使用哪种方式供热，由于完全不同的系统，消耗的财力、物力不同，人们会结合自己的财政预算考虑，选择最适合自己的一种。集中供热投资和维护成本低，在新建建筑中比较受欢迎。由于换热站的新连接比较便宜，通常还会安装常规的太阳能辅助加热系统，该技术的维护强度较低，相较于自己供热省去了烟囱扫除的费用，建筑保险的成本通常较低。并且可以更容易满足防火要求。

太原市的换热站经过多年的发展，大型集中供热系统的热力站已经由热交换站改建为吸收式换热期换热站，部分换热站还带有补燃式机组或调峰锅炉，无论是补燃型换热站还是能源的接入形式，已经变得更加灵活多样。

下一步利用管网蓄热和燃气提供个性差异延长供热服务，改善用户体验或者将热力站转型为一个多能互补的小型能源站，将小区内的风能、太阳能或者热泵等的能源综合整理后为用户服务，实现多能互补、多能协同，从而节省基础设施的投入成本，建立完整开放的清洁供热市场体系，运用大数据、信息化、互联网等技术手段促进各方合作，克服区域之间、城乡之间资源配置不平衡、项目落地不顺畅的难题，让先进的技术和产品以及优惠政策发挥更大的作用，并最终把热力站做成小区能源交互的中心。

4.3 二次网与热用户

降低终端建筑能耗[14]可以有效降低总的热源消耗，实现总体的节能减碳。为此，清洁供热领域的碳达峰、碳中和及其相关工作从热用户角度应该关注几个方面：

4.3.1 老旧系统及老旧小区改造

一是大力实施老旧供热系统更新改造、供热系统节能改造、供热基础设施数字化、智能化建设以及建筑节能与用能改造，全面提高供热运行安全和保障能力，全面提升供热系统效能和用户供暖质量，构建安全、低碳、清洁、高效、智慧、经济的供热系统。

二是以"全生命周期"理念，以低碳、高效为目标，以安全、经济为前提，借助"碳达峰、碳中和""新基建"以及老旧小区改造政策，推进供热系统老旧设备改造、系统节能以及低碳替代改造，全面提升供热系统技术与装备水平。

4.3.2 不断提升精细化调控水平

2019年1月24日，住房和城乡建设部发布《近零能耗建筑技术标准》[15]GB/T 51350—2019，自2019年9月1日起实施。标准中定义了超低能耗建筑、近零能耗建筑、零能耗建筑。其中，零能耗建筑充分利用建筑本体和周边的可再生能源资源，使可再生能源产能大于等于建筑全年全部用能；近零能耗建筑供暖年耗热量，严寒地区$\leq 18 kWh/(m^2 \cdot a)$，寒冷地区$\leq 15 kWh/(m^2 \cdot a)$。未来落实建筑领域提升节能标准的要求，在保证技术经济性好的前提下，尽快达到超低能耗乃至更高水平的建筑节能标准，这也就要求集中供热企业要进一步提高自己的调控水平，将建筑能耗的控制精度持续控制建筑能耗的一定范围之内，才有生存的空间。

4.3.3 推行室温采集全覆盖，实现末端精确感知

用户室温数据是集中供热系统的神经末梢，是进一步提高精细化管理的必要数据，是未来实现大数据分析调整的必备数据，是提高用户满意度、变被动处理为主动解决的必要手段，是我们用心工作、让用户安心、让党和政府放心的一项有效措施。为了解决现在室温采集设备难以准确定位及设备挪动时的数据剔除、初投资高、后期难以维护的难题，变化一种思路，与移动、联通、电信三家运营商初步商讨了基于用户宽带路由器的室温采集回传方式，拟初步确定方案如下：由三大运营商进行无线温湿度检测仪以及配套安装售后服务，设备安装符合室温采集要求，并可以与路由器正常通信，通过低功耗蓝牙连接路由器上传至数据中台，实现与智慧热网平台对接并进行大数据综合展示、分析与应用。

4.3.4 热用户增值服务

坚决控制能源消费总量，落实节能优先方针，把节能增效贯穿供热全过程和各个领域，转变供热运营方式，构建以用户需求侧为导向的安全、高效、智能化的供热调控系统，完成供热从"生产运行型"向"综合服务型"转变；通过技术和市场手段，以及社会宣传引导，普及"热"的基本特性和供热供暖基本常识，积极倡导健康、适度、绿色、低碳的供暖方式，提升节能意识和节俭消费观念，培育供热能源节约型市场，在提升供热品质的同时实现节能增效。

5 新技术及制度保障

5.1 科技创新及体制保障

能源技术革命是实现"双碳"目标的核心驱动力，推动科技创新、产业创新、管理创新以及商业模式创新，全面提升供热系统技术与装备水平，这是供热领域碳达峰、碳中和的重要支撑[16]；推动能源体制革命，深化供热体制改革，明确供热基本属性以及基本特性，解决历史沉积的价格以及投资体制问题，形成主要由市场决定供热价格的市场机制和政府补偿机制，建立公平的供热市场以及法治与监管体系，为实现"双碳"目标和保障供热事业可持续发展保驾护航。

5.2 统筹协调及综合治理

"双碳"涉及人口、资源、环境、安全、技术、经济以及消费等社会的方方面面，绝非一城一池、一行一业之事，要坚持全局与系统观念。一方面，需要自上而下的引领指导和自下而上的配合支持；另一方面，也需要横向的综合协调与协同作战，分步实施，决不能搞"单打一"，孤军奋战，特别是在涉及电力资源安全保障、热电协同发展、建筑节能降耗、技术装备升级、社会节能响应、供热资源整合、智慧城市、智慧能源以及相关政策、法规、标准等方面，都需要资源共享、统筹协调、综合治理、融合发展。

5.3 数字化转型及智慧供热

热力企业面向"双碳",打造"双建":即建立供热企业级编码规范、建立供热企业评价体系(安全、经济、绿色三个维度,绿色主要是针对双碳设计的评价体系)。

市场方向:国家发展改革委于 2020 年 12 月 31 日发布《碳排放交易管理办法(试行)》,其中第二十一条明确协议转让、单向竞价,参与者既可以是机构,也可以是个人。

国家电网若想增加电量供给,需要在它的上游发电端增加投入,在下游增加电容量,其在上游优势比我们大,但是不具备我们换热站的土地储备优势。

第一步:换热站升级为区域能源站,打造综合能源微网。所有新增设备均按照统一编码,编码充分考虑"双碳"属性,同时在评价体系,对"碳捕捉、碳核定、碳存储、碳交易"均做出评价。

第二步:依据"编码规范"和"评价体系",打造数据中台,建设统一数据库、大数据算子库。实现目标:数据安全且共享,数据价值能挖掘,运维+碳交易同平台的软件体系。

第三步:一定是轻资产运维,赚高附加值的钱。源侧,提供源侧(余热、热泵、电热泵、储能、储电)技术咨询及标准;用户侧,提供用户侧电气化改造的技术咨询及标准。

盈利模式:通过区域能源站或者综合能源微网,提供比电网更便宜的电,同时在清洁能源能量端积累碳排放指标。面向用户(包括个人用户,甚至主要是个人用户),逛售电、热、碳排放指标。

为此,供热将从传统生产运行模式向舒适、个性、数字、智能、综合化服务型转变,实现经营业态转型;供热将从传统的粗放式管理向精细化、信息化、智能化、精准供热方向转变,实现智慧供热目标。

5.4 新能源供热

5.4.1 能源岛的建设

能源岛旨在横向构建冷热电多能互补、纵向优化源网荷储的综合能源系统,实现清洁能源高效利用和多种能源互联互济网,该模式下如何结合地域条件,选择合理的能源类型,实现多能流系统的耦合及冷、热、电多种能源产品和用户能源行为显得尤为重要[17]。太原市正在逐步推进能源岛的建设,利用分布式光伏、地热能、生物质能、储能、其他清洁能源[18]等,通过合理优化消纳控制方案,实现零污染、零排放,水资源零损失的零碳能源供热。

5.4.2 深层地源热泵的建设

地源热泵一直是清洁供热的主力构成,但是一直未曾在太原市大规模应用。为此,太原热力集团与中国科学院院士、太原理工大学教授赵阳升合作开展针对太原市区增强型(EGS)地热勘探、开采与规模供暖示范工程项目。项目目的是获得太原市寒武纪地层高温地热资源开采的关键工程参数,为 100 万 m^2 级别规模供暖工程设计提供技术参数,同时为今后项目的应用与推广奠定基础。

地热供热示范项目属可再生绿色低碳清洁能源,项目开展实施后环境效益明显。该项目技术的大规模推广应用将来有望替代太原市燃煤供暖,实现太原市能源利用转型,加快能源革命推进步伐,节能减碳效益显著。

5.4.3 大型太阳能供热装置

太阳能供热一般小型化应用比较多,大型的太阳能供热在我国新疆有类似的工程,但是仍然采用的是真空管技术,单位成本仍然过高,随之太阳能直热的效率要远低于太阳能发电,但综合能源成本反而比太阳能发电还高。

为了降低太阳能集热器的制造成本,解决平板集热器热损大,不抗冻的难题,做出普通老百姓能够安得起、用得起的太阳能供暖系统,新型平板集热器的板芯,正是利用了这一自然景观。吸热板的一面是吸热涂层,另一面就是徐徐而下的流水,我们称这一技术为背流。这个技术是迄今为止太阳能集热器制造中,制造成本最低、热转化效率最高的生产技术(图 3),对正在实施的"碳达峰""碳中和"意义非凡。因为它比现有平板集热器的制造成本下降了 50% 以上,同时,在冬季低温供暖时,它比现有平板集热器的有效得热量大幅度提高。

一块 1000mm×2000mm 的新型平板集热器得热量相当于 22~23 支 ϕ58mm×1800mm 的全玻璃真空管的得热量。

图 3 背流平板式太阳能集热器

清洁供热领域要把新发展理念准确全面的贯彻到清洁供热工作当中,把创新驱动作为清洁供热的第一动力,加大新技术、新产品、新工艺的研发应用,通过不断地进行节能降碳技术改造,推动清洁供热产业再上新台阶。太阳能供热只要成本控制的合适,完全可以作为大型蓄热体的夏季热源进行储热,其比电厂余热更加清洁低碳。

5.5 余热及碳排放的政策

推行关于余热的政策:关于电厂余热回收的碳排放交易政策[19],将来大温差改造,类似于电动车的碳排放奖励,电厂余热回收的碳排放奖励,区别于纯火力发电厂与余热回收电厂。

6 结论

（1）大型集中供热企业应该顺应、把握行业发展趋势与方向，力求在发展中不断完善自己、超越自己，实现跨越式发展。目前作为主体电源的火力发电逐渐转变为基础性和调节性电源，在未来很长一段时间内，其余热仍然是大型集中供热的主力热源，但是其负荷的不稳定将会进一步凸显，应采用技术措施妥善处置。

（2）对于大型供热管网，应该转变思路，进一步提高其灵活性，提高其作为低品位能源输配的灵活性，并充分降低回水温度，提高输送效率，为深度回收余热做准备。

（3）对于天然气，应进一步控制使用总量，高效使用，跟随燃气结构逐渐置换。

（4）节能降耗是大型集中供热系统的优选，与企业精细化管理之路不谋而合。

（5）做好余热和自然热源利用是供热行业实现"双碳"目标的必由之路，蓄热将来会迎来飞速发展，在蓄热发展的基础上，应该进行技术创新，尝试各种新能源。

参考文献

[1] 周孝信，陈树勇，鲁宗相，等. 能源转型中我国新一代电力系统的技术特征[J]. 中国电机工程学报，2018，38(7)：1893-1904，2205.

[2] 项目综合报告编写组.《中国长期低碳发展战略与转型路径研究》综合报告[J]. 中国人口·资源与环境，2020，30(11)：1-25.

[3] 林波荣，侯恩哲. 今日谈"碳"——建筑业"能""碳"双控路径探析(1)[J]. 建筑节能(中英文)，2021，49(5)：1-5.

[4] 叶春. 碳中和目标下的"十四五"煤电转型与重构[J]. 中国电力企业管理，2021，7：17-21.

[5] 崔宜筠，Nathan Hultman，姜克隽，等. 加快中国燃煤电厂退出：通过逐厂评估探索可行的退役路径[R]. 中国：美国马里兰大学全球可持续发展中心能源研究所，2020.

[6] Kavvadias K C，Quoilin S. Exploiting waste heat potential by long distance heat transmission：Design considerations and techno-economic assessment[J]. Applied Energy，2018，452-465.

[7] 毛健雄，李定凯. 燃煤耦合生物质发电煤电低碳清洁发展的新途径[N]. 能源电力新观察，2021-05-27.

[8] 倪维斗. 生物质耦合发电，解决煤电低碳发展的优化方案[C]//第三届燃煤耦合生物质发电技术应用研讨会. 淄博，2021.

[9] 江亿. 城镇供热系统的碳中和路径[C]//中国国际暖通高峰论坛——碳达峰、碳中和与清洁供热绿色发展国际峰会. 北京，2021.

[10] 陈宗法."双碳"目标下我国煤电何去何从？[J]. 中国电力企业管理，2021(7)：12-16.

[11] 谢克昌. 节能提效才是减碳第一优选[N]. 中国能源报，2021-05-17.

[12] 石沛，骆军，田立顺，等. 热电协同模式下的燃气热电厂烟气余热深度利用[J]. 区域供热，2021(2)：108-110.

[13] 柯国土，刘兴民，郭春秋，等. 泳池式低温供热堆技术进展[J]. 原子能科学技术，2020，54(S1)：206-212.

[14] 那威，张宇碳，吴景山，等. 北方城镇集中供热能耗宏观数据统计现状及改进分析方法研究[J]. 区域供热，2019，(3)：22-27.

[15] 中国建筑科学研究院. 近零能耗建筑技术标准GB/T 51350—2019[S]. 北京：中国建筑工业出版社，2019.

[16] 新时代的中国能源发展[N]. 中国共产党新闻网，2020-12-22.

[17] 钱东浩. 多能流网络下CCHP及控制系统仿真研究[D]. 大连：大连理工大学，2020.

[18] 周晨曦. 高渗透率扬中绿色能源岛的电网规划和消纳控制研究[D]. 镇江：江苏大学，2019.

[19] 王一雷，夏西强，张言. 碳交易政策下供应链碳减排与低碳宣传的微分对策研究[J/OL]. 中国管理科学：1-12[2021-06-16]. https://doi.org/10.16381/j.cnki.issn1003-207x.2021.0165.

新疆首个逾10万 m^2 超低温空气源热泵供热项目实际运行研究

新疆阜康市住房和城乡建设局　张　贤
新疆昌吉市住房和城乡建设局　马贵东　蒲学军
新疆昌吉市农业投资开发经营有限责任公司　俞兆斌
新疆九盛富威新能源科技有限公司　张利新

【摘　要】新疆首个逾10万 m^2 超低温空气源热泵项目位于北疆A市城北区（严寒地区），属学校类新建节能建筑，面积104920.4 m^2。投资2200余万元，安装单台功率44kW超低温涡旋式空气源热泵主机66台、管道式100kW电加热器10台。2019年以BOT模式投资建设，即第三方资金投入、设备安装调试、运营管理。目前已成功正常运行2个供暖期，经受住了零下30℃严寒考验，供热质量达标稳定，设备运转正常，凸显出比较理想能效比和较低电费优势，在新疆电供暖优惠电价再次调高的情况下，或对新疆规模化热泵供暖产生示范和引领作用。

【关键词】新疆　超低温空气源热泵　供热　研究

1　项目概况

2016年新建的北疆A市第一中学新校址位于城市北郊，总建筑面积为104942.4万 m^2，共有19栋建筑物，均为节能建筑（若计算部分建筑物超高面积，整体供暖面积达15万 m^2），其中散热器供暖面积约3.5万 m^2，地暖供暖面积约7万 m^2。原供暖方式为集中供热。因北疆A市快速扩建与发展，热源不足问题逐步凸显，城区管网老化跑冒滴漏严重；加之一中新校区位于偏远北郊，处于集中供热最末端，且校内热力管网设计不太合理，存在水力失调，导致集中供热效果不理想，严寒季节室温维持在15℃左右，严重影响了学校正常教育教学活动。因此，为解决一中的暖气不热问题，同时顺应清洁供热发展趋势，结合一中远离市区位于供热末端的实际，遂确定以清洁热源供热替代原集中供热的技改思路。建筑相关数据见表1。

北疆A市一中建筑面积及超高面积和热费一览表　　　表1

序号	建筑物楼号及名称	层数	建筑面积（m^2）	建筑物层高（m）	实际超高（m）	超高面积（m^2）	超高面积热费（元）
1	1号图书馆	6	15870.70	3.8	0.8	3808.97	87606.3
2	2号教学楼	4	8126.48	3.9	0.9	2194.15	50465.4
3	3号阶梯教室	2	966.80	4.2	1.2	348.05	8005.1
4	4号实验楼	5	3542.90	4.5	1.5	1594.31	36669.0
5	5号宿舍	5	4153.09	3.6	0.6	747.56	17193.8
6	6号食堂	3	4810.18	4.3	1.3	1875.97	43147.3
7	7号宿舍	5	4153.09	3.6	0.6	747.56	17193.8
8	9号报告厅	1	1633.10	6.0	3.0	1469.79	33805.2
9	10号高中部楼	5	9342.74	3.9	0.9	2522.54	58018.4
10	11号综合	5	5213.50	3.9	0.9	1407.65	32375.8
11	12号食堂	3	7495.95	4.3	1.3	2923.42	67238.7
12	13号宿舍楼	5	5318.99	3.5	0.5	797.85	18350.5
13	14号宿舍楼	5	5318.99	3.5	0.5	797.85	18350.5
14	15号宿舍楼	5	5318.99	3.5	0.5	797.85	18350.5
15	16号体育馆	3	11450.29	6.4	3.4	11679.3	268623.8
16	17号主席台	1	980.85	3.2	0.2	58.85	1353.6
17	18号校门1		49.74	3.45	0.45	6.71	154.7
18	18号校门2		49.74	3.85	0.85	12.68	292.0
19	18号校门3		49.74	6.65	3.65	54.47	1253.0
合计			104942.40				836465.8

注：当地供热条例规定：建筑层高以3m为限，层高超过0.1m，加收基本热价的3%。

2　清洁热源替代集中供热技改方案

2.1　技改原则

项目改造的总体原则是维持原庭院管网及室内供暖散热系统不变，仅对热源进行改造。经对各类电供暖方式技术经济性反复调研比较，热源改造最终采用超低温空气源热泵＋电加热器辅助方式。鉴于空气源热泵高能效特点，供热运行初期、末期由空气源热泵提供全部供暖用热水，当环境温度降低至空气源热泵经济运行温度以下或遇零下30℃极寒天气时，开启电加热器进行补热。

2.2　技改方向：热泵＋电辅助

根据改建设计前的负荷统计，对校区整体负荷进行逐时计算，校区在室内环温20℃情况下，校区合计总热负荷为7475.3kW（7475300W÷104943.30m^2＝71W/m^2）。拟在不动用原有供暖系统的前提下，用超低温空气源热泵机组＋电辅助方式替代原集中供热，按原管网的热水品质要求并入原二次管网。

2.3　热源选址

北疆A市一中划用学校操场东部占地面积2500m^2空闲预留绿化带作为新建热源站，其范围内新建永久性500m^2的控制室和设备间，热源站管网与二次侧对接，同时保留原集中供热管网系统，停电或设备事故时应急备用。

2.4　供热方式

原供暖系统分为高、低温两路管道系统。低温系统用于供给24h长期运行场所负荷，室内散热设备为地暖盘管及学校自加少部分暖气片；高温系统用于暖气片和新风预热，其中新风系统用于间歇性开启的场所。

2.5 高、低温两路管道系统智能化联动控制

（1）空气源热泵与电热设备联动以环温和供水温度为信号：

① 当环温（-20~25）℃时，仅空气源设备运行；

② 当环温低于-25℃时，当供水温度低于设定水温3℃ 0.5h后电热设备逐级开启，并在高于设定温度3℃后逐级卸载，最终维持在设定水温要求；

③ 当达到设定水温时，优先卸载电热设备，电热设备卸载完毕后，再卸载空气源热泵设备。

（2）热源与水泵联动

① 当环温低于0℃时，水泵持续运行；

② 开启热源前，水泵提前运行1~3min；关闭热源，水泵持续运转2~3min；

③ 用户侧水泵采用变频水泵，变频水泵采用压力控制，水压大时自动降频。

（3）间歇性高温水供给控制

间歇性负荷场所日常维持低温防冻水温（35~45℃），监测设备开启后，按环温逐级开启空气源热泵和电热设备：

① 环温大于或等于-25℃，优先开启空气源热泵；

② 环温低于-25℃，同时逐级开启空气源热泵+电热设备。

（4）防冻联动

① 检测室外环境温度高于0℃时，取消防冻运行，局部管道电动蝶阀关闭；

② 与校方制定运行时间，间歇性和日间工作场所，定时进入防冻运行；

③ 在存在全天供热的场所，防冻运行采用调节流量方式，否则降低系统供水温度。

2.6 电力供应条件

"十三五"期间，为保障"电化阜康"用电需求，国网供电公司在阜康地区建设220kV变电站2座，新建及改造110kV变电站6座。经沟通对接，国网阜康供电公司可为一中集中供热改超低温空气源热泵项目提供约8000~10000kW的电力支撑，并将电力外电网架设至热源站变压器处。

2.7 当地电供暖优惠电价

2019年1万m²以上平谷优惠电价：平段0.214元/kWh；谷段0.1241元/kWh，平谷段平均电价0.169元/kWh；

2020年1万m²以上平谷优惠电价：平段0.2241元/kWh；谷段0.1341元/kWh，平谷段平均电价0.1791元/kWh；

2021年1万m²以上平谷优惠电价：平段0.24元/kWh；谷段0.165元/kWh，平谷段平均电价0.2025元/kWh。

三年电价数据显示，当地电供暖优惠电价以"小步慢跑"态势逐年上调。

3 当地气象参数及气象资料

依据新疆昌吉州气象站台气象参数进行计算（表2~表4，图1~图3）(含北疆A市)，供热起止天数依据北疆A市本地供热条例，供暖期为10月15日~4月15日，6个月，供暖期天数为183d。

新疆昌吉回族自治州气象站台气象参数（引自《民用建筑供暖通风与空气调节设计规范》GB 50736—2012）。

新疆昌吉回族自治州气象站台气象参数表（含北疆A市）　　　表2

供暖期天数	183d
日平均温度≤+8℃的天数	187d
冬季日平均温度	-9.5℃
极端最高温度	40.5℃
极端最低温度	-40.1℃
冬季大气压力	934.1hPa
海拔高程	793.5m
冬季室外平均风速	2.5m/s
冬季最多风向平均风速	2.9m/s
最大冻土深度	1.36m

北疆A市2019—2020供暖期日平均温度统计表　　　表3

温度区间（℃）	区间平均温度（℃）	负荷比例	天数（d）
≥-30	—	—	0
≤-30	—	—	0
≤-25	—	100.00%	1
≤-22	-22.20	95.87%	10
-18~-14	-15.05	88.21%	17
-14~-10	-10.41	77.16%	22
-10~-5	-5.55	65.59%	31
-5~0	-2.64	53.90%	31
0~5	2.62	41.38%	24
≥5	8.59	27.16%	30
总计			183

北疆A市2020—2021年供暖期日平均温度统计表　　　表4

温度区间（℃）	区间平均温度（℃）	负荷比例	天数（d）
≥-30	—	100.00%	0
≤-30	—	100.00%	2
≤-25	—	100.00%	10
≤-22	-22.20	95.87%	10
-18~-14	-15.05	88.21%	17
-14~-10	-10.41	77.16%	25
-10~-5	-5.55	65.59%	31
-5~0	-2.64	53.90%	31
0~5	2.62	41.38%	27
≥5	8.59	27.16%	30
总计			183

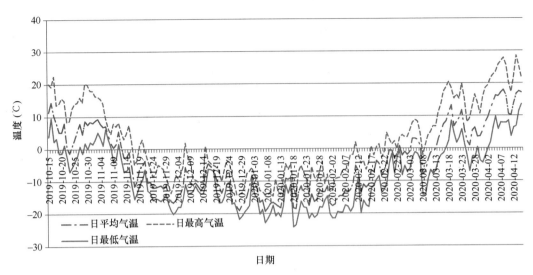

图 1　2019—2020 供暖期北疆 A 市 5 日环境温度变化曲线图

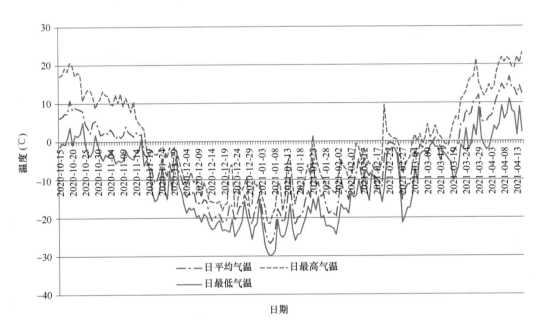

图 2　2020—2021 年供暖期北疆 A 市 5 日环境温度变化曲线图

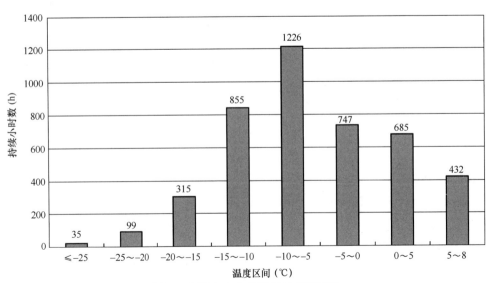

图 3　北疆 A 市冬季温度分布统计图

通过观察分析北疆 A 市 2019—2021 年两个供暖期 5 日环境温度变化曲线图、供暖期日平均温度统计表及冬季温度分布统计图可知：2019—2020 年供暖期是个暖冬，最寒冷期的环境温度为 -25℃，并且持续时间不超过 5 天，严寒期的其他环境温度均在 -20~15℃；2020—2021 年供暖期则是个寒冬，最寒冷期的环境温度为 -30℃，并且持续时间不超过 2 天，-25℃ 的时间段大约持续了一周左右，严寒期的其他时间段也在 -20℃ 左右。

4 北疆 A 市室外计算温度及热指标

4.1 供暖期室外计算温度

北疆 A 市供暖期天数为 183d，供暖期室外计算温度为 -24℃，室内温度不低于 20℃。按照国家颁布的现行标准，各类建筑物的供暖热指标的推荐值 q_h（W/m²）如表 5 所示：

各类建筑物供暖热指标推荐值 q_h（单位：W/m²） 表 5

建筑物	住宅	居民	学校	医院	旅馆	商店	食堂	影剧院	大礼堂
非节能建筑	58~64	60~67	60~80	65~80	60~70	65~80	115~	95~115	>115
节能建筑	40~45	45~55	50~70	55~70	50~60	55~70	100~130	80~105	100~150

4.2 供暖热指标的选择

本项目为新建的学校类 65% 节能标准建筑，考虑到新建学校位于城市空旷的北郊，风大寒冷且建筑空间较高，因此，综合供暖负荷指标选择学校类节能建筑上限为 70W/m²。

4.3 供暖热负荷的确定（参考表 6）

供暖热负荷的确定 表 6

建筑名称类型	学校类节能建筑
建筑面积（m²）	104943.30
供暖面积热指标（W/m²）	70
供暖热负荷（kW）	7346

5 热源设备选型

5.1 运行工况分析

经对北疆 A 市近 20 年的主要气象参数及气象资料分析研究，同时依据近几年的冬季 5 日环境温度变化曲线图、供暖期日平均温度统计表、冬季温度分布统计图等比较科学的气象资料，项目所在地冬季最低环境温度 -35℃，每年最冷季发生在寒假期间。假期前后查询历年气象记录，日最低为 -30℃；日均最低 -25℃；日间环温均不低于 -23℃；因此热源工况基本在 -23℃ 之上，大部分时间在 -20℃ 以上。为保证整个供暖系统高效运行，且取得最佳经济效益，工况按如下取值：取极限工况为 -30℃，最低运行温度 -25℃，日间运行环温 -20℃。

5.2 供暖水温设计

原系统分为高温系统，供/回水温度 70℃/50℃，平均水温 60℃；低温系统，供/回水温度 50℃/40℃。

原高温水系统负荷均为间歇性负荷，可通过加大低温侧供热能力降低高温水供给温度，以此达到节能运行目的，因此最终设计供水温度为：高温水 -65℃/55℃；低温水 -50℃/40℃。

设计水温为设备选型依据，非实际运行控制温度，运行温度需根据室内温度情况按需调节，以达到节能目的。

5.3 热源主要设备配置

根据热源品质要求，最终热源选择涡旋式超低温空气源热泵 + 电热耦合方式。根据不同室内供暖方式对水温的要求，系统划分为高、低温两个系统，系统设备选型如下：

（1）高温系统（散热器供暖系统）供热面积约 3.5 万 m²，配置主机 52P（44kW），30+5 台，共 1540kW；管道式电加热器 100kW，5 台，共 500kW。配置 75kW 循环泵 1 台，每台流量 170m³/h。（2021 年冬季从高温系统切换 12 台空气源热泵主机至低温系统，实际高温系统空气源热泵主机为 18+5 台，计 792kW+500kW）。

（2）低温系统（地暖供暖系统）

供热面积约 7 万 m²，配置主机 52P（44kW），36+5 台，共 1804kW；管道式电加热器 100kW，5 台，共 500kW，配置 75kW 循环泵 2 台，每台流量 170m³/h。2021 年冬季从高温系统切换 12 台空气源热泵主机至低温系统，低温系统空气源热泵主机达到 48+5 台，共 2612kW。

（3）其他主要参数范围和控制调节措施

制热运行环境温度范围：-30℃/28℃；

最高出水温度：60℃

技术保护措施：高低压保护、防冻保护、过载、水流保护等；

容量调节方式：0%-25%-50%-75%-100%；

节流方式：电子膨胀阀；

水侧换热器：管壳式换热器；

风侧换热器：高效翅片管式换热器；

风机：高效低噪声轴流风机。

另外，电力设施主要是配置 2500kW 箱式变压器 3 台，共计 7500kW，380V 的外电网由当地供电部门按照先前约定接至变压器。

6 超低温空气源热泵理论能效比 COP 及系统设计

热泵选用 ZGR-150 II AD 超低温空气源热泵（冷水）机组，其 44kW 涡旋式超低温空气源热泵单台主机，出水温度50℃/55℃时能效比COP参数如表7所示：

能效比COP参数　　表7

室外干/湿球温度	制热量	输入功率	能效比COP
7℃/6℃	145.45kW/142.5kW	48.25kW/51.5kW	3.0/2.767
−12℃/−14℃	89.1kW/87.3kW	44.5kW/47.7kW	2.0/1.83
−20℃	78.8kW/77.2kW	43.6kW/46.8kW	1.81/1.65
−25℃	72.2kW/正常工作	43.2kW/正常工作	1.67/正常工作
−30℃	68.2kW/正常工作	42.8kW/正常工作	1.59/正常工作
全供暖期平均			2.0

（1）本次设计供暖热源采用空气源热泵机组＋电加热辅助装置，降低了所有环节的工程量，大大降低施工难度，也提高了项目安全性。

（2）新热源站配备燃油/生物质锅炉＋柴油发电机系统，保证停电后可利用燃油发电机供锅炉和水泵运行，正常供暖。

（3）系统均设计为蓄能系统，热源侧为开式机械循环，使用侧为闭式机械循环系统，采用蓄能缓冲水箱，优化系统化霜工况，既能智能除霜，又能强制手动除霜，且可保证短期停电情况下系统的正常使用。

（4）使用侧增设节能控制系统，每个分项入户处增设平衡阀，保证系统内每个分项的水力平衡，使系统水温稳定，保证供暖效果。

7 技改项目完成后拟达到的预期室温

改造参照原暖通设计温度，考虑人员舒适情况，最终供暖温度均大于原温度，对比如表8所示：

改造前后参数对比　　表8

功能	原供暖温度（℃）	改造后供暖温度（℃）
教室、办公	18	≥20
宿舍	18	≥21
食堂	15	≥18
图书馆	15	≥18
试验	15	≥18
浴室	23	≥23
公共场所	12	≥12

8 一中技改项目实际供热运行效果

项目于2020年1月8日正式建成投运，经过前期6d调试和97d的正式运行，超低温空气源热泵＋电加热器辅助运行正常，经受住了−25℃严寒天气的考验，热泵出水温度基本达到预期温度，19栋建筑物室温都在18～22℃，达标率超过95%，校方对整体供热质量十分满意。

经过对电量和电费的核算和换算，2019—2020供暖期，技改项目耗电量约是50kWh/m²，电费约是9.2元/m²，这2个数字虽然是换算得来，不一定非常精准，但对北方严寒地区热泵供热项目来说，已经非常好了——从供热质量和技术经济性两个方面，证明规模化超低温空气源热泵供热在北方严寒地区已经运行成功（详见表9）。

但在热泵成功运行的同时也发现一些不足，即高温区室内温度普遍在22℃左右，低温区室内温度多在18～20℃之间，甚至个别加暖气片的房间低于18℃。根据校方提供的冬季室温记录表，项目运营方组织了专题技术分析会，确定了调整高温区和低温区热泵数量以解决室温偏差的思路。

电费及电费统计　　表9

序号	抄表日期	缴费金额（元）	合计电量（kWh）	结算电价（元/kWh）	每平方米电费（元）	每平方米电量（kWh）	备注
1	10.15						集中供热
2	11.15						集中供热
3	12.15						集中供热
4	1.1	679.67	3740	0.1817			1月8日起22d
5	2.1	210233.02	1137740	0.1847			1月
6	3.1	188107.6	1016797	0.1850			2月
7	4.1	115640.05	625081	0.1850			3月
8	5.1	514660.34	2783358	0.1849	4.9	26.52	4月15d
合计		966198.168	5251077	0.1849	9.2	50.037	按照183d换算

注：供暖时间2020年1月8日—4月15日，共97天。

2020—2021年供暖期，项目运营方在当年夏季，就对高温区和低温区热泵数量和实际所需热量进行再次核算，并优化二次设计，科学调整热泵配置，即从高温系统切换12台空气源热泵主机至低温系统，高温系统实际空气源热泵主机为18+5台，计792kW+500kW；低温系统实际空气源热泵主机达到48+5台，共2612kW。热泵机组也经受住了当年-30℃风雪交加极寒天气考验，19栋建筑物高、低温区室温都在20~22℃，达标率超过99%，校方充分表达对供热质量的肯定。

但极寒天气对热泵正常运行多少还是有些影响的，比如-30℃时，发现设备化霜导致电机扇叶出现结冰现象，后通过调整设备主机，延长化霜电机启动时间，降低水蒸气停留在扇叶周围的概率等措施，消除了扇叶结冰。虽然这一现象比较罕见，仅极寒天气出现，但也及时向设备厂家反馈，以引起重视和解决。

2020—2021供暖期对当地来说是个寒冬，技改项目每平方米耗电量55.3kWh，每平方米电费10.87元，再次从供热质量和技术经济性两个方面，证明规模化超低温空气源热泵供热在北方严寒地区成功运行，并且单平方米耗电量和电费比普通电供暖节省一半还多（详见表10）。

2020—2021北疆A市一中超低温热泵耗电量电费一览表（总面积104943.30m²）　　表10

序号	抄表日期	电费金额（元）	合计电量（kWh）	结算电价（元/kWh）	每平方米电费（元）	每平方米电量（kWh）	备注
1	10.15	24120.29	66300	0.3638	0.2298	0.63	2020-10-14
2	11.15	83022.45	446560	0.1858	0.7907	4.255	2020-11-14
3	12.10	154536.19	829840	0.1863	1.473	7.9	2020-12-14
4	1.1	224712.12	1219320	0.1843	2.1413	11.62	12月4日起22d
5	2.1	330835.2	1636780	0.2021	3.1525	15.60	1月
6	3.1	184124.1	912240	0.2018	1.7545	8.70	2月
7	4.1	124850.4	619360	0.2016	1.1897	5.9	3月
8	5.1	14674.9	73120	0.2008	0.1399	0.697	4月15d
合计		1140875.65	5803520	0.19658	10.87	55.30	

9 北疆A市头工中心学校常压电锅炉供热电量电费情况

北疆A市头工中心学校始建于2015年，位于城区西侧，距离北疆A市一中约2.7km。共有4栋教学用房，总建筑面积12320.88m²，其中1号教学楼4层共4200m²；2号教学楼4层共3100m²；食宿楼4层共2700m²；教工周转楼6层共2320.88m²，均为外墙保温节能建筑。2018年"煤改电"供热，当地教育系统安装2台1080kW的常压热水电锅炉（一用一备），锅炉供回水温度85℃/65℃，无储热装置，供热运行3个供暖期，每平方米耗电量及电费情况如表11所示。

北疆A市头工中心学校常压电锅炉供热电量电费一览表　　表11

供暖期	建筑面积（m²）	建筑物层高（m）	总耗电量（kWh）	总电费（元）	实际结算价（元/kWh）	单位面积电量（kWh/m²）	单位面积电费（元/m²）
2018—2019	12320.88	3.3	1473420	244687	0.166	120	19.2
2019—2020	12320.88	3.3	1603140	287185	0.179	130	22.75
2020—2021	12320.88	3.3	1675500	330726	0.197	136	23.435

与热泵项目具有高度可比性的头工中心学校常压锅炉供热项目，其2018—2021年三个供暖期数据显示：耗电量分别达120kWh/m²、130kWh/m²、136kWh/m²；电费分别是19.2元/m²、22.75元/m²、23.345元/m²。位于同一城市的热泵项目：2019—2021年两个供暖期，耗电量分别是50kWh/m²、55.3kWh/m²，电费分别是9.2元/m²、10.87元/m²，孰高孰低，一目了然。

10 从热计量收费2号教学楼分析热泵项目能效比

北疆A市一中2号教学楼（又名致远楼）建筑面积：8126.48m²，室内供暖方式为地暖，供热热源原为集中供热，现与一中其他建筑物一样，改为超低温空气源热泵供热（其耗电量也为55.30kWh/m²），是当地机关事务管理局作为公共机构建筑节能对比示范点，安装热计量装置，按照当地两部制热价计量并收费的楼栋：

2号教学楼计量缴费时间段：2020年10月15日—2021年4月15日，计183d。热计量表热量读数：20989-16968=4021GJ。

每平方米耗热量为：4021GJ/8126.48m²=0.4948GJ/m²

2号教学楼2020—2021供暖期实际热指标换算如下：

年供热量 $Q = qFn \cdot 0.0864 \times 0.65$

$4021GJ = q \times 8126.48 \times 183 \times 0.0864 \times 0.4948$

$$q = \frac{4021GJ}{8126.48 \times 183 \times 0.0864 \times 0.4948} \times 1000$$

$$= 63.25 W/m^2$$

按照当地热计量和面积相结合两部制热价收费标准，2号教学楼2020—2021供暖期热费情况如下：

计量收费：4021GJ×21.23元/GJ=85365.83元

面积收费：8126.48m²×9.2＝74763.62元
总热费：85365.83＋74763.62＝160129.45元
每平方米实际热费：160129.45元/8126.48m²＝19.7/m²。
同时，1GJ＝277.78kWh
平均能效比＝0.4948GJ/m²/（55.3kWh/m²/277.78kWh）＝2.48

通过对一中19栋建筑物中唯一安装热计量装置2号教学楼热量热费计算和换算可知：

（1）一中技改项目综合热指标取70W/m²是符合实际的，2号教学楼实际热指标63.25W/m²，仅是楼栋计量得出的数据，没有包含热源到楼栋的管损、网损等热量损失，若按照热源计量得出的实际热指标就会与设计热指标趋于接近。

（2）一中2号教学楼按热计量交纳供暖费比按面积交纳供暖费每平方米节省3.3元（即23元/m²－19.7元/m²）。

（3）一中2号教学楼实际综合平均能效比为2.48，明显偏高。除热计量装置可能存在误差外，最主要原因是冬季最寒冷的40d学校放寒假热泵低温运行所致。

（4）已向项目运营方建议：下个供暖期前，在项目热源处和每栋建筑物进户处加装热量表、流量表等计量和数据采集远程调控装置，实现科学供热、智能调控。

11 结论

经过近2个供暖期的供热运行，北疆A市一中超低温空气源热泵在－30℃严寒气候条件下仍能正常运行，室温不低于22℃，每平方米耗电量55.3kWh，每平方米运行电费10.5元，适应北方严寒地区气候特征，较普通电供暖经济性优越，运行耗电量和电费大约是普通电供暖设备（固体、水体蓄热等）一半还少，供暖期综合制热能效比在2.0以上，实现了北方严寒地区"消耗1度电、产生2份热"的目标，或对新疆未来规模化热泵供暖产生重要示范和引领作用。

参考文献

[1] 杨昭，马一太．制冷与热泵技术[M]．北京：中国电力出版社，2020．
[2] 张军．空气源热泵技术及应用[M]．北京：化学工业出版社，2021．

供热能源利用经济性比选及经营模式的研究

天津地热开发有限公司　王立川

【摘　要】碳达峰、碳中和目标对供热行业的生存与发展将产生重大影响，供热能源结构和供热方式不仅将产生颠覆性的变化，还将引发供热行业又一次深刻的革命，并加速实现供热行业从传统向现代转变，从单一能源供给结构向多元化能源供给结构转变。因此，本文中提出以用户需求为中心，从不同供热能源利用形式进行了经济性测算分析，同时以节能、降低排放为目的，对不同经营模式进行了比较。

【关键词】供热　能源利用　经济性分析　经营模式

0 引言

在当前"双碳"目标和老旧设备设施老化的双重条件下，新一轮设施及装备的水平，将决定我国供热系统未来20年的能力、效率和水平，也决定着各地供热"双碳"目标实现进程。供热行业必须从行业发展战略出发，把握改造与发展的方向，力争实现跨越式的发展。科技创新与装备升级已成为当前缓解供热行业成本压力以及推进并实现供热"双碳"目标的关键。整合国内外先进技术与设备资源，以可以达到的最高标准，大力推进新技术、新设备、新材料的试验、示范以及推广，为构建安全、清洁、低碳、高效、智慧、经济的供热系统提供技术与装备支撑。

推动能源消费革命，抑制不合理的能源消费。坚决控制能源消费总量，落实节能优先方针，把节能增效贯穿供热全过程和各个领域，转变供热运营方式，构建以用户需求侧为导向的安全、高效、智能化的供热调控系统，完成供热从"生产型"向"服务型"的转变；通过技术和市场以及宣传引导，积极倡导简约适度、绿色低碳生活方式，提升节能意识和节俭消费观，培育供热能源节约型市场，在提升供热品质的同时实现增效节能。

1 供热方案

本文以某公共建筑项目情况为例，从不同供热能源利用形式进行了经济性测算分析，通过不同的能源匹配形式，研究在当前能源结构下的运行成本和投资，并以此为例，不断优化能源匹配，同时以节能、降低排放为目的对不同经营模式进行了比较。

1.1 项目需求

项目概况：项目总建筑面积约4万m^2，末端为散热器。

供暖需求：主要运行时间为全天，供热时间5个月，按照热负荷指标$50W/m^2$计算，总热负荷约2MW。

年耗热量：供暖室外计算温度为$-7℃$，室内计算温度为$18℃$；供暖期为当年11月1日起，至次年3月31日止；供暖天数为151d，供暖小时数为3624h；年供暖供热量18265GJ，最大负荷利用小时数为2377h。

制冷需求：无。

1.2 设计原则

坚持能源综合利用的方针，统筹兼顾，满足高标准、高舒适度、人性化的要求，同时提高供热能源效率，降低能源消耗。

坚持科学发展观，在确保供热系统安全可靠的前提下，采用先进技术，采用经济合理的新工艺、新产品、新材料和新设备，力求各项设计指标达到先进水平，降低投资和运行成本。

采用现代化技术手段，实现智慧供能、智慧用能，科学自动化管理，做到技术可靠、经济合理。

以能源精细化管理、节能环保为目标，建设具有良好的社会效益、经济效益和环境效益的示范性工程。

1.3 建设方案

本项目建设从热源形式、设备匹配、智能控制、运行策略等几个方面出发，结合水泵运行控制技术、分时分温、机组群控、智慧平台等技术，合理的调节和控制循环水泵、锅炉、空气源热源等设备的运行状态，使设备和系统长期运行在高效节能的工况下，同时结合物联网大数据分析，优化控制，利用人工智能算法，更智能的为燃气锅炉系统节能降耗，以实现整个系统综合节能。

建议采取能源综合供应及管理服务方式，在保障正常运行的情况下，降低能源消耗，提升能源系统运行综合效率。要实现系统的最佳运行和节能，就要针对系统的各个设备匹配选型以及运行策略等各环节统一考虑、全面控制，使整个系统协同运行。

方案一

（1）建筑供热能源方案原则

建筑热源系统以空气源电热泵为主，燃气热水锅炉辅助，机房设置在院区内。

供热系统建设为以空气源电热泵作为基础负荷热源，按照总热负荷的50%考虑，用燃气锅炉作为调峰热源，按照总热负荷的50%考虑。

建立能源管理系统，利用物联网实现对热源机房以及末端系统进行智能化运营管理等服务。

（2）设备选择

① 根据估算的负荷的50%，即1MW，选取10台空气源热泵机组（单台供热量：104kW；配电功率：35kW；$-12℃$工况），机组可提供总供热量为1040kW。

② 根据估算的负荷的50%，即1MW，选择1台超低氮冷凝真空热水机组，机组供热量：1400kW；配电功率：5.5kW；天然气耗量：$148.1Nm^3/h$。

热水机组采用冷凝热回收技术，制热运行热效率最高可达104%，排烟烟气中氮氧化物排放量小于$30mg/m^3$，积极响应国家节能环保要求。

③ 根据空气源热泵和热水机组供热量情况，选择2台热水循环泵，其中单台水泵流量为$120m^3/h$，扬程为22m，功率为11kW。

④ 主要设备列表如表1所示。

主要设备列表　　　　表1

序号	设备名称	规格参数	数量
1	空气源电热泵	供热量：104kW；配电功率：35kW；（$-12℃$工况）	10台
2	超低氮燃气锅炉	供热量：1400kW；配电功率：5.5kW；天然气耗量：$148.1Nm^3/h$	1台
3	热水循环泵	流量：$120m^3/h$；扬程：22m；功率：11kW	2台
4	定压补水装置	补水泵：流量：$5m^3/h$；扬程：40m	1套
5	不锈钢水箱	2000mm×1000mm×1500mm	1台
6	自控系统		1套

方案二

（1）建筑供热能源方案原则

建筑热源系统以空气源燃气热泵为主，燃气热水锅炉辅助，机房设置在院区内。

供热系统建设为以空气源燃气热泵作为基础负荷热源，按照总热负荷的50%考虑，用燃气锅炉作为调峰热源，按照总热负荷的50%考虑。

建立能源管理系统，利用物联网实现对热源机房以及末端系统进行智能化运营管理等服务。

（2）设备选择

① 根据估算的负荷的50%，即1MW，选取12台空气源燃气热泵机组（单台供热量：84kW；燃气量$6Nm^3/h$；配电功率：1.35kW；$-12℃$工况），机组可提供总供热量为1008kW，天然气耗量：$72Nm^3/h$。

② 根据估算的负荷的50%，即1MW，选择1台超低氮冷凝真空热水机组，机组供热量：1400kW；配电功率：5.5kW；天然气耗量：$148.1Nm^3/h$。

热水机组采用冷凝热回收技术，制热运行热效率最高可达104%，排烟烟气中氮氧化物排放量小于$30mg/m^3$，积极响应国家节能环保要求。

③ 根据空气源燃气热泵和热水机组供热量情况，选择2台热水循环泵，其中单台水泵流量为$120m^3/h$，扬程为22m，功率为11kW。

④ 主要设备列表如表2所示。

主要设备列表　　　　　　　　　　　表2

序号	设备名称	规格参数	数量
1	空气源燃气热泵	供热量：84kW；天然气耗量：148.1kW；配电功率：1.35kW；（-12℃工况）	12台
2	超低氮燃气锅炉	供热量：1400kW；配电功率：5.5kW；天然气耗量：148.1kW	1台
3	热水循环泵	流量：120m³/h；扬程：22m；功率：11kW	2台
4	定压补水装置	补水泵：流量：5m³/h，扬程：40m	1套
5	不锈钢水箱	2000mm×1000mm×1500mm	1台
6	自控系统		1套

方案三

(1) 建筑供热能源方案原则

建筑热源系统以中深层地热利用为主，燃气锅炉辅助，机房设置在院区内。

供热系统建设以中深层地热利用作为基础负荷热源，按照总热负荷的30%考虑，用燃气锅炉作为调峰热源，按照总热负荷的70%考虑。

建立能源管理系统，利用物联网实现对热源机房以及末端系统进行智能化运营管理等服务。

(2) 设备选择

① 根据估算的负荷的30%，即600kW，设置一口中深层无干扰地热井，布置在院区内。地热系统的热泵采用电驱动的压缩式热泵，设置1台，制热能力按照600kW计算。

② 根据估算的负荷的70%，即1.4MW，选择1台超低氮冷凝真空热水机组，机组供热量：1400kW；配电功率：5.5kW；天然气耗量：148.1Nm³/h。

热水机组采用冷凝热回收技术，制热运行热效率最高可达104%，排烟烟气中氮氧化物排放量小于30mg/m³，积极响应国家节能环保要求。

③ 根据中深层地热井和热水机组供热量情况，选择2台热水循环泵，其中单台水泵流量为120m³/h，扬程为22m，功率为11kW。

④ 主要设备列表如表3所示。

主要设备列表　　　　　　　　　　　表3

序号	设备名称	规格参数	数量
1	地热系统热泵	供热量：600kW，电功率：140kW	1台
2	超低氮燃气锅炉	供热量：1400kW；配电功率：5.5kW；天然气耗量：148.1kW	1台
3	地热井循环泵	流量：60m³/h；扬程：22m；功率：5.5kW	2台

续表

序号	设备名称	规格参数	数量
4	热水循环泵	流量：120m³/h；扬程：22m；功率：11kW	2台
5	定压补水装置	补水泵：流量：5m³/h，扬程：40m	1套
6	不锈钢水箱	2000mm×1000mm×1500mm	1台
7	自控系统		1套

方案四

(1) 建筑供热能源方案原则

建筑热源系统以多能源综合利用为原则，空气源燃气热泵结合水源燃气热泵，或辅助燃气热水锅炉的方式，机房设置在院区内。

供热系统建设为以空气源燃气热泵作为低位热源或过渡季热源，水源燃气热泵利用空气源燃气热泵的低位热源或燃气锅炉余热，为建筑提供热源。空气源燃气热泵按照总热负荷的35%考虑，用燃气水源热泵按照总负荷的75%考虑，燃气锅炉作为调峰热源按照总热负荷的35%考虑。

建立能源管理系统，利用物联网实现对热源机房以及末端系统进行智能化运营管理等服务。

(2) 设备选择

① 根据估算的负荷的35%，即0.7MW，选取8台空气源燃气热泵机组（单台供热量：84kW；燃气量：6Nm³/h；配电功率：1.35kW；-12℃工况），机组可提供总供热量为672kW，天然气耗量：48Nm³/h。

② 根据估算的负荷的75%，即1.5MW，选择1台燃气吸收式水源热泵机组，机组效率COP按2.2计算，机组供热量：1400kW；配电功率：7.5kW；天然气耗量：70Nm³/h。

③ 根据估算的负荷的35%，即0.7MW，选择1台超低氮冷凝真空热水机组，机组供热量：700kW；配电功率：3kW；天然气耗量：75Nm³/h。

④ 根据空气源燃气热泵、燃气水源热泵机组和热水机组供热量情况，选择2台热水循环泵，其中单台水泵流量为120m³/h，扬程为22m，功率为11kW。

⑤ 主要设备列表如表4所示。

主要设备列表　　　　　　　　　　　表4

序号	设备名称	规格参数	数量
1	空气源燃气热泵	供热量：84kW；天然气耗量：148.1kW；配电功率：1.35kW；-12℃工况	8台
2	水源燃气热泵	供热量：1400kW；天然气耗量：75kW；配电功率：7.5kW	1台
3	超低氮燃气锅炉	供热量：700kW；配电功率：3kW；天然气耗量：75kW	1台
4	热水循环泵	流量：120m³/h；扬程：22m；功率：11kW	2台

续表

序号	设备名称	规格参数	数量
5	热源水循环泵	流量：70m³/h；扬程：16m；功率：5.5kW	2台
6	定压补水装置	补水泵：流量：5m³/h；扬程：40m	1套
7	不锈钢水箱	2000mm×1000mm×1500mm	1台
8	自控系统		1套

方案五

（1）建筑供热能源方案原则

建筑热源系统以电锅炉＋水蓄热的形式，机房设置在院区内，蓄水池设置在地下。

供热系统建设以电锅炉＋水蓄热的形式为建筑提供热源。电锅炉按照总热负荷的70%考虑。

建立能源管理系统，利用物联网实现对热源机房以及末端系统进行智能化运营管理等服务。

（2）设备选择

① 根据估算的负荷的70%，即1.4MW，选择1台电锅炉机组，机组供热量：1400kW；配电功率：1400kW。

② 根据估算的蓄热负荷量，设置地下蓄水池300m³；选取蓄热水泵2台，其中单台水泵流量为80m³/h，扬程为10m，功率为5.5kW。

③ 根据供热量情况，选择2台热水循环泵，其中单台水泵流量为120m³/h，扬程为22m，功率为11kW。

④ 主要设备列表如表5所示：

主要设备列表　　　　　表5

序号	设备名称	规格参数	数量
1	电热水锅炉	供热量：1400kW；配电功率：1400kW	1台
2	热水循环泵	流量：120m³/h；扬程：22m；功率：11kW	2台
3	蓄热水循环泵	流量：80m³/h；扬程：10m；功率：5.5kW	2台

续表

序号	设备名称	规格参数	数量
4	定压补水装置	补水泵：流量：5m³/h；扬程：40m	1套
5	不锈钢水箱	2000mm×1000mm×1500mm	1台
6	自控系统		1套

方案六

（1）建筑供热能源方案原则

建筑热源系统以二氧化碳空气源热泵＋水蓄热的形式，机房设置在院区内，蓄水池设置在地下。

供热系统建设为以二氧化碳空气源热泵＋水蓄热的形式为建筑提供热源。二氧化碳空气源热泵按照总热负荷的80%考虑。

建立能源管理系统，利用物联网实现对热源机房以及末端系统进行智能化运营管理等服务。

（2）设备选择

① 根据估算的负荷的80%，即1.6MW，选择2台二氧化碳空气源热泵机组，单台机组供热量：805kW；配电功率：310kW。

② 根据估算的蓄热负荷量，设置地下蓄水池100m³；选取蓄热水泵2台，其中单台水泵流量为80m³/h，扬程为10m，功率5.5kW。

③ 根据供热量情况，选择2台热水循环泵，其中单台水泵流量为120m³/h，扬程为22m，功率为11kW。

④ 主要设备列表如表6所示：

主要技术参数　　　　　表6

序号	设备名称	规格参数	数量
1	二氧化碳空气源热泵	供热量：805kW；配电功率：310kW	2台
2	热水循环泵	流量：120m³/h；扬程：22m；功率：11kW	2台
3	蓄热水循环泵	流量：80m³/h；扬程：10m；功率：5.5kW	2台
4	定压补水装置	补水泵：流量：5m³/h；扬程：40m	1套
5	不锈钢水箱	2000mm×1000mm×1500mm	1台
6	自控系统		1套

1.4　方案比选（表7）

方案比选　　　　　表7

序号	项目	方案一	方案二	方案三	方案四	方案五	方案六
1	热源形式	空气源（电）＋锅炉	空气源（燃气）＋锅炉	中深层＋锅炉	空气源（燃气）＋余热利用＋锅炉	电锅炉＋水蓄热	二氧化碳空气源热泵＋水蓄热
2	能源利用	电＋燃气	燃气	地热＋燃气	燃气	电	电
3	优势	供热初期采用电能供热，考虑夏季制冷用电，无需增加电容量，减少了燃气的配套费用	采用单一输入热源供热，统一维护管理，降低了管理的复杂性	供热初期采用中深层地热供热，燃气锅炉调峰，有效降低了运行成本	采用单一输入热源供热，同时有效的降低了排烟温度，利用了余热，又保证空气源在深冷时的热量输出	采用电作为热源供热，没有排放指标要求	采用电作为热源供热，没有排放指标要求，可在-20℃高效运行，出水温度可达75℃，运行费用低

续表

序号	项目	方案一	方案二	方案三	方案四	方案五	方案六
4	劣势	空气源在深冷时的热量输出低,使用寿命较短	空气源在深冷时的热量输出低,使用寿命较短	投资成本较高,但设备使用寿命较长;受地质参数影响	自动化集成度高,系统复杂,要求人员水平较高	运行费用较高,电力增容工程费用高	电力增容工程费用较高

2 项目经济性分析

2.1 项目投资

本项目投资包含内容为4万 m^2 公建热源建设(表8)。

项目投资情况　　表8

序号	项目	方案一(万元)	方案二(万元)	方案三(万元)	方案四(万元)	方案五(万元)	方案六(万元)
1	能源站投资成本	200	216	520	250	220	420
2	标准化机房	50	50	50	50	50	50
3	能源管理平台	30	30	30	30	30	30
4	合计	280	296	600	330	300	500

2.2 经济分析

(1) 运行参数(表9、表10)

冬季运行时间　　表9

供暖运行(d)	151
供暖面积(m^2)	40000
供暖时间	6:00—20:00
防冻运行时间	20:00—6:00

能源价格　　表10

天然气价格	市政水价	电价
2.79元/m^3	7.9元/t	0.8元/kWh

(2) 运行费用(表11、表12)

年运行费用分析　　表11

序号	名称	金额(万元)					
		方案一	方案二	方案三	方案四	方案五	方案六
		空气源(电)+锅炉	空气源(燃气)+锅炉	中深层+锅炉	空气源(燃气)+余热利用+锅炉	电锅炉+水蓄热	二氧化碳空气源热泵+水蓄热
一	建安费	280.00	296.00	600.00	330.00	300.00	500.00
1	土建部分						
2	能源站投资成本	200.00	216.00	520.00	250.00	220.00	420.00
3	标准化机房	50.00	50.00	50.00	50.00	50.00	50.00
4	能源管理平台	30.00	30.00	30.00	30.00	30.00	30.00
二	二类费	56.00	59.20	120.00	66.00	60.00	100.00
三	项目投资	336.00	355.20	720.00	396.00	360.00	600.00
四	成本						
1	供热燃料费用	35.15	94.56	52.73	92.13	0.00	0.00
2	供热电费	74.43	7.27	41.08	7.94	116.88	70.54
3	供热水费	0.32	0.32	0.32	0.32	0.55	0.395
4	折旧费	16.80	19.09	36.00	21.13	18.00	40.00
5	修理费	8.06	8.52	10.08	9.50	8.64	14.40
6	其他制造费	2.02	1.95	2.10	1.97	2.16	1.88
7	人工费	10.00	10.00	10.00	10.00	10.00	10.00
8	总成本	146.79	141.71	152.31	142.99	156.23	137.21
9	经营成本	129.99	122.62	116.31	121.86	138.23	97.21

注:表中投资费用不含土建费用、燃气增容费及配套费、电力增容及配套费。

投资回收期　　　　　　　　　　　　　　　　　　　　　　　　　　　　　　　表12

序号	投资回收期	方案一 空气源(电)+ 锅炉	方案二 空气源(燃气)+ 锅炉	方案三 中深层+ 锅炉	方案四 空气源(燃气)+ 余热利用+锅炉	方案五 电锅炉+ 水蓄热	方案六 二氧化碳空气源 热泵+水蓄热
1	税前	11.20	9.50	16.48	10.38	16.54	9.56
2	税后	14.59	12.34	21.64	13.51	21.72	12.41

注：全年供热费按40元/m²收取计算。

2.3 结论建议

经分析比较，在不考虑土建费用和燃气电力增容费及配套费的情况下，初投资最省的为方案一电空气源热泵+燃气锅炉，初投资最大的为方案三（中深层地热+燃气锅炉）；运营成本最低的为方案六（二氧化碳空气源热泵+水蓄热）和方案三（中深层地热+燃气锅炉）；总成本最低的为方案六（二氧化碳空气源热泵+水蓄热）和方案二（燃气空气源热泵+燃气锅炉）；投资回收期最短的为方案二（燃气空气源热泵+燃气锅炉）和方案六（二氧化碳空气源热泵+水蓄热）和方案二（燃气空气源热泵+燃气锅炉）。

从能源利用的示范角度可选用方案三和方案四，从节省成本盈利的角度可选用方案二和方案六。综合上述分析，结合燃气和电力配套增容，建议采用方案二（燃气空气源热泵+燃气锅炉）和方案六（二氧化碳空气源热泵+水蓄热）。

3 节能服务和经营模式

由于耗能建筑种类繁多，不同建筑的设备运行要求各异，对于节能手段的要求也就各不相同，即使投入了一些节能技术或产品更新，各种产品设备也会更新换代，因此，需要有专业节能服务公司，能长期提供全面的诊断设计，经专家团队的审计与评估，将不同情况分类处理，设计可行性方案，采用不同的节能方式和运维方式，灵活运用技术跟经验，为客户提供持续的节能服务。因此，能源费用及机电运维托管型合同能源管理方式应运而生。

在国内，合同能源管理是一种能克服市场障碍的节能新机制，一直受到国内学者的重视。合同能源管理模式目前主要分为效益分享型、节能量保证型和能源费用托管型。能源费用托管型合同能源管理，即用户委托合同能源管理公司进行能源系统的节能改造和运行管理，并按照合同约定支付能源托管费用；合同能源管理公司为项目提供节能诊断、融资、设计、施工等服务，以能源费用（承包费用不高于原设计用能费用）包干式提供能源后期运营和维保等服务，通过提高能源效率降低能源费用，并按照合同约定拥有全部或者部分节省的能源费。

综合分析上述项目，从能源费用托管型的合同能源管理模式运营角度出发，对其实施路径进行分析，为能源托管型合同能源管理模式的推广提供参考依据（表13）。

能源管理模式　　　　　　　　　　　　　　　　　　　　　　　　　　　　　　　表13

序号	对比项目	传统模式	能源服务	用户收益
1	投资费用	用户需自筹建设资金	提供节能诊断、设计、施工等服务	低投资
2	维护保养	用户组织协调工作量大，服务维护费用高	仅需负责对能源服务公司进行管理及组织协调	工作量小，协调容易
3	设备管理	增加额外管理人员，增加人力成本	配置具备丰富的设备维护、节能运行管理服务经验人员	节约大量时间和人力成本
4	机组寿命	维护保养不当可能导致提前报废	定期保养，不间断监控，延长机组寿命	节省机组二次投资
5	经济风险	产品、气候风险、操作失误、维护不及时风险	风险转移到能源服务公司	零风险
6	社会效益	能源浪费、增加环境压力	节省能源保护环境、促进地区经济发展	创节能、环保示范性项目

在充分研究能源规划的基础上，在供热工程技术标准规范指导下，科学规划热源、管网和末端建设，综合安排工程施工，并提出合理的控制措施和保障措施。在积极拓展供热的基础上，从"生产型"向"服务型"的转变；从单一能源向多种能源、多种方式互补的方面转变；从供热专项经营向冷热能源经营转变，再向建筑全能源的经营转变；从供热配套运营管理模式向合同能源管理的模式转变；从单纯靠政府补贴向合理分担和市场运作方式转变。随着全能源战略的发布及推进，建筑全能源利用将逐渐普及，逐步成为"供电、供冷、供热、供气、供水"

的全方位能源经营管理模式。

参考文献

[1] 姚秋萍,施红.能源托管型合同能源管理模式实施路径的研究[J].科技创新导报,2015,6:33-35.

[2] 杨丹.能源托管型合同能源管理实施模式研究[J].价值工程,2019,38:31.

转移驱动力的热电协同系统设计研究

清华大学建筑技术科学系　王笑吟　吴彦廷　付　林

【摘　要】 随着可再生能源发电比例逐渐增加,燃煤热电厂如何突破传统"以热定电"模式,实现热电深度解耦,是当前能源领域的一个焦点问题。在热电厂余热回收的基础上,利用蓄热罐与热泵的热电协同系统可实现热电厂的热电解耦,提高系统能源利用效率及电力调节灵活性。为了解决现有热电协同系统低温罐体积大、吸收式热泵设备利用率低的问题,本文提出了转移驱动力的新热电协同系统工艺流程,在电力低谷期利用高温罐蓄存高于热网供水温度的热量,并转移至电力高峰期驱动吸收式热泵回收一部分机组乏汽余热,最终达到减小低温罐体积和热泵设计容量,从而降低系统投资的效果,并分析了热网供、回水温度对系统配置的影响。

【关键词】 热电联产　电力调峰　热电协同　流程优化

1 背景

我国二氧化碳排放力争于2030年前达到峰值,努力争取2060年前实现碳中和[1]。这意味着我国需要在未来十年内改变以化石能源为基础的能源结构,实现能源领域深度低碳转型。为了实现上述目标,未来电源结构将以高比例的可再生能源及核能为主,火电的定位将从主力电源转变为调峰电源[2]。

我国北方地区大部分火力发电厂为热电联产,承担着供暖季主要的集中供热系统热源的作用。但热电联产现状以热定电的运行方式制约了火力发电厂的灵活性调节[3]。如何突破这一矛盾,实现热电深度解耦,是当前能源领域的一个焦点问题。

为了提高热电厂灵活性,欧洲国家常采用的方式是为热电联产机组配置蓄热水罐[4-6]。国外的供热机组以背压式机组为主,通过调节机组负荷改变发电量。但背压机的热电出力完全耦合,当机组发电量降低时其供热量也降低,因此增加蓄热水罐用来平衡供热出力。热电联产结合蓄热罐的技术已在国外得到了广泛应用并取得了较好的运行效果,但这种方式会使总供热量降低,而且机组负荷率变化能力有限,使得电力调节范围受限,在电力高峰期,机组背压运行,由于供热会影响发电出力,使得高峰期的发电能力无法进一步提升。

国内的热电联产机组大多为大型的抽凝机组,实现电力调节时,在电力高峰期,机组满负荷运行,蓄热罐放热用于平衡供热量;在电力低谷期,通过电热转换方式降低发电量,多余的供热量存入蓄热罐。

现在常用的电热转换方式有以下几种:

(1)电锅炉:在热电厂配置电锅炉,将部分汽轮机发电功率直接转换为热能,实现热电厂少发电多供热[7]。电锅炉结构简单、价格低、运行灵活[8]、解耦能力强,可以完全消耗系统供电功率,实现机组零上网甚至负上网[9]。

(2)汽轮机旁路技术:将汽轮机内一部分蒸汽在做功前引出,减温减压后用于供热,从而降低机组发电出力[10]。

上述两种方式的问题在于能源利用效率低,相当于电锅炉直接供热,是比较低效的电热转换方式。

(3)低压缸切缸供热技术:切断低压缸的进汽管道,仅通入少量的蒸汽带走改造后低压转子转动产生的鼓风热量[11]。切缸可减少汽轮机出力,同时提高机组供热能力[12]。这种方式相比于前两种,可以减少汽轮机冷端损失,能效有所提高,但存在的问题在于发电调节深度有限。

以上三种方式共同存在的问题是,在现状的运行方式下,为了供热而在电力高峰期抽汽,会影响高峰期的发电量。

为了提高热电厂的能源利用效率及电力调节范围,吴彦廷等[13-15]提出了热电协同的新型电力调峰热电联产余热回收系统。在不新建燃煤电厂的情况下,回收电厂低压缸排汽冷凝热用于供热,深度挖掘电厂供热潜力,提高能效。同时在保证机组供热出力的情况下,实现电力的大范围调节。图1表示了热电协同的基本原理,在电厂余热回收系统的基础上,增加两个蓄热水罐和热泵。通过减少抽汽,增加高峰期的发电能力,多余的排汽余热存入低温蓄热罐,利用高温蓄热罐的水供热;通过增加抽汽,降低低谷期的发电能力,并利用电热泵消耗电回收低温罐存储的低温热量,实现发电量的进一步降低,将多余供热水存储在高温罐中。

热电协同方式利用热泵回收机组余热供热,提高了

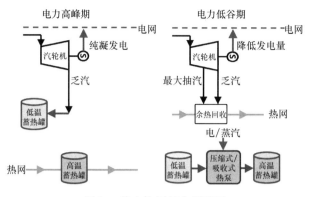

图 1 热电协同基本原理图

系统能源利用效率。不仅可以降低低谷期系统的发电出力，同时可回收高峰期的余热用于供热，减少供热对电力高峰期纯凝发电的影响，实现 0～100% 的发电调节范围。

2 现状热电协同系统存在的问题

文献[14]提出了在余热回收基础上提升热电联产电力调节灵活性的热电协同系统。图 2 以 1 台 300MW 湿冷机组为例，热网供/回水设计温度为 120℃/20℃ 的系统流程，以一天作为一个周期，蓄热罐的蓄、放时长相等。

在电力高峰期，机组满负荷并运行在纯凝发电工况，可实现最大发电出力。低压缸的乏汽余热一部分与低温热网回水直接换热，受到热网水流量和换热端差的限制，直接换热可回收的余热量有限，其余的乏汽热量存入低温罐。热网供热量不足的部分由高温罐的储水弥补供热量的缺口，维持供热出力稳定。

在电力低谷期，机组通过增加抽汽流量降低机组发电出力。当抽汽流量最大时，机组仍有少量乏汽余热，利用抽汽驱动吸收式热泵回收这部分热量。从高峰期转移来的低温罐储水，一部分可直接替换低温热网回水，另一部分在热泵机组中被回收利用，热量传递给热网水及高温罐。在低谷期回收余热的热泵机组采用高温抽汽驱动的吸收式热泵，当抽汽不足时，进一步采用电动热泵回收余热，同时可满足低谷期发电出力降低的需求。

在该热电协同系统中，低温蓄热罐的作用是存储并转移余热，保证余热全回收以提高系统能源利用效率；高温蓄热罐的作用是平衡热网供热量。

该热电协同系统工艺流程仍存在以下几点问题：

（1）吸收式热泵的设备利用率低导致热泵设计容量大

由于电力高峰期没有高品位的驱动热源，因此乏汽余热只能在电力低谷期被回收，吸收式热泵仅在低谷期运行，其设备利用率低，需要配置更多容量的热泵运行在低谷期回收全部余热，导致热泵投资增加，对系统整体经济效益产生不利影响。

（2）低温蓄热罐体积大

在电力高峰期，汽轮机有大量乏汽余热，一部分可被低温热网回水直接换热回收，但受到热网水流量和换热端差的限制，可回收的余热量有限，剩余的乏汽余热全部利用低温罐的低温储水换热回收，热量存入低温蓄热罐。

已知蓄热罐的体积＝蓄热功率/蓄热温差×蓄热时长，其中，蓄热温差由蓄热罐的高、低温储水温度决定。在低温罐中，低温储水温度等于热网回水温度，高温储水温度由乏汽温度与换热端差决定。在设计工况下，当热网回水温度、乏汽温度、换热端差及蓄热时长给定时，低温罐的体积受到蓄热功率的影响。由于在电力高峰期，大部分余热存入低温蓄热罐，低温罐的蓄热功率很大，导致其体积较大。

在文献[14]的热电协同系统中，热泵容量大、低温蓄热罐体积大均会导致系统总投资增加。本文针对以上问题对热电协同系统工艺流程进行优化，提出转移驱动力的新热电协同系统工艺流程。

3 优化设计方法

为了提高吸收式热泵设备利用率、减小热泵设计容量，需要在电力高峰期利用高品位热源作为吸收式热泵的驱动力回收乏汽热量。而高品位热源都存在于电力低谷期，因此需要在低谷期存储并转移驱动力，也就是高品位蒸汽。为了减小低温罐的体积，需要减少存入低温罐的乏汽热量，这就需要更多的乏汽余热可以在电力高峰期被回收利用。

根据以上思路，本文提出转移驱动力的新热电协同系统工艺流程，具体流程如图 3 所示。

在电力低谷期，提高高温罐的储水温度，增加罐中热网供水温度以上的高温热量。图 3 表示了将高温罐中的储水温度提升至 143℃ 的情况。与图 2 所示的热电协同系统流程相比，设计工况下热网供水温度同为 120℃，高温罐内 120～143℃ 对应的 99MW 的热量为蓄存的驱动力。

在电力高峰期，凝汽器出口的热网水进入吸收式热泵，在热泵中被回收的 69MW 乏汽余热与 99MW 的驱动热源高温水将热量传递给热网水，使热网水出口温度提高至 84℃，之后进入高温罐内。高温罐中 120～143℃ 的高温水作为热泵的驱动热源，剩余 84～120℃ 的储水仍然将热量全部送入供热管网，补充此时热网热量不足的部分。

以 300MW 机组为例，设计工况下热网供水温度为 120℃，高温罐中高温储水温度 $t_{h,htank}$ 与热网供水温度之差表示了高温罐蓄存的驱动热源的热量。通过提高高温罐中高温储水温度，可以达到以下的效果：

（1）由于在电力高峰期有一部分乏汽余热可以在吸收式热泵中被回收利用，减少了存入低温罐的余热量，可以有效减小低温罐体积、降低投资。

如图 4 所示，随着高峰期驱动热源的热量增加，高峰期的吸收式热泵中直接被回收的乏汽余热增加，而高峰期乏汽总量不变，需要存储在低温蓄热罐中的热量减少，因此，在相同蓄热温差和蓄热时长下，低温蓄热罐的体积减小。当高温罐的高温储水温度为 120℃，对应的低温罐体积为 11.0 万 m³。当高温罐的高温储水温度提升至 143℃ 时，即 120～143℃ 之间的高温热水作为吸收式热泵的驱动热源，可使低温罐的体积减小至 8.2 万 m³，减少了 26%，低温罐投资也相应降低。

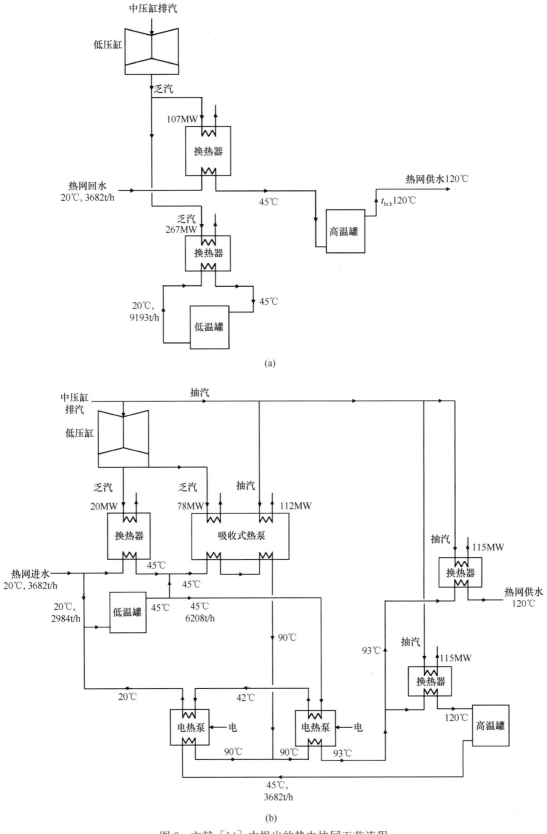

图 2 文献 [14] 中提出的热电协同工艺流程
(a) 高峰期流程; (b) 低谷期流程

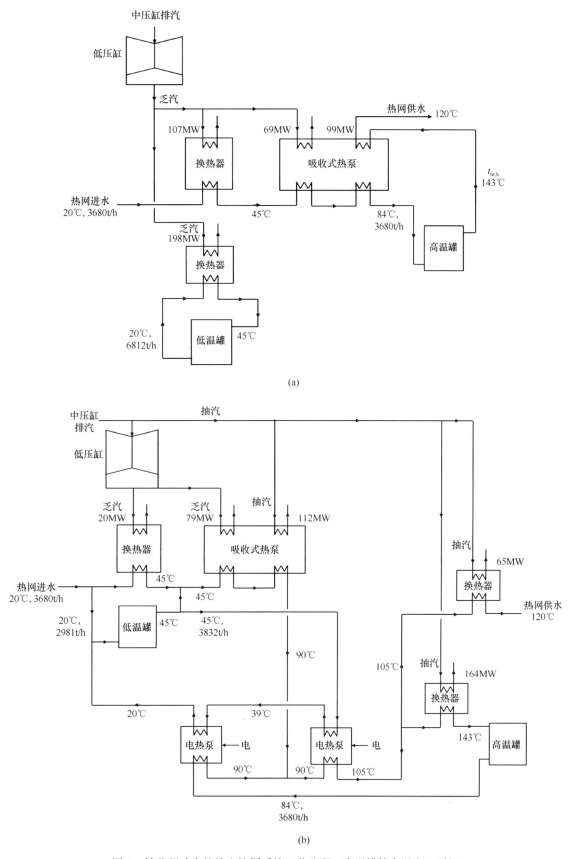

图 3 转移驱动力的热电协同系统工艺流程（高温罐储水温度 143℃）
（a）高峰期流程；（b）低谷期流程

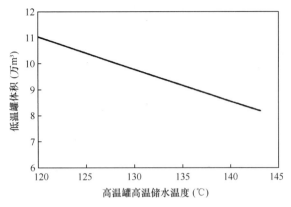

图 4　低温罐体积随高温罐高温
储水温度的变化

（2）随着高温罐转移的高品位驱动热源的热量增加，在电力高峰期可利用吸收式热泵回收的乏汽余热量增加，吸收式热泵的设备利用率提高。进而，减少在低谷期利用热泵回收的余热量，使热泵设计容量降低，减小热泵投资，热泵总设计容量随高温罐高温储水温度的变化如图5所示。

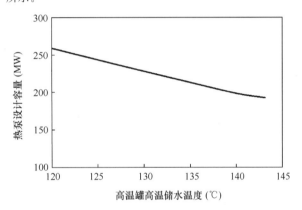

图 5　热泵总设计容量随高温罐
高温储水温度的变化

4　影响因素分析

4.1　汽轮机排汽压力对系统配置的影响

汽轮机排汽压力升高，在电力高峰期减少了低温罐蓄热量，同时增大了低温罐蓄热温差，可使低温罐体积减小。图6显示了随着汽轮机排汽温度升高，低温罐体积随之减小。

另一方面，吸收式热泵的本质可理解为在溶液温度T_g和溶液表面饱和水蒸气压力对应的饱和水温T_c的温差（T_g-T_c）的驱动下，热量自T_g降至T_c，制备出浓溶液；在浓溶液的作用下，热量自T_e提升至T_a，提升温差为（T_a-T_e）[16]。其本质是付出一个驱动温差（T_g-T_c），收获一个提升温差（T_a-T_e），提升温差与驱动温差之比体现了吸收式热泵温度提升能力[16]。图7显示了随着汽轮机排汽温度升高，高峰期的吸收式热泵提升温差（T_a

$-T_e$）减小，需要的驱动温差（T_g-T_c）减小，高温罐中进口温度升高，即吸收式热泵的出水温升高，高温罐中出口温度降低，即需要的高温储水温度降低。

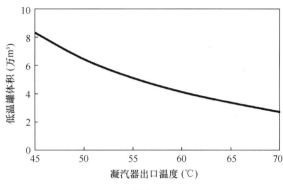

图 6　低温罐体积随凝汽器
出口温度的变化

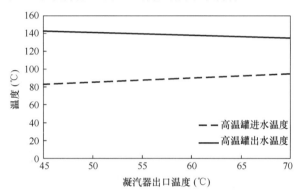

图 7　高温罐水温随凝汽器出口温度的变化

4.2　热网回水温度对系统配置的影响

图8显示了低温罐体积随着热网回水温度升高而增加。这是由于在电力高峰期通过热网回水与乏汽直接换热的热量减少，增加了低温罐蓄热量，导致低温罐体积增加。

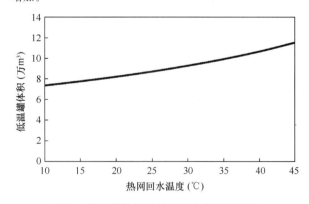

图 8　低温罐体积随热网回水温度的变化

图9显示了高温罐体积随热网回水温度的升高而增加。随着热网回水温度升高，热网供回水温差减小，热网流量增加，而高温罐流量与热网流量相等，因此随着热网回水温度升高，高温罐体积增加。

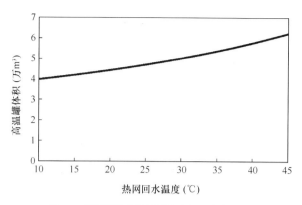

图 9 高温罐体积随热网回水温度的变化

由于高峰期吸收式热泵的进口水温不变，乏汽温度不变，高峰期吸收式热泵的提升温差（T_a-T_e）不变，所需要的驱动温差（T_g-T_c）也不变，因此吸收式热泵的出口水温以及高温罐中需要蓄存的高温水温度不变。

5 结论

热电协同方式利用热泵回收机组余热供热，提高系统能源利用效率，在电力低谷期降低发电量，这部分减少的电可在高峰期返还出来，实现 0～100% 的电力调节范围，是实现热电联产机组热电深度解耦的有效方式。本文从降低系统投资的角度对现有热电协同系统进行了优化，提出了一种转移驱动力的新热电协同系统工艺流程。

（1）为了提高系统经济性、降低设备投资，在电力低谷期利用高温罐蓄存高于热网供水温度的热量，并转移至电力高峰期驱动吸收式热泵回收一部分机组乏汽余热。一方面可提高吸收式热泵的设备利用率、减小热泵容量，另一方面可减少存入低温罐的乏汽热量以减小低温罐体积，达到降低设备投资的目的。

（2）以 1 台 300MW 湿冷机组为例，热网供/回水设计温度为 120℃/20℃ 的系统流程，通过提高高温罐的高温储水温度至 143℃，可使低温罐体积减小 26%，使热泵设计容量减少 25%，进而降低系统投资成本，提高经济性。

（3）随着汽轮机排汽压力升高，低温罐体积减小，高温罐进口水温升高、出口水温降低；随着热网回水温度升高，低温罐和高温罐体积均增加，但高温罐的进出口水温不变。

参考文献

[1] 新华社. 习近平在第七十五届联合国大会一般性辩论上的讲话（全文）.[EB/OL]. 新华网 2020-09-22 [2021-01-11]. http://www.xinhuanet.com/2020-09/22/c_1126527652.htm.

[2] 江亿. 未来风光年发电量将达 5～6 万亿 kWh[EB/OL]. 中国改革报《能源发展》周刊, 2020[2021-01-11]. https://www.china-heating.org.cn/hangyedt/612011200.html.

[3] 王漪, 薛永锋, 邓楠. 供热机组以热定电调峰范围的研究[J]. 中国电力, 2013, 46(3): 59-62.

[4] 范庆伟, 兰凤春, 李文杰, 等. 热电联产机组增设储热水罐容量配置研究[J]. 热力发电, 2021, 3: 98-105.

[5] Pillai J. Integration of vehicle-to-grid in western danish power system[J]. IEEE Transactions on Sustainable Energy, 2011, 2(1).

[6] Thomsen P D, Overbye P M. Energy storage for district energy systems - ScienceDirect[J]. Advanced District Heating and Cooling (DHC) Systems, 2016, 145-166.

[7] 谭晶, 蔡莹, 罗微, 等. 考虑供热机组与电锅炉互动的热电协调调度方法[J]. 电气自动化, 2018, 40(2): 63-65, 69.

[8] 吕泉, 姜浩, 陈天佑, 等. 基于电锅炉的热电厂消纳风电方案及其国民经济评价[J]. 电力系统自动化, 2014, 38(1): 6-12.

[9] 王金星, 郝剑, 刘畅, 等. 抽凝机组热电联产系统中扩大热电负荷比的灵活性研究[J]. 热力发电, 2020, 49(12): 41-50.

[10] 王海成. 350MW 超临界机组高低压旁路供热技术分析[J]. 黑龙江电力, 2020, 42(3): 256-259, 263.

[11] 陈晓利, 高继录, 郑飞, 等. 多种深度调峰模式对火电机组性能影响分析[J]. 热能动力工程, 2020, 35(12): 26-30.

[12] 潘俊生, 康付帅, 王晨峰, 等. 抽凝式供热汽轮机切缸改造及其本体安全运行策略分析[J]. 东北电力技术, 2020, 41(12): 39-43.

[13] Wu Y, Fu L, Zhang S, et al. Study on a novel co-operated heat and power system for improving energy efficiency and flexibility of cogeneration plants[J]. Applied Thermal Engineering, 2019, 163: 114429.

[14] 吴彦廷, 尹顺永, 付林, 等. "热电协同"提升热电联产灵活性[J]. 区域供热, 2018(1): 32-38.

[15] 吴彦廷. 热电协同的集中供热系统参数配置及运行调节研究[D]. 北京: 清华大学, 2018.

[16] 谢晓云, 江亿. 理想溶液时吸收式热泵的理想过程模型[J]. 制冷学报, 2015, 36(1): 1-12.

核能长距离供热方案研究

北京清华同衡规划设计研究院有限公司　王　潇　陈　杰
清华大学　付　林

【摘　要】在我国能源绿色低碳转型的背景下，利用核电余热解决北方沿海城市乃至内陆城市冬季零碳供热问题已经成为供热发展的重要方向。核电机组供热能力巨大，但供热距离往往较远，可达100km以上，如何降低供热成本成为方案设计的关键。本文提出3种方案进行经济性比选，分别为大温差长距离供热方案、单管输送海水供热方案和水热同产同送方案，并以红沿河核电厂向大连市长距离供热作为案例进行计算。通过比较分析得出，单从经济性上看，单管输送海水方案最优，最终热价约为54元/GJ，水热同产同送方案次之，但因水热同产同送方案可以同时低成本解决城市供热和供水问题，具有更大的社会效益。

【关键词】核能　长距离　供热　水热同产同送　单管输送海水

0　引言

二氧化碳等温室气体排放导致的全球气候变暖已经对人类生存造成严重威胁，我国努力践行《巴黎协定》要求，提出"双碳"目标，即用30年时间从碳达峰实现碳中和，这是对我国能源应用领域提出的重大考验。

北方城镇供暖是能源消耗的大户，年总能源消费量达到2.13亿tce，约占全国建筑运行总能耗的20%[1]。供热碳排放量达到5.8亿t，约占建筑运行总碳排放量的1/4。因此，实现供热碳中和对我国完成双碳目标具有重要意义。我国供热能源消费仍以煤炭为主，燃煤供热占比达到72%，燃气供热占比约为20%，而其他低碳能源供热占比仅占8%，实现供热碳中和需彻底改变目前以煤为主的供热能源结构，寻求可以大规模替代燃煤供热的零碳热源。

核电已经成为我国战略性能源供给，目前北方沿海地区在运核电机组11台，在建核电机组6台，已知规划建设核电机组合计约39台，总装机容量约为4770万kW，如表1所示。利用其60%的余热供热，可满足我国北方城市未来1/4供热面积的热负荷需求。核电也是除大型火电厂外，唯一可以大规模替代燃煤供热的清洁低碳热源。目前海阳核电厂对外供热一期70万m²商用示范工程已经成功投运两年，二期工程向海阳市供热450万m²也已开工建设，项目建成后，海阳市将成为我国首个零碳供热的城市。示范工程由于供热距离较短，仍然采用常规供热方式和供热参数[2]，大规模应用的技术流程仍需进一步优化。

北方核电厂装机容量和供热能力　　表1

名称	装机容量（MW）	供热能力（亿m²）
红沿河核电厂	6×1250	12
徐大堡核电厂	6×1250	12
石岛湾核电厂	6×1250+1×200	12.3

续表

名称	装机容量（MW）	供热能力（亿m²）
海阳核电厂	6×1250	12
招远核电厂	6×1250	12
田湾核电厂	8×1250	16
合计	4770	76.3

1　核能供热新思路

我国核电厂主要分布于东部沿海地区，大规模供热面临距离长、成本高的问题。核能供热距离往往达到100km以上，采用常规的供热参数和系统流程已经不具有经济性，大温差供热技术[3,4]为长距离供热提供了解决途径，该技术已经在太原古交电厂长距离供热工程中得到应用[5,6]，取得良好经济效益，其供热成本与燃煤供热成本相当。

核能大温差长距离供热系统的基本流程如图1所示。该系统为双管系统（1供1回），循环介质为软化水。由于供热距离长，长输回水温度需尽量降低，系统采用三级热网、两级降温模式，通过对末端进行大温差改造，大幅降低热网回水温度至15℃左右，回到核电厂后加热至125℃供出，供热温差可达110℃，与常规供热系统相比，可大幅提高热网输送能力80%以上。

对于核电供热来说，由于核电厂的出厂热价往往较高，再加上长距离输送的费用，总供热成本往往高于燃煤供热，为使核能供热更具有市场竞争力，优化供热方案、降低输配成本尤为重要。本文在大温差长距离供热方案基础上提出新的供热思路，即将长输热网的双管系统改为单管系统，从而大幅降低长距离管网的投资和运行费用，并提出两种新供热方案，分别为单管输送海水方案和水热同产同送方案，其基本流程如图2和图3所示。

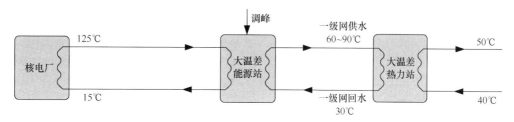

图 1　大温差长距离供热方案流程示意图

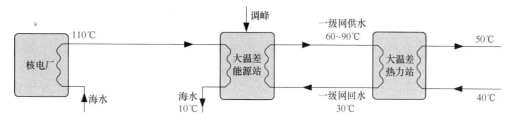

图 2　单管输送海水供热方案流程示意图

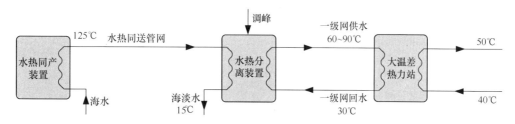

图 3　水热同产同送方案流程示意图

图 2 为单管输送海水供热方案，对于沿海城市可以采用这种供热方式，输送介质为海水。冬季从核电厂附近抽取海水进入核电厂加热至所需温度，通过 1 根管道将热量送至城市热用户，通过对末端进行大温差改造，海水温度可降至 10℃左右再次排入大海。

图 3 为水热同产同送方案，本方案在核电厂内设置水热同产装置，在产热的同时产水。海水进入水热同产装置后，利用原本用于供热的热量使海水闪蒸，生产出高温海淡水，相当于供热的同时零能耗制水。高温海淡水通过 1 根管道输送至城市热用户，通过设置在用户侧的水热分离装置将热量放出，传递给城市热网，分离出的常温海淡水进入城市供水系统。本方案可以同时解决城市供热和供水问题，尤其在我国沿海城市大部分面临严重缺水问题的情况下，本方案不仅可以提高项目经济性，还具有较好的社会效益。

2　方案计算和分析

下面以红沿河核电厂向大连市供热为例，对以上 3 种方案进行计算和经济性分析。红沿河核电厂位于大连瓦房店市红沿河镇，规划建设 6 台百万千瓦级核电机组，一期工程 1、2、3、4 号机组已全面建成商运，采用 CPR1000 压水堆核电技术，二期工程 5、6 号机组分别于 2015 年 3 月和 7 月开工建设，采用 ACPR1000 三代核电技术，计划于 2021 年建成投产。目前所有机组均按照纯凝发电工况设计建造，如对外供热，需对常规岛汽轮机进行打孔抽汽改造。

方案以出厂建设 1 路 DN1600 管网向大连市供热作为计算条件，从红沿河核电厂至大连市区边缘距离约为 115km。长输热网建设应考虑使输送成本最低，即管网投资折旧成本与年运行成本之和最低。管网输送流量越小、总供热量越少，管网投资折旧成本越高，但流量小会使管网的输送泵耗减少，从而降低运行成本，因此存在一个经济流量，使得管网投资折旧成本与年运行成本之和最低。

本文采用年度成本费用法计算管网的经济流量。年度成本费用为初投资/n 与年运行费之和，其中 n 为折旧年限，本文取为 20 年。输送成本为年度成本费用与年总供热量的比值，单位为元/GJ。首先根据长输主干线沿途的地质条件和征地拆迁补偿标准等，综合估算长输主干线和分支管网的单位延米投资，泵站投资和运行费根据循环泵的功率进行估算。循环泵的功率按以下公式进行计算：

$$P = QgH/3600\eta$$

式中　P——循环泵的轴功率，kW；
　　　Q——管网流量，m³/h；
　　　H——循环泵的扬程，m；
　　　g——重力加速度，m/s²，取为 9.81；
　　　η——水泵的效率。

年总供热量指的是核电厂的年总供热量，通过绘制热负荷延续时间图进行计算，热化系数取为 0.7。

经计算，当总流量为 19000t/h 时，本项目的输送成本最低，如图 4 所示。因此，本项目出厂流量按 19000t/h 设计。

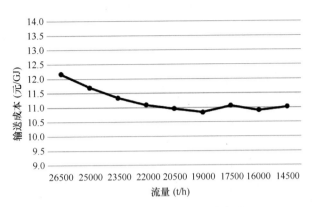

图 4 不同出厂流量下的输送成本对比

流量确定以后,选取长输热网供热设计温度,则可以确定电厂的供热功率。本文将大温差长距离供热方案作为基准方案,供回水温度按照 125℃/15℃ 设计,则电厂供热功率为 2438MW,考虑热化系数 0.7 后,总供热规模为 3483MW。根据大连市各供热公司近几年实际运行数据,大连市单位建筑面积耗热量平均约为 0.35GJ/m²,折合综合热指标约为 42W/m²。本项目以替代现状热负荷为主,因此综合热指标仍按 42W/m² 考虑。长输热网在考虑一定热损失后,热指标按照 45W/m² 计算,则本项目设计供热面积为 7740 万 m²。通过绘制热负荷延续时间图可以得出,电厂年总供热量为 2703 万 GJ,对于水热同产方案,每年还可以产出海淡水 6930 万 t。

大连市现状总供热面积 2.67 亿 m²,其中核心区供热面积 1.58 亿 m²,几乎全部为燃煤供热,本项目实施的主要目的为替代大连市现状燃煤供热。长输管网从红沿河核电厂出厂后,经过长兴岛经济区、瓦房店市区、普兰店区后到达大连市区边缘。通过经济比摩阻的计算,长输热网路由和管径如图 5 所示。

单管输送海水供热方案中,因海水成分复杂,为尽量减小高温腐蚀对管网产生的影响,长输管网设计温度有所降低,供水温度按 110℃ 设计,末端降温至 10℃ 排入大海。为便于与基准方案比较,设计供热规模与基准方案一致,则设计流量为 20897t/h。水热同产同送方案长输管网设计参数与基准方案一致。

分别对 3 个方案进行静态和动态水力分析,主干线静态水压图如图 6 至图 8 所示。同时也对单个泵站双路断电的情况进行了动态分析,由于篇幅限制,这里不一一列出,仅给出增加的安全防护措施,如表 2 所示。

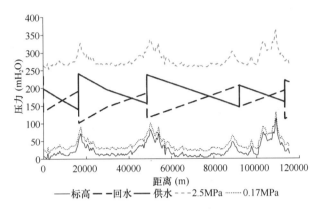

图 6 大温差长距离供热方案主干线水压图

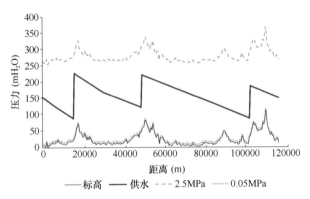

图 7 单管输送海水供热方案主干线水压图

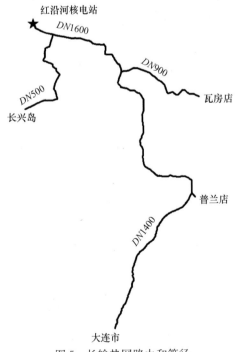

图 5 长输热网路由和管径

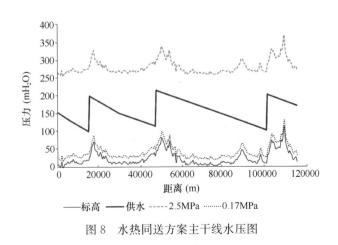

图 8 水热同送方案主干线水压图

安全防护措施　　　表 2

安全措施		泄压阀	气压罐	旁通支路
大温差长距离供热方案	供水	—	—	—
	回水	—	1	—
单管输送海水方案		—	3	—
水热同产同送方案		—	6	—

从水力计算结果可以看出，双管变单管后，中继泵站数量可以减少。本案例中大温差长距离供热方案需建设 4 座中继泵站，单管输送海水方案和水热同产同送方案均减少 1 座中继泵站。

电厂供热方案对核能供热项目最终的成本和热价影响很大。从理论上，低温热网回水回到核电厂后，可以以换热为主的形式回收汽轮机乏汽余热，从而大大降低核电厂供热成本。本文以大温差长距离供热方案为例对抽汽供热方案、吸收式热泵方案和凝汽器多级串联方案进行了比较计算，结果表明，吸收式热泵方案的经济性最好，出厂热价可以比抽汽供热方案降低约 6 元/GJ。但根据核电厂意见，涉及核安全问题，汽轮机能否进行乏汽余热利用仍需进一步评估。因此本文暂以电厂采用抽汽供热方案进行计算。额定工况核电机组主要参数如表 3 所示。经计算，单台机组的抽汽供热能力约为 900MW。

额定工况核电机组主要参数　　　表 3

项目	单位	参数
主蒸汽压力	MPa	6.43
主蒸汽温度	℃	280.1
主蒸汽流量	t/h	5808.24
抽汽压力	MPa	0.314
抽汽温度	℃	152.9
抽汽流量	t/h	1291.68
排汽背压	kPa	3.6
排汽流量	t/h	1671.7

3 经济性分析

3.1 投资估算

投资估算共包括 3 个环节，分别为核电厂改造、长输管网以及末端改造（包括大温差改造和新建城市热网），结果见图 9。从图中可以看出，虽然水热同产同送方案长输管网投资较基准方案减少了约 32%，但由于在电厂内需增加水热同产设备，使得总建设投资高于其他两个方案，而单管输送海水方案总建设投资最小。

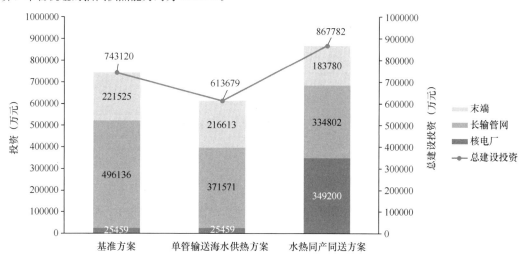

图 9　投资估算对比

3.2 供热成本分析

对不同方案，本文分析了各个环节的成本费用，包括折旧和摊销、财务费用、能源成本、电耗、水耗、工资及福利、修理费等，计算基础数据如表 4 所示。

经济性分析基础数据　　　表 4

项目	数值	单位
计算期	20	年
折旧年限	20	年
中继泵电价	0.65	元/kWh
核电上网电价	0.3823	元/kWh
补水价	5.0	元/t

续表

项目	数值	单位
人员工资及福利	12	万元/(人·a)
修理费率	电厂、泵站、城市热网以及大温差机组按照固定资产原值的 1.2% 估算，长输管网按照固定资产原值的 0.8% 估算	
贷款利率	长期贷款利率取 4.90%；流动资金贷款利率 4.35%	
税率	电增值税率 13%，水、热增值税率 9%，所得税率 25%，城市维护费 7%，教育附加费 3%	

不同方案的成本如图 10 至图 12 所示。其中水热同产同送方案成本为产水和产热的总成本。可以看出，与基准

方案相比,单管输送海水供热方案和水热同产同送方案的输热成本可大大降低,分别可降低 4.3 元/GJ 和 5.1 元/GJ,降低的比例分别为 24% 和 28%。从总成本来看,基准方案的总供热成本为 44 元/GJ,单管输送海水供热方案的总供热成本为 40 元/GJ,水热同产同送方案中,如果水的成本按照 4.6 元/t(不含税)分摊,则供热总成本也为 40 元/GJ,两个新方案的供热成本均可比基准方案降低约 4 元/GJ。

图 10　大温差长距离供热方案各环节供热成本

图 11　单管输送海水供热方案各环节供热成本

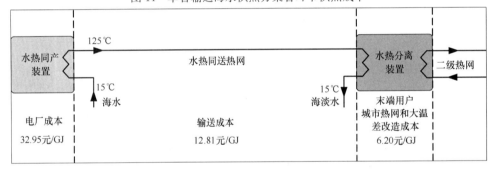

图 12　水热同产同送方案各环节成本

3.3　热价分析

由于核能长距离供热项目需要通过趸售热量给现状热用户获得收益,因此项目销售热价是评价项目可行性的主要指标。本文通过设定资本金内部收益率 8% 对各环节的销售热价进行反推,结果如图 13 至图 15 所示。其中水热同产同送方案水的收益算在电厂,水价按照 5 元/t(含税)销售。可以看出,单管输送海水供热方案的最终销售热价最低,可以降至 54.1 元/GJ,比基准方案降低 5.8 元/GJ。水热同产同送方案由于水未获得收益,因此热价要稍高于单管输送海水供热方案。虽然优化后的方案热价仍高于燃煤供热约 45 元/GJ 的供热成本,但与其差距大幅缩小,在双碳目标下,其经济性已远远优于燃气供热约 100 元/GJ 和分散式电热泵供热约 180 元/GJ 的供热成本。

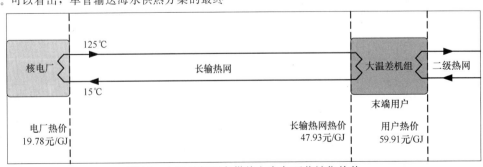

图 13　大温差长距离供热方案各环节销售热价

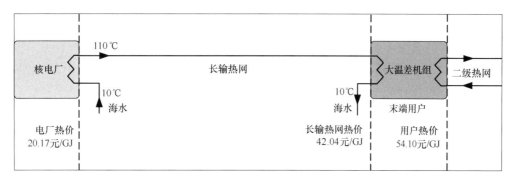

图 14 单管输送海水供热方案各环节销售热价

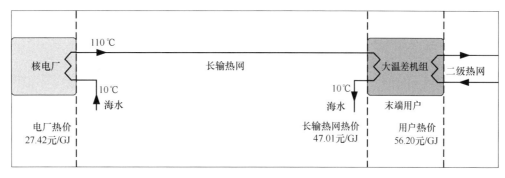

图 15 水热同产同送方案各环节销售热价

4 结论

本文在大温差长距离供热的基础上,针对核能供热提出两种新的供热方案,分别为单管输送海水供热方案和水热同产同送方案。以红沿河核电厂向大连市供热为例,对不同方案进行计算和比较分析,得出以下主要结论:

(1)单从经济性上看,在沿海城市采用单管输送海水供热方案的经济性更好,而对于内陆城市则推荐采用水热同产同送方案。

(2)水热同产同送方案可以同时低成本解决城市供热和供水问题,尤其对于沿海城市,水资源严重短缺已经成为普遍现象,本方案除经济性较好外,具有更大的社会效益。

(3)通过将大温差长距离供热的双管系统改为单管系统,可以大幅降低核能供热成本,但其最终热价仍略高于燃煤供热成本,如政府给予电价和税收等优惠政策,可以使核能供热的热价进一步降低。

参考文献

[1] 清华大学建筑节能研究中心. 中国建筑节能年度发展研究报告 2019[M]. 北京:中国建筑工业出版社,2019.

[2] 韩玮玮,李永安,刘学来. 核能供热在胶东半岛的应用与实践. 建筑节能(中英文)[J]. 2021,49(4):76-79.

[3] 付林,江亿,张世钢. 基于 Co-ah 循环的热电联产集中供热方法[J]. 清华大学学报(自然科学版),2008,48(9):1377-1380.

[4] 付林,李永红. 利用电厂余热的大温差长输供热模式[J]. 华电技术,2020,42(11):56-61.

[5] 石光辉. 太原太古大温差长输供热引发的新探讨[J]. 区域供热,2019,1:71-76.

[6] 王林文. 太原市基于吸收式大温差供热技术应用及问题探讨[J]. 区域供热,2020,5:40-45.

专题 2　蓄热与储热技术

新型土壤跨季节蓄取电厂余热的热泵系统应用案例分析[①]

燕山大学建筑工程与力学学院　王晓萍　李文涛　李少臣　周瑞华
同方节能工程技术有限公司　田晓峰

【摘　要】回收利用电厂乏汽余热供热是大幅提高电厂供热能力、缓解城市冬季雾霾的有效方式，是实现城市清洁供热的重要途径。相比于冬季，夏季电厂乏汽余热量更大且品位更高，由于没有热用户导致余热无法利用。鉴于此，本文基于土壤跨季节蓄热，提出电厂乏汽余热夏存冬用、热网冬夏两用的新型热泵供热系统。利用供热等效电方法建立能耗评价和经济性分析模型，以伊宁市为例，将新系统与常规热电联产系统的能耗、经济性及环保性进行对比分析。结果显示，新系统能耗降低51.1%；单位供热成本下降36.6%，其增量投资回收期约为3.73年；CO_2、SO_2、烟尘、NO_x年排放总量降低50%以上。

【关键词】热电联产　乏汽余热利用　土壤跨季节蓄热　热泵供热系统

1　背景

燃煤集中供热是我国北方城市的主要供热形式，近年来，集中供热面积年均增幅达到约 6 亿 m²[1]。截至2019年，北方城镇集中供热面积为 92.51 亿 m²，供热量约为 39.25 亿 GJ[2]。大型及特大型城市供热能力饱和甚至出现供热缺口，满足日益增长的民生供热需求成为集中供热发展亟待解决的重大问题。

大规模的燃煤供热是导致北方各大城市产生雾霾的重要原因之一[3]。为缓解燃煤污染，2019 年，生态环境部办公厅下发《2019 年全国大气污染防治工作要点》，要求全面淘汰 35t/h 以下的燃煤锅炉，进一步加剧了既有热源供热能力短缺问题，探寻清洁高效且供热能力强的热源形式和集中供热模式成为集中供热发展亟待解决的另一个重大问题。

回收利用电厂乏汽余热是解决北方供热能力不足、燃煤供热污染严重的有效方式。目前应用较为成熟的是 Co-ah 技术，以高温热网水驱动热力站的吸收式换热机组，可将一次网回水温度降低至 25℃ 左右[4]，从而实现电厂乏汽余热全回收。而夏季电厂机组纯凝发电，乏汽余热量远大于冬季，且由于室外温度较高，机组乏汽温度也明显高于冬季工况。夏季乏汽余热无论从量上还是质上均优于冬季，是更理想的潜在热源。然而，由于无法匹配合适的热用户，大量的余热只能通过冷却塔排放，造成了能源的巨大浪费，成为制约夏季电厂乏汽余热利用的瓶颈。

基于以上供热现状，本文提出将电厂非供暖季乏汽余热回收蓄存于土壤中，冬季再通过土壤源热泵系统提取出来用于供热，从而实现电厂乏汽余热的夏存冬用，缓解北方冬季供热问题的同时，避免了非供暖季电厂乏汽余热资源的浪费。当土壤全年释热量与蓄热量不一致时容易造成土壤热失衡现象，国内学者多采用太阳能-土壤源热泵联合运行的方式[6]解决该问题。然而，太阳能能流密度较低[7]，且系统投资相对较高，经济性相对较差[8]。相较于太阳能，电厂乏汽余热来源稳定且品质可调节，利用闲置管网输送，无需增设管道，节约占地且经济性好，是一种高效、经济的补热热源。

本文从增加整体供热能力、提高系统适用性出发，构建了新型土壤跨季节蓄取电厂余热的热泵系统。夏季利用闲置热网，将乏汽余热输送并蓄存于土壤实现跨季节补热，冬季利用一次网高温热水驱动热力站热水型吸收式热泵机组将其提取出来用于供热。以供热城市伊宁市为例，将新系统与常规热电联产供热系统进行对比分析，验证新系统的节能性、经济性及环保性。

2　供热系统介绍

2.1　常规供热系统

常规热电联产供热系统在热源处将高温抽汽引入汽-水换热器，直接将一次网回水温度由 60℃ 加热至 120℃，输送到城市热网各热力站，见图 1。在热力站中，45℃ 二次网回水经水-水换热器加热至 60℃ 后输送到热用户。常规热力站一次网供回水 120℃/60℃ 和二次网供回水 60℃/45℃ 之间温度参数不匹配，存在着较大的换热端差，导致㶲损失较大。

2.2　新型土壤跨季节蓄取电厂余热的热泵系统

为了提高换热过程㶲效率，同时深度降低一次网回水温度，为电厂乏汽余热回收创造有利条件。新系统在热电联产乏汽余热利用的框架下引入热水型吸收式土壤源热泵，并通过既有城市热网的冬夏两用，将非供暖季稳定且温位适宜的乏汽余热作为系统补热热源，经由集中热网输配至各热力站。在供暖季，以热水型吸收式热泵为基础配合两级水-水换热器以降低热网回水温度，为电厂梯级加热创造条件。为更有利于系统节能及降低热网回水温度，新系统供暖设备末端采用低温地面辐射供暖。

[①]　河北省高等学校科学技术研究项目（青年基金项目），土壤跨季节蓄取电厂余热的热电双驱系统供热可及性优化研究，QN2021235.

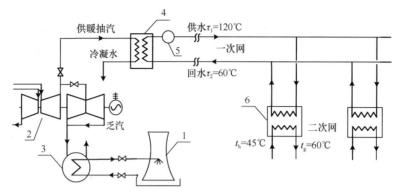

图 1 燃煤锅炉调峰的常规热电联产供热系统
1—冷却塔；2—汽轮机组；3—凝汽器；4—汽-水换热器；
5—燃煤调峰锅炉；6—水-水换热器

（1）供暖季供热流程：如图2所示，供热工况下，返回电厂的低温热网回水经过两级凝汽器、吸收式热泵及汽-水换热器逐级升温后供至集中热网，电厂各凝汽器与热泵环节设置旁通环路，进一步改善各台机组背压，实现电厂乏汽余热全部回收。热力站中以一次网高温热水驱动吸收式热泵，再与两级水-水换热器换热，逐级降低热网回水温度后返回电厂。二次网回水依次进入吸收式热泵吸收器和冷凝器、第一级水-水换热器逐级升温后供出。对于土壤取热环路，土壤取热后的循环水先进入水-水换热器预热，然后进入吸收式热泵蒸发器降温后再进入土壤取热。

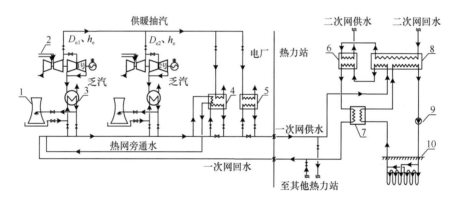

图 2 新系统供暖季供热流程
1—冷却塔；2—汽轮机组；3—凝汽器；4—蒸汽型吸收式热泵；5—汽-水换热器；
6—第一级水-水换热器；7—第二级水-水换热器；8—热水型吸收式热泵；
9—循环水泵；10—地埋管换热器

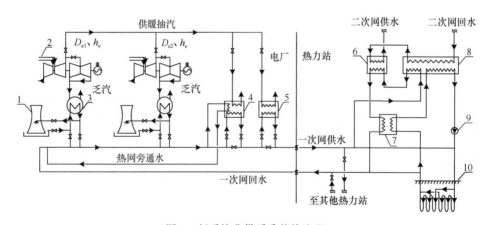

图 3 新系统非供暖季蓄热流程
1—冷却塔；2—汽轮机组；3—凝汽器；4—蒸汽型吸收式热泵；5—汽-水换热器 6—第一级水水换热器；
7—第二级水-水换热器；8—热水型吸收式热泵；9—循环水泵；10—地埋管换热器

（2）非供暖季蓄热流程：如图3所示，余热回收工况下，将与土壤换热后的低温热网回水引入电厂凝汽器回收汽轮机乏汽余热，然后输送并蓄存于土壤中，过剩的乏汽余热量通过冷却塔排放。

3 系统供热等效电

本文拟采用"供热等效电"[9]的方法建立能耗评价和经济性分析模型。供热等效电的定义为：因供热减少的发电量。以"电"作为能耗评价，可从质和量上直观地评价系统的实际供热能耗。具体计算公式如下：

（1）抽汽供热影响发电量

$$\Delta W_e = \frac{\int_0^N D_{e,n}(h_{e,n}-h_c)dn}{3.6} \quad (1)$$

式中，ΔW_e——抽汽供热影响的发电量，kWh；
$D_{e,n}$——n 时刻机组抽汽流量，t/h；
$h_{e,n}$——n 时刻机组抽汽焓，kJ/kg；
h_c——机组乏汽焓，kJ/kg；
N——供暖延续时间，h。

（2）乏汽供热影响的发电量

$$\Delta W_c = \frac{\int_0^N D_{t,n}(h_{c,n}-h_c)dn}{3.6} \quad (2)$$

式中，ΔW_c——乏汽影响的发电量，kWh；
$D_{t,n}$——n 时刻机组乏汽流量，t/h；
$h_{c,n}$——n 时刻机组乏汽焓，kJ/kg。

（3）水泵耗电量

$$\Delta W_b = 2.78 \times 10^{-4} \frac{GRL(1+\alpha_j)}{\rho \eta_b} N_b \quad (3)$$

式中，ΔW_b——电量，kWh；
G——供热管网中水的总流量，t/h；
R——供热管网主干线平均比摩阻，取 50Pa/m；
L——供热管网主干线总长度，包括供、回水管，m；
α_j——局部阻力损失系数，本文取 20%；
ρ——供热管网中水的密度，kg/m³；
η_b——水泵的效率，一般为 0.7～0.9，本文取 0.8；
N_b——循环水泵的年最大工作小时，h。

（4）燃煤供热影响的发电量

$$W_{coal} = \frac{Q_{coal}}{\eta_r \times q_{coal} \times m_e} \quad (4)$$

式中，W_{coal}——煤的实际发电量，kWh；
Q_{coal}——燃煤锅炉供热量，GJ；
η_r——锅炉热效率，本文取 0.9；
q_{coal}——单位质量标准煤热值，0.0293GJ/kg；
m_e——发电标准煤耗，本文取 320g/kWh。

（5）系统综合供热等效电

$$\Delta W_{eq,s} = \frac{\Delta W_e + \Delta W_c + \Delta W_b + \Delta W_{coal}}{Q} \quad (5)$$

式中，$\Delta W_{eq,s}$——系统综合供热等效电，kWh/GJ；
Q——系统总供热量，GJ。

4 案例分析

4.1 工程案例介绍

以供热城市伊宁市为例，新系统和常规热电联产燃煤锅炉调峰集中供热系统分别向 100 万 m² 建筑供热。共设置 10 个热力站，每个热力站供热面积为 10 万 m²，热源热力站平均距离为 35km。该市属于寒冷ⅡA建筑热工设计分区，年平均气温约为 9℃。单个热力站系统公共设计参数见表 1。

供热系统公共设计参数		表1
设计参数	数值	单位
供热面积	10	万 m²
全年最大供热功率	5000	kW
全年累计热负荷	4.08	万 GJ
供暖室外设计温度	-16.9	℃
供暖室内设计温度	18.0	℃
供暖天数	141	天

新型集中供热系统采用低温地面辐射供暖。单个热力站一次网、二次网水及土壤源侧系统基本设计参数如表 2 所示。

新型供热系统基本设计参数		表2
设计参数	数值	单位
一次网供/回水温度	120/25	℃
二次网供/回水温度	45/35	℃
地源侧进/出口温度	5/7	℃
一次网流量	39	t/h
二次网流量	432	t/h
土壤蓄热温度	20	℃
土壤累计取热量	0.54	万 GJ
钻孔深度	100	m
钻孔数	215	
供暖季地埋管循环水流量	288	t/h

常规集中供热系统采用传统散热器供暖。其一次网、二次网水流量，温度基本设计参数如表 3 所示。

常规供热系统基本设计参数		表3
设计参数	数值	单位
一次网供/回水温度	120/60	℃
二次网供/回水温度	60/45	℃
一次网流量	58.5	t/h
二次网流量	28.5	t/h

4.2 系统对比分析

4.2.1 系统节能性分析

（1）新系统供热能耗（表 4）

新系统供暖季供热量构成及影响发电量情况　　表4

参数		数值	单位	参数	数值	单位
供热量	水-水换热器	8.1	万GJ	土壤取热量	5.4	万GJ
	吸收式热泵	32.7	万GJ	系统总供热量	40.8	万GJ
影响发电量	1号机组乏汽供热等效电	8.20	kWh/GJ	抽汽供热等效电	74.97	kWh/GJ
	1号机组乏汽供热量	7.3	万GJ	抽汽供热量	20.0	万GJ
	1号机组乏汽影响发电量	59.8	万kWh	抽汽影响发电量	1499.4	万kWh
	2号机组乏汽供热等效电	19.3	kWh/GJ	系统输配耗电量	194.1	万kWh
	2号机组乏汽供热量	8.1	万GJ	系统影响发电量	1909.3	万kWh
	2号机组乏汽影响发电量	156.0	万kWh	供暖季供热等效电	46.8	kWh/GJ

土壤跨季节蓄取电厂余热时,地埋管各分集水器串联数为3,此时地埋管循环水流量为供暖季的1/3,约为960t/h。地埋管循环水进口温度设置为40℃。15年全生命周期内,土壤蓄热至20℃大约需要64.4天,土壤蓄热平均影响发电量情况如表5所示。

新系统非供暖季系统影响发电量情况　　表5

参数	数值	单位
排放乏汽功率	455	MW
平均背压	9.59	kPa
乏汽供热等效电	7.3	kWh/GJ
乏汽平均散热量	5.4	万GJ
改善背压增加发电量	40.0	kWh
系统输配耗电量	216.0	万kWh

由表5可知,在土壤跨季节蓄取电厂乏汽余热的过程中,土壤充当了部分辅助散热冷端,一定程度上降低了系统背压,改善了非供暖季电厂机组工况。从全年运行的角度看,系统非供暖季对发电量的改善也是因供热产生,因此应纳入到供热能耗的计算中,新系统全年的供热能耗及供热量汇总如表6所示。

新系统全年供热能耗及供热量汇总　　表6

参数	数值	单位
冬季系统减少发电量	1909.3	万kWh
夏季系统减少发电量	176.0	万kWh
冬季总供热量	40.8	万GJ
系统综合供热等效电	51.1	kWh/GJ

(2) 常规供热系统供热能耗

设计常规集中供热系统与新系统的供热量相同,利用燃煤锅炉调峰补热。常规系统供暖季供热量构成及能耗汇总如表7所示。

常规集中供热系统全年供热能耗及供热量汇总　　表7

参数	数值	单位
燃煤电厂抽汽供热	20.2	万GJ
燃煤锅炉调峰供热	20.6	万GJ
总供热量	40.8	万GJ
抽汽供热等效电	75.0	kWh/GJ
燃煤供热等效电	118.5	kWh/GJ
抽汽影响发电量	1514	万kWh
燃煤影响发电量	2441	万kWh
系统输配耗电量	289	万kWh
系统减少发电量	4244	万kWh
系统综合供热等效电	104.6	kWh/GJ

(3) 供热系统能耗对比

常规系统与新集中供热系统供热负荷热源构成对比如图4、图5所示。在与常规系统电厂抽汽供热量相同的基础上,新系统充分利用了一、二次网水之间换热㶲损失,引入了能源品位更低的电厂乏汽余热以及浅层土壤热量,使得热源构成更为合理。由此,系统供热能耗也随之降低,如图6所示,以供热距离35km、土壤蓄热至20℃为例,新系统综合供热等效电较常规系统降幅高达51.1%。

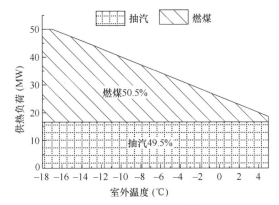

图4　常规系统热源供热负荷构成

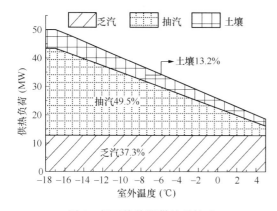

图 5 新系统热源供热量构成

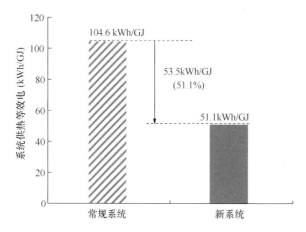

图 6 常规系统与新系统能耗对比

4.2.2 系统经济性分析

本文以单位供热成本对系统经济性进行评价，包括单位供热投资成本和单位供热能源成本。其中系统供热投资包括热源和热力子站改造两方面，具体见表8。系统能源成本根据系统综合供热等效电计算，具体见表9。综合分析系统经济能效，常规系统和新系统的单位供热成本分别为43.9元/GJ、27.8元/GJ，降低了36.6%，其增量投资回收期约为3.73年，经济效益显著，见表10。

系统单位供热投资成本 表8

系统	设备	单价（万元/MW）	常规系统 容量（MW）	常规系统 总价（万元）	新系统 容量（MW）	新系统 总价（万元）
热源增量投资	蒸汽吸收式换热机组	33			18.3	604
	凝汽器改造	5			18.6	93
	燃煤锅炉	40	25.2	1008	—	—
热力站增量投资	水-水换热器	5	50	250	20	100
	热水吸收式热泵	29	—	—	40	1160
	地埋管	100元/m			215000m	2150
其他新增费用		—				410万元
投资总成本				1258万元		4517万元
单位供热投资成本				2.06元/GJ		7.38元/GJ

注：单位供热投资成本=投资总成本/总供热量。

系统单位供热能源成本 表9

供热形式	上网电价（元/kWh）	等效电（kWh/GJ）	单位能源成本（元/GJ）
常规系统	0.4	104.6	41.84
新系统		51.1	20.44

注：单位供热能源成本=电价×等效电。

系统经济效益分析 表10

参数	常规系统	新系统
单位供热成本（元/GJ）	43.9	27.8
增量投资（万元）		3259
节能效益（万元/年）	—	873.1
增量投资回收年限（年）		3.73

4.2.3 系统环保性分析

燃煤热电厂及调峰锅炉运行过程中排放大量的温室气体CO_2和污染物，本文选取排放量大且对环境造成严重危害的SO_2、烟尘以及NO_x作为主要污染物进行分析，采用燃煤单位供热量温室气体及污染物排放量指标对系统的环保性进行评价，具体计算结果见表11。

不同供热形式环保性计算结果 表11

供热形式	单位供热量实际煤耗（kg/GJ）	CO_2排放量（t/a）	SO_2排放量（t/a）	烟尘排放量（t/a）	NO_x排放量（t/a）
常规系统	34.5	5210.2	6.5	23.8	0.99
新系统	16.9	2551.2	3.2	11.7	0.48

单位供热量温室气体及污染物排放量 P（kg/GJ，g/GJ）计算：

$$P = B \times p$$

式中，B——单位供热量实际煤耗，kgce/GJ；$B = 0.33\Delta W_{eq,s}$；

p——单位温室气体及燃煤污染物排放量，kg/kgce，g/kgce。

本文取CO_2、SO_2、烟尘以及NO_x排放量指标分别为3.67kg/kgce、0.46kg/kgce、1.69g/kgce、0.07g/kgce。

同等供热量下，常规系统在热源处采用抽汽供热，热力站中再通过燃煤锅炉调峰；而新系统在热源处采用抽汽、乏汽联合供热，热力站中采用热水吸收式土壤源热泵。新系统通过回收冬夏两季的乏汽余热，在原有热源容量的基础上，显著减少了化石燃料的消耗量，从而减轻因化石燃料燃烧造成的温室效应和环境污染，具有良好的环保效益。

5 结论

本文首先构建了新型土壤跨季节蓄取电厂余热的热泵系统。新系统实现了电厂乏汽余热的夏存冬用和热网的冬夏两用，使得热源结构更为合理，并提高了热网经济性。然后以伊宁市为例，利用供热等效电方法依次评价新系统与常规热电联产燃煤锅炉调峰供热系统的节能性、经济性和环保性。在相同供热量条件下，新系统综合供热等效电由 104.6kWh/GJ 下降至 51.1kWh/GJ，降幅高达 51.1%；系统增量投资回收年限约为 3.73 年，经济效益可观；温室气体和污染物排放量均降低 50%以上，显示出新系统良好的环境效益，为实现"碳达峰、碳中和"目标提供了新思路，是一种可行的新型清洁供热方式。

参考文献

[1] 国家发展改革委等. 北方地区冬季清洁取暖规划（2017-2021）[Z], 2017.
[2] 国家统计局. 中国统计年鉴2020[M]. 北京：中国统计出版社, 2020.
[3] 刘强, 梁晓云, 王红, 等. 北方清洁供暖现状和趋势分析[J]. 中国能源, 2021, 43(1)：17-22, 41.
[4] Sun J, Ge Z H, Fu L. Investigation on operation strategy of absorption heat exchanger for district heating system[J]. Energy and Buildings, 2017, 156：51-57.
[5] Zhang S Y, Wang X L, Li Y, et al. Study on a novel district heating system combining clean coal-fired cogeneration with gas peak shaving[J]. Energy Conversion and Management, 2020, 203：Article 112076.
[6] 马立杰. 太阳能-土壤源热泵供热系统模拟与评价[D]. 秦皇岛：燕山大学, 2016.
[7] 闫云飞, 张智恩, 张力, 等. 太阳能利用技术及其应用[J]. 太阳能学报, 2012, 33：47-56.
[8] 刘铭. 民用建筑太阳能热利用系统节能效益分析[D]. 北京：清华大学, 2012.
[9] 李岩, 马懿峰, 李文涛. 湿冷机组乏汽余热利用的新型热电联产系统集成优化[J]. 中国电机工程学报, 2017, 37(19)：5688-5695.

温度分层型蓄能水箱蓄能与释能过程差异分析

大连理工大学土木工程学院　董波伟　王海超

【摘　要】 本文以温度分层型蓄能水箱为研究对象，通过建立相应模型开展流体仿真模拟，采用控制变量法分析蓄能工况与释能工况运行过程之间的差异，利用斜温层厚度和半循环性能系数等评价指标对仿真结果进行分析。研究表明：蓄能过程与释能过程，两者初期阶段箱内冷热水间混合效果强烈，随着斜温层的形成，冷热水混合程度降低，斜温层厚度会缓慢增加，直到被排出体外；相比于蓄能过程，释能过程在刚开始运行时，斜温层厚度会更薄，混合程度会更小，随着时间的增加，两者的斜温层厚度趋于一致；对于半循环性能系数，蓄能与释能两者在前期呈线性迅速增加，当斜温层靠近出口时，半循环性能系数增长速度开始放缓，直到斜温层被排出水箱以外。研究结果可为温度分层型蓄能水箱优化设计提供依据。

【关键词】 数值模拟　八角型布水器　温度分层　半循环性能系数

0 引言

近年来，国内供暖面积持续增长，截至 2018 年北方城镇建筑供暖面积已达 147 亿 m^2，所耗能源约占建筑总能耗的 1/4[1]。将制冷能耗纳入考虑范围后，两者的综合能源消耗量合计占比将更加巨大。与此同时，随着城镇化水平提高及对长江流域城市实施供暖的呼吁，预测未来供暖面积仍会有大幅增长。这将导致热负荷峰谷差值的扩大、加大热网的调峰负担与热电厂建设成本等一系列问题。针对上述问题，蓄能技术应运而生，其能够对负荷低谷时冷热源提供的多余热量进行存储，而转移到负荷高峰时进行释放，可实现"削峰填谷"及依靠峰谷电价降低供热和空调运行成本。

蓄能技术的本质是将某时刻多余的能量通过一定的方式储存起来，当用能产生缺口时再将其释放利用，从而满足用能需求的一种技术手段。目前蓄能方法主要有三种：显热蓄能、潜热蓄能及化学反应蓄能。其中由于显热蓄能技术在各类蓄热方式中的技术成熟、易于建设及成本低等原因，目前应用最为广泛[2]。蓄能水箱是一种显热蓄能技术，它利用冷热水的温度分层原理，在水箱中进行蓄冷蓄热过程。

热能的利用在用户侧具有间断性、不连续性和波动的特点，而温度分层型蓄能水箱针对这些特点进行优化，目的就是实现热能利用的最大化，同时结合峰谷电价实现经济最优化。但蓄能水箱目前存在着蓄能密度低、占用空间大的缺点。为提高蓄能效率，实现热能利用的最大化，必须降低蓄能过程中产生的热损失，同时结合用户侧负荷波动进行优化调控。而这也是温度分层型蓄能水箱的主要发展方向之一。热损失在这里主要表现在两个方面：一是箱体与外界环境的热量损失；二是垂直热扩散引起的内部能量损失[3]。为减少热损失、提高水箱蓄能效率，本文对温度分层型蓄能水箱的研究进展进行综述，从而理清未来发展方向与研究关键点。

早在19世纪70年代,国外已经开始研究水的温度分层现象。相比于完全混合型蓄能水箱,温度分层型蓄能水箱能够提升20%的蓄能效率。目前国外对于蓄能水箱的应用已经十分广泛,并且在与集中供热管网相连接的热水蓄能水箱本体优化方面研究较深入。在德国、丹麦、瑞士、美国、日本、韩国等发达国家都可以看到蓄能水箱在电厂的普遍应用,目前全球最大的蓄能水箱容积已达70000m³[4]。超过10000m³有关蓄热的大型蓄能水箱在德国和丹麦的区域供热项目中已得到应用实践[5,6]。芬兰赫尔辛基Vuosaari热电厂蓄热器体积已达20000m³,通过换热器与热网间接连接,大大提高了热网运行灵活性与经济性[7]。另外瑞士、德国将热水蓄热技术与可再生能源结合,并得到迅速发展[8]。美国、日本蓄冷蓄热项目也早已达到成千上万个[9]。

关于蓄能水箱技术在国内的应用,左家庄供热厂内建立起国内第一个区域供热蓄热器项目,体积达8000m³,有效提高了热量利用率与供热系统的灵活性、可靠性[10]。但总体来说,国内对蓄能水箱的研究较晚,尚处于起步阶段,理论基础与实际工程应用联系并不紧密,实际工程缺乏蓄能性能效果评价。在上述背景下,本文针对蓄能水箱开展性能研究,通过控制变量法,对蓄能水箱的蓄能与释能工况进行建模分析,通过对其温度场及流场的仿真模拟,经过计算及后处理过程,得到了两种运行过程的性能差异,为后续水箱运行工况提供指引。

1 模型参数

本文采用solidworks软件进行蓄能水箱及布水器模型的建立,之后对所建模型进行网格划分。

1.1 布水器设计

为保证布水器布水均匀,布水孔要尽可能均匀的分散于蓄能水箱同一水平截面内,才能形成均匀一致的斜温层,以下是关于布水器设计的重要相关参数的叙述。

(1) 佛罗德数:

$$Fr = \frac{G/L}{\sqrt{\frac{gh^3(\rho_i - \rho_a)}{\rho_a}}}$$

式中,G——通过布水器出水口的最大流量,m^3/s;
L——安装有布水器支管的有效长度,m;
g——重力加速度,m/s^2;
h——布水器开孔距离罐顶或罐底的最小距离,m;
ρ_i——布水器入口水流密度,kg/m^3;
ρ_a——罐内预存水的密度,kg/m^3。

Fr为入口水流惯性力与浮升力之比。当$Fr \leq 1$时,水箱将保持重力流状态,会维持稳定的水温分层,掺混很小;当$Fr > 1$时,重力流仍可出现,但不稳定,甚至可能造成明显掺混,破坏水温的分层的现象。因此,在设计布水器时应遵循$Fr \leq 1$的原则。

(2) 雷诺数:

$$Re = \frac{G/L}{v}$$

式中,v——水的运动黏度系数,m^2/s。

Re代表惯性力与之比,对于小型水池,Re小于200,建议不超过850,当水深超过12m时,应将其控制在2000以内[11]。

1.2 模型建立

本文采用八角型布水器,其主要的结构形式如图1所示,其中上部布水器朝向箱体顶部出水,下部布水器朝向箱体底部出水。为降低模拟过程的计算量,本文对布水器模型进行了相应的简化,简化模型及布水孔的分布如图2所示,管径为DN20,布水器的开孔个数及布置高度的设计综合考虑Re与Fr及相应的设计规范,具体设计参数如表1所示。

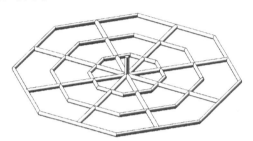

图1 八角型布水器示意图

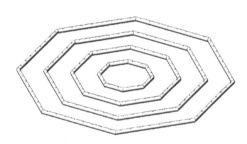

图2 布水器简化及布水孔分布

模型基本参数　　　表1

参数	工况	
	蓄能	释能
水箱直径(mm)	1500	
罐高(mm)	2250	
布水器单位长度最大流量 [$m^3/(m \cdot s)$]	2.83×10^{-5}	
安装高度 h(mm)	50	
开孔直径(mm)	6	
开孔个数	160	
Re	76	43
Fr	5.64×10^{-3}	5.58×10^{-3}

1.3 求解计算

建立蓄能水箱数学模型时做出如下假设[12,13]:

(1) 通过壁面引起热损失不计,即蓄能水箱壁面绝热;

(2) 布水器的工作状态达到理想状态,即布水器各个孔口流体均匀分配；

（3）水箱内充满水，即箱体内为单相流。

水箱各个边界条件类型设置：水箱入口设置为速度型入口，入口速度为 0.06m/s；出口设置为 Outflow 类型；其余边界类型设置为 Wall。另外流体密度采用线性插值（Piecewise-liner）形式。

在蓄能与释能两种工况中，水箱初始流场则分别设置为充满 313.15K 的冷水、353.15K 的热水的条件。蓄能水箱的模拟工况设置为不可压缩的三维非稳态流动，采用标准湍流模型进行模拟，其他计算模型及相关参数如表 2 所示。

采用的计算模型及相关参数设置　　表 2

计算模型	参数设置
算法	PISO
压力差值	二阶迎风差分
动量方程离散方式	
能量方程离散方式	
湍动能离散方式	
湍流耗散率离散方式	

本文以图 3 所示蓄能水箱八分之一模型为基础进行网格划分，其中采用的网格类型为多面体网格，能够大大减少所需网格数量。网格划分完成后进行网格的无关性验证，分别对 33 万、44 万、64 万的网格数量及 0.3s、0.5s、0.7s 的时间步长进行独立性验证。发现当网格数量在 44 万与时间步长 0.5s 时，结果精度不再发生大的变化，因此取此网格数量及时间步长作为模拟结果进行论证。

图 3　蓄能水箱八分之一模型

2 评价指标

2.1 斜温层厚度

斜温层厚度是评价自然分层型蓄能水箱分层效率的常用指标，一般通过限定无量纲温度值来确定斜温层厚度。斜温层能够分隔冷热水，大大提高蓄能效率。在斜温层厚度范围内，温度梯度变化明显，一般将其偏离上下水温 15% 的变化范围的流体温度划分为斜温层所处区域，其实际有效区域包含冷热水温差的 70%。在此定义下，本文斜温层的温跃范围为 $[T_{min}+6, T_{max}-6]$，T_{max}、T_{min} 分别表示蓄能水箱进出口温度的极值温度[14]。

2.2 半循环性能系数 FOM

FOM（Figure of Merit）是实际蓄冷（热）量与理论蓄冷（热）量的比值，是针对蓄能与蓄能的整个循环过程而定义的能量有效可用率[15-17]。此系数考虑了由于冷热水混合及斜温层区域冷热水之间导热所引起的冷量损失，可用来评判蓄能效率。针对蓄能或释能的单过程，对应的性能评价指标为半循环性能系数 $FOM_{1/2}$。

半循环性能系数 $FOM_{1/2}$ 的表达式为：[18]

$$FOM_{1/2} = \frac{Q_{实际}}{Q_{理论}} = \frac{\int_0^{t_d} cm|T'_h - T'_c| dt}{cM(T_h - T_c)}$$

式中，t_d ——释（蓄）能时间，s；

m ——质量流量，kg/s；

T'_h ——实际入口热水温度，℃；

T'_c ——实际出口冷水温度，℃；

c ——比热容，kJ/(kg·℃)；

M ——蓄能水箱内水的总质量，kg；

T_h ——理论热水温度，℃；

T_c ——理论冷水温度，℃。

3 结果分析

蓄能与释能作为蓄能水箱运行的两个重要过程，不同的运行过程会对蓄能水箱的运行效率造成影响。本文通过对入口流速为 0.06m/s 的工况条件进行模拟，探究蓄能与释能过程对水箱性能的影响。

图 4 与图 5 为蓄能水箱内关于蓄能与释能工况的温度变化云图。从图中可以看出，蓄能工况与释能工况的初期，冷热水混合强烈，温度波动范围大，此时还未能形成稳定的斜温层；运行一段时间后，随着同一水平面内水温度被混合均匀，内部开始逐渐形成稳定的斜温层，并且随着时间的迁移，斜温层厚度会逐渐增加；运行后期，随着斜温层处水流逐渐逼近水箱出口，其温度分层开始受到破坏，又呈现出与运行初期类似的混合效果。

图 6 与图 7 则分别为蓄能与释能过程中温度随无量纲高度变化图，图中曲线的迁移时间范围为 0.25~4.5h。从图中可以看出，蓄能过程与释能过程相比，两者对于斜温层的排出所需时间几乎相同，且两者在过程结束时，水温迁移曲线几乎成为一条直线，表明水箱内含的冷热水已经被全部排出体外，蓄能（释能）完成。另外两者起始阶段形成的温度变化曲线并没有横跨水的最高温与最低温，说明刚进入的冷热水温度被箱体内原先含有的水的温度中和，为后面形成斜温层打下基础。

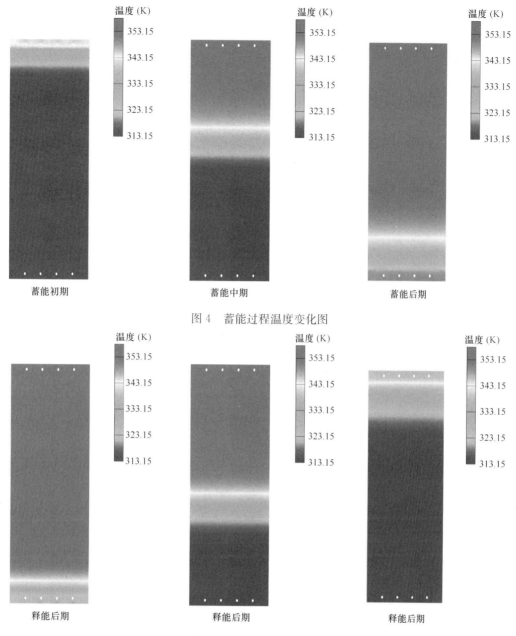

图 4　蓄能过程温度变化图

图 5　释能过程温度变化图

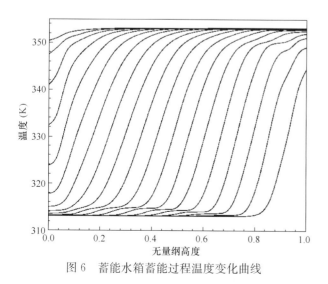

图 6　蓄能水箱蓄能过程温度变化曲线

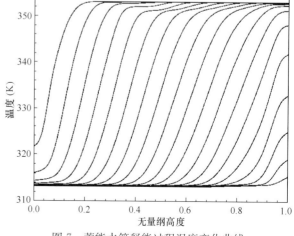

图 7　蓄能水箱释能过程温度变化曲线

图 8 显示的是斜温层厚度变化曲线。在初期阶段，相比释能过程，蓄能过程斜温层厚度更高一些，这是由于重力与水温密度差所形成的浮力之间在释能时受到的约束力更大，即在其他条件相同的情况下，释能过程时所形成的 Fr 数更低，有利于在初期阶段降低斜温层厚度。随着时间的推移，后面两者的斜温层厚度曲线重合，说明蓄能与释能过程除前期混合阶段略有差异外，其他阶段没有显著差异。

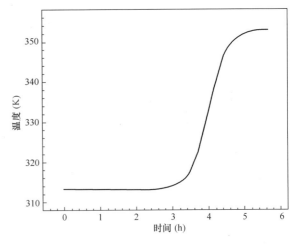

图 9 蓄能过程出口温度随时间变化图

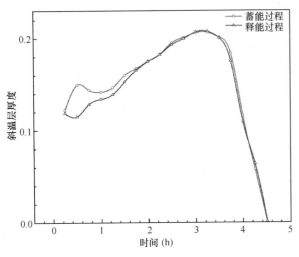

图 8 蓄能过程与释能过程斜温层厚度变化曲线

图 9 与图 10 为出口温度随时间变化图。从图可以看出，在蓄能水箱蓄能与释能过程中，当保持入口温度及进口流速恒定不变的情况下，出口水温在起始的一段时间内同样是保持恒定的，但由于水体不断受到轴向方向的导热因素及对流换热的影响，高温流体不断将热能传递给低温流体，在后续某一时刻开始，出口水温开始逐渐向入口水温逼近，直到水箱内温度趋于一致。在此过程中，水箱内处于斜温层处的水会不断被排出，由于斜温层处的水温度梯度大，出口水温会经历一个较大程度的变化。另外从模拟结果中可得到，蓄能过程与释能过程两者出口温度要达到与进口温度一致，两者所消耗的时间几乎没有差别，总体来说，释能过程水箱性能更加优异。

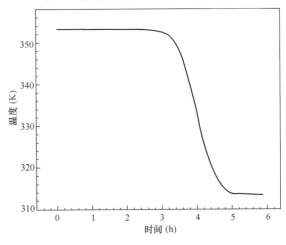

图 10 释能过程出口温度随时间变化图

图 11 为蓄释能过程中半循环性能系数 $FOM_{1/2}$ 随时间的变化曲线。对于同样的蓄能水箱在蓄能与释能过程中随着时间的推移，起始阶段 $FOM_{1/2}$ 呈线性增加，但在过程将要结束时 $FOM_{1/2}$ 的增长速度开始逐渐放缓，原因在于在这期间斜温层开始到达出口处，伴随出口处水流的混合作用，造成出口水温出现剧烈波动，从而抑制了半循环性能系数的快速增加。

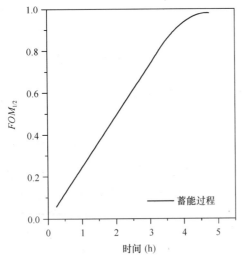 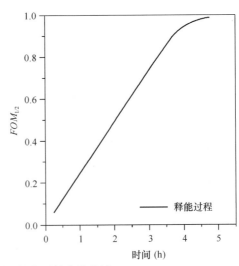

图 11 蓄能及释能工况半循环性能系数变化曲线

4 结论

本文对采用八角型布水器的斜温层蓄能水箱进行流场和温度的模拟分析,研究水箱在蓄能过程与释能过程之间的性能差异,通过比较斜温层厚度、出口水温随时间变化、半循环性能系数等指标,得出如下结论:

(1) 蓄能过程与释能过程,两者初期阶段箱内冷热水间混合效果强烈,随着斜温层的形成,冷热水混合程度降低,但受到轴向导热作用的影响,斜温层厚度会缓慢增加,直到被排出体外。

(2) 相比于蓄能过程,释能过程在刚开始运行时,斜温层厚度会更薄,混合程度会比较小,但后期随着时间的增加,两者的斜温层厚度没有明显差异。

(3) 对于半循环性能系数,蓄能与释能过程在前期呈线性迅速增加,当斜温层靠近出口时,半循环性能系数增长速度开始放缓,直到斜温层被排出水箱以外。

参考文献

[1] 清华大学建筑节能研究中心. 中国建筑节能年度发展研究报告2020[M]. 北京: 中国建筑工业出版社, 2020.
[2] 崔海亭, 袁修干, 侯欣宾. 蓄热技术的研究进展与应用[J]. 化工进展, 2002, 21(1): 23-25.
[3] Feng P H, Zhao B C, Wang R Z. Thermophysical heat storage for cooling, heating, and power generation: A review[J]. Applied Thermal Engineering, 2019, 166: 114728.
[4] 戈志华, 张飞宇, 张尤俊. 斜温层单体蓄热罐性能改进的模拟研究[J]. 中国电机工程学报, 2019, 39(3): 773-781, 956.
[5] D. bauera R.-Marx. German central solar heating plants with seasonal heat storage[J]. Solar Energy, 2010, 84(4): 612-623.
[6] Nielsen J E, Sorensen P A. Renewable District Heating and Cooling Technologies with and Without Seasonal Storage[Z]: Elsevier Inc., 2016, 197-220.
[7] 张殿军, 闻作祥. 热水蓄热器在区域供热系统中的应用[J]. 区域供热, 2005, 6: 13-16.
[8] 张倩男. 热水蓄热罐蓄放热特性及容量与热电联产机组调峰能力的匹配研究[D]. 济南: 山东大学, 2019.
[9] 邓育涌. 温度分层型水蓄冷槽混合特性研究[D]. 上海: 同济大学, 2007.
[10] 董燕京. 热水蓄热器在多热源联网供热系统的应用与节能分析[J]. 区域供热, 2013, 163(2): 94-97.
[11] 赵庆珠. 蓄冷技术与系统设计[M]. 北京: 中国建筑工业出版社, 2012.
[12] 石玉洋, 唐佳丽, 欧阳峥嵘. 去离子冷却水系统布水器的数值模拟及试验研究[J]. 水利水电技术, 2018, 5: 63-67.
[13] 穆迪, 高乃平, 朱彤, 等. 温度分层型水蓄冷槽斜温层的动态特性模拟[J]. 节能技术, 2014, 32(5): 404-409.
[14] 王小惠, 何兆禹, 徐超, 等. 斜温层单罐储热同时蓄放热过程动态特性模拟[J]. 中国电机工程学报, 2019, 39(20): 5989-5998, 6179.
[15] 刘璇. 蓄能水罐蓄冷过程温度分布CFD动态模拟与验证[D]. 北京: 北京建筑大学, 2016.
[16] 张飞宇. 斜温层蓄热罐结构优化及性能模拟研究[D]. 北京: 华北电力大学(北京), 2018.
[17] 柳文洁. 热水蓄热罐在热电联产供热系统中的应用研究[D]. 哈尔滨: 哈尔滨工业大学, 2016.
[18] 白鹃. 自然分层型水蓄冷条缝形布水器的优化研究[D]. 天津: 天津大学, 2009.

新型固体显热储热系统在集中供暖中的应用

北京市热力集团有限责任公司 李仲博
北京热力装备制造有限公司 李 智

【摘 要】 随着"碳达峰、碳中和"的提出,给可再生能源(风能、太阳能、生物能)、核能、氢能等带来新的契机。然而大规模随机波动可再生能源并网给电网运行带来挑战,面对未来大规模新能源接入和消纳,在供暖行业,储热技术在解决弃风、弃光方面具有重要的意义,能有效提高可再生能源的消纳比例,这将使得储热技术成为促进能源发展的关键环节[1]。本文介绍了一种新型的固体显热储热系统原理和试验数据,对该系统在热力行业应用作出可行性分析,并对基于以石墨为主体的固体显热储热系统在未来热力行业发展作出展望。
【关键词】 显热蓄热 热电协同 热电解耦

0 引言

"碳达峰、碳中和"目标的提出,大大加快了清洁可再生能源的发展[2],同时国内外太阳能光伏、光热技术也在不断突破[3]。太阳能、风能这类可再生能源有明显的波动性、随机性,给入网带来极大压力,为了解决弃风、弃光现象,在热力行业,储热技术作为能源系统的关键,可以极大的提高可再生能源的消纳。

目前我国煤炭发电占主体地位,短时间内难以改变,随着可再生能源的发展,大型燃煤发电机组未来将在电力、热力系统中起调峰作用。而我国能源转型的立足点和首要任务就是煤炭清洁高效利用,节能是最有效的途径。

热电联产是高效的供热发电技术,且作为一种公认的节能环保技术,热电联产机组装机容量已经接近火电装机容量的40%。其在中国发展迅速,且规模已经位居世界第二位[4]。然而,热电联产机组的"以热定电"严重限制了大网的调峰能力,加剧了可再生能源消纳矛盾,而储热技术的发展对未来能源领域起至关重要的作用。

本文提出一种基于以石墨为主体材料的高储热密度的固体显热储热技术,可为热力系统的调峰提供一种可行方案。

1 背景

国际能源署(IEA)指出,热能是占比最大的终端用能形式[5]。因此,热能存储对未来分布式能源系统发展起至关重要作用。而国内外对储热技术进行了不同程度的研究,Laing等[6]开发了高温混凝土蓄热示范模块,验证了模块在500℃的稳定性以及200~500℃环境中长期储热的损耗。吴玉庭等[7]提出了一种利用弃风、弃光电或低谷电加热的熔盐蓄热供暖技术,并在河北辛集进行示范应用。结果表明,室内温度稳定维持在19~24℃,投资回收期为10年,每年可减少二氧化碳排放1889t、粉尘排放70t、二氧化硫排放6t、氮氧化物排放5.3t。而一种基于以石墨为主体的显热蓄热供热系统,其优势在于具有高体积储热密度(达到1GJ/m³以上),且其具有较高的导热系数(工作区间内的平均导热系数在100W/(m·K)左右),此技术需要在热力站示范后进行实际效果评估。

2 新型固体储热系统原理

2.1 石墨换热设备原理及对比

石墨显热蓄热设备采用若干以石墨为主体的小模块堆积而成,蓄热温度可达650℃以上,其内嵌换热管且与石墨配合安装,管内工质为纯水。石墨换热器分为若干工作温区,通过串并联管路切换来增大换热面积,对蓄热材料温度低时进行面积补偿。

采用石墨作为固体蓄热材料的主要介质,源于其自身优质的材料属性。单位体积的蓄热能力,石墨固体材料是相同水箱的9~10倍,熔岩的1.5~1.7倍,镁砖的4.5~5倍。因此,其他蓄热材料常因其蓄热水平限制用于调峰等补充,而石墨固体蓄热材料具备独立供热的能力。

从导热能力上看,其他蓄热设备的导热能力,因蓄热材料本身不具备优质导热性能,因此如熔岩和镁砖等蓄热设备的导热性能,主要依赖于对设备导热结构和导热方式的设计。如镁砖蓄热设备,常通过空气导出镁砖中积蓄的热量,间接导入换热器和水中,因此其体积较大,综合导热性能一般。而石墨是常见的优质导体,其材料本身的导热系数可达镁砖的30倍以上和熔岩的近百倍。因此,其换热设计简单,体积较小,换热速率较高。

从成本上看,因石墨材质需要加工成型,所以单位质量的石墨蓄热材质成本高于熔岩,但若以整体蓄热能力为标的进行对比(如每100kW蓄/放热能力),因石墨材质蓄热能力较高,因此综合成本略低于熔岩等材质;而镁砖作为价格优质的蓄热材质,其寿命常受到温湿度等环境因素的影响,亦会发生如粉化等失效模式,其寿命仅能达到石墨和熔岩材质的1/5~1/6。因此,从综合成本上看,石墨固体蓄热材料具备一定的优势。

综合上述原因,石墨固体蓄热装置因其体积的减少,更适合与空间受限的热力站实现分布式储热,石墨固体显热蓄热换热器设备实物图见图1。

图1 石墨蓄热设备实物图

2.2 石墨蓄热系统原理

石墨蓄热系统一次侧采用闭环开式系统,工质为纯水,工质经过换热器产生饱和蒸汽,后进入板式换热器换热,完成一次循环;二次回低温工质通过二次循环泵提供动能,经过板式换热器,产生达标的供暖用水,且二次侧设置缓冲箱,且考虑到热力管道特有的热惯性,进而提高供水温度的可靠性,且可做到二次供温调节,设备系统图示如图2所示。

石墨蓄热系统一方面通过谷电或弃风、弃光对热力站带来直接的经济效益;另一方面通过分布式储热替代部分大网负荷,如图3所示。通过热电耦合,实现对热电联产机组调峰,缓解供暖季大量弃风、弃光现象,增加可再生能源消纳,在能源行业具有重大意义。

2.3 实验

本实验为单台石墨供热,且未设置缓冲罐,仅依靠换热面积补偿进行供热功率调节,如图4所示,实验数据表明:

前1.3h为供热第一阶段,供热功率稳定,1.3h时刻达到换程要求,进行增加换热面积补偿温降,此时刻有明显的功率增加,随后缓慢下降至60kW,综合评价,只依靠换热面积和换热温差调节,具有较稳定的放热功率。由于供暖的热惯性及缓冲罐的采用，功率的波动有所缓和，从而实现调控输出稳定功率供暖。

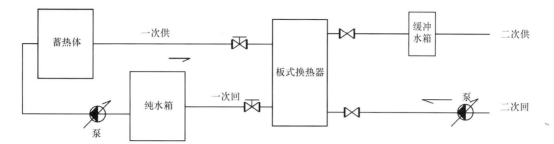

图 2 石墨蓄热设备系统图

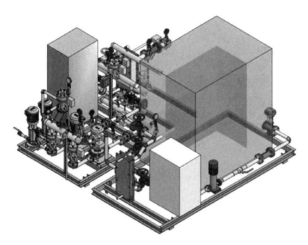

图 3 石墨替代部分大网负荷进行热电解耦方案图

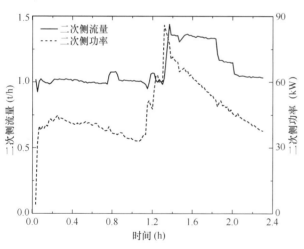

图 4 单台石墨显热蓄热系统放热功率趋势

3 案例分析

3.1 场景现状

航空胡同22号院位于北京市西城区航空胡同小区南区，院内有两座居民楼，建于1985年，年代较早，建筑保温较落后。

院内有锅炉房一座，其占地面积约为40m²，内设燃油锅炉一台，主要承担了院内1号和2号两座居民楼总计约3469.6m²供热面积的供暖供热保障，如图5所示。

图 5 航天胡同锅炉房

消除燃油锅炉房可以降低环保风险，降低运行成本，还响应了市、区政府关于首都核心区消除燃油锅炉房、节能减排、低碳环保的号召。因此，航天胡同22号院的燃油锅炉房有具备改造的必要性。

3.2 方案分析

通过对西城航空胡同22号院的供热历史数据和热指标等参数进行分析，同时协同供电局对锅炉房的电增容改造提出的建议，拟对锅炉房进行蓄热改造的设计：

（1）使用总量为8t的石墨原料进行显热蓄热系统的搭建；

（2）采用280kW的加热功率对蓄热系统进行加热设计；

（3）设计的显热蓄热系统，含保温载体在内，其占地面积（长×宽×高，m）约为5.5×2×2。

结合实地现状进行分析，考虑到热力站占地空间小，且现有供热方案能耗大、排放高，石墨显热蓄热系统可以成为替代燃油锅炉的可行方案。

3.3 经济性分析

由锅炉房历史数据可知，燃油锅炉每年能耗支出费用约63.8万元，年检测及维护费等其他支出约14.29万元。

采用设计的显热蓄热系统，可充分利用谷时的低价电，从而大幅降低运行成本；同时，显热蓄热锅炉炉体本身上没有材料损耗，除依据加热棒寿命进行若干年的加热棒定期维护外，其余维护成本接近于零。

因此，综合对比使用成本，设计的显热蓄热锅炉与燃油锅炉相比，经济性具备明显的优势，如表1所示。

由表1可见，燃油锅炉年运营的成本较高，其单位热费约为431元/GJ；而采用蓄热锅炉后，热费降低至128元/GJ，若后期锅炉房电增容可进一步扩大，使蓄热锅炉可充分使用谷电，其热费可进一步降低至78元/GJ。

燃油锅炉与显热蓄热锅炉经济性对比　　表1

名称	燃油锅炉	石墨蓄热系统
设备价格（万元）	—	163
年能源消耗支出费用（万元）	63.8	18.72
热费（元/GJ）	431	128
年其他支出费用（万元）	14.29	2.23
年供暖业务收入（万元）	9.9	9.9
年供暖补贴收入（万元）	14.17	10.4
年利润（万元）	−54.02	−0.65
说明	碳排放高；不环保、不节能；年净支出高	节能环保

同时，相对现行使用的燃油锅炉每年较高的运营和维护支出，新型显热固体蓄热系统在使用约3年后，其降低的使用总成本即可覆盖设备支出，经济性明显高于燃油锅炉。

通过对燃油锅炉和新型显热固体蓄热设备的排放计算可知，航空胡同22号院燃油锅炉一供暖季消耗燃油90t，采用新型显热固体蓄热设备后，减少的碳排放量折合标煤量约131t，减少二氧化碳排放约367t，年碳汇收益约为26608元。

综上，采用新型显热蓄热锅炉起到了良好的"削峰填谷"作用，同时对减少碳排放起到了明显的助力作用，具备良好的应用和推广价值。

4　展望

储热作为能源系统中关键环节，发展一种高储热密度、价值低廉、安全可靠的储热技术迫在眉睫，而只采用谷电蓄热用于平、峰电时段供暖的效益高，但相应的热力站拉线成本就会提高，基于以石墨为主体材料的蓄热系统，通过示范评估效果，提高其经济性和安全可靠性，有望成为一种清洁的供暖方式。

参考文献

[1] 胡晓，姚文卓，宋洁，等．助力实现碳达峰、碳中和，储能技术将发挥更大作用[N]．国家电网报，2021-04-20(008)．
[2] 马钊．"双碳"目标倒逼新型电力系统建设提速[N]．中国能源报，2021-03-22(004)．
[3] 胡叶广，张成，周超英，等．太阳能光热发电的集热技术现状及前景分析[J]．科学技术与工程，2021，21(9)：3421-3427．
[4] 张艳辉．热电联产集中供热盈亏边界条件研究[J]．区域供热，2020，1：50-56．
[5] International energy agency[EB/OL]．2020-02-16．[2021-01-21]http//www.iea.org/fuels-and-technologies/heating．
[6] Laing D, Steinmann W D, Fib M, et al. Solid media thermal storage development and analysis of modular storage operation concepts for parabolic trough power plants[J]. ASME Journal of Solar Energy Engineering, 2008, (130).
[7] 吴玉庭，张晓明，王慧富，等．基于弃风弃光或低谷电加热的熔盐蓄热供热技术及其评价[J]．中外能源，2017，22(2)：93-99．

"碳达峰、碳中和"背景下水储热技术在供热领域的可行性研究分析

北京市热力工程设计有限责任公司　郝鹏慧　陈鸣镝

【摘　要】本文分析了水储热技术的分类、应用场景，并通过承压储热水罐案例进一步分析其与现状供热系统耦合的可行性及经济性。通过分析可知，水储热有储热介质易获取、对环境影响小、不会造成二次污染、储热介质造价低、存储设备施工难度较低、运行非常稳定可靠等优点，在大型集中供热领域具有较大优势，结合国家整体能源结构调整策略，在集中供热领域利用清洁能源储热作为热源是实现"碳达峰""碳中和"的途径之一。但储热的热源影响储热系统的经济性，故实际工程中需根据项目具体情况，进行合理化配置，未来需进一步研究探讨，使用更经济的清洁能源作为储热热源，以取得最优化方案。

【关键词】碳达峰　碳中和　经济　环保　水储热　供暖

0 引言

为实现"碳达峰、碳中和"目标，供暖行业可以从能效提升和零碳排放两方面入手。

能效提升主要是通过节能减排及提质增效两方面实现。现阶段实现节能减排的有效途径是对现状高能耗非节能建筑热用户进行建筑围护改造降低能耗，解决供热管网的跑冒滴漏、管网保温失效等问题，此外应在供热系统中采用余热回收等节能技术，从而实现节能减排的目标。提质增效可通过智慧供热实现，智慧供热指通过对一次热源回水温度进行调控；二次循环泵采用变频水泵，根据需求实时进行调控；末端用户进行精细化管理，根据实际用热需求进行个性化供热，实现供热领域的提质增效。

对于供暖行业零碳排放路线，主要是通过以风能、光伏、核电、氢能、储能等新能源代替传统的化石能源。利用风能、光伏、核电、氢能作为一次热源的主要供能主体，并利用储能技术实现多种热源综合利用。储能技术按照储存介质进行分类，可以分为机械类储能、电气类储能、电化学类储能、热储能和化学类储能。对于供热而言，热储能断开了生产时间与消耗时间的联系；从热电联产厂、太阳能集热器、剩余风电和工业余热等方式中得到的热能都可以被储存起来，在需要的时候直接进行使用，因此相比其他储能形式，热储能更有利于供热领域应用。

在集中供热领域可实现的规模化热储能形式主要有水储热、固体储热、熔盐储热等。与其他储热形式相比，水储热有储热介质易获取、对环境影响小不会造成二次污染、储热介质造价低、存储设备施工难度较低、运行非常稳定可靠等优点，在大型集中供热领域占据较大优势，结合国家整体能源结构调整策略的特点。本文主要分析水储热技术在集中供热领域实现"碳达峰、碳中和"目标的可行性。

1 集中供热领域常用储热形式

集中供热因供热规模较大，储热需求量大，故需要储热形式占地面积较小、有利于规模化、经济性好并能满足环保要求。目前较成熟的储热形式主要有水储热、固体储热、熔盐储热等。本节主要分析三种储热形式的不同优缺点，具体分析内容见表1。

不同储热形式对比 表1

项目	水储热	固体储热	熔岩储热
设备主体设计寿命	30a	15~20a	15~20a
储热温度	60~180℃	90~700℃	250~600℃
运行模式	直供或间供	间供	间供
运行成本	较低	低	较高
环境污染	无	较小	较大

续表

项目	水储热	固体储热	熔岩储热
优点	无污染，技术成熟可靠	可提供热风、热水和导热油多种热介质	储热温度高
缺点	适用温度范围小，设备较高，占地面积相对较大	占地面积相对较大，抗热震性差	价格较高，腐蚀性强，需要辅热防止凝固

2 水储热技术介绍

水储热技术主要是利用水在不同温度下密度不同的特性，通过合理设置布水器，控制水在储热设备中保持在层流状态，避免储热设备中位于下部的冷水与位于上部热水混合的一种储热技术，该技术目前已十分成熟。

其中常压储热水罐凭借其结构及维护简单、造价低、运行稳定等特点，在清洁能源供暖改造项目及火电灵活性调峰项目中得到广泛的应用。通过表2分析可知，常压蓄热水罐比较明显的问题是存储温度较低，最高到95℃，在一次热源供热温度较高的严寒地区不易与现有热网并网运行。为解决这一问题，在严寒地区可采用承压蓄热水罐提升储水温度，满足一次热网运行温度高的要求。

不同储热水罐对比 表2

项目	常压储热水罐	微内压储热水罐	承压储热水罐
压力分布特点	顶部气象空间为常压，底部承受液柱静压力	设计压力不大于0.1MPa	设计压力大于等于0.1MPa
结构特点	罐底为平底，罐体为立式圆柱形，罐顶通常为球冠形，见图1	罐底为平底，罐体为立式圆柱形，罐顶通常为球冠形（比常压储热罐曲率半径小），见图2	顶部及底部均为椭圆形封头，罐体为圆柱形，罐整体靠圆柱形裙座支撑，见图3、图4
蓄热温度	80~95℃[①]	60~115℃	130~180℃
容积	5万m³	3万m³	5千m³
技术成熟度	成熟	不太成熟	成熟
寿命	30a	30a	30a
优点	结构简单，非特种设备，造价低[②]	稍复杂，非特种设备，造价适中	储热温度高，热密度大
缺点	储热温度低，热密度小	储热温度较低，热密度较小，国内应用极少	单体容积较小，造价稍高，特种设备监管手续多[②]

① 储水温度与海拔相关，例如在西藏的高海拔地区，水储热只能到75~80℃，但是在低海拔地区则可达到95℃左右。为提高存储温度，可在设备顶部增加氮封装置，可达到98℃左右。

② 在合理的高径比下，容积越大，单位体积造价越低。

图 1

图 4

图 2

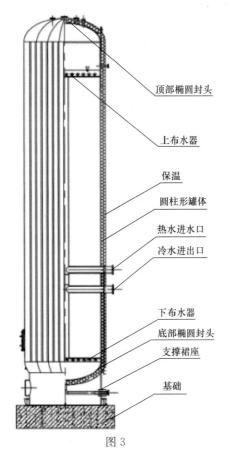

图 3

3 承压储热水罐在大型集中供热管网一次侧应用的可行性分析

目前大型集中供热管网一次侧的运行温度多高于100℃，常压水储热设备已经不能满足使用需求。为了更好的衔接现有管网，保持原有系统运行性特性，充分有效的利用原有供热设施，在大型集中供热一次热源侧，应采用承压储热水罐进行储热，在实现"碳达峰、碳中和"目标下，继续为原有管网及热用户提供优质可靠的供热服务。

此节以西北某严寒地区在用承压储热水罐组为例，通过对技术、经济、环保等方面的分析，论证在集中供暖领域采用承压储热水罐实现"碳达峰、碳中和"目标的可能性。

3.1 项目概况

项目位于西北地区，现状总供热面积约 80 万 m^2，冬季室外供暖温度 -24.5℃，室内供暖设计温度 20℃，供暖期室内实际温度 26℃，供暖期为 174 天。供暖综合热指标按照 60W/m^2 考虑，项目按满足 100 万 m^2 建筑供暖需求实施，最大热负荷为 60MW。

项目运行策略为 12h 平电价阶段优先使用储热罐进行供热，用热尖峰时段或事故工况启用直供热源进行补充供热；12h 谷电价阶段电锅炉进行直接供热并同步进行储热，故储热总量按照 12h 平电价阶段用热量设置，即 66 万 kWh。

项目设置了 6×2000m^3 承压水储热罐与电锅炉（60MW 直供＋60MW 储热）配套使用，罐组总储热量为 66 万 kWh，承压水储热罐工作温度为 120℃/70℃，设计压力 0.5MPa，Ⅰ类压力容器。

12h 平期电价为 0.22 元/kWh，12h 谷期电价为 0.13 元/kWh。

3.2 承压储热水罐技术应用分析

承压储热水罐可根据用热温度不同,确定适宜的使用压力。设计压力过低,系统运行稳定性差;设计压力过高,会造成增加设备投资成本,降低投资回报率。所以应根据实际使用需求确定适宜的储热温度及罐体设计压力,在保证使用需求的基础上,尽可能控制设备前期建设成本。本节以 2000m³ 承压储热水罐为例,分析在不同储热温度下储热罐的设计压力、设备估重及设备投资估算数值,具体分析数据见表3。

不同储热温度下数据分析　　表3

项目＼储热温度	120℃	130℃	150℃
设计压力（MPa）①	0.5	0.6	0.9
罐体尺寸 直径(m)×高度(m)	9×36	9×36	9×36
设备估重（t）②	≈360	≈400	≈500
设备本体估价③	550～720	600～800	750～1000
主材	Q345R	Q345R	Q345R

① 设备顶部压力。
② 只包含设备本体所需钢材重量。
③ 具体项目建设地及条件不同,施工费用差异性较大,本表以项目所在地价格考虑。钢材为大宗商品,波动较大,此价格按照 Q345R 价格按照 5000 元/t 考虑进行计算。布水器等附件价格差异较大,此估价按照国产常规附件考虑。

由表2可知,相同容积下储热温度越高,设备造价越高,应结合热网运行情况合理确定储热温度,本项目根据一次网运行温度120℃,确定储热水罐储热温度为120℃。

3.3 运行经济性分析

某供热季,项目实际平期用电总量为 521 万 kWh,谷期用电总量为 12917 万 kWh,总用电量为 13438 万 kWh,其中谷期储热用电量为 6458.5 kWh,具体用电情况见图5。

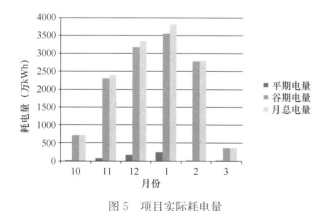

图 5　项目实际耗电量

项目平期总电费为 114.6 万元,谷期总电费为 1679.2 万元,其中谷期储热用电费用为 839.6 万元,此供暖季总电费为 1793.8 万元,具体电费情况见图6。

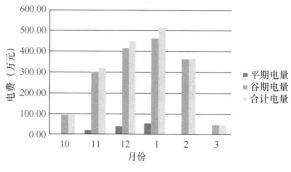

图 6　项目实际电费

经分析可知,12月及1月为极寒期,平期用电量较大,项目末端用户实际供暖温度26℃远高于室内供暖设计温度20℃,应不断调整室内温度至合理区间,降低此部分能耗。

经核算可知,现状 80 万 m² 的供热面积,此供暖季每方平方米实际运行费用为 22.42 元,运行费用较高,与直接电供热相比,储热共节约运行费用为 581.3 万元,每平方米降低运行费用为 7.27 元,大幅降低了供热成本。

3.4 设备投资经济性分析

由2.2节可知,储热罐设备投资较高,以本项目为例,两种计算方式详见表4。

经表4分析可知,按照节约电费的运行费用考虑,设备投资回收较快,按照实际运行收益考虑,设备回收期较长。此处尚未考虑其他设备的投资费用,如考虑整体项目的投资费用,项目整体投资回收期将会更长,影响投资回报期的主要因素为供暖收费价格及电费。

不同投资方式对比　　表4

项目	按照节约电费核算	按照运行盈利核算②
单台承压储热水罐投资回收期①	1.1 供暖季	2.2 供暖季
6台承压储热水罐投资回收期①	6.6 供暖季	13.3 供暖季

① 设备价格按照估价平均值考虑。
② 供暖收费按照 26 元/m² 考虑。

3.5 环境影响分析

储热用的电能均采用清洁电能,按照谷期储热用电量 6458.5 kWh 考虑,本项目采用储热技术每年可减少的污染物排放量见表5。

污染物排放减少量　　表5

项目	折算标准煤（t）	C 排放（t）	CO_2 排放（t）	SO_2 排放（t）	NO_x 排放（t）
1kWh 电对应的标煤排放数值	0.0004	0.000272	0.000997	0.00003	0.000015
本项目储热部分减少排放量	25834	17567.12	64391.245	1937.55	968.775

由表 5 可知，采用承压水储热罐技术有效的降低碳排放量，与原热源消耗的化石能源煤炭相比，SO_2 及 NO_x 排放量也大幅消减。

储热介质为水时，对环境影响极小且不会造成二次污染，其获取过程也很清洁、节能，不会额外产生更多的碳排放，是非常经济、环保的储热介质。

4 总结

对于承压水储热技术在集中供热领域的应用，经过分析可知，其技术成熟、能保持较高的储热温度以满足实际使用需求，但因属于压力容器，运行成本增加，因制造工艺、材料、造价等因素限制，与常压储热罐相比其单体储热容积受限。故实际工程中需根据项目具体情况，进行合理化配置，以取得最优化方案。

进过经济性分析可知，在峰谷电价的政策支持下，水储热技术的应用能有效降低运行费用，加快投资回报；因受电价及城市供暖费价格影响较大，应更多的争取太阳能及各种余热的储热利用来增加其经济性。运行时应优化供热温度，逐步将过热的室内温度调整到合理区间，避免能源浪费、降低供热能耗。

承压储热水罐能有效的对清洁能源进行合理利用，降低碳排放。

承压储热水罐有使用寿命长、运行时无污染物排放的优点，使得其助力供暖领域能较好地满足国家"碳中和、碳达峰"的目标。在清洁能源充沛、太阳能及余热资源丰富、峰谷电价政策友好的供暖区域有非常好的应用前景。

参考文献

[1] 方豪，夏建军，林波荣，等. 北方城市清洁供暖现状和技术路线研究[J]. 区域供热，2018，192(1)：11-18.

[2] 吴彦延，尹顺永，付林，等. "热电协同"提升热电联产灵活性[J]. 区域供热，2018，192(1)：32-38.

空气能-地热能协同储能的多能互补供暖系统性能研究

传热强化与过程节能教育部重点实验室暨传热与能源利用北京市重点实验室　靖赫然　吴玉庭

北京工业大学绿色建筑环境与节能技术北京市重点实验室　全贞花　王林成　娄晓莹

【摘　要】 本文针对山东某宾馆常规地源热泵供暖能力不足、能耗高的问题，结合当地可利用的地源能、空气能等清洁资源，将低温空气源热泵、基于梯级蓄能箱的高效耦合水源热泵以及储能技术综合原有地源热泵，建立了空气能-地热能协同储能的智慧多能互补供能系统，采用自动控制系统优化匹配不同运行模式，在"移峰填谷"的同时实现了系统高效运行。冬季运行结果表明，单空气源热泵储能模式总蓄热量 7814kWh，机组平均 COP 为 2.4，储热温度 48.4℃，在供暖初期基本能满足白天需求。耦合水源热泵梯级制热工况，环境温度 −3.26℃时，整个耦合热泵系统 COP 为 2.15，水箱蓄热温度 44.1℃，在极端天气条件下，结合原有地源热泵平电时段对热量进行调配补充。改造后，运行成本每度电 0.46 元，折合单位面积供暖费仅 8.84 元/m^2，成本降低占改造前的 50% 以上。同时，冬季节省 47.1 万 m^3 天然气，减少二氧化碳排放 828.9t/年，减少二氧化硫排放 70.6kg/a。因此本技术方案在供暖系统的经济性、环保性等方面具有一定的优势和应用前景。

【关键词】 可再生能源　储能　多能互补　热泵　供暖

0 引言

在 2030 年前实现碳达峰，2060 年前实现碳中和，这是我国生态文明建设和高质量可持续发展的重要安排[1]。据中国建筑能耗研究报告统计，建筑全寿命周期的能耗占全国的 40%~50%。从北方建筑冬季供暖强度看，平均能耗为 16~17kgce/m^2。建筑空调能耗在高峰季节可以占建筑总耗电量的 55% 以上。降低建筑供能能耗是建筑节能中最重要的部分之一。在低碳背景下，到 2050 年，建筑碳减排潜力高达 74%，建筑节能贡献全国 50% 的节能量。由此可见，建筑节能是缓解能源危机、降低碳排放的重要手段[2]。

目前主要使用的化石能源中，我国煤炭资源的人均值不到世界平均水平的 1/2，石油、天然气人均拥有量更低，仅为世界平均水平的 1/15[3]。且化石燃料的燃烧会对环境造成巨大的污染，不利于社会的可持续发展。因此各国政府纷纷出台相关政策，加快新能源和节能环保产业化进程，广泛而深入的开展节能技术改造。

单一供能系统因能源特点与区域分布的不同，实际应用存在以下问题。如空气源热泵，在低温、高湿环境下能效都低[4,5]；地源热泵初投资高，运行成本不低，且在寒冷地区地下热不平衡[6,7]；直接电储热系统不仅无法供冷，且没有热泵的高能效比[8]；单太阳能光热系统则受夜间与阴雨天的影响严重，性能稳定性差[9]，因此单一能源系统在应用过程中上受到极大的限制。多能互补系统是指利用太阳能、空气能、地热能等可再生能源，以电、燃气等常规能源作为补充的一种供能系统形式[10]。可以因地制宜地将多种能源通过组合应用来缓解单一能源形式的缺陷，减少化石能源使用，促进节能减排、保护生态环境、缓解能源约束，保障能源和经济社会的可持续发展。

宾馆建筑是公共建筑中的高能耗建筑，受环境条件以及住宿会议的影响，建筑供暖供冷负荷波动较为明显。本文针对山东淄博某大型宾馆设计了基于协同储能的多能互补供能系统系统，通过调峰储能来缓解峰值供冷供热能力较差的问题，同时利用空气能等清洁可再生能源，将超低温空气源热泵与水源热泵梯级耦合，针对不同的环境温度及用户需求，凭借峰平谷电价差的优势，通过智能控制系统实现系统的最优化节能运行，提升用户供能舒适性的同时，降低运行费用，实现能源的节能减排。本文通过分析该系统冬季的运行效果和经济效益，为多能互补协同储能系统在宾馆等大型商业建筑及公共建筑的系统设计提供借鉴和技术推广的数据支持。

1 工程概述

1.1 项目情况

改造的宾馆位于山东省淄博市，总建筑面积为10.6万m^2，由餐厅楼、会议楼、客房楼组成，最大建筑高度20m，实际供暖面积约50%，2020年入住率60%左右，同时使用率为60%~70%。电费执行峰平谷电价，具体电价及时段见表1。改造前宾馆的冷热源为地源（土壤源）热泵的形式，共有3组地源热泵机组，每组6个压缩机，采用2串3并接力的匹配模式，每组地源热泵的额定制冷/制热量为2140kW/2268kW，额定电功率为380kW/532kW，制冷/制热COP为5.63/4.26。

源侧：约200口土壤源井，4台卧式单级离心循环泵，流量720m^3/h，扬程32m，功率90kW，两用两备，水泵无变频。用户侧：风盘末端的闭式水循环系统，基础压力0.4MPa，4台卧式单级离心循环泵，流量476m^3/h，扬程37m，功率75kW，两用两备，水泵有变频，但基本上工频运行。

实际冬季运行过程中，蒸发器侧双级接力的总供/回水温度为13℃/5℃，冷凝器侧的供/回水温度为45℃/40℃。同时配有2台4t蒸气锅炉（含洗浴热水、餐饮等用热，锅炉一备一用），在冬季供暖效果较差时，通过蒸汽换热器直接为用户供暖补热。

当地峰平谷电价对照表　　表1

类别	时间	电价(元/kWh)
峰电	08:30~11:30;16:00~21:00	0.873
平电	07:00~08:30;11:30~16:00;21:00~23:00	0.582
谷电	23:00~07:00	0.291

1.2 现存问题

供暖热源不够以及热机使用不合理。当酒店客房的入住率高、大型会议或者外气温度较低时，地源热量提取不足，虽然采用两级螺杆热泵取热的方式，提高换热温差（13℃地温取热，可提取8℃左右的温差，相当于单级离心式一次取热）。实际运行中上，只有供暖初期或外部供热负荷小时可以满足，但机组24h不间断运行，供暖中后期以及负荷较大时，地源温度逐渐降低，双级取热后，蒸发温度已经达到极限，二级热泵不仅供水水温低造成热泵效率低，且蒸发温度会降至5℃以下，机组频繁宕机低温保护。

另外，白天电价为平电、高峰或者尖峰电价，系统没有储能系统，造成供暖及制冷费用高昂，同时，在供暖负荷较大时，利用燃气锅炉为用户补热增加了系统的运行费用。通过节能改造，可以彻底解决宾馆在寒冷天气以及在大幅提高建筑使用率的前提下热源的保证，同时有效配置新增设备及现有设备的合理利用，大幅降低实际供暖与制冷费用。

2 节能改造方案

基于上述问题，本方案在原有地源热泵机组的基础上，因地制宜的根据当地可利用的地源能、空气能等清洁资源，将定制超低温无霜空气源热泵、基于梯级蓄能箱的高效耦合水源热泵以及新型高效的储冷、储热协同储能技术，结合自动诊断运行的控制程序，建立了空气能－地热能协同储能的智慧多能互补供能系统，具体供能系统图如图1所示，图中右下角深色区域为原地源热泵系统，左边部分为基于协同储能的多能互补系统，二者并行。

本方案主要针对系统冬季供暖模式展开。当冬季环境温度较高供暖负荷较小时，夜间谷电时段优先利用空气源热泵储热，COP保证在2.0以上；当环境温度低供暖负荷大时，利用水源热泵机组采用梯级接力模式对热能分阶段提升，将空气源热泵的制热温度设置在20℃左右，降低机组压缩比，提高蒸发温度，保证较高COP的同时，缓解降低空气源热泵频繁结霜及反向除霜带来的不利因素，同时，水源热泵机组利用较高品味的低温热源制备60℃以上的高温热水保存在储热水箱中，保证热机的最优效能工作条件，提高机组运行性能。并通过带有布水器设计的主动式分层水箱实现热量的品级优质利用。多能互补系统冬季利用谷电时段夜间蓄能，白天储热水箱供暖，"移峰填谷"，原有地源热泵机组夜间为用户供暖，白天基本不运行，利用地热平衡的恢复，提升机组的性能。极端天气条件下，白天平电时段利用地源热泵机组补充。基于能源数据平台的智能化控制系统，通过对环境温度及供暖温度等多种因素进行判断分析，优化匹配不同的机组运行模式，使整个系统始终保持在最高效的模式下自动运行，降低系统运行维护费用。克服了常规空调系统在极端天气条件下存在供热能力不足、不稳定的缺陷。实现能源系统的最优化低碳、节能与降低成本。冬季系统主要运行工况见表2。

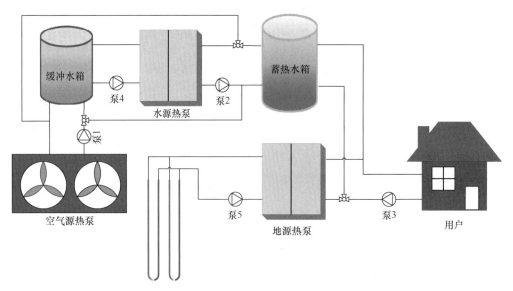

图1 山东淄博某宾馆多能互补供能系统图

多能互补系统冬季运行模式　　表2

工况	运行模式	运行时段	运行条件
工况一	空气源热泵夜间单独储热	夜间谷电时段	室外温度高
工况二	空气源热泵夜间优先储热	夜间谷电时段	室外温度较高水箱温度低
	空气源与水源热泵联合储热		室外温度较高水箱温度高
工况三	空气源与水源热泵夜间联合储热	夜间谷电时段	室外温度低
工况四	地源热泵夜间为用户供暖	夜间谷电时段	—
工况五	地源热泵白天为用户供暖	白天平电时段	—
工况六	高温水箱为用户侧供热	白天峰电尖电时段	水箱有热量时
工况七	空气源热泵为用户供热	手动模式	地源热泵检修应急工况

多能互补系统各部分设备的容量配置按照目前实际供暖使用面积约50%，再考虑客房的空置及同时使用系数，供暖负荷取40W/m²，制热量按2000kW设计。当气温很低供暖负荷大时，平电时段补充，主要设备的参数见表3。

多能互补系统主要设备表　　表3

序号	设备名称	规格型号校核版	数量
1	低温空气源热泵（A）	电功率46kW，制热量138kW	13
2	高温蓄能水池（B）	1050t温度分层梯级蓄能水箱	1
3	过渡水箱（C）	12t过渡缓冲水箱（1.5m×3m×2.5m）	1
4	水源热泵机组（D）	制热量2032kW，功率432kW，COP5	1
5	板式换热器（E）	换热量2200kW，对数温差1℃，阻力5m	1
6	循环泵（泵1）	流量350m³/h，扬程17m，1用1备	2
7	循环泵（泵2）	流量350m³/h，扬程17m，1用1备	2
8	循环泵（泵3）	流量500m³/h，扬程17m，1用1备	2
9	循环泵（泵4）	流量300m³/h，扬程17m，1用1备	2

主要设备中，设置板式换热器的目的：一次侧水箱是开式循环，二次侧用户分布较为分散，跨度较大，闭式系统便于水力平衡调节、末端排气，稳定供能。设置缓冲水箱是为防止空气源热泵和水源热泵蒸发器串联运行时，水流开关启闭不正常以及水锤现象，防止机组启动瞬间空气源制热温度过高或空气源热泵反向除霜，导致水源机组压力过高或过低报警宕机。储能水箱进出口X型的阀门1/4和2/3切换的目的是冬夏季模式切换，以及始终保证较高温度的水上进或上出，较低温度的水下进或下出。同时高温水箱内部进出口干管具有布水器设计，降低水流进入水箱的流速，均匀分布，防止流体掺混。现场各设备如图2所示。

图 2　多能互补系统各设备现场照片

3　系统运行数据分析

当地全年逐时的气象参数如图 3 所示，最冷月份为 1 月，最低气温为 −11.5℃，该宾馆为保证用户舒适性，冬季供暖时间为 10 月 22 日到 4 月 19 日，供暖时间 180d，期间室外干球平均温度为 5.9℃，平均相对湿度达到了 51%，可以看出该地区冬季环境条件相对较为恶劣，采用单一热源方式如地热土壤源或空气源热泵受地热恢复不平衡以及空气源频繁结霜问题的限制，很难保证用户供暖要求和舒适性。

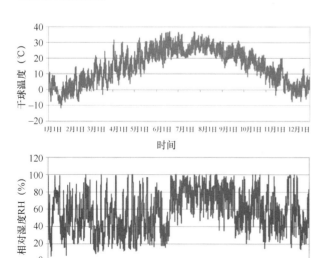

图 3　山东淄博全年逐时气象参数图

以 2020 年 11 月 10 日夜间储能系统只运行空气源热泵的工况为例进行分析。夜间平均室外温度为 2.86℃，如图 4 所示，22:00 时刻，水箱处于用户供能模式，采用上供下回的方式，防止供回水温度掺混，可以看出水箱温度分层较为明显，上部温度为 46.1℃，下部温度为 32.3℃；23:00 系统切换为储能模式，水箱采用下供上回模式，水箱上部和下部热水充分混合后，蓄热开始的平均温度为 39.2℃，随着时间的变化，水箱内的温度呈线性上升，8h 后，水箱的最终蓄热平均温度为 48.4℃，由于热水密度小，浮升力的原因导致上部和下部的水温始终存在 0.4～0.6℃的温差。空气源热泵的供回水温度整体上升，但温差逐渐缩小，结合图 2 可以看出，蓄热后半段，由于冷凝温度升高，机组的耗电量累计增加的幅度要大于蓄热量累计增加的幅度，机组的 COP 能效呈微弱降低的趋势，同时，夜间空气源热泵机组供水温度存在波动，是由于机组反转除霜造成的系统运行不稳定的不利因素。整个夜间机组蓄热过程中，23:00～07:00 时段水箱的有效水容量按 900t 考虑，总蓄热量为 7814kWh，空气源热泵机组的总耗电量为 3818kWh，空气源热泵机组的平均 COP 为 2.4，考虑水泵的电功率，整个蓄热系统

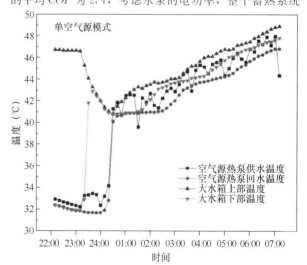

图 4　空气源热泵供回水温度和水箱温度变化

COP 为 2.04，蓄热量和耗电量变化见图 5。在供暖初期，环境温度相对较高，用户侧负荷较小，储热温度及储热量基本能满足白天用户供暖需求。

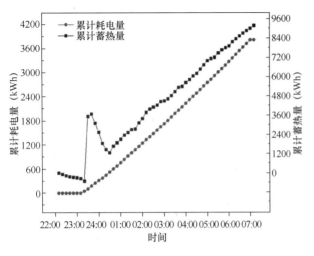

图 5 蓄热量和耗电量变化

以 2020 年 12 月 26 日夜间空气源耦合水源热泵储能系统为例进行分析。夜间平均室外温度为 $-3.26℃$，采用常规空气源热泵蓄热存在频繁除霜、COP 低下（小于 1.5）以及制热温度较低（35℃左右）的缺陷，多能互补方案利用空气源热泵为过渡水箱储热，同时水源热泵梯级提热，提高整体系统性能。运行过程中过渡水箱内的温度受空气源热泵机组除霜的影响，在 19~22℃ 之间波动，因此后期过渡水箱的选型应考虑空气源热泵除霜为过渡水箱制冷的温度降不能低于水源热泵的蒸发侧保护温度为依据。如图 6 所示，同样储能开始前，水箱由于处在供能阶段，水箱上部温度为 37.9℃，下部受较低回水温度的影响，温度为 34.9℃。随着储能系统的运行，水箱内的温度趋于均匀，从初期平均温度 36.3℃ 到储能结束水箱的平均温度为 44.1℃，上部和下部仍存在 0.5~0.6℃ 的温差。从图 7 中可以看出，双极耦合系统水箱总蓄热量为 8107kWh，空气源热泵机组部分的累计功耗为 2131kWh，水源热泵机组部分的累计功耗为 1380kWh，在考虑上空气源热泵与缓冲水箱之间的水泵功率 10kW、

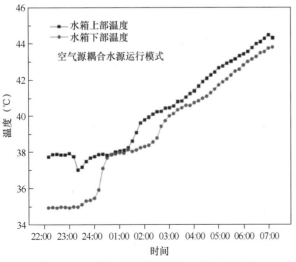

图 6 双极耦合系统模式储热水箱温度变化

缓冲水箱与水源热泵蒸发器侧的水泵功率 10kW、水源热泵机组与大储热水箱之间的水泵功率 13kW，双极耦合系统的总功耗为 3775kWh，总系统 COP 为 2.15。有效地提升了各个机组部分的性能，提升了储热温度，在极端天气条件下，大型会议或用户负荷大时，还需结合原有地源热泵机组在平电段对热量进行补充，通过智能调配，保证用户供暖的舒适性。

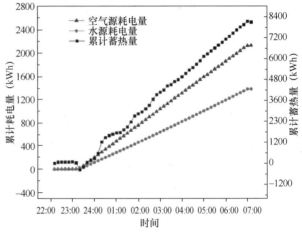

图 7 双级耦合模式下蓄热量和耗电量变化

4 系统节能效益分析

改造前该宾馆冬季采用地源热泵的形式为用户 24h 不间断供暖，大部分时间由于供热能力不足，采用燃气锅炉产高温蒸汽，通过蒸汽换热器为用户补热。改造后多能互补系统和原地源热泵机组互相调配运行，充分利用峰平谷电价的特性，提高各部分机组的能效，满足用户舒适性和供热需求，大幅度降低运行费用，该供暖系统从 2020 年 10 月 23 日到 2021 年 4 月 20 日稳定运行。整个宾馆节能改造后供暖系统不同时段的耗电量如图 8 所示，供暖初期 10 月、11 月和末期 3 月、4 月，整个供暖系统绝大部分的耗电量都发生在谷电时段，白天基本上是水泵等动力设备的耗电。12 月、1 月和 2 月由于室外环境温度相较往年更低，年终大型会议较多，用户侧负荷较大，白天很大部分平电时段甚至峰电时段都需要机组运行补充热量，结合图 10 整体来看，整个冬季供暖系统耗电量 200.6 万 kWh，谷电时段的耗电量为 113.4 万 kWh，占整个系统耗电量的 56%，另外平电时段和峰电时段耗电量分别占 27% 和 17%。

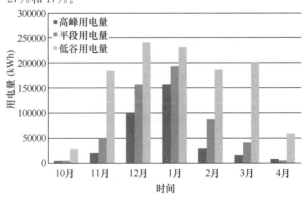

图 8 节能改造后供暖系统不同时段耗电量

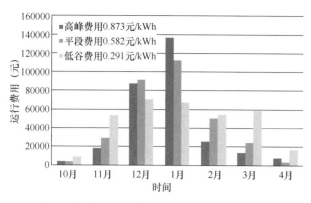

图 9 节能改造后供暖系统不同时段运行费用

结合当地的峰平谷电价的收费标准，峰谷电价差为 0.58 元/kWh，对比了不同时段系统的运行费用如图 9 和图 10 所示。峰段、平段、谷段对应的运行费用分别为 29.3 万元、31.4 万元和 32.9 万元，占比分别为 31.3%、33.5%和 35.2%。热源机房侧电费共计 93.7 万元，结合总耗能，相当于每度电 0.46 元。折合单位面积供暖费仅为 8.84 元/m²，可以看出基于协同储能的多能互补系统相较于常规的热力管网、燃气锅炉、单热泵系统的优势较为明显。

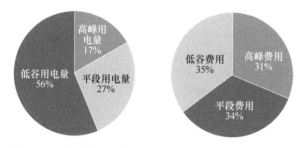

图 10 改造后供暖系统不同时段用电量和运行费用占比

从另一方面能源成本核算得出，按照标准天然气 0.0355GJ 的热值，1GJ 的热量约 30Nm³ 天然气，按天然气平均价格 3 元/Nm³，1GJ 热量是 90 元左右。本方案 1GJ 热量等于 278kWh，考虑综合 COP 为 2.5，多能互补系统消耗 111kWh 的电能，每度电按 0.46 元，综合得出 1GJ 热量在 51 元左右，相当于天然气供暖费用的 56.7%。

图 11 给出了改造前后冬季（供暖、生活热水、洗衣做饭等）总电费和燃气费用的对比，可以看出，改造后通过基于协同储能的多能互补系统对供暖系统、生活热水系统等的优化运行，大大节省了天然气的用量和费用。改造前冬季整个能源系统的总费用为 323 万元，改造后总费用为 170.2 万元，冬季节约运行费用 152.8 万元，节钱量占 50%以上。同时，冬季节省 47.1 万方天然气，减少了二氧化碳排放 828.9t/a，减少二氧化硫的排放 70.6kg/a，减少二氧化氮的排放 296.7kg/a，减少烟尘的排放 113kg/a，响应国家"碳中和、碳达峰"的减排目标，因此本技术方案在供暖系统的经济性、环保性等方面具有一定的优势和应用前景。

5 结论

本文对山东省某宾馆效率低及能耗高的运行问题进行了节能改造，在原有地源热泵基础上，设计并建设了一套空气能-地热能协同储能的多能互补供能系统，通过对冬季供暖性能和节能性能分析，得出以下主要结论：

（1）针对不同环境温度及供暖需求，制定了 7 种不同的运行工况，系统自动诊断运行，提升热机工作效能。

（2）单空气源热泵蓄热量 7814kWh，机组平均 COP 为 2.4，储热温度 48.4℃，在供暖初期基本能满足白天需求。

（3）双极耦合系统水箱总蓄热量为 8107kWh，储热温度 44.1℃，双极耦合热泵系统总功耗为 3775kWh，总系统 COP 为 2.15。极端天气条件下，结合原地源热泵机组在平电段对热量进行补充保证用户供暖的舒适性。

（4）改造后，运行成本每度电 0.46 元，折合单位面积供暖费仅 8.84 元/m²，降低成本占改造前的 50%以上。冬季节省 47.1 万 m³ 天然气，减少二氧化碳排放 828.9t/a，减少二氧化硫排放 70.6kg/a，本技术方案在供暖系统的应用具有一定的经济价值和环保效益。

参考文献

[1] 张运洲，代红才，吴潇雨，等．中国综合能源服务发展趋势与关键问题[J]．中国电力，2021，54(2)：1-10．

[2] 清华大学建筑节能研究中心．中国建筑节能年度发展研究报告 2020[M]．北京：中国建筑工业出版社，2020．

[3] 詹华，姚士洪．对我国能源现状及未来发展的几点思考[J]．能源工程，2003，3：1-4，8．

[4] 刘春蕾，刘智民，宋盼想．空气源热泵用于寒冷地区供热的性能分析[J]．河北建筑工程学院学报，2018，36(3)：48-52．

[5] 孙茹男，罗会龙，李志国，等．空气源热泵供暖技术研究现状[J]．工业安全与环保，2021，47(1)：99-102．

[6] 沈军，刘徽，余国飞，等．浅议中国浅层地热能开发利用现状及对策建议[J]．资源环境与工程，2021，35(1)：116-119．

[7] 邹晓锐，周晋，邓星勇．太阳能-地源热泵耦合式热水系统优化匹配研究[J]．太阳能学报，2017，5：1281-1290．

[8] 凌浩恕，何京东，徐玉杰，等．清洁供暖储热技术现状与趋势[J]．储能科学与技术，2020，9(3)：861-868．

[9] 全贞花．可再生能源在建筑中的应用[M]．北京：中国建筑工业出版社，2021．

[10] 何涛，李博佳，杨灵艳，等．可再生能源建筑应用技术发展与展望[J]．建筑科学，2018，34(9)：135-142．

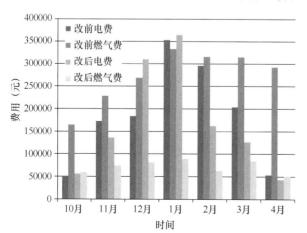

图 11 改造后供暖系统不同时段用电量和运行费用占比

自耦合相变蓄热热泵系统经济性分析

西安市热力集团有限责任公司（西安热力规划设计院有限公司） 惠芳芳　张　琼　杨雯佳　曹宏麟
甘肃省建材科研设计院有限责任公司　翟有蓉

【摘　要】本文针对有峰谷电价的间歇供暖建筑（办公楼、学校等）提出了一种自耦合相变蓄热热泵系统。该系统利用相变蓄热器，可以在空气源热泵和水源热泵运行模式之间自由切换；以西安市某办公建筑为例，对其经济性进行了理论计算和分析，并与常规超低温空气源热泵系统进行了对比。结果表明：在55℃供水温度时，与常规超低温空气源热泵系统相比，供暖季总运行费用减少33.33%以上；当供水温度为45～55℃，且初投资增加额为常规超低温空气源热泵系统成本的30%时，最大投资回收年限为4.65年；且供水温度越高，投资回收年限越短，更适用于高水温的系统。

【关键词】峰谷电价　间歇供暖　热泵　经济性　分析

0　引言

近年，空气源热泵凭借其环保节能的优势，在国家政策和财政支持下，已广泛应用于我国北方供暖地区，在治污减霾上做出了重要贡献[1]，其应用地域范围扩展到了寒冷地区，甚至部分严寒地区。但这样的快速发展也蕴含着隐忧，行业内的专业人士都清醒地认识到空气源热泵近年在我国的快速发展与国家财政扶持政策密不可分，空气源热泵如果要在未来我国建筑节能及"碳中和"中发挥更重要的作用，技术上必须要有更进一步的突破，不仅要进一步提高其运行性能，降低成本和运行费用，还要克服在寒冷和严寒地区应用的地域局限，能制备更高水温的热水等。

本文针对寒冷和严寒地区且有峰谷电价的间歇供暖建筑，依据专利[2]提出了一种自耦合相变蓄热热泵系统，以替代目前在寒冷和严寒地区常用的单/双级耦合空气源/水源热泵系统[3-9]、复叠式和双级压缩式空气源热泵[10-14]，期望在保证高效运行的情况下，能降低热泵系统成本和运行费用。本文以某办公建筑为计算模型，分析在西安市现行"分时电价"下本文所提出的热泵系统经济性，为空气源热泵进一步的推广应用，特别是在寒冷和严寒地区的应用提供一种新的技术方案。

1　系统工作原理

自耦合相变蓄热热泵系统在各工况下的工作流程如图1～图4所示。其组成部件包括：压缩机（1）、热水加热器（2）、室外换热器（3）、蓄热换热器（4）；三个电子膨胀阀（5、6、7）；两个四通阀（8、9）；相变蓄热器（10）、蓄热循环水泵（11）、供暖循环水泵（12）、单向阀（13）。

其独特之处是：在相变蓄热器10的辅助下，自耦合相变蓄热热泵系统可以在空气源热泵运行模式和水源热泵运行模式之间自由切换。

因为办公楼、学校等间歇供暖建筑冬季一般都是晚上仅需30℃左右的热水值班供暖；而白天运营时，需较高温度热水利用散热器或风机盘管给办公室或教室供暖。因此自耦合相变蓄热热泵系统的工作原理是：晚上低谷电时段，在空气源热泵运行模式下工作，从室外空气中吸热，生产30℃左右的热水；一部分热水用于建筑的值班供暖，另一部分热水用于相变蓄热器10的蓄热。白天峰电和平价电时段，它转变为水源热泵运行模式，以相变蓄热器10为低温热源，从其中吸热，通过热水加热器2生产较高温度热水，用于办公楼的正常供暖。

它可以实现以下运行工况：晚上供暖兼蓄热工况、白天水源热泵工况、除霜工况、白天空气源热泵工况。

1.1　晚上供暖兼蓄热工况

在该工况下，系统在空气源热泵模式下运行；其工作流程如图1中箭头所示。工作时，四通阀8高压节点与热水加热器2相连，四通阀9高压节点与蓄热换热器4相连。

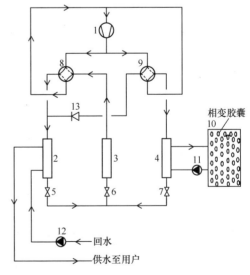

图1　晚上供暖兼蓄热工况工作流程图

室外换热器3是蒸发器，利用它从室外空气中吸热；所吸收热量一部分通过热水加热器2供给建筑值班供暖；

另一部分通过蓄热换热器4生产热水供给相变蓄热器10蓄热,作为白天水源热泵工况的低温热源。

即在此工况下,自耦合相变蓄热热泵系统利用晚上低谷电进行值班供暖和蓄热,所蓄热量供白天峰电和平电时段使用,以节省运行费用。

1.2 白天水源热泵工况

此工况下,系统在水源热泵模式下运行,其工作流程如图2中箭头所示。

工作时,四通阀8不切换,其高压节点仍与热水加热器2相连;四通阀9切换,其高压节点通过单向阀13也与热水加热器2相连,蓄热换热器4由冷凝器变成蒸发器;同时,电子膨胀阀5全开,电子膨胀阀6关闭,室外换热器3不工作;电子膨胀阀7仍正常工作,进行节流。

系统按上述要求动作后,由晚上供暖兼蓄热工况切换至白天水源热泵工况,利用蓄热换热器4从相变蓄热器10吸热,通过热水加热器2生产较高温度热水供给室内以正常供暖。

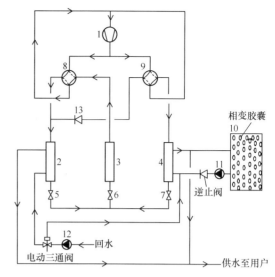

图3 白天空气源热泵供暖工况工作流程图

1.4 除霜工况

热泵系统在图1所示晚上供暖兼蓄热工况、图3所示白天空气源热泵工况下以空气源热泵模式运行时,室外换热器3会结霜,为保证系统正常运行,必须除霜。

化霜时,系统的工作流程如图4中箭头所示。四通阀9不切换,其高压节点仍与蓄热换热器4相连,但电子膨胀阀7关闭,蓄热换热器4不工作。

四通阀8切换,其高压节点与室外换热器3相连,电子膨胀阀6全开;电子膨胀阀5正常工作,热水加热器2由冷凝器变成蒸发器,从供暖系统回水中吸热,用于室外换热器3的化霜。

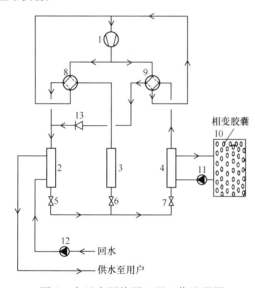

图2 白天水源热泵工况工作流程图

1.3 白天空气源热泵工况

在该工况下,系统晚上仅值班供暖,不蓄热,白天直接使用空气源热泵运行方式为室内供暖,其工作流程如图3中箭头所示。本工况适用于供暖季初期和末期室外空气温度较高时。

如图3所示,该工况下制冷剂的工作流程与图1所示晚上供暖兼蓄热工况完全相同,仅在水系统的回水管路上增设了一个电动三通阀。

工作时,室外换热器3是蒸发器,利用它从室外空气中吸热;蓄热循环水泵11不工作,供暖循环水泵12加压的供暖系统回水经电动三通阀后,被分流成两路,分别进入热水加热器2、蓄热换热器4生产热水供给室内以正常供暖。

由于蓄热循环水泵11不工作,其出口端一般设有逆止阀,故热水不会进入相变蓄热器10蓄热。

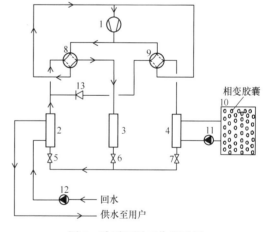

图4 除霜工况工作流程图

2 热负荷计算

2.1 计算条件

为了分析自耦合相变蓄热热泵系统的运行经济性,在以下设定条件下对其进行计算和分析:

(1) 室外温度选取西安市逐时室外气象参数;

(2) 设置室内供暖温度为18℃，值班供暖温度为10℃，换气次数为0.5h^{-1}；

(3) 间歇供暖建筑在工作日的上班时间为8:00～18:00；设定热泵系统运行时间为：白天水源热泵运行模式7:00开启，至下午17:00关闭；其他时间段和周末为值班供暖；

(4) 正常供暖的供水温度分别设定为45℃、50℃、55℃；

(5) 假设水与制冷剂之间的最小传热温差为3℃；相变换热器和相变蓄热器进出口温差都为5℃；相变蓄热器中水与相变材料之间的最小传热温差也为5℃；

(6) 相变材料蓄热时的相变温度为23℃；

(7) 制冷剂为R410A；

(8) 按西安市现行的峰谷平电时段及电价计算分析：谷电时段为23:00～7:00，电价为0.3135元/kWh；峰电时段为8:00～11:00、18:00～23:00，电价为0.8479元/kWh；平电时段11:00～18:00、7:00～8:00，电价为0.5807元/kWh；

(9) 选取西安市某间歇供暖的办公建筑为研究对象，该建筑物总面积1100m^2。

2.2 热负荷计算结果

设置好室内各项参数后，利用DeST软件模拟计算了所选定办公建筑的供暖季逐时热负荷，如图5所示。从模拟结果可知，在设定的参数和运行规律下，该建筑最大热负荷值为97.24kW。

该建筑最大热负荷值之所以偏大，且出现在一周的第一个工作日，是因为周末只维持值班供暖，室温较低，所以周一室内要达到18℃供暖温度所需的热负荷时会出现突增，这也是间歇供暖建筑的特点。

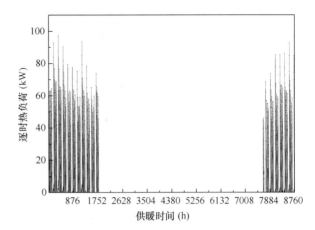

图5 西安市供暖季逐时热负荷

3 结果分析

3.1 西安市峰谷电价差影响分析

对于办公楼这类间歇供暖建筑，热负荷需求主要集中在上班时间，此时也正是高峰电价时段，不仅对电网供电负荷有影响，而且高峰用电带来的高额运行成本也不容忽视。下面依照西安市现行"分时电价"政策，根据西安市现行峰谷电价，对比分析自耦合相变蓄热热泵系统与常规超低温空气源热泵系统在有峰谷电价差时的整个供暖季运行功耗和费用。

表1所示是两系统在55℃供水温度时的计算结果，其中自耦合相变蓄热热泵系统的相变温度为23℃。

西安市供暖季峰谷时段经济性对比表　　　　表1

峰谷平时段	峰谷平时段电价（元/kWh）	常规超低温空气源热泵系统		自耦合相变蓄热热泵系统	
		总耗功（kWh）	运行费用（元）	总耗功（kWh）	运行费用（元）
7:00～8:00	0.5807	3250.54	1887.589	1521.731	883.669
8:00～11:00	0.8479	10272.53	8710.078	4905.809	4159.635
11:00～17:00	0.5807	8309.052	4825.066	4356.861	2530.029
23:00～7:00	0.3135	—	—	8641.367	2709.069
小计	—	21832.122	15422.733	19425.768	10282.402

运行时，自耦合相变蓄热热泵系统与常规超低温空气源热泵系统不同的是，夜间除了值班供暖以外，还以空气源热泵运行模式蓄热，然后在白天将这部分热量供给供暖建筑。设自耦合相变蓄热热泵系统的蓄热时间为夜间谷电价时段（23:00～7:00）的8h，在此时间段内，除了与常规超低温空气源热泵相同维持值班供暖外，还要兼顾相变蓄热器蓄热功能；因此表1中谷电价时段耗功和运行费用只是对应新系统的夜间蓄热部分，对于常规超低温空气源热泵系统而言，此部分为0。

从表1中可以看出，西安市峰谷电价差值较为明显，峰时电价为谷时电价2.7倍，可充分利用峰谷电价差来降低系统运行成本。常规超低温空气源热泵系统在用电高峰时期的耗电量及运行费用居高不下，并且都约占供暖季总耗电量和运行费用的1/2，运行经济性差。而自耦合相变蓄热热泵系统能将供暖季总耗功的44%转移至夜间谷电价时段。

另外，虽然新系统供暖季的峰电价时段运行费用仍然是最高，但由于采用了夜间相变蓄热，提升了白天水源热泵运行模式的蒸发温度，所以白天高峰电价时段机组耗功大幅度减少，相应的运行费用也降低，相较于常规超低温空气源热泵系统而言，供暖季总运行费用减少约33.33%，单位面积运行费用降低4.673元/m²；同时，两系统高峰电价时段耗电量差值为5366.721kWh，占常规系统峰时电量52.2%，运行费用差值为4550.443元，占常规系统峰时费用52.24%。由上述分析可知，本文所提出的自耦合相变蓄热热泵系统利用夜间相变蓄热能转移高峰时段的耗电量，具有很好的经济性。

3.2 投资回收期

为了进一步评价新系统在"分时电价"政策下的经济性，以前面计算数据为基础，利用投资回收年限对自耦合相变蓄热热泵系统的经济效益进行评估。

根据目前空气源热泵的市场价格，按计算出的该建筑供暖热负荷，所选配的常规热泵机组成本约为6万元。常规系统运行费用主要包括能耗费、人工费、维修费等，但本文主要考虑在常规超低温空气源热泵系统基础上增加蓄热换热器4和相变蓄热器10（图1）改造成自耦合相变蓄热热泵系统的费用，以及采用峰谷电价差后的经济效果，因此主要讨论在西安市峰谷电价差的基础上，供水温度分别为45℃、50℃、55℃，当自耦合相变蓄热热泵系统的相变蓄热装置所带来的项目增量成本分别为常规超低温空气源热泵系统成本的15%、20%、25%、30%时，对自耦合相变蓄热热泵系统投资回收年限的影响。常规超低温空气源热泵系统的运行费用只在白天的峰电价时段和平电价时段产生，而采用相变蓄热装置后，与自耦合相变蓄热热泵系统的费用差值即为自耦合相变蓄热热泵系统节约的运行成本。

投资回收期的计算为项目增量成本与年节约运行费用的比值[15]。

45℃供水温度时，新系统的投资回收年限如表2所示，可知，采用自耦合相变蓄热热泵系统后，年运行费用明显减少，经济性提高。在初投资增加15%，也就是新系统增加相变蓄热装置所带来的项目增量成本为9000元时，投资回收期为2.33a；初投资增加，投资回收年限也相应增加；初投资增加20%时，投资回收期为3.10a，当初投资再增加5%时，投资回收年限上升25.16%，初投资增加变为30%时，投资回收期再增加0.77a。

45℃供水温度时初投资变化的投资回收年限　　表2

初投资变化	年运行费用（元）	年节省费用（元）	项目增量成本（元）	投资回收期（a）
常规超低温空气源热泵系统	12678.681	0	0	0
增加15%初投资	8809.791	3868.89	9000	2.33
增加20%初投资	8809.791	3868.89	12000	3.10
增加25%初投资	8809.791	3868.89	15000	3.88
增加30%初投资	8809.791	3868.89	18000	4.65

为便于根据新系统的最大蓄热量选择相变蓄热装置，需要根据新系统增加的初投资和供暖季每日的累计蓄热量最大值，计算出蓄热量为100kWh时的相变蓄热装置成本，用于指导实际工程项目中的相变蓄热装置选型，以及评估新系统的经济可行性。根据热负荷计算和分析可知：当新系统白天的供水温度为45℃时，在供暖季谷电价时段的每日累计蓄热量最大值为595.9995kWh，在不同项目增量成本下，该最大累计蓄热量折合成100kWh的成本如表3所示。

最大蓄热量折合为100kWh后的成本　　表3

初投资变化	项目增量成本（元）	折合为100kWh后的成本（元）
增加15%初投资	9000	1510
增加20%初投资	12000	2013
增加25%初投资	15000	2517
增加30%初投资	18000	3020

50℃供水温度时，新系统的投资回收年限如表4所示，可知，在初投资增加15%，即项目增量成本增加9000元时，投资回收期为2.11a；初投资增加，投资回收年限也相应增加；当初投资增加20%时，投资回收期为2.81a，如初投资再增加5%时，投资回收年限上升20.17%，初投资增加变为30%时，投资回收期还会延长0.7a。

50℃供水温度时初投资变化的投资回收年限　　表4

初投资变化	年运行费用（元）	年节省费用（元）	项目增量成本（元）	投资回收期（a）
常规超低温空气源热泵系统	13778.576	0	0	0
增加15%初投资	9511.155	4267.421	9000	2.11
增加20%初投资	9511.155	4267.421	12000	2.81
增加25%初投资	9511.155	4267.421	15000	3.52
增加30%初投资	9511.155	4267.421	18000	4.22

由热负荷计算和分析可知：当新系统白天的供水温度为50℃时，在供暖季谷电价时段的每日累计蓄热量最大值为574.6183kWh，在不同项目增量成本下，该最大累计蓄热量折合成100kWh的成本如表5所示。

最大蓄热量折合为100kWh后的成本　　表5

初投资变化	项目增量成本（元）	折合为100kWh后的成本（元）
增加15%初投资	9000	1566
增加20%初投资	12000	2088
增加25%初投资	15000	2610
增加30%初投资	18000	3133

55℃供水温度时，新系统的投资回收年限如表6所示，可知，在初投资增加15%，即项目增量成本增加9000元时，投资回收期为1.75a；同样初投资增加，投资

回收年限也相应增加；当初投资增加20%时，投资回收期为2.33a，初投资再增加5%时，投资回收年限上升25.32%，初投资增加变为30%时，投资回收期会再增加0.58a。

55℃供水温度时初投资变化的投资回收年限　表6

初投资变化	年运行费用（元）	年节省费用（元）	项目增量成本（元）	投资回收期（a）
常规超低温空气源热泵系统	15422.733	0	0	0
增加15%初投资	10282.402	5140.33	9000	1.75
增加20%初投资	10282.402	5140.33	12000	2.33
增加25%初投资	10282.402	5140.33	15000	2.92
增加30%初投资	10282.402	5140.33	18000	3.50

由热负荷计算和分析可知：当新系统白天的供水温度为55℃时，在供暖季谷电价时段的每日累计蓄热量最大值为551.1057kWh，在不同项目增量成本下，该最大累计蓄热量折合成100kWh的成本如表7所示。

最大蓄热量折合为100kWh后的成本　表7

初投资变化	项目增量成本（元）	折合为100kWh后的成本（元）
增加15%初投资	9000	1633
增加20%初投资	12000	2177
增加25%初投资	15000	2722
增加30%初投资	18000	3266

4　结论

本文针对有峰谷电价的间歇供暖建筑（学校、办公楼等）提出了一种自耦合相变蓄热热泵系统，该系统在相变蓄热器的辅助下，可以在空气源热泵运行模式和水源热泵运行模式之间自由切换；提高了空气源热泵对低温环境的适应性，同时利用峰谷电价可降低运行费用，通过理论计算和分析，获得了以下结论：

（1）在西安现行的峰谷电价政策下，供水温度为55℃时，与常规超低温空气源热泵系统相比，供暖季总运行费用减少33.33%以上，并能够将白天高峰时段大部分电量转移至夜间低谷时段，相应的供暖季运行费用每平方米降低4.673元以上，峰谷电价对经济性影响较大。

（2）当供水温度为45~55℃，且初投资增加30%时，自耦合相变蓄热热泵系统的投资回收年限最大为4.65a。

（3）供水温度越高，投资回收年限越短，说明自耦合相变蓄热热泵系统更适用于高水温的系统。

（4）相变蓄热材料的价格和蓄热性能是影响自耦合相变蓄热热泵系统工程应用的关键因素。

参考文献

[1] 张翔,戴翰程,靳雅娜,等.京津冀居民生活用煤"煤改电"政策的健康与经济效益评估[J].北京大学学报(自然科学版),2019,55(2):367-376.
[2] 刘雄.空调制冷设备[P].201110462200.5,2011-12-18.
[3] 马最良,杨自强,姚杨,等.空气源热泵冷热水机组在寒冷地区的应用分析[J].暖通空调,2001,3:20-23.
[4] 王洋,江辉民,马最良,等.单双级混合式热泵供暖总制热能效比的研究[J].暖通空调,2002,34(11):1-4.
[5] 王伟,马最良,姚杨,等.双级耦合式热泵供暖系统在北京地区实际应用性能测试与分析[J].暖通空调,2004,34(10):91-95.
[6] 马最良,姚杨,姜益强.双级耦合热泵供暖的理论与实践[J].流体机械,2005,33(9):30-33.
[7] 蒋绿林,罗迎宾,徐丽.寒冷气候条件下耦合双级热泵制热性能实测与分析[J].能源研究与利用,2007,1:23-26.
[8] 马龙.喷气增焓双级耦合热泵系统设计与性能分析[D].衡阳：南华大学,2016.
[9] 丁伟翔,蔡小凤.空气源水源双级耦合热泵系统全年节能性测算与分析[J].建筑节能,2019,8:39-43.
[10] 陈镇凯,何雪强,胡文举,等.复叠式空气源热泵低温适应性研究[J].低温建筑技术,2011,12:107-109.
[11] Qu M L, Fan Y N, Chen J B, et al. Experimental study of a control strategy for a cascade air source heat pump water heater[J]. Applied Thermal Engineering, 2017, 110: 835-843.
[12] 单宝琦,刘芳,王宗伟.寒冷地区双级压缩供暖的优化研究[J].洁净与空调技术,2019,3:35-38.
[13] 张春林,程港,钱志博.双级压缩空气源热泵在农村煤改电项目中的应用[J].建筑热能通风空调,2018,37(8):54-56.
[14] 邓杰,杨旭东,王鹏苏.单、双级变频压缩低温空气源热泵制热性能及供暖效果对比分析[J].建筑科学,2014,30(10):36-40.
[15] 杜佳宁.北方城镇学校电蓄热供暖与热泵供暖对比分析[D].沈阳：沈阳建筑大学,2018.

专题 3　燃煤燃气锅炉节能环保技术

220t/h 高温高压煤粉锅炉脱硝超低排放改造实例

牡丹江热电有限公司　秦长清

【摘　要】 本文通过介绍牡丹江热电有限公司锅炉脱硝超低排放改造实例，阐述了 220t/h 煤粉锅炉脱硝改造采用低氮燃烧器、SNCR 和 SCR 联合脱硝过程中遇到的实际问题和解决措施。

【关键词】 煤粉锅炉　脱硝　低氮燃烧器　SNCR＋SCR　直喷　超低

0　概述

牡丹江热电有限公司是股份制的热电联产供热企业，公司共有 15 台锅炉，总容量 2320t/h。配有完善的环形供热管网，供热面积现 2400 万 m²，占牡丹江市集中供热面积 65% 以上。

公司现有 4 台高温高压煤粉锅炉，其中 3 台 HG-220/9.8-YM10 煤粉炉，1 台 HG-240/9.8-YM10 煤粉炉，蒸汽锅炉总额定蒸发量 900t/h。1 号、2 号锅炉于 1991 年投入正式运行，3 号锅炉于 2003 年投入运行，4 号锅炉于 2017 年投入运行。

4 台锅炉均为热电联产锅炉，供热季为 10 月 15 日至次年 4 月 15 日，供热期间 4 台锅炉均满负荷运行；非供热季一般为 1 台锅炉维持负荷 150t/h 运行。

为满足"十二五"时期对火电行业的 NO_x 控制要求，公司对 3 台 220t/h 高温高压煤粉锅炉进行烟气脱硝改造（SNCR＋SCR），对新建 240t/h 高温高压煤粉锅炉设置 SCR 烟气脱硝装置。4 台锅炉脱硝系统均以尿素作为还原剂。

2014 年 1 号锅炉进行了低氮燃烧器改造。2015 年 2 号、3 号锅炉进行了低氮燃烧器改造。1 号至 3 号锅炉 SNCR、SCR 改造，出口 NO_x 小于 200mg/m³，以尿素作为还原剂，SNCR 每台锅炉 9 只尿素喷枪，其中主喷枪 7 只、补充喷枪 2 只。SCR 安装催化剂安装 1 层，布置在高温段省煤器与高温段空气预热器之间。建设尿素站 1 座，尿素循环泵流量 6m³/h，扬程 160m，尿素溶液储存罐 2 个，每个容积 87m³。尿素溶液浓度 50%。2017 年 1 号至 3 号锅炉每台锅炉新增喷枪 5 只。4 号炉投运，脱硝为 SCR，催化剂设计 4 层，安装 2 层、备用 2 层，出口氮氧化物小于 100mg/m³。

至此，锅炉烟气脱硝改造第一阶段完成，烟气 NO_x 排放浓度满足《火电厂大气污染物排放标准》GB 13223—2011 NO_x 排放浓度不高于 100mg/m³ 要求。

2014 年开始执行《火电厂大气污染物排放标准》GB 13223—2011，进一步严格了燃煤电厂大气污染物的排放限值。由于环境容量有限等原因，江苏省、浙江省、山西省、广州市等地已出台相关政策，要求燃煤电厂参考燃气轮机组污染物排放标准限值，即在基准氧含量 6% 条件下，烟尘、SO_2、NO_x 排放浓度分别不高于 5mg/m³、35mg/m³、50mg/m³。国家发展改革委、环境保护部和国家能源局于 2014 年 9 月联合发布了《煤电节能减排升级与改造行动计划（2014—2020 年）》，要求东部地区新建燃煤机组排放基本达到燃气轮机组污染物排放限值，即基准氧含量 6% 条件下，烟尘、SO_2、NO_x 排放浓度分别不高于 10mg/m³、35mg/m³、50mg/m³，对中部和西部地区也提出了要求。达到上述两种排放限值，业内称其为"超低排放"。公司按照国家相关要求，为 2020 年年底前达到该排放目标，在前期改造的基础上于 2019 年开始实施第二步脱硝技术改造，2020 年年底 1 号至 3 号锅炉烟气脱硝超低排放技术改造全部结束，并满足《火电厂大气污染物排放标准》GB 13223—2011 对 NO_x 排放浓度不高于 50mg/m³ 要求。

1　锅炉烟气脱硝改造内容

1.1　低氮燃烧器改造

低氮燃烧器改造采用的一次风水平浓淡煤粉燃烧技术，垂直空气分级燃烧结合分量偏置二次风技术，在燃烧器的中部和上部均布置了一层反切二次风，将燃尽风分为高位燃尽 SOFA 和低位混合 SOFA 双级燃尽风。

1.2　乏汽送粉改造

1 号、2 号、3 号锅炉原设计采用中间煤粉仓储、乏气送粉系统。由于运行初期煤质较差，改为了热风送粉系统。由于热风送粉三次风布置在最上层，三次风的风量约为总风量的 15%，其中含有 10%～15% 的煤粉。三次风的过量空气系数高，常在 2.0 以上。虽然三次风的引入有某种程度上的空气分级燃烧的效果，使主燃区的空气系数降低，增强还原性，有利于 NO_x 的抑制和还原，但由于三次风风量有限，炉内空气分级基本上由一、二次风配合完成，三次风对主燃区的欠氧燃烧的程度和时间的作用有限。相反，三次风带粉，这些煤粉被喷入一个高温氧化性气氛燃烧，增加相对数量的 NO_x，抵消了分级燃烧的效果。三次风对 NO_x 的综合效果是使 NO_x 排放增加。特别是磨煤机工作时，锅炉烟气 NO_x 值显著增大，主要就是三次风细粉中的燃料氮在大过剩空气系数下氧化造成的。因此需要将原热风送粉系统再改回原设计乏气送粉系统。

1.3 SNCR 和 SCR 烟气脱硝系统

由于锅炉尾部烟道是省煤器与管式空气预热器交错布置，炉后没有空间布置多层催化剂，因此选择了 SNCR 和 SCR 协同脱硝系统。尿素作为还原剂，炉内热解工艺。

1 号至 3 号锅炉 SCR 反应器，在高温省煤器和高温空预器之间的尾部烟道内，各增设一层催化剂，布置 20 个催化剂模块，截面 5m×8m。

为了满足反应器的温度和空间的需求，将 1 号、2 号锅炉原高温省煤器光管更换为 H 型管，并调整高温省煤器及预热器之间的布置空间，降低高温省煤器出口烟气温度至 380℃左右，为 SCR 反应器留出 3m 的布置空间以及适宜的反应温度。

1.4 烟气脱硝系统二次改造

1.4.1 改造范围

因前期已设置低氮＋SNCR＋内置一层催化剂脱硝装置，还原剂为 50％尿素溶液，本次还原剂储存及制备均利用原装置，同时低氮装置及 SNCR 装置不再改造，均利旧继续使用。原内置一层催化剂不再使用，原催化剂吹灰器继续给新的催化剂利旧使用，采用新建外置 SCR 反应器。

本次 SCR 装置设计按 NO_x 排放浓度从 600mg/Nm^3 降到小于 50mg/Nm^3 设计。

本次 SCR 装置钢支架考虑与低低温省煤器支架共用，SCR 装置钢支架荷载及尺寸保证低低温省煤器可以直接安装，而不需另外增加基础。

1.4.2 脱硝装置的总体要求

（1）3×220t/h 锅炉采用 SCR 烟气脱硝技术。

（2）本次脱硝原 SNCR 停用，新建 SCR 脱硝设计，因尾部烟道不具备改造预留直接安装催化剂空间的条件以及锅炉停炉对接时间，因此采用外拉方案，在炉后单独立钢架做土建，催化剂按 2＋1 布置，即安装 2 层备用 1 层。

（3）3×220t/h 锅炉 SCR 装置进口烟气原始 NO_x 浓度为 600mg/Nm^3（6％O_2，干基）时，采用 SCR 技术后锅炉出口烟气 NO_x 浓度控制在小于 50mg/Nm^3（6％O_2，干基）。

（4）SCR 选择温度范围在 320～420℃的催化剂。

（5）脱硝装置能快速启动投入，在负荷调整时有良好的适应性，在运行条件下能可靠和稳定的连续运行。

（6）在锅炉运行时，脱硝装置和所有辅助设备能投入运行而对锅炉负荷和锅炉运行方式没有任何干扰，SCR 脱硝系统增加的烟气阻力≤1500Pa（含备用层催化剂）。

（7）脱硝装置在运行工况下，SCR 系统氨的逃逸小于 3ppm。

（8）使用尿素溶液作为脱硝还原剂，与已有的 SNCR 系统共用。

（9）烟气脱硝工程的控制系统在原有脱硝 DCS 系统上增容，实现脱硝系统的自动化控制。控制对象包括：还原剂流量控制系统、喷枪混合控制系统、冷却水控制系统、空气和空气净化控制系统、温度监测系统等。脱硝控制系统可在无需现场就地人员配合的条件下，在脱硝控制室内完成对脱硝系统还原剂的输送、计量、喷枪、声波吹灰器等的启停控制，完成对运行参数的监视、记录、打印及事故处理，以及对运行参数的调节。

（10）脱硝装置的检修时间间隔与机组的要求一致，不增加机组的维护和检修时间。机组检修时间为：小修每年 1 次，中修周期为 3 年，大修周期为 6～7 年。

（11）引风机改造：由于现有风机风压已经基本没有余量，加装催化剂（2＋1 层）后必然导致风机风压不够，增加 2＋1 层催化剂及烟道后整个脱硝系统增加阻力约 1500Pa，同时考虑现有余量不足，需对原有引风机进行改造，引风机改造由甲方负责。

1.4.3 还原剂供应及喷射系统

每台炉采用喷枪直喷系统，即通过喷枪将 10％尿素溶液直接喷入 SCR 进口烟道，通过烟道内的烟气将尿素热解成气态混合物，同时与烟气充分混合，在催化剂作用下进行脱硝反应。采用母管输送到锅炉区域，在通过 3 路分支到每台炉之前，尿素溶液每路分支均安装流量计及调节阀，直接通过尿素溶液输送泵输送到各自 SCR 脱硝喷枪处，满足三台炉 SCR 脱硝连续 5d 的用量。

1.4.4 SCR 反应器部分

锅炉的 SCR 反应器布置在锅炉尾部烟道与除尘器之间，不设 SCR 旁路。

每台锅炉设有一个反应器，反应器的入口烟道装有优化烟气温度、速度、组分分布的装置；反应器的竖直段装有催化剂床。

反应器采用固定床，布置二层催化剂，预留一层催化剂，即"2＋1"布置。催化剂高约 1.5m，两层催化剂间隔约 3m。利用计算流体力学软件设计出通过催化剂层各处的烟气流量、温度、氨气及灰分。催化剂前端有耐磨层，减弱灰分的磨损。催化剂层入口有防尘网，防止大颗粒灰分堵塞。

反应器为板箱式结构，辅以各种加强筋和支撑构件可以满足防振、承载催化剂、密封、承受其他荷载和抵抗热应力的要求，并且保证与外界隔热。板箱式反应器外设有加强型外壳并支撑在钢结构之上。另外，催化剂的各模块中间和模块与墙壁间装设的密封系统可保证烟气流经催化剂床，避免烟气短路。门孔、起重装置和单轨吊用于装卸或拆除反应器内各层的催化剂箱。人孔可用于定期检修、观察和停机时的维护保养。

1.4.5 均流器

混合好氨气的烟气在反应器内的分布均匀程度不仅影响脱硝效率，也影响到氨的逃逸浓度。烟气流速高的区域，烟气停留时间短，脱硝效率低，部分氨气无法反应而逃逸；烟气流速低区域，脱硝效率高，但在烟气分布不均匀时，总体脱硝效率低、氨气易逃逸。

立式 SCR 反应器上方烟气流向需要转 90°，均流器前烟道不仅短，而且有多个影响气流的局部构件。安装均流器空间小，为使进入催化剂层的烟气分布均匀，均流器采用导流板加均流格栅板形式，导流板和格栅板依据CFD数值模拟和物模计算结果进行设计，保证进入催化剂层的烟气流速均匀。

1.4.6 催化剂

根据机组排渣方式、烟气成分等参数，对本机组选用$V_2O_5-WO_3/TiO_2$蜂窝催化剂。

根据场地实际状况，SCR采用立式结构，催化剂的数量严格按厂家要求进行设计，并适当考虑余量。在SCR本体内自上至下布置三层催化剂，采用2用1备配置方式。两层催化剂（24000h内），脱硝出口NO_x浓度满足小于$50mg/Nm^3$，预留增加一层催化剂位置，当催化剂经长时间的运行，脱硝效率下降，无法达到排放要求，可在预留位置再安装一层催化剂。

在反应器入口、出口、各层催化剂之间均安装有差压变送器，在反应器的入口和出口安装冗余的热电阻，监测SCR反应器的运行状况。通过监视和控制SCR反应器内的温度、压力变化，控制SCR高效稳定运行。

1.4.7 吹灰和灰输送系统

为了防止飞灰造成催化剂堵塞，必须除去烟气中硬且直径较大的飞灰颗粒。SCR反应器中催化剂上方布置有声波吹灰器，每层设计2台声波吹灰器及2台蒸汽吹灰器，预留的催化剂层留有声波吹灰器接口及蒸汽吹灰接口。

1.4.8 锅炉尾部受热面的改造内容

拆除原有一层SCR催化剂，将烟道从高温省煤器后引出来，从锅炉后空间范围内出去后，横跨煤粉制备系统后进入新增的位于除尘器前的SCR反应器，反应器底部出口烟道往上折返再回到低温省煤器前进口烟道。

1.4.9 SCR脱硝对尾部受热面的影响及采取措施

在SCR系统脱硝过程中，烟气在通过SCR催化剂时，将进一步强化$SO_2 \rightarrow SO_3$的转化，形成更多的SO_3。在脱硝过程中，由于NH_3的逃逸是客观存在的，它在空气预热器中下层处与SO_3形成硫酸氢铵，其反应式如下：
$$NH_3 + SO_3 + H_2O \longrightarrow NH_4HSO_4$$

硫酸氢铵在不同的温度下分别呈现气态、液态、颗粒状。对于燃煤机组，烟气中飞灰含量较高，硫酸氢铵在$146\sim207℃$温度范围内为液态，这个区域被称为ABS区域。

气态或颗粒状液体状硫酸氢铵会随着烟气流经尾部受热面，不会对尾部受热面产生影响。相反，液态硫酸氢铵捕捉飞灰能力极强，会与烟气中的飞灰粒子相结合，附着于预热器传热元件上形成难融盐状的积灰，造成预热器的腐蚀、堵灰等，进而影响尾部受热面的换热及机组的正常运行。

硫酸氢铵的反应速率主要与温度、烟气中的NH_3、SO_3及H_2O浓度有关。为此，在系统的规划设计中，应严格控制$SO_2 \rightarrow SO_3$的转化率及SCR出口的NH_3的逃逸率。在催化剂选型时，我们要求$SO_2 \rightarrow SO_3$转化率小于1%，SCR出口的NH_3的逃逸率在3ppm以下。

2 锅炉脱硝系统一次改造存在的问题及解决方法

锅炉脱硝系统一次改造后，经过一段时间的运行，出现了一些问题，这些问题也是同类技术路线中较为普遍的问题。

2.1 空气预热器堵塞，压差大

脱硝改造后锅炉运行半月，空气预热器前后压差开始增大，换热效率降低。停炉后检查发现空气预热器堵塞严重。从结垢部位所处温度段分析，表面垢基是$CaSO_4$、NH_4HSO_4、NH_4CL和飞灰组成的复合灰垢。

（1）堵塞物形成机理判断

1）SCR+SNCR反应生成的SO_3和逃逸的氨，在烟温低于200℃后，形成硫酸氢铵；

2）烟气中氯化氢气体和逃逸的氨反应，生成氯化铵气溶胶；

3）空气预热器壁面温度比较低（空气温度20℃），烟气中水的饱和度达到了硫酸氢铵和氯化铵的吸湿点湿度，产生吸潮现象；

4）飞灰附着在吸湿后的氯化铵、硫酸氢铵表面产生了结块板结现象。

（2）实际生产采取的措施

1）调整尿素溶液量，严格控制氨逃逸量≤3ppm；

2）尽量采购低硫和低氮煤质；

3）加强吹灰，使用蒸汽吹灰和声波吹灰相结合；

4）尽量提高空气预热器进气温度，降低烟气湿饱和度，减缓氯化铵的吸湿板结；

5）利用停炉机会及时清理灰垢。

2.2 飞灰含碳量升高及改善措施

低氮燃烧器改造后，由于主燃烧区过量空气系数降低，使主燃烧区燃尽率降低，从而引起飞灰和灰渣含碳量一定程度升高，针对这种情况，采取了以下措施：

（1）提高煤粉细度，提高煤粉均匀性指数

煤粉细度越细，燃尽时间越短，燃尽率越高，从而降低低氮改造后的飞灰含碳量；在煤粉细度相同的情况下，煤粉均匀性指数越高，粗颗粒越少，飞灰含碳量就越低。严格按实际煤质挥发分$[V_{daf}(\%)]$情况进行细度制粉。

（2）控制低氮燃烧器出口NO_x在最佳范围

由于低氮燃烧器控制的出口NO_x控制和飞灰含碳量控制是相互矛盾的，因此必须互相兼顾。

公司正常燃用中等挥发分烟煤煤质，挥发分$V_{daf}=30\%\sim35\%$，灰分$A_{ar}=33.5\%\sim37.5\%$，确定低氮燃烧器的合理取值范围为：

1）煤粉细度：$R90\leqslant18\sim19$；

2）低氮燃烧器出口NO_x控制范围：$350\sim380mg/Nm^3$；

3）由此产生的飞灰含碳量升高$0.5\%\sim1\%$；

4) 调整粗粉分离器,提高煤粉均匀性指数,减少粗颗粒煤粉含量。

经过一定优化调整,飞灰含碳量得到一定控制。低氮燃烧器改造前飞灰含碳量平均值2.49%,改造后飞灰含碳量平均值4.13%,优化调整后飞灰含碳量平均值3.12%,较改造前飞灰含碳量平均值升高0.63%。见图1。

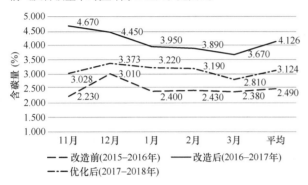

图1 低氮燃烧器改造及优化飞灰含碳量对比

2.3 SNCR脱硝尿素耗量大

(1) 温度场改变,反应窗口后移

低氮燃烧器改造后,通常会导致炉膛出口排烟温度上升,温度场改变,反应窗口后移。

解决方案:重新校对锅炉温度场,在满足尿素热解的合适位置增加喷枪。在锅炉标高26140mm处的前墙增开5个孔,布置5个110°扇形喷枪。根据原sncr喷枪厂家提供的资料,根据喷枪(流量范围为60~250L/h)模拟速度场与温度场。新增5个喷枪与下层喷枪并联布置,新增喷枪投运后,SNCR总的喷氨量保持不变。采用低浓度喷氨,提高氨在烟气中分散度。

(2) SCR的效率较低

炉膛断面烟气温度场本身是紊态流场,低氮燃烧器投运后,烟气温度场更加紊乱,炉膛断面NO_x浓度分布亦随之产生较大差异。而喷枪设计按照均布稳态流场设计,这样使得局部区域氨过量,局部区域氨欠量,这种不均匀性会一直延伸到SCR反应区,最终影响脱硝反应,使得脱硝效率降低。

解决方案:在水平烟道出口采用喷氨格栅,提高喷氨均匀性,促进烟气中NH_3和NO_x的混合。在锅炉水平烟道至垂直烟道段的转折室增设蒸汽扰动装置,以提高烟气流畅的均匀性;根据NO_x浓度断面分布特性,合理调整各个喷枪的位置和流量。

(3) 脱硝系统分配计量装置精度低

尿素溶液调节门设计过大,在小流量调节过程中精度低,使尿素溶液用量波动大,NO_x出口值波动较大。

解决方案:采用低浓度喷氨,将尿素溶液浓度由50%降至20%,使尿素溶液的流量处于调节门的主调节区范围内,提高调节精度。

2.4 CEMS的NO_x、氨逃逸等测量数据不准确

受测点位置和表计测量精度影响,CEMS的NO_x、氨逃逸等测量数据不准确。

原有CEMS的测点布置在锅炉出口的总烟道上。该处气流较为紊乱,将测点后移5m,布置于支路烟道上。受布置条件限制,原氨逃逸测点远离SCR装置出口,由于飞灰对NH_3有强的吸附作用,使得实际测得的氨逃逸数据失真,将氨逃逸测点上移至靠近SCR出口的附近,同时改用笛型管多点取样,提高测量准确性。进行灰分中氨浓度的化验,确保氨浓度≤50μg/g,以进一步验证氨逃逸量和尿素溶液的流量。

根据已运行脱硝项目的经验,氨逃逸量和飞灰中氨含量有一定对应规律,因此可以通过定期检测飞灰中氨浓度,间接判断实际氨逃逸量。

3 锅炉脱硝系统二次改造后存在的问题及解决方法

脱硝二次改造原SNCR停用,新建SCR脱硝设计,每台炉采用喷枪直喷系统,即通过喷枪将10%尿素溶液直接喷入SCR进口烟道,通过烟道内的烟气将尿素进行热解成气态混合物,同时与烟气充分混合,在催化剂作用下进行脱硝反应。

由于SCR进口烟道比较长,烟气流场稳态均匀,尿素溶液直接喷入后,与烟气混合充分,在催化剂作用下脱硝反应彻底,所以脱硝效果好,尿素耗量下降明显。CEMS的NO_x、氨逃逸等测点位置有利选取,测量数据准确。唯一不足之处是烟气从锅炉后部高温段省煤器下部引出时,烟气流场变化较大,高温段省煤器局部磨损严重,曾因此而泄漏停炉两次。解决方案:重点部位加防磨措施。数据对比见图2及表1。

图2 优化前后尿素耗量对比

脱硝二次改造前后经济技术数据对比 表1

项目	2020—2021年供暖期	2018—2019年供暖期	差值	相比
尿素耗量(t)	943.04	1855.52	−912	−49.18%
锅炉蒸发量(t)	2876345	3186328	−309983	−9.73%
NO_x日均值(mg/m³)	59.58	175.45	−116	−66.04%
吨蒸汽耗量(kg)	0.33	0.58	0	−43.10%
尿素(元)	1716332.8	4304806.4	−2588474	−60.13%

续表

项目	2020—2021年供暖期	2018—2019年供暖期	差值	相比
除盐水（元）	91332.64	213445.18	−122113	−57.21%
电量（元）	17721.04	15469.96	2251	14.55%
费用总计	1825386.48	4533721.54	−2708335	−59.74%

注：由于2020年年底改造才结束，结束前NO_x执行100（mg/m^3）标准，所以2020—2021年供暖期NO_x数值一部分是改造前的数据，综合以后是59.58（mg/m^3）。

可以看出，脱硝二次改造非常成功。NO_x数值下降66.04%的情况下，吨蒸汽尿素耗量减少了43.10%，总费用下降了近60%。NO_x排放折算值仅27.48 mg/m^3，完全达到国家排放标准。尿素耗量减少，其后续的空预器，除尘器，低温省煤器等的积灰、堵塞、腐蚀等不良损害现象明显得到改善。NO_x排放日均值相对稳定，完全满足《煤电节能减排升级与改造行动计划（2014—2020年）》东部地区新建燃煤机组排放基本达到燃气轮机组污染物排放限值，即基准氧含量6%条件下，NO_x排放浓度不高于50mg/m^3的要求。

4 结束语

（1）锅炉烟气脱硝改造是一个系统工程，由于它涉及锅炉本体改造、燃烧调整、锅炉效率下降等方面问题，改造时要统筹考虑，最好能与原锅炉设计厂家一起进行脱硝设计。

（2）要重视烟气流场的变化以及尿素溶液喷枪，CEMS的NO_x、氨逃逸等测点安装位置。

（3）要重视烟气流场数模和物模试验，能减少脱硝技改后很多问题。

（4）要重视行业法律法规的连续性，避免或减少走弯路。

（5）脱硝烟道直喷技术目前应用较少，但将来或许成为一个行业技术发展的方向。

某热源厂52MW循环流化床锅炉启动过程氮氧化物排放浓度超标的原因分析及对策

济南热电集团有限公司　李德成　刘　帅　吕大为　马宝成　段继贵　徐升财　刘　驰

【摘　要】本文基于NO_x的生成机理，以现有实验数据及实际运行经验为依据，分析了热源厂循环流化床锅炉启动过程中影响NO_x排放的重要因素，针对性地提出了有效降低循环流化床锅炉启动过程中NO_x排放浓度的措施。

【关键词】循环流化床　锅炉启动　氮氧化物　控制排放

0 引言

近年来，随着城市建设的快速发展和人们生活水平的不断提高，城市集中供热作为一项民生工程发展迅速。目前，城市供热热源形式主要有热电联产、区域性能源站、余热利用、地热能、太阳能、燃气机组等。集中供热主要利用的能源有煤炭、天然气、电能、太阳能、地热等。受制于国内目前能源结构，我国城市集中供热仍以煤炭为主，这也导致环境形势日益严峻。为应对这种情况，我国锅炉环保排放标准也在不断调整。2015年《山东省关于加快推进燃煤机组（锅炉）超低排放的指导意见》（鲁环发[2015]98号）要求氮氧化物最高允许排放浓度为100mg/m^3。同时，山东省也在不断加强监察、惩罚力度。因此如何在循环流化床热水锅炉运行过程中控制污染物排放浓度就具有十分重大的现实意义。

1 背景简介

1.1 锅炉概况

某热源厂目前有2台太原锅炉厂设计生产的52MW热水锅炉，额定压力为1.6MPa，最大循环流量为1200t/h，额定供水温度为130℃，额定回水温度为70℃。该锅炉为单锅筒、全强制循环、Ⅱ型布置的燃煤循环流化床锅炉，主要由炉膛、双绝热旋风分离器、自平衡回料阀和尾部对流烟道组成。主要配套环保设施有SNCR（选择性非催化还原法）脱硝系统、炉内（石灰石）＋氧化镁湿法脱硫系统、布袋除尘器＋湿式电除尘器。其中SNCR脱硝系统采用浓度为17%的氨水溶液作为还原剂，由分离器进口喷入，该处位置正常运行烟气温度在850～950℃之间。由于分离器内烟气旋流强烈，氨水喷雾得以快速扩散并与烟气内的氮氧化物充分反应，从而达到降低氮氧化物排放的目的。

1.2 氮氧化物的生成

锅炉排放的氮氧化物中，NO 占 90% 以上，NO_2 占 5%~10%，产生机理一般分为如下三种：

（1）热力型：当温度<1500℃时，NO 生成很少，而当温度>1500℃时，NO 生成速度变快，且温度每增加 100℃，NO 反应生成速率会成倍增加。

（2）瞬时反应型即快速型：当炉膛内燃料密度过大时，在反应区附近 NO_x 生成速度会很快，该类型氮氧化物生成与温度的关系不大。

（3）燃料型氮氧化物：该类型 NO_x 是由燃料中含有的含氮化合物氧化形成的。由于燃料中氮的热分解温度低于煤燃烧温度，因此在 600~900℃时就会大量生成燃料型氮氧化物，它在锅炉排放的氮氧化物中占 60%~80%，这一类型氮氧化物的生成与床温及氧浓度密切相关。

1.3 点炉过程中氮氧化物排放历史数据及生成分析

1.3.1 锅炉运行准备

料层：400mm；锅炉循环流量：600t/h；一次风机流化电流：11.9A；点火油压：0.7MPa。

1.3.2 煤质对比

煤质分析对比见表1。

煤质分析对比表　　表1

样别	点火阶段用煤	运行正常时段用煤
灰分（%）	9.09	18.31
挥发分（%）	32.26	29.01
固定碳（%）	54.58	49.15
全硫含量（%）	0.28	0.31
低位发热量（kcal/kg）	5969	5711

1.3.3 氮氧化物在线监测历史数据及情况分析

（1）对该厂单台锅炉的历史排放数据进行统计与分析，具体数值见表2。

（2）氮氧化物排放超标情况分析（图1）

1）A 点开始给煤，至 B 点持续加大给煤量，氮氧化物排放浓度急剧上升。氮氧化物排放上升原因：床温在 600~800℃易生成氮氧化物，持续给煤导致排放浓度持续上升。

氮氧化物排放峰、谷值锅炉参数统计表　　表2

阶段	时间	给煤量(t)	一次风机电流(A)	一次风量(m^3/h)	二次风量(m^3/h)	床温(℃)	风室压力(kPa)	炉膛差压(Pa)	炉膛出口温度(℃)	返料器进口温度(℃)	氮氧化物折算浓度(mg/m^3)	锅炉氧量(%)
A	3：54	1.2	12.1	26736	268	678	5.4	-74	206	122	101	13.3
B	4：08	2.5	12.1	29508	268	864	4.6	-94	324	91	521	13
C	4：19	2.8	12.2	31165	9536	871	4.7	-93	362	74	508	13.1
D	4：59	3.9	12.7	33676	13772	927	5.1	-72	396	288	484	12.8
E	5：07	3.8	12.7	33269	14554	933	5.2	-67	394	334	571	12.4
F	5：15	2.7	12.7	32731	14932	981	5.3	-70	401	382	524	13.9
G	5：20	4.1	12.7	33636	14822	915	5.3	-65	397	387	578	12.7
H	5：31	2.9	12.6	33067	14700	975	5.3	-69	414	429	506	13.2
I	5：36	4.8	12.6	33197	14493	931	5.4	-65	410	428	570	11.8
J	5：44	4.9	13.1	34931	15152	958	5.5	-63	431	463	503	11.5
K	8：01	6.5	12.6	32847	12148	954	6.7	15	749	731	109	4.7

2）4：16 启动二次风机到 D 点启动三台给煤机，氧量波动呈平缓下降趋势，氮氧化物波动呈平缓上升趋势。

3）D 点至 J 点加大给煤量，床温波动剧烈，炉膛出口温度波动不大，返料器进口温度呈上升趋势，炉膛差压基本持平，无上升趋势。氮氧化物排放浓度、氧量波动剧烈。原因分析：床温波动大，加减煤操作导致氧量波动大，影响氮氧化物排放浓度。

4）J 点至 K 点炉膛出口温度至料器进口温度逐渐升至 730℃，同时逐渐加大给煤量，炉膛差压逐渐上升，代表物料循环逐渐形成，床温逐渐趋于稳定。

5）自 L 点投入氨水，氮氧化物实测浓度呈现下降趋势，在线监测氧量平稳下降至 10% 以下，锅炉氧量下降至 5% 以下，且床温基本平稳，无剧烈波动。

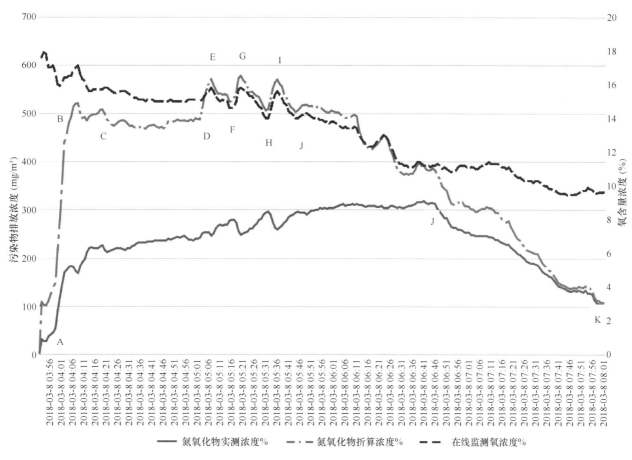

图 1 氮氧化物排放、氧含量浓度趋势表

(3) 影响氮氧化物排放因素分析

1) 床温

循环流化床热水锅炉启动时，床料升温过程分为两个阶段：第一阶段，利用床下点火油枪（介质为柴油）将炉膛料层加热至350℃[1]；第二阶段，当床温到达350℃左右时开始投煤，煤着火后，逐步调整入炉煤量及风量，料层温度逐渐攀升至正常运行温度。通过上述运行数据分析，投煤之后，随着炉膛床温逐步升高，NO_x 排放量随之上升。从 NO_x 的生成机理看，投煤及床温攀升过程中，热力型 NO_x 及燃料型 NO_x 的生成速度都在变快，这是循环流化床热水锅炉启动过程中氮氧化物超标的主要原因。

此外，在循环流化床热水锅炉启动中经常出现床温剧烈波动的情况。在启动过程中，由于床温不稳定，导致无法持续稳定给煤。投煤时，当床温达到煤的着火温度后，床料中的可燃物迅速燃烧着火，往往会造成床温突升，这时候就需要暂停给煤降低床温[2]；待床温下降后，又需要再次投煤来保证床温不至于下降过快，造成灭火。这一过程往往会造成氮氧化物排放浓度波动剧烈甚至超标值过高的结果，严重影响点炉过程中氮氧化物的排放控制。因此，在安全范围内缩短点炉过程中投煤及温升过程的时间，也是控制氮氧化物排放的一项重要举措。

2) 过量空气系数的影响

过剩空气系数很小或很大时，都将会严重影响炉膛内燃料的燃烧工况，造成氮氧化物排放超标。

炉膛温度和入炉燃料成分、过量空气系数是影响循环流化床锅炉运行过程中 NO_x 生成的最主要因素。通过调整锅炉风煤配比、入炉煤的质量以及控制床温，就可以实现控制锅炉启动过程中 NO_x 排放浓度的目的。

(4) 降低锅炉启动中 NO_x 排放的技术措施

1) 料层控制。锅炉启动前做好床料准备工作，确保床料粒径在0～6mm范围内，含碳量≤3%，料层厚度在450mm左右。通过优化点炉床料，使料层厚度合理、粒径均匀，有效降低了床料对传热的影响；同时将床料含碳量控制在合理范围内，有效地避免了投油过程床温突升的问题，不仅将床层温升速率控制在合理范围内，也能避免因温升速率过快造成的安全隐患。

2) 煤质及床温的控制。循环流化床最重要的是循环物料的建立，这有利于在点炉过程中床温的控制，以便于快速平稳完成锅炉启动工作，缩短点炉时间，降低锅炉启动过程中的氮氧化物波动。点炉过程采用高挥发分、低灰分的点火用煤，可以有效缩短煤预热到着火时间，但是低灰分煤过多会造成循环物料减少，不利于锅炉物料循环建立，影响投煤期间床温控制。因此，点炉前可于煤仓中少量储存点火用煤，仅作为引火煤使用即可。

3) 保持合理的过量空气系数。点炉前流化试验必须详细记录料层微流化和全流化试验数据。点火初期采用微流化风量控制，减少输入热量损失，投煤后根据床温上升情况逐渐增加至流化风量，缩短点火用煤燃烧时间。投煤后应组织3台给煤机均匀给煤，及时调整燃烧，煤着火后应尽快控制锅炉烟气含氧量到10%以下。

4）保证脱硝系统的正常投入与运行。点炉前检查喷枪雾化正常，确认脱硝系统整体处于良好备用状态。当炉膛出口温度、返料进口温度达到650℃左右时，通知环保运行班组投入脱硝系统，控制投入氨水量在15kg/h左右。当分离器入口温度达到800℃左右时，加大氨水投入量，控制氮氧化物排放浓度在允许范围内。

2 结束语

根据锅炉燃烧过程氮氧化物生成机理，结合实际运行经验及实验数据，通过控制床温、料层优化、入炉煤质、调整风煤配比、保持合理的过量空气系统等手段，可有效控制氮氧化物排放浓度。

参考文献

[1] 刘斌，郑秀平. 浅析300MW CFB锅炉启动过程中氮氧化物排放浓度超标原因及对策[J]. 山东工业技术，2017，17：1.

[2] 张华军. 循环流化床锅炉床温控制优化分析[J]. 工业设计，2016，1：2.

58MW 煤粉工业锅炉 SCR 脱硝系统改造及优化

天津市热力有限公司　张　超　王　帅　阳　杰　王光圣　孙　岩　王昕怡　徐浚哲

【摘　要】高效煤粉工业锅炉相比于传统煤粉工业锅炉或链条炉能够显著降低排放污染，目前环保标准要求最终 NO_x 排放浓度控制在 $50mg/Nm^3$ 左右。本文通过对现有脱硝系统 SCR 设备分析问题并对其进行改造优化，主要措施是更换2层催化剂增加反应容积，改造氨水蒸发器，优化喷氨格栅，增加喷嘴数量和缩小喷嘴口径，优化炉内氨气流场；提高氨气进入锅炉的温度，解决低温省煤器频繁积灰问题，改善锅炉频繁启停现象。最终投运测试结果表明，脱硝改造后烟气中 NO_x 的排放量较之前大大减少并达到环保标准。

【关键词】煤粉工业锅炉　SCR　喷氨格栅　改造　优化

0　引言

近年来空气污染越来越受到人们的重视，空气中 NO_x 的危害很大，包括对人体的健康危害[1,2]。目前我国 NO_x 排放量的67%来自于燃煤，发改委能源研究所公布的一项数据显示，全国55%的煤炭用于燃煤发电，其余主要为工业锅炉，工业锅炉排放的烟尘占全国总排放量的22%[3]。NO_x 的控制是国家经济可持续发展和环境保护的客观需求，NO_x 治理和减排也得到国家相关政策法规的有力支持。NO_x 的控制技术和对策则被列入区域大气污染物控制重点解决的环境科技问题。国家环保部明确指出，全面开展氮氧化物污染防治[4]。

燃煤锅炉是 NO_x 排放源之一[5,6]，环保标准的不断提高显示着现有燃煤锅炉烟气处理设备没能满足排放标准。因此需要对城市市区内燃煤锅炉进行超低排放改造，且改造后的锅炉烟气 NO_x 浓度不大于 $50mg/Nm^3$（标准状态，6% O_2，下同）。目前国内外氮氧化物控制技术主要包括两类：低氮燃烧技术和脱硝技术，其中脱硝技术又分为 SNCR 技术（selective non-catalytic reduction）和 SCR 技术（selective catalytic reduction）。SNCR 即选择性非催化还原，是指无催化剂的作用下，在适合脱硝反应的"温度窗口"内喷入还原剂，将烟气中的氮氧化物还原为无害的氮气和水。SCR 方法是一种以 NH_3 作为还原剂，在催化剂的作用下将烟气中的 NO_x 分解成无害的 N_2 和 H_2O 的脱硝方法。目前为了配合国家大气环境的治理，大多采用 SCR 与 SNCR 相结合的联合脱硝技术。

在脱硝设备运行中发现，执行超低排放标准给锅炉的长期、安全、稳定、经济运行带来了挑战[7]，出现了一系列突出问题，如烟囱出口处 NO_x 排放数据波动比较大；脱硝反应器出口与烟气脱硫塔出口处的 NO_x 浓度偏差大[8-11]；空气预热器（空预器）频繁出现硫酸氢铵堵塞[12,13]；工业锅炉无空气预热器的低温省煤器也会积灰，导致排烟温度升高，影响锅炉连续稳定运行等。

针对上述问题，本文从脱硝系统的氨水蒸发器、喷氨格栅、催化剂、声波吹灰器等问题作为改造优化的重点入手，研究解决低温省煤器积灰问题和氨水蒸发器蒸发能力不足导致氨水倒流影响脱硝稀释风机的问题，最终达到既能保证锅炉和脱硝的连续、安全、稳定、经济运行，又能达到超低排放的目标，为国内相关行业的脱硝改造提供参考。

1　锅炉及脱硝系统设备

1.1　锅炉基本参数

58MW 高效煤粉工业热水锅炉型号为 QXS58-1.6/130/70-AⅡ，由泰山集团股份有限公司生产，于2015年12月正式投产，用于居民住宅供热。锅炉的主要设计参数见表1，原锅炉初始设计烟气排放标准见表2。

专题3 燃煤燃气锅炉节能环保技术

锅炉主要运行参数　　表1

额定热功率(MW)	额定出水压力(MPa)	额定出水温度(℃)	额定回水温度(℃)	循环水量(t/h)	排烟温度(℃)	锅炉热效率(%)	设计锅炉允许负荷变化(%)
58	1.6	130	70	825.6	117	91.2	≥60

烟气处理排放表　　表2

类型	天津市燃气锅炉排放限值	本工程现状的排放浓度	改造后的排放浓度
烟尘（mg/m³）	10	10	10
SO_2（mg/m³）	20	20	20
NO_x（mg/m³）	80	100	50

1.2 脱硝系统基本情况

本锅炉初始设计，采用SCR与SNCR联合脱硝技术方案，同时结合炉内的低氮燃烧方式，共同降低氮氧化物排放。低氮燃烧后的烟气首先经过SCR进行脱硝，若排放烟气中NO_x浓度不能满足排放标准，则在系统中辅助投入SNCR来保证烟气NO_x含量达标。

SCR系统包括空气预热器、稀释风机、喷氨格栅、烟气整流装置、激波吹灰系统、进出口烟气CEMS系统、相关管道和阀门、SCR氨水蒸发反应器进、温度及压力传感器、就地仪表、检修平台等。SCR工艺中催化剂层数按"2+1"模式布置（初装2层，预留1层），处理烟气量100%。

图1为SCR系统工艺流程图。冷空气经过设置在锅炉转弯烟室的空预器加热到300℃后，经过稀释风机（A和B互为备用）将热风送入氨水蒸发混合器。来自氨水计量模块的氨水根据锅炉运行的负荷将适量的氨水与压缩空气充分混合雾化后，进入蒸发混合器，进而蒸发为一定浓度的氨气，进入喷氨格栅，经过均匀整流装置将氨气均匀喷入锅炉内与烟气混合共同进入催化剂反应层充分反应。SCR技术主要设计参数如表3所示。

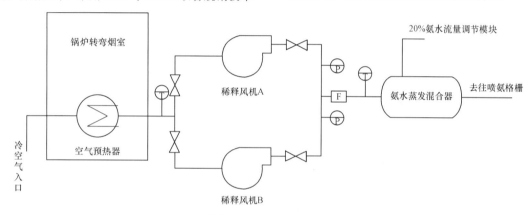

图1　SCR工艺流程图

SCR技术主要设计参数　　表3

项目名称	单位	数据	注释
一般数据			
总阻力（含尘运行）	Pa	≤900	
设计NO_x脱除率	%	≥72	
氨逃逸率	ppm	≤3	即(μL/L)
脱硝装置可用率	%	≥98	
消耗品			
20%氨水（规定品质）	kg/h	100	
电耗	kWh	35	平均连续
生活水	m³/h	1	（氨站洗眼器用）
单台炉初装催化剂	m³	35.8	
SCR反应器出入口污染物浓度			
入口NO_x浓度（6%O_2，标态，干基）	mg/Nm³	350	
出口NO_x浓度 6%O_2，标态，干基	mg/Nm³	100	

SCR主要工作原理：在脱硝催化剂作用下，向锅炉烟气中喷入氨，将NO_x还原成N_2和H_2O。其主要反应化学方程式如下[14]。SCR反应原理如图2所示。

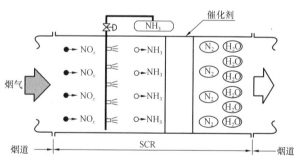

图2　SCR反应原理示意图

$$4NH_3 + 4NO + O_2 \longrightarrow 4N_2 + 6H_2O$$
$$NO + NO_2 + 2NH_3 \longrightarrow 2N_2 + 3H_2O$$
$$6NO_2 + 8NH_3 \longrightarrow 7N_2 + 12H_2O$$

喷氨系统是脱硝系统SCR的重要组成部分，其作用是实现还原剂NH_3和烟气中NO_x混合。合理的喷氨系统可保证烟气中的NO_x和氨气均匀混合，有利于提高脱硝效率，节约液氨耗量；减少催化剂预装量，延长催化剂寿命；保证达标排放，降低硫铵堵塞引发的机组风险；降低投资和运行管理成本[15]。

2 SCR存在的主要问题

2.1 20%浓度氨水蒸发不充分

起初，按照地方工业锅炉排放标准，锅炉初始NO_x浓度在350mg/Nm^3，在热风温度为300℃时，氨水投入量在80kg/h时，出口NO_x控制在100mg/Nm^3以内，基本上能够满足运行，排放物基本能控制在环保要求标准。随着环保标准的不断提高，按照初始设计超洁净排放的目标，需要将NO_x控制在50mg/Nm^3左右。此时提高氨水投入量，将氨水提升至120kg/h时，系统运行出现了问题，稀释风机排污口出现了带有氨水气味的凝结水。通过分析发现，进入蒸发混合器的氨水没有充分蒸发，说明原有氨水蒸发混合器设计不再符合目前排放标准要求下的运行条件。

通过ASPEN计算软件，在采用原有单台稀释风机运行状态下，稀释风机的风量为900Nm^3/h，进入风机的热风温度为300℃，不考虑沿程阻力、能量损失及风机效率，按照额定风量计算模拟热风与20%雾化氨水蒸发混合效果如图3和图4所示，假设T_1为热风温度，T_2为混合后的氨气温度，F为热风量，M为氨水质量。

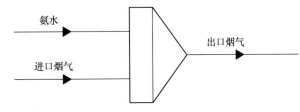

图3 模拟混合过程（一）
$T_1=300℃$，$F=900Nm^3/h$，
$M=80kg$时，$T_2=116.5℃$

从图3和图4的计算结果来看，当投入80kg氨水时，氨气温度为116.5℃，超过100℃，能较好的汽化进入喷氨格栅进行反应。当投入90kg氨水时，氨气温度为96.34℃，低于100℃，进入蒸发混合器后会出现氨气内水汽凝结的过程，进而恶化氨水蒸发。所以原有蒸发混合器运行效果不能满足90kg/h以上氨水完全蒸发的需求。

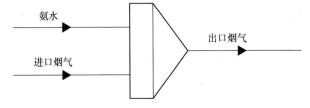

图4 模拟混合过程（二）
$T_1=300℃$，$F=900Nm^3/h$，
$M=90kg$时，$T_2=96.34℃$

2.2 氨逃逸较高

氨水蒸发混合器不能达到锅炉烟气反应所需要的氨水流量，锅炉出口排放就不能达到排放条件，司炉人员就会进一步增加氨水的投入量，这样形成了恶性循环。由于氨水投入得越多越不能充分蒸发，不仅造成氨水倒流损毁稀释风机，而且氨逃逸率极高，超过10ppm。过高的氨逃逸危害性很大，容易造成催化剂堵塞、SCR的CEMS出口过滤器堵塞，严重情况下甚至影响排烟温度。

2.3 低温省煤器积灰

锅炉设计之初未设置空气预热器（非SCR热风空气预热器），烟气从催化剂层出来经过低温省煤器直接进入布袋除尘系统。锅炉多次因为排烟温度高被迫停炉，作为供暖企业，严重影响锅炉的连续运行稳定性。停炉检查发现，低温省煤器锅壳烟管内积灰严重，且积灰干化后板结严重，导致积灰难以清理，从而影响了锅炉低温省煤器的换热效率，导致排烟温度过高。

通过分析，低温省煤器积灰主要有两个原因：

（1）尾部烟管结露形成积灰

由于锅炉低温省煤器中烟气与水的换热为逆流布置，加之锅炉布置有SCR脱硝系统，SCR系统中喷入的水分及SCR系统中反应生成的水分使烟气的含水量增加，导致水分在低温省煤器烟管管壁的结露。此外，由于煤粉中含有硫，管壁上会形成少量的酸结露，进而与灰中的CaO反应生成$CaSO_4$，附着在管壁上难以清除。见图5。

（2）生成硫酸氢铵凝结

硫酸氢铵粘附壁面造成的换热面积灰，SO_3同烟气中逃逸的氨反应生成硫酸氢铵和硫酸铵[16]，其反应如下：

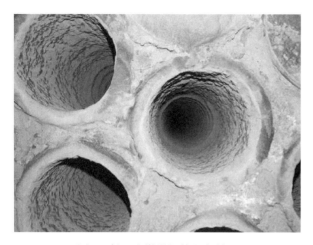

图 5 低温省煤器烟管积灰样图

$NH_3 + SO_3 + H_2O \longrightarrow NH_4HSO_4$
$2NH_3 + SO_3 + H_2O \longrightarrow (NH_4)_2SO_4$

烟气中的 SO_2 经过 SCR 催化剂的氧化少量转变为 SO_3，同时由于脱硝过程中喷氨过量，氨逃逸偏高，SO_3 与逃逸的氨反应生成硫酸氢铵。硫酸氢铵露点为 147℃，从气态向液态转变的温度区间正好在流经尾部受热面的烟气温度区间内，导致烟气中已生成的气态硫酸氢铵会在低温对流换热面凝结。液态硫酸氢铵是一种黏性很强的物质，在烟气中黏结飞灰，进而造成尾部锅壳受热面积灰，影响锅炉稳定运行。

3 改造方案与效果

3.1 氨水蒸发器及热风管路系统改造

3.1.1 氨水蒸发器及热风管路系统改造方案

针对以上问题，对 SCR 系统氨水蒸发器进行改造，通过增大氨水蒸发器的容积，保证在热风足够的情况下能充分蒸发汽化 125kg 的氨水量。混合后气体中氨气浓度小于 5%，混合气体温度为 120~150℃，此后气体均匀送达脱硝区与氮氧化物反应。

蒸发器设备本体采用 304 材质，防止了设备腐蚀。为了节能和安全生产，炉体外部保温层采用耐 800℃ 的高温材料。从经济角度考虑，保温层厚度设计为 300mm，可保证保温材料外表面温度在 60℃ 以下，避免了烫伤操作人员的可能性，同时减少了设备能量损失。

为了能够了解炉内温度及压力情况，在炉体喷射枪上部同一水平位置安装了 1 支热电偶、1 个压力变送器，在炉体出口管上同一水平位置布置 1 支现场温度计和 1 支压力表，可随时检测炉内温度、压力情况，当炉内出现异常时，可快速排除问题。

原来的稀释风机 A 和 B 互为备用，经过改造后稀释风机全部投入运行，热风量由原来的额定 900Nm³/h 改造为额定 1800Nm³/h，保证充足的热风量能够蒸发氨水。改造后，热风自氨水蒸发器顶部进入罐内，20% 氨水雾化后自氨水蒸发器上部左侧面进入罐内，避免了因为氨水的过量投入倒流回稀释风机叶轮内腐蚀叶轮的缺点，提高了稀释风机连续运行的稳定性。氨水蒸发器参数如表 4 所示。

氨水蒸发器设计参数　　表 4

设备名称	工作压力	设计温度	材质	重量	保温材料	保温层厚度
氨水蒸发混合器	常压	360℃	304钢	720kg	耐800℃	300mm

3.1.2 氨水蒸发器及热风管路系统改造效果

改造后的氨水蒸发器配合两台稀释风机全部运行的情况下，继续使用 ASPEN 软件模拟氨水与热风混合过程。假设温度、压力条件与前面所述一致，改造前氨水汽化情况如图 6 所示，改造后氨水汽化情况如图 7 所示。可以看到图中氨气温度为 150.4℃，通过改造极大的改善了氨水因不能全部汽化导致倒流至稀释风机而损坏风机叶轮的情况，节省了液氨的使用量。

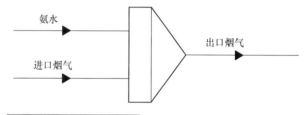

氨水		
温度	5.00	℃
压强	300.0	kPa
摩尔流量	7.019	kmole/h
质量流量	125.0	kg/h

出口烟气		
温度	49.69	℃
压强	108.0	kPa
摩尔流量	45.08	kmole/h
实际流量	1104	ACT_m³/h
标况下流量	1066	STD_m³/h

进口烟气		
温度	300.0	℃
压强	108.0	kPa
摩尔流量	38.07	kmole/h
实际流量	1680.0	ACT_m³/h
标况下流量	900.0	STD_m³/h

图 6 模拟混合过程（三）
$T_1=300℃$，$F=900Nm^3/h$，
$M=125kg/h$ 时，$T_2=49.69℃$

为进一步了解氨水汽化后温度变化与氨水质量和热风量的关系，图 8 为 $F=1800Nm^3/h$、$M=120kg/h$ 时氨水汽化后温度随热风温度的变化曲线，可看到氨水汽化后温度随热风温度的升高而上升，二者呈线性关系。图 9 为在 $T_1=300℃$，$F=900Nm^3/h$ 和 $1800Nm^3/h$，氨水汽化后温度随氨水质量的变化曲线，可以看到，投入的热风流量与温度一定时，氨水汽化后温度随氨水质量投入的增加而减小，若只投入一台稀释风机，即风量 900Nm³/m 时，投入 90kg/h 氨水，此时氨气温度为 92.24℃，低于 100℃，温度过低，氨水混合蒸发不理想。投入两台稀释风机后，风量约为 1800Nm³/m，可以在图中看出氨水量

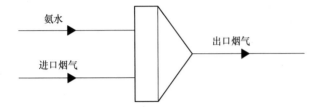

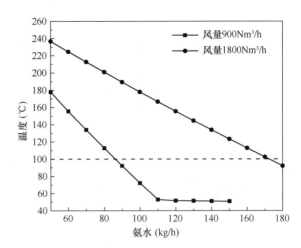

图9　$T_1=300℃$，$F=900Nm^3/h$和$1800Nm^3/h$，氨水汽化后温度随氨水质量的变化

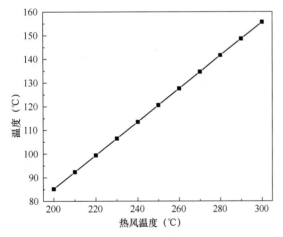

图7　模拟混合过程（四）
$T_1=300℃$，$F=1764Nm^3/h$，
$M=125kg/h$时，$T_2=150.4℃$

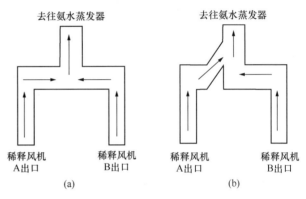

图10　稀释风机出口改造示意图
（a）改造前；（b）改造后

图8　$F=1800Nm^3/h$，$M=120kg/h$时
氨水汽化后温度随热风温度的变化

为50～170kg/h时，出口氨气温度均在100℃以上，氨水投入量继续增加到180kg/h后，出口氨气温度在100℃以下。

此外，原两台稀释风机是一用一备，管路是对冲布置的，但是将两台稀释风机全部投入运行，管路仍是对冲，将损失部分风量，所以对稀释风机出口母管进行了改造，如图10所示。

3.2　喷氨格栅改造

原设计喷氨格栅比较稀疏，调节能力较差，进入炉内的氨气流场不均匀，造成氨逃逸比较大超过10ppm，与原设计要求3ppm严重不符。本次优化改造将原有喷氨格栅每侧24个喷嘴增加到176个，喷嘴口径由33mm降到15mm，使得氨水和烟气混合的更加均匀，通过优化喷氨形式，减少氨逃逸。图11为改造前后喷氨格栅的喷嘴布置示意图。

3.3　催化剂模块改造

现状SCR系统中催化剂3层运行，经由有资质的单位检测，其中的2层催化剂存在以下问题：

（1）径向抗压强度为1.9MPa，不能满足其标准要求（≥2.0MPa）；

（2）单层NO_x平均脱除率为68%，达不到其标准要求（≥72%）；

（3）催化剂有明显的较大的破损或裂纹，如图12所示。故现状其中的2层催化剂被判定为不合格。

因此需更换现有的2层不合格的催化剂。共5台锅炉，每台锅炉需更换催化剂的体积约为30m³。更换的催化剂量及参数见表5。

催化剂参数			表5
名称	形式	单位	体积
催化剂	蜂窝式，2层 $TiO_2/V_2O_5/WO_3$	m³	30×5

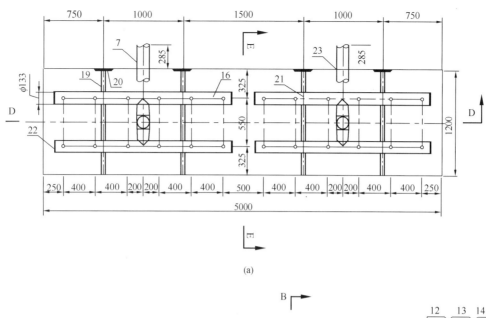

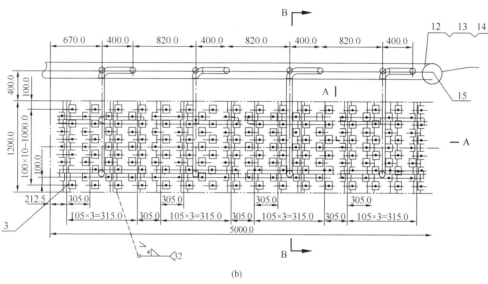

图 11 喷氨格栅改造对比示意图
（a）改造前；（b）改造后

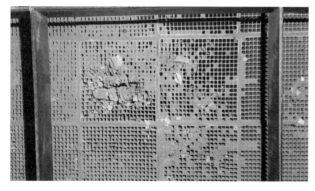

图 12 破损堵塞的催化剂

3.4 脱硝效率

综合以上改造后，经过烟气排放连续监测系统（Continuous Emission Monitoring System，CEMS）实时监测显示氮氧化物排放浓度，取锅炉运行期间间隔 30min 的数据如表 6 所示，表中入口处 NO_x 浓度为经过炉膛中 SNCR 脱硝后的浓度，可以看到 52～54MW 期间氮氧化物排放浓度降均低至 $50mg/Nm^3$ 以下，脱硝效率均值达到了 83.76%，若在运行期间辅助投入 SNCR 系统，则可以顺利达到地方氮氧化物排放标准。

脱硝系统进出口脱硝率　　表 6

锅炉负荷（MW）	入口处 NO_x 浓度（mg/m³）	出口处 NO_x 浓度（mg/m³）	脱硝效率（%）	脱硝效率均值（%）
52.48	238.80	42.16	82.35	
53.19	267.04	42.16	84.21	
54.31	271.31	40.15	85.20	83.76
54.3	254.64	43.12	83.07	
54.07	259.88	45.39	82.53	
54.21	267.04	40.02	85.01	

续表

锅炉负荷 (MW)	入口处 NO$_x$ 浓度 (mg/m³)	出口处 NO$_x$ 浓度 (mg/m³)	脱硝效率 (%)	脱硝效率均值 (%)
53.46	235.70	45.26	80.80	
52.22	210.44	42.29	79.90	
52.48	259.88	40.37	84.47	83.76
52.29	267.39	38.23	85.70	
53.16	277.99	38.23	86.25	
52.75	251.68	36.22	85.61	

3.5 低温省煤器运行稳定性

图13为锅炉负荷及排烟温度随时长变化曲线。可看到在锅炉在连续运行的时间内，温度与锅炉运行负荷曲线呈平稳状态，说明低温省煤器运行状态良好，未出现积灰问题导致的排烟温度快速上升。经过以上对SCR系统氨水蒸发器、喷氨格栅等设施进行改造，保证充足的热风量能够蒸发氨水，避免生成CaSO$_4$、硫酸氢铵附着在管壁上形成顽固性积灰，减少了因省煤器积灰导致锅炉非计划性停炉的次数，延长了锅炉连续稳定运行的时间，保证了供热系统的稳定性。

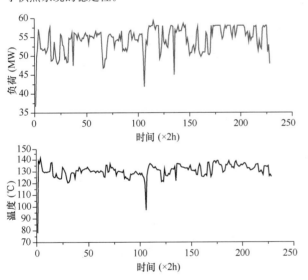

图13 负荷与温度变化曲线

4 结论

氨水蒸发器及喷氨系统是脱硝SCR系统重要的组成部分，如果初始设计不合理，不仅影响锅炉出口NO$_x$，而且影响锅炉催化剂寿命、低温省煤器积灰情况及锅炉的运行时长，增加运行成本，造成锅炉频繁启停。通过此次优化改造：

（1）通过对脱硝SCR系统的合理的优化及升级改造，解决了因为氨水不能完全蒸发而导致倒流腐蚀稀释风机叶轮的问题。

（2）改善了低温省煤器积灰影响排烟温度导致锅炉停炉的情况，降低了排烟温度，延长了锅炉的稳定运行，为安全、稳定、环保、持续保证供暖提供了保障。

（3）改造脱硝系统氨水蒸发器使得能满足120kg的20%氨水的蒸发，并保证氨气温度在110℃以上，与原来相比在相同的排放浓度的情况下，液氨的投入量减少了10%左右。

（4）通过改造喷氨格栅，增加喷嘴数及减小喷嘴口径，使得氨气流场进一步均匀的与NO$_x$反应，减少氨逃逸，提高了脱销效率。

（5）通过检验催化剂寿命及催化剂积灰情况，更换不合格的催化剂对保证出口NO$_x$的排放浓度提供了保障。

（6）本次脱硝的升级改造，在锅炉初始NO$_x$浓度在400mg/Nm³的情况下，保证锅炉最终NO$_x$的排放控制在50mg/Nm³左右。

参考文献

[1] 周英贵. 大型电站锅炉SNCR/SCR脱硝工艺试验研究、数值模拟及工程验证[D]. 南京：东南大学，2016.
[2] 王新雷，罗家松，田雪沁，等. 京津冀地区烟气脱硝工艺现状及综合评价[J]. 节能技术，2018，36(2)：145-150.
[3] 中国环境保护产业协会脱硫脱硝委员会. 我国脱硫脱硝行业2012年发展综述[J]. 中国环保产业，2013，7：8-20.
[4] 杨金胜，韩立峰，白露. 影响火电厂氮氧化物排放浓度的因素及控制措施[J]. 环境与发展，2014，8：145-147.
[5] 胡敏.《煤电节能减排升级与改造行动计划（2014—2020年）》发布实施[J]. 炼油技术与工程，2015，1：42.
[6] 环境保护部，国家发展和改革委员会，国家能源局. 关于印发《全面实施燃煤电厂超低排放和节能改造工作方案》的通知（环发[2015]164号）[A]. 2015.
[7] Wang Y B, Tan H Z, Dong K, et al. Study of ash fouling on the blade of induced fan in a 330MW coal-fired power plant with ultra-low pollutant emission[J]. Applied Thermal Engineering, 2017, 118：283-291.
[8] 赵大周，郑文广，何胜. 660MW机组SCR系统喷氨格栅堵塞的原因分析及优化[J]. 电站系统工程，2016，032(2)：77-79.
[9] 陈崇明，侯海萍，邹新诣，等. 某电厂SCR烟气脱硝系统故障诊断[J]. 中国电力，2016，5：63-66，75.
[10] 吕太，赵学葵，王潜. 燃煤机组SCR脱硝系统氨氮混合优化[J]. 热力发电，2016，45(7)：13-20.
[11] 方朝君，卢承政，白晓龙. SCR脱硝系统超低排放运行优化技术研究[J]. 中国电力，2018，51(2).
[12] Bao J J, Mao L, Zhang Y H, et al. Effect of selective catalytic reduction system on fine particle emission characteristics[J]. Energy & Fuels, 2016, 30(2)：1325-1334.
[13] Chen H, Pan P, Shao H, et al. Corrosion and viscous ash deposition of a rotary air preheater in a coal-fired power plant[J]. Applied Thermal Engineering, 2017, 113：373-385.
[14] 杨智华. 锅炉脱硝系统技术改造及优化总结[J]. 氮肥技术，2019，40(6)：43-46.
[15] 苑广存. 500MW机组脱硝系统喷氨格栅优化设计[J]. 锅炉技术，2019，50(6)：8-12.
[16] 郭成更，王帅，朱琳，等. 天津华苑5×58MW煤粉炉关于尾部积灰技术改造的案例分析[J]. 区域供热，2018，3：143-146.

2×58MW+2×70MW 水煤浆锅炉烟气深度净化及余热回收利用技术应用分析

济南热电集团有限公司　朱树峰　武　宇　高　斌　宋国山　王　涌　李庆岩　王利涛

【摘　要】 燃煤锅炉排烟中蕴含的热量约占燃料热值的4%~8%，回收这部分烟气的热量可以显著提高锅炉的热效率。对于大部分的燃煤锅炉，烟气在排放之前需要经过湿法脱硫工艺，该处理过程会比较显著地改变烟气的热力状态，由高温高湿烟气变为低温高湿烟气，显热转变成汽化潜热。水煤浆锅炉因其高效、清洁的燃煤方式在城镇供热领域越来越引起重视。水煤浆含35%的水分，使烟气余热回收潜力更大，烟气蕴含大量的汽化潜热，直接排放不仅带来了能源的浪费，而且会形成烟囱冒"白烟"现象。清华大学提出的基于喷淋换热的烟气余热回收技术，结合"空塔喷淋""吸收式换热"，同时低温烟气的深度余热和烟气凝结水的回收利用创造可观的经济价值，实现节能、节水、减排的多重效果，同时可大幅降低脱硫后烟道及烟囱的防腐风险。该技术是利用饱和净烟气在不同温度下水蒸气饱和分压不同的原理，通过低温循环水与饱和净烟气在喷淋塔内直接接触换热，在烟气降温的同时，使烟气中大部分水蒸气冷凝析出，减少烟气外排水蒸气量，进而实现消除冒白烟的问题，降温释放的余热经吸收式热泵机组回收传递至热网系统实现高效利用。循环水在喷淋塔与热泵机组间循环往复，实现烟气余热的转移再利用，最终从烟囱排放可降低冒"白烟"现象。烟气降温析出的冷凝水，实际上来自于脱硫塔喷淋浆液蒸发的水分和燃煤自身携带的水分，凝水经过水处理，可作为脱硫塔的工艺补水或其他工艺补水，能够有效缓解湿法脱硫工艺为电厂带来的补水压力。烟气与循环水直接接触实际上是烟气的再次洗涤过程，能够有效的降低烟气中SO_2、NO_x以及粉尘浓度，减少最终污染物的排放量，使烟气深度净化，起到环保作用。

【关键词】 潜热　水煤浆锅炉　烟气余热回收　吸收式热泵　凝结水回收　烟气深度净化

0　引言

能源和环境问题一直困扰着我国的经济发展，提高能源利用率、使用清洁能源是可行的办法。水煤浆是一种新型煤基燃料[1]，由约64%的低硫、低灰精煤，约35%的水及1%的化学添加剂经物理加工制备而成。水煤浆流化燃烧技术由于具有优越的燃烧稳定性和低温燃烧特点，在城市供热领域得到了一定的应用[2]。北方城镇供暖多采用中小型热电联产机组和燃煤锅炉房。对于中小型燃煤锅炉，排烟温度每降低15~20℃，锅炉热效率提高大约1%，锅炉排烟热损失是所有热损失中最大的一项[3]。因此，进行锅炉尾部烟气余热回收与利用，可以显著提高锅炉效率、降低锅炉煤耗。为了最大限度地回收烟气余热，锅炉排烟温度一般设计为低于120℃，排烟温度降低到露点之前的显热回收，最大只能使热效率提高2%~5%。若将烟气温度降低到露点温度以下，大量烟气潜热可以被回收，使热效率提高达10%以上，同时还可以回收烟气凝结水，节约水资源。

烟气经过湿法脱硫后，由约110℃的高温烟气变成约50℃的低温饱和湿烟气。烟气温度虽然降低，但烟气中热量并未减少，而是部分显热变为潜热"隐藏"起来了。湿法脱硫后烟气中硫含量大大降低，腐蚀问题得以缓解。针对湿法脱硫工艺后烟气的低温、高湿、低硫特点，利用"烟气深度净化及余热回收装置+燃气驱动式热泵机组"工艺技术，烟气深度净化及余热回收装置采用空塔喷淋工艺，喷淋塔独立设置于脱硫塔后、湿电前，可实现低温烟气的深度回收。该技术在大型燃气锅炉中已成功应用[4,5]。热泵机组采用直燃型吸收式热泵，热泵自身烟气余热回收，烟气达到超低排放标准，$NO_x \leqslant 30mg/Nm^3$，使燃煤锅炉排烟温度降低到30℃以下，回收烟气中潜热80%左右。对于水煤浆锅炉，由于燃料含水达到35%，烟气中水蒸气体积占比较常规燃煤锅炉高约1/3，同样温度的烟气蕴含更多的热量。济南热电集团有限公司明湖热电分公司领秀城热源厂2×58MW+2×70MW水煤浆锅炉烟气余热方案运用喷淋式换热器与直燃式热泵烟气余热深度回收技术，在两座脱硫塔后配置一座喷淋式吸收塔，喷淋式吸收塔配套两台38.6MW燃气直燃式热泵，从烟气余热和热泵烟气余热回收总量不低于30MW（其中水煤浆锅炉回收余热不低于25MW，燃气热泵自身回收余热不低于5MW），热泵总供热量不低于77MW，热网水出水温度≥85℃，热泵ến热网水与原有锅炉系统热网水并联运行。该工程为燃煤锅炉又一成功应用案例，试运行70d共回收烟气余热4.66万GJ，替代水煤浆约0.27万t，回收烟气凝结水2.5万t，具有良好的经济效益和社会效益，是燃煤锅炉烟气余热回收利用的有效途径，应用前景广阔。

1　燃煤锅炉烟气余热回收与减排一体化关键技术及创新点

1.1　余热回收彻底，消白显著

烟气经过喷淋塔降温幅度越大，烟气的含湿量越低，设备回收的余热量越大，采用无填料设计的空置塔喷淋换热性能稳定，可将脱硫后净烟温度降至30℃以下。锅炉高负荷烟气量大时可控制在30℃，低负荷时可将烟气温度降至25℃，系统整体热效率高。

排放烟气含湿量越低,烟气产生白烟的浓度越低,白烟越不明显。常规脱硫后净烟气含湿量 15%（温度 50℃）,经过降温后含湿量可降至 3%（烟温 30℃）,减少烟气、水蒸气排放量近 80%。换热器内采用降低烟气流速设计,提高除雾效率,除雾效率能够达到 99% 以上,在北方多地冬季环境温度最低在 -10℃ 的情况下,排白烟现象得到了很大的改善。

1.2 系统安全稳定、运维成本低

热网水通过设置热网增压泵引入热泵机组,实现原始运行模式与余热回收模式之间的自由切换,对原系统并无影响。

喷淋塔布置于脱硫塔与湿式电除尘器之间,系统流程上替代了部分烟道,在烟气余热回收系统停运状态时,因喷淋塔采用低流速空塔喷淋设计工艺,流速降低可大幅降低烟气阻力,抵消大部分设备自身引入的阻力,因此不会给烟气系统带来影响,系统安全性及稳定性高。

采用无填料喷淋式换热塔可彻底解决间壁式金属换热器腐蚀及阻力大问题,也可解决填料塔布液困难、换热差、填料损坏运行成本高的问题,因此采用空塔换热具有换热性能高、稳定无换热衰减、低阻力安全性高、运维成本低的优势。

1.3 新增烟阻小

因为在烟道上新增加了喷淋换热器,相比于原烟道而言,喷淋换热器的设置会带来部分额外的阻力,这部分阻力主要由两类组成：一类是由于喷淋换热器内部的结构布置导致的,主要包括除雾器部分阻力、喷淋管带来的阻力以及喷水带来的阻力；另一类是由于换热导致烟气温度降低、密度增加,带来的烟囱自拔力下降。喷淋塔经过合理设计,采用深度降温、低流速的方式后,对原烟风系统增加阻力在 300Pa 内,加上烟道改造增加的少量阻力,系统整体带来的烟阻影响极小,一般引风机余量可以克服。

1.4 防腐性能高

经过湿法脱硫工艺后,虽然烟气中的含硫量大幅度降低,烟气的腐蚀特性得到了很大程度的缓解,但烟气中仍然含有部分 SO_2。随着烟气中水分的凝结,势必会溶解部分 SO_2,导致喷淋水呈现酸性,给余热回收系统的关键设备（与喷淋循环水直接接触的各设备）带来一定的腐蚀性问题,因此,防腐设计也是余热回收系统安全稳定运行不可或缺的一部分。系统的防腐设计主要有三种方式：一是通过对喷淋循环水的处理,减弱其本身的腐蚀性；二是使用耐腐蚀的材料作为设备制作材料；三是对设备进行内衬、刮玻璃鳞片等防腐处理。

1.5 热泵自动满足全供暖季供热工况

1.5.1 机组设计合理性

不同的锅炉房热网参数等都不相同,领秀城烟气余热回收机组采用专门定制设计,合理配比烟气余热回收机组四大器的比例及溴化锂溶液浓度配比。

集中供热系统的初末寒期、严寒期等不同工况参数变化范围比较大,热网的供回水温度、流量参数都不相同。若按常规溴化锂制冷机理念来设计烟气余热回收机组,则无法适应供热工况大范围波动,造成变工况时机组低效,影响余热回收效果。针对供热系统的特性,对烟气余热回收机组进行了全工况设计,溶液和冷剂的循环采用完善的自动控制系统,选择合理的溶液浓度配比并配套国内首创的溶液自平衡系统,保证了烟气余热回收机组在供热的全工况下都能保证安全、高效运行。

1.5.2 机组的成熟可靠

烟气余热回收机组厂家从以下几方面进行了考虑,确保机组的成熟可靠：

首先,设计制造阶段,通过有限元分析和严格的强度试验来保证机组结构强度,通过 CFD 模拟保证机组的实际运行效果。此外,厂家对烟气余热回收机组材质的选用非常慎重,换热管选用优质厚壁的管材,保证机组的寿命和可靠性。

其次,针对供热工况,厂家开发了多级蒸发/吸收流程和多级发生/冷凝,以保证热网水大温升、热源水大温降的效果,尽量提高换热效果。

第三,为了保证烟气余热回收机组全工况高效运行,厂家开发了溶液/水自调节系统,配以独创的自控策略,使机组在不同的外界条件下均可安全稳定运行,同时烟气余热回收机组实现了全工况调节,工况波动时无需停机,保证系统运行的稳定性、连续性和安全性。

第四,烟气余热回收机组实现了全工况的高容错性能。在设计时,厂家不仅考虑了额定参数设计点,还考虑了所有外界可能出现的参数,并使烟气余热回收机组在这些参数下的运行工况远离事故点,保证烟气余热回收机组在外界参数出现非正常变化时也可以稳定运行。

通过以上措施,厂家提供的烟气余热回收机组完全适应集中供热工况,并可以实现烟气余热回收机组与热网设备之间的稳定配合,避免对系统造成影响。

2 项目实施概述

济南热电集团有限公司明湖热电分公司领秀城热源厂现有 2×58MW＋2×70MW 水煤浆锅炉 4 台用来供热,总容量 256MW,锅炉参数见表 1、表 2。每台锅炉的烟气依次独立进入脱硝、除尘装置,随后各 2 台锅炉烟气汇总在一起,分别进入两台脱硫塔经氧化镁法湿法脱硫,随后烟气经过两套湿电除尘装置降约 50℃,最后进入混凝土烟道排入大气。

水煤浆锅炉采用的燃料煤浆中含有约 35% 的水分,具有燃烧充分、污染物少的特性。但是由于烟气中含水量高,脱硫塔后的烟气基本达到饱和状态,导致大量的热量以水蒸气的状态带出,热量浪费严重。供暖的初末期,根据外网对于热量的需求,往往出现两台锅炉满负荷运行负荷不够,三台锅炉同时运行,每台锅炉都需要低负荷运行,锅炉效率较低。

领秀城热源厂供热面积发展迅速，且无法新建燃煤锅炉，带来较大的供热缺口。对水煤浆锅炉的烟气余热回收迫在眉睫。考虑到项目的经济性及技术可行性，现对4台锅炉排烟系统增设烟气余热回收系统，余热回收量按照3台锅炉满负荷运行计算，利用吸收式热泵机组回收烟气余热用于冬季供暖。

本系统共配置1台锅炉喷淋塔、1台热泵喷淋塔、2台吸收式热泵、1套水处理设备。对脱硫塔出口约50℃的湿烟气进行深度净化及余热回收治理，使其排烟温度降至30℃。脱硫塔出口配置一座直接接触式换热器（喷淋塔）对脱硫塔出口烟气进行降温，选用燃气驱动型吸收式热泵提取喷淋循环水中余热，喷淋塔提取的余热通过吸收式热泵提升品位后用于加热供热一级热网水，与锅炉出水混水后，通过热网送至用热场所。

1号、2号锅炉主要参数　　　表1

名称	规格型号
1号、2号锅炉型号	QXF58-1.6/130/70-SMJ
额定功率（负荷范围）	58MW（40%～121%）
额定水流量（调节范围）	1000t/h（500～1100t/h）
锅炉效率	≥90%
锅炉排烟温度	127℃
燃料消耗量	19671kg/h
额定烟气量	14万 Nm³
供/回水温度	130℃/70℃
配套环保设备	SNCR 炉内脱硝
	布袋除尘
	氧化镁湿法脱硫，两炉一塔
	湿式电除尘

3号、4号锅炉主要参数　　　表2

名称	规格型号
3号、4号锅炉型号	QXF70-1.6/130/70-J
额定功率（负荷范围）	70MW（50%～110%）
额定水流量（调节范围）	1000t/h（500～1100t/h）
锅炉效率	90.5%
锅炉排烟温度	115℃
燃料消耗量	17319kg/h
额定烟气量	14万 Nm³
供/回水温度	130℃/70℃
配套环保设备	SCR 炉外脱硝
	布袋除尘
	氧化镁湿法脱硫，两炉一塔
	湿式电除尘

3　烟气余热量理论计算

水煤浆含有35%左右的水分，使之与煤燃烧有一些不同的特点。以明湖热电分公司领秀城热源厂设计水煤浆工业分析为基础，进行烟气成分计算。工业分析见表3、表4。

1号、2号炉水煤浆工业分析　　　表3

序号	项目	符号及单位	设计值
1	收到基碳	C_{ar}；%	37.94
2	收到基氢	H_{ar}；%	2.68
3	收到基氧	O_{ar}；%	4.97
4	收到基氮	N_{ar}；%	0.78
5	收到基硫	S_{ar}；%	0.63
6	收到基灰份	A_{ar}；%	15.5
7	收到基水份	M_t；%	38
8	收到基低位发热量	$Q_{net,ar}$；MJ/kg	14.2

3号、4号炉水煤浆工业分析　　　表4

序号	项目	符号及单位	设计值
1	收到基碳	C_{ar}；%	42.46
2	收到基氢	H_{ar}；%	2.68
3	收到基氧	O_{ar}；%	4.97
4	收到基氮	N_{ar}；%	0.93
5	收到基硫	S_{ar}；%	0.65
6	收到基灰份	A_{ar}；%	10.31
7	收到基水份	M_t；%	38
8	收到基低位发热量	$Q_{net,ar}$；MJ/kg	16

3.1　烟气各组分体积计算

锅炉为室内布置，以3号、4号炉水煤浆工业分析为基础，冬季平均温度取9℃，空气湿度取10g/kg，110℃烟气中饱和水蒸气密度取0.825kg/Nm³，α为锅炉过量系数取1.4，计算得出燃烧后烟气各成分，见表5。

烟气体积成分表　　　表5

名称	计算公式	结果
理论空气量 V^o	$0.0889(C_{ar}+0.375S_{ar})+0.265H_{ar}-0.033O_{ar}$	4.35Nm³/kg
三原子气体体积 V_{RO_2}	$0.01866C_{ar}+0.007S_{ar}$	0.79Nm³/kg
实际水蒸气体积 V_{H_2O}	$0.0124M_{ar}+0.111H_{ar}+0.0161V^o$	0.60Nm³/kg
烟气中氮气体积 V_{N_2}	$0.008N_{ar}+0.79\alpha V^o$	4.82Nm³/kg
烟气中氧体积 V_{O_2}	$0.21(\alpha-1)V^o$	0.37Nm³/kg
实际烟气总体积 V_y	$V_{RO_2}+V_{N_2}+V_{O_2}+V_{H_2O}$	6.58Nm³/kg
烟气中水蒸气体积比	V_{H_2O}/V_y	9.12%

3.2　烟气余热计算

锅炉设计排烟温度分别为127℃、115℃，实际运行平均温度约125℃，考虑到排烟温度降低至30℃（烟囱取样点处温度），温差为95℃。水煤浆燃烧过程中不产生底渣，与飞灰相比添加石英砂较少，即认为水煤浆灰分全部进入飞灰。实际烟气焓 H_y 等于理论烟气焓 H_y^o、过量空气焓 $(\alpha-1)V^o$ 和烟气中飞灰焓之和，其中理论烟气焓

Hy^o 等于各组成成分焓的总合[6]，查 $1m^3$ 烟气焓表三原子气体、氮气、水蒸气在温度125℃和30℃的焓值，计算烟气各组分显热为1102.5kJ/kg，按照30℃烟气中水蒸气查表带入公式潜热 $Q=M×R$，R 为汽化热，M 为水蒸气的质量，得出潜热为2004.6kJ/kg，锅炉满负荷最大理论回收热量约15MW，其中潜热占比高达65%，说明若不进行潜热回收，至少65%热量被浪费。

4 烟气余热深度回收系统介绍

燃煤锅炉脱硫后，烟气及热泵烟气进入喷淋式换热塔内放出显热和潜热，烟气温度降至30℃，再回到湿式电除尘器入口，而后从烟囱排至大气。热泵自带喷淋塔，热泵烟气经喷淋塔降温后进入热泵烟囱排放。降温的过程伴随着大量余热被喷淋水吸收，且产生大量烟气的凝水。中介水在热泵中放出来自烟气的低温热量，整体系统实现烟气余热回收，对其充分利用。

水煤浆锅炉燃烧产生的烟气经过布袋除尘器除尘后，进入氧化镁湿法脱硫塔，约110℃高温烟气经氧化镁浆液"洗涤"后，变成约50℃的低温饱和湿烟气。虽然烟气温度降低，但是烟气湿度上升，即原烟气中携带的热量通过潜热形式储存在烟气中。一般认为湿法脱硫过程类似一个绝热过程，脱硫后烟气热量与脱硫前烟气热量近似相等[7]。

明湖热电分公司领秀城热源厂烟气余热深度回收项目采用清华大学"一种带烟气冷凝热回收的吸收式供热系统"专利技术及设备深度回收锅炉烟气余热，使烟囱排烟温度降低至30℃。通过一个供暖季70d的运行表明，系统运行节能效果明显，间接起到烟气消白作用。使脱硫塔后50℃烟气降至30℃排放，满负荷运行可回收烟气余热30MW，额定燃气消耗量5200Nm³。该热泵机组可提供的总负荷为77MW，供热能力增加约190万 m^2。投运前后烟囱排烟视觉效果见图1、图2。

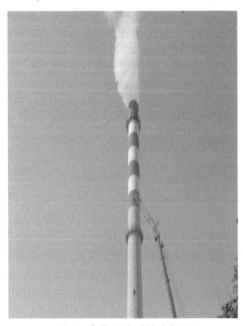

图1 余热回收系统未投运
2020年12月19日，室外温度8℃

图2 余热回收系统投运
2021年1月19日，室外温度5℃

5 余热回收系统流程概述

新增的余热回收系统主要包括以下设备：直燃型吸收式热泵机组、锅炉喷淋塔（热泵喷淋塔）、热网增压泵、中介水泵、除雾器冲洗水泵、凝结水处理装置等。

整套烟气余热回收系统主要包括以下分系统：烟气系统、中介水循环系统、除雾冲洗系统、水处理系统、吸收式热泵系统。

从脱硫塔出来的饱和湿烟气进入锅炉喷淋塔，与吸收式热泵制取的低温中介水直接接触换热，中介水泵为锅炉喷淋塔（热泵喷淋塔）和热泵之间的中介水提供驱动力。烟气中凝结出的水经过水处理装置处理合格成为热网补水。

5.1 烟气系统

烟气余热回收装置设计为直接接触式喷淋塔，为立式逆流换热方式。两台脱硫塔后烟气进入锅炉喷淋塔与中介水液滴直接接触，两台热泵燃烧后烟气进入热泵喷淋塔与中介水液滴直接接触，分别进行换热、除尘反应，烟气中的热量和污染物被中介水吸收，经过除雾器除去烟气中的液滴后进入湿电除尘器，随后进入烟囱排放。

本系统选用锅炉喷淋塔对脱硫塔后50℃的湿烟气进行降温处理。两台脱硫塔后布置一座喷淋塔，脱硫处理后的湿烟气进入喷淋塔，深度降温冷凝后进入原湿式电除尘器入口，经过在线监测最后进入原有烟囱排出。烟气系统流程图见图3。

5.2 中介水循环系统

20℃的中介水在中介水泵提供的压力下进入塔内喷淋层，与烟气充分接触、换热，吸收酸性物质及烟尘。升温至40℃后的中介水输送至吸收式热泵蒸发器，作为低温

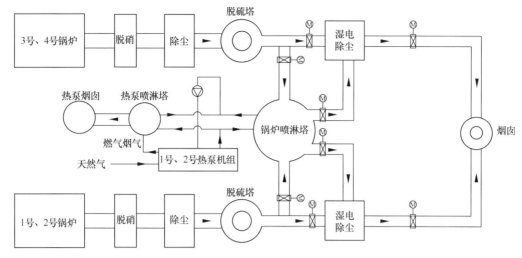

图 3 烟气系统流程图

热源将热量传递给需要加热的热网水,实现烟气余热的回收利用。见图 4。

中介水在喷淋塔与热泵机组之间往复循环,除系统调试注水一次后,整个系统不产生水耗,同时会持续产生大量烟气凝水。中介水汇集于塔底,通过自然溢流方式进入水处理装置,同时将处理后的软化水根据运行需求用于一次网补水。

喷淋塔为本系统的核心设备,经设计、模拟计算,保证烟气达到最佳换热流速,实现最好的换热效果。锅炉喷淋塔体采用碳钢玻璃鳞片防腐结构,热泵喷淋塔采用316L 材质,内部所有部件采用防腐材料制造。

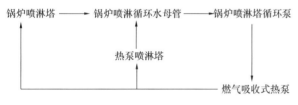

图 4 中介水系统流程图

5.3 除雾冲洗系统

除雾器集成于喷淋塔内部,并设置了压差式传感器,通过实时监测除雾器前后烟气压差来判断除雾器是否有污垢堵塞,自动启动除雾器冲洗水泵进行在线自动冲洗。

冲洗水源采用中介水,不单独设置工艺水箱,同时借助了中介水泵的扬程,起到了节能、节材的效果。

5.4 水处理系统

水处理系统包括自动加药系统和烟气溢流水处理系统。

内部中介水吸收烟气中的 SO_2 等酸性气体后,pH 下降。自动加药系统用于自动中和溶解于中介水中的酸根,减少中介水对设备、管道、阀门的腐蚀,保证系统运行安全稳定。中介水 pH 通过在线仪表连续检测,并与自动加药装置自控连锁,加药系统根据 pH 自动控制范围 6.5~7.0 自动启停运行。

溢流水处理系统是针对余热回收系统中的冷凝水溢流部分,处理到合格指标后进行应用。

水处理系统:锅炉喷淋塔溢流管 → 原水箱 → 原水提升泵 → 除铁过滤器 → 机械过滤器 → 离子交换器 → 软水箱 → 回用水泵 → 热网补水。

加药系统:卸药泵 → 加药罐 → 计量泵 → 中介水泵前不锈钢管道。

5.5 吸收式热泵系统

40℃的喷淋循环水进入吸收式热泵蒸发器作为低温热源,被提取余热后降温至 20℃返回锅炉(热泵)喷淋塔。吸收式热泵系统的驱动热源为天然气,经热泵利用后形成的烟气进入热泵喷淋塔,经过余热回收后排入热泵烟囱,热网水系统为闭式系统,在热网回水主管接引一路管道至热泵热网水入口,46℃左右的热网水进入热泵进行升温,升温至 85℃后由管道接引至分水器,通过此次循环将烟气的余热传递给了热网回水,实现了余热利用。热泵主要设备参考见表 6。

热泵主要设备参数 表 6

名称		单位	数值
制热量		kW	38613
制热量调节范围		%	20~120
热泵 COP 值		—	1.635
功率容量		kW	180
热泵台数		台	2
热网水(单台)	进/出口温度	℃	46/85
	流量	t/h	851.54
中介水(两台)	进出口温度	℃	40/20
	流量	t/h	970.9
单台燃气消耗量		Nm³/h	2571

6 运行数据分析

6.1 单机性能调试和整个系统调试

6.1.1 单机满负荷试验

表7为2021年2月4日选取2号吸收式热泵满负荷试验相关数据。

2号热泵测试数据   表7

时间	热泵供热量（MW）	热泵余热回收量（MW）	燃气消耗量（Nm³/h）	机组COP
10：00	34	13.5	2218	1.66
12：00	33.9	13.6	2209	1.66
14：00	34	13.5	2210	1.66
16：00	33.9	13.4	2215	1.66
18：00	34	13.5	2220	1.66
平均数	33.9	13.4	2214	1.67

试验结果：2号热泵机组平均负荷34MW，平均余热回收负荷13.5MW，平均天然气耗量2220Nm³/h，机组COP为1.67，达设计标准。

分析2号热泵机组测试数据，供热负荷未达到38.6MW。这是由于两炉一塔设置，试验无法达到两台锅炉同时满负荷条件，锅炉负荷较低，实际烟气量和烟温未到达设计温度（本项目设计中介喷淋水供/回水温度40℃/20℃），机组负荷运行在85%工况，如达到100%负荷运行，还可提高15%的供热量。

6.1.2 整个系统调试

2021年2月20日至2月27日对整个系统进行了调试，调试数据汇总如表8所示：

运行数据汇总表   表8

序号	名称	单位	数值
1	锅炉供热量	GJ	80436
2	余热热泵供热量	GJ	20563
3	余热回收量	GJ	8164
4	燃气消耗量	Nm³	372960
5	锅炉平均负荷	MW	99
6	余热回收平均负荷	MW	13.5
7	热泵供热平均负荷	MW	34
8	燃气平均消耗量	Nm³/h	2220
9	余热能效比COP	—	1.66

调试结论：对吸收式热泵机组、喷淋塔、中介水系统、热网水系统、凝水处理装置进行整体168h调试期间，烟气余热回收系统整体运行稳定，锅炉平均负荷99MW，平均烟气余热回收负荷13.5MW，平均供热负荷34.0MW，燃气平均消耗量2220Nm³/h，小时凝水量15t/h，余热能效比COP为1.66，符合设计要求。

6.2 凝水处理运行技术指标

相关运行技术指标见表9、表10。

锅炉负荷100MW时凝水处理后主要技术指标   表9

序号	项目	单位	数值
1	平均小时凝水量	t/h	15
2	凝水温度	℃	30~32
3	浊度	FTU	1.2
4	硬度	mmol/L	0.4
5	pH（25℃）	—	7.1
6	含氧量	mg/L	0.03
7	氯根 Cl⁻	mg/L	5.1
8	全铁	mg/L	0.3
9	电导率	25℃、μS/cm	≤9

热水锅炉软化水给水水质标准   表10

序号	项目	单位	控制标准
1	平均小时凝水量	t/h	—
2	凝水温度	℃	—
3	浊度	FTU	≤5
4	硬度	mmol/L	≤0.6
5	pH（25℃）	—	7~10
6	含氧量	mg/L	≤0.1
7	氯根 Cl⁻	mg/L	≤30
8	全铁	mg/L	≤0.3
9	电导率	25℃、uS/cm	≤30

凝水处理结论：凝水处理后经过取样化验满足《城市污水再生利用 工业用水水质》GB/T 19923—2005要求，主要技术指标符合《工业锅炉水质》GB 1576—2018的要求，氯根Cl⁻≤200mg/L可作为脱硫塔除雾器冲洗水和补水使用，除此之外还可作为原水供反渗透制水系统使用。锅炉负荷100MW时平均凝水量15t/h，设计满负荷运行时平均凝水量可达30t/h，大大减少热源厂自来水消耗和软化水制水成本，具有良好的经济效益和环境效益。

6.3 经济性分析

6.3.1 节能效益（表11）

节能效益   表11

项目	单位	数值
回收余热量	MW	30
运行时间	d	120
余热回收量	万GJ	31.1
天然气低位热值	kcal/Nm³	8400
年节约天然气量	万Nm³	892.8
天然气价格	元/Nm³	1.71
节省费用	万元	1526.7

6.3.2 凝结水量（表12）

凝结水量　　　　　　　　　　　　　　表 12

项目	单位	数值
烟气凝结水量	t/h	30
运行时间	d	120
总水量	万 t	8.64

6.3.3 减排效果

以燃烧煤炭的火力发电为参考计算节电的减排效益，减排效果统计见表13。根据专家统计：每节约1度（kWh）电，就相应节约了0.4kgce，同时减少排放0.272kg碳粉尘、0.997kg二氧化碳、0.03kg二氧化硫、0.015kg氮氧化物。为此可以推算出以下计算公式：

节约 1 度电 = 减排 0.997kg "二氧化碳" = 减排 0.272kg "碳"

节约 1kgce = 减排 2.493kg "二氧化碳" = 减排 0.68kg "碳" = 减排 0.68kg 粉尘 = 减排 $0.075kgSO_2$ = 减排 $0.0375kgNO_x$

减排效果统计　　　　　　　　　　　　表 13

项目	单位	供暖季数值
节约标煤	t	10611.6
减排 SO_2	t	795.9
减排 CO_2	t	26454.7
减排 NO_x	t	397.9
减排烟尘	t	7215.9

6.3.4 运行成本

（1）运行电耗成本（表14，表15）

运行电耗成本　　　　　　　　　　　　表 14

项目	供暖季120d		
	功率（kW）	运行数量	电量小计（kW）
吸收式热泵	180	2	360
热网增压泵	400	2	800
高扬程中介水泵	250	1	250
低扬程中介水泵	185	1	185
除雾水泵	30	1	30
水处理装置	80	1	80
控制、照明等设备房其他电源	50	1	50
合计	—		1755

相关数据统计　　　　　　　　　　　　表 15

项目	单位	数值（供暖季120d）
功率	kW	1755
运行时间	h	2880
耗电量	万 kWh	505.44
单价	元/kWh	0.8
供暖季费用	万元	404.4

（2）加药成本（表16）

加药成本统计　　　　　　　　　　　　表 16

项目	单位	供暖季数值
耗碱量	kg/h	50
运行时间	天	120
平均运行负荷率	%	100%
碱液单价	元/t	2000
液碱小计	t	173
碱费	万元	30

（3）运行总成本

系统运行总成本434.4万元/a。

余热回收系统中，30MW的燃煤锅炉烟气热量不需要燃烧天然气，按照带余热回收系统的锅炉燃气利用效率104%计算，相当于节省天然气3100.4Nm³/h；按照燃气价格1.71元/Nm³、供暖季满负荷运行计算，每个供暖季可节省天然气892.8万Nm³，节省运行费用1526.7万元。本余热回收项目一个供暖季额定净收益1092.3万元。该项目增量投资6100万元，每年额定净收益1092.3万元，静态增量投资回收期5.5a（未考虑污染物减排带来的社会效益）。

7 结论

为了回收湿法脱硫后烟气中的热量，本文提出一套新型的深度余热回收系统。通过直接接触式换热器和热泵结合，能够将排烟温度显著降低，回收烟气中的潜热用于供热，通过技术经济分析得出以下结论：

（1）领秀城热源厂水煤浆锅炉排烟中具有很大的热量，回收价值很高。本系统总投资6100万元，除了吸收式热泵驱动能源天然气和水泵电耗外，其他费用较少。试运行70d共回收凝结水2.5万t，经加碱和软化处理后满足热网补水要求。经分析系统满负荷运行一个供暖季回收烟气余量31.1万GJ，消耗30%液碱173t，一个供暖季节能额定纯收益1092.3万元，增量投资回收期5.5a。

（2）余热回收系统产生大量冷凝水，可回收烟气凝水8.64万t，经过深度处理后可进行再利用，经济性进一步提高，实现锅炉房的污水零排放。

（3）热泵满负荷运行时可增加190余万 m² 供热面积，实际年可节约标准煤10611t，减排 CO_2 26455t，减排 SO_2 796t，减排 NO_x 398t。

综上所述，本项目采用的烟气余热深度回收技术提高了供热能力、减少了燃气消耗、降低了排放指数，经济效益、环境效益和社会效益明显，具有很好的应用价值，该技术响应了国家环保节能政策，应用前景广阔。

参考文献
[1] 赵保成，朱柳娟，顾伯勤．水煤浆代油改造技术在工业供暖锅炉中的应用[J]．热能动力工程，2004，19(6)：634-637.
[2] 岳光溪，吕俊复，徐鹏．循环流化床燃烧发展现状及前景分析[J]．中国电力，2016，1：1-13.
[3] 吴华新．低位烟气余热深度回收利用状况述评[J]．热能与动力工程，2012，27(4)：399-404，415.
[4] 王皓，李军，王胄楠，等．燃气热水锅炉烟气余热利用及消白雾技术分析与热能计算[J]．区域供热，2019，5：139-145.
[5] 刘文，杨敏华，江鹏，等．直接喷淋吸收式热泵在燃气锅炉烟气余热回收中的应用探讨[J]．区域供热，2018，5：93-96.
[6] 樊泉桂．锅炉原理[M]．北京：中国电力出版社，2008.
[7] 杨巍巍．燃煤烟气余热深度回收与减排消白一体化系统应用研究[C]//首届中国供热学术年会论文集，2018.

深度践行超净排放理念的某工程燃煤锅炉提标策略与改造实践

西安瑞行城市热力发展集团有限公司　贾立夫

【摘　要】为了进一步落实"碧水蓝天"的前景目标，基于超净排放的先进理念，本文依托工程实际案例，从应用角度出发，详细介绍了陕西省西安市某燃煤热源厂的煤炭清洁利用及其实现超净排放的提标改造实施细节。按照"摸清现状、消除缺陷、恢复出力、达标排放"的原则。通过"SNCR+SCR、石灰-湿法脱硫、布袋除尘器+湿式电除尘、改造采用烟囱砖胶新工艺"的组合技术路线，使得污染物排放浓度能满足基准氧9%的情况下，颗粒物排放浓度不超过5mg/Nm³，SO_2 排放浓度不超过25mg/Nm³，NO_x 排放浓度不超过30mg/Nm³。以2020—2021年供暖季为案例，相比改造前，氮氧化物排放和颗粒物排放均降低了约10倍，二氧化硫排放减少了近7倍。本文的研究对超净排放技术在工程实际的技术转化提供重要的参考依据。

【关键词】超净排放　煤炭清洁利用　西安地区　工程案例　提标改造

0　引言

随着我国供暖需求的不断提高[1-3]，供暖过程中的超净排放成为实现我国"十四五"规划内容的重要方向[4-7]。很多研究都提出超净排放的技术路径具有可行性[7-10]。2020年9月3日，西安市生态环境保护委员会发布《关于燃煤锅炉执行"西安排放限值"的通知》，其中规定燃煤锅炉大气主要污染物排放限值（颗粒物排放浓度不超过5mg/Nm³，SO_2 排放浓度不超过25mg/Nm³，NO_x 排放浓度不超过30mg/Nm³）。本文选取某工程案例，改造前，其供热锅炉烟尘、NO_x、SO_2 排放标准为30mg/Nm³、200mg/Nm³、200mg/Nm³，无法满足上述要求，需对厂区供热锅炉进行超净排放改造。本文基于超净排放的先进理念，从应用的角度，详细介绍了该项目的超净排放提标改造具体方案及应用效果，以期待为相关技术转化与实际工程应用提供参考。

1　项目概况

本项目热源站位于陕西省西安市，厂区现有8台锅炉（2×35t/h 燃煤链条蒸汽锅炉＋2×50t/h 燃煤流化床蒸汽锅炉＋4×36MW 燃煤流化床热水锅炉）。根据相关标准要求，对6台锅炉进行超净排放改造。总体路线为：SNCR+SCR、石灰-湿法脱硫、布袋除尘器+湿式电除尘、烟囱改造砖胶新工艺。

2　案例提标改造具体方法与实施路径

2.1　脱硝环节的改造优化方案

该案例项目提标如表1所示，采用SNCR+SCR混合脱除工艺，在原有SNCR的基础上，增加SCR反应器和SNCR尿素溶液喷枪。为保证SNCR脱硝效率，每台锅炉新增2台SNCR尿素溶液喷枪；同时，锅炉炉膛增加埋管和二次风，通过改善床温和分级配风，从源头上减少NO_x的生成。在锅炉尾部烟道新增SCR反应器，催化剂分为2层，单层催化剂体积为11.8m³，为蜂窝式催化剂，一用一备。改造后的脱硝结构如图1所示。

改造的关键技术及指标（标态、干基、9%O_2）   表1

环节	关键技术要点	主要技术指标
脱硝环节	（1）采用SNCR+SCR直喷尿素工艺，SCR脱硝催化剂布置于锅炉尾部烟道对流管束底部与省煤器之间； （2）SCR催化剂选用蜂窝式催化剂，催化剂层数按"1+1"模式，一层备用； （3）锅炉增加埋管和二次风，实现分级配风和还原性气氛； （4）新增6套声波吹灰器，每炉一套，每层催化剂前布置2个吹灰器（留有备用层的安装位置）	烟气NO_x原始含量：360mg/Nm^3； NO_x排放浓度：30mg/Nm^3； 氨逃逸：<3ppm； SNCR脱硝效率：55%； SCR脱硝效率：72.4%； 锅炉整体脱硝效率：87.6%； SO_2/SO_3转化率：<1%
脱硫环节	（1）脱硫系统采用石灰-石膏湿法脱硫工艺； （2）烟气处理能力为两台锅炉BMCR的全烟气量，脱硫效率按不小于98%设计； （3）脱硫塔入口SO_2浓度按1533mg/Nm^3设计，排放浓度小于25mg/Nm^3； （4）脱硫塔入口尘浓度按20mg/Nm^3设计，排放浓度小于10mg/Nm^3	烟气SO_2原始浓度：1403mg/Nm^3； SO_2排放浓度：<25mg/Nm^3； 吸收塔出口烟尘浓度：<10mg/Nm^3； 脱硫效率：≥97.51%； 钙硫比：1.03； 石灰耗量：3×220kg/h； 石膏产量：3×650kg/h（含10%水分）； 石膏纯度：≥90%
除尘环节	（1）除尘工艺为多级联合脱除工艺"布袋除尘器+吸收塔管束式除雾器+管式湿式电除尘器"； （2）出口尘浓度不超过5mg/Nm^3	烟气尘原始浓度：28g/Nm^3； 尘排放浓度：<5mg/Nm^3； 除尘效率：≥99.97%

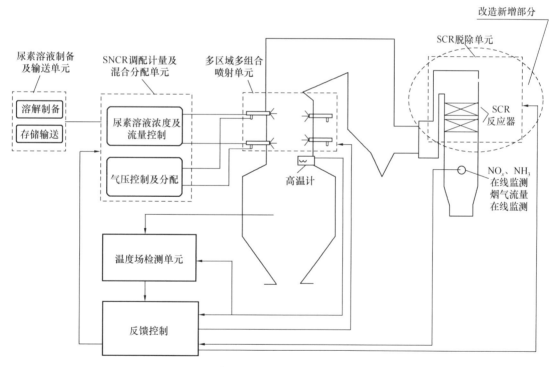

图1 该工程脱硝改造后的结构示意图

2.2 脱硫环节的改造优化方案

如表1所示，采用石灰-湿法脱硫工艺，工程改造后的情况如图2所示。具体地：2号吸收塔拆除新建，3号、4号吸收塔塔内件全部拆除，仅利用塔筒体部分。通过塔内增加托盘及采用高效喷淋层等高效脱硫技术，脱硫效率大于97.51%，除雾采用板式+管束式除尘除雾装置，可实现吸收塔出口SO_2浓度小于35mg/Nm^3，吸收塔出口烟尘浓度小于10mg/Nm^3。

2号脱硫塔本体拆除重建，拆除原有浆液循环泵、氧化风机、供浆泵。新建一座脱硫塔，塔径4.6m，浆液池直径5.6m，总高33.5m；考虑到后期脱硫减排能力提升，塔内布置4层喷淋层（另外预留一层喷淋层的安装空间及接口，共设计5层喷淋层）、一层托盘、一级板式+管束式除雾器；新设4台浆液循环泵（另外预留一台浆液循环泵的安装空间及接口）、2台排浆泵（一用一备）。

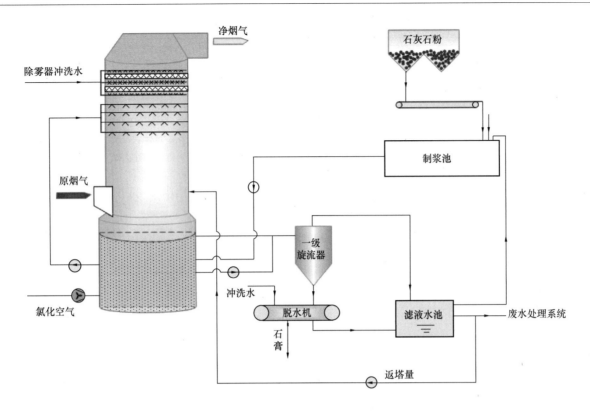

图 2 该工程脱硫改造后的项目示意图

3号、4号脱硫塔拆除塔内原有部件。单座塔内布置4层喷淋层（另外预留一层喷淋层的安装空间及接口，共设计5层喷淋层），一层托盘，一级板式+管束式除雾器；单塔对应4台浆液循环泵（另外预留一台浆液循环泵的安装空间及接口）、2台排浆泵（一用一备）。

原3台氧化风机全部更换，本次氧化风机共设4台，三用一备；更换原有石膏脱水系统，新设石膏旋流器3台、真空皮带机1套、真空泵1台、汽水分离器1台、滤布冲洗水泵2台、滤布冲洗水箱1个；石灰制浆供浆系统利旧，更换4台供浆泵，三用一备；新设2台除雾器冲洗水泵（一用一备）。

2.3 除尘环节与烟囱的改造优化方案

在吸收塔出口净烟道竖直段增加管式湿式电除尘器，除尘工艺为多级联合脱除工艺"布袋除尘器+吸收塔管束式除雾器+管式湿式电除尘器"，可保证低于 $5mg/Nm^3$ 的排放浓度。

原烟囱为钢筋混凝土烟囱，4台锅炉对应一根烟囱，且该案例中曾经历过多次环保改造，均未涉及原烟囱。本次改造采用"砖胶"新工艺，取得了良好的效果，为相关类型的项目改造提供了可复制样本。

3 创新之处及应用效果评估

该项目超净排放环节提标改造的应用效果如图3和图4所示。

以2020年12月（2020—2021供暖季）为例，其每日的氮氧化物排放、颗粒物排放以及二氧化硫排放被记

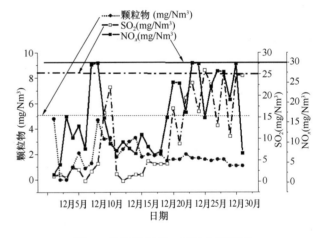

图 3 改造后2020—2021年供暖季每天排放值变化情况（以12月为例）

录在图3中，从图3中可以看出，虽然排放值随着锅炉负荷的不同，每日有一定的波动，但是所有的排放值均在标准范围内，且经过计算，2020—2021供暖季的颗粒物、二氧化硫以及氮氧化物平均排放浓度为 $2.9mg/Nm^3$、$7.3mg/Nm^3$、$13.3mg/Nm^3$。

由图4可以看出，改造后，氮氧化物排放值小于 $30mg/Nm^3$，二氧化硫排放值小于 $25mg/Nm^3$，颗粒物排放值小于 $5mg/Nm^3$。各项数据远低于排放标准要求，且相比改造前，氮氧化物排放和颗粒物排放值均降低了约10倍，二氧化硫排放值减少了近7倍。需要指出的是，在原有炉内脱硝的基础上，本次改造脱硝选择了"SNCR+SCR"联合脱除工艺，使得改造工程量和投资大幅降低，工艺系统大幅简化。

比改造前，氮氧化物排放和颗粒物排放均降低了约10倍，二氧化硫排放减少了近7倍，可见此次改造效果显著。本文的研究可为超净排放技术在工程实际的技术转化提供重要的参考依据。

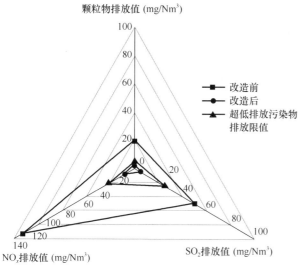

图4 该案例项目超净排放环节提标改造前后效果
（效果数据来源2020—2021供暖季）

4 结论

综上所述，通过采用"SNCR+SCR、石灰-湿法脱硫、布袋除尘器+湿式电除尘、改造采用烟囱砖胶新工艺"的组合技术路线，对实体工程项目进行提标改造，在最新的供暖过程中得出，改造后的案例污染物排放浓度能满足颗粒物排放浓度不超过5mg/Nm³、SO_2排放浓度不超过25mg/Nm³、NO_x排放浓度不超过30mg/Nm³。相

参考文献

[1] 谢克昌. 让煤炭利用清洁高效起来[N]. 中国能源报, 2020-11-30(015).
[2] 谢克昌. 煤炭要革命, 但不是革煤炭的命[J]. 中国石油企业, 2019, 11: 13-15.
[3] 江亿. 我国北方供暖能耗和低碳发展路线[N]. 中国建设报, 2019-07-15(004).
[4] 陈楚阳. 燃煤电厂锅炉超净排放技术改造探究[J]. 节能与环保, 2020, (12): 52-53.
[5] 郝小杰. 330MW燃煤火电机组脱硝改造研究[D]. 北京: 华北电力大学, 2018.
[6] 李汝萍, 童家麟, 吕洪坤, 等. 亚临界锅炉超低NO_x排放改造后高温腐蚀分析[J]. 热力发电, 2019, 48（5）: 102-108.
[7] 赵南. 臭氧氧化结合湿法同时脱硫脱硝工艺及吸收添加剂研究[D]. 杭州: 浙江大学, 2015.
[8] 赵利军. 煤炭除灰技术的现状和发展[J]. 能源科技, 2021, 19(1): 83-86, 90.
[9] 刘珊, 杨虎, 邓启刚, 等. 300MW亚临界W型火焰锅炉超低排放改造设计分析[J]. 节能, 2021, 40(2): 42-44.
[10] 刘峰, 曹文君, 张建明, 等. 我国煤炭工业科技创新进展及"十四五"发展方向[J]. 煤炭学报, 2021, 46(1): 1-15.

燃煤锅炉生物质与煤混燃技术的探讨

吉林省春城热力股份有限公司　朱泳龙

【摘　要】基于能源与环境的双重压力，以及生物质与煤单独燃烧存在的问题，生物质与煤混燃技术已成为一种发展趋势，该项技术是一种低成本、低风险的可再生能源利用方式。为了解生物质和煤混燃特性，探索混燃技术的可行性，本文通过介绍生物质燃料特点、生物质混燃技术及测试报告，对混燃过程中锅炉运行状态、运行效率的影响，对二氧化硫、氮氧化物、二氧化碳等污染物排放的影响，以及对混燃技术的经济效益、社会效益、环境效益进行了简单探讨。

【关键词】生物质　煤　混燃

0 引言

《中华人民共和国大气污染防治法》第四十一条规定：禁止在人口集中地区、机场周围、交通干线附近以及当地人民政府划定的区域露天焚烧秸秆、落叶等产生烟尘污染的物质。为符合国家环保标准，避免当地空气受到污染，避免引发火灾等危害，根据长春市下发的《长春市农作物秸秆露天禁烧和综合利用的管理条例》，长春市生态环境局提出农作物秸秆与燃煤进行混烧，旨在降低大气污染，改善生态环境。集团积极响应生态环境局号召，拟出生物质与燃煤的混合燃烧方案，并与长春市环保能源方面的专家进行研讨，确立混燃的可行性、经济性、发展性。

1 生物质燃料简介

生物质燃料是指将生物质材料作为燃料，一般是农林废弃物（如秸秆、锯末、甘蔗渣、稻糠等），主要区别于化石燃料。在目前的国家政策和环保标准中，直接燃烧的生物质属于高污染燃料，只在农村的大灶中使用，不允许在城市中使用。生物质燃料的应用，实际主要是生物质成型燃料（BiomassMouldingFuel，简称BMF），是将农林废物作为原材料，经过粉碎、混合、挤压、烘干等工艺，制成各种成型的（如块状、颗粒状等）、可直接燃烧的新型清洁燃料。

生物质燃料具有以下优势：

（1）生物质燃料纯度高，不含其他不产生热量的杂物，其含炭量为75%～85%，灰分为3%～6%，含水量为1%～3%。

（2）绝对不含煤矸石、石头等不发热反而耗热的杂质，将直接为企业降低成本。

（3）生物质燃料不含硫、磷，不腐蚀锅炉，可延长锅炉的使用寿命，企业将受益匪浅。

（4）由于生物质燃料不含硫、磷，燃烧时不产生二氧化硫和五氧化二磷，因而不会导致酸雨产生，不污染大气，不污染环境。

（5）生物质燃料清洁卫生，投料方便，可减少工人的劳动强度，极大地改善了劳动环境，企业将减少用于劳动力方面的成本。

（6）生物质燃料燃烧后灰碴极少，极大地减少堆放煤碴的场地，降低出碴费用。

（7）生物质燃料燃烧后的灰烬是品位极高的优质有机钾肥，可回收创利。

2 生物质燃料混燃技术的定义

生物质燃料混燃技术是指生物质燃料和化石燃料（多数是煤）共同作为锅炉燃料的应用技术。

最初，生物质燃料混燃技术主要应用于有大量生物质副产品的企业，如造纸厂、木材加工厂、糖厂等，使用生物质燃料替代部分化石燃料，其产生的热量和电量可以自用，也可以输出到电网，经济性较好。随着技术的日渐成熟，生物质燃料混燃技术已经越来越多地用于大型高效电厂锅炉。

3 生物质燃料混燃的方式

燃前混合法：事先把生物质与煤按比例进行混合，再投入锅炉燃烧。

直接混燃法：不经过与煤混合，生物质与煤通过各自的入口直接进入锅炉，在锅炉内与煤混燃。

间接混燃法：先把生物质气化为清洁的可燃气体，再通入燃煤炉。用这种方法可燃用难于粉碎的或杂质含量高的生物质，大大扩大了混燃的范围。

并行燃烧：生物质直燃锅炉和化石燃料锅炉同时使用。

4 混燃方案

本次测试对象为富豪锅炉房70MW锅炉和轻轨锅炉房29MW锅炉各一台，混燃生物质压块燃料。测试前后锅炉各项参数基本保持一致，测试前各受热面进行清灰工作，拍照留底，为测试前后比对效果做准备。

掺拌方式选用燃前混合法，即生物质压块与煤根据重量比例直接掺拌，其中富豪锅炉房掺混比例为1:9，轻轨锅炉房掺混比例为2:9，掺拌后的燃料经上煤皮带机运输至锅炉，直接混燃。

5 混燃后对锅炉运行及污染物排放的影响

经过几天的混燃运行，根据锅炉运行参数及第三方专业检测机构出具的《工业锅炉热工测试报告》及《污染物检测报告》，对锅炉运行及污染物排放的影响进行分析。

5.1 对锅炉运行的影响

5.1.1 燃烧状态的影响

由于生物质的挥发，分析出温度要远低于煤的挥发分析出温度，混燃对于煤燃烧前期的放热有增进作用，大大降低煤的点火温度，促使煤着火燃烧提前。研究表明，当不同燃料混合燃烧时，着火特性偏于易着火的燃料，因而在混燃过程中，即使混入小部分生物质也可大大降低煤的着火温度，提高煤点火性能。

混燃后的生物质压块燃料在第一道炉门观察孔处就已完全燃尽，若保持炉排转速不变，则火床会变短，影响锅炉换热效果。若想保持混燃前的炉膛温度、锅炉出水温度及火床长度，需要加快炉排转速。

5.1.2 锅炉效率的影响

此次测试的生物质的平均收到基低位发热量为2575cal/g，远低于此次测试的煤的平均收到基低位发热量4525cal/g，混燃时会造成锅炉输出功率的下降。根据《工业锅炉热工测试报告》数据，不论是70MW往复锅炉，还是29MW链条锅炉，锅炉效率在混烧后均有不同程度的下降，其中70MW往复锅炉效率从75.19%下降至71.46%，下降了3.73%；29MW链条锅炉效率从78.43%下降至71.8%，下降了6.63%；平均下降5%。由此可见，混燃比例越大，锅炉效率下降幅度越大。

5.1.3 对锅炉受热面积灰、结焦影响

生物质的灰熔点低，燃烧过程中锅炉易结焦，但由于此次测试时间较短，未发现明显的积灰、结焦现象。

5.2 对污染物排放的影响

此次测试的生物质燃料干燥无灰基挥发分平均值为84%，几乎为煤的干燥无灰基挥发分平均值的2倍，含量非常高。燃烧初期的氧气主要供挥发分的燃烧，从而使生物质和煤在混燃过程中形成一定的贫氧区，限制了煤中氮和硫元素向氮氧化物和二氧化硫的生成，减少污染物的排放。

5.2.1 对SO_2排放的影响

此次测试的生物质燃料中的平均含硫率为0.075%，

硫分非常低，同时生物质本身具有一定的木质素和腐殖酸，具有巨大的比表面积，对二氧化硫有较强的吸附能力，延缓了二氧化硫的析出速度，增加了反应表面积；另外，生物质燃料含有相对较多的钾、钙、钠等活性成分，可以促进固体硫酸盐的形成，例如硫酸钙、硫酸钾、硫酸钠等，从而减少污染物排放。

综合上述特点，二氧化硫在未经脱硫塔前的排放数据在此次测试前后也有一定的下降，表1为测试数据：

二氧化硫测试数据			表1
锅炉类型	测试前 (mg/m^3)	测试后 (mg/m^3)	下降 (mg/m^3)
70MW 锅炉	781	752	29
29MW 锅炉	769	752	17

5.2.2 对 NO_x 排放的影响

由于在混燃过程中炉膛内形成一定的贫氧区，实现一定的厌氧燃烧过程，同时生物质本身氮元素含量远低于煤，因而对总体氮氧化物转化率能够起到"稀释"的作用。生物质秸秆属于纤维结构，当挥发分析出后会形成大量多孔性焦炭，促进了氮氧化物与焦碳的还原反应。

虽然氮元素含量在燃料中占比较小，但综合上述特点，氮氧化物的排放数据在此次测试前后也有一定的下降，表2为测试数据：

氮氧化物测试数据			表2
锅炉类型	测试前 (mg/m^3)	测试后 (mg/m^3)	下降 (mg/m^3)
70MW 锅炉	267	251	16
29MW 锅炉	271	246	25

5.2.3 对二氧化碳等温室气体排放的影响

本次试验没有对混燃前后二氧化碳排放进行对比测试，但相关研究表明，由于生物质在燃烧过程中排放出的二氧化碳与其生长过程中所吸收的一样多，所以生物质燃烧对空气二氧化碳的净排放为零。同时由于燃烧生物质后的灰渣减少了其自然腐烂后所产生的甲烷，进一步减少了温室气体的排放，因而它是目前经济可行的减排温室气体的手段之一。

6 存在的问题

从锅炉效率影响来看，由于生物质的发热量比煤低，混燃生物质会造成锅炉效率的下降，而且混燃比例越大，锅炉效率下降的越多，锅炉效率的下降也会导致燃料使用的增加，造成一定的能源浪费，增加企业运行成本。

7 环境效益与社会效益分析

混燃生物质对于污染物减排具有非常好的作用，二氧化硫、氮氧化物的排放均有不同程度的下降，二氧化硫减排2%～4%，氮氧化物减排6%～9%，按照年用煤10万t计算，在正常达标排放的基础上，每年再减排二氧化硫5～10t，减排氮氧化物17～26t。同时收购生物质燃料增加了农民的收入，促进经济发展，将过去烂在田地里或燃烧产生污染的生物质变废为宝，取得非常好的环境效益和社会效益。

8 结束语

我国生物质资源量大面广、种类多样。从环境保护和充分利用资源的角度出发，生物质与煤的混燃技术应得到国家的政策扶持和财政支持；从矿物能源资源有限和因大量使用会造成环境恶化的战略观点出发，结合我国拥有丰富生物质物质能源的现实，逐步发展生物质与煤的混燃技术，对节约常规能源、优化我国能源结构具有积极意义。

参考文献

[1] 马志刚，吴树志，白云峰. 生物质与煤混合燃烧的技术评述[J]. 电站系统工程，2009，25(6)：1-4.
[2] 张肖肖，杨东，张林华. 生物质与煤混燃燃烧特性研究进展[J]. 节能技术，2011，29(6)：4
[3] 程树仁，刘亮. 生物质与煤的混合燃烧实验研究[J]. 电站系统工程，2009，4：9-1.
[4] 马爱玲，谌伦建，黄光许，等. 生物质与煤混烧燃烧特性研究[J]. 煤炭转化，2010，1：6.

烟气排放连续监测系统常见问题及解决措施

承德热力集团有限责任公司　康佳月　丛艳忠　王立峰　张会宾

【摘　要】本文介绍了一种基于完全抽取法的烟气排放连续监测系统（CEMS）在承德热力集团有限责任公司某集中供热锅炉房中的应用情况，阐述了在线监测系统站房的设备组成及其工作原理。分析了造成系统监测数据不准确及系统监测数据异常的原因，提出了具体的解决措施。根据河北省污染源自动监控系统平台出现的异常数据类型，并结合在线监测系统设备运行状态，总结出系统常见异常问题快速准确的处置方法，为类似的烟气排放连续监测系统实现稳定运行、上传真实有效数据提供参考。

【关键词】CEMS 数据异常　数据偏差　故障处理

0　引言

燃煤锅炉产生的烟气主要成分包含 SO_2、NO_x、颗粒物。根据河北省 2020 年 5 月 1 日实施的《锅炉大气污染物排放标准》DB 13/5161—2020 要求层燃型供暖锅炉执行大气污染物排放限值二氧化硫：$35mg/m^3$；氮氧化物：$80mg/m^3$；颗粒物：$10mg/m^3$[1]。2018 年环境环保部发布了《固定污染源烟气（SO_2，NO_x，颗粒物）排放连续监测技术规范》HJ 75—2017 和《固定污染源烟气（SO_2，NO_x，颗粒物）排放连续监测系统技术要求及检测方法》HJ 76—2017，详细规定了烟气连续监测系统的主要指标、检测项目、检测方法等[2,3]。

在超低排放的背景下，相关污染物排放企业除了做好污染防治设施的提升改造外，烟气连续排放在线监测系统也进行了同步提标升级。承德热力集团有限责任公司某集中供热锅炉房有 4 台层燃型燃煤热水锅炉（$2\times58MW+2\times64MW$），共设置 5 套 CEMS，4 台锅炉共用一个烟气总排口 CEMS，每台锅炉出口各对应一套 CEMS。本套系统采用完全抽取法并于 2016 年 10 月安装投入运行，经过 4 年运行，设备存在部件老化、故障率高等问题，企业针对以上问题开展了专项问题整治工作，在线监测设备运维管理工作取得进步。

在线监测系统数据不准或上传数据异常会造成负面影响，系统监测数据高于真实值导致企业缴纳排污税额和相关污染物治理设施的运行成本增加，另外系统监测数据偏差大于规范要求会造成生态环境部门的处罚等。在线监测数据是客观评价企业环境质量状况、反映污染治理成效、环境治理与决策的基本依据，保障在线监测系统稳定运行、上传真实有效数据具有重要意义。

1　在线监测站房设备组成及工作原理

1.1　在线监测站房设备组成

目前主流的分析技术有两种，即直接分析法和抽取式分析法，本套系统采用完全抽取式的采样方法。抽取式分析法又分为完全抽取法和稀释抽取法。完全抽取法优点：解决了烟气扰动问题，红外吸收法所用探头等设备相对便宜。缺点：烟气样气负压传递，氧气在传输过程中易被稀释导致测量不准确；急冷过程的凝水会引起溶水性污染物溶解损失，导致测量的不准确；烟气采样抽气量大，采样管容易被烟尘堵塞，所需反吹气量大；采样管线必须负压运行，但在锅炉实际运行过程中，是很难保证 100% 的负压运行的，一旦出现正压或采样管泄露，烟尘易使采样管抽气口堵塞，影响测定结果。

该系统主要由颗粒物监测单元、烟气参数测量监测单元、气态污染物（SO_2、NO_x）监测单元、数据采集与处理单元组成，主要用于对固定污染源的 SO_2、NO_x、颗粒物、O_2、温度、压力、流速、湿度等进行实时监测，具有测量以上污染因子（参数）的浓度值和累计排放值及数据保存、打印功能，并可以定时和实时的把监测的数据通过配套的环境监测网络系统送到各级环保部门。完全抽取法在线监测系统组成如图 1 所示。

在线监测站房主要设备包含烟气采样探头、烟气采样管路及伴热设施、管路反吹系统、分析仪、计算机（一体化工控机）以及数采仪。在线监测设备站房组成情况如图 2 所示。

1.2　完全抽取法 CEMS 工作原理

CEMS 系统中烟气由机柜的泵从烟道抽出，经过尾端的过滤腔过滤颗粒物后，烟气由加热的管线保温传送至仪器间内的处理单元。烟气通过采样探头取样后，首先经过电拌热，使采样气在到达冷却器前，温度控制在 150~200℃，即在保持烟气不结露的状态下输送到地面控制系统，经过除尘、除水等样气预处理后，送到分析单元进行检测。

工作原理系统流程如图 3 所示。烟气各组分分析方法：二氧化硫、氮氧化物采用非分散红外吸收法，此方式不发生零点漂移；颗粒物采用激光背向散射法。

监测信号经变送器转换处理后变为数字信号，由标准 RS 485 串行接口传输到本地监控计算机和分析系统机柜，放置在专用监测室内，在监控计算机上进行数据采集处理，以实现环境参数自动化数据报表处理和统计工作，并通过电话网络或 Internet 网络将监测数据传送到环境监测中心站及各级环保部门。

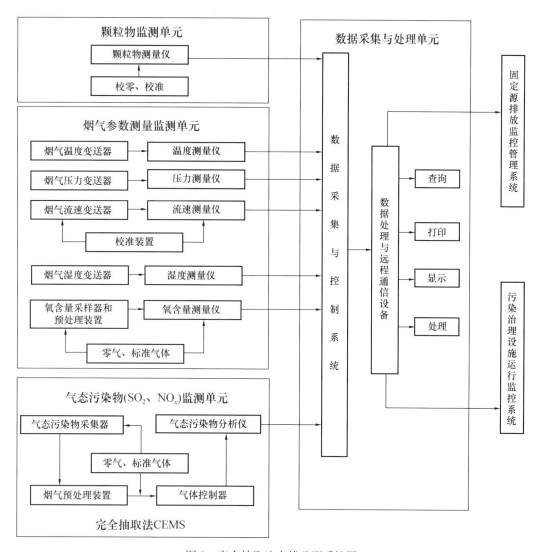

图 1 完全抽取法在线监测系统图

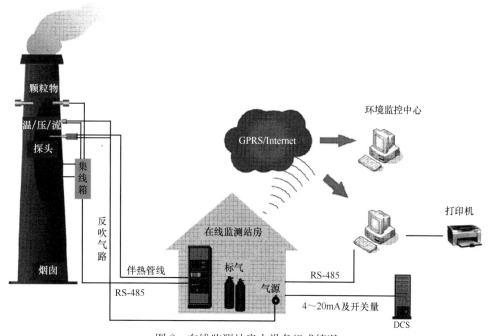

图 2 在线监测站房内设备组成情况

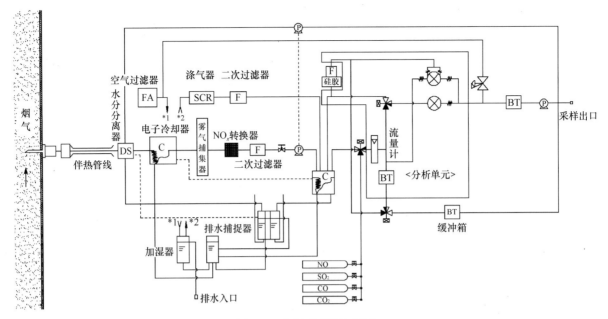

图 3 工作原理系统流程图

2 系统常见问题及影响

2.1 系统常见问题

系统运行常见问题主要包含系统监测数据不准和上传异常数据两类。

2.2 系统监测数据不准的影响

系统监测数据不准,首先对污染物治理设施运行成本产生影响,各运维单位均按照在线监测系统监测浓度数据进行排放控制,当系统监测数据高于实际排放浓度时,为提高各污染物治理设施治污效率,将加大治理系统的水、电、药剂的投放,增加运行成本。其次影响企业排污税的缴纳,根据《中华人民共和国环境保护税法》规定,应税大气污染物按照自动监测设备监测数据进行计算,计算公式如式(1)所示。

$$Y = \partial \times \frac{Q \times C}{D} \quad (1)$$

式中,Y——应纳税额,元;

Q——废气排放量,万 m^3;

C——实测浓度值,mg/m^3;

D——污染物当量,kg;

∂——单位适用税额,元。

在计算过程中,式(1)中废气排放量 Q 和实测浓度值 C 均以在线监测设备监测数据为准,当系统监测的废气排放量和污染物浓度出现失准时,企业的环保税缴纳数额将受不同程度的影响。

最后在线监测系统在运行过程中,生态环境部门会不定期对在线监测系统运行情况进行执法检查,在检查过程中如果发现系统监测数据与比对监测数据出现偏差大于规范要求时,将对企业进行相应处罚。

2.3 异常数据上传的影响

河北省污染源自动监控系统是生态环境部门判定企业排放数据真实有效性的依据,数据由污染物排放企业通过 CEMS 系统实时上传至监控平台,监控平台判定的数据异常类型包含:无数据上传、上传 0 值以及上传恒定值三种类型。当上传数据连续 8h 为以上三种情况时,则系统判定为数据异常并生成异常处置单。系统上传异常数据,影响企业在线监测系统数据传输有效率,根据规范要求,上传至监控平台的污染源 CEMS 季度有效数据捕集率应达到 75%,季度有效数据捕集率计算公式如式(2)所示。

季度有效数据捕集率(%) =

$$\frac{季度小时数 - 数据无效时段小时数 - 污染源停运小时数}{季度小时数 - 污染源停运时段小时数}$$

(2)

数据传输有效率不达标会引发生态环境部门的考核及处罚,给企业造成负面影响。

3 原因分析及解决措施

3.1 监测数据不准的问题分析及解决措施

为保障在线监测系统运行保障系统分析数据的科学真实性,《固定污染源烟气(SO₂、NOₓ、颗粒物)排放连续监测技术规范》HJ 75—2017 中对零点漂移、量程漂移、系统响应时间、示值误差、准确度等测试指标做出了明确要求,所有测试指标误差要保证在允许的范围内。系统监测数据出现数据偏差的原因有很多,常见的有采样头出现堵塞、采样管线漏气、冷凝单元除水效果不佳、采样泵故障以及系统没有定期标定等。根据日常运行情况归纳总结造成系统监测数据不准的常见原因分析及解决措施如表 1 所示。

监测数据不准的问题分析及解决措施　　表1

序号	原因分析	解决措施
1	安装位置及环境条件不符合规范要求	选择符合要求的安装位置；避开污染物浓度剧烈变化的测定点位
2	管路不加热有冷凝水	按规范要求安装管路，检查伴热设备工作情况
3	管路漏气	更换泄露管路，拧紧接头，更换控制阀等
4	采样探头或管路堵塞导致抽气量不足	更换探头及管路
5	取样泵真空度不足	更换取样泵
6	滤料被堵塞	更换滤料
7	系统未定期标定零点量程漂移	定期校准零点及量程

系统监测数据不准的原因复杂多样，具体原因包括采样点位安装不规范、系统采样环节样气泄露或管路堵塞、样气在管路中的吸附和溶水性损失、系统测量分析单元故障性失准等。其中样气在管路中的溶水性损失问题处理起来最困难，CEMS系统中烟气采样技术要解决的主要问题是烟气中水汽凝结问题，由于水汽凝结会导致溶水性污染物损失，造成测量的不准确，并且易形成腐蚀物质，对仪器和烟气采样管道造成严重损害。管路凝结水的原因包含：系统抽取的烟气含湿量大、管路安装不规范、采样管伴热设备损坏或伴热温度不够、设备自身除水功能效果差。所以解决系统管路凝结水的问题要在设备选型、安装、使用等过程全方面做好细致工作。

3.2 系统上传异常数据的原因分析

数据由污染物排放企业通过CEMS系统实时上传至监控平台，监控平台判定的数据异常类型包含：无数据上传、上传0值以及上传固定值三种类型。企业针对监控平台出现的异常处置单，在规定的时间内，如实填报问题原因和上传凭证，并对填报的信息和凭证的真实性和准确性负责。

企业随时关注监控平台数据，确保发现异常情况及时排查原因，消除故障恢复数据正常上传，保障CEMS上传数据真实有效。针对不同类型的数据异常情况并结合现场设备运行状态，总结出异常问题的快速诊断方法，为及时恢复系统正常运行提供保障。

3.2.1 系统上传数据为固定值的问题分析及处置措施

（1）原因分析

系统上传固定值的原因为数据采集处理系统故障，分析数据无法正常进行采集处理和数据传输中断。常见故障为数采仪死机故障、计算机（一体化工控机）死机故障等。在线设备站房内密封不严，存在积尘积灰等问题，导致设备内电子电路及元件积灰，容易造成设备死机故障。

（2）处置措施

进入设备站房检查数采仪及工控机的运行状态，查看设备显示是否出现黑屏、蓝屏等状况，设备死机检查具体故障原因后恢复正常运行。对运行年限较久且故障率较高的设备进行更换，保障设备站房内的工作环境整洁干净，提高设备使用寿命。

3.2.2 系统上传数据为0的问题分析及处置措施

（1）原因分析

系统上传数据为0的原因为采样探头或气路堵塞，或者气路漏气导致CEMS分析数据为0，根本原因是样气无法进入分析仪进行数据分析，分析仪分析的为空气。上传数据为0的异常情况的特点是数据记录除氧含量为21%无限接近大气氧含量外，其余各项数据均为0。在实际生产过程中，锅炉烟气监测最终数据是一个经过折算后的数据，并不是锅炉运行中产生的实际数值，折算数据计算公式如式（3）所示：

$$\rho = \frac{21-\phi_{O_2}}{21-\phi'_{O_2}} \times \rho' \tag{3}$$

式中，ρ——大气污染物基准含氧量排放浓度，mg/m^3；

ρ'——实测的大气污染物排放浓度，mg/m^3；

ϕ_{O_2}——燃煤锅炉基准氧含量，%；

ϕ'_{O_2}——实测的氧含量，%。

根据式（3），当取样探头堵塞或者气路漏气，空气进入分析仪后，实测氧含量为21%，导致各项污染物折算数据为0。

（2）处置措施

清理或更换采样探头，检查气路密性和堵塞情况，定期进行气路反吹。导致气路堵塞和漏气的主要原因为设备气路老化、密封不严、运行维护不到位、备件更换不及时等。针对运行年限较长的设备，加强日常运行维护管理、定期对设备检查维修显得尤为重要。

3.2.3 系统无数据上传的问题分析及处置措施

（1）原因分析

系统无数据上传的原因为数据传输通信子系统故障，常见原因包含数采仪死机、传输信号中断、站房停电等原因，导致数据无法正常上传至监控平台。

（2）处置措施

保障设备站房安全稳定供电；数采仪死机，恢复数采仪正常运行；查询数采仪数据记录，如数据保存完整且与工控机数据一致，但监控平台显示无数据上传，可判定为传输信号中断导致的无数据上传，目前大部分数采仪数据传输依靠电话无线网络传输且大部分企业远离城区通信网络信号较差。恢复正常数据传输的方法为：检查SIM卡是否存在欠费、是否因传输电话网络信号弱导致的无数据上传；对应具体措施为续缴通信费用、将传输天线转移至室外信号强的位置或者加装信号放大器。

4 系统监测数据失准处置案例介绍

2021年4月2日由公司组织的在线监测设备检查过程中，对烟气总排口CEMS进行全流程标定，在烟囱采样点通入浓度为49mg/m^3的二氧化硫标准气体300s后分析仪显示监测二氧化硫浓度为31.2mg/m^3，数据偏差17.8mg/m^3。根据《固定污染源烟气（SO_2，NO_x，颗粒物）排放连续监测技术规范》HJ 75—2017中要求二氧化硫响应时间 200s 内，排放浓度小于 57mg/m³ 时，绝对误差不超过±17mg/m³，准确度不合格。现场采样口位于烟气总排口烟囱高 30m 采样平台处，距 CEMS 分析柜气路较长，烟气循环抽力不足，置换不彻底，反应时间慢，响应时间长。

经排查，在采样线路末端弯管内存在液滴状冷凝水吸附在管壁上，管路中产生凝结水，造成溶水性污染物损失导致监测数据出现偏差。气路内烟气冷凝水存积的主要原因是：冬季室外气温较低，气路伴热温度不足；进入分析仪前管段存在 1.5m 左右裸露现象；线路布置斜度不足，存在 U 形弯，导致冷凝水不能顺利排至分析柜内的水分分离器。另外与系统未按要求进行定期校准标定造成系统测量失准也有必然联系。

针对排查的问题进行了专项整治工作：提高气路管线伴热温度，将伴热温度由 125℃提高到 150℃；将管线裸露部分进行保温；重新布置气路管线，设置足够斜度，保证冷凝水顺利进入分析柜；在样气进入预处理系统前增加一个取样泵，为采样提供充足的抽力；对系统进行校准标定。

通过以上解决措施，再次通入浓度为 49mg/m³ 的二氧化硫标准气体进行全流程标定，系统数据变化如图 4 所示，数据显示全流程标定首次达到标气浓度值，系统响应时间为 80s，数据基本无偏差。

5 结论

烟气排放在线监测系统运行过程中需要解决监测数据不准确以及系统上传数据异常两类常见问题。监测数据失准影响企业污染防治设施运行成本、排污税缴纳额以及引发生态环境部分处罚等负面影响；系统上传数据异常影响企业数据传输有效率。

完全抽取法在线监测系统数据不准的原因复杂多样，其中烟气污染物水溶性污染物损失影响较大。防治采样管路凝结水、确保设备按照技术规范进行安装、保证设备定期校准和定期维护，是解决系统监测数据不准的有效方法。

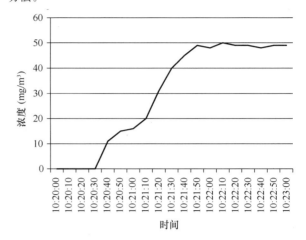

图 4　SO_2 标气浓度 49mg/m³ 全流程标定数据变化曲线

在线监测管理工作包含设备维护使用和异常数据处置工作。企业应安排专人实时关注污染源监控平台数据传输情况，出现问题及时处理，降低异常数据量，提高数据传输有效率；在实际运行生产中，严格按照规范做好 GEMS 系统的日常运维和定期校准，保障设备稳定运行和监测数据的有效性和科学性。

参考文献

[1] 河北省生态环境厅. 锅炉大气污染物排放标准. DB 13/5161—2020[S]. 2020.
[2] 中国环境监测总站. 固定污染源烟气（SO_2、NO_x、颗粒物）排放连续监测技术规范. HJ 75—2017[S]. 北京：中国环境科学出版社，2018.
[3] 中国环境监测总站. 固定污染源烟气（SO_2、NO_x、颗粒物）排放连续监测系统技术要求及检测方法. HJ 76—2017[S]. 北京：中国环境科学出版社，2018.

燃气锅炉房中烟气-水换热和吸收式热泵系统分析与运用

北京市煤气热力工程设计院有限公司　安兵飞　郑海莼

【摘　要】受热网回水温度较高的限制，天然气锅炉的排烟温度很难降低，导致天然气的能源利用率低，供热成本高并出现"冒白烟"现象，影响城市景观。而锅炉排烟中的水蒸气含有大量汽化潜热，若能回收并加以利用，可大幅度提高天然气能源利用效率，降低供热成本。

本文针对天然气锅炉房内常见的余热回收类型进行梳理、分析与对比，将其进行归纳总结，以便日后项目在设备选型、对比参考时，提供有意义的借鉴。同时，基于近期工程案例，对接触式烟气-水换热和吸收式热泵系统进行节能分析。又基于相同规模的供热项目，分析接触式烟气-水换热及间接式烟气-水和吸收式热泵系统的投资回收期与应用范围，为日后项目中遇到类似问题，提供有意义的借鉴。

【关键词】烟气-水换热和吸收式热泵系统　节能性　经济性　对比分析

1 概述

目前，烟气余热回收技术可分为两大类：基于烟气换热器的传统余热回收方式和基于烟气－水换热器和吸收式热泵结合的烟气余热深度回收方式。作为传统余热回收技术，烟气换热器又分为间接接触式、直接接触式和蓄热式三种，在烟气余热回收中，间接接触式换热器与直接接触式换热器应用较为普遍。

1.1 传统余热回收方式

利用热网回水或空气冷却锅炉的高温烟气，回收排烟中的部分余热，见图1、图2。由于受低温侧温度和换热器腐蚀条件的限制，通常热网回水温度不会低于40℃，最终排烟温度往往高于50℃，导致烟气中很大一部分冷凝热无法回收。而空气与烟气换热，在潜热段空气每升高4~7℃，烟气降1℃，很难回收烟气的冷凝热[1]。

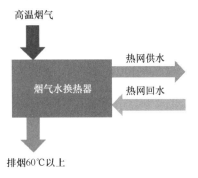

图1 烟气与热网水换热

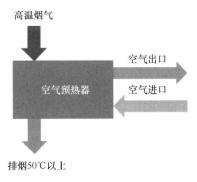

图2 烟气与空气换热

1.2 烟气余热深度回收方式

在燃气锅炉房设置吸收式热泵与烟气冷凝换热器。吸收式热泵以天然气为驱动能源产生冷介质，冷介质与烟气在烟气冷凝换热器中换热，换热过程可以采用直接接触或者间接接触两种形式，使系统排烟降温至露点温度（约30℃）以下，烟气中的水蒸气凝结放热，达到回收烟气余热及水分的目的。技术流程图见图3。

烟气余热深度回收方式的优势体现在以下几点：

（1）克服传统余热回收方式依赖热网回水温度的弊端；

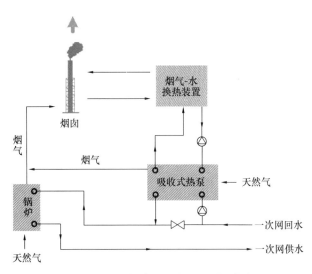

图3 燃气锅炉烟气余热深度回收利用技术流程

（2）通过深度回收烟气冷凝热，使排烟温度降低至30℃甚至更低后排至环境中，可以提高天然气利用效率10%左右，同时可以避免烟囱"冒白烟"的现象；

（3）投资回收期短，一般在3~4a。

2 烟气余热深度回收系统对比分析

2.1 接触式烟气-水换热和吸收式热泵系统

接触式烟气-水换热和吸收式热泵系统利用余热循环水在接触式换热器内与烟气进行直接接触，实现热湿交换，用于降低排烟温度，回收烟气潜热和显热。系统流程如图4所示。

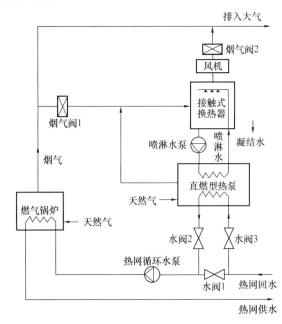

图4 接触式烟气—水换热和吸收式热泵系统流程示意

（1）余热水回路：经过吸收式热泵冷却的余热循环水进入接触式换热器并与烟气进行直接接触，实现热湿交换，完成换热的余热水由余热水循环泵（喷淋泵）加压输送回吸收式热泵的蒸发器进行冷却降温。

（2）烟气系统：从锅炉出来的烟气首先进入节能器预热锅炉给水，然后部分烟气（利用烟道阀门进行烟气量调节）再进入接触式换热器与余热水进行热湿交换，冷却后的烟气经烟囱排出。吸收式热泵排烟同锅炉排烟一样，需经喷淋塔降温后方可排出。

（3）热网回水管路：由室外热力管网接至锅炉房的热网回水，一部分回水进入吸收式热泵加热，加热后回水进入主干管网，经热网循环水泵加压进入燃气锅炉进行加热。产生热网供水并输出。

低温流体和高温流体通过直接接触混合的方式进行强化换热，这种热量传递方式称为直接接触式换热[2]。为增强换热，通常将换热液体分散成液柱、液滴和雾状，液滴越小，接触面积越大，换热量就越大。回收燃气锅炉的低温烟气余热时采用接触式烟气－水换热器，可以增大换热面积和提高传热系数，最大限度回收烟气潜热，提高燃气锅炉的燃料利用率。接触式烟气－水换热和吸收式热泵系统有以下优点[3]：

（1）直接接触无端差，容易实现小温差传热；
（2）不存在传热面带来的污垢热阻，间壁热阻，有利于实现高效率的传热；
（3）气液两相直接接触，省去金属传热面，提高效率并简化了设备；
（4）直接接触使烟气的出口温度近似于工质水的温度，因而可以降低到很低的温度；
（5）被加热的水与烟气接触时能起到洗气的作用，不存在积灰的情况，经过洗气，排气更干净更环保。

以上是直接接触式系统的优点，但也存在不足之处：

（1）增加烟气与水的接触面积以提高换热效率的同时，烟气的流动阻力也相应增大，锅炉排烟系统动力阻力平衡被打破，因此需要调整燃烧器鼓风机进风压力或增设送风机以保证锅炉排烟顺畅；
（2）锅炉尾部烟气燃烧后，仍存在未燃尽的炭黑和酸性气体，因此当余热水和烟气直接接触后会呈一定的酸性而且有些许杂质生成，造成余热水出水品质下降而不能直接使用，因此，供热系统需要增加辅助设备，比如余热水加药装置、喷淋泵等，以便保证热泵安全、有效运行[4]。

2.2 间接式烟气-水换热和吸收式热泵系统

间接式烟气-水换热和吸收式热泵系统利用余热循环水在间接式换热器内与烟气进行间接接触，实现烟气-水热量交换，用于降低排烟温度，回收烟气潜热和显热。系统流程如图5所示[5]。

（1）余热水路：余热水循环于吸收式热泵与烟气取热器之间，将烟气释放的热量传递至热泵。具体流程为余热水在烟气取热器内吸收烟气释放的热量，温度升高后进入吸收式热泵，释放热量后降温，后经余热水循环泵加压进入烟气取热器换热，进入下一个循环。

（2）烟气流程：燃气锅炉的全部烟气经过传统余热回收装置后，再经过烟气取热器，在烟气取热器内与来自余热水路的余热水进行烟气-水换热，烟温由90℃降至30℃以内并释放大量的显热与潜热后，烟气进入烟囱排至大气。

（3）热网水路：热网回水经热网循环泵加压后，经调节阀调节控制流量，使部分热网回水进入热泵热网循环泵，经热网循环泵加压后进入吸收式热泵，水温升高后进入热网回水干管中，与未被加热的热网回水混合进入燃气热水锅炉，继续提升热网回水温度。

间接式烟气－水换热和吸收式热泵系统有以下优点：

（1）烟气取热器设备体积小，可以在水平管道、竖直管道随意布置，摆放较简洁、方便；
（2）易于拆卸，选型丰富，使用率高，使用周期长。

但系统也存在不足之处：

（1）通过介质进行换热，热量有损失，设备结构复杂，投资较高；
（2）烟气通过烟气取热器时阻力大。

通过上述介绍，两种烟气余热深度回收系统对比如表1所示：

系统对比分析表　　　　表1

名称	间接式烟气-水换热和吸收式热泵系统	接触式烟气-水换热和吸收式热泵系统
特点	通过介质进行换热，热量有损失，传热过程不存在传质，结构复杂	直接接触换热，热损失低，有效吸附烟气中有害物质与固体物，可净化烟气，结构简单，但需防腐蚀处理
设备类型	板式、翅片管式、板翅式等	填料型、折流盘型等
设备成本	较高	较低
烟阻	偏大	偏小
水阻	偏大	偏小
布置方式	体积小，可以在水平管道、竖直管道随意布置，摆放较简洁、方便	体积大，需要烟气方向上，有些场合布置比较困难，可以考虑烟塔合一减少占地大的问题
优缺点	易于拆卸，选型丰富，使用周期长	结构简单，运行可靠，便于使用耐腐蚀材料制造
后期工作	需要对烟气冷凝水水质进行监测，并保证中和装置处于运行状态	需要对烟气冷凝水水质进行监测，并保证中和装置处于稳定运行状态，防止腐蚀热泵
使用率	较高	较低

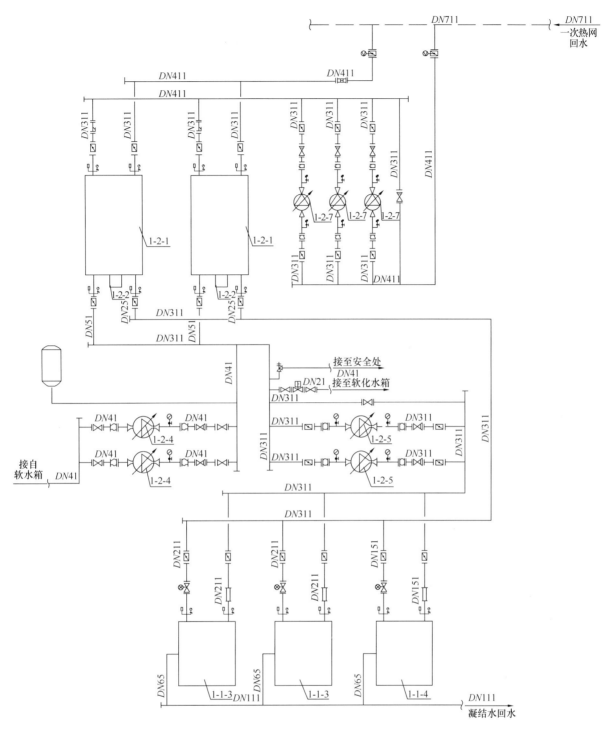

图 5　间接式烟气-水换热和吸收式热泵系统流程示意

3　工程实例分析

3.1　工程概况

北京某地区燃气锅炉房供热项目，锅炉房装机容量为 5 台 14MW 燃气热水锅炉，3 用 2 备，供暖季承担住宅小区约 97 万 m^2 供暖任务。

本项目为燃气锅炉房烟气余热深度回收工程，以直燃吸收式热泵技术和直接接触喷淋换热技术为核心，系统安装 1 台 3MW 烟气余热回收专用机组（含热泵本体，1 台直接接触式喷淋换热器），原锅炉烟道分别安装 5 台锅炉烟气直接接触式喷淋换热器（喷淋塔），吸收锅炉烟气中的冷凝热。

热力系统流程如下所述：

（1）余热水回路：经过吸收式热泵冷却的余热循环水进入锅炉或热泵的接触式换热器（喷淋塔）并与烟气进行直接接触，实现热湿交换，完成换热的余热水接至余热水水箱，然后再由一级喷淋泵将热量带至热泵的蒸发器侧进行换热。

（2）烟气系统：从锅炉出来的烟气首先进入节能器预热锅炉给水，再进入接触式换热器（喷淋塔）与余热水进行热湿交换，冷却后的烟气经烟囱排出。吸收式热泵排烟同样经过喷淋塔降温后排出。

（3）热网回水管路：由室外热力管网接至锅炉房的热网回水，一部分回水进入热泵进行加热，加热后回水进入主干管网，经热网循环水泵加压进入燃气锅炉进行加热。产生热网供水并输出。

项目主要设备参数如表2所示。

热力系统主要设备参数表　　　　表2

序号	设备名称	规格型号	数量	安装位置	备注
1	吸收式热泵机组	YHRU-30G 供热量7MW，其中回收热量3MW	1	锅炉房内	中介水进/出口温度30℃/20℃ 热网水进/出口温度50℃/60℃
2	锅炉喷淋塔	YHRU-PLT1，$D=2.8m$，$H=7.7m$	5	泵房上部	中介水进/出口温度20℃/30℃，烟气出口温度35℃
3	热泵喷淋塔	YHRU-PLT，$D=2.2m$，$H=4.4m$	1	泵房上部	中介水进/出口温度20℃/30℃，烟气出口温度35℃
4	一级喷淋泵	IHG200-250（I），$300m^3/h$，15m 22kW	1	泵房内	实现中介蓄水箱与热泵冷凝器之间水循环，完成热量转移
5	锅炉喷淋泵	IHG125-160A，$110m^3/h$，25m，18.5kW	5	泵房内	实现中介水与锅炉烟气在锅炉喷淋塔之间热量交换
6	热泵喷淋泵	IHG100-160A，$70m^3/h$，25m，11kW	1	泵房内	实现中介水与热泵烟气在热泵喷淋塔之间热量交换
7	中介水箱	玻璃钢 2.2m×2.2m×4m	1	泵房内	储存中介水
8	加碱装置		1	泵房内	储存碱液，根据中介水pH自动添加碱液至中介水箱，保持中介水pH在6～8之间

现场照片及运行数据表如图6～图9所示。

图6　安装烟气节能设备前排烟照片

图7　安装烟气节能设备后排烟照片

图8　运行数据表一

图9　运行数据表二

分析可知：供暖初期，当锅炉排烟温度为65～70℃时，喷淋塔出烟温度为28～31℃；供暖中期，当锅炉排烟温度为77～83℃时，喷淋塔出烟温度为35.5～36.3℃。

3.2 节能效益分析

根据2016—2017年运行数据统计，烟气余热深度回收系统供热量、耗气量及耗电量统计如表3所示。

热泵系统供热量、耗气量及耗电量统计表　表3

供暖时间	热泵机组供热量（GJ）	热泵机组天然气耗气量（m³）	热泵机组耗电量（kWh）
2016年11月	5514.47	18267	1161
2016年12月	18386.00	240419	48153
2017年1月	18162.53	271587	55686
2017年2月	17533.00	237011	58950
2017年3月	5953.00	119135	33137
合计	65549.00	886419	197087

数据分析：以燃气价格2.09元/m³（税后），电价格0.42元/kWh（税后），能耗基准A32m³/GJ为计算依据，该项目数据分析如表4所示。

项目数据分析表　表4

内容	节能量
单位供热量节能效益（元/GJ）	37.35
单位供热面积节能效益（元/m²）	2.52
单位供热面积的节省耗气量（m³/m²）	1.25
热泵产生单位热量的耗气量（m³/GJ）	13.52
单位供热面积的耗气量（m³/m²）	0.91
单位供热面积的耗电量（kWh/m²）	0.20

对于接触式烟气-水换热和吸收式热泵系统，系统产生1GJ的供热量，产生的节能效益为37.35元；单位供热面积的节能效益为2.52元/m²，即单位供热面积的节省耗气量为1.25m³/m²；单位供热面积的耗气量为0.91m³/m²；单位供热面积的耗电量为0.2kWh/m²。综合对比未投入该系统之前项目运行结果，燃气利用热效率提高约9.7%；并根据环保测量，项目二氧化硫排放降低55%，氮氧化物排放降低8%。

4 烟气余热深度回收系统经济性对比分析

4.1 接触式烟气-水换热和吸收式热泵系统

以北京某燃气锅炉房项目为例，项目供热面积约30万m²，设置2台5.6MW燃气热水锅炉，锅炉房采用接触式烟气-水换热和吸收式热泵系统形，设备包含烟气余热回收机组1台，锅炉喷淋换热器1台，中介水泵2台，热网增压泵2台，加碱装置1套，系统流程如图10所示。

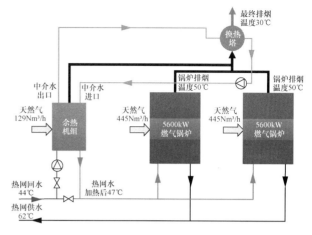

图10　烟气余热回收系统流程示意图

通过计算，系统设备配置及烟气余热回收机组选型如表5、表6所示。

系统设备配置表　表5

设备	型号	数量	单位	备注
烟气余热回收机组	YHRU8G-I	1	台	余热回收量800kW
锅炉喷淋换热器	$D=2.1m$, $H=7.7m$	1	台	
中介水泵	$Q=75m^3/h$, $H=28m$, $N=11kW$	2	台	不锈钢泵（变频），一用一备
热网增压泵	$Q=190m^3/h$, $H=15m$, $N=11kW$	2	台	一用一备
加碱装置	$N=1.0kW$	1	套	

烟气余热回收机组参数表　表6

参数		单位	设计工况	备注
余热回收量		kW	800	
制热量		kW	1986	
热水	进口/出口温度	℃	44/54	
	流量	t/h	170.5	
	承压	MPa	1.6	
中介水	流量	t/h	69	
	承压	MPa	1.0	

经过计算，项目总投资约224万元，按照天然气价格2.48元/m³，整个供暖季回收烟气余热0.73万GJ用于供热，可节约24.4万m³天然气计算，项目节省天然气收益约60.6万元，考虑水泵耗电和人员维护等费用，净收益为49.5万元，静态投资回收期约4.53a，汇总如表7所示。

项目投资汇总表		表7
项目	数值	单位
总投资	224	万元
节省天然气收益	60.6	万元
电耗、维修等成本	11.1	万元
政府补贴比例	0	%
净收益	49.5	万元
静态回收期	4.53	a

4.2 间接式烟气-水换热和吸收式热泵系统

北京某地区同等规模锅炉房项目，采用间接式烟气-水换热和吸收式热泵系统形式。系统包括吸收式热泵、锅炉取热器、热泵取热器、余热水循环水泵、热网水循环水泵、余热水补水泵及冷凝水处理系统。项目设计流程如图11所示。

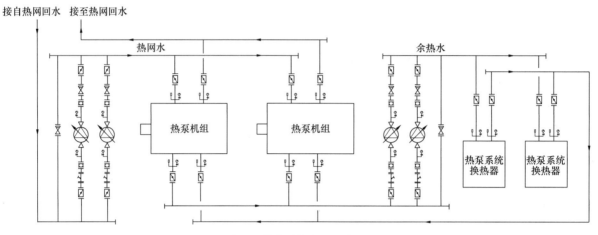

图11 热力系统流程示意图

项目设备包含吸收式热泵1台（回收热量为0.9MW，制热量为2.1MW），锅炉取热器2台，热泵取热器1台，余热水循环水泵2台，余热水补水泵2台，热网水循环水泵2台。系统设备配置及烟气吸收式热泵选型如表8、表9所示。

系统设备参数表				表8
设备	型号	数量	单位	备注
吸收式热泵	回收量0.9MW，制热量2.1MW	1	台	
锅炉取热器	配套5.6MW燃气热水锅炉	2	台	
热泵取热器	配套热泵	1	台	
余热水循环水泵	$Q=85t/h$, $H=25mH_2O$, $N=11kW$	2	台	变频，一用一备
热网水循环水泵	$Q=200t/h$, $H=20mH_2O$, $N=22kW$	2	台	变频，一用一备
余热水补水泵	$Q=0.9t/h$, $H=25mH_2O$, $N=0.37kW$	2	台	变频，事故两用
冷凝水处理系统	配套吸收式热泵	1	套	

烟气吸收式热泵参数表		表9
参数	数值	单位
烟气余热回收量	0.9	MW
热泵供热量	2.1	MW
燃气耗量	137	Nm³/h
热泵进水设计温度	45	℃
热泵出水设计温度	55	℃
热泵循环水流量	180.6	m³/h
余热水进水设计温度	25	℃
余热水回水设计温度	35	℃
余热水循环流量	77.4	m³/h

经过计算，项目总投资约233万元。按照天然气价格2.48元/m³，整个供暖季节约23.7万m³天然气计算，节省天然气的收益约58.81万元，考虑水泵耗电和人员维护等费用，净收益约55.87万元，静态投资回收期约4.16a，汇总如表10所示。

项目投资汇总表		表10
项目	数值	单位
总投资	233	万元
节省天然气收益	58.81	万元

续表

项目	数值	单位
电耗、维修等成本	2.94	万元
政府补贴比例	0	%
净收益	55.87	万元
静态回收期	4.16	a

4.3 对比分析

(1) 按照吸收式热泵每回收 1MW 热量计算项目投资，接触式烟气-水换热和吸收式热泵系统投资约 280 万元/MW，而间接式烟气-水换热和吸收式热泵系统投则为 250 万元/MW。

(2) 间接式烟气-水换热和吸收式热泵系统的回收期较接触式系统更短，效益更好。同时两系统的投资回收期均超过了 4 年，投资回收期相对较长。鉴于燃气锅炉房规模越小，回收期越长，不建议在规模更小的项目中增设烟气余热深度回收系统。

(3) 烟气余热深度回收系统运行小时数均按照北京市供暖天数，全年运行 123d，共计 2952h 考虑。如果减少系统运行时间，系统回收的热量就会越少，那么投资回收期就会越长。

5 结论

(1) 接触式烟气-水换热和吸收式热泵系统有以下优点：烟气与余热水直接接触无端差，容易实现小温差传热；不存在传热面带来的污垢热阻、间壁热阻，有利于实现高效率的传热；气液两相直接接触，省去金属传热面，提高效率、简化了设备；烟气的出口温度近似于工质水的温度，烟气可以降低到很低的温度；被加热的水与烟气接触时能起到洗气的作用，不存在积灰的情况，经过洗气，排气更干净更环保。但同时，烟气的流动阻力增大，锅炉排烟系统动力阻力平衡被打破，因此需要调整燃烧器鼓风机进风压力或增设送风机以保证锅炉排烟顺畅；锅炉尾部烟气燃烧后，仍存在未燃尽的炭黑和酸性气体，因此当余热水和烟气直接接触后会呈一定的酸性而且有些许杂质生成，造成余热水出水品质下降而不能直接使用。因此，供热系统需要增加辅助设备，比如余热水加药装置，以保证热泵安全、有效运行。

(2) 间接式烟气-水换热和吸收式热泵系统有以下优点：烟气取热器设备体积小，可以在水平管道、竖直管道随意布置，摆放较简洁、方便；易于拆卸，选型丰富，使用率高，使用周期长。但同时存在通过介质进行换热热量有损失、设备结构复杂、投资较高、烟气通过烟气取热器时烟气阻力大等缺点。

(3) 根据实际项目分析可知，直接接触式烟气-水换热和吸收式热泵系统对于整体供热系统热效率提升效果明显，系统产生 1GJ 的供热量，产生的节能效益为 37.35 元；每单位供热面积的节能效益为 2.52 元/m^2，即单位供热面积的节省耗气量为 1.25m^3/m^2；单位供热面积的耗气量为 0.91m^3/m^2；单位供热面积的耗电量为 0.2kWh/m^2。综合对比燃气利用热效率提高约 9.7%。

(4) 根据项目分析可知，项目供热面积约 30 万 m^2，按照吸收式热泵每回收 1MW 热量计算项目投资，接触式烟气-水换热和吸收式热泵系统投资约 280 万元/MW，而间接式烟气-水换热和吸收式热泵系统投资为 250 万元/MW；两余热回收系统投资回收期均超过 4a，投资回收期相对较长。鉴于燃气锅炉房规模越小，投资回收期越长，不建议在规模更小的项目内设置烟气余热深度回收系统；在计算项目投资回收期时，系统运行小时数均按照北京市供暖天数，全年运行 123d，共计 2952h 考虑。如果减少系统运行时间，系统回收的热量就会越少，那么投资回收期就会越长。

(5) 设置烟气余热深度回收系统后，燃气锅炉或热泵的烟囱出烟温度一般为 40℃ 或 30℃ 以内，这样就会造成烟囱抽力能力下降，对锅炉及热泵的烟风阻力计算产生不利影响，有可能导致烟囱及烟道尺寸变大。因此，在计算燃气锅炉和热泵烟道及烟囱尺寸时，建议就设置余热回收系统和不设置余热回收系统两种烟气工况分别进行烟囱尺寸核算，并选其中较大者为宜。

参考文献

[1] 李锋，付林，赵玺灵，等. 天然气锅炉房烟气余热深度回收工程案例[J]. 煤气与热力，2015，35(11)：6.
[2] 王鹏，朱爱明，尹荣杰，等. 燃气锅炉烟气冷凝和水深度回收与脱硝一体化工程实测[J]. 暖通空调，2015，5：4.
[3] 刘华，周贤，付林. 接触式烟气冷凝换热器的换热性能[J]. 暖通空调，2014，44(9)：97-100，15.
[4] 孙方田，赵金妹，付林，等. 基于吸收式换热的燃气锅炉烟气余热回收技术的节能效益分析[J]. 建筑科学，2016，32(10)：59-64，135.
[5] 张琛，刘军胜，郑海菀. 基于工程实例的大型燃气锅炉房设计总结及运行效益分析[C]//2019 年中国供热优秀学术论文集，2019.

论燃气锅炉烟气排放连续监测系统设备原理及故障分析

天津市津安热电有限公司　田永琦　王　健　周立文
天津环科瞻云科技发展有限公司　李博轩　刘　义　王　雪

【摘　要】本文从介绍烟气排放连续监测系统（CEMS）的组成及原理出发，了解各阶段设备的工作原理及规范，分析发生故障可能存在的原因，结合多年对燃气锅炉房的运行维护经验，以天津市中嘉花园供热站的运行条件作为实际案例，总结 CEMS 在运行过程中出现的多种异常现象的原因分析并提出解决方法，确保对产生的故障发现及时、解决迅速，保证系统能够可靠、稳定、精准运行，坚决杜绝超标排放的问题出现。

【关键词】CEMS　安全管理　故障分析

0　绪论

在工业生产过程中，锅炉为最主要的设备之一，是能量转换的主要途径。而锅炉中所存在的一些安全附件等结构，在长期工作的情况下，安全事故的发生是必不可避免的。因此，锅炉的安全管理十分必要，不仅需要对燃气蒸汽锅炉进行有效的安全管理，还包括对其正常运行维护，确保锅炉可以保持稳定的运行状态，从而减少气态污染物和颗粒物的排放总量，为国家能源发展做出贡献。

烟气排放连续监测系统（CEMS）主要应用于火电厂、75t 以上的锅炉房、大型国控污染源的废气排放设备等。CEMS 经环境保护部门检查合格并正常运行，其数据作为生态环境部门进行排污申报核定、排污许可证发放、总量控制、环境统计、排污费征收和现场环境执法等环境监督管理的依据，并按照有关规定向社会公开。本文详细分析了燃气锅炉 CEMS 的组成及原理，对其在运行过程中出现的异常状况进行相应分析并提出解决方法，并以天津市中嘉花园供热站作为实际案例，通过对 CEMS 和控制烟气净化装置运行状况监控，从而全面掌握污染源的排放情况。

1　相关的法律法规

锅炉烟气排放出的颗粒物及 SO_2、NO_x 等造成空气污染，危害严重。2017 年生态环境部发布了《固定污染源烟气（SO_2、NO_x、颗粒物）排放连续监测系统技术要求及检测方法》HJ 76—2017 和《固定污染源烟气（SO_2、NO_x、颗粒物）排放连续监测技术规范》HJ 75—2017，详细规定了烟气排放连续监测系统的主要技术指标、检测项目、检测方法和检测时的质量保证措施，也规定了 CEMS 的安装、调试、联网、验收、运行维护、数据审核等技术要求，使 CEMS 成为一套完整的系统，在中国的应用步入了正轨。

2　燃气锅炉烟气排放连续监测系统（CEMS）

2.1　燃气锅炉烟气排放连续监测系统的组成

CEMS 是由气态污染物（SO_2、NO_x）、颗粒物（粉尘）、烟气参数测量子系统、数据采集和处理子系统、数据通信等系统组成，图 1 为系统组成示意图。通过采用现场采样的方式，从而测定烟气中污染物浓度以及烟气温度、烟气压力、流速、流量、烟气含氧量等参数，并送至工控单元，计算出烟气污染物排放率及排放量。通过显示和打印各种参数、图表，并通过数据、图文传输系统分别传输至企业污染源监控站和环保行政管理部门[1]。

2.2　燃气锅炉烟气排放连续监测系统的原理

2.2.1　气体分析仪（SO_2/NO_x/O_2）

气体分析仪（图 2）基于紫外吸收光谱分析技术和紫外差分吸收光谱算法（DOAS）技术。紫外可见光发出的光束汇聚进入光纤，一路通过光纤传输到外置的高温测量室，穿过气体室时被待测气体吸收后，由光纤传输到光谱仪，在光谱仪内部经过光栅分光，由阵列传感器将分光后的光信号转换为电信号，获得气体的连续吸收光谱信息，光谱信息采用差分吸收光谱算法（DOAS）得到被测气体（NO_x）的浓度，一路通过氧传感器测出含氧量。

2.2.2　氮氧化物转化器

氮氧化物（NO_x）是烟气排放的主要污染物之一。烟气中的氮氧化物包括一氧化氮（NO）和二氧化氮（NO_2）。NO 占绝大部分，而 NO_2 的比例很少。氮氧化物转换器采用将 NO_2 在钼的催化下转换成 NO。转换器几乎可将烟气中的 NO_2 成分完全转换为 NO，这样用气体分析仪即可将烟气中的 NO 和 NO_2 组成的 NO_x 测量出来。

2.2.3　烟气温压流一体化监测仪

温度压力流量监测仪是采用压差传感法来实现烟流

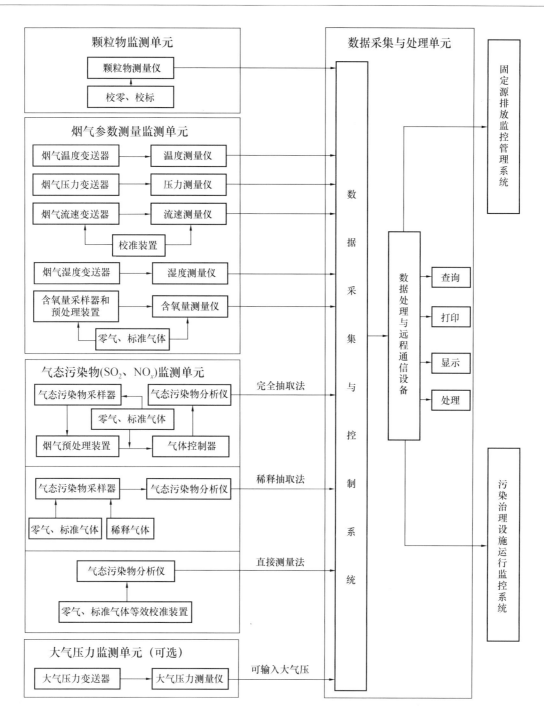

图 1 固定污染源烟气（SO_2、NO_x、颗粒物）排放连续监测系统组成示意图

速的测量。利用毕托管、压力传感器和温度传感器测出烟气的动压、静压和温度，这些参数与被测烟气流速呈一定比例关系，从而可定量烟气的流速。

2.2.4 湿度监测仪

烟气湿度仪利用湿敏元件的电阻值和电阻率随环境湿度变化的特性，进行湿度测量，具有较强的抗干扰能力，可长期在线稳定测量烟气中的水分，其中自动伴热保护能够有效防止结露，符合国家环境保护行业标准。

2.2.5 预处理系统

预处理系统精细保护过滤器能够进行除尘，保护过滤器可过滤 $0.2\mu m$ 以上颗粒。预处理系统前端安装各种必要的管道和阀门，将洁净样品气体送至分析仪器接连的管道和阀门；冷凝单元采用 AB 双冷凝腔方式，确保烟气快速冷凝，烟气成分损失率极低。

2.2.6 采样探头

采样探头是环保装备系统中的重要部件，它是确保能够连续、正确采集气样品和监控系统控制的重要组件。

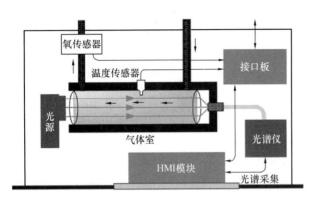

图 2　气体分析仪组成结构图

高温伴热采集器包括探针和具有耐酸碱腐蚀的过滤器（陶瓷），其对管线可进行自限温伴热，且抗干扰能力较强。

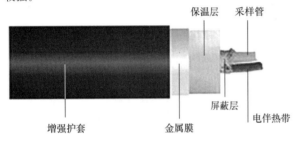

图 3　伴热管线结构图

2.2.7　伴热管线

伴热采样复合管（图3）是环保监测系统中在线分析成套系统的重要部件，它是由一组耐腐蚀高性能聚四氟乙烯导管平行敷设的特种恒功率伴热管及各种电线、外加专用玻璃纤维保温层，最后经过挤塑聚乙烯（PE）或聚氯乙烯（PVC）为保护外套复合而成。

2.2.8　数据采集传输仪

数据采集传输仪是实时性、稳定性及智能性仪器，运用嵌入式实时操作系统，具有较强的技术扩展性和前瞻性，是新一代的环保数据采集传输仪器。设计符合《污染源在线自动监测（监控）系统数据传输标准》HJ/T 212—2017 及《污染源在线自动监控（监测）数据采集传输仪技术要求》HJ 477—2009。采集数据通过 GPRS/CDMA 无线网络传输到环保监控平台，从而实现数据远程传输和设备反控等功能。

2.2.9　反吹空气系统

CEMS 的反吹空气系统能够完成定期自动清除取样探头和取样管路中的积灰，有效防止烟气污染仪器部件。其主要支持探头及全管路吹扫，工作环境温度为（−40～60℃）、吹扫压力为 0.4～1.0MPa。根据实际工况下尘含量设置探头自动吹扫周期及皮托管自动吹扫周期。

3　燃气锅炉烟气排放连续监测系统的异常部位状况及解决方法

3.1　气体分析仪

3.1.1　气体分析仪流量异常

出现流量异常时应检查样气气路是否出现堵塞或者存在泄漏的情况。如果出现堵塞，首先尝试进行清洗，如清洗后问题仍然存在，则需要更换被堵塞的软管或者过滤器等部件。

3.1.2　显示器异常

显示器出现异常时要通过查看气体分析仪内运行的故障记录，针对不同故障选用不同处理方法，常见的故障有：

（1）流量偏低

解决方案：检查管路是否漏气，各个控制阀体是否正常。

（2）仪表测量显示超过仪表极限值

解决方案：1) 按手动调零键进行一次调零；2) 断电重启分析仪表；3) 如有进水迹象，在仪表正常工作状态下，用高纯氮气进行对空吹扫（注意吹扫压力），二氧化硫和氮氧化物的诊断值应该大于 30 万，氧模块的诊断值应该大于 8mV；4) 若诊断值小于 30 万，则要检查气室是否污染，具体操作为向进气口通氮气 30min，再次检查诊断值，若诊断值依旧低于 30 万，则需更换气室，若氧模块诊断值小于 8mV，要更换氧模块。

3.1.3　分析仪抗腐蚀能力差

在对 CEMS 故障部件进行拆分检查时，经常会发现其分析仪内的管线、开关、阀体及过滤器等元件出现比较严重的腐蚀情况。这极大地影响了分析仪测量的准确性。一种解决方案是对相关配件进行更换；另一种解决方案是将故障分析仪整机进行返厂维保。通过对比两者的维护费用以及实际操作过程中的可行性，发现将整机进行返厂维护保养更加合理和经济。

3.2　粉尘仪

3.2.1　电源故障

粉尘仪无显示值，按照图纸检查接线是否有误；检查数据采集系统是否连接电源。

3.2.2　检查激光发射端是否有激光射出

检查电缆插接是否得当，检查各个插头，确保插座接触良好；激光光源若损坏，要及时更换；电源故障要及时排除。

3.2.3　测量值极其微弱

查看锅炉是否停炉；光源衰减时需使用校准模块对

光源进行检查，若光源衰减存在问题，要及时更换光源。

3.2.4 测量值总是太高或满量程
（1）检查防尘片是否受污染，若防尘片受污染，使用棉棒沾酒精擦拭防尘片；
（2）检查粉尘仪吹扫是否异常，检查仪表或吹扫风机是否正常工作；
（3）检查光路是否积尘，使用压缩空气清理积尘；
（4）检查光路是否准直，重新调整光路。

3.3 烟气参数测量监测单元

3.3.1 烟气流速显示异常，测量值极其微弱
（1）检查是否停炉；
（2）进行反吹操作，并检查流速测点是否堵塞，若多次反吹后流速数值依旧异常，则应当打开设备对其进行检查；
（3）检查管路是否漏气，是否需要更换气管；
（4）差压变送器损坏时，校准变送器，若故障依然存在，更换变送器。

3.3.2 测量值总是太高或满量程
（1）差压变送器误差，对差压变送器进行校准；
（2）反吹系统异常，检查反吹系统是否工作正常，清理皮托管内的积尘。

3.4 吹扫单元
（1）检查电源、电压及空气开关是否正常工作；
（2）检查连接管路是否发生故障，是否脱落、堵塞；
（3）检查反吹电磁阀是否失效，更换反吹电磁阀。

3.5 数据采集及处理单元

3.5.1 打印报表时出现ODBC数据源错误
检查是否安装有打印机驱动程序，如安装打印机驱动还是无法进行正常打印，需配置ODBC数据源。

3.5.2 画面显示标干流量很大，与实际不符
这种情况下需检查以下项目：
（1）参数设置中的烟道截面面积是否设置成实际值；
（2）检查软件里的差压量程是否与就地变送器量程对应；
（3）检查计算公式中的湿度，若湿度过大或为负值，会引起计算值的较大变化，确保湿度正常，或把公式中的湿度设置为常数；
（4）计算公式中的压力，需确认使用仪表为绝压还是表压或其他。若为绝压，公式中不需要再加×6（大气压）[2]。

3.5.3 环保联网是否正常
在DAS根目录下的环保数据转发软件。环保联网一般只负责转发数据，通过环保局协议选定的传输方式把数据转到DTU或直接发送到平台，以发送到DTU后由DTU发送到环保局平台居多，所以判断联网是否正常，只需将环保数据转发程序配置文件里设置"调试＝1"，然后重新运行转发程序查看是否转发数据。

4 实际案例及解决方法

本文以2020—2021年冬季天津市红桥区中嘉花园供热站CEMS系统运维为案例，针对CEMS在运行过程中出现的异常现象进行相应的分析，并提出解决方法。

4.1 7号炉烟气在线监测系统氮氧化物小时浓度均值折算浓度超标

2020年12月30日21：00，中嘉花园供热站7号炉烟气在线监测系统氮氧化物分钟浓度连续4次达到突高数值，导致小时浓度均值折算浓度超标。运维人员在系统中发现超标数据后，立刻赶到现场对系统数据报表进行排查，初步判断是由于在线监测系统正常反吹后，检测烟气通入时，反吹空气与检测烟气混合进入设备分析系统，造成待检气体氧含量升高，引起氮氧化物分钟值突高，导致7号炉30日21：00小时浓度均值折算值超标，反吹空气排空后监测数据恢复正常。

运维人员经现场勘查分析出由于反吹是为了保证设备正常运行的必要操作，反吹期间空气大量输入，因氧含量增高导致的折算值超标属于无效数据，不应计入正常测量数据范畴，并向供热站管理公司建议，以此为依据上报请示，将超标数据修约或在有效数据中剔除，并采取了以下措施：
（1）对系统反吹后数据保持时间进行了调整，保证反吹后系统有足够时间恢复正常采样；
（2）对探头滤芯进行了再次更换，避免因为堵塞造成采样时间的延长；
（3）对采样泵膜进行了再次清洁，对气路气密性进行检查，保证采样系统流量稳定；
（4）对尾端排气进行了排查，防止因为尾端堵塞或不畅通，造成排空时间较长，氧含量的浓度异常升高。

4.2 2号炉在线监测系统氮氧化物出现零值

针对2021年1月1日21：30中嘉花园供热站2号炉在线监测系统氮氧化物出现零值，运维人员对CEMS系统的工控机、分析仪及连接的各个泵、阀进行逐一排查，发现采样泵存在异常，运维人员在更换采样泵后，立即对系统进行了标定和校验，以保障更换核心部件后CEMS系统工作的准确。

在系统运行稳定后，对2号炉出现的零值故障时间点在二级平台上进行了及时标注。

参考文献
[1] 中国环境监测总站. 固定污染源烟气（SO_2、NO_x、颗粒物）排放连续监测技术规范. HJ/T 75—2017[S].
[2] 丁敏，慕军，郑智群. 烟气连续排放监测系统的日常维护及故障分析[J]. 中国环保产业，2018，2：49-53.

燃气锅炉烟气深度利用的工程应用分析

西安市热力集团有限责任公司　方　军　王　军
西安热力规划设计院有限公司　许焕斌　陈　参　赵柏宇

【摘　要】 近年来，随着煤改气政策的实施，综合节能技术在许多城市的燃气锅炉供热领域得到广泛关注。其中，烟气余热回收是最为有效的节能技术路径之一。本文以一大型集中供热燃气锅炉房为例，该锅炉房应用超低氮微压相变锅炉与燃气热泵一体机设备，实现了烟气余热回收改造。重点分析了该项目实施前后的运行数据和效益，为供热锅炉房清洁能源改造及燃气供热余热深度利用提供了新思路，具有一定的工程应用推广价值。

【关键词】 燃气锅炉　热泵　烟气余热　利用　工程应用

0　引言

在"碳达峰、碳中和"目标的引领下，低碳转型已成为各行各业不可逆的大势，供热领域也不例外。近年来，随着"煤改气"政策的实施，我国燃气锅炉的占有率越来越高[1]，锅炉煤改气工程实施后，对节能、污染物减排、温室气体减排方面效果明显[2]。但与此同时，也带来一些问题，例如天然气使用量巨大，成本较高[3]。燃烧产生大量二氧化碳，如何高效利用燃气、减少二氧化碳排放是急需解决的问题[4]。燃气锅炉运行会产生大量的烟气，而烟气当中有大量可回收的余热，因此深度回收燃气锅炉烟气余热是提高能源利用效率的有效途径，同时可以减少烟气中水汽、二氧化碳的排放[5]。本文以西安某大型区域集中供热站为例，采用超低氮微压相变锅炉与燃气热泵一体机，使用水冷预混燃烧技术，构建新型烟气余热回收与烟气消白系统，研究燃气锅炉烟气深度利用工程的应用效果，并进行技术分析。

1　工程应用及技术分析

西安某大型集中供热站 2018 年一期建设 6 台 91MW 超低氮微压相变燃气热水锅炉，供热面积约 1260 万 m^2，年供热量约为 $322.0399×10^4$ GJ，锅炉烟气经省煤器后直接排出，排烟温度约为 60℃。2019 年二期建设增加热泵烟气回收装置，配套设备为 18 台 2.5MW 燃气热泵，完成超低氮微压相变锅炉与燃气热泵一体机建设工程。

1.1　天然气供暖烟气余热回收潜力分析

该工程燃气气源为陕甘宁气田天然气，分析该天然气的特性，天然气成分和物理特性见表1。

天然气组分及热值表　　表1

组分	CH_4	C_2H_6	C_3H_8	C_4H_{10}	C_5H_{12}	CO_2	N_2	Q_{DW} [kJ/(Nm^3)]	Q_{GW} [kJ/(Nm^3)]
V(%)	93.97	0.77	0.1	0.0173	0.00	5.02	0.59	34350.94	38196.72

根据天然气燃烧所产生的烟气量及烟气组分计算得出，$1Nm^3$ 天然气燃烧后烟气量约为 $11.97m^3$，具体烟气组分情况如表2所示[6]。

$1Nm^3$ 天然气燃烧后的烟气组分一览表
（过量空气系数 α=1.2）　　表2

组分名称	烟气体积 V_y	三原子气体 RO_2	水蒸气 H_2O	氧气 O_2	氮气 N_2
体积[Nm^3/(Nm^3)]	11.97	1.01	1.94	0.38	8.64
体积比例（%）	100	8.4	16.2	3.2	72.2
质量[kg/(Nm^3)]	14.89	1.98	1.56	0.55	10.80

由表2可见，$1Nm^3$ 天然气燃烧后，烟气中水蒸气的体积百分数为 16.2%，质量为 1.56kg。水蒸气中存在大量的汽化潜热，如果这部分汽化潜热得到利用，可以提高锅炉的热效率。通常天然气锅炉的热效率以低位热值计算，若能够完全回收烟气中水蒸气的汽化潜热，那么天然气锅炉理论上存在一个极限热效率[7]。以陕甘宁气源的天然气计算，极限热效率为：

η = 高位热值 / 低位热值
　= 38.1967/34.3509×100%
　= 111.2%

在计算锅炉热效率时，是否考虑烟气中水蒸气的汽化潜热，所计算得出的热效率不同。本工程烟气余热分析按照单台 29MW 燃气锅炉模块进行计算，在排烟温度为 90℃时的燃气锅炉效率为 95.2%，绘制出不同排烟温度对应烟气余热回收量和锅炉热效率变化曲线，如图1所示。

由图1可以看出，随着烟气余热回收量的增加，排烟

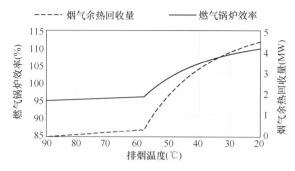

图 1 不同排烟温度对应烟气余热回收量和锅炉热效率变化曲线图

温度随之降低,同时锅炉热效率逐渐上升。排烟温度下降在达到露点温度(56.69℃)之前,烟气余热回收量增加速率较小,当达到露点温度后,由于烟气中的水蒸气开始发生凝结相变,余热回收率大幅增加。当排烟温度降至20℃时,烟气余热回收量达到4.47MW,燃气锅炉热效率达到109.88%(按低位热值计算)。因此将烟气温度降低至露点温度以下,对提高锅炉的综合热效率非常有利。

1.2 工艺原理

该工程燃气锅炉烟气余热深度利用项目,其原理为:利用溴化锂热泵机组产生的低温中介水在烟气取热器中与烟气进行换热,将烟气温度降低到饱和温度以下,将烟气的显热热量和潜热热量带入余热热泵机组,机组利用驱动能源热量和回收热量来加热热网回水,从而实现烟气余热的深度回收利用[8]。项目系统流程如图2所示。

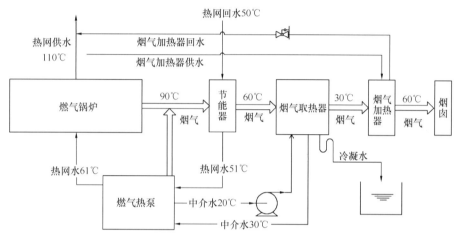

图 2 系统流程图

1.3 技术创新点

该工程机组形式采用超低氮微压相变锅炉与燃气余热回收热泵一体机,整机一体设计,在适应负荷波动、节约设备占地、降低初投资等方面具有优势,主要创新点有5方面:①超低氮微压相变锅炉与燃气热泵一体机应用创新。该设备类型与结构形式是大型供热机组集中供热领域中新型的设计案例和运行案例。②燃烧系统创新。该工程相变锅炉与燃气热泵均采用水冷预混燃烧技术,降低NO_x排放。③余热回收系统创新,燃气热泵、锅炉烟气冷凝器及烟气加热器构建了烟气余热回收与烟气消白系统,热泵与锅炉采用同一个风机、同一套控制系统。同时,热泵产生烟气与锅炉产生烟气混合后共同进入省煤器、烟气取热器、烟气加热器等设备。④烟气冷凝水系统创新,对烟气冷凝水进行回收,作为生产补水使用。其主要工艺流程为:烟气冷凝水来水→原水池→智能碱加药装置→产水池→增压泵→软化水箱→除氧水泵→除氧器→热网补水泵→热网。⑤布置思路创新。使用超低氮微压相变锅炉与燃气热泵一体机设备整体为上下结构分布,根据现状主厂房条件进行优化布局[9]。

1.4 运行效果分析

为了分析本工程改造后运行效果,收集整理了2018—2019和2019—2020供暖季运行数据进行对比分析,主要分析了供热平均燃气耗量、用电耗量和锅炉平均效率,运行指标对比分析数据见表3。

运行指标对比分析表　　表 3

	供热平均气耗 [m³/(GJ)]	供热平均电耗 [kWh/(GJ)]	锅炉平均热效率(%)	备注
2018—2019供暖季	31.17	3.05	96	本工程改造前
2019—2020供暖季	27.36	3.40	110	本工程改造后
能耗变化量	−3.81	0.35	14	
能耗变化比例	−12.2%	11.4%	14.5%	

综上分析,可以得到如下结论:

(1) 设计热网供/回水温度为110℃/50℃,经计算,余热回收量约为70%,同时,增加热网供回水温差,供热气耗下降,锅炉热效率增加。

(2) 本项目新增主要耗电设备为中介水循环泵,因此运行电耗有所增加。

(3) 与2018—2019供暖季同期比较,供热气耗下降3.81m³/GJ,约0.127GJ/GJ;供热电耗增加0.35kWh/GJ,约0.00126GJ/GJ。

(4) 2019—2020供暖季,单位供热量折标准煤耗量为0.03296tce/GJ,单位面积折标煤能耗为9.1kgce/m²,合计降低供热能耗0.1257GJ/GJ,低于国内外大部分燃气供热能耗水平。

2 效益分析

该燃气锅炉房从经济、环境、社会等方面均取得了良好的收益,主要分析评价如下。

2.1 经济效益分析

该工程设计一个供暖期总余热回收量为45MW,冷凝水回收量约为81t/h。对本工程经济效益分析汇总如表4所示。可以看出,实际运行过程中,以2018—2019年供暖季为基准,节约燃气费用约2430万元,节约水费48.53万元,增加耗电量16.09万元,合计节约运行费用2462.34万元。静态投资回收期仅为3.16年。该工程可以取得较大的经济收益,主要收益来源为节约的燃气消耗,使得工程可以在较短的时间内回收投资。

经济效益分析表　　　　　表4

名称	数值
节约燃气量(×10⁴Nm³)	1180
燃气价格[元/(Nm³)]	2.059
节约燃气费用(万元)	2430
节约水量(万/t)	8.35
供水价格(元/t)	5.8
节约水费(万元)	48.43
耗电增加量(×10⁴kWh)	16.09
用电价格[元/(kWh)]	0.5502
耗电增加费用(万元)	8.85
合计节约运行费用(万元)	2462.34
本工程投资(万元)	7798.49
静态回收期(a)	3.16

2.2 节能减排效益分析

该项目年节约燃气能耗1180×10⁴Nm³/a,折合标准煤13981.8t/a,对应减少碳排放量为2191.99t/a(碳排放因子55.59tCO₂/TJ);电力间接排放CO_2增加为97.19t/a,总合计减少碳排放量为2094.8t/a。根据NO_x排放指标30mg/Nm³,按年节约燃气量进行折算,NO_x年减排量约为4.14t/a。经上述分析,该工程可以取得显著的环境效益。

同时,该工程烟气消白效果显著,改善了城市环境,具有良好的社会效益。

3 结语

该项目汲取了该领域最先进的技术和设备配置,并在规模上有较大的突破,是微压相变锅炉和热泵一体机在大型区域集中供热领域的首次应用,锅炉供热效率显著提升。在降低燃气耗量、实现经济效益的同时,减少了二氧化碳和氮氧化物的排放,缓解了能源压力,改善了空气质量,具有良好的环境效益和社会效益。

参考文献

[1] 李林. 燃煤锅炉改为天然气锅炉工程实例分析[J]. 资源节能与环保, 2019(2): 1-6.

[2] 卢腾飞, 王丰, 陈邵波. 武汉市某厂锅炉煤改气工程节能减排效果研究[J]. 中国资源综合利用, 2019, 37: 103-106.

[3] 任黎力. 浅析西安市天然气在供暖行业的应用[J]. 城市燃气, 2016, 7: 33-36.

[4] 陈丽萍, 王万江, 齐典伟, 等. 烟气余热回收技术节能与环保经济性分析[J]. 节能, 2016, 35(3): 68-72.

[5] 李清, 赵耀宗, 高峻, 等. 燃气锅炉烟气余热回收方案比选[J]. 煤气与热力, 2019, 39(11): 17-20.

[6] 张泉根. 燃油燃气锅炉房设计手册[M]. 北京: 机械工业出版社, 2012.

[7] 柯国华, 张涛, 刘丽珍, 等. 燃气锅炉烟气余热深度回收技术研究[J]. 中国资源综合利用, 2020, 38(1): 173-177.

[8] 赵玺灵, 付林, 江亿. 天然气供热中烟气余热利用的潜力及途径[J]. 区域供热, 2013, 3: 41-45.

[9] 王宵楠, 王皓. 大型超低氮微压相变锅炉与燃气热泵一体机在煤改气供热项目中的应用研究[J]. 区域供热, 2019, 6: 130-134.

锅炉能效优化研究与节能降耗潜力分析

天津市津安热电有限公司　刘哲先　张　涵　边永庆　吕家兴

【摘　要】供热是全球最大的终端能源消费领域，在"碳达峰、碳中和"目标实现背景下，供热行业如何提高能效更是备受关注，当下研究影响燃气锅炉热效率的工况点对节能具有重要意义。本文以6台经低氮改造后的燃气锅炉为研究对象，以2020—2021供暖季实际运行数据为基础，对锅炉燃烧效率、余热利用及运行管理方面展开研究，分析优化运行工况，为提高燃气锅炉热效率、深度回收利用烟气余热，从而减少燃气耗能成本提供依据和技术指导；对量调与质调两种方式进行对比分析，研究出降低用电的经济运行方式；对首站与锅炉联动进行分析研究，制定最经济的供热运行调控管理策略，达到能源利用效能最优化，为以后的经济运行及节能改造提供合理依据，最终实现低能耗、低成本的经济运行目标。

【关键词】燃气锅炉　热效率　控制策略　节能降耗

0　引言

锅炉属于高耗能特种设备，广泛应用于电力、供热等行业及日常生活中，是保障国民经济发展和人民生活的重要基础设施，也是能源消费大户和重要的大气污染源。截至2019年年底，据估算，我国锅炉二氧化碳排放总量约为50亿t，占能源消费碳排放总量的50%。因此，分别从过程控制和末端处理予以考虑，在利用过程中需进一步提升锅炉能效水平，发挥能源消耗量减少的降碳贡献；在末端需开发低成本的余热利用技术，实现化石能源利用的深度降碳，深度挖潜降本增效。这对我国2030年前"碳达峰"和2060年前"碳中和"目标的实现具有至关重要的作用。

1　锅炉房现状

1.1　燃气锅炉概况

燃气锅炉房共有锅炉6台，其中80t（58MW）锅炉3台，40t（29MW）锅炉3台，燃气锅炉房锅炉装机总量360t（261MW）。其中，1号、2号、3号锅炉为80t（58MW）中正锅炉，锅炉型SZS58/1.6/130/70-Q，额定功率58MW，额定工作压力1.6MPa，制造日期为2015年9月（2020年进行低氮改造）。4号、5号、6号锅炉为40t（29MW）红光锅炉，锅炉型号SZS29-1.6/130/70-Q，额定功率29MW，额定工作压力1.6MPa，制造日期为2015年10月（2020年进行低氮改造）。

本项目的燃料为市政燃气管网天然气，天然气低热值：35.17 MJ/m^3；密度：0.7733kg/m^3；相对密度：0.5982kg/m^3。

1.2　热电联产首站

锅炉房内建设有热电联产首站一座，可实现电厂热源与燃气锅炉房联合供热运行。站内设置3台额定功率70MW的板式换热器，单台一次侧设计温度130℃/70℃，设计压力1.6MPa，流量1375t/h。

2　锅炉房运行状况分析

2.1　供热负荷情况

锅炉房全供暖季随室外温度变化情况下负荷曲线及投运锅炉装机总负荷量关系如图1所示。根据锅炉容量及

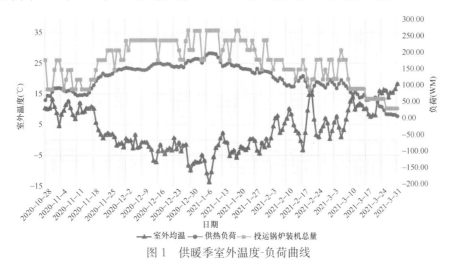

图1　供暖季室外温度-负荷曲线

供热需求关系，反映出在11月至转年1月期间大部分时段内，运行锅炉数量超出实际负荷需要，锅炉均处在低负荷运行状态，造成燃料浪费，运行锅炉数量过多的主要原因是为保证出口温度满足调度需求。

2.2 热负荷延续图

进行集中供热规划和供热方案技术经济分析时，需要绘制热负荷延续图，在图中能表示出各个不同大小的供暖热负荷与其延续时间的乘积，能够清楚显示出不同热负荷在整个供暖季中的累计耗热量，以及它在整个供暖季总耗热量中所占的比重[1]。

依据《民用建筑供暖通风与空气调节设计规范》GB 50736—2012，查阅天津市气象数据可知：供暖室外计算温度为-7.0℃，室外日平均温度为-0.8℃，供暖季天数151d，根据所提供的锅炉房运行数据计算得，室外温度为-7.0℃时供热负荷为179MW，绘制热负荷延续时间曲线如图2所示。

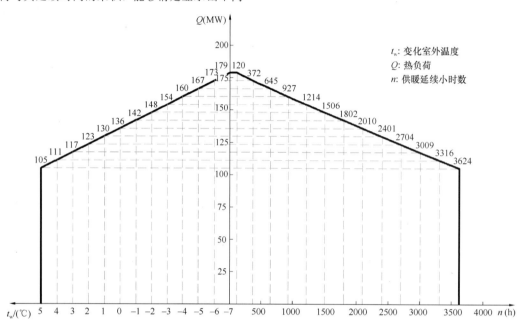

图2 锅炉房供热区域供暖热负荷延续时间曲线图

2.3 温度控制曲线

综合考虑室外温度、燃气耗量、热耗等因素，对供暖季不同室外温度下供热负荷进行理论+实际的准确预测，建立温度调节曲线模型，并利用分时段调整阶段的热耗情况、电话工单量以及不利用户室温情况，对模型进行偏离修正，使动态负荷曲线完善优化，如图3所示。

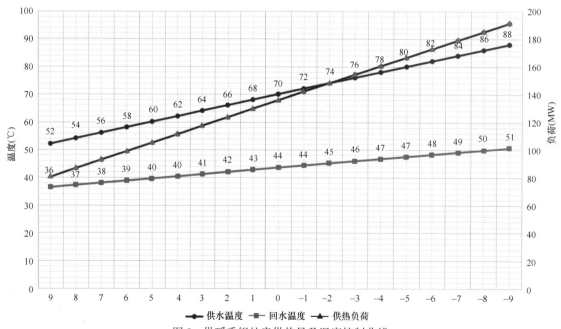

图3 供暖季锅炉房供热量及温度控制曲线

3 燃气冷凝锅炉热效率分析

锅炉在低负荷和超负荷运行时，燃料与空气的配比非常差，加之过小的火焰不能很好的适应庞大的炉膛，导致燃料不能充分燃烧，因而不能充分释放燃料的热量，从而造成燃烧损失增大，热效率大大降低。

3.1 正平衡热效率

锅炉热效率的测量应同时采用正平衡测量法和反平衡测量法。对于锅炉热平衡系统边界内发生烟气冷凝且热量回收利用的锅炉，本体部分应采用正平衡测量法，冷凝段部分可仅采用正平衡测量法计算锅炉热效率[2]。计算公式如下：

$$\eta = \frac{G(h_{ow} - h_{fw,h})}{BQ_{in}} \times 100\%$$

式中，G——热水（有机热载体）锅炉工质循环流量，kg/h；

h_{ow}——热水（有机热载体）锅炉出口工质焓，kJ/kg；

$h_{fw,h}$——热水（有机热载体）锅炉进口工质焓，kJ/kg；

B——燃料消耗量（入炉燃料的质量或体积流量），m³/h；

Q_{in}——输入热量，kJ/m³。

3.2 反平衡热效率

对于燃气锅炉，在合理控制过量空气系数的前提下，可以忽略机械不完全热损失和化学不完全热损失，只考虑通过炉壁的表面热损失和排烟热损失[3]，因此燃气锅炉的反平衡热效率计算如下：

$$\eta = 100 \times \frac{Q_{gr,v,ar}}{Q_{net,v,ar}} - q_2 - q_5$$

式中，η——反平衡效率；

$Q_{gr,v,ar}$——燃料的高位发热量，kJ/m³；

$Q_{net,v,ar}$——燃料的低位发热量，kJ/m³；

q_5——散热损失；

q_2——排烟热损失。

3.3 锅炉热效率影响因素分析

燃气锅炉的负合率是影响热效率的重要因素，为了研究锅炉在不同负荷率下的出力情况、热效率及节能器功率，进行了相应测试，测试结果如图4所示。

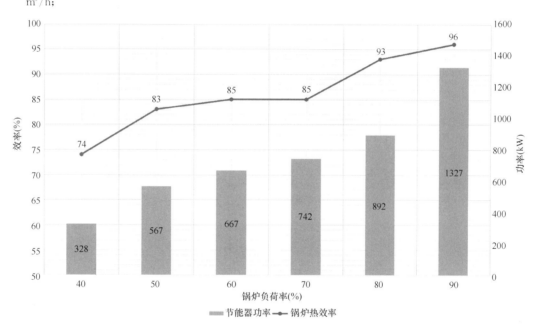

图4 锅炉符合率-热效率-节能器功率对应曲线

从测试结果看，锅炉热效率及节能器功率随负荷率增长而递增。在实际运行中，为合理提高热效率，应根据室外空气温度变化，合理调整锅炉的开启台数，提高单台锅炉的运行负荷率，减少排烟热损失[3]。

4 锅炉房运行控制策略

在新建的DCS控制基础之上，实现数据集中采集、监控，数据链全部打通，热网首站将采用灵活的运行方式，充分利用电厂供热管网的热能，尽可能减少燃气锅炉的燃气消耗，以期达到资源充分利用、节能环保的目的。主要是依据引入热源的热量与用户端热源需求量比较之后，实现即时自由切换。

4.1 供热运行控制逻辑

首站在供热期间通过大功率板式换热器，根据能源集团的流量调度指令接受市政供热管网的（电厂供热网）热能，对其供热网（原29MW、58MW供热管网）进行供热。当从市政热网所受的最大热功率小于首站所需对外供热功率时，根据所需总功率与板式换热器引入热功率之差，智能下令启动（或关停）首站内3台29MW、3台58MW锅炉燃气锅炉，自动对运行锅炉下令调节锅炉输出功率，智能实现对外供热。其控制逻辑见图5。

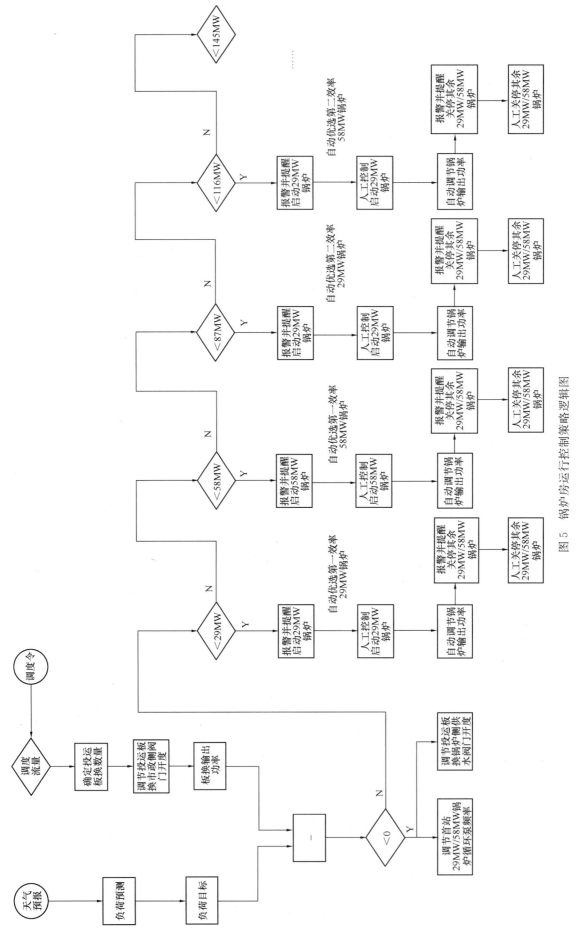

图 5 锅炉房运行控制策略逻辑图

4.2 热源经济运行原则

根据热源负荷预测结果，当外界负荷变化时，投入热源步骤如下：

（1）新建首站根据负荷预测结果逐步增加或减少板式换热器投入台数。

（2）在确定板式换热器投入台数的基础上，外界负荷波动通过调节输入板式换热器高温水流量进行质调节。

（3）当外界负荷需求超出首站板式换热器供热能力，且持续增加，投入锅炉运行，原则上根据外界负荷大小，启动相应锅炉台数，判断启动锅炉顺序时，以效率高的锅炉优先启动；判断停止锅炉顺序时，以效率低的锅炉优先停止，启动锅炉时通过其供水电动门确保其启动流量和最低输出功率。

4.3 分布式变频泵控制

分布式变频泵采用常规 PID 控制器自动调节很难投入。当热网中大量支路投入自动控制后，尤其是当各支路的控制目标变化时，各支路自主调节系统平衡被打破，往往会产生系统的长时间的扰动甚至是振荡，造成系统的失稳，不利于供热目标的达成，且会加快调节阀等设备的磨损或冲击降低设备可靠性。

可采取在整网定零压差点运行情况下，换热站分布式变频泵以换热站热负荷曲线实时计算的（供回水均温）结果为目标值进行频率调节的方式，频率调节以前馈调节为主、PID 调节为辅，以增加整网的水力工况稳定性，避免管网振荡（各换热站变频泵频率大波动），使得全网快速进入平衡状态。

前馈模型采用模糊控制，通过在不同二次网稳定流量下，一次变频泵频率与供回水温度差的相关性分析得到，最终效果以电耗最小、调节频率减小为目标，实现目标负荷调节。

5 余热回收利用

5.1 烟气余热节能潜力

天然气的主要成分为甲烷（CH_4）并带有少量 H_2S，综合考虑能量利用效率、省煤器防腐、运行安全等因素，通常需要对烟气排出温度进行控制，一般锅炉的排烟温度至少要控制在 60℃ 以上，以避免局部冷凝在省煤器壁面产生腐蚀。天然气燃烧产物有一部分热量通过排烟散失到环境中，其中含有 15%～17% 的水蒸气，造成能源浪费和烟囱冒"白烟"的视觉污染。随着排烟温度的降低，水蒸气发生凝结，水蒸气体积百分比减小，烟气含水量大幅度下降，烟气温度在露点温度以上时，烟气热量由气体显热提供，排烟温度每降低 15～20℃，燃气锅炉热效率提高 1%；在烟气温度低于露点温度时，烟气热量主要由水蒸气潜热提供，结露初期，排烟温度每降低 2～3℃，锅炉热效率提高 1%；结露后期，排烟温度每降低 5～8℃，锅炉热效率提高 1%。因此通过降温将烟气温度降低至露点温度以下，对提高燃气锅炉的综合热效率非常有利。

5.2 余热回收优化利用

为了兼顾提高锅炉热效率、余热回收、末端露点腐蚀的问题，创新采用"直接接触式换热＋吸收式热泵"的组合。直接接触式烟气换热器属喷淋式换热形式，见图 6。在换热器内部布置有喷嘴，通过选择合适的喷嘴材质、优化喷嘴几何尺寸、合理布置喷嘴位置，从而控制中介水的喷淋效果，保证中介水经喷嘴雾化后，与从换热器底部进入的烟气能够进行充分的换热，中介水与烟气完全逆流换热并吸收烟气中水蒸气的潜热，达到实现烟气余热回收与消白的目的。吸收烟气热量的中介水，进入吸收式热泵作为低温热源，从而实现将热量从低温"泵送"到中温供热的目的，实现余热深度回收。

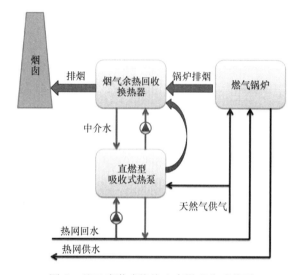

图 6 基于喷淋式换热＋直燃吸收式热泵机组的余热深度回收模式

燃气热水锅炉排烟温度为 55～165℃，如供暖季采用烟气余热回收利用技术，将锅炉排烟温度降低至露点温度以下，结合供暖季实际燃气耗量，预计可实现 13MW 的余热回收量。

6 结语

供热能耗与成本的高低除与供热负荷、外界气温等客观因素有关外，经营管理措施与运行控制策略对其影响至关重要。为实现供热生产的低能耗、低成本运行，综合考虑锅炉效率、燃气耗量、热耗等因素对不同室外温度下的供热负荷进行理论和实际的准确预测。建立负荷调节模型，制定最优调节方案，提高系统整体效率，并且最大限度地缩减化石燃料消耗，从而有效的优化生态能源结构，提升清洁供热水平，具有较高的经济效益、环境效益和社会效益，为做好"碳达峰、碳中和"工作筑牢坚实基础。

参考文献

[1] 石兆玉,杨同球.供热系统运行调节与控制[M].北京:中国建筑工业出版社,2018.

[2] 上海工业锅炉研究所.工业锅炉热工性能实验规程.GB/T 10180—2017[S].北京:中国标准出版社,2017.

[3] 陈继明,马硕,李子豪,等.影响燃气锅炉热效率的主要因素分析[J].节能基础科学,2020,10:50-52.

专题 4　多热源联网运行与调节

多种可再生能互补联合热泵热水高效制备系统

燕山大学建筑工程与力学学院　时晓军　李　岩　孙林娜

【摘　要】我国建筑热水能耗占建筑能耗的15%～20%，特别是对于游泳馆、浴室等用水量大且集中的场所，占比高达80%。探寻清洁、高效、低成本的热水集中制备方式成为建筑节能领域的重要方向。通过电力驱动，将空气源与污水源两种可再生能余热互补，构建"温度对口、能级匹配"的热水梯级加热流程，能够有效克服空气源热泵冬季制热能效差和污水源热泵余热量不足等技术应用难题。依据全年室外空气及污废水的低温热源温度变化特征，准确获得新流程各环节的变工况特性规律，考虑综合需求响应，制定空气源-污水源全工况联合制热优化调度策略。新流程全年综合制热性能系数COP_h达5.05，较现有外购电厂热水方案，项目投资的经济效益显著。

【关键词】可再生能互补　联合热泵　热水高效制备　聚类分析　全工况优化

0　引言

2018年，我国建筑热水能耗占建筑能耗的15%～20%[1]。这一数据在美国、欧盟地区分别为18%和14%[2]。由于能源成本低，燃煤锅炉一直是公共建筑热水制备的主要热源方式[3]。近年来，为缓解大气雾霾压力，小燃煤锅炉被取缔。燃气锅炉和电锅炉的能源成本是燃煤锅炉的4～6倍，能效低且经济性差；太阳能热水技术设备投资大，且与用热需求相匹配的集热器占地面积大，可实施性较低。上述几种热水制备技术制热综合成本高、经济性差，因此，探究清洁、高效、低成本的集中热水制备方式成为城市清洁供热领域的重要方向。

利用电动压缩式热泵，消耗1份电力能从空气、污废水等介质中提取低温余热制备2倍以上的热量（即制热性能系数COP_h在2.0以上），是提升电力供暖综合能效和降低供热能源成本的重要方式。

空气源热泵（ASHP）低温工况时的COP_h严重下降，此外蒸发器频繁除霜运行会严重影响制热的稳定性，制热的经济性差。污水源热泵（WSHP）制备45℃热水时COP_h可稳定在4.0以上，但是蕴含在污水中的余热量不能持续满足热水制备需求，需要辅助热源补充洗浴过程中的能量耗散[4]。基于单一热泵技术制热能力与热负荷需求矛盾的突出问题，以电力为驱动、多种可再生能综合利用成为新的发展趋势[5]。胡鹏[6]将ASHP与WSHP并联互补，从热源角度改善热泵运行效益，较单一ASHP能效提高16%，但未对运行模式进行优化调整以实现更高能效。陆海荣[7]对比ASHP与WSHP的串、并联时制热能力，在江苏地区以WSHP为主、ASHP为辅运行时，两种模式性能相差不大，空气能的利用存在限制。

通过多热源并联、多模式切换办法来弥补热泵热水系统的技术缺陷逐渐成为主导的方向。该系统应用于游泳馆、浴室等公共建筑，以污水余热回收为主，空气源辅助供热。但现有研究未具体分析两种低温热源全工况的温位分布，联合热泵的全年综合COP_h缺乏提升空间。本文针对公共浴室提出空气源与污水源优势互补，构建"温度对口、能级匹配"的热泵热水清洁制备系统，结合全年空气与污废水的温位分布，调整空气源、污水源以及电能的综合利用，综合考虑全工况运行的策略优化，进一步提升全年运行能效、降低制热综合成本、提高制热稳定性，满足热水清洁制备的技术需求。

1　梯级加热联合热泵热水系统的构建

基于能源梯级利用原则，构建了空气源-污水源-电能多源互补的热水制备系统，以提高系统综合能效和降低热水制备成本为目标，实现多种可再生能余热优化匹配与协同制热，有效解决单一热泵的热水制备技术难题。

1.1　系统原理

利用电力驱动压缩式热泵，可实现空气、水等介质中低温位余热的回收及提质，用于满足加热需求。热泵的COP_h与制热温度、低温热源温度及运行时的负荷率相关。制热温度越高，热源温度越低，热泵的COP_h越低；在低负荷率（50%以下）运行时，热泵功率因数及效率较低，压缩机无用功耗高，COP_h低；负荷率50%～90%时，能效较为稳定；当负荷率继续增至90%以上，压缩机功耗增幅高于制热量，COP_h逐渐降低。低温热源温度及负荷率对COP_h的影响见图1及图2。

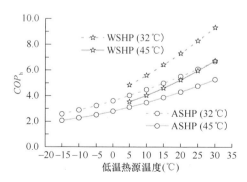

图1　低温热源温度对COP_h的影响

本文提出的新流程由污水-自来水换热器（HE）、空气源热泵（ASHP）、污水源热泵（WSHP）、电锅炉

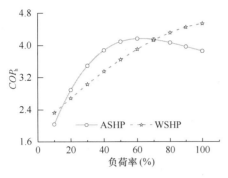

图 2 负荷率对 COP_h 的影响

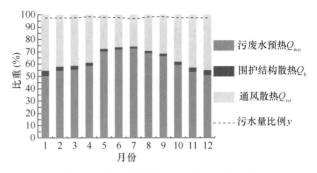

图 4 月均不同散热方式及污水量比例

(EB)、污废水间接换热器（SIHE）、蓄热水箱（HST）和污废水蓄水池（SHST）七大组件构成，实现自来水的三级加热；结合浴室用水特点、地区热源特点、地区电价特点提出经济最优的运行策略，见图3。自来水经换热器 HE，充分利用污水预热，然后经联合热泵进一步加热，由于设置 HE，热泵设备容量减小，初投资及运行耗电量降低；结合全工况低温热源变化，合理调整联合热泵加热模式，实现系统能效的进一步提升。初级热泵制热温度降低，一定程度改善了联合热泵的综合能效；多源互补使各模块负荷比例降低，削弱对单一热源的依赖性，增强了对热源的稳定性；此外，全年用水规律复杂、热负荷波动，需设置蓄热水箱及污废水蓄水池，并设置电锅炉辅助加热承担调峰负荷，提高热水制备的稳定性。

浴室全年热量输入高达645GJ，污废水排放造成的热损失近62%，最高日甚至可达77%，水量损耗不足5%，污废水无法完全收集，附加水量损耗率10%。洗浴污废水温度 T_w 稳定在30℃左右，高于室外空气温度 T_a。

污水—自来水换热器 HE 面积大，则污水出口温度 $T_{ph.w}$ 较低，预热量提升，但污水源热泵的蒸发温度下降，热泵 COP 降低，因此，需要根据系统综合能效及经济性确定最佳换热器端差。

全工况两种低温热源温度分布存在差异：夏季空气温度 T_a 高于污水出口温度 $T_{ph.w}$，冬季则污水出口温度 $T_{ph.w}$ 较高，在相同条件下模拟对比各加热模式以获得高效利用。自来水及低温热源温度见图5。

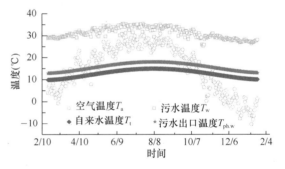

图 5 自来水及低温热源温度

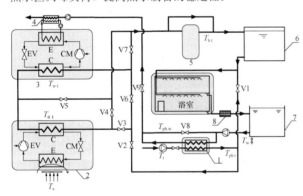

图 3 系统运行原理图

1—污水-自来水换热器 HE；2—空气源热泵 ASHP；
3—污水源热泵 WSHP；4—污废水间接换热器 SIHE；
5—电锅炉 EB；6—蓄热水箱 HST；7—污废水蓄水池 SHST；8—污水过滤器

1.2 余热全工况温位变化特征

以位于寒冷地区的秦皇岛市某公共浴室为研究对象，室外空气温度最高达34℃，最低至-15℃，全年有近58%的时段低于20℃。浴室开放时段为 8:00～22:30，建筑面积800m²。

基于浴室室内热湿平衡原则评估污废水余热潜力。热量输入形式主要有热水 Q_{wi}、人员 Q_p、冬季供暖 Q_h 和门窗太阳辐射 Q_s；热量输出形式主要有污废水排放 Q_{wo}、围护结构散热 Q_b 和通风散热散湿 Q_{vo}。见图4。

$$Q_{vi} + Q_{wi} + Q_s + Q_p + Q_h = Q_{vo} + Q_{wo} + Q_b \quad (1)$$

1.3 系统运行策略分析

结合低温热源温位分布特点，建立动态模型模拟实际加热模式，对比并联、串联以及满负荷、考虑部分负荷多种运行状态的 COP_h，探寻在不同工况条件中的最佳运行工况。

热泵的 COP_h 受热源温度、制热温度及负荷率的逐时变化，本文选取相关空气源热泵和污水源热泵样本[8]，将 COP_h 随各变量的变化规律进行拟合：

$$COP_a = 6.015 + 0.1293T_{ai} - 0.08447T_{wo} \\ + 0.0007637T_{ai}^2 - 0.001546T_{ai}T_{wo} \\ + 0.0002868T_{wo}^2 \quad (2)$$

$$y_a = 0.2294 + 3.39PLR_a - 4.299PLR_a^2 \\ + 1.688PLR_a^3 \quad (3)$$

$$COP_w = 8.543 + 0.2525T_{rwi} - 0.1762T_{wo} \\ + 0.001477T_{rwi}^2 - 0.003909T_{rwi}T_{wo} \\ + 0.001236T_{wo}^2 \quad (4)$$

$$y_w = 0.4236 + 0.7079 PLR_w - 0.09762 PLR_w^2 + 0.1667 PLR_w^3 \tag{5}$$

式中 COP_a、COP_w——ASHP、WSHP 的制热性能系数;

T_{ai}、T_{rwi}——ASHP、WSHP 的负荷侧入口温度,℃;

T_{wo}——热泵负荷侧出口温度,℃;

PLR_a、PLR_w——ASHP、WSHP 的运行时的部分负荷率;

y_a、y_w——ASHP、WSHP 的部分负荷率运行的 COP_h 修正系数。

浴室正常营业时长近 14h,用水量最高可达 280t/d,拟定系统运行时长同营业时长一致。污水源热泵的初始容量设计考虑污废水的损耗,按余热最大量的 80% 计算,空气源热泵的初始容量设计考虑冬季污废水最大供热量的基础上补充。

串联模式包括 ASHP-WSHP(A-W)和 WSHP-ASHP(W-A)两种,并联模式(W&A)以 WSHP 为主,ASHP 辅助。T_a、$T_{ph.w}$ 影响联合热泵运行能效与制热量,自来水温度 T_t 影响热负荷大小以及热源负荷分配。在不同工况下,对上述设备选型进行串、并联能效对比研究。COP_h 与低温热源温度的关系见图 6。

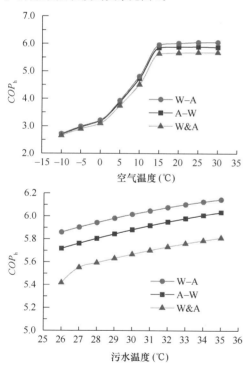

图 6 COP_h 与低温热源温度的关系

当热泵制热能力低,需要电锅炉辅助加热时,COP_h 随热负荷的降低、热源温度的升高而升高;制热能力高于热负荷时,COP_h 增长渐缓,在热源良好情况下热水出口温度过高,且满负荷运行状态点与 COP_h 最高状态点不同步,严重限制联合热泵的制热潜力。因此,联合热泵考虑部分负荷运行是很好的选择,对比满负荷(fl)与部分负荷(pl)的能效,见图 7。

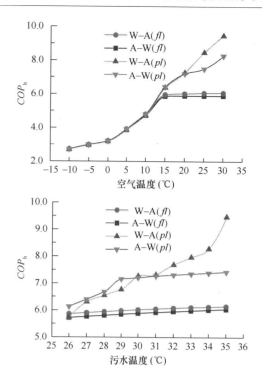

图 7 满负荷、部分负荷运行时 COP_h 与低温热源温度的关系

2 全工况优化

年折算制热综合成本由每年分摊的投资成本与年平均运行费用之和组成,年费用最低的方案为最优,本文以年折算供热量总成本作为系统优化的目标函数。系统全工况优化流程如图 8 所示,首先确定最优运行模式,然后配置经济设备容量,使系统全工况中经济效益最佳。

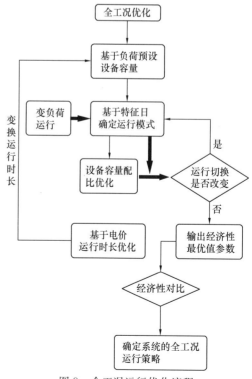

图 8 全工况运行优化流程

2.1 运行模式优化

以系统昼间 8:00~22:00 运行为例计算优化,本文采用聚类分析的方法,使各类簇内样本变量的差异最小化,应用于运行策略的优化,统计各类的指标值域范围,帮助确定典型特征日以指导具体运行方案。本文选取空气温度 T_a 与污水温度 T_w 为一级指标,忽略其他对系统影响较小的参数。

计算日逐时参数的平方欧式距离,选取日均值距离最小的日期作为该类工况下的典型特征日,具备较强的客观性和合理性[9]。Fisher 判别分析总体一致率达 96.4%,聚类结果合理。特征日运行能效对比见图9。

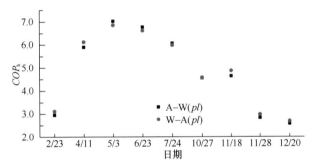

图9 特征日运行能效对比

模拟各特征日实际条件下不同运行模式的系统COP_h,冬季 W-A(pl)模式制热能效好,而夏季及过渡季 A-W(pl)效果更佳。冬季空气源热泵优先制热使系统COP_h提升效果略低于污水源热泵优先制热,空气源热泵承担近 80% 热负荷,优先制热时其冷凝温度降低较少,制热能效改善有限;污水源热泵优先制热时,其冷凝温度大幅降低且对温度影响更敏感,污水源热泵改善效果显著。随空气温度 T_a 及污水出口温度 $T_{ph.w}$ 的升高,空气源热泵优先制热的能效优势突出,需要切换制热流程实现经济高效。

2.2 设备配置优化

本文综合考虑各子环节配置参数间的耦合作用对系统性能的影响,通过瞬态模拟软件 TRNSYS 调用 Coordinate-Search 算法对系统各配置参数同步迭代优化。

本文设定地区电价峰价 0.76 元/kWh、平价 0.55 元/kWh、谷价 0.34 元/kWh,水价为 3.86 元/t,预热换热器、ASHP、WWSHP、电锅炉设备、蓄热水箱价格分别为 1000 元/m²、1000 元/kW、700 元/kW、300 元/kW 和 1500 元/m²,设备安装费用按设备总价的 15% 计算。设置预热器下端差变化范围 3~6℃,ASHP 容量变化范围 100~600kW,WSHP 容量变化范围 50~300kW,利用 TRNSYS 优化设备配置。

2.3 运行时长优化

秦皇岛地区存在峰谷电价,如表1所示。

秦皇岛地区电价特点　　　表1

时段	0:00~8:00	8:00~12:00	12:00~18:00	18:00~23:00	23:00~24:00
电价(元/kWh)	0.34	0.76	0.55	0.76	0.34

相同运行时长条件下,夜间运行时蓄热水箱、污废水箱的所需容量更大,设备投资较昼间运行高。昼间 T_a 较高,热源条件良好,系统运行能效好,耗电量低;夜间热源条件较差,系统耗电量较高。对比以能效优先、经济优先的不同运行时长结果,随运行时间的增长,制热综合成本中设备投资占比呈下降趋势,连续运行较间歇运行所需设备容量明显降低。夜间需要大容量蓄热水箱储水,夜间运行时设备投资明显高于昼间,但是设备投资仍仅占 10% 甚至更小,系统经济性改善重点取决于系统运行的优化。不同运行时长的综合成本见图10。

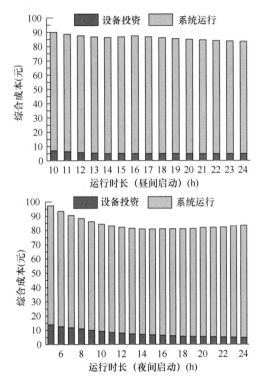

图10 不同运行时长的综合成本

图10中制热综合成本的波动变化主要受电价影响,昼间系统能效高,节省的耗电量可弥补峰电时的成本,总成本先降低;当系统能效的提高无法弥补电费投入时,总成本开始升高;在 16h 之后,谷电时段参与制热,电价降幅达 55%,运行电费增长速率减缓,使总成本进一步降低。夜间谷电运行时,随运行时长增加,设备容量降低且渐缓,谷电及平电运行的能效提高优于电费投入,总成本逐步降低,14h 为最低值。之后,峰电时段参与制热,与昼间运行不同的是,峰电参与制热水量小,导致节省的耗电量无法弥补峰电成本,总成本随运行时长的继续增长而缓慢增加。

以能效优先的最优运行方式为连续运行,以经济优先的最优运行方式为谷电及平电运行,且经济优先的总成本较能效优先可节省 3.18%。综上,系统谷电及平电运行,3月14日至10月30日优先采用 A-W 加热流程,其他时段采用 W-A 加热流程,且灵活调整热泵启停与部分负荷运行情况,并辅以电锅炉加热保证出水温度满足要求。新流程具体配置为 479kW 空气源热泵、139kW 污水源热泵和 237kW 电锅炉。

3 分析与讨论

将常规优化系统与新流程不同运行策略的节能经济性进行对比分析。满足浴室40℃热水的年供应量9.4×10⁴t，常规热泵方案需要设置551kW空气源热泵和539kW电锅炉、129kW污水源热泵和693kW电锅炉；多源并联热泵方案需要设置331kW空气源热泵、133kW污水源热泵和353kW电锅炉。

3.1 节能性分析

制热性能系数对比如图11所示，空气源热泵的COP_h受室外空气温度影响波动较大；污水源热泵的COP_h基本趋于稳定，受限于余热量不足，电辅助加热降低了制热能效；并联热泵系统有效突破了单一热源制热能效差且不稳定的局限，但未有效根据热源品位适时调控，年平均COP_h为3.90；新流程基于能源梯级利用原则与变负荷优化调节，年平均COP_h可达5.05，能效较并联系统提高了29.5%。

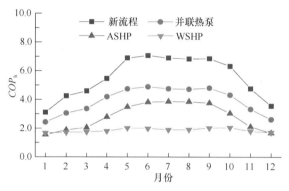

图11 各方案月均制热性能系数

该公共浴室的热水制备年负荷达1.3×10⁴GJ，对比各系统的集中热水制备能耗。新流程设备投资较ASHP、WSHP分别增加21.6%、40.2%，较并联热泵系统增加10.7%，但是新系统可降低制热能耗10.9%～33.5%，运行成本大幅降低。新流程制热综合成本仅为80.80元/GJ，即11.17元/t，较单一热泵系统分别降低30.3%、21.5%，较并联热泵系统降低9.3%。各方案制热成本对比见图12。

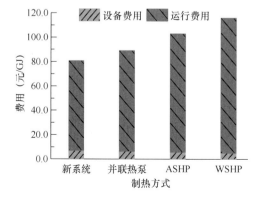

图12 各方案制热成本对比

3.2 经济性分析

各系统方案的动态费用年值计算结果如表2所示。新系统的动态费用年值最低，较现有外购电厂热水方案节约成本20.9%，此外，新系统较并联热泵系统节约成本7.0%，经济性最好。若采用新系统代替外购电厂热水方案，系统设备投资回收期仅为4.3年，全生命周期内可创造利润达349万元。

各方案动态费用年值计算表　　表2

系统方案	初投资（万元）	设备寿命（年）	年经营成本（万元）	动态费用年值（万元）
外购热水	33.29	15	152.05	155.93
新系统	140.18	15	106.94	123.31
并联热泵	126.68	15	117.73	132.53
ASHP	115.25	15	135.76	149.22
WSHP	100.02	15	152.79	164.47

3.3 敏感性分析

基于对经济性影响较大或变化可能性大的两个角度考虑，分析设备价格、低谷电价以及水价发生变化时新系统经济性评价指标的变化规律。

6个不确定因素的基准值分别为 {蓄热水箱HST，污水-自来水换热器HE，空气源热泵ASHP，污水源热泵WSHP，电锅炉EB，低谷电价} = {1500元/m³，1000元/m²，1000元/kW，700元/kW，300元/kW，0.34元/kWh}，将其在基准值±30%范围内波动，仍利用Coordinate-Search算法进行配置与运行优化，得到目标函数的多组最优值。不确定因素对制热综合成本的影响见图13。

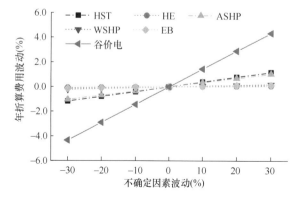

图13 不确定因素对制热综合成本的影响

由图13可知，设备价格增加，目标函数最优值随之增加，且对设备配置有所影响，蓄热水箱及空气源热泵的价格变化影响较大，其设备容量大且价格较高，合计占设备总价的80%以上。因此,对新系统应用设备集成优化时,应着重考虑蓄热水箱以及空气源热泵成本的影响。

水价及电价的波动对设备配置无影响,直接影响单位供热水量总成本,总成本随电价及水价升高呈上升趋势,电价的敏感性系数为0.145,是影响制热综合成本的主导因素。峰谷电价受地方政策影响,差异性较大,本文研究峰谷电价向平价变化对系统经济较优运行时长的影响,见图14。

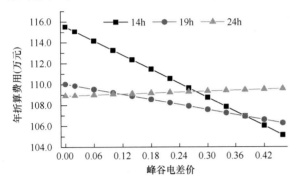

图14 峰谷电差价对最佳运行时长选择的影响

连续运行模式受峰谷电价影响较小,变化较平缓,且不同于蓄热模式下随峰谷电差价增大而减小的趋势,制热综合成本随峰谷电差价增大呈上升趋势。逐时制热水量较小,谷电蓄热优势不明显,无法弥补峰电应用时的经济成本。此外,随峰谷电差价增大,蓄热运行的经济优势越来越显著。

4 结论

本文构建了空气源、污水源的多源互补联合热泵系统,并进行全工况优化分析,具体结论如下:

(1) 基于能源梯级利用原则,构建了空气源-污水源-电能多源互补的联合热泵系统,多种可再生能协同制热,有效解决了单一热泵的应用技术难题,综合能效显著提高,制热稳定性增强。

(2) 分析秦皇岛市某浴室污废水余热利用潜力,污废水排放造成的热损失近62%,温度稳定在30℃左右,浴室通风散热占比30%~40%,外围护结构散热量最小。

(3) 基于能源梯级利用的联合热泵运行模式优化深受热源配比的影响,且满负荷运行状态点与能效最高状态点不同步,考虑部分负荷运行可以充分发掘联合热泵的制热潜力。高能效、低成本使新系统具有优良的应用价值。

(4) 多种可再生能源互补联合热泵热水系统在制定的全工况运行策略条件下,新流程以能效优先时宜连续运行,以经济优先时宜谷电及平电运行,且秦皇岛地区后者运行的总成本较前者可省3.2%,经济性更好。

(5) 新流程设备投资成本较并联空气源-污水源系统增加10.7%,但全年综合能效COP_h可达5.05,较并联热泵系统($COP_h=3.99$)能效改善29.49%。新流程制热综合成本与并联热泵系统相比降幅达9.3%。

(6) 新流程动态费用年值仅为123.31万元,较现有外购电厂热水方案节约成本20.9%,若采用新系统代替外购电厂热水方案,系统设备投资回收期仅为4.3年。

(7) 影响单位供热水量总成本的不确定因素中,电价的敏感度系数为0.145,是影响制热综合成本的主导因素,当峰谷电差价低于0.12元时,系统宜连续运行;高于0.38元,系统宜蓄热(谷价及平价)运行。此外,设备投资中,应着重考虑蓄热水箱以及空气源热泵的价格对系统经济性的影响。

参考文献

[1] 清华大学建筑节能研究中心. 中国建筑节能年度发展研究报告2020[M]. 北京:中国建筑工业出版社,2020.

[2] Fuentes E, Arce L, Salom J. A review of domestic hot water consumption profiles for application in systems and buildings energy performance analysis[J]. Renewable and Sustainable Energy Reviews, 2018, 81.

[3] 屈元,张笑笑,何金晶,等. 某热泵热水系统能耗及费用分析[J]. 建筑节能, 2017, 45(7):116-118.

[4] Edyta Dudkiewicz, Natalia Fidorów-Kaprawy. The energy analysis of a hybrid hot tap water preparation system based on renewable and waste sources[J]. Energy, 2017, 127.

[5] Wang J X, Zhong H W, Ma Z M. Review and prospect of integrated demand response in the multi-energy system[J]. Applied Energy, 2017, 202.

[6] 胡鹏. 空气源和污水源复合热泵系统的应用与研究[D]. 合肥:合肥工业大学, 2017.

[7] 杨云龙. 基于空气源-污水源复合热泵高校浴池余热回收系统研究[D]. 沈阳:沈阳建筑大学, 2019.

[8] 北京中科华誉热泵设备制造有限公司. 华誉能源产品技术手册[Z], 2017.

[9] Xu J W, Li G Q. A study on the impact of climate comfort on emotion management ability[J]. Modern Management, 2020, 10(02).

太古一级网与城西调峰热源厂并网运行实践

太原市热力集团有限责任公司　石光辉　申鹏飞

【摘　要】太古热网供热负荷逐年增大，严寒期以常规解列方式运行的调峰热源不能充分发挥其供热能力，热网频繁切换影响部分区域运行工况，且对热网设备带来一定的风险。本文阐述了太古热源一级网与城西调峰热源厂并网运行的实践性测试，根据测试结果提出并网运行应注意事项，并得出并网运行水力工况整体得到改善等相关结论。

【关键词】太古热网　并网　调峰热源　水力工况

0　引言

太古供热项目自2016年投运后，热网负荷逐年增大，2020—2021供暖季，最大供热面积达到7299万 m^2，已超出原可研报告中所设计7600万 m^2 的80%的基础负荷水平。热源最高供水温度连续两个供暖季达到118℃，最大循环流量达到27000m^3/h，在严寒期必须启动调峰热源厂才能满足热网供热需求。

太原市在2020—2021供暖季共经历五次寒潮，太古热网在严寒期先后启动城西热源厂、晋源热源厂、西华苑锅炉房等大型调峰热源，以常规解列的方式运行，并将部分负荷切换至白家庄电厂和城南热源厂，共将1347万 m^2 供热负荷切出太古热网（图1）。解列运行方式在热网平稳运行及保障运行安全方面存在一定的缺陷，因此在调峰热源和基础热源并网运行探讨的基础上，对其进行了并网测试。

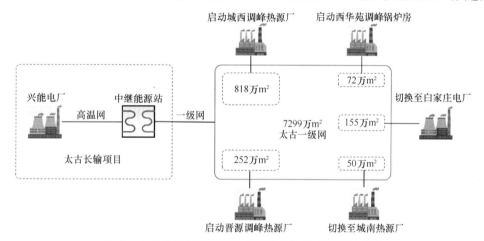

图1　太古热网严寒期调峰热源启动及负荷切换示意图

1　解列运行存在的问题

因两热源运行参数差异，热源厂频繁启动切换，不可避免带来一次网温度变化，热网重新平衡的调节滞后也会造成供热参数波动，同时会因补偿器伸缩频繁对管网带来一定的风险。以某热力站为例，该热力站属于城西热网区域，紧邻太古热网，2020年为应对寒潮，启动城西热源厂并解列运行时，在热网操作及重新平衡过程中，该热力站供热质量受到一定程度影响。

两热源并网运行可避免或减少运行期间负荷切换，充分发挥燃煤调峰热源的供热能力，有利于提高热网的稳定性和降低管网伸缩拉脱风险。

2　并网运行论证

2.1　基础数据

本次并网运行于2021年2月底进行测试，并网前，太古热源供热面积为6478万 m^2，包含720座热力站，城西热源厂供热面积为670万 m^2，包含73座热力站，并网后合计供热面积7148万 m^2。

热源运行参数及热网连通点附近管网压力对照见表1及表2。

热源基础数据　　　　　　　　　　　　　　表1

热源	地面高程（m）	循环泵台数	循环泵参数
太古热源（中继能源站）	850	10	$P=1600$kW，$Q=3500$m^3/h，$H=120$m
城西热源厂	813	6	$P=1000$kW；$Q=1800$m^3/h；$H=146$m

热源运行参数及热网连通点附近管网压力　　　表2

热源厂运行参数				热源厂范围热力站一次网压力	太古范围热力站一次网压力
锅炉运行台数	泵运行台数	运行压力（MPa）	流量（m³/h）	2437喷灌厂（MPa）	T10集祥君悦（MPa）
4	3	0.92/0.27	7300	0.96/0.62	1.28/0.92
3	2	0.79/0.34	6000	0.86/0.61	1.23/0.92
2	2	0.63/0/34	4500	0.77/0.57	1.13/0.98
1	1	0.67/0.41	3300	0.81/0.66	1.13/0.99

解列运行时，太古中继能源站一次网回水压力为0.2MPa，城西热源厂回水压力0.36MPa，太古中继能源站与热源厂地面标高相差38m，一次网并网连接点两侧热力站回水压力差值约0.31MPa。并网后，以太古中继能源站为联网系统定压点，城西热源厂回水压力预计升高至0.6MPa，在提升压力运行稳定的情况下，缓慢开启与太古热网的联络阀门。见图2。

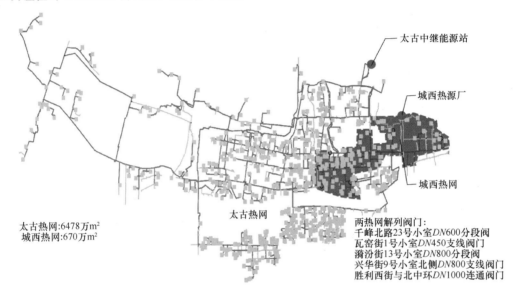

图2　太古热网城西热源厂热网区域

2.2 水力计算

并网运行前，太古热网各热力站的万平方米循环流量为3.5t/h，太古热网循环流量为24000t/h，中继能源站供回压差为45mH₂O。城西热源厂按照2台锅炉和2台循环泵的方式运行，热网循环流量为4500t/h，供热范围各热力站万平方米循环流量为7t/h，经计算，并网运行后，热网整体平稳，末端热力站运行水力工况明显改善。水力交汇区域：和平北路、千峰北路及文兴路热力站水力工况有明显改善，资用压差增加10mH₂O以上。水力工况改善效果明显，整体节能空间得到较大提升。同时，计算数据显示，并网运行后，胜利西街北中环联络DN1000管线过流量较小。运行参数及水力工况见表3。

并网前后运行参数及水力工况　　表3

运行方式	热网	万平方米循环流量（t/h）	末端热力站资用压差（mH₂O）	资用压头不足热力站数量（座）
解列	太古	3.5	-29（JY104）	321
	城西	7	20	0
并网	太古		-29（JY104）	318
	城西			

3 并网运行实施

太古热源和城西热源按计划进行了并网运行试验，从操作解列阀门至城西热源厂停炉为止，完成并网运行测试过程，分三个阶段实施。

（1）并网操作

并网过程中太古中继能源站低海拔一次网定压0.18～0.20MPa。经8h完成解列阀门操作，严格按照既定次序先后开启五处解列阀门，实现城西热源厂区域与太古热网的区域的完全并网运行。并网后太古热网总供热面积达7148万m²。

（2）流量提升测试

先后单独对城西热源厂及太古中继能源站进行升流量试验。观察并网运行时两热源流量耦合现象及对热网工况的影响。

（3）城西热源厂锅炉切换

城西热源厂进行锅炉切换，观察在并网运行时锅炉切换运行对热网工况的影响。城西热源厂3号锅炉逐步停止给煤并降低锅炉流量，同时4号锅炉投煤并逐步增加流量，直至完成锅炉切换。城西热源厂锅炉停运，太古热网恢复至单热源运行状态。

4 测试过程中的条件控制

(1) 热网补水

以太古中继能源站作为定压点，协调热网各补水点做好补水响应，目标是维持并网前后热网定压稳定在 0.18～0.20MPa 之间。

(2) 阀门开启次序

为避免热网大幅波动，先开启兴华街 9 号小室北侧 DN200 旁通回水阀门至适当开度，直到两侧压力达到平衡后，按照次序缓慢开启其余阀门。热网运行工况趋于平稳后，缓慢开启胜利西街与北中环 DN1000 连通阀门。

(3) 锅炉流量控制

在阀门开启过程中，热源厂同步密切关注锅炉流量变化，保证每台锅炉流量为 1700m³/h 以上。若出现流量波动，通过运行频率调整稳定流量。调节锅炉供热负荷至稳定运行状态。

(4) 热网重新平衡

并网后，加强关注各热力站运行工况，并在全网平衡软件自动调节的基础上加强手动干预以达到快速平衡。全网平衡控制目标值统一设定。

5 并网数据分析

(1) 运行参数

太古中继能源站、城西热源厂地面标高相差约 38m，城西锅炉高度约 38m，能源站换热器高度约 3m。因此太古热网和城西热网最高点高程仅差 2m。并网前，城西热源厂供/回水压力分别为 0.8MPa/0.33MPa，太古中继能源站一次网供/回水压力分别为 0.8MPa/0.19MPa，中继能源站出口供回水压差较城西热源厂高 0.14MPa。主要数据见表 4。

主要数据　　表 4

试验阶段	能源站压力（MPa）	热源厂压力（MPa）	能源站流量（m³/h）	热源厂流量（m²/h）	原太古热网热力站最高压力（MPa）	原城西热网热力站最高压力（MPa）
并网前	0.8/0.19	0.8/0.33	20593	4750	1.46	1.23
并网后	0.79/0.19	1.12/0.55	20844	4720	1.47	1.29
热源厂单独升压	0.8/0.19	1.15/0.51	20592	5420	1.47	1.28
能源站单独升压	0.84/0.19	1.15/0.57	22260	4580	1.49	1.3
热源厂停运后	0.79/0.2	—	24016		1.41	1.28

并网后，以太古中继能源站作为系统定压点，城西热源厂回水压力升高约 0.22MPa，热源厂供、回压差增加 0.1MPa，流量降低约 300m³/h；中继能源站供回压差降低 0.01MPa，循环流量增大约 300m³/h。

城西热源厂将循环流量由 4700m³/h 提升至 5420m³/h 后，热源厂供、回压差增加 0.07MPa，流量增加约 720m³/h；中继能源站供、回压差无变化，流量降低 300m³/h。两个区域热力站的最高压力均有一定的降低。

城西热源厂流量恢复至 4700m³/h，中继能源站总流量由 20830m³/h 提升至 22260m³/h 后，热源厂供、回压差降低 0.06MPa，流量降低 120m³/h；中继能源站供、回压差增加 0.04MPa，循环流量增加 1426m³/h。两个区域热力站最高压力均有所升高。

城西热源厂停运后，太古热网成为单热源运行方式，即由太古热源承担一次网 7148 万 m² 的全部负荷，也即初末寒期的运行方式。中继能源站经流量调整，流量由试验前 20830m³/h 提升至 24016m³/h，增大 3186m³/h，资用压差几乎无变化。原城西热网压力最高的热力站由千峰北路段转移至文兴路段，原太古热网压力最高的热力站几乎无变化，凯峰物业热力站工况明显好转，回水加压泵频率有明显下调，从 45.9Hz 降至 36.1Hz。测试阶段，热网单位平米流量为 3.76m³/h。

可见并网后，热网工况（尤其是原城西热源厂供热区域）对于中继能源站的参数变化响应应更为敏感。

(2) 热网最高承压

如表 3 所示，除中继能源站单独升流量阶段外，其余试验过程中继能源站出口压力未发生明显变化，城西热源厂在并网后出口压力升高 0.32～0.35MPa，最高达到 1.15MPa。原城西热源厂供热区域承压明显升高。

(3) 解列阀门影响

开启前四道阀门时，热网工况均发生明显波动，但开启最后一道阀门即胜利北街和北中环连通阀门时，热网工况几乎未发生变化，因此建议并网运行时，应根据水力计算结果选择合理的阀门操作提前匹配负荷，最后通过平稳联通实现稳定并网。

(4) 水力交汇点变化

原城西热源厂供热区域最高承压热力站顺序由原来的：晋机东风＞广播电大＞北美枫情＞万柏林小区＞河西太钢，并网后改变为：广播电大＞北美枫情＞外国语高中部＞万柏林小区＞晋机东风，推测并网后水力交汇点与原物理阀门解列点发生变化。水力交汇点偏向于原城西热源厂供热区域。

(5) 水力工况改善

并网后，城西热源厂资用压差增加 10mH$_2$O 左右为 57mH$_2$O。原解列阀门周边的和平北街、千峰北路、文兴路沿线热力站水力工况得到明显改善，原太古热网部分热力站水力工况得到一定程度改善。其中理工大区域水力工况明显好转，并网之前城西 17 座热力站资用压差不足，并网后并网区域所有热力站资用压差均达到 10mH$_2$O 以上。原太古热网部分热力站因水力工况好转而停运回水加压泵，详见表 5。

主要热力站运行数据　　　　　　　表5

运行方式	热网	热源资用压差 (mH$_2$O)	末端热力站资用压差 (mH$_2$O)	资用压差不足热力站数量（座）	备注
并网前	太古	61	−29（JY104）	301	资用压差不足热力站数量：原城西区域按照资用压差不足10m及启动回水加压泵站数统计，原太古按照启动回水加压泵热力站数量统计
	城西	47	理工大片区资用压差不足5mH$_2$O，文兴路沿线部分热力站资用压差不足10mH$_2$O	18	
并网后	太古	61	—	292	
	城西	57	均大于10mH$_2$O	0	
城西升流量	太古	61	—	275	
	城西	64	均大于10mH$_2$O	0	
太古升流量	太古	65	—	276	
	城西	58	均大于10mH$_2$O	0	
城西热源厂停运	太古	61	—	297	
	城西	—	均大于10mH$_2$O	0	

6 并网运行注意事项

（1）注意加强关注并控制热网的运行压力，因一次网设计压力为1.6MPa，考虑管网管龄不一，最高运行压力严禁高于1.5MPa。

（2）并网运行时，城西热源厂锅炉、管网将保持较高压力运行，须密切关注锅炉运行情况，尤其是省煤器等薄弱设备，应急工况下做好随时切换锅炉的准备。城西热源厂回水中的杂质会变多，容易粘附在水冷壁上发生爆管，因此应注意补水水质、提高除污等级。

（3）原城西热源厂供热区域的热力站，因在双热源运行工况下其压力较高，应利用停热期间进行全面系统处理安全隐患，避免生产运行期发生爆管故障。

（4）并网运行时，其水力交汇点会随热源调节发生变化，因此热源调整应协同调节，对于水力交汇区域，运行中应注意观察并加强调节。

7 结语

（1）未考虑今年扩网因素的情况下，并网运行测试证明城西热源厂（2台锅炉及以下运行阶段）与太古一次网并网运行方案切实可行，3台及3台以上锅炉运行时，其工况有待进一步深入探讨。

（2）在测试过程中，开启解列阀门和并网运行阶段，两处热源循环泵运行参数未调整的情况下，两处热网循环流量略有波动，但未出现流量大幅振荡，可实现稳定并网，以此类推也可实现平稳解网。

（3）建议并网运行时，根据水力计算结果选择合理的阀门操作提前匹配负荷，最后通过平稳联通实现稳定并网。

（4）并网运行整体水力工况较解列运行好。原城西热源厂供热区域水力工况有明显改善，但运行压力提高，为管网承压带来一定的安全隐患。

（5）并网运行实施方式：系统初末寒期采用单热源供热，由太古热源承担低海拔一级网全部负荷。严寒期采用双热源方式运行，无需进行阀门状态调整，仅需城西热源厂启动锅炉，系统定压点为中继能源站。

（6）热网工况对于中继能源站的参数变化响应更为敏感，因此严寒期并网运行期间，太古热源尽量维持流量和温度不变，城西热源厂作为调峰热源配合调整，随着室外变化调整负荷。

（7）并网后全网的能耗效应有待进一步深入探讨。

参考文献

[1] 樊敏. 太古一级网与城西调峰热源厂并网运行方案探讨[J]. 区域供热，2019，3：81-84.
[2] 朱旭，方豪，王春林. 赤峰市主城区多热源联网可行性研究[J]. 区域供热，2019，6：54-58.
[3] 李登峰. 多热源联网供热在郑州市集中供热的应用[C]// 2017供热工程建设与高效运行研讨会，2017.
[4] 结兄，胡月在，曹飞，等. 长输供热管网与区域热源并网工程实例[J]. 区域供热，2020，14：8.
[5] 刘晓昂，杨双欢，王晓红. 多热源联网运行优化配置应用实践[J]. 区域供热，2020，6：63-69.

基于多热源联网水力分析系统浅谈末端区域供热效果改善策略

天津市津安热电有限公司　李斌斌

【摘　要】城市集中供热系统分布跨度大，而且随着逐年改造与扩建、新增负荷的发展、锅炉房的整合并网等因素都导致供热面积逐年增长，热电联产热源供热能力趋于饱和，受电厂"保电限热""限电限热"的影响，供暖季热源参数波动较大，存在较明显末端区域流量不足的问题。本文主要针对天津市某热电厂与某锅炉房联网调峰运行，以供热末端和平区域供热效果不理想为问题导向，利用多热源水力计算分析系统对整个供热系统进行模拟，并通过调整阀门状态或各支线流量等措施分析模拟末端区域的水力工况，进而并提出调整方案，指导新建管网敷设方案及供暖季管网运行方式，改善和平区域末端供热效果。

【关键字】供热系统　联网调峰　水力工况

0　引言

供热是北方地区重大民生工程，关系到千家万户的基本生活。不断提升供热水平，改善供热质量，保证民众供暖季的舒适性成为供暖季的热点话题。而随着热网规模的不断变化与快速发展，供热系统呈现出多变性、复杂性的特点，而在此基础上应保证热网的稳定优化运行，实现合理设定热量负荷分配，这对供热企业调度运行人员的调控策略提出了更高的要求[1]。

随着社会发展与信息时代的到来，以及计算机技术的不断进步，利用水力计算软件建立供热热水管网的调节模型，进而分析整个供热系统的水力工况，摸索供暖季最优运行方案，已经成为各供热企业的主要分析方法之一。

根据实际运行工况下热网的运行参数分析全网中的不热用户及问题管段，通过改变热源或者用户的参数等来模拟各种调节方案，并通过对运行参数的分析，可以找到改善运行工况的办法，进而改善供暖状态。技术人员利用本系统可以模拟不同热网改造方案，通过对改造方案的对比达到优化改造方案的目的，降低改造成本。

1　热网简介

天津市某热电厂与一座调峰锅炉房联网运行，本文所分析的供热系统在正常工况下，为电厂向调峰锅炉房首站输入热量的运行模式。电厂分两期建设，一期对市内额定供热能力为497MW，二期设计对市内额定供热能力为700MW，厂内一、二期热水经混合后向市区进行供热，为和平区、南开区、红桥区、西青区4个行政区热用户提供供热服务。图1中黑框内区域为锅炉房供热区域，电厂由箭头处和联通管两处向锅炉房首站输入热量。

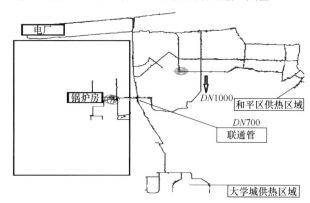

图1　电厂与锅炉房联网运行系统图

2　工况分析

2.1　模型校核

为了水力计算软件建模的准确性，保证水力计算分析结果与实际运行工况相符，本文选取2021年1月15日此电厂向天津市区供热范围内所有换热站的实际流量导入至水力计算模型中，并将当日热电厂与锅炉房首站实际联网运行参数列为表1，进而对整个供热管网进行水力分析。

2021年1月15日电厂及锅炉房实际运行参数　　　表1

	日期	室外温度（℃）	供温（℃）	回温（℃）	温差（℃）	流量（t/h）	供压（MPa）	回压（MPa）	压负荷百分比（%）
电厂一期			91	48	43	8 900	1.28	0.35	
电厂二期	2021年1月15日	0	91	48	43	8 300	1.28	0.35	97.9
锅炉房调峰首站			91	47.4	43.6	2 300	0.81	0.73	

2.2 工况对比

首先以和平区域流量不足问题为导向，从实时监控系统中选取出流量不足的换热站（表2）。因和平区域总流量及各换热站流量受很多因素影响，为了使对比结果更具参考性，在选取历史数据时，选取管网自用总流量相同的工况进行对比分析，通过筛选选取2019年12月10—13日、2020年12月25—28日两个时间段的换热站平均流量和平均电调阀开度，并进行对比分析，此时管网总自用流量均为15000 t/h，中继泵站回水进出口压差均为0.14MPa。

和平供热区域部分换热站运行情况　　　　　　表2

站点名称	2019年12月10—13日			2020年12月25—28日			流量差值(t/h)	流量变化	2020—2021采暖季电话工单总数(个)	2020—2021采暖季每万平方米流量(t/h)	建筑类型	节能形式	供暖形式	面积(m²)
	一次阀(%)	一次流量(t/h)	管道泵状态	一次阀(%)	一次流量(t/h)	管道泵状态								
旅游育才职专	0.38	3.33	未启动	1	1.28	未启动	-2.04	-61.41%	0	0.4	公共建筑	散热器	公共建筑	28987
热河路	1	23.58	启动	0.47	9.58	启动	-14	-59.36%	8	5.5	民用	散热器	散煤	17350
蓉芳里	0.31	59.37	未启动	0.97	33.25	启动	-26.12	-44.00%	8	6.4	民用	散热器	老宅	51608
中华职专	0.46	2.36	未启动	0.26	1.45	未启动	-0.9	-38.32%	0	8	公共建筑	散热器	公共建筑	1825
万全小学	0.61	1.97	未启动	0.55	1.31	未启动	-0.66	-33.57%	0	1.7	公共建筑	散热器	公共建筑	7816.71
津门B区	0.62	14.85	未启动	0.64	10.21	启动	-4.63	-31.20%	0	1.6	民用	地暖	三步节能	65860
新丽居	0	42.74	未启动	0	32.48	未启动	-10.26	-24.00%	6	4.2	民用	散热器	二步节能	77606
天汇广场2号站	0	14.54	未启动	0	11.09	未启动	-3.46	-23.76%	0	3.5	公共建筑	风机盘管	公共建筑	31694
总医院二	0	19.48	未启动	0.83	14.94	未启动	-4.54	-23.32%	0	1.2	公共建筑	散热器	公共建筑	123194
新汇华庭民用	0.69	80.71	未启动	0.87	63.67	未启动	-17.04	-21.11%	25	4.5	民用	地暖	三步节能	141000
天汇尚苑	1.01	58.66	未启动	0.93	46.64	未启动	-12.02	-20.49%	6	3.8	民用	地暖	三步节能	121376

表2为和平区域2020—2021采暖季与2021—2022采暖季部分流量下降较多的换热站在2019年12月10—13日、2020年12月25—28日两个时间段供热情况的综合对比，首先看总流量本供暖季为2069 t/h，上供暖季为2186t/h，可以看出，2020—2021供暖季上述换热站流量下降幅度较大后，万平方米流量已普遍大幅低于6.5t/h，对于部分节能形式为散煤、老宅的小区已无法满足供热需求。

2.3 原因分析

图2为模拟2021年1月15日电厂与调峰锅炉房首站联网运行实际工况和平末端区域的资用压头（单位为bar），可以看出末端资用压头最低已达0.4bar左右，这也与实际运行时和平区域流量不足的工况相符。

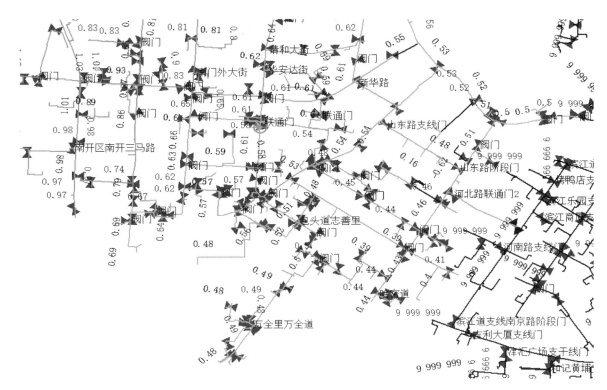

图 2　和平区供热区域末端资用压头（单位：bar）

为避免只从运行工况分析的局限性，本文统计了 2020—2021 年供暖季天津市津安热电有限公司各个小区的工单量排名。客户服务系统中热用户的电话工单数量最能直接反映供热效果，根据公司智能客服系统中 2020—2021 供暖季西青、红桥南、南开、和平四个供热服务中心所有的反映不热的万平方米工单量对比得出图 3，由图 3 可以看出，和平区域作为供热管网末端区域，热用户反映不热的情况较多，供热效果不理想。

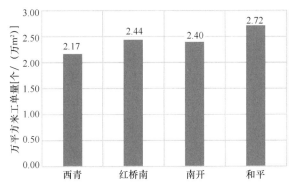

图 3　各区域万平方米工单量对比

2021 年 1 月 5—9 日为极寒天气，为应对"保电限热"，与目标值及尖峰供热负荷相差 11.1%；2 月 12—17 日为春节假期，小幅降温应对"限电限热"，与目标值及需求供热负荷相差 12%。且供暖季电厂受电负荷调控影响尤为频繁，因电厂内有 3 台汽泵运行，所以在抽汽量下降的情况下，电厂关口流量波动较为明显，和平末端流量受此影响较大，而且当整体热量不足时，若前端换热站稍有调节，则和平所承受的热量缺口增加。和平区域管道泵系统调节难度较大，区域平衡调节难度较大。

3　改善策略

3.1　利用图 1 中 DN700 联通管阀门调节大学城区域流量与和平区域流量分配情况

3.1.1　水力计算

在电厂向调峰锅炉房趸售流量的前提条件下，通过模拟表 1 中 2021 年 1 月 15 日实际运行工况，对外环西路与香朗道交口 DN700 联通管供回水阀门在不同的开关状态下进行水力计算。

（1）DN700 联通管供回水阀门均关闭

通过水力计算结果分析，得到和平区及大学城末端资用压头如图 4、图 5 所示。

（2）联通管供回水阀门均开启

当 DN700 联通管开启时，供水管外环西路会向锅炉房方向输入 1000t/h 流量，回水管锅炉房会向外环西路方向输入流量 500t/h，同时从图 1 箭头处向锅炉房的输送的流量会相应减少，和平区域资用压头相对较高，此时得到和平区域及大学城区域末端资用压头如图 6、图 7 所示。

（3）DN700 联通管供水阀门开启、回水阀门关闭

此时计算结果和平区及大学城区域资用压头如 8、图 9 所示。

3.1.2　结果分析

通过以上 DN700 联通管开启前后和平区域及大学城区域的资用压头变化对比可知，当供回水阀门关闭时，大

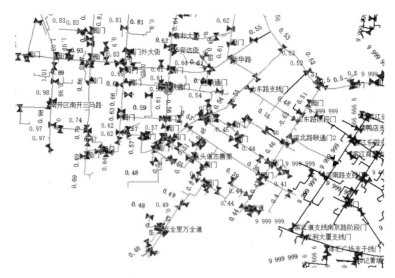

图 4 和平区域末端资用压头（单位：bar）

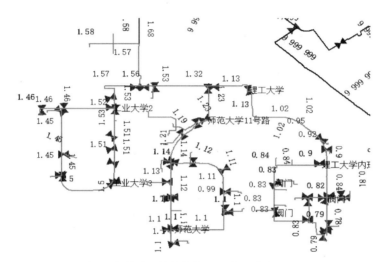

图 5 大学城区域末端资用压头（单位：bar）

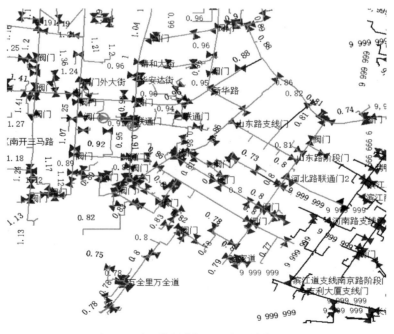

图 6 和平区域末端资用压头（单位：bar）

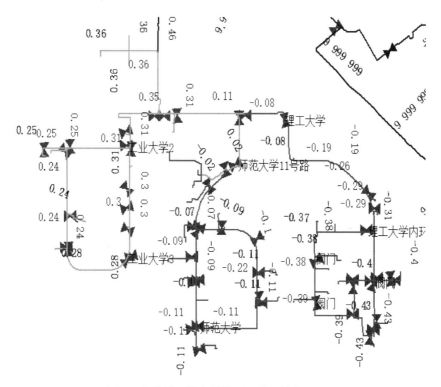

图7　大学城区域末端资用压头（单位：bar）

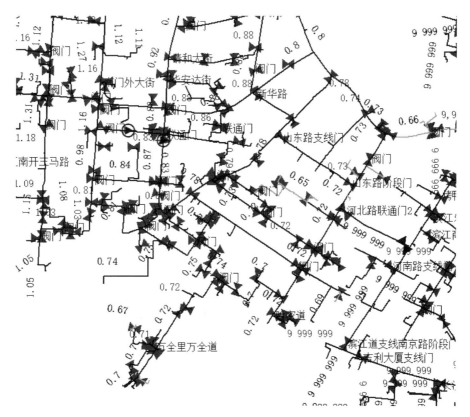

图8　和平区域末端资用压头（单位：bar）

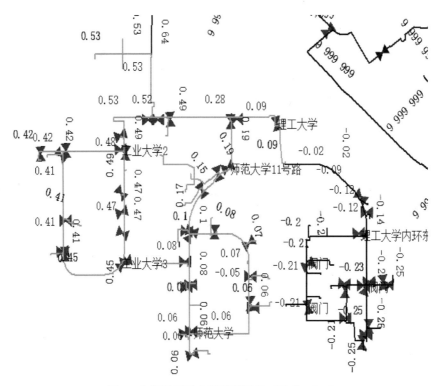

图 9 大学城区域末端资用压头（单位：bar）

学城区域供热效果较好，但和平区域较差；当供回水阀门开启时，和平区域供热效果较好，但大学城区域较差；当供水阀门开启、回水阀门关闭时，和平及大学城区域供热效果介于供回水阀门全开和全关之间，可保证和平区域较 2020—2021 供暖季供热效果稍好，大学城区域也不会负压差。

结合近两个供暖季实际运行中此阀门的开关状态，2019—2020 供暖季此阀门一直开启运行，通过与西青供热服务中心沟通得知，大学城区域 2019—2020 供暖季与往年相比供热效果较差，个别换热站有倒压差的情况，但本供暖季在此联通阀门关闭后，大学城区域各换热站阀门开度仍有裕量。通过与和平供热服务中心沟通得知，2020—2021 供暖季启动长江道中继泵站回水泵后，和平区域供热效果未有明显改善，较往年流量有所下降。可以看出两中心的工况变化正与计算结果相符。

3.1.3 运行策略

根据此结论制定 2021—2022 供暖季供热运行方案如下：

（1）供热初期（11月1日—12月1日）联通管供回水阀门均关闭运行，此时室外温度相对较高，热负荷较低，且部分公共建筑尚未投运，与和平供热服务中心沟通，本供暖季供热初期可满足需求。

（2）进入12月以后，启动长江道中继泵站回水泵，并开启联通管供水阀门，回水阀门仍保持关闭状态。

（3）1月15日—2月20日，进入寒假期间，大学城区域用热负荷大幅降低，此期间供回水阀门均开启运行，和平区域供热效果得到会进一步改善，大学城通过区域调整也可满足供热需求。

（4）2月20日—4月1日，极寒天气已过，恢复至联通管供水阀门开启，回水阀门关闭运行。

3.2 和平区域内管网优化改造

3.2.1 从兴安路抽头沿福安大街铺设至新华路

从兴安路抽头沿福安大街铺设至新华路（图1中三角标记处），管径为 DN400，并将福安大街上从新华路至和平路段原有 DN250 管线扩径至 DN400，经水力计算得出改造前后末端资用压头如图10所示，可以看出改造后哈密道沿线、兴安路末端负荷以及万全道沿线供热效果均有改善。

3.2.2 天汇广场 DN250 一次支线沿河北路铺设与福安大街相连

为改善和平供热区域在 2020—2021 供暖季天汇区域局部点位不热的问题，沿河北路铺设至福安大街，管径 DN250，见图11。经水力计算天汇1、2、3号站、天汇1号办公楼以及天汇商业资用压头提升将近 0.07bar，供热效果会得到大幅提升。

3.2.3 信德大厦支线沿蒙古路与哈密道相连

信德大厦支线沿蒙古路与哈密道相连，管径 DN200，由图12可以看出，管线联通后虽然对末端资用压头影响不大，但对察哈尔路支线资用压头会提升 0.07bar，供热效果会得到大幅提升，可解决察哈尔路支线流量不足的问题。

专题 4　多热源联网运行与调节

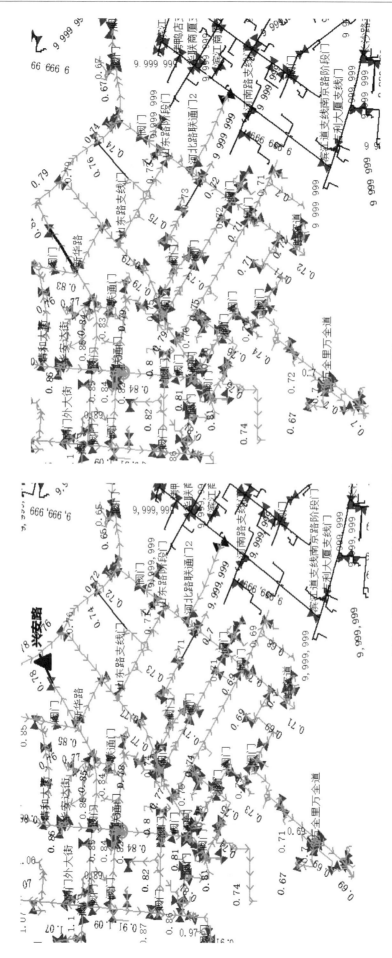

图 10　瓶颈管段打通前后和平区域末端资用压头对比（单位：bar）

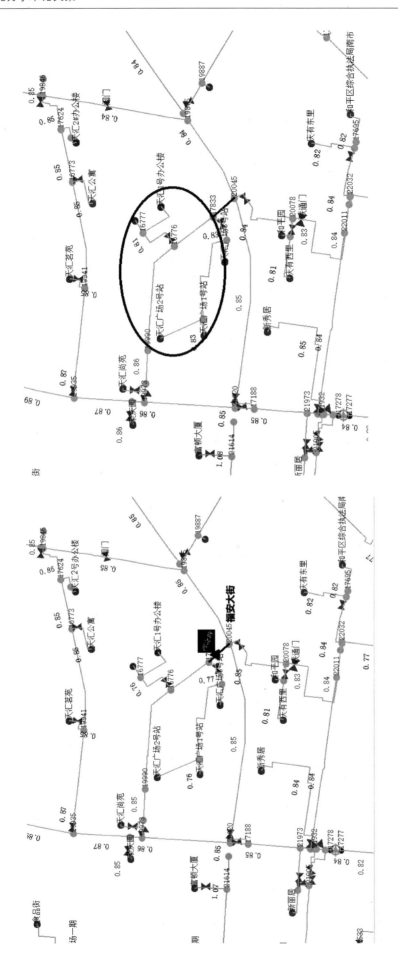

图 11 天汇区域瓶颈管段打通前后各站资用压头对比（单位：bar）

专题 4　多热源联网运行与调节

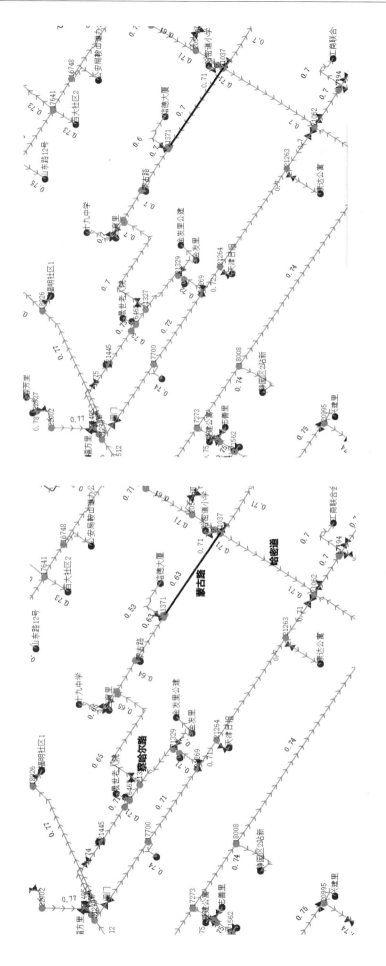

图 12　察哈尔路瓶颈管段打通前后各站资用压头对比（单位：bar）

4 结论

大型集中供热系统的复杂性随热网的规模扩大而不断增大,且随着企业的发展整合锅炉房,用热电联产热源与锅炉房调峰联网运行的模式是未来市区供热的一种趋势。从供热系统整体的经济性上来说,在热电联产向锅炉房输送的流量相同的前提下,温差越大输送的热量越多,但随着单位供热面积分配的流量下降,热网平衡调节的难度会大幅增加,以现在的供热系统情况和调控的手段,必然有水力工况不平衡的情况发生[2]。本文通过水力计算软件对整个供热系统进行水力分析,进而得出以下结论:

(1) 热电联产与调峰锅炉房联网供热系统在运行调度时,应注意系统内各阀门的状态调节,局部区域流量不足时,除了进行大范围换热站调整外,还可尝试联网阀门、各支线阀门的状态调整,使整个热网的水力工况更好。

(2) 针对供热效果不好、调节难度较大的区域,可利用成熟的水力计算分析系统对局部点位进行水力计算,通过模拟打通瓶颈管段的建模方式,对比前后的水力工况变化,进而为管网的改造、新建提供理论技术支持。

(3) 供热效果的好坏最准确的体现应该是热用户的反馈,而除了大范围的入户测温、调查外,热用户对于供热效果的反馈最直观的应是客服电话的工单量,所以在供暖季的调度运行工作中,要时刻关注客服电话工单情况,并加以分析汇总,对于工单量较集中的区域,应从专业角度加以分析,以达到改善管网平衡、及时发现运行中的故障情况等目的。

参考文献

[1] 石兆玉. 供热技术研究[M]. 北京:中国建筑工业出版社,2014.

[2] 樊敏,高海旺,武政. 浅谈超大型集中供热系统运行优化策略[J]. 区域供热,2020,5:1-11.

望京蓝天锅炉房基于循环水系统蓄热的区域锅炉房运行调峰方案

北京市热力集团有限责任公司朝阳第一分公司　刁晨曦

【摘　要】随着新建楼宇的不断投入使用,风机盘管及新风机组等人为可控的散热设备带来了新的区域供热形式,也引发了新的供热问题——随着人流潮汐带来的管网负荷剧烈波动。本文通过望京蓝天锅炉房在近些年应对这种周期性的负荷波动的实际工程经验,论述对如何利用一、二次管网进行蓄热并合理以应对热用户人为行为带来的极端管网负荷波动。

【关键字】供热系统　蓄热　供热调峰　管网平衡

1 供热系统负荷现状

1.1 热用户用热需求

随着供热技术的不断进步,各种新型的供热设备大规模的投入使用,散热器、地暖、空调、新风供热等多种散热设备共存,分户用热、风系统用热、热计量等多种用热模式掺杂的新用热形势已完全颠覆了过去供暖末端用户铸铁散热器的供热系统用热模式。

在新的供热模式下,人的行为因素对区域供热系统的水力、热力稳定性产生了巨大的影响,也对区域供热系统的热量输出的加速度提出了更加苛刻的要求。

1.1.1 用热需求

望京蓝天锅炉房是北京地区的区域锅炉房,供热面积 405 万 m²,其中约 115 万 m² 非居民面积,占总供热面积的 28%,主要用热设备为风机盘管与新风机组。

2021 年春节当天,非居民热力站基本停运,根据当天锅炉房逐时的供热负荷及当日逐时气温曲线对比,锅炉房的基本供热负荷呈现出与气温成反比的趋势,最大小时供热负荷出现在日出前约 215GJ/h,小时最大负荷提升为 12GJ。见图 1。

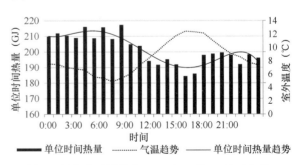

图 1　望京蓝天锅炉房 2021 年 2 月 12 日(春节)逐时供热负荷与气温曲线

望京蓝天锅炉房2020年12月16日的气温趋势与2021年2月12日基本相同，但日常的负荷却呈现了一种截然不同的现象，逐时供热负荷与气温曲线并没有出现明显的对应关系（图2）。最大小时供热负荷出现在11:00前后，约450GJ/h，最大负荷提升为35GJ/h，最大负荷降低为37GJ/h。负荷提升速度达锅炉房基本供热负荷的300%。

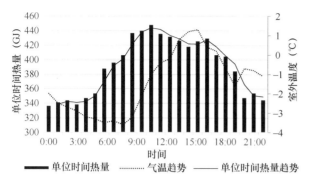

图2 望京蓝天锅炉房2020年12月16日（星期三）逐时供热负荷与气温曲线

以2021年2月12日为基本负荷，对望京蓝天锅炉房2020年12月16日逐时供热量进行核减，最终得到了非居民用热负荷趋势图（图3）。

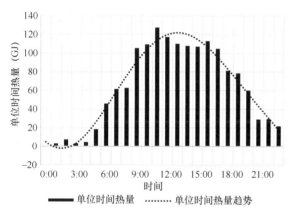

图3 非居民用热的负荷趋势

在图3中可明显看到，非居民用热中人为可控的用热负荷全天最大差值出现在11:00前后，负荷约130GJ/h，占全天最大小时供热负荷的28%，这与其供热面积所占比例相同，小时最大负荷提升为45GJ/h。高比例的热用户人为可控供热面积对热网的稳定性必然会产生巨大的影响。

1.1.2 热网响应能力

不同用户对热源有着不同的需求，而热源向热用户输送热量却受到管线尺寸、保温、沿程用热情况等多方面的影响，如2021年1月6日的一次供水温度曲线所示（图4），近端热力站约6:40一次供水温度便受到了热源升温的影响，而远端热力站最远要7:20左右方可受到本次温升的影响。近端热力站与远端热力站在热力循环上存在着约40min的时间差。所以在实际工程中，很难单纯利用热源的调节恰好去响应全网热用户的用热时段需求。

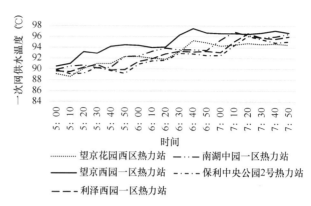

图4 2021年1月6日部分小区热力站供水温度

1.2 周期性负荷波动

人的行为对供热系统有着不可忽视的影响。随着人群从早晨上班至晚上下班的潮汐运动，人的行为也引起了供热管网的周期性的负荷波动，即随着早晨上班出现的负荷剧烈提升，随着晚上下班出现的负荷剧烈降低。

这对实际的供热效果也产生了极大的影响。上班时，人们开启办公场所的用热设备，如风机盘管和新风机组，大量的办公场所同时开始用热，而管网的负荷提升速度却远远跟不上用热的需求，供热系统二次供水温度迅速下降，而热力站自控一次侧加大阀门开度以提供供热量需求，造成一次热网水力剧烈波动。

这种水力波动会迅速通过一次管网反馈到其他热力站，热力站输出功率同步出现了多次骤升骤降。如图5及图6所示，在望京SOHO3号热力站开始用热后，热网前端热力站望京花园西区热力站功率于8:20~9:10期间由8.4下降至7.3，下降率13%。

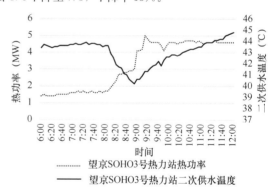

图5 2020年12月16日望京SOHO3号热力站热功率及二次供水温度

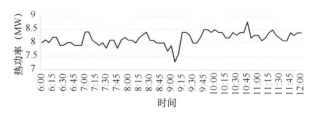

图6 2020年12月16日望京花园西区热力站热功率

根据实际运行经验,这种热网的波动主要体现在一次流量上,在不改变热力站一次侧阀门开度的前提下,末端热力站在水力波动情况下会出现25%的流量波动。

2 循环水系统蓄热分析

2.1 一次热网的蓄热

一次热网蓄热的主要目的是进行每日的削峰填谷,主要方式是在用热峰值到来前提前蓄热以应对用热高峰,并在用热谷值时蓄热防止热源低负荷运行降低热源效率。

根据当前的城镇供热系统结构,市政一次热网有着较大的蓄热潜力,根据实际工程经验,望京蓝天锅炉房一次热网内储水量可达4000m³以上。如以40～60℃的温升计算,热网可蓄热336GJ,一次可储蓄极端天日热负荷3.6%的热量,所储蓄的热量甚至可满足用热谷值阶段约1h的用热需求。

且一次热网是锅炉房的热负荷输出对象,频繁的负荷波动对热源的生产安全稳定也有很大的影响。热源锅炉因供热需求频繁的调节负荷、压力,导致热源工况不稳定,燃料燃烧不充分,大幅的降低热源燃烧效率。在独立核算机制下,降低市政热网温度可极大的减小热网损耗降低,热源效率提升,但过度追求热源温度降低会导致热力站换热效率下降,当热网面对热力站负荷激增甚至区域热负荷激增时,热网呈现出应对能力不足,特别是大型管网,输送距离过长,反应时间往往以天计算。

尤其在智慧城市供热系统"源网荷储"的巨系统联动机制下,市政热网蓄热是一个打破原有的独立运行机制,寻求一个相互弥补、耦合、联动的契合点的契机。

2.2 二次热网的蓄热潜力及预计应用

空调系统蓄热的主要目的是在用热高峰来临之前,提前对空调系统的二次网进行升温,在用热高峰时,切断空调系统与一次线间的换热,降低总供热面积,从而降低一次侧的总负荷,使热源能全力为部分供热面积供热,减小热源和一次热网压力,获得更好的供热效果。

空调供热系统相较于传统的散热器供热系统用热更加灵活,进而带来了受人为因素影响较强的集中用热。一般从每日4:00前后起部分商户开始备货,至6:00前后部分商户开始上班,及9:00前后办公用户上班,会出现2次供热负荷需求大幅增加,至11:00左右达到每日用热峰值。峰值后至每日气温最高,建筑负荷最低的15:00,达到第一个谷值。之后建筑热负荷开始缓步上升,到17:00左右,达到第二个峰值,并在18:00及21:00因用户下班分别出现2次大幅度的供热负荷需求下降,最终达到全天的用热谷值。整体来看,热网负荷每日存在2次峰值、2次谷值,并有2次大幅度负荷上升和2次大幅度负荷下降。且在用热大幅上升期间,热源的提升速度、热网的响应能力通常不能满足需求,供热效果极差,而在用热谷值,为保证安全经济运行,热负荷下降。每日热网波动明显,引起锅炉效率降低,因温度、压力波动造成频繁补水泄水。

这种剧烈的波动对整个供热系统的安全稳定运行有着极大的影响,对热源的响应能力产生了极大的考验。而空调系统对于散热器系统有着独特的特点——空调系统实际使用的是风机盘管或新风机组二次换热换出的热风(图7),二次系统的循环水在风机盘管和新风机组停用,几乎不参与散热。

图7 风机盘管及新风系统蓄热示意图

鉴于系统上述特点,完全可以利用空调系统的二次管网进行蓄热。以空调系统管网储热为手段,实现降低供热系统负荷的目的。通过对非居民热力站空调系统在用热谷值时进行提前升温蓄热(将二次循环水温度提升至55℃),在非居民用热达到峰值时,减小完成蓄热的热力站一次热源流量。非居民热力站以管网蓄热为主热源,一次网热源作为补充,一次网全力为其他热力站供热。

根据暖通空调的设计估算方式,空调系统存水量以1L/m²计算[1],蓄热温度及空调系统运行温度为55℃/40℃,每万平方米蓄热量为0.6561GJ。以望京蓝天锅炉房为例,共计120万m²的空调系统供热面积,预计一次可储热78GJ,基本可满足建筑自身1h的热量需求。

此外,生活热水、有热计量功能的居民小区也可以考虑进行蓄热。

以望京蓝天锅炉房为例,合理的利用管网储热能力每次最大可储热414GJ热量,约为极端天气下每日供热量的4.4%。如进行第二次峰值储热或其他因环境因素引起的峰谷值储热,还可进一步提升管网的总储热量。可有效的进行削峰填谷,并降低集中用热导致局部热负荷骤升带来的管网整体负荷及压力波动。

当前阶段的城镇供热管网储热可通过管理手段实现,通过值守人员的定期调整或简单自控设备的时段设定来实现。下一步则需要通过对管网进行模拟计算,计算出在什么时候、什么位置、储多少热,而又要在什么时候释放出来,以什么速率去储热,以什么速率去释放,并通过物联网的手段去实现它,最终实现热源、热力站、管网安全、稳定、经济性联动的数据化、信息化。

3 循环水系蓄热实际工程工况分析

在实际工程中,望京蓝天锅炉房通过对热源进行预调节,将每日供热分为四个阶段。第一阶段为0:00～4:00,热源负荷基本不变,系统处于稳定运行状态;第二阶段为4:00～11:30,热源平缓升温;第三阶段为11:30～17:00,热源负荷基本不变,系统处于稳定运行状态;第四阶段为17:00～23:59,热源平缓降温(图8)。全天内,热源波动趋于平缓。

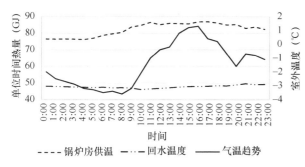

图8 2020年12月16日望京蓝天锅炉房热源运行参数

为配合热源工况，部分热力站空调系统进行了数次升温蓄热和关阀用热，以管网南部末端望京 SOHO 3 号热力站为例，热力站进行了多次开阀升温，热力站输入功率波动较为明显，但热力站二次供水温度区域平缓，并未出现断崖式上升或下降（图9）。而管网北部较前端望京花园西区热力站的功率也较为平缓，未出现剧烈波动。

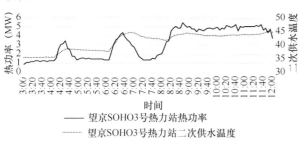

图9 2018年1月12日望京 SOHO 3 热力站热功率及二次供水温度

如图10所示，在望京 SOHO3 号热力站开始用热后，热网前端热力站望京花园西区热力站热功率于 4:00、6:00、8:00 均造成了一定幅度的波动，但波动幅度均较小，最大降低幅度仅为 0.4MW，下降率 4.5%，远低于不进行蓄热工况的热网波动的 13%。末端热力站的流量波动也有着显著的降低。

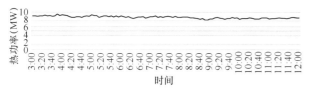

图10 2018年1月12日望京花园西区热力站热功率

望京蓝天锅炉房在这种运行模式下，热网的波动次数较多，但热源、热力站均获得了一个相对稳定的运行工况，对热源的效率、热用户的用热体验都有了很好的保障。

4 高效的区域供热系统

4.1 高效热源调控

望京蓝天锅炉房单台锅炉均呈现负荷越高，效率越低的趋势，但锅炉房的综合气单耗却呈现先降低再上升的趋势，部分锅炉存在效率变化斜率变小的情况。

根据锅炉运行原理对此进行分析，随着锅炉在更高的负荷下运行，排烟温度会更高，大量的热量未被吸收直接排入大气，导致锅炉效率降低。望京蓝天锅炉房单台锅炉的整体运行趋势符合此规律。

而综合单耗出现先升高后降低的情况则是因为在更高的负荷下，节能设备能充分地投入使用，有效的降低了排烟温度。

但通过对锅炉排烟情况进行分析，又发现了另外一种影响因素。在锅炉经过 FGR 改造后，锅炉排烟氧含量在低负荷下大量增加，使锅炉在低负荷下运行存在不节能的现象；而在高负荷下，排烟氧含量大幅降低，则会有效的提升锅炉效率（图11）。

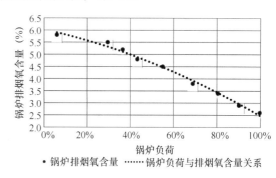

图11 望京蓝天锅炉房单台锅炉负荷与排烟含氧量对应关系

为保证热源的高效运行，热源的实际输出功率应为一条与锅炉运行台数正相关的阶梯性增长的多段线。

4.2 精准用户服务

现状常见的供热设备可分为两大类型：一类是以散热器、地暖为代表的稳定性热量输出型；另一类是以风机盘管、新风机组为代表的间歇性热量输出型。

稳定性热量输出型用户的需求是相对于时间、气温、天气等因素的平稳热量输出，最终可确保室内温度达到 18～22℃并基本稳定。

间歇性热量输出型用户的需求是在用户需要用热时，供热设备可在最短时间内达到用户指定的输出功率，而在用户不需要用热时，供热设备输出功率甚至会达到 0。

两者叠加后用户热功率需求则为一条有着周期性大斜率的曲线，间歇性热量输出型用户比例越高，曲线周期性斜率越大。

4.3 "弹性"热网运行

热源高效工况功率呈阶梯形线段，热网输送热量的时间长短不一，而用户热功率需求则呈现出一条有着周期性大斜率的曲线。在实际的工程经验中，热源输出热量不能恰好满足热用户对热量的需求，在间歇性热量输出型用户集中用热的情况下，如早晨上班，建筑热负荷大幅增长，必然会导致热网水力剧烈波动，影响稳定输出型用户用热，甚至导致热力站"平压差"现象，室内温度大幅降低。

为应对以上现象，应合理的利用循环水系统蓄热，通过预调温，主动应对热用户负荷变化，增加热网的"弹性"，从而提升供热系统容错率。

5 结语

城镇供热管网在储热上有相当大的潜力，而且只需要管理的简单改变即可有效的利用这种储热能力，实现成本颇低。后期根据智慧供热大数据自我学习分析应用的推广，使得蓄热调控更加高效、精准。

在纯粹的城镇供热系统上，这种储热可以利用管网蓄热的柔性来耦合设备运行的刚性，进而带来系统的稳定性。综合考虑热源锅炉效率，一个稳定的外网工况所带来的锅炉高效区的稳定运行，能极大地降低因锅炉频繁启停、加减负荷或是直接工况调整至低效区等情况所导致的锅炉效率下降，特别是燃料成本远高于电力成本的地区。当然具体的成本分析还需要综合各种因素进行进一步的核算，并进行工程实际验证。这种蓄热方式使得供热系统有更大的弹性，削弱环境、人行为变化带来的热网负荷波动，从而赋予热源更稳定的运行工况和热用户更好用热体验。

通过管网本身的蓄热能力，主动应对各种外因对供热稳定性的影响，提升供热系统平稳工况区间，大幅降低用户集中开阀用热和集中关阀停热两个极端工况的波动范围，并有效降低用热峰谷值范围，使得管网运行更加平滑，极大地增强了供热系统的安全性、稳定性。

随着城镇供热技术的不断发展，热用户的个人行为因素对区域锅炉房集中供热系统的影响能力也在随之增强。在没有更好的办法去应对这种人为因素引起的剧烈热网波动时，合理的利用供热管网各环路循环水进行蓄热是一个可供参考的应对措施。此外，有预报的极端天气也可以充分的利用这种蓄热能力。

参考文献

[1] 顾兴蓥. 民用建筑暖通空调设计技术措施[M]. 第二版. 北京：中国建筑工业出版社，1996.

集中供热系统中多热源联网运行调节探讨

吉林省春城热力股份有限公司　张　迪　刘亚男　代　斌

【摘　要】 随着集中供热规模不断扩大，多热源联网供热模式成为供热系统向大型化发展的必然结果，旨在供热过程中实施按能效高低排序的经济调度，同时提高供热的可靠性。吉林省春城热力股份有限公司利用其特点，结合自身条件搭建独有的多热源联网，本着节约能源、降低系统运行成本的目的，以提高经济效益为原则，在保证用户供热质量的前提下，实现各热源的供热量按需进行自由调度。本文针对大唐热电二厂、华能热电四厂及吉电股份热电五厂热源联网运行时，调度工作遇到若干问题进行探讨，并结合自身经验提出解决方法和思路。

【关键词】 多热源联网　运行调度　自动控制

0 引言

吉林省春城热力股份有限公司（以下简称春城热力）为有效保障热网末端用户的用热需求，并提高热源电厂的安全性和可靠性，历时三年实现了五大电厂与企业调峰锅炉房的供热主管网互联互通，形成了多热源联网的格局。与单热源运行调节不同，多热源联网运行的水力和热力过程相当复杂，运行调度的难度成倍增加，对于多热源的热网，如何进行合理的调度，确定优化的运行方案尤为重要。本文针对大唐热电二厂、华能热电四厂及吉电股份热电五厂热源联网运行时，调度工作遇到的若干问题进行探讨，并结合自身经验提出解决方法和思路。

1 大唐热电二厂、华能热电四厂及吉电股份热电五厂热源联网情况简介

1.1 电厂热源及企业调峰锅炉房简介

1.1.1 大唐热电二厂供热区域

热电二厂位于长春市二道区，建设5台200MW、1台220MW热电联产机组，向春城热网日最大输送热量6.5万GJ，春城热网开栓面积2091万m^2，调峰热源共7处，其中燃煤4处，燃气3处，调峰面积610万m^2，调峰占比29%。

1.1.2 华能热电四厂供热区域

热电四厂位于农安县合隆镇，建设2台350MW热电联产机组，向春城热网日最大输送热量4万GJ，春城热

网开栓面积 1667 万 m²，调峰热源 3 处，均为燃煤，调峰面积 747 万 m²，调峰占比 45%。

1.1.3 吉电股份热电五厂供热区域

热电五厂位于长春市双阳区，建设 2 台 350MW 热电联产机组，向春城热网日最大输送热量 3.5 万 GJ，春城热网开栓面积 1784 万 m²，调峰热源 3 处，均为燃煤，调峰面积 1268 万 m²，调峰占比 71.08%。

1.2 多热源联网情况简介

1.2.1 热电五厂与热电二厂联网

经过两年的建设，春城热力初步实现了东南热电五厂通过东岭锅炉房与大唐热电二厂的联网（图 1），新敷设联网管线管径 DN900，联网管线最大供热能力 450 万 m²。该联网的目的一方面可以解决东南热电五厂投产初期供热能力大于热负荷需求的矛盾，将部分热量输送至市区，一定程度上减少了市区内燃煤锅炉的使用，具有一定的节能和环保效益，更主要的目的是可以在此期间提高大唐热电二厂供热系统在事故工况下或者极寒天气里的供热保障能力，提高供热系统的安全性。该联网管线已于 2018 年 2 月投入使用，实现了在供热平峰期将东岭锅炉房约 400 万 m² 供热面积全部切换至东南热电五厂的目标，系统运行稳定，为进一步实现东南热电五厂向大唐热电二厂供热区域的热量输送奠定了良好的基础。

1.2.2 华能热电四厂与大唐热电二厂联网

联网管线于 2016 年敷设完成。在 2016—2017 年度供热期大唐热电二厂由于煤炭资源紧张、电负荷较低等原因，参数波动较大，造成管网末端换热站一次网断流无法正常供热，为解决此部分负荷供热问题，启动"华能热电四厂与大唐热电二厂联网运行方案"，将原大唐热电二厂三支线 200 万 m² 负荷切换至华能热电四厂热源供热，并通过集团设计院重新核算对不匹配一次网增压泵再次进行调换，以满足此部分负荷供暖需求。实现了互联互通，联网管线详见图 2。

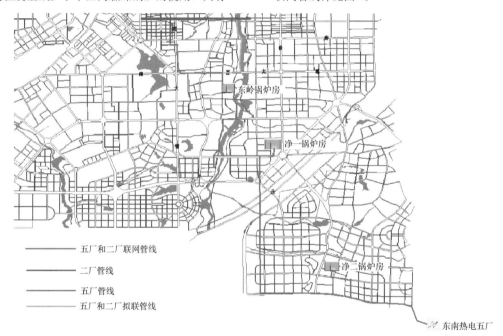

图 1　东南热五厂与大唐热电二厂联网图

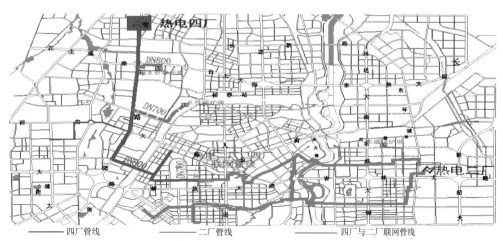

图 2　华能热电四厂与大唐热电二厂联网图

2 各个热源运行情况

2.1 主热源运行情况

2.1.1 多热源联网形势单一，各热源电厂之间互补性不强

大型热源联网运行模式主要有联络管式供热管网、串联热源供热管网、多热源环状管网三种形式。到目前为止，长春市区只有春城热力在热电四厂与热电二厂、热电五厂与热电二厂之间敷设了联络管式供热管网，但只能实现部分热负荷进行热源切换，局部达到互联互通。其余三家热电厂未建有联网管线，当热源电厂发生故障时，热用户的供热质量保证能力不强，甚至有可能发生冻害现象。二厂、四厂发生停机故障时，多热源联网系统起到了至关重要的作用。经过各地供热行业多年验证，多热源联网采取环状管网运行模式最佳，但实施难度较大，因各热源和热企企业性质不同，隶属行政管理部门不同，无法形成统一规划，只能由各热企根据自身条件进行局部改造，此种方式无法实现热源之间的互联互通。

2.1.2 主热源供热能力有限，负荷逐年增加，供热质量无提升空间

从三个热源电厂近8年的供热负荷发展趋势（表1，图3）可以看出，每年供热负荷平均增长9%。近年来，长春市根据城市整体规划及环保指标要求，逐年开始撤并小锅炉房，从2010年开始取缔的小锅炉房供热负荷多数并入热电联产热源进行供热，自此热电联产热源供热负荷开始迅速增长，直到满负荷甚至出现超负荷运行。电厂热源为满足增长负荷供热需求逐渐开始进行背压机组改造，现已没有多余的热量增长空间，供热负荷还在逐年增加，必然导致热用户供热质量无法提升。

主热源供热负荷逐年增长比例表　　表1

热源名称	2013—2014年度 开栓面积（万 m²）	2014—2015年度 开栓面积（万 m²）	增长比例 %	2015—2016年度 开栓面积（万 m²）	增长比例 %	2016—2017年度 开栓面积（万 m²）	增长比例 %	2017—2018年度 开栓面积（万 m²）	增长比例 %
二厂	3172.44	3426.17	8	3715.73	8	3829.29	3	3914.4	2
四厂	1017.17	1135.01	12	1261.12	11	1488.6	18	1613.19	8
五厂						1008		1108	10

热源名称	2018—2019年度 开栓面积（万 m²）	增长比例 %	2019—2020年度 开栓面积（万 m²）	增长比例 %	2020—2021年度 开栓面积（万 m²）	增长比例 %	平均增长比例 %	2013—2021年度 总增长比例 %
二厂	4228.35	8	4331	2	4676	8	6	47
四厂	1978.71	23	2090	6	2239	7	12	120
五厂	1152	4	1225	6	1439	17	9	43

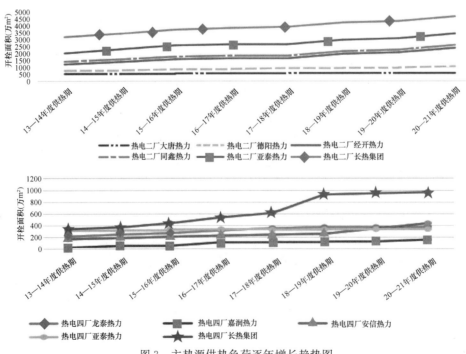

图3　主热源供热负荷逐年增长趋势图

2.1.3 热源电厂调峰机制导致室内温度不稳定

近年来,东北电网用电量有限,国家能源局东北监管局向吉林省的电力公司和发电企业发出了《关于印发〈东北电力辅助服务市场运营规则(暂行)〉的通知》[1],强调"促进风电、核电等清洁能源消纳,发电企业要严格执行调峰指令"。这里面的调峰定义为"按照电网需求,通过平滑稳定地调整机组出力,改变运行状态或调解负荷"。电力调峰期间电厂投入汽轮机的蒸汽将降低,同样进入加热器的蒸汽也会减少,热量输出减少,造成供热侧温度温降低,将直接热用户的室内温度下降,投诉激增。统计二厂、四厂、五厂数据(图4),每天17:00~19:00时间段为保证居民用电进行顶电调峰,2:00~4:00时间段用电居民用电较少进行降发电负荷调峰,全天不少于4h调峰时间,在这个时间段内供热温度逐渐下降。特别是热电五厂和四厂使用气动循环泵,调峰时热网循环流量也会相应降低,此时间段各换热站不得不降低供热温度以保证热网稳定,从而造成热用户室内温度出现小幅波动。供热尖峰期由于室外温度较低,室内消耗热量增加,原供热参数只能保证正常供热需求,一旦进入电厂调峰期,室内温度降大幅下降,致使投诉激增。

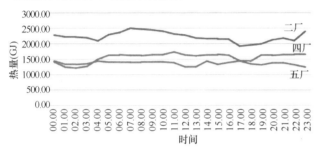

图4 主热源输出热量变化趋势图

2.2 调峰热源运行情况

2.2.1 调峰能力不足,尖峰期供热效果难以保证,面对极寒天气的应对能力严重不足

《关于发展热电联产的若干规定》要求,在热电联产建设中应根据供热范围的热负荷特性,选择合理的热化系数,以供暖负荷为主的热化系数宜控制在0.5~0.6之间,即调峰占比在40%~50%之间。要满足调峰占比最低要求,现热电二厂还有470万m²供热负荷的调峰缺口,热电四厂还有180万m²供热负荷的调峰缺口。

2.2.2 调峰热源布局不合理,电厂热源热量没有得到有效利用

目前每个电厂建厂之初都会作整体规划和布局,设定调峰热源位置和比例,但实际进行过程中发生很多变化,例如热电二厂和四厂建厂可研都是以长热集团市区供热负荷为建厂可研面积,而随着发展,热电二厂市区热网供热面积只占总面积的56%,热电四厂市区热网面积只占总面积的60%,特别是热电四厂向长春市区以外的合隆地区的供热负荷逐年增加。调峰热源大部分位于管网前端或是中间部分,热量在管网输送中会有一定量的热量损失,形成温降,管网距离越长热量损失越大。如调峰热源布局在管网末端,既可在进入供热尖峰期时帮助电厂热源补充热量,又可降低管网损失热量,使热量得到充分利用。

3 多热源联网调节运行方式

3.1 各个热源热负荷分配原则

热源承担热负荷的能力不仅受到热源本身装机容量的限制,同时受到热网输配是否可及的限制。另外,不同热源制备热能的成本和输出热能的成本是不同的,而且热源制备热能和输送热能的成本随着所承担的热负荷而变化。主热源是热电联产的热电厂,其经济性好、可靠性高,调峰热源的运行时间较少,热负荷增加超过某一范围时调峰热源投入,热负荷低于某一范围时调峰热源退出。燃煤调峰锅炉房的供热量调节及时性不好,它的投入和退出不灵活,存在一个热负荷过渡区。对于燃煤锅炉房,在小负荷时其运行成本会相当高,这是因为锅炉在小负荷时燃烧效率较低、人工成本较大,一般燃煤调峰锅炉房的经营都是亏损的。所以当热网需要小负荷调峰时,陆续启动热网上小型燃煤锅炉房,采取解列运行;当调峰负荷增加至满足大型燃煤调峰锅炉房满负荷运行时,采取联网运行,相对解列运行调峰热量可以灵活调节;燃气调峰锅炉房较比燃煤锅炉房投入退出灵活,可以随时进行调峰[2]。

3.2 联网运行的前提条件

(1) 各个热源的一次网供水温度尽量一致,并具备统一的温度调节曲线。

(2) 整个联网供热系统只使用1个补水定压系统,其他热源的补水充当热网的系统补水。

(3) 必须建立可靠的智能监控系统,实现统一分配和调度热负荷,实时监控各个热源和换热站的运行情况。并具备全网平衡能力,实时调节各热源循环水泵流量,实现联网运行的热负荷调度[3]。

3.3 多热源联网时智能调控运行

近年来,随着5G、北斗定位系统、云计算、大数据、物联网等新一代技术的迅速发展及应用,供热行业已经迎来智慧化转型的关键阶段,春城热力围绕城市热源科学调配的工作目标,重点打造了智慧供热。

热源间的切换和联合运行,工况十分复杂,光靠以往的人工操作很难实现,所以智慧供热是多热源联网供热的基础。春城热力针对多热源联网互备互补、供热安全保障、节能降耗等需求,建设了现代化综合性管控平台,平台基于大数据分析进行全网优化调控,将以信息化、自动化、智能化为基础的智慧供热理念,为集团快速发展提供保障和支撑。

3.3.1 节能运行控制策略

根据数据挖掘的优化控制策略给定，通过大数据处理，在可信室温采集点反馈机制下，各换热站自动调节控制策略，形成闭环控制。并预测各换热站的供水温度、回水温度、耗热量等。

各换热站按照下辖建筑节能情况、供暖方式不同，采用不同的调控目标进行调节。根据各热用户反馈的室内温度或二次网供回温差等基础运行数据，相应的进行调控规律和滞后时间等因素回归，即在实际运行数据中挖掘该换热站调控策略规律。

分别选取各不同建筑类型的换热站，具体按照老旧建筑、节能建筑及供暖方式进行调控策略的数据回归，得出不同建筑类型的二次供温运行策略曲线。

根据室内温度反馈和当日室外气象参数的最高限值、最低限值、平均值及各换热站下辖典型建筑给出相应的为设定目标约束值和修正引导值，实现对运行调节策略的数据支撑。

3.3.2 智慧热网系统的优势

（1）实现了动态变流量质调节的供热调控方式。系统的供热量每时每刻随室外温度的变化而变化，室外温度升高，供热量就相应的降低，保持动态的按需供热的状态，反之同理，使系统供热量与供热需求相匹配。

（2）有效解决了一次管网水力平衡的问题。智能控制柜准确调控二次管网的供热量，再配合一次管网联动调控阀自动控制，一次管网的供热量由原来的分配方式改为按需索取方式，一次管网的调平满足了换热站的需求，达到了一次管网既不欠供又不超供的平衡，可使负载供热面积增加15%。

（3）实现了综合节能降耗的目的。根据近三年的大数据提供的不同室外温度下的二次管网供水温度，一次管网调动阀调节进水流量，并伴随着二次管网的精细化调节，二次管网降频输出，一次管网联动控制阀随之减少一次管网进水流量，进而实现节热又节电的综合效益。

（4）高效的调节水平。随着智慧热网系统的深度应用，智能调节的高效性也得以体现。供热初调节由原来的5~7d缩短到不到1d，运行中的局部调整由原来的48h缩短到2~4h。

（5）供热安全保障能力提升。智慧热网供热系统热源负荷大数据预测模型建立后，为制定多热源联网调峰方案提供了坚实依据，保证了热网供热的安全性与稳定性。

（6）提升经济效益的同时，社会效益显著提升。作为服务民生的企业，春城热力运用智慧热网系统进一步提高供热生产的精细化管理水平，实现了快速响应、快速处理、业务全流程监管，树立了企业良好的品牌形象，提升了服务口碑，达到了预期的社会效益。

4 小结

（1）敷设管线将春城热力长铁锅炉房与热电四厂进行联网运行，长铁锅炉房尖峰期可向热电四厂提供90MW热量，可在供热尖峰期承担160万 m^2 热负荷供热任务。加大调峰热源建设，增加热电联产尖峰期供热能力。

（2）监控系统设计必须满足安全可靠、优化运行和节能降耗的总体运行要求。

（3）联网运行控制策略宜采用以"热负荷"需求为主的"按需供热"运行调节方式。

（4）联网运行的各热源循环水泵必须是可变频调速的。

（5）联网运行的定压点必须设在主热源，多点补水设在调峰热源。

（6）联网运行必须遵从"一点指挥，各点服从"的原则，服从统一的全网调度中心指令。

参考文献

[1] 东北电力调控中心.《东北电力调峰辅助服务市场监管办法》操作细则及流程[R].2014.
[2] 李柏红.多热源联网运行调节方法[J].区域供热，2008，3：5-19.
[3] 张法琪.多热源联网技术新的探讨[J].供热制冷，2010，5：58-61.

集中供热系统分时段供暖方法探索与研究

郑州热力集团有限公司　杨双欢

【摘　要】通过在供暖期昼夜温差较大的供热末期，对某市集中供热区域热用户白天夜晚供热负荷和需求进行分析，提出并实施分时段供热方案，以实现按需供热，提高用户舒适度等目标。通过实例分析看出，在昼夜温差较大时期实施分时段供热方法，合理分配供热负荷，可以缓解昼夜温差对用户供热效果带来的影响，从而提高用热舒适度。

【关键词】分时段供热　供热调节　用热舒适度

0 引言

集中供热系统主要有连续供暖和间歇供暖两种方式，我国城镇住宅通常采用连续供暖的方式。集中供热系统循环泵在整个供暖期通常按照定流量或分时段改变流量的方式不间断连续供热。这种集中、连续的供暖方式的服务对象是区域内所有建筑，由于供热面积大、供热区域跨度大，热用户热源输送距离各不相同，热用户用热情况千差万别，在供热调节不及时、不到位的情况下，会出现用户供热量与建筑物需热量之间的不平衡，从而导致区域内的热用户出现温度过高或过低的非均衡供热状态。尤其是在白昼温差较大的集中供热地区，白天气温升高，建筑物对热源需求量相对降低，夜间气温下降，建筑物对热源的需求量大幅提高，若供热系统调节滞后，更容易加剧热用户之间的水力失调度，从而影响热用户供热质量。

在采用连续供暖的集中供热区域，根据气温变化，对集中供热系统进行合理的运行调节是在保证供暖要求的前提下降低供热能耗最直接有效的方法，因此，对集中供热系统提出合理的运行调节策略，既可以节约供热能耗，又能保障用户室内温度舒适性十分重要。近几年，通过实践，根据气候变化，热源采用分时段精细化供热的调节方法在节约能源、提高热用户用暖舒适度等方面意义重大。

1 分时段供热概述

分时段精细化供热方式适用于昼夜温差较大的连续供暖集中供热区域，是根据当日气温变化情况，调整热源白天夜晚供热量或循环流量，从而使热用户侧在白天对用热需求相对较低的时段，降低热源供应量或循环流量，降低供水温度，在夜间对用热需求升高时，增加热源供应量或提高循环流量，提升供水温度，从而使用户室内温度不因室外气温变化而产生较大波动，使室内温度始终维持在舒适的温度区间（20～23℃），同时达到节约能源的目的。分时段供热方式与按照日平均气温恒定输出热源供热量方式相比，能有效保证用户室内温度不因昼夜温度变化而产生较大波动，提高用户用热舒适度（图1）。

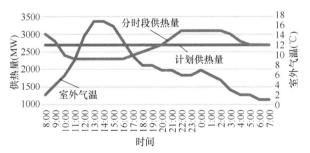

图 1　热源分时段供热热量输出曲线图

2 集中供热系统概况

2020—2021 供暖期，郑州热力集团有限公司（以下简称郑州热力）集中供热区域最大供热面积 10490 万 m^2，热力站 2696 座，一次管网长度 2800km。主城区热源由 3 座远距离输送外围热电厂及 6 座燃气锅炉房组成，热源总设计供热能力 5892MW。主城区分为 5 个供热区域，根据区域位置将 5 个供热区域命名为 1～5 号管网，见图 2。1 号管网由国电荥阳配套的化工隔压站与北郊燃气锅炉房联网运行；2 号、3 号管网为纯燃气锅炉房供热区域，2 号管网由枣庄燃气锅炉房、政七街燃气锅炉房、东明路燃气锅炉房联网运行；3 号管网由商都路燃气锅炉房、郑东燃气锅炉房联网运行；4 号管网由裕中电厂一期配套的南环隔压站及豫能电厂配套的陇海隔压站联网运行；5 号管网由裕中二期配套的管南隔压站单独运行。

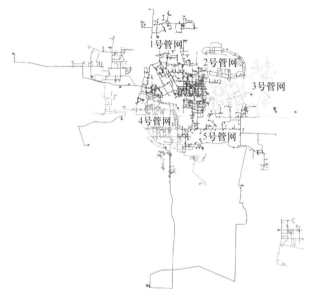

图 2　主城区供热 1～5 号管网分区

3 分时段供热实施方案

分时段精细化供热的目的主要是在昼夜温差较大的供热时段，通过分时段调控热源供热量，合理分配供热负荷，从而保障用户室内温度处于舒适区间，同时减少供热能耗，提高供热经济性。

2020—2021 供暖季郑州市气温波动幅度较大，前半季出现持续低温，最低气温达-11℃，属 27 年一遇的极寒天气，供热后半期，出现连续高温天气，最高温度达到 28.3℃，创近 70 年来 2 月份最高温天气。郑州热力结合 2020—2021 供暖季气象特征，于 2 月份下半旬气温回暖，昼夜温差逐步加大，最大日温差达 22.2℃（2021 年 2 月 19 日），对主城区 1～5 号管网进行分时段精细化调控，5 个供热区域结合各自区域热源属性、输送距离及建筑物特点等进行分时段供热。对于由热电厂提供热源的供热区域，以及由热电厂及天然气锅炉房联合供热的区域主要采用远距离输送管网蓄热技术，即通过调节隔压站站内阀门，降低一次侧热量输出，从而升高隔压站回水温度，实现管网蓄热的方式进行分时段供热；对于由燃气锅炉房提供热源的区域，采用分时段负荷调节方式进行分时段供热，各区域每日分时段调节节点分为两部分，白天室外气温相对较高的时段①及夜晚室外气温较低的时段②，各区域根据当日预报气温情况，结合用户供热效果确定分时段调控节点。各区域分阶段调控方案见表1。

主城区1～5号管网分阶段调控方案　　　　表1

供热区域	供热面积（万 m²）	热源	调节时段	调节方式	调控措施
1号管网	2482	化工隔压站	时段①：8:00～18:00；时段②：18:00～次日8:00	零次网蓄热	时段①：隔压站进行零次网蓄热操作；时段②：隔压站结束蓄热操作，进行放热
		北郊燃气锅炉房			
2号管网	1251	枣庄燃气锅炉房	时段①：8:00～16:00；时段②：16:00～次日8:00	分时段负荷调节	时段①：锅炉房执行日燃气计划的25%；时段②：执行日燃气计划的75%
		政七街燃气锅炉房			
		东明路燃气锅炉房			
3号管网	1475	商都路燃气锅炉房	时段①：8:00～16:00；时段②：16:00～次日08:00	分时段热负荷+流量调节	时段①：热源执行日燃气计划的25%，同时降低总循环流量；时段②：热源执行日燃气计划的75%，同时提升总循环流量
		郑东燃气锅炉房			
4号管网	2940	南环隔压站	时段①：9:00～18:00；时段②：18:00～次日9:00	零次网蓄热+流量调节	时段①：南环隔压站进行零次网蓄热操作，同时降低循环流量；时段②：南环隔压站结束蓄热操作进行放热，提升循环流量
		陇海隔压站			
5号管网	1718	管南隔压站	时段①：08:00～19:00；时段②：19:00～次日7:00	零次网蓄热+流量调节	时段①：隔压站进行零次网蓄热操作，同时降低循环流量；时段②：隔压站结束蓄热操作进行放热，提升循环流量

以2月6日分时段调控为例，当日预报室外气温5～21℃，日温差16℃，平均气温13℃，供热气温7℃，各热源计划供热量见表2。

2021年2月6日各热源计划供热量　　表2

供热区域	供热面积（万 m²）	热源	计划热量/燃气量（MW）/（万 m³）
1号管网	2482	化工隔压站	398
		北郊燃气锅炉房	57
2号管网	1251	枣庄燃气锅炉房	38
		政七街燃气锅炉房	10
		东明路燃气锅炉房	22
3号管网	1475	商都路燃气锅炉房	28
		郑东燃气锅炉房	27
4号管网	2940	南环隔压站	242
		陇海隔压站	457
5号管网	1718	管南隔压站	412

续表

3.1　1号管网分阶段供热方案实施情况

1号管网由化工隔压站及北郊燃气锅炉房联合供热。1号管网东西、南北跨度大，为保证连霍高速以北用户供热质量,需保证北郊燃气锅炉房循环流量不低于3500t/h运行。1号管网两热源分时段调节主要以化工隔压站实施蓄热技术为主、北郊燃气锅炉房每日燃气量调节为辅的方式,缓解昼夜温差对供热效果带来的影响。

化工隔压站蓄热调节:8:00开始关闭一台板式换热器一次侧阀门,零次回水温度由48℃提升至58℃,隔压站供热量由430MW降低至380MW,一次侧供水温度由83℃降低至80℃,隔压站零次侧蓄热量50MW。18:00开启板式换热器一次侧阀门,零次侧回水温度由57℃降低至48℃,隔压站供热量由420MW提升至470MW,一次侧供水温度由84℃提升至89℃,隔压站一次侧放热量50MW。见图3。

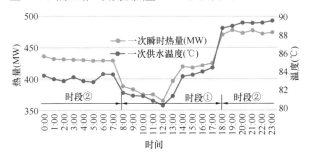

图3 2月6日1号管网化工隔压站一次网热量输出曲线

3.2 2号管网分时段调节方案实施情况

2号管网由枣庄燃气锅炉房、政七街燃气锅炉房、东明路燃气锅炉房三热源联网运行。其分阶段调节主要靠降低白天燃气量、减少热量输出、晚上增加燃气量、提高热量输出的方式,缓解昼夜温差对供热效果带来的影响。2号、3号管网锅炉房热量输出情况见图4、图5。

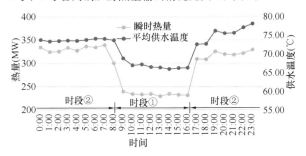

图4 2月6日2号管网锅炉房热量输出曲线图

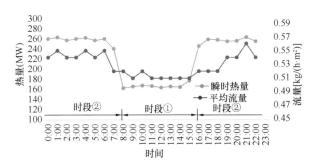

图5 2月6日3号管网锅炉房热源输出曲线

锅炉房负荷调节:2月6日三座燃气锅炉房总燃气量为75万m³,早8:00~16:00,8h内三座热源按照18.75万m³燃气量使用(当日总燃气量的1/4),瞬时输出热量总计226MW,供热单耗18W/m²,一次网平均供水温度由73℃降低至66℃;16:00~次日8:00,16h内三座热源按照56.25万m³燃气量使用(当日总燃气量的3/4),三座热源瞬时输出热量合计提高至340MW,供热单耗26W/m²,一次网平均供水温度由66℃提高至79℃。

3.3 4号管网分时段调节方案实施情况

4号管网由南环隔压站及陇海隔压站联网供热。区域内主要采用隔压站蓄热技术缓解昼夜温差对用户带来的影响。考虑到陇海隔压站零次输送距离相对较近,蓄热量较小,4号管网只对南环隔压站进行蓄热操作。

南环隔压站蓄热调节:9:00开始减小板换一次侧阀门开度,同时循环流量由6000t/h降低至5000t/h,零次回水温度由51℃提升至54℃,隔压站供热量由270MW降低至230MW,隔压站零次侧蓄热量40MW。18:00恢复板式换热器一次侧阀门开度,同时恢复循环流量至6000t/h,零次侧回水温度由54℃降低至49℃,隔压站供热量由230MW提升至270MW,隔压站一次侧放热量40MW。见图6。

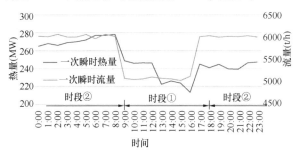

图6 4号管网南环隔压站一次热量输出曲线

3.4 5号管网分时段调节方案实施情况

5号管网由管南隔压站单独供热。区域内主要采用隔压站蓄热技术缓解昼夜温差对用户带来的影响。管南隔压站为2020—2021供暖期新投运隔压站,为保证零次网蓄热技术顺利开展,已对管南隔压站零次侧安装DN350阀门联通,管南隔压站蓄热操作主要采用调整联通阀门开度进行。

管南隔压站蓄热调节:8:00开启零次侧联通阀门,同时循环流量由9500t/h降低至8700t/h,零次回水温度由42℃提升至51℃,隔压站输出供热量由450MW降低至400MW,隔压站零次侧蓄热量50MW。19:00关闭零次侧联通阀门,恢复循环流量至9500t/h,零次侧回水温度由51℃降低至42℃,隔压站输出热量由400MW提升至450MW,隔压站一次侧放热量为50MW。见图7。

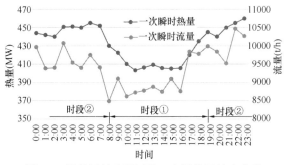

图7 5号管网管南隔压站一次侧热量输出曲线

4 分时段调节效果分析

本分析通过热力站二次供回水平均温度变化情况、分公司入户测温情况、客服热线反馈情况等方面综合分析,判断分时段调节供热效果情况。分别在1~5号管网区域内随机选取2~3座散热器或地暖用户热力站监测参数进行对比,见表3。在采用分时段供热方式期间,热力站二次供回水平均温度在24h内未产生明显波动,分公司入户测温情况反馈良好,客服热线率有明显下降。

2月6日各区域典型热力站二次供回水平均温度(单位:℃) 表3

时间	1号管网		2号管网		3号管网		4号管网		5号管网	
	通河明镜台	御龙城一期	工银小区	中信小区	蓝天小区	聚龙城	金荣花园	海珀兰轩	亚星雅苑	兰亭雅苑
8:00	39.07	38.79	43	40.895	43.89	38.1	39.33	38.715	38.43	38.7
9:00	39.89	38.11	42.9	40.505	43.50	38.45	39.55	39	38.21	38.73
10:00	39.38	38	43	40.5	43.5	38.94	39.65	39.295	38.37	38.67
11:00	39.53	37.84	42.35	40.095	43.09	37.84	39.66	38.75	38.43	38.82
12:00	39.95	37.79	41.3	39.545	42.54	38.51	39.72	39.115	38.77	38.95
13:00	38.89	37.82	41	39.41	42.41	38.51	39.71	39.11	38.7	39.34
14:00	40.44	38.05	41.5	39.775	42.775	38.25	39.5	38.875	38.52	39.19
15:00	40.47	37.73	42	40	43	38.39	39.24	38.815	38.67	39.31
16:00	41.02	38.18	42	41.5	42.5	38.39	39.21	38.8	38.67	39.22
17:00	41.3	37.7	41.5	42	43	38.1	39.25	38.675	38.86	39.25
18:00	38.73	38.05	42.5	42.3	42.8	38.33	39.17	38.75	39.22	39.62
19:00	41.09	38.15	42	42.5	43.5	39.03	38.94	38.985	39.1	39.53
20:00	40.11	37.22	42.55	42.5	43	38.19	38.72	38.455	38.8	39.71
21:00	41.61	38.15	43.25	43	43.5	38.22	38.56	38.39	38.7	38.74
22:00	42.3	37.98	43.6	42	44	39.49	38.41	38.95	38.37	38.31
23:00	41.82	38.44	43.8	42.2	44.2	38.97	38.52	38.745	38.03	38.24
0:00	40.14	38.11	43	42.5	44.3	39.32	38.78	39.05	37.54	38.15
1:00	41.14	38.31	43.1	42	44.5	39.2	38.92	39.06	37.33	37.39
2:00	39.77	38.25	43.15	40.7	43.7	39.58	39.16	39.37	37.05	37.27
3:00	39.77	38.31	43.2	40.755	43.75	39.32	39.09	39.205	37.27	37.18
4:00	40.38	38.57	43.15	40.86	43.86	39.29	39.14	39.215	37.69	37.7
5:00	41.76	38.93	43.15	41.04	44.04	39.29	39.29	39.29	38	37.79
6:00	39.56	38.67	43.1	40.885	43.88	39.96	39.34	39.65	38.28	38.22
7:00	40.02	39	43.05	41.025	44.02	39	39.5	39.25	37.88	38.58

5 结论

(1)"分时段供热"方法适用于昼夜温差大从而造成热负荷变化大的集中供热区域,尤其是学校宿舍等相对集中的供热区域。分时段供热不同时段负荷量应根据昼夜温差情况、用户供暖效果等参数进行调整。

(2)分时段供热方式在白天、晚上两时段内热源参数的调节,可结合供热区域特点及操作灵活性,对热源供热量、流量、平均流量、供水温度等参数进行分时段调节。

(3)分时段供热方式随室外温度变化,而用户室温波动较小,能实现热用户按需供热,维持热用户舒适的居家环境。

(4)热水供暖系统的调节工作中,都是以维持建筑物得热与失热相平衡为目的,从而维持室内气温适宜。本文采用的分时段供热方式主要是热源的分时段负荷调节,将来应将建筑物属性、供暖形式等内容纳入分时段调节方法中,提高精细化调节程度。

参考文献

[1] 殷继伟. 对集中供热调节的相关技术分析[J]. 经济技术协作信息,2019,25:74.
[2] 张赞纲,张志鹏,李登峰. 长输管网蓄热技术在"热电解耦"中的应用探讨[J]. 区域供热,2020,4:22-30.

极寒天气下自控系统优化调控

泰安市泰山城区热力有限公司　赵　凯　沈桂东　刘庆峰　王　新

【摘　要】 随着自控系统技术发展，热力公司结合供热实际，不断对自控系统进行优化升级改造，推动供热系统自控行业的发展。泰安市泰山城区热力公司着眼于企业长远发展，积极引进自控平台，并在使用中不断优化、完善，整合出一套调控方法，在保证供热系统安全、稳定前提下，实现了企业社会和经济效益双丰收。本文针对泰安市主城区2020—2021年采暖季运行情况，阐述在极寒天气下自控系统调控原理与手段。

【关键词】 自控系统　极寒天气　主力热源　应急备用热源　负荷调控　精准供热

0　引言

随着国家节能减排与各类环保要求标准的逐步提高，供热行业发展面临前所未有的挑战。热源外迁、新能源建设、设备的更迭等变化，这都是供热行业进步的必由之路。在此背景下，"精准供热"应运而生并逐渐成为行业发展的共识。泰安市泰山城区热力公司正是供热行业发展的一个缩影。近些年，泰安市主城区供热基础设施快速发展，由原先的多热源分区供热转变为管网互联互通、城外热电联产热源作为主力供热，各应急备用热源补充到主管网中。鉴于城市快速发展和环保压力，热源能力相对不足已成为企业发展的瓶颈。尽管新的热源和管网正在不断建设，却难以满足供热负荷增长需求。此外，热源和管网建设审批手续繁琐，建设工期长，短期内无法作为解决问题的手段。泰山城区热力公司分析供热形势，积极引进全网自控系统，实现了由热源到换热站的科学管理、精准调控。

1　全网自控系统现状

目前，泰山城区热力公司全网自控系统由北京天时和科大中天两个自控平台组成。北京天时系统现有275个自控站点，供热面积约占公司总体的2/3；科大中天系统现有120个自控站点，供热面积约占公司总体的1/3。二者都是通过自控柜进行远程控制，由上位平台进行调控。科大中天系统作为公司的后启自控平台，新增或改建的自控站点逐步纳入科大中天系统，因此出现不同平台的自控站点交叉分布到整个供热管网的情况。

2　极寒天气下，自控系统运用

2.1　极寒天气

2020—2021年采暖季，泰安市出现有气象记录以来历史最低温度气温－18℃，最低日平均气温－9.5℃，远低于泰安市室外设计均温－6.7℃。此次极寒天气持续时间不长，仅维持一周，随后气温逐步回升。

2.2　计划负荷与实际负荷

（1）根据室外均温计算得出1月5日至1月11日极寒天气下负荷预测和实际负荷（表1）。

极寒天气下负荷预测和实际负荷对比　　表1

日期	高温（℃）	低温（℃）	平均温度（℃）	预测单耗（W/m²）	实际单耗（W/m²）	欠单耗（W/m²）	预测热量（GJ/h）	实际热量（GJ/h）	欠热量（GJ/h）
1月5日	2	－8	－3	43.1	41.1	－2	2875	2740	－135
1月6日	－1	－18	－9.5	56.5	44.3	－12.2	3764	2951	－813
1月7日	－9	－17	－13	63.7	44.4	－19.3	4244	2957	－1287
1月8日	－3	－13	－8	53.4	43.8	－9.6	3559	2905	－654
1月9日	1	－12	－5.5	48.3	41.9	－6.4	3217	2791	－426
1月10日	3	－11	－4	45.2	44.3	－0.9	3012	2951	－61
1月11日	2	－8	－3	43.2	44.2	1	2875	2945	70

（2）城外热源作为绝对主力热源最大供热能力2400GJ/h。备用热源1：应急补充热源190GJ/h；备用热源2：应急补充热源240GJ/h；调峰热源3：应急补充热源120GJ/h；总供热能力2950GJ/h。泰安市室外最低设计均温为－6.7℃，一旦低于最低设计温度，将无法保证供热效果。

2.3　自控系统调整

（1）根据各站点的节能类型和实际情况，对进入自控的站点进行同类别、同线控制。进入两套自控系统的站点划分为节能挂片、非节能挂片和地暖,首先要进行各自均温修正,再根据各站点的管线实际情况划分不同的供热系统。

(2) 通过两套自控系统优化调整,实现各自控站点负荷平衡。由于公司现阶段采用两套自控系统,基于指令控制方式和供热面积比重不同,北京天时系统运用全网均温自动计算模式,科大中天前期执行加权自动均温计算模式,当达到各热源最大负荷,两套系统各换热站二网供、回水温度稳定后,比较两套系统相同节能类型管线二网均温,若存在差距,可将科大中天系统的加权均温方案改为手动输入的室外气温方案进行微调,平衡两套系统负荷量。待两套系统相同节能类型的换热站均温相近时,达到自控要求站点全部施行全网均温自动计算模式。

(3) 公司实行分阶段改变流量的质调节。针对近几年泰城采暖期的运行情况,结合室外不同均温区间的负荷比,进行不同时段内的流量的调节。进入严寒期,全网增加流量配比。各热源在逐步提升供水流量的同时,通过调整自控系统,有区别的增加近、中、远端不同节能类型换热站流量,在保证管网安全的前提下,实现负荷合理分配和热用户室内温度相对均衡。

提前适当修正非节能站点均温,增加管网输配能力。在热源提升供热负荷时,可适当增加非节能站点的权重,一方面可以提升该站点非节能二次网出水温度,另一方面在主管网相同压力下,减少系统阻力,增加了全网的供水流量。调整前后主力热源参数对比见表2。

调整前后主力热源参数对比　　表2

当日新华城中级泵站实际供热参数	日期	当日均温(℃)	供水流量(t/h)	回水流量(t/h)	供水温度(℃)	回水温度(℃)	供水压力(MPa)	回水压力(MPa)
调整前	12月29日	−6	7661	9019	108.3	47.3	1.45	0.28
	12月30日	−6.5	7779	9047	110.7	49.1	1.46	0.27
	12月31日	−5.5	7833	2934	110.3	49.5	1.45	0.28
调整后	1月6日	−9.5	8409	9233	108	47.6	1.48	0.31
	1月7日	−13	8554	9487	107	47.4	1.49	0.31
	1月8日	−8	8950	9849	104	46.9	1.49	0.32

(4) 通过自控系统对换热站进行分时段供热。对于系统内的公建办公站点,根据各自场所办公人员工作时间,在保证管网安全的前提下,采取分时段供热,增加居民站点负荷量,降低极寒天气的影响。

(5) 对外围护保温效果差的换热站点进行重点调整。针对居民建筑外层保温效果差的换热站采取适当增加负荷权重,从而增加该站点流量,尽量平衡因外围护结构原因造成的热损失。

2.4 供热效果

通过自控系统的调整,各自控站点供热温度相对均衡,用户室内温度整体相差不大。在热源能力不足的情况下,最大程度上减少极寒天气对供热效果的整体影响。相关数据见表3、表4、表5。

节能、非节能部分换热站点分布　　表3

换热站远近	节能	非节能
近端换热站	泰然居	索道运营中心
中端换热站	圣源华郡	地质勘察院
远段换热站	泰山医学院宿舍新1号、2号楼	乐园小区

12月29日至12月31日室温统计单日平均室温分布　　表4

节能换热站		
泰然居住户室内温度分布		
18℃以下	18～22℃	22℃以上
2	93	164
圣源华郡住户室内温度分布		
18℃以下	18～22℃	22℃以上
2	45	49
泰山医学院宿舍新1号、2号楼住户室内温度分布		
18℃以下	18～22℃	22℃以上
3	23	28
非节能换热站		
索道运营中心住户室内温度分布		
18℃以下	18～22℃	22℃以上
	14	31
地质勘察院住户室内温度分布		
18℃以下	18～22℃	22℃以上
2	34	34
乐园小区住户室内温度分布		
18℃以下	18～22℃	22℃以上
5	39	21

1月6日至1月8日室温统计单日平均室温分布　　表5

节能换热站		
泰然居住户室内温度分布		
18℃以下	18～22℃	22℃以上
6	104	167
圣源华郡住户室内温度分布		
18℃以下	18～22℃	22℃以上
3	41	28
泰山医学院宿舍新1号、2号楼住户室内温度分布		
18℃以下	18～22℃	22℃以上
2	22	29

续表

非节能换热站		
索道运营中心住户室内温度分布		
18℃以下	18~22℃	22℃以上
3	22	20
地质勘察院住户室内温度分布		
18℃以下	18~22℃	22℃以上
8	38	17
乐园小区住户室内温度分布		
18℃以下	18~22℃	22℃以上
14	37	9

3 总结

在极寒天气和热源供热能力严重不足的条件下，调整人员通过调整自控系统，实现供热负荷的优化配置，降低社会负面影响。自控系统调控需要结合现实供热工况，运用系统优势，不断摸索系统的调整规律和方法，使之更加完善，达到精准供热目的。

参考文献

[1] 石兆玉.供热系统运行调节与控制[M].北京：清华大学出版社，1994.
[2] 贺平，孙刚，王飞，等.供热工程[M].北京：中国建筑工业出版社，2009.
[3] 张红梅.供热工程[M].北京：化学工业出版社，2010.

专题 5 供热计量与智慧运营

基于热计量数据下的供热分析

秦皇岛市富阳热力有限责任公司　姚秀菊　陈栋基　黄璐璐　俞倩倩

【摘　要】 通过对秦皇岛市富阳热力有限责任公司热计量小区用户用热量、用户室内温度和相应换热机组热量供给进行数据分析，对用户的主动调节是否真正节能、二次网热损失是多少、如何对热计量小区的换热站参数合理调节进行深入研究，改变热计量就是热量收费的思维，让热计量数据体现在供热系统生产、监控、节能、安全的各个环节，在满足用户舒适度需求的服务目标下，最终实现系统的节能减排[1]。

【关键字】 热计量　主动调节　热损失　供热系统生产

0　引言

秦皇岛市富阳热力有限责任公司成立于 2005 年，供热方式为热电联产集中供热。2020—2021 年供暖季实际供热建筑面积为 720 万 m^2，非节能建筑面积占比 29%，热计量收费面积为 210 万 m^2，占总面积的 21%，热计量收费总用户为 2.9 万户。居民建筑多采用户表法计量收费方式，每年用户退费率高达 21%。如何将热计量数据体现在供热系统中，在保证用户舒适度的情况下，减少用户过度用热、减少能源消耗、降低碳排放是本文分析的重点。

1　热计量收费用户主动调节

供暖期间，对辖区内 30 个小区 29064 户热表数据进行监管，对异常数据用户进行筛选并走访。连续 7 天用热量为 0 或连续 7 天用热量超出换热站单耗 50% 的热用户为异常数据，从 2020 年 11 月 25 日至 2021 年 3 月 1 日共计筛选出异常用户 2001 户，其中连续 7 天用热量为 0 的用户共计 1252 户，占总用户的 4.3%；连续 7 天用热单耗超过站单耗 50% 以上的用户共计 749 户，占总用户的 2.6%。

1.1　连续 7 天用热量为 0 的原因分析

通过维修人员对该类用户走访反馈，用户主动控温调节占 94%，这类小区多为返迁户、出租房、公寓楼和新购房等用户，返迁户、出租房用户一般有较强的节能意识，新购房用户往往在第一年和第二年多数不常居住（表 1）。

连续 7 天用热量为零的原因统计及小区排名　　表 1

序号	原因分类	户数	占比	名次	小区	户数	占比	室内平均温度
1	温度设定低于室内温度	422	47%	第 1 名	在水一方	205	16.37%	22.44℃
2	家中无人	419	47%	第 2 名	玉龙湾	129	10.30%	21.56℃
3	防疫要求，未进小区	16	2%	第 3 名	在水一方 C	91	7.27%	22.99℃
4	其他原因（阀门打开）	32	4%	第 4 名	建新里	82	6.55%	21.56℃

1.2　连续 7 天用热单耗超过站单耗 50% 以上的原因分析（表 2）

通过维修人员对该类用户走访反馈，用户不进行温度控制率为 97%。这些小区主要集中在首府、国悦府、金舍德园和翠岛天成等小区，这些小区的居民对生活品质的追求较高，虽然采用热计量收费，但不主动进行调节（表 2）。

所以，热计量收费从一定程度可激励用户的主动节能意识，用户少缴纳取暖费获得一定收益，但是行为节能受居民生活水平、用户群体、用户体感舒适度等因素影响较大。

连续 7 天用热量超站单耗 50% 以上原因统计及小区排名　　表 2

序号	原因分类	户数	占比	名次	小区	户数	占比	室内平均温度
1	现场阀门全开，家中无人	324	51%	第 1 名	首府	98 户	13.08%	24.66℃
2	温控阀设置定至最高开度	289	46%	第 2 名	国悦府	87 户	11.61%	22.36℃
3	防疫要求，未进小区	9	1%	第 3 名	金舍德园	73 户	9.75%	22.33℃
4	隔空有停供/一楼/把房山	9	2%	第 4 名	翠岛天成	55 户	7.34%	22.26℃

2 热计量小区行为节能节在哪里

按照换热站机组供热区域进行分类,有的小区是部分用户进行热计量收费,有的小区是全面积进行热计量收费(少数个别用户放弃热计量收费)。那么,热计量收费用户的节能节在哪里,是否是真正意义上的节能?

2.1 不同面积占比的热计量收费小区的热量单耗

对秦皇岛市富阳热力有限公司辖区内热计量小区的计量收费面积占比和热计量与站单耗差值进行统计,具体数据情况及原因分析如表3、表4所示。

热计量用户占总用户的90%以上统计表　表3

序号	热计量小区		对应换热站		热计量与站单耗差值	差值百分比	热计量收费面积占比
	小区名称	实供建筑面积单耗(GJ/m²)	换热站名称	实供建筑面积单耗(GJ/m²)			
1	盛秦国际	0.248	盛秦国际	0.279	-0.031	-11.10%	96.00%
2	首府	0.304	首府	0.332	-0.028	-8.50%	93.20%
3	和安花苑	0.259	九中低温	0.282	-0.023	-8.30%	92.80%
4	上城汤廷	0.278	上城汤庭	0.293	-0.015	-5.00%	95.20%
5	金龙	0.294	金龙热力站	0.308	-0.014	-4.70%	98.40%
6	文景家园21#	0.235	文景家园	0.248	-0.014	-5.60%	99.60%
7	盛安福地	0.289	盛安福地	0.303	-0.013	-4.40%	98.80%
8	盛秦福地	0.276	万通1、2、3站	0.281	-0.006	-2.10%	93.00%
9	翠岛天成	0.246	翠岛天成	0.251	-0.006	-2.20%	91.40%
	平均值	0.270	平均值	0.286	-0.017	-5.77%	95.38%

热计量用户占总用户的50%以下统计表　表4

序号	热计量小区		对应换热站		热计量与站单耗差值	差值百分比	热计量收费面积占比
	小区名称	实供建筑面积单耗(GJ/m²)	换热站名称	实供建筑面积单耗(GJ/m²)			
1	广顺青年城	0.214	军工里低温	0.33	-0.117	-35.30%	20.10%
2	航顺天骄园	0.293	航顺低温	0.395	-0.100	-25.40%	5.40%
3	新闻西里	0.242	世纪星园低温低压	0.326	-0.084	-25.80%	8.50%
4	金港花园	0.259	和平香舍低区	0.315	-0.056	-17.80%	30.70%
5	盛达鑫苑	0.305	盛达鑫苑	0.336	-0.032	-9.40%	40.10%
6	在水一方	0.246	在水一方	0.273	-0.027	-9.90%	40.30%
	整体平均值	0.260	整体平均值	0.329	-0.069	-20.60%	24.18%

全热计量小区中,盛秦国际、首府和和安花苑换热站给部分商业建筑(公共建筑)(没有按照热计量收费)供热,商业建筑的热量消耗要比居民热量消耗量高,因此换热站单耗高于用户单耗约10%。上城汤庭、金龙、文景家园21#、盛安福地、盛秦福地、翠岛天成等换热站供给热量单耗比用户实际用热单耗高2.1%~5.6%,基本是二次网的热损失,上城汤庭和文景家园21#在车库内架空敷设,热损失可能大一些(其他管网敷设方式为直埋敷设)。

广顺青年城、航顺天骄园、天娇园、新闻西里这四个热计量收费小区的维护结构和整个换热站建筑的维护结构不一样(后并网供热,属于节能建筑,原有供热面积为非节能建筑),因此单耗差距比较大。而盛达鑫苑和在水一方小区属于不同时间建设的同样维护结构小区(两个小区的供热面积比较大,盛达鑫苑超过30万m²,在水一方超过50万m²),因此单耗差距不大,为9.94%、9.90%。如果考虑管网的热损失,用户的节能约为5%,5%的热量被不按照热量收费的用户浪费了,而究其原因是该换热站多供热造成的热量浪费和非计量收费用户过度用热所导致。

2.2 用户主动调节节能影响

由于受围护结构、入住率、地理位置等影响,使不同的热计量收费小区的热量消耗没有可比性。因此选取由同一台机组供热、入住率相近的玉带湾小区,对整个供暖季和每周的消耗进行统计,具体分析如表5、图1、图2所示。

2020—2021年供暖季用户热量单耗对比　表5

计量方式	建筑面积(m²)	入住率(%)	平均单耗(GJ/m²)	单耗差值	差值百分比(%)
热计量	127529.29	75.5	0.277	-0.021	-7.1
非热计量	56233.67	73.0	0.296		

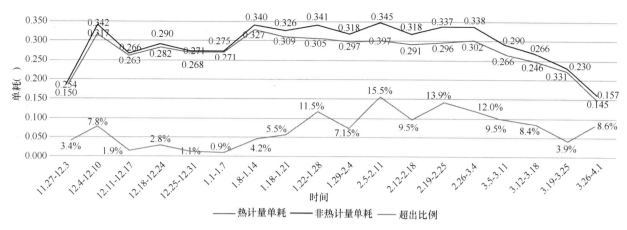

图 1 热计量收费用户与非热计量收费用户的单耗对比

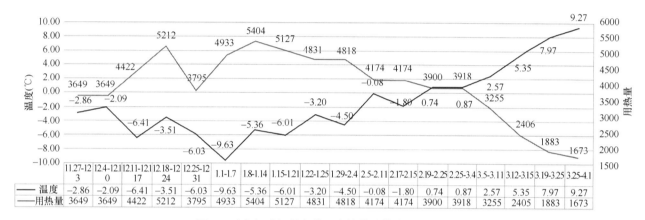

图 2 对应各时间段室外温度换热站供热热量对比

从 11 月 27 日至 1 月 14 日，新建一次网并网调试运行期间出现一次网波动。热计量与非热计量用户的单耗基本相同，在此期间存在热量供给基本满足用户需求或稍微不足问题（12 月 4—10 日，一次网供热故障进行抢修，出现峰值）。因此，在供热量刚好满足用户需求时，用户的主动调节节能就显得没有意义。

2 月 11 日至 2 月 17 日为春节，考虑到疫情和春节影响，居家人员比较多。为减少节假日期间的报修量，提高了换热站的供热参数，热计量用户的主观能动性得到最大限度发挥，主动节能占 15.3%。在此期间出现供热热量严重过剩问题。

2 月 26 日至供暖季末期，换热站的热量供给随着室外温度的大幅提升而逐渐减少，热计量用户行为节能在减小（停暖当天，为了增加一次网的降温速度，各换热站有多供热问题）。

通过以上 3 个阶段的情况分析，对于部分用户实行热量收费的小区，其主动节能多少主要归于热力公司供热量的多少，但多供给的热量并没得到节约，而是被其他没有热量收费用户浪费了，因此不是真正意义的节能。

2.3 用户使用热量多少和哪些因素有关

用户的用热量究竟和哪些因素有关？通过热计量数据上传系统对其进行进一步分析。

2.3.1 不同建筑和用户主观意愿

调取用户热量单耗最高的文景家园小区、单耗热量最低的文景家园 21 号和意愿调节不强烈的首府、国悦府以及有很强调节意识的在水一方和玉龙湾六个小区进行分析（表 6）。

六个小区的用热情况统计表　　　　表 6

序号	小区名称	面积（m²）	热量（kWh）	单耗	主动控温率（%）	用户室内温度（℃）
1	文景家园	51887	4955508	95.51	93.53	21.94
2	国悦府	55393	3784457	68.32	78.33	22.36
3	首府一期	95960	8327947	86.79	74.97	24.66
4	在水一方	265111	18755307	70.75	90.12	22.44
5	玉龙湾	183502	13851804	75.49	88.01	21.56
6	文景家园 21 号	13105	878299	67.02	53.30	23.14

用户室内温度最高的首府一期，室温为24.66℃，热量消耗比较高，属于需求比较高的小区。文景家园小区热量消耗最高，主动控温率最高，室内温度并不高。文景家园21号主动控温率最低，热量使用量最低，室内温度达到23.14℃。用户的主动控温意识并不能让用户少耗能，用热量少的用户室内温度并不是最低。文景家园21号建筑是整个文景家园小区（该小区除21号外其余全部为6+1建筑）唯一一栋21层的高层，热量使用量受太阳辐射影响较大，建筑越高，热消耗越低（2020—2021供暖季通过对换热站消耗统计，发现同一个换热站每平方米供热面积的高区比低区单耗低10.9%）。因此房屋的围护结构直接影响用户用热量，同时还受太阳辐射影响。主动用热意愿会使能耗升高的同时用户室内温度也升高，对有高要求的用户不算是热量的浪费，而是按需用热。

2.3.2 底层、顶层、隔空热用户单耗值对比

由图3可知，底层用户的单耗值是最高的，每月单耗值均高于平均值40%以上，其原因是一层用户多与地下室、土壤直接相连，散热量大，受太阳辐射而接收的热量少。顶层用户的单耗值仅次于底层，每月单耗值均高于平均值25%以上，主要顶层与外界大气接触，散热量大，但受太阳辐射影响接收的热量多。隔空用户的单耗值低于顶层和底层用户，每月单耗值均高于平均值15%以上，主要是户间传热及散热量大。因此边室底层、边室顶层、隔空用户补费问题率高，以和安花苑小区为例，补费户数为11户，其中10户为边室底层、边室顶层，1户为边室次顶层502，楼上601和602、同层501全部停供，楼下402退费率高达58.6%，502则需要补费，502比402要多交约1500元。通过调取1月7日（供暖季最低温度室外温度-14.4℃）供热参数，402用户流量为0.92t/h，供/回水温度为45.2℃/27.9℃。502用户的流量4.33t/h，供/回水温度为45.5℃/40.5℃。402属于主动调节节能用户，502用户阀门一直处于全部开启。调取这两户的每月热量使用情况，402在11月、3月、4月使用量为0kWh，并且这一户近三个供暖季一直都是这种调节模式（表7）。主动调节节能最终的结果"赚了自己、亏了邻居"。用户的主动调节减少了自己的使用热量却增加了周围用户的使用热量，因此不是真正意义上的使用热量降低。

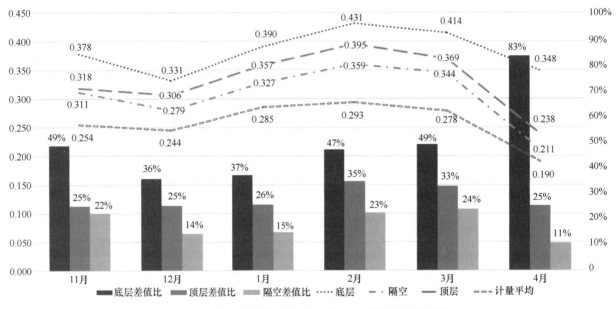

图3 小区中间位置及边室位置的室内温度及热量消耗

402用户和502用户每月用热量情况

（单位：kWh） 表7

住址	11月	12月	1月	2月	3月	4月	合计
502	1098	2139	2919	2745	1702	417	11020
402	0	988	820	10	0	0	1818

3 展望

（1）居民建筑用户热量的主动调节对降低整体能耗消耗意义不大，如果热力公司供给热量时不多供、不少供，热用户就不过度用热，最终整个建筑单体内用户达到一个舒适室内环境同时热量不浪费。

（2）建筑的围护结构即建筑节能等级是影响热计量用户使用热量最主要因素。中间用户、高层用户受接收周边用户热量、太阳辐射影响，热量使用量低，享受到退费的更多实惠。一层、顶层、隔空用户和边室用户耗热量大，退费少。面对热计量收费用户主动参与的调节方式（中间用户、高层用户、一层、顶层、隔空用户、边室用户等这类用户已经固定，在供热初期不停暖用户参与主动调节，但调节的时间和幅度都不确定），"智慧供热"在人工参与调节的情况下，如何保证固定不利用户和新形成不利用户的室内舒适度，达到热用户的温度相对均衡，将为热计量收费用户对"智慧供热"提出了另一个努力方向。

（3）用户室内温度是检验热力公司供热质量的标准，比用户端流量、供回水温度更直接。及时掌握户室内真实温度是实现"按需供热"的重要条件。《河北省供热用热办法》第四十八条规定，热用户不得有下列行为：未经供

热单位同意，擅自改动供热管道、增设散热器或者改变用热性质；改动、破坏供热计量及温控设施[2]。该规定没有包括用户室内上传系统，应把用户室内温度上传设备统一纳入供热计量及温控设施的一部分，保证室内温度数上传的及时性和完整性。

（4）由于户与户之间热量传导，造成热用户存在付出和回报不成比例问题，即所购热量和室内舒适度不成正比。因此是否考虑逐步调整并取消居民按热计量收费规定，加大公共建筑如商场、学校、电影院、歌剧院等有固定热量需求时间的场所按热量收费，而居民建筑逐步向以建筑节能等级定热价转变。

（5）2018年北方城镇供热能耗2.12亿tce，2001—2018年北方城镇建筑供暖面积从50亿m^2增长到147亿m^2，面积增加了2倍，而能源消耗增长不到1倍，平均单位面积供热能耗由2001年的23kgce/m^2降低到2018年的14.4kgce/m^2，体现了节能工作取得的显著效果。能耗强度的降低主要原因包括建筑保温水平提高及高效热源方式占比提高和运行管理水平提升[3]。数据显示，截至2015年底，北方供暖地区共计完成既有居住建筑供热计量及节能改造面积9.9亿m^2，年可节约650万tce[4]。可见非节能建筑改造直接减少标煤的使用量，减少碳排放。我公司2020—2021年供暖季对非节能建筑（2000年以前建筑）和节能建筑（2000年以后建筑）进行能耗对比分析，供暖季期间节能建筑（平均值24.5W/m^2）比非节能建筑（平均值36.8W/m^2）低33.4%，$2m^2$非节能建筑耗能相当于$3m^2$节能建筑耗能。按照我公司目前统计的数据，如果北方城镇每年以5%的速度进行节能改造，每年将节约130万tce的使用量。如果将夏季制冷减少电量、燃气等能源包括在内，该数据将更加可观。因此可以考虑出台相关政策，由政府、热力公司、居民三方共同出资对非节能建筑逐步进行节能改造，减少碳排放。

参考文献

[1] 刘荣. 中国城镇供热新模式下热计量发展方向的思考. [C]//2021供热工程建设与高校运行研究会, 2021.
[2] 河北省供热用热办法. 河北省人民政府令〔2013〕第7号.
[3] 清华大学建筑节能研究中心. 中国建筑节能年度发展研究报告2020[M]. 北京：中国建筑工业出版社, 2020.
[4] 田灵江. 我国既有居住建筑改造现状与发展[J]. 住宅科技, 2010, 38(4): 1-5.

供热计量用户热耗影响因素分析

内蒙古富龙供热工程技术有限公司　李春阳　甄　鹏　左河涛
清华大学建筑节能研究中心　罗　奥　夏建军
赤峰富龙热力有限责任公司热电分公司　康子侠

【摘　要】 供热计量是我国北方集中供热节能的重要政策，目前大部分地区推行的热计量方式都是分户计量。本文通过实际调研数据，从不同位置、停供户以及用户调节三方面因素，对计量用户的供热能耗影响因素进行系统性分析。分析结果表明：不同位置用户间热耗差异显著，其中边户、顶/底层用户的热耗普遍高于中间户；出现停供用户会使周围用户的热耗大幅提升；部分用户通过调节行为降低自身热耗，但楼栋与热力站单位面积热耗降低效果不明显。从分析结果可以得到，分户计量的技术路线并不适宜于我国北方地区的公寓式建筑。

【关键词】 供热计量　用户停供　调节行为　供热能耗

0　引言

北方地区集中供暖能耗是我国建筑能耗的重要组成部分之一。2019年年底，北方供暖地区城镇现有集中供热面积约131亿m^2。从集中供热能耗总量来看，目前北方城镇集中供热每年消耗约2亿tce，占建筑运行能耗的21%[1]。

对集中供热用户实施计量并根据热量收费是我国"热改"的一项重要政策措施。通过信息调研，得到目前供热计量实施现状：截至2019年，北方供热计量住宅装表总面积19.4亿m^2，实现计量收费面积仅7.7亿m^2。由于户间传热、用户报停、户表质量等实际问题难以解决，导致了现在虽然装表数量近20亿m^2，相关投入数百亿元，却几乎没有真正按照分户的方式进行计量收费[2,3]。

部分学者通过模拟分析了供热计量小区的热耗影响因素。王金鹤通过CFP模拟研究得到入住率为40%时，用户实际耗热量与理论耗热量比值为1.25，入住率为80%时，比值为1.09[4]。甄霞通过模拟分析得出，高层用户不同楼层的户间传热对耗热量影响差异较大，首层和顶层的耗热量约为中间层的两倍[5]。停供是影响用户耗热量的关键原因，刘兰斌等通过DeST-H分析，顶层有用户在不供暖时，其邻户的累积耗热量增幅在80%以上[6]。

从现有的研究可以发现，研究方法主要以模拟为主，实测数据研究非常缺乏，对于位置和停供对用户的热耗影响已有一定的研究结果，但计量用户调节对于系统能耗的影响研究较少，采用供热计量能否实现水、电一样的行为节能，目前仍无相关定论。多个因素对于集中系统不同层级能耗的影响研究较少。

通过供热计量难以推广的现状可以发现，科学和充分的认识北方集中供热系统用户的热特性，才能选择适宜我国的供热计量方法。基于此目标，本文对供热计量小区以及计量用户户表数据作为研究对象，按照小区、楼栋、用户三个层级进行分析。

1 供热计量用户热耗影响因素分析

1.1 供热计量基本信息

通过对部分城市供热计量小区 2018—2019 供暖季的计量用户户表数据调研和分析，各地样本量及户表数据质量统计如表1所示，城市 A1、A2、A3、A4 和承德市为集中供暖区域城市，城市 B 为非集中供热区域城市。

部分城市小区用户数据质量统计　　表 1

城市	供暖天数(d)	HDD18(℃·d)	小区样本量(个)	户表样本量(户)	有效样本量(户)	有效数据占比(%)
承德	152	3450	15	6513	4990	77%
A1	136	1999	2	72	53	74%
A2	151	2054	2	78	49	63%
A3	142	2684	4	320	170	53%
A4	133	1955	3	144	33	23%
B1	114	1425	1	48	29	60%

通过各地数据对比发现户表数据质量普遍较差。有效数据占比为有效数据与小区实际热用户之比，其中 A4 市有效数据仅为 23%。数据异常主要体现为户表数据出现数量级上的误差，热用户远传后的数据全部或较长时间段显示为"0"，后续研究将异常数据剔除后进行分析。

集中供热系统用户热耗主要受用户的位置、周围用户停供以及用户自身调节三个因素影响，本节分析以承德市户表数据作为主要研究对象，对于位置和停供的影响通过其他城市的数据作为对比。

1.2 不同位置用户热耗特征

首先对不同位置用户的热耗特征进行分析，北方城镇居住建筑形式以大型公寓式为主，同一楼栋内不同用户由于位置、外围护结构中外墙的数量和面积、用户朝向等不同，导致不同位置的用户实际耗热量差异很大。对单个楼栋内的不同位置用户分为三类：中间户、边户和顶/底层户，不同位置用户的划分如图1所示。

如图2所示，从统计结果平均单位面积热耗来看，顶/底层户热耗最高，边户次之，中间户热耗最低。由于位置上的差异，顶/底层户的平均单位面积热耗比中间户高 0.03～0.18GJ/m²，增幅为 10%～78%；边户的平均单位面积热耗比中间户高 0.01～0.12GJ/m²，增幅为 2%～43%。

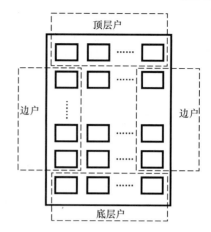

图 1 不同位置用户划分

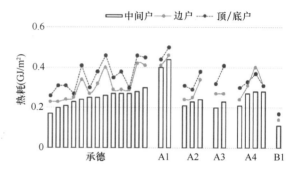

图 2 各地同小区楼栋不同位置用户平均单位面积热耗

通过承德市与其他城市楼栋内各位置用户可以发现，无论用户调节与否，顶/底层户和边户的平均单位面积热耗都要明显高于中间户。选取承德市某小区 5 号楼用户进行分析，该小区建造于 2017 年，属于三步节能建筑。单个楼栋总计 27 层楼，一层共六户，户型面积为 138.25m²，该楼栋整体平均热耗为 0.36GJ/m²。

该楼栋不同位置用户的单位面积热耗统计情况如图3所示，中间户单位面积热耗为 0.32GJ/m²，顶/底层户单位面积平均热耗为 0.39GJ/m² 和 0.43GJ/m²，分别比中间户平均热耗高 0.07GJ/m²、0.12GJ/m²。该楼边户单位面积平均热耗为 0.34GJ/m²，比中间户高 0.02GJ/m²。

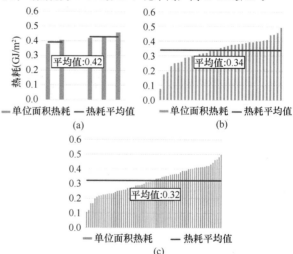

图 3 同楼栋不同位置用户单位面积热耗分布情况
(a) 顶/底层户；(b) 边户；(c) 中间户

根据以上结果，不同位置用户单位面积热耗差异依然明显，同位置用户单位面积热耗也存在差别。同样是中间户，用户最高单位面积热耗 0.50GJ/m² 是最低单位面积热耗 0.11GJ/m² 的 5 倍，这是由周围存在停供用户和用户调节导致的。由于位置上的差异，从统计结果可以发现，从平均单位面积热耗来看，顶/底层户单位面积热耗最高，边户次之，中间户单位面积热耗最低。顶/底层户比中间户单位面积热耗增加 11%~41%，边户比中间户单位面积热耗增加 2%~21%。

从以上结果可以看到，公寓式建筑中，不同位置用户间单位面积热耗存在巨大差异，户表计量的热量具有不准确性和复杂性，使之很难作为衡量用户用热的指标，更难以作为直接对用户收费的依据。

1.3 停供对用户热耗的影响

集中供热系统用户停供会导致建筑单位面积热耗增加，通过选取承德市 15 个非计量小区与 30 个计量小区的单位面积热耗与入住率进行分析，得到如图 4 所示结果，可以发现，各小区的单位面积热耗随着入住率的增加呈线性降低趋势。

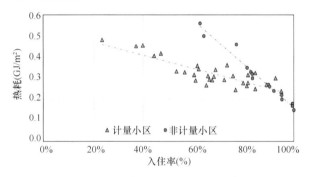

图 4 供热小区单位面积热耗与入住率关系

实际供热过程时，当出现"报停用户"时，由于墙体户间传热会使邻室住户耗热量大幅度增加。根据周围用户停供数量进行对不同位置用户进一步分类：分为停供 0/1/2/3/4 户，分析周围停供用户不同数量下，各位置用户的单位面积热耗分布。

图 5 所示为某小区 5 号楼栋停供以及供热用户的单位面积热耗分布图，图中未填色代表停供用户，浅色代表用热户，且颜色较深表示用户耗热量越高。从图中可以看到，除了不同位置导致用户在单位面积热耗上存在差异外，96% 高热耗用户周边存在停供的用户。

对各位置用户的单位面积热耗按照周围停供用户数量分类得到图 6，该楼中各个位置用户随着周围停供户数的增加，单位面积热耗都呈现出上升的趋势。

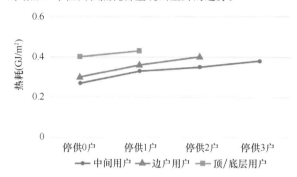

图 6 承德市某小区 5 号楼各类用户单位面积热耗

由于单栋楼内周围停供用户的存在和位置分布具有随机性，所以对同一小区内的多个楼栋用户进行分类和平均单位面积热耗对比。针对该小区不同楼栋的所有用户进行分类汇总，并计算得到各类用户的平均单位面积热耗（图 7）。

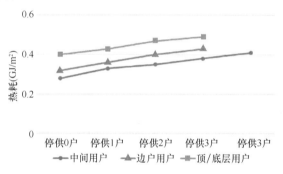

图 7 承德市某小区各类用户单位面积热耗

当用户周围存在停供用户时，中间户的单位面积热耗增幅范围为 15%~32%，边户单位面积热耗增幅范围为 11%~26%，顶/底层户单位面积热耗增幅范围为 5%~19%。

按照同样的用户分类与统计方法，对其他 5 个城市部分供热计量小区分析计算热耗，结果如表 2 所示。各地由于停供用户的存在，户间墙体传热导致各类用户的平均单位面积热耗均有不同幅度的增加。

图 5 承德市某小区 5 号楼停供用户耗热量热力
分布与建筑外观

各地不同楼栋周围存在停供用户的
用户热耗增幅   表 2

城市	中间户	边户	顶/底层户
承德	15%~32%	11%~26%	5%~19%
A1	6%~13%	3%~14%	2%~23%
A2	12%~24%	22%~35%	4%~11%
A3	7%~30%	11%~27%	3%~20%
A4	6%~31%	18%~23%	3%~10%
B1	11%~55%	21%~42%	6%~21%

2 用户调节对热耗的影响

2.1 各地区用户调节情况

为进一步了解供热计量用户的调节行为,选取各地同小区同一栋楼的 2 个典型用户热表数据观测单日流量变化曲线与日流量的分布,如图 8 所示。

从图 8 中供暖季流量变化可以发现,B1 市由于外墙传热系数相比寒冷和严寒地区小,用户冬季开窗时间更长,也就导致这些地区用户的调节意愿强,阀门启停的频率更加频繁。A1 市、A2 市的典型用户整个供暖季流量几乎没有变化。A3 市和 A4 市由于庭院管网的流量调节,使得各用户日流量存在一致的小幅度波动,但波动趋势完全一致。

在属于集中供热区域的北方城市中,仅有承德市计量用户由于不同的调节行为,导致用户的流量变化曲线完全不同,用户有关闭或关小阀门导致流量大幅降低数天。

通过图 9 中不同位置用户的单位面积热耗与流量的关系可以看出,用户的单位面积热耗与其供暖季平均流量存在明显的正相关关系,说明用户对流量的调节可以有效地改变用户的计量表测得的耗热量,也可以用户表的流量来表示用户用热过程中的调节行为。

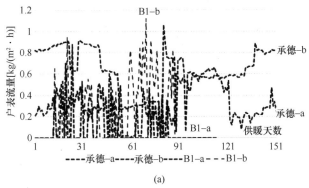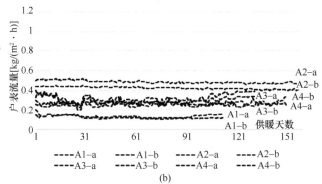

图 8 部分城市热计量典型用户供暖季流量变化
(a) 典型"调节"用户供暖季流量变化;(b) 典型"不调节"用户供暖季流量变化

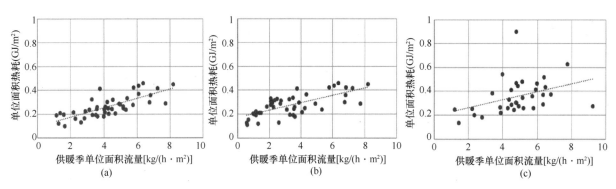

图 9 各类用户单位面积热耗与单位面积流量的关系
(a) 中间户;(b) 边户;(c) 顶/底层户

此外,为区分各个地区之间的计量小区调节的情况,引入"调节程度"的概念。调节程度定义为 1－用户日平均流量/用户单日最大流量的值,此值越大,说明用户调节的参与程度越高,代表用户调节越多。

据此定义调节程度的概念来评价用户的调节行为和比较各地区的调节程度分布情况。调节程度符号为 λ,为无量纲量,为用户的平均调节程度;λ_n 为用户第 n 日的单日调节程度。

$$\lambda = 1 - \frac{\overline{G}}{G_{n,\max}}$$

$$\lambda_n = 1 - \frac{G_n}{G_{n,\max}}$$

式中,$\overline{G}$——用户供暖季平均单位面积流量,kg/(h·m^2);

G_n——用户第 n 日单位面积流量,kg/(h·m^2);

$G_{n,\max}$——用户供暖季内的最大单日单位面积流量,kg/(h·m^2)^2。

各地用户平均调节程度统计计算结果如表 3 所示。B1 市地区调节程度最高,典型北方地区部分城市中,承德市调节程度高于其他城市。除承德外,其他地区的计量用户很少主动参与通过调节阀门来改变入户流量。

调研城市计量小区平均调节程度　　表 3

城市	调节程度	城市	调节程度
B1	79%	A2	35%
承德	44%	A3	34%
A4	38%	A1	25%

通过对多个城市数据的分析，得到了热计量用户"装表不调节"的普遍现状，发现仅有承德市和 B1 市热计量用户对调节的参与程度较高。

2.2 用户的调节行为对热耗的影响

选取承德市计量小区（17个）与非计量小区（11个）换热站热耗进行对比分析，如图 10 所示。所有小区建筑类型均为三步节能建筑。热力站热耗受入住率影响较大，因此根据当地热力站热耗与入住率的相关关系，将所有小区耗热量根据入住率进行修正，从图中的两类小区的平均热耗来看，计量小区虽然大部分用户存在不同程度的调节，但用户调节导致的热力站平均热耗降低仅约 $0.01GJ/m^2$。

再进一步对承德市同一小区不同楼栋的调节程度和楼栋平均单位面积热耗进行分析，选取其中调节程度区间差异较大的几栋楼作为代表，统计结果如图 11 所示。从图中结果可以看到，同小区楼栋在建筑形式、围护结构性能和用户户型完全一致的情况下，由于调节程度增加导致的楼栋单位面积平均热耗存在降低的趋势，但效果并不明显。

再将所有统计楼栋内用户按照调节程度大小划分为 3 类，调节程度在 0%～30% 作为不节能情形（用户几乎不调节或调节较少）；30%～50% 作为中立情形；50% 以上作为节能情形（调节较多）。得到不同调节程度下各楼栋的单位面积热耗统计如表 4 所示。

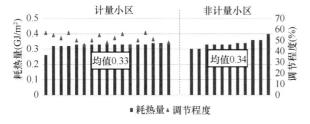

图 10 承德市计量与非计量小区耗热量比较

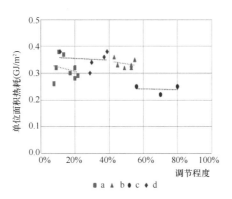
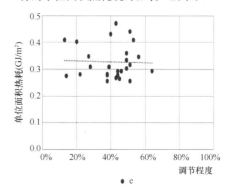

图 11 同一小区不同楼栋单位面积热耗与调节程度之间的关系

不同楼栋单位面积热耗与调节程度　　表 4

	λ＜30%的楼栋	30%＜λ＜50%的楼栋	λ＞50%的楼栋
楼栋数	25	24	8
楼栋占比（%）	44	42	14
热耗（GJ/m²）	0.33	0.31	0.29

从楼栋的平均单位面积热耗分布结果来看，由用户参与调节导致的热耗降低效果仍不明显，调节程度＞50%的楼栋平均热耗为 $0.29GJ/m^2$，相对于楼内用户调节较少的楼栋仅降低约 $0.04GJ/m^2$。

热用户周围不论报停用户存在与否，部分热用户可以通过调控流量一定程度上减少热量。如图 12 和图 13 所示，中间户与边户通过调节瞬时流量的变化，可将降低该用户的热耗，且随着调节程度的增加热耗呈现降低的趋势；但顶/底层用户通过调节瞬时流量的变化对热耗的影响并不明显，随着调节程度的增加，热耗仅有微小变化，即使较大的调节程度对热耗也并没有太大影响，且对于这类用户，频繁地调节会使用户室内温度出现不达标的现象。

为了能更加清楚的了解用户调节程度变化对单位面积热耗的影响，将调节程度同样划分为 3 类，相同区间内多个用户热耗按面积加权当作此区间的热耗，对比不同区间下平均单位面积热耗的变化情况，处理结果如表 5 所示。

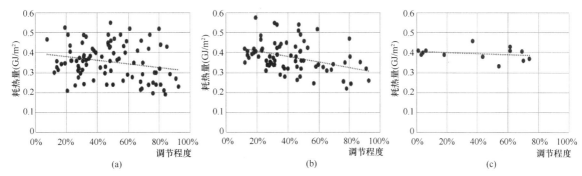

图 12 周围不存在停供用户时不同位置热用户单位面积热耗与调节程度的关系
（a）中间户；（b）边户；（c）顶/底层户

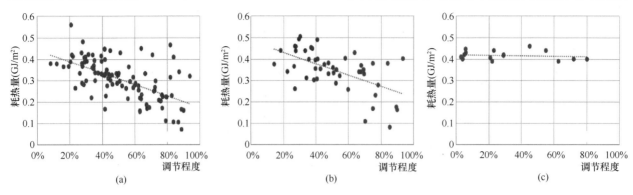

图 13 周围存在停供用户时不同位置热用户单位面积热耗与调节程度的关系
(a) 中间户；(b) 边户；(c) 顶/底层户

同一小区不同楼栋不同位置用户均单位面积热耗与调节程度　表 5

热耗 (GJ/m²)	周围无停供用户			周围有停供用户		
	λ<30% 的用户	30%<λ<50% 的用户	λ>50% 的用户	λ<30% 的用户	30%<λ<50% 的用户	λ>50% 的用户
中间户	0.34	0.31	0.22	0.36	0.36	0.30
边户	0.36	0.33	0.26	0.39	0.38	0.32
顶/底层户	0.40	0.42	0.40	0.41	0.42	0.41

无论周围是否存在停供用户，随着调节程度的升高，用户单位面积热耗均显著的降低，λ>50%的所有用户平均热耗相比于λ<30%的用户降低了0.07GJ/m²/0.05GJ/m²，下降幅度达到20%/11%。

热用户周围不存在停供用户时，各位置用户的热耗均随调节程度的升高呈现降低的趋势，中间户与边户热耗降低明显，顶/底层用户调节对户表热量无影响，见图14。

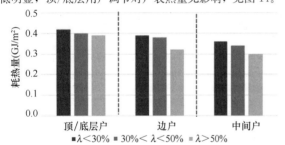

图 14 不同位置和调节程度的用户热耗

对用户热耗三个影响因素进行综合，进一步将不同位置以及周围停供户数的用户进行分类，得到如图15和表6中的结果。从用户分类的热耗分析可以发现：只有当中间户和边户在周围停供户为≤1时，调节用户户表热量有明显降低；各位置用户周围停供用户数≥2时，调节对户表热量无影响；底层、顶层用户周围存在停供用户时，调节同样对户表热量无影响。

不同位置、停供户数和调节程度的用户热耗　表 6

	调节程度	λ<30%	30%<λ<50%	λ>50%
顶/底层户	停供1户	0.44	0.39	0.40
	停供2户	0.41	0.39	0.40
边户	停供1户	0.39	0.35	0.24
	停供2户	0.38	0.34	0.35
	停供3户	0.45	0.4	0.38
中间户	停供1户	0.38	0.33	0.23
	停供2户	0.32	0.32	0.27
	停供3户	0.38	0.29	0.29
	停供4户	0.43	0.42	0.42

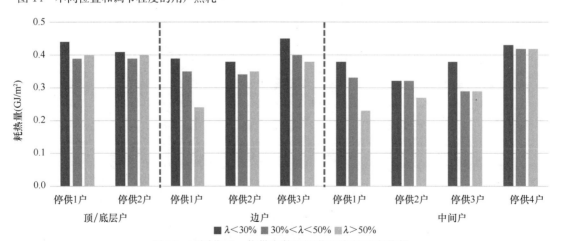

图 15 不同位置、停供户数和调节程度的用户热耗

用户调节程度仅对该用户热耗的降低有明显效果，相比于楼栋与热力站热耗降低的效果并不明显。综合以上小区热力站、楼栋、用户三个层级的热耗与三个影响因素的分析可以发现，相比于用户的调节行为对用户热耗的影响，周围存在停供用户对用户热耗的影响更大。

3 总结

本文通过各地实际调研数据，分析了集中供热系统用户热耗三个影响因素：用户的位置、用户周围的停供情况以及用户的调节，通过承德市户表数据的综合分析以及各地户表数据的比对可以得到以下结论：

（1）通过各地调研得到户表数据，发现户式热量表的数据质量普遍较差，主要体现在数据采集和传输环节的数据缺失情况严重，户表数据不能反映用户的真实热耗。

（2）不同位置用户之间的单位面积热耗差异显著，主要体现在边户、顶/底层用户的平均单位面积热耗高于中间户。周围存在停供用户的热用户单位面积热耗普遍偏高，且不同位置用户的单位面积热耗均随着周围停供用户数的增加而增加。

（3）用户的调节行为仅对该用户单位面积热耗的降低有明显效果，相比于楼栋与热力站热耗降低的效果并不明显。通过多个小区和楼栋调节程度以及热耗的对比，同时结合用户不同位置、周围停供户数等多个因素分析发现，只有当中间户和边户在周围停供户为≤1时，调节用户户表热量有明显降低。即使在这部分用户积极参与调节的前提下，楼栋、小区整体单位面积热耗依然没有降低。

结合供热计量政策实施的目标及初衷，在揭示北方住宅中用户热特性的基础上，可以发现分户计量的技术路线并不适宜我国北方地区的公寓式建筑，未来的供热计量技术路线调整中，应该将基本的计量单元由"户"调整为"栋"。

参考文献

[1] 清华大学建筑节能研究中心. 中国建筑节能年度发展研究报告2019[M]. 北京：中国建筑工业出版社，2019.
[2] 周宏春. 供热计量改革不能走进"死胡同"[J]. 供热制冷，2017，1：20-22.
[3] 陆娅楠. 30亿元智能供暖装置无奈沉睡[N]. 人民日报，2013年，12月25日第14版.
[4] 王金鹤. 严寒地区供暖季居住建筑户间传热问题的研究[D]. 长春：吉林建筑大学，2018.
[5] 甄霞. 高层住宅用户位置和户间传热对耗热量的影响[J]. 建筑热能通风空调，2014(1)：59-61.
[6] 刘婧婧，刘兰斌，涂壤. 供暖期空置住宅停暖对建筑室温及能耗的影响[J]. 建筑科学，2019，35(8).

基于建筑物特性及热计量数据对室温影响的研究

天津能源物联网科技股份有限公司　邵鹏勇　夏　青　孙　淼　孙　磊

【摘　要】居民建筑内的室温受到建筑物特性、供热运行能力、气象环境、热用户生活习惯等多种因素影响，为了保障供热，需建立上述多种不同因素组合或者关联的方法进行室温预测，但是实测室温和预测室温结果往往存在较大误差。本文参考借鉴过去关于此方面研究的方法和参数，借助大数据的工具和新方法，以数据回归和神经网络，通过对不同维度的数据进行分析，研究室温背后的影响因素，以建立更完善的算法模型，提高室温预测精度，指导热企精准供热，帮助热企节能降耗并满足热用户需求。

【关键词】舒适供热　室温预测　大数据　神经网络

1 选题背景及研究意义

1.1 背景

城市供热系统在供热的过程中既要提高经济效益又要提升服务管理水平。终端用户室内温度是一个非常重要的参数，它对于精准调节供热输出、实现低碳节能降耗以及满足热用户室温用热达标均具有重要的意义。

感知室温常规的方法是室内安装测温面板。由于测温设备硬件成本高、维护难、电池寿命有限等情况，遇到较大阻碍。为此表计企业、热力企业联合科研机构进行了一些探索，根据建筑物和室温关系、气象和室温关系、终端供热能力和室温关系，提出一些室温软测量技术。通过相关性分析发现，终端供热过程中的热计量数据，其入水温度、回水温度、单日热量、热功率、单日流量、流速和温差与室温相关性强；气象数据中户外气温、湿度、降水概率、气压和风力风向与室温存在一定的线性相关性；建筑物的保暖层、材料、层高、面积、朝向、日照时间等参数也有影响。这些研究和案例，其预测室温和实测室温存在较大程度的偏差。本文参考其中若干方法和参数集合，以天津某小区2020年12月至2021年1月的供热运行数据、建筑物特性、气象参数等多种类型数据为基础,通过大数据分析方法,研究各种类型的参数对室温变化的影响,以确定主要的影响参数,并根据这些参数,通过回归和神经网络的运算处理,建立新型多维度因素的模型,从而大幅度提升室温预测的精度。

1.2 本文研究目标和方向

本文的研究对象是单户不具备调节手段的、居民热用户室温的预测,尤其是边角户、报停户周边户的室温预测。根据采集的建筑物特性、供热运行能力、气象环境、用热户生活习惯等多种因素下的数据,通过大数据的回归算法和神经网络等运算找到关键参数,并以室温采集点的数据作为修正因子,重构一套全新的室温预测模型,提高室温预测精度。研究目标如下:

(1) 评估之前有关论文和实践中预测方法的正确性,验证其预测成果的准确性,发现其中的优势和不足,找到数据的关键参数,从方法层面完善预测技术,提高预测精度。

(2) 分析各项参数指标对用户室温的影响效果,为企业建立合适的预测模型提供指导建议,为热力企业的节能降耗和低碳减排提供数据支撑。

(3) 建立新型的数学模型,提供更多专家知识积累,促进智慧供热行业向更高标准迈进。

(4) 将建立的室温预测模型推广到行业应用之中,有利于实现行业企业的数字化转型,减少硬件测温设备采购成本,实现企业降本增效目标。

2 研究内容

2.1 因素类型和数据选择

常规的关联因素分类如图1所示。

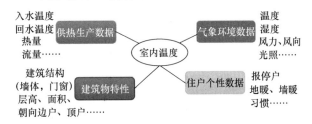

图1 常规数据关联分类分组图

2.2 数据参数定义

研究参考的因素类型包括终端的供热生产数据、建筑物特性、气象环境数据、住户个性数据四类。每一大类里面包括若干不同的参数,具体如下。

(1) 终端供热生产数据:选择入户采集的供热计量数据作为依据,如表1所示。

供热计量数据 表1

序号	数据类型	单位	释义及注释
1	累计流量	m³	
2	累计热量	kWh	

续表

序号	数据类型	单位	释义及注释
3	瞬时流量	m³/s	
4	热表号		九位数字编码,不足的首位以0补齐
5	供水温度	℃	供热循环中的流出处的水温
6	回水温度	℃	供热循环中的返回处的水温
7	热功率	kW	
8	温差	℃	供水温度与回水温度的差值

(2) 气象环境数据:以天津滨海气象数据为例,如表2所示。

天津滨海气象数据 表2

气象要素		单位	位置滨海
平均气压		hPa	890.9
气温	年平均	℃	9.0
	极端最高	℃	38.7
	极端最低	℃	−27.7
相对湿度		%	57
降水量		mm	186.3
蒸发量		mm	1593.1
风速	平均	m/s	2.1
	最大	m/s	28.0
	风向		N
地面温度	实时	℃	11.5
	极端最高	℃	70.2
	极端最低	℃	−32.1
日照时数		h	2905.7
历史大风日数		天	18.5
历史雷暴日数		天	16.5
历史霜日数		天	98.1
最大积雪深度		cm	9
冻土深度	最大冻深	cm	88

(3) 建筑物特性数据

① 常规的建筑物特性主要参数如表3所示。

建筑物特性主要参数 表3

序号	数据名称	单位	释义及注释
1	楼层高度	m	
2	收费面积	m²	
3	户型朝向		南北,东西,偏行
4	户型位置		顶户,底户,边户,中户
5	建筑物保温特性		四步节能,三步节能,二步节能
6	建筑类型		住宅,居住区综合,学校办公,医院托管,旅馆,商店,食堂餐厅,影剧院,大礼堂体育馆
7	建筑年代		
8	围护结构		
9	保温厚度	cm	
10	外墙材料		
11	外门窗设计		
12	边户		顶户,底户,侧面边户

② 建筑物综合传热系数如表4所示。

建筑物综合传热系数　　　　　　　　　　表4

类别	板楼			塔楼		
	构件名称	导热热阻 [(m³K)/(W·h)]	传热系数 W/m²	构件名称	导热热阻 [(m³K)/(W·h)]	传热系数 W/m²
外墙	37砖外墙	0.629	1.04	混凝土保温外墙	0.647	1.02
内墙	24砖外墙	0.338	1.10	混凝土隔墙	0.237	1.24
楼梯间内墙	37砖内墙	0.629	0.83	混凝土保温内墙	0.647	0.82
屋顶	加气混凝土保温屋面	0.607	0.54	加气混凝土保温屋面	0.607	0.54
楼地	混凝土保温楼地	3.239	0.29	混凝土保温楼地	3.239	0.29
楼板	钢筋混凝土保温楼板	1.895	0.32	钢筋混凝土保温楼板	1.895	0.32
门	双层实体木制外门	—	2.3	双层实体木制外门	—	2.3
窗	双层铝合金窗	—	3.2	双层铝合金窗	—	3.2

(4) 住户个性数据以热用户用热状态为主,如表5所示。

热用户室内状态　　　　表5

序号	状态	释义及注释
1	报停户	用户在计费系统中申报过停止用热,入户阀关闭的热用户
2	异常户	按照国标户内测温方法和测温面板温度值差值大于3℃的热用户

(5) 校验数据:根据测温面板实测室温作为校验数据,如表6所示。

校验数据　　　　表6

序号	数据类型	单位	释义及注释
1	面板测点数据	℃	测温面板所在安装位置的实际测得值温度数据
2	标准室温	℃	室内对角线中间1.5m高位置的温度值(标准手持仪测温点)
3	室内湿度	%	部分测温表可测量室内湿度,作为附加维度

3 研究方法与过程

3.1 数据观察

(1) 单一数据的规律性观察:首先对每类数据进行单一数据观察、规律性观察,一致性观察,寻找单一数据自身的特质,以室温为例。

为了观察相邻房间的供暖情况是否类似,分别绘制了21-1-1301房间、21-1-1302房间和25-1-1503房间、25-1-1603房间的室温变化折线图,如图2所示。

(2) 多组数据分布的规律性观察

绘制所有室的累计热量-流量折线图后可以发现,数据均随时间呈上升趋势,流量与热量间表现出明显相关性,并无明显的异常数据,其中802室与904室的趋势图如图3所示,其余房间均如此,限于篇幅在此不列举所有趋势图。

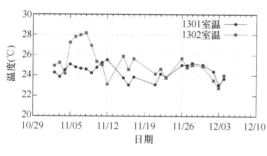
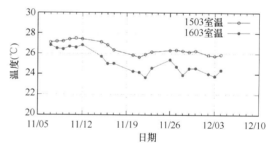

图2　不同房间室温变化对比

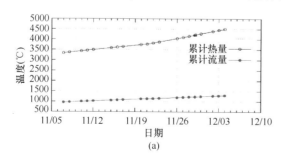
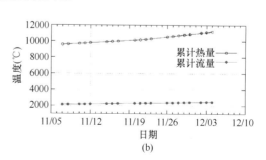

(a)　　　　　　　　　　　(b)

图3　数据分布观察
(a) 24-1-802;(b) 24-1-904

3.2 数据整理

(1) 数据归集

对原始数据进行归集，在归集过程中剔除重复数据，并保证所有数据行的时间戳对齐、楼栋门牌户号对齐，确保同一时间戳同一户号下各数据唯一，如图4所示。

累计热量	累计流量	热功率	流速	入水温	回水温	温差	抄表时间	室温	预测室温	绝对误差	单日热量	单日流量
18752.6	3096.16	3.04	0.373	39.3	32.2	7.1	2021-02-25 00:00:00	23.42	23.51	0.0932	61.3	8.94
18813.5	3105.11	2.67	0.3707	37.5	31.2	6.3	2021-02-26 00:00:00	22.97	22.70	0.2686	60.9	8.95
19396.4	3193.6	2.66	0.3667	37.2	30.9	6.3	2021-03-08 00:00:00	23.79	23.41	0.3760	63.5	8.87
19627.9	3237.35	1.96	0.3632	34.2	29.5	4.7	2021-03-13 00:00:00	24.29	24.15	0.1371	39.7	8.71
30270.7	3794.64	3.15	0.235	37.9	26.2	11.7	2021-02-10 00:00:00	25.32	25.27	0.0475	70.5	5.7
30850.3	3840.54	3.5	0.2361	39.1	26.2	12.9	2021-02-18 00:00:00	24.18	24.03	0.1465	86.9	5.73
31282.2	3880.29	3.8	0.2446	39.3	25.8	13.5	2021-02-25 00:00:00	23.69	23.15	0.5379	74.1	5.71
31911.4	3931.43	3.32	0.2336	37.4	25	12.4	2021-03-06 00:00:00	23.73	23.34	0.3944	64.1	5.67
16758.4	2481.78	1.44	0.1781	35.9	28.8	7.1	2021-02-07 00:00:00	24.47	24.31	0.1619	37.4	4.44
17370.9	2551.51	1.77	0.1819	37.5	29	8.5	2021-02-23 00:00:00	25.06	24.57	0.4897	31.7	4.28
17797.9	2598.36	1.93	0.1792	37.3	27.8	9.5	2021-03-06 00:00:00	23.21	23.18	0.0297	35.1	4.23
38420.5	5244.27	4.28	0.5368	38.5	31.6	6.9	2021-02-24 00:00:00	25.69	25.72	0.0269	84.4	12.67
23045.2	2450.85	5.03	0.5959	36	28.7	7.3	2021-02-06 00:00:00	21.06	20.70	0.3628	129.1	14.32
23291.8	2479.42	6.09	0.5882	39.6	26	13.6	2021-02-08 00:00:00	19.48	19.84	0.3645	128.5	14.28
17776.8	2001.66	2.88	0.4386	36.1	30.4	5.7	2021-02-06 00:00:00	22.17	22.49	0.3202	78.9	10.53
18171	2054.47	5.19	0.444	36	25.8	10.2	2021-02-11 00:00:00	22.05	21.94	0.1062	88.2	10.73
21967.1	2947.92	4.29	1.5042	39.3	30.5	8.8	2021-02-25 00:00:00	25.45	25.29	0.1588	80.4	9.72
22581	3025.81	3	1.5042	34.7	28.4	6.3	2021-03-05 00:00:00	24.57	24.11	0.4629	63.5	9.73
22827.1	3055.08	3.52	1.504	37.3	29.7	7.6	2021-03-08 00:00:00	25.59	25.53	0.0622	84.6	9.76
6766.6	1047.92	1.86	0.22	38.5	31.1	7.4	2021-02-16 00:00:00	25.3	25.28	0.0214	40	5.12
7540.2	1160.22	1.03	0.2131	33.2	29	4.2	2021-03-10 00:00:00	25.03	25.31	0.2809	28.3	5.12
27614.5	2566.29	5.13	0.3871	39.1	27.6	11.5	2021-02-25 00:00:00	24.1	24.37	0.2739	102.8	9.29
24905.2	2651.56	2.53	1.5043	36	30	6	2021-02-06 00:00:00	26	25.97	0.0262	70.5	8.73
25039.7	2669	3.7	1.5043	39.7	31	8.7	2021-02-08 00:00:00	25.12	24.82	0.3031	73.1	8.73
25361.3	2713.59	3.08	1.5044	37.4	30.3	7.1	2021-02-13 00:00:00	25.08	24.82	0.2552	60.8	9.1
25863.4	2768.4	3.51	1.5044	39.3	29.6	8	2021-02-19 00:00:00	24.06	24.57	0.5144	77.2	9.1
25927.3	2777.47	2.42	1.5044	34.6	29.1	5.5	2021-02-20 00:00:00	25.08	25.06	0.0226	63.9	9.07
25968.2	2786.5	1.36	1.5043	31.3	28.1	3.2	2021-02-21 00:00:00	25.64	25.64	0.0034	40	9.03
26015.1	2795.52	2.08	1.5045	34	29.4	4.6	2021-02-22 00:00:00	25.55	25.73	0.1755	46.9	9.02
26072.5	2804.59	3.29	1.5044	37.7	30.2	7.5	2021-02-23 00:00:00	25.09	25.26	0.1660	57.4	9.07
20496.2	2939.14	2.45	0.4104	36	30.8	5.2	2021-02-07 00:00:00	23.81	23.27	0.5388	62.1	9.89
21426.3	3061.9	3.47	0.4299	37.5	30.5	7	2021-02-19 00:00:00	20.42	20.67	0.2500	75.1	10.36

图4 数据归集

(2) 数据清洗

在研究实践中发现，汇集后的数据往往质量较差，主要表现在数据不完整、各类数据缺失、入水/回水温差为负、测点数据异常等。因此在进行室温数据回归分析之前需要进行数据过滤（图5），以供热计量数据为例，其部分数据清洗和过滤规则为：热耗>1；流量>0.5；热功率≠0；室温>0.5；室温≠blank。

室温	单日热量	单日流量	交费类别	收费面积	高度	朝向	气温	风向	风力	风速	气压	湿度	降水概率
22.28478241	63.1	8.98	新开居民	122.99	2.7	南北	5.21	131.25	3.88	24.71	1022.08	0.47	0
20.36248016	57	8.99	新开居民	122.99	2.7	南北	0.88	174.38	3.67	20	1032.5	0.53	0
22.18265533	62.7	9.04	新开居民	122.99	2.7	南北	0.83	249.38	2.17	10.67	1030.38	0.58	0
23.11170578	62.8	9.06	新开居民	122.99	2.7	南北	3.29	215.62	3.25	13.92	1022.08	0.51	0
23.88846207	59.2	9.01	新开居民	122.99	2.7	南北	3.83	219.38	1.92	10.08	1022.5	0.57	0
24.00328445	54.1	8.98	新开居民	122.99	2.7	南北	6.54	243.75	3.5	15.33	1018	0.65	0
24.14096451	51.8	9.05	新开居民	122.99	2.7	南北	8.21	211.88	2.08	10.25	1021.25	0.61	0
24.61436462	53	9.09	新开居民	122.99	2.7	南北	5.46	200.62	1.5	8.42	1019.5	0.78	0.14
19.59415436	56.3	9	新开居民	122.99	2.7	南北	1.21	31.88	4.62	31.04	1022	0.78	0.23
22.80781174	66.9	9.05	新开居民	122.99	2.7	南北	1.08	185.62	3.62	20.42	1019.25	0.38	0
22.07097626	63.7	8.95	新开居民	122.99	2.7	南北	1.17	112.5	4	25.92	1028.92	0.29	0
21.60445404	70	8.97	新开居民	122.99	2.7	南北	-1.58	135	3.42	20.21	1031.29	0.24	0
22.50993347	72.2	8.99	新开居民	122.99	2.7	南北	1.5	238.12	3	13.54	1020.88	0.38	0
25.64248276	61	8.91	新开居民	122.99	2.7	南北	6.54	181.88	3.5	14.38	1009.42	0.53	0
24.16167831	53.2	8.91	新开居民	122.99	2.7	南北	9.92	200.62	3.33	17.33	1004.54	0.43	0
20.81196213	38.8	8.89	新开居民	122.99	2.7	南北	7.33	95.62	2.88	14.67	1013.5	0.52	0
22.13431358	43.4	8.86	新开居民	122.99	2.7	南北	4.17	148.12	3.12	16.33	1030.42	0.53	0
21.50982285	48.8	8.9	新开居民	122.99	2.7	南北	1.04	315	3.92	23.83	1028.71	0.52	0.02
23.44374084	59.7	8.91	新开居民	122.99	2.7	南北	3.21	301.88	3.25	13.58	1025.33	0.63	0
23.51318169	61.3	8.94	新开居民	122.99	2.7	南北	2.79	183.75	2.58	14.17	1028.46	0.74	0
22.70144653	60.9	8.95	新开居民	122.99	2.7	南北	2.92	165	1.5	8.5	1027.29	0.5	0
24.17987061	56.4	8.95	新开居民	122.99	2.7	南北	5.29	301.88	2.75	12.29	1024	0.58	0
21.77055931	52.4	8.82	新开居民	122.99	2.7	南北	3.42	193.12	3.5	19	1025.54	0.82	0.26
21.28017616	62.25	8.815	新开居民	122.99	2.7	南北	0.46	253.12	2.67	13.12	1025.33	0.57	0
24.95763969	59.2	8.85	新开居民	122.99	2.7	南北	5.83	225	3.5	18.67	1017.75	0.65	0
24.12497902	58	8.87	新开居民	122.99	2.7	南北	7.58	249.38	3.08	15.33	1016.79	0.65	0
22.03706741	47.9	8.79	新开居民	122.99	2.7	南北	3.96	114.38	3.92	24.12	1031.75	0.64	0.14
20.6583004	53.4	8.83	新开居民	122.99	2.7	南北	0.29	131.25	2.83	15.67	1035.96	0.29	0
22.32046509	67.6	8.88	新开居民	122.99	2.7	南北	0.62	238.12	2	10.33	1030	0.54	0
23.41402817	63.5	8.87	新开居民	122.99	2.7	南北	3.5	273.75	1.75	10.25	1025.5	0.7	0

图5 数据清洗

（3）异常数据排除

对数据筛选处理后的异常数据进行分布研究，有效数据和无效数据的分布如图6所示。

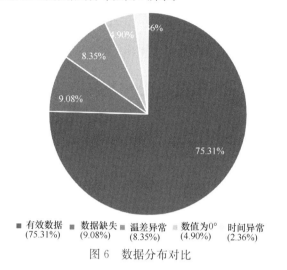

图6 数据分布对比

① 温差异常：异常数据表现为回水温度大于入水温度，温差为负值；

② 数据值为0：异常数据表现为数据集中部分指标数据值为0；

③ 数据缺失：异常数据表现为数据集中的室温指标缺失数据；

④ 采集时间异常：异常数据表现为数据采集时间不连续。

（4）去量纲化

由于供热过程中存在着诸多不同的评价指标，这些指标的量纲和量纲单位往往不同，变化的区间更是处在完全不同的数量级，若不进行去量纲化处理，可能某些指标在分析过程中会被忽视掉，导致准确度大大降低。所以对数据进行了归一化处理，使得各数据处于同一数量级，便于进行综合对比评价。本文选用的去量纲化方法为min-max标准化，也被称为离差标准化，对原始数据进行简单的线性变换，使得结果值位于[0，1]之内，转换函数如下。

$$x^* = (x - x_{\min})/(x_{\max} - x_{\min})$$

（5）聚类及异常发现

通过聚类算法及工具，对典型的数据观测点进行分布统计和聚合，发现规律点，为泛化模型的参数提供参考。根据回归参数，使用聚类分析对其进行分类，将相似的参数组划分为同一类，讨论各房间参数之间的关联性，如图7所示。

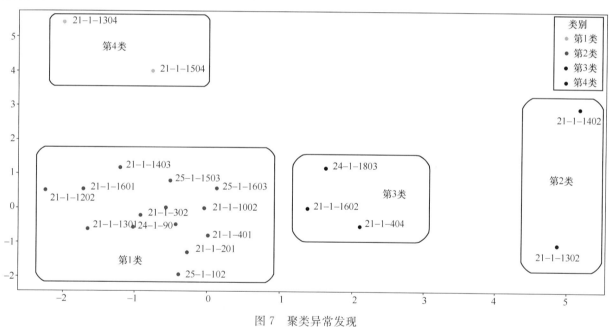

图7 聚类异常发现

3.3 随机变量统计分析方法

以上述整理好的数据为基础，对各类指标下的各类参数和数据进行指标的分析和计算，判断建筑物特性、终端供热能力及气象环境数据对用户室温的影响，以各种随机变量的统计分析方法寻找各种参数之间的主要影响因素，并且确定影响方式。

例如可以先通过趋势观察的方式得到终端供热能力及气象环境数据对各项指标与用户室温的影响；然后使用描述性统计分析各项指标与室温变化之间的潜在关联，以及室温频数分布状态，同时使用相关性分析计算各项指标与室温之间的相关性系数，明确定性的相关关系。

在此基础上，通过回归分析技术确定数据指标之间的影响大小，得到影响室温变化的主要数据指标。研究技术之间的关系如图8所示。

相关性分析是研究随机变量之间线性相关程度的统计分析方法，侧重于探究随机变量之间的相关特性，一般使用相关系数 $Corr$ 的大小表示线性相关关系的强弱。假设在随机变量 X 和 Y 中，以 $Var(X)$ 表示随机变量 X 的方差，$Var(Y)$ 表示随机变量 Y 的方差，相关系数的计算满足公式（1）。

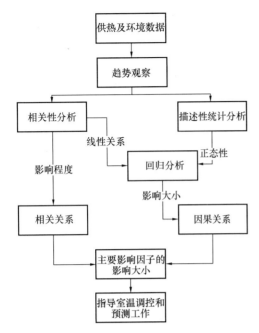

图 8 随机变量的统计分析方法

$$Corr(X, Y) = \frac{Cov(X, Y)}{\sqrt{Var(X)} \cdot \sqrt{Var(Y)}} \quad (1)$$

其中，$Cov(X, Y)$ 表示随机变量 X 和 Y 之间的协方差。若使用 $E(X)$ 表示随机变量 X 的期望，$E(Y)$ 表示随机变量 Y 的期望，则 X 和 Y 之间的协方差满足式（2）。

$$Cov(X, Y) = E\{[X - E(X)][Y - E(Y)]\} \quad (2)$$

结合上述公式，随机变量 X 和 Y 之间的相关系数 $Corr(X, Y)$ 存在以下关系：

（1）当 $Corr(X, Y) = 1$ 时，称随机变量 X 与 Y 完全正相关；

（2）当 $Corr(X, Y) = -1$ 时，称随机变量 X 与 Y 完全负相关；

（3）当 $0 < |Corr(X, Y)| < 1$ 时，称随机变量 X 与 Y 具有一定程度的线性关系，并且绝对值越接近 1，两个随机变量的相关性越强；绝对值越接近 0，两个随机变量的相关性越弱。

但是，相关性分析得到的相关系数代表随机变量之间线性相关性的强弱，无法表征变量之间的因果关系以及数量关系。为了解决相关性分析无法得到因果关系的缺点，本文进一步使用回归分析研究供热及环境数据与室温的影响。

回归分析是研究两个变量或者两个以上变量与另一个变量的数量关系的统计分析方法，侧重于探究变量之间的数量关系。多元回归分析模型的一般形式满足式（3）。

$$Y = \beta_0 + \beta_1 X_1 + \beta_2 X_2 + \cdots + \beta_k X_k \quad (3)$$

式中，Y 表示因变量或者被解释变量；$X_1, X_2, \cdots, X_k$ 表示自变量或者解释变量；β_0 表示随机误差；$\beta_1, \beta_2, \cdots, \beta_k$ 表示回归系数，并且表示变量之间的数量关系。

在获得回归系数的基础上，一般使用统计量 F 检验回归模型的显著性水平。统计量 F 是指回归平方和与残差平方和的比值，满足计算式（4）。

$$F = \frac{SSR/k}{SSE/n-k-1} \sim F(k, n-k-1) \quad (4)$$

式中，SSR 表示回归平方和；SSE 表示残差平方和；n 表示样本数量；k 表示解释变量数量。若 $F > F_a(k, n-k-1)$，则在显著性水平 α 下，变量之间的线性关系显著。此外使用 T 检验检验参数的显著性水平。若回归系数的标准误差为 S_{β_i}，多元回归方程 T 检验满足式（5）。

$$t = \beta_i / S_{\beta_i} \sim t(n-k-1) \quad (5)$$

若 $|t| > t_{a/2}(n-k-1)$，则在显著性水平 α 下，自变量与因变量之间的线性关系显著。

3.4 环境数据与室温变化的回归分析

多元回归分析的应用前提是自变量与因变量之间存在线性关系，也就是具有线性相关关系，并且自变量之间不存在共线性。为了避免指标之间存在共线性问题以及更有效的确定影响作用，在进行回归分析前需要进行共线性诊断。这里使用的是方差膨胀因子（VIF），具体的诊断结果如表 7 所示。

供热及环境数据指标共线性检验　　　　表 7

数据指标	累计热量	累计流量	热功率	流速	回水温度	温差	单日热量	单日流量	交费类别	收费面积
VIF	5.181	5.223	57.935	75.323	6.431	2.946	58.489	73.356	3.040	2.189

数据指标	用户机组	朝向	气温	风向	风力	风速	气压	湿度	降水概率
VIF	1.580	1.231	3.909	1.704	9.576	11.338	2.236	3.045	1.370

一般情况下，VIF 值越大，指标之间的共线性越强；反之，共线性越弱；若 VIF 大于 10，则指标具有严重的共线性问题。根据共线性诊断结果，可以发现热功率、流速、单日热量、单日流量和风速的 VIF 大于 9，分别为 57.935、75.323、58.489、73.356 和 11.338，说明指标间存在严重的共线性问题。

为了确定指标之间存在的相关性，使用相关性分析和散点图进行了分析。图 10 是热功率和较强相关性指标的散点图，可以发现热功率和单日热量具有非常显著的线性相关性，并且单日流量、流速与热功率也具有显著的线性相关性。根据图 10，发现流速和单日流量具有非常显著的线性相关性，并且与入水温度和回水温度分别具有显著的线性相关性。根据图 10，风速和风力存在非常显著的线性相关性，并且与气温存在较为显著的线性相关性。因此，为了得到较好的回归结果，需要使用删减指标的方式去除指标之间的多重共线性。

在去除多重共线性问题的基础上，本文以用户室温为因变量，供热及环境数据指标为自变量进行多元回归分析，由表 7 可以得出如下结果：

（1）用于建立多元回归模型的 14 项数据指标的显

著性检验结果较好,仅有湿度的 P 值大于 0.05,其余指标的显著性检验合格。但是,模型仍存在可改善的地方。

(2)在得到的回归模型中,回水温度的系数为 0.751,P 值小于 0.05,符合显著检验要求,说明回水温度与室温存在正向的影响关系,即提高回水温度可以提高用户室温,并且在其他指标保持不变的情况下,每提升回水温度 1℃,能够提升 0.751℃的用户室温。然而回水温度能够直接影响用户室温,是由于回水温度与入水温度具有非常显著的正向线性相关性,同时入水温度与其他指标具有较强的相关性,存在共线性问题,因而未用于建立回归模型。在供热计量数据当中,温差、单日热量、单日流量的 P 值均小于 0.05,分别与室温存在正向、负向和负向的影响关系。

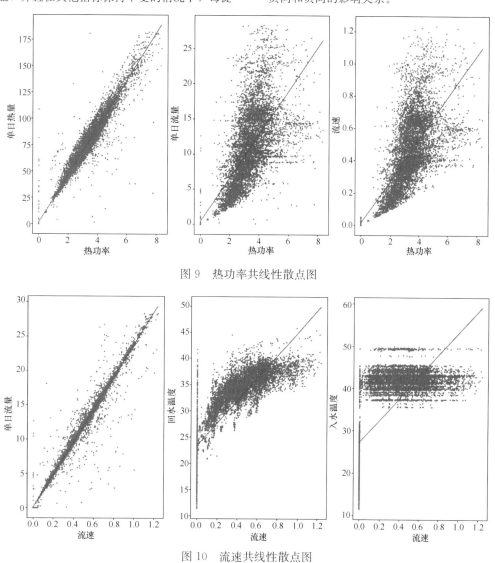

图 9 热功率共线性散点图

图 10 流速共线性散点图

3.5 结果呈现

(1)数据关系相关性的重点因素和权重,我们选择供热计量数据为例,参数如表 8 所示。

供热计量数据选择　　　　表 8

房间	门牌号	流量	总流量
热量	总供热量	最高温度	室外最高温度
最低温度	室内最低温度	回水温度	温差

通过随机变量统计分析方法计算后看出热量、流量和室温的相关性较强,是预测值的重要特征,如图 11 所示。

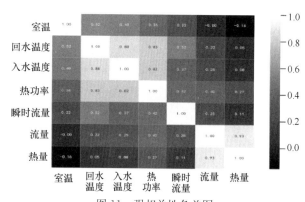

图 11 强相关性色差图

（2）数据因子权重测算：依然以供热计量数据为例，通过分析计算，入水温度、热量、回水温度的重要性比较大，形成的柱状图如图12所示。

（3）气象因素分析，如图13显示，用户供热当天的气温、风力与室温的变化曲线，表明气温、风力与室温三项指标的变化趋势一致，并且室温与气温几乎呈现同步的变化趋势，说明室温与气温的联系十分密切。并且注意到供热后期的用户室温与气温呈现上升的趋势，同时风力出现下降的趋势。当气温较高的时候，小区换热站会减少供热；当入水温度升高时，用户室温也会相对升高。

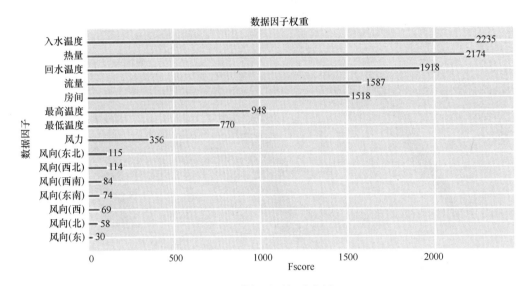

图12　数据因子权重分析

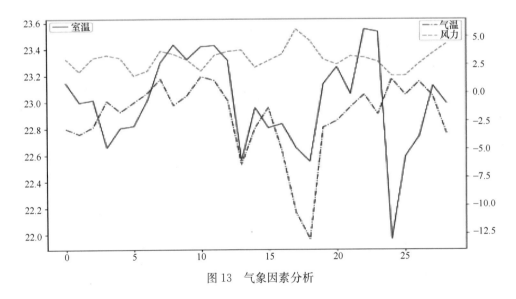

图13　气象因素分析

（4）报停户和边户数据的统计分析：我们分别绘制边户、中户、报停户、报停户周边户室温的箱线图。利用箱线图的优势在于绘制依靠实际数据，不需要事先假定数据服从特定的分布形式，没有对数据做任何限制性要求，且其不受异常值的影响，可以以一种相对稳定的方式描述数据的离散分布情况。从箱线图中我们可以看出四种类型住户的中位数都是比均值略高，其中报停户周边户的中位数和均值最高，中户次之，报停户的中位数和均值最低。四种住户的分布都属于一定程度的偏正态分布，且偏态趋势相同。如图14所示。

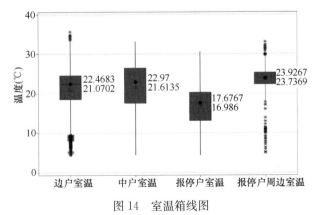

图14　室温箱线图

结果发现，报停户对周边热用户的室温影响甚至高于边户因外墙直接面对冷空气而带来的热损失影响，其原因可能在于外墙保温大于热用户隔墙的保温性能。因此，在研究楼宇室温分布等供热特性时，必须充分考虑报停户带来的周边室温降低的影响。

4 结论与建议

本文对天津滨海新区某小区 2020 年 12 月至 2021 年 1 月的室温变化与供热生产运行、建筑物特性及气象环境数据指标之间的关系做了研究分析。与国内其他部分研究相比，本文使用相关性分析、回归分析等多种算法及模型，确定了室温变化与多个数据指标之间的线性相关关系，室温与各项数据指标之间的主要影响因素，就预测效果而言，1000 次预测误差绝对值的平均值为 0.549，预测误差绝对值在 0.5 以内的用户占比约为 87.64%，预测效果较好，核心内容描述如下：

4.1 研究结论

（1）数据观察法得到的供热计量参数与室温的影响关系：2020 年 12 月至 2021 年 1 月的室温变化呈现明显的波动，在单一线性相关性的指标时，回水温度和入水温度与用户室温呈现正相关性，多维指标时入水温度、回水温度、热功率和单日流量等供热指标与室温存在正向关联，当气温升高时，需要降低入水温度、单日流量和热功率等供热指标；反之，需要提升供热指标。

（2）相关性分析得到的关联因素与室温的定性关系：在供热计量及气象环境数据中，风向、气压和降水概率与室温不存在线性相关性；多维指标下回水温度、入水温度、单日热量、热功率、单日流量、流速、温差、户外气温、风力、高度和朝向与室温存在线性相关性，并且依次减弱；其余指标如风速的线性相关性较弱。

（3）回归分析得到的关联因素与室温的定量关系：室温主要分布在 21～25℃之间，面积因素、供热因素和周围户供热因素、入水温度和回水温度、流速和单日流量、热功率和单日热量和风力呈现非常显著的正相关性，是回归模型中的主要指标。通过描述性分析，不同供暖状态的室温分布存在差异。

（4）综合两种方法分析结果得到以下结论：终端供热指标中的进水温度、回水温度、热功率、流量，气象环境指标中的气温和风力，建筑物特性的中用户位置、报停户是用户室温变化的主要影响因素，属于一级指标。终端供热指标中的流速；气象指标中的风速；建筑物特性中的朝向、户型是用户室温变化的二级影响因素，其他指标以此类推，这种差异的分层分级，有利于后续的算法模型对影响力因素的加权值和系数进行优化。

4.2 供热建议

基于此模型分析，热企在施行智慧供暖时，应从以下几方面来应用：

（1）根据周边户情况调整供热。供热方可以考虑在给定供水温度与热量的情况下，根据同一小区内不同户型、不同邻居的供热情况来适当调节供热，节约能源。比如，如果 A 户是中间户，且附近的邻居有 2 家是供暖的，则相比于没有邻居是供暖的边户 B 户，就可以适当降低进水温度，节约能耗。

（2）根据预测模型来检验供暖是否有异常。当终端供热、气象数据平稳，而住户实测室温与预测室温数据存在明显异常时，根据指标判断是否存在二网失衡、失水、窃热、爆管等异常情况，从而及时调整供热运行参数，或派工巡检排除故障。

（3）根据预测模型分析。若单一数据或者综合分析后数据持续超过某一阈值，结合极端天气、供热管线破损、人工投诉等情况，则需要迅速定位异常原因及时排除故障，并根据实际现场反馈情况，不断调整和完善分析模型、改进系统，持续促进节能降耗。

参考文献

[1] 潘世英.MLP 神经网络在供暖室内温度预测的应用[J].煤气与热力，2019，39(7)：40-42.
[2] 李志杰.民用建筑供暖施工图设计中出现的热计量与室温调控问题[J].暖通空调，2015，45(1)：33-37.
[3] 闫军威.基于等效热模型的供冷建筑 RLS-KF 室温预测方法[J].华南理工大学学报，2018，10：42-49.
[4] 陈庆财.基于人工智能技术预测热感觉的室内热环境控制[J].建筑技术，2019，50(2)：3.
[5] 孙淑红，张敏，郭祥飞.供暖系统热量的高精度计量技术[J].科技成果纵横，2008，1：2.
[6] 朱栋华，黎展求.基于小波和神经网络的供热负荷预测[J].沈阳建筑大学学报，2007，23(1)：4.
[7] 崔高健.基于 Elman 型神经网络集中供热负荷预测模型的研究[J].建筑节能，2011，3：9-11.
[8] 兰国栋.乌鲁木齐终端能源消费结构与供暖季 PM_{10} 污染相关性分析[J].干旱环境监测，2007，2：87-91.
[9] 张玉，王世进.企业环境责任与财务绩效的实证研究——以煤炭上市企业为例[J].物流工程与管理，2021，43(1)：176-181.

居住建筑分户热计量实施与节能分析研究

北京市热力集团有限责任公司供热技术发展研究中心　辛瑞峰

【摘　要】 目前我国建筑物的能耗水平与世界先进国家相比还有很大的差距，因此还存在很大的节能空间，需要进行必要的技术改造，从而减少排放，降低能耗，其中供热节能是节能减排的重要领域之一。北京市贯彻落实相关要求，明确以供热计量为抓手，促进供热系统节能、建筑节能和行为节能。为响应政府号召和提升管理水平，北京热力近年大力推进既有节能居住建筑供热计量改造工作，对象为1998—2007年间竣工的既有二步、三步节能居住建筑，内容为室内供热系统计量及温控改造、供热管网平衡改造和热力站节能与自动控制改造。

本文以实际工作为基础，针对水平双管系统采用的通断时间面积法，从热计量方法概述、热计量项目的实施管理和运行案例三方面入手，选取典型案例，详细论述既有节能居住建筑供热计量系统在实际应用中的技术方法、运行收费存在问题与节能数据分析。作为本文的重点，在论述实施过程中出现的问题的同时，列举了目前较好的解决办法，热计量改造后效果分析做到有理有据，希望对企业后续的分户计量改造项目，乃至对北京市的供热计量发展提供借鉴。

【关键词】 分户计量　改造技术　节能分析

1　居住建筑分户计量技术和方法

引用《供热计量技术规程》JGJ 173—2009（以下简称《规程》）中对热计量定义，供热计量即对集中供热系统的热源和热用户的供热量进行计量。分户计量技术的推广与实施是与在社会能源快速消耗的背景下提出的，实行分户计量的主要目标就是在保证供热质量的前提下，推进供热收费体制改革，最终实现自主节能减排。分户计量的结算结果直接反映的是用户的用热量，所以在供热系统供热能力充足的情况下，一方面热用户可以根据自己需要的供热效果对供热量进行调整，拥有很好的用热独立性与自主调节性，并能清晰知晓自己的用热状况；另一方面，用户的按需供热的热量调节方式，既可以缓解传统供热系统的供热过度造成用户开窗散热的热量浪费问题，又可以降低发生供热收费纠纷的可能性。

分户计量根据计量结算方式的不同，可以分为直接计量和分摊计量。直接计量就是直接按照户内计量装置的数据结算用热量，分摊计量就是以户内计量装置的读数或用热比例为依据，分摊楼栋结算点计量的总耗热量。其中按户计量分摊方式主要有户用热量表法、散热器热分配法、流量温度法和通断时间面积法。

北京市于2005年底确立了"楼栋计量，按户分摊"的原则，后通过大量调研和分析评价，确定了水平双管系统采用通断时间面积法、单管系统采用散热器热分配法进行分摊，同时要求老旧小区实施节能工程改善建筑物外保温来配合分户计量改造。本文主要针对水平双管系统采用的通断时间面积法（简称"时通法"）进行探讨。

2　既有节能居住建筑分户计量改造实施管理和问题分析

2013—2014年北京热力完成了约900万 m² 既有二步、三步部节能居住建筑热计量改造工作，涉及城六区共85个小区。针对如此庞大的改造规模，我们对整个实施阶段做了详细规划，对改造内容进行了深入研究，制定了详细实施方案和应急预案。其中，项目前期工作包括：①和小区相关负责人沟通，介绍方针政策、改造内容和需配合工作等；②设立宣传点进行现场宣传；③踏勘现场，确定实施方案；④入户调查；⑤审查图纸、订购设备等。

时通法的实施过程分换热站、二次线和楼内系统改造三部分。换热站改造包括循环水泵及补水泵增加变频装置等。二次线改造包括加装静态平衡阀、除污器和仪表等。楼内系统改造是最复杂的部分，需和各相关方进行大量的沟通和协调，包括：用户家中靠近管道井或门口处装设无线温度控制面板（图1）；供暖管井内每户供水管路上装时通阀（图2），将执行器连线至端子箱；楼栋大堂内装设集中刷卡器（图3，一般一幢建筑1个）；设备间内装数据集中器（图4）和电源箱并完成相关接线工作等。

图1　室内温度控制面板

图 2　时通阀和控制器

图 3　集中刷卡器

图 4　数据集中器

除安装楼内系统外，需在入楼供水总管道上装热量表，并连线至数据集中器。楼栋热量表和数据集中器一般安装在建筑物的供暖设备间内，如老旧建筑无此结构可装在入楼口处的热力小室内，但须做相应防潮防水处理。

由于大规模实施楼内系统改造的情况不多、经验欠缺，实施过程中出现很多问题，总结如下：

（1）无线信号弱。此问题普遍存在，由于室内温控面板和管井中时通阀之间信号通过无线传输，且有的户型距管井较远，导致无线信号很弱。这需要从时通阀引出信号延长线，沿楼道内敷设，在该住户家附近设置无线接收器。需注意不同物业对线缆敷设要求不同，有的不允许设置在电梯附近，有的需设置非金属绝缘类套管等。

（2）管井过小或被大量其他市政管线布满，设备没地方装。此问题具有一定代表性，可考虑允许情况下将原有管线拆改移位或楼道内做隔断划分新区域安装设备，同时应考虑好原管线保护和楼道方便通行问题。

（3）楼板混凝土中埋设了大量管线，无法打孔穿线。此问题仅个别小区存在，可考虑允许情况下将原有管线拆改移位或通过电缆井穿引信号和电源线，需考虑原管线保护和新线路识别问题。

（4）用户家一直没人或不同意，无法安装温控面板。除勤沟通外，此问题还可通过入场宣传时请用户填申请表或查找用户供热缴费信息联系用户解决。如实在找不到用户，可先不安装温控面板，该户的时通阀门将默认关闭，待找到该用户安装温控面板后再开启。由于时通阀控制系统默认关闭状态下每3h开阀循环一次，故有效防止了管线冻坏。

3　居住建筑热计量收费面临的问题

3.1　业主角度

"楼栋计量，按户分摊"的计费方式接受度不高，因时通法的计算公式比较复杂，用热时长相同，但由于用热时间段不同造成分摊热量不同，在与用户解释收费原理及热费账单时，多数用户表示不理解，甚至造成用户起诉供热企业等现象。由于热具有传导性，造成热计量不能像水、电、气一样做到分户独立计量。

"多退少不补"的收费方式未能调动居民自主行为节能的意识，此收费方式出发点是为了让业主从热计量收费中获得实惠，从而更好的推进居住建筑热计量收费政策。根据2020—2021供暖季热计量运行情况统计，居民有调节室温的占全部热计量收费居民的29.46%，更多的居民更愿意把室内温度设定在最高温度。此外"暗补变明补"的政策尚未完全落实到位，单位报销供暖费的业主也无积极性。

3.2　供热企业角度

居民热计量设备更新改造，在没有政府补贴的情况下，供热企业很难通过自筹的方式承担。

"多退少不补"的收费方式严重影响了供热企业的正常经营，同时也不可能实现按需供热的模式。

热计量运行对热力现场运行人员的综合素质有要求，

同时增加了热力运行人员处理居民报修的时间。

热力集团在接收的部分已完成居住建筑热计量改造锅炉房时发现，一些热计量服务商在设备安装验收后不提供服务，造成设备"沉睡"。

3.3 政策角度

2003年，建设部联合八部委下发《关于城镇供热体制改革试点工作的指导意见》的通知，明确提出：稳步推进城镇用热商品化、供热社会化，逐步建立符合我国国情、适应社会主义市场经济体制要求的城镇供热新体制；加大技术创新力度，促进节能建筑的推广应用，推进城镇供热事业的健康发展，更好地满足人民生活水平提高的需要，推动城市建设的可持续发展。

居民热计量收费未能充分体现热的商品属性，一方面供热企业"多"供的热未收费，另一方面业主想用更多的热而不得，造成居民热计量收费未能达到预计效果。

4 居住建筑分户计量改造小区能耗及收费数据分析

4.1 典型案例能耗数据分析

根据近年来热计量收费经验，对用热问题投诉较高的案例小区投入时间和人力进行精细化管理前后的能耗、室温进行了如下分析。

乐府江南小区属于二步节能建筑，水平双管系统，热计量方式采用通段时间面积法。由于2017—2018供暖季该小区二次管网水力平衡失调问题造成近端热、远端凉的现象，用户使用同样时长但退费差异极大，反应强烈。2020—2021供暖季管理单位通过楼口热量表的流量温度以及室内温控面板反馈的室温，对该小区的二次管网平衡进行了调节。通过两个供暖季同一时期的室温及能耗对比可以发现（图5），2020—2021年严寒期的热单耗较

2017—2018供暖季有明显的降低，但是室温依旧维持在一个比较适宜温度上，说明管理单位调节效果明显。

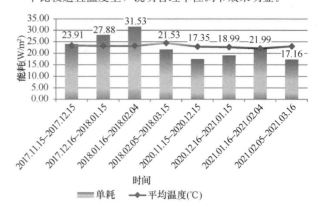

图5 乐府江南小区两个供暖季室温及能耗

通过表1可以看出经过精准调控后，2020—2021供暖季楼口折标热负荷相较于2017—2018供暖季降低0.79W，居民的室温几乎无任何变化，精细化管理后节能效果显著。

乐府江南小区两个供暖季整体单耗与温度对比　　表1

项目名称	供暖季	供热面积(m^2)	总户数	室外平均温度(℃)	室内平均温度(℃)	单耗(W/m^2)	折标热负荷(W/m^2)
乐府江南	2017—2018	214164.3	1611	−0.11	24.06	22.18	16.15
乐府江南	2020—2021	214164.3	1611	1.24	24.22	21.14	15.36

从图6可以看出，2020—2021供暖季各楼间的单耗曲线较2017—2018供暖季曲度趋于平缓，近端的13号楼单耗减少明显，且室温与2017—2018供暖季提高了0.6℃，说明对二次管网的水力平衡进行调节的同时，保证了居民室温的舒适度。

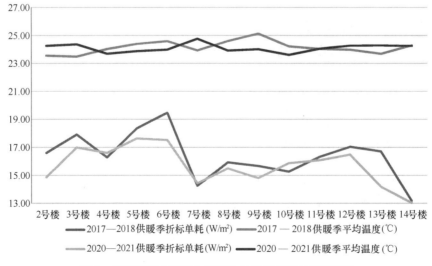

图6 乐府江南小区两个供暖季各楼栋单耗与温度对比

从表2可看出，用户室温方面均高于23℃可以达到二步节能建筑室温设计标准。通过对比建筑物的热耗指标，一半数量的楼栋热耗在二步节能建筑设计标准范围之内，其余建筑热耗均超过二步节能设计标准，尤其是5号楼和6号楼。说明在保证现在室温的前提下尚有节能空间。

乐府江南小区2020—2021供暖季
乐府江南楼口耗热量　　　　表2

小区	楼号	耗热量(GJ)	平均室温(℃)	楼栋面积(m²)	单耗(W/m²)	室内平均温度(℃)	折标热负荷(W/m²)
乐府江南	2号楼	2868	24.35	13867.19	19.78	24.25	14.87
乐府江南	3号楼	3155	23.68	13742.99	21.96	24.35	16.99
乐府江南	4号楼	7062	23.87	31231.20	21.63	23.68	16.60
乐府江南	5号楼	837	23.97	3466.70	23.08	23.87	17.63
乐府江南	6号楼	860	24.76	3466.70	23.73	23.97	17.52
乐府江南	7号楼	2021	23.91	10260.88	18.84	24.76	14.44
乐府江南	8号楼	7487	24.00	35262.87	20.31	23.91	15.50
乐府江南	9号楼	786	24.62	3772.48	19.93	24.00	14.81
乐府江南	10号楼	807	23.60	3776.58	20.44	23.60	15.88
乐府江南	11号楼	7753	24.05	35117.13	21.12	24.05	16.08
乐府江南	12号楼	5281	24.27	23110.33	21.86	24.27	16.49
乐府江南	13号楼	3377	24.28	17176.57	18.81	24.28	14.18
乐府江南	14号楼	3593	24.25	19912.18	17.26	24.25	13.03

4.2 典型案例收费数据分析

北京市按照面积收费24元/m²的单价制定居民热计量热价，折算成热量价格热单耗约25.6W/m²，可以实现在多退少补的前提下几乎不退费。从表3中可以看出热单耗越接近25.6W/m²，多退少补政策的退费率越接近0%。

但目前改造的项目几乎都是二步节能的建筑（20.5W/m²），而2010年以后的新建居住建筑均为四部节能设计标准（10.5W/m²）。进行数据分析样本也选取二步节能设计标准的小区，从热耗数据可以看出，管理到位的小区平均热单耗基本可以达到甚至低于建筑物的节能设计标准。也就是热单耗在20.5W/m²左右的时候就可以满足用户室内温度适宜，造成退费率很高，影响供热企业热费收入。因此建议取消热费上封顶，采用多退少补的政策，并且根据建筑物的节能设计标准制定阶梯热价，使按热计量收费的计费方式更加人性化。

乐府江南、东环十八古柏小区2017—2018年供暖季收费数据汇总　　　　表3

小区	供热面积(m²)	耗热量(GJ)	面积收费金额(元)	多退少补		多退少补不(现行政策)		平均单耗(W/m²)	平均室温(℃)
				计量金额	退费率	计量金额	退费率		
乐府江南	214164.30	48556.83	5139943.20	4728322.88	6.38%	4486513.00	12.71%	21.69	24.06
东环18古柏	100907.17	28778.53	2421772.08	2490091.68	-5.72%	2338475.04	3.44%	27.28	23.89

5 结论

综上所述，我国大范围推行节能政策时间并不长，节能理念虽然渐渐深入人心，但是百姓自主节能的意识仍需加强。对住宅进行供暖节能改造，关系着国家的利益与百姓的利益，晚解决一年则多浪费一年的能源。因此，对既有节能居住建筑的供暖节能改造宜早不宜迟。通过供热计量改造项目的实施，达到进一步节能降耗以及让各家各户自主调节的目的，需要供热企业改变供暖工作管理方式。

首先供热计量不是节能，但是供热计量使供热能耗情况显现出来。热计量的目的是促进节能，供热量调节是供热节能的必要条件，通过热计量提供的数据对供热量进行调节，为供热系统节能运行和节能改造提供分析数据和技术支持，改变供热企业粗放的管理模式，并从供给侧实现居住建筑的供热节能。

其次通过"计量"的眼睛，实现供热企业从热源、热网、热力站、二次管线、楼栋入口、户内全面掌握供热运行参数，为供热企业生产运行、维护、检修提供数据支撑。

最后从收费角度考虑，建议取消现行的"多退少不补"的收费政策，实施"多退少补"的收费政策，用户多用热多交钱、少用热少交钱，并且根据建筑物的节能设计标准制定阶梯热价，更合理的热价和收费方式更能调动供热企业和热用户节能的积极性。居住建筑供热计量收费工作的步伐不宜过快，在实现供给侧调节、管网水力平衡、合理的热费体系的前提下，再考虑大面积推广分户计量收费工作。

参考文献

[1] 中华人民共和国建设部. 关于推进供热计量的实施意见（建城[2006]159号）. 2006.
[2] 北京市质量技术监督局. 供热计量设计技术规程DB11/1066—2014[S]. 2014.
[3] 北京市民用建筑节能管理办法. 北京市人民政府令第256号.
[4] 北京市市政市容管理委员会关于贯彻落实北京市民用建筑节能管理办法的意见. 京政容函[2014]580号.
[5] 住房和城乡建设部. 通断时间面积法热计量装置技术条件JG/T 379—2012[S]. 北京：中国标准出版社，2012.

热计量智慧运营及数据应用实践

阳城县蓝煜热力有限公司　杨　斌

【摘　要】随着国家分户计量政策的不断推进，供热企业在热计量建设过程中存在一定的运营困扰及数据应用问题。本文结合阳城县蓝煜热力有限公司热计量智慧运营项目中的运营路线及热计量数据应用实践，从热计量设备全生命周期运维、热计量智慧运营平台的搭建以及热计量数据多维度的分析与应用等角度进行展开，探讨热计量运营过程中的问题解决思路，充分挖掘热计量数据的价值，以期更好地推进热计量建设。

【关键词】热计量　运维　数据分析　供热管理

0　引言

国家致力于持续推动全社会节约能源，保护和改善环境。针对供热行业的热计量，自2003年7月建设部等八部委印发《关于城镇供热体制改革试点工作的指导意见》，国家在政策层面持续推进供热计量改革，积极推行按用热量分户计量收费办法，鼓励用户节能行为，推进供热事业的健康发展。

在国家分户计量政策的推动下，据统计，到目前为止，我国北方供暖地区共安装供热计量装置的面积约为18亿 m^2 [1]。

然而，在热计量的建设进程中，也出现了一些普遍性问题。

首先，普遍存在分户热计量设备建而不用的问题。

其次，真正实行分户热计量收费的区域也面临如下运营问题：

（1）计量设备问题：在用热计量设备品牌繁杂，故障率逐年增加，数据上报率低。

（2）系统平台问题：存在多系统平台并存、平台间数据交互困难、管理功能不统一、计量数据统计分析难等情况。

（3）职能人员匹配问题：设备和平台问题导致热计量维护工作量大，同时需要专业技能人员进行管理。

（4）客户纠纷问题：因表计故障、数据上报率低、平台监管不力等情况的叠加，导致表计计量问题、异常用热问题等无法及时发现和处理，进而导致用户的纠纷，甚至因表计计量问题引起被动退费。

（5）数据应用问题：热力公司智能化、精细化管理需求提升，热计量数据需要在原有计量收费功能的基础上进行数据科学赋能。

阳城县蓝煜热力有限公司结合自身热计量运营情况，以智能化运营、精细化管理、完善数据应用维度为目标，与汇中仪表股份有限公司共同搭建热计量智慧运营体系。本文对此项目进行介绍。

1　项目概况

阳城县蓝煜热力有限公司承担阳城县县城集中供热工程和城镇集中供热工程的建设和生产运行管理工作。阳城县集中供热工程项目建设自2013年开始实施，并于同年完成整个集中供热工程的建设，热源为晋煤能源有限公司 $2\times135MW$ 和阳城国际发电有限公司 $2\times600MW$ 两个机组，供热面积1050万 m^2 ，系统最大高差240m，主管网长度 $28\times2km$ ，管径为 $DN1200\sim DN900$ 。目前阳城县蓝煜热力有限公司共有换热站207座，热用户6万余户，同时已实现阳城县"一城七镇"集中供热全覆盖，让乡镇居民也享受到了集中供热的便捷。

阳城县蓝煜热力有限公司从2013年开始进行热计量建设工作，目前已经基本实现全域分户热计量，并全部基于热计量进行热费结算收缴。同时，热源、一次热网、换热站也都进行供热计量设备的安装部署，基本实现了供热计量的完整部署。

在热计量运营过程中存在表计故障增多、上报率低、客户纠纷、被动退费以及用热数据缺乏有效应用等问题。

基于现有热计量问题，结合运营管理目标，搭建热计量智能化运营体系，以解决热计量运营现存的问题。同时较好地发挥出阳城热计量完整部署的优势，有效地实现末端计量数据的可视化，利用数据资源的有效整合及维度扩展，结合科学数据分析并联动管控策略，助力热力的信息化、智能化建设。

2 项目设计路线

首先，解决计量数据可视化问题，在最大程度利用原有设备的基础上，保证计量数据的可靠性、实时性和完整性。基于现场工况进行专业运维团队的搭建，对现场设备进行全面巡检及故障清排，实施全生命周期运维管理，确保现场设备运行稳定。优化完善热量表数据采集及远传模式，保障传输层的可靠性，降低维护成本。

其次，进行热计量智能运营平台的搭建，实现平台数据的整合以及功能的匹配。结合热计量监测、计量数据多维度交互、数据深度分析、热计量运维管理等需求进行热计量运营管理平台的搭建。

最后，结合实际精细化管理方向进行数据的深度分析和挖掘。

3 项目建设情况

基于项目整体的设计路线，目前热计量智能化运营项目有序推进。经过一个供暖季的项目实施，目前已完成的整体建设情况如下：

3.1 项目团队建设

在原有热计量运营的基础上，优化项目团队建设。形成集现场处理及运维、面向用户服务沟通、软硬件定制化研发、远程数据分析于一体的多维度立体项目人员梯队。

在此基础上建立清晰的项目工作流程及完善的管理体系。

3.2 硬件设备

针对现场整体设备情况及原有设备存在的相关问题，基于设备全生命周期管理的理念，对现场安装的所有热计量相关设备进行一次性的完整巡检、故障清排（故障设备的处理及更换）、硬件产品定制化匹配、长效运维，保障热计量设备稳定、可靠运行。

3.2.1 设备巡检

根据现场硬件设备的分布情况设计巡检路线，有序地开展完整的设备巡检工作。巡检信息形成完善、准确的热计量电子档案，并进行归档。

3.2.2 故障清排

对设备巡检发现的问题（表计、线路、采集器）进行诊断和处理。在现场处理过程中做好与用户的当面沟通，保证良好的服务质量，做到整个工作流程的闭环。有效保证现场设备的稳定运行及数据上传，保障供暖季热计量工作的正常开展。

3.2.3 硬件匹配

针对现场采集设备存在的问题及风险隐患，有序开展采集设备的定制化升级工作。充分利用 NB-IoT 物联网技术优势，更换新装的热量表全部内置 NB-IoT 通信模组，有效解决有线组网在后续使用过程中的问题，大大提高运维工作效率。

3.2.4 长效运维

项目团队根据运维管理体系，以前期设备巡检及故障清排为基础，结合系统平台对设备运行情况的监测和预警功能，以现场运维附加远程运维方式进行，同时匹配工单管理系统对服务进行记录考核，开展长效运维工作。

3.3 系统平台

面向热计量监测、热计量运维、智能异常告警、计量数据多维度交互、数据深度分析、辅助供热管理等功能需求进行软件平台的定制化开发，并对现有其他平台的数据进行有针对性的对接工作，搭建供热计量智慧运营管理平台。

在热计量监测统计层面，系统平台完成对现场计量数据的通信、解析、存储、展示及分析。

在热计量运维及异常告警层面，系统平台匹配有智能异常用热识别及预警功能，并且支持人为修正，不断提升预警精度。

在供热数据交互层面，完成热源、热网、热站、末端计量设备及数据的完整接入，实现从热源至末端全面数据的整合应用。

在数据深度分析层面，匹配相应的能耗监测功能，实现了各个层级数据的层级比对、能耗监测。

在辅助供热管理层面，基于用户基本信息管理功能，完成了用户基础信息对接，实现了用户用热状况的可视化。

3.4 数据价值挖掘

在经过对现场设备的运维管理、系统平台的有效功能匹配后，热计量数据的完整度以及数据串联积累能力得到了本质的改善，在此基础上对热计量数据展开了深度的分析拓展，进行大数据价值的有效挖掘。

3.4.1 热计量退费分析

定期进行整个供暖季用热量及退费率的推演，进行供暖季取暖费的预结算，同时结合用户的基本信息（用热状态）及设备的运行数据进行热计量退费原因的分析，及时发现表计故障导致的退费情况。

3.4.2 用热行为分析

以用户用热量的变化情况折射用户用热习惯及自主节能意识，并以此为基础进行用户用热行为的统计、归类和分析。

3.4.3 用热异常预警

在数据出现异常时，系统会第一时间进行告警，使设备故障问题可以得到快速清排，化被动服务为主动服务。

3.4.4 能耗串联对比

基于热源至末端数据的完整性,完成了各个层级的能耗的监测分析。并以用户的用热量推演指导热源的供热量,实现用热的精准输配,对能耗进行逐级管控,逐步实现用热的可视、可控。

3.4.5 末端平衡度分析

在用户基础信息得到完整性保障的基础上,充分利用用户的用热数据,通过对小区用户进行楼栋、单元及高、中、低区的分类,并统计平衡指标进行末端平衡度的细化分析,以此指导二网的平衡调节工作。

4 项目当前效果

在当前热计量智慧运营项目对应的第一个供暖季内,通过项目团队的搭建及计量设备的整体处理、系统平台的建设,项目在有序推进的过程中显现了一定的效果。

4.1 运维体系搭建

基于项目建设完成运维体系的搭建,并在实施过程中不断对其进行优化,实现精细化管理。在此过程中,搭建了清晰的项目工作流程及完善的管理体系、考核方式,有效打破原有部门之间的壁垒,实现部门联动。

4.2 抄通率及用户档案

逐步实现了现场远传表计的实时上传,热计量的整体抄通率持续稳步提升。同时完成了所有用户信息档案的核实更新,形成了完整的热计量信息档案,搭建了全生命周期的管理体系,保证热计量数据的完整性与准确性。

4.3 热计量异常排查

基于系统平台的数据异常告警及现场巡检工作,于2020—2021年度供暖初期及时发现并处理故障表计2500余台,其中包含表计计量异常1500余台,同时还排查处理异常用热情况300余处。

4.4 数据整合应用

完成其从热源经一次网到换热站,再经过二次网到终端用户的全网监控以及调控和能耗分析,于此基础上指导整体的用热分配。

4.5 用户热费管理

快速形成了用户热费管理,实现了用户退费原因的可视化,有效评估计量故障导致的被动退费的占比情况。

4.6 用户节能行为分析

对每户热耗数据进行分析,通过其波动性来折射用户用热习惯,并基于小区整体用户的用热习惯及节能行为对换热站的精准输配作出指导。

用户用热行为分析如图1所示。

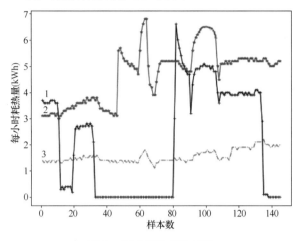

图1 用户用热行为统计

1号线条代表用户:间隔热耗变动不是特别频繁,波动值较大,用户有节能意识,在某些特定时间内通过关断阀进行节能。

2号线条代表用户:间隔热耗变动较为频繁且波动值相对来说不是特别大,用户追求供暖舒适度,用户对用热进行调控。

3号线条代表用户:用热比较稳定,间隔热耗波动较小,趋向于无波动,用户不对阀门进行调控。

4.7 末端平衡分析

基于末端计量数据完整性对小区楼栋平衡度进行分析。比较单元各热用户回温一致性、单位平方米流量一致性、小区内热指标一致性等,通过这些指标进行相应平衡度分析,如图2所示。利用平衡度分析,结合室温数据指导二网平衡调节。于一个供暖季期间完成了32个小区的二网调节工作。

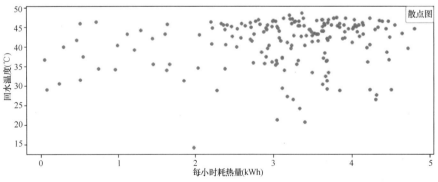

图2 末端用户平衡度分析(一)

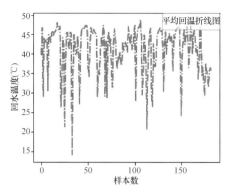
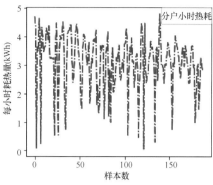

图 2 末端用户平衡度分析（二）

5 总结

本项目积极探索热计量智慧运营的可行性路线以及挖掘热计量数据的有效价值。

通过持续的实践，不断提升热计量运营质量，并充分印证完整的热计量数据对于热力的供热管理、能耗管控、客户服务及成本管理等有非常明显的价值。项目后期将基于热源至末端计量数据的完整性，对按需供热、节能降耗进行积极的探索，逐步实现源头节能。

参考文献

[1] 杜惠美,刘学来,王德阁,等. 中国热计量发展现状及问题分析[J]. 区域供热,2021,5: 64-67.

综合提升计量管理水平 保障热计量数据准确可靠

太原市热力集团有限责任公司　王　娟

【摘　要】计量管理是企业节能降耗、平衡供用热双方权益的重要手段。只有加强计量全过程管理，才能实现供热企业和热用户的共同利益最大化，保障正常供用秩序。本文就供热计量闭环管理方式进行举例论述，为热计量数据的准确可靠提供了管理、技术双重保障，从而减少计量纠纷，变被动管理为主动服务。

【关键词】管理　数据分析　热表故障　热表检定

0 引言

智慧供热作为供热行业供给侧改革的一项重要内容，赋予了供热企业更加持久的生命力，而智慧供热需要建立在供热计量大数据应用的基础上。以大数据为基础的热计量管控系统平台建设和发展是管理供热计量数据的必要手段和首要前提。可靠的热计量数据的获得除了要排除监测运行过程中各级表具可能出现的计量故障外，热计量设施验收前的安装把控也将影响到计量数据的可靠性，后期对使用中的热量表进行抽检也是验证计量数据准确可靠的保障。安装管理、数据监测、抽检测试三者相辅相成，只有同步进行才能高效发挥计量管理的作用。在近两年的供热计量管理工作中，我们从热计量方案的严格落实、热计量工程验收的严格把关、运行数据报警监测、热量表定期抽检等方面抓起，形成闭环管理模式，确保计量数据的抄通、有效和准确，从而减少计量纠纷，变被动管理为主动服务。大数据时代的热量管理已经改变了我们企业的管理理念。

1 规范热计量设施安装建设，严格把关热计量工程竣工验收

热计量装置的规范安装是供热计量工作中十分重要的环节，新建建筑每户安装了户用热量表，每栋楼安装有楼栋热量表，安装中出现的问题均会影响计量数据的准确性；户名地址与表、阀号不一致则会造成结算错误，影响供、用热双方的利益。

2013年太原市热力集团有限责任公司（以下简称太原热力）自行购置了两台热计量检定装置，对公司供热范围内的热量表进行抽检，以检定热计量表的性能，保证计量数据的准确性[1]。现对使用中的6个厂家的热量表进行逆

流检定实验,以确定安装方向错误对热计量数据的影响。实验一将6个厂家的热量表正确顺流安装,分别进行小流量、常用流量、大流量检定,检定结果如表1所示;实验二将热量表原位转向,逆流安装,检定结果如表2所示。

顺流安装热能表流量(质量法)检定 表1

序号	热表厂家	流量点(m³/h)	进口温度(℃)	出口温度(℃)	温差(℃)	表初值(L)	表终值(L)	表示值(L)	天平示值(kg)	温度(℃)	密度(kg/L)	标准值(L)	示值误差(%)	误差要求(±%)	检定结果
1	A	2.517	0	0	0	1220.99	1294.06	73.07	71.802	53.02	0.9868	72.552	0.7	2.02	2级合格
		0.254	0	0	0	1294.06	1309.34	15.28	15.172	52.58	0.9870	15.327	−0.3	2.2	
		0.049	0	0	0	1309.34	1314.51	5.17	5.042	50.99	0.9878	5.090	1.6	3.02	
2	B	2.517	0	0	0	357.38	430.16	72.78	71.802	52.68	0.9870	72.537	0.3	2.02	2级合格
		0.254	0	0	0	430.16	445.49	15.33	15.172	52.22	0.9872	15.324	0	2.2	
		0.049	0	0	0	445.49	450.59	5.10	5.042	50.44	0.988	5.088	0.2	3.02	
3	C	2.517	0	0	0	0	72.65	72.65	71.802	52.35	0.9871	72.530	0.2	2.02	2级合格
		0.254	0	0	0	72.65	88.01	15.36	15.172	51.85	0.9874	15.321	0.3	2.2	
		0.049	0	0	0	88.01	93.2	5.19	5.042	49.88	0.9883	5.087	2	3.02	
4	D	2.517	0	0	0	0	74.14	74.14	71.802	53.36	0.9867	72.560	2	2.02	2级合格
		0.254	0	0	0	74.14	89.57	15.43	15.172	52.94	0.9869	15.329	0.7	2.2	
		0.049	0	0	0	89.57	94.68	5.11	5.042	51.55	0.9875	5.091	0.4	3.02	
5	E	2.517	0	0	0	0	72.814	72.814	71.802	52.01	0.9873	72.515	0.4	2.02	2级合格
		0.254	0	0	0	72.814	88.155	15.341	15.172	51.49	0.9875	15.320	0.1	2.2	
		0.049	0	0	0	88.155	93.234	5.079	5.042	49.33	0.9885	5.086	−0.1	3.02	
6	F	2.517	0	0	0	0	73.19	73.19	71.802	51.67	0.9875	72.501	1	2.02	2级合格
		0.254	0	0	0	73.19	88.58	15.39	15.172	51.13	0.9877	15.317	0.5	2.2	
		0.049	0	0	0	88.58	93.62	5.04	5.042	48.78	0.9888	5.084	−0.9	3.02	

逆流安装热能表流量(质量法)检定 表2

序号	热表厂家	流量点(m³/h)	进口温度(℃)	出口温度(℃)	温差(℃)	表初值(L)	表终值(L)	表示值(L)	天平示值(kg)	温度(℃)	密度(kg/L)	标准值(L)	示值误差(%)	误差要求(±%)	检定结果
1	A	2.509	0	0	0	1379.06	1452.43	73.37	72.278	53.22	0.9867	73.041	0.5	2.02	不合格
		0.255	0	0	0	1452.43	1467.33	14.90	15.154	52.37	0.9871	15.308	−2.7	2.2	
		0.049	0	0	0	1467.33	1472.25	4.92	5.042	50.96	0.9878	5.090	−3.3	3.02	
2	B	2.509	0	0	0	568.76	568.78	0.02	72.278	52.88	0.9869	73.026	−100	2.02	不合格
		0.255	0	0	0	568.78	568.79	0.01	15.154	51.95	0.9873	15.305	−99.9	2.2	
		0.049	0	0	0	568.79	568.80	0.01	5.042	50.39	0.9880	5.088	−99.8	3.02	
3	C	2.509	0	0	0	0	158.80	158.80	72.278	52.55	0.9870	73.018	117.5	2.02	不合格
		0.255	0	0	0	158.8	173.31	14.51	15.154	51.54	0.9875	15.301	−5.2	2.2	
		0.049	0	0	0	173.31	177.23	3.92	5.042	49.82	0.9883	5.087	−22.9	3.02	
4	D	2.509	0	0	0	0	0	0	72.278	53.56	0.9866	73.048	−100	2.02	不合格
		0.255	0	0	0	0	0	0	15.154	52.78	0.9869	15.311	−100	2.2	
		0.049	0	0	0	0	0	0	5.042	51.53	0.9875	5.091	−100	3.02	
5	E	2.509	0	0	0	0	0.001	0.001	72.278	52.21	0.9872	73.004	−100	2.02	不合格
		0.255	0	0	0	0	0.001	0.001	15.154	51.12	0.9877	15.298	−100	2.2	
		0.049	0	0	0	0.001	0.002	0.001	5.042	49.25	0.9886	5.085	−100	3.02	
6	F	2.509	0	0	0	243.67	243.67	0	72.278	51.87	0.9874	72.989	−100	2.02	不合格
		0.255	0	0	0	243.67	243.67	0	15.154	50.71	0.9879	15.295	−100	2.2	
		0.049	0	0	0	243.67	243.67	0	5.042	48.68	0.9888	5.084	−100	3.02	

检定结果显示：6 个厂家的热量表顺流安装流量检定均合格；逆流安装流量检定均不合格。其中 B、D、E、F 4 个厂家热量表逆流安装时不计流量；A 厂家热量表逆流安装计流量，测得流量误差较小；C 厂家热量表逆流安装计流量，测得流量误差很大。

热表前后直管段距离不够、热表安装方向错误、供回水温传探头反装或者温传探头随意无效放置均影响计量数据，为保证计量数据的准确性，太原热力从热计量装置的安装和验收抓起，安装前现场踏勘并出具供热计量方案，方案中对热量表安装标准及施工技术全流程作出明确要求。同时在方案实施过程中加强跟踪监督，增加样板工程查看工作，及时发现、纠正施工过程中不规范的操作，引导施工安装程序化、规范化。在验收过程中进一步细化竣工验收表，对于经常出现的安装问题重点监督检查。

2 重视供热过程中的数据管理，确保计量数据准确有效

对于热计量工作来说，运行期间的数据监测是保证热计量工作顺利开展的重要环节。数据监测及跟踪可以判断热计量装置安装是否正确、运行是否正常，对于热计量装置出现的数据异常情况可以根据报警类别去初判是安装故障、质量问题还是通信故障，并结合现场实际情况来查找异常原因。数据异常分为数据未抄回、温度异常、流量异常和耗热量异常。有针对性的及时进行处理，避免故障表计量失准，从而影响整个供暖季计量工作的进行。以下列举监测分析中发现的温度异常、流量异常、耗热量异常的典型数据，并初判异常原因。

采集时间为供暖季，此时的供、回水温度应为管道内热水的温度，而热表上显示异常温度、流量时系统报警（表 3、表 4）。

温度异常报警数据　　表 3

序号	安装位置	报警名称	报警时间/采集时间	供水温度（℃）	回水温度（℃）	温差（℃）	瞬时流量（m³/h）	瞬时热量（kW）
1	滨东花园 11-1-1205	供水温度传感器故障	2020-11-15	99.99	99.99	0.00	0.22	0.00
2	平阳府第 2-3-1803	回水温度传感器故障	2020-11-15	36.24	0.00	36.24	0.27	0.00
3	保利金香槟 1-1-1401	温度传感器装反	2020-11-01	30.18	38.77	-8.59	0.37	3.65
4	东风小区 5-2-2602	流量正常温差较小	2020-11-06	34.35	34.36	-0.01	0.68	0.00

流量异常报警数据　　表 4

序号	安装位置	报警名称	报警时间/采集时间	供水温度（℃）	回水温度（℃）	温差（℃）	瞬时流量（m³/h）	瞬时热量（kW）
1	旺景家园 2-1-603	瞬时流量过大	2020-12-02	38.29	32.64	5.65	7.78	46.12
2	赞城 2 期 2-1-低区（楼栋表）	瞬时流量过大	2020-11-04	42.85	33.54	9.31	638801.00	68.65
3	和易嘉园 6-西-1601	温度正常无流量	2020-12-02	44.68	37.35	7.33	0.00	0.00
4	国风上观 03-1-1003	温度正常无流量	2020-12-04	39.29	32.19	7.10	0.00	0.00
5	国风上观 03-1-1703	温度正常无流量	2020-12-07	39.33	24.91	14.41	0.00	0.00
6	保利金香槟 3-1-1501	温度正常无流量	2020-12-20	47.14	40.68	6.46	0.00	0.00

分析数据并现场查看，各热量表情况分别是：①供、回水温度传感线被剪断，人为破坏（图 1）。②回水温度传感器探头被剪断，人为破坏（图 1）。③温度传感器探头装反，重新安装后系统不再报警，数据正常。④回水温度传感器插入供水管保温层内，测量温度为供水管道内水的实际温度，为用户盗热行为。

图 1　人为破坏现场照片
（a）温度传感器线被剪断；（b）温度传感器探头被剪断

分析数据并现场查看，各热量表情况分别是：①热计量表外观无明显损坏，需后期检定确定是否损坏。②楼栋表表计正常，表上瞬时流量显示也正常，查找原因发现集中器存储时小数点解析配置有误，11 月 8 日厂家升级集中器后上传数据恢复正常。③热计量表外观无明显损坏，热表安装方向与水流方向一致，需后期检定后确定是否损坏。④流量传输线被齐根剪断，流量数据无法上传。⑤热计量表外观无明显损坏，需后期检定确定是否损坏。⑥热计量表外观无明显损坏，热表安装方向与水流方向不一致，水逆流，重新安装后系统不再报警，数据正常。

分析数据并现场查看，各热量表情况分别是：①热计量表外观无明显损坏，热表安装方向与水流方向一致，需后期检定确定是否损坏。②热计量表表头被砸，需后期检定确定是否损坏。③热计量表外观无明显损坏，热表安装

方向与水流方向一致,现场数据与系统数据一致,历史数据累计热量递减,积分仪故障。④热计量表外观无明显损坏,热表安装方向与水流方向一致,回水温度传感器未拆入,重新安装后系统不再报警,数据正常。⑤热计量表外观无明显损坏,热表安装方向与水流方向一致,需后期检定确定是否损坏。⑥热计量表外观无明显损坏,热表安装方向与水流方向一致,结合历史数据分析发现,瞬时流量很小时,累计热量增加,而瞬时热量因小数点后显示不全导致误报警,后期需检定验证(表5、表6)。

耗热量异常报警数据　　　　　　　　　　　　　　　　　　表5

序号	安装位置	报警名称	报警时间/抄表时间	供水温度(℃)	回水温度(℃)	温差(℃)	瞬时流量(m³/h)	瞬时热量(kW)
1	康馨苑A区7-2-1402	流量温度正常无瞬时热量	2020-11-15	35.69	30.69	5.00	0.24	0.00
2	香檀一号3-2-1503	流量温度正常无瞬时热量	2020-11-15	36.91	33.53	3.38	0.16	0.00
3	拉菲香榭6-1-1402	累热递减	2020-12-26	40.86	37.25	3.61	0.72	3.00
4	康宁雅苑2-1-2604	耗热量大	2020-11-20	39.63	19.83	19.80	0.36	8.20
5	平板玻璃厂1-1-2301	耗热量大	2020-12-29	42.44	37.24	5.20	0.69	41.51
6	万科紫台1-1-2402	流量温度正常无瞬时热量	2020-12-21	39.29	30.15	9.14	0.03	0.00

万科紫台1-1-2402历史数据　　　　　　　　　　　　　　表6

任务时间	瞬时热量(kW)	瞬时流量(m³/h)	累计热量(kWh)	累计流量(m³)	供水温度(℃)	回水温度(℃)	温差(℃)
2020-12-19	0.00	0.00	7627.21	1248.96	40.40	30.77	9.63
2020-12-20	2.90	0.28	7630.44	1249.22	41.09	32.21	8.88
2020-12-21	0.00	0.03	7648.06	1251.25	39.29	30.15	9.14
2020-12-22	0.00	0.03	7649.03	1251.32	40.03	27.27	12.76
2020-12-23	0.00	0.02	7649.06	1251.32	42.11	32.41	9.70
2020-12-24	0.00	0.02	7649.11	1251.33	43.21	26.65	16.56
2020-12-25	0.00	0.02	7649.25	1251.33	43.08	26.27	16.81
2020-12-26	1.78	0.18	7670.43	1253.29	44.37	35.51	8.86

加强对计量数据的管理能力,定期做好数据分析,对于系统分析有异常的热表进行现场查看,努力做到在供暖期间就确认问题结点。无法确定原因的热量表做好详细记录,停热后进行检定。

3 加强热计量表检定管理,减少供用热双方争议

热量表作为热计量交易结算的重要计量器具和数值依据,必须保证计量的准确性[2]。按照《热能表》JJG 225—2001[3],热量表使用三年后,需要进行周期检定。现阶段无法执行全部定期检定的情况下,采取强制周检、数据分析与随机抽检相结合的方式,综合利用报警功能和数据分析等多种手段来排除热表偏差,最大程度的降低企业与用户的损失。

用于计量结算的公共建筑大口径楼栋热量表执行三年强制周检规定,检定合格后方可继续使用,此类表计需出具法定计量检定机构的检定结果后,方可继续按热计量方式结算。图2、图3为检定合格证书。

图2　楼栋热量表检定合格证书1

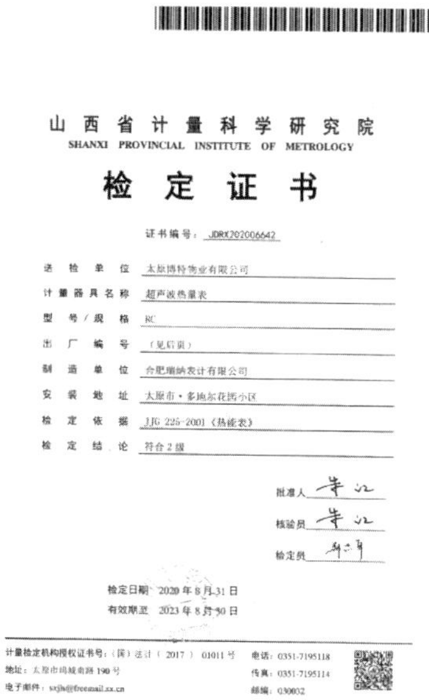
山西省计量科学研究院
SHANXI PROVINCIAL INSTITUTE OF METROLOGY

检定证书

证书编号：JDRX202006642

送检单位　太原博特物业有限公司
计量器具名称　超声波热量表
型号/规格　RC
出厂编号　（见后页）
制造单位　合肥瑞纳表计有限公司
安装地址　太原市·多地尔花园小区
检定依据　JJG 225-2001《热能表》
检定结论　符合2级

批准人
核验员
检定员

检定日期　2020年8月31日
有效期至　2023年8月30日

计量检定机构授权证书号：（国）法计（2017）01011号
电话：0351-7195118
传真：0351-7195114
邮编：030002
电子邮件：sxjls@freemail.sx.cn

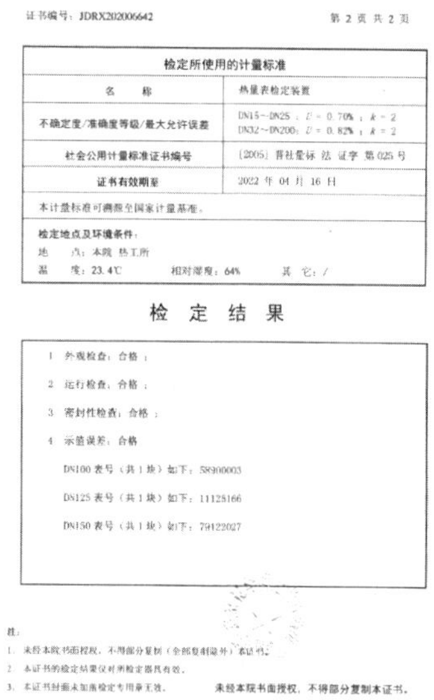
证书编号：JDRX202006642　第2页 共2页

检定所使用的计量标准	
名称	热量表检定装置
不确定度/准确度等级/最大允许误差	DN15～DN25：U＝0.70%；k＝2 DN32～DN200：U＝0.82%；k＝2
社会公用计量标准证书编号	［2005］晋社量标 法 证字 第025号
证书有效期至	2022年04月16日
本计量标准可溯源至国家计量基准。	
检定地点及环境条件： 地　点：本院 热工所 温　度：23.4℃　相对湿度：64%　其　它：/	

检定结果

1　外观检查：合格；
2　运行检查：合格；
3　密封性检查：合格；
4　示值误差：合格
DN100表号（共1块）如下：58900003
DN125表号（共1块）如下：11128166
DN150表号（共1块）如下：79122027

注：
1. 未经本院书面授权，不得部分复制（全部复制除外）本证书。
2. 本证书的检定结果仅对所检定器具有效。
3. 本证书封面未加盖检定专用章无效。
未经本院书面授权，不得部分复制本证书。

图3　楼栋热量表检定合格证书2

为保证计量的准确性，热表报警数据分析后，对现场查看无法确定原因的热表进行检定。对流量异常报警、耗热量异常报警中待检热表分别进行流量检定、热量检定（总检），检定结果统计如表7、表8所示。

热能表流量（质量法）检定原始记录　　**表7**

序号	小区	流量点（m^3/h）	进口温度（℃）	出口温度（℃）	温差（℃）	表初值（L）	表终值（L）	表示值（L）	天平示值（kg）	温度（℃）	密度（kg/L）	标准值（L）	示值误差（%）	误差要求（±%）	检定结果
1	旺景家园 2-1-603	3.509	0	0	0	0	84.314	84.314	76.742	50.18	0.9881	77.442	8.9	2.02	不合格
		0.353	0	0	0	0	17.517	17.517	15.172	49.81	0.9883	15.307	14.4	2.2	
		0.073	0	0	0	0	5.927	5.927	5.046	49.15	0.9886	5.089	16.5	2.96	
2	和易嘉园 6-西-1601	3.482	0	0	0	0	0	0	77.736	51.43	0.9876	78.485	−100	2.02	不合格
		0.352	0	0	0	0	0	0	15.194	51.02	0.9877	15.339	−100	2.2	
		0.072	0	0	0	0	0	0	5.042	50.13	0.9882	5.087	−100	3	
3	国风上观 3-1-1703	3.424	0	0	0	0	78.28	78.28	77.800	50.63	0.9879	78.525	−0.3	2.02	2级合格
		0.353	0	0	0	0	15.28	15.28	15.196	50.57	0.9880	15.336	−0.4	2.2	
		0.071	0	0	0	0	5.06	5.06	5.050	49.87	0.9883	5.095	−0.7	2.99	

热能表总量（质量法）检定原始记录　　**表8**

序号	小区	流量点（m^3/h）	进口温度（℃）	出口温度（℃）	温差（℃）	表初值（kWh）	表初值（kWh）	表示值（kWh）	天平示值（kg）	温度（℃）	密度（kg/L）	标准值（kWh）	示值误差（%）	误差要求（±%）	检定结果
1	康馨苑A区 7-2-1402	0.697	49.71	35.05	14.66	0	0	0	60.502	49.19	0.9886	1.025	−100	3.92	不合格
2	香檀一号 3-2-1503	0.697	49.68	35.04	14.64	0	0	0	60.492	49.06	0.9886	1.025	−100	3.92	不合格
3	平板玻璃厂 1-1-2301	0.520	50.00	34.06	15.94	0	1.113	1.113	50.386	46.60	0.9897	0.929	19.8	3.85	不合格
4	万科紫台 1-1-2402	0.360	54.68	43.62	11.05	0	0.657	0.657	50.254	52.25	0.9872	0.649	1.1	4.27	合格

检定结果显示，旺景家园 2-1-603 的热量表不合格，检定数据正偏差；和易嘉园 6-西-1601 的热量表不合格，检定过程中流量不变；国风上观 3-1-1703 的热量表合格，系统误报警，后期需修正热计量系统报警参数。

旺景家园 2-1-603 报警原因为瞬时流量过大，流量检定结果为正偏差，此户热量表无法正常使用需更换；和易嘉园 6-西-1601 报警原因为温度正常无流量，流量检定结果为流量不变，此户热量表无法正常使用需更换；国风上观 3-1-1703 报警原因为温度正常无流量，检定结果为合格，再次现场查看发现热量表安装在回水管道，供水管阀门开启、回水管表后阀门关闭，历史数据显示该用户前一天流量从 0 变为 0.56m³/h，温度传感器测得数据为管路里热水余温，判定为误报警情况，此户热量表可以继续使用。

检定结果显示，康馨苑 A 区 7-2-1402 的热量表不合格，检定过程中热量不变；香檀一号 3-2-1503 的热量表不合格，检定过程中热量不变；平板玻璃厂 1-1-2301 的热量表不合格，检定数据正偏差；万科紫台 1-1-2402 的热量表合格。

康馨苑 A 区 7-2-1402 报警原因为流量温度正常无瞬时热量，热量检定结果为热量不变，此户热量表无法正常使用需更换；香檀一号 3-2-1503 报警原因为流量温度正常无瞬时热量，热量检定结果为热量不变，此户热量表表头被砸坏，为人为破坏表计；平板玻璃厂 1-1-2301 报警原因为耗热量大，热量检定结果为正偏差，此户热量表无法正常使用需更换；万科紫台 1-1-2402 报警原因为流量温度正常无瞬时热量，热量检定结果为合格，验证数据分析结果。

每年随机抽取不低于装表数量 1% 的热量表进行抽样检测，对非人为破坏而检定不合格的热量表由厂家负责更换新表后方可使用。此措施虽增加了表计拆装检定工作量和费用成本，但极大的保证了计量数据的准确性、可靠性，规避了计量失准的风险，维护了供用热双方的合法权益，减少了计量纠纷。

对使用中的热量表进行定期周检、故障检定和随机抽检是验证计量数据准确可靠的重要手段，也是提高供热计量管理必不可少的环节。

4 结论及建议

在计量管理中，通过对安装管理、数据监测、抽检测试的闭环管理，并结合技术分析，得出如下结论：

（1）需进一步细化竣工验收明细要求表，对于经常出现的问题重点监督检查。数据的准确性和抄通率是供热数据分析过程中指导性、可靠性的前提，严格把关热计量工程验收全过程，确保每一块热表的计量准确性，可以减少后期重复的人力和物力维护，为热计量大数据管理打好硬件基础。

（2）热计量是一个系统工程，各供热企业要在相关政策的支持下完成好此项工作的设计、选型、施工管理、验收、后续运维、抽检等每一个环节，只有这样才能使系统更好的发挥它的作用。

（3）热计量表故障除机械本身故障外，还存在一定程度上的人为故障。其中导致温度异常的多为人为干预行为，如：人为破坏探头、人为剪线、人为拔出探头。流量异常由安装错误、人为破坏、表计质量等多方面问题造成，而部分停热用户只关闭回水管单阀门的情况也易引起误报警，需要求报停用户关闭供水管阀门。经数据分析与现场查看后，耗热量异常表计不好界定是表计质量问题还是正常用热，需后期细化检定确定。私开并拆除热表的盗热行为系统不会报警，较难远程发现，需加强现场抽检巡查。

（4）在热计量的推广使用过程中，存在人为破坏热计量表的情况。其中，私自剪线情况最为常见，以此来盗热，达到少缴计量热费的目的。针对人为破坏、人为干预等问题，应进一步改进表具设备，健全规章制度，防微杜渐，保障正常供用秩序。

参考文献

[1] 田燕青. 供热计量工作的推行及相关问题探讨[J]. 山西建筑, 2018, 44(14): 242-243.
[2] 马贺凯. 超低功耗无磁热能表的研制[D]. 青岛：山东科技大学, 2011.
[3] 国家质量监督检验检疫总局. JJG 225—2001, 热能表[S]. 北京：中国计量出版社, 2001.

专题 6　供热工程设计与施工

长输蒸汽管网疏水计算和设备选型

北京市煤气热力工程设计院有限公司 王 鑫 刘 芃 朱 正

【摘 要】本文以电厂汽水管道疏水系统的计算模型为基础，结合长输蒸汽管网的保温计算、水力计算结果和运行经验，提出长输蒸汽管道疏水量的计算方法、疏水系统设备选型的设计方法。最后结合工程实例，说明长输蒸汽管道疏水系统设计选型过程。希望通过本文的探讨能提供可参考的长输蒸汽管网疏水计算模型，对长输蒸汽管网疏水设备选型的优化起到积极作用，进而提升管网运行的安全性和经济性。

【关键词】长输 蒸汽管网 疏水 疏水阀

0 引言

近十几年间，我国制造业和轻工业高速发展，工业用热需求增长迅猛，以工业热用户为主要服务对象的大型集中供热（蒸汽）项目不断涌现。长输蒸汽管网作为集中供热的基础设施，在技术上不断实现新的突破，输送半径不断扩大、节能指标逐渐降低，长输蒸汽管网的安全性和经济性得到前所未有的重视。长输蒸汽管网的疏水系统既要及时排出管道中的凝结水，避免积液阻碍蒸汽流动发生水击，又要在数量上和疏水管径上控制在一定水平内，避免热能损失过大降低管网运行经济性。可以说，长输蒸汽管网疏水系统的合理设计，是保证管网运行安全和供汽经济性的关键一环。

然而，我国长输热网相关规范只对疏水系统的设置和选型作了定性的要求，并没有定量的准确计算方法。可参考的火力发电厂汽水管道相关规范对疏水系统的要求更注重对发电设备的保护和发电系统的安全性，用于长输蒸汽管道过于保守和不经济。业内亟需适用于长输蒸汽管网的疏水量计算模型和一套合理的疏水设备选型方法。

1 长输蒸汽管网对疏水系统的设计要求

目前，我国长输蒸汽管网设计可遵循的相关规范中，只有《城镇供热管网设计规范》CJJ 34—2010 对长输蒸汽管道的疏水装置设计给出了较为详细的要求，但对疏水装置的选型没有给出计算公式。《火力发电厂汽水管道设计规范》DL/T 5054—2016 给出了不同管径的蒸汽管道选用的启动疏水、经常疏水管径选型范围，也未给出选型依据和计算公式。相关规范对蒸汽管道疏水的要求见表1。

相关规范对蒸汽管道疏水的要求　　表1

序号	规范名称	适用范围	疏水要求
1	《城镇供热管网设计规范》 CJJ 34—2010	$P \leqslant 1.6\text{MPa}$，$t \leqslant 350℃$	蒸汽管道的低点和垂直升高的管段前应设启动疏水和经常疏水装置。同一坡向的管段，顺坡情况下每隔400m~500m，逆坡时每隔200~300m应设启动疏水和、经常疏水装置
2	《城镇供热直埋蒸汽管道技术规程》 CJJ/T 104—2014	$P \leqslant 2.5\text{MPa}$，$t \leqslant 350℃$，直埋敷设	疏水装置宜设置在工作管与外护管相对位移较小处。疏水管应采用自然补偿布置
3	《工业金属管道设计规范》 GB 50316—2000（2008版）	$P \leqslant 42\text{MPa}$，非长输管道	给出了疏水阀组布置形式和疏水管径范围
4	《压力管道规范 工业管道》 GB/T 20801—2020	压力管道	无相关要求
5	《火力发电厂汽水管道设计规范》 DL/T 5054—2016	火力发电厂内汽水金属管道	饱和蒸汽管道的低点应设集液包及蒸汽疏水阀组

2 长输蒸汽管网的疏水系统设计

2.1 长输蒸汽管道启动疏水量计算

长输蒸汽管网暖管启动时所产生的凝结水量按式（1）计算：

$$G_{cal} = \frac{W_1 \cdot C_1 \cdot \Delta t_1 + W_2 \cdot C_2 \cdot \Delta t_2}{h_1 - h_2} \times 60 \quad (1)$$

式中，G_{cal}——凝结水量，kg/h；

W_1——钢管、管件、补偿器的总质量，kg；

W_2——保温材料质量，kg；

C_1——钢管的比热容,kJ/(kg·K);碳素钢 $C_1=0.502$ kJ/(kg·K);合金钢 $C_1=0.486$ kJ/(kg·K);

C_2——保温材料的比热容,kJ/(kg·K);或取 $C_2=0.837$ kJ/(kg·K);

Δt_1——管材的温升速度,℃/min;一般蒸汽管道暖管的温升速度规定为 2~3℃/min,且最高不得超过 5℃/min,取 $\Delta t_1=3$ ℃/min;

Δt_2——保温材料的温升速度,℃/min;一般取 $\Delta t_2=\Delta t_1/2$;

h_1——工作条件下过热蒸汽的焓或饱和蒸汽的焓,kJ/kg;

h_2——工作条件下饱和水的焓,kJ/kg。

2.2 长输蒸汽管道过热段经常疏水量的计算

对于长输蒸汽管网运行时过热段的正常连续疏水,凝结水量(G_{cal})应采用管道最大连续蒸汽流量按式(2)计算:

$$G_{cal}=\frac{Q}{h_1-h_2} \quad (2)$$

式中,Q——蒸汽管道散热量,W/m;直埋管道可按式(3)计算:

$$Q=\frac{t_w-t_s}{\frac{1}{2\pi\lambda_g}\ln\frac{4H_1}{D'_w}} \quad (3)$$

式中,t_w——保温管外表面温度,℃;一般不超过50℃;

t_s——直埋蒸汽管道周边土壤环境温度,℃;

λ_g——土壤的导热系数,W/(m·k);

H_1——管道当量埋深,m;

D'_w——保温层外径,m。

2.3 长输蒸汽管道饱和段经常疏水量的计算

参考以往设计经验,将多个实际项目热网的水力计算结果与式(4)对比调整,取湿度中 0.0001 作为饱和湿蒸汽管道的经常疏水量。

$$G_{cal}=\frac{Q}{i_1-i_2}+W\times x\times 0.0001 \quad (4)$$

式中,W——蒸汽流量,kg/h;

x——蒸汽湿度,取 0.3%。

2.4 疏水阀及疏水器的选型计算

(1)需要的排水量

$$G_r=G_{cal}\times n=\frac{Q}{h_1-h_2}\times n \quad (5)$$

式中,n——安全系数,长输蒸汽管网取3。

(2)疏水器的工作压差(ΔP)

$$\Delta P=P_1-P_2 \quad (6)$$

式中,ΔP——疏水器的工作压差,MPa;疏水器的排水量与 $\sqrt{\Delta P}$ 成正比。

P_1——疏水器的入口压力,MPa;

P_2——疏水器的出口压力,MPa。

(3)背压度

$$背压度=\frac{P_2}{P_1}\times 100\% \quad (7)$$

(4)背压对排水量的影响

在有背压的条件下使用时,排水量必须校正。背压度越大,疏水器排水量下降得越多,校正时可参照表2。

背压使疏水器排水量下降的百分率(单位:%)

表2

背压度(%)	入口压力(MPa)			
	0.035	0.17	0.69	1.38
25	6	3	0	0
50	20	12	10	5
75	38	30	28	23

当疏水阀后凝结水排入大气时,疏水阀和疏水器的出口背压为零。如果把疏水阀、疏水器排出的冷凝水集中回收,此时,疏水阀、疏水器的出口背压是回水管的阻力、回水管抬升高度、二次蒸发器(回水箱)内压力三者之和。

(5)疏水器连接直径的确定

疏水器一般以需要的凝结水排水量及压差为依据,对照所选型号的疏水器的排水量曲线或表选择连接公称直径,以此为参考决定进、出口管径。参考圆盘式疏水阀性能参数曲线如图1所示。

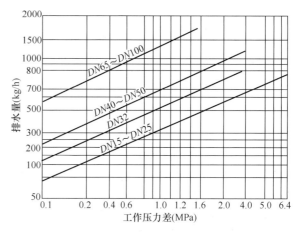

图1 圆盘式疏水阀性能参数曲线

(6)排水能力的核对

疏水器的凝结水最大排水量,与需要的排水量比较,要求:

$$G_{max}\cdot(1-f)\geq G_r \quad (8)$$

式中,G_{max}——疏水器的最大排水量,kg/h;

f——背压使疏水器排水量下降率,%。

需要特别指出的是,在疏水器选型计算中,不能以疏水器的连接尺寸作为选型依据。疏水器的公称通径与排水量无直接关系,它仅表示连接管道的尺寸。疏水器排水能力取决于阀嘴,与管道连接公称通径没有关系。

3 长输蒸汽管网疏水系统典型设计案例

3.1 管网设计条件

管网设计参数:设计压力:3.3MPa,设计温度:380℃

管网运行参数：运行压力：2.4~3.0MPa，运行温度：310~330℃

设计管径：DN500、DN450

设计管网为两段现状管网的连通管，管网设计起点为现状DN500管道预留接口，距热源点电厂4.9km，设计DN500管道长8.6km，DN450管道长6.1km，管道末端为减温减压站。管网布置简图如图2所示。

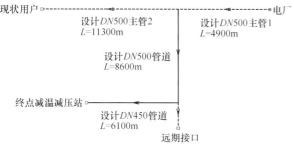

图2 设计案例管网布置简图

3.2 启动疏水选型计算

管网采用旋转补偿器进行热补偿，按每组补偿器补偿距离300m考虑，每组补偿器上翻弯头前设置启动疏水，按式（1）计算，启动疏水量计算如表3所示。

过热段蒸汽启动疏水量计算	表3
钢管外径 D_w(mm)	530
钢管壁厚 δ(mm)	16
钢管密度 (kg/m³)	7850
暖管长度 (m)	300
钢管总质量 (kg)	60814.0128
单个补偿器质量 (kg)	160
补偿器个数	2
钢管和补偿器的总质量 W_1(kg)	61134.0128
保温材料厚度 (mm)	210
保温材料密度 (kg/m³)	110
保温材料质量 W_2(kg)	16102.548
钢管的比热容 C_1[kJ/(kg·℃)]	0.502
保温材料的比热容 C_2[kJ/(kg·℃)]	0.837
管材的温升速度 Δt_1(℃/min)	3
保温材料的温升速度 Δt_2(℃/min)	1.5
工作条件下过热或饱和蒸汽焓 h_1(kJ/kg)	3017.6
工作条件下饱和水的焓 h_2(kJ/kg)	1008.2
启动凝结水量 G_{cal}(kg/h)	3352.77911

取启动疏水阀安全系数 $n=3$，则启动疏水阀的选型计算如表4所示。

过热段蒸汽启动疏水阀选型计算	表4
疏水阀安全系数 n	3
疏水阀需要的排水量 G_r(kg/h)	10058.33732
疏水器的入口压力 (MPa)	2.9
疏水器的出口压力 (MPa)	0.0507
工作压差 (MPa)	2.8493

注：冷凝水管比摩阻按70Pa/m取，出口压力取0.02MPa，提升高度取3m。

查凝结水管计算表，$G=10t/h$，$DN100$ $V=0.37m/s$，$\Delta h=25.2Pa/m$，则启动疏水阀门选DN100闸阀或截止阀。

3.3 过热段经常疏水选型计算

取管道外表面温度为50℃，土壤温度取管中心埋深处当地最高月平均温度23.9℃，则按式（2）、式（3）经常疏水量计算过程如表5所示。

过热段蒸汽经常疏水量计算	表5
保温层厚度 δ(mm)	210
保温层外径 D_w(mm)	950
保温管外表面温度 t_w(℃)	50
直埋蒸汽管道周边土壤环境温度 t_s(℃)	23.9
大气温度 t_s(℃)	28.7
土的导热系数 λ_g[W/(m·K)]	1.97
管道中心埋深 H(m)	1.8
管道当量埋深 H_l(m)	1.9576
直埋蒸汽管上方地表面大气的换热系数 α [W/(m²·K)]	12.5
计算取用 t_s(℃)	28.7
单位管长热损失 q(W/m)	124.9
蒸汽管道散热量 Q[kJ/(m·h)]	449.7
工作条件下过热或饱和蒸汽焓 h_1(kJ/kg)	3017.6
工作条件下饱和水的焓 h_2(kJ/kg)	1008.2
过热蒸汽经常疏水量 G_{cal}[kg/(m·h)]	0.223
设置间距 (m)	300
经常疏水量 (kg/h)	67.1

取经常疏水安全系数 $n=3$，则经常疏水阀的选型计算如表6所示。

过热段蒸汽经常疏水阀选型计算	表6
疏水阀安全系数 n	3
经常疏水量 (t/h)	67.1
疏水阀需要的排水量 G_r(kg/h)	201.4
疏水器的入口压力 (MPa)	2.9
疏水器的出口压力 (MPa)	0.05
工作压差 (MPa)	2.85

根据图1中疏水阀性能曲线,该管网过热段选DN25 CS49-40C型经常疏水阀。

3.4 饱和段经常疏水选型计算

结合该项目蒸汽管网水力计算结果,在最大流量工况下,设计管段全程为过热段,在最小负荷工况下,前8.6km DN500管段为过热段,后6.1km DN450管段为饱和段。

按式(4)饱和段经常疏水量计算过程如表7所示。

饱和段蒸汽经常疏水量计算　　表7

项目	数值
钢管外径 D_w(mm)	450
钢管壁厚 δ(mm)	14
保温层厚度 δ(mm)	190
根据经验设定的保温层外径 D_w'(mm)	830
保温管外表面温度 t_w(℃)	50
直埋蒸汽管道周边土壤环境温度 t_s(℃)	23.9
大气温度 t_s(℃)	28.7
土的导热系数 λ_g[W/(m·K)]	1.97
管道中心埋深 H(m)	1.8
管道当量埋深 H_1(m)	1.8
直埋蒸汽管上方地表面大气的换热系 α(W/m²·K)	12.5
计算取用 t_s(℃)	23.9
单位管长热损失 q(W/m)	149.46
蒸汽管道散热量 Q[kJ/(m·h)]	538.06
工作条件下饱和蒸汽焓 h_1(kJ/kg)	2803.2
工作条件下饱和水的焓 h_2(kJ/kg)	1008.2
蒸汽流量(kg/h)	140000
蒸汽湿度 x	0.003
蒸汽经常疏水量 G_{cal}[kg/(m·h)]	0.34
设置间距(m)	300
经常疏水量(kg/h)	102.53

取经常疏水阀安全系数 $n=3$,则经常疏水阀的选型计算如表8所示。

饱和段蒸汽经常疏水阀选型计算　　表8

项目	数值
疏水阀安全系数 n	3
经常疏水量(t/h)	102.53
疏水阀需要的排水量 G_r(kg/h)	307.58
疏水器的入口压力(MPa)	2.9
疏水器的出口压力(MPa)	0.0507
工作压差(MPa)	2.8493

根据图1中疏水阀性能曲线,该管网过热段选DN25 CS49-40C型经常疏水阀。

4 结论

本文针对长输蒸汽管网疏水系统设计工作进行了深入细致的研究和总结,对长输蒸汽管网疏水系统设计要点,如疏水量的计算方法、启动及经常疏水阀门选型计算方法等进行了详细论述,最后结合实际工程案例说明了长输蒸汽管网疏水系统选型计算过程。本文对完善长输蒸汽管网疏水阀、疏水器设计选型及其容量计算方法具有参考意义,有助于提高长输蒸汽管网的安全性和经济性。

参考文献

[1] 《城镇供热管网设计规范》CJJ 34—2010;
[2] 《城镇供热直埋蒸汽管道技术规程》CJJ/T 104—2014;
[3] 《工业金属管道设计规范》GB 50316—2000;
[4] 《火力发电厂汽水管道设计规范》DL/T 5054—2016;
[5] 《疏水放水放气排污管道设计技术措施》,能源部华北电力设计院,1988年9月,P20,22;
[6] 《工艺系统工程设计技术规定》HG/T 20570—95,中国环球化学工程公司编,1996年9月,P539;
[7] 《火力发电厂汽轮机防进水和冷蒸汽导则》(DLT 834—2003),P5,7。

直埋蒸汽管道外护管牺牲阳极的阴极保护设计

中国城市建设研究院有限公司　周　游　姬晓旭

【摘　要】近年来直埋蒸汽管道在供热工程中应用日益广泛。仅利用外护管防腐覆盖层难以达到防腐目的,采用牺牲阳极的阴极保护是一种科学有效、经济、合理的腐蚀控制措施,与管道本身的防腐层互相补充是最佳防腐方案。本文根据工程实例,介绍直埋蒸汽管道牺牲阳极的阴极保护法设计过程,为类似工程设计提供参考。

【关键词】直埋蒸汽管道　外护管　牺牲阳极　阴极保护

0 引言

近年来，蒸汽管道直埋敷设在集中供热领域得到广泛应用。在直埋蒸汽管道设计中，通常对影响蒸汽物性参数的管道保温、管道安全的应力计算较为重视，而对影响管道安全运行的防腐设计重视不够。由于任何管道防腐的覆盖层都不会是无缺陷的理想状态，在土壤中，覆盖层上存在的极少数量的针孔或破损，将形成大阴极（覆盖层完整部分）、小阳极（因针孔或破损而裸露金属部分）的腐蚀电池，这将使管道的局部（针孔或破损而裸露金属部分）腐蚀加速，其后果比管道无覆盖层还恶劣，即局部穿孔[1]。因而，文献［1］第7.3.6条规定："外护管采用外防腐的同时，应采取阴极保护措施"。

本文结合设计标准要求和工程实际，对直埋蒸汽管外护管牺牲阳极的阴极保护进行设计计算，为类似工程设计提供参考。

1 工程概况

内蒙古锡林郭勒经济技术开发区北方电厂蒸汽管线工程以北方电厂为热源，通过建设蒸汽管道向经济技术开发区内企业供蒸汽。设计蒸汽管道采用直埋敷设，蒸汽主管道全长约10.0km，蒸汽管道工作管主管径为$DN100 \sim DN500$，外护管管径为$DN350 \sim DN900$。根据设计要求，外护管采用螺旋焊缝钢管，管材为Q235B，外护管采用3PE防腐，设计阴极保护采用牺牲阳极法，使用寿命30年。

2 沿线土壤腐蚀性评价

本工程蒸汽管道布置于城区周边，管道敷设需穿越公路、10kV输变线路、地下电缆等。为了使埋地蒸汽管线得到有效防护，设计中对土壤电阻率、含盐量、氯离子和硫酸盐含量进行测定。

通过测定，管道沿线土壤电阻率为$53.52 \sim 69.83 \Omega \cdot m$。含盐量、氯离子和硫酸盐含量测定结果见表1。

土壤易溶盐测定结果　　　　表1

项目编号	SO_4^{2-} (mg/kg)	Mg^{2+} (mg/kg)	pH	Cl^- (mg/kg)
Y200166	47.18	19.68	7.54	57.49
Y200167	56.17	16.10	7.53	54.43
Y200168	45.00	24.20	7.57	65.50
Y200169	50.26	20.23	7.49	59.25

根据表1的土壤pH、含盐量、氯离子和硫酸盐含量的分析，参考单项评价指标，沿线管道基本上处于弱腐蚀程度的土壤环境。

3 阴极保护方法确定

阴极保护是一种防止金属在电介质（淡水及土壤等介质）中腐蚀的电化学保护技术。通过使金属构件作为阴极，对其施加一定的直流电流，使其产生阴极极化，当金属的电位负于某一电位值时，该金属表面的电化学不均匀性得到消除，腐蚀的阴极溶解得到有效的抑制，达到保护的目的。利用阴极保护效应减轻金属设备腐蚀的防护方法叫做阴极保护。

阴极保护方法有牺牲阳极法和外加电流法[2]。

牺牲阳极法是利用一种比被保护金属电位更低的金属或合金与被保护金属连接，使其构成大地电池，以牺牲阳极来防止地下金属腐蚀的方法。

外加电流法是由外部的直流电源直接向被保护金属通以阴极电流，使阴极极化，达到阴极保护目的。

牺牲阳极法无需外部电源、对外界干扰小、安装维护费用低、无需额外征地、保护电流利用率高，广泛应用于保护处于低土壤电阻率环境下（土壤电阻率一般<100Ω·m）的金属结构，如城市管网、小型储罐等。强制电流法输出电流连续可调、保护范围大、不受土壤电阻率影响、保护寿命长、综合费用低，一般用于保护大型或处于高土壤电阻率环境中的金属结构，如长输管道。阴极保护方法的选择应根据工程规模、土壤环境、管道防腐层质量、现场条件和运行管理等因素，经技术经济分析后综合考虑确定。

本工程管道无外部电源，沿线土壤电阻率实测范围值为$53.52 \sim 69.83 \Omega \cdot m$，管道覆盖层质量好且沿线的土壤电阻率较低，因此本工程选用牺牲阳极的阴极保护法。

4 阴极保护设计计算

4.1 牺牲阳极选用

本工程土壤电阻率为$53.52 \sim 69.83 \Omega \cdot m$，设计选用镁合金牺牲阳极[3]。设计选用22kg棒状镁合金阳极（长700mm，截面上底130mm×下底150mm×高125mm），立式埋设。采用2支阳极作为一组，阳极组间距按2m进行布置。

4.2 阳极填料包选用

本工程阳极填料包由15%石膏粉、15%工业硫酸钠、20%工业硫酸镁及50%膨润土组成。填料电阻率应小于$1.5 \Omega \cdot m$，填料包在阳极周围厚度应大于20cm。

4.3 设计计算

单支立式牺牲阳极接地电阻、多支牺牲阳极组接地电阻及阳极组输出电流分别按式（1）～式（3）[3]计算。

$$R_V = \frac{\rho}{2\pi l_g}\left(\ln\frac{2l_g}{D_g} + \frac{1}{2}\ln\frac{4t_g + l_g}{4t_g - l_g} + \frac{\rho_g}{\rho}\ln\frac{D_g}{d_g}\right) \quad (1)$$

$$R_g = f\frac{R_V}{n} \quad (2)$$

$$I_g = \frac{\Delta E}{R_g + R_c + R_l} \quad (3)$$

式中，R_V——单支立式牺牲阳极接地电阻，Ω；
ρ——土壤电阻率，取 55Ω·m；
l_g——裸牺牲阳极长度，为 0.7m；
D_g——预包装牺牲阳极直径，为 0.27m；
t_g——牺牲阳极中心至地面距离，为 2.5m；
ρ_g——填料包电阻率，取 1Ω·m；
d_g——裸牺牲阳极等效直径，为 0.17m；
R_g——牺牲阳极组接地电阻，Ω；
f——牺牲阳极电阻修正系数，取 1.11[3]；
n——牺牲阳极组的阳极数量，支；
I_g——牺牲阳极组输出电流，A；
ΔE——牺牲阳极有效电位差，V；
R_l——导线电阻，Ω；
R_c——阴极过渡电阻，Ω。

可以计算出单支立式牺牲阳极接地电阻为 21.6Ω，计算 2 支阳极组接地电阻为 12.0Ω。

本工程选用阳极工作电压 −1.52～−1.57V[3]，计算取 −1.55V，保护电位取 −0.85V，牺牲阳极有效电位差为 0.7V。导线电阻和阴极过渡电阻很小，两者之和按 0.12Ω 考虑，由此计算一组牺牲阳极组输出电流为 0.054A。

保护管道需要的牺牲阳极组数按式（4）[3]计算。

$$N = \frac{B \times I}{I_g} \quad (4)$$

式中，N——所需牺牲阳极组数；
B——备用系数，取 3；
I——总保护电流，A。

总保护电流可根据保护管道外径、管道长度及管道所需最小保护电流密度计算确定。本工程蒸汽管道外护管采用 3PE 防护，保护层电阻大于 50000Ω·m²，设计保护电流密度取 0.03mA/m²。根据保护管道长度及保护面积，计算不同规格管道需要牺牲阳极组数（表2）。

不同保护面积总保护电流及牺牲阳极组数　　表2

工作管管径(mm)	外护管管径(mm)	管道长度(m)	总保护面积(m²)	总保护电流(mA)	牺牲阳极组数(组)
DN500	Φ920	2600	7514.7	225.4	13
DN400	Φ820	460	1185.0	35.6	2
DN300	Φ720	2025	4580.4	137.4	8
DN250	Φ630	1700	3364.6	100.9	6
DN200	Φ529	445	739.5	22.2	2
DN150	Φ478	1025	1539.2	46.2	3
DN125	Φ426	1025	1371.8	41.2	3
DN100	Φ377	790	935.7	28.1	2
合计		10070	21230.9	637	39

4.4 牺牲阳极组布置

设计牺牲阳极按管道长度均匀布置，牺牲阳极埋设深度应在土壤冻土层以下，牺牲阳极与管道之间不应有金属构筑物。

在布置牺牲阳极时，阳极距管道外壁距离大于 1m，同侧 2 支阳极间距在 2～3m，详见图 1。阳极（含填料）四周要求垫有 50～100mm 厚度的砂，砂上部应覆盖水泥板或红砖。阳极使用之前，表面要进行处理，清除表面的氧化膜及油污，使其呈金属光泽。阳极端面（埋设钢芯的端面）、钢芯与电缆连接部位、钢芯均要防腐绝缘。阳极埋地后应充分灌水，并达到饱和。

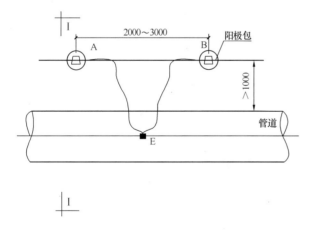 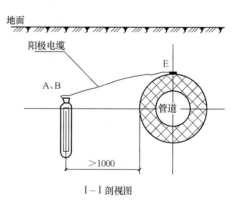

图 1　牺牲阳极包布置图

4.5 牺牲阳极安装

测试电缆、管道电缆和牺牲阳极电缆应选用铜芯电缆，其截面不宜小于 4mm²。多股连接电缆，每股截面不宜小于 2.5mm²。电缆埋设深度不小于 0.7m，并留有一定余量。电缆周围宜垫 5～10cm 厚的细砂并在砂上覆盖保护板。

阳极电缆与钢管焊接点不应选在管道原焊口处，焊接前将焊接点处原防腐层清除干净。电缆与保护管道采用铝热焊接技术，焊接后焊点应重新进行防腐绝缘处理，防腐材料和防腐等级应与原外防腐层相同。

4.6 测试桩

为了对牺牲阳极的阴极保护效果进行有效评定，设计1km左右安装一个测试桩。在测试桩处，牺牲阳极电缆通过测试装置与管道实现电连接。阴极保护系统参数测试使用铜/饱和硫酸铜作为参比电极。测试桩安装详见图2。

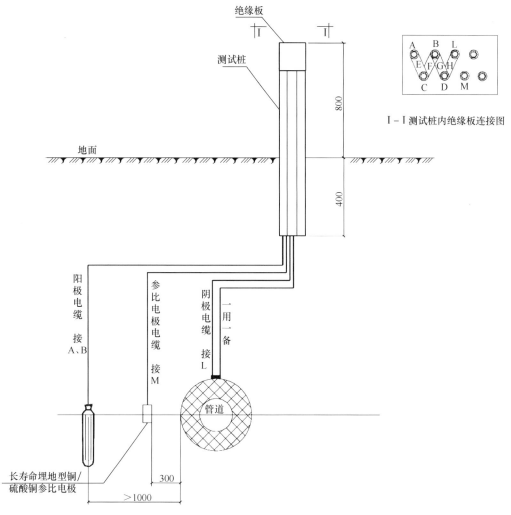

图2 测试桩安装图

5 经济效益分析

本工程阴极保护工程总投资10万元，造价约为4.7元/m²，阴极保护占管网工程总投资的1.5‰左右。因此只要保证施工质量，及时监测，确保管道达到保护电位，就可确保管线在设计年限内不因腐蚀问题出现事故。若仅依靠管道防腐覆盖层进行防腐，在现场施工中不可避免的会造成防腐层的破损，形成"大阴极、小阳极"的腐蚀原电池，形成安全隐患。

6 结束语

通过对内蒙古锡林郭勒经济技术开发区北方电厂蒸汽管线工程管网土壤腐蚀性现场勘测，设计了牺牲阳极的阴极保护方法。埋地管道外防腐层与阴极保护联合使用已被国内外大量实践所证实，是一种科学有效、经济、合理的腐蚀控制措施。采用阴极保护与管道本身的防腐层互相补充是目前的最佳防腐方案。

参考文献

[1] 住房和城乡建设部.城镇供热直埋蒸汽管道技术规程.CJJ/T 104—2014[S].北京：中国建筑工业出版社，2014.
[2] 上海市政工程设计研究总院(集团)有限公司.给排水设计手册——第3册：城镇给水[M].第三版.北京：中国建筑工业出版社，2017.
[3] 国家质量监督检验检疫总局.埋地钢质管道阴极保护技术规范.GB/T 21448—2017.[S].北京：中国标准出版社，2017.

低真空循环水供热系统改为三级热网的技术方案分析

山东建筑大学热能工程学院　邰传民　林逸飞　田贯三

【摘　要】 低真空循环水供热技术在供暖早期利用废热供热，在小型热电厂得到推广应用。随着我国热电机组上大压小改为高背压机组或更换其他大热源，低真空循环水供热系统存在的问题凸显出来。本文首先对威海市某低真空循环水供热系统存在问题进行分析，并对运行参数进行现场测试。结果表明低真空循环水供热系统存在管径大温差小、输热能力差、运行能耗高、水力失调现象严重以及末端高点积气等问题。针对上述问题，提出低真空循环水供热系统逐步升级为三级热网的技术方案，采用扩大供回水温差的方法提高供热管网的输送能力，并利用核电余热实现清洁供热，可供类似工程技术改造参考。

【关键词】 低真空循环水供热　大流量小温差　输热能力　三级热网

0　引言

自20世纪70年代我国北方很多小型电厂将装机容量小于50MW的凝汽汽轮机实施低真空运行[1]，利用凝汽器循环水供热，即适当提高汽轮机排汽压力至59kPa[2]，降低凝汽器的真空度，提高供水温度至60℃，降低汽轮机凝汽器中的冷源损失[3]，提高能源利用效率。平原县热电厂、东阿县热电厂、牟平热电厂、荣成市热电厂等多家热电厂已采用低真空循环水供热多年。随着供暖负荷不断增加，供热半径持续增大，低真空循环水供热系统难以满足日益增长的供热需求且经济性较差，存在产热成本高、输送能力差、运行能耗大、水力失调现象严重等问题。

结合工程案例，本文对威海市某低真空循环水供热系统现存问题进行分析和运行工况现场测试。针对存在的问题，提出低真空循环水供热系统逐步升级为三级热网的技术方案，采用扩大供回水温差的方法提高供热管网的输送能力，避免对现状供热管网进行大规模的改造导致投资过高等问题，利用核电余热实现清洁供热，降低碳排放和污染物排放，技术可行，经济合理，易于实施。

1　项目概况及存在问题

威海市某县级市老城区有两处供热热源，分别为西郊热电厂和北郊热源厂，如图1所示。其中，西郊热电厂现有2×75t/h的蒸汽锅炉、2×6MW的抽凝机组和2×116MW热水锅炉。2×6MW汽轮机实施低真空循环水供热改造后，来自热用户的供暖回水部分进入凝汽器吸收乏汽废热，部分进入锅炉热水换热器，升温后共同进入热用户，通过调节锅炉出水温度提高换热器供水温度，以满足热网负荷要求，循环水供热流程如图2所示。西郊热电厂现状供暖面积约为290×10⁴m²。北郊热源厂现有2×58MW热水锅炉，利用锅炉热水换热后供热，现状供热面积约为100×10⁴m²。

西郊热电厂和北郊热源厂供热管网系统采用低温水联网直供方式，不设二级换热站，设计供/回水温度为60℃/50℃。严寒期西郊热电厂供/回水温度为52.7℃/40.4℃，北郊热源厂供/回水温度为52.1℃/39.1℃。系统总循环水流量为12300m³/h，平均供水量约为3.10kg/m²。

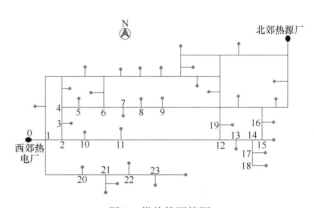

图1　供热管网简图

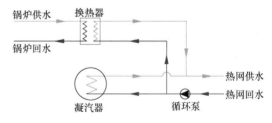

图2　循环水供热流程

低真空循环水供热系统存在的主要问题是：①现状热源为小型热电联产和燃煤锅炉，效率低，产热成本高，热源不足；②"大流量、小温差"的低温水运行模式，造成管网系统阻力损失大，运行能耗高，经济型差，输热能力严重不足，难以满足城市发展对供热的需求；③水力失调现象严重，整体供热能耗高、局部供热质量差，严寒期末端热用户室内温度不足18℃，居民投诉现象严重；④补水与动压相结合的定压方式，导致供热系统末端高点热用户处出现积气现象，供暖效果较差。

2 测试分析

2.1 测试方案

2019—2020供暖季，采用电流表、电压表对循环水泵电流、电压进行连续监测，热源厂供、回水温度采用铂热电阻（精度为±0.15℃）进行在线测量。2020年1月4—10日，采用TDS-100h型超声波流量计（精度为±1%）测试热用户热力入口管道流量。测试期间，气温为-6.5～7.4℃，测试用户共30个，约占总热用户的91.5%，热用户分布如图1所示。

2.2 测试分析

（1）单位面积耗电量

按照设计规范，供热系统中循环水泵的电功率一般控制在0.35～0.45W/m²范围内。大流量运行方式下，我国目前系统循环水泵单位供热建筑面积功率为0.5～0.6W/m²之间。本项目采用质调节的运行方式，西郊热电厂运行4台循环水泵，北郊热源厂运行3台循环水泵，根据测试电流、电压计算总电功率为2808kW。根据总电功率和总供暖面积计算循环水泵单位供热面积耗电量为0.72W/m²。若以0.45W/m²为标准，该系统循环水泵耗电量增加高达60%。

（2）耗电输热比

《民用建筑供暖通风与空气调节设计规范》GB 50736—2012针对耗电输热比给出如下定义：

$$EHR = 0.003096\Sigma(G \cdot H/\eta_b)/Q \leqslant A(B+\alpha\Sigma L)/\Delta T \tag{1}$$

式中，EHR——循环水泵的耗电输热比；

G——每台运行水泵的设计流量，m³/h；

H——每台运行水泵对应的设计扬程，m；

Q——设计热负荷，kW；

ΔT——设计供回水温差，℃；

A——与水泵流量有关的计算系数；

B——与机房及用户的水阻力有关的计算系数，一级泵系统时$B=20.4$；

ΣL——室外主干线（包括供回水管）总长度，m；

α——与ΣL有关的计算系数，当$\Sigma L \geqslant 1000$m时，$\alpha=0.0069$。

按照式（1）对系统水泵耗电输热比进行计算，耗电输热比限值为0.007862～0.008637，实际循环水泵的耗电输热比为0.01685，超出限值95.10%以上。

（3）供回水温度及温差

如图3所示，对西郊热电厂供热首站低温网长期运行数据分析，初末寒期，最低供/回水温度为46.5℃/38.7℃，温差仅为7.8℃；严寒期，最高供/回水温度为52.7℃/40.4℃，温差为12.3℃。

（4）热用户循环水流量

部分热用户热力入口处流量测试数据见表1。可以看出，低温循环水网系统存在严重的水热失调问题。近端热

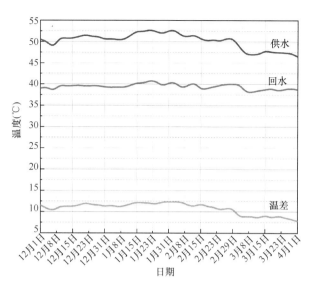

图3 供暖期供回水温度及温差

用户测试循环水流量是设计流量的1.5～2.1倍，即水力失调度x为1.5～2.1，流量分配过多；末端热用户实测循环水流量是设计流量的0.43～0.69倍，即水力失调度x为0.43～0.69，流量分配严重不足。

部分热用户运行工况表　　　　表1

编号	供热面积（m²）	设计流量（m³/h）	实测流量（m³/h）	失调度 x	备注
3	37752.94	119.07	202.42	1.7	近端
5	18716.64	59.03	123.96	2.1	近端
10	53086.50	167.43	251.14	1.5	近端
15	64012.31	201.88	104.98	0.52	末端
17	29860.50	94.18	64.98	0.69	末端
18	30081.58	94.87	40.79	0.43	末端

注：失调度x为实际测试流量与设计流量的比值

3 低真空循环水供热系统逐步升级为三级热网的技术方案分析

为了配合未来核电热源供热和降低供热成本，必须采用扩大供热温差降低管网管径的技术方案进行改造。为降低改造投资，充分利用现状供热管网及热源，供热管网系统改造分三个阶段实施：第一阶段，低温循环水供热管网进行散热器末端串联方式运行，充分利用现有管网，提高供热能力，对个别热用户室温不达标的，局部增加电热泵，从而避免大规模改建增加投资；第二阶段，现有一级低温热网系统逐步升级改造为两级热网系统，因地制宜建设换热站，换热站规模控制在5万～10万m²。第三阶段，对供热管网进行全面系统优化，大温差长距离核电余热供热管线系统建成后，在西郊热电厂和北郊热源厂两个热源点建设两座大温差换热能源站，利用改造后的供热系统向热用户供热，最终形成三级热网，实现供热清洁化和低碳化。

3.1 串联梯级供暖方案分析

利用低真空循环水供热是目前小型热电厂普遍采用的供热技术，尤其是装机容量为50MW以下机组。利用低真空循环水供热，减少了冷源损失，显著提高了经济效益。但是，通常采用的大流量小温差的供热方式（设计供/回水温度为60℃/50℃）造成现状供热管网输出能力无法提高。

在不对供热管网进行大规模改造的前提下，可以采用串联梯级供暖末端形式降低热网回水温度（图4）。串联梯级供暖末端是将散热器末端与地板辐射末端进行串联，相当于利用回水系统供地板辐射供暖系统或者地板辐射末端直接采用回水作为供暖供水，对低温循环水供水的热量进行梯级利用，原回水温度能够实现一定程度的降低，地板辐射供暖面积越大，回水温度降低幅度越大。根据现状及规划供暖面积进行计算，采用串联梯级供暖末端，供/回水温度将由50℃/40℃变为50℃/35℃，供热能力提高50%。老城区旧暖气管道改造时，对供暖形式进行改造，有规划的改为地板辐射供暖末端。潍坊市某低真空循环水供热系统实施上述方案改造后，供暖效果良好。

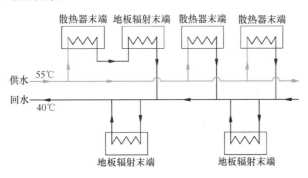

图4 串联梯级供暖流程

对于供热系统中局部供热量不足的热用户，采用增加电热泵的供暖形式实现精准供热，避免采用提高系统供水温度的措施造成系统所有热用户平均室温高出设计室温，增加供热量的浪费。电热泵供暖形式如图5所示，热用户供水部分进入电动压缩式热泵升温，然后与低温供水混合并联合向热用户供热。电价按0.5469元/kWh考虑，电动热泵制热性能系数COP按5.0计算，电热泵的供暖运行成本为30.5元/GJ，经济性较好。

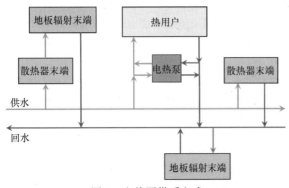

图5 电热泵供暖方式

3.2 二级热网方案分析

现状一级低温供热管网形式简单，管理要求低，存在供回水温差小、输送能力弱、运行能耗高等问题，而且供热系统定压点位于热源处，无法对高层建筑进行分区定压，造成供热管网运行压力普遍偏高，末端高区存在积气不热问题，居民投诉现象严重。因此，低温水一级管网需逐步升级改造为二级管网，筹划换热站建设。换热站按照供热形式分为间接换热站和混水换热站。

换热站采用间接换热时存在如下问题：①换热温差大，换热效率低，一次网供回水温差小导致输送能力小，单位面积输送热量损失大；②间接换热器流动阻力损失大，造成一次网、二次网循环动力消耗大；③一次网回水温度过高影响机组运行。

混水换热流程如图6所示。通过一次网向二次网连续输入一定量的水，与二次网循环水在混水器内进行混合，达到二次网热用户所需供水温度；同时从二次网中输入同量的水至一次网回水，维持二次网压力恒定。混水技术具有如下优点：①无换热温差，换热量大，减少换热站占地面积和投资，拉大一次网供回水温差，提高供热能力，降低一次管网的投资，对于已有供热管网的老旧小区，在旧建筑进行改造后，供暖面积大幅增加，采用本技术后不用新建一次网，可解决供热能力不足的问题；②采用变频泵、流量调节阀、电控阀和智能控制系统结合，可实时调节流量与热量，满足不同热用户对供水温度、供水量和供水压力的需求，易与热计量供热系统结合，为推广热计量技术提供了可靠的高效换热和调节技术；③降低换热器阻力造成的循环动力消耗，充分利用一次网的资用压头，大幅降低一次网和二次网的循环动力消耗。

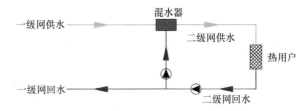

图6 混水换热流程图

威海地区的二次网系统换热站基本上均为混水换热站，基于上述分析，本项目优先采用混水换热站的技术方案。规划初期一次网设计供/回水温度为70℃/40℃，供回水温差为30℃；规划末期一次网设计供/回水温度为85℃/35℃，供回水温差为50℃。改造后由原来设计的60℃/50℃调整至85℃/35℃，供回水温差由原来的10℃升高至50℃。在保持循环水量和管径不变的前提下，供热管网的输热能力提高4倍，节约了管网建设投资。低温水供热系统混水换热改造前可供热规模为390×10⁴m²，改造为混水站后，现状主供热管网输热能力可满足1560×10⁴m²的供热需求，增加1170×10⁴m²的供热能力。一次网回水温度与二次网回水温度相同，一次网回水温度由50℃降低到35℃以下，有效地解决了一次网回水温度偏高的问题，有利于乏汽余热的回收和机组的运行安全。

我国低温水供热系统设计供/回水温度通常采用

95℃/70℃。混水换热技术，最高温度控制在80～85℃范围内，现状供热管网大部分按照低温水设计，完全满足80℃以下的水温要求，也就是说现状供热管网能够保证提温后的安全运行，无需对现状供热管网进行改造。

3.3 三级热网方案分析

目前，现状供热系统热源以煤炭为主，存在较高的碳排放和污染物排放。为实现"双碳"目标，30万及以下（含35万）抽凝机组逐步升级改造为高备压，或拆掉建设大热源，低真空循环水供热将不复存在。如何在供热面积不断增长的前提下，减煤去煤，实现清洁供热，已经成为当下亟需解决的难题。近年来，威海市及周边沿海地区全面启动了百万千万核电机组的建设。核电供热具有清洁低碳的优点，目前已经规划建设海阳核电站至该地区的大温差长输热网，充分利用核电余热废热，提高能源综合利用效率，增加供热量，降低碳排放和污染物排放，解决该地区的热源问题。

基于吸收式换热的三级热网核电余热供热系统如图7所示。凝汽余热通过低温加热器长输网回水由25℃加热至35℃，然后利用三级串联吸收式热泵，采用部分核电汽轮机抽汽作为驱动热源，提取乏汽余热，将长输网回水由35℃提高至90℃；最后采用部分抽汽通过高温加热器将长输网供水由90℃提高至120℃。上述系统在抽汽的基础上实现了核电乏汽余热的回收，具有较高的能源利用效率，相同供热量情况下，大幅降低管网投资和运行能耗。核电厂至城区能源站的大温差长输管网为第一级管网，城区能源站至小区换热站的市政管网为第二级管网，庭院供热管网为第三级管网。充分利用现状一次网，将西郊热电厂和北郊热源厂改造为大温差能源站，长输网承担基础负荷，占75%，能源站利用燃气进行调峰，调峰负荷占25%，利用集中吸收式换热机组将长输网回水温度降至25℃。本工程规划供暖面积为$750 \times 10^4 m^2$，供暖时间为136d，供暖负荷为$45 W/m^2$，供暖季核电供热量为$297.43 \times 10^4 GJ$，替代$10.15 \times 10^4 tce$，减少烟气排放量约为$10.33 \times 10^8 Nm^3$，减少烟尘排放量约为1652.18t，减少二氧化碳排放量约为$26.31 \times 10^4 t$，减少氮氧化物排放量约为498.46t，减少二氧化硫排放量约为425.23t，减少灰渣排放量约为$2.70 \times 10^4 t$。由此可见，三级热网核电供热系统具有显著的减排效果和"零碳"排放的优势，改善环境作用明显。

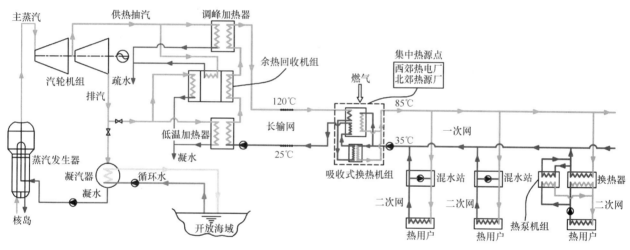

图7 基于吸收式换热的核电余热集中供热系统流程图

4 结论

本文对威海市某县级市低真空循环水供热系统存在的问题进行分析和现场测试，并提出逐步升级改造为三级热网的技术方案，得到如下结论：

（1）低真空循环水供热系统存在运行能耗高、水力失调现象严重、输送能力差等问题，难以满足日益增长的供热需求。

（2）低真空循环水供热系统逐步升级改造为三级热网的技术方案，采用增大供回水温差的方法提高供热管网输送能力，避免对现状供热管网进行大规模改造造成投资太大等问题，利用核电余热实现清洁供热，大幅降低碳排放和污染物排放，技术可行，经济合理，便于实施。

（3）三级热网技术方案可为类似低真空循环水供热改造提供参考。

参考文献

[1] 张红霞，王玉昭.低真空循环水供热的热经济性分析[J].热力发电，2001，5：20-23.

[2] 崔海虹，崔立敏.热电厂低真空循环水供热改造及节能分析[J].热力发电，2001，5：20-23.

[3] 马晓红，安威霞.低真空循环水供热存在的问题及解决方法[J].煤气与热力，2007，10：70-72.

大管径热水管道架空敷设设计要点

北京市煤气热力工程设计院有限公司　梁玉辉
北控清洁热力有限公司　李　鑫

【摘　要】本文结合 DN1400 热水管道架空敷设工程实例，综合考虑项目所在地地势、地质条件、施工工期要求、相关施工设备完备程度、工程投资额度等因素，对大管径热水管道架空敷设保温材料的选择、补偿装置的选择、最大跨距的确定、支架结构形式的确定等基本设计原则进行分析研究，并结合相关计算过程予以量化分析，提出相关设计要点原则，对大管径热水管道架空敷设设计工作具有一定的参考和指导意义。

【关键词】大管径　架空敷设　保温材料　补偿装置　固定支架

0　引言

由于城市化进程的加快使城市的人口迅速增加、城市的规模不断扩大，致使集中供热的管径越来越大，同时环境保护压力的不断提升致使城市集中供热的热源越来越远离城市中心，造成集中供热输送距离越来越远。架空敷设作为较为经济的一种敷设方式，在集中供热热源至城市周边地区，特别是高地下水位地区、山地地区得到了较为广泛的应用。

在此情况下，分析与研究大管径热水管道架空敷设相关设计要点具有极强的现实意义。

1　大管径热水管道架空敷设设计要点

1.1　保温材料的选择

架空敷设热水管道常用的保温材料有硅酸铝棉、玻璃棉、硬质聚氨酯泡沫塑料等，在确定使用何种保温材料之前，应首先确定管道保温方式是采用钢管人工后缠保温材料（图1）还是直接采用预制架空热水保温管及管件（图2），两种保温方式在施工周期、保温效果、工程投资上有较大区别。

图1　钢管后缠保温材料工程照片（DN1400 热水管道）

图2　预制架空热水保温管及管件工程照片（DN1400 热水管道）

无论采用何种保温方式，大管径热水管道架空敷设均需根据选用的保温材料进行保温计算，保温计算限制条件通常为以下3条：

（1）根据《工业设备及管道绝热工程设计规范》GB 50264—2013，最大允许热损失量应按规范附录 B 取值：设备管道外表面温度为 150℃，绝热层外表面最大允许热损失量为 183W/m^2；

（2）根据《城镇供热管网设计规范》CJJ 34—2010，对操作人员需要接近维修的地方，当维修时，设备及管道保温结构的表面温度不得超过 60℃；

（3）根据《城镇供热系统节能技术规范》CJJ/T 185—2012，供热管道保温应符合下列规定：地上敷设的热水管道，在设计工况下沿程温度降不应大于 0.2℃/km。

下面以 DN1400（ϕ1420mm×18mm）热水管道、设计供水温度 130℃、设计工况下流速 2m/s 为基本条件，分别选用硅酸铝棉、玻璃棉、硬质聚氨酯泡沫塑料进行保温计算，计算结果如表1所示。

保温材料对比计算结果表　　表1

	硅酸铝棉	玻璃棉	硬质聚氨酯泡沫塑料	备注
D_w(m)	1.42	1.42	1.42	
壁厚(m)	0.018	0.018	0.018	

续表

	硅酸铝棉	玻璃棉	硬质聚氨酯泡沫塑料	备注
保温层厚度（mm）	100	100	60	
保温材料导热系数 λ [W/(m·℃)]	0.056	0.0512	0.033	
年平均风速 W（m/s）	2.6	2.6	2.6	《工业设备及管道绝热工程设计规范》GB 50264—2013 附录C
管道介质温度（℃）	130	130	130	
环境温度（℃）	-0.7	-0.7	-0.7	供暖季日平均温度
热损失量 $Q_{供}$（W/m²）	67.04	61.41	67.49	≤183W/m²
外表面温度（℃）	2.23	1.98	2.24	≤60℃
流速（m/s）	2	2	2	
每公里温降（℃/km）	0.03	0.03	0.03	≤0.2℃/km

从表1可以看出，DN1400热水管道采用100mm厚度硅酸铝棉、100mm厚度玻璃棉或60mm厚度聚氨酯泡沫塑料均分别满足热损失量、外表面温度、每公里温降的保温计算限制条件。同时由于硬质聚氨酯泡沫塑料的导热系数较低，选用该种保温材料可有效降低保温层厚度，从而降低管道每延米重量，这对大管径架空敷设热水管道最大跨距选择、支架基础设计等均会产生有利的影响。

1.2 补偿装置的选择

架空敷设热水管道常用的补偿装置包括自然补偿、波纹管补偿器、套筒补偿器，其典型布置如图3所示。

一般情况下，采用角向型波纹管补偿器可以补偿较长的热水管段，其次为采用轴向型波纹管补偿器及套筒补偿器，采用自然补偿方式可补偿的热水管段最短。但由于采用角向型波纹管补偿器使用的补偿器过多，除了会造成工程投资增加、管道系统薄弱点增多的弊端，同时会造成使用过程中热水流动阻力大，因此目前已很少采用该种补偿装置，而在其余三种补偿装置中如何选用应根据补偿装置自身特点及工程项目具体情况进行分析。

各种补偿装置特点汇总如表2所示。

架空敷设热水管道补偿装置特点汇总表　表2

	补偿能力	占地面积	介质流动阻力	设备价格	内压不平衡力
自然补偿	小	大	大	低	无
轴向型波纹管补偿器	大	小	小	高	有
套筒补偿器	大	小	小	高	有

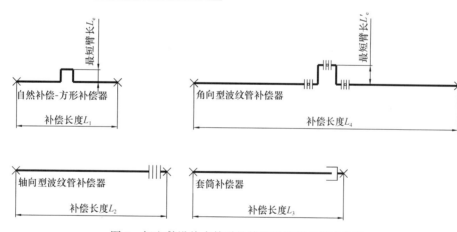

图3　架空敷设热水管道补偿装置典型布置示意图

在设计初期规划路由阶段，自然补偿方式因占地多很难获得规划部门批准而全线采用，更多的是因获批路由多为长直线而只能采用轴向型波纹管补偿器或套筒补偿器，自然补偿方式仅在两段不同位置长直线路由衔接时根据实际情况采用。

在具体设计阶段，相同管径、相同设计压力情况下，无论选用轴向型波纹管补偿器还是套筒补偿器均会产生大致相等的较大的内压不平衡力（轴向型波纹管补偿器有效面积稍大于套筒补偿器有效面积），此时选择何种补偿装置考虑的不是内压不平衡力的大小，而是补偿装置的安全性，目前普遍认为波纹管补偿器易产生腐蚀问题，腐蚀严重时易突发爆裂破损现象，其事故危害性较大；而套筒补偿器易产生密封不严滴漏现象，但其安全可靠性高，且具有不停止运行情况下进行维护和抢修的优点，因此套筒补偿器在越来越多的架空敷设热水管道项目中得到应用（图4）。

然而对于大管径热水管道架空敷设，由于管径较大、设计压力较高，会产生较大的内压不平衡力，如DN1400

图 4 采用套筒补偿器工程照片（DN1400 热水管道）

热水管道、设计压力 2.5MPa，采用套筒补偿器（有效面积 1.628m²），其产生的单管内压不平衡力约为 415t，考虑管道摩擦力及套筒补偿器自身摩擦力，主固定支架单管推力约为 450t，如此大的推力值致使主固定支架基础尺寸较大，增加了施工难度及施工周期。此时如项目所在地为山地区域，大基础主固定支架实施条件较差，此种情况下已不适宜采用套筒补偿器，一般通过两种方式降低主固定支架推力数值以减小主固定支架基础尺寸：一是结合路由变化采用自然补偿方式，因山地区域地势高低起伏，有利于采用自然补偿方式（图5）。

图 5 山地区域采用自然补偿方式工程照片
（DN1400 热水管道）

二是采用压力平衡型波纹管补偿器（图6），该设备通过自身构造抵消了内压不平衡力，同时为避免波纹爆裂破损产生的事故危害，其波纹外部增设保护套筒，也因此该设备造价较高，体积及重量均较大，设计时需注意调整架空敷设管道横断面间距及平衡型波纹管补偿器自身支撑问题。

图 6 采用压力平衡型波纹管补偿器工程照片
（DN1400 热水管道）

1.3 最大跨距的确定

大管径热水管道架空敷设最大跨距的确定应根据强度条件（式（1））、刚度条件（式（2））综合确定，具体如下：

$$L_{max} = 2.24\sqrt{\frac{1}{q}W\phi[\sigma]_t} \quad (1)$$

式中，W——管道截面系数，$W = \frac{\pi(D_0^4 - D_i^4)}{32D_0}$；

ϕ——环向焊缝系数，手工无垫板对焊取值 0.7；

q——单位长度管道载荷；

$[\sigma]_t$——钢材许用应力。

$$L_{max} = 0.19\sqrt[3]{\frac{100}{q}E_t I i_0} \quad (2)$$

式中，E_t——计算温度下钢材弹性模量；

I——管道截面惯性矩，$I = \frac{\pi}{64}(D_0^4 - D_i^4)$；

i_0——管道坡度。

下面仍以 DN1400（ϕ1420mm×18mm）热水管道为基本条件，根据强度条件、刚度条件计算最大允许跨距，计算结果如表3所示。

最大允许跨距计算表　　表3

工作钢管外径 D_0(mm)	1420
工作钢管壁厚(mm)	18
管道截面系数 W(cm³)	27440.35
单位长度管道载荷 q(N/m)	22698.22
环向焊缝系数 ϕ	0.7
钢材许用应力 $[\sigma]_t$(MPa)	125
强度条件确定最大允许跨距(m)	23.04
计算温度下钢管弹性模量 E_t(MPa)	196000
管道界面惯性矩 I(cm⁴)	1948264.93
管道坡度 i_0	0.002
刚度条件确定最大允许跨距(m)	28.47

根据上述计算结果，确定 DN1400（ϕ1420mm×18mm）热水管道最大跨距为 22m，考虑施工误差及保证施工质量，架空敷设最大跨距按照 20m 控制，仅在局部受现场条件限制处，如穿越宽度较宽的市政道路时按照 22m 跨距设置管道支架。

同时根据上述计算公式及计算过程可以看出，通过增加管道壁厚、增加钢材许用应力可提高最大允许跨距数值。因此这也提供了除桁架外的另外一种大管径热水管道架空敷设超跨布置的思路。

例如 DN1400 热水管道穿越灌渠处受制于灌渠两侧保护区范围，热力管道跨距需达到 29m（图7），远超设计初期阶段根据项目钢管材质（Q235B）、壁厚（18mm）计算确定的 22m 的热力管道最大跨距。同时由于施工周期短，选用桁架设计已无设计及施工时间。考虑种种受制因素，设计方案最终确定为采用许用应力更高的Q345B钢材并适当增加管道壁厚（壁厚增至20mm），该处理方式可使热力管道自身可承受的最大跨距增至26m，同时与结构专业密切配合，支架上部结构沿管道轴向方向各悬挑出1.5m以缩短热力管道跨距，以上两种措施相互结合，避免了工程中使用桁架，缩短了施工周期、降低了项目投资。

图7　高支架大跨距穿越灌渠工程照片
（DN1400热水管道）

1.4 支架结构形式的确定

大管径架空敷设热水管道所用的支架按其构成材料可分为钢筋混凝土结构支架与钢结构支架。目前国内常用的是钢筋混凝土结构支架（图8），它较为坚固耐用并能承受较大的轴向推力，同时其工程造价低，有利于节省投资。

图8　钢筋混凝土滑动支架（DN1400热水管道）

若工程设计及施工周期短，为尽量缩短施工周期及保证施工质量，设计阶段即应考虑采用钢结构支架（图9），并对钢梁、钢柱所采用的钢材规格进行优化统

图9　钢结构滑动支架（DN1400热水管道）

一归类，在前期土建施工过程中可同期加工钢结构构件，待土建施工完成后即可吊装工厂预制完成的钢结构组件，可大大缩短施工周期，保证工程项目按时按质完成。

2　结论

通过对大管径热水管道架空敷设设计要点的理论及相关量化分析，得出结论如下：

（1）选用导热系数较低的保温材料可有效降低保温层厚度，从而降低管道每延米重量，对大管径架空敷设热水管道最大跨距选择、支架基础设计等均会产生有利的影响。

（2）大管径热水管道架空敷设补偿装置的原则应根据项目所在地地势、地质条件确定，大基础主固定支架实施条件较好的地区推荐采用套筒补偿器，大基础主固定支架实施条件较差的地区推荐采用压力平衡型波纹管补偿器，其波纹外部应增设保护套筒。

（3）可通过增加管道壁厚、增加钢材许用应力提高最大允许跨距数值，避免使用桁架，以缩短施工周期、降低工程投资。

（4）从降低工程投资角度应选择钢筋混凝土结构支架，从缩短施工周期角度应选择钢结构支架。

（5）大管径热水管道架空敷设采用套筒补偿器会产生较大的内压不平衡力，因此应尽可能采用自然补偿方式。

参考文献

[1] 贺平，孙刚，王飞. 供热工程(第四版)[M]. 北京：中国建筑工业出版社，2009.

应用多级闪蒸的海水淡化水热同产技术

清华大学建筑节能研究中心　张　浩　易禹豪　谢晓云　江　亿

【摘　要】我国是供热大国，同时水资源较为匮乏，在供暖季从源侧制备热淡水，用单根管输配热淡水，并在末端侧进行水热分离，能节省配能耗，同时供给淡水和热量，一举多得。海水淡化中常用的方法有热法和膜法，传统热法以高温热源作为驱动源，采用多级闪蒸或者多效蒸馏技术制取常温淡水，在传统热法的基础上将各级产生的淡水逐级加热则可以得到热淡水，并用于供热。本文介绍了一种基于多级闪蒸的海水淡化、水热同产技术，并测试了位于海阳核电站的多级闪蒸、水热同产示范项目机组。测试表明该机组能够制取 95℃ 的热淡水，电导率低于 3μs/cm，且经过水质检测机构的检测，所有指标均远远优于生活饮用水卫生标准，机组造水比接近 5，热效率接近 85%。本文还给出了对多级闪蒸技术的热学分析，并对多级闪蒸技术如何优化提出了设想。

【关键词】海水淡化　多级闪蒸　水热同产　热效率　电导率

1 背景介绍

1.1 我国供热发展状况

我国是供热大国，随着城市化进程加快，我国北方城镇供热需求增长很快，2016 年我国北方区域供热耗能折算约 2 亿 tce，其中包括约 1.65 亿 t 煤炭和约 270 亿 m³ 天然气[1]。这其中约 48% 来自燃煤或燃气电厂热电联产，47% 来自燃煤、燃气锅炉，还有少部分来自空气源或地源热泵、工业废热等。其中利用锅炉供热的劣势在于其能量效率（㶲效率）过低，低于热电联产[2]。而常规热电联产通常采用高背压或抽取高压蒸汽（约 120℃）作为热源，以加热长输热网水从 50℃ 到 110℃，这其中仍伴随着不小的㶲损失。我国当今面临着"碳达峰、碳中和"目标，对减少空气污染也有了越来越高的需求，供热系统是建筑能源中的主要组成部分，因此改进供热系统，提高其能量效率非常重要。

随着城镇化的发展，我国北方沿海地区城镇供热需求持续增长，同时淡水资源越发匮乏。我国北方东部沿海目前已建成装机容量为 8000 万 kW 的核电和火电，未来还会将核电和调峰火电的规模扩大到 1 亿 kW。为应对供热热源和淡水同时短缺的现状，清华大学江亿等提出水热联供的新理念[3]，利用海水淡化制备热淡水，单根管输送淡水，实现水热同产、水热同送和在末端水热分离，这可以有效解决北方东部沿海地区的淡水需求和供热需求。

1.2 海水淡化发展状况

水资源短缺是制约人类可持续发展的全球性问题之一，海水淡化可以创造淡水增量，被认为是解决这一问题的有效途径。我国是全球 13 个缺水国家之一，人均水资源量不到全球平均水平的 1/4，且我国淡水资源分布不均，华北地区由于降水不足，全年经常出现缺水问题，而南方尤其是沿海地区人口众多，也面临着严峻的季节性缺水状况[4]。近几十年来，我国海水淡化工业发展迅速。自 2005 年以来，中国海水淡化能力以每年 35%～64% 的速度显著扩大，到 2018 年年底，已建成海水淡化厂 142 座，总产量 120.2 万 m³/d，图 1 展示了海水淡化、人口和国内生产总值（GDP）的增长情况[5]。

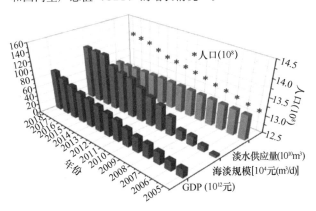

图 1　近年来海水淡化产量、人口、GDP 变化

海水淡化的技术路线可以分为两类，即膜分离法和热蒸馏法，也被简称为膜法和热法。本文主要涉及热法中的多级闪蒸法，多级闪蒸被公认为很可靠的海水淡化技术[6]，在 20 世纪 80 年代和 90 年代主导热法海水淡化市场[7]。

多级闪蒸技术示意图如图 2 所示，原海水经过冷凝器逐级被加热，热量来自闪蒸腔内闪蒸出的水蒸气冷凝放

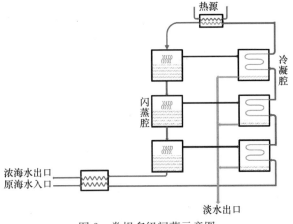

图 2　常规多级闪蒸示意图

热。原海水在经过温度最高的冷凝器后再经过热源尖峰加热，之后逐级经过闪蒸器，每级闪蒸器中自身温度降低，显热转化为发生出水蒸气的潜热，淡水则在每级冷凝器中收集得到。

对于常规热法海水淡化过程，无论是多效蒸馏海水淡化还是多级闪蒸海水淡化，由于其产品是淡水，其追求的是单位热量消耗量能获取最多的淡水，即追求较高的造水比，这就要求设置足够多的级数或者效数（如15～20级以上），每级换热温差较小，装置的换热面积投资较高。

1.3 水热同产、同送

结合上述供热系统的改进和热法海水淡化技术，若海水淡化的同时能够直接将热淡水制出，并输配到末端，利用吸收式换热器将其水热分离，就可以只用一根输配管同时输配淡水和热量。如图3所示，制出95℃热淡水，用一根管输配到末端，再利用第一类吸收式换热器与末端二次网进行换热，可以将二次网从40℃加热至50℃，同时自身冷却到25℃作为常温淡水供给城市[8]。

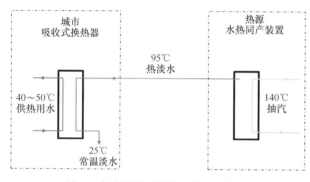

图 3 水热同产、同送、分离示意图

采用水热同产、同送、末端水热分离有两个好处：首先作为淡水输配系统，仅需要一根管即可以满足淡水的输运，而通常的供热系统需要一供一回两根管，降低了输配能耗和成本；其次作为供热系统，其本质上满足了"大温差"的能量输配特点，因此输配的流量可以尽可能小，降低了输配能耗[9]。

水热同产从技术上来说可以先用膜法再加热，也可以用热法直接制取热淡水。对于有较高品位余热的场合，采用热法水热同产可以回收这部分余热，达到提高热效率的效果。此外，海水淡化所排放的浓海水盐度高，也有途径可以综合利用[10]。

对于热法水热同产过程，淡水流量是热量的载体，整个系统输入的热量与产生的热淡水流量之间就有了约束关系。由本文2.1节的推导可知，水热同产系统的造水比仅取决于系统的热效率与所要求的热水供水温度与进口海水温度之差，由此确定的造水比往往比常规热法海水淡化方式要低很多，因此水热同产的海水淡化并不追求高造水比，这就与常规的热法海水淡化过程有了本质区别。水热同产的海水淡化过程追求的是在所需求的造水比下，尽可能降低驱动热源的品位，从而可以将低品位余热作为驱动热源。若利用热电厂抽汽作为驱动热源，则可尽可能降低抽汽的品位，从而在满足热淡水供应的需

求下，尽可能提高核电机组或火电机组的发电量。

同时，水热同产过程所需的级数或效数相比常规热法海水淡化也会相应减少，级内的换热温差可以相应增加，水热同产的海水淡化过程其装置成本会比常规热法海水淡化要低。

由于过程目标不同，优化方向也不同，需要重新设计水热同产的热法海水淡化流程并进行内部参数优化，并且基于新的流程构建新的内部传热传质过程和工艺结构，以直接制备出热淡水，并尽可能降低额外的电能消耗。由此，本文给出了一种新的立式多级闪蒸海水淡化水热同产流程，实现了淡水产生并逐级加热到所需温度的热淡水。淡水依靠重力实现了逆冷凝压力梯度的流动，避免了常规多级闪蒸过程淡水顺压力梯度流动并且闪蒸导致的品位损失；通过多级立式结构实现了海水和淡水依靠重力的多级自流，省去了级间的淡水泵和海水泵，减少了制水电耗；通过全新的垂直浸没闪蒸设计和三级挡板结构，较大程度避免了汽带液现象，实现制备出高品质的淡水。基于该全新的立式多级闪蒸海水淡化水热同产流程研发出了实际装置，并在海阳核电站进行了示范。本文给出了该全新流程的原理、基本的热学分析、机组内部结构设计和实测性能，并对下一步的优化方向进行了初步探讨。

2 流程设计

2.1 热法水热同产热学原理

1.2节中介绍了热法多级闪蒸制取淡水的流程。不难注意到，常规的热法海水淡化冷凝器中实际得到了不同温度的淡水，一起混合并冷却得到常温淡水，这个过程既损失了热量，又产生了很大耗散。如果希望得到高温淡水，那么用流程中的某个热源如不同级的蒸汽或不同级的海水尽可能小温差地逐级加热低温淡水，加热到高温级的淡水温度再混合这些淡水，那么可以尽可能减小耗散，并且提高热量的利用率，提高综合热效率和㶲效率。

T-Q图常用来描述换热环节中的耗散情况。图4展示了利用不同级闪蒸出的蒸汽预热淡水的换热情况。T-Q图中的斜率代表了对象的热容，斜率越小，热容越大。对于蒸汽，其为恒温热源，因此是一条水平线；对于淡水，低温级淡水量少，斜率大（图4中右侧区域），逐级被加热并与高温级混合后斜率逐渐变小，因此在上图中是不同斜率的线段组合。

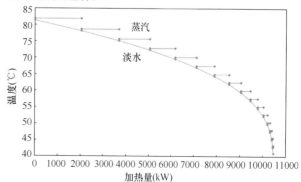

图 4 水热同产 T-Q 示意图

可以用不同参数来衡量水热同产的产出效果。从一个海水淡化系统来看，造水比是衡量热法好坏的重要参数，其定义为单位份蒸汽所能制得的淡水量，一般用 PR 表示。造水比可以通过淡水量与汽化潜热之积，除以投入热量来计算，如式（1）：

$$PR = \frac{m_{fw}\, \gamma_{hs}}{Q_{in}} \quad (1)$$

式中，m_{fw}——总淡水量；

γ_{hs}——水的汽化潜热；

Q_{in}——系统投入热量，也即投入抽汽与汽化潜热之积。

另一方面，如果从供热系统来看，可以用热效率来衡量整个系统用来供热的好坏。热效率被定义为得到热量与投入热量之比，淡水得热则是针对环境来说，为热淡水相对于环境的提升温差对应的提升热量。定义式如式（2）：

$$\eta_t = \frac{c_{p,w}\, m_{fw}(t_{out} - t_{in})}{Q_{in}} \quad (2)$$

式中，$c_{p,w}$——水的比热容；

t_{in}——环境温度；

t_{out}——出口热淡水温度。

联立式（1）和式（2），可以得到：

$$PR = \frac{\eta_t\, \gamma_{hs}}{c_{p,w}(t_{out} - t_{in})} \quad (3)$$

由式（3）可知，水热同产过程的造水比取决于过程的热效率、淡水的出口温度与环境温度之差。对于水热同产过程，过程的热效率一般要求尽可能高（至少高于80%），利用输入的热量尽可能去加热淡水，减少对外排热量。当要求的热淡水供水温度一定、环境温度一定、系统热效率也给出时，水热同产过程的造水比就已确定。如海水进口温度0℃，供水温度95℃，系统热效率95%，此时可以确定造水比为5.98，比常规热法海水淡化要低，这说明水热同产的海水淡化过程并不追求高造水比。

2.2 利用多级闪蒸实现水热同产的流程

为了实现上述的逐级加热每级淡水，可以将图2中传统的多级闪蒸流程改造，将每级闪蒸出的蒸汽先预热低温级冷凝出的淡水，再通过冷凝盘管表面预热海水（图5）。

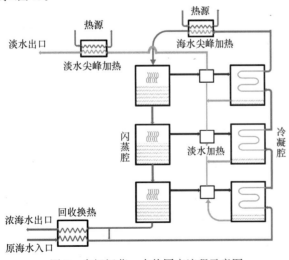

图 5 多级闪蒸、水热同产流程示意图

如图5所示，每一级闪蒸出的蒸汽分别预热前一级的低温淡水和进口海水，淡水逐级被加热到最高一级的温度，再经过尖峰加热进一步加热，最终可以得到约100℃的高温热淡水。

传统的多级闪蒸直接得到的是常温淡水，如果加入板换，并用高温热源如抽汽直接跟淡水板换换热，也可以得到热淡水。但以这种加热方法得到的热淡水实则是经过较大的换热温差。图6是一张常规的热法海水淡化加板换的 T-Q 图，与图4中水热同产的 T-Q 图对比来看，常规方法的加热过程为极不匹配的"三角形"换热过程，一端换热温差小、另一端传热温差很大，传热过程的不匹配耗散很大，而水热同产过程通过梯级加热，所对应的不匹配耗散远远小于常规方法。从结果来看，这意味着常规方法制取相同温度、相同质量热淡水需要消耗更多的高温抽汽。

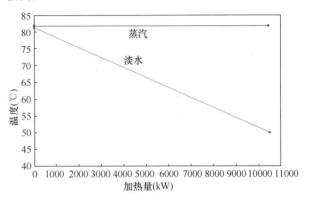

图 6 常规海水淡化＋板式换热器加热示意图

2.3 海阳市多级闪蒸、水热同产机组设计

根据上述的流程，2021年4～5月在海阳核电厂设计并制造了一个多级闪蒸、水热同产的装置，这个装置的结构如图7所示。

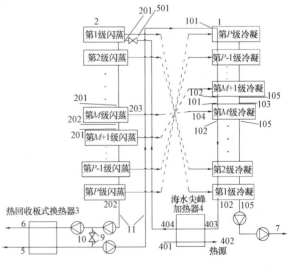

图 7 海阳核电多级闪蒸、水热同产机组结构示意图

该装置的一个重要特性是立式放置，用立式的方式实现闪蒸器中海水和冷凝器中的淡水靠重力流动，并依赖孔板隔压，减小泵耗。实际的装置为16级，第1级是

温度和压力最高的一级，第 16 级则是最低的一级。原海水进入后先经过热回收板换被预热，再与内部的循环海水混合，进入第 16 级冷凝器被逐级加热直至第 1 级冷凝器，之后再经过海水尖峰加热器被抽汽加热，再进入第 1 级闪蒸器逐级闪蒸直至第 16 级，各级闪蒸出的蒸汽进入各级冷凝器，最后一部分闪蒸后的海水排出并通过热回收板换预热进口海水，一部分闪蒸后的海水与进口海水混合。

这部分与进口海水混合并一直在装置内运行的海水被称为内循环海水，由于多级闪蒸系统的运行特性，内部运行所需海水量巨大，因此为了节省从海洋输配海水到装置处的电耗，引入了内循环海水。机组内部实际上运行着较大海水量，但从外部看，仅需较小流量的实际原海水。

淡水在每级冷凝器中被冷凝，在海阳的多级闪蒸装置中，为了实现淡水能够依靠重力自然流动并逐级被加热，将温度、压力最低的第 16 级冷凝器放在最高处，与闪蒸器的放置方向正好相反，每级冷凝器依靠其冷凝产生的液位与下面一级隔压，并使淡水自然流动到下面一级，直到第 1 级。第 1~15 级的冷凝器设计不同于一般的冷凝器，因为其除了满足预热海水的换热过程外，还需要预热淡水。图 8 是一个冷凝器的示意图。

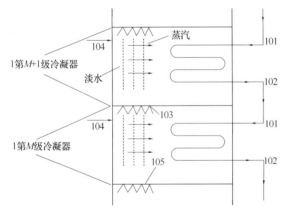

图 8 冷凝器设计示意图

淡水从上面一级喷淋到下面一级，同时被闪蒸器闪蒸出的蒸汽加热。蒸汽在预热喷淋的淡水之后，经过冷凝盘管预热海水，同时自身被冷凝，并与上面一级的淡水一道继续自然流动到下面。最后淡水在最下面的第 1 级冷凝器全部被冷凝完毕并被导出得到热淡水。

此外，考虑到闪蒸过程的热力学和动力学特性，闪蒸腔内的闪蒸过程非常剧烈[11]，为了避免闪蒸的液滴飞溅对水质的不利影响，该多级闪蒸装置还对闪蒸腔进行了垂直浸没闪蒸、三层挡板的设计。在之后的实测结果中，水质测试的结果表明污染极小。

对于该 16 级闪蒸机组，设计工况是供给 0.6t/h 的抽汽，在 10℃ 的外部海水温度环境下制取 3t/h 的 95℃ 高温淡水，之后的实测结果表明机组基本完成了设计目标。

3 项目实测和分析

3.1 机组测试结果

海阳的多级闪蒸、水热同产机组在 4~5 月进行了测试和调试，在改善了真空条件后，得到了较为理想的测试结果，表 1 是测试所用到的主要仪器。

测试仪器及精度　　　　表 1

参数	仪器	精度
温度	四线铂电阻	$\pm(0.15+0.002\|t\|)$℃
压力	压力传感器	$\pm0.2\%$ FS
海水流量	电磁流量计	$\pm1\%$ FS
蒸汽/淡水流量	超声波流量计	$\pm1\%$ FS

图 9 是 5 月 9 日~5 月 11 日机组连续运行时的各级闪蒸腔的压力随时间变化图。5 月 11 日下午，机组关闭运行。

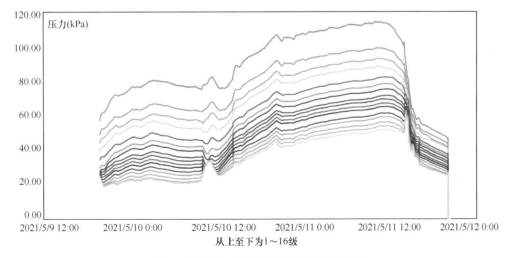

图 9 5 月 9 日~5 月 11 日闪蒸压力变化图

图 9 中 5 月 10 日 12:00 压力水平升高是因为改变了海水流量工况。上图说明正常运行中 16 级压力被隔开,逐级降低。为了给出一个稳定运行的工况,截取 5 月 11 日 0:00～5 月 11 日 12:00 的 12 个小时的工况作为稳定工况。图 10、图 11、图 12 分别是这段时间内各级闪蒸腔压力、各级闪蒸腔内海水温度、各级冷凝腔内淡水温度随时间的变化图。

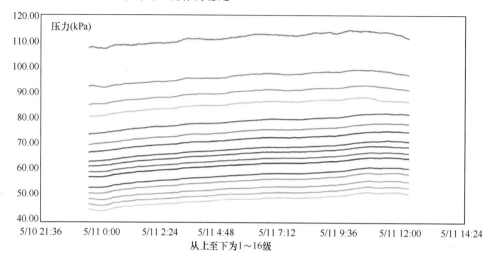

图 10　闪蒸压力变化

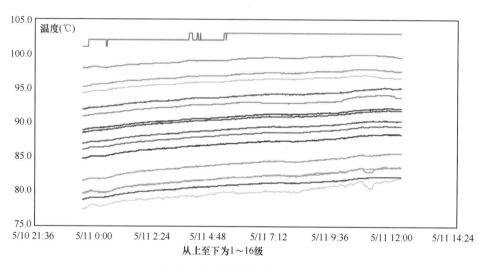

图 11　闪蒸腔内海水温度变化

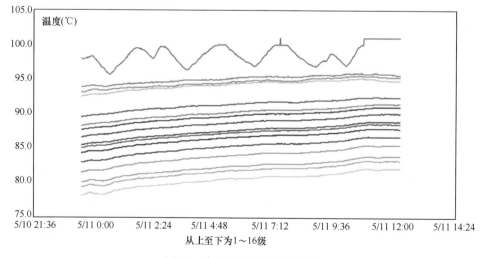

图 12　冷凝器内淡水温度变化

图12中第1级冷凝器中温度的周期性剧烈变化推测是因为其储存了产生的淡水,而淡水的排出依赖淡水泵的PID控制,因此淡水液位会周期性变化,导致温度周期性变化。图10~图12表明16级闪蒸-冷凝之间形成了较为稳定的压力、温度分布,从第1级到16级,压力和温度逐级降低。第1级冷凝器中温度表明了这段时间内该机组的热淡水出口温度为95℃~100℃。

此外,对该机组的一些其他位置的温度以及部分流量也进行了测量,表2给出了其中部分参数在这段时间内的平均值。

部分参数测试结果 表2

进口海水温度	17.5℃	进口原海水流量	6.63t/h
排放海水温度	41.6℃	冷凝段进口海水流量	25.83t/h
冷凝段进口海水温度	67.8℃	闪蒸段出口海水流量	22.44t/h
冷凝段出口海水温度	98.8℃	热源蒸汽流量	0.64t/h
闪蒸段进口海水温度	117.3℃	热源蒸汽温度	164.4℃
闪蒸段出口海水温度	70.3℃		

第14级闪蒸上液面现象

第3级闪蒸上液面现象

第14级闪蒸孔板后现象

第3级闪蒸孔板后现象

图13 闪蒸腔内现象

该机组在每级闪蒸腔安装了视镜以观察现象,闪蒸现象如图13所示。通过观察可知高压级的闪蒸比低压级的闪蒸更为剧烈。

对该机组海水淡化得到的淡水进行水质测试,其水质各项标准远优于生活饮用水卫生标准,电导率低于5μs/cm。图14展示了现场测试电导率的测试结果。

图14 现场淡水水质测试

3.2 运行特性分析与讨论

为了得到2.1节所提到的两个关键参数造水比和热效率,需要得知产水量。由于机组淡水泵的PID控制,机组并不稳定输出淡水,淡水流量周期性变化,这意味着淡水可能积存在冷凝器中。因此实际采用进口海水流量与出口海水流量之差得到产水量。此外,热效率可以通过排放废热来反向计算以增加精确性。反向计算热效率的方法,相当于将散热量也考虑为了有效热量。对于小容量机组且机组本体并未做保温而言,散热量相对较大,机组实际效率会比反向计算的热效率低一些。但该示范项目是为将来大容量机组的研发做准备,大容量机组做好保温后散热量占比会小很多,因此用反向计算的方法得到热效率对分析流程性能、指导将来大容量机组的设计更具有参考意义。若排放浓海水温度与环境温度一致,则代表所有热量均被利用,热效率100%。实际计算热效率仅需用100%减去排放废热占比。部分计算参数结果如表3所示。

部分参数计算结果 表3

参数	单位	数值
产水温度	℃	98.6
投入热量	kW	524.85
产水量	t/h	3.38
造水比	—	4.43
热效率	%	84.14

该实测结果基本满足设计值3t/h、95℃热淡水。其热效率为84.14%,仍有提升空间。在调试过程中,出现

了循环海水流量越大，热效率越高的运行特性。在传统的多级闪蒸过程中，也有运行海水流量越大，造水比越高的特性。

热法海水淡化的驱动力实际上是闪蒸器与冷凝器二者间的温差（多效蒸馏则是两效蒸馏-冷凝之间的温差），海水在较高温度下吸收热量发生出蒸汽，在较低温度下放出热量冷凝成淡水，完成自发的海水淡化过程。

图15是一个多级闪蒸的 T-Q 示意图，下方的直线代表海水被冷凝器逐级预热并尖峰加热的过程，上方的曲线代表海水逐级闪蒸降温的过程。热源温度 T_{high} 与环境温度 T_{low} 之差驱动着海水多级蒸发-冷凝的过程。热源温度、环境温度和海水流量可以基本确定闪蒸机组的设计造水比和设计级数。海阳机组采用了海水内循环式结构，相当于不增加外部泵耗的前提下增大了海水流量，可提升造水比。内循环式的结构同时带来的问题是内部海水浓度升高，对应沸点升高值变大，这对闪蒸有不利影响，因此内循环流量需要综合考虑给定。

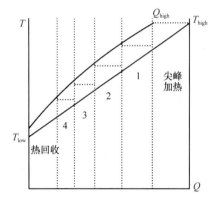

图15 多级闪蒸 T-Q 示意图

该多级闪蒸、水热同产机组热效率仍有提高的空间。测试表明其排放海水温度较高，通过改善热回收、减少散热、提高冷凝器侧的换热效果可以进一步提高造水比和热效率。

4 结论

位于海阳的多级闪蒸、水热同产机组示范项目证明了热法水热同产流程的可行性。通过对该项目的测试和研究，本文主要得出以下几点结论：

（1）水热同产、同送是解决水资源短缺问题、降低供热能耗的有效途径。在长距离输配上其利用一根管可以实现热量、淡水的输运，大大降低输配能耗。

（2）位于海阳核电的多级闪蒸、水热同产装置采用了立式、垂直浸没闪蒸及三层挡板设计，且淡水实现了逆冷凝压力梯度流动、直接制备出淡水的全新流程，这被证明是有效的海水淡化方案，其电导率小于 5μs/cm，远优于国家卫生饮用水标准和一般膜法海水淡化水质。

（3）该水热同产装置达到设计目标，供给约 0.6t/h 抽汽热源的情况下可以制备约 3t/h、95℃的热淡水，热效率为 84.14%，满足水热同产、同送要求。

（4）通过改善冷凝器换热、改善热回收板换、减少机组散热等手段还可以提高机组的热效率和造水比。

参考文献

[1] 清华大学建筑节能研究中心. 2019中国建筑节能研究报告[R]. 北京：中国建筑工业出版社，2019.

[2] Fu L. Low carbon district heating in China in 2025-A district heating mode with low grade waste heat as heat source[J]. Energy，2021.

[3] 李惠钰. 水热联供："零能耗"海水淡化新方向[N]. 中国科学报，2020/10/27.

[4] 宋瀚文，宋达，张辉，等. 国内外海水淡化发展现状[J]. 膜科学与技术，2021，41(4)：7.

[5] Lin S. Seawater desalination technology and engineering in China: A review[J]. Desalination，2021.

[6] Mezher T. Techno-economic assessment and environmental impacts of desalination technologies[J]. Desalination，2011，263-273.

[7] Al-Karaghouli A，Kazmerski L L. Energy consumption and water production cost of conventional and renewable-energy-powered desalination processes[J]. Renewable and Sustainable Energy Reviews，2013，24：343-356.

[8] Yi Y. A two-stage vertical absorption heat exchanger for district heating system[J]. International Journal of Refrigeration，2020，114：19-31.

[9] Sun J. Experimental study of heat exchanger basing on absorption cycle for CHP system[J]. Applied Thermal Engineering，2016，102：1280-1286.

[10] 寇希元，苗英霞，陈进斌，等. 海水淡化工程对环境的影响及其应对[J]. 海洋开发与管理，2019，36，6：80-84.

[11] Nigim T H，Eaton J A. CFD prediction of the flashing processes in a MSF desalination chamber[J]. Desalination，2017，420：258-272.

热力地下工程深孔帷幕注浆止水技术试验研究

北京市热力工程设计有限责任公司　刘仰鹏　甄　悦

【摘　要】本文以北京市典型的热力工程暗挖隧道注浆施工为依托，首先，在实验室试验中，对不同类型的浆液的配合比进行了试验；其次，通过扫描电镜试验对不同养护期的浆液结石体稳定性进行了研究；之后，根据典型的水文地质条件选取具有代表性试验段，包括砂土层、粉土层、粉质黏土和砂卵石层等，进行深孔帷幕注浆地下水控制技术研究，并对现场浆液的注入率和渗水量进行了统计；最后，结合实验室和现场试验结果提出了包括注浆材料和注浆量计算等相关的技术建议，可为以后类似的工程提供一定参考。

【关键词】热力　地下工程　注浆　浆液配合比

0　引言

地下水的赋存对城市地下工程的建设带来不易克服的困难，在以往的工程中，通常采用降水措施来进行地下水的处理，但是大量降水不但不利于城市水资源的管理和保护，还会造成地下水资源的大量浪费，同时引起相关地质灾害的发生[1]。针对这些问题，北京市住建委、水务局共同研究制定了《北京市建设工程施工降水管理办法》，对地下工程的施工降水进行限定，然而，针对北京地区的复杂地层环境，传统的注浆止水工艺缺少科学系统的浆液配比、注浆工艺标准和评价体系，导致注浆随意性大、注浆效果差、注浆过度浪费等现象频频发生。为了有效地保护地下水资源和环境安全，提高注浆止水的水平和效果，需要对深孔帷幕注浆止水等技术进行一定的研究。

本文以北京市的一系列热力暗挖隧道注浆施工为依托，首先，在实验室试验中，对不同类型的浆液的配合比和稳定性进行了试验；然后，根据典型的水文地质条件选取具有代表性试验段进行深孔帷幕注浆地下水控制技术研究，并对现场浆液的注入率和渗水量进行了统计；最后，结合实验室和现场试验结果提出了相关的技术建议。

1　注浆配合比及其稳定性研究

通过实验室配合比试验对不同浆液凝胶时间随浆液配合比的变化规律进行研究，同时考虑温度对凝胶时间的影响，结合现场情况以确定最优配合比。同时研究最优配合比下浆液结石体在水中的稳定性能。

1.1　浆液配合比试验

现场通常采用两种配法：水玻璃（硅酸钠，化学式$Na_2SiO_3·9H_2O$）溶液与磷酸（化学式H_3PO_4）溶液配比而成（简称改性水玻璃浆液）；水玻璃溶液与水泥溶液配比而成（简称水泥水玻璃浆液）。室内试验选用这两种配比方案，对不同溶液，浆液凝结时间受溶质与水的配合比的影响，因此配合比试验主要进行两方面的工作：对常温下不同配合比的水玻璃溶液与磷酸溶液、水泥溶液之间相互反应的凝胶时间进行试验；研究温度对凝胶时间的影响。

1.1.1　试验方案

（1）试验材料

浓度为35°Bé（波美度）的水玻璃，浓度为85%的磷酸，强度等级为P·O 42.5的普通硅酸盐水泥。

（2）试验设备

温度计，试验用恒温箱，秒表，电子秤，不同容量的玻璃倒杯法瓶、量筒和量杯等。

（3）试验方法

化学浆液凝胶时间常用的测定方法有倒杯法、转筒黏度计法及维卡仪法。转筒黏度计法和维卡仪法操作过程较为繁琐，耗时较长，不宜做凝结时间较短的试验，而倒杯法是现场经常使用的比较简便可靠的一种方法，故本试验采用倒杯法。

倒杯法的一般操作流程为：①取一定量的主剂和适量固化剂（根据配比设计）在A杯中进行混合，并开始计时；②手持A、B两杯，将混合液反复倒来倒去，直至浆液不再流动时所经历的时间为凝胶时间；③对反应很快的浆液，会很快失去流动性，烧杯横放的时候浆液流不出来为止，对反应较慢的浆液，黏度会逐渐增加，到浆液可拉成丝状（粘稠状）为止。浆液凝结时的典型状态如图1所示。

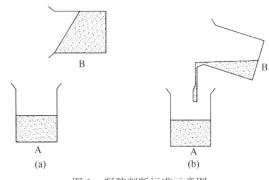

图1　凝胶判断标准示意图
（a）凝胶时间短时的凝胶判断；
（b）凝胶时间长时的凝胶判断

1.1.2 改性水玻璃浆液配合比设计

（1）试验过程

本次试验以不同浓度的水玻璃分别和不同配水比的磷酸溶液与水泥浆液进行配比试验。水玻璃取四个浓度等级，分别为20°Bé、25°Bé、30°Bé、35°Bé。

磷酸与水配合比的选择，考虑到磷酸主要是起加速凝结作用，结合相关资料及实践经验，本次试验选4种配合比，分别为1：15、1：20、1：25、1：30，其中磷酸为浓度为85%的出厂原液。两者化学反应后会产生沉淀物[2,3]，化学式如下所示：

$$2H_3PO_4 + Na_2SiO_3 = 2NaH_2PO_4 + H_2SiO_3(\downarrow) \quad (1)$$

两种溶液的浓度不同会影响形成凝胶体形成的时间，由于时间的不同，所形成的凝胶体在性状上有所区别，时间偏快的形成的胶状体较完整不易流动，时间偏慢的相对比较松散且易流动，如图2所示。

图2 典型的改性水玻璃凝胶体

（2）常温下最优配合比

把常温（25℃）下的不同配合比凝胶时间分别以水与磷酸的体积比与水玻璃波美度为横纵坐标绘制成总图，如图3所示。

从变化图可知，不同浓度的水玻璃，凝胶时间随磷酸与水配合比变化情况主要表现在以下几个方面：

1）水玻璃浓度为35°Bé及20°Bé时，凝胶时间均随着水与磷酸的体积比的增加先减小后增加，区别在于35°Bé时下降段下降速率较上升段缓慢，20°Bé时相反。

2）水玻璃浓度在25~30°Bé之间时，凝胶时间整体随着水与磷酸的体积比值的增加而增加；水与磷酸的体积比在15~20之间时，凝胶时间基本保持不变，体积比大于20时，凝胶时间随体积比增加而增加。

3）水与磷酸的体积比为20时，25°Bé、30°Bé以及35°Bé浓度的水玻璃凝胶时间几乎相同，水与磷酸的体积比25时，4种浓度的水玻璃凝胶时间基本相同。

以上所表现出的现象，主要是因为化学反应速率本质上是参与反应的活化分子数及有效时间内活化分子的碰撞次数决定的。如水玻璃浓度为35°Bé时，虽然溶液分子数更多，但是由于太浓，有效时间内活化分子有效碰撞次数却不够，故高浓度的水玻璃与磷酸反应凝胶时间上反而更长。

使用水玻璃磷酸双浆液的主要目的是在满足基本强度情况下快速堵水，需要较短的凝胶时间，从这个角度考虑，凝胶时间4~8s为宜，考虑到地下水稀释影响，凝胶时间4s为宜。由图3可知，当水与磷酸的体积比在20左右且水玻璃浓度在25~35°Bé之间时，能够满足要求，因

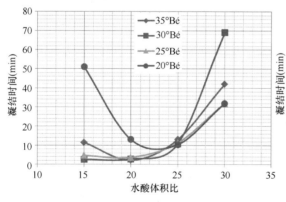

图3 不同配合比改性水玻璃凝胶时间变化图

此选1：20左右作为磷酸的控制配比最合适。同时，水玻璃黏度随着浓度的增加而增加，黏度越大凝胶体越稳定，但黏度太大不利于在土体中的扩散，且在水中不易充分溶解，因此选择30°Bé作为现场水玻璃的控制浓度较为合适。

（3）变温下最优配合比

考虑到冬季施工的可行性，进行了不同温度下浆液凝胶时间随配合比变化关系。凝胶时间随温度变化如图4所示。图中1、2、3、4代表项目见表1。

表1 图4编号对照表

编号	1	2	3	4
波美度（°Bé）	25	30	25	30
水酸比	20	20	15	15

由图4可知，10℃是凝胶时间变化规律的转折点，对于相同的配合比，凝胶时间总体上表现出温度越低凝胶越慢的趋势，这种趋势在温度低于10℃时很明显，但是温度高于10℃时凝胶时间随温度变化趋于跳跃。

当水和磷酸体积比一定时，由曲线1和2、3和4可知，总体上凝胶时间随着波美度的增加而增加，1和2曲线在温度为20℃时除外；同样的，当波美度一定时，由曲线1和3、2和4可知，当温度低于10℃时，酸越浓，凝胶时间越快，高于10℃后，这种规律削弱。

1.1.3 水泥水玻璃浆液配合比设计

（1）试验过程

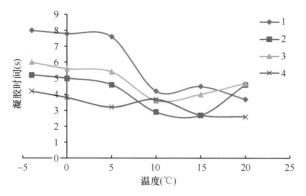

图4 改性水玻璃浆液凝胶时间随温度变化图

水泥本身的凝结和硬化主要是水泥水化析出凝胶物质所引起的，在水泥的水化过程中产生氢氧化钙（化学式2），氢氧化钙再与水玻璃产生化学反应（化学式3），因此，水泥与水玻璃的主要化学反应式如下：

$$3CaSiO_3 + nH_2O \Longrightarrow 2CaSiO_2(n-1)H_2O + Ca(OH)_2 \quad (2)$$

$$Ca(OH)_2 + Na_2SiO_3 + mH_2O \rightarrow CaSiO_2 \cdot mH_2O + NaOH \quad (3)$$

在两者的混合液中，水泥与水玻璃的反应速度要比水泥自身的水化热反应要快，因此可以通过控制水灰比和水玻璃浓度来控制凝胶时间。本次实验水灰比选取4个等级，分别为0.50、0.67、1.00、1.25。水玻璃依然取4个浓度等级，分别为20°Bé、25°Bé、30°Bé、35°Bé。图5为水泥水玻璃形成的典型凝胶体。

图5 水泥水玻璃形成的典型凝胶体

（2）常温下最优配合比

把常温（25℃）下的不同配比凝胶时间分别以水与磷酸的体积比与水玻璃波美度为横纵坐标绘制成总图，如图6所示。

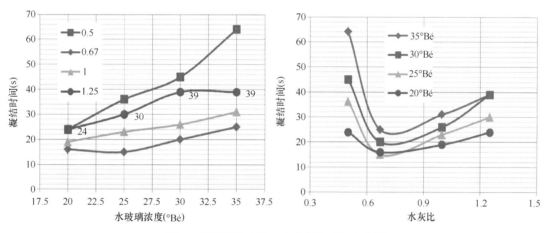

图6 不同配比水泥水玻璃凝胶时间变化图

从变化图可知，不同水玻璃浓度下，凝胶时间随水灰比变化情况主要表现在以下几个方面：

1）对水泥-水玻璃双浆液，凝胶时间随水玻璃浓度的变化规律明显，水灰比在0.5~1.25之间变化时，凝胶时间均随着水玻璃浓度的升高而增加，水灰比为0.5时速率更快。凝胶时间随水灰比的变化规律也很明显，凝胶时间均随水灰比的增大先降后升，其中降低速率更快。以上现象的根本原因同样是由于化学反应速率本质上是参与反应的活化分子数及有效时间内活化分子的碰撞次数决定的。

2）水灰比过高或过低凝胶时间均相对较长，据现场水量情况，水灰比在1:1~1:1.5之间为宜，同时结合2.3.1节分析，水玻璃浓度宜控制在30°Bé。因此，现场水灰比宜控制在1:1~1:1.5之间，水量相对小时选下限，水量偏大及某些需要配合加固土层的情况选上限，水玻璃浓度宜为30°Bé。

（3）变温下最优配合比

同样考虑到冬季施工的可行性，进行了不同温度下浆液凝胶时间随配合比变化关系。凝胶时间随温度变化如图7所示。图中1、2、3、4代表项目见表2。

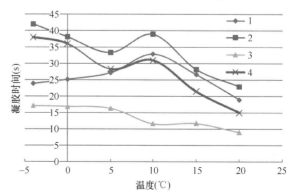

图7 水泥水玻璃浆液凝胶时间随温度变化图

图 7 编号对照表　　表 2

编号	1	2	3	4
波美度（°Bé）	25	30	25	30
水灰比	1	1	0.7	0.7

观察上图可知，凝胶时间随温度的变化规律，总体上与改性水玻璃浆液类似，但 10～20℃ 之间的规律性更强。

1.2 浆液结石体性能稳定性试验

1.2.1 试验方案

稳定性试验主要通过分析不同龄期的凝结体在水中养护情况下微观结构随时间变化规律来判断水中稳定性。本次试验是通过扫描电子显微镜（Scanning Electron Microscopy，简称 SEM）查看微观结构。扫描电子显微镜是利用细聚焦电子束在样品表面扫描时激发出来的各种物理信号调制成像，类似电视摄影显像的方式，可观察 $10\mu m$ 尺度的物质微观形态[4]。

1.2.2 稳定性试验结果

试样养护到预定龄期后，进行扫描电子显微镜分析。不同龄期时改性水玻璃凝结体的电子显微镜扫描结果，即关键龄期的微观结构见图 8，水泥水玻璃的扫描结果见图 9。

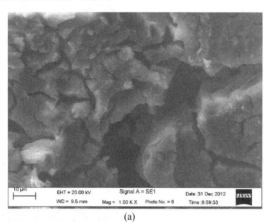

(a)

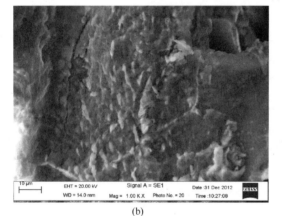

(b)

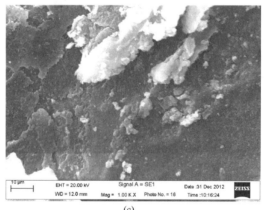

(c)

图 8　改性水玻璃结石体不同养护时间电镜扫描图
（a）7d 养护期；（b）14d 养护期；（c）28d 养护期

(a)

(b)

图 9　水泥水玻璃结石体不同养护时间电镜扫描图
（a）14d 养护期；（b）28d 养护期

通过扫描电子显微镜试验分析可知，在14d范围内，无论是改性水玻璃还是水泥水玻璃，形成的结石体都会随着时间的推移结构更加密实，说明此阶段浆液结石体内相关的化学反应和聚合反应，聚合度越来越高，整个凝胶体形成一个整体。

超过14d后，随着时间的进一步推移，两种浆液结石体的性质发生截然相反的变化。改性水玻璃能明显观察到有白色溶出物渗出，在水环境中可能会溶解并随着水的渗流而逐渐渗出，超过一定时间必然对整个结构的防水及强度不利。而水泥水玻璃凝胶体在28d范围内基本上结构越来越密实，从试验角度来看，可推断其防水效果在28d范围内会越来越好，这是水泥进一步水化的结果。

考虑到试验是在静水环境中的养护，而在实际工程中地下水是处于动态过程在中，在土层与掌子面之间存在一定的渗透压，同时，结石体往往与土体本身混合在一起，所以其稳定时间可能比试验得到的时间要短。因此，在实际工程中，注浆后，当掌子面等区域土体稳定后，应及时开挖，在注浆效果失效前完成相关步序。

2 深孔帷幕注浆止水技术现场试验研究

2.1 工程概况

以北京市典型的热力工程暗挖隧道注浆施工为依托[5]，选取了具有典型水文地质条件代表性试验段，包括砂土层、粉土层、粉质黏土和砂卵石层等，所处的地下水类型有承压水与潜水两种类型。

2.1.1 试验点类型

把所选的试验点按土层及地下水类型进行分类，分类结果见表3。

试验点类型划分一览表　　表3

工况	依托工程试验点	地层类型	地下水类型
砂层处于微承压水中	左家庄东街热力管线14号竖井	砂层、粉细砂层	承压水
	左家庄东街热力管线11号竖井	砂层、粉细砂层	承压水
	南小营热力管线安苑路段热力管线1号竖井	砂层、粉细砂层	承压水
砂层处于潜水中	朝阳北路热力管线青年路5号~6号节点间隧道	砂层、粉细砂层	潜水
	朝阳北路热力管线褡裢坡东路，三间房东路3号~4号间隧道	粉细砂层	潜水
粉土处于潜水中	左家庄东街热力管线11号~12号竖井间隧道	粉土，夹杂有黏质粉土	潜水
	太阳宫中路4号	粉土，夹杂有黏质粉土	潜水
饱和粉质黏土	朝阳北路热力管线褡裢坡东路，三间房东路14号两侧隧道	粉质黏土、黏质粉土	潜水
砂卵石处于潜水中	西北热电厂热力管线工程大唐热电厂内4号~6号竖井间隧道	砂卵石	潜水

2.1.2 注浆试验方案

（1）注浆材料及设备

浓度为35°Bé的水玻璃，浓度为85%的磷酸，强度等级为P·O 42.5的普通硅酸盐水泥。注浆泵、钻机和履带式泵钻一体机如图10所示。

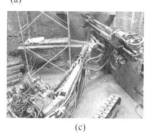

图10　注浆机械设备
(a) 注浆泵；(b) 钻机；(c) 履带式泵钻一体机

（2）隧道止水帷幕加固方案

隧道内注浆止水帷幕加固采用长管后退式分段注浆，采用一次性钻头、水平套管跟进钻进、限量排沙等技术来解决饱和动态含水沙地层钻进成孔，帷幕厚度为1.5~2.5m，现场情况示意图如图11所示。注浆孔的注浆顺序的确定应遵循在外围实现"围、堵、截"，在内部实现"填、压、挤"，并遵循分区注浆、跳孔注浆的原则。

（3）竖井止水帷幕加固

竖井开挖至距离地下水位2~2.5m时即刻停止竖井开挖，进入注浆止水帷幕施工。地下水位需提前探测确定，每个竖井四角设置探孔。竖井注浆范围为四周及底板均外扩1.5~2m。竖井注浆范围示意图如图12所示。

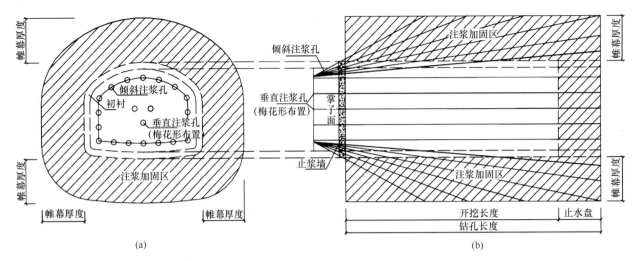

图 11 隧道深孔注浆止水帷幕示意图
(a) 隧道注浆帷幕横剖面图；(b) 隧道注浆帷幕纵剖面图

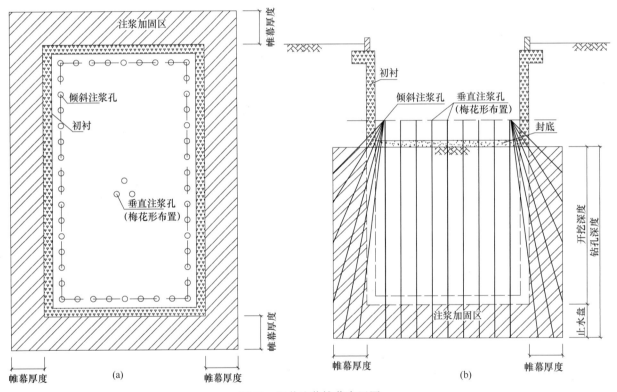

图 12 竖井注浆帷幕布置图
(a) 竖井注浆帷幕平面图；(b) 竖井注浆帷幕剖面图

2.2 现场浆液注入率和渗水量统计

现场注浆记录主要针对每个钻孔注浆的时间与注浆的材料用量进行汇总，包括水玻璃、水泥和磷酸，通过与注浆范围土体的统计比较，统计得到的注入率；在观察注浆和掌子面开挖的同时，对渗水量进行统计。

2.2.1 帷幕注浆注入率统计

不同类型的现场统计注入率见表 4～表 7。

砂层类地层注入率统计　　　　表 4

工程地点	注浆材料	兑水后体积 (m^3)	考虑结实率和压缩系数后体积 (m^3)	总浆液体积 (m^3)	土体体积 (m^3)	注入率
左家庄东街热力管线 14号竖井	改性水玻璃	107～120	91～108	95～113	664	0.131～0.155
	水泥水玻璃	4.5～5.1	3.8～4.6			

续表

工程地点	注浆材料	兑水后体积（m³）	考虑结实率和压缩系数后体积（m³）	总浆液体积（m³）	土体体积（m³）	注入率
左家庄东街热力管线11号竖井	改性水玻璃	5.4～6	4.6～5.4	74.6～90.0	543	0.125～0.151
	水泥水玻璃	77.8～89.1	70～84.6			
南小营热力管线安苑路段热力管线1号竖井	改性水玻璃	460.1～517.4	391.1～465.7	401.5～478.2	2716.2	0.134～0.160
	水泥水玻璃	11.49～13.2	10.34～12.5			
朝阳北路热力管线青年路5号～6号节点间隧道	改性水玻璃	0	0	41.4～50.1	597	0.063～0.076
	水泥水玻璃	46～52.7	41.4～50.1			
朝阳北路热力管线褡裢坡东路，三间房东路3号～4号间隧道	改性水玻璃	0	0	276.4～333.3	2162.5	0.116～0.140
	水泥水玻璃	307.1～350.8	276.4～333.3			

注："朝阳北路热力管线青年路5号～6号节点间隧道"，此试验点在现场实际操作时，施工方采用了真空降水，并且只在拱顶进行了注浆加固，因此注入率明显偏小。

粉土层类地层注入率统计　　　　　　　　　　　　　　　　　　　　　　　　　　表5

工程地点	注浆材料	兑水后体积（m³）	考虑结实率和压缩系数后体积（m³）	总浆液体积（m³）	土体体积（m³）	注入率
左家庄东街热力管线11号～12号竖井间隧道	改性水玻璃	73.4～83.6	62.4～75.2	184.1～222.2	1459	0.115～0.138
	水泥水玻璃	135.2～154.7	121.7～147			
太阳宫中路4号	改性水玻璃	0	0	112.7～136.0	910.3	0.113～0.136
	水泥水玻璃	125.2～143.2	112.7～136.0			

粉质黏土类地层注入率统计　　　　　　　　　　　　　　　　　　　　　　　　　表6

工程地点	注浆材料	兑水后体积（m³）	考虑结实率和压缩系数后体积（m³）	总浆液体积（m³）	土体体积（m³）	注入率
朝阳北路热力管线褡裢坡东路，三间房东路14号两侧隧道	改性水玻璃	20.8～23.6	17.7～21.2	100.8～121.5	1204	0.076～0.092
	水泥水玻璃	92.3～105.6	83.1～100.3			

砂卵石类地层注入率统计　　　　　　　　　　　　　　　　　　　　　　　　　　表7

工程地点	注浆材料	兑水后体积（m³）	考虑结实率和压缩系数后体积（m³）	总浆液体积（m³）	土体体积（m³）	充填率
西北热电厂热力管线工程大唐热电厂内4号～6号竖井间隧道	改性水玻璃	74.4～85.2	63.2～76.7	63.2～76.7	402	0.212～0.388
	水泥水玻璃	0	0			

从统计结果来看砂层与粉土的注入率比较接近，除采用过降水的试验段外，其余注入率在1.1～1.6之间，砂卵石层的在0.2～0.4之间。在实际地层中完全黏土层渗透系数极小，是天然的隔水层，粉质黏土层的性质则介于粉土与黏土之间，从本次试验的结果也可以看出，粉质黏土层的注入率最小，小于0.1。

砂土层多用水泥水玻璃，其与砂土的混合体从强度和抗渗的效果上来看，效果相对比较好。粉土层与粉质黏土层注浆后的形态，可以明显的看到浆脉在土体中的分布情况（图13），通过改性水玻璃的注入将土体挤密，从而降低土体的空隙率，提高抗渗性能，进而起到防水隔水的效果。在砂卵石层中浆脉的走向相对不明显，这是由于

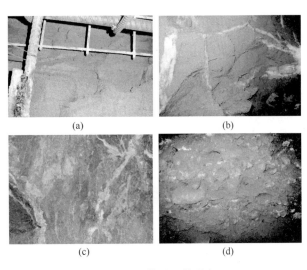

图 13　注浆后土体形态
(a) 含注浆体的砂土层；(b) 含注浆体的粉土层；
(c) 含注浆体的粉质黏土层；(d) 含注浆体的砂卵石层

砂卵石的空隙率大且均匀，因此浆液的分布也比较均匀。

2.2.2　现场开挖渗水量统计

通过试验段现场观察和记录，掌子面注浆结束后，渗水量明显的减少，然后破除隧道掌子面，继续开始开挖。开挖后虽然还有积水，但水量很小，没有明显泥沙渗出，已经不影响开挖稳定性。

由于浆液会在一定的时间后失效，为了保证安全，通常每个注浆开挖循环尽量不超过10d。图14可知：①不同类型的地层，现场排水量均会随着开挖天数的增加而增加，这是因为开挖后整体渗水的面积增加了，另外，不排除浆液失效带来的渗水量增加的因素；②粉质黏土层和砂土层的渗水量较小，砂卵石层的渗水量最大，这是由于土体本身的渗透率砂卵石层最大，粉土层次之，粉质黏土层最小；③砂土层本身的渗透率很大，但是渗水量很少，是由于其更容易形成流沙，因此相比其他地层现场注浆措施，其实施效果必须更加到位，以免发生意外。

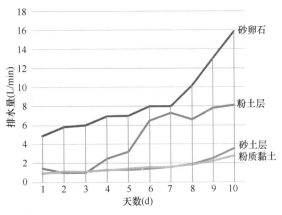

图 14　不同注地层注浆开挖后的渗水量

综合考虑施工经验，现场土体成型情况，以及具有一般开挖经验的工人心里承受程度，渗水量达到一定量时停止开挖，并采取一定的安全措施。本次试验获得的数据可以作为安全控制指标的参考，即开挖掌子面高约5m、跨度约6m的情况下，砂层渗水量宜控制在3.5L/min以内，粉土层8.0L/mm以内，粉质黏土层2.5L/mm以内，砂卵石层15.0L/min以内。

3　深孔帷幕注浆控制建议

3.1　现场注浆工艺的选择

针对不同的地层类型应选用不同的注浆工艺和材料。通过试验分析、工程类比和以往的经验，提出以下几点的建议：

（1）对于粉细砂层、中粗砂层、粉土层和粉质黏土层等地层，宜采用普通水泥浆和水玻璃双液浆，或水玻璃和磷酸混合而成的改性水玻璃浆液，以适宜的注浆方法、注浆工艺，以及相对较高的注浆压力，进行挤密和劈裂注浆。

（2）对于粗砂层，或砂砾石、砂卵石、卵砾石层等地层，宜采用普通水泥浆和水玻璃双液浆，或水玻璃和磷酸混合而成的改性水玻璃浆液，以适宜的注浆方法、注浆工艺，以及相对较低的注浆压力，进行渗透与充填注浆；注浆时，先注外圈注浆孔，待所注浆液结石并达到一定强度后，再按顺序逐步实施内圈钻孔注浆。

（3）对于流塑、软塑或可塑状态下的黏土地层进行挤密和劈裂注浆时，可采用单液水泥浆。

（4）对于砂层、粉土层、粉质黏土层等细颗粒地层，深孔帷幕注浆后，可采用超前小导管作为补充的地层预加固措施；对于卵石层，应优先采用深孔注浆加固和止水。

3.2　注浆量及注浆压力计算

3.2.1　注浆量计算

（1）单孔注浆量计算

在砂层或粉土层中，单孔注浆量可按式（4）计算确定[6,7]：

$$Q_d = \pi r^2 L f_n (1+\beta) \quad (4)$$

式中，Q_d——弹孔注浆量，m^3；
　　　r——浆脉扩散半径，m，可取 $0.5a+0.1$，a 为注浆孔间距，m；
　　　f_n——浆脉注入率；
　　　β——浆液损耗率，根据按一般工人熟练度及现场情况，通常不超过0.1。

在砂砾（卵）石层中，单孔注浆量可按式（5）计算确定：

$$Q_d = \pi r^2 L n \alpha (1+\beta) \quad (5)$$

式中，n——地层孔隙率；
　　　α——孔隙填充率。

（2）总注浆量计算

在砂层或粉土层中，总注浆量可按式（6）计算确定：

$$Q = Vf_n(1+\beta) \quad (6)$$

在砂砾（卵）石层中，总注浆量可按式（7）计算确定：

$$Q = Vn\alpha(1+\beta) \quad (7)$$

式（6）、式（7）中，Q 为总注浆量（m^3），V 为总体积（m^3）。

关于注入率的选择，本文试验得到的统计结果可为计算提供一定的参考，即砂层与粉土层在 1.1~1.6 之间，粉质黏土层在 0.08~0.1 之间，砂卵石层的在 0.2~0.4 之间。

3.2.2 注浆压力计算

在砂层或粉土层中注浆，注浆压力可按式（8）计算确定：

$$P = \eta(\sigma_k + P_w) \quad (8)$$

式中，P——注浆压力，kPa；

σ_k——静止土压力，kPa；

P_w——地下水静水压力，kPa；

η——经验系数，可取 1.2~1.3；在砂砾（卵）石层中注浆，注浆压力可取 $1.2~1.5P_w$。

4 结论

本文以北京市的典型热力暗挖隧道注浆施工为依托，在实验室试验中，对不同类型的浆液的配合比和稳定性进行了试验；同时，选取具有代表性的试验段进行深孔帷幕注浆地下水控制技术研究，并对现场浆液的注入率和渗水量进行了统计，提出了相关的技术建议，得出以下结论：

（1）浆液形成凝胶体的时间会随着自身浓度的不同，以及相互之间的配比不同而产生差异，因此，在现场的浆液配置过程中，应根据土体的类型、浆液泵送的时间、注浆压力等不同因素综合确定材料的配比。

（2）从稳定性试验中可知浆液形成的凝结体在土体中的存在是有一定时效性的，尤其是改性水玻璃浆液，因此，在实际工程中，注浆后，当开挖面区域的土体以及渗水稳定后，应及时开挖，在注浆效果失效前完成相关步序。

（3）结合现场试验统计得到的结果，现场注浆可通过注入率进行一定的控制，砂土层与粉土层的注入率在 1.1~1.6 之间，粉质黏土层在 0.08~0.1 之间，砂卵石层的在 0.2~0.4 之间。针对常规大小的热力隧道（开挖掌子面高约 5m，跨度约 6m）的情况下，砂层渗水量宜控制在 3.5L/min 以内，粉土层 8.0L/mm 以内，粉质黏土层 2.5L/mm 以内，砂卵石层 15.0L/min 以内。

参考文献

[1] 康富中，贺少辉，李承辉，等. 热力隧道在非降水施工中的力学特性监测[J]. 北京交通大学学报，2011，1：96-102.

[2] 贺文，周兴旺，徐润. 新型水玻璃化学注浆材料的试验研究[J]. 煤炭学报，2011，36(11)：1812-1815.

[3] 曹留金，李昕炜. 改性水玻璃浆液的试验及应用研究[J]. 石家庄铁道学院学报，2001，14(2)：92-94.

[4] 郭炎伟. 注浆加固土的力学模型及隧道工程应用研究[D]. 北京：北京交通大学，2016.

[5] 贺少辉，董淑棉，牛小化，等. 热力地下工程深孔帷幕注浆止水技术研究[R]. 北京交通大学，北京特泽热力工程设计有限责任公司，2015.

[6] 董淑棉，郭炎伟. 注浆止水技术在热力工程竖井施工中的应用[J]. 现代隧道技术，2014，51(2)：182-187.

[7] 北京热力集团有限责任公司. Q/BDHG.GL/JS—19—2014. 热力暗挖工程深孔帷幕注浆地下水控制技术规程[S]. 2014.

锅炉房型钢混凝土梁翼缘热处理技术应用

西安市热力集团有限责任公司　龚　悦　邹　欣　范雅薇　呼　缨　曹宏麟

【摘　要】目前，某些大型的较为复杂的能源站存在个别柱高较高荷载过大等局部承载力较大的现象，型钢混凝土组合结构相对于钢筋混凝土结构，具有承载力高、延性好的特点，在抗震方面有着巨大的优势，因而在工程设计中得到了广泛的应用。本文提出对型钢混凝土梁端型钢翼缘采取热处理（HBS）新技术，通过超高温度加热，随后控制温度缓慢冷却，降低钢筋局部强度，从而将塑性铰从梁端转移到热处理部位，人为控制塑性铰区域，达到强柱弱梁的构造要求，提高型钢混凝土梁柱节点的抗震性能，本研究具有重要理论意义和工程价值。

【关键词】大型工业厂房　锅炉房　型钢混凝土梁柱节点　抗震性能　翼缘热处理削弱（HBS）　翼缘狗骨式削弱（RBS）　塑性铰

0 引言

型钢混凝土结构（Steel Reinforced Concrete Structure，简称 SRC 结构），也称型钢混凝土组合结构。型钢混凝土结构的内部型钢与外包钢筋混凝土形成整体、共同受力，其受力性能优于这两种结构的简单叠加。与钢筋混凝土结构相比，其优势为承载力高、方便施工、延性好；与钢结构相比，其优势为具有较好的防火性能，耐腐蚀性能，稳定性好，经济效益好。

当前工业厂房某些较为复杂能源站，包括某些大型锅炉房建设所采取的主要结构形式之一就是钢筋混凝土组合结构。由于某些大型厂房框架上需要安装大型换热机组，安装多个电机，而且车间厂房机械噪声大，形成的振动会对厂房整体质量产生影响，长此以往对厂房的使用寿命也会造成严重影响。或者层高高、荷载大时，部分框架柱就变成了跨层柱（穿层柱）。因此，局部使用型钢混凝土梁柱具有普通混凝土和钢柱无法替代的优势。型钢混凝土结构具有良好的抗震性能，但是这种类型的结构本身也存在许多有待解决的问题。型钢混凝土梁柱节点是型钢混凝土结构的潜在薄弱点。在地震作用下型钢混凝土节点的塑性铰区一般产生在梁端，梁端塑性铰区的非线性变形向节点核心区渗透容易造成梁柱连结焊缝应力增高，引起焊缝断。本文借鉴由北卡罗来纳州大学 Hasson 教授提出的在钢结构中的新型热处理削弱方式（HBS—Heat Treated Beam Section），对在节点核心区附近梁端型钢的上下翼缘进行热处理削弱，将塑性铰从梁端转移到型钢翼缘的加热处。一部分梁翼缘通过超高温处理和随后的控制冷却温度，热处理过的局部区域的钢筋强度会减弱，创造出来一个软区域，它在梁内起到"韧性保险丝"的作用。由于热处理并没有削弱梁截面，只是削弱了钢材强度，横截面保持不变，非弹性截面模量和横向刚度也没减少，所以在热处理过的弱化区域确保了与其他梁构件一样的抗弯性。

1 热处理技术和材料

1.1 HBS 节点概念简介

型钢混凝土梁柱节点中的梁型钢翼缘采取局部热处理技术，简称 HBS。型钢混凝土梁柱节点中的型钢翼缘使用与梁翼缘狗骨式削弱 RBS 类似的"融合"机制。然而，相对于减少翼缘面积（图 1（a）），梁是通过减少材料的强度实现削弱的。通过对图 1（b）中标红区的梁翼缘高温热处理降低钢材的强度。热处理工艺使用的加热机制如图 2 所示，由此产生的 Q345B 级钢削弱。作为削弱的结果，在热处理后的梁截面（HBS）部位出现梁的塑性铰。

1.2 热处理的基本原则

钢的微观结构包含了不同阶段结晶聚集体的空间布局。这些阶段基本上控制了任何所能提供的钢的最终性能，包

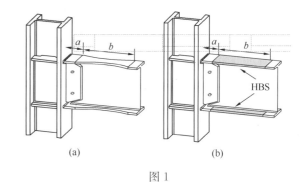

图 1
(a) RBS 示意图；(b) HBS 示意图

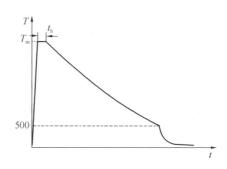

图 2 热处理温度发展

括硬度、强度和延性。Morrison 和 Schweizer 在各种热处理及退火过程对钢材的力学性能的影响进行了一系列的研究，包括钢（美国标准）退火前后的化学、机械、金相性能。结果表明，屈服强度和极限抗拉强度降低了。

2 热处理技术的构造设计方法

2.1 节点构造

类似于 RBS（图 3（a）），需要三个参数来设计 HBS 连接（图 3（b）、（c））：从柱翼缘到 HBS 开始的距离（尺寸 a）、

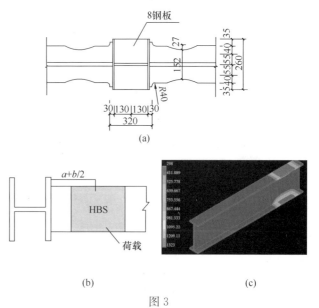

图 3
(a) 梁端型钢翼缘狗骨式削弱的构造；(b) 梁端型钢翼缘热处理削弱的构造；(c) 有限元模拟温度等高线

HBS 长度（尺寸 b）和 HBS 中梁翼缘所需的拉伸性能。用 ABAQUS 进行有限元分析来评估三个主要输入参数。

有限元分析表明，根据 2010 ANSI/AISC 358 中 RBS 参数 a 和 b，这样的类似尺寸为 HBS 连接提供了优良的性能。距离 a 保持尽量小，以最大限度地减少柱面力矩，不引起梁翼缘焊缝完全焊透处高应变（CJP）。而尺寸 b 要成比例，从而提供一个较大的区域，提升梁翼缘的屈服。这允许塑性应变广泛分布，有助于提供高耗能、滞回性能稳定和降低 HBS 区域应变的要求。参考以前的 HBS 设计[1]，还要与 RBS 节点比较，所以统一取 $a = b/2 = 115mm$，削弱中心距柱的距离也是 230mm。

2.2 构件设计

按照"强节点，弱构件"的原则设计型钢混凝土框架里的中节点（图4）。节点所有梁柱截面均为焊接 H 型钢截面，钢材等级为 Q345，以上试件梁的纵向钢筋都穿过了柱型钢翼缘，为了避免柱型钢翼缘开孔处产生应力集中，采用加强板对柱型钢开孔翼缘进行了补强。分别建立 3 个有限元模型：普通型钢混凝土梁柱节点、梁翼缘狗骨式削弱型钢混凝土梁柱节点、梁翼缘热处理型钢混凝土梁柱节点，进行对比分析。

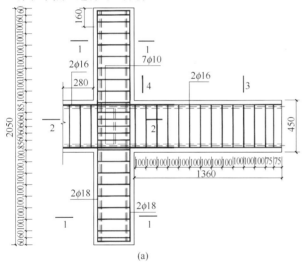

(a)

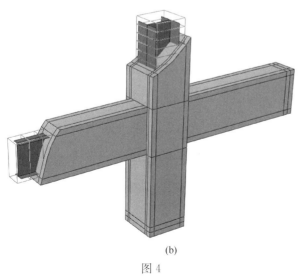

(b)

图 4

(a) 型钢混凝土中节点构造和尺寸；(b) 节点模拟装配图

2.3 加载机制

试验加载制度如图 5 所示，试验时先按轴压比 $n = 0.2$，一次将柱端竖向荷载施加到位，然后在梁端施加竖向低周反复荷载。在试件屈服以前，采用控制荷载逐级加载，每级荷载反复加载 1 次；当试件屈服以后，采用屈服位移的倍数分级控制加载，型钢混凝土试件每级荷载反复加载 3 次，直至荷载下降到峰值荷载的 85%，认为试件破坏。

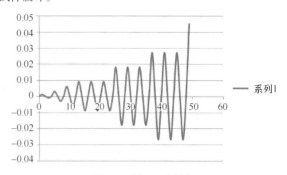

图 5 试件加载制度

3 结果与分析

3.1 荷载-位移滞回曲线和骨架曲线

图 6 提供了梁翼缘热处理、梁翼缘狗骨式削弱、梁翼缘不做任何处理普通的型钢混凝土梁柱节点的位移荷载滞回曲线对比图。通过比较，我们大致可以看出：尽管 HBS 是一个弱化自身强度的方法来诱导塑性铰离开，相比 RBS 削弱梁截面减少刚度的方式，位移荷载关系不但没有表现出显著的减少，相反，HBS 滞回曲线变得更宽，反而滞回环更加饱满，呈现丰满的梭形，这意味着在循环荷载中有更多的能量消耗。延性相对较好、耗能增大。从图 7 骨架曲线可以看出：HBS 骨架曲线较平缓，延性与耗能能力相对较好。同时包络线反映了节点有相近的弹性刚度。3 种节点刚度退化不明显，原因是模拟过程中采用了简化计算，只设置了混凝土的损伤，未对钢材的损伤进行明确的定义。然而在与 HBS 区域连接在早期塑性阶段的屈服强度和力矩强度比原来略小，这是合理的，因为有弱化机制。在热处理区，削弱后材料的屈服强度诱发梁

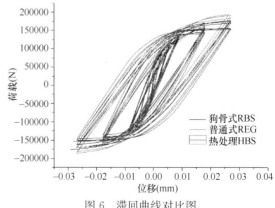

图 6 滞回曲线对比图

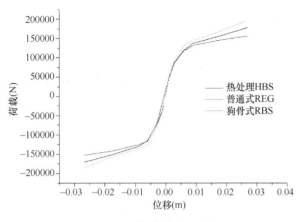

图 7 骨架曲线对比图

翼缘早早屈服和影响节点强度。这些研究结果表明，实施 HBS 可以延迟变形行为和强度退化，同时保持相近的强度大小和更强的耗能能力。所以，从滞回曲线与骨架曲线看抗震性能是 HBS＞RBS＞REG。

3.2 延性与耗能能力

表 1 给出了 3 个型钢混凝土梁柱节点构件的位移延性系数，从表中可以看出：这三个型钢混凝土节点的位移延性系数的值均大于 4.0，与抗震设计要求的框架结构整体延性系数相近，符合抗震要求。HBS 与 RBS 节点的延性要好于普通的型钢混凝土节点 REG 的延性，因为对梁型钢翼缘进行削弱后，塑性铰出现在梁上较长的削弱部分，并且在塑性变形阶段钢材本身也具有较好的延性，充分利用了几何尺寸的影响和材料的变形能力，以及加热后材料的强度退化特性。

延性系数　　　　　　　　　　表 1

试件	普通（REG）	狗骨式（RBS）	热处理（HBS）
μ_Δ	4.9	5.4	5.6

结构的耗能能力是指结构在循环往复荷载作用下塑性变形消耗能量的能力，是结构抗震性能的一个重要指标。

为了判别结构或构件在地震中的耗能能力，一般常用等效黏滞阻尼系数来表示，也就是用荷载-位移滞回曲线环所包围的面积来衡量，如图 8 所示。等效黏滞阻尼系数可按以下公式计算：

$$h_e = \frac{1}{2\pi} \cdot \frac{S_{ABC} + S_{CDA}}{S_{OBE} + S_{ODF}}$$

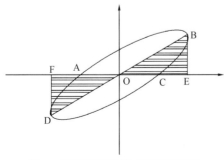

图 8 等效粘滞阻尼系数计算简图

从图 9 能够看出，型钢混凝土梁柱节点的等效粘滞阻尼系数随着位移的增大而增大，这就意味着随着梁端位移的增大，节点的耗能能力亦逐渐加大。HBS 和 RBS 的耗能能力要大于普通型钢混凝土梁柱节点 REG 的耗能能力，是因为对节点核心区附近梁型钢翼缘的削弱，提高了塑性铰区的转动能力。HBS 的耗能能力要大于 RBS 的耗能能力，这是因为热处理只消弱了钢材强度并没有削弱梁截面，抗弯性能更强。

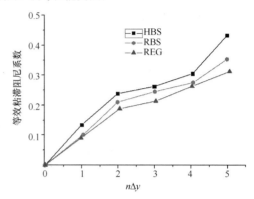

图 9 节点等效粘滞阻尼系数折线图

3.3 型钢部分应力云图

从图 10（a）可以看出：普通型钢混凝土节点在屈服时梁端型钢翼缘应力最大，先达到屈服，产生于梁端塑性铰区的非线性变形已经穿越混凝土边界向节点核心区内部发展，造成节点焊缝区域应力较高，从而容易引起焊缝在缺陷处因应力集中而发生断裂破坏。从图 10（b）可以看出：对梁型钢翼缘进行狗骨式削弱后，其削弱位置的应力最大，比梁端型钢翼缘提前进入屈服阶段。从图 10（c）可以看出：对梁型钢翼缘进行局部加热，其热处理部位应力最大，而且分布比较广泛，不容易产生应力集中，比狗骨式削弱的耗能能力更强，更易形成塑性铰。而梁柱的连接焊缝应力较小，从而有效地防止了节点焊缝发生断裂，保证了节点传力连续。另外，梁端型钢翼缘热处理和狗骨式削弱的节点核心区的型钢腹板的应力要小于普通构造的节点核心区的型钢腹板的应力；这是由于在型

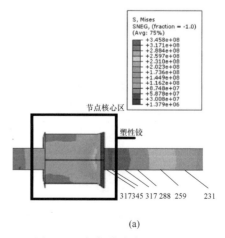

图 10 型钢部分应力云图（一）
（a）REG 等效应力分布；

4 结论

综合上述内容可知,型钢混凝土梁柱节点中的梁型钢翼缘采取局部热处理技术(HBS),可以很大幅度提高节点抗震性能。这项最新的构造措施可以将塑性铰从梁端转移出来后,转移到型钢翼缘热处理的部位。可以防止梁柱连接焊缝因应力集中产生脆性断裂,降低塑性铰区弯矩在节点核心区所形成的剪力,避免塑性铰区的非线性变形对节点核心区混凝土造成侵害。虽然HBS与RBS有类似的"融合"机制,然而,相对于狗骨式削弱是减少翼缘面积,热处理这个方式梁的弱化是通过减少材料的强度实现的。所以HBS是提高节点抗震性能行之有效且简单又经济的方法。能够实现对工业厂房与混凝土组合设计的优化。复杂大型锅炉房局部使用型钢混凝土构件成为新型结构体系发展的新方向。

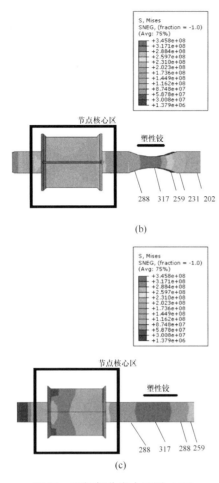

图10 型钢部分应力云图(二)
(b) RBS等效应力分布;(c) HBS等效应力分布

钢混凝土节点中采用这种构造措施可以有效地减少塑性铰区的非线性变形对节点核心区的侵入,从而有效地保护了节点核心区。

参考文献

[1] Hassan T, Syed S. An Innovative Seismic Performance Enhancement Technique for Steel Building Beam-Column Connections[C]. Proceedings of 9th US National/10th Canadian Conference on Earthquake Engineering, Canada, Toronto, 2010.

[2] 王顺祥. 钢管混凝土柱-型钢混凝土梁组合框架结构抗连续倒塌分析[D]. 兰州:兰州交通大学,2016.

[3] 王继武. 型钢混凝土框架梁柱节点受力性能有限元分析[D]. 重庆:重庆交通大学.

[4] Morrison M, Schweizer D Q, Hassan T, An innovative seismic performance enhancement technique for steel building moment resisting connections[J]. Constr. Steel Res., 2015, 109: 34-46.

[5] 薛建阳,赵鸿铁,杨勇. 型钢混凝土节点抗震性能及构造方法[J]. 世界地震工程,2002,18(2):61-64.

专题 7　水处理与管道防漏防腐保温技术

污水资源化利用在新城建智慧城市绿色能源应用中的解决方案

北京德安源环境科技发展有限公司　牛学青　向文鉴

【摘　要】本文结合《关于推进污水资源化利用的指导意见》，对污水资源化在新城建智慧供热系统中的再生利用做了综述。提出并完善了污水资源化利用在供热行业中的节水、节能应用方案，并对高科能源大兴生物医药基地蒸汽供热项目案例进行分析，对系统的水质去除率以及运行成本做了统计分析，介绍了污水处理的基本流程，并阐述了中水作为原水在供热行业中应用的可行性，为提高我国水资源、污水资源的利用率，节约供热行业制水成本提供参考和借鉴。

【关键词】污水资源化利用　智慧城市　绿色能源　供热　成本分析

0　引言

我国水资源短缺，且分布不均，是制约经济社会发展的重要瓶颈。而且我国处于水资源再生利用的初步阶段，且资源型缺水与水质型缺水并存。2019 年，我国城镇污水排放量约 750 亿 m^3，但再生水利用量不足 100 亿 m^3，利用潜力巨大。不同省份人均水资源量见图 1。而水作为热量输送的载体，在供热行业也起到至关重要的作用。供热行业是耗水大户，因此节约用水在供热行业尤为重要，利用污水资源满足冬季供热需求，可以提高我国中水回用率，实现水资源的良性循环。各地区再生水利用情况见表 1。

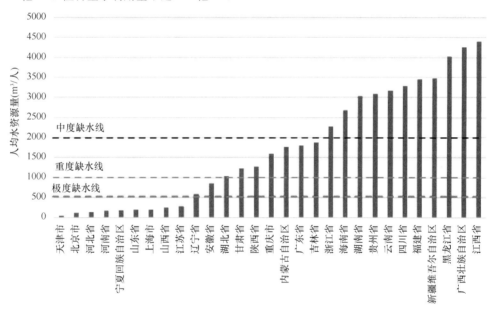

图 1　2019 年不同省份人均水资源量

表 1　不同地区再生水利用情况

地区	人均水资源量（m^3/人）	缺水程度排名	再生水利用率	再生水利用率排名	2025 年再生水利用率要求
天津	51.89	1	24.62%	8	35%
北京	114.21	2	58.17%	1	35%
河北	149.85	3	33.12%	6	35%
河南	175.21	4	26.78%	7	25%
宁夏	182.21	5	14.30%	14	25%
山东	194.06	6	43.91%	2	25%
上海	199.09	7	0.00%	27	25%
山西	261.31	8	23.66%	9	25%
江苏	287.45	9	21.66%	10	25%
辽宁	587.76	10	9.49%	21	25%

续表

地区	人均水资源量(m³/人)	缺水程度排名	再生水利用率	再生水利用率排名	2025年再生水利用率要求
安徽	851.91	11	12.63%	17	25%
湖北	1036.31	12	13.18%	16	25%
甘肃	1233.54	13	10.09%	19	25%
陕西	1279.84	14	5.81%	24	25%
重庆	1600.06	15	0.99%	26	25%
内蒙古	1765.47	16	35.51%	5	25%
广东	1808.89	17	40.67%	4	25%
吉林	1876.18	18	15.04%	12	25%
浙江	2281	19	9.63%	20	25%
海南	2685.47	20	6.46%	23	25%
湖南	3037.27	21	8.61%	22	25%
贵州	3092.9	22	3.35%	25	25%
云南	3166.39	23	43.62%	3	25%
四川	3288.94	24	10.81%	18	25%
福建	3446.8	25	17.97%	11	25%
新疆	3473.45	26	14.10%	15	25%
黑龙江	4017.54	27	14.76%	13	25%
广西	4258.75	28	0.00%	29	25%
江西	4405.41	29	0.00%	28	25%

1 污水资源化利用政策解读

2021年1月国家发展改革委发布《关于推进污水资源化利用的指导意见》，对于污水资源在工业水中的回收与应用提出了具体的目标要求：第一，污水资源化利用宗旨，以缺水地区和水环境敏感区域为重点，以城镇生活污水资源化利用为突破口，以工业利用和生态补水为主要途径。第二，初期目标，到2025年，基本也就是"十四五"规划的结束，全国地级及以上缺水城市再生水利用率达到25%以上，京津冀地区达到35%以上。中长期目标，到2035年，形成系统、安全、环保、经济的污水资源化利用格局。第三，火电、石化、钢铁、有色、造纸、印染等高耗水行业项目具备使用再生水条件但未有效利用的，要严格控制新增取水许可，选择典型地区开展再生水利用配置试点工作，通过试点示范总结成功经验，形成可复制、可推广的污水资源化利用模式。创新污水资源化利用服务模式，鼓励第三方服务企业提供整体解决方案。中水作为热力系统补给水，既契合污水资源化利用宗旨，也让供热行业实现节水、节能、环保、高效的运维目标。

2 污水资源化利用在供热中的技术方案

2.1 进出水水质

中水再生水是指废水或雨水经适当处理后，达到一定的水质指标，满足某种使用要求，可以进行有益使用的水。从经济的角度看，再生水的成本最低，从环保的角度看，污水再生利用有助于改善生态环境，实现水生态的良性循环。

现阶段，我国生活污水处理方法以生化法为主，工艺流程图如图2所示。

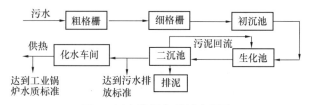

图 2 污水资源化利用流程图

本技术方案以中水为原水，对经过生化处理的污水在化水车间进行深度处理，处理后水质达到锅炉用水标准。

进水水质指标参考《城镇污水处理厂污染物排放标准》GB 18918—2002，结合水厂水样检测结果，进水指标如表2所示。

化水车间进水指标　　表 2

项目	数值	备注
浊度(FTU)	10.0	参照 GB 18918—2002 一级 A 标准
硬度(mmol/L)	431	根据水质检测报告数据而得
氯化物(mg/L)	371	根据水质检测报告数据而得
溶解氧(mg/L)	—	
TDS(mg/L)	735	根据水质检测报告数据而得
铁(mg/L)	0.4	根据水质检测报告数据而得
pH(25℃)	6~9	参照 GB 18918—2002 一级 A 标准

出水主要产水指标参考《工业锅炉水质》GB/T 1576—2018，其中，补给水标准如表3所示。

补给水水质　　表 3

项目	数值
浊度(FTU)	≤5.0
硬度(mmol/L)	≤0.60
氯离子(mg/L)	≤25
溶解氧(mg/L)	≤0.10
TDS(mg/L)	—
铁(mg/L)	≤0.30
pH(25℃)	7.0~11.0

污水处理厂的出水虽已达到国家排放标准，且出水已经消毒，但其中COD、悬浮物、氨氮以及大量的细菌和溶解性盐类物质，距离锅炉补给水差距还很大。对比表2和表3所示指标可以看出，污水资源作为补给水回用的关键是浊度和盐类物质。因此，污水深度处理的目的是去除浊度和除盐，并需辅助杀菌灭藻的消毒工艺。

2.2 工艺路线的确定

2.2.1 核心工艺的选定

污水深度处理脱盐的方式有很多，通常采用的是反渗透和电渗析。

反渗透技术是当今先进和节能有效的分离技术。其原理是在高于溶液渗透压的压力作用下,借助只允许水透过而不允许其他物质透过的半透膜的选择截留作用将溶液中的溶质与溶剂分离;利用反渗透膜的分离特性,可以有效地去除水中的溶解盐、胶体、有机物、细菌、微生物等杂质。

电渗析是指在电场作用下进行渗析时,溶液中的带电的溶质粒子(如离子)通过膜而迁移的现象。利用电渗析进行提纯和分离物质的技术称为电渗析法,它是20世纪50年代发展起来的一种新技术,最初用于海水淡化,现在广泛用于化工、轻工、冶金、造纸、医药工业,尤以制备纯水和在环境保护中处理三废最受重视,例如用于酸碱回收、电镀废液处理以及从工业废水中回收有用物质等。

二者相比,反渗透能够去除水中的溶解性固体、大部分溶解性有机物和胶体物质,具有能耗低、无污染、工艺先进、操作维护简便等优点。鉴于此,选择超滤+反渗透除盐作为本解决方案的核心工艺,即双膜法处理工艺。

2.2.2 工艺流程图

结合前置预处理工艺,确定完整工艺流程图(图3)。

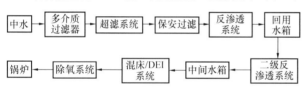

图3 双膜法工艺流程图

2.2.3 双膜法工艺介绍

预处理:中水进入反渗透系统之前,为了防止膜污染、减少废水中杂质所造成的机械损伤,延长反渗透膜的使用寿命,需要进行预处理。本工艺的预处理选用多介质过滤工艺。多介质过滤器是利用石英砂、活性炭、无烟煤等滤料,去除水中的悬浮物和胶体物质,也能去除掉中水中残留的COD和BOD等有机物。

核心工艺单元设置双膜法工艺是超滤+反渗透。超滤是物理作用的固液分离,一般在0.1~0.5MPa压力下进行,膜孔径在0.002~10μm之间,能截留大分子杂质和胶体物质,水中的细菌、病毒、蛋白质、糖类及生物黏泥等杂质。反渗透可除去水中98%以上的溶解性盐类和99%以上的胶体、微生物、微粒和有机物等,实现污水资源的有效脱盐。系统设计良好的情况,系统脱盐率可达到99.7%。

混合离子交换器树脂采用混床专用树脂,交换容量高,因此混床运行周期较长,由于初级脱盐(RO)率高,能较好地保证离子交换系统的运行,所以整个系统产水水质高、运行周期长,能较大程度地降低劳动强度,减少材料消耗及废水的排放,更有利于降低制水成本,提高生产率。

2.3 双膜法技术优势

(1) 技术先进、可靠,操作简单。
(2) 含盐量超过500mg/L,双膜法脱盐比离子交换经济,原水含盐量越高,经济性越明显。
(3) 去除水中99%的氯离子。
(4) 处理量大,占地面积小。
(5) 运行和维护成本低(吨水处理成本3.5元左右)。

3 污水资源化利用在供热中的案例分析

3.1 项目概况

高科能源大兴生物医药基地蒸汽供热项目,本项目设计补水水量350t/h,设计进水水源为中水水源,本项目设计范围包括中水回用整个工艺设备系统(除土建及公用工程外)。从界区入口到主体设备排污口/产水及浓水管道出口法兰的所有水系处理装置的工艺设计、设备选型、电气控制设计以及机电安装。

3.2 设计原则

(1) 本设计严格执行国家有关法律、法规、规范及当地有关环境保护的各项规定,水处理后确保各项出水水质均达到锅炉补水水质标准。
(2) 采用先进成熟、运行稳定、管理方便、经济合理的处理工艺,在保证处理效果的同时,最大限度地节省投资和运行费用。
(3) 设备、自控装置和仪表的选型力求技术先进、稳定可靠、节能高效、经济适用。
(4) 自动化程度高,运行灵活,操作维护方便,减轻劳动强度。
(5) 整体布局简洁、合理,同时符合国家有关绿化及环保、消防的规定。
(6) 尽量节约用水,节约水资源。
(7) 与全厂总体规划相适应,进行统一规划。
(8) 合理控制噪声、气味,妥善处理固体废弃物,避免二次污染。

3.3 工艺路线的确定

本项目主工艺:预处理+反渗透(RO)+钠离子软化。经设计化设计,本次采用的主工艺为:原水池+原水泵+多介质过滤+板式换热器+增压泵+阻垢剂加药装置+5μm保安过滤器+高压泵+反渗透装置+反渗透水箱+中间水泵+钠离子交换器+除盐水箱+除盐水泵。辅助工艺:反洗系统+气洗系统+加药系统+清洗系统+再生系统。预处理设备处理水量为500m³/h(水温≥25℃),设备产水水质满足1.6MPa锅炉用水标准。

3.4 出水结果分析

该水厂经过1个供暖季的运行及检测,数据结果如表4所示。

主要污染物含量分析　　　　表4

项目	进水	多介质过滤器	超滤	反渗透
浊度(FTU)	12.9	4.8	2.3	未检出
硬度(mmol/L)	431	402	331	0.007
氯离子(mg/L)	68	62	66	0.62
溶解氧(mg/L)	—			
TDS(mg/L)	735	720	681	11
铁(mg/L)	0.039	0.037	0.041	0.012
pH(25℃)	6.8	6.8	6.8	6.2
菌群数量(个/mL)	5×10^3	—	—	0

可以看出：

(1) 污水经过双膜法深度处理后，出水完全达到锅炉补给水水质标准，对盐类的去除效果很好，去除率为98%，其中铁离子、氯离子去除率分别达到99.8%和99.09%，可以有效减少锅炉及管线的腐蚀。

(2) 双膜法工艺对SS去除效果非常好，反渗透出水低于1mg/L，未检出。

(3) 双膜法辅助工艺中添加了非氧化性杀菌剂，对细菌的去除效果极好，去除率达到100%。

3.5 制水成本分析

运行成本分析如表5所示，可以看出：

① 吨水运行成本仅为1.77元。

② 系统为智能化自动运行，操作工数量少，人工成本低。

③ 系统运行稳定，使用周期长。

吨水运行成本分析表　　　　表5

系统产水量 $Q=350m^3/h$					
吨水核算 运行支出项	单价	消耗量	成本（元/d）	元/吨水	备注
耗电	0.70元/kWh	4200kWh/d	2940.00	0.84	运行功率420kW，每天运行时间按10h计
阻垢剂（100%）	45.00元/kg	40kg/d	1800.00	0.514	按照实际用水量计：11.43g/m³
还原剂（100%）	2.00元/kg	40kg/d	80.00	0.023	按照实际用水量计：11.43g/m³
次氯酸钠（10%）	2.00元/L	75L/d	150.00	0.043	按照实际用水量计：0.21L/m³
超滤膜	5500元/支	396支/5年	1193.4	0.341	按5年更换一次计
人工	4000元/（人/月）	4人	533.30	0.152	按配置4名操作工计
设备折旧	按20年使用折旧			0.15	—
制水运行总成本				2.063	—
备注	此运行费用不含板式换热器热量费用以及中水成本费用				

4　结论

(1) 以预处理和双膜法作为核心工艺的污水回用工艺，可有效去除污水中的有机物、悬浮物、菌类及盐类物质，出水达到锅炉补给水标准，系统运行稳定。

(2) 多介质过滤器作为深度处理的预处理工艺，有效去除了污水中残留的悬浮物、生物黏泥等杂质，为后续双膜法处理作了有效保证，既保护了后续的双膜，提高了双膜的使用寿命，又有效保证了出水水质。

(3) 污水在锅炉补给水的资源化利用，既节省了锅炉补水费用，又减少了污染物的排放总量，在技术、经济、环保各方面而言都是可行的，是值得大规模推广应用的新型解决方案。

热电联产二次网供热系统生物黏泥去除技术应用

天津能源投资集团有限公司　郝圣楠

【摘　要】本文简述系统中生物黏泥的现状和形成机理，分析系统中生物黏泥造成的降低流速、造成腐蚀、影响散热、形成气滞等影响供热效果。为提升二次管网的安全稳定运行、去除管网内部淤泥、提高末端散热效果、降低供热能耗，投加杀菌剂、黏泥剥离剂、悬浮分散剂，通过 0.3μm 过滤袋过滤后，二次网流通能力明显改善，住户散热器内大量生物黏泥、淤泥、沉积物被释放，逐渐从管壁剥离后过滤被去除，居民反映供热效果均有改善。

【关键词】二次网　生物黏泥　杀菌　水处理

1　实施背景

供热二次管网系统循环水是一个复杂的水体，水体中含有各种离子的同时，还存在淤泥、细菌等杂质，直接影响着供热系统安全与供热效果。系统淤泥在生物黏泥的作用下不断形成沉积，导致管路缩径，降低管路流速，降低散热效率。在现有基础设施情况下，解决生物黏泥问题及管路缩径问题，从而提高居民供热效果，能够降低二次网能耗。

2　区域供热二次网生物黏泥现状

目前国内区域供热系统二次网水质标准中未有细菌标准要求。经过多年水质分析发现，二次网水质中生物黏泥对淤泥沉积、管路腐蚀有着非常重要的影响作用。图 1 展示了生物黏泥的形成过程：系统泥沙中富含有机质为细菌提供食物导致细菌快速繁殖，细菌分泌的黏液不断捕获泥沙形成黏泥层，黏泥层逐渐变厚造成管路流速降低、散热效果变差，细菌酸性分泌物还会对管壁造成腐蚀。

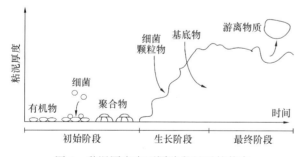

图 1　黏泥厚度在不同阶段呈现的状态

3　区域供热二次网生物黏泥对系统运行的影响

3.1　影响系统流速

如图 2、图 3 所示，随着淤泥逐年沉积，管路逐渐缩径，在保证相同流量的情况下，流速增大，延程阻力增大，循环泵的耗电量高。

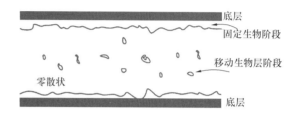

图 2　黏泥在管壁内呈现的状态

图 3　黏泥附着的供热管壁的断面照片

3.2　腐蚀问题

二次网系统中存在各种各样的细菌霉菌（培养后的状态如图 4 所示），同时由于施工等原因，管网中存在大

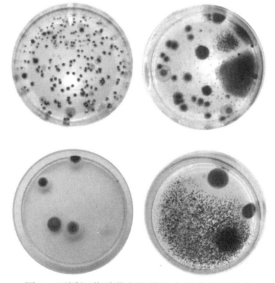

图 4　不同细菌霉菌在培养皿中培养后的状态

量淤泥为细菌提供充足的食物。因此，细菌快速繁殖附着在管壁上，酸性分泌物对管路内壁造成腐蚀。系统中出现的片状腐蚀铁皮一般为细菌腐蚀产物。

有的细菌如 SRB 细菌（硫酸盐还原细菌）会直接引起腐蚀。SRB 有较强生存能力，它能利用金属表面的有机物作为碳源，并利用细菌生物膜内产生的氢，将硫酸盐还原成硫化氢（臭鸡蛋味气体），从氧化还原反应中获得生存的能量的同时腐蚀碳钢管路。二次网系统中的水放出时有臭鸡蛋味气体，意味着这种腐蚀已经发生，如图 5 所示。

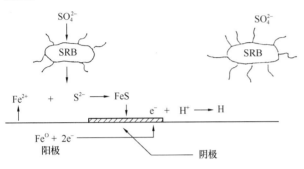

图 5　SRB 细菌腐蚀机理示意图

3.3　降低散热片及地暖管路散热效率的问题

由于区域供热的季节性特点，供热系统只在供暖季运行，其他季节系统水停止循环，水中泥沙逐渐沉淀于管路中，尤其是供热末端散热器及地暖管路流速受阻部位，泥沙沉积情况更为严重，为细菌繁殖提供大量养料，从而造成散热器、地暖管路内部形成生物黏泥。根据研究，生物黏泥的隔热性能是硬度水垢的三倍左右。如图 6 所示，$30\mu m$ 厚度的硬度水垢致使热交换效率降低 10%，同样 $30\mu m$ 厚度的生物黏泥致使热交换效率降低 30%，是硬度水垢的 3 倍。因此满布生物黏泥的散热器及地暖管路如同内部形成了隔热层，导致温度无法散出来，从而影响供热效果。

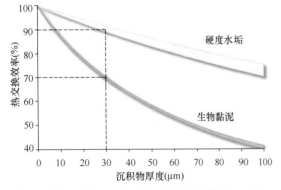

图 6　硬度水垢和生物黏泥对换热效率的影响对比

3.4　散热器气滞问题

供暖开始后，系统水温迅速上升，散热器内部沉积的淤泥，生物黏泥由于温度的迅速变化死亡、腐烂、发酵生成沼气，形成小型气团积聚在散热片内部角落，瘀滞散热片内水的循环。需要用户排气放水才能去除，这也是供热初期排气报修量剧增的主要原因。图 7 为散热器排气阀点燃试验，散热器排放出来的气体喷出火焰。

图 7　散热器排气阀点燃实验

4　区域供热二次网生物黏泥去除方法

根据上述生物黏泥的形成过程及形成必要条件，去除生物黏泥的方法可从几个方面入手：

（1）去除细菌食物（富含有机质的泥土）。区域供热二次网为闭式循环水系统，可通过在系统中加装精密过滤装置，过滤去除掉系统中的泥沙便可断绝细菌繁殖的生命来源，进而控制细菌繁殖速度，防止生物黏泥的形成。

（2）投加杀菌剂、黏泥剥离剂。根据系统特性以及二次网水质细菌培养报告分析，主要存在的细菌为厌氧型细菌、霉菌孢子。由此，选取针对性的杀菌剂、黏泥剥离剂可以更加有效地杀死细菌，剥离黏泥。

（3）投加悬浮剂。生物黏泥粉碎后，由于散热器及地暖管路流速下降，泥沙靠流速冲刷离开沉积位置需要较长时间。由此，可配合悬浮剂将泥沙悬浮于水中，可更加迅速的将末端沉积物排出，并通过精密过滤装置滤除。

（4）定期监测细菌总数，补加杀菌剂。每月监控细菌繁殖情况，根据细菌总数投加杀菌剂，以控制细菌繁殖速度，总菌落数控制在 103cfu/mL 以下，防止生物黏泥的形成。

5　实施方法及效果

5.1　已具备的工作基础

天津能源投资集团有限公司自 2016 年开始逐渐在各换热站二次网系统加装微米级精密过滤装置，该水处理装置安装在二次系统上，循环水一部分通过水处理循环泵的作用流入水处理装置中，系统水中泥沙通过过滤装置加以除去，装置如图 8 所示。

2019 年公司在南开处仁善里、凤玉里试验杀菌剂，配合内窥镜、细菌培养等方法对应用效果进行了跟踪，效果显著。

专题7 水处理与管道防漏防腐保温技术

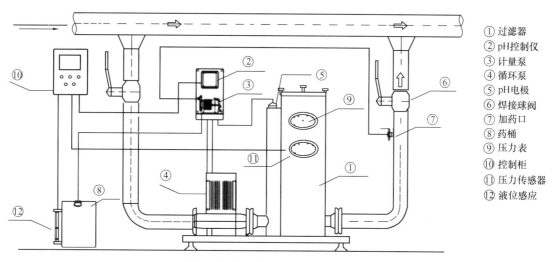

图8 二次网旁路过滤式水处理装置

图9为凤玉里、仁善里两个供热站加药后一个月内二次网温差变化情况。凤玉里散热器的进水/出水温差提高3℃，仁善里散热器的进水/出水温差提高2℃。图10（a）和图10（b）为内窥镜拍摄的加药前后散热器内壁的照片。

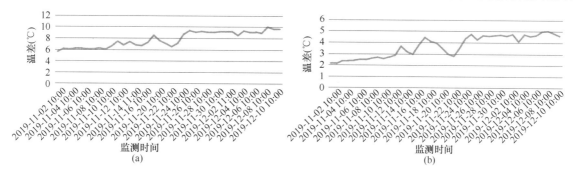

图9 两个换热站加药后的温度变化趋势
（a）凤玉里二次网温差变化趋势；（b）仁善里二次网温差变化趋势

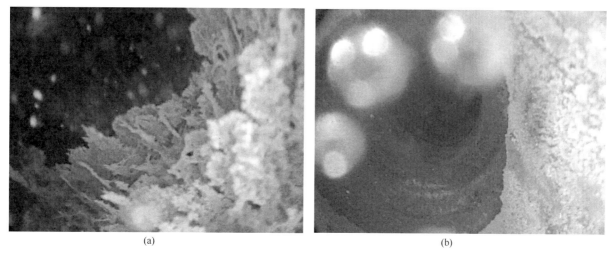

图10 散热器内壁实拍图
（a）投药前内窥镜下的散热器内壁实拍图；（b）投药后内窥镜下的散热器内壁实拍图

5.2 黏泥剥离剂的应用

通过对上一年度水处理换热站的杀菌剂应用的试验，实际操作中遇到了沉积物排出时间较长的问题，投加药剂后需要一个月左右时间才能从供回水温差、系统流速等数据上看到明显变化。由此，本年度添加黏泥剥离剂的应用，以提高黏泥剥离效果。

5.3 悬浮分散剂的应用

投加黏泥剥离后，生物黏泥剥离效果加快，为防止剥离物产生沉积,同时加快末端沉积物排出,在投加黏泥剥离剂两日后采取悬浮分散剂投加的方式作为辅助手段,协助沉积淤泥排出。

5.4 精密过滤器的升级

生物黏泥颗粒微小,采用原有 1μm 过滤袋无法快速滤除,由此,2020 年将原有 1μm 过滤袋升级为 0.3μm 过滤袋,可更有效的将生物黏泥碎屑过滤清除。

5.5 实施效果

2020 年配合内窥镜等仪器对投加杀菌剂后末端管路内部进行拍摄跟踪。图 11 为户内地供暖管路内窥镜拍摄照片,地供暖管路内壁已形成了生物黏泥。投加杀菌剂一周左右,细菌死亡逐渐形成碎屑,生物黏泥仅部分呈片状脱落(图 11)。随后对系统投加黏泥剥离剂以加速管壁黏泥剥离速度,可见管路内部出现絮状剥离物(图 12)。

通过投加杀菌剂、黏泥剥离剂、悬浮分散剂,二次网清洗效果明显,住户暖气散热器内大量生物黏泥、淤泥、沉积物被释放,逐渐从管壁剥离,并通过运行循环被清除。据居民反映,供热效果均有改善。

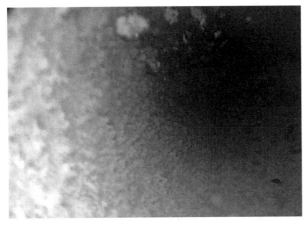

图 11 地供暖管路投加杀菌剂后生物黏泥脱落照片

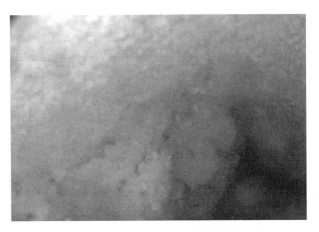

图 12 地供暖管路投加剥离剂后生物黏泥呈现松散的絮状

采用防腐阻垢剂水处理方式的二次危害分析及解决办法

承德热力集团有限责任公司 张弓弛 刘世康

【摘　要】 加防腐阻垢剂法作为一种常用的街区热水供热管网的水质处理方式,得到了大多数热力公司的实际应用。这种方法虽然可以对供热管网起到防腐和阻垢的作用,但在水质处理的过程中会不可避免的产生不溶于水的固体副产物,使水的浊度升高,如果无法有效解决该问题,在长时间的运行积累后,副产物将附着在供暖系统管道和设备中流速较慢的位置,产生二次危害。本文主要分析采用防腐阻垢剂水处理方式产生的危害,并提出了具体解决办法。
【关键词】 水质　防腐阻垢剂　副产物

0 引言

街区热水供热管网补水系统水源多采用城市自来水,而城市自来水水质各项指标很难达到供热水质要求,这就需要对自来水进行处理。目前常见的水处理方法有离子交换软化水法、加防腐阻垢剂法、电磁法。加防腐阻垢剂法作为现在大多数热力公司采用的水处理方式,其原理是防腐阻垢剂中的有效成分会结合水中的 Ca^{2+}、Mg^{2+},使其不再以离子形式存在于水中,这种方法虽然可以达到防止结垢的作用,但由于药剂和水中 Ca^{2+}、Mg^{2+} 的反应原理,在反应过程中必然会产生不溶于水的固体副产物,从而造成水的浊度升高,副产物会二次附着在管网、设备上,直接影响能源的转换率和利用率,这往往会被很多供热企业所忽略。面对这种问题,必须寻求一种方法来解决。

1 防腐阻垢剂的基本原理

1.1 防腐阻垢剂的成分及功能

防腐阻垢剂基本成分和主要功能如表1所示。

防腐阻垢剂主要成分及功能　　表1

序号	主要组成成分	作用
1	沉淀剂：Na_3PO_4	沉淀Ca^{2+}、Mg^{2+}
2	泥垢调节剂	使除下来的垢锈及产生物形成流动性好的絮状物
3	缓蚀剂＋预膜剂	减缓腐蚀，育保护膜
4	防失水剂：腐殖酸钠	防止人为失水
5	絮凝剂	净化水质，保证循环水澄清透明

1.2 防腐阻垢剂的阻垢机理

防腐阻垢剂中的沉淀剂与水中Ca^{2+}、Mg^{2+}发生反应，降低水中Ca^{2+}、Mg^{2+}含量，生成$Ca_3(PO_4)_2$、$Mg_3(PO_4)_2$沉淀，泥垢调节剂可以使生成的$Ca_3(PO_4)_2$、$Mg_3(PO_4)_2$以及附着在管壁和设备上的积垢表面疏松，晶格畸变，达到阻垢作用。

2 防腐阻垢剂的副产物生成机理及产生量计算分析

2.1 副产物生成机理

防腐阻垢剂的沉淀剂中的磷酸钠会与水中的钙、镁离子反应生成磷酸钙和磷酸镁，反应化学式如下：

$$2Na_3PO_4 + 3Ca(OH)_2 = Ca_3(PO_4)_2 \downarrow + 6NaOH$$
$$2Na_3PO_4 + 3Mg(OH)_2 = Mg_3(PO_4)_2 \downarrow + 6NaOH$$

副产物即反应生成的磷酸钙和磷酸镁，在流动的水中以悬浮物状态存在，造成水质副产物浓度升高，在水流速较慢的位置会造成二次沉积，形成污泥。

通过试验可以明显看到自来水在加入防腐阻垢剂2h后出现分层现象，上层有副产物产生（图1）。

自来水　　加入药剂10min　　加入药剂1h

加入药剂2~6h　　加入药剂24h以上　　放大图

图1　防腐阻垢剂与水混合实验结果图

2.2 副产物产生量计算

2.2.1 计算依据

街区热水供热管网补水系统水源采用城市自来水，城市自来水硬度标准按450mg/L，假设Ca^{2+}的初始浓度为350mg/L，Mg^{2+}的初始浓度为100mg/L。热力网补给水水质按照《城镇供热管网设计规范》CJJ 34—2010的规定，各项参数标准如表2所示。

热力网补给水质要求　　表2

项目	要求
浊度（FTU）	≤5.0
硬度（mmol/L）	≤0.60
溶解度（mg/L）	≤0.10
油（mg/L）	≤2.0
pH（25℃）	7.0~11.0

2.2.2 副产物理论计算分析

上一节已经提到，热网补水水质硬度标准为小于等于0.6mmol/L，即Ca^{2+}不高于18mg/L，Mg^{2+}不高于3.6mg/L，为了方便说明，按照1L水作为标准计算，每升城市自来水需要通过添加防腐阻垢剂来除去Ca^{2+} 332mg及Mg^{2+} 96.4mg。副产物生成量计算如下：

（1）副产物生成量：

投入防腐阻垢剂后，主要成分磷酸三钠在水中发生如下反应：

$$2Na_3PO_4 + 3Ca(OH)_2 = Ca_3(PO_4)_2 \downarrow + 6NaOH \quad ①$$
$$2Na_3PO_4 + 3Mg(OH)_2 = Mg_3(PO_4)_2 \downarrow + 6NaOH \quad ②$$

化学式中相对分子质量值：

$$Ca_3(PO_4)_2 = 310 g/mol$$
$$Mg_3(PO_4)_2 = 263 g/mol$$
$$2Na_3PO_4 = 163.94 g/mol$$
$$Ca = 40 g/mol$$
$$Mg = 24 g/mol$$

其中①过程副产物质量为：

$$\frac{0.332}{40} \times \frac{1}{3} \times 310 = 0.858 g/L$$

②过程副产物质量为：

$$\frac{0.096}{24} \times \frac{1}{3} \times 263 = 0.351 g/L$$

副产物总质量为：

$$0.858 + 0.351 = 1.209 g/L$$

通过计算可知每升城市自来水通过添加防腐阻垢剂后会产生1.209g副产物。

(2) 实际运行中副产物的产生量分析

据中国城镇供热协会2019年综合统计工作简报数据统计，2019年行业内月度换热站平方米补水量为7.4kg/m²，据此计算，一个10万m²小区所属换热站若采取加防腐阻垢剂水处理方式，一个供暖期将会产生沉淀物质量约为4.5t，若想将这些沉淀物排出，按照排出泥浆含水率90%来测算，那么排污量将达到45t，数量巨大。

3 副产物造成的危害

副产物在供热系统流速较低的地方，会造成二次沉积，副产物的危害主要体现在三个方面。

3.1 影响设备运行效率和寿命

副产物如果附着在换热器表面，使换热器的局部堵塞，如图2所示，这会造成换热器进出口压力损失增大、换热效率降低，据相关数据统计，换热器表面沉积杂质厚度每增加1mm，系统的换热系数会减少9%～9.6%，而能耗将增加10%[1]。副产物造成的水质浊度过高也会导致水泵的出水量和扬程的逐渐降低，做功效率发生衰减，在水泵停机过程中，副产物会二次沉积在水泵的轴上，水泵再次开机时，可能使水泵发生抱轴，造成设备损坏。

图2 换热器板片污泥附着效果图

3.2 造成管网局部堵塞

副产物在阀门、过滤器、用户室内散热器片、主管道等流速较低地方沉积，造成局部堵塞（图3），影响水力工况，导致供热效果出现不均，严重时会出现管网水力失调，影响供热质量。

图3 管网局部堵塞效果图

3.3 影响仪表准确度

换热站采用的超声波流量计探头在吸附副产物后会影响声波传导，使流量计计量不准确，热力系统运行策略为定热量运行时，流量计的准确度降低可能会造成热力系统局部调控出现问题。

4 副产物的处理方法

副产物采用一般过滤装置无法去除，下文列举旁滤和螺旋除渣器两种微米级副产物处理装置，需要明确的是，加装这两种装置的前提是供热管网已经安装常规过滤器。

4.1 旁滤

一般选择在供热系统的回水管道设计分支管路，来进行旁滤系统的安装。主要设备为水泵和旁滤罐。旁滤系统工作时，主管道的循环水一部分水通过分支管路分流到旁滤罐中，罐中过滤滤芯采用PP棉，过滤精度可到5μm级，整个旁滤系统通过对主管道水的逐步、多次的循环截留，将水中的副产物逐渐过滤掉，其基本结构如图4、图5所示。

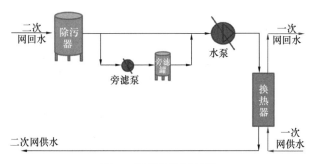

图4 旁滤系统原理图

图 5　旁滤实物图

旁滤过滤不同于全滤,并不是将过滤器安装在总循环管路上,将所有的循环水过滤一遍,而是在总循环管路上引出一部分循环水过滤,这样做的好处是不会影响主管网运行,而且可以按照水质情况运行,水质不合格时,投运旁滤系统;水质合格后,即可停止运行。分支管路本身的管径相对主管路较小,这就必须在分支管路设置水泵才可以保证其过滤量满足需求,随着滤芯截留的副产物越来越多,其过滤能力逐渐减弱的同时,设备阻力也会逐渐增大,而当滤芯失效或不能满足过滤量要求后,滤芯作为消耗品,无法进行维护,只能对其进行更换。水泵的电耗、滤芯的更换是系统主要的运行维护成本。

4.2　螺旋除渣器

在主管道或旁通安装螺旋除渣器,设备设计有螺旋管网和巨大腔体,螺旋除渣器的核心部件是螺旋管网,用于沉降并收集系统水中的杂质颗粒,如图6所示。

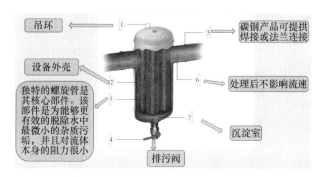

图 6　螺旋除渣器功能结构图

工作时,当水流在一定的压力下从除渣器进水口切向进入罐体后,螺旋除渣器罐体内流体状态变化,产生强烈的旋转运动,由于螺旋管网的存在,部分系统水被迫进入腔体中下部的层流区,杂质因流速降低而无法保持之前的运动状态,当水流处于层流的运动状态下,系统水和系统水中任何不溶解的物质将会处于不同的运动状态,即系统水会平稳流动,而比水重的副产物将会沉降,并聚集在除污器底部,打开排污阀即可将其排出,系统原理图如图7所示。

相比于常规滤芯等过滤装置,螺旋除渣器的核心部件螺旋管对流体本身的阻力很小,不易堵塞、可在线清

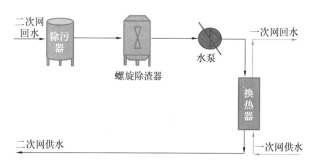

图 7　螺旋除渣器系统原理图

洗,而且进行排污时无需停机,但设备整体投资较大(图8)。

图 8　螺旋除渣器实物图

4.3　螺旋除渣器实际应用效果分析

2018年1月6日承德龙新热力公司上板城热电厂配套管网工程管网贯通,共计敷设 $DN900\sim DN1200$ 供热管线24.9km,1月10日注水完成正式蓄热并网运行。新增管网共计注水约5万t,管网总容水量约7.5万t。在并网运行后检测发现一次网水质浊度异常偏高。

根据管网总容水量7.5万t计算,承德龙新热力公司于2018年10月底在换热站内安装 $DN200$ 和 $DN250$ 螺旋除渣器共计10台。10台除渣器总处理能力约为900t/h,循环1个周期需要3.5天,经过咨询了解,安装螺旋除渣器系统循环5～6个周期水质可以有明显改善,50次左右循环达到较好效果。据记录结果显示,运行初期投运时一次网浊度高达350FTU,加装螺旋除渣器运行后管网浊度降为10FTU左右,详见图9。

在同一换热站的除污器和螺旋除渣器内分别取水样化验副产物指标,可以明显看到供热初期时,螺旋除渣器可以使管网水质副产物浓度降低120ppm,在运行3个月后,管网水质得到明显改善,详见图10。

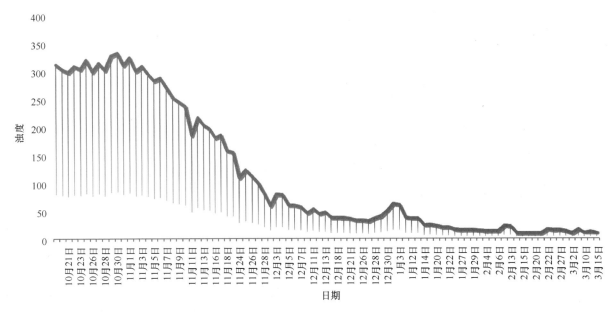

图9 龙新公司运行期水质副产物变化曲线

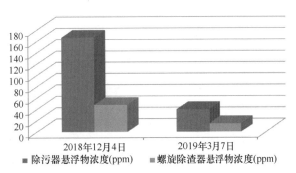

图10 换热站螺旋除渣器效果对比图

4.4 旁滤和螺旋除渣器的异同

旁滤和螺旋除渣器在投资、滤除率和设备阻力等方面都有所异同，详见表3。

旁滤与螺旋除渣器对比表 表3

项目\设备	安装方式	投资	配套设备	运行成本	阻力	单次水处理量	单次副产物滤除率	处理周期
旁滤	主管道旁通安装	小	水泵	水泵耗电、滤芯更换	大	15%～20%	100%	5～8次
螺旋除渣器	主管道直通安装	大	无	无	几乎无阻力	100%	5%～10%	10～20次

旁滤和螺旋除渣器相同的是，设备工作时，每次都不能100%将水中的副产物去除，旁滤由于设立在主管道分支，需要通过逐步多次的循环截留，才可以有效去除管网水中的副产物；螺旋除渣器虽然能够处理通过设备的全部水量，但每次处理水中副产物比例有限，设备每次过滤时无法将水中全部的副产物除去，也需要通过多次的循环处理，逐步去除水中副产物。其中滤除率与设备安装方式、副产物的种类、对水的比重、经过除污器的流量有着直接关系，表中数据仅作为参考数据，实际情况可能会有所不同。

5 结论

采用防腐阻垢剂的方式是目前大部分热力企业的首选水处理方法，事实证明，这种方式能达到供热系统防腐、阻垢的作用。但这种方式处理水质的同时一定会产副产物，使水质的浊度升高，带来二次危害，如果忽视这项危害，在长时间的运行积累下，将会影响供暖系统中管道和设备的运行，增加能耗，严重的可能导致供热局部中断，进而影响整体供热，因此必须重视副产物的处理工作。本文分析了加装旁滤或螺旋除渣器两种去除副产物的方法，这两种方法各有优势和劣势，企业可根据自身供热系统水质情况，结合技术性、经济性进行设备的选择。

参考文献

[1] 卜一. 集中供热管网水质监测及优化调控研究[D]. 北京：北京建筑大学，2017.

供热管道泄漏机理浅析

天津市津安热电有限公司　张　冲

【摘　要】 供热管网泄漏是热网最常见的一种故障形式，管网泄漏造成的失水失热，极大地影响热网运行的安全性与经济性。本文结合工程实践，在总结常用管道泄漏探测方法的基础上，进一步分析了造成供热管网泄漏的原因，并对管网腐蚀泄漏这一主要原因的形成机理原因进行了初步分析。同时指出严格按照设计规范和施工标准进行现场建设施工，对于减少供热管网腐蚀泄漏风险具有重要作用。
【关键词】 供热管道　泄漏　腐蚀　腐蚀防护

1　概述

在集中供热系统中，供热管网是连接热源与热用户之间的桥梁，承担着将热量在二者之间输配的作用。随着城市供热管网规模的不断增大以及使用年数的逐渐增长，热网故障概率也不断增加。其中管网泄漏是一种最为常见的故障形式。供热管网通常具有泄漏地点和泄漏时间随机发生的特点，对热网的运行维护造成了严重的影响；同时泄漏造成无谓的失水与热量损失，对热网的安全性与经济性带来极大危害。控制管网运行成本是供热企业发展需要面对的重要任务，因此科学地分析供热管网泄漏故障成因，提升管网运行的安全性与经济性，实现供热管网的现代化管理，是亟待供热企业和管理人员解决的重要课题。

2　供热管网泄漏的判断方法

供热管网泄漏时，根据管网中流量、压力、温度及声音等参数的变化，可以对管网泄漏进行诊断检测。常用的管网异常状态判断方法有以下几种：

2.1　补水量判断

供热管网是一个封闭的循环系统，当系统内出现泄漏故障时，需要对系统进行补水以保证管网内部水量的恒定。正常情况下供热管网的补水率不宜大于总循环水量的1‰。因此可以通过热网系统的补水量曲线及回水压力的统计分析判断管网系统的泄漏情况，从而为管网缺陷有针对性的查找提供基础的判断依据。

2.2　压力判断

供热管网是密闭的压力容器，当管网某段出现泄漏时，管内压力会随之降低。当有计划地关闭相应阀门将疑似泄露管段从热网中隔离出来时，管网压力又会随之恢复。通过对管网压力的监测可以在管网中逐段排查出泄露故障点的位置。

2.3　温度判断

供热管网泄露会造成漏点处附近的地表温度升高，同时也会引起漏点附近管线或管井内温度升高，因此可通过地表或管井附近温度变化判断管网泄露位置。近年随着技术的进步，无人机加双光热成像设备成为利用管道附近温度场判断漏点的一种重要技术手段（图1）。

2.4　声音判断

管网泄漏时，漏点处喷射出的水流与管壁、管道保温等处发生摩擦，声音沿管道向周围传播。因此可以采用听漏仪对疑似漏点附近的阀门等管件进行监听，通过声音信号判断漏点位置。

2.5　信号分析判断

天津市津安热电有限公司（以下简称津安热电）在近几个供暖季中，大力推进技术创新应用，其中利用信号分析的非开挖漏点检查技术可以在不破坏市政道路的前提

图1　无人机＋双光热成像设备拍摄的现场照片

下,较为快速精准地确定管道泄漏位置。在非开挖探测技术中,相关仪分析和弱磁无损检测是两种常见的手段。

相关仪分析利用布置在管网上下游的传感器捕捉管网泄露出形成压力突降的负压波,实现漏点定位。弱磁无损检测技术利用高精度磁梯度仪对管道缺陷处磁场的变化进行现场分析,然后检测仪上位机软件系统通过几种不同的算法对管道缺陷进行定点、定性、定量确认。

在实际工程中,上述方法通常同时采用,测漏人员通过多种参数的综合结果判断出管网泄漏的具体位置(图2)。

图2 磁声矩阵技术探测漏点

3 供热管网泄漏的原因分析

为了探究管网泄漏故障的成因,需要对管网发生的缺陷问题进行总结分析。在对津安热电 2019—2020 供暖季中出现的 114 次具有代表性的管道泄漏进行分析后发现,地埋管网发生泄漏 84 次,架空管网发生泄漏 30 次;从故障的表现形式来看,可以分为管道腐蚀、管道焊缝破裂、阀门等管件损坏三大类,其发生泄漏故障的次数如表1所示。

供热管网故障调查统计表　　　　表1

敷设方式	类型	泄漏次数	占比(%)
地埋	管道腐蚀	62	54.39
地埋	焊缝破裂	20	17.54
地埋	管件损坏	2	1.75
架空	管道腐蚀	21	18.42
架空	焊缝破裂	4	3.51
架空	管件损坏	5	4.39
合计		114	100.00

从供热管网故障调查统计中可以看出,管道腐蚀总计发生 83 次,占比 72.81%;焊缝破裂总计 24 次,占比 21.05%;管件损坏总计发生 7 次,占比 6.14%。下面根据泄漏故障的实际情况,对三种类型进行逐一分析。

3.1 管道腐蚀

从统计数据中可以看出供热管道的腐蚀是管网故障的主要原因,其中地埋管道的腐蚀最为严重,占全部故障比例高达 54.39%。统计发现,管道的内腐蚀和外腐蚀是引起泄漏故障的常见腐蚀因素。管径的大小也会影响管网的泄漏次数,在 62 次地埋管网腐蚀泄漏中,管径在 DN80 及以下的管网泄漏次数最多,为 25 次,管径在 DN100~DN200 之间的泄漏次数为 20 次;DN200~DN300 管道泄漏次数为 9 次;DN300 以上管道泄漏次数为 8 次。上述统计数字表明,管网泄漏的次数随管径的增加而递减,小管道由于管壁及保温层较薄,以及在设计施工过程中重视程度较低,因此比大直径管网更容易出现故障。从埋深上来看,小直径管道多数埋深在 1m 以内,土壤中空气、水占比更多,容易造成管网的腐蚀。

3.2 焊缝破裂

在本次统计中,焊缝破裂引起的泄漏次数为 24 次,是造成管道故障的第二个主要因素。金属管道或管件在焊接过程中,由于焊接不均匀的冷却或加热造成焊缝及附近区域产生焊接残余应力。残余应力会降低管道的承载能力、疲劳强度和抗腐蚀开裂的能力,当焊缝出现腐蚀并且管道发生温度、压力等工况剧烈变化时,焊缝处的管道便有可能发生应力腐蚀开裂,从而发生泄漏。为了避免管道焊缝破裂出现爆管,在管材选用时,DN150 及以下管径应选用 20 号无缝钢管;DN200 以上管径应选用 Q235B 螺旋缝钢管,避免采用大口径的直缝钢管(图3)。同一公称直径的管道焊接时,应保证管道中心线、内径、外径的对接规范,焊接时不应出现缩口、强行对口等连接方式。

图3 直缝管的焊缝崩裂

3.3 管件损坏

本次统计中的管件损坏主要为球阀及除污器的损坏,其发生次数相对于管道腐蚀及焊缝破裂要少很多。其中需要注意的是架空管线法兰连接的除污器法兰处的渗漏。

4 管道腐蚀泄漏机理

上述分析表明，管道腐蚀造成的泄漏是供热管网泄漏故障的最主要因素，而地埋管道发生腐蚀的次数又多于架空管网，因此有必要对地埋管道的腐蚀成因作进一步的分析。由于地埋管道的泄漏机理涉及管道工程、结构力学、土力学、电化学腐蚀等诸多学科，是一个影响因素众多而复杂的问题，很难对其进行全面的分析，这里仅结合本供暖季中出现的工程实例对可能造成管网泄漏的腐蚀因素作定性讨论。

4.1 管道的内壁腐蚀

供热管道的腐蚀一般都属于电化学腐蚀，其原理是电解质中离子与金属表面发生电化学作用并对管道造成破坏。这个腐蚀过程在管道的内壁和外壁都可能会发生。从统计结果看，管道的内壁腐蚀主要发生于二次网或一次网的弯头、跨越式三通等管道垂直折角处（图4），其表现形式为耗氧腐蚀。

图4　一处跨越式三通附近管壁的腐蚀

二次网直接使用未经处理的自来水进行补水时，空气中的氧溶解于循环水中，当循环水温度升高时，封闭管网内的水中含氧量增加，同时管壁表面铁离子扩散速度也随之加快，管道的腐蚀随温度升高而越发剧烈；管道内部水流的冲刷又促使未腐蚀的管道内壁不断露出，加剧了管道的腐蚀。在中性溶液中，耗氧腐蚀的阴极反应机理如下：

$$O_2+2H^++4e\rightarrow 2OH^-$$

从上式中可见，耗氧腐蚀与金属本身性质关系不大，控制溶液中氧含量是控制腐蚀过程发生的关键。

在停热期间，随着水的热胀冷缩，管道系统的局部高点处会出现真空，由于管道各处的气密性不可能做到完全严密，空气会逐渐进入真空部位形成耗氧腐蚀条件。当系统重新运行时，腐蚀形成的Fe_2O_3、$Fe(OH)_2$等松散的腐蚀产物容易被水流冲刷带走，造成壁厚减薄，形成缺陷。

4.2 管道的外壁腐蚀

管道的外壁腐蚀多见于环境潮湿或保温接口处附近的管道外壁。供热管道一般由钢管、保温层和外护管壳组成，其中聚氨酯保温层的发泡质量受温度及黑白料比例影响较大。当现场管道保温接口施工的发泡条件不符合工艺要求时，会造成保温层成型后因偏脆而开裂，或因发泡料局部密度过大造成聚乙烯保护层破损。此外，钢管、聚氨酯保温层、聚乙烯外护层三者线膨胀系数差异较大（表2），夏季高温天气施工时，由于收缩量的不同，接口处外护层和保温层之间可能出现微小缝隙。雨水或地下水侵入保温层后，逐渐使保温层脱落老化，失去保温防水效果。

预制保温管三种材料的线膨胀系数　　表2

管道材料	线膨胀系数（℃$^{-1}$）
钢管	11×10^{-6}
聚氨酯泡沫	40×10^{-6}
聚乙烯外护壳	300×10^{-6}

夏季雨水或地下水通过老化的保温层渗入到外管壁，并在局部形成积存。雨水内含有的Cl^-等阴离子在金属管壁局部发生孔蚀。孔蚀过程机理可以看作发生如下反应：

$$Fe^{2+}+Cl^-+2H_2O\longrightarrow Fe(OH)_2\downarrow+2HCl$$

孔蚀的面积虽然很小，但是在一个相对封闭的小孔环境中通过自催化酸化作用沿重力方向迅速深化，直到蚀穿管道发生泄漏（图5、图6）。

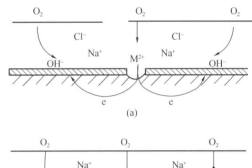
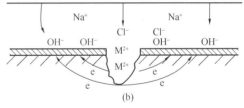

图5　孔蚀的机理

图6　一处典型的管道孔蚀

对于地埋管网，除局部点位的孔蚀外，还可能出现土壤腐蚀。由于聚氨酯硬泡沫塑料保温层在热水中容易发生水解，当聚乙烯保护外层出现破损时，会造成土壤或土壤中的水直接与管网接触，形成土壤腐蚀。土壤是固、液、气三相物质组成的复杂环境，不同环境下土壤的含水量、含氧量、pH等各不相同，其电阻率和还原电位也有很大不同，因此地埋管网可能同时出现腐蚀较为均匀的电化学腐蚀，也可能出现由于局部含氧量差异形成局部破坏较为明显的腐蚀。

4.3 局部点位的水流冲刷

对2019—2020供暖季中发生的24次焊缝破裂进一步分析可以发现，其中12次出现在直管段与弯头、三通等管件连接的焊缝处。这些管件既是热网应力集中区，同时也是管内流体流速较高容易发生湍流的位置，流体的快速流动在管道内壁产生附加的剪切力，不断冲刷剥离表面出现的腐蚀点；水流中含有沙土等杂质时，会使管道的磨损进一步加重，管道内部局部出现缺陷点，在焊接残余应力的作用下，更容易发生泄漏事故。

5 结论及解决措施

（1）电化学腐蚀是造成供热管道腐蚀泄漏的最主要因素，由于供热管网具有管线长、范围广、易损管件多等特点，需要维护人员认真负责、深入细致的做好管道的维护保养工作。

（2）管内腐蚀防护主要应改善管网内部环境，使水质达标，可以通过脱气、加强管道排气等手段降低水中溶解氧浓度；通过水质处理，控制循环水的pH；做好停热期的管道水保养等方式改善管内腐蚀。

（3）预防管道外部的腐蚀，应首先保证管网保温严格按照规范进行施工。地埋管的保温层应选用耐受温度不低于120℃、峰值耐受温度不低于140℃、吸水率不大于10%的材料，避免保温层在长时间高温潮湿环境下失效。接口保温层发泡应尽量在环境为10～25℃的条件下进行，整个过程要注意控制反应温度及黑白料配比，降低泡沫的脆性，同时避免保温层被水浸泡。

（4）应严格按照保温外护层收口规范要求进行施工，避免在潮湿的环境下作业。特别要注意防止管道埋设时周边石块等锋利硬物对聚乙烯外壳的潜在破坏。外护层完成收口后应严格按照规范进行气密性等验收试验，在运行期间选择合理的供热参数，减少过高的一次供水温度对管网及管网保温层带来的破坏。

（5）应保证焊口施工时焊接工艺，改善管道环焊缝接头处的残余应力。焊接弯头的壁厚不应小于直管壁厚，并应采用双面焊接；焊接三通的支管开孔等管道应力集中的区域应当进行补强。

（6）在管网设计时，应充分考虑管网系统各点位可能存在的泄漏风险。对于地埋管网应避免设计时出现过多的上反、下反等容易出现局部存气的管段；同时设计时应尽量减少流道突变可能产生的管内湍流或涡流，也要尽量避免弯头、三通等管件处吸收应力，造成管件焊口处应力腐蚀破裂风险增加。

温度胶囊泄漏监测系统在智能化供热运维管理中的应用

北京市热力集团有限责任公司输配分公司　林剑锋

【摘　要】通过温度胶囊监测供热管网接触环境温度变化，从而监测供热管网运行状况，在泄漏量还较微小时及时发现管网隐患；并且降低运行人员劳动强度，提高运行效率，减少事故损失。在实际应用考虑现有管网状况合理布置温度胶囊监控系统的数据采集、传输、分析诊断设施。结合实际运行数据分析不同泄漏原因、泄漏量对采集的数据影响，为能够准确判断管网运行状况积累数据。实例证明，该监测系统在智能化运维管理中的应用效果非常好。

【关键词】温度胶囊　热力管线　泄漏　智能化　运维管理

0 引言

供热系统是北方城市重要的"生命线"，它的安全稳定运行关系到人民群众的切身利益和社会稳定。随着集中供热系统规模持续扩大，对热力管网的有效监控显得更加重要，它是保障集中供热系统安全稳定运行的关键。

在管道保温层被损坏、管道受外力破坏、管道焊接质量差、直埋管线管道应力超载荷、管道周围杂散电流强度超标等情况下，热力管道容易出现腐蚀及结构破坏，导致管道泄漏。实际运行中，查找泄漏点常常存在查找难度较大、时间较长、精度较差的问题。

为了向智能化运维管理进程中迈进，我单位启动了研究与试用温度胶囊泄漏监测系统的项目。该系统具有热力一次线的泄漏监测及小室温度、水位全方位监测功能,其每个传感单元都是一个独立稳定的监测单元。通过无线传输的方式有效实现热力管线沿线所有热力小室24h不间断实时温度监控,在每个小室分别采集空气温度及集水坑温度。当供热管网发生砂眼等微小泄漏引起井室内温度发生微小波动时,系统可以立刻锁定异常小室,分析异常管段,并通过定位导航功能直接锁定问题小室及管段,为制定抢修方案提供数据支持。通过大量布控、系统调试、数据累计与数据平台建设,建立了泄漏模式,通过该系统将热力管线组成一个可以实时在线远程监控的智慧管理管网,从而节省人力、物力,减少安全隐患,提高供热品质。

1 项目背景

目前,供热管网传统检漏方式主要分为三种:①被动检漏法,暗处漏水点的发现率较低,方法仅限于落后的人工巡检;②音听法,只适合漏水点已经存在很久且明显漏水的情况,发现漏水状况时一般已经造成损失和较大安全隐患;③热成像法,只适用于埋深较浅且有一定泄漏程度的管线。

由于城市供热管网主要分布在人口密度大的城区,各类地下城市管线纵横交错,管网密度大,管网周围环境复杂,缺乏有效的在线监控手段,主要依赖人工巡检检漏的传统运行模式下,不能及时发现管网存在的泄漏问题,致使微小泄漏逐渐发展扩大,酿成重大管网泄漏安全事故,因此迫切需要把管网运行情况动态实时监控起来,对管网的泄漏点进行快速准确判断并定位及预警上报。

温度胶囊泄漏监测系统主要由温度胶囊(含传感器、能量块及数据传输单元)、分布式智能控制柜、热网监控系统组成。供热管道在地下一旦发生泄漏,管道泄漏处及周围区域的温度会逐步升高,设置在附近的胶囊就会立即捕捉到这一变化,并通过数据传输单元将温度数据进行无线信号的发射,并通过附近的分布式智能控制柜(即基站,可以布置在室外、换热站、建筑物等位置),最后将收集到的数据传送到本地控制系统或通过互联网传送到热网监控系统。温度胶囊系统具有简单、智能、稳定、在管道泄漏监测上具有检测速度快、精度高的优势。每个独立的检测单元可以实时监测供热管网井室以及直埋管段其周边土壤的温度变化,可通过胶囊所处环境温度变化趋势,分析预测管道是否发生泄漏;当供热管网发生泄漏时,可及时发出报警信号并实现故障点的精确定位,为制定抢修方案及时提供数据支持。

2 实施方案

2.1 研究内容

温度胶囊泄漏监测系统主要包括:适应高温高湿环境的温度传感单元、工业物联网传输模块、分布式数据采集与控制系统、管线测漏分析系统四大部分,整体示意图如图1所示。

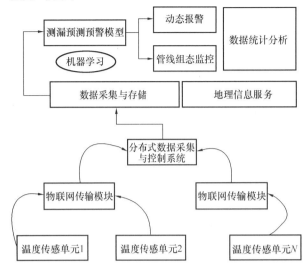

图1 系统构成示意图

其具体内容是基于物联网技术,在井室内布置温度数据采集模块,实时获知井室内温度、水位信息,根据软件算法对异常数据诊断判别,为管道的泄漏提供及时准确的在线监测预警,并将报警信息及时收送至PC客户端软件与手机端,令运行人员能够做出及时处置。

2.2 主要功能

2.2.1 小室环境状况实时反馈功能

监测实时温度,实时水位,实时最高温、最低温等,并绘制实时曲线。

2.2.2 表格功能

辅助智能化管理热力小室,系统可以将企业内所有热力小室的信息通过勾选的方式放在同一数据表格内,包括小室位置名称、温度、水位、上数时间及信号强度等,可以实现数据从高到低的排序,并对异常小室重点观察。

2.2.3 信息导航功能

手机小程序能将胶囊的位置标记在电子地图上,通过点击可以看到该测点的实时数据和历史数据,简单直观,通过小程序直接发起导航,快速找到数据异常的小室。

2.2.4 曲线分析功能

有助于运行巡检人员分析数据,提前预判热力小室异常状况,将不同位置的温度胶囊信息展示在同一坐标系里,通过温差及曲线变化趋势分析温度突变或微变的原因。

2.2.5 报警功能

可以对单独的胶囊实现上限值的设定,一旦胶囊测点温度超出上限值,则触发短信报警。相应的报警信息也会在AutoECO平台上显示,需由相关责任人点击确认并核实实际情况。

2.3 关键技术

2.3.1 温度传感单元数据发射机制与稳定的数据无线传输技术

温度传感采用自动算法编写运算机制，其采集频率会根据测点实际温度变化做自节能调节，即温度变化幅度越大，采集频率越高，温度变化幅度越小，采集频率越低。判断变化幅度的区间为上一次采集数值的±1℃。每次发射数据的信息包括该单元的 ID 号、温度值、电量、上数时间及信号强度等。

供热管道在地下一旦发生泄漏，管道漏水处及周围区域的温度会逐步升高，设置在附近的温度传感器就会立即捕捉到这一变化，并将温度数据实时传递到发射端数据传输单元，然后由数据传输单元发射无线信号，再把温度数据即时发送到附近的分布式数据采集与控制系统（可以布置在室外、换热站、建筑物等位置），最后将收集到的数据传送到管线测漏分析系统，最终可通过生产网传送到热网监控系统。

2.3.2 产品低功耗、高防护等级技术

温度传感单元及采集模块具备多样且灵活的安装方式；需具备 IP68 防水等级，耐腐蚀外壳；基于 lora 传输技术，穿透能力强，传输距离远，空旷地带传输可达 3～10km；需备耐高温能量块供电，至少使用 5 年；具备自节能发射机制，辅助判断异常数据。

2.3.3 基于机器学习的泄漏模型建立与数据分析技术

泄漏模型是一个对管线运行的信息进行收集，运用定性和定量的科学分析方法揭示出其中的客观规律，构建模型对未来发展的趋势做出预测的过程。在该数据分析中采用支持向量回归、XGBoost 极端梯度提升等机器学习方法。

2.4 实施方案

检测热力系统一次网小室时，采用两枚传感单元配合使用的方式，将两枚传感单元的传感器位置分别置放于集水坑及管道下方 20cm 处（图 2），当两处测点形成的温度曲线逐渐重合时，则温度相近，即水位上涨。在发生微小泄漏时，温度传感器会立即捕捉到这一变化并发送至基站 PLC。

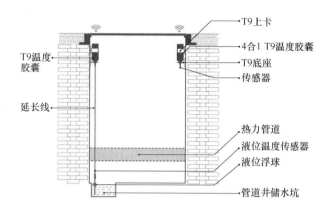

图 2　温度胶囊安装示意图

基于物联网技术的传输模块即采集温度传感单元信息的中继器，由太阳能供电，需放置在高点以采集大面积范围内的温度传感单元信号。模块之间同样可以传输，两传输模块之间的传输距离为 3km。分布式数据与控制系统作为采集温度传感单元的基站，需要配备 220V 电源，配 4G 路由器，可接宽带，安装在管网所或热力站所在建筑物内，由无线数据采集系统、数据采集通信设备和基站控制系统组成，能够接收无线数据中转站发送的测温设备数据，并将数据进行处理、传输。

数据采集通信基站将数据传输至 PC 端后台数据处理分析系统（图 3），系统能够将各布点无线测温设备检测的温度数据实时显示在 PC 端的数据监测系统用户页面上，

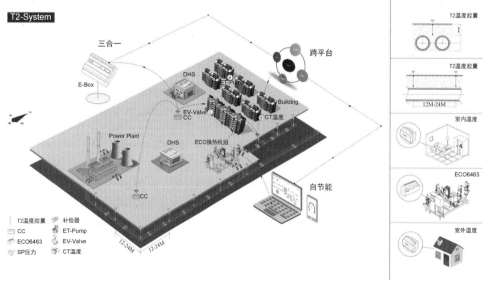

图 3　数据采集与传输系统示意图

并通过数据分析与泄漏预警模型建立，对漏点进行及时报警与定位。

3 实施效果

3.1 完成情况

温度胶囊泄漏检测系统自2018年起，先后在笔者所在单位四所、一所、二所、三所等各班组进行数次实验，期间发现了管沟内砂眼漏水、法兰滴水、数十次小室外来水等情况，初见成效。

2020年新投入的液位温度胶囊产品性能更加稳定。以二所为主的超过1100个小室、2200个液位温度胶囊已安装完成并投入使用。通过温度曲线和表格分析可以立刻锁定异常小室，并通过定位导航功能直接锁定问题小室位置。通过该系统将热力管线组成一个可以智慧管理的无线网络，从而节省人力物力，提高供热品质。

针对热力井室高温高湿的特性，产品耐受性能较好，但通过分析可以发现，凡运行期间空气温度超过60℃的小室，小室本身极有可能已经出现外来水入侵问题，且液位出现符合预测的升高。小室井口温度40℃左右为情况良好。运行期间通过该系统检测到管道运行异常情况，经过确认其数据是真实可靠的，且时效性较强；经过实测，中继设备通信距离为2~3km，信号衰减程度受地面建筑群有不同程度影响；40m高度的中继设备与井下胶囊通信半径为500~800m，中继设备安装位置越低，接收半径越小。通过一个供暖季的使用，电池电量依然为3.6V左右，与初始电量相比，无明显变化。

3.2 效果展示

移动端与PC端均可非常方便的看到温度信息和曲线，结合分析表格，实现热力管线的智慧管控并找到微小的跑、冒、滴、漏隐患。每个胶囊在建立曲线后都有"波动系数"的判定（图4），调查对比后，查找曲线变化最明显的胶囊及漏点所在位置，通过日常分析，及时找到漏点。

图5~图11列举了温度胶囊投入使用以来温度数据曲线发生变化，辅助运行人员进行隐患判定。

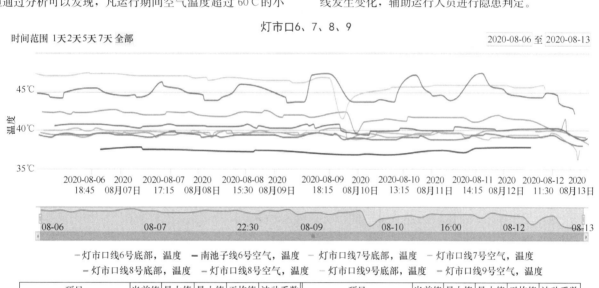

图4 "波动系数"曲线图

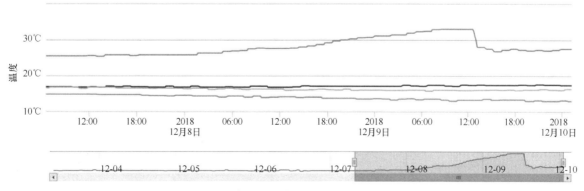

图5 底部因外来水造成的曲线逐步分离

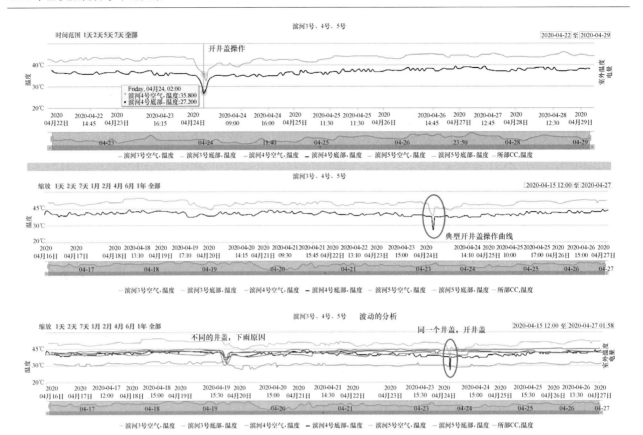

图6 平日开井及雨天开井形成的不同曲线

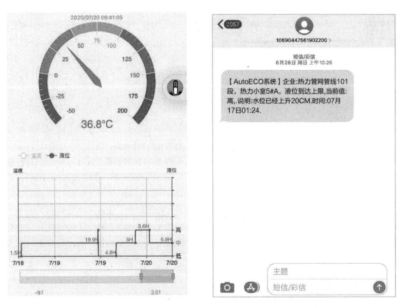

图7 实时温度液位（及液位上升时间及流量）曲线界面

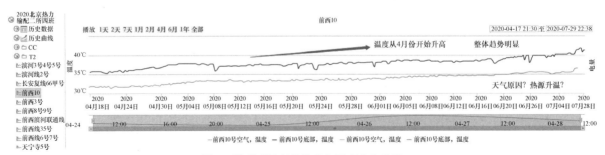

图8 供暖后温度整体升高温度变化曲线

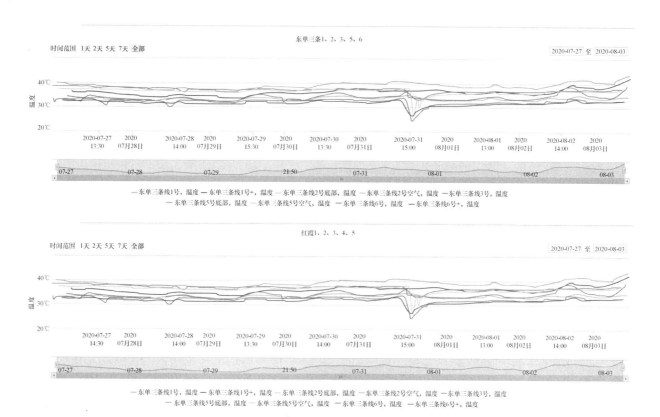

图 9　降水影响温度变化曲线

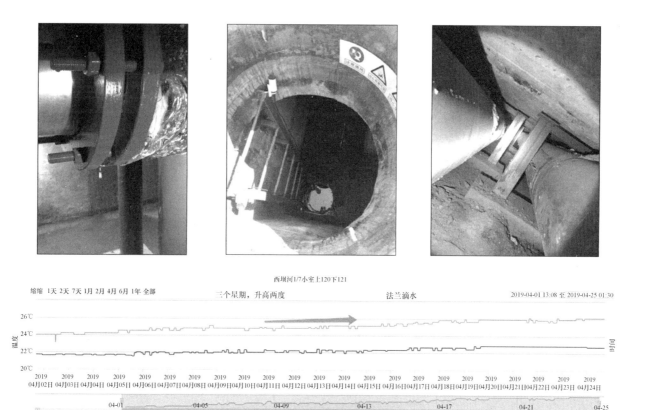

图 10　法兰滴水时温度曲线

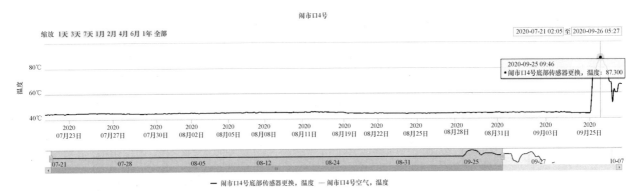

图 11　爆管点温度曲线

此外，GIS（地理信息系统）定位导航可以通过点击小室图标导航至相应问题现场，实现数字化与现场相结合，提高工作效率。还可以通过建立相关问题模型明确问题原因，提高工作质量，从而提高供热品质。

3.3　效益分析

综合施工、产品、平台应用及后期效果，温度胶囊监控系统经费投入约为 4000 元/km。高点中继网组成后，可以多点联通，使后期投入更少。

传统的运行巡检方案主要是通过人工巡检。首先，人工巡检的人力投入多，能源消耗大。其次，地下热力管网环境复杂，人工巡检难度和危险性很大，巡检人员的安全无法得到保证。再者，人工巡检数据记录方式落后、主观性强，不同工作经验、技能水平人员对巡检质量影响极大，这样就无法对数据进行正确的分析。温度胶囊的投入使用可以有效节省人工成本、规避运维人员安全风险。由于运行人员数量与下井巡检频次的降低，相应的车辆出动频次减少，对节能减排与环保也有着积极的意义。同时，及时发现小的隐患，避免重大事故发生，人力、物力、财力成本都将极大减少，直接和间接的提高企业的经济效益。

目前数据传输比例可以达到 85%，后期对于小室的管控将会更加稳定有效。成熟的 T2 系统建立后，问题准确率可达到 90% 以上。在完成整个检测网络的建立后，预计可以提高 30% 的管网运维效率，同时实现对管线盲区的有效监控。

4　未来展望

依托政府的科技创新政策扶植和引导，未来北京热力集团有限责任公司（以下简称北京热力）将积极融合工业物联网、大数据、人工智能、云计算等信息技术手段，推进智能管网运行管理平台建设。积极建设数据采集与监控系统，实现数据远程传输，建设故障诊断融合系统以及其信息智能安全管控平台，为管网运行管理提供数据支撑，实现数据共享，减少能源消耗，促进管理水平提升与绿色智能供热时代的开启。

（1）开发完善的热力管网实时监测系统

在关键管线布置测点及 Lora 无线网络布控，实现大范围、不限数据点的大数据量实时传输，凡是信号覆盖面内的测点均可稳定上传数据。通过对其温度及积水水位等数据或曲线积累，利用软件算法进行分析，能够找到管线微小的跑、冒、滴、漏隐患，尽早发现隐患点，从而保证管线的正常运行并实现热力管线的智慧管控。

（2）基于机器学习技术的管线运行数据预测预警模型，对异常数据进行风险判断及报警

自动调节型发射机制和软件算法将会提供更多的异常数据标准模型，并自行算出每个传感单元的风险等级，完成对疑似问题点的判断和维护。大量的数据点可以组成企业的本地数据库，将风险等级较高的小室重点排列和观察并建立相应曲线实现大规模、有重点的实时监控和调节。

（3）预期提高 30% 管网运维效率

在完成整个检测网络的建立后，预计可以提高 30% 的管网运维效率，参照 2020 年统计数据，北京热力运行管理管网长度 1288km，运行人员 541 人，人均运行巡检管网长度为 2.38km，供热要求一周对管线运行巡检 3 次（5 个月），非供热季一周 2 次（7 个月），平均每周 2.42 次，平均每周运行巡检工作量为 26h。由于温度胶囊泄漏监测系统的应用，运行人员的运行巡检工作量平均每周可减少约 8h，预计可以提高 30% 的管网运维效率。运维效率的提升一方面可以减少管网运维的人工成本，另一方面，为非供暖季的管网管线调试、管道翻修提供数据支持，使供暖系统运行状态逐渐趋于稳定，为后期人工调控、计算管网寿命、定点维护、精准分析提供更加便利和现代化的条件。

供热系统不同形式除污器保温设施综合性能对比

天津市城安热电有限公司 白　鹤 范文强 刘　鹏

【摘　要】 供热系统设备保温性能对节能降耗有着重要意义。楼宇入口装置处 Y 型除污器由于形状特殊且需要不时拆解冲洗，其保温设施拆解后难以重复利用，导致使用寿命较短。本文列举了几种 Y 型除污器保温设施，基于实际运行数据，通过计算，对比分析了不同形式保温设施的节能效益和经济效益，给出了各类设施的优缺点。

【关键词】 供热系统　除污器　保温设施　综合效益

0　引言

随着节能降耗工作的不断深入，供热企业开始越发重视系统保温性能优劣，保温设施的完善已从室外管网、热力站逐步延伸至楼宇供热系统。供热管道多采用包裹式保温设施，即在供热管道外加装保温层和保护层，保温层用于减少热量损失，根据使用温度不同，常见材料包括聚氨酯、岩棉、橡塑等；保护层用于提升保温设施延年性，根据使用环境不同，常见材料包括硬质聚乙烯、多层玻璃丝布刷涂料、压延膜等。室外管网多采用预制保温形式，室内管网更多为后期现场加装[1,2]。供热设备由于形状不尽相同，保温设施往往需要提前进行定制化预制加装，优点是保温设施包裹严密性高、隔热性能好、更为延年，缺点是进行设备维护时不易拆解、无法二次利用。由于楼宇入口装置处 Y 型除污器需要经常进行解体冲洗，无法使用预制保温设施，常规简易保温方法为橡塑海绵或岩棉外缠三油两布，但由于设备形状不规则，此种保温设施拆解后很难重复利用，虽然成本较低但延年性较差[3,4]。

本文列举两种新型保温设施，根据实测数据，基于表面温差法，将其保温性能与传统设施进行对比分析，同时对各设施经济效益进行敏感性分析，找到各类设施适宜的使用环境。

1　保温设施介绍

1.1　简易保温设施

如前所述，楼宇入口装置处 Y 型除污器由于其特性，保温设施需要现场后期安装，最为简易的传统方法为保温层使用橡塑海绵或岩棉，外缠"三油两布"作为保护层，如图 1 所示。

此种保温设施成本低廉、安装简单，保温层厚度可根据设备运行温度进行选择，缺点是不易拆解、无法重复使用、外形不美观。对此，目前行业内部开始逐步推广使用可拆卸保温，增强设备延年性，本文根据外保温层特性将新型的保温设施简称为软体保温和硬体保温。

图 1　Y 型除污器及简易保温设施

1.2　软体保温设施

软体保温设施可根据除污器外形结构提前制作，由软体保护层内装隔热保温材料制成。保温设施两端采用绳扣捆扎勒紧在法兰盘上起到密封防水作用，同时可保证保温设施与除污器贴合紧密，减少空气流通，保护层可选择满足防火、防水等级要求的材料，保温层材料、厚度根据使用温度选择，其安装效果如图 2 所示。软体保温设施安装简单、拆除容易、不易损坏、可重复使用，寿命约为 5 年，成本略高、强度一般。

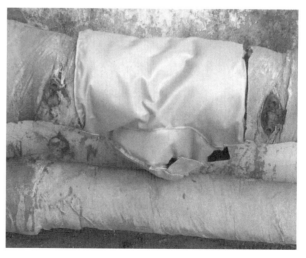

图 2　软体保温设施实际安装图

1.3　硬体保温设施

硬体保温设施常见于换热站内设备，此处根据除污器需要解体冲洗特性，可按照除污器外形结构，预制成对称的两半式分体结构。两半式分体结构外设保护层、内部粘附保温层，使用锁扣锁紧固定，外形基本与除污器一致，保护层可选用镀锌铁皮等具有一定强度的硬壳材料，内部保温层可根据使用温度选择，其安装效果如图3所示。硬体保温设施拆装简单、强度较高、可重复使用，寿命为7～8年，成本略高、制作工艺相对复杂。

图3　硬体保温设施实际安装图

2　性能分析

散热量是衡量供热设备保温设施隔热性能的最直观因素，通常含有Y型除污器的入口装置采用架空水平敷设方式，故本文采取表面温度法对保温设施散热量进行计算，散热热流密度 q 按照下式计算[5]：

$$q = \alpha(t_W - t_F) \quad (1)$$

式中，α——总放热系数，$W/(m^2·K)$；
t_W——保温设施外表面温度，K；
t_F——环境温度，K。

$$\alpha = \alpha_r + \alpha_c \quad (2)$$

式中，α_r——辐射放热系数，$W/(m^2·K)$；
α_c——对流放热系数，$W/(m^2·K)$。

$$\alpha_r = \frac{(t_W)^4 - (t_F)^4}{t_W - t_F} \times (\varepsilon \times \sigma) \quad (3)$$

式中，ε——保温设施外面材料热发射率；
σ——玻尔兹曼常数，$W/(m^2·K^4)$。

室外管网空气为紊流状态时，对流放热系数可按照下式计算：

$$\alpha_c = 8.9 \times \frac{v^{0.9}}{D_e^{0.1}} \quad (4)$$

式中，D_e——保温管道外护管直径，m；
v——风速，m/s。

根据所得热流密度和保温设施外表面积可求得保温设施散热量[6]。

经济性能通过全生命周期内的运行费用衡量。Y型除污器滤网的寿命一般为5～7a，设备主体寿命的统计数据不一，本文按照供热设备平均寿命15a考虑。Y型除污器保温设施在全生命周期内的运行费用 C 按照下式进行计算：

$$C = C_0 + C_Q \quad (5)$$

式中，C_0——保温设施主材及安装成本，元；
C_Q——保温设施散热导致的热能损耗费用，元。

3　实例分析

以天津市某2000年前后建成小区为试点进行实例分析。该小区楼宇最高楼层为11层，各楼门均设置有含Y型除污器的入口装置，管径DN65，为室外架空敷设，分别选取不同楼门安装三种类型保温设施进行对比分析。

3.1　能效分析

计算数据方面，保温设施表面温度采用红外线测温仪测量，通过定期采集、折合拟算得到全供暖季平均温度；天津市2020—2021供暖季时长150d，室外气温均值4.06℃，期间风力多为微风或3～4级风，按照微风平均风速4.5m/s计算。不同保温设施供暖季散热量和相对未进行保温的节能率如表1所示。

不同保温设施供暖季散热量　　表1

	热流密度(W/m^2)	表面积(m^2)	散热量(GJ)	相对节能率(%)
未保温	1682	0.229	4.993	—
简易保温	443	0.387	2.224	55
软体保温	275	0.403	1.438	71
硬体保温	187	0.432	1.048	79

由表1可知，未进行保温包裹时，一个DN65口径的Y型除污器整供暖季的散热损失量约5GJ，单数虽然不大，但是对于有成百乃至上千套此类装置的大型供热企业，不进行保温将会造成很大的无效热损失。对比几种保温设施，硬体保温隔热效果最好，略优于软体保温，简易保温设施效果尚可，可节能55%。

3.2　经济分析

为计算全生命周期内的运行费用，根据上述设备使用寿命，此处选取简易保温每3a更换以此、软体保温每5a更换一次、硬体保温每7.5a更换一次。根据天津市当前热计量收费标准，热价为36元/GJ，基于表1中散热量数据，假定各年度散热量相同，可计算出相应热能损耗费用，结合各种保温设施的主材和安装费用，根据式（5）可计算得到不同运行年限下的运行费用，如图4所示。

从图4可以看出，相对于未保温设备，几种保温设施在均可在2a以后收回成本，简易保温在运行3a之后经济效益开始逐步凸显；相对于简易保温，软体保温在7a之后具备一定优势；而相较于软体保温，硬体保温要在运行11a以上才有一定经济效益。

考虑到散热量大小主要受到散热温差影响，本文以供暖季室外平均温度为变量，对不同保温设施全生命周期运行费用进行敏感性分析，如图5所示。从结果可知，在两个极端室外平均温度情况下，硬体保温和软体保温的运行费用差值变化不大，为简易保温和软体保温的运行费用差值的一半。

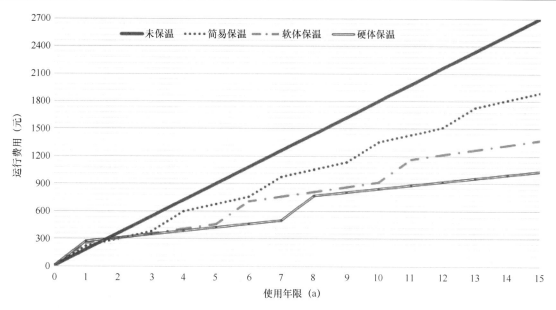

图4　Y型除污器不同保温设施全生命周期运行费用

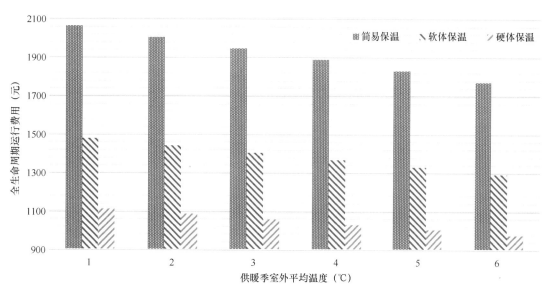

图5　不同室外平均温度下运行费用敏感性分析

4　结论

本文列举了三种适用于入口装置Y型除污器的保温设施性能参数，基于表面温差法和全生命周期运行费用，对各种保温设施的节能效益和经济效益进行了对比分析，总结如下：

（1）Y型除污器由于其结构特性和功能特点，导致目前使用较多的简易保温设施寿命较短，可拆卸的软体或硬体保温设施可有效解决这一问题。

（2）从节能角度出发，除污器保温工作势在必行，在本文实例中，简易保温设施可节能55%，软体保温和硬体保温设施节能效果更佳显著。

（3）在经济效益方面，各种保温设施可在两年后回收投资成本，相较于简易保温设施，软体保温和硬体保温设施的经济效益要在确保使用寿命前提下，运行一定年限后才能体现。

（4）从敏感性分析来看，天气越寒冷，简易保温的相对经济效益越差，而软体保温和硬体保温的差异变化不大，可根据美观性需求进行选择。

参考文献

[1] 郭姝娟，罗铮，潘彬．新型保温材料在供热管网应用分析[J]．区域供热，2019，2：8．

[2] 高月芬，王萌，王城智．聚氨酯直埋供热管道保温经济性研究[J]．区域供热，2020，4：4．

[3] 石光辉．长输热网架空热水供热管道保温技术[J]．煤气与热力，2019，11：31-14．

[4] 付治博，王珍妮，金立文，等．不同气候区架空供热管道保温层经济厚度的分析[J]．暖通空调，2018，11：56-62．

[5] 杨世铭．传热学（第四版）[M]．北京：高等教育出版社，2006．

[6] 吴彬．城市旧住宅区热网平衡与保温改造技术研究[D]．哈尔滨：哈尔滨工业大学，2011．

耐热聚乙烯(PE-RT Ⅱ)聚氨酯预制保温管技术优势及工程应用

北京热力装备制造有限公司　郭兰芳　韩成鹏　臧智杰
北京热力集团有限责任公司西城分公司　饶大文　赵宇明
北京市热力工程设计有限责任公司　石　英　张永康

【摘　要】集中供热/冷系统由热/冷源、管网和用户三部分构成。其中二次网供热管道供/回水设计温度大多为75℃/50℃或85℃/60℃。集中供热二次网传统的工作管均为钢管，由于钢管易腐蚀，经常出现跑、冒、滴、漏的情况，存在供热隐患，影响管网的供热质量。

本文介绍了一种用于二次网的保温管道，采用耐热聚乙烯管（PE-RT Ⅱ）作为工作管，具有耐腐蚀、寿命长、易安装等优点。保温层采用聚氨酯保温材料，外护管采用高密度聚乙烯材料。综合而言，此管道相对传统二次网保温管，具有更多的优势，综合性价比更高。

【关键词】耐热聚乙烯（PE-RT Ⅱ）　二次网　保温管道

0　引言

在节约能源、保护环境的大形势下，安全、绿色、环保是城市供热管网三个重要指标。目前供热管网采用的保温管道工作管多为钢管，在使用中经常出现因泄漏或损坏导致钢管腐蚀和锈蚀，产生的锈渣污染水质且堵塞仪表、阀门等部件，影响热计量。外护管泄漏后会导致钢管加速腐蚀，进而导致管网存在更大的安全隐患，维修维护成本高，缩短管网使用寿命。且二次网管道大部分位于居民区内，泄漏后不易查找及定位，易造成不良的社会影响。

从20世纪80年代开始，欧洲集中供热领域就针对此类问题进行探索，研究开发利用预制保温的聚乙烯外护管预制保温塑料管系统，目前此类管道在欧洲很多国家已广泛应用。

塑料管道自20世纪80年代进入我国以来发展迅速，现已广泛的应用于市政、建筑给排水、燃气输配等领域，"以塑代钢"逐渐成为行业内的共识。由于塑料管道的耐温性问题，使其在供热管网工作管的应用上受到限制。近年来，耐热塑料材料的出现，使塑料管道应用由传统领域向热水输送领域发展。

为解决埋地钢质管道系统在使用中出现的由于腐蚀产生泄漏和损坏、安装费时费力、腐蚀产生水质污染、使用寿命短等问题，住房城乡建设部于2013年开始研究"建筑小区集中供热预制保温塑料管道生产与应用技术"。该研究主要包含集中供热预制保温塑料管生产技术、应用技术以及试点、示范工程建设。

近年来，PE-RT Ⅱ管道在二次网上的应用逐年增多，全面研究其管道系统及工程应用意义重大。

1　PE-RT Ⅱ管道优势及标准

1.1　钢制管道系统的主要问题

（1）腐蚀产生泄漏和损坏，使用寿命短；

（2）锈蚀沉积物造成堵塞，致使流量减小；

（3）安装费时费力；

（4）维修维护成本高。

1.2　PE-RT Ⅱ管道技术特性及优势

Ⅱ型耐热聚乙烯 PE-RT Ⅱ（Polyethylene of raised temperature resistance pipe）是采用特殊的分子设计和合成工艺生产的一种高密度聚乙烯，达到PE100级。采用乙烯和辛烯、己烯等烯烃共聚的方法，通过控制侧链的数量和分布得到独特的分子结构，来提高PE管的耐热性。其特点包括：

（1）最高工作温度可达80℃，软化点126℃；

（2）使用寿命30～50a，由运行温度决定；

（3）耐低温脆性温度可达－40℃；

（4）相同应用条件下，轴向应力远小于钢管；

（5）环刚度（外压负载）SN20级；

（6）导热系数为0.42W/(m·K)，远低于钢管导热系数；

（7）具有优异的抵御外部环境破坏的能力，确保管道在整个寿命周期的使用安全；

（8）内表面光滑，管网水力损失小，降低输送能耗，不结垢不堵塞；

（9）重量轻，装卸、搬运方便，可不用大型吊装设备；

（10）施工简便，效率高，无焊接烟尘、无需探伤；

（11）无需安装补偿器，柔韧性好，可利用管道的柔性实现自然补偿；

（12）抢修快捷，耐重压，管材在卸去负载后，可恢复原形状；

（13）环保绿色，材料可回收。

1.3　国内标准

近年来，PE-RT Ⅱ管材在国内陆续开始应用，各项国家标准及地方标准相继出台，规范了PERT管道的应用。目前与PE-RT Ⅱ保温管道相关的标准主要有以下几项：

（1）《冷热水用耐热聚乙烯（PE-RT）管道系统》GB/T 28799—2020；
（2）《高密度聚乙烯外护管聚氨酯发泡预制直埋保温复合塑料管》CJ/T 480—2015；
（3）山东省工程建设标准《Ⅱ型耐热聚乙烯（PE-RT Ⅱ）低温直埋供热管道设计与施工规范》DB37/T 5021—2014；
（4）宁夏回族自治区地方标准《预制直埋复合塑料保温管道应用技术规程》DB64/T 1056—2014；
（5）甘肃省地方标准《预制保温耐热聚乙烯（PE-RT Ⅱ）低温直埋供热管道技术规范》DB62/T 25—3125—2016；
（6）吉林省地方标准《Ⅱ型耐热聚乙烯（PE-RT Ⅱ）供热管道工程技术标准》DB22/T 5021—2019；
（7）中国城镇供热协会团体标准《城镇供热直埋保温塑料管道技术标准》T/CDHA 501—2019；
（8）《压力管道规范 公用管道》GB/T 38942—2020；
（9）《聚乙烯外护管预制保温复合塑料管》GB/T 40402—2021。

除以上标准外，其他省份的相关地方标准也在逐步推出。

2 规格及使用范围

2.1 耐热聚乙烯聚氨酯预制保温管道规格

耐热聚乙烯聚氨酯预制保温管道规格如表1所示。

耐热聚乙烯聚氨酯预制保温管道规格 表1

工作管		外护管外径（mm）	外护管壁厚（mm）
公称外径（mm）	公称壁厚 S5/SDR11（mm）		
25	2.3	75	3
32	2.9	78	3
40	3.7	90	3
50	4.6	100	3
63	5.8	110	3
75	6.8	125	3
90	8.2	140	3
110	10	160	3
140	12.7	200	3.2
160	14.6	225	3.5
200	18.2	270	3.5
225	20.5	302	3.5
280	25.4	365	5

注：塑料管道的公称外径即为实际外径。

2.2 钢管与PE-RT Ⅱ管规格对应表

在PE-RT Ⅱ管道应用于热力二次管网中，老旧管网部分管段由钢管改造为PE-RT Ⅱ管道，涉及钢管口径与PE-RT Ⅱ管道口径对应及对接问题。

钢管管壁粗糙度一般为0.045mm左右，塑料管管壁粗糙度一般为0.009mm左右，沿程阻力更小。经过计算，可参考的规格对照表如表2所示。

钢管与PE-RT Ⅱ管规格对应表 表2

钢管			PE-RT Ⅱ管
公称直径	无缝 $\Phi \times \delta$	直缝 $\Phi \times \delta$	S5（$dn \times en$）
DN20	$\Phi 25 \times 3$	$\Phi 25 \times 3$	25×2.3
DN25	$\Phi 32 \times 3$	$\Phi 32 \times 3$	32×2.9
DN32	$\Phi 38 \times 3$	$\Phi 38 \times 3$	40×3.7
DN40	$\Phi 45 \times 3$	$\Phi 48 \times 3$	50×4.6
DN50	$\Phi 57 \times 3.5$	$\Phi 60 \times 3.5$	63×5.8
DN65	$\Phi 76 \times 4$	$\Phi 75.5 \times 4$	75×6.8
DN80	$\Phi 89 \times 4$	$\Phi 88.5 \times 4$	90×8.2
DN100	$\Phi 108 \times 4$	$\Phi 114 \times 4$	110×10.0
DN125	$\Phi 133 \times 4$	$\Phi 140 \times 4$	125×11.4 / 140×12.7
DN150	$\Phi 159 \times 4.5$	$\Phi 159 \times 4.5$	160×14.6 / 180×16.4
DN200	$\Phi 219 \times 6$		200×18.2 / 225×20.5
DN250	$\Phi 273 \times 6$		250×22.7 / 280×25.4

注：表中灰色部分为首选规格。

2.3 PE-RT Ⅱ管道使用范围

可参考中国城镇供热协会团体标准《城镇供热直埋保温塑料管道技术标准》T/CDHA 501—2019 和国家标准《压力管道规范 公用管道》GB/T 38942—2020 进行设计。

3 管道施工

3.1 PE-RT Ⅱ工作管连接方式

3.1.1 电熔焊接

全自动电熔焊机，能够控制电压和时间等熔接参数完成熔接过程。有数据检索存储装置，能够储存、下载或打印数据，并且有工作参数自动输入及环境温度自动补偿功能，自动输入的方式一般为条形码输入。

根据PE管道焊接相关标准、规范要求，$dn \leqslant 63mm$ 的PE-RT Ⅱ管道连接，必须采用电熔焊接方式（图1），且由于电熔焊接设备较为小巧，适用于空间狭小的地沟内敷设环境。

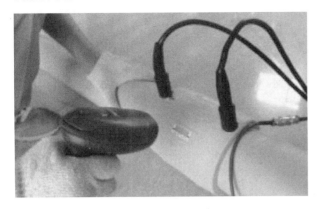

图 1 管道电熔焊接

3.1.2 热熔对接

使用全自动热熔焊机，PE-RT Ⅱ 管的两个端面经热板加热熔融后对进行接焊焊接（图 2）。焊接设备自动化程度高，焊接过程不受人为因素干扰，可储存和输出焊接数据，实现焊口数据的可追溯性。热熔对接焊设备相对体积较大，适用于空间较为宽敞的敞沟安装环境。

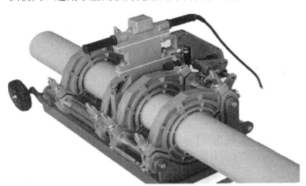

图 2 管道热熔对接

3.2 PE-RT Ⅱ 管道与钢管的对接方式

PE-RT Ⅱ 管道与钢管的对接主要有两种方式：法兰连接和丝扣连接。

3.2.1 法兰连接

当 PE-RT Ⅱ 管道 $DN>63mm$，与钢管连接时采用法兰连接方式（图 3）。PE-RT Ⅱ 管道侧需要一个对应 PE-RT Ⅱ 管道规格材质的法兰根，和一个对应 PE-RT Ⅱ 管道规格防腐法兰片；钢管侧需要一个对应钢管规格的平焊法兰片，该法兰片焊接在钢管末端，同时配套提供对应钢管规格的法兰密封圈和紧固防腐螺栓。

根据图 3 所示，防腐法兰片套在 PE-RT Ⅱ 法兰根上，抵在法兰根凸起端面上。

3.2.2 丝扣连接

对于 PE-RT Ⅱ 管道 $DN\leqslant 63mm$ 的规格，与钢管连接时可选择丝扣连接方式。

直管 PE-RT Ⅱ 管道和钢管连接，可采用图 4 中"直

图 3 法兰连接

图 4 直丝

丝"组件，"直丝"的 PE-RT Ⅱ 与 PE-RT Ⅱ 管道电熔连接，丝扣端与钢管连接。

对于 PE-RT Ⅱ 管道的三通分支，需要丝扣连接时，可采用分支带丝扣件的电熔三通。PE-RT Ⅱ 三通的主管在 $DN50\sim DN90mm$ 范围时，采用图 5 所示一体成型的分支带丝扣的三通。

图 5 一体成型的分支带丝扣的三通

对于 $DN>90mm$ 的 PE-RT Ⅱ 三通，采用如图 6 所示电熔三通，在三通分支处连接图 4 所示的"直丝"。丝扣连接方式中钢管一侧需要配对应钢管规格的丝母或对丝。

图 6 电熔三通

3.3 在线开孔

在现有管线上临时开孔或不停热开孔，可采用专用鞍型管件实现。

停热、泄水的情况下，先开孔，后电熔焊接鞍型管件；不停热情况下，先电熔焊接鞍型管件，后带压开孔。

3.4 接头保温

接头保温结构为热缩带式接头保温（图7），即"套袖外护＋热缩带＋聚氨酯现场发泡"。

图 7 接头保温

4 工程应用案例

4.1 项目情况

北京热力集团西城分公司环科院热力站在2016年进行了居民二次线支线全线改造，将原有的钢管＋珍珠岩保温管更换成PE-RT Ⅱ型保温管道，此热力站带两条管网，一条为居民供暖，一条为公共建筑供暖，此次只针对居民供暖的管道进行更换。以下根据环科院的实际运行效果进行分析。

此条管线均为半通行沟，整体工程施工采用开工作坑、原拆原换的方式，从出站开始至楼口前为止。2016年10月初开始全线拆除，更换PE-RT Ⅱ型保温管道，10月27日开始打压试水，施工工期不到20天。主管道采取开工作坑，保温管从工作坑进入地沟后进行热熔焊接。因管道重量轻，可塑性强，施工便捷，加快了施工进度。

4.2 保温效果对比

4.2.1 温度数据

该项目温度测试数据如表3～表5所示。

环科院项目 2017 年 1 月 18 日测试温度参数表　表 3

2017 年 1 月 18 日二次供、回水温度采集（PE-RT Ⅱ，居民）		
	PE-RT 保温管表面温度	地沟内环境温度
供水	14.1℃	4.7℃
回水	9.9℃	

2017 年 1 月 18 日环科院测温数据 （未做改造，原有保温层有脱落）		
供水	17.8℃	10.2℃
回水	14.3℃	

注：（1）供水、回水温度，地沟内环境温度均为平均温度，当日室外平均温度－2.1℃。
（2）站内二次供温47℃，地沟内金属阀门表面温度42℃。

环科院项目 2017 年 3 月 8 日测试温度参数表　表 4
（介质管为 PE-RT Ⅱ 管）

2017 年 3 月 8 日二次供、回水数据采集（PERT Ⅱ，居民）				
位置	二次供水温度（PERT）	二次回水温度（PERT）	管沟内环境温度	室外环境温度
热力站内介质温度	37℃	36℃	11.8℃	14.5℃
管沟内保温管表面温度	17℃	16℃		
管线末端介质温度	27℃	26℃		
管线末端保温管表面温度	14℃	13℃		

注：因为在二次供、回水（PE-RT Ⅱ）管线末端，未装有温度传感器，因此末端温度采集为管线末端附近金属阀门的温度，近似的认为是管线末端温度。

环科院项目 2017 年 3 月 8 日测试温度参数表　　表 5
（未换管分支-介质管为珍珠岩棉）

2017 年 3 月 8 日二次供、回水数据采集
（公共建筑，珍珠岩保温）

位置	二次供水温度（珍珠岩）	二次回水温度（珍珠岩）	管沟内环境温度	室外环境温度
热力站内介质温度	37℃	32℃	15℃（管沟内有珍珠岩保温层脱落）	14.5℃
管沟内钢管表面温度	35℃	31℃		
管沟内珍珠岩保温层表面温度	18℃	17℃		

分析：

（1）从表 3 可以看出，1 月 18 日测的数据显示：PE-RT Ⅱ 保温管外表面温度，较之钢管岩棉保温管外表面温度偏低约 4℃；地沟内环境温度也偏低约 5℃；

（2）从表 4、表 5 可以看出，3 月 8 日所测数据显示：PE-RT Ⅱ 保温管外表面温度与介质温度之差相比钢管岩棉保温管与介质温度之差，供水温度低 1℃，回水温度低 5℃，且在室外环境温度相同的情况下，PE-RT Ⅱ 保温管管沟内温度更低，低约 3℃。

通过以上参数对比，可证明 PE-RT Ⅱ 管的保温效果更佳。

4.2.2　管道位移测试

管道位移测试参数如表 6 所示。

2017 年测试管道位移参数表　　表 6

管径	距离	位置	2017 年 1 月 18 日		2017 年 3 月 8 日		2017 年 11 月 21 日		2017 年 12 月 22 日	
			位移量	位移方向	位移量	位移方向	位移量	位移方向	位移量	位移方向
DN160mm（测点 1）	距热力站 38m	Π 型补偿（图 8）	供水管道：35mm	北向南，垂直于管沟方向	供水管道：47mm	北向南，垂直于管沟方向	供水管道：38mm，回水管道：30mm	北向南，垂直于管沟方向	供水管道：40mm，回水管道：15mm	北向南，垂直于管沟方向
DN125mm（测点 2）	距热力站 118m	5 号井	供水管道：10mm	北向南，平行于管沟方向	供水管道：0mm	北向南，平行于管沟方向	—	—	—	—
DN110mm（测点 3）	距 5 号井 28 号	6 号井	供水管道：20mm	北向南，平行于管沟方向	供水管道：15mm	北向南，平行于管沟方向	—	—	供水管道：26mm，回水管道：10mm	北向南，平行于管沟方向

分析：

（1）环科院管线敷设方式为半通行沟，π 型补偿处的纵向和横向在运行季均有位移产生，可间接证明 PE-RT Ⅱ 管具有自然补偿性（图 8）。

（2）停暖后，管道在运行季产生的位移将回缩，回缩至接近原位，间接证明 PE-RT Ⅱ 管柔韧性良好，PE-RT Ⅱ 管即利用管道本身的柔韧性实现自然补偿；

（3）与钢管比较，可利用 PE-RT Ⅱ 管柔韧性进行自然补偿，节省补偿器的使用，减少投资。

在敷设方式上，直埋敷设与钢管类似；地沟敷设时，PE-RT Ⅱ 管可在地沟底部填充沙子至一定厚度，将管道直接放置在沙子上即可，但如果采用架空或支架的方式，还需要设计计算支架的间距。

除地沟敷设的工程应用外，近年来在北京热力紫竹

图 8　π 型补偿

院中心、皂君东里、车公庄北里、登莱小区、西城天宁寺等多个项目中也有直埋敷设工程应用，且运行情况良好，为大范围推广PE-RTⅡ管预制保温管的应用奠定了基础。

5 总结

（1）PE-RT Ⅱ管道的原料为PE100级的高密度聚乙烯，满足二次网的运行需求。现场工作管接口焊接采用全自动焊接设备，该设备根据PE-RT Ⅱ管道所用原料的牌号、各项关键性能指标，预设焊接参数，确保焊接过程和焊接结果满足要求。同时可自动记录焊接参数，通过查询焊接记录数据，可确认焊接质量。

（2）PE-RT Ⅱ管道无腐蚀锈蚀，寿命长，管网水力损失小，输送能耗低；装卸、搬运方便；效率高。

（3）不产生焊接烟尘、无需探伤，焊接过程安全环保。

（4）无需安装补偿器，柔韧性好，可利用管道的柔性实现自然补偿抢修快捷。

（5）不结垢、无污染，可提升生活热水水质量。

（6）后期运维成本低，可实现安装、运行后免维护；对安全、高效的供暖提供了极大保障。

总之，PE-RT Ⅱ预制保温管道用于二次管网具有明显的优势，应大力推广应用。

参考文献

[1] 薛彦超, 张栋良, 王保强. PE-RT Ⅱ型管道在小区集中供热管网的应用[C]//供热工程建设与高效运行研讨会论文集, 2014.

[2] 柯锦玲, 赵启辉. 耐热聚乙烯(PE-RT Ⅱ)管道在集中供热庭院管网的应用[C]//全国塑料管道生产和应用技术推广交流会, 2012.

[3] 中国市政工程华北设计研究总院有限公司. 城镇供热直埋保温塑料管道技术标准. TCDHA 501—2019[S]. 北京：中国建筑工业出版社, 2019.

城镇供热预制直埋管道发泡情况的超声波检测研究

天津市津能管业有限公司　王春生　魏　健
北京化工大学　李智卿　陈焰然

【摘　要】 本文简要介绍了城镇供热预制直埋保温管道的聚氨酯层发泡技术及其存在的问题，根据这些问题提出一种基于超声波透射法的聚氨酯层缺陷检测的有效方法，在聚乙烯外护套不被破坏的情况下，通过超声波投射法对接收到的信号在PC端进行FFT（快速傅里叶变换）后实现了对聚氨酯层缺陷的定性判别，查看聚氨酯保温层的发泡成型状态，提高管网运行质量。

【关键词】 超声波检测 FFT　多层复合材料　超声无损检测

0 引言

目前国内主要输送热水的管道的结构形式为钢管和聚乙烯之间填充聚氨酯，由于聚乙烯外护套为黑色不透明状，内部聚氨酯发泡成型状态不可见。由于填充设备、原料甚至环境温度等原因，聚氨酯发泡成型后会存在内部密度低、有气孔甚至空洞出现、报警线改变原布置位置等问题，这些问题对保温管保温效果影响都很大，而目前国内热水输水管道聚氨酯保温层缺陷检测缺乏有效、快速的手段。

超声波检测技术作为一种无损、快速的检测技术，已经被广泛应用于各个领域[1]。国内外每年发表的有关无损检测的论文中，就有大约30%的论文是有关超声波检测的，可见超声波检测技术具有很好的研究和应用前景。

1 管道聚氨酯层发泡技术及问题

聚氨酯发泡过程一般是在工作钢管、支架、外护管壳之间的空腔内，由高压发泡机快速注入聚氨酯发泡料（黑、白料混合配比），冷却固化后形成了聚氨酯保温层。工艺流程是，将钢管按规定除锈处理，吊入穿管平台，装入环形支架，移动至发泡平台，穿入外护管壳，装配调整管头两侧密封法兰卡具，预留管头两端长度（预留150～250mm用于现场焊接），设定高压发泡机的参数及黑白料混合比例、投料量（必要时试料），调整空气压力，待系统达到要求后注射[2]。

在发泡时温度的控制对发泡效果影响较大，包括工作钢管温度、原料（黑、白料）温度、外护管壳温度，要注意三者的配合与影响，才能保证三位一体效果。以下是几种对发泡效果造成影响的情况：

（1）原料温度过低会导致发泡速度变慢，使泡沫在管道长度方向上的密度分布更加均匀,但反应速度的降低将导致泡沫的脆性增强,同时泡沫芯密度与填充密度的差值增加。

(2)外界环境温度较低时,单一调节原料温度会导致时反应不完全,可能出现死泡。

(3)钢管预热温度直接影响它们与泡沫的粘接性能,同时影响到填充密度。若钢管预热温度过低,泡沫与其接触面的脆性就会显著增加,影响粘接性能。

(4)一天内的早、中、晚温差较大,对发泡影响也尤为明显。夏季气温高,发泡速度快,泡沫固化时间短,原料应用凉水冷却或放在车间自然冷却。冬季气温低,发泡速度慢,泡沫固化时间长。

(5)黑、白料比例,若白料(组合聚醚)偏多,成型品较软,高温时的尺寸稳定性较差;若黑料(异氰酸酯)偏多,成型品偏脆,容易开裂。

(6)对于大口径保温管,因为用料大、发泡空间小,要求对发泡料黏度精准控制,同时注意反应速度,否则将影响到混合效果与填充密度。

在存放生产出来的管道产品时,如果不注意存放环境的控制,也可能导致管道的损坏。

例如在极端高温天气时,在两端管头会产生外护管壳、聚氨酯保温层之间出现缝隙现象(超过管头区域不易受影响)。此现象发生的原因主要是三种材料的膨胀系数有着较大的差异:聚乙烯外护管壳 $300\times10^{-6}℃$;聚氨酯泡沫 $40\times10^{-6}℃$,钢管 $11\times10^{-6}℃$,外护管壳是聚氨酯泡沫的7.5倍,是钢管的27倍左右。三种材料遇热膨胀体积差别巨大导致了分层处出现裂缝。

常见的聚氨酯层缺陷一般是指在发泡过程中由于原料配比、环境温度等因素的影响导致反应不充分,在聚氨酯层中出现大体积空泡。管道内部长期存在空泡导致结构性损伤和保温效果严重下降等问题。

2 超声波透射法检测原理

脉冲透射法是将发射和接收探头分别放置在被测工件的两侧,发射探头发射的超声波透过被测工件被另一侧的接收探头接收,根据接收到的超声波能量大小来判断缺陷的有无[3]。

超声波透射法示意图如图1所示,右侧两个坐标图是回波信号的频域图,在超声波检测过程中,由于空泡内时低密度的空气,而声波能量在空气等低密度的介质中能量耗散远大于在聚氨酯中的能量耗散,且有相当一部分声波会经过空泡表面后反射回去。当检测遇到这种情况会导致接收端接收到的信号在主频率段幅值出现明显降低,而检测人员可以通过这个现象知道被检测区域是否存在缺陷。

超声波透射法具备以下特点:

(1)适应于较薄的工件和衰减系数较大的均匀材料,不存在检测盲区;

(2)与缺陷取向无关,若在超声波的传播路径中有缺陷,接收探头就可以发现;

(3)检测设备简单,检测速度快,容易实现对形状单一的工件连续自动检测;

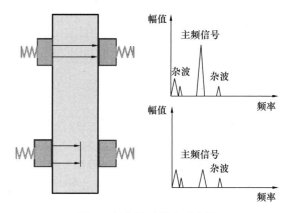

图1 超声波透射法示意图

(4)对探头安装位置要求严格,要求发射和接收探头必须对齐,导致操作不便。

3 验证实验

为了证明超声波透射法的有效性,先对一片厚度为18mm的预制缺陷的多层泡沫夹芯板进行实验,选用触发电压达到1000V,频率为50kHz的超声探头组(两个50kHz的探头配合),空气作为耦合剂,采样间隔为0.1us,采样点数为2048个。泡沫板的缺陷和厚度等参数如图2所示。

对预制缺陷的多层泡沫夹芯板的无缺陷位置、5号缺陷位置(小缺陷)以及2号缺陷位置(大缺陷位置)进行超声波穿透实验,得到的时域信号如图3所示。

仅仅通过检测只能得到时域信号,而时域信号对于缺陷的表达不够清晰和明显,因此需要借助频域信号来帮助我们更加直观的辨别出缺陷。

一般可以使用FFT(快速傅里叶变换)将时域信号转化为频域信号,FFT是一种DFT(傅里叶变换)的高效算法。傅里叶变换是时域—频域变换分析中最基本的方法之一。

傅立叶原理表明:任何连续测量的时序或信号,都可以表示为不同频率的正弦波信号的无限叠加。而根据该原理创立的傅立叶变换算法利用直接测量到的原始信号,以累加方式来计算该信号中不同正弦波信号的频率、振幅和相位。傅里叶变换已经被证明了是对离散的时域信号进行频域转换的最好方法。

一个模拟信号,经过ADC采样之后,就变成了数字信号。由采样定理可知,采样频率要大于信号频率的两倍。采样得到的数字信号,就可以做FFT运算了。N个采样点,经过FFT运算之后,就可以得到N个点的FFT结果。为了方便进行FFT运算,通常N取2的整数次方。编写MATLAB的程序可以将检测的原始数据读取后进行FFT运算并输出成图片,预制缺陷的多层泡沫夹芯板的频域图如图4所示。

结合超声波透射法原理以及图4,可以很明显地看出对于不同大小的缺陷,得到的超声波频域图在50kHz主频附近的幅值大小有明显区别。而且缺陷的尺寸在频域图上也得到了很好的体现:缺陷越大,主频幅值越小;反

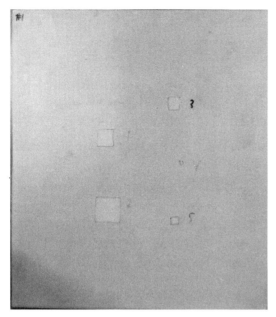
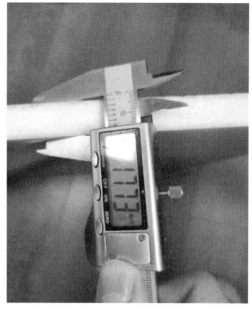

图 2 预制缺陷的多层泡沫夹芯板

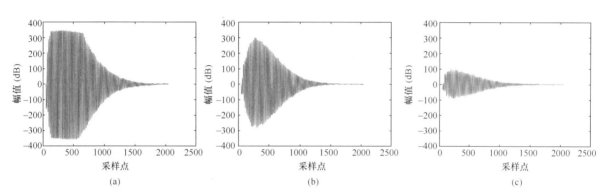

图 3 预制缺陷的多层泡沫夹芯板时域信号图
(a) 无缺陷；(b) 小缺陷；(c) 大缺陷

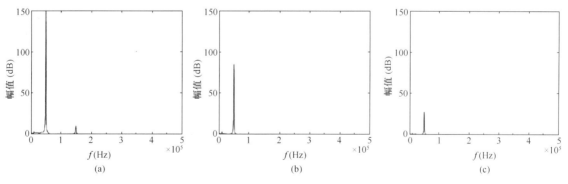

图 4 预制缺陷的多层泡沫夹芯板频域信号图
(a) 无缺陷；(b) 小缺陷；(c) 大缺陷

之缺陷越小，主频幅值越大。这为之后检测管道提供了很好的范例。

4 实际实验

使用电钻对城镇供热预制直埋管道的泡沫/PE 粘接试块的聚氨酯层进行缺陷加工，得到三个不同尺寸的缺陷，如图 5 所示。

选用触发电压达到 1000V，频率为 50kHz 的超声探头组，空气作为耦合剂，采样间隔为 $0.1\mu s$，采样点数为 2048 个。对预制缺陷的泡沫/PE 粘接试块进行了穿透法实验，得到的超声信号时域图如图 6 所示。

同样的，对时域信号进行 FFT 得到其频域信号，如图 7 所示。

图 5 泡沫/PE 粘接试块预制缺陷示意图
（a）小缺陷；（b）中缺陷；（c）大缺陷

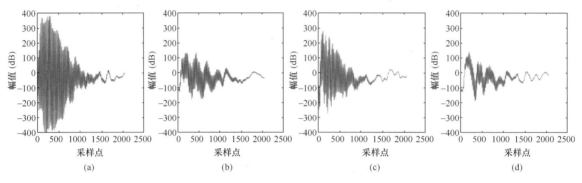

图 6 泡沫/PE 粘接试块时域信号图
（a）无缺陷；（b）小缺陷；（c）中缺陷；（d）大缺陷

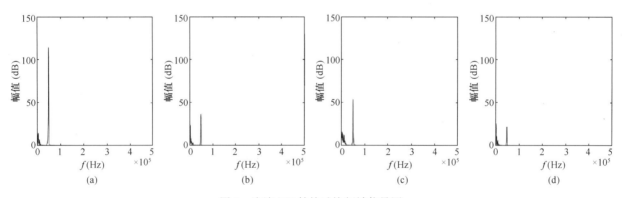

图 7 泡沫/PE 粘接试块频域信号图
（a）无缺陷；（b）小型缺陷；（c）中型缺陷；（d）大型缺陷

结合超声波透射法原理以及图 7 可以看出对于有无缺陷区别明显，但是对于缺陷尺寸大小的识别不够清晰。

跟预期结果不同的原因可能是聚乙烯/聚氨酯材料结构复杂，并且界面粘接情况未知，加之试块表面是圆弧面与探头无法完全贴合导致的。

未来的工作是继续探索针对缺陷尺寸的一个定量的算法。

5 总结

本文介绍了城镇供热预制直埋管道的聚氨酯保温层的发泡工艺流程以及在发泡过程中的常见问题，强调了温度对发泡效果的影响。介绍了超声波透射法的原理及其判别标准，同时分析了这种检测方法的利弊。

对预制缺陷的多层泡沫夹芯板进行穿透法实验，并将获得的时域信号进行 FFT 运算，得到的频域信号能对缺陷有一个定性和定量的效果。

对城镇供热预制直埋管道的泡沫/PE 粘接试块进行穿透法实验，并将获得的时域信号进行 FFT 运算，得到的频域信号对缺陷有很好的定性效果，但是无法做到定量，对产生这种情况的原因进行了分析，并给出了未来值得改进的地方。

参考文献

[1] 罗雄彪，陈铁群. 超声无损检测的发展趋势[J]. 无损探伤，2004，3：1-5.

[2] 吴近，杨国梁. 浅析高密度聚乙烯聚氨酯预制直埋保温管产品技术[J]. 石化技术，2019，26(6)：297-298.

[3] 陈福. 便携式自动超声波无损探伤精准定位装置系统设计[D]. 西安：西安理工大学，2018.

专题 8　长输与大温差供热技术

水热同送系统工艺设计与水力工况分析

清华大学建筑技术科学系　王明卿　付　林
北京航空航天大学　杨　波
山东核电有限公司　刘宪岭

【摘　要】为了解决北方沿海地区在供热领域面临的"双碳"挑战和缺水问题，本文提出了水热同送系统工艺设计。系统实现水和热由原来的水热分送三根管道变成水热同送一根管道，降低建设成本和输送成本近60%，实现开式单管安全输送高温（高于100℃）淡水且在远距离输送中具有经济性。通过制定控制策略和设置防护措施，避免多种事故停泵工况下的水锤危害，保证系统不超压、不汽化。通过对示范工程进行实测和模拟计算，验证了系统工艺设计的安全性和可靠性。以中国北方某城市122km水热同送系统为例，进行了系统设计和多种动态事故停泵水力工况分析，结果表明，开式单管的水热同送系统可以在百公里级别输送高温（125℃）淡水，且在任何一个中继泵站发生事故停泵工况下，仍能以90%以上的供热率安全稳定运行，具备"N−1"高安全性和可靠性。

【关键词】水热同送系统　远距离输送　开式单管　动态水力工况

0　引言

我国幅员辽阔，占国土面积近1/4的北方地区在冬季需要消耗大量的能源以满足室内供暖。随着社会的发展和城镇化进程，我国北方供热面积和能耗稳步增长（图1）。截至2020年年底，北方地区供热面积达到211亿m^2[1]。根据清华大学建筑节能研究中心统计和测算，2019年北方城镇供热一次能耗达到2.13亿tce，占全国建筑总能耗的19.2%；2019年北方城镇供热碳排放为5.5亿t，占建筑运行碳排放的25.2%[2]。因此，北方供热具有能耗高、碳排放高的特点。碳达峰、碳中和的目标给我国北方供热事业提出了新的挑战。

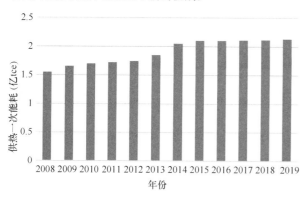

图1　2008—2019年北方供热能源消耗情况

按照国际标准，人均水资源低于500m^3为极度缺水，包括北京在内的我国北方沿海省市人均水资源甚至不足300m^3。据统计，2019年我国669座城市中400余座供水不足，近110座城市严重缺水，有30个百万人口城市长期受缺水困扰[3]。目前大跨度调水工程是缓解我国水资源短缺和分布不均的重要方式[4]，传统海水淡化技术因成本高而难以大规模应用。因此，我国淡水资源严重短缺的问题尚未解决。

在上述供热挑战和淡水资源短缺问题的背景下，清华大学于2017年提出水热同产同送技术概念[5]。付林等[6]于2020年在技术上做出突破，如图2所示，该技术包括：在不增加供热能耗的情况下，利用电厂抽汽加热热网的温差不可逆损失制取高温淡水，实现"零能耗"海水淡化；将原来水热分送需要的三条管道改为利用单管输送热淡水，实现水热同送，降低了建设成本和输送电费近40%；在终端分离出常温淡水和供热热量，实现水热分离。该技术大幅度降低供热和海水淡化成本，经济输送半径至少可达200km[7]，对于我国北方沿海地区实现零碳供热并提供淡水资源具有十分重要的意义。

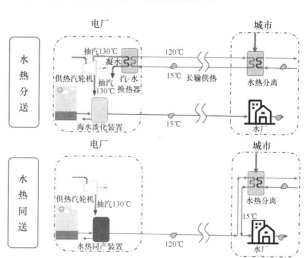

图2　水热分送与水热同送流程图

水热同送系统是开式单管高温长距离输水系统，李叶茂等人认为水热同送系统作为开式系统供水温度不能超过100℃[7]，此外国内外暂无对此类系统的设计和深入研究。该系统长达百公里，体量大、投资高。一方面，若能提高供水温度，在输送相同热量的前提下，将会大大减少建设成本，且扩大了水热比的可调节范围。另一方面，作为投资巨大的流体输送工程，对于安全性有很高要求，系统一旦发生超压汽化事故，将造成高达上亿元的经济损失。本文主要对水热同送系统进行工艺设计，以实现开式单管系统稳态工况下能够输送高温（高于100℃）淡水，动态工况下不超压、不汽化；对水热同送系统进行多种动态水力工况分析，通过实验和模拟验证系统设计的安全性和可靠性。

1 数学模型

稳态模型可以用式（1）Bernoulli方程和式（2）Darcy-Weisbach方程表示[8]：

$$\frac{P_1}{\gamma} + Z_1 + \frac{v_1^2}{2g} = \frac{P_2}{\gamma} + Z_2 + \frac{v_2^2}{2g} + \frac{h_f}{\gamma} \quad (1)$$

$$h_f = \frac{\lambda l v^2}{2D} \quad (2)$$

式中，下标1——位置1；
下标2——位置2；
P——静压，Pa；
Z——位压水头，mH_2O；
γ——ρg；
h_f——沿程阻力损失，Pa；
l——管长，m；
v——断面平均流速，m/s；
λ——沿程阻力系数。

动态模型是对管道内流体瞬态工况的描述，水热同送管道内是有压满管流，可以用式（3）一维运动方程和式（4）连续性方程描述[9-11]：

$$g\frac{\partial h}{\partial x} + v\frac{\partial v}{\partial x} + \frac{\partial v}{\partial t} + f\frac{v|v|}{2D} = 0 \quad (3)$$

$$\frac{\partial h}{\partial t} + v\frac{\partial h}{\partial x} + \frac{a^2}{g}\frac{\partial v}{\partial x} + v\sin\theta = 0 \quad (4)$$

式中，h——测压管水头，mH_2O；
f——管道的摩阻系数；
θ——管中心线与水平面的夹角；
x——水锤波沿管轴线传播的距离，m；
t——水锤波沿管轴线传播时间，s；
a——水击波传递速度，m/s。

水热同送输送的介质为水，采用的管道材质一般为金属管道，所以可以采用同时考虑水的压缩性和管道弹性的压力波波速计算方程（式（5））计算[11]。

$$a = \sqrt{\frac{\frac{K}{\rho}}{1 + \frac{KD}{Ee}}} \quad (5)$$

式中，K——水的体积弹性模量，N/m^2；
E——管壁弹性模量，N/m^2；
e——管道壁厚，m。

2 示范工程与实验

2.1 示范工程介绍

示范工程位于山东省海阳市，示范工程系统图如图3所示。供热首站的水热同产机组产生高温淡水，通过9km开式单管送至末端水热分离站，分离出常温淡水和热量。

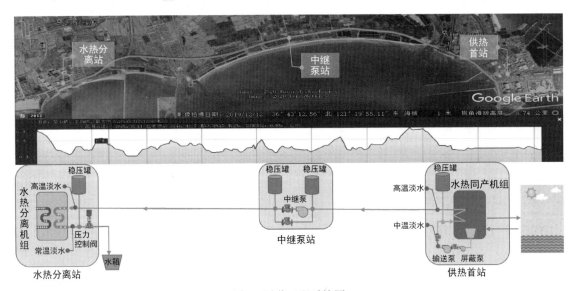

图3 示范工程系统图

供热首站（图4）位于核电厂内，首站内的水热同产机组产生中温淡水蓄存在机组内负压水箱内，为防止气蚀，中温淡水先经过屏蔽泵（防气蚀泵）加压至微正压，再经输送泵加压进入水热同产机组变成高温淡水，高温淡水通过单管向外送出。为防止发生首站停泵事故工况引起水锤危害，在输送泵后加设囊式稳压罐，当发生首站停泵时，首站稳压罐可以同时起到消除泵后水锤的作用和补水定压的作用[10]。在首站，屏蔽泵、输送泵和泵后的稳压罐组成开式系统首端压力控制边界。

为研究将来上百千米配有多级输送泵的水热同送系统，在5km位置加设中继泵站（图5）。由停泵水锤特性[11]可知，水泵停泵后泵前、泵后分别产生一个波幅相等、正负相反的水击波，当水击波遇到稳压罐时，稳压罐会产生一个与原水击波大小相等、正负相反的新水击波，

图 4 供热首站现场图

与原来水击波叠加,对外表现出消除水击波。所以,为防止发生中继泵停泵事故工况引起水锤危害,在中继泵进出口各设一囊式稳压罐。为保证中继泵停泵后系统仍然可以运行,中继泵前后带有止回阀的旁通管。

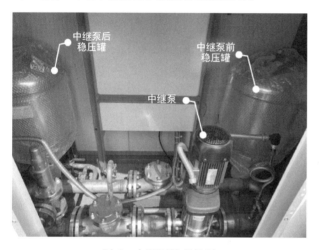

图 5 中继泵站现场图

在末端,一次网中的高温淡水进入水热分离站的水热分离机组(图6)释热降温后变成常温淡水进入开式水

图 6 水热分离机组现场图

箱,二次热网回水进入水热分离机组换热后被加热,为末端一个会议楼和游泳馆供热。水热分离机组出口设阀前压力控制阀,阀门通过调整开度使其之前管段压力控制在设定压力之上。为了弥补阀前压力控制阀响应时间滞后的缺点,在阀前压力控制阀前设囊式稳压罐。上述水热分离站的阀前压力控制阀和稳压罐共同组成了开式系统的末端压力控制边界。

由于示范工程较小,系统设计输送流量为 5t/h,热负荷为 437kW。系统借用了原 DN80 不锈钢管道,采用预制保温直埋敷设,全长 9.2km,管道施工图如图 7 所示,表1是管道参数表,表2是水泵选型表。

图 7 水热同送管道现场图

水热同送管道参数表　　　表 1

公称直径	热水管			工作钢管材料牌号	钢管执行标准
	工作钢管 (mm)	外套管 (mm)	保温厚度 (mm)		
DN80	φ89×4	φ250×3.9	76.6	不锈钢 (S30408)	GB/T 20878—2017

水泵选型表　　　表 2

泵名称	型号	扬程 (m)	流量 (t/h)
屏蔽泵	HV40-25B/115H4-B2S4	15	5
输送泵	CDMF5-22	136	5
中继泵	CDMF5-6	33	6

2.2 停泵控制策略

结合停泵水锤特性,制定了停泵控制策略,如表3所示。

停泵控制策略　　　表 3

动态水力工况	控制策略
首站停泵	当发生首站停泵时,中继泵收到信号立即执行停泵动作,压力控制阀收到信号,执行关阀动作

续表

动态水力工况	控制策略
中继泵停泵	当发生中继泵站停泵时,末端阀前压力控制阀收到阀前压力降低信号,执行关小阀门开度动作,直到阀前压力稳定在设定压力
全线停泵	当发生全线停泵时,末端阀前压力控制阀收到全线停泵信号,立即执行关阀动作

2.3 模拟与实验条件

为验证系统工艺设计的可行性与安全性,进行了稳态和动态水力工况的数值仿真模拟和实验实测。

模拟与实验实测的工况有:
(1) 中继泵停泵 without 稳压罐工况;
(2) 中继泵停泵 with 双罐工况;
(3) 中继泵停泵 with 泵前罐工况;
(4) 中继泵停泵 with 泵后罐工况。

稳态水力工况模拟条件与实验条件一致,见表4。

稳态水力工况模拟与实验条件 表4

流量 (t/h)	屏蔽泵扬程 (m)	输送泵扬程 (m)	中继泵扬程 (m)	水热同产机组压损 (m)	水热分离机组压损 (m)	压力控制阀压力设定值 (MPa)
4.84	15	37.5	22	12	6	0.44

3 结果与讨论

3.1 模拟与实验结果

3.1.1 稳态结果

图8是模拟与实验测试结果的水压图,由图分析,10个实测压力点的压力值与模拟值误差在5%以内,实测值的拟合线几乎和模拟结果重合,可以认为模拟结果和实测结果基本一致。从首站出口到水热分离机组之间的高温管段压力最低点在中继泵入口,为0.33MPa,整个高温管段压力可以控制在0.33MPa以上,压力条件具备输送145℃高温水的能力,说明系统工艺设计满足开式单管系统安全稳定输送高温(高于100℃)淡水的需求。

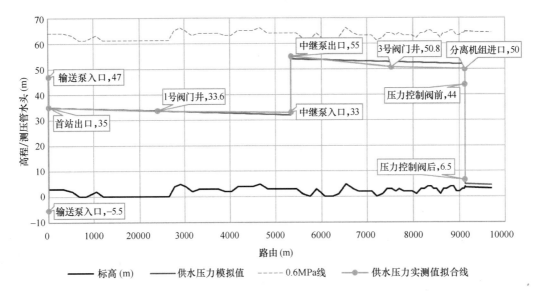

图8 水压图实测与模拟结果

3.1.2 动态结果

图9是中继泵停泵工况下,中继泵进出口压力随时间变化的实验测试与模拟结果,从图中可以明显看出,模拟与实验结果一致。从图9(a)、(b)中可以看出,中继泵在双罐保护下,停泵压力波动明显变平缓,相比无罐情况压力变化时间延长7s。从图9(a)、(c)和(d)的对比中可以看出,单侧罐只会对有罐的一侧产生保护,对无罐的一侧产生负作用,使无罐一侧波幅相比中继泵不设稳压罐时增加1倍,恶化水力工况。

图10是中继泵停泵工况下水热同送系统供热首站出口压力变化的实测结果与模拟结果。由图分析得出,由于水热同产处设置了稳压罐,中继泵停泵泵前产生的正水击波传递到首站时被稳压罐缓冲,并未出现压力突然升高。但是从图10(a)、(b)中也可以明显看出,中继泵增加双稳压罐后首站的压力变化更为平缓;从图10(a)、(c)和(d)对比中可以看出,中继泵只加泵后罐时,由于停泵泵前产生的正水击波与泵后稳压罐产生的正水击波叠加向上游传递,增加了首站压力上升幅度,对上游产生了恶化效果。

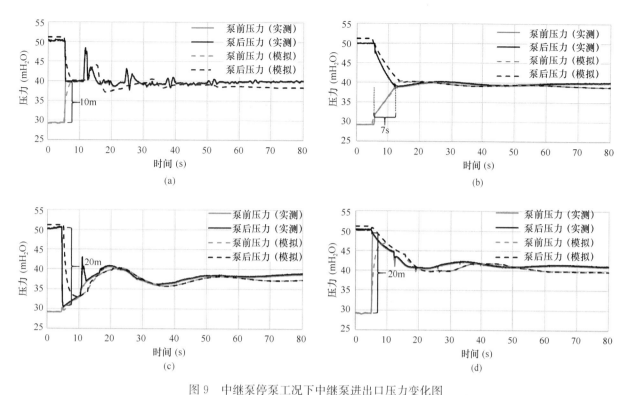

图 9 中继泵停泵工况下中继泵进出口压力变化图
(a) 中继泵停泵无稳压罐工况；(b) 中继泵停泵且双罐工况；(c) 中继泵停泵且泵前罐工况；(d) 中继泵停泵且泵后罐工况

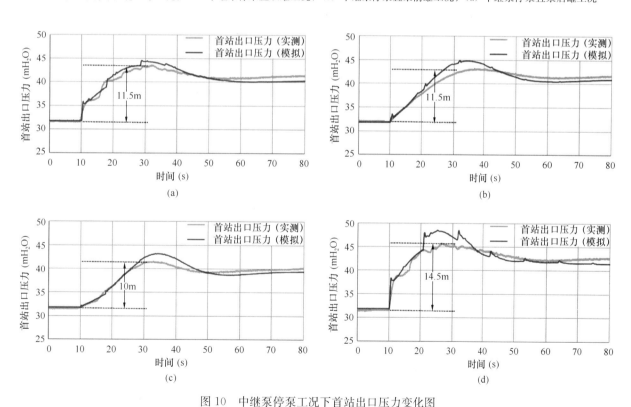

图 10 中继泵停泵工况下首站出口压力变化图
(a) 中继泵停泵无稳压罐工况；(b) 中继泵停泵且双罐工况；(c) 中继泵停泵且泵前罐工况；(d) 中继泵停泵且泵后罐工况

图 11 为中继泵停泵工况下末端阀前压力控制阀进出口压力变化模拟结果与实测结果。由图可以分析得出，实测结果与模拟结果一致。由于末端有稳压罐保护，且距离开式系统末端开口较近，能大幅削减停泵造成的水击波，压力波动缓慢。同时由图 11（a）和（c）也可以看出，中继泵只配有泵前罐时，中继泵停泵产生的泵后负压波与泵前罐产生的负压波叠加，导致该工况下末端压力控制阀前压降比其他工况压降大，即只在中继泵前加稳压罐会恶化下游水力工况。

图 12 是中继泵停泵工况下模拟结果的包络线。由

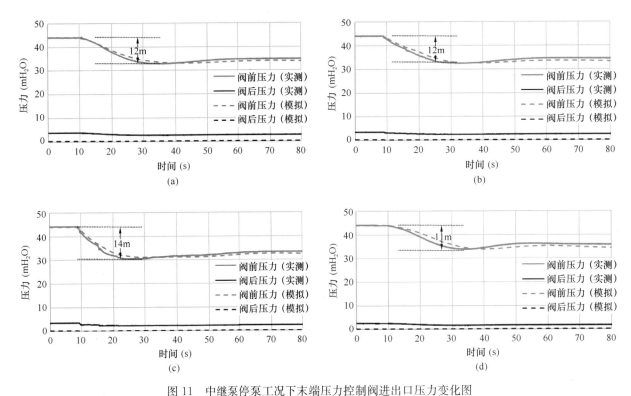

图 11 中继泵停泵工况下末端压力控制阀进出口压力变化图
（a）中继泵停泵且双罐工况；（b）中继泵停泵无稳压罐工况；（c）中继泵停泵且泵前罐工况；（d）中继泵停泵且泵后罐工况

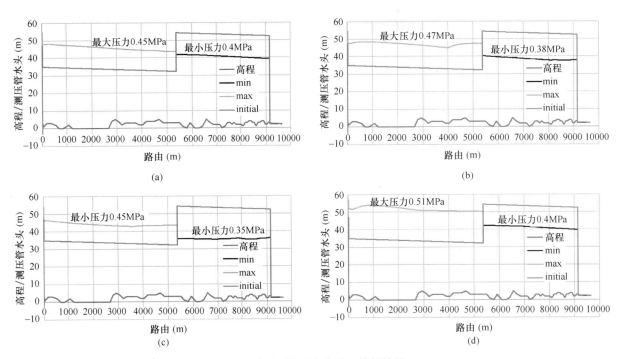

图 12 中继泵停泵包络线（模拟结果）
（a）中继泵停泵且双罐工况；（b）中继泵停泵无稳压罐工况；（c）中继泵停泵且泵前罐工况；（d）中继泵停泵且泵后罐工况

图12（a）和（b）可以看出，中继泵进出口加设稳压罐，中继泵停泵工况下能减小泵前管段压力波动，减小包络线面积。从图12（c）和（d）中可以看出，加设单罐可以降低一侧压力波动，但是会恶化另外一侧压力波动。

经过实测与模拟结果分析，证明模拟计算方法正确，可以通过模拟指导实际动态工况的设计。

3.2 实验小结

通过对示范工程稳态工况和中继泵停泵工况的实验和模拟计算，验证了水热同送系统工艺设计可以在开式单管的系统形式下输送高温（高于100℃）淡水，且在水击防护措施的保护下不会发生超压汽化，系统仍然可以正常运行。

4 应用展望

水热同送系统可以应用在北方沿海地区，为沿海城市提供零碳热源和淡水，经济输送半径可以达150km。上百公里的输送就需要大管径、大流量，并设置多级泵站，但是系统工艺设计基本同上。下面对中国北方某城市规划的水热同送系统进行分析说明，并通过模拟计算进行多种工况下的动态水力分析。

城市与电厂相距大约122km，采用承压2.5MPa的DN1600单根管道输送，输送流量为19126t/h，设计温度为125℃。由于屏蔽泵效率低，在大型工程的供热首站中，为了防止输送泵入口气蚀，将输送泵放置在水热同产机组下方20m处，确保水泵前有足够汽蚀余量。经过水力计算，系统配置4个中继泵站以满足输送要求，各个泵的扬程参数见表5。经过计算，首站输送泵后配置一个1000m³囊式稳压罐，水热分离站的阀前压力控制阀前配置一个1000m³囊式稳压罐，4号中继泵前后各配置一个500m³囊式稳压罐。末端阀前压力控制阀控制压力点为水热分离机组出口压力，设定值为0.2MPa。在系统首站和水热分离站各设一个定压点，首站稳压罐处定压2.2MPa，水热分离站稳压罐处定压0.2MPa。为了回收部分高温管段防汽化的富余压力，在水热分离机组出口和阀前压力控制阀之间设一水轮机。图13为该城市水热同送系统图和水压图。

某水热同送系统水泵扬程参数表　　　　表5

水泵名称	输送泵	中继泵1	中继泵2	中继泵3	中继泵4
扬程（m）	210	110	90	90	85

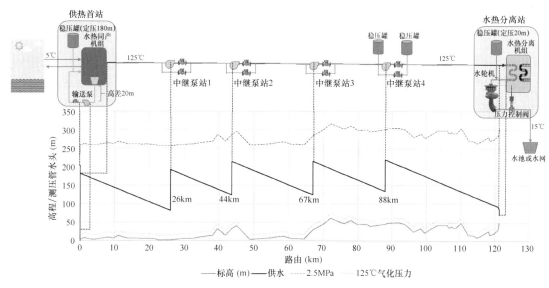

图13 某城市水热同送系统图和水压图

在表3制定的控制策略下利用仿真模拟方法，对系统进行了首站事故停泵、中继泵站1事故停泵、中继泵站2事故停泵、中继泵站3事故停泵、中继泵站4事故停泵和全线事故停泵6种动态水力工况分析，如图14所示。可

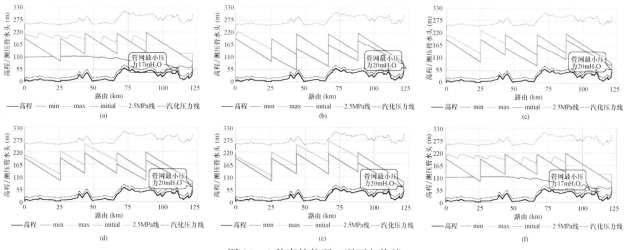

图14 6种事故停泵工况下包络线

以看出，在6种事故停泵工况下，水热同送系统最低压力都在17mH₂O以上，高于125℃的气化压力13.2mH₂O，最高压力在2.5MPa压力线以下，不会发生超压、汽化危险，具备很强的抗风险能力；此外，从图15结果可以看出，在发生任何一个中继泵站事故停泵时，系统仍然可以不停车运行，具备"N−1"可靠性，且保证至少92%的供热率。

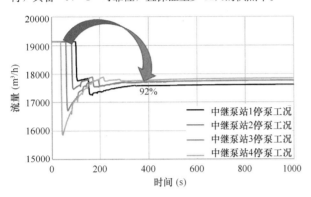

图15 4种中继泵事故停泵工况下流量变化图

5 结论

本文提出了水热同送系统的工艺设计，并通过示范工程进行了动态水力工况的实验测试和模拟计算，最后以北方某城市122km水热同送系统为例进行了系统设计和模拟计算。可以得出结论：

（1）通过在开式单管系统两端设置压力控制边界，可以实现稳定安全输送高温（高于100℃）淡水。

（2）通过必要的防护措施和控制策略的制定，可以保证系统事故工况下安全。

（3）在算例中的122km水热同送系统中，发生任何一个中继泵事故停泵工况时，仍然可以在保证90%以上供热率的情况下安全运行，具备"N−1"可靠性。

参考文献

[1] 清洁供热产业委员会. 中国清洁供热产业发展报告2021[M]. 北京：中国经济出版社，2021.
[2] 清华大学建筑节能研究中心. 中国建筑节能年度发展研究报告2021[M]. 北京：中国建筑工业出版社，2021.
[3] 中华人民共和国水利部. 2019年中国水资源公报[M]. 北京：中国水利水电出版社，2020.
[4] 王浩，游进军. 中国水资源配置30年[J]. 水利学报，2016，47(3)：265-271，282.
[5] 潘文彪. 海水淡化与水热同产同送技术[D]. 北京：清华大学，2019.
[6] 付林，张世钢，王明卿，等. 一种热纯净水制备装置和方法：中国. CN112062195A[P]. 2020-12-11.
[7] Li Y M. Combined heat and water system for long-distance heat transportation[J]. Energy, 2019, 172: 401-408.
[8] 龙天渝. 流体力学[M]. 北京：中国建筑工业出版社，2016.
[9] Benjaminwylie E, Streeter V. Fluid Transients[M]. New York：McGraw-Hill International Book Co., 1978.
[10] Kimleng K. Transient analysis to air chamber and orifice surge tanks in a hydroelectric generating system during the successive load rejection[J]. Energy Conversion and Management, 2021, 244.
[11] 金锥，姜乃昌，汪兴华. 停泵水锤及其防护[M]. 北京：中国建筑工业出版社，1993.

太古一级网集中降温负荷消纳及联网运行水力分析

太原市热力集团有限责任公司　樊　敏　姬克丹　石光辉

【摘　要】本文针对太古一级网系统采用集中降温供热能力提升后热网负荷消纳问题，结合现状负荷分布，合理增加负荷区域，分析不同负荷消纳方式下水力工况变化。对比单热源负荷消纳方式下，系统水力工况变化，经合理优化管网，确定消纳区域为城南双塔街以南800万m²，热网总供热面积为7464万m²。对比多热源负荷消纳方式下辅热源对系统水力工况的影响，结果表明，城西热源厂选择2台炉联网运行方式较为合理，多热源运行系统水力工况优于单热源运行，但系统运行压力过高，管网运行存在安全隐患。为实现最优运行，按照初末寒期联网运行，城西热源厂启动2台锅炉，严寒期解列运行，并以此工况设置分布式变频泵。

【关键词】太古一级网　热负荷平衡　水力分析　分布式变频泵　管网优化　多热源联网运行

0 引言

太原市现状已形成以热电联产、燃煤热源厂、燃气热源厂等构成的"多源""多能"的能源方式。实际运行面临以下几方面问题：一是燃气供热成本较高，年供热面积1000万m²燃气基础热源厂的供热成本与的6600万m²的热电联产供热成本相当；二是燃煤热源厂受环保限制，无法按需启动；三是热网间负荷切换频繁，影响管网系统的运行安全以及使用寿命。

在当前"双碳"目标下，为解决上述问题，应降低高成本热源（如燃气）供热负荷，充分发挥零碳能源供热优势，尤其是回收利用电厂乏汽余热的太古一级网，该超大型热网供热面积占太原市总供热面积的1/3，采用能源站对热网回水集中降温后，热网供热能力进一步提升，可充分利用电厂余热，进一步扩大现状供热负荷区域，替代原燃气基础热源供热区域。

太古一级网采用主循环泵＋分布式变频泵的运行方式，负荷区域扩大后全网水力工况发生变化，需重新配备分布式变频泵，本文将对太古一级网进行水力分析，合理优化管网，更换/增设分布式变频泵。

1 太古一级网负荷平衡分析

太古一级网现状供热面积6664万m^2，共计699座热力站，大机组配备比例为65%，该热网区域设置有城西热源厂调峰热源。当采用集中降温进一步提取现状回水温度热量，太古一级网供热能力可提升600MW，供热能力达到2665MW，按照实际区域气象参数及热用户供热效果核算的热指标41.87W/m^2考虑，严寒期最大供热面积为6365万m^2。城西热源厂调峰热源最大供热能力为348MW，严寒期最大可供831万m^2。太古一级网初末寒期可扩大/调整供热区域。

由太原市全网图可知（图1），太古一级网与二电热网、嘉节热网、南部热网、城南热网相连接，可进行负荷切换。除城南热网为燃气基础热源及燃煤应急备用热源外，其余热网均为热电联产热源。为此，从解决现状供热成本过高及充分发挥热电联产供热能力来看，太古一级网将切换城南热网负荷来实现负荷消纳。

原城南热网供热面积1202万m^2，严寒期热指标42.37W/m^2，最大供热负荷需求为509MW。该区域初末寒期可切换至太古热网的供热面积131万m^2、800万m^2、1202万m^2。切换后，太古一级网面积分别为6795万m^2、7464万m^2、7866万m^2，在上述三类负荷切换情况下，热负荷平衡分析见表1。

热负荷平衡分析　　　表1

t_w (℃)	负荷比	热指标 (W/m^2)	可供面积 (万m^2)	热网调整
-11	1.00	41.87	6365	
-10	0.97	40.43	6592	面积为6795万m^2时，热网开始切换负荷或启动调峰热源厂联网运行，最大切换面积430万m^2
-7	0.86	36.09	7383	面积为7464万m^2时，热网开始切换负荷或启动调峰热源厂联网运行，最大切换面积1099万m^2
-6	0.83	34.65	7691	面积为7866万m^2时，热网开始切换负荷或启动调峰热源厂联网运行，最大切换面积1501万m^2
-5	0.79	33.21	8025	
0	0.62	25.99	10255	

2 初末寒期单热源运行负荷消纳分析

2.1 单热源运行负荷消纳对比分析

单热源运行负荷消纳按照切换区域分为四种工况，热力站参数设置综合考虑大机组、板式换热器、节能建筑等因素，进行差异化设置。节能建筑：大机组3.8t/(h·万m^2)、板式换热器4t/(h·万m^2)；非节能建筑：大机组5t/(h·万m^2)、板式换热器5.6t/(h·万m^2)，热源资用压差设置为55mH_2O。结合历年实际运行参数，各基础参数设置及水力分析结果如表2所示。

水力分析结果　　　表2

项目		工况一	工况二	工况三	工况四
循环流量 (t/h)	北中环	1410	1523	1806	1891
	管道桥	2077	2724	3563	3849
	南中环	2469	2338	3894	4442
	普国路出线	9367	9580	10692	10848
	北中环出线	5556	5652	5929	5911

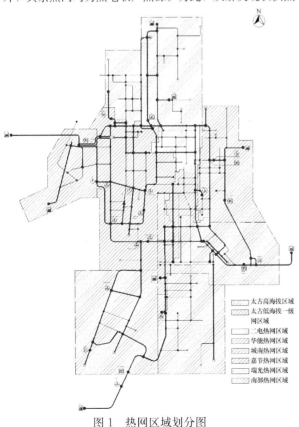

图1　热网区域划分图

续表

项目		工况一	工况二	工况三	工况四
循环流量(t/h)	西中环出线	9152	9352	10161	10282
	双塔西街	869	1643	2828	3289
	总循环流量	24651	25170	27415	27041
比摩阻(Pa/m)	双塔西街DN800	3	11	27	36
	双塔西街DN600	0.3	14	73	108
最不利工况点资用压差(mH₂O)		1.7	0.72	−35	−52
启动分布式变频泵热力站(座)		170	308	595	668
现状加压泵不满足热力站(座)		0	3	325	471
分布式变频泵功率(kW)		69	129	1379	1961
最高运行压力(MPa)		1.36	1.36	1.43	1.49

从资用压差来看：工况一和工况二最不利工况点均位于体育路支线，随河东区域城南供热面积进一步扩大；工况三和工况四的最不利工况点逐渐东移至双塔南路末端，且河东区域的水力平衡点由原水西南街南移至康乐街，这从北中环管线流量增加可以证实。系统零压差点（即图2、图3中线圈区域）逐步向河西区域偏移。此外，由于城南部分负荷管网路由经过双塔西街，导致双塔西街循环流量增加，尤其是该管线为DN800变径至DN600，比摩阻最高增加至108Pa/m，超过经济比摩阻70Pa/m，局部资用压差降幅达10mH₂O（图4）。从运行压力来看，全网最高压力区域发生变化。工况一和工况二最高压力为供水压力，达1.36MPa，主要集中在长风商务区；工况三和工况四最高压力为回水压力，达1.49MPa，主要集中在长治路附近，这与该区域管网连通性较差有关。从分布式变频泵来看，工况三和工况四的分布式变频泵启泵范围广，消耗功率提升10倍以上，且现状加压泵更换数量较多，工况三为105座，工况四为176座。

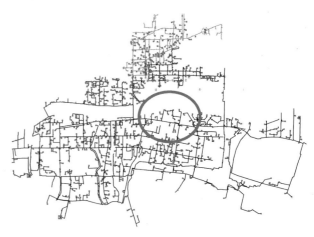

图2 工况三零压差点（图中线圈区域）

图3 工况四零压差点（图中线圈区域）

在发挥基础热源最大供热能力的前提下，考虑运行的经济性及分布式变频泵的更换，实际初末寒期可按照工况三的方式运行。

2.2 负荷消纳优化分析

为进一步降低热网运行压力，改善水力工况，建议对双塔西街管线进行优化，将现状DN800—DN700—DN600变径管线全部更换为DN800管线，同时将现状滨

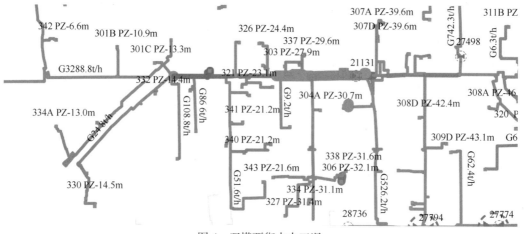

图4 双塔西街水力工况

河东路管线南延，新增双塔西街至南内环DN1000管线，将该DN1000管线与原南内环街DN700管线连通，为借用此段管线，全网需要增加原嘉节热网南内环街（滨河东路至长治路）84万m²负荷，以上述优化条件对对工况三进行调整。新增滨河路管线优化对比结果如表3及图5所示。

管网优化对比结果　　　　表3

工况	供热面积（万m²）	最高压力（MPa）	高于1.3MPa（座）	分布式变频泵启动（座）	分布式变频泵功率（kW）	比摩阻（Pa/m）	双塔西街流量（t/h）
优化前（工况三）	7464	1.43	98	595	1379	73	2828
优化后（工况五）	7548	1.36	32	618	1176	6	2115

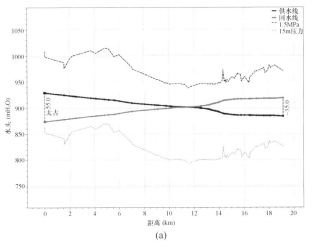 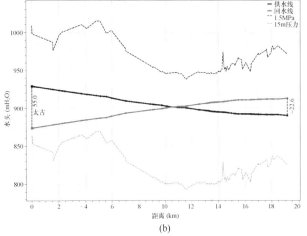

图5　优化前后水压图变化
(a) 工况三水压图；(b) 工况五（优化后）水压图

由上述结果可知，优化后系统最高运行压力降低，由1.43MPa降低至1.36MPa，且原四供热区域因南内环管线的联通，运行压力高于1.3MPa热力站由72座降低至20座。因新增南内环管线承担1700t/h的流量，双塔西街管线循环流量相对降低，管线比摩阻也降低67Pa/m，资用压差由20mH$_2$O降低至4mH$_2$O，水力工况明显改善，系统最不利工况点压差由35mH$_2$O降低至23mH$_2$O。热网系统需启动分布式变频泵数量增加，但运行频率相对降低，功率下降，电耗减少15%。

3　严寒期多热源负荷消纳运行分析

3.1　多热源运行可行性及运行方式确定分析

现状太古一级网严寒期主要采用太古热网和城西热网解列运行的方式，2020—2021供暖季末寒期，实施了太古一级网、城西热网联网运行[1-6]。联网供热面积为联网试验操作阀门期间，中继能源站、城西热源厂压力、流量无明显波动。热源厂因高程较中继能源站偏低，供回压力由0.8MPa/0.33MPa升至1.12MPa/0.55MPa，中继能源站供回压力维持在0.8MPa/0.2MPa，热网压力较高区域未改变，最不利热力站分布式变频泵运行频率由45Hz降至37Hz，水力工况得到改善。联网升流量试验期间，提升辅热源流量，仅增加辅热源的资用压差（增加7mH$_2$O）和流量（增加15%），主热源资用压差基本不变、流量降低1%；提升主热源流量对辅热源压差影响较大，在主热源资用压差增加4mH$_2$O，流量增加7%的情况下，辅热源资用压差减少6mH$_2$O，流量降低2.5%。此次试验证明联网运行期间，新热源的并入不会造成热网系统波动，主热源对热网系统的运行流量、压差起决定性作用。

根据现状太古一级网和城西热源厂严寒期供热能力，严寒期最高可供7196万m²负荷，太古一级网初末寒期供热面积为7548万m²时，严寒期城西热源厂作为二电热网的调峰，还需要切换二电热网286万m²，切换后太古热网供热面积为7835万m²。若采用联网运行方式，可根据实际负荷情况，逐台启动城西热源厂4台锅炉，在供热能力欠缺后，启动城西热源厂，切换负荷至城南热网。负荷调整见表4。

负荷调整　　　　表4

t_w（℃）	实际供热面积（万m²）	实际热负荷（MW）	启动锅炉台数及负荷切换
−11	7196	3013	切换负荷至城南热网459万m²
−10	7453	3013	切换负荷至城南热网202万m²
−9	7655	2984	启动分散式调峰200万m²
−8	7835	2941	运行城西热源厂4台锅炉
−7	7835	2828	运行城西热源厂2台锅炉
−6	7835	2715	运行城西热源厂1台锅炉

3.2 辅热源运行工况对联网运行影响

分别分析城西热源厂在不同锅炉运行台数下的联网运行工况。城西热源厂共有 6 台泵，参数如下：$Q=1800t/h$，$H=146m$；太古一级网中继能源站设有 10 台泵，参数如下：$Q=3500t/h$，$H=120m$。系统在不同锅炉运行台数的水力工况如表 5 所示。

辅热源负荷对系统水力工况影响　　表 5

项目		工况六（1 台炉）	工况七（2 台炉）	工况八（4 台炉）
循环流量（t/h）	中继能源站	27107	26651.6	24144.7
	城西热源厂	1800	3300	7200
	合计	28907	29952	31345
热源压力（MPa）	中继能源站	0.9/0.25	0.9/0.25	0.9/0.25
	城西热源厂	1.17/0.7	1.21/0.66	1.34/0.54
城西热源厂资用压差（mH₂O）		47	55	80
最不利工况点资用压差（mH₂O）		−14	−18	−24
最高运行压力（MPa）		1.52	1.55	1.6
分布式变频泵（kW）		665	874	1161
北中环循环流量（t/h）		5537	4607	1569

从水力交汇区域和系统循环流量来看（图 6），城西热源厂启动锅炉台数超过 2 台以上时，系统的水力交汇区域逐渐由河西区域扩大至河东区域的水西关街。锅炉运行台数为 1~2 台，对系统整体水力工况影响较小。城西热源厂主要是影响中继能源站北中环管线的出线流量，普国路和西中环流量基本维持在 10000t/h 以上，流量比为 1.05∶1。

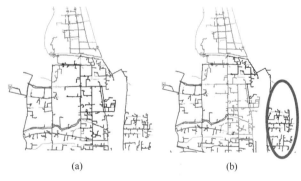

图 6　水力交汇区域对比
（a）2 台锅炉；（b）4 台锅炉

从运行压力来看（图 7、图 8），采用联网运行方式，系统运行压力较高，尤其是城西区域，其处于热源前端，在锅炉运行台数超过 2 台时，供水压力整体偏高，4 台锅炉运行方式下，运行压力达 1.6MPa。在高负荷运行工况下，联网运行超压较严重，建议严寒期城西热源厂启动 3

图 7　供水压力分布

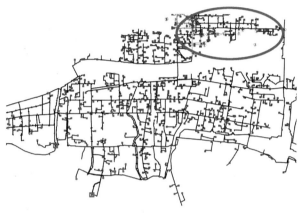

图 8　资用压差分布图

台锅炉及以上时，按照解列运行的方式，同时分布式变频泵选型也按照解列运行考虑。

4　分布式变频泵选型分析

根据上述各类水力工况分析，初末寒期，热网系统的分布式变频泵可按照城西热源厂启动 2 台锅炉运行方式进行选择，供热面积 7548 万 m²；严寒期可按照解列运行选择，将北中环至漪汾街负荷 599 万 m² 切换至城西热源厂，同时将并州路以东、双塔西街以南 628 万 m² 切换至城南热网，切换后，严寒期供热面积为 6321 万 m²。具体分布式变频泵选型结果如表 6 所示。初末寒期有 195 座热力站需要更换/增设，严寒期有 61 座热力站需要更换/增设。

分布式变频泵选型　　表 6

项目		工况九（初末寒期与城西 2 台锅炉联网运行）	工况十（严寒期切换城南 1227 万 m² 负荷）
供热面积（万 m²）		7548	6321
循环流量	中继能源站	22883	27238
	城西热源厂	4500	—
资用压差	中继能源站	55	65
	城西热源厂	59	—

续表

项目	工况九（初末寒期与城西2台锅炉联网运行）	工况十（严寒期切换城西城南1227万m²负荷）
最不利工况点	−19	−11
启动分布式变频泵数量（座）	585	491
分布式变频泵（kW）	955	754
更换/增设分布式变频泵数量（座）	195	61

5 结论与建议

（1）太古一级网集中降温后，可充分利用电厂余热，发挥其零碳能源优势，实现供热能力提升。初末寒期太古一级网供热面积可达到1亿m²以上，较现状供热面积提升33%，太古一级网循环流量较现状提升12%以上，对于以分布式变频泵+主循环为主的运行方式，在实现余热的充分利用的同时，还需考虑水力工况的最优运行及分布式变频泵的设置，提高全网运行的经济性。经对比，合理的消纳区域是替代高成本的燃气热源区域800万m²，优化管网系统后，可实现太古一级网最大供热面积为7548万m²。

（2）太古一级网与城西热源厂联网运行方式下，因系统运行压力较高，且DN1200北中环主干线流量降低未得到充分利用，严寒期暂不考虑联网，仍按照解列方式运行。太古一级网的多热源联网运行仅适合初末寒期低负荷工况。

（3）分布式变频泵按照初末寒期供热面积7548万m²选型，195座热力站需要更换/增设分布式变频泵；严寒期解列运行供热面积为6321万m²，61座需要更换/增设分布式变频泵。

参考文献

[1] 石兆玉. 供热系统多热源联网运行的再认识[J]. 中国住宅设施, 2016, Z3: 43-49.
[2] Zhou Z G, Wang P, Zou P H. Research on thermal optimal operation scheduling of multi-heat source co-heating system [J]. Advanced Materials Research, 2013, 2223.
[3] 王希. 供热系统事故工况下运行调度策略的研究[D]. 哈尔滨: 哈尔滨工业大学, 2014.
[4] 许征, 相克政, 胡静洋. 多热源联网运行仿真模拟[J]. 煤气与热力, 2019, 39(5): 11-13, 41-42.
[5] 刘晓昂, 杨双欢, 王晓红. 多热源联网运行优化配置应用实践[J]. 区域供热, 2020, 6: 59-65.
[6] 郭磊宏, 王永, 雷春鸣, 等. 多热源联网供热系统的应用性研究[J]. 区域供热, 2014, 6: 23-30.

长输供热管网热损失及输热效率应用分析

郑州热力集团有限公司　李登峰

【摘　要】近年来，长输供热管线越来越常见于大型城市供热系统。长输供热管网具有管径大、长度长的特点，管道热损失是考量项目建设、运行经济性的重要因素之一。本文以郑州热力集团有限公司投运的4条长输供热管线为例，研究DN1200、DN1400、DN1600等不同管径、不同长度的长输供热管道热损失。通过理论计算，得出不同保温条件下各长输供热管线的理论热损失、理论热网输送效率。同时对各长输供热管线实际运行参数的整理、分析和计算，得出实际温降、实际管道热损失和热网输送效率，并将实际管网热损与理论计算值进行对比。分析结果表明：长输管道热损失与保温层厚度及管径密切相关，而热网输送效率取决于管径、管长及输热参数。10～40km、DN1200及以上管径的长输管线温降为1～2℃，热损失为8～30MW，实际热网输送效率可达97%～99%。按照传统方法计算长输供热管线理论热损失与实际管损偏差较大，并给出设计阶段管道热损的余量修正建议。

【关键词】长输供热管网　管道热损失　热网输送效率

0 引言

随着城镇化发展和扩张，城市半径随之增大，建筑供暖负荷及热源需求不断提高。与此同时，城市环保政策不断收紧，原有的热源规划结构发生较大变革，城区内燃煤锅炉被淘汰，燃煤热电厂也逐步关停。在热源需求压力和能源环保政策双重作用下，城市集中供热开始向城市以外谋求热源支撑供热发展，由此催生出长距离输热技术。目前我国北方城市中已建设运行了多条长输供热管线，如太原市古交电厂长输管线，管径DN1400，长37.8km；德州市华能电厂向市区及高铁新区供热，管径DN1400，长26km；石家庄市西柏坡电厂废热利用入市工程，管径DN1400，长27km；郑州市裕中电厂二期"引热入郑"工程，管径DN1600，长36km[1]。

长输供热管线由于输送距离较长、管径较大，管道热损失是考量长输项目经济性重要因素之一。在设计阶段，设计人员应根据土壤自然条件、设计工况，计算校核管网经济保温层，使长输管线满足保温管道外表面温度≤50℃、输送效率应≥95%，并满足投资收益年限要求[2]。在投用阶段，运行管理人员可根据管网运行工况，对管线实际热损失进行计算校核，通过实际热输送效率修正热源生产计划，达到用热终端得热量与实际热负荷的匹配。

本文通过对郑州市四条长输供热管线的管道热损进行建模和理论计算，同时结合2020—2021供暖期这些长输管线的实际运行数据，计算管网的实际热损失。

1 工程背景

郑州市城区供热发展迅猛，供热面积连续10年增速超过10%，2020年收费面积突破1亿 m^2，入网面积达1.7亿 m^2。同时，城区内新力电厂、泰祥电厂、郑东热电厂在环保政策影响下先后关停，供热热源缺口较大。郑州热力集团有限公司自2015年启动"引热入郑"工程，自周边县市引进电厂热源，并配套建设长输供热管网及隔压站。近五年来，相继建设了裕中电厂一期"引热入郑"项目、国电荥阳"引热入郑"项目、豫能电厂"引热入郑"项目、裕中二期"引热入郑"项目。截至2020—2021供暖期，郑州市已有4条大管径、长距离的"引热入郑"管线投入供热运行，承担郑州市超过70%的供热量输配任务，有效地缓解了郑州市城区热源紧张的局面。其中，2020年建成投运的裕中二期引热入郑长输供热管线，管径DN1600，管道长度36km，是目前全国管径最大的供热管线。

长输供热管线普及后，其管道热损失不容忽视。从热源管理到节能降耗，都必须对管道热损进行充分的考量和分析。

四条长输管线案例中，电厂的热量通过长输管线输送至隔压站，通过换热设备送至一次网。其中，豫能电厂与裕中二期长输管线各连接一座隔压站，裕中一期及国电荥阳长输管网各连接2座并联的隔压站，本文分析忽略较短分支及隔压站的影响。四个案例管网主要设计参数如表1所示。

郑州市四条长输供热管网热主要设计参数　　　　表1

长输管线	投用时间	路由长度(m)	管径	设计输热能力(MW)	设计温度(℃)	设计流量(t/h)
裕中一期长输供热管线	2014	25170	DN1200	520	130	7000
国电荥阳长输供热管线	2015	23630	DN1400	900	130	10000
豫能电厂长输供热管线	2019	10213	DN1400	1000	130	15000
裕中二期长输供热管线	2020	36109	DN1400	1000	130	15000

2 理论计算

预制直埋保温管道的结构为：工作钢管+聚氨酯保温层+高密度聚乙烯外护管。在保温管的生产过程中，化学原料异氰酸酯和聚醚多元醇通过反应生成聚氨酯保温层，均匀充满工作钢管与外护管之间的空腔，并与工作钢管和外护管形成三位一体式的整体保温结构。为简化计算，将长输管线视为聚氨酯单层保温结构，管道周边土壤视为恒温层[3]。

管道的热损失及输热效率可按照式（1）～式（9）计算[4]。

土壤中单根管道单位长度热损失的计算式为：

$$\Delta q = \frac{t_p - t_s}{R_s + R_b} \quad (1)$$

式中，Δq——管道单位长度热损失，W/m；
t_p——钢管外表面温度，℃，近似取热水的温度；
t_s——管道周边土壤温度，℃；
R_s——土壤的热阻，(m·℃)/W；
R_b——保温层的热阻。

供热管道一般为供回水管平行敷设，考虑到平行敷设管道温度场相互叠加而影响热损失，引入一个附加热阻 R'：

$$R' = \frac{1}{2\pi\lambda_s}\ln\sqrt{1+\left(\frac{2h}{r}\right)^2} \quad (2)$$

$$h = h_1 + \frac{\lambda_s}{\alpha} \quad (3)$$

式中，R'——附加热阻，(m·K)/W；
λ_s——土壤的导热系数，W/(m·K)；
h——管网的当量埋深，m；
r——两条管道中心线间的水平距离，m；
h_1——管网的中心埋深，m；
α——管网上方土壤的表面传热系数，W/(m^2·K)。

考虑附加热阻后，供回水管道的单位长度热损失计算式为：

$$\Delta q_g = \frac{(t_{og}-t_s)(R_s+R_{bh})-(t_{oh}-t_s)R'}{(R_s+R_{bg})(R_s+R_{bh})-R'^2} \quad (4)$$

$$\Delta q_h = \frac{(t_{oh}-t_s)(R_s+R_{bg})-(t_{og}-t_s)R'}{(R_s+R_{bg})(R_s+R_{bh})-R'^2} \quad (5)$$

式中，Δq_g、Δq_h——供、回水管道的单位长度热损失，W/m；
t_{og}、t_{oh}——供回水管道的计算温度，℃；
R_{bg}、R_{bh}——供回水管道的保温层热阻，(m·K)/W。

两条管道的单位长度总热损失为：

$$\Delta q = \Delta q_g + \Delta q_h \quad (6)$$

土壤热阻及保温层热阻分别按下式计算。

$$R_s = \frac{1}{2\pi\lambda_s}\ln\frac{4h}{d_b} \quad (7)$$

$$R_{\mathrm{b}} = \frac{1}{2\pi\lambda_{\mathrm{b}}} \ln \frac{d_{\mathrm{b}}}{d_{\mathrm{p}}} \quad (8)$$

式中，R_{s}——土壤热阻，(m·K)/W；
　　　R_{b}——保温层热阻，(m·K)/W；
　　　λ_{s}——土壤导热系数，W/(m·K)；
　　　λ_{b}——保温层导热系数，W/(m·K)；
　　　d_{b}——保温层外径，m；
　　　d_{b}——钢管外径，m。

热网输热效率的计算式为：

$$\varphi = 1 - (1 + \varepsilon) \frac{\sum \Delta q}{Q} \quad (9)$$

式中，φ——热网输热效率；
　　　ε——考虑阀门、支座等未保温或保温薄弱环节的附加热损失系数，取 0.15；
　　　Q——供热系统热负荷，W。

下面按照式（1）～式（9）计算管道理论热损失。首先确定初始条件。稳态初始土壤温度按照《城镇供热直埋热水管道技术规程》CJJ/T 81—2013 附录 A 郑州地区 1 月份深度为-1.6m 时平均地温，土壤导热系数取 1.5 W/(m·K)。土壤、保温层及管道的计算初始条件见表 2、表 3。

土壤及聚氨酯保温材料计算条件　　表 2

土壤导热系数 [W/(m·K)]	1.5
土壤温度（℃）	10.2
保温层导热系数 [W/(m·K)]	0.3
保温层外表面控制温度（℃）	50

长输管线计算初始条件　　表 3

长输管线	裕中一期 DN1200 长输供热管线	国电荥阳 DN1400 长输供热管线	豫能电厂 DN1400 长输供热管线	裕中二期 DN1600 长输供热管线
路由长度（m）	25170	23630	10213	36109
管道外径（mm）	1220	1420	1420	1620
供水管壁厚（mm）	16	18	18	18
回水管壁厚（mm）	14	16	16	16
管道中心线埋深（m）	2	2	2	2
管道中心线距离（m）	2.025	2.025	2.025	2.025

长输管线单位长输热损失与保温层厚度、管径及水温有关。在 130℃/70℃ 设计温度下计算各长输管网单位长度管道热损失，如图 1 所示。各长输管道热损失随保温层厚度增加而降低。在对于裕中二期 DN1600 的长输管线，保温层厚度为 100mm 时，热损失为 337W/m；保温层厚度降为 65mm 时，管网热损失为 422W/m，较前者增加 25%。各长输管道热损失随管径增大而增加。在相同保温层厚度的情况下，DN1600 管网热损失比 DN1200 管网增加 28%，比 DN1400 管网增加 16%。

在相同管径、不同水温条件下计算长输管网热损失，如图 2 所示。国电长输管线取实际平均热水温度为 110℃/50℃；豫能长输管线取实际平均热水温度 100℃/50℃。各长输管道热损失随热水温度增加而增加。国电荥阳与豫能电厂输热温度相差 10℃，单位管道热损失相差 8%。

热网输送效率与保温层厚度、管网长度及输热量有关。在 130℃/70℃、流量 7200t/h、输热量 500MW 的边界条件下计算各长输管网单位输热效率，如图 3 所示。各长输管网输热效率随保温层厚度增加而升高，在对于裕中二期 DN1600 的长输管线，保温层厚度降为 65mm 时，管网输热效率 96.4%；保温层厚度为 100mm 时，管网输热效率提升至 97.2%。各长输管网输热效率随管网长度的增加而降低。裕中二期 DN1600 管网输热距离最长，

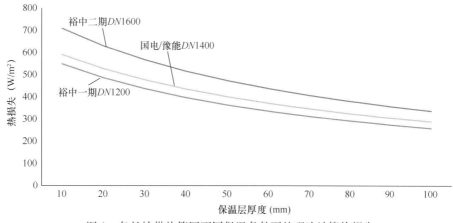

图 1　各长输供热管网不同保温条件下的理论计算热损失

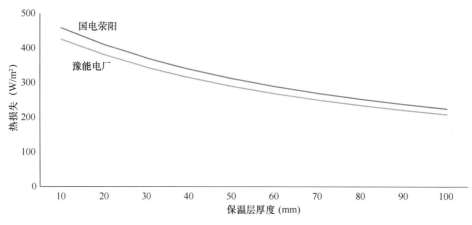

图 2 两条 DN1400 长输供热管网不同水温单位管长热损失

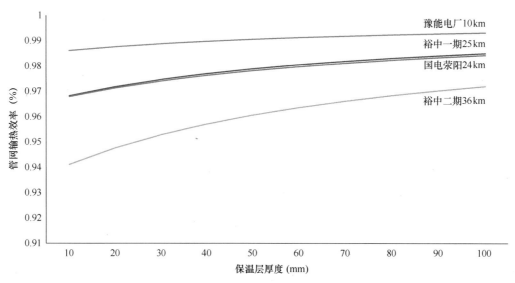

图 3 热负荷为 500MW 时各长输管网输热效率

达 36km，管网输热效率显著低于其他管网。豫能电厂 DN400 管长度仅为 10km，输热效率可达 99%。裕中一期与国电荥阳虽管径不同，输热距离基本相同，输热效率也基本一致。

在 130℃/70℃温度边界条件下，计算同一管道不同流量下的输热效率，见图 4。长输管网输热效率随流量增加而增加，DN1600 管网流量增加意味着输热量增加，热损失占比减小，热网输热效率增加。

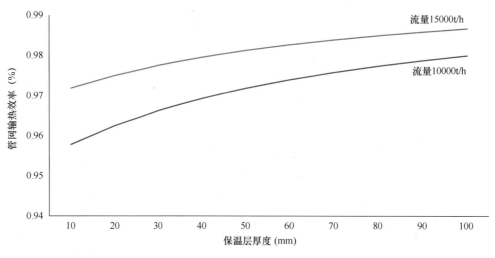

图 4 不同流量下裕中二期 DN1600 输热效率

3 理论热损失与管网输热效率计算结果

实际长输管线保温工程按照相关规范设计施工,取经济保温层厚度,并按照定型尺寸向上取整,据此向管道厂家提出定制要求。按照各案例长输管线的实际保温层厚度,可计算对应的理论热损失和热网输送效率,见表4。各案例长输管线理论热损失在 200~300W/m 之间,理论热网输送效率基本可达到98%以上。

各长输供热管线的理论计算热损失与管网输热效率　　表4

长输管线	裕中一期 DN1200 长输供热管线	国电荥阳 DN1400 长输供热管线	豫能电厂 DN1400 长输供热管线	裕中二期 DN1600 长输供热管线
保温层厚度（mm）	64	72	72	100
理论热损失（W/m）	233	265	254	243
理论热网输送效率（%）	98.34	99.04	99.47	97.99

4 实际热损失与管网输热效率

以各案例长输供热管线 2020—2021 供暖期的实际供热运行数据为依据,计算实际热损失与实际热网输送效率,并与理论计算进行对比,如表5所示。

各长输供热管线的实际热损失指标　　表5

	裕中一期 DN1200 长输供热管线	国电荥阳 DN1400 长输供热管线	豫能电厂 DN1400 长输供热管线	裕中二期 DN1600 长输供热管线
输水温度（℃）	100/50	110/50	100/55	100/50
流量（t/h）	7000	11000	10000	9000
输热量（MW）	400	750	560	500
温降（℃）	1.0326	0.7099	0.8145	1.5767
热损失（MW）	8.3580	9.5340	9.7415	16.3516
温降（℃/m）	0.000041	0.000030	0.000080	0.0000438
热损（W/m）	339	403	954	453
热网输送效率（%）	97.87	98.73	98.26	96.73

从表5可以看出,直埋热水管道由于土壤和保温层的共同作用,在保温方面有优越性。各长输管线温降较小,总体温降为 0.7~1.6℃,单位管长温降在 0.00004℃/m 左右。总体热损失为 8~30MW,每米热损失在 300~1000W。实际热网输送效率均超过96%。基于实际供热运行期间各长输管线的热网输送效率,郑州热力集团有限公司在制定每日的热源计划时,将用户热负荷增加 2%,并作为热源的计划供热量,充分考虑了长距离管网输热带来的管网热损失,达到热能供需端的匹配。

表6中各管线实际热损失与理论计算值的对比结果显示,长输管线实际管道单位长度热损失比理论计算值明显偏大,偏差率超20%,豫能电厂 DN1400 长输管线实际热损失达 954W/m,超过理论计算值2倍。相应的,各长输管线实际热网输送效率明显小于理论计算值,偏差率为 −0.3%~−1.3%。

各长输供热管线实际热损失与理论计算值偏差　　表6

长输管线	热损失（W/m）			热网输送效率（%）		
	实际值	理论值	偏差	实际值	理论值	偏差
裕中一期 DN1200 长输供热管线	339	271	25.09	0.9797	0.9834	−0.38
国电荥阳 DN1400 长输供热管线	403	306	31.7	0.9873	0.9904	−0.31
豫能电厂 DN1400 长输供热管线	954	295	223.39	0.9828	0.9947	−1.2
裕中二期 DN1600 长输供热管线	453	282	60.64	0.9673	0.9799	−1.29

由此可见,长输供热管线因管径大,距离长,阀门、

支座等保温薄弱环节较多，现场土壤及埋管状况多变，按照传统的管道保温设计计算方法计算热损失与实际存在较大偏差，建议设计人员在进行保温层相关计算时，增大设计余量，如将计算热损失增加 30%～50%，管网输送效率增加 0.3%～1%，以接近实际工况。

5 结论

（1）长输供热管线越来越常见于大型城市供热系统，其管道热损失不容忽视，设计者应根据理论计算对热损失进行充分考量。

（2）理论计算表明，长输管道热损失与保温层设计、管径、热水温度有关。管网热损失随保温层厚度增加而降低，随管径增大而增加，随热水温度增加而增加。热网输送效率与保温层设计，管网长度，热水温度、流量有关。输热距离越长，输热量越低，热网输送效率越低。DN1200～DN1600 管径的长输管线，经过合理的保温设计，长输管线理论热损失在 200～300W/m 之间，热网输送效率可达 98%以上。

（3）根据实际运行工况，在土壤和保温层的共同作用下，10～40km 的长输管线温降为 1～2℃，总体热损失为 8～30MW。实际热网输送效率可达 97%～99%。

（4）考虑长输供热管线的热网输送效率，城市外围热源生产计划供热量应进行 2%～3%的上浮修正，以使热源供热量与终端热负荷相匹配。

（5）长输供热管线实际热损失比理论计算值明显偏大。建议长输管线设计阶段对热损失值进行 30%～50%的余量修正。

参考文献

[1] 于雅泽. 长输供热管网经济保温层厚度的研究[C]//2019 供热工程建设与高效运行研讨会论文集(上), 2019.
[2] 住房和城乡建设部. 城镇供热直埋热水管道技术规程 CJJ/T 81—2013, [S]. 北京：中国建筑工业出版社, 2013.
[3] 贾丽华, 王孝国, 韩成鹏, 等. DN1600 预制直埋保温管道生产研究与工程应用[J]. 区域供热, 2018, 6: 116-121.
[4] 杨良仲, 张连钢, 曹宝军, 等. 大管径热水直埋供热管道保温层厚度的计算[J]. 煤气与热力, 2007, 2: 70-72.

太古热网回水温度影响因素分析

太原市热力集团有限责任公司　杜世聪　杨丽敏　姬克丹

【摘　要】 通过对太古热网供暖季一次网运行情况进行总结分析，深入探讨热力站板式换热器、大温差机组对一次网回水温度的影响，找出在热网调整、运行管理、设备维检等方面的有关原因，提出改进措施及办法，从而降低热网回水温度，提高供热效率，节能降耗。

【关键词】 供热　板式换热器　大温差机组　回水温度

0 引言

太古热网工程是第一个成功实施的大规模余热长距离供热工程，主要通过分散与集中降温相结合的大温差方法实现，目标将高温网回水温度降至 30℃，一次网回水温度控制在 30℃以下。热网通过设计大温差机组有效降低一次网回水温度。自项目投运以来，热网大力推进热力站大温差机组改造，目前改造比例达 67.8%。

经过五年的运行，太古热网一次网回水温度受各种因素的影响，无法降至预期值，间接导致高温网回水温度升高。受限于电厂回水温度，电厂出口温度无法继续升高，影响电厂供热量及热网供热负荷。在严寒期，需要投运更多的调峰热源以弥补供热量的不足，加大了供热成本及燃烧排放。本文主要从热力站板式换热器与大温差机组等方面，分析对回水温度的影响，并提出改进意见及处理措施。

1 一次网回水温度影响因素

2020—2021 供暖季，太古一次网最大供热面积达到 7400 万 m^2。其中，太原市热力集团有限责任公司（以下简称太原热力）在太古热网运行热力站共计 610 座，总供热面积 4769 万 m^2，其余为外协单位管理与运行热力站。目前，集团公司在网大温差热力站共计 350 座，改造比例达 67.8%。然而，随着大温差热力站投运比例的增多，太古一次网回水温度却并未随之降低。

太古热网共分两个系统运行，对比两个供暖季两个系统回水温度，系统 I 由 34.55℃升高至 35.48℃，升高 0.93℃。系统 II 由 37.32 升高至 37.45℃，升高 0.13℃。统计两个供暖季太古热网全网平衡目标温度分别为 40.36℃、39.54℃。计算太古热网区域内热力站换热设备整体端差，2019—2020 供暖季系统Ⅰ、Ⅱ分别为 47℃、49.9℃，2020—2021 供暖季系统Ⅰ、Ⅱ分别为 48.31℃、49.45℃，系统Ⅰ明显升高，说明该区域内热力站换热效果变差。因此，对比供暖季每周热力站大温差机组与板式换热器运行情况，找出回水温度升高的原因，以便进一步降低热网回水温度。

1.1 大温差机组运行情况

2020—2021 供暖季，太原热力在太古热网大温差机组投运面积为 2195.64 万 m²，占集团公司热网总供热面积的 46.04%。大温差机组能够充分利用一次网热量，有效降低一次网回水温度，但由于各种原因，部分大温差机组运行不佳，导致回水温度偏高，严重影响了热网回水温度。如图1、图2所示，大温差机组的运行好坏，直接决定着热网回水温度。

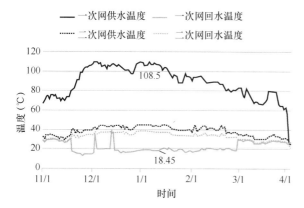

图 1　10MW 机组运行良好曲线图

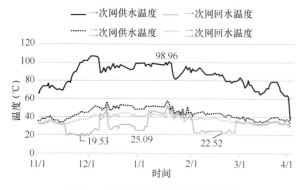

图 2　4MW 机组温度波动曲线图

太古热网 2020—2021 供暖季严寒期具备大温差机组热力站平均一次网回水温度为 28.51℃，较去年 28.24℃基本持平，严寒期超过 30℃ 热力站 88 座，平均一次网回水温度达 39.15℃，其中超过 35℃ 大温差热力站 40 座，占总大温差热力站面积的 13.68%。运行工况良好的热力站面积占总面积的 74.1%，平均一次网回水温度 21.5℃。超温大温差机组与运行良好大温差机组回水温度温差较大。因此，运行不佳的大温差机组对热网回水温度造成了较大的影响。

1.2 板式换热器运行情况

大温差机组投运期间，热网内板式换热器系统平均投运面积为 2414 万 m²，占总供热面积的 50.62%。通过分析每周热力站运行数据，整理出每周板式换热器运行效果不佳板式换热器系统（一次网回水温度大于 50℃ 及板式换热器下端差大于 3℃）平均每周超温面积为 1057.84 万 m²，占总板式换热器面积的 44%。大温差机组退出后，平均每周超温面积为 1503.65 万 m²，占总供热面积的 31.53%。板式换热器系统超温面积在整个热网中占据了较大的比例，与热网回水温度密切相关。相关数据对比见图3。

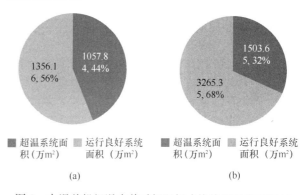

图 3　大温差机组退出前后超温板式换热器系统面积与总板式换热器系统对比

（a）大温差机组投运时；(b) 大温差机组退出后

大温差机组投运期间，板式换热器系统平均回水温度 41.94℃，退出后为 35.38℃。板式换热器运行不佳系统平均回水温度 46.66℃，大温差机组退出后为 38.36℃。而运行情况良好的板式换热器系统平均回水温度为 37.18℃，大温差机组退出后为 33.42℃。板式换热器运行良好与运行不佳的系统回水平均温差相差 5℃。因此，超温板式换热器系统严重影响着热网回水温度。

2 解决方法与调整

2.1 大温差机组运行不佳情况处理

经过实地查看与反馈，在超温大温差机组中，51% 由于机组真空度不足、板式换热器堵塞结垢等原因造成机组回水温度超温，在供暖期经过联系厂家抽真空和清洗板式换热器后恢复正常运行，堵塞严重的板式换热器需在供暖季结束后做进一步处理；9% 由于设备堵塞或故障，需夏季清洗或维修后做进一步观察；3% 由于二次网阻力大，严寒期并板式换热器运行；3% 由于管网失水严重，频繁启停机组；6% 需要通过厂家协助精细调整后恢复；其余 28% 由于自控测点造成温度信息不准确，需在供暖季结束后进行改造。共计 66% 的大温差机组可在调整、维护、处理后恢复正常运行。数据统计见图4。

2.2 板式换热器运行不佳情况处理

在每周超温系统中，筛选出了连续四个月下端差大于 5℃ 的热力站系统 19 个。经由各公司查看与反馈，其中 8 个系统板式换热器堵塞，7 个系统一次网流量偏大，

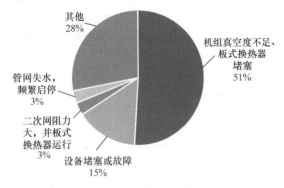

图 4　板式换热器超温原因

流量偏大,1个系统板式换热器选型不合适,3个系统循环泵降频运行,1个系统自控表计显示不准确。

在超温原因中,板式换热器堵塞占据一半左右。在供暖季中,对板式换热器及过滤器进行冲洗或排污可改善板式换热器换热效果,对于冲洗后仍不能改善的板式换热器,需在供暖季结束后对其进行拆洗或酸洗,彻底解决堵塞情况。其中,两侧流量不匹配导致超温的占35%左右,由于一次网流量偏大或二次网循环泵频率无法继续提升造成了系统超温,经过工作人员合理调整后恢复正常运行,阀门故障或板式换热器选型不合适的需在夏季维修改造后进一步调整观察,自控表计显示问题需在调校后进一步观察。板式换热器系统的超温情况大部分可在供暖季通过工作人员调整处理后恢复正常运行,其余部分可在供暖季结束后维修更换并做进一步观察。超温原因统计见图5。

3个系统一次网旁通阀门关不严。同时筛选出每月连续四周下端差大于3℃的热力站系统44个,经各公司查看与反馈,其中22个系统板式换热器堵塞,12个系统一次网

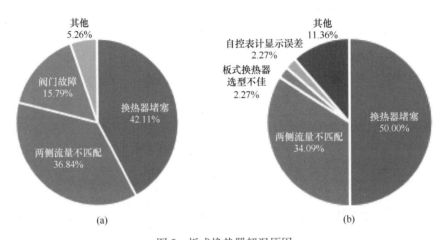

图 5　板式换热器超温原因
(a) 端差大于5℃板式换热器系统超温原因；(b) 端差大于3℃板式换热器系统超温原因

3　结论

大温差机组与板式换热器作为大型热网中极其重要的换热设备,其正常、高效的运行,直接决定了热网回水温度与热网余热利用的程度,进而影响热网供热质量。太古热网五年的运行管理过程中,大温差机组与板式换热器暴露出的种种问题,造成热网回水温度升高2~3℃,严重影响了热网的高效运行。因此,为提高热网的余热回收利用比例,以节约能源、降低碳排放,在大型热网运行过程中,应加强对热网内大温差机组与板式换热器的监测与分析,时刻关注板式换热器运行状况,实时掌握设备运行不佳的原因,及时调控,严格控制回水温度,对于在供暖季不能及时处理的,在供暖季结束后,列入维修改造计划,彻底解决板式换热器、大温差机组及其配套设施存在的问题,以便下供暖季能够高效运行。

参考文献

[1] 李晓亮. 人字形板式换热器强化传热研究及场协同分析[D]. 济南：山东大学,2009.
[2] 王林文. 长输供热系统大温差机组实际效能评价[J]. 区域供热,2020,5：28-34.
[3] 王林文. 太原市基于吸收式大温差供热技术应用及问题探讨[J]. 区域供热,2020,5：40-45.

太古长输供热管线温降统计及分析

太原市热力集团有限责任公司　毕思奇

【摘　要】长输供热管线受限于热量输送距离、管道保温层热传导效率、环境温度等因素，会产生沿途热量损失。本文主要选取严寒期稳定工况下的运行数据通过时差法和基于热量平衡原理的两种计算方法，计算出太古长输供热管线从热源到中继能源站的温降值。在气温发生变化时，可以以此为依据对热源厂更科学、精细的要求供水温度，使供热调度工作更精细高效。
【关键词】长输供热管线温降　跟踪法　时差法　基于热量平衡原理的温降计算

0　引言

太原市太古供热工程是目前国内供热行业大型远距离长输供热项目的典型代表，工程自古交兴能电厂至太原中继能源站，全长37.8km，敷设两供两回共4根DN1400供热主干线，管道保温材料为聚氨酯，其中供水管道保温层厚度为100mm，回水管道保温层厚度为60mm。

对于长输供热系统，管线的热量散失对输送效率至关重要，而影响长输供热管线温降的主要因素有：循环水温度、环境温度、保温材料传热系数、循环水流速等。在一定流量下的温降，表征了其沿程热量损失。

掌握管线沿程温降值，可以在保障一次网供热量足够的情况下，更科学、精细的要求电厂供水温度，节约能源，进而产生更好的环境与经济效益。

1　温降统计方法

1.1　设计温降

根据中国市政华北设计院设计资料，太古长输系统设计为大温差方式运行，设计供/回水温度为130℃/30℃。在供水温度为130℃、循环流量为15000t/h的工况下，供水沿程温降5℃，回水温降忽略不计。并由此计算出太古长输供热管线供水沿程损失热量170MW。

设计温降依据传热理论进行计算，但因管线较长，沿程情况复杂，因此实际温降与设计值存在差异，需要进行测试确定。

1.2　温降统计方法

目前，太古供热管线已平稳运行三个供暖季，在运行阶段，运行人员尝试过多种方式进行温降统计，主要使用的方式是以下两种：

1.2.1　跟踪法

以兴能电厂出口温度突变特征点为起点（如电厂因故障导致供水温度突然降低），根据各泵站温度波动先后时间曲线，找到中继能源站与之对应的特征点，按照特征点的温度值计算电厂出口与中继能源站入口的温度差值即为系统沿程损失温差。

该方法可以保证所取的温度值来自同一股水，但特征点一般为供水温度突变，经过数个小时流动之后，因水的扩散及热传递，在管网内运行至中继能源站过程中，突变点参数会被削弱，因此所计算的温降也会产生偏差。

该方法不受管线流量波动影响，通过查找历史曲线，找出特征点，计算电厂出口处和能源站进口处特征点差值，即得出温降值。

1.2.2　时差法

选取一个时间点，记录电厂的供水温度和高温网循环流量，根据流量计算管网内水的流速，计算该流量下供水从兴能电厂到中继能源站所需时间，根据时差在特定时间读取中继能源站入口温度参数，并计算差值。

最初使用时差法是调度员选取某时间点读取并记录电厂供水温度和循环流量值，到计算时间时再读取能源站进站供水温度。由于系统调整或者操作，会与记录时间点发生冲突，造成漏记。为避免时间计算等原因导致的时差错误，自控人员在控制系统中插入时差法统计程序，点击启动后，软件会自动收集此时系统流量和电厂供水温度，后台计算流速和到达测温点的时间，并在对应时间自动记录测温点的供水温度，为了方便观察每段管线的温降情况选取了3个测温点，分别是：1号中继泵站供水管测温点、2号中继泵站供水管测温点、中继能源站供水进站测温点。

使用时差法统计的优点是：
（1）不受时间和生产工况制约，可随时进行温降统计；
（2）计算简单，电厂出口温度与能源站入口温度差值即系统温降值。

缺点是：
（1）计算时使用的管线长度值与实际太古长输供热管线长度值有偏差；
（2）流量采集为瞬时值，会受波动影响产生偏差，因而会与实际所用时间产生偏差，使采集的温度也发生偏差；
（3）电厂供水温度发生较大波动，因水的扩散及热传导，温降值产生偏差；
（4）各测点现场温度变送器校准可能有偏差，导致温度数据和温降统计值发生偏差。

为尽量减少误差，选取太古长输供热管线系统流量和供回水温度相对稳定的时间段。选取2018年12月30日至2019年1月1日这5天，每天0:00、1:00、20:00、21:00、22:00、23:00共6个时间点，测定并记录数据，统计表见表1。

供水温降统计表　　　　　　　表1

测温时间		系统Ⅰ					系统Ⅱ					
		流量(t/h)	温度（℃）				温降(℃)	流量(t/h)	温度（℃）				温降(℃)
			电厂	1号泵站	2号泵站	中继能源站			电厂	1号泵站	2号泵站	中继能源站	
2018年12月30日	0:00	14042	119.07	118.41	117.05	117.62	1.45	12820	118.36	117.66	117.11	117.94	0.42
	1:00	14025	117.39	117.22	115.63	116.91	0.48	12806	116.81	116.48	116.92	117.24	−0.43
	20:00	13924	118.30	117.81	116.48	116.82	1.48	12766	118.43	117.57	118.09	117.62	0.81
	21:00	13976	117.91	117.32	116.01	116.81	1.10	12772	118.30	117.57	118.10	117.84	0.46
	22:00	14018	119.40	119.24	117.93	119.01	0.39	12757	118.69	118.50	119.01	118.56	0.13
	23:00	14042	118.69	118.52	116.93	117.57	1.12	12822	118.43	117.99	118.51	118.07	0.36
2018年12月31日	0:00	14028	118.30	118.01	116.70	117.33	0.97	12822	118.43	117.99	118.51	118.07	0.36
	1:00	14098	118.23	117.80	116.45	117.09	1.14	12856	118.62	117.99	118.27	118.07	0.55
	20:00	14042	118.36	117.74	116.55	117.08	1.28	12475	118.36	117.74	118.15	117.83	0.53
	21:00	14035	118.04	117.74	116.31	117.08	0.96	12443	118.23	117.74	118.15	117.83	0.4
	22:00	14035	118.30	117.97	116.55	117.32	0.98	12443	118.56	117.98	118.39	118.07	0.49
	23:00	13978	118.17	117.73	116.31	117.08	1.09	12442	118.62	117.98	118.39	118.06	0.56
2019年1月1日	0:00	13976	117.84	117.49	116.32	116.84	1.00	12443	118.04	117.71	118.16	117.82	0.22
	1:00	14032	118.17	117.97	116.56	117.32	0.85	12498	118.36	117.94	118.40	117.82	0.54
	20:00	14284	115.97	115.56	114.17	114.47	1.50	12085	117.20	115.47	115.91	114.71	2.49
	21:00	14800	115.77	115.32	113.92	114.47	1.30	12443	115.71	114.98	115.43	115.16	0.55
	22:00	14744	116.10	115.58	114.38	114.94	1.16	12443	115.90	115.21	115.66	115.16	0.74
	23:00	14746	115.58	115.34	113.90	114.24	1.34	12820	116.10	115.67	116.12	115.40	0.70
2019年1月2日	0:00	14744	115.51	115.07	113.66	114.26	1.25	12837	115.77	115.21	115.62	115.15	0.62
	1:00	14745	114.80	114.37	113.20	114.03	0.77	12762	115.97	115.45	115.63	115.38	0.59
	20:00	14063	114.74	114.38	112.97	113.83	0.91	12388	115.32	114.65	115.25	114.89	0.43
	21:00	14042	115.32	114.87	113.43	114.29	1.03	12376	115.51	114.84	115.22	115.12	0.39
	22:00	14042	114.87	114.63	113.43	114.06	0.81	12445	115.00	114.61	115.21	114.89	0.11
	23:00	14072	113.64	113.69	112.50	113.12	0.52	12443	114.48	114.59	115.00	115.12	−0.64
2019年1月3日	0:00	14042	116.23	115.84	114.59	114.99	1.24	12440	115.71	114.83	115.48	114.40	1.31
	1:00	14042	116.16	115.36	113.91	114.53	0.83	12448	116.03	115.02	115.45	114.87	1.16
	20:00	13994	115.45	114.84	113.63	114.28	0.56	12443	115.19	114.76	115.43	115.09	0.10
	21:00	14042	114.19	114.84	113.63	114.28	0.56	12452	115.25	114.99	115.43	115.56	−0.31
	22:00	14042	115.25	115.08	113.63	114.28	0.80	12484	115.19	114.73	115.41	115.08	0.11
	23:00	14042	114.93	114.61	113.40	114.05	0.56	12443	115.38	114.96	115.41	114.07	1.31

整理筛选表1中数据，剔除明显偏差值，计算平均温降值。得出系统Ⅰ平均温降值为0.98℃，系统Ⅱ平均温降值为0.61℃。

1.3 基于热量平衡原理的温降计算方法

电厂输出热量有两个消耗方向，一个是通过中继能源站换热器将热量传递到一次网供用户使用，另一个是供热管线及设备的热量散失，其关系可以用式（1）、式（2）表达。

$$Q_1 = Q_2 + \Delta Q \quad (1)$$

$$\Delta Q = \Delta Q_供 + \Delta Q_回 \quad (2)$$

式中，Q_1——电厂供热量，GJ；

Q_2——一次网供热量，GJ；

ΔQ——供热管线沿程热损失，GJ；

$\Delta Q_供$——供水管线热损失，GJ；

$\Delta Q_回$——回水管线热损失，GJ。

而 $Q = cm\Delta T$，$m = \rho V = \rho qt$，且中继能源站板式换热器两侧存在热量平衡的关系，因此有：

$$c\rho qt(T_{1供} - T_{1回}) - \Delta Q = c\rho qt(T_{2供} - T_{2回}) = Q_2 \quad (3)$$

式中，c——水的比热容，$c = 4.18 \times 10^3 J/(kg \cdot ℃)$；

ρ——水的密度，不考虑水的温度，这里取$\rho = 1t/m^3$；

q——高温网流量，m^3/h；

t——时间，h；

$T_{1供}$——电厂供水温度，℃；

$T_{1回}$——电厂回水温度，℃；

$T_{2供}$——电厂供水温度，℃；

$T_{2回}$——电厂回水温度，℃。

由式（3）可得：

$$(T_{1供}-T_{2供})+(T_{2回}-T_{1回})=\frac{\Delta Q}{c\rho qt}=\frac{Q_1-Q_2}{c\rho qt} \quad (4)$$

显然，"$T_{1供}-T_{2供}$"为太古长输供热管线供水温降，而"$T_{2回}-T_{1回}$"为太古长输供热管线回水温降，因此，利用式（4）即可计算出太古长输供热管线包含供水和回水在内的整个环网沿程温降。

太古长输供热管线回水温降相较于供水温降其值可忽略不计，因此利用式（4）计算出的温降值可确定为太古长输供热管线供水温降值。

以上是在工况稳定条件下，依据电厂供热量、一次网供热量及高温网循环流量数据计算太古长输供热管线供水温降的方法。该方法优点有：

（1）温降计算结果不受太古长输供热管线长度、系统瞬时流量波动、电厂供水温度波动的影响；

（2）统计时间段越长则准确性越高。

缺点有：

（1）计算结果是沿程总温降，而不能单独计算供水温降或回水温降；

（2）一次网输配热量是通过板式换热器换热后的输配热量，没考虑板式换热器的热损耗；

（3）由于太古长输供热管线长 37.8km，按照设计工况流量15000t/h计算，热水从电厂到达中继能源站的时间为3.9h，因此每一天太古长输供热管线的输热量与下游一次网的输热量会出现偏差，而在实际生产中每天热量表计读数统计是在同一时间点进行的，因此也会造成计算结果的偏差；

（4）热量表计的校准不一样也会造成计算结果的偏差。

1.4 计算结果与比较

为了方便与时差法的温降值进行比较，以 2018 年 12 月30日至2019年1月3日这5天为例，计算这5天的太古长输供热管线供水温降值。

在利用基于热量平衡原理的温降计算方法计算时发现受该方法的弊端影响，系统Ⅱ长输供热管线供热值小于系统Ⅱ一次网的输热值，因此选取情况相对较好的系统Ⅰ进行计算比较，系统Ⅰ一次网包含西山高海拔一次网和市内一次网两部分，因此系统Ⅰ一次网输热量等于两个一次网系统输热量之和。

2018年12月30日至2019年1月3日，共计5天，太古长输供热管线平均供回水温度为116.8℃/45.1℃。系统Ⅰ平均流量为14158t/h，室外平均气温为－8℃左右。表2为5天内系统Ⅰ热量及流量数据。

系统Ⅰ热量及流量数据　　　表2

日期	电厂当日输配热量（GJ）	一次网当日输配热量（GJ）	沿程损耗热量（GJ）	高温网流量（t/h）
12月30日	102038	98168	3870	14005
12月31日	104339	100548	3791	14036

续表

日期	电厂当日输配热量（GJ）	一次网当日输配热量（GJ）	沿程损耗热量（GJ）	高温网流量（t/h）
1月1日	99223	95353	3870	14430
1月2日	100699	97132	3567	14285
1月3日	97420	93874	3546	14034
合计/平均	Q_1=100744	Q_2=97015	$\Delta Q=Q_1-Q_2$=3729	q=14158

将上述数据代入式（4）可得：

$$(T_{1供}-T_{2供})+(T_{2回}-T_{1回})$$
$$=\frac{3729\times10^9}{4.10\times10^3\times5\times24\times14158\times10^3}$$
$$=0.53℃$$

因此，在电厂供/回水温度为116.8℃/45.1℃，循环流量为14158t/h，室外平均气温为－8℃的特定条件下，太古长输供热管线系统Ⅰ供水温降为0.53℃。时差法测出这5天系统Ⅰ平均供水温降为0.98℃。

系统Ⅰ与系统Ⅱ长输管线管径和保温措施完全一致，因此可以简单推论得出在电厂供水温度为116℃/45℃，循环流量在14000t/h左右，室外平均气温在－8℃的特定条件下，太古长输供热管线供水温降不超过1℃。

2 分析结论

通过热量平衡原理计算出系统Ⅰ供水温降为0.53℃，时差法测出系统Ⅰ平均供水温降为0.98℃。两种计算结果有差值，但均能较好的反映管线整体温降区间范围，即整体温降在1℃以内。初步分析产生差值的原因为选取的5天时间电厂供水温度由119℃逐渐降至114℃，热量由电厂输送到一次网至少需要3.9h，高温网与一次网的热量表数值读取在同一时间点进行，因此一次网当日输配热量相较于高温网当日输配热量有时间上的延后，当电厂供水温度处于下降趋势时，一次网的热量计量数值会偏高，计算出的温降值会偏小。

本文介绍的几种方法都有优缺点，不同的因素会导致温降计算结果发生偏差，热量平衡法适用于测量一段时间段管线整体平均温降，时差法适用于测量短时间对应室外温度下的瞬时值，同时二者结合可互为校验，能较准确反映管线整体温降趋势，在运行生产过程中应同时采用多种方法进行计算比较，使计算结果更准确。

通过以上方法的计算与比较，得出一定条件下太古长输供热管线的供水温降不超过1℃，以此值为太古长输管线温降控制目标及依据，当天气发生变化需要调整电厂供水温度时，在保障下游一次网热量充足的情况下可以更精细、科学的要求电厂应供水温度。

在运行期采用跟踪法测量并记录太古长输供热管网的温降值，实时关注管网温降情况，保障太古长输管线运行更经济、更节能、更科学。

参考文献

[1] 石光辉．太原太古大温差长输供热引发的新探讨[J]．区域供热，2019，1：71-76．

吸收式换热器性能影响因素探究

赤峰学院资源环境与建筑工程学院　　刘国庆　谢晓云　朱超逸　石宏岩

【摘　要】 应用于末端热力站处的吸收式换热器适用于两股流量极不匹配流体之间换热,其一次网回水温度降低 20℃左右,比常规换热器更低。较低的回水温度可以回收大量废弃的余热,减少能源浪费。为了减小吸收式换热器由不匹配温差占主导导致的㶲耗散,提出多级与多段的外部结构以提高机组性能。本文将通过两级吸收式换热器实测数据分析,结合 T-T 图分析以及 EES 软件模拟分析等,分析机组性能变差的原因。基于实测结果及模拟分析,研究吸收式换热器性能影响因素,定量给出机组不凝气、过液、过水等因素对吸收式换热器性能影响强度。

【关键词】 吸收式换热器　性能影响因素　不凝气

1　研究背景

2021 年《中国建筑节能年度发展研究报告》指出:2019 年北方城镇供热能耗约为 2.13 亿 tce,占建筑运行能耗 20.9%,北方城镇供暖能耗强度较大,随着节能效果显著,近年来持续下降。但碳排放高,约为 5.5 亿 tCO_2,占建筑运行碳排放 25.23%。如图 1 所示。

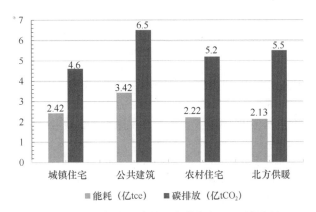

图 1　2019 年中国建筑运行能耗与 CO_2 排放量

北方城镇供暖方式大约 70%还是以燃煤为主。2019 年北方城镇采暖面积约 152 亿 m^2,未来北方城镇冬季供暖面积将达到 200 亿 m^2。若以现在的供暖方式,不可避免会造成碳排放高、能源短缺等问题。

余热资源大多数是电厂乏汽余热、钢铁化工等高耗能企业生产工艺过程中的低温余热,温度大多为 30~100℃之间。分布在距离城区较远的地方,为了减小长距离输送成本与提高输送效率,一次侧往往按照小流量、大温差的方式。对于末端二次侧为了均匀用热,以大流量、小温差方式运行。相比于常规换热器(若采用常规换热器,两侧不匹配流体会造成巨大的㶲耗散)吸收式换热器的提出:适用于两股流量极不匹配流体之间换热,采用吸收式换热器的一次网出水温度可降低至 20℃水平,能够与热源处的余热直接换热,增加余热利用效率。

2　研究现状

关于吸收式换热器性能方面的影响因素的探究,易禹豪等对应用在太原市的多台不同容量(1~8MW)的双级吸收式换热机组进行全供暖季工况的性能测试。实测初末寒期温度效率水平在 1.28~1.43 之间,严寒期温度效率水平在 1.2~1.38 之间。高于目前已有的机组实测温度效率水平(1.1~1.2)。实测的机组整体温度效率水平高,对于不同机组,温度效率随流量比的增加而增加。

朱超逸等研发多段式吸收式换热器,在赤峰实际项目中开发与应用,对其性能进行测试。在整个供暖季节,一次回水温度保持在 30℃以下;测试温度效率为 1.2~1.3,该吸收式换热器的调节性能优于板式换热器。热量输出与一次水流量之间存在良好的线性关系。

对于优化内部流程方面以提高机组性能,李静原对吸收器传热传质与匹配特性进行研究,建立吸收器三股流传热传质模型,提出了三股流传热传质的入口参数匹配和流量匹配的概念。推导出匹配流量比,减小系统㶲耗散。王笑吟对吸收式换热器机组二次网的最优流量分配进行了分析,得到最佳流量分配比例。增加换热面积是减少热损失和获得较低的一次网回水温度有效方法。

3　研究方法

本课题研究方法有两种:
(1)对于吸收式换热器中发生器与吸收器,应用一维三股流传热传质模型(图 2),其应用模型的目的是求出传热系数和传质系数同时并描述发生、吸收过程。计算软件为 EES(Engineering Equation Solver)。

热平衡:
水侧能量变化:
$$m_w c_{pw} d t_w = -(t_w - t_s) K d A$$
溶液侧能量变化:
$$d(m_s h_s) = (t_w - t_s) K d A - r_o d m_s$$
传质方程:
$$d m_s = (x_s - x_i) \rho h d A$$

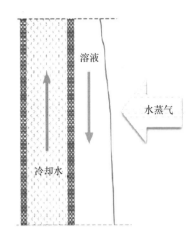

图 2　传热传质三股流（以吸收器为例）

溶质质量方程：
$$d m_{\mathrm{ms}} = -m_{\mathrm{s}} \mathrm{d} x_{\mathrm{s}} / x_{\mathrm{s}}$$

式中：x_{s}——溶液浓度；

x_i——根据吸收压力和溶液温度对应的边界浓度；

h——定义的传质系数，m/s；

t_{w}——水侧温度，℃；

t_{s}——溶液侧温度，℃；

m_{w}——水侧流量，kg/s；

m_{s}——溶液侧流量，kg/s。

第二种方法是吸收式换热器各器的热量平衡，目的是确认吸收式换热器热量是否平衡、均匀。利用对数平均温差传热模型，计算出吸收式换热器中蒸发器、冷凝器与板式换热器热量。

冷凝器：
$$\Delta t_{\mathrm{c}} = \frac{(t_{\mathrm{sat,c}} - t_{\mathrm{c,w,in}}) - (t_{\mathrm{sat,c}} - t_{\mathrm{c,w,out}})}{\ln\left(\dfrac{t_{\mathrm{sat,c}} - t_{\mathrm{c,w,in}}}{t_{\mathrm{sat,c}} - t_{\mathrm{c,w,out}}}\right)}$$

$$Q_{\mathrm{c,w}} = \dot{m}_{\mathrm{c,w}} C_{\mathrm{p,w}} (t_{\mathrm{c,w,out}} - t_{\mathrm{c,w,in}})$$

$$Q_{\mathrm{c,w}} = U_{\mathrm{c}} A_{\mathrm{c}} \Delta t_{\mathrm{c}}$$

板式换热器：
$$Q = c_{\mathrm{p,w}} (t_{1,\mathrm{in}} - t_{1,\mathrm{out}}) = KA \frac{(t_{1,\mathrm{in}} - t_{2,\mathrm{out}}) - (t_{1,\mathrm{out}} - t_{2,\mathrm{in}})}{\ln \dfrac{t_{1,\mathrm{in}} - t_{2,\mathrm{out}}}{t_{1,\mathrm{out}} - t_{2,\mathrm{in}}}}$$

4　机组性能实测

4.1　测试内容

本次测试选取的地点是赤峰市新地小学，测试机组为热力站内两台设计负荷为 320kW 的两级吸收式换热器（由于上下机组运行时间较短，本文以左右机组分析）。测试时间为 2021 年 3 月 24 日至 2021 年 4 月 15 日，所处时间是供暖季的末寒期。

本次测试的目的是收集机组基本参数，如各设备进出口温度、各设备内压力、流经各设备流量等。对稳态工况下的数据处理，剔除不合理数据，与已有的供暖季数据进行整合分析，从而进一步发现机组存在问题。新地小学机组如图 3 所示。

测试内容如下：

左右结构　　　　　　上下结构

图 3　新地小学两台机组

（1）熟悉机组结构流程，掌握机组基本设计参数；

（2）实测流量、温度、压力等数据，掌握基本的测量手段、平衡校验方法；

（3）根据所要研究的不同工况，对吸收式换热器进行适当调节；

（4）实测机组内溶液浓度，机组内不凝气含量和测试冷剂水是否受到污染。

4.2　不凝气测试

测试方法：机组正常运行时，关闭一级、二级冷剂水泵，关闭一次供水管阀门。使左右机组冷却，待压力稳定时，用真空泵分别抽取左右机组一级、二级溶液罐内溶液，测量其溶液温度与密度。

计算机组内不凝气步骤：

（1）根据抽取溶液的温度与密度求出该溶液浓度，此时溶液罐内溶液浓度对应吸收器出口浓度；

（2）利用浓度与温度数值求出其对应压力，这里的压力指吸收器内溶液表面水蒸气分压力，蒸发-吸收为一个单元。

（3）利用实测蒸发-吸收腔内压力减去求解出来的压力得到腔体内不凝气含量。

4.3　冷剂水污染测试

验证溶液是否发生过液现象，即发生器或吸收器溶液通过飞溅、溢液、蒸气带液进入到水侧空间。测试方法：抽取机组冷剂水罐液体，测量密度。水的密度大约在 998～1000kg/m³，使用 1100kg/m³ 浮子密度计，密度计沉底。说明机组内冷剂水近似等于水的密度，没有溶液掺混导致密度变大的现象，说明机组无过液现象。

5　机组性能分析

5.1　机组采暖季运行状况

对机组运行以前数据与实测数据进行整理，整个供暖季供回水温与各设备压力变化如图 4 与图 5 所示。

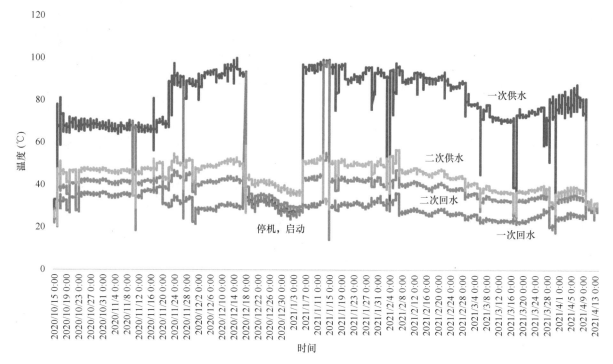

图 4 2020—2021 年左右机组供暖季供回水温度变化曲线

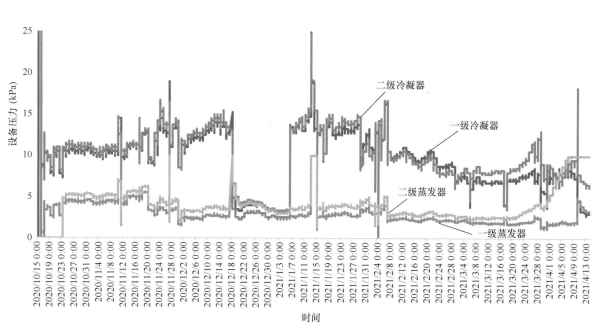

图 5 2020—2021 年左右机组供暖季各设备压力变化曲线

机组整个采暖季运行状况较好,经过一段时间停机后能很快恢复到正常工作状态,其中机组严寒期能够满负荷或超负荷运行,一次回水温度在 20~30℃ 之间。随着负荷率的降低,各级蒸发压力与冷凝压力均下降,蒸发冷凝两级压差变小,其中冷凝压力变化幅度远大于蒸发压力。同时发现在末寒期 3 月 18 日以后,二级冷凝、蒸发压力均有上升的趋势。同时测试过程中不同工况的变化流量比随之也发生改变。

机组温度效率:

$$\varepsilon = (t_{1,\text{in}} - t_{1,\text{out}})/(t_{1,\text{in}} - t_{2,\text{in}})$$

式中:$t_{1,\text{in}}$ ——一次网供水温度,℃;

$t_{1,\text{out}}$ ——一次网回水温度,℃;

$t_{2,\text{in}}$ ——二次网回水温度,℃。

5.2 机组数据处理:热平衡校核

热量不平衡率:

$$\frac{Q_2 - Q_1}{Q_2} \times 100\%$$

式中：Q_1——一次侧热量，kW；
Q_2——二次侧热量，kW。

热量校核包括整体热量，一、二级热泵；水-水板换热器热量校核。热量校核是为了检验实测温度、流量是否合理，从图6可以看出：机组各部分热量不平衡率大都在±10%之内，热量校核较好，同时也说明保证温度测点正确，测试流量数据也在合理范围内。

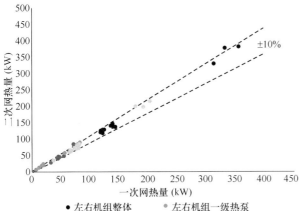

图6 左右机组热平衡校核

5.3 机组不同工况对比

机组正常运行时严寒期与末寒期大多都以同一工况运行，从数据上分析寻找不同工况下机组运行时是否存在相同问题，如表1所示：随着负荷率降低，流量比增加，同时换热效能也提升。

左右机组不同工况对比　　表1

	严寒期	末寒期
测试时间	2021/2/4	2021/3/25
负荷率	111.05%	42.66%
一次网流量（t/h）	5.17	2.40
二次网流量（t/h）	29.25	29.54
一次供水（℃）	89.39	73.56
一次回水（℃）	30.27	24.60
二次供水（℃）	50.58	37.38
二次回水（℃）	39.40	33.23
一网热量（kW）	355.38	136.52
二网热量（kW）	380.02	142.56
整体热平衡	6.48%	4.23%
流量比	5.66	12.32
总换热效能	1.18	1.21

工况一：左右机组严寒期运行

如图7所示，严寒期机组各设备均能正常运行，一级高温热泵与二级低温热泵提供热量相当，分别占供热量的21.9%、21.09%；水-水板式换热器提供热量最多占57%。机组各设备压力：一级冷凝器 $P_{c1}=13.31$ kPa，二级冷凝器 $P_{c2}=12.98$ kPa，一级蒸发器 $P_{e1}=3.13$ kPa，二级蒸发器 $P_{e2}=4.05$ kPa，$COP1=0.75$，$COP2=0.9$。

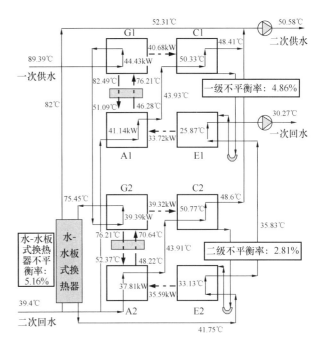

图7 工况一：左右机组严寒期运行

从图8所示可知：机组发生器、吸收器传热不匹配程度较大，主要是流量不匹配。发生器一次网小流量运行，目的是防止高温侧运行区间向左上方移动，导致机组结晶。两级热泵溶液浓度均在正常合理区间，没有结晶现象发生。

工况二：机组末寒期运行

如图9所示：各设备均能正常运行。相比于严寒期，一级高温热泵与二级低温热泵提供热量相差较大，分别为32.13%、14.56%。水-水板式换热器提供热量最多，占53.31%。机组各设备压力：一级冷凝器 $P_{c1}=7.99$ kPa，二级冷凝器 $P_{c2}=10.3$ kPa，一级蒸发器 $P_{e1}=2.09$ kPa，二级蒸发器 $P_{e2}=3.52$ kPa。

同时模拟计算机组达到最大性能，与实测结果进行对比。给定各设备换热面积，设计换热系数，一、二次网流量，给定一次供水温度73.56℃，二次回水温度33.23℃。如图10所示。

模拟结果与实测结果对比：

如表2所示：一级热泵蒸发器与吸收器对应热量偏小。二级热泵整体热量偏小，且一次水通过各设备出口温度均高于模拟结果。

同时二级冷凝-发生腔体实测压力高于模拟结果约2kPa。如表3与表4所示。且进出口溶液温度高于模拟结果。机组应达到温度效率为1.36，二级COP为0.78。二级热泵性能略差。

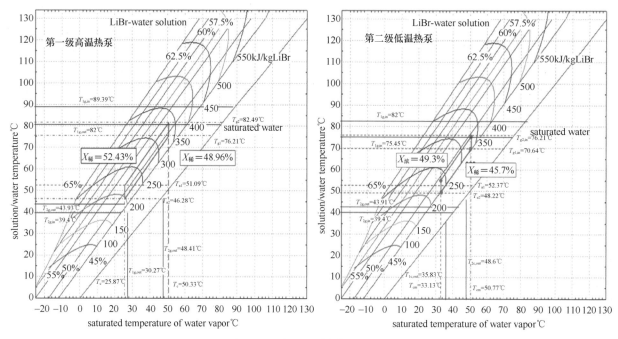

图8 左右机组严寒期 T-T 图

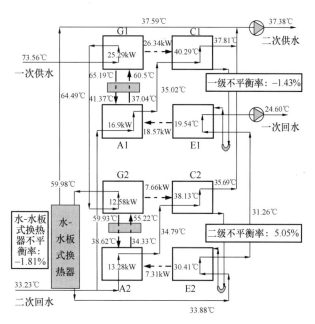

图9 工况二：左右机组末寒期运行

图10 左右机组末寒期工况二模拟计算结果

模拟与实测热量对比　　表2

	G1	A1	C1	E1
设计换热系数[kW/(m²·K)]	1	1	2	1.5
实际换热系数[kW/(m²·K)]	0.55	0.35	1.82	0.56
模拟热量(kW)	27.54	26.79	21.42	20.66
实测热量(kW)	25.29	16.9	26.34	18.57
	G2	A2	C2	E2
设计换热系数[kW/(m²·K)]	1	1	2	1.5
实际换热系数[kW/(m²·K)]	0.35	0.63	0.68	0.94
模拟热量(kW)	25.54	25.08	20.25	19.79
实测热量(kW)	12.58	13.28	7.66	7.31

模拟与实测压力对比（单位：kPa）　表3

	模拟计算	实测
一级冷凝器	7.42	7.99
二级冷凝器	7.44	10.30
一级蒸发器	2.05	2.09
二级蒸发器	3.23	3.52

模拟与实测性能对比　　表4

	一级热泵供热量(kW)	二级热泵供热量(kW)	板换供热量(kW)	温度效率	COP1	COP2
模拟结果	48.2	45.33	59.64	1.358	0.75	0.775
实测结果	43.86	19.89	72.78	1.214	0.734	0.571

5.4 机组运行出现问题原因

机组不同工况下一级热泵各器热量如表5所示。

左右机组一级热泵热量对比　　表5

热量(kW)	G1	A1	两者相差
严寒期机组	44.43	41.14	7.40%
末寒期机组	25.29	16.90	33.17%
C1	E1	两者相差	一级热平衡
40.68	33.42	17.84%	4.86%
26.34	18.57	29.50%	-1.43%

左右机组一级热泵在严寒期各设备热量较均匀，末寒期较不均匀，发生器与吸收器热量、冷凝器与蒸发器热量相差很大，且吸收热量小于发生热量，蒸发热量小于冷凝热量，热量相差20%～30%。理论上冷凝器蒸气冷凝下的水在蒸发器中蒸发，两者热量上应该相等（忽略冷凝水热量）。

分析存在问题原因：

（1）不凝气测试

机组一级稀溶液由于浓度过高，对溶液进行稀释，如表6所示，在浓度48.26%、温度26.8℃下，吸收蒸发腔体对应压力为1.09kPa，根据实测数据实际一级蒸发-吸收腔体的压力为1.64kPa。机组一级不凝气含量为0.55kPa。存在不凝气含量较少。

（2）结构设计

左右机组一级不凝气测试　　表6

时间：2021/3/31 01:54	
一级稀溶液（240mL）	T=26.8℃
	ρ=1420kg/m³
	x=42.6%
240mL溶液质量	0.34kg
240mL溶质质量	0.15kg
200mL溶液质量	0.30kg
200mL质量分数	x=48.26%

① 蒸发器在吸收器上部，底部是吸收器布液板，底板密封问题。

容易发生过水现象：蒸发器中冷剂水流到吸收器内，造成蒸发器蒸发热量减小，同时吸收器内溶液变稀，吸收水蒸气驱动力变弱，造成蒸发器热量小于冷凝器。同时去年供暖季发现过水现象，经过检修加厚一层密封板。

② 此采暖季在末寒期发现各设备热量较不均匀，可能由于测量温度误差的原因导致此结果，对于是否又存在过水现象需在停暖后检查并检修。

机组不同工况下二级热泵各器热量如表7所示。

左右机组二级热泵热量对比　　表7

热量（kW）	G2	A2	两者相差
严寒期机组	39.38	37.81	3.98%
末寒期机组	12.58	13.28	-5.59%
C2	E2	两者相差	二级热平衡
39.32	35.59	9.49%	2.81%
7.66	7.31	4.63%	5.05%

机组二级热泵各个工况下各设备热量平衡较均匀，如表8所示；相比于一级供热量，在末寒期其二级出力明显不如一级，两者提供热量相差一半多。

左右机组一级级热泵热量对比　　表8

热量（kW）	一级提供热量	二级提供热量	两者相差
严寒期机组	77.85	74.97	3.71%
末寒期机组	43.86	19.88	54.67%

分析存在问题的原因：

末寒期机组进入不凝气，影响传热传质系数，使得供热量变小。

左右机组二级不凝气测试如表9所示。

左右机组二级不凝气测试　　表9

时间：2021/3/31 01:39	
二级稀溶液	T=26.3℃
	ρ=1413kg/m³
	x=42.08%

左右机组二级稀溶液在浓度42.08%、温度26.3℃下，吸收蒸发腔体对应压力为1.64kPa，实际二级蒸发-吸收腔体的压力为4.42kPa。机组二级不凝气含量为2.78kPa。由于所测得为一个时间点的不凝气含量，第二级蒸发器内在3月31日不凝气含量剧增，这里可能机组漏气导致。

5.5 机组传热系数

传热系数的计算运用研究方法中对数温差法，$Q=UA\Delta T$，其中U为传热系数，A为换热面积，设计标准发生器1~1.2kW/(m²·K)。吸收器1kW(m²·K)，冷凝器2~2.5kW(m²·K)，蒸发器1.8~2kW(m²·K)。

如表10所示，严寒期各器传热系数接近设计的标准，吸收器蒸发器略低，机组严寒期工况时其换热系数高于末寒期。由于末寒期机组负荷率较小，同时内部受不凝气影响，传热温差变小，不凝气影响其换热系数。

左右机组换热系数　　表10

	严寒期单独运行			末寒期单独运行	
	传热面积 A (m²)	传热温差 ΔT (℃)	换热系数 U [kW/(m²·K)]	传热温差 ΔT (℃)	换热系数 U [kW/(m²·K)]
G1	7.8	6.33	0.90	5.91	0.55
A1	9.6	7.01	0.61	4.97	0.35

续表

	严寒期单独运行			末寒期单独运行	
	传热面积 A (m^2)	传热温差 ΔT (℃)	换热系数 U [kW/(m^2·K)]	传热温差 ΔT (℃)	换热系数 U [kW/(m^2·K)]
C1	3.9	3.71	2.81	3.70	1.82
E1	4.2	6.81	1.17	7.93	0.56
G2	7.8	4.91	1.03	4.65	0.35
A2	9.6	8.64	0.46	2.19	0.63
C2	3.9	4.07	2.48	2.87	0.68
E2	4.2	5.10	1.66	1.86	0.94

6 机组性能影响因素模拟分析

在吸收式换热器中，二次网水分为三股，在吸收式热泵吸收-冷凝器中与水-水板式换热器并联加热，这种形式将流量大的二次网分成流量较小的三股流，减少了热损失。同时三股流量的分配对其性能也有一定影响。这里探究流经水-水板式换热器流量对一次回水温度与其性能的影响。对于两级吸收换热器，给定机组换热量、一次供水温度、二次供回水温度、传热传质系数。其中换热面积、换热过程（二次水并联）均不变。根据不同供水温度，二次供回水温度为50℃/40℃。

7 总结

（1）过液：左右机组两级冷剂水罐中冷剂水接近水的密度，没有溶液掺混导致密度变大的现象，说明机组无过液现象。

（2）过水：经分析发现左右机组末寒期第一级热泵出现热量不均匀的现象，严寒期各器热量较均匀，可能由于末寒期测量温度误差的原因导致此结果，对于是否存在过水现象需在停暖后检查并检修。

（3）不凝气：对于左右机组第二级热泵，经测试与观察，腔体内含有大量不凝气约2kPa。各设备热量与性能均降低。同时也发现机组内不凝气含量在末寒期不断升高，机组有漏气现象。

（4）换热系数：严寒期各设备传热系数接近设计的标准，由于末寒期机组负荷率较小，同时内部受不凝气影响，传热温差变小，不凝气影响其换热系数。

（5）对于板式换热器流量分配对其性能影响，左右板式换热器流量分配较为合理。但对于机组性能影响因素来说，不凝气对其影响占主导作用。

参考文献

[1] 易禹豪,谢晓云,江亿. 应用于太原市的双级大温差吸收式换热器运行性能实测与分析[J]. 区域供热,2019(05)：11-19,43.

[2] 朱超逸,谢晓云,江亿. 楼宇式吸收式换热器的研发及应用[J]. 区域供热,2019(05)：1-10,59.

[3] 李静原,谢晓云,江亿. 基于吸收式换热技术的多段立式吸收-蒸发器的实验研究与应用[J]. 科学通报,2015,60(31)：3005-3013.

[4] 王升,谢晓云,江亿. 多级立式大温差吸收式变温器性能分析[J]. 制冷学报,2013,34(06)：5-11.

[5] Zhu C Y, Xie X Y, Jiang Y. A multi-section vertical absorption heat exchanger for district heating systems[J]. International Journal of Refrigeration, 2016, 11(71)：69-84.

[6] Wang X Y, Zhao X L, Sun T, et al. Analysis of the secondary network flow distribution in absorption heat exchange unit[J]. Procedia Engineering, 2017, (205)：694-701.

换热站大温差机组实际应用案例分析

泰安市泰山城区热力有限公司　崔　燕　蔡正燕　聂　克　李晓婷　陶　霞

【摘　要】泰安高铁E4站由常规换热站改造为大温差换热机组，2020—2021供暖季运行稳定，大温差换热机组全工况运行，一次网回水温度17～30℃，比二次网回水温度低10～15℃，二次网供水温度35～52℃，在保证用户正常用热的基础上，大大降低了一次网回水温度，提高了供热能力。

【关键词】大温差　换热机组　一次网回水温度

0 引言

为进一步降低回水温度，2020 年选取几个站点进行大温差换热机组改造，选取站点原则是国电直供站点以及换热站尺寸满足要求，无需对换热站建筑进行改造。其中高铁 E4 站换热站长 12.6m、宽 6m、高 3.3m，且换热站为地上独立换热站，满足改造条件，供暖期投入运行。本文主要对高铁 E4 站大温差换热机组供暖期实际运行参数进行分析。

1 项目介绍

高铁 E4 站设计面积共 14.93 万 m^2，其中低区 14.2 万 m^2，高区 0.73 万 m^2，高区采用高直连系统，供暖形式为散热器。考虑到实际用热率较低，根据往年实际运行情况，用热率维持在 40% 左右，因此换热机组选型时并未按照全负荷选型，换热机组总供热量为 5MW，吸收式热泵供热量为 2.5MW，工艺流程图如图 1 所示，现场照片如图 2 所示。

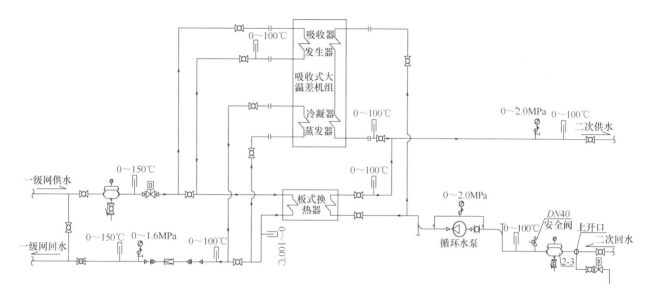

图 1 高铁 E4 站大温差换热机组工艺流程图

图 2 现场照片

2 实际运行情况

高铁 E4 站大温差换热机组从 2020 年 12 月 5 日正式投入运行，现选取 2020 年 12 月 6 日—2021 年 2 月 20 日期间运行数据进行分析，运行曲线如图 3 所示。在整个供暖季，运行策略为一次侧采用分阶段改变流量的质调节，二次侧质调节。

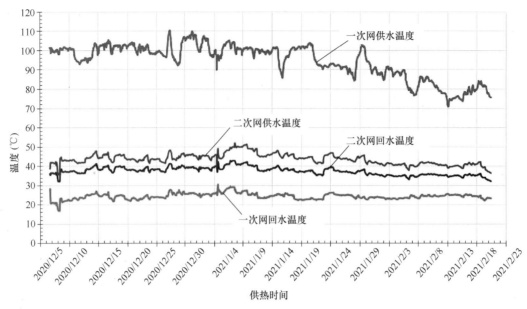

图 3 高铁 E4 站大温差热机组运行参数

从图 3 中可以看出,运行期间,一次网供水温度范围为 70~110℃,二次网供水温度为 35~52℃,二次网回水温度为 32~43℃,一次网回水温度比二次网回水温度低 10~15℃,且大部分维持在 24℃左右,一次网回水温度显著低于二次网回水温度,维持在 17~30℃之间。根据往年运行参数,常规板式换热器一次网回水温度在 45℃左右,大温差换热机组一次网回水温度降低 21℃。根据该站 2019—2020 供暖季的运行数据,若采用常规板式换热器换热,一次网回水温度比二次网回水温度高 3~5℃,因此,采用大温差供热后,一次网供回水温差比板式换热器供热增加了约 30%,在一次网相同的流量下,管网供热能力提升了约 30%。

2.1 全工况运行

大温差换热机组可以全工况运行,一次网回水温度受供暖季室外温度变化的影响,机组在供热期间的一次网供水温度、二次网供、回水温度及负荷率在每天的不同时刻以及不同的供热时期均会发生变化,大温差换热机组可以适应这种工况变化。

选取严寒期及末寒期两个温度变化较大的工况进行对比,如表 1 所示,工况 1 一次网供水温度 101℃,工况 2 一次网供水温度 72.9℃,二次网供水温度分别为 49.1℃和 39.8℃,一次网回水温度均为 25℃,相差不大,从这两个工况运行数据可以看出,大温差换热机组可以在全工况运行,尽管初末寒期一次侧供水温度相差较大,但是此时二次网供水温度需求也不相同,可以保持相同的一次侧供水温度。两种工况下负荷率分别为 28%、70%,流量比分别为 9 和 10,温度效率分别为 1.26 和 1.25。

泰安高铁 E4 热力站严寒期及末寒期运行数据 表 1

工况名称	运行时间	一次网供水温度(℃)	一次网回水温度(℃)	二次网回水温度(℃)	二次网供水温度(℃)	负荷率(%)	流量比	温度效率
工况 1	2020.12.16	101	25.1	40.7	49.1	70	9	1.26
工况 2	2021.2.13	72.9	25.7	35.1	39.8	28	10	1.25

2.2 一次网供水温度对一次网回水温度的影响

根据高铁 E4 站实际运行参数,选取严寒期及末寒期两个工况进行对比,两个工况参数如表 2 所示,其中二次网供回水温度接近,但工况 3 的一次网供水温度(98.3℃)高于工况 4(75.9℃),从表中可以看出,工况 3 的一次网回水温度(17℃)低于工况 4(23.4℃)。因此一次网供水温度的提高可以降低一次网回水温度。

高铁 E4 站某 2 个工况运行数据 表 2

工况名称	运行时间	一次网供水温度(℃)	一次网回水温度(℃)	二次网回水温度(℃)	二次网供水温度(℃)	负荷率(%)	流量比	温度效率
工况 3	2020.12.8	98.3	17	32.5	36.3	38	16.5	1.24
工况 4	2021.2.20	75.9	23.4	32.5	36.7	30	13.1	1.21

一次网供水温度越高，对热泵的驱动能力越强，在发生器中可以将溶液加热到更高的温度和浓度，浓度更浓的溶液在吸收器中对水蒸气的吸收能力更强，蒸发压力越低，一次网回水温度也越低。因此，一次网供水温度的提高有利于进一步降低一次网回水温度。

2.3 二次网供回水温度对一次网回水温度的影响

从图3中可以看出，一次网回水温度随二次网供回水温度的降低而降低，选取两个工况进行比较，两个工况参数如表3所示，两个工况相比，一次网供水温度相同，但工况5的二次网供/回水温度（36.3℃/32.5℃）低于工况6（45℃/37.6℃），工况5的一次网回水温度（17℃）也低于工况6（23.7℃）。

高铁E4站某2个工况运行数据 表3

工况名称	运行时间	一次网供水温度（℃）	一次网回水温度（℃）	二次网回水温度（℃）	二次网供水温度（℃）	负荷率（%）	流量比	温度效率
工况5	2020.12.8	98.3	17	32.5	36.3	38	16.5	1.24
工况6	2021.1.20	98.3	23.7	37.6	45	82	9.5	1.23

在相同的一次网供水温度下，二次网供水温度越高，冷凝器中冷凝压力越高，浓溶液的浓度越低，吸收器中溶液对水蒸气的吸收能力下降，蒸发压力升高，一次网回水温度升高；二次网回水温度越高，在相同的溶液浓度下，稀溶液温度越高，对应的蒸发压力也越高，一次网回水温度越高。二次网供/回水温度的降低有利于进一步降低一次网回水温度。因此，整个供热期间，二次网以质调节为主，保持大流量运行，并保持二次侧和一次侧有较大的流量比，初末寒期当供热负荷降低时，可以降低二次网供水温度，从而有利于一次网回水温度的进一步降低。

3 结论

在实际运行中，大温差换热机组可以满足全工况运行，显著降低一次网回水温度，同时一次网回水温度受到一次网供水温度以及二次网供回水温度的影响，一次网供水温度越高，二次网供水温度越低，一次网回水温度越低。在实际运行中，二次侧以质调节为主，保持二次侧与一次侧较大的流量比，可以显著降低一次网回水温度。

参考文献

[1] 朱超逸, 谢晓云, 江亿. 楼宇式吸收式换热器的研发及应用[J]. 区域供热, 2019, 5：1-10, 59.
[2] 易禹豪, 谢晓云, 江亿. 应用于太原市的双级大温差吸收式换热器运行性能实测与分析[J]. 区域供热, 2019, 5：11-19, 43.

新型双级楼宇式吸收式换热器在实际工程中应用测试

内蒙古富龙供热工程技术有限公司　孙 萌　方 豪　朱超逸　杨恩博　丛 全　左河涛　朱 旭

【摘　要】吸收式换热技术适用于两股流量极不匹配流体之间的换热，但是在生产实践中发现换热过程存在较大的㶲耗散，机组性能低。经过不断研究探索，内蒙古富龙供热工程技术有限公司研发的新型双级楼宇式吸收式换热器可有效减少㶲耗散，提高换热器性能，在标准工况下设计参数为一次网供/回水温度90℃/27.5℃，二次网供/回水温度50℃/40℃，换热效能1.25。为验证机组在实际项目中的供热效果，本文选取一个示范项目对楼宇式吸收式换热器[1]的供热情况进行测试。
【关键词】大温差供热　楼宇式吸收式换热器　实际运行测试

1 背景

1.1 行业背景

目前我国大力发展大温差供热，大温差供热的核心是降低回水温度，从而拉大温差，提升管网供热能力。国内吸收式换热技术已经比较成熟，应用在大同等多个示范项目中，由于传统的集中式吸收式换热器本体尺寸大、占地面积大等弊端，实际安装过程中难度较大，限制了该技术的应用范围。我公司和清华大学共同研发出立式楼宇式吸收式换热器，经过多年试验台实验和工程实践积累，机组性能得以不断优化，机组外形尺寸由原来的 1.8m×1.8m×3.2m 优化为现在的 1.5m×1.6m×2.95m，换热性能由原来的 1.2 提升至 1.25 左右。目前，这种新双级楼宇式吸收式换热器已在赤峰市红山区二十一小学投入使用并平稳运行达到两个供暖季（每个供暖季 183d），机组零故障，供暖效果良好。

1.2 项目背景

本项目地点在赤峰市红山区二十一小学教学楼，项目供暖面积 13400m²，现用两台供热能力 320kW 的双级机组进行供热。机组于 2019 年末安装并代替原有换热器。图 1、图 2 分别是常规换热站和楼宇式吸收式换热站外观图。

图 2 双级机组外观图

图 1 常规换热站

2 双级楼宇式吸收式换热机组原理结构

2.1 机组原理

新型双级楼宇式换热器是将两个单独的楼宇式换热器串联成一个整体，可将内部一次网温度分两级逐渐降低，二次网回水经过两级和板换逐渐升高，减少了换热过程中的热损失，从而使得相同换热量时机组换热面积减小，相比单级楼宇式换热器占地面积更小。图 3 是新型双级楼宇式吸收式换热器的原理图，机组由发生器、吸收器、冷凝器、蒸发器、水-水板式换热器等组成。

换热流程为：一次网热水依次进入第一级发生器和第二级发生器，与其中的溴化锂溶液换热后再进入水-水板式换热器；一次网热水从水-水板式换热器出口流出后

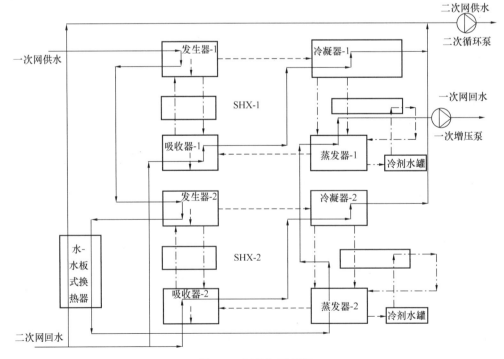

图 3 双级机组原理图

再依次进入第二级蒸发器和第一级蒸发器,在蒸发器内经冷剂水蒸发吸热实现降温,最终进入一次网回水管。二次网回水在进入机组前分为三个分支,一个支路进入水-水板式换热器与一次网水换热,另两个支路流程类似,分别依次进入两级吸收器和冷凝器中,在吸收器中与溴化锂溶液换热,在冷凝器中与来自发生器的热蒸汽换热,从而实现两次升温过程,最后三股水汇合进入二次网供水管。

2.2 机组结构、尺寸和重量

如图2所示,发生器和冷凝器为左右结构,吸收器和蒸发器上下结构。该机组占地 1.5m×1.6m,高度 2.95m,重量为2t,若场地条件应允,楼宇式吸收式换热器可以放置在建筑物楼栋前或地下空间。

3 性能测试

3.1 测试目的和依据

本测试的目的是验证新型楼宇式吸收式换热机组在实际项目中的运行性能和供热效果。

吸收式换热器换热量应按式(1)进行计算:

$$Q = \varepsilon G_1 c_{p1} |t_{1,in} - t_{2,in}| / 3.6 \quad (1)$$

式中,Q——吸收式换热器换热量,kW;

ε——吸收式换热器效能;

c_{p1}——流量小的一侧流体比热容,kJ/(kg·℃);

G_1——流量小的一侧流体质量流量,t/h;

$t_{1,in}$——流量小的一侧流体进口温度,℃;

$t_{2,in}$——流量大的一侧流体进口温度,℃。

第二类吸收式换热器效能应按式(2)进行计算:

$$\varepsilon_2 = \frac{t_{1,out} - t_{1,in}}{t_{2,in} - t_{1,in}} \quad (2)$$

式中,ε_2——第二类吸收式换热器的吸收换热器效能;

$t_{1,in}$——流量小的一侧流体进口温度,℃;

$t_{1,out}$——流量小的一侧流体出口温度,℃;

$t_{2,in}$——流量大的一侧流体进口温度,℃。

热平衡误差按式(3)进行计算:

$$\Delta = \frac{Q_1 - Q_2}{|Q_1|} \times 100\% \quad (3)$$

式中,Δ——热平衡误差;

Q_1——流量小的一侧流体能量变化,kW;

Q_2——流量大的一侧流体能量变化,kW。

换热量可定量的反映出机组的制热量,而一次网侧热量需和二次网侧热量进行匹配,不平衡率低则证明机组换热效果佳,热损失小。而换热效能则代表机组性能的量值,换热效能越大,证明机组性能越好。

3.2 测试方法

为保证热用户的稳定,对一次水进行量调节,选取三个工况。一组是《吸收式换热器》[2]GB/T 39286—2020 中的100%负荷下各参数的变化情况,另外两组分别为80%负荷和110%负荷,检验吸收式换热机组能供热能力。

根据国家标准将机组调整为标准工况,采用适当测试仪器(见3.3节)测得流量、压力和温度等关键参数,再根据3.1节公式计算。

图4是测点位置在机组上的分布图表1为机组上布置的测点位置,10s扫描一次记录一次数据。图中G为

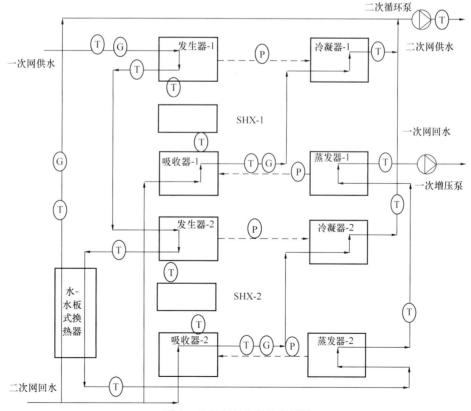

图4 机组布点位置分布情况

流量测点,T为温度测点,P为压力测点。测得一组工况后调节一次网流量,使其达到变工况的目的。

在测试期间同步对热用户的室温进行测试,在明德楼的东西两侧的教室中间布置温度自记仪(图5),为避免仪器误差过大,每次用两个温度自记仪校正测试,等数据稳定后记录,测试期间保证无外因扰动。

图5 明德楼内部温度测点

机组测点位置布置及编号　　　　表1

	编号	位置		编号	位置
一次水	50	一次供水	冷剂水	57	一级冷凝器冷凝水出水
	59	一级发生器出口		47	二级冷凝器冷凝水出水
	58	二级发生器出口		15	一级冷剂罐出液
	55	二级蒸发器入口		5	二级冷剂罐出液
	56	二级蒸发器出口			
	48	一次回水			
	编号	位置		编号	位置
二次水	60	二次供水	溶液	44	二级发生器溶液出口
	41	吸收器一级出口		53	二级发生器溶液进口
	54	吸收器二级出口		51	二级吸收器溶液进口
	45	水-水板式换热器二次供水		12	二级溶液罐出口
	43	一级冷凝器出口		10	一级溶液罐出口
	49	二级冷凝器出口		4	一级吸收器溶液进口
	46	二次回水		6	一级发生器溶液进口
				19	

3.3 测试仪表介绍

测试前,所有测试仪器仪表均经过校核,利用keysight数据采集仪(图6)采集数据,利用热电偶测量机组的温度(图7)和压力值,用温度自记仪(图8)进行测试室温,利用超声波流量计(图9)进行一次网和二次网水流量的记录,利用功率计(图10)测试楼栋循环泵(即二次网循环泵)的水泵电耗。各仪器误差见表2。

实验所用仪器误差　　　　表2

仪器名称	精度
热电偶	±0.2K
温度自记仪	±0.1K
超声波流量计	0.25%
功率计	±5%

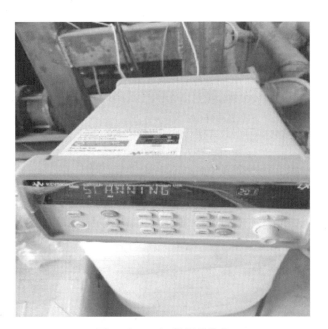

图6 keysight数据采集仪

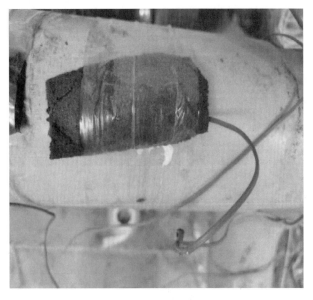

图7 热电偶布置的测点

图 8　温度自记仪

图 9　超声波流量计

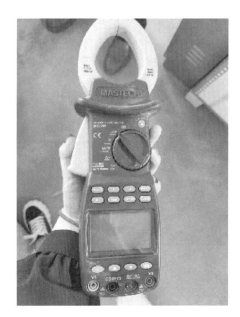

图 10　功率计

4　测试结果分析

4.1　机组性能

2021年严寒期对二十一小安装的双级机组进行性能测试，测试了三种工况，以下是运行数据及分析结果（表3）。

各负荷工况数据对比　　　　　　　表3

	100%负荷	80%负荷	110%负荷
一次网供水温度（℃）	91.5±0.2	92.5±0.2	92.3±0.2
一次网回水温度（℃）	28.5±0.2	28.5±0.2	29.0±0.2
二次网供水温度（℃）	50.6±0.2	49.6±0.2	52.2±0.2
二次网回水温度（℃）	40.5±0.2	41.8±0.2	40.4±0.2
一次网流量（t/h）	4.6±0.25%	3.6±0.25%	5.2±0.25%
二次网流量（t/h）	28.2±0.25%	28.2±0.25%	28.1±0.25%
一次网热量（kW）	338.1±1.47	268.8±0.75	383.2±0.14
二次网热量（kW）	332.3±1.27	254.6±1.11	386.8±0.79
换热效能	1.24±0.004	1.26±0.002	1.22±0.003

注：100%负荷即为标准工况，一次网供回水温度90℃/27.5℃；二次网供回水温度50℃/40℃；负荷变化是调节一次网参数，根据《吸收式换热器》GB/T 39286—2020标准工况下的一次网回水温度达到27.5℃，换热效能达到1.25。

由表3可知，严寒期项目所在片区的热源供水温度稳定达到90℃以上，此时双级楼宇式吸收式换热机组可将一次网回水温度降低至30℃以下，换热效能达到1.25左右。由于是严寒期，且连廊处通风和人员频繁出入楼栋，需热量较大，100%负荷率下达到320kW，折合40W/m²。

图11所示为供暖负荷100%工况下一次网和二次网供回水温度的一段时间变化趋势，可看出在当前时间段内，温度波动较小，处于稳定工况。

表4是机组内部各换热器热量的分配表。

在双级机组中各处热量分配关系（单位：kW）

表4

一级发生器	41.45±0.03	二级发生器	42.92±0.01
一级吸收器	39.56±0.68	二级吸收器	39.70±0.8
一级冷凝器	37.44±0.75	二级冷凝器	43.50±0.72
一级蒸发器	36.02±0.54	二级蒸发器	37.5±0.61
水-水板式换热器一次侧	180.22±0.01	水-水板式换热器二次侧	184.05±0.12

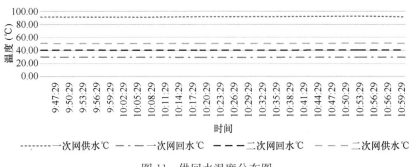

图 11 供回水温度分布图

由表 4 可以看出，溶液侧的发生器和吸收器热量相互匹配，冷剂水侧的冷凝器和蒸发器热量相互匹配。水-水板式换热器出力比较大，占 52%，这是因为根据《供热工程项目规范》GB 55010—2021，吸收式换热机组在设计阶段机组所带的板式换热器需满足出力需达到设计符合的 70%，以保障供热可靠性。

图 12 是根据机组各部分的热量和温度绘制的一次水侧和二次水侧的 T-Q 图。图中横坐标为热量，纵坐标为温度，T-Q 图是反映出机组各部分水侧和内部工质的换热情况，发生器的一次网供水和内部的溴化锂溶液换热，吸收器的二次网回水和溴化锂溶液换热，冷凝器的二次网回水和冷剂水换热，蒸发器的一次网回水和冷剂水换热，图 12 中各线段端点表征的是温度变化，两线段之间的距离对应的横坐标是此时产生的热量，传统换热器中只是板式换热器中一次网和二次网侧水互相换热，提升二次网的供水温度，拉低一次网回水温度，期间造成了热量的大量损失，而楼宇式吸收式换热机组利用溴化锂溶液和冷剂水，使一次网回水温度低于二次网回水温度，减少了热量的损失，在常规板式换热器的 T-Q 图中（图 13），两条线段围成的面积即为产生的㶲耗散，而楼宇式吸收式换热机组可产生两部分㶲耗散（①和②），②可抵消一部分①，使得整个机组的㶲耗散减小。

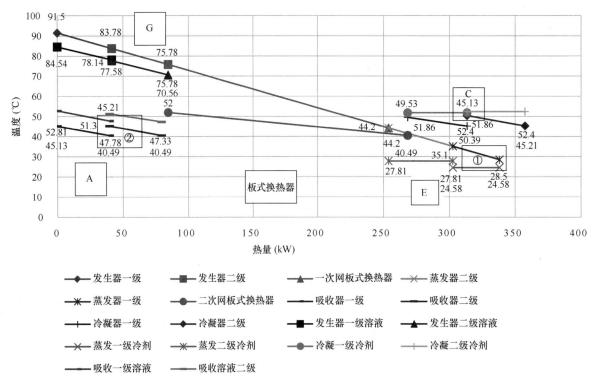

图 12 楼宇式吸收式换热器 T-Q 图

4.2 机组的泵耗测试

传统换热站只是配备二次循环泵（一备一用），而楼宇式吸收式换热机组配备两组冷剂水泵、两组溶液泵和二次网循环泵，以下是楼宇式吸收式换热机组的循环泵的基本情况以及各种泵的泵耗分布情况（表 5，图 14）。

泵的基本情况　　表 5

水泵功率 (kW)	流量 G (m³/h)	扬程 (mH₂O)	水泵效率 (%)
1.2	31.4	11.5	65

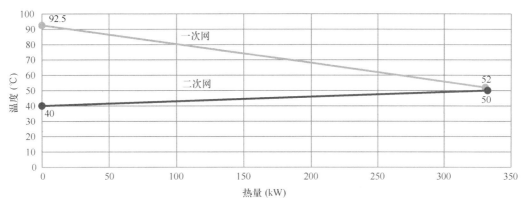

图 13 常规板式换热器 T-Q 图

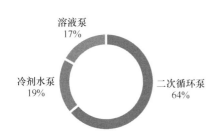

图 14 机组泵耗分布

本项目建筑最高为 4 层，因此只有一个低区，二次网循环泵运行频率在 40Hz，楼宇式吸收式换热器较传统板式换热器多了两组溶液泵和两组冷剂水泵，由于溶液和冷剂水只是机组内部循环，泵的额定循环流量和体积都较小，所以占整个机组的泵耗范围较小，两台溶液泵总的功率为 0.32kW，两台冷剂水泵总的功率为 0.36kW，二次循环泵功率为 1.2kW，由此得出机组的大部分泵耗用于循环二次网的流量。

4.3 热用户的室温测试

表 6 是各楼层间温度分布情况，其中一楼大厅温度较低是因为人员出入频繁，冷风渗透负荷高，但明德楼整体温度分布已超额达到设计温度，满足《供热工程项目规范》GB 55010—2021 规定的（18±2）℃，供热效果良好。

楼内温度分布情况　　　　　　表 6

位置	温度（℃）	位置	温度（℃）
一楼西侧	20.8	一楼东侧	21.3
二楼西侧	21.2	二楼东侧	21.9
三楼西侧	21.6	三楼东侧	22.1
四楼西侧	22.3	四楼东侧	23.5
一楼大厅	17.2		

5 总结

楼宇式换热器性能良好。经过不断试验与改进，新型双级楼宇式吸收式换热器已在实际工程中实现较好的性能。本文对红山区二十一小学项目的 320kW 机组进行了现场实测，实测机组换热效能 1.25 左右，一次网供水 90℃时，回水温度 28℃左右。

楼宇式双级机组可以有效降低回水温度，有利于工业余热和电厂余热的回收利用，且具有消除楼栋间供热量不均匀的优势，能对未来北方地区清洁供热、低碳供热系统的发展起到积极的推动作用。

参考文献

[1] 江亿，谢晓云，朱超逸. 实现楼宇式热力站的立式吸收式换热器技术[J]. 区域供热，2015，4：38-44.

[2] 住房和城乡建设部. GB/T 39286—2020 吸收式换热器[S]. 北京：中国计划出版社，2020.

专题 9 工业余热利用

我国全境清洁供暖的工业余热潜力分析

赤峰学院资源环境与建筑工程学院　吕靳佳　方　豪　王春林

【摘　要】工业生产的过程中，随着不同的工艺流程的进行，消耗部分不可再生能源的同时产生了部分可再生能源，这些能源即工业余热。工业余热以不同形式、不同温度产出。工业余热是一种清洁能源，其中低温余热利用率较低。北方地区冬季供暖能源目前呈紧张状态，部分南方地区冬季也即将进行供暖，因此，国家提倡大力发展清洁能源。我国全境工业能耗占比很高，工业又相对较发达，如果能将当地工业所产生的工业余热资源作为城镇集中供暖的热源，不仅可以缓解热源紧缺的压力，还能实现能量循环再利用。本文将结合能耗、水耗以及工业产品产量分析计算，得出南北方供暖地区现有余热资源总量。并将三种方法的统计结果做出对比，进行误差分析和判断，计算余热供暖的节能减排总量。

【关键词】工业余热　余热供暖　供暖线南移　清洁供暖

1　绪论

1.1　工业余热利用背景

目前大部分北方地区采取燃煤锅炉取暖或热电联产供暖的措施，其中化石能源的不充分燃烧，以及燃烧后所产生的污染物、废气等，导致北方地区冬季雾霾问题严重。清洁供暖可以在保证居民冬季供暖情况不受到影响的同时，减少一次能源消耗量，降低碳排放量，改善环境状况。

我国的五大高能耗制造业部门分别为：石油炼焦、无机化工、非金属制造、黑色金属冶炼、有色金属冶炼[1]。工业余热就是产品在制造过程中，由于工艺生产环节的不同产生的不同品位清洁余热资源。余热的温度范围广，能量载体的形式也多种多样。为了减少热损耗，避免能源流失，将工业企业生产环节所产生的余热进行集中供暖。

1.2　工业余热利用现状

我国现有工业能耗占全社会总能耗的70%以上，其中至少50%的能耗转化为形式不同的余热，大多数都可以进行回收利用。目前我国工业余热回收率只有约30%，能源利用效率偏低[2]各类工业余热占比见图1。

我国能源利用的热效率较发达国家平均值不足50%。工业领域存在巨大的节能需求，特别对于石油炼焦、无机化工、非金属制造、黑色金属、有色金属这五大高耗能制造业部门，能源消耗占工业总能耗的2/3[3]。这些部门排放的余热空间集中度高，余热回收温度较高，回收的潜力巨大。2018年，我国工业能源消费量为31.12亿tce，其中五大高耗能工业企业能耗为19.97亿tce[4]。

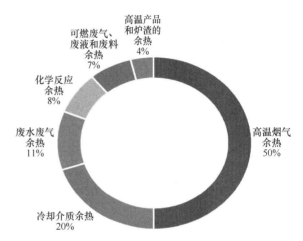

图1　各类工业余热占比

1.3　供热现状

1.3.1　北方供暖现状

现有北方十五个省份集中供暖[6]，2019年，我国北方集中供暖面积已达113亿 m²（表1）。集中供热以城市为主，县城和村镇的供热也发展迅速。北方供热领域以燃煤为主，热电联产占比有所提升[7]。

北方各地区供暖面积（亿 m²）[5]　　表1

地区	城市	县城	村镇	总和
北京	6.39	0.00	0.23	6.62
天津	5.14	0.00	0.34	5.48
河北	8.59	3.05	0.31	11.95
山西	6.78	2.43	0.19	9.41
内蒙古	6.14	2.44	0.26	8.84
辽宁	12.04	0.92	0.37	13.33

① 2021年教育部2020年产学合作协同育人项目（202002304023）；赤峰学院服务赤峰市经济社会发展应用项目（cfxyfc201856）。

续表

地区	城市	县城	村镇	总和
吉林	6.46	0.87	0.33	7.66
黑龙江	7.81	1.71	0.20	9.72
山东	14.83	2.17	1.24	18.23
河南	5.16	0.37	0.10	5.63
陕西	3.86	0.46	0.08	4.40
甘肃	2.61	1.03	0.12	3.75
青海	0.80	0.21	0.03	1.04
宁夏	1.40	0.41	0.07	1.88
新疆	3.61	1.28	0.09	4.98
总和	91.61	17.35	3.95	112.92

1.3.2 南方供暖现状

截至2019年,南方部分地区住宅和公共总供热面积达到0.6亿 m²(表2)。

2021年,全国人大代表周洪宇,吴永利,张杰等提出了一系列关于供暖线南移[8],沿长江划定供暖方案等关于南方供暖的建言。近年来,冬季长江流域最低气温已达-8℃以下,南方城市可以采用局部集中分散式供暖。

南方地区供暖面积(万 m²)　　表2

地区	城市	县城	村镇	总和
湖北	1473	0	243	1716
四川	0	25	72	97
安徽	2526	809	0	3335
重庆	0	0	15	15
江苏	4	153	51	208
云南	369	0	0	369
总和	4372	987	381	5740

1.4 余热供暖的意义及价值

本文主要统计淮河、秦岭以北的北方地区以及长江上游部分南方地区(四川、云南、重庆、湖北、江苏、安徽)的清洁供暖工业产业余热总量。采取通过回收工业余热供暖的方法,不但能够使得企业实现节能减排,还可有效利用剩余资源来创造尽量多的经济效益。工业余热回收利用有多种途径,通过对余热进行品位划分,阶梯式利用,使节能效果达到最佳[9]。而其中工业余热供暖过程中利用的余热资源占比很高,不仅减少了二氧化碳的排放,而且充分利用了大量的能源,使得能量实现再循环,对于我国的环保事业发展有着重要意义。工业低品位余热热源供暖成本低于其他热源,在经济和技术上也具备优势,可以极大地降低供热运行的费用。对于解决北方城市集中供热的能源消耗过快的问题,良好地保护和改善冬季城市的生态和大气环境,以及进一步提升工业企业的能源综合利用效率和经济效益同样具有非常重要的价值。

2 能耗法(工业生产能耗)

2.1 能耗法计算原理

利用能量的流入和流出分析余热环节。能量的流入包括燃料和化学反应热(放热反应),能量流出包括工业余热和化学反应热(吸热反应)。

$$E_1 = E_z \times \eta_{ind} \times \eta_e \times (1 - E_{ffe}) \times \eta_{low}$$

式中,E_1——工业余热总量;

E_z——研究区域内基于热当量计算的社会总能耗;

η_{ind}——工业部门能耗占社会总能耗的比例;

η_e——高耗能工业部门能耗占工业部门能耗的比例;

E_{ffe}——高耗能工业部门平均热利用率;

η_{low}——高耗能工业部门余热中低品位余热所占的比例。

2.2 供热量计算

据统计,工业总能耗为31.12亿 tce,五大类高能耗工业部门总能耗为19.97亿 tce[10],调研表明,其中40%为低品位余热,五大类工业部门的低品位余热为7.99亿 tce。

2.2.1 北方地区供热量计算

供热量:7.99×50%×120÷330=1.44亿 tce

设煤的热值为2.93×10⁷ J/kg:1.44亿 tce×2.93×10⁷ J/kg=42.19亿 GJ

根据《中国统计年鉴2020年》得到的最新数据(图2),北方地区按50%计算所得到的为3.99亿 tce,供

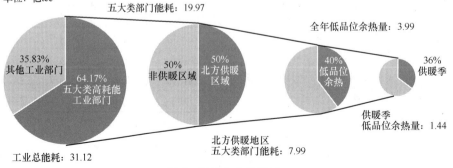

图2　低品位余热能耗

暖季按照 120d 计算，占工业生产天数（330d）的 36%；北方供暖地区冬季低品位工业余热为 1.44 亿 tce。

采用能耗法估算出北方供暖季低品位工业余热量为 1.44 亿 tce（42.19 亿 GJ）。

2.2.2 南方地区供热量计算

供热量：7.99×14.5%×73÷330＝0.26 亿 tce

设煤的热值为 $2.93×10^7$ J/kg：0.26 亿 tce ×$2.93×10^7$ J/kg＝7.26 亿 GJ

南方地区根据区域供暖面积占比取 14.5%，所得标煤量为 1.16 亿 tce。南方地区相比于北方地区供暖天数短，取六个省份平均寒冷天数 73d，占工业生产天数的 22.12%。采用能耗法估算出南方供暖地区冬季低品位工业余热为 0.26 亿 tce（7.62 亿 GJ）。

3 水耗法（冷却散热水耗）

3.1 水耗法计算原理

全国大部分高用水行业为工业用水，包括石油化工、钢铁制造等，占工业用水总量的 2/3。火力发电占高用水行业总量的 3/4[11]。

工业余热冷却介质主要是空气和水，其中低品位余热的冷却介质以冷却循环水为主。

$$E_2 = G_{ind} \times K_e \times K_c \times r$$

式中，E_2——工业余热总量；
G_{ind}——研究区域内工业用水量；
K_e——高耗能工业部门用水占工业用水比例；
K_c——高耗能工业部门用于冷却的水耗占比；
r——气化潜热 2500（kJ/kg）。

3.2 供热量计算

3.2.1 北方地区供热量计算

北方地区火电厂多采用空冷机组，因此五大类高耗能工业部门的用水量占工业用水总量的比例较全国平均水平更高，预计为 1/6。

根据《中国统计年鉴 2020 年》数据：2019 年，北方集中供暖地区工业用水总量为 226.9 亿 m^3。

河南省工业用水量高于其他省份，主要用于食品加工与棉纺等非五大类高耗能工业部门[12]。对其修正，修正方法为取北方其他省份的平均值。

供热量：194.7×70%×$\frac{1}{6}$×120÷330×2500÷10^3＝20.65 亿 GJ

2019 年北方集中供暖地区修正后的工业用水量为 194.7 亿 m^3（图 3），工业用水用于冷却散热的部分占 70%，即 136.29 亿 m^3[13]。北方地区五大类高耗能工业部门用水占 1/6，即 22.72 亿 m^3。南水北调中线设计输水量为 95 亿 m^3/年，供暖季内的工业冷却水量为 8.26 亿 m^3，供暖季余热量为 8.26×2500/1000＝20.65 亿 GJ（0.71 亿 tce）。

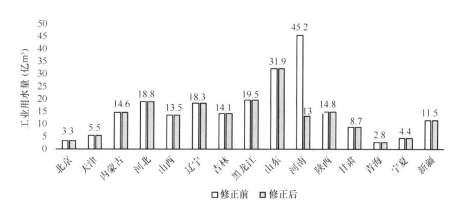

图 3 北方地区工业用水量修正对比

3.2.2 南方地区供热量计算

火电耗水大部分在南方地区，因此预计南方地区五大类高耗能部门用水量占工业用水总量的二分之一。

根据国家统计局《中国统计年鉴 2020 年》数据，2019 年，南方集中供暖地区工业用水总量为 511.6 亿 m^3。

江苏省的工业用水量显著高于其他省份，江苏省工业发达，2019 年工业产业增加值位居全国第二，并且江苏省工业制造业是深度面对全球市场，且工业用水效率高[14]，所以江苏省份的工业用水量不取南方各省工业用水量平均值来进行修正（图 4）。

供热量：511.6×70%×$\frac{1}{2}$×73÷330×2500÷10^3＝99.03 亿 GJ

工业用水用于冷却散热的部分占 70%，即 358.12 亿 m^3。南方地区五大类高耗能工业部门用水占 1/2，即 179.06 亿 m^3。南水北调中线设计输水量为 95 亿 m^3/a，供暖季内的工业冷却水量为 39.61 亿 m^3，供暖季余热量为 39.61×2500/1000＝99.03 亿 GJ（3.38 亿 tce）。

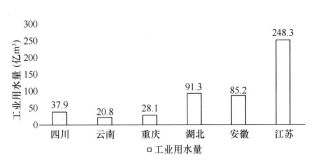

图 4 南方地区工业用水量

4 工业系数折算法

4.1 工业系数折算法计算原理

按照主要工艺流程可取余热部分来进行估算。
$$Q = M \times \lambda \div 330 \div 24 \div 360$$
式中，Q——供热能力，MW；
M——年产量，万 t；
λ——余热回收系数，MW/万 t，见表 3。

余热回收系数（单位：MW/万 t）   表 3

品类	产品	回收系数
焦化厂	焦炭	0.66
钢铁厂	粗钢	1.62
水泥厂	水泥熟料（水泥×0.6）	0.21
铜	粗铜	10.87
铝	铝	2.10
烧碱	烧碱	0.89
硫酸	硫酸	2.46
原油	原油加工量	0.70

以内蒙古地区为例：

黑色金属：焦炭：$1870.742 \times 4222.5 \div 330 \div 24 \div 3.6 \times 10^3 \div 10^4 = 2770.49$MW

生铁：$2725.94 \times 2303.12 \div 330 \div 24 \div 3.6 \times 10^3 \div 10^4 = 2201.94$MW

粗钢：$907.10 \times 3119.9 \div 330 \div 24 \div 3.6 \times 10^3 \div 10^4 = 992.59$MW

钢材：$423.87 \times 2883.9 \div 330 \div 24 \div 3.6 \times 10^3 \div 10^4 = 428.73$MW

总量：2770.49MW $+ 2201.94$MW $+ 992.59$MW $+ 428.73$MW $= 6393.74$MW

有色金属：粗铜：$31000 \times 41.79 \div 330 \div 24 \div 3.6 \times 10^3 \div 10^4 = 454.37$MW

铝：$6000 \times 500.38 \div 330 \div 24 \div 3.6 \times 10^3 \div 10^4 = 1052.99$MW

非金属制造：窑尾烟气＋中温排气＋低温排气＋外壁面辐射＋出口乏汽：$(197.24 + 101.99 + 67.24 + 135.5 + 570.89) \times 2026.63 \div 330 \div 24 \div 3.6 \times 10^3 \div 10^4 = 762.59$MW

无机化工：硫酸：$7000 \times 420.49 \div 330 \div 24 \div 3.6 \times 10^3 \div 10^4 = 1032.35$MW

烧碱：$(671 + 1860) \times 307.38 \div 330 \div 24 \div 3.6 \times 10^3 \div 10^4 = 272.86$MW

石油化工：油品：$2000 \times 125.4 \div 330 \div 24 \div 3.6 \times 10^3 \div 10^4 = 87.96$MW

4.2 电厂乏汽余热计算原理

计算余热量：按 $\eta = 95\%$、$\eta_s = 45\%$ 计算（调研电厂余热 >300MW）。
$$Q_1 = 1.33 \times P$$
$$Q_2 = 0.82 \times P$$
式中，η——锅炉效率；
η_s——纯凝发电效率；
Q_1——燃煤电厂余热供热功率；
Q_2——燃气电厂余热供热功率；
P——电厂装机容量。

4.3 供热量计算

4.3.1 北方地区供热量计算

根据上述计算五大类工业类型余热的方法，计算北方地区不同省份的余热总量并汇总（表 4）。

北方地区余热汇总（单位：MW）   表 4

地区	黑色金属	有色金属	非金属制造	无机化工	石油化工	电厂余热功率（万 MW）	总量（万 MW）
北京	526	0	72	4	657	0.91	1.03
天津	3596	0	155	108	1170	1.61	2.11
河北	32831	119	769	489	386	6.03	9.49
山西	14430	316	1125	122	45	7.41	9.01
内蒙古	6394	1507	763	1305	88	7.10	8.10
辽宁	11263	395	562	444	739	3.49	4.83
吉林	2129	20	464	213	714	2.23	2.59

续表

地区	黑色金属	有色金属	非金属制造	无机化工	石油化工	电厂余热功率（万MW）	总量（万MW）
黑龙江	1873	32	485	31	858	2.76	3.09
山东	7366	887	1371	1433	1152	8.43	9.65
河南	5412	636	2363	1182	0	10.28	11.24
陕西	5015	55	966	378	1061	3.48	4.23
甘肃	1343	1089	996	834	634	1.51	2.00
青海	338	383	302	56	0	0.35	0.46
宁夏	1314	273	390	236	718	5.98	6.28
新疆	2355	1251	909	381	2044	5.80	6.50
总量（万MW）	9.62	0.70	1.15	0.72	1.03	67.38	80.61

经统计，2019年北方五大高能耗工业部门的余热总量为13.23万MW（取15个省份平均供暖天数139d，计算可供热量为15.89亿GJ，见表5），电厂乏汽余热供热功率为67.38万MW。

$$Q_o = Q \times T \times 24 \times 3.6 \div 10^4$$

式中，Q_o——累计供热量，亿GJ；
Q——供热能力，万MW；
T——供暖天数，d。

由上式可得北方地区工业余热供热量，如表5所示。

北方地区供热量计算　　表5

地区	工业余热总量（万MW）	可供热量（亿GJ）
北京	0.13	0.15
天津	0.50	0.60
河北	3.46	4.15
山西	1.60	1.93
内蒙古	1.01	1.21
辽宁	1.34	1.61
吉林	0.35	0.43
黑龙江	0.33	0.39
山东	1.22	1.47
河南	0.96	1.15
陕西	0.75	0.90
甘肃	0.49	0.59
青海	0.11	0.13
宁夏	0.29	0.35
新疆	0.69	0.83
总量	13.23	15.89

4.3.2　南方地区供热量计算

根据上述计算五大类工业类型余热的方法，计算南方地区不同省份的余热总量并汇总（表6）。

南方地区余热汇总（单位：MW）　　表6

地区	黑色金属	有色金属	非金属制造	无机化工	石油化工	总量（万MW）
四川	4099	0	3200	1706	6	0.90
云南	3396	818	2900	3608	641	1.14
重庆	1216	445	3158	428	0	0.52
湖北	4901	396	2624	2155	1059	1.11
安徽	4679	1062	3158	1484	462	1.08
江苏	16605	0	3457	840	2428	2.33
总量（万MW）	3.49	0.27	1.85	1.02	0.46	7.09

南方五大工业部门余热总量为7.09万MW（取6个省份平均寒冷天数73d（中国天气网），计算得到可供热

量为4.47亿GJ，见表7）。

南方地区供热量计算　表7

地区	工业余热总量（万MW）	可供热量（亿GJ）
四川	0.90	0.57
云南	1.14	0.72
重庆	0.52	0.33
湖北	1.11	0.70
安徽	1.08	0.68
江苏	2.33	1.47
总量	7.09	4.47

5 余热潜力总结

5.1 供暖面积总计

5.1.1 北方地区供暖面积

按照北方城镇供暖能源消耗为2.01亿tce[15]，同比计算得到根据能耗法可供北方供暖面积为80.89亿m^2，占北方总集中供热面积的71.64%；根据水耗法算出可供北方供暖面积为39.88亿m^2，占北方总集中供热面积的35.32%，见表8。北方热指标按照35W/m^2计算。

北方地区可供暖面积占集中供暖情况　表8

	能耗法	水耗法	系数折算
可供暖面积（亿m^2）	80.89	39.88	37.81
占总供热面积比例（%）	71.64	35.32	33.49

可供热面积(亿m^2)＝各个省份低品位工业余热总量(MW)/(热负荷(W/m^2)·100)

从表9数据中可以看出五大制造业低品位工业余热用来供暖，河北、陕西、河南、陕西等地余热可供暖面积已达50%左右。按照工业系数回收法计算，可得到此方法可供北方地区供暖面积总量为37.81亿m^2，占北方总集中供热面积的33.49%。如果能很好的回收利用工业余热，能有效节能减排。统计电厂余热所供暖面积，除北京外基本能满足所有地区冬季供暖。

北方低品位余热可供热面积汇总　表9

地区	供暖面积（亿m^2）	低品位供热面积（亿m^2）	低品位供热面积占供暖面积比例（%）	低品位供热＋电厂供热面积（亿m^2）
北京	6.62	0.36	5.43	2.95
天津	5.48	1.44	26.21	6.03
河北	11.95	9.88	82.70	27.12
山西	9.41	4.58	48.72	25.76
内蒙古	8.84	2.87	32.52	23.15
辽宁	13.33	3.83	28.73	13.79
吉林	7.66	1.01	13.20	7.39
黑龙江	9.72	0.94	9.63	8.83
山东	18.23	3.49	19.13	27.57
河南	5.63	2.74	48.71	32.11
陕西	4.40	2.14	48.54	12.09
甘肃	3.75	1.40	37.27	5.71
青海	1.04	0.31	29.75	1.31
宁夏	1.88	0.84	44.57	17.94
新疆	4.98	1.98	39.80	18.56
总和	112.91	37.81	33.48	230.31

5.1.2 南方地区供暖面积统计

同比计算根据能耗法得到可供南方地区供暖面积为46.08亿m^2，根据水耗法得到可供南方地区供暖面积为628.52亿m^2。

南方供暖方式与北方有所不同，南方地区的建筑与北方地区也略有差异。南方地区的建筑主要有隔热防潮等作用，所以相对于北方地区的房屋冬季散热较快，但是南方地区平均室外温度高于北方，所以南方地区供暖热负荷选取25W/m^2进行计算。

由表10可以看出，根据工业系数折算法计算出的可供暖面积为28.37亿m^2。

南方地区低品位余热可供暖面积汇总　表10

地区	可供暖面积（亿m^2）
湖北	3.60
四川	4.55
安徽	2.10
重庆	4.45
江苏	4.34
云南	9.33
总和	28.37

5.2 余热量统计

通过前面计算分析可得全国供暖地区工业余热总余热量（表11）。

我国供暖地区余热总量（单位：亿GJ）　表11

	北方地区	南方地区	总和
能耗法	42.19	7.62	49.81
水耗法	20.65	99.03（修正后7.62）	119.68（修正后28.27）
工业系数折算法	15.89	4.47	20.36

续表

	北方地区	南方地区	总和
总和	78.73	109.07（修正后 19.71）	187.80（修正后 98.44）

因为文中统计的部分南方地区相对于北方地区工业较发达，用水量过高，并且工业余热供暖是有 20km 的最优范围的，所以水耗法计算的南方地区余热量不可取，偏差过大，进行水耗法估算所得到的可供暖面积大大超出了本身所需要的热量。水耗法的余热量是不会低于能耗法与工业系数折算法的，所以为了使结果更加合理化，将南方地区水耗法所统计的结果与其他两种方法中的最大值一致，修正后南方地区水耗法计算的余热量为 7.62 亿 GJ，修正后我国全境供暖地区余热潜力为 98.44 亿 GJ。

5.3 误差分析

首先是能耗法，由数据可以看出，北方地区用水耗法和工业系数折算法得出的供暖面积分别为能耗法所得面积的 35.32% 和 33.49%，南方地区也可以满足现供暖面积。据计算方法分析，能耗法统计误差存在于各个高能耗工业部门平均利用率的变化情况，并且调研数据过程中取样存在误差，无法精准确定具体低品位余热占五大类工业部门能耗的具体百分比。而且能耗估算过程中，由于无法考虑煤的热值、种类、燃烧是否充分等情况，会导致统计的结果偏大。

水耗法估算的误差存在于少量低品位工业余热会在空气中冷却散热，并且用水过程中，水的蒸发汽化，工厂设备老化等一系列因素都会导致部分误差。南方地区得到的结果与其他方法相差很大，主要是江苏省工业用水量巨大，即使进行了工业用水量的修正，南方部分地区总用水量也超过了北方地区工业用水量之和。南方其他地区相对于北方地区工业发展迅速，开发潜力大。根据最优供暖半径推测，南方地区大部分工厂都可供给同一地区供暖，计算环境效益和供暖面积时区域重复，所以南方地区水耗法取其他两种方法中的最大值。

北方地区工业系数折算法和水耗法计算的可供热面积相近，南方地区工业系数折算法和能耗法计算的可供热面积相近。这种方法的误差在于统计数据的过程中，有些地方的工业产品产量缺失或不是最新数据，而统计工业产品产量来计算余热量也是要根据工业行业发展行情的变化来计算的，数据的缺失会导致统计的可供热面积偏小。

5.4 环境效益

采用工业余热供暖的环境效益如表 12、表 13 所示。

北方地区减少污染物排放量　　表 12

计算方法	SO_2、NO_x（万 t）	烟尘（万 t）	CO_2（亿 t）	煤耗量（亿 t）
能耗法	52.74	8.86	3.54	1.44
水耗法	25.81	4.34	1.74	0.71
系数折算法	19.86	3.34	1.33	0.54

南方地区减少污染物排放量　　表 13

计算方法	SO_2、NO_x（万 t）	烟尘（万 t）	CO_2（亿 t）	煤耗量（亿 t）
能耗法	9.53	1.60	0.64	0.26
水耗法	9.53	1.60	0.64	0.26
系数折算法	5.59	0.94	0.37	0.15

6 工业余热供暖未来发展

工业余热属于清洁能源，我国余热资源丰富，能源潜力大。南北方地区相同，采用余热资源解决供暖热源问题能够节约运输储藏成本。最大限度合理利用工业余热供暖的同时，要适当降低回水温度，目前大多数热力公司回水温度在 50℃ 左右，如果将回水温度降至 40℃，那么热源效率将至少提升 30%，可增加北方地区供暖面积 11.33 亿 m^2。可以在用户末端增加散热器或采用地暖，合理优化取热流程。

参考文献

[1] 方豪. 低品位工业余热应用于城镇集中供暖关键问题研究[D]. 北京：清华大学，2015.
[2] 郭聪，王娅男. 回收工业余热废热用于集中供热的探讨[J]. 区域供热，2017，4(8)：43-49.
[3] 王春林，方豪，夏建军. 我国北方有色金属余热资源及清洁供暖潜力测算[J]. 建筑节能，2019，47(12)：32-40，73.
[4] 国家统计局. 2020 中国统计年鉴[M]. 北京：中国统计出版社，2020.
[5] 住房和城乡建设部. 2019 中国城乡统计年鉴. 北京：中国计划出版社，2019.
[6] 郑雯，夏建军，左河涛，等. 北方地区清洁热源与热负荷调研[J]. 区域供热，2019，1：26-35，53.
[7] 江亿. 中国建筑节能年度发展研究报告（2019）[M]. 北京：中国建筑工业出版社，2019.
[8] 彭琦旎. 全国人大代表吴永利：实施供暖线南移加快地热能开发[N]. 阜阳日报，2021，1.
[9] 方豪，夏建军. 工业余热应用于城市集中供热的技术难点与解决办法探讨[J]. 区域供热，2013，3：22-27.
[10] 中华人民共和国国家统计局. 中国统计年鉴 2020[M]. 北京：中国统计出版社，2020.
[11] 翟青. 中国工业用水与节水概论[M]. 北京：中国水利水电出版社，2004.
[12] 吴奕，罗晓丹. 河南省工业用水现状调查与分析[M]. 河南水利与南水北调，2013，22：8-9.
[13] 李珊，张玲玲，丁雪丽，等. 中国各省区工业用水效率影响因素的空间分异[J]. 长江流域资源与环境，2019，28(11)：2139-2552.
[14] 张洪亮，张雨，吴军. 德州市节水量及其影响因子相关性分析[J]. 山东水利，2013，(Z1)：67-69.
[15] 江亿. 我国北方供暖能耗和低碳发展路线[N]. 中国建设报，2019，(07).

低品位余热利用及淄博市未来供热规划的设想

清华大学　李永红　付　林
北京清华同衡规划设计研究院有限公司　常珊珊　杜志锋

【摘　要】文介绍了低品位余热利用供热的发展情况，针对淄博市目前小型燃煤热电厂和锅炉房为主的供热热源结构，提出以大型燃煤热电厂及工业余热回收为主，实施主干管网互联互通，在更大的区域范围内合理利用配置余热资源，形成联网互通、多源协同、安全高效的工业余热供暖体系。总体规划方案供暖季减少 82.2 万 tce，综合供热成本低于大型燃煤锅炉供热成本，远低于燃气锅炉供热成本。并以齐鲁石化烯烃厂为例，分析了利用电厂抽汽和电力驱动提取循环水余热的长距离大温差供热方案，其供热成本与大型燃煤热源基本相当。

【关键词】低品位余热　热源结构　管网互联互通　大温差供热

0　引言

中国承诺二氧化碳排放力争于 2030 年前达到峰值，争取在 2060 年前实现碳中和[1]。从供热热源构成来看，我国北方供热领域仍然以燃煤供暖为主，2016 年底燃煤热电联产面积占总供暖面积的 45%，燃煤锅炉占比为 32%[2]。我国目前城镇集中供热导致的二氧化碳间接排放量为 4.5 亿 t。在"碳达峰、碳中和"目标的指引下，北方城镇清洁供热也需要进行低碳转型，那就是尽量充分挖掘利用电厂排放的低品位余热以及工业产业排放的低品位余热。在未来几十年内，煤电机组面临巨大的碳减排压力，我国要构建以新能源为主体的新型电力系统。由于水电、光电都存在冬夏间电源的季节差，最经济的方式是靠调峰火电配合波动性、间歇性可再生能源的大规模开发利用，同时冬季运行的调峰火电的余热又可以作为北方城镇建筑冬季供暖的热源[3]。

近些年来多个城市"煤改气"及"煤改电"的实施，从安全性和经济性上面临着气源保障困难、政府补贴压力较大等问题，难以全面推广实施。采用电厂、工业余（废）热为主，辅以天然气和电力等清洁能源利用的供热模式将是减少市区燃煤消耗、改善大气环境、保障城市供热的有效途径。淄博市作为京津冀及周边大气污染传输通道"2+26"城市之一，于 2018 年入选北方地区冬季清洁供暖试点城市。淄博市现状热源中 70% 仍为小型燃煤热电厂和锅炉房，热源规模小、能耗高，大多分布在城区，布局不合理，是冬季重要污染源。淄博市工业余热资源丰富，大型热电和工业企业余热利用均有较大潜力，但是从全域配置来看，存在工业余热品位低、一些余热点距离热负荷需求区域较远的问题。因此如何充分利用适用的低品位余热供热技术开发余热热源，替代小型燃煤热电和满足新增供热需求，是供热规划需要解决的重点问题。

1　低品位余热利用供热的发展

低品位余热利用供热系统涉及电厂及工业余热高效回收、热电协同、长输热网大温差系统构建、城市热网调峰、多热源联网等多方面的工程问题。电厂供热汽轮机组冬季排放的乏汽余热的热量大概占电厂供热量的近 50%，为回收电厂余热增加其供热能力，同时增大城市热网输送能力，清华大学付林等提出了基于吸收式换热的热电联产集中供热技术[4]。大型汽轮机组采用高背压余热供热，可减少传统抽汽供热造成的可用能损失，在回收排汽余热的同时，还可扩大机组的供热能力。若进行高背压供热改造，如果是空冷汽轮机，设计背压较高，可以满足冬季背压 34kPa 安全运行；若为湿冷机组，考虑到汽轮机的安全性，供热期须更换专门的低压转子。高背压供热汽轮机背压范围为 34～54kPa，对应的凝结温度为 72～83℃。回水温度降低有利于排汽余热的回收[5]。切低压缸供热技术能够实现供热机组在抽汽凝汽式运行方式与背压运行方式之间的灵活切换，在低压缸高真空运行条件下，切除低压缸原进汽管道进汽，通过新增旁路管道通入少量的冷却蒸汽，用于带走低压缸切缸供热改造后低压转子转动产生的鼓风热量，可实现机组低压缸"零出力"运行。工业企业（化工、石油、造纸和电力、食品和饮料、制造业、钢铁和水泥行业等）可提供大量 30～250℃ 之间的低温余热资源。距离瑞典哥德堡市约 50km 的石化产业群的余热回收项目目标输送热量 235MW，热网供回水温度按 93℃/50℃，经济分析表明在项目运营期内有 10% 的收益率[6]。国内工业低品位余热供热较为成功的项目分别为赤峰铜厂低品位余热集中供暖示范项目（79MW，3km）和迁西钢铁厂余热供暖项目（323MW，8km）[7]。迁西钢铁厂的低品位余热主要包括高炉冷却循环水（90MW）和高炉冲渣水（79MW），其余为余热发电机组抽汽。国内也有提出电厂长输供热联合利用钢铁厂低品位余热的供热设计案例[8]。

欧洲第四代供热技术提出低温供热系统的设计方法，有利于利用余热和可再生能源，降低输配热损耗[9]。供水温度一般在 50～60℃，回水温度最低至 25℃。欧洲热网规模不大，供回水温度都较低，供回水温差较小。研究发现不同的热源选择对热网供回水温度参数有较大的影响，文献［10］估算了两种不同温度水平（80℃/45℃ 和 55℃/25℃）下的供热成本差异，研究发现，地热、工业余热和热泵降低供回水温度对降低供热成本非常敏感，而利用垃圾或生物质的热电联产电厂降低供回水温度对降低供热成本敏感性较低，因此应针对不同的余热品位和热源形式选择热网供回水温度参数。而我国的余热热源规模更大，距离城市较远，如何将这些余热高效回收并经济安全地输送至城区，需要发展大温差供热模式[11]。2016年太原市建成了我国首个大温差长距离余热供暖示范工程，回收远郊古交电厂的余热并通过38.7km的长输热网输送至太原，为全市40%的建筑供暖，设计长输供/回水温度130℃/30℃，供热规模达7600万m²[2]。该工程总投资67亿元，单位供热面积投资不到100元，综合供热成本仅为36元/GJ。这一成本低于现有燃煤锅炉供热成本，不到天然气锅炉供热成本的一半，而大气污染物排放也不到天然气锅炉的20%（按照与同样发电量的超超临界电厂燃煤消耗量之差计算）。利用电厂余热取暖方式在经济、环保和能效上都比燃煤、天然气锅炉有明显优势。

2 淄博市供热现状及存在问题

2019—2020供暖季，淄博市各区域城区（含沂源县和文昌湖片区）的实际供热建筑面积达到8715万m²，大型热电供热仅占24%，具体如表1所示。淄博市现状热源分布如图1所示。现状燃煤热电总装机容量5682.5MW，其中50MW及以下的为2162.5MW，占比38%；50～100MW的为480MW，占比8%；100～150MW共580MW，占比10%；300MW及以上2460MW，占比43%。随着淄博市城区的不断扩大，小型热电厂的位置已经处于或接近城区中心位置，是构成冬季大气污染的重要因素。为加快推动全市煤电行业结构优化和转型升级，淄博市政府提出关于小热电机组关停和整改计划，对于现有机组，原则上单机容量5万kW以下的抽凝机组全部关停，大型机组15km供热半径内的落后机组全部关停。小热电机组关停之后急需替代热源，解决现有供热负荷和逐渐增长的供热需求。

淄博市现状供热热源构成　　表1

供热热源	供热面积（万m²）	供热占比（%）
大型热电（≥300MW）	2093	24
清洁余热供热	499	6
小热电及锅炉房	6124	70
合计	8715	100

结合城市集中供热近五年的发展情况来看，淄博新建建筑面积增加较快，集中供热面积年均增长约355万m²，对集中供热的需求也迅速增加。淄博为工业城市，大量的工业余热经过空气冷却器或循环水冷却器排放至大气中，不仅对周边的环境造成了较为严重的湿热污染，也造成能源的大量浪费。现状工业余热供热占总供热面积比例太小，仅占6%。目前规划范围内共有供热单位约30家，各公司热力管网彼此独立，且存在重复建设的情况，供热保障率低、安全性差，且各公司管理水平参差不齐，隶属关系复杂，管理难度大。

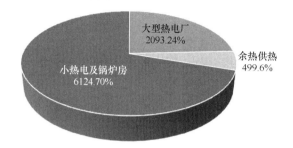

图1　淄博市各类供热热源占比

3 淄博市余热利用供热规划

"双碳"目标提出构建以新能源为主体的新型电力系统和"十四五"末可再生能源成为增量电力消费主体的工作目标，将促使电力行业碳达峰的时间进一步提前。"十四五"时期要严控煤电总规模，2025年后会逐步减少煤电厂规模。现役煤电机组功能从承担基本负荷转为调峰负荷，以应对可再生能源的波动问题[12]。在此能源转型的背景下要求现有供热方式进行变革，小型热电初蒸汽参数低，抽汽参数高，应逐步转为以满足近期集中工业用汽为主，远期转为由燃气热电或燃气锅炉供汽。淄博供暖要以利用低品位余热为主，以利用300MW以上大型发电机组的余热和大型工业企业的余热为主，构建"一张热网，多个热源"的互联互通供热管网模式。

3.1 淄博市余热资源统计

淄博市现状大型热电机组包括华电淄博等四家企业，远期均仅考虑保留300MW等级及以上的热电联产机组，由于未来火电定位为调峰机组，发电小时数要逐步下降至3000h，机组锅炉负荷率按70%考虑，并考虑电厂周边工业蒸汽的预留。工业余热主要考虑当地的大型石油炼化、冶金和玻璃企业，余热大部分均为循环冷却水、低温乏汽、烟气等低品位余热，以齐鲁石化为例，其40℃以下的余热资源占92%。淄博市余热供热潜力如表2所示，大型热电厂扣除工业用汽后的供热潜力可达到1782MW，工业余热潜力1384MW。

淄博市余热供热潜力统计　　表2

供热形式	项目	供热潜力（MW）	规模
热电厂	华电淄博电厂（预留260t/h工业蒸汽）	555	2×330MW
	华能白杨河电厂（预留120t/h工业蒸汽）	550	2×300MW
	华能辛店电厂（预留160t/h工业蒸汽）	551	2×300MW
	天源热电（预留700t/h工业蒸汽）	180	2×300MW
	小计	1782	

续表

供热形式	项目	供热潜力（MW）	规模
工业余热	齐鲁石化余热	886	1300万t炼油、80万t乙烯
	山东铝业	90	280万t氧化铝
	金诚石化	153	590万t炼油
	汇丰石化	146	580万t炼油
	金晶玻璃	109	一条550t/d、三条600t/d生产线
	小计	1384	
	合计	3166	

注：电厂均考虑70%负荷率，齐鲁石化余热不含分散的空冷余热以及热电厂循环水余热（远期抽凝机组均改造为背压机组）。

3.2 淄博市未来余热供热规划的设想

淄博市2035年规划集中供热面积1.27亿 m^2，规划充分利用华电淄博电厂等四座大型热电联产热源的供热能力，热电协同，回收机组乏汽及烟气余热，同时利用部分蒸汽回收临近的齐鲁石化、山东铝业的余热供热，现状金晶首站和汇丰首站由于远期自备电厂机组只维持工业蒸汽，转为以电和燃气驱动回收余热的首站。替代的小热电和锅炉房供热热源改造为燃气调峰热源，调峰比例28%，保障供热安全，提高供热保障能力。对于长输供热对接的市区替代热源改造为能源站，除承担调峰功能外，利用调峰热源驱动进一步降低热网回水温度，提高长输供热的经济性。其供热规划如表3所示。

淄博市余热利用热源规划　　　　表3

热源	余热（MW）	供暖抽汽（MW）	燃气驱动（MW）	电力驱动（MW）	调峰（MW）	总供热能力（MW）	总供热面积（万 m^2）
华电淄博热电厂	254	144			159	557	1518
华能白杨河热电厂	224	244			186	654	1781
齐鲁石化烯烃厂余热（含辛店电厂）	563	399		50	402	1413	3851
齐鲁石化炼油厂余热（含辛店电厂）	187	304			196	687	1872
金晶+汇丰余热首站	250		173	36		458	1248
山东铝业（华电淄博热电）	109	156			106	371	1012
金诚石化（含天源热电）	121	172			117	410	1116
高青县燃机烟气余热	16		23		16	55	149
高青县工业余热	26		36		25	87	236
合计	1749	1420	232	86	1206	4692	12785

以远距离供热为主的工业余热和热电联产供热，长输热网运行参数为110℃/25℃，由于老城区新旧管网质量参差不齐造成的管道耐温及承压能力限制，且部分老城区热力站改造存在空间狭小、产权归属等实际困难，很难做到对市区既有热力站全部大温差改造。为尽可能减少对现状管网及热力站运行条件的改变，并充分利用现状一次网，将现状小型热电厂或锅炉房改建为大温差能源站。在能源站供热区域，实施集中将长输热网回水温度降低至25℃以下，同时保障市区对接的一次热网供回水温度不受影响，并采用减少板式换热器换热端差、发展低温供暖末端等措施，尽量实现低的一次网供水温度和回水温度，具体如图2所示。以近距离供热的工业余热和热电联产供暖为主的区域，参照现有热网严寒期的运行参数，校核管网输配，运行参数选85℃/45℃，低品位工业余热热量为主供热的区域，鼓励进一步采取措施降低热网供回水温度。

实施主干管网互联互通，能够更为充分的在更大的区域范围内合理利用大型热电和工业企业余热资源，解决部分地区热源供需不匹配问题。发展两个长距离供热

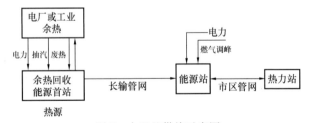

图2　大温差供热示意图

项目，通过齐鲁石化烯烃厂向北、向南敷设管线实现临淄区与张店区、淄川区的联通，管线长度30km。华能白杨河电厂通过张博公路敷设管线实现博山区和淄川区的联通，管线长度33km。

3.3 规划方案环境效益和经济性

通过主干管网互联互通工程结合工业余热利用，合计替代现状38家小热电机组、燃煤锅炉房，同时解决新增供暖面积需求。若仅考虑供暖季替煤，约替代82.2万tce，相对应减少 SO_2 排放约2546t/a，减少 NO_x 排放约11814t/a，减少烟尘排放约539t/a，减少 CO_2 排放约218

万 t/a；若考虑替代供暖的小热电关停，全年可实现减煤量 168 万 t，减少 CO_2 排放 445 万 t。

远期规划方案供暖季供热 3610.8 万 GJ，大型热电联产和工业余热供热热量占 87%（余热量占 50%），具体如图 3 所示。本规划方案估算建设总投资为 42.4 亿元，综合供热成本与其他供热方式的对比如图 4 所示，综合供热成本 40.4 元/GJ，低于大型燃煤锅炉供热成本 43.6 元/GJ，远低于燃气锅炉供热成本 104.1 元/GJ。

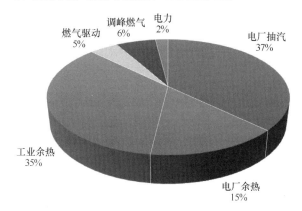

图 3 规划方案供暖季热源供热量构成

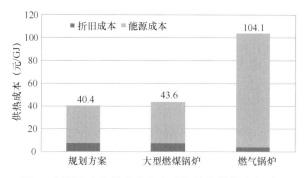

图 4 规划方案与其他供热方式的综合供热成本对比

蒸汽价格：43 元/GJ，大工业电价 0.5951 元/kWh；燃气价格：3.36 元/m³，工业余热价格按 2 元/GJ，电厂余热按影响发电折算，上网电价 0.39 元/kWh，投资折旧按 15a。

3.4 齐鲁石化烯烃厂余热供热项目

齐鲁石化烯烃厂余热资源统计如表 4 所示，余热量潜力 666MW。华能辛店电厂距离齐鲁石化烯烃厂 6km 左右，其两台 300MW 机组经切低压缸改造后，考虑 70% 的负荷率，扣除 200t/h 的工业蒸汽和炼油厂余热回收向临淄地区供热后，用于烯烃厂余热回收的抽汽热量为 398MW，按 COP 为 1.75 计算，即使全部用于吸收式热泵驱动热源仅能回收 298.5MW 余热，而烯烃厂低温循环水余热量达 489MW，仅能回收 61% 左右，需要考虑增加电压缩式热泵回收。

齐鲁石化余热资源列表　　表 4

序号	工艺环节	流量 (m³/h)	起点温度 (℃)	终点温度 (℃)	余热量 (MW)
1	约 3000t/h 的 115℃ 的母液与约 449t/h 的 97.62℃ 的闪蒸母液混合	3449	—	—	14
2	乙烯裂解装置急冷水	4000	75	40	163
3	烯烃厂循环冷却水	70000	34	28	489
合计		666			

余热加热在烯烃厂分为两路，乙烯急冷水和闪蒸母液的余热品位较高，一路 4000t/h 热网水可以采用热网回水直接换热加热的方式利用，并依次经蒸汽吸收式热泵提取循环水热量和抽汽加热，供热总热量 395MW。另一路 6230t/h 热网水经蒸汽和电驱动的复合式热泵直接加热，供热总热量 615.8MW。除直接换热量 177MW 外，两路热源共回收低温循环水余热 402MW，占低温循环水热量的 82%。烯烃厂余热回收示意图如图 5 所示。

齐鲁石化烯烃厂余热供热系统供暖季向张店区和淄川区供热 1060.9 万 GJ，其中燃气调峰 71.2 万 GJ，电厂抽汽 380.1 万 GJ，耗电 10241 万 kWh，提取余热 572.8

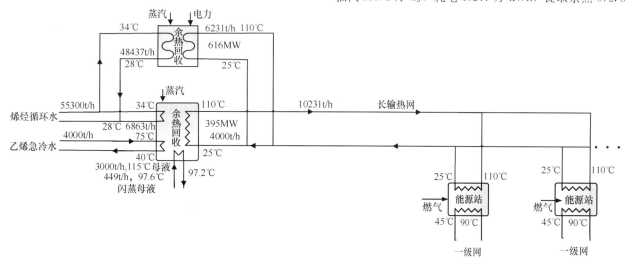

图 5 烯烃厂余热回收示意图

万GJ,具体如图6所示。余热供热系统总投资20.6亿元,能源运行费31962万元,具体见表5和表6。综合供热成本43.7元/GJ(投资折旧按15a),与大型燃煤锅炉供热成本基本相当,具备经济上的可行性。

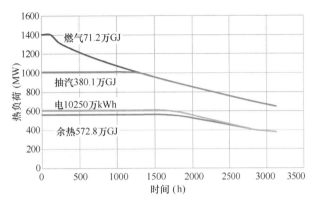

图6 齐鲁石化烯烃厂余热系统供热热量构成图

齐鲁石化烯烃厂余热供热系统投资 表5

各环节	投资构成	齐鲁石化余热方案(万元)
热网首站	余热回收热泵	27936
	热网加热器	1330
	余热水换热器	4233
	电力接入费用	4706
热网	新增热网管线	101123
	中继泵站	4420
能源站	燃气接入费用	1500
	能源站	43166
	其他费用及预备费	28154
	合计	216568

注:方案费用含建筑、安装费用。

齐鲁石化烯烃厂余热供热系统能源运行费 表6

总热量(万GJ)	1060.9
燃气热量(万GJ)	71.2
抽汽热量(万GJ)	380.1
热泵驱动电量(万kWh)	10241
余热(万GJ)	572.8
输配电量(万kWh)	1379
余热占比	0.54
能源运行费(万元)	31962

注:蒸汽价格:43元/GJ,大工业电价0.5951元/kWh;燃气价格:3.36元/m³,余热价格按2元/GJ。

4 结论

为实现"双碳"目标,能源行业必须推动节能与能效提升、化石能源的清洁化及清洁低碳能源的大规模替代。目前电力、热力行业是城市能源碳排放的首要来源。我国北方城镇现状燃煤供热比例达77%左右,以燃煤为主的供热热源结构碳排放较高,且城镇化率的进一步提高还要进一步增加供热能源消费的需求。根据碳减排目标,未来我国需要在减煤道路上继续发力,严控新增煤电,实现煤炭消费总量及煤炭在能源消费中比重的持续下降。目前已有银川、郑州、石家庄、太原、乌鲁木齐、西安等北方城市已经实施或者正在实施关停市区内的燃煤锅炉和小型燃煤热电,致力于优化城区供热能源消费结构,推进清洁低碳供热工程。我国目前是世界上集中供热管网最普及的国家,充分利用城镇热网基础设施条件发展低品位余热利用是促进供热低碳乃至零碳的重要技术措施。

依据国家能源政策降低煤炭消费、治理大气环境的要求,淄博市需加快推动全市煤电行业结构优化和转型升级,打破域内的行政区划限制,统筹规划建设互联互通的供热管网,在更大的区域范围内合理配置利用大型热电和工业企业余热资源,解决部分地区热源供需不匹配问题,同时实现供热系统的大幅节能减排和低碳化。规划方案替代当地燃煤小热电机组和燃煤锅炉房,供暖季减少82.2万tce,综合供热成本40.4元/GJ,低于大型燃煤锅炉供热成本,远低于燃气锅炉供热成本。其中齐鲁石化烯烃厂余热利用长距离供热项目供热成本与大型燃煤锅炉基本相当,具备经济性上的可实施性。

参考文献

[1] 习近平为何将实现"双碳"目标视作一场"系统性变革"?[EB/OL]. 中国新闻网,2021-3-21. https://www.chinanews.com/gn/2021/03-21/9437182.shtml.

[2] 清华大学建筑节能研究中心. 中国建筑节能年度发展研究报告2019[M]. 北京:中国建筑工业出版社,2019.

[3] 江亿,胡姗. 中国建筑部门实现碳中和的路径[J]. 暖通空调,2021,51(5):1-13.

[4] 付林,江亿,张世钢. 基于Co-ah循环的热电联产集中供热方法[J]. 清华大学学报,2008,48(9):1377-1380.

[5] 戈志华,孙诗梦,万燕,等. 大型汽轮机组高背压供热改造适用性分析[J]. 中国电机工程学报,2017,37(11):3216-3222.

[6] Morandin M,Hackl R,Harvey S. Economic feasibility of district heating delivery from industrial excess heat:A case study of a Swedish petrochemical cluster[J]. Energy,2014,65:209-220.

[7] 方豪,夏建军,李叶茂,等. 低品位工业余热应用于城镇集中供暖系统若干关键问题及解决方法[J]. 暖通空调,2016,46(12):15-22.

[8] 白龙坤,何炫,王世栋. 兰州雁儿湾区域基于大温差技术联合利用榆钢余热实现低碳供热[J]. 区域供热,2020(3):113-118.

[9] Lund H,Werner S,Wiltshire R,et al. 4th generation district heating (4GDH) integrating smart thermal grids into future sustainable energy systems[J]. Energy,2014,68:1-11.

[10] Helge A,Sven W. Economic benefits of fourth generation district heating[J]. Energy,2020,193:1-11.

[11] 付林,李永红. 利用电厂余热的大温差长输供热模式[J]. 华电技术,2020,42(11):56-61.

[12] 李政,陈思源,董文娟,等. 碳约束条件下电力行业低碳转型路径研究[J]. 中国电机工程学报,2021(5):1-15.

基于压缩式热泵的余热回收供热方式分析

北京清建能源技术有限公司　苗　青　孔令凯　张世钢
资源环境与建筑工程学院　张梦予

【摘　要】2020年，我国提出了"双碳"目标。我国北方城镇供暖碳的排放量和能耗均占建筑运行能耗的1/4左右，是节能减排的重中之重。因此本文提出了利用电动压缩式大温差供热机组消纳"绿电"回收余热供热的"零碳供热"模式。它适应了电网与热网的运行特性，将两者有机的联系起来，实现了以"绿电"为主的供电模式和以零碳能源为主的供热模式，是"热电协同"的关键设备，并且经济性可以达到热电联产相当的水平。相对吸收式大温差技术可以进一步降低一次网回水温度，增加热网的输送能力；而且其工况限制和空间限制更少，回水温度可以更低，能够直接回收低品位零碳余热。两种机组结合使用经济效益和社会效益更佳。本文从理论与实践两个方面分析了其经济性，认为其经济性可以达到或优于现有的热电联产供热模式，有望成为未来供热的主流模式之一。

【关键词】低碳环保　零碳供热　热电协同　电动压缩式大温差机组　工业余热

0　引言

为了实现"双碳"目标，清华大学教授、中国工程院院士江亿提出了一个全新的理念，根据我国的实际状况，可以跳过油气时代，直接步入电气化时代，并且因地制宜、因时制宜，以风电、光电、核电、水电以及生物质资源等零碳能源为主要电力来源，同时保留一小部分火电来起到调峰作用，将这几种电力来源进行科学配比，进而实现向低碳和零碳能源发展的新格局[1]。

1　应用背景

1.1　目前我国北方城镇的供热现状

（1）供热能耗在全国能耗中的占比很高，其中北方城镇供热的能耗为2.12亿tce，占全国建筑能耗的21%[2]。

（2）供热结构占比不合理、化石能源占比过高，必然会造成碳排放过高。目前我国热电联产的一次能源消费仍然是以燃煤为主，占比约80%，对于利用天然气和电能等清洁能源进行供热则分别占比15%和5%。在2017年，北方的城镇供热排放了5.41亿t二氧化碳，占建筑运行相关碳排放总量的20%[2]。

（3）供热品位过高，高低温直接换热损失了大量做功能力。实际供热时，一次网的供/回水温度基本在95℃/50℃左右，二次网的供/回水温度基本在55℃/45℃左右。随着地板辐射供暖的推广，供热系统一、二次管网的回水温度呈现整体下降趋势。这说明供热本身对能源品位要求较低，而采用消耗高品位热源进行供热势必会存在较大的㶲损失。

（4）供热需求紧迫。目前我国北方各地的供热现状十分紧张，绝大部分城市存在着不同程度的供热缺口。有调查表明，我国北方城镇供暖地区室内温度达到18℃供热标准的建筑只有43.56%，供热不足的问题十分严峻[3]。

由于上述原因，清华大学创新性地提出了"中国清洁供热2025"的新模式，项目负责人付林教授表示，我国余热资源的特点为总量大、成本低、相对集中，如果将部分热电厂以及工业部门的低品位余热合理的收集起来，就可以满足我国北方城镇的基本供暖需求。按照付林教授提出的规划方案，在近期充分利用热电厂和工厂的低品位余热资源来承担供热负荷，远期则应该发展成为以核电、风电、水电等"绿电"为主，并结合生物质能等零碳能源的新供热模式[4]。

1.2　采取电动压缩式大温差机组利用工业余热和绿色电力的"零碳"供热模式

按照上述思路，本文提出了一种电动压缩式大温差机组的概念。它采用"绿电"为驱动力，将低品位的热电厂及工业废热长距离输送到用户侧供热，利用建筑本身的蓄热能力大量消纳电力低谷期的"绿电"，帮助其实现大规模上网替代热电。

这种模式的优势是：

（1）工业余热是一种一次能源消耗后经过工艺生产流程所剩下的热量，对于工业生产过程来说温度和品位较低，属于零碳能源。符合我国未来一段时间的发展方向。

（2）我国工业余热资源丰富。研究表明，我国排放的低品位余热量约7.6亿tce（折合222.5亿GJ）。由于这些工业部门更多的分布在我国北方集中供暖地区，因此这对本文在供暖期合理、高效的利用这些工业部门的低品位工业余热进行集中供暖十分有利。若能回收其中的70%，便可满足2015年北方供热季的全部用热需求[5]。

（3）此供热模式经济性好。利用电动压缩式大温差机组可以深度回收一次网水的热量，一次网及零次网回水温度低，为回收更低品位的工业余热创造良好的条件，保障了低品位余热的回收利用。对于热力公司来说，增加了供热能力，确保了供热的品质，还减少了购热的费用；对于热源厂来说，不仅提高了一次能源利用率，还增加了经济上的收益。经过计算，这种供热模式的经济性与热电联产相当，远优于燃气锅炉。

（4）是"以热定电"模式到"热电协同"模式的链接

枢纽,是电网系统与热网系统协同的纽带。它可以实现对电网的"削峰填谷",促进清洁电力上网。该系统在白天峰电时段减负荷或者不启用电压缩热泵,依靠建筑自身的热惯性来满足热需求,而在夜间利用谷电来驱动电压缩热泵,不仅可以利用电网的峰谷差电价来减少系统的运行费用,还可以转变目前我国"以热定电"的供热模式,有利于清洁能源上网及热电厂进行"热电解耦"。由于两碳目标的需要,大量火力发电厂将不得不被"绿电"所取代。但是"绿电"有其自然分布特性,不受人为的控制。电力低谷期的发电量就必须为其找到消纳渠道,防止浪费。如果采用电动压缩式大温差机组的供热模式,每万平方米供热约耗电 65kW,如北方供热 50%采用工业余热＋电动压缩式大温差机组系统,则可吸纳约 3250 万 kW 的谷电功率。

1.3 三种主要应用场景及系统流程

（1）在工业余热长输系统中应用

对于工业余热作为热源的长输系统,首站热泵将工业低温余热升温成中温热源进行长距离输送。在用户侧,通过电动压缩式大温差机组进行分散或者集中降温回到首站吸收低温余热。在有峰谷电价和绿色电力的场景,优先采用"绿电"谷期运行热泵,白天仅用换热维持基本温度。通过建筑本身的蓄热效应来平衡白天和夜晚的供热负荷,节省了大量的蓄热成本。

在利用工业余热作为热源的长输系统中,电动压缩式大温差机组作为大幅度降温终端,是必不可少的关键设备。其与吸收式大温差机组不同,在运行的过程中,是依靠高品位的电能来驱动的,不会受到一次网供水温度的限制,还可以根据需求进行深度降温,将一次网回水的温度降低到 10℃ 左右,如此低的温度,可以更加充分的回收某些品位较低的低温余热,极大的提升了管网的输送能力,保证了项目的经济性,具体流程图如图 1 所示。

（2）在传统长输大温差系统中与吸收式大温差机组混合使用

前文已经提及,虽然吸收式大温差机组是目前长输管网工程中的主流换热设备,但是其设备普遍体型较大,且一次网回水温度只能根据用户使用情况被动形成。作为吸收大温差机组的补充,电动压缩式大温差机组不受用户供热参数的影响,可以根据需求满足最佳供热参数。且对于一些站内面积小,或层高不足且改造困难的热力站来说,电动压缩式大温差机组结构可以更紧凑,容易实现改造。改造完成率越高,混水损失就越小,回水温度越低,长输能力越强,项目的经济性也就越好。具体流程图如图 2 所示。

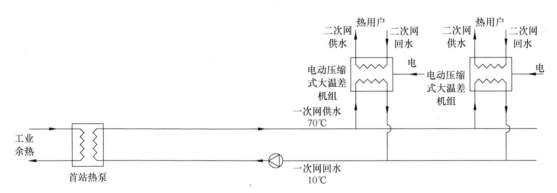

图 1 工业余热作为长输热源系统流程

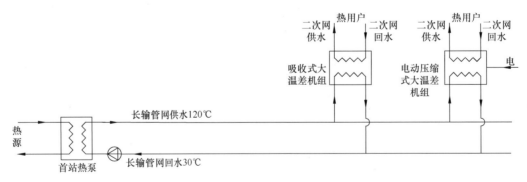

图 2 与吸收式大温差机组混合使用系统流程

（3）在三级网长输大温差系统中与中继能源站混合使用

作为吸收式大温差系统的技术升级,可以与集中降温中继能源站联合使用,通过电动压缩式大温差机组将城市内的一次网回水降低到 30℃ 左右,这部分水虽然已经具备了回收余热的能力,但是并不直接回到热源,而是利用付林教授提出的三级网供热新理念,结合中继能源站的优势,进一步将长输管网的回水温度降低至 10℃ 左右后,增加了 20℃ 温差的供热能力,这对于长输管网来说,不仅节省了建设初投资,也通过节省水泵电耗,节省了运行费用,进一步提升了长输管网的经济性。具体流程图如图 3 所示。

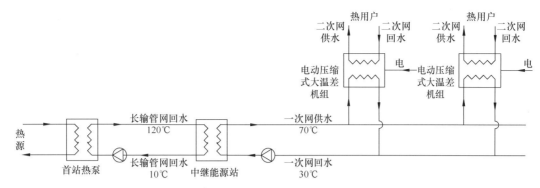

图 3 与中继能源站结合系统流程图

2 机组介绍

2.1 电动压缩式大温差机组系统构成

电动压缩式大温差机组系统流程图如图 4 所示。

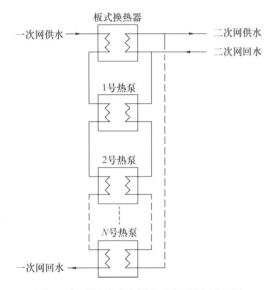

图 4 电动压缩式大温差机组顺流流程图

该系统主要由水-水换热器和电动压缩式热泵组构成。图 4 中左侧为热源侧，管网依次经过水-水换热器和各级压缩式热泵；右侧为供热需求侧，庭院管网回水依次流经各级热泵后与水-水换热器并联供出。这样连接的目的是尽量多的发挥较高温度的热源的传热能力，不能直接换热的回水则通过热泵将热量提升到供热侧供热。降温部分由多级串联的电动压缩式热泵组成，这样的设计可以极大地提升系统的㶲效率。

2.2 系统经济性指标

目前的热电联产供热模式是公认的经济性最佳的方案，为了说明"零碳供热"模式的经济性，本文以抽气热电联产供热模式（图 5）为参照，采用增量法计算其静态投资回收期，作为系统经济性的指标。

在热电联产系统中，供出的热量牺牲了发电能力为代价。假定抽汽参数为 272℃/0.4MPa，焓值为 3005kJ/kg，一网供水温度 120℃、一网回水温度 50℃。

根据静态投资回收期的定义，其数值为新增的投资与年收益的比值，则：

$$a = \frac{Invest_p}{cost_H - cost_e} \quad (1)$$

$$cost_e = W_{e2} \times \tau \times P_{e2} \quad (2)$$

$$cost_H = W_{eh} \times \tau \times P_{e1} \quad (3)$$

式中，a——静态投资回收期；
$Invest_p$——电动压缩式大温差机组投资；
$cost_H$——采用热电联产时消耗的等效电；
$cost_e$——电动压缩式大温差机组耗电；
W_{e2}——电动压缩式大温差机组耗电功率；
W_{eh}——热电联产消耗的等效电功率；
P_{e1}、P_{e2}——电厂上网定价和用户侧消费电价。

假定机组全年运行时长 $\tau = 120 \times 24 \times 0.7$，投资费通常与机组制冷量成正比。

$$Invest_p = Q_{e2} \times P_p \quad (4)$$

P_p 为机组成本及安装费，一般在 0.5～1 之间。电动压缩

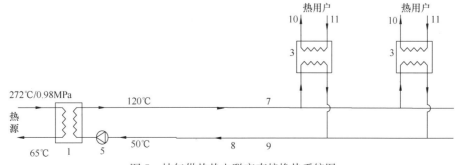

图 5 抽气供热热电联产直接换热系统图

式大温差机组制冷量,$\widehat{COP}$ 为机组运行全年平均 COP,则:

$$Q_{e2} = W_{e2} \times \widehat{COP} \quad (5)$$

假设由 Q_{e2} 引起的一次管网回水的下降温度为 dt,一次管网质量流量为 m,则:

$$Q_{e2} = C_p \times m \times dt \quad (6)$$

对应的热电联产的供热量同比电动压缩式热泵的制冷量,则其等效电功率为:$W_{eh} = f_h(Q_{e2}) = k \times Q_{e2}$。假定汽轮机发电为等熵过程,则汽轮机发电乏汽焓值为则损失的发电焓差为:

$$\Delta h_e = h_{ex} - h_{out} = 3000 - 2400 = 600 \text{kJ/kg} \quad (7)$$

k 为等效电与供热量的比:

$$k = \frac{\Delta h_e}{h_{ex} - h_0} = \frac{600}{3000 - 164} = 0.21 \quad (8)$$

将上述公式代入公式:

$$a = \frac{Q_{e2} \times P_p}{W_{eh} \times \tau \times P_{e1} - W_{e2} \times \tau \times P_{e2}}$$

$$= \frac{P_p}{k \times \tau \times P_{e1} - \frac{1}{\widehat{COP}} \times \tau \times P_{e2}} \quad (9)$$

如果假定 P_{e1}、P_{e2} 同为 P_e,则:

$$a = \frac{P_p}{\tau \times P_e} \times \frac{1}{k - 1/\widehat{COP}} \quad (10)$$

对于同一个项目而言,P_p、τ、P_e、k 均为常数,且一般变化不大,因此决定项目经济性的唯一的变量就是热泵的全年平均运行效率 $\widehat{COP}$。

假设 $P_p = 1000$ 元/kW,$P_e = 0.55$ 元/kWh,供热时长 120d,则为了保证投资回收期在 10a 以内,经过计算可知 $\widehat{COP} > 6.8$。换句话说,不考虑长输管网输送和碳排放的费用的前提下,如果想要达到与抽气供热相当的经济性,需要全年运行平均 COP_h 大于 6.8。

可见要想准确评估项目的经济性,就必须准确的得到 $\widehat{COP}$。因此,专门做了电动压缩式大温差机组样机,并进行了实验测试与工程示范项目。

3 电动压缩式大温差机组设计及实验

3.1 机组设计参数

本次设计工况一次网供/回水温度为 70℃/15℃,一次网水流量 7.4t/h,二次网供/回水温度为 60℃/45℃,二次网水流量 13.4t/h。机组采用五级串联的布置方式,各级热泵均经过了专门的优化设计。其中的电动压缩式热泵结构示意图如图 6 所示。

3.2 机组测试结果

测试方法如下:保持一、二次网水流量不变,一次网进入热泵的温度是经过板式换热器换热以后被动形成的,一般可以假定换热器端差固定不变,即一次网入水温度

图 6 电动压缩式热泵结构示意图

可以由二次网回水温度加上固定端差 dt 得到。这样对热泵来说就只有两个自由变量,即二次网回水进入热泵的温度和一次网热泵出水温度。

通过经过合肥通用机械研究院认证的标准实验台测试结果如图 7 所示。

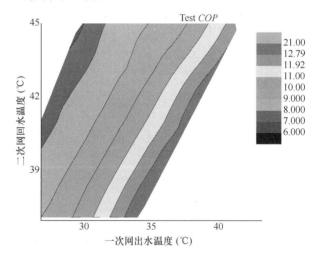

图 7 电动压缩式热泵性能特性图

图中横坐标为一次网热泵出水温度,纵坐标为二次网回水进入热泵的温度。由图 7 可知,热泵 COP_h 呈现从左上到右下逐渐升高的趋势。可见图中所示区域内几乎全部 COP_h 均大于 7,此热泵应用在这些工况领域内的经济性,均优于抽气供热的热电联产直接供热的经济性。

4 电动压缩式大温差机组工程示范

为了进一步确认机组的运行可靠性和实际运行效果,本文选择了某换热站作为示范工程,进行了现场测试。

4.1 工程背景介绍

某换热站处在供热末端,在极寒天气一次网供热流量出现瓶颈,具体供热参数及站内原有情况,如表 1 与图 8 所示。

站内极寒期基本情况 表1

供热区	供热面积(m²)	一次网参数					二次网参数				
		流量(t/h)	供水温度(℃)	回水温度(℃)	供水压力(MPa)	回水压力(MPa)	流量(t/h)	供水温度(℃)	回水温度(℃)	供水压力(MPa)	回水压力(MPa)
某小区	37782	38	96	64	0.74	0.73	171	45.4	38.3	0.58	0.40

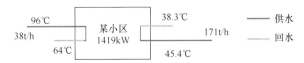

图 8　站内原有情况

4.2　电动压缩式大温差机组供热解决方案

测试机组与原供热系统并联，系统流程如图 9 所示。

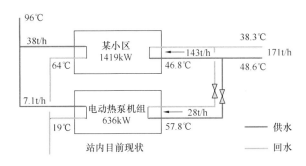

图 9　改造后流程图

由于增设了该机组，严寒期可以使某小区的供热能力增加 636kW，总供热量达到 2055kW，足以解决其极寒期供热能力不足的问题。

机组现场安装图如图 10 所示。

图 10　机组现场安装图

4.3　机组运行效果

经过一段时间的运行，确认机组设计达到了预期效果，一次网水温降达到了 59℃，机组运行稳定可靠。图 11 是机组水温随时间变化图，可见虽然供热水温有所波动，这种波动是随供热负荷而不断变化的，测试期间的波动范围最大达到 5K，但是电动压缩式热泵运行平稳，供热能力比较稳定。机组各部分出热占比见图 12。

为了确定机组的变负荷运行可靠性，本文进行了强行开关机实验。通过实验可以看到，各级热泵加减载时互不影响，功率输出平稳达到了设计目标，如图 13 所示。

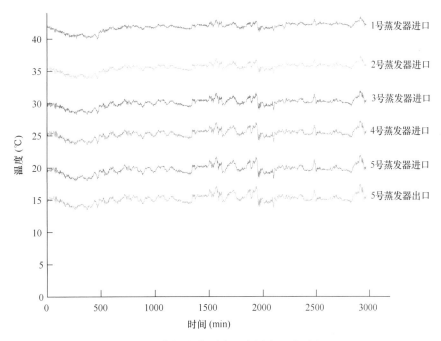

图 11　各级电热泵内一次网水温降过程

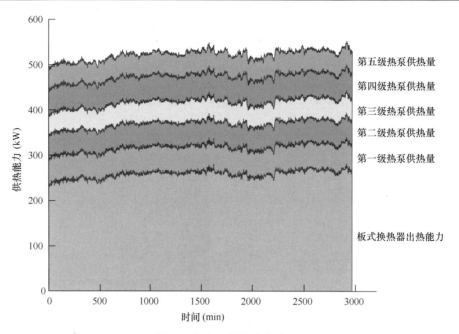

图 12 机组各部分出热占比

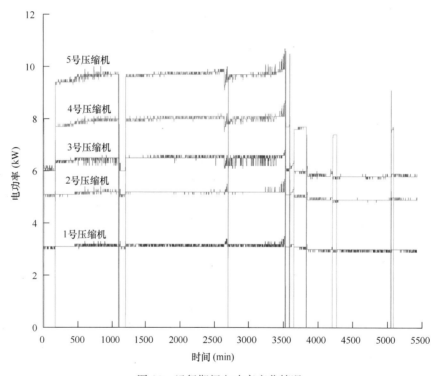

图 13 运行期间电功率变化情况

通过大量的运行数据分析，本文得到了机组 COP_h 与制热量之间的关系，如图 14 所示。可见随着供热能力提高，一次网降温幅度的增加，相应的电动压缩式热泵的工况变的严峻，功耗增大。当五级全开时，机组供热 COP_h 可以达到 7.3，仍高于最低经济 COP_h 值。

5 结论

本文建议，未来以余热与"绿电"相结合的"零碳供热"作为主要的供热模式；提出了电动压缩式大温差机组的概念，并认为它是未来连接供电系统和供热系统的能源

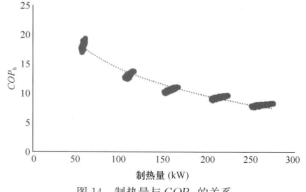

图 14 制热量与 COP_h 的关系

互通、最终实现"热电协同"的关键纽带；通过理论计算指出全供热季运行综合COP_h是评价机组适应经济性的关键指标；通过示范项目机组的运行数据，证实即使不考虑长距离输送和碳排放优势，经济性仍可以达到与现有热电联产近似的水平，机组推广具备可行性。

参考文献

[1] 朱妍，江亿. 提高末端用电比例，避免电、热低效转换[N]. 中国能源报，2018-09-03.

[2] 清华大学建筑节能研究中心. 中国建筑节能年度发展研究报告2020[M]. 北京：中国建筑工业出版社，2020.

[3] 谈政. 电动热泵与蓄热联用的热力站系统模拟与实验研究[D]. 北京：华北电力大学，2018.

[4] 朱妍. 低碳先行，构建"清洁供热2025"新模式[N]. 中国能源报，2019-12-16.

[5] 方豪，夏建军，江亿. 北方供暖新模式：低品位工业余热应用于城镇集中供热[J]. 建筑科学，2012，28(S2)：11-14.

城镇集中供热系统节能降耗分析

赤峰学院资源环境与建筑工程学院　王凤娟　方　豪　王春林　江永澎　李焱赫

【摘　要】根据相关文献了解到，当前供暖行业在建筑领域不是能耗最高，却达到了碳排放量最高，碳排放问题至关重要。故清洁取暖、零碳供暖是当下发展趋势所需。工业余热正是清洁能源之一，低品位工业余热供暖也符合清洁供暖的要求。本文针对利用工业余热供暖的迁西余热供暖系统当前遇到的余热热源紧缺问题进行用户末端及换热站内设备测试，分析发现热网末端能耗大以及输配系统存在热网回水高、板式换热器端差大的问题，这会影响热源取热量以及供暖面积。实现回水温度降低，热源取热更多，末端合理降耗后也可以使热源在同样供热能力下供暖更大面积，热网改造可以有效解决迁西热源紧缺问题。

【关键词】　工业余热利用　热网改造

1　利用现状

迁西钢铁厂余热项目将多个工业余热热源结合起来，利用工业余热为全县供热，是全国首个典型的示范工程，供暖效果较好。但迁西余热工程也因为之前的技术问题和经验不足，导致运行存在一些问题，有必要对实际运行中存在的问题进行分析，使其余热得到更好的利用。本文针对热网进行详细分析，并对热网存在的问题提出改造建议。

2　迁庭院管网分析

2.1　基础信息

迁西县城共79个换热站，总供暖面积360万m^2，入住率72%，建筑类型分布见图1。

迁西建筑大部分是节能建筑，31%的建筑建成年代较早，是非节能建筑。

根据数据了解到，在供暖严寒期以及初、末寒期为了满足用户需求，不同室外温度下供水温度不同，根据室外气候的变化热源进行质调节。采暖季换热站一次网、二次网热量平衡，一次回水及二次回水温度偏高。

改造建议：在末端采用吸收式热泵或电动式热泵，利用高品位能源作用产生制冷效应，提取回水中的热量用

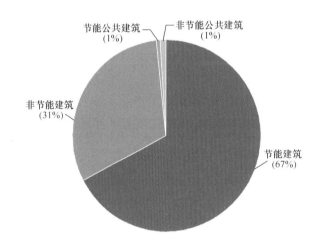

图1　建筑保温情况

以继续供热，从而实现降低回水温度。

2.2　热耗分析

对2020—2021采暖季各换热站热耗数据的整理统计，见图2、图3；并将近两年热耗进行对比分析，见图4。

总体来看，2020—2021采暖季单位面积热耗0.39GJ/(m^2·a)，高于2019—2020年。单位面积热耗高于约束值的换热站占82%，热耗偏高。

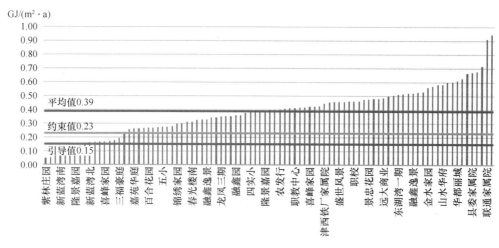

图 2 单位面积热耗

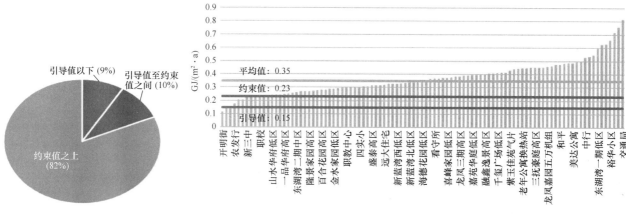

图 3 单位面积耗热值分布

图 4 2019—2020 年采暖季单位面积热耗

个别热耗偏大的换热站单位面积热耗达到 0.9GJ/(m^2·a) 以上，了解相关信息后得知小区建筑为非节能建筑，对热耗值大于 0.6GJ/(m^2·a) 的换热站建筑类型进行统计，见表 1。

热耗值大于 0.6GJ/(m^2·a) 的换热站建筑　　表 1

换热站	单位面积热耗 GJ/(m^2·a)	热耗平均值 GJ/(m^2·a)	建筑类型
中行	0.60	0.39	节能建筑（30%）
农业局	0.60	0.39	节能建筑（20%）
华都丽城	0.61	0.39	节能建筑
六院	0.63	0.39	节能建筑（10%）
龙凤嘉园十万	0.67	0.39	节能建筑（50%）
县委家属院	0.67	0.39	节能建筑（50%）
龙岩小区	0.68	0.39	节能建筑（60%）
兴城镇政府	0.72	0.39	非节能公共建筑
联通家属院	0.91	0.39	非节能建筑
看守所	0.95	0.39	非节能公共建筑

大部分换热站单位面积热耗大都是因为供暖小区建筑多为非节能建筑，且为公共建筑。建筑类型决定了建筑的保温散热情况，从而影响热耗。因此进行建筑末端的热耗分析。

2.2.1 用户负荷拆分

测试信息：东户（严寒期测试），面积：76m^2；分户供暖形式；测试入户总管供回水温度、流量。长期热流测点：热流＋内外壁面温度；卧室窗户、外墙；厨房窗户、外墙；

CO_2 浓度测点：客厅；

室内温度测点：南墙、南窗、北墙、北窗；

测试仪器：热流密度计，温度自计仪，二氧化碳自计仪；

冷风渗透：二氧化碳数据采用凌晨 1:00 至 5:00 的数据取平均值（因为夜间基本无人员活动，门窗关闭）。测试结果：夜间闭合门窗情况下，测试换气次数为 0.5608 次/h，冷风渗透量 1116W。

具体热负荷拆分情况见图 5。

根据热负荷拆分情况来看：东墙散热占比较大（18%），东墙和南北墙的保温结构不一样，保温较差；各个窗户散热较大。

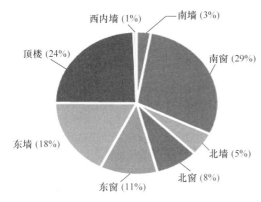

图 5 围护结构耗热所占比

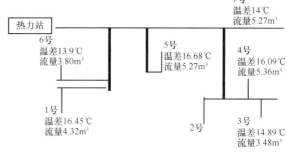

图 6 某站庭院管网图

根据典型用户耗热量推导出单元供热量以及整栋楼供热量，进而推出类似热指标，见表 2。

热指标　　　　　　　　　　　　　　　表 2

一单元总耗热量	一单元热指标
23.3MW	37.79W/m²
三号楼耗热量	三号楼热指标
63.5MW	31.76W/m²

某站属于节能建筑，类似建筑供暖面积达到 178 万 m²，严寒期测试推算整栋楼热指标 31.76W/m²；非节能建筑测试热指标 40W/m²。建筑类型不同，则建筑保温情况不同，耗热量也不同。

改造建议：用户末端进行节能改造，加强围护结构保温（墙体加强保温隔热、增加门窗的层数等）。根据计算尖峰负荷 55W/m²，未来节能改造后热指标定会降低。

2.2.2 庭院管网热损失

测试方法：测试计算换热站出口热量（温度），到每个楼栋入口热量（温度）；

测试仪器：温度自计仪；

测试结果：以某小区为例（图 6）。

流量校核（瞬时）：

$$\frac{|G_{co}-\sum_{i=1}^{n}G_i|}{G_{co}}=\frac{|27.75-27.6|}{27.6}=0.54\%$$

热量校核：瞬时

$$\frac{|Q_{co}-\sum_{i=1}^{n}Q_i|}{Q_{co}}=\frac{|484-494.6|}{494.6}=2.06\%$$

计算热损失之前进行热量以及流量校核，不平衡率均在 10% 以内，证明测试数据可信，进一步分析得到庭院管网热损失图见图 7。

此小区庭院管网热损失在 3%～13.5% 之间，部分楼栋热损失较大，最大热损失达到总供热量的 13.5%，庭院管网热损失问题较严重。

改造建议：增强管道的保温，运行中经常检查管道的腐蚀程度。

2.2.3 时间上过量供热

测试方法：根据室内外温度、流量计算出不同室外温度下的实际供热量，以及根据理论热指标等数据，计算出不同室外温度下的理论耗热量，见图 8。

测试仪器：温度自计仪，超声波流量计；

测试结果：某小区为例。

理论供热量与实际供热量都随室外温度变化，室外温度越低供热量越大。实际供热量大部分时间高于理论供热量，供暖初、末期以及严寒期都存在过量供热，且过量供热量很大。计算过量供热比例及节能潜力见表 3。

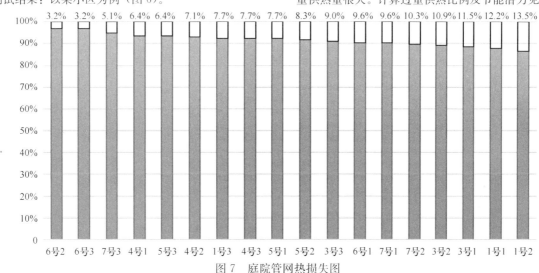

图 7 庭院管网热损失图

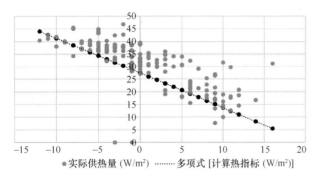

图 8 过量供热负荷图

过量供热比例以及节能潜力　　表 3

名称	数值
实际供热量 [GJ/(m²·a)]	0.4
理论耗热量 [GJ/(m²·a)]	0.34
过量供热量 [GJ/(m²·a)]	0.06
过量供热比例（%）	15%
供暖面积（m²）	12401
节能潜力（GJ/a）	744.06

以某站为例，总供热量过量供热比例为 15%，按照此小区供暖面积 12401m² 来计算，节能潜力 744.06GJ/a。

改造建议：对热源以热网及用户末端进行精细化的调节，调节手段有质调节、量调节及质量综合调节，以及分阶段对温度及流量进行调节等。

2.2.4 水力失调（楼栋间不均匀损失）

测试方法：测试小区每栋楼入口的供回水温度以及流量；

测试仪器：温度自计仪，超声波流量计；

测试结果：以某小区支路为例（图 9）。

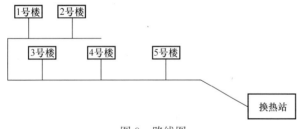

图 9 路线图

从供暖系统路线图可以看出，5 号楼距离换热站最近，3 号、4 号、5 号楼属于前端用户，1 号、2 号楼距离换热站较远，2 号楼是最不利用户。

在图 10 中可见不同楼栋供回水温差相差很大。在图 11 中可见为了达到末端的用热需求，前端流量过量，后边流量小，导致供回水温差大。距离换热站远的楼栋供水流量普遍偏小。

根据图 12 可见，各楼单位面积供热量中，2 号楼、1 号楼距离换热站远，单位面积耗热量较小。经计算距离最远、温差最大、流量最小、理论单位面积热耗最小的老 2-3 单元，热指标为 52.6W/m²，满足供暖要求，故其他的前端楼栋都存在空间上过量供热。前端过量供热最大比例达到 43%，见图 13。

改造建议：通过水力调解法调节，供热前进行大致的粗调节，供暖运行后，再进行精细的调节。

3 输配系统

3.1 二次网板式换热器

测试方法：测试一次网、二次网水温度以及流量参数；

测试仪器：温度自计仪，电磁流量计；

测试结果：以严寒期 2020 年 12 月 29 日室外温度最低一天为例。

对测试数据中换热站流量太小导致测试不准确、数据缺失以及不准确的数据进行剔除，得到下端差（图 14）以及板换不平衡率的图表（图 15）。

大部分换热站下端差及换热不平衡率很大。下端差大的换热站与板式换热器不平衡率大的换热站相吻合，板式换热器端差大，板式换热器换热不完导致板式换热器换热不平衡率大。根据换热面积计算板式换热器传热系数，结果偏小，换热性能差，推测是由于板式换热器面积不够，根据传热系数 1500，计算各个换热站板式换热器面积，发现与实际运行面积偏差很大。换热站板式换热器面积普遍小，换热面积不够导致换热站板式换热器端差大以及换热不平衡率大。

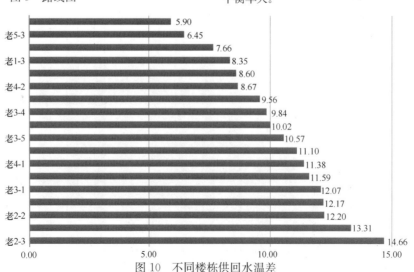

图 10 不同楼栋供回水温差

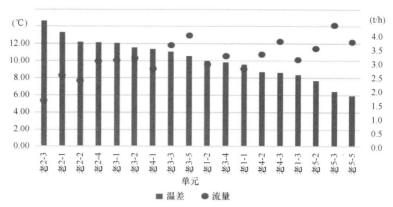

图 11 温差与流量关系

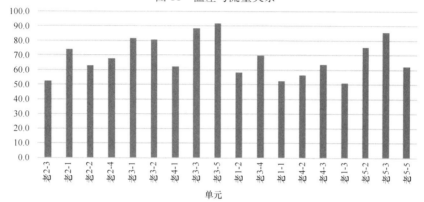

图 12 单位面积耗热量

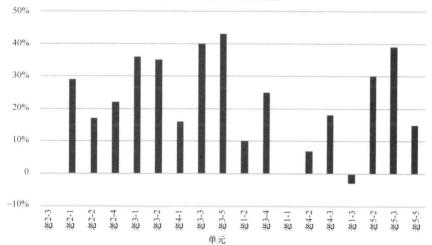

图 13 过量供热比例

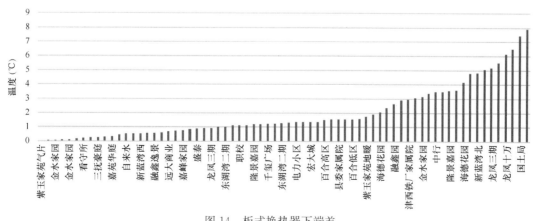

图 14 板式换热器下端差

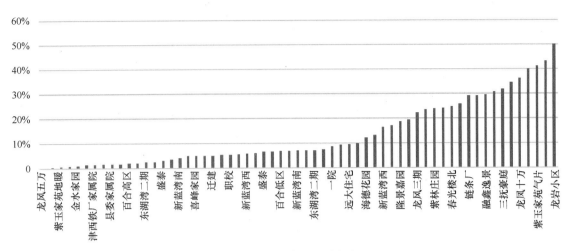

图 15 板式换热器不平衡率

如果增大面积后每个板式换热器下端差由 8℃ 降低到 3℃，每个站二次网按平均流量 104t/h 计算，每个换热站可减少 0.6MW 的热量。

改造建议：适当加大板式换热器换热面积。

3.2 电耗分析

电耗包括换热站内的照明、插座等用电，主循环泵的用电以及补水泵的用电。

由于换热站耗电量数据从 3 月 21 日后缺少数据，导致 2020—2021 年采暖季电耗总量偏小，平均值达到 0.68kWh/m²，低于引导值 1kWh/m²，大部分换热站单位面积电耗小于平均值（图 16、图 17）。

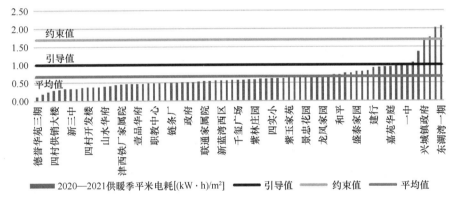

图 16 单位面积电耗

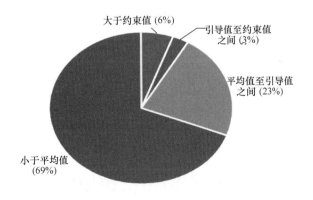

图 17 单位电耗值分布

单位面积耗电量平均值较上年降低 25%。这是由于大部分换热站的水泵进行了选型更换，且今年小区较前一年相比入住率升高。整体来说，单位面积电耗不大，但个别换热站电耗偏大，单位面积电耗达到 2kWh/m²。

3.2.1 造成电耗过大的原因

(1) 水泵运行站内或者庭院管网有额外需求。
(2) 水泵厂家及水泵选型存在问题。

对站内以及庭院管网损失进行了调查及计算发现：站内损失值正常。因此可能是庭院管网需求过大。

对于庭院管网以某小区进行了庭院管网损失计算发现：热网面积大，末端长，沿程损失较大，最不利环路压降 22m、用户 5m 资用压头，水泵正常运行扬程 28m，工频运行扬程 33.5m，说明庭院管网损失正常。水泵本身运行可能存在问题。

3.2.2 循环水泵测试

由于水泵本身选型等对电耗有影响，因此对水泵效率进行测试（测试 76 个小区 122 台水泵）。

测试目的：检查水泵是否运行在高效区；

测试仪器：高精度压力表、电功率、电磁流量计；

测试内容：循环水泵正常工况的运行情况以及 50Hz 工频下不同阀门开度的运行工况（流量、功率、压力）。

3.2.3 校核

为了数据的准确性，对测试数据进行校核，校核方法：根据额定频率下流量 Q，查到厂家样本曲线 QH 曲线上的扬程数据，如果和测得的扬程数据吻合（在误差范围内），则说明流量数据可信。

大部分水泵校核通过，测试准确。一些因为设备以及空间等原因，不具备测试条件，数据质量较差，舍弃。

校核通过的水泵运行效率大部分在 60% 以上，个别水泵效率偏低，在 50% 以下。水泵效率偏低运行不在最佳点会影响耗电量，因此可对校核通过的水泵进行进一步分析影响电耗的原因。

3.2.4 水耗分析

通过对各个换热站逐年水耗数据的整理统计得到如图 18 所示，并分析了 2017—2021 年逐年水耗的对比。

通过对迁西换热站耗水量的统计，可以看出 2020—2021 年各换热站耗水量差异巨大。经计算单位面积水耗平均值为 23.3kg/(m²·a)，相比去年，单位面积耗水量平均值下降了 27%，这是由于部分站内进行了检修维修，见图 19。

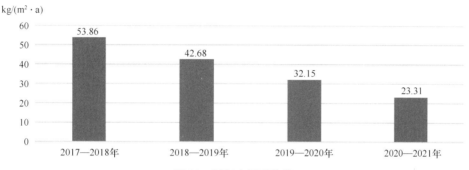

图 18　逐年水耗平均值

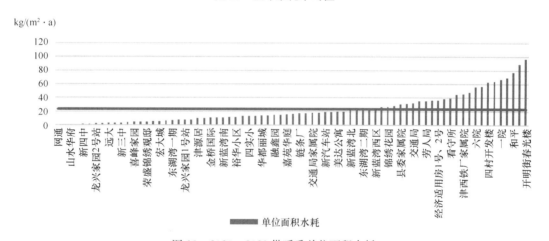

图 19　2020—2021 供暖季单位面积水耗

针对 2020—2021 采暖季数据分析约 36% 的换热站单位面积水耗高于平均值，仍有部分换热站耗水量较大，最大值达到 97.28.3kg/(m²·a)。经调查发现有用户偷水的现象，补水泵补水频繁。其他水耗较大的换热站经了解站内管道、站内各个阀门的有关信息后发现，换热站的二次网管道和个别阀门老化严重。

改造建议：经常检查管道阀门，防漏水。

4　总结

迁西热网存在庭院管网热损失、过量供热、水力失调及用户末端围护结构以及输配系统在换热站内板式换热器、水电耗方面能耗较大，一次网回水温度高等问题，需要得到有效的解决。

根据改造建议，改造后实现回水温度的降低，可以增加热源取热量，热网有效的改造可以降低热网能耗以及输配能耗，为解决供暖紧缺问题作出贡献。热网进行改造后，也可以有效降低碳排放，积极响应 2030 "碳达峰" 的号召。

参考文献

[1] 尹波,张涛,张成昱,等. 北方农村清洁供暖技术经济性研究[J]. 科技资讯, 2020, 32: 69-73.

[2] 方豪,王春林,林波荣. 我国钢铁余热清洁供暖现状和产能调整下的余热潜力预测[J]. 建筑节能, 2019, 6: 106-111.

[3] 方豪. 低品位工业余热应用于城镇集中供暖关键问题研究[D]. 北京：清华大学, 2015.

[4] 郑雯,夏建军,左河涛,等. 北方地区清洁热源与热负荷调研[J]. 区域供热, 2019, 1: 26-35, 53.

[5] 方豪,夏建军. 工业余热应用于城市集中供热的技术难点与解决办法探讨[J]. 区域供热, 2013, 3.

电解铝烟气余热在城市集中供热中的应用实践

北控清洁热力有限公司　纪格文
内蒙古北控热力有限公司　吕云强

【摘　要】 电解铝生产过程中排放的烟气含有大量的余热，直接排放至大气中不仅浪费能量而且污染环境。本文介绍了某电解铝厂采用烟气余热应用于城市集中供热的案例，采用烟气换热器对电解铝厂三个系列的烟气进行余热回收加热城市热网回水，详细分析了2019—2020供暖季系列二工程的余热回收量和热网供回水温度，回收烟气余热量35万GJ，余热供热负荷最高达28MW，可将热网回水温度提升至70℃左右。结果表明，采用烟气换热器可有效回收电解铝烟气中的余热用于城市集中供暖，对于此类烟气余热回收项目的设计及运行有一定的借鉴意义。

【关键词】 余热　电解铝烟气　集中供热　节能减排

0　引言

当前我国能源利用仍然存在着利用率低、能耗大、生态环境压力大的问题，节能减排、提高能源综合利用率是能源发展战略规划的重要内容。我国工业能耗占社会总能耗的2/3，而低品位工业余热是一种高效清洁的能源，如能充分利用工业生产排放的低品位热量，可以作为燃煤锅炉的替代热源，从而实现供暖的"零"碳排放，还可以降低污染物的排放水平[1]。

有色金属行业相对产量小，但是单位产量的余热密度极高[1]，根据电解铝、铜、铅、锌、氧化铝、电熔镁等能耗的国家规范及典型工程的统计，烟气带走的热量占有色金属的30%～60%[2]。余热作为有色金属的副产品，通常被排至大气中，造成余热资源浪费，因此对有色金属余热利用进行理论分析和实际案例的应用研究具有非常重要的意义。

目前已有的有色金属余热利用规模较小，不涉及热量的远距离输送，大多只是用于厂区或相邻小区的供暖，利用率不高。例如马安君等对电解铝余热用于发电进行了研究，结果表明余热发电的余热回收率仅为5.6%[3]。邱田迎对氧化铝焙烧炉烟气回收供暖进行了设计运行，热量吸收利用率可达90%，但仅改造了4台焙烧炉中的1台，用以满足宿舍区的余热供暖[4]。赤峰铜厂低品位余热供暖项目是目前有色金属行业少有的大规模余热供暖项目[5]，利用了45MW余热为市区100万m²居民建筑供暖。

本文根据某电解铝厂的实际案例，详细介绍了余热回收用于城市集中供热的工艺流程和实施效果，并对其运行数据进行了分析总结，分析结果对于类似余热回收用于集中供热的项目设计和运行有一定的借鉴意义。

1　余热回收方案

1.1　项目概况

某电解铝厂年产能86万t铝产品，电解车间共分三个系列，其中系列一、二配置300kA、604台电解槽，产能52万t/年，系列三配置400kA、308台电解槽，产能34万t/年。

电解铝工业生产采用冰晶石-氧化铝融盐电解法，以碳素体作为阳极，氧化铝液作为阴极，通入强大的直流电后，在电解槽内的两极上进行电化学反应产生铝液。在电解过程中会产生大量的高温烟气，烟气经除尘器回收氧化铝后由引风机送至大气中，余热基本没有进行二次利用，全部排放，污染空气且影响环境质量。冬季供暖期间烟气排放温度为90～120℃，其中系列一烟气量为1857600m³/h，系列二烟气量为2038400m³/h，系列三烟气量为2679600m³/h，合计烟气总量为6575600m³/h（表1）。

各系列烟气量及温度　　表1

分项	烟气量（m³/h）	温度（℃）
系列一	1857600	90～120
系列二	2038400	90～120
系列三	2679600	90～120
小计	6575600	

1.2　方案设计

为回收电解烟气中的热量，降低能耗和排烟温度，在排烟系统中建设烟气余热回收系统（图1），将余热产生的热水送至城市热网进行集中供热。基本工艺流程是在电解铝排烟烟道内加装烟气换热器，用于加热内循环水，内循环水经换热站中的板式换热器加热城市热网回水，再通过首站循环泵输送至热力公司供热管网，用于城市供暖。同时在首站中设置热网加热器用于调峰，余热热量不足时，由铝厂自备电厂的蒸汽对循环水进行加热，满足城市集中供热的需求。

烟气进/出口设计温度为100℃/70℃，内循环水进/出口温度设计为80℃/53℃，出换热站的热网水进/出口设计温度为75℃/45℃，总设计热负荷76.5MW。根据铝厂电解槽的分布及排烟情况，全厂共设9套烟换系统，30

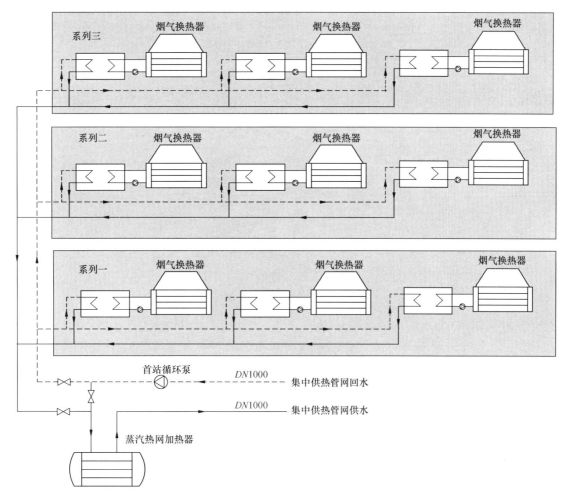

图 1 余热回收流程图

台烟气换热器。其中，系列一设置 12 台 2015kW 的烟气换热器；系列二设置 8 台 2015kW 和 4 台 2603kW 的烟气换热器；系列三设置 4 台 4165kW 和 2 台 4556kW 的烟气换热器。

进烟气换热器的总烟管设置换热旁路及紧急切换阀门，正常运行时，关闭原烟道上的阀门，烟气经烟气旁路进入烟气换热器加热内循环水，设计温度由 100℃降低至 70℃，达到余热回收的目的。若出现换热器泄漏等故障工况时，紧急开启原烟道上的电动阀门，关闭烟气旁路阀门，以保证铝厂的正常运行。烟气换热器现场安装图见图 2。

从城市热网来的热网回水经首站里的循环泵送入铝厂三个系列 9 个换热站，经换热站内供暖换热器加热后，返回热网首站送入城市热网。热网水总流量约为 2205t/h，设计供/回水温度为 90℃/45℃。

内循环水系统为闭式循环水系统，内循环水经内循环水泵升压后进入烟气换热器吸收烟气余热，其设计温度由 53℃升高至 80℃，被加热后的高温热水返回换热站，经供暖换热器降温至 53℃后再进入内循环水泵，完成一个闭式循环。

余热回收装置采用 H 型翅片管换热器，翅片管换热器具有良好的传热性能及防磨性能[6]，安装于主烟道与净化除尘器入口间。换热管规格为 $\Phi 38 \times 4$，采用顺列布

图 2 烟气换热器现场安装图

置，H 型翅片把空间分成若干小的区域，两片中间的缝隙有较高的流速，可引导气流吹扫管子翅片积灰，有很好的自清灰功能，同时在烟气迎风入口处设置 2 层防磨假管以减少对换热管的磨损，烟气侧的压降小于 200Pa。

2 运行分析

根据现场情况和铝厂的生产安排，系列二余热回收

工程优先完成建设并经过了一个供暖季的安全稳定运行。供暖初末期烟气进口温度较高，进烟气换热器温度可达110～120℃，余热供水温度65～70℃。随着室外气温的降低，铝厂烟气排烟温度也逐步降低，温度降至92～100℃，余热供水温度65℃左右，需要开启首站热网加热器提升热网供水温度输送至热力公司管网。采暖期内烟气温度与热网水温度变化见图3。

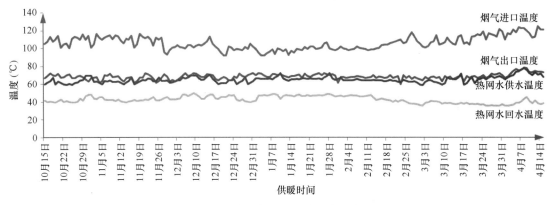

图 3　供暖期内烟气温度与热网水温度变化

供暖初期及末期，室外气温较高，烟气余热日供热量为2100～2400GJ，平均日供热负荷达24～28MW。随着室外气温的降低，烟气温度降低，烟气余热日供热量降低至1300～1700GJ，平均日供热负荷16～20MW，而此时供暖热用户热负荷逐渐增加，需采用蒸汽热网加热器进行调峰，最大蒸汽消耗量为30t/h，蒸汽压力为0.04MPa，蒸汽温度为260℃。采暖期内烟气余热日回收量见图4。

2019—2020供暖季共运行184d，向热力公司总供热量50.7万GJ，其中余热工程共回收烟气余热35万GJ，严寒期2019年12月—2020年2月用于调峰消耗的蒸汽量15.7万GJ，占总供热量的30.9%。2021年供暖季开始三个系列余热工程将全部投入运行，预计回收余热量100万GJ以上，供热面积超过250万 m^2。采暖期蒸汽调峰热量占比见图5。

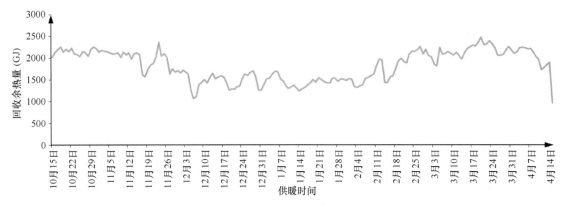

图 4　供暖期内烟气余热日回收量

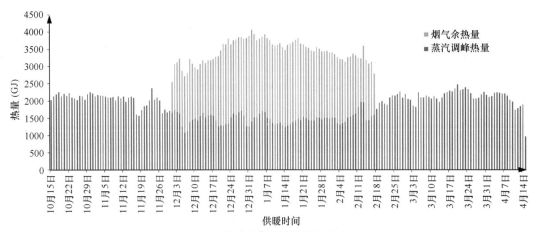

图 5　供暖季蒸汽调峰热量占比

整个供暖季进 H 型翅片管换热器烟气温度维持在 90～120℃，经换热后温度降低至 60～70℃ 后进入除尘器，换热效果良好，供暖季后经检查翅片管无磨损、无明显积灰现象，说明 H 型翅片管换热器具有良好的防磨损性能和自清灰功能。

3 结论

（1）电解铝排放的烟气中的余热是一种宝贵的资源，采用烟气换热器回收其中的余热用于城市集中供暖，符合国家循环经济、节能减排的发展政策，可以减少冬季供暖化石能源的消耗并能实现较大的经济效益，对降低铝行业能耗、提高企业经济效益、响应国家"碳达峰、碳中和"具有重要的意义。

（2）电解铝烟气温度随室外气温的降低而降低，供暖初末期烟气进口温度较高，可达 110～120℃，余热供水温度 65～70℃，严寒期温度降至 90～100℃，余热供水温度降至 65℃ 左右，需设置调峰热源对余热进行补充以满足用户供暖需求。

（3）二系列余热工程 2019—2020 年供暖季共回收烟气余热 35 万 GJ，用于调峰消耗的蒸汽量 15.7 万 GJ，总供热量 50.7 万 GJ。2021 年供暖季开始三个系列余热工程将全部投入运行，预计回收余热量 100 万 GJ 以上，供热面积超过 250 万 m²，采用电解铝余热进行城市集中供热在技术上完全可行，清洁无污染，具有一定的可推广性。

（4）H 型翅片管换热器用于电解铝烟气余热回收效果良好，进口温度为 90～120℃，经烟气换热器后温度降低至 60～70℃，翅片管无明显磨损和积灰现象。

参考文献

[1] 方豪. 低品位工业余热应用于城镇集中供暖关键问题研究[D]. 北京：清华大学，2015.
[2] 王春林，方豪，夏建军. 中国北方有色金属余热资源及清洁供暖潜力测算[J]. 区域供热，2019，6：32-40，73.
[3] 马安君，李宝生，马海波，等. 铝电解低温余热利用分析[J]. 轻金属，2013，5：58-61.
[4] 邱田迎. 氧化铝焙烧炉烟气余热采暖改造利用[J]. 冶金自动化，2014，S2：116-120.
[5] Fang H., Xia J., Zhu K, et al. Industrial waste heat utilization for low temperature district heating[J]. Energy Policy，2013，62(5)：236-246.
[6] 杨大哲，黄新元，薛立志. H 型鳍片管的传热与流动特性试验研究[J]. 锅炉制造，2008，11：14-17.

"双碳"目标下的大数据中心余热应用

杭州大热若寒科技有限责任公司　张　辉

【摘　要】 万众瞩目的新基建带来的总投资额近 34 万亿元，其中数据中心占比在 10% 左右，数据中心已然成为我国面向数字化和智能化的一个最重要的基础设施。同时，我们要响应国家号召，把数据中心和"双碳"目标结合起来。我国东部地区经济较发达，创造了大量数据，也是数据的主要应用场景。目前，影响数据中心能源评价最大的障碍就是其庞大的电力消耗，而一半以上的电力容量，来自对算力产生的热量进行降温，此处造成的基建投资巨大。

京津冀、长三角、粤港澳大湾区、成渝地区是用户规模较大、应用需求强烈的地区；新疆、贵州、内蒙古、甘肃、宁夏等是电价低廉、可再生能源丰富、气候适宜、数据中心绿色发展潜力较大的地区，同时，上述西部地区也是传统的冬季供暖地区。

"双碳"背景下，如何降低数据中心的投资及电力容量，如何用好算力余热、为西部地区冬季低碳供暖做出贡献，是一个摆在我们面前的崭新课题。

【关键词】 双碳　算力余热　低碳供暖

1 供热行业与减煤降碳

1.1 清洁供热现状

近期出版的《中国清洁供热产业发展报告（2020）》显示，截至 2020 年年底，我国北方地区供热总面积 218 亿 m²（城镇供热面积 148 亿 m²，农村供热面积 70 亿 m²）；其中，清洁供热面积 142 亿 m²，清洁供热率达 65%。全国清洁供热相关企业 8200 家，总产值达到 9000 亿元，从业人员超过 119 万人。清洁供热产业正成为快速成长的新兴产业和国民经济的组成部分。

1.2 用能结构

表 1 数据说明，我国北方仍有 66% 的供热面积未进行清洁供热改造，而已完成改造的供热面积仍有 57 亿 m² 产生碳排放。那么未来我国清洁供热改造的方向选择显得尤为重要。可以看出，从"可持续发展"和"碳达峰、碳中和"角度考虑，我国未来清洁供热能源方向应以可再生能源为主，其中覆盖面最广、可形成规模的只有以

电能取暖，那么电供暖一定会成为未来供热行业的主要形式。

供热行业用能结构分类[1]　　　　　　　　　　　　　　　　　　　　　　　　表1

能源种类	能源优势	能源劣势	供热面积（亿 m²）	供热面积占比（%）
天然气	（1）燃烧效率高； （2）基本不排放烟尘及二氧化硫； （3）可分布式布置	（1）能源不可再生； （2）热源布置有局限性； （3）产生碳排放	22	10.68
清洁燃煤	（1）清洁改造相对简单； （2）清洁改造主力军； （3）运行成本较低	（1）能源不可再生； （2）热转化效率较低； （3）产生碳排放	35	16.99
可再生能源	（1）能源可再生； （2）低碳排放	（1）建设、改造成本高； （2）热源布置有局限性	8	3.88
电能	（1）能源可再生； （2）无碳排放； （3）热转化效率较高； （4）可适用任意规模	（1）建设、改造成本高； （2）运行成本高； （3）配套设施未普及	4	1.94
非清洁能源			137	66.50
合计			206	

1.3 我国电力行业现状

据中国电力企业联合协会的数据[2]，1980年中国发电装机结构：火电占比69.20%，水电占比30.80%；2010年中国发电装机结构：火电占比73.40%，水电占比22.40%，非水可再生能源占比3.10%，核电占比1.10%；预测2030年中国发电装机结构：火电占比54%，水电占比31%，非水可再生能源占比10%，核电占比5%。

1.4 "双碳"目标下的探索

"双碳"目标为我国经济社会高质量发展提供了方向指引，是一场广泛而深刻的经济社会系统性变革。快速绿色低碳转型为我国提供了和发达国家同起点、同起步的重大机遇，我国可主动在能源结构、产业结构、社会观念等方面进行全方位深层次的系统性变革，提升国家能源安全水平。"双碳"背景下，新能源和低碳技术的价值链将成为重中之重，热力行业也可借此机遇，进一步发展各种余热综合利用技术，构建低碳、零碳、负碳新型产业体系。

根据相关数据可知，目前我国电力中70%仍是火电，即使使用了电能供热，在当下电力结构中很大一部分电能是由化石能源转换而来，那么必定产生碳排放。发电装机结构要达成"零碳"的目标还有很长的路要走，但供热行业是具备达成以清洁能源为热源的条件的，从1.1节的内容中可以看出，目前改造最简单、泛用性最广、投资相对较少的就是以电为热源供热。当我国发电装机结构达成"零碳"时，供热行业所产出的热量也将是"零碳"的。

2 算力余热

2.1 算力热量的产生

算力余热由计算的芯片产生。整个数字世界是由二进制也就是0和1构成的，反映在集成电路上，就是高电压（1）和低电压（0）。而实现这种机制的根本结构，就是晶体管。

在目前的主流工艺下，晶体管大小仅仅有几十纳米甚至几纳米。晶体管的发热，来自于其中通过的电流。当电流通过导体或半导体，总是会释放一部分热量，就好像生活中的电暖器一样。当前高性能芯片，无论是手机处理器还是桌面乃至服务器处理器，其集成的晶体管数量从数亿到数十亿不等。这意味着，在性能峰值下，有相当数量的晶体管在每秒内翻转次数高达3.22亿次，每次计算都伴随着电流消耗和大量热量的产生。

2.2 芯片余热收集及商业模式

如果利用水冷的方式将芯片产生的热量收集后用于供热，那么相当于一份电能既转化为算力又提供了供暖所需热量，从两方面分摊电费成本，从源头降低两个行业的运营成本。

那么产生了三个问题：怎样实现热量收集；能否满足供热要求；经济模型是否成立。

据此，我们研发了SAIHUB-1.0芯片余热供热柜（图1）。作为一种服务器散热系统及供暖系统，散热系统包括：进水管、分水器管路、集水器管路、出水管和一个或多个卡板模组散热单元。其中卡板模组散热单元（图2）

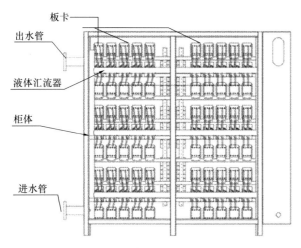

图1 芯片余热供热柜示意图

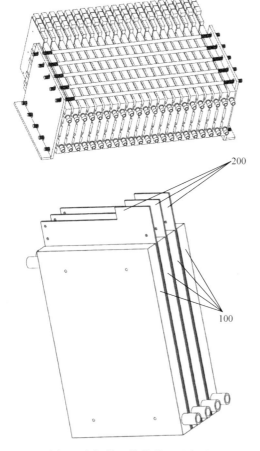

图2 卡板模组散热单元示意图

包括多个板卡,每相邻两个板卡之间均安装散热板,并分别与散热板的两面相贴合;散热板上设有入水口和出水口;进水管连接分水器管路,分水器管路与各散热板的入水口连接;各散热板的出水口与集水器管路连接,集水器管路与出水口连接。可以实现散热系统有效带走大算力服务器运行时产生的热量,并将其转换为供暖所需的热量。

当我们真正制造出 4 台 SAIHUB-1.0 卡板模组散热单元(单台电功率 1.3kW)后,立刻进行了实验室数据测试。2019 年 12 月将单独一散热单元连接至约 80m² 房间供暖供、回水总管,设置一台循环水泵($Q=5m^3/h$;$H=5m$;$N=500W$),在试运行 24h 后,得出表 2 所示实验数据。

SAIHUB-1.0实验数据表　　表2

序号	项目	单位	参数
1	房屋面积	m²	80
2	室外温度	℃	−5
3	房屋保温	—	三步节能建筑
4	室内目标温度	℃	20
5	平均电压	V	220
6	平均电流	A	23.64
7	平均功率	kW	5.2
8	运行压力	MPa	0.6
9	供回水温度	℃	65/57
10	温差	℃	8
11	总计耗电量	kWh	128.18
12	总计产热量	kJ	403052.22
13	热功率	—	88%

商业模式方面同样存在一些问题需要考虑。

首先是建设成本,一般锅炉房建设包含土建、设备(锅炉、辅机)、材料(支架、管道、阀门)、人工等成本,其中仅锅炉一项就占据了整体预算的近 50%。我们可以向场地免费提供芯片余热供热柜以替代传统的电锅炉,这样直接降低了热力公司初期投资的成本。

其次,计算行业更新速度日新月异,芯片更替的速度基本在 2~3 年更新一次,也迫使芯片余热供热柜中的运算芯片要 2~3 年更新一次,那么另一个优势为每当供暖季结束后,将芯片余热供热柜返厂维护更新,这就使得锅炉保养这项工作由我们承担。

最后一点,也是最重要的一点:双方共同分担能源电费。

以新疆伊犁地区 20 万 m² 供热面积的新建锅炉房为例,从建设到运行期间进行了一些简单的测算对比,见表3。

经济模型测算　　表3

供热地区	伊犁
供热面积(万 m²)	20
供暖电价(元/kWh)	平 0.24/谷 0.165
供热单价(元/m²)	22.8
供热时长(天)	175
燃煤热价(元/GJ)	11.24
均电热价(元/GJ)	62.5
谷电热价(元/GJ)	50.93
全季耗热量(GJ)	100525

续表

项目	燃煤锅炉房	谷电锅炉房	芯片余热锅炉房	节约比例	
建设成本（万元）	120	200	100	17%	50%
运行成本（万元）	113	512	103	9%	80%
供暖收费（万元）	456			—	—
成本回收期（a）	3.5	—	2.8		

表3中的数据详细解读如下：

燃煤价格包含煤价及运费为200元/t，1t煤产生20.93GJ热量，考虑到燃煤锅炉热效率为85%，那么1GJ价格约为11.24元。

谷电单价为0.165元/kWh，1kWh电产生0.00324GJ热量，考虑热效率为90%，那么1GJ价格为50.93元。

均电价格为（0.24+0.165）/2=0.2025元，1kWh电产生0.00324GJ热量，考虑热效率为90%，那么1GJ价格为62.5元。

据伊犁地区历史天气测算，单一冬季20万m^2供热面积所需热量约为100525GJ，考虑热效率为85%~90%，冬季耗能约为3103×10^4kWh。

建设成本仅考虑锅炉房建设，包含土建、设备（锅炉、辅机、变压器）、材料（支架、管道、阀门）、人工等，不包含外管线及楼内、室内管线等。燃煤锅炉房投资约为60元/m^2，谷电锅炉房投资约为100元/m^2，而芯片余热锅炉房因无需采购锅炉，投资单价约为50元/m^2。

因各个公司管理能力不同，本测算运行成本仅考虑能源成本，相应热成本价×冬季所需热量=能源成本，得出上述表格数据。

供热收费未考虑入住率及收费率等因素，以100%收费为例，年度供暖收费为20万m^2×22.8=456万元。

可以得出结论，当供热电为0.24元/kWh（平）、0.165元/kWh（谷）时，平均电价为0.2025元/kWh，直接电供暖成本512万。相比于456万元，亏损56万元。

无论是谷电热价或是均电热价，都无法在伊犁地区做电供暖，无法通过运行回收成本。

但是，如果采用芯片余热供暖，60%的热负荷，供热公司只需承担0.0331元/kWh的电费开支，余下的热负荷按0.2元/kWh正常供热。

0.2×3100×0.4+3100×0.6×0.0331=303万元；
456-303=153万元

由亏损56万元转为盈利153万元。

2.3 共赢模式

2.3.1 供热企业

从上述计算可以清楚的知道，使用算力余热供暖节省了初投资，从成本角度考虑，既使用了清洁能源供热，又维持甚至比燃煤供热单平方米利润更高，也免去了环保部门对排放的监督和环保成本等。不远的未来，当清洁电力占比提高时，供热行业碳排放会成直线下降，供热企业碳排放指标的上网交易又是一笔可观的收入。

2.3.2 供暖用户

在室外气温允许的条件下，热力企业在白天往往会降低负荷运转以保证能源的高效利用。对于青年或壮年用户，由于身体素质的原因，室内温度18℃是可以接受的。但是室内温度18℃对于孕妇、儿童、老人等特殊人群，会感受到身体不适。芯片余热供热保持基础运算水平，尤其是在初寒期、末寒期、室外气温较高的白天，我们仍需维持基础运算，那么这些热量可以输送到供暖用户家中，可将室温提升2~3℃，满足特殊人群需求、改善居住环境。

2.3.3 供电公司

根据上文的例子，经计算可以得出如果供热能源换成电能，平均每平方米每供暖季所耗电能约为155kWh，仅仅20万m^2供热面积就可以为供电公司带来近3100万kWh电能消耗，对于供电公司的固定资产成本回收起到了积极的作用。

2.3.4 计算行业

对于计算行业，算力余热供热技术解决了三大痛点：

（1）运营成本，电价从平均0.25元/kWh降低至0.169元/kWh，直接降低了运营成本；

（2）散热成本，水冷散热为风冷散热效率的10~15倍，节省散热成本；

（3）场地成本，供热公司提供场地，免去场地租金、厂房建设等成本。

2.4 计算行业的规模

数据中心运行的每个机架的平均功率为3~5kW，更高的功率密度每个机架可达10~12kW[3]。截至2018年底，我国在用数据中心机架数达到226.2万架，规划在建数据中心机架的规模超过180万架。2019年在用数据中心机架数约为288.6万架左右。2019年中国IDC业务的总体营收已达1132.4亿元，同比上升32%。未来，受益于5G技术的日益成熟与普及、互联网行业的持续高速发展等，国内IDC行业有望继续保持30%以上的年复合增长率。

数据中心规模，按标准机架数量，可分为中小型（$n<3000$）、大型（$3000 \leq n<10000$）和超大型（$n \geq 10000$）。数据中心可用性，可按《数据中心设计规范》GB 50147—2017分为A级、B级和C级，业内也常按TIA-942标准分为T1、T2、T3和T4。

按最低值每个机架功率为3kW，按我国现有数据中心芯片保有量226.2万架计算，如果全部改为水冷用于芯片余热供热，那么可提供3（功率）×2262000（架数）×90%（热效率）=6107400kW，相当于8724.86蒸吨锅炉的发热量，可以满足约8700万m^2供热面积的用热需求，并且每年有30%以上的复合增长率。

3 "双碳"目标下的余热利用

3.1 算力余热供热柜介绍

算力余热回收技术利用超算芯片运算时产生大量热能和热交换技术,超算芯片产生的热量通过换热收集转移到液体中,使用收集的热量以低于普通供热成本价的价格出售给需热单位用于供热。使得供热企业供热能源成本高、供热效果不佳、设备折旧严重等诸多问题得到一次性解决;为供热企业响应国家"煤改电"供暖号召时所产生的诸多难点而造成的企业窘境提供了一项改善优化的措施。

为使超算芯片余热回收技术落地,将超算芯片拆散、重组,改变其原有的结构,使得在 2.5m×1.5m×1.9m 的空间内能够布置 72 组加热核心,每组加热核心可以产生 3～3.5kW 供热量。

SAIHUB-2.0 系列超算芯片余热供热柜将供回水主管布置在中间位置,两侧核心镜像布置,上下一共分为四层,每一层最多可布置 9 组核心,一台 SAIHUB-2.0 最多可布置 9×8＝72 组加热核心,最大热功率可达 210kW。相关系数见表 4。

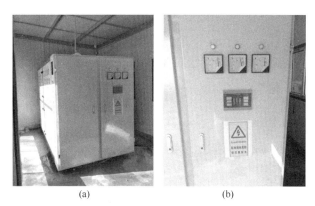

(a)　　　　　(b)

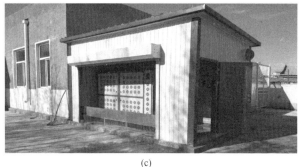

(c)

图 3　维修大队项目

SAIHUB-2.0 机柜参数　　表 4

产品名称	芯片余热供热柜
产品型号	SAIHUB-025M
输入功率	240kW±10AC380V/220V
配电要求	3 相 4 线 AC220V,50Hz
额定热负荷	210kW
额定运行压力	≤0.3MPa
额定运行温度	45～65℃
额定运行温差	5～10℃
额定运行流量	30～50m³/h
运输重量	2t
外形尺寸	2500mm×1500mm×1900mm

3.2 已成功案例

3.2.1 东北某维修大队园区项目

该项目供热面积 8000m²,改造成本大约 5 万元,每年能节省供热能源费约 14 万元,约合利润提高 17.5 元/m²(图 3)。

3.2.2 西部某酒店项目

该项目供热面积 13000m²,改造成本约 40 万元,每年能节省能源成本约为 51 万元,约合节省能源费 3.92 元/m²(图 4)。

3.2.3 西部某蘑菇种植基地

该项目供热面积 16000m²,改造成本约 15 万元,每年节省能源约 28 万元,约合节省能源费 17.5 元/m²(图 5)。

(a)

(b)

图 4　酒店项目

图 5 农业项目

4 结论

4.1 供热电化是清洁供热和降碳排放最有利的途径

电是世界上最稳定的能源,基本不受能源价格波动的影响,而且电力可以通过多种手段获得,电力是环保、可以再生的能源。工业的用电高峰与供暖的用电高峰基本错开,全国电力紧张的状况已得到大幅缓解,以清洁电能为燃料的供热,可以称得上既能做到清洁能源,又能做到"零碳供热"。

4.2 清洁电能是供热行业降低碳排放的标准

目前我国电力 70% 是火电,以电供热只解决了清洁供热这一项,真正做到"零碳"供热,尚需电力部门加大清洁电能的覆盖。

4.3 算力余热供热可行、易复制

算力余热供热解决了关于多方的问题,带来了热企、用户、电力公司、算力应用商共赢的局面,并且泛用性强,市场规模契合供热市场规模。

4.4 东数西算背景下,算力余热供热是供热行业的优选方案

国家发展改革委、中央网信办、工业和信息化部、国家能源局四部门联合印发《全国一体化大数据中心协同创新体系算力枢纽实施方案》,创造性地打造了"东数西算"的理念,将为西部供暖地区带来崭新的产业格局。一方面,对于京津冀地区、长三角地区、粤港澳大湾区、成渝地区等用户规模较大、应用需求强烈的地区,重点统筹好城市内部和周边区域的数据中心布局,实现大规模算力部署与土地、用能、水、电等资源的协调、可持续,优化数据中心供给结构,扩展算力增长空间,满足重大区域发展战略实施需要。

同时,对于贵州、内蒙古、甘肃、宁夏等可再生能源丰富、气候适宜、数据中心绿色发展潜力较大的地区,重点提升算力服务品质和利用效率,充分发挥资源优势,夯实网络等基础保障,积极承接全国范围内需后台加工、离线分析、存储备份等非实时性算力需求,打造面向全国的非实时性算力保障基地。

这意味着海量的算力余热将涌入西部供暖市场,提前布局、迎接挑战,是热力企业的机遇和历史使命。

参考文献

[1] 北方地区冬季清洁取暖规划(2017—2021年). 发改能源〔2017〕2100号文.

[2] 武平,郭巍,晋春杰,等. 浅谈我国电力与能源现状及解决途径[J]. 电气技术,2018,19(5):5.

[3] 周宏春. 中国清洁供热产业发展报告(2021)[M]. 北京:中国经济出版社,2021.

专题 10　农村清洁取暖与可再生能源供热

基于平衡点温度的空气源热泵供热项目优化设计方法

承德热力集团有限责任公司　程鹏月　闫　妍

【摘　要】在进行空气源热泵供热项目的方案设计时，为了降低建设投资、提高供热保障能力，通常采用电辅热作为补充热源，因此如何进行电辅热与空气源热泵的设计功率配比至关重要。为此，本文提出了以寿命周期内空气源热泵+电辅热综合成本最小为目标，综合考虑当地的气候特点、设备投资、运行成本等因素，计算空气源热泵的最优平衡点温度，从而确定空气源热泵供热项目组合优化设计的方法。最后以承德地区某空气源热泵供热项目为例，计算了寿命周期内最小综合成本下的平衡点温度以及电辅热和空气源热泵的功率匹配。

【关键词】平衡点温度　空气源热泵　综合成本

0　引言

空气源热泵供热是利用逆卡诺循环将空气中低品位热能转换为可以供热使用的高品位热能[1]，制热过程中只消耗少量的驱动能源，空气源热泵由于清洁高效、运行费用较低得到了广泛应用。但是受室外温度影响，热负荷需求增大的同时空气源热泵的制热能力反而降低，这种现象在室外温度较低的严寒低区尤为严重。所以在应用空气源热泵的供热项目中，为了提高热泵机组的利用率与供热保障能力，通常匹配电辅热作为尖峰负荷时的补充热源。电辅热相较于空气源热泵来说，单位功率的初投资明显较小，但单位产热量的运行费用明显较大，所以电辅热和空气源热泵的设计功率配比，不仅决定了供热项目的初投资，而且会影响整个寿命周期内的运行成本。以往的空气源热泵+电辅热供热项目的方案设计通常会按照经验比例设计电辅热与空气源热泵的功率，同时根据各个地区室外温度情况酌情调整，这种经验做法缺乏科学分析，不能保证较好的项目经济性，对于气候差异较大的地区适用性较差。所以，空气源热泵供热项目应该选用经济合理的方法进行优化设计。

1　平衡点温度

随着室外温度的降低，热泵机组制热能力会有所下降，当热泵机组不能满足建筑热负荷需求，需要辅助热源介入时，可以把它定义为平衡点温度[2]。

因此在空气源热泵+电辅热的供热项目中，设计的平衡点温度越低，空气源热泵的配置功率越大，电辅热的配置功率越小，反之亦然。在实际应用过程中，空气源热泵+电辅热的功率配比也决定了机组的实际平衡点温度。

2　平衡点温度对空气源热泵+电辅热的运行分析

为了进一步了解空气源热泵+电辅热供热项目中平衡点温度的重要性，根据室外温度与平衡点温度的关系，本节对空气源热泵的运行情况进行分析。

2.1　室外温度低于平衡点温度

此时空气源热泵制热量不能满足所供建筑的热负荷需求，因此需要电辅热作为补充热源。由于空气源热泵的制热效率总是不小于1，电加热的制热效率小于1，为了更加节能，此时的运行方式为：空气源热泵以额定功率运行，电加热辅助补充以满足低温负荷。即，当室外温度低于平衡点温度时，空气源热泵+电辅热供热项目的热泵部分以额定功率运行，同时电辅热开启。

2.2　室外温度不低于平衡点温度

此时空气源热泵制热量可以满足所供建筑的热负荷需求，因此只运行空气源热泵。随着室外温度的变化，空气源热泵变功率运行即可实现供需平衡。即，当室外温度不低于平衡点温度时，空气源热泵+电辅热供热项目热泵部分变功率运行。

2.3　运行分析

经过以上分析，可以分别得到随时外温度的变化相应的电辅热运行功率、空气源热泵运行功率：

$$P_{电}(t) = \begin{cases} Q(t) - P_{泵额} \cdot COP(t) & t < t_a \\ 0 & t \geq t_a \end{cases} \quad (1)$$

$$P_{泵}(t) = \begin{cases} P_{泵额} & t \leq t_a \\ \dfrac{Q}{COP(t)} & t > t_a \end{cases} \quad (2)$$

式中，$Q(t)$——所供建筑的热负荷需求，是室外温度 t 的函数；

$P_{泵额}$——空气源热泵额定输入功率；

$P_{泵}$——空气源热泵输入功率；

$P_{电}$——电辅热输入功率；

t_a——平衡点温度；

t——室外温度；

$COP(t)$——空气源热泵的能效比，是室外温度 t 的函数。

空气源热泵+电辅热的功率运行曲线如图1所示。

从电辅热-空气源热泵的功率运行曲线可以看出：

（1）在室外温度最低时，空气源热泵与电辅热均满负荷运行以满足用热需求，因此电辅热部分与空气源热泵

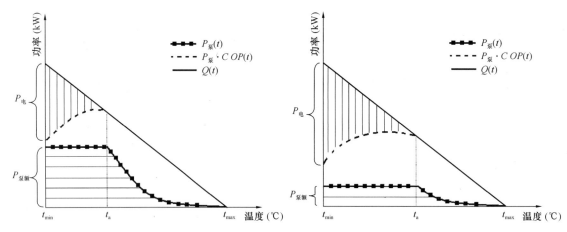

图 1 不同平衡点温度下的电辅热-空气源热泵功率运行曲线图

的功率设计相互制约,同时受所供建筑的最大热负荷需求影响。

(2) 平衡点温度的选择决定了空气源热泵的设计功率,也决定了电辅热作为补充热源的临界室外温度以及运行方式。

(3) 当室外温度低于平衡点温度时,空气源热泵+电辅热供热项目主要是电辅热变功率运行与空气源热泵满功率运行的电力消耗,当室外温度高于平衡点温度时,该项目主要是空气源热泵变功率运行的电力消耗。

因此,平衡点温度的选择不仅会决定空气源热泵与电辅热部分的功率配比,从而影响供热项目的初投资,而且会决定空气源热泵供热项目的运行过程从而影响运行费用,所以在空气源热泵+电辅热供热项目中应选择经济合理的平衡点温度。

3 最优平衡点温度的研究方法——最小综合成本法

空气源热泵的单位功率设备费用远远高于电辅热部分,因此空气源热泵+电辅热供热项目的功率配比影响设备费用,即固定成本。在运行过程中,空气源热泵是利用电能和空气能共同转化为热能,电辅热部分由电能直接转化为热能,所以单位产热量的空气源热泵的运行成本低于电辅热部分,并且制热效率 COP 越高,运行成本越低。相同的热负荷需求下,由于不同功率的空气源热泵所对应的温度平衡点不同,影响项目运行特性,从而影响运行成本,即可变成本。因此以综合成本最小为目标,综合考虑当地的热负荷延续时间,计算空气源热泵的最优平衡点温度,从而进行空气源热泵供热项目优化设计。

计算空气源热泵+电辅热供热项目的总成本,需考虑资金的时间价值,那么应该将固定成本和可变成本折合到寿命周期内的同一时间计算。设电辅热-空气源热泵的寿命周期为 n 年,计算可变成本和固定成本的现值。

3.1 可变成本

可变成本主要是指空气源热泵+电辅热供热项目运行过程中,为了制热产生的电力消耗。从整个供暖期来看,分为低于平衡点温度时空气源热泵以额定输入功率运行的电力消耗和电辅热变输入功率运行的电力消耗,以及高于平衡点温度时空气源热泵变输入功率运行的电力消耗。

$$Z_1 = s\Bigg[P_{泵额} \cdot \sum_{t=t_{\min}}^{t=t_a} h(t) + \Big(\sum_{t=t_{\min}}^{t=t_a} Q(t)h(t) - P_{泵额} \cdot$$

$$\sum_{t=t_{\min}}^{t=t_a} COP(t)h(t)\Big) \cdot \frac{1}{\eta} +$$

$$\sum_{t=t_a}^{t=t_{\max}} \frac{Q(t)}{COP(t)} h(t) \Bigg] \frac{(1+i)^n - 1}{i(1+i)^n} \quad (3)$$

s.t $\dfrac{dQ}{dt} < 0$

$\dfrac{dCOP}{dt} > 0$

$Q = P_{泵} \cdot COP + P_{电}$

那么有:

$$P_{泵额} = \frac{Q_{t_a}}{COP_{t_a}} \quad (4)$$

$$P_{电额} = Q_{t_{\min}} - P_{泵额} \cdot COP_{t_{\min}} \quad (5)$$

式中,Z_1——可变成本;

s——电费单价;

h——热负荷延时小时数,是室外温度 t 的函数;

Q——所供建筑的热负荷需求;

η——电转化效率;

i——折现率;

n——空气源热泵+电辅热供热机组的寿命周期;

$P_{电额}$——电辅热额定输入功率;

$P_{泵额}$——空气源热泵额定输入功率;

$t_{\min}$——供暖室外计算温度;

$t_{\max}$——供暖期最高室外日平均温度,5 ℃。

3.2 固定成本

固定成本主要是指为了制热产生的设备费用,固定成本的现值即为投运初期购买设备的费用。假设热泵价格与热泵功率成正比，电辅热价格与电辅热功率成正比。

$$Z_1 = aP_{泵额} + bP_{电额} \quad (6)$$

式中，a——单位功率的空气源热泵费用；
b——单位功率的电辅热费用。

3.3 最小综合成本

空气源热泵＋电辅热的最小综合成本为：

$$minZ = Z_1 + Z_2 \quad (7)$$

联立式（3）～式（7），即：

$$minZ = s\left[\frac{Q_{t_a}}{COP_{t_a}} \cdot \sum_{t=t_{min}}^{t=t_a} h(t) + \left(\sum_{t=t_{min}}^{t=t_a} Q(t)h(t) - \frac{Q_{t_a}}{COP_{t_a}} \cdot \sum_{t=t_{min}}^{t=t_a} COP(t)h(t) + \sum_{t=t_a}^{t=t_{max}} \frac{Q(t)}{COP(t)}h(t)\right) \cdot \frac{1}{\eta}\right] \frac{(1+i)^n - 1}{i(1+i)^n} + a\frac{Q_{t_a}}{COP_{t_a}} + b\left(Q_{min} - \frac{Q_{t_a}}{COP_{t_a}}COP_{t_{min}}\right)$$

$$s.t \quad \frac{dQ}{dt} < 0 \quad \frac{dCOP}{dt} > 0$$

式中，Q_{t_a}——室外温度为平衡点温度时的热负荷；
COP_{t_a}——室外温度为平衡点温度时的空气源热泵能效比；
$Q_{t_{min}}$——室外温度为供暖室外计算温度时的热负荷；
$COP_{t_{min}}$——室外温度为供暖室外计算温度时的空气源热泵能效比。

这种空气源热泵供热项目的优化设计方法适用于任何应用空气源热泵＋电辅热供热项目中，各个地区根据气候特点套用当地的热负荷延时，同时考虑所选热泵在不同室外温度下的制热效率，得出电辅热部分及空气源热泵的配比功率。

4 工程应用

4.1 工程概况

承德地区某热力站采用空气源热泵＋电辅热供热模式。所供建筑类型为居民建筑，实供面积 4922m²，供暖形式为地暖。该地区的供暖室外计算温度为－13.3℃，供暖期为 145d，供暖期室外平均温度为－4.1℃。

4.2 计算依据

本项目设计热指标取 40W/m²，折现率为 5%，空气源热泵的寿命周期为 10 年，电辅热的电转化效率为 1。选用的空气源热泵平均单位输入功率费用为 9300 元/kW，电辅热装置单位输入功率费用为 165 元/kW。

不同室外温度下的承德地区的热负荷延时[3]以及对空气源热泵项目整个运行期监测的能效比数据如表 1 所示。

基础数据表　　　　　表 1

序号	室外温度 t（℃）	持续时间（h）	能效比
1	5	180	3.96
2	4	180	3.65
3	3	180	3.52
4	2	181	3.31
5	1	181	3.2
6	0	181	3.15
7	－1	181	3.13
8	－2	182	2.97
9	－3	182	2.85
10	－4	183	2.74
11	－5	183	2.64
12	－6	184	2.53
13	－7	184	2.49
14	－8	185	2.4
15	－9	186	2.35
16	－10	187	2.32
17	－11	189	2.29
18	－12	252	2.27
19	－13.3	120	2.23
合计		3481	—

4.3 求解最优平衡点温度

根据式（7）可以计算出该空气源热泵＋电辅热的供热项目的设计平衡点温度和寿命周期内综合成本的关系，如图 2 所示。

经过以上方法的计算与分析，可以求出该项目综合成本最小时，空气源热泵的最优平衡点温度为－7℃，寿命周期内成本最小为 166.27 万元。该项目的优化设计方案为空气源热泵的配置功率为 63.15kW，电辅热部分的配置功率为 39.63kW。

5 结论

本文通过分析平衡点温度对空气源热泵的运行影响，以寿命周期内综合成本最小为目标，研究了一种基于平衡点温度的空气源热泵供热项目优化设计方法，并以承德地区空气源供热项目为例进行了方法验证，可以得到以下结论：平衡点温度的选择不仅会决定空气源热泵及电辅热部分的设计功率，影响供热项目的初投资，而且会决定空气源热泵供热项目的运行曲线从而影响运行费用，所以在空气源热泵供热项目中应该选择经济合理的平衡点温度。室外温度较低的三北地区使用空气源热泵供热，最优平衡点温度高于供暖室外计算温度，应该加入电加热装置作为补充热源，才会使寿命周期内运行费用最低。本文提出的基于平衡点温度的空气源热泵供热项目优化设计方法有较强的适用性，各个地区根据气候特点套用当地的热负荷延时，得出电辅热部分及空气源热泵的设计功率。

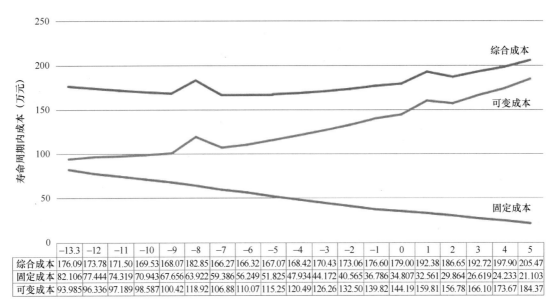

图 2 综合成本曲线图

参考文献

[1] 韩颖伶. 空气源热泵供暖技术应用分析[J]. 能源科学: 2017, 6: 164.

[2] 姜益强, 姚杨, 马最良. 空气源热泵冷热水机组供热最佳平衡点温度的研究[J]. 热能动力工程, 2002, 5: 261-263.

[3] 许明哲, 贺平. 供暖热负荷延续图的确定方法[J]. 区域供热, 1986, 1: 4-11.

农村建筑物集中供热改造后节能措施的研究

包头市热力（集团）有限责任公司　刘彩霞　周　浩

【摘　要】为实现"碳达峰、碳中和"的环保目标，近几年，包头市逐步开展燃煤散烧综合治理工作，在坚持统筹规划、因地制宜的原则下，进行清洁取暖改造。但是，燃煤散烧用户多为农村村民自建房屋，非节能建筑，体形系数较大，外围护结构、门窗等保温性能较差，并入集中供热后属于超高耗能用户。本文通过对包头市热力集团消纳的城中村的典型户型节能改造前后的耗热量进行测算，经过对比，实施节能改造后将达到67%～69%的节能效果，为今后的农村建筑物集中供热改造实现低能耗提供理论依据。

【关键词】节能改造　农村建筑　耗热量　城边村

0 引言

绿色经济是人类发展的潮流，越来越多的国家投身"碳达峰"和"碳中和"事业中。为实现"碳达峰、碳中和"目标，减少化石能源的使用，推行燃煤散烧综合治理是重要的举措。

近年来，包头市大力促进散煤压减替代和清洁利用，持续改善环境空气质量，累计对42个行政村、近1000万m^2冬季采用散煤燃烧方式取暖的建筑进行清洁取暖改造。其中，包头市热力（集团）有限责任公司（以下简称包头市热力集团）从2018—2021年，累计消纳近5000户约80万m^2"城中村"和"城边村"的燃煤散烧综合整治项目，取得了良好的社会效益。

"城中村"和"城边村"的房屋建设年代较为久远，且多为村民自建房，没有节能措施，在集中供热过程中，耗用热量远远超过正常城市集中供热用能标准。这类用户属于能耗高、质量低、服务难的"问题"用户，普遍存在于我国北方地区。为供热企业能耗管理及用户服务带来很大挑战。针对这种"问题"用户，进行了外围护结构节能改造的研究。

本文以包头市昆都仑区南排村城中村纳入集中供热改造项目为例，通过对建筑外围护结构进行节能改造测算，将测算结果与纳入集中供热后实际运行能耗进行对比，来分析农村建筑物清洁取暖项目的节能空间，为今后农村建筑清洁取暖节能改造提供理论依据。

1 农村建筑物与普通建筑物能耗对比

1.1 农村建筑物纳入集中供热概况

包头市昆都仑区北沙梁南排村位于包头市北部，建筑建设年代比较久远，多为砖混结构、多层住宅，最初的居住用房采用370mm黏土多孔砖制外墙，双层钢窗、外跨楼体结构；生活辅助用房采用240mm黏土多孔砖制外墙，双层钢窗、单层木框木门。经过近30年的发展，村民的生活方式已完全改变，基本由务农转变为通过房屋租赁取得生活所需收入，因此，村民自建房、临建房情况普遍存在，且后期自建、续建房屋均采用240mm黏土多孔砖制外墙，屋面仅考虑防水和简易保温措施，门窗为双层钢窗或单框双玻塑钢窗，除房东居住的正房，其他入户门基本采用单层木框木门，房屋节能标准低、能耗较大。

2019年包头市热力集团对该区域近60万 m^2 农村建筑进行了集中供热系统改造。建设集中热力站4座，设置换热机组12套，每套换热机组按照3~5万 m^2 规模进行设计。

1.2 同一供热区域内农村建筑物与普通节能建筑能耗对比

对热力站运行能耗数据进行观测和统计，与城区内同一热源的普通节能用户供热的换热站能耗对比，南排村供热系统的实际运行能源消耗量远远大于其他热力站，详细数据见表1，供暖期平均热指标对比图见图1。

农村建筑物与普通节能建筑换热站热量消耗对比表　　　表1

热力站	加权供热面积（万 m^2）	10月15日热表读数（本月）	4月17日热表读数（本月）	热表差	天数（d）	折算热量（GJ）	供暖期热指标 [kJ/(m^2·h)]	是否节能建筑	备注
呼得木林新天地站	4.38	8494	12368	3874	185	13946	76.24	是	
锦尚国际站	2.34	44012	52589	8577	185	8577	74.88	是	
甲尔坝大厦	1.88	50461	56951	6490	185	6490	74.41	是	
富四站	18.22	1799	21154	19355	185	63128	78.03	是	旧街房已节能改造
青三站	21.44	221645	285653	64008	185	64008	67.23	是	
南排东站	1.36	3545	20029	16484	143	13095	255.47	否	
南排西站	2.49	1129	21364	20235	143	17366	225.00	否	南排村未进行节能改造
南排南站	0.77	0	7727	7727	143	7727	263.52	否	
南排北站	1.24	0	8821	8821	143	8821	232.61	否	

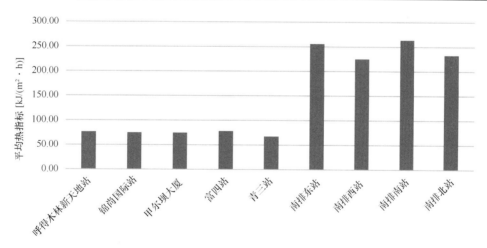

图1　农村自建建筑和普通节能建筑供暖期平均热指标值对比图

由表1可以看出，由于南排村房屋围护结构、门窗的保温性、严密性都比较差，体形系数大，因此，南排村4座热力站的耗热量普遍偏大，是普通用户热力站耗热量的3~4倍。同时，因其建筑物蓄热能力差、停供面积较大，在冬季室外气温和热源温度出现波动时，用户室内供热温度仍然很难达到供热要求，严重影响了热用户的供热质量，增加了供热企业的供热服务压力，更是增加能源的消耗量。

因此，城中村、城边村并入集中供热后，建筑物的外围护结构是影响能耗的重要因素。

2 农村建筑外围护结构节能改造测算方法及结果

农村建筑因其大多为村民自建房，墙体厚度、门窗类型等不符合节能建筑规范要求，其建筑外围护结构对于建筑能耗的影响较普通节能建筑更大,但是,节能改造的空间也更大。

2.1 保温材料特点及选取

对于建筑外围护结构节能改造,保温材料的选取至关重要,主要综合考虑保温性能、防火性能、环保性能、化学稳定性能及价格等多种因素。目前市场上的外围护结构保温材料种类多、各有特点,详见表 2。

一款合适的保温材料,对围护结构的节能效果、安全性、经济性都有着较大的影响。根据表 2 可以看出,保温材料各有优势,市场占有率也各有不同,经过综合对比,本文采用憎水岩棉保温板作为本次节能改造测算的保温材料。

外围护结构保温材料　　　表 2

保温材料名称	优点	缺点	市场占有率
发泡聚苯乙烯板(EPS)	导热系数为 0.038~0.041W/(m·K),保温性能好,质地轻,产品比较成熟	强度不高,防火性能较差,施工时需要等其完全熟化后才能张贴,否则容易收缩脱落	是目前使用广泛的一种外墙保温材料
挤塑聚苯板(XPS 板)	导热系数为 0.028~0.03W/(m·K),保温性能好,强度与抗压性能出色	价格昂贵,施工时需要进行表面处理	国内常用产品
憎水岩棉板	导热系数为 0.03~0.045W/(m·K),具有不燃、无毒、质轻、防水、保温性能好、吸音功能好、绝缘、化学安稳功能好	棉状人造纤维会引起人体皮肤不适	广泛应用于新建、改扩建等节能保温工程中
胶粉聚苯乙烯颗粒保温胶粉	导热系数为 0.057~0.06W/(m·K),阻燃性好,废物回收利用	保温效果不理想,对施工要求高	目前使用较少
酚醛泡沫	新型外墙保温材料,阻燃性好、无毒、质轻、保温性能好、无毒、无腐蚀、性价比相对较高,极具发展前途	目前我国生产技术较差,推广力度较小,在国内选择该材料的较少	很少使用
珍珠岩及其他糊料	导热系数为 0.07~0.09W/(m·K),防火性好,耐高温	隔热性差、吸水率高、保温性能较差	目前使用较少

2.2 供暖耗热量计算参考的气象资料

包头市地处欧亚大陆腹地,位于东南季风界边缘,属半干旱、中温带大陆性季风气候。气候特征为:春季干旱多风,雨雪少,风沙大;夏季降水集中、天气炎热、昼夜温差大、蒸发强烈;秋季短暂、风平气爽;冬季漫长、干燥、寒冷。冬季多北风和西北风,夏季多东南风。

根据气候特点,包头市每年 10 月 15 日至次年 4 月 15 日为供暖期,共计 183d(正常年)。

主要气象参数:年平均温度:6.5℃;最冷月(1 月)平均温度:−13.0℃;最热月(7 月)平均温度:22.8℃;极端最低温度:−31.6℃;极端最高温度:38.4℃;冬季平均大气压力:90.46kPa;夏季平均大气压力:89.12kPa;年平均降水量:310mm;年平均蒸发量:2342mm;年平均风速:3.4m/s;冬季室外风速:2.3m/s;夏季室外风速:4.2m/s;最大风速:34 m/s;最大冻土层厚度:1.75m;平均海拔高度:1010m;室外供暖计算温度:−16.6℃;日平均温度≤+5℃天数:163 天;日平均温度≤+5℃期间平均温度:−6.5℃。

2.3 工程材料热工性能参考数据(表 3)

工程材料热工性能参考数据表　　　表 3

材料名称	导热系数 λ [W/(m·K)]	密度 ρ (kg/m³)	比热容 C_p [J/(kg·K)]	备注
水泥砂浆	0.930	1800.0	1050.0	来源:《民用建筑热工设计规范》GB 50176—2016
石灰砂浆	0.810	1600.0	1050.0	来源:《民用建筑热工设计规范》GB 50176—2016
黏土多孔砖(190 六孔砖)	1.590	1450.0	709.4	
水泥砂浆	0.930	1800.0	1050.0	
隔离层(忽略保温性能)	5.000	1.0	1005.0	
防水层(忽略保温性能)	5.000	1.0	1005.0	
细石混凝土	1.740	2600.0	920.0	
水泥砂浆找平层	0.930	1800.0	1050.0	
混合砂浆(石灰水泥砂浆)	0.870	1700.0	1050.0	
岩棉板	0.040	150.0	1611.4	12 系列建筑标准设计图集 DBJ 03—22—2014
抗裂砂浆	0.930	1800.0	1050.0	

2.4 建筑居住用房及生活辅助用房能耗测算

在测算农村房屋的外围护结构节能改造前、后的能耗时,本文选取南排村目前居住用房(正房)A和生活辅助用房(南方)B各一间典型建筑,进行外墙、屋面节能改造前、后供暖耗热量的计算,对比节能改造前后的效果。

2.4.1 A类建筑能耗测算方法

(1) 改造前建筑能耗测算

1) A建筑围护结构条件:

A建筑性质为居住用房(正房),坐北向南,建筑物长14.5m,宽9.5m,单层高度2.6~2.8m,计算建筑面积551m²,建筑图见图2、图3。

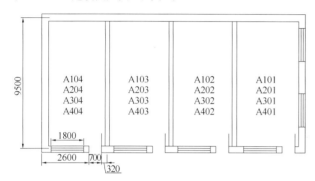

图2 建筑平面图

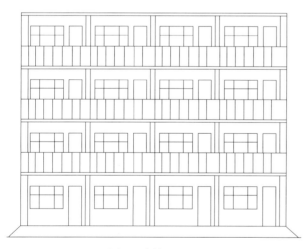

图3 建筑立面图

外墙:

一、二层:一砖半厚(370mm),内面抹灰砖墙。传热系数$K=1.57$W/(m²·℃)。

三、四层:一砖厚(240mm),内面抹灰砖墙。传热系数$K=2.1$W/(m²·℃)。

外窗:单框双玻塑钢窗,$K=3.75$W/(m²·℃);尺寸(宽×高)为1.2m×1.8m;窗型为带上梁(高0.5m)三扇两开窗;可开启部分的缝隙总长为3.9m。

外门:单层木门,$K=4.7$W/(m²·℃);尺寸(宽×高)为0.7m×2.0m;门型为无上梁的单扇门;可开启部分的缝隙总长为9.0m。

顶棚:厚300mm混凝土板,采用炉渣保温,并作沥青防水,$K=3.8$W/(m²·℃)。

地面:不保温地面,K值按划分地带计算。

2) 房间供暖计算热负荷

围护结构传热耗热量Q'_1的计算:

$$Q'_1 = KF(t_n - t'_w)(1+\beta_{ch}+\beta_f)(1+\beta_g)$$

式中,Q'_1——围护结构的基本耗热量,W;

F——围护结构的面积,m²;

K——围护结构的传热系数,W/(m²·℃);

t_n——室内计算温度,℃;

t'_w——供暖室外计算温度,℃;

β_{ch}——朝向修正系数;

β_f——风力修正系数;

β_g——高度修正系数。

整个房间的基本耗热量等于围护结构各部分基本耗热量的总和:

$$Q_{1-j} = \sum Q'_1 = \alpha \sum KF(t_n - t'_w)(1+\beta_{ch}+\beta_f)(1+\beta_g)$$

外窗冷风渗透耗热量Q'_2的计算:

$$Q'_2 = 0.278V\rho_w C_p(t_n - t'_w)$$

式中,V——冷风渗透体积流量,m³/h;

C_p——空气比热,取1.0056;

ρ_w——空气密度,kg/m³。

外门冷风侵入耗热量Q'_3计算:

可按开启时间不长考虑,外门冷风侵入耗热量为外门基本耗热量乘65%。

$$Q'_3 = 0.65 \times 1 \times 294 = 190W$$

经计算,改造前A类建筑综合耗热量为63.651kW,折算单位面积用能指标为115W/m²。

(2) 改造后建筑能耗测算

1) A建筑围护结构条件:

门、窗、地面同改造前,外墙、顶棚铺设憎水保温岩棉,厚150mm。

改造后,计算围护结构综合热阻$R_{综}$:

憎水岩棉保温板的导热系数0.04 W/(m²·℃)。

370mm厚度外墙改造:

$R_{综合1} = R_{岩棉} + R_{墙1} = 3.75 + 0.63 = 4.38$ (m²·℃)/W

改造后墙体综合传热系数$K_{综合1} = 1/R_{综合1} = 0.228$W/(m²·℃)。

240mm厚度外墙改造:

$R_{综合2} = R_{岩棉} + R_{墙2} = 3.75 + 0.48 = 4.23$ (m²·℃)/W

改造后墙体综合传热系数$K_{综合2} = 1/R_{综合2} = 0.237$W/(m²·℃)。

150mm厚度顶棚改造:

$R_{综合3} = R_{岩棉} + R_{顶棚} = 3.75 + 0.26 = 4.0$ (m²·℃)/W

改造后综合传热系数$K_{综合3} = 1/R_{综合3} = 0.249$W/(m²·℃)。

2) 房间供暖计算热负荷

房间耗热量的计算方式同改造前,只是减小了外围护结构的综合传热系数,经计算,改造后A类建筑综合耗热量为 19.67kW，折算单位面积用能指标为 35.7W/m²。

根据改造前后 A 类建筑能耗计算结果，节能率为 69.1%。

2.4.2 B 类建筑能耗测算方法：

（1）改造前建筑能耗测算

1) B 建筑围护结构条件

B 建筑性质为生活辅助用房（南房），坐南朝北，建筑物长 14.5m，宽 6m，单层高度 2.6～2.8m，计算建筑面积 348m²，建筑平面图见图 4、图 5。

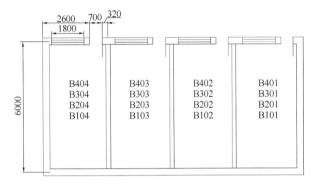

图 4　建筑平面图

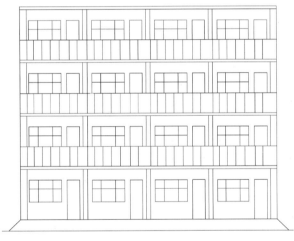

图 5　建筑立面图

外墙：一砖厚（240mm），内面抹灰砖墙。$K = 2.1W/(m^2·℃)$。

外门、外窗、顶棚：传热系数等同 A 类建筑。

地面：不保温地面，K 值按划分地带计算。

2) 房间供暖计算热负荷

房间耗热量的计算方式同 A 类建筑，经计算，改造前综合耗热量为 55.463kW，折算单位面积用能指标为 159.4W/m²；

（2）改造后建筑能耗测算

1) B 建筑围护结构条件：

改造后，外墙、顶棚铺设憎水保温岩棉，厚 150mm，计算综合热阻 $R_综$ 分别为墙体 0.237W/(m²·℃)，顶棚 0.249W/(m²·℃)。

2) 房间供暖计算热负荷

经计算，改造后 B 类建筑综合耗热量为 18.02kW，折算单位面积用能指标为 51.78W/m²。

根据改造前后 B 类建筑能耗计算结果，得出改造后节能率为 69.1%。

3　农村建筑外围护结构节能改造经济性分析

经过对南排村典型户型节能改造前后建筑耗热量的测算，改造后可节约热量 67%～69%，2020—2021 供暖期南排村 4 座热力站实际供热加权面积为 21.13 万 m²，实际耗热量为 173214GJ（运行 143d），热价为 24.9～28 元/GJ，折合一个供暖期可节约 312.9 万元，即 14.8 元/m²。

4　结论

（1）本文通过对"城中村"典型用户节能改造前后耗热量的测算对比，供暖期建筑耗能将显著降低，降低幅度为 67%～69%。按照目前冬季供热能力 40% 的出力计算，用户室内温度可提升至 22.8℃ 左右，用户供热质量可以得到显著提升。

（2）燃煤散烧综合治理的目的就是在保证人们的生活质量、生产需求的前提下节能减排，保卫蓝天碧水。该项目实施节能改造，具有良好的经济效益和社会效益，同时对于北方地区"农村清洁供暖"具有积极地示范意义，更可以有力的促进全社会的节能减排工作，实现"碳达峰、碳综合"目标。

参考文献

[1] 史扬波，续元庆，柳拾强. 外墙保温在北方供暖地区建筑节能改造中的应用研究[J]. 建筑节能，2008(10).

[2] 赵立新，王江红，李娟. 节能措施在承德地区新农村建设中的应用[J]. 承德石油高等专科学校学报，2009，11(3)：72-74.

[3] 冯泳检，崔航，胡剑青，等. 聚氨酯硬泡在外墙保温体系中的应用研究[J]. 新型建筑材料，2016(6)：85-87.

[4] 薛志钢，支国瑞，杜谨宏，等. 农村居民散煤燃烧污染综合治理对策[J]. 环境保护，2016，44(6)：14-19.

[5] 韩德贤. 建筑外墙保温施工技术措施及质控要点研究[J]. 建材与装饰，2018(18)：21.

生物质成型燃料动态燃烧特性实验台设计及初步实验

赤峰学院　盛室齐　孟祥坤
清华大学建筑学院　单　明　刘彦青　杨旭东

【摘　要】"双碳"目标下生物质成为一种有限的宝贵资源，应更加重视、合理利用。传统的生物质直接粗放燃烧的利用方式会导致高污染的问题，而一般情况下将生物质加工为成型燃料燃烧所排放的污染物比传统粗放燃烧方式所排放的污染物少，生物质成型燃料燃烧专用炉具被称为生物质清洁炉具。为了对生物质清洁炉具的空气分级燃烧与动态燃烧特性和污染物排放性能的关系及影响进行系统研究，本文设计了生物质成型燃料动态燃烧特性实验台，并进行了初步实验，验证了该设计的可行性与可靠性。

【关键词】生物质清洁炉具　动态燃烧特性　动态污染物排放特性　空气分级燃烧

0　引言

在"碳达峰、碳中和"的发展目标下，生物质成为一种有限的宝贵资源，应更加重视、合理利用。传统的生物质直接粗放燃烧的利用方式会导致高污染的问题，而一般情况下将生物质加工为成型燃料燃烧所排放的污染物比传统粗放燃烧方式所排放的污染物少。生物质成型燃料燃烧专用炉具被称为生物质清洁炉具。生物质清洁炉具主要为强制通风的半气化炉，通常具有两段燃烧过程，称为微气化。在生物质颗粒燃料层底部通入一次风，将固体生物质燃料转化为热气体，然后与燃料层上方提供的二次风混合，使大量可燃气体二次燃烧。生物质燃烧器与空气分级燃烧技术的结合使燃料燃烧更加充分，有效减少了不完全燃烧产生的空气污染物的排放。

为了研究生物质清洁炉具的燃烧过程、污染物排放情况等问题，查阅相关文献之后，决定设计一套生物质成型燃料动态燃烧特性实验台，可针对生物质燃烧器空气分级燃烧与动态燃烧及污染物排放性能进行系统地研究。

1　生物质实验台设计方案

本文采用燃料燃烧速率作为燃烧指标，利用称重法测量燃料消耗量，由于燃烧过程中燃料质量变化量比燃烧器本身质量小得多，所以应选择具有较大量程的高精度电子秤。本实验台定制了一台量程为30kg、精度为1g的电子秤。

本实验台的燃烧器为定制的模块化燃烧器，具有4层通用模块，包括顶层和底座共6个进风管可连接空压机进行强制供风。

污染物动态排放性能测试系统为两层：内层为烟气密封罩，通过烟气分析仪测量烟道内CO与NO_x浓度；外层为烟气排放总成，收集烟气的同时与周围空气混合稀释了烟气，然后就可通过颗粒物监测仪器测量$PM_{2.5}$浓度，随后烟气通过引风机排放到室外。见图1。

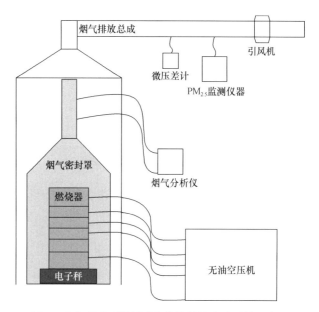

图1　生物质成型燃料动态燃烧特性实验系统示意图

2　实验台测试范围（表1）

实验台测试范围　　表1

	燃料种类	生物质成型颗粒燃料
燃烧器	燃料容量	≤1.74L
	空气分级燃烧实验	≤6级
供风系统	空压机供风量	≤300L/min
	一次风供风量	≤300L/min
	多级风供风量	≤200L/min
	过量空气系数	≤3.75
污染物检测系统	可测量污染物	CO、NO_x、CO_2、$PM_{2.5}$、SO_2
	污染物浓度（CO）	≤4000ppm
	污染物浓度（NO_x）	≤3000ppm
	污染物浓度（CO_2）	≤20%
	污染物浓度（$PM_{2.5}$）	50000mg/m³
	污染物浓度（SO_2）	≤1000ppm
	烟气温度	≤1200℃

3 初步实验

本文搭建了烟气密封罩部分的生物质成型燃料动态燃烧特性实验台进行初步实验,以验证设计可行性。

3.1 实验台搭建

模块化燃烧器放置在电子秤上,燃烧器底部与电子秤台面之间放置隔热板防止电子秤台面被高温损坏。燃烧器进风管通过橡胶软管分布连接在转子流量计出口,流量计另一端通过一根总管与无油空压机相连。利用支架布置好烟气分析仪探针与皮托管,探针导线与皮托管胶管连接在烟气分析仪上,烟气分析仪的泵抽取少量烟气分析得到实时污染物浓度。电子秤通过外接导线连接显示器记录燃料重量变化(图2)。

图2 生物质成型燃料动态燃烧特性实验系统安装示意图

3.2 预燃烧实验

3.2.1 燃料成分分析

本实验的生物质颗粒燃料选用木质颗粒,木质颗粒原料全部为树干木芯。颗粒直径为8mm,本次实验的生物质颗粒燃料的长度通过筛选和切断等方式处理成不超过30mm的长度,以减小燃料颗粒长度对实验的影响。

实验开始之前先对木质颗粒燃料进行收到基分析。分析结果如表2所示。本次实验使用的木质颗粒燃料的挥发分含量很高,但是以固定碳形式存在的碳元素仅有16.4%,其余部分主要存在于挥发分的各种化合物中,木质颗粒的含氮量很低,只有0.4%。

木质颗粒燃料成分分析结果　　表2

分析内容	成分	符号	单位	数值
工业分析	含水量	M_{ar}	%	6.3
	挥发分	V_{ar}	%	76.2
	固定碳	FC_{ar}	%	16.4
	灰分	A_{ar}	%	1.1
元素分析	含碳量	C_{ar}	%	48.6
	含氢量	H_{ar}	%	6.2
	含氮量	N_{ar}	%	0.4
	含硫量	S_{ar}	%	0.04
	含氧量	O_{ar}	%	37.3

续表

分析内容	成分	符号	单位	数值
热值分析	高位热值	$Q_{ar,v,gr}$	kJ/kg	19730.3
	低位热值	$Q_{ar,v,net}$	kJ/kg	18299

3.2.2 送风参数确定

根据表2中木质颗粒燃料的成分以及各成分所需空气量之和,利用式(1)计算得出单位质量(1kg)木质颗粒燃料完全燃烧所需的理论空气量为4.73m³/kg。

$$V_y^0 = \frac{(8.89 \times C_{ar} + 26.5 \times H_{ar} + 3.33 \times S_{ar} - 3.33 \times O_{ar})}{100}$$

(1)

式中,V_y^0——单位质量(1kg)燃料燃烧的所需的理论空气量,m³/kg$_{燃料}$;

C_{ar}——燃料收到基的含碳量,%;

H_{ar}——燃料收到基的含氢量,%;

S_{ar}——燃料收到基的含硫量,%;

O_{ar}——燃料收到基的含氧量,%。

预燃烧实验每次燃烧所用的木质颗粒燃料为900g。测试燃烧时长,结果发现从点火到熄灭的时间为40min左右,因此后续正式实验中按照燃烧时间40min来确定送风总量,经过换算确定木质颗粒燃料在过量空气系数为1时的送风总量为106.4L/min,本次实验所用供风量为120L/min,因此本次实验的过量空气系数约为1.13。实验的风配比为一次风:二次风=8:4

3.3 基础实验

通过实验台测试对模块化燃烧器进行二次风强制供风时的燃烧速率、燃烧过程中的污染物排放浓度。

3.4 二次风跟随实验

通过模块化燃烧器在燃烧过程中对二次风位置进行调整，使其与料面的距离维持在一定范围内，同时测量在这种燃烧条件下的燃料燃烧速率及污染物排放情况。

3.5 带三次风的二次风跟随实验

在二次风跟随实验的基础上在燃烧器顶层通入三次风，同时测量这种燃烧条件下的燃料燃烧速率及污染物排放情况。

4 数据分析

4.1 动态性能指标计算

4.1.1 燃料燃烧速率

木质颗粒燃料的燃料燃烧速率就是两个相邻的记录间隔所记录的燃料重量的差值，计算方法如式（2）所示。

$$BR_{F,i} = \frac{(m_{i-1} - m_i)}{t} \quad (2)$$

式中，$BR_{F,i}$——实验开始后第 i 分钟时的燃料燃烧速率，g/min；

m_{i-1}——实验开始后第 $i-1$ 分钟时所记录的电子秤读数，g；

m_i——实验开始后第 i 分钟时所记录的电子秤读数，g；

t——记录间隔，此处为 $t=1$min。

4.1.2 污染物排放速率

CO、NO_x 的排放速率通过烟气分析仪测量得到的动态体积浓度与排烟体积流量来计算，排放速率计算方法如式（3）所示。

$$ER_{j,i} = \frac{V_i C_{j,i} M_j \times 273.15}{K_y \times 22.4} \quad (3)$$

式中，j——污染物种类，CO 或 NO_x；

$ER_{j,i}$——实验开始后第 i 分钟时，污染物 j 的排放速率，mg/min；

V_i——实验开始后第 i 分钟时，排烟管道内流过的气体体积流量，m³/min；

$C_{j,i}$——实验开始后第 i 分钟时，污染物 j 的体积浓度，ppm；

M_j——污染物 j 的气体分子量；

K_y——排烟管道内烟气的温度，K。

燃烧生成的 NO 容易被空气中的氧气氧化成 NO_2，现有的炉具标准中将炉具燃烧排放的 NO 的质量浓度与 NO 被氧化后生成的 NO_2 的质量浓度之和认定为 NO_x 的质量浓度[1]。

4.1.3 燃烧燃料含碳率

燃料在燃烧时将内部的碳元素转化为了 CO、CO_2、碳氢化合物等含碳物质，其中所生成的碳氢化合物的比例只占其中很少的部分，在已有研究中，燃料中的碳元素转化为 CO 和 CO_2 所占的比例已经达到 95% 以上，其他少量的含碳物质测量很困难，测量过程十分复杂[2]。因此，在接受较小误差的情况下，决定采用测量某一时间间隔排放的 CO 与 CO_2 中所含碳元素的质量之和来代表这一时间间隔所燃烧的燃料中的碳元素的质量，将其与这一时间间隔内的燃料重量变化相除即可得到这一时间间隔内的燃烧燃料中的含碳率，如式（4）所示。

$$CC_i = \frac{\Delta m_{C,i}}{\Delta m_{F,i}} \quad (4)$$

式中，CC_i——相对含碳率，即实验开始后第 i 个时间间隔燃烧燃料中的含碳率；

$\Delta m_{C,i}$——实验开始后第 i 个时间间隔燃烧燃料中碳元素的质量，g；

$\Delta m_{F,i}$——实验开始后第 i 个时间间隔燃烧燃料的重量，g；

其中，$\Delta m_{C,i}$ 通过燃烧排放的 CO 和 CO_2 的质量以及 CO 和 CO_2 中碳元素所占比例确定，计算方法如式（5）~式（9）所示。

$$\Delta m_{C,i} = \Delta m_{C\_CO_2,i} + \Delta m_{C\_CO,i} \quad (5)$$

$$\Delta m_{C\_CO_2,i} = M_C \times \frac{\Delta m_{CO_2,i}}{M_{CO_2}} \quad (6)$$

$$\Delta m_{C\_CO,i} = M_C \times \frac{\Delta m_{CO,i}}{M_{CO}} \quad (7)$$

$$\Delta m_{CO_2,i} = V_i \rho_{CO_2,i} C_{CO_2,i} \times 10^{-3} \quad (8)$$

$$\Delta m_{CO,i} = V_i \rho_{CO,i} C_{CO,i} \times 10^{-3} \quad (9)$$

式中，$\Delta m_{C\_CO_2,i}$——实验开始后第 i 个时间间隔燃料燃烧排放的 CO_2 中碳元素的质量，g；

$\Delta m_{C\_CO,i}$——实验开始后第 i 个时间间隔燃料燃烧排放的 CO 中碳元素的质量，g；

M_C——碳元素的摩尔质量，12g/mol；

M_{CO_2}——CO_2 的摩尔质量，44g/mol；

M_{CO}——CO 的摩尔质量，28g/mol；

$\Delta m_{CO_2,i}$——实验开始后第 i 个时间间隔燃料燃烧排放的 CO_2 的质量，g；

$\Delta m_{CO,i}$——实验开始后第 i 个时间间隔燃料燃烧排放的 CO 的质量，g；

$\rho_{CO_2,i}$——实验开始后第 i 个时间间隔排烟管道内的 CO_2 的密度，kg/m³；

$C_{CO_2,i}$——实验开始后第 i 个时间间隔排烟管道内的 CO_2 的体积浓度，ppm；

$\rho_{CO,i}$——实验开始后第 i 个时间间隔排烟管道内的 CO 的密度，kg/m³；

$C_{CO,i}$——实验开始后第 i 个时间间隔排烟管道内的 CO 的体积浓度，ppm。

4.2 计算结果分析

4.2.1 动态燃料燃烧速率

如图 3～图 5 所示，三组实验的燃烧速率具有较为相似的变化趋势：燃烧速率快速上升阶段主要是引燃物燃烧与表层燃料逐渐被引燃的过程，燃烧温度还比较低，主要是表层燃料水分蒸发和挥发分逐渐析出燃烧，将这一阶段称为着火阶段。随后燃烧速率稳定阶段基本保持在一个较高水平，将这一阶段称为稳定燃烧阶段。最后燃烧速率迅速下降阶段，对应燃烧即将结束时炉算子上的残炭燃烧与熄灭的过程，将这一阶段称为熄灭阶段。

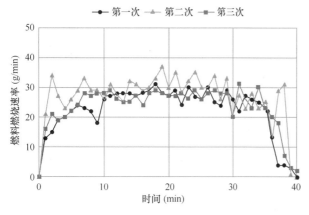

图 3 基础实验

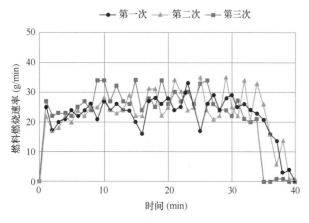

图 4 二次风跟随实验

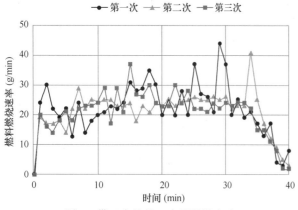

图 5 带三次风的二次风跟随实验

4.2.2 燃烧燃料含碳率

如图 6～图 8 所示（第三组实验的第一次实验数据比较混乱，由于初次实验操作不熟导致）进行二次风跟随操作会增加燃烧燃料含碳率，但是排除异常的实验数据后，发现三次风的加入可有效改善该现象。

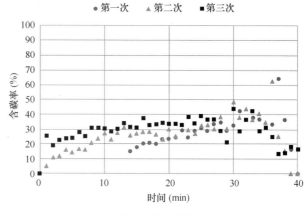

图 6 基础实验

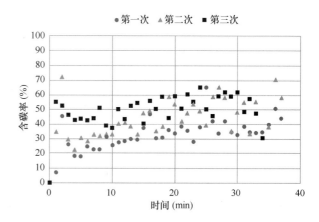

图 7 二次风跟随实验

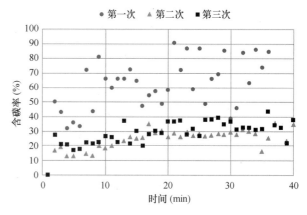

图 8 带三次风的二次风跟随实验

4.2.3 动态 CO 排放速率

如图 9～图 11 所示，三组实验的 CO 排放速率趋势具有明显差异，由图可知在燃烧过程中进行二次风位置调整的操作会导致 CO 排放速率升高，三次风的加入会略微改善该现象。

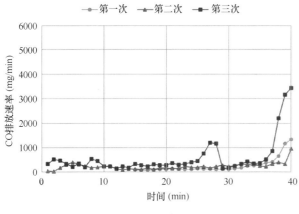

图 9 基础实验

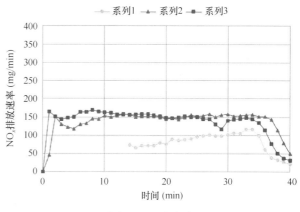

图 12 基础实验

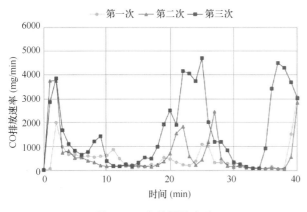

图 10 二次风跟随实验

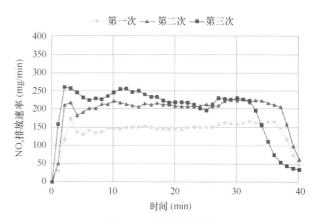

图 13 二次风跟随实验

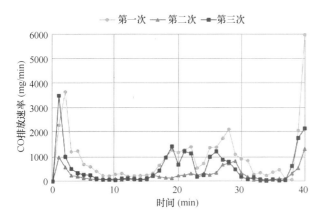

图 11 带三次风的二次风跟随实验

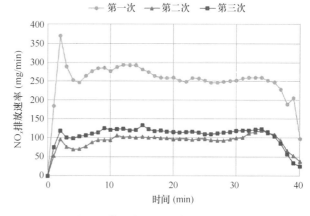

图 14 带三次风的二次风跟随实验

4.2.4 动态 NO_x 排放速率

如图 12～图 14 所示，根据三组实验结果对比可知三次风的加入可有效降低 NO_x 排放速率。

4.2.5 CO 排放速率与燃烧速率动态关系

如图 15～图 17 所示，二者间存在比较明显的对数线性负相关，在燃烧速率极小时，CO 排放速率非常高，说明着火和熄灭阶段虽然燃料燃烧量很少，但是 CO 排放量很高，燃烧初末期燃料中的碳元素燃烧不完全，主要原因是此时炉膛温度不够或已经降低至 CO 燃点温度（约 640℃）以下了，CO 未完全燃烧就排出燃烧器导致此时 CO 排放处于很高的水平。

4.2.6 NO_x 排放速率与燃烧速率动态关系

如图 18～图 20 所示，排放速率与燃烧速率之间存在比较明显的对数线性正相关。根据三组实验结果对比可知，在燃烧过程中进行二次风位置调整的操作会提高 NO_x 排放速率，但是加入三次风可有效改善这一现象。

4.2.7 CO 排放因子

全燃烧过程的 CO 排放因子如图 21 所示，基础实验

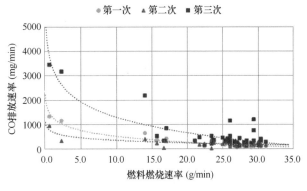

图 15　基础实验

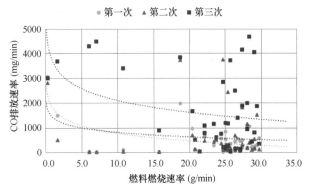

图 16　二次风跟随实验

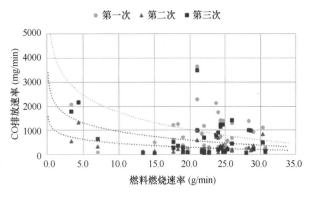

图 17　带三次风的二次风跟随实验

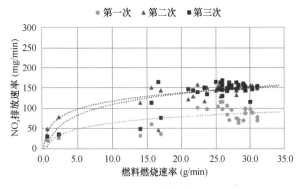

图 18　基础实验

中燃烧单位质量的燃料排放的 CO 总量比第二组和第三组实验高。可知二次风跟随操作可降低 CO 总排放量。

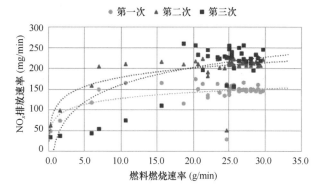

图 19　二次风跟随实验

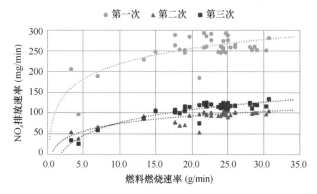

图 20　带三次风的二次风跟随实验

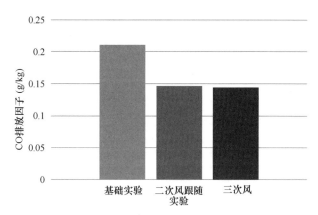

图 21　CO 排放因子

5　结论与展望

5.1　主要结论

本文搭建了烟气密封罩部分的生物质成型燃料动态燃烧特性实验台的原型机,并利用该原型机进行了初步实验,证明了该设计的可行性以及设备的可靠性。

初步实验选择了三组实验:基础二次风空气分级燃烧实验、二次风跟随实验、带三次风的二次风跟随实验。每组实验进行三次,得出以下结论:

(1) 依据木质颗粒燃料燃烧速率的逐时变化情况将燃烧过程分为三个阶段,分别是着火阶段、稳定燃烧阶段、熄灭阶段。

（2）在燃料燃烧过程中进行二次风跟随操作会导致燃烧燃料的含碳率增加，加入三次风可改善这一现象。

（3）在燃料燃烧过程中进行二次风跟随操作会导致CO排放速率增加，加入三次风可改善这一现象。

（4）在燃料燃烧过程中进行二次风跟随操作会导致NO_x排放速率增加，加入三次风可改善这一现象。

（5）CO排放速率较高的时刻主要集中在着火阶段初期与熄灭阶段。

（6）在燃烧过程中进行二次风跟随操作可降低CO排放总量。

5.2 展望与反思

（1）展望

本次初步实验并未搭建生物质成型燃料动态燃烧特性实验台的烟气排放总成部分，还需后续验证其可靠性。

本实验台并未进行炉膛燃烧温度测试，后续可布置测点。

污染物排放性能检测系统中污染物测量仪器的选择并不是唯一的，只要满足量程与精度等要求的仪器都可接入系统中，本实验台后续可加入颗粒物、OC、EC、BC、VOC等指标的测试。

（2）反思

实验开始的比较仓促，实验前准备不充分。

实验过程中由于操作失误导致误差，实验时间不足，无法进行更多次实验来弥补误差。

本实验台后续还需进行进一步多种工况的重复性实验，以及在实验操作上达到更加精准的控制。

后续实验应得出更加明确的规律性的结论。

参考文献

[1] 中华人民共和国环保部. GB 13271—2014，锅炉大气污染物排放标准[S]. 北京：中国环境科学出版社，2014.

[2] Roden C A，Bond T C，Conway S，et al. Emission factors and real-time optical properties of particles emitted from traditional wood burning cookstoves[J]. Environmental Science & Technology，2006，40(21)：6750-6757.

东北农村地区生物质零碳供热模式探索
——以吉林省辽源市为例

中规院（北京）规划设计有限公司　覃露才　张中秀　宋晓栋　李　爽　郑　桥

【摘　要】 为持续支持推进我国北方地区大气污染防治以及"碳达峰、碳中和"工作，2021年国家四部委联合组织申报北方地区冬季清洁取暖项目，首次将清洁取暖的范围由大气污染防治"重点地区"扩大到我国东北、西北等地区。本文通过对吉林省辽源市清洁取暖项目的申报，重点探索我国东北农村地区低碳、低成本、可持续的清洁供热模式，并结合项目实际，提出相应的保障措施与可行性建议。

【关键词】 清洁取暖　供热　生物质　农村　东北地区

1 研究背景

1.1 清洁取暖项目背景

2021年3月16日，为持续支持推进我国北方地区大气污染防治以及"碳达峰、碳中和"工作，财政部等四部委联合下发了《关于组织申报北方地区冬季清洁取暖项目的通知》（财办资环〔2021〕19号），中央财政对纳入支持范围的城市给予清洁取暖改造定额奖补，省会城市7亿元、一般地级市3亿元，连续支持3年。项目支持改造内容包括"煤改气""煤改电"，以及地热能、生物质能、太阳能、工业余热、清洁燃煤集中供暖（满足超低排放标准）等多种方式清洁取暖改造，同时开展既有建筑节能改造等工作。

与前三批北方地区冬季清洁取暖试点城市相比，这是国家首次将清洁取暖的范围由大气污染防治"重点地区"扩大到我国东北、西北等严寒地区，支撑范围更广，低碳和清洁取暖项目的要求也更加严格。

1.2 东北地区现状供热情况

东北地区地处高寒地带，供暖周期长，供暖需求高，根据住房城乡建设部建设统计有关数据[1,2]，2019年东三省城镇集中供热面积约占全国的1/5，供热量占全国需求总量的1/3。东北地区作为我国最早开展集中供热的地区，城镇燃煤集中取暖占据绝对主导地位，辽宁、吉林、黑龙江三省燃煤集中取暖占比分别达到90.7%、88.8%、88.0%，其他清洁取暖方式占比相对不高，广大农村地区仍然以散煤和生物质分散燃烧供热为主，清洁供暖率低于其他北方地区。

通过调研发现，东北地区仍有大部分集中燃煤锅炉房未实现超低排放改造，虽然实现了集中供热，但是并未实现清洁供热（根据财办资环〔2021〕19号最新要求，未实现超低排放的燃煤集中供暖不满足清洁取暖）。与华北地区前农村地区相比，东北农村地区由于缺乏国家政策和资金的支持，电、燃气、生物质、太阳能、地热等各类清洁取暖规模较小，尚未形成路径成熟，且具备规模效应的农村地区清洁供热模式。

因此，在"双碳"目标下，利用好中央资金的支持，探索东北地区，尤其是农村地区的低碳、零碳供热模式显得尤为紧迫。

1.3 生物质零碳供热

目前国内对于零碳供热尚无明确的定义，一般来说零碳供热即采用风能、太阳能、生物质能、地热能、核能等零碳能源进行供热。因此，本文所提及的生物质零碳供热是指通过高效燃烧木材、秸秆、花生壳等生物质燃料进行供暖的供热方式，在一定的生命周期中实现二氧化碳的"零排放"。

2 辽源市农村清洁取暖基本情况

辽源市位于吉林省中南部，属于北方严寒地区，年平均气温5.2℃。截至2020年，辽源市农村人口约20万户，农村既有建筑面积总量较大，占全市总面积三分之一以上。现状农村供热方式以秸秆供热为主，少量散煤供热，分散生物质和散煤的取暖比例达到94%；局部以燃煤锅炉供热，占比约4%；仅部分乡镇采用生物质锅炉等清洁能源供热，清洁取暖率约2%，未来推进清洁改造的任务艰巨。农村现状供热结构如图1所示。

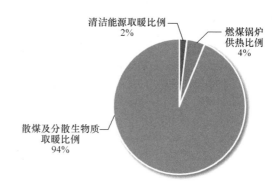

图1 辽源市农村供热结构示意图

此外，农村地区建筑节能改造较为滞后，除近几年部分新建农宅采用节能材料建设外，大部分建筑尚未进行建筑节能改造，房屋的围护结构保温性能较差，单位面积热负荷较城市建筑高2～3倍以上。同时，东北农村地区由于冬季温度较低，当地农村住宅冬季的空置率达到20%以上，未来需要有针对性的制定建筑节能改造方案。

根据以上特点，本文聚焦于辽源市农村地区清洁取暖的重难点问题，因地制宜地选择适合当地农村的供热方式，以实现广大农村地区清洁替代。

3 农村地区供热方式的选择

3.1 技术与经济性比选

根据东北地区农村已有的供热方式，通过对辽源市的农户及相关供热厂家方案调研，对电供暖、燃气供暖、生物质供暖等供热方式的适用条件、经济性和技术性总结和对比如表1所示。

辽源市主要供热方式经济与技术性对比　　表1

供热方式	初投资	运行成本	适用条件
空气源热泵	200元/m²	45～55元/m²	初投资和运行成本较高，无法做到与燃煤供暖成本相当；大规模利用需扩建配电网
燃气壁挂炉	70元/m²	40～48元/m²	目前燃气管网覆盖率低，需增加管网投资；初投资高，运行费用高，居民难以承受
太阳能供暖	太阳能集热器：350元/m²（被动式暖房造价3000～3500元/m²）	10元/m²（室内温度10℃）40元/m²（加电辅热，室内温度20℃）	适用于太阳能资源丰富地区，清洁无污染；受天气影响较大，冬季如加电辅热，成本较高
生物质专用炉具	50元/m²	25元/m²（如采用置换方式，可做到零成本）	属于零碳资源，辽源具有充足的秸秆等燃料供应，价格较为便宜，未来可扩大利用

根据农村地区现有取暖方式对比，辽源市未来主要选择生物质清洁取暖方式，通过生物质专用炉具燃烧颗粒进行取暖。规划方案并未采取华北等地区此前大面积推广的"煤改气""煤改电"方案，主要原因如下：

一是价格高，居民难以承受。根据部分乡镇与农村已有项目，电供暖运行成本45～55元/m²，燃气运行成本40～48元/m²，价格较高，政府补贴难以为继，存在较大返煤风险。

二是基础设施难以支撑。目前辽源燃气管网普及率不足，东丰县全县未通管道天然气；市域农村电网均未经过大规模更新改造，户均容量仅为1.3～1.5kW，不具备短期内大规模推广的实施条件。

三是与农村生活方式不匹配。农村居民习惯采用土炕和生物质炉具进行供暖与炊事，煤改气和煤改电难以同时适应，对农民现有生活方式改变较大。

3.2 生物质清洁取暖的可行性论证

(1) 农村地区生物质资源丰富,供应保障能力强

辽源市下辖四个区县(龙山区、西安区、东辽县、东丰县),共有耕地面积约为 340 万亩,户均耕地约 17 亩,区域内种植的农作物主要有玉米、水稻、大豆、薯类、杂粮等。主要秸秆作物是玉米和水稻,其余旱田种植低矮作物。2019 年,辽源市秸秆产生量为 230 万 t(含玉米芯),可收集量为 180 万 t,除去"五化"利用秸秆量 110 万 t,尚有 70 万 t 余量,可以满足 15 万左右农户改造用量。

(2) 农村废物利用,适合就地消纳与利用

目前农村供暖方式基本以焚烧秸秆为主,能源利用方式较为原始,生物质秸秆资源在当地被当作是一种废物资源放在田里,每年冬天均有农民露天焚烧秸秆,政府在控制秸秆焚烧上也投入了大量的人力和物力。未来可积极利用秸秆等进行生物质颗粒置换,在保障民生的同时实现供暖清洁化。

此外,通过推广农村生物质供暖,带动生物质资源化利用和产业发展,实现农村生物质清洁取暖全域产业化,符合国家乡村振兴战略的方针,对农村经济建设起到重大推动作用。

(3) 有工作经验和产业基础,具备试点推广条件

辽源市在生物质锅炉和炉具制造方面具有良好的工业基础,在辽源市开发区、东丰县、东辽县有炼钢、生物质锅炉制造、生物质颗粒压缩等生物质产业链相关的多家企业。

此外,目前在辽源市金州乡、足民乡等地已有一定规模的生物质专用炉具进行了试点推广(生物质颗粒及炉具如图 2 所示),运行超过 2 年以上,在农户中应用较好,具备规模化推广的条件。

4 农村地区清洁取暖模式

结合辽源市的资源特点,构建"以生物质为主,其他

图 2 当地秸秆颗粒燃料与生物质专用炉具

清洁能源为辅、低成本、低干扰的农村可持续清洁取暖模式",树立低碳发展理念,充分利用辽源农村生物质资源优势,大力推进农村的生物质成型燃料替代劣质散煤和秸秆散烧,通过示范建设,形成可推广、可复制的经验。

同步做好农村住宅建筑节能提升工程,按照"节能优先、低成本、覆盖面广"的原则,大力推进农村地区建筑节能改造,做到应改尽改,对具有改造价值的建筑进行"靶向改造",选择工作基础好、积极性高的村庄进行示范引导,有序推进农村地区"暖房子"工程。

农村地区清洁取暖模式图如图 3 所示。

清洁化路径:因地制宜,实施推广"1+1"农房保温+生物质资源化利用模式,推进农村生物质秸秆就地消纳。

热源侧,对于生物质资源充足的农村地区,推广"1台生物质一体炉"进行清洁取暖和炊事。采用"秸秆置换"资源化利用模式,鼓励用户将自家亩产的生物质秸秆送到厂家进行免费"置换",实现农村居民"零投资、零碳"供热。此外,在生物质资源不足的地区,鼓励发展空气源热泵、地源热泵、电蓄热锅炉等多种分散式清洁取暖作为局部农户清洁取暖补充方案。

用户侧,按照低成本、覆盖广的原则,实行靶向改造,优先推进至少"1间农宅房屋"节能改造,通过政策补贴,基本完成农村非节能且有改造价值的建筑节能改造(多用多改、少用少改、不用不改,考虑空置率和农村上楼,基本做到应改尽改),主要考虑门窗保温、卧室外

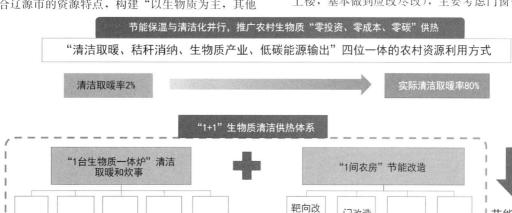

图 3 农村地区清洁取暖模式图

墙保温、屋面保温，具体节能改造方式结合当地农宅实际情况进行方案选择与设计，基本做到"一村一策"，实现综合能效提升30%以上。

5 实施保障措施

5.1 推行"补贴置换"合同长效机制

通过中央和地方资金补贴农户与生物质企业购买生物质专用炉具，然后由企业与农户签订秸秆置换生物质颗粒燃料的长期合同，每年农户将自家亩产的生物质秸秆提供给企业进行压缩，压缩后按照一定比例置换为颗粒燃料，通过这种方式既满足了企业的原料来源，也解决了农户的秸秆废物处置问题，并为农户提供了取暖燃料。

5.2 建立"收集、配送、培训、维护"一体化服务机制

农户与生物质企业购买炉具并签订合同后，企业将负责对农户的生物质原料进行收集与配送，如农户主动承担收集工作应按照市场价格支付打包和运送费用，或者通过颗粒补贴置换，通过等价交换进行平衡。

生物质企业将对出售的生物质炉具进行维护，并对农户进行使用培训，企业通过在线监测农户的用能情况，及时进行燃料颗粒的生产和配送。

5.3 给予企业扶持政策，促进生物质产业链的形成

在农村生物质推广的同时，除了给予农民补贴，还要保证生物质企业的营利，只有形成了产业链和良性的企业模式循环，才能实现整个生物质清洁取暖的可持续。辽源市将立足本地生物质基础，引入外地先进技术企业，规划成立一个生物质清洁供热平台公司，通过"龙头企业＋农村合作社＋国资参股"，形成一个完善的生物质产业链，保障后期的运行维护。

在企业优惠政策方面，政府将从土地、电力、税收等方面给予企业扶持政策。在土地利用方面，生物质燃料生产企业用地按设施农用地价格；在用电方面，电价按农业用电价格；同时辅以税收、就业等政策支持。

5.4 加大生物质"零碳"资源就地消纳、碳额度奖励宣传

政府做好生物质清洁化的宣传，通过基层干部带头鼓励农户买专业炉具，进行清洁取暖，同时配合做好咨询服务与后期维护，让大家感觉到便捷、效果好，愿意持续使用。通过"生物质颗粒压缩＋高效炉具"配合使用，可以大幅提高能源利用效率，减少资源浪费，也是未来城市实现"碳达峰"和"碳中和"的有效手段。

通过"线上监控＋碳交易平台"的建立，未来可以将累计的生物质燃料消费量进行碳交易获取一定的碳额度补贴（按照碳交易价格50元/t计，每年约300元），提高农户对生物质秸秆资源化利用的积极性。

6 规划建议

笔者结合本次辽源市清洁取暖项目的成功申报经验，并且结合农村地区在清洁取暖过程中可能遇到的重难点问题，提出几点经验与建议，希望未来能够探索出吉林省农村地区生物质零碳供热模式，推广到东北地区，乃至中国北方地区。

（1）做好实地调研，了解当地农民的改善需求。东北地区农村与华北地区差异较大，取暖时间长，冬季温度低，农宅建筑围护结构保温性能不同。本次方案编制过程中对辽源市农村地区进行了较为深入的调研，除了对当地农村实地考察外，对东丰、东辽两个县的农村居民进行了广泛的问卷调查，共收回有效问卷近6000份，充分了解居民现状的供热习惯、改造需求、可接受的供热成本等，为今后制定农村地区清洁取暖模式奠定了良好基础。

（2）立足当地资源特点，因地制宜选择清洁供热模式。东北农村地区与华北、关中地区农村不同，各种清洁取暖技术在东北都有实践，但是规模不大，尚未形成规模化的农村清洁取暖模式，不可照搬华北地区的清洁取暖改造模式，大面积推广"煤改气""煤改电"等清洁取暖方式，要通过与当地政府部门、供热企业、生产厂家、农村居民充分沟通后，经过经济性及可行性论证，因地制宜选择适合当地农民需求的供热方式进行推广。

（3）供热方案不能仅注重热源的清洁化，更需要加大对于农宅的建筑节能改造力度。由于建筑节能单位面积投资较大，很多供热规划方案只侧重于热源清洁替代，想要实现更多的清洁面积替代目标，往往忽略了建筑节能改造的作用效果。如果不推行节能改造，农村住宅的保温性能较城市节能建筑的热耗要高两三倍，即便热源清洁了，高品位的热源消耗的供热成本只会更大，农民很难承受得起，未来返煤的隐患较大。

（4）加强后续的实施保障，形成完善的保障机制。一种供热模式能否可持续的推广，除了科学合理的技术路线外，还要切实做好后续的组织制度、政策配套、运营维护和长效监管等保障措施。结合当地过去生物质清洁取暖中推广的经验，要充分考虑未来生物质供应、收储运机制、政策补贴、运营维护、产业链可能遇到的问题，完善相关政策与机制建设，保障生物质清洁取暖的可持续推行。

参考文献

[1] 中华人民共和国住房和城乡建设部. 2019年城市建设统计年鉴[M]. 北京：中国计划出版社，2019.
[2] 中华人民共和国住房和城乡建设部. 2019年城乡建设统计年鉴[M]. 北京：中国计划出版社，2019.

专题11 智慧供热

智慧供热平台地理信息与生产运行建设探索

太原市热力集团有限责任公司　王亚楠　申鹏飞　石光辉

【摘　要】 供热生产运行正处于向智慧化发展阶段，过程中不断优化传统作业方式，大量的人工工作、纸质化内容地图化、网络化，实现"源—网—站—户"数据联动、直观，改进传统运行调节预测，使供热调度决策更科学。太原热力集团顺应行业发展需求，在平台建设时，将企业原有的生产作业通过生产与地理信息结合，单纯数据流转变为平面信息流，调度流转系统与设施设备编码、管理等融合至网络平台相应模块，实现作业可视化、调度精细化。本文从供热企业实际应用角度出发，浅析智慧供热平台建设前期地图信息需求方案，并对目前太原市智慧供热平台生产调度、设备管理、热用户管理功能进行阐述。

【关键词】 智慧供热　地图数据　生产作业　热用户

0　引言

《北方地区冬季清洁取暖规划（2017—2021年）》提出，到2021年年底，清洁取暖率需提升至70%[1]。"碳达峰""碳中和"目标对国家能源结构提出明确的思路，也对供热行业提出了新的要求，如供给侧能源结构的变化、低品位余热回收的利用、终端节能等，热能起始端与末端的发展需要更加智慧化的运行结构，供热企业原有的运作系统已无法满足行业日益增长的信息化与智能化需求。为了提升生产运行信息化、生产作业可视化水平，智慧供热平台的建设需在确保网络信息、地图数据安全保密性到位的前提下，充分将物联网[2]、云技术[2]、数字孪生[3]运用至实际生产运行，将热力管网及用户数据依托 GIS 地图动态显示，灵活运用手机 APP 参与实际生产运行，后台形成完备的运行服务维护体系，平台数据及各项服务及时更新。本文主要从供热企业实际应用角度出发，浅析智慧供热平台建设前期地图信息需求方案，对目前生产调度与设备管理模块功能进行阐述，详细介绍调度指令与巡检管理功能，希望对未来建设智慧供热平台的企业提供一定的参考。

1　平台介绍

2020—2021供暖季，太原市热力集团有限责任公司（以下简称太原热力集团）挂网总供热面积达到1.71亿 m^2，服务用户超过123万户，管网总长达1430km以上，热力站总数1798座左右。供热面积的不断扩大，伴随着热源、设备、用户等数据量的迅速扩增，在调节与数据管理方面对企业传统运行方式及运行人员的管理水平均存在一定的考验。太原市智慧供热平台自2017年建设以来，截至目前已建成党建工作、首页、生产调度、设施管理、能耗管理、数据管理、数据录入、平台管理、手机APP 9个模块，另有智慧中心、应急管理、三维管网及水力计算等模块正在测试与开发阶段。图1为智慧供热平台建设架构简图。

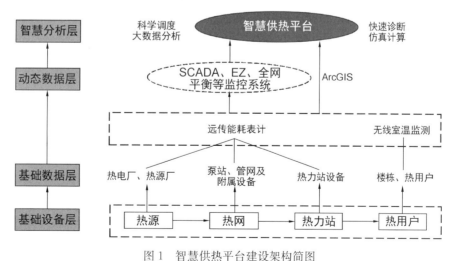

图1　智慧供热平台建设架构简图

已建成的9大模块于2019—2020供暖季前投入使用，实现了"源—网—站—户"的运行参数实时展示，供热运行调节预测、生产调度的线上派发与回执、巡检工作的在线上报、缺陷信息上报、能耗分析等功能。太原市智慧供热平台实现了数据、生产作业管理、设备管理、能耗管理及热用户管理等功能的可视化。在公司生产运行广泛应用过程中,运维人员整理并向平台开发技术人员多次提交测试报告与优化方案以达到不断完善平台的目标。

2 地图需求与实现

智慧供热平台数据多数依托地理信息平台进行展示,是集管理、分析、建模与显示地理空间数据的信息系统。地图数据是地理信息服务平台初期建设的重要工作,其数据类型与属性等在一定程度上限制和影响了平台建设发展的快慢。太原市智慧供热平台目标实现"源—网—站—户"精细化供热管理,所以对热用户层级的地图精准水平要求较高,大比例尺地图才能满足供热工作直接或间接管理到用户级别的需求。下文从应用角度出发分析地图数据需求方案,主要从以下几方面考虑。

地图要素的全面性、数据的真实可靠性、样式的美观性等均应作为平台建设前期重视的内容。

首先在空间数据的变换方面,应选择技术可行的投影方式。不同的地图投影转换方式适合不同平台类型的需求且均存在一定误差,大致可分为三种变形:角度变形、长度变形、面积变形,故应通过搭建GIS平台的类型、涉及面积大小及对附属工程、管线等数据的精度要求等选择最佳适配当前平台的投影方式。常见的投影方式有墨卡托投影、高斯-克吕格投影、UTM投影及兰勃特投影等。其中,墨卡托投影(正轴等角圆柱投影)保证了方向与相对位置的正确性,通常应用于航海、航空等领域。目前互联网上数字电子地图多用墨卡托投影,称为Web墨卡托[4]。高斯-克吕格投影(等角横切圆柱投影)没有角度变形,在长度和面积上变形均较小。由于其投影精度高、变形小且计算简便,因此常应用于在大比例尺地形图中且能在图上进行精确的量测计算,即城市级大比例尺的智慧供热平台可选用高斯-克吕格投影。UTM投影(等角横轴割圆柱投影),全称为通用横轴墨卡托投影,与高斯-克吕格投影类似,是英、美、日、加等国地形图最通用的投影。兰勃特投影适于制作沿纬线分布的中纬度地区中、小比例尺地图。WGS84、CGCS2000等坐标系的选取会在一定程度上影响平台中即时巡检轨迹获取的实现,应基于对巡检人员定位技术的确定考虑坐标系的选择。

其次,为地图最大比例尺的确定。一般比例尺大于1∶20万的地形图称为大比例尺地图。比例尺越大,覆盖面积越小,反之,比例尺越小,覆盖面积越大。结合智慧供热平台建设目标对管线、道路或建筑等要素显示的大小要求,通过比例尺计算公式:地图距离/实际距离,计算得出所需地形图最大比例尺。即,平台涉及展示或管理的范围、要求的地形图精度确定后,地形图比例尺范围基本确定。图2为由于最大比例尺不合理导致的管线间距小,无法对管线附属设备清晰编辑与处理的示意图。

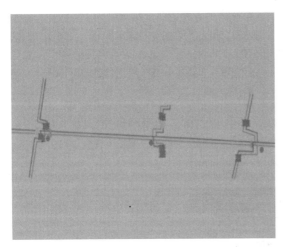 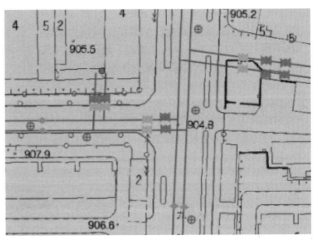

图2 最大比例尺对管线间距与管线附属设备的影响

在空间数据结构的转换方面,瓦片数据与矢量数据有着各自的优缺点。瓦片数据虽要素种类全面,但是灵活性不强,无法对要素进行编辑。矢量地图数据具有精度高、便于要素检索分析等优点,但是对于多层空间数据的叠合分析比较困难。若采用矢量地图数据,则应考虑平台要素需求。智慧供热平台的建设以供热运行为核心,以用户舒适感为判断依据展开,以科学调度调节为手段,故针对矢量地图数据进行要素需求的整合须设定"热力专题数据"。该专题数据中应包含平台建设最终效果涉及的所有要素。对供热企业来说,侧重建筑物类、道路桥梁类、热力井盖等要素。其中,为了方便二次网与用户信息的完善,建筑物要素的属性需包含所在小区、建筑物名称、建设年代、层数/层高、楼号等内容,同时要求建筑物轮廓、小区轮廓可见。道路要素应包含道路中心线、道路边线及道路名称等。大比例尺地图不显示具体建筑物轮廓,同时缺少其他要素,无法满足平台生产运行与地理信息结合的需求。

若采用瓦片地图数据,则应考虑分级的级数。瓦片地图数据的分级数越高,分辨率越大。分级数在一定程度上影响了平台展示效果,同时,制约着基础数据分级显示的内容。电子地图分级数最低为1级,最高为22级,笔者认为分级数12级以上可满足一般地理信息平台建设需求。确定分级后,根据地形图比例尺,确定每一层级下比例尺的大小,随着分级数的增大,比例尺不断增大。一般地图分级最大比例尺至1∶400,根据平台建设实际需求可要求最大比例至1∶50等。

3 实际功能应用

3.1 设施设备管理

智慧供热设施设备管理模块的建成,应以企业整体设备的生命周期完全网络化、无纸质化为目标。在平台建设初期应形成完备、统一的设备记录与编码、管理体系,确保多方信息统一,建立设施设备各类数据库,目前太原市智慧供热平台设施设备等模块的基础数据、编码规则已较为明确[5]。为实现生产运行线上线下作业顺利融合,太原热力集团每个设备具有不同二维码,当前已实现张贴于主要设备及热力站等位置,方便调度令直接下发至设备与日常巡检上报。平台正在积极探索建设设备状态变更的及时上线、设备全生命周期的记录、设备与资产管理系统的统一等功能,以实现真正的设备智慧管理。图3为太原热力集团太古供热分公司设备二维码的现场张贴样式。

图 3 设备二维码张贴样式

3.2 生产调度

生产调度模块作为与实际生产工作紧密相关的部分,涉及供热运行生产的核心环节——运行调度。运行调度最终要体现为运行参数调节,实现过程则为生产作业中通过调度指令传达与执行(自上而下)、自主发起的上报事件(自下而上)。

3.2.1 调度指令

调度指令必须具备以下几个特性才可派发至执行部门及执行人进行指令流转:

一是明确性。一方面为指令内容的明确性。以往的指令均为调度室通过电话派发至各部门,存在指令不规范、言语表达不清晰等问题。平台建设过程中,结合运行经验,综合考虑指令类别及内容,对指令进行明确分类,如操作类、维修类、点检类、保养类等。各类指令中明确指令语言,调度人员选择相应指令发送,每一条指令可追根溯源。

二是权威性。除了日常派发的指令外,有部分指令涉及热网调节或重要参数调整等内容,需经过领导审批确认可行后才能对部门或其他公司派发,所以平台指令流程中设置审批环节,重要指令须经部门领导与其他相关领导的审批通过后下发。

三是灵活性。生产运行过程中的调度指令涉及对象、包含的动作多种多样,故应实现指令派发对象的灵活性,可选择单个对象或多个对象,同时应实现对象的自定义编组,根据各公司运行特点不同将常用使用对象列为一组,方便选择。

四是关联性。一方面是指令与涉及操作对象的关联,每一条指令最终都对应一个执行人,本特性主要针对热力站相关指令,多条指令对应多个站长派发时,系统应具备自动匹配关联站长的功能,站长仅接收到指令内容与个人管辖范围内的热力站。另一方面是指令状态与设备的关联。调度指令的内容均与设备关联,如阀门的开关、板式换热器进出口阀门的调节等操作,应对应关联至具体某台设备并显示设备的当前状态,如设备故障次数、阀门的开关状态、部分电动执行机构的开度显示等,避免原有设备操作历史不明、开关状态不明、故障历史不明等弊端。

综合以上四个特性,确定平台当前的调度指令流程。具体指令派发流程分为两种:一种为公司内部调度流程,另一种为公司与公司间外部调度流程。其中,公司内部流程为调度指令通过调度室(公用账户)统一派发至各个部门(账户为部门公用账户或部门负责人账户),最终由执行人完成指令后回执至调度室,完成指令的流转。对于较重要的指令,调度中心首先通过领导审批,批准后的指令直接派发至各部门,指令动态返回至调度中心账户及各相关账户。另一种外部调度流程为公司调度室公用账户之间相互派发或集团公司总调度室向分公司派发进行指令流转,其中,集团公司级别的闭环称为一级流转,公司内部的闭环称为二级流转。

智慧供热平台以地图为载体,将供热管网平面化,集合显示热网所有要素。新建调度令时,可通过地图快速选择具体指令对象(图4),点击热源、热网、热力站、小室及阀门补偿器等图标即可选定设备为具体指令操作对象,操作便捷,解决指令下达过程中输入过多设备对象名称的繁琐、耗时问题,更重要的是通过这样的操作实现了相关的操作、维修等各类记录与设备的关联(图5)。

3.2.2 上报事件

自下而上的流转过程主要指现场工作人员的上报事件环节。参与实际运行操作的运行人员在本部门安排的固定时间间隔内的日常点检过程中,通过手机APP扫码对设备点检/保养/操作/维修结果的进行上报。主要包含泵站及管线小室内设备的上报、管线及热力站缺陷故障上报等。

其中,泵站内设备上报主要由运管所人员日常点检上报。小室内设备的上报主要由巡检人员完成。巡检工作由以往的电话通知改进为通过平台派发指令,工作手机点击在线巡检,扫描设备二维码上报点检(巡检)情况,利用GIS系统对巡检人员的轨迹捕捉,实现巡检可视化(图6)。巡检管理主要分为日常巡检与应急巡检两部分。

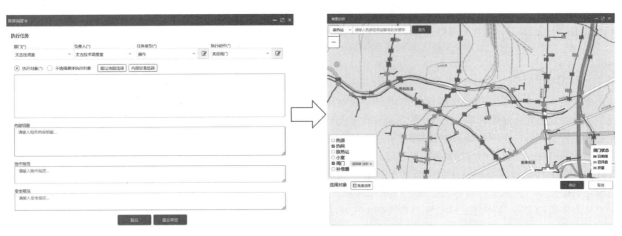

图 4　生产调度指令与地理信息结合

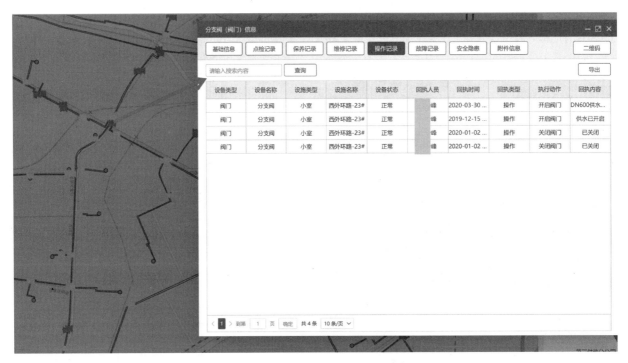

图 5　设施设备各类信息与地理信息结合

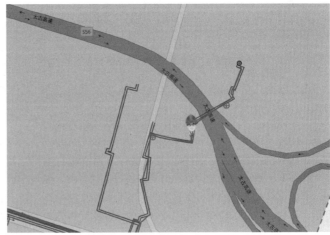

图 6　智慧供热平台巡检可视化

日常巡检一般为固定时间间隔的巡检工作,由巡检所自主发起。过程中,巡检人员使用手机 APP 扫码,通过选择"点检"并勾选相应点检选项,从而确定设备是否存在异常。同时,平台记录巡检轨迹。另一种应急巡检主要由调度室发起,巡检人员到达调度指令中指定巡检区域或位置,点检设备,确定设备是否有异常。

当前手机 APP 及网页版平台的巡检功能都有待进一步优化。如在线巡检人员的实时位置与历史轨迹的小误差显示,选择或点击人员头像可获取人员姓名、所属分公司及所属科室内容,方便确定不同分公司管辖边界巡检人员的归属等功能。同时,考虑优化巡检实时在线环节,增加视频监控设备在线查看巡检工作,对巡检中发现的故障第一时间回传至调度中心。

缺陷管理是集运行安全隐患、突发事故上报、数据异常上报、设备的故障、点检、保养、维修等信息于一体的管理功能。从设备方面来说,建立设备缺陷库,流程化管理缺陷内容,形成接收上报、安排处理至形成明确处理结果的闭环,确保信息环环可查、环环留底。目前太原市智慧供热平台实现了分公司随时上报热力站、热网等临时停供情况,方便总调度快速知晓故障区域,对热网调度提供一定的参考意义。本年度完成运行缺陷及时上报98%,缺陷闭环完成效果良好。未来将联合应急管理、水力计算模块,实现及时判断事故发生时影响区域、诊断水力工况,对管网运行情况及设备等情况进行整体评估的效果。

3.3 热用户管理

热用户作为用热终端,是供热效果最直接的体现,实现对热用户室温等内容的快速监测与分析是实现供热节能、提高效率努力的方向。热用户管理应分为"楼栋—单元—用户"三个层级,逐层的自控水平提升才能不断提升精细化调度与控制,目前太原热力集团推进热用户室温在线监测工程,提高室温在线监测比例,同步室温数据进入智慧供热平台,直观查看热用户室温变化,评判供热效果,同时加大户阀改造力度,提高终端自控水平。通过诊断一次网、二次网水力平衡,从而实现优化管网整体运行工况。目前太原热力集团室温覆盖率仍需提高,同时在使用过程中发现部分数据存在数据明显错误、长时间不刷新等后期维护问题,需加强数据维护要求。在三供一业户阀数据方面,需进一步进行调试,确保信号回传准确无误。在地理信息平台的进一步应用中,拟实智慧供热平台链接客服系统,将用户投诉与地理信息结合显示,直观了解供热整体情况,快速知晓热网或热力站故障对用户的影响。拓展用户室温监测广度,加大用热终端数据实时回传力度,才能更有效地判断供热效果的优良。图7为热用户管理基础体系图示,热用户层级基础设备的完备率影响着供热调节的精细度发展。目前太原市智慧供热平台已实现对三供一业室温及户阀数据的回传,通过智慧供热平台可查看相关热用户的参数(图8、图9),最终将实现热用户层级的数据展示与综合分析。

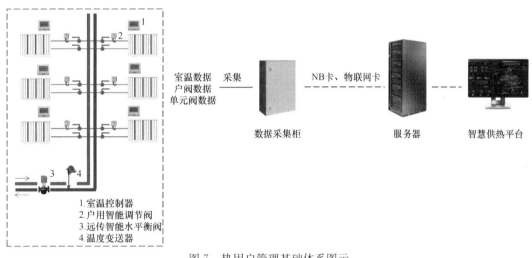

图7 热用户管理基础体系图示

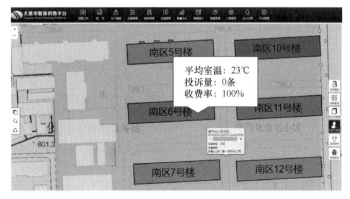

图8 平台热用户层级效果图

图 9 热用户管理室温与户阀数据展示

4 结语

智慧供热的总体目标可总结为：用户舒适满意、系统安全可靠、能源利用高效、低碳清洁经济[6]，要实现真正"源—网—站—户"信息全面，打通企业不同部门间信息孤岛，协同形成供热企业运行的良性运转，需利用大数据实现高效率、智慧指导生产，才能提高企业运行效率，节约"源—网—站—户"整体能源成本，降低有害气体排放，同时达到舒适供热目标，实现真正的智慧供热，推动行业及智慧城市的发展。

智慧供热平台的建设，应切实考虑供热企业生产运行需求，同时不断创新，对现状进一步的改进与提升。适配于平台建设目标的地图数据可推进平台搭建工作的顺利开展，地图数据作为地理信息服务类平台初期建设的重要工作内容，应首先考虑并对地图数据更新等服务进行长远规划。太原市智慧供热平台目前虽初步实现了生产调度的信息化、运行参数的在线监测，但仍需对现有模块朝着更智能化、人性化的方向优化，如审批过程的优化、轨迹显示的纠偏、设施设备的系统化管理、实时管网诊断与平衡调节优化、热用户融合应用等，各模块的功能应在应用中不断提升、整合。本文仅从供热企业实际应用角度出发，浅析智慧供热平台建设过程中地图信息的配套方案，平台生产调度、巡检、热用户管理等功能应用进行相关介绍，部分问题仍需专业人士分析讨论。

参考文献

[1] 国家能源局. 北方地区冬季清洁取暖规划（2017—2021 年）[EB/OL].（2017-12-27）[2021-5-25]. http://www.nea.gov.cn/2017-12/27/c_136854721.htm.

[2] 张宏波, 彭延锋. 基于 GIS 和云技术的智慧供热系统研究与实现[J]. 测绘与空间地理信息, 2019, 42(7)：148-150.

[3] 钟崴, 郑立军, 俞自涛, 林小杰. 基于"数字孪生"的智慧供热技术路线[J]. 华电技术, 2020, 42(11)：1-5.

[4] 许辉, 马晓鹏. 基于 Web 墨卡托投影地理信息系统设计与实现[J]. 电脑编程技巧与维护, 2011, 8：41-43+51.

[5] 石光辉, 申鹏飞. 基于太古热网智慧供热信息服务平台搭建基础数据体系的探讨[J]. 区域供热, 2019, 6：48-53.

[6] 方修睦, 杨大易, 周志刚, 等. 智慧供热的内涵及目标[J]. 煤气与热力, 2019, 7：1-7.

人工智能语音交互系统在供热行业中的研究与应用

北京市热力集团有限责任公司　白　云

【摘　要】人工智能技术的应用是供热行业提升客户服务效率的重要方法，本文对基于话务录音、服务工单、用户基础信息等用户服务数据构建的人工智能语音交互系统的原理、技术、实现方法进行了简要介绍，并结合供热行业以及客户服务工作的特点，描述了语音识别、语义理解、对话管理、语音合成等技术在供热行业中的应用方式，在电话号码、地址信息等重点识别对象的识别率提升方面进行了研究，讨论了人工智能语音交互系统的评价指标和应用效果，对技术及行业应用的发展方向进行了展望。

【关键词】语音识别　供热　声学模型　语言模型

0 引言

随着信息技术的迅猛发展，公共事业领域也经历着一场全新而持久的变革，"智能与高效"日渐成为现代公共事业的重要标签。以客户服务为典型代表的公共事业服务窗口经历着从劳动密集型向技术密集型和优质高效服务的转变。

目前,中文语音及语义识别技术的发展让人工智能系统应用于客户服务工作成为可能,应用人工智能技术建设智能语音交互系统、集成呼叫中心语音交互系统和客户服务管理系统,实现供热行业客户服务业务查询、投诉报修等场景的自动语音交互服务,协助人工接听和处理电话,提高供暖初期和严寒期的接听率,进一步提高客户服务效率。

人工智能语音交互系统中主要涉及语音识别、语义理解、语音合成技术。系统将用户输入的语音进行识别处理后形成文本,并对文本通过自然语言处理技术提取信息,理解用户意图,在对话管理模块的控制下,完成用户的交互,最终将用户意图信息与业务系统对接,形成客户服务工单,产生相应的业务操作(图1)。

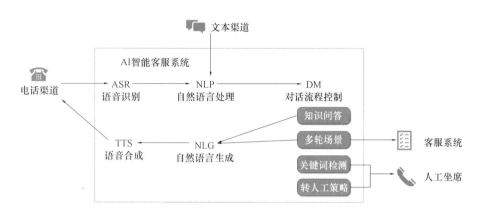

图 1　人工智能语音交互系统架构

1　语音识别技术的应用及在供热客户服务场景下的增强

语音识别将用户语音转换成文本,输入为电话端用户语音信号,输出为对应的文本序列。语音识别过程包括特征提取、构建声学模型、语言模型以及对语音信号进行解码。

1.1　声学模型

特征提取是指从声音信号中,选取 10ms 作为一帧,并添加随机噪声,每一帧提取一个 40 维的 FilterBank 特征,从而将声音信号转换为 FilterBank 序列。

声学模型采用 HMM+TDNN 的双层架构模型,语音建模的单元为状态。利用隐马尔可夫模型(HMM)建模语音的时序性,不同状态之间以一定的概率进行跳转,利用时延神经网络(TDNN)建立对建模状态的分布。基于供热行业特点,通过对网络结构的调整及对比分析,在时延神经网络为 4 个隐藏层,每个隐藏层的节点数为 2048 个时效果最优,当隐藏层数目增加时,因模型复杂度增加,导致卷积运算时间增长,系统性能显著下降,而识别效果没有明显提升。表 1 为不同网络层数与节点数量时,语音识别率和识别性能间的比较。

不同网络结构下的字错误率及语音识别实时率　表 1

网络层数及每层节点数	字错误率 WER(%)	语音识别实时率 RTF
2 层网络卷积,每层 512 节点	25.58	0.18
3 层网络卷积,每层 1024 节点	20.75	0.2

续表

网络层数及每层节点数	字错误率 WER(%)	语音识别实时率 RTF
4 层网络卷积,每层 1024 节点	15.33	0.2
4 层网络卷积,每层 2048 节点	10.09	0.2
5 层网络卷积,每层 1024 节点	14.57	0.29
5 层网络卷积,每层 2048 节点	10.03	0.33
6 层网络卷积,每层 1024 节点	12.72	0.38
6 层网络卷积,每层 2048 节点	10.01	0.42

注:WER=(识别错误字数/语音字数)×100%;RTF=处理时长/语音 WAV 时长

本模型在使用通用数据训练时未获得较高的识别率,在供热客户服务应用中,一方面,不同的 ivr 线路会产生特性不同的语音波形,另一方面,客户服务应用有较强的领域偏向,对于关键词的识别率要求极高。因此针对以上问题,首先对目标信道的数据,使用基于 LF-MMI 和 SMBR 的方法对声学模型进行区分行训练优化,同时采集了 300h 供热行业客户服务话务音频数据,进行人工标注,并采用分批训练模式,提升识别率。经测试,对于当前网络结构,基于模型复杂度与训练数据量的匹配和平衡关系,超过 300h 的数据后,更多数据量的引入对识别效果提升并不明显。

1.2　语言模型

语言模型结合语法和语义的知识,描述词汇之间的内在关系,计算文本出现的概率,进而根据上下文预测即将出现的词语。语言模型分为字典知识、语法知识和句法知识三个层次。语言模型一般采用 N-gram 模型进行训练,即某个词出现的概率只与前面 $N-1$ 个词相关,整句出现的概率为各个词出现概率的乘积。一般系统采用 4-gram 模型时综合效果达到最优。

在供热行业客户服务语言模型中,电话号码和地址信息是工单派发、故障位置定位的关键信息,因此需要针对地址信息(如行政区/小区名/楼层号/单元号等)、专有地区名称、电话号码和地址中的数字、英文字母、报修专业术语(混浊、热泵、管井、锅炉、水压、低温水、热负荷、管网、分段阀、关断阀、放水阀、管沟、水量等)等进行增强调优。

Context 技术是一种词表增强的表示方法,在识别过程中 Context 词表的权重概率会增强。为了有效构建语言模型,可以将上述关键信息以及识别困难、同音或发音不易辨别的词加入 Context 中,语言模型根据相似度及 Context 得分对候选单词重新排序,避免因发音正确而文字识别错误引起的误识别。通过 Context 技术优化,"E 座"误识别为"一座"、"朝阳"误识别为"潮阳"等地址及专业术语的误识别等情况明显减少。例如"朝阳"的候选概率经过增强后由 93% 增加到 98%。

1.3 解码器

声学模型和语言模型构建了语音识别中元素的概率模型,解码器则根据声学模型和语言模型对输入的信号进行处理,寻找能够以最大概率输出该信号的文本序列。

解码器采用基于动态规划的 Viterbi 算法,计算解码状态序列对观察序列的后验概率,选择出最大概率的路径,最终获得解码后的文本序列。

为了优化搜索性能,需要对 Viterbi 算法搜索出来的词串进行实时剪枝,将不可能的词串从搜索对象池中删除,剪枝操作提高了搜索效率,有效降低时延。

2 通过语义理解识别用户意图

语义理解将语音识别出来的文本进行分析,理解用户意图,并进行相应操作。语义理解主要由知识图谱、意图识别和对话管理三部分构成。

2.1 知识图谱

知识图谱为意图识别提供基础的背景知识和实体知识,在意图识别和槽位填充层面大量使用。基于客户服务的领域知识分析整理出知识库,将各种结构化、半结构化、非结构化数据,通过信息抽取、实体识别、归纳演绎等过程在实体间建立关系,进行知识融合和知识建模,完成知识图谱的构建。

在知识图谱构建的同时,针对供热行业建立领域知识库。首先确立供热行业客户服务知识体系,按照知识体系整理标准问题和答案,知识库搭建完毕后,通过建立自然语言理解模型,在标准问题范围内进行语义理解训练,结合知识图谱,使得人工智能语音交互系统能够识别标准问题对应的各种自然语言问法,从而实现基于自然语言交流的常见知识问答。

2.2 意图识别

意图识别是对用户意图进行理解,实质上相当于一个多分类的学习过程。一般来说,对话系统分为任务导向型和非任务导向型,供热行业中应用的对话系统属于任务导向型,通常可以采用管道机制,用户文本经过基于统计模型进行分析后,将自然语言映射为语义槽,进行词槽填充。

在意图识别过程中,用户小区名称等是重点识别的内容,因此需要与客户信息数据库进行交互,提取结构化的地址信息。为了构建和完善数据库,对于历史服务的录音和工单文本数据,人工标注出录音和工单对应的小区名称,完善历史小区别名。

在语音识别中,因为无法获得用户的行政区位置,有可能对于同音的文字无法给出正确的小区名称。对于此种情况,在语义系统中,可以通过上下文得知用户当前所处的行政区,因此可以使用基于拼音最小编辑距离的模糊匹配算法,对语音识别的结果进行后处理,向工单系统推送正确的小区中文名字。

例如用户在表述自己住芍药居小区时,由于口音、信号等原因,ASR 误识别成了"勺药居",意图识别过程结合用户所在行政区,将错误识别纠正回正确的地址"芍药居"。

意图识别的结果是将提取的信息进行槽位填充,用户在回答所在行政区、小区等问题时,通常会表述为"我家在朝阳区""我住在海淀""我家在通惠家园小区""我住通惠家园""我家小区是通惠家园"等口语化的内容,系统的槽位收集算法通过切词、NER 提取等技术,准确切分出行政区、小区等槽位所需内容。

对于无法识别的小区名称,系统会生成原本的文本记录,在工单配发时,人工进行比对并入库,从而随着系统的使用,增加有效工单生成的比例。

2.3 对话管理

对话管理控制和用户的多轮对话过程,根据用户信息输入以及识别情况跟踪对话状态,采集并分析处理用户输入信息,最终调用工单管理系统生成工单。同时,对于交互过程中出现的敏感词以及基于对用户情绪的识别判断,及时将自动语音对话过程转人工处理(图2)。

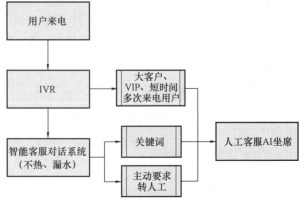

图 2 人工智能语音交互系统的对话流程

3 语音合成技术的应用

语音合成系统将对话系统产生的文本信息输出为语音波形。语音合成过程分为两部分：首先将文本转换为自然语言，然后使用转换后的自然语言生成语音。

自然语言根据用户意图确定生成的内容，并基于文本结构和语法语义生成文本，将从数据库中查询到的结构化地址信息、专业术语等填入文本中，形成反馈的自然语言。

语音合成构造上下文文本特征作为输入，通过特征抽取获得语音数据的声学特征作为输出，输入到输出的映射关系使用DNN算法学习，声学特征输入声码器后，合成语音。

为了改善用户的语音播报体验，系统合成语音时采用真人录音＋动态信息合成技术，首先发音人根据模板进行高保真录音，之后通过语音分割技术，切分真人录音，加入动态信息参数，并调整语速、语调。

4 人工智能语音交互系统的评价指标

供热行业人工智能语音交互系统的评价指标一般包括语音识别准确率、用户意图识别准确率、客服机器人接听电话转人工率、有效工单生成率、客户服务电话接听率等。

4.1 语音识别准确率

设语音字数为 N，删除错误字数为 D、插入错误字数为 I，替换错误字数为 S。

字错误率 $WER = [(S+I+D)/N] \times 100\%$

语音识别准确率 $= 1 - WER$

4.2 用户意图识别准确率

基于人工标注数据样本对"行政区""小区名称""楼号""室温""漏水位置"意图进行抽样。

正确率 $=$ （识别正确数 / 抽样数）$\times 100\%$

4.3 客服机器人接听电话转人工率

统计整个供暖季内机器人接听总次数、转人工次数。

转人工率 $=$ （转人工次数 / 机器人总接听次数）$\times 100\%$

4.4 有效工单生成率

有效工单定义为对话交互过程中4个关键节点均识别正确

有效生成工单率 $=$ 行政区识别正确率 $\times$ 小区识别正确率 $\times$ 楼号识别正确率 $\times$ 单元号及房间号识别正确率

人工智能语音交互系统在供热行业客户服务领域应用后，基于系统使用需求和使用场景下的实际运行，通过人工标注数据样本及系统运行数据，对上述指标进行测算。语音识别准确率为88%，用户意图识别准确率为97%，客服机器人接听电话转人工率为8%，有效工单生成率为70%。

5 结语

人工智能技术不断向通用领域的强人工智能方向发展，在语音识别、语义处理、多轮对话管理技术方面，端对端的实现是目前正在发展的方向，大词汇量连续语音直接通过神经网络映射为文本序列，在语音交互过程中，基于对话策略学习的强化学习方法的引入使得对话效果得到进一步优化，优于当前基于规则和监督的方法。

技术的发展反映到供热行业客户服务领域，扩展了人工智能技术的应用范围，从以解决用户不热、漏水等紧急问题的派单业务扩展到咨询类业务，以及处理用户多样化的诉求，并更加准确地感知用户情绪，理解用户的实际需求，快速应答，解决用户实际问题。

参考文献

[1] 姚冬,李舟军,陈舒玮,季震,张锐,宋磊,蓝海波.面向任务的基于深度学习的多轮对话系统与技术[J].计算机科学,2021,48(5):232-238.

[2] 王冰纯,毛妍捷,孙滨颐,吴献策,汤逸震.基于大数据背景下的人工智能客服系统[J].电子测试,2018,(13):72-73.

[3] 陈蕾,郑伟彦,余慧华,傅婧,刘宏伟,夏军强.基于BERT的电网调度语音识别语言模型研究[J].电网技术,2021,45(8):2955-2961.

智慧供热——推进互联网与能源系统深度融合

宁夏电投热力有限公司　温孝斌　李　刚　杨雪琴

【摘　要】 本文以宁夏电投热力有限公司清洁能源智慧供热项目为例，介绍了智慧供热技术在大型供热管网中的最新应用情况，分析了在2020—2021供暖季一次网水力失调度、节能降耗、管理效益等方面的综合效果，同时复盘了该供暖季管网调控基本策略，并对未来发展方向进行展望。宁夏电投热力有限公司智慧供热平台采用GIS地理信息系统，以IAAS私有云为基础，统筹8大业务子系统，通过将云计算技术与供热系统结合，实现信息技术与供热技术交叉融合，在对数据进行机器学习、回归预测后，使供热设施学会"自思考""自控制""自节能"。

【关键词】 智慧供热　智能调控　能耗　水力失调度　低碳

0　引言

随着宁夏电投热力有限公司（后简称电投热力）热负荷的持续增长，供热规模的扩大，原有系统不能满足使用需求，需要利用先进的信息技术和互联网平台优势，实现传统供热行业的转型与升级。因此，电投热力通过信息技术与供热技术交叉融合，打造出基于云技术的西北地区首家智慧供热示范应用平台——宁夏电投热力智慧供热平台。

1　宁夏电投热力有限公司智慧供热系统建设成果

电投热力已建设一次供热管网217km，最大供热管网直径为DN1400，最大供热半径20km，现有热力站231座，2020年供热面积3280万m^2，占银川市区总供热面积的27.5%。公司未来五年总供热能力将达到2494MW，可满足西夏区、金凤区发展需求。

2020年10月，电投热力清洁能源智慧供热项目正式启动，其目标是以自主研发的智慧供热管控一体化平台"启慧IHM3.0—智慧热网软件"为核心，以网络化、信息化、智能化的数字技术与供热设施的深度融合为基础，通过自主机器学习核心算法面向源、网、站、户与经营管理等数据，进行统一的采集、展示、控制，具有自分析、自诊断、自决策等特点，实现全网平衡下的智慧管控，确保热网的安全、环保、稳定、经济运行，为银川市西夏区、金凤区、兴庆区3000多万m^2、近20万用户提供智慧供热云运维服务。

目前，智慧供热系统已部署完成热网监控系统、一次网平衡、二次网平衡控制系统、室温采集系统、视频监控系统、收费、客服系统、热计量系统（开发中）8大业务系统，经过231个换热站自控系统标准化升级改造、私有云系统搭建、数据机房及监控中心建设后，开发了电投热力智慧管控平台，并预留与集团平台系统、智慧城市等的接口。

1.1　基于GIS的信息综合管理

平台将热力公司生产数据、收费数据、客服数据、能耗数据、设备数据、应急数据等各种业务数据统一整合，打破数据孤岛，以2D/3D地图展示以及数据呈现的方式，打造成完备的热力数据中心池，对各类数据梳理之后进行可视化展示，使得展示更为清晰、直观，做到对企业生产经营与管理信息的全方位透彻感知，为管理层的决策提供快速的有效的指标，使得决策更加快速、便捷与精准（图1）。

1.2　基于GIS的"一城一网"设备管理

采用一张图、一张网承载所有设备的静态信息、动态信息以及基于数据的诊断预警信息的全新管理模式。实现通过一张图管理热力公司所有设施、设备；实现设备的维保、点检、操作等动态信息的在线记录；实现所有设备的故障统计，通过大数据分析，进行危险点预警；实现设备的缺陷上报、维修派单、消缺回执闭环管理（图2）。

1.3　基于GIS的"生产管理"及"能源管理"

智慧管控平台实现整个供热系统生产数据的实时、直观、高效的监控管理，实现了热网的精细化运行调度，为公司安全运行、节能降耗、调度排班、巡检管理、绩效考核等提供全面、快捷的管理平台。同时，建立科学的能耗监测体系，实现全方位能耗监测；为建立科学的能耗指标体系提供数据支撑，从而合理安排热源及换热站的调度；建立能耗考核指标体系，做到对各班组、各换热站的能耗考核透明化。通过对比实际运行数据与指标，找到能源浪费的关键问题。通过能耗打分与排名，从管理方面激励各级部门节能积极性（图3）。

1.4　基于GIS的在线水力计算

在线水力计算具备水力模型建立、在线仿真模拟、应急供热方案等功能。该模块能与热网监控系统数据库对接，针对热网模型，通过设置热源、室外温度等参数，计算出热网模型中所有有效对象的理论工况参数，并且通过报告、图表等各种形式为决策者提供帮助。

对现状管网而言，在线水力计算模块可确定各个热源的供热范围，根据系统的压力需求确定热源循环泵的参数、串联或者并联方式等，根据用户设计负荷、设计温

图 1　智慧管控平台对所有基础数据进行采集

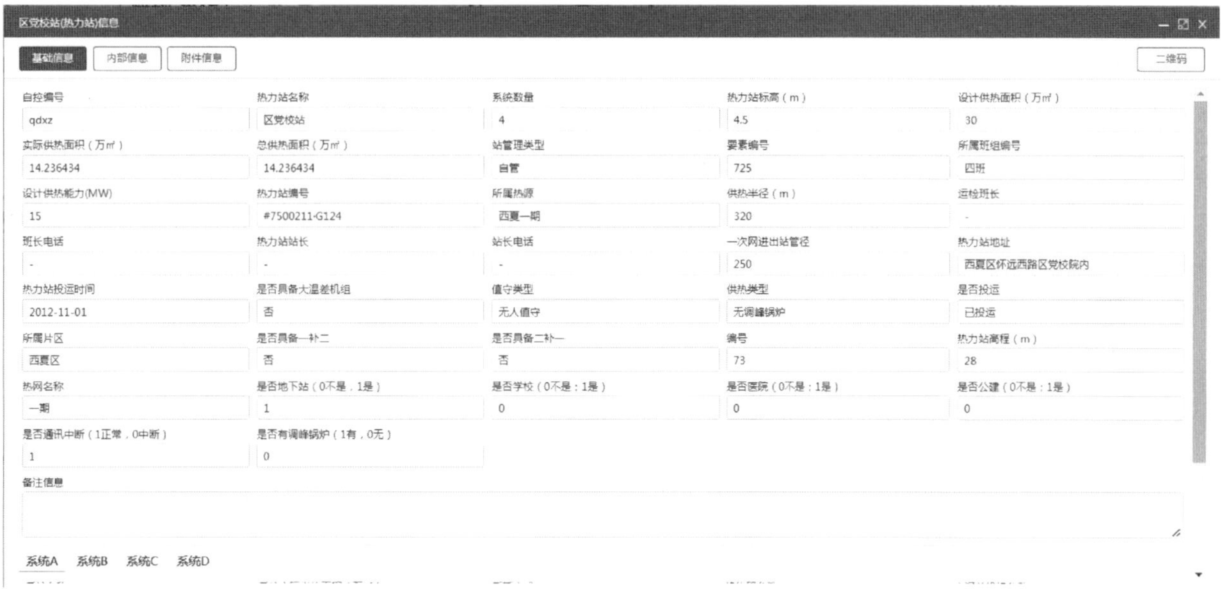

图 2　智慧管控平台管理所有设备信息

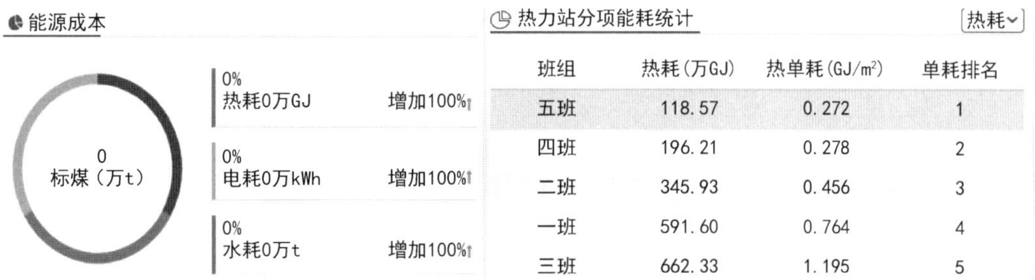

图 3　智慧管控平台建立能耗监测体系

差等参数确定全网设计流量、确定环网的水力交汇点确定最不利环路。

对远期多热源联网运行而言，在线水力计算模块可制定多热源热网运行调节方案，对管网改造方案进行各个运行工况下的模拟，对热源、水泵、换热站等进行经济技术分析。技术人员根据多热源联网系统中主力热源与调峰热源在供暖季不同时期的热量、流量、压力等参数，优化输出方案。

2 智慧供热技术应用效果分析

2.1 管网调控基本策略

将热源调节与热网调节分成两个独立的控制环节。热源负责调节输出热量，热网负责热量分配。热源优先调节，热网随后调节。热网只进行均匀的分配，而不管天气的变化和热源输出多少热量，保证每个换热站的供暖效果一致。

1. 热源的调整

热源结合室外温度，通过利用人工智能技术建立热网的典型建筑负荷数据库，平台自动绘制热力公司的全网负荷预测曲线，调整总的供热量，保证供热量尽量既不超供也不欠供。

2. 一次网的调整（换热站）

（1）控制参数的选取

一次网负责把热源的总热量均匀地分给各个热力站，方法是通过调整换热站的二次网供回水平均温度，来控制热量分配。

（2）控制参数的折算

换热站分为地暖和散热器，对于所有带散热器的换热站来说，保证各个站的二次网供回水平均温度相同，即可保证供热效果接近一致。地暖也是如此。软件内置算法，将散热器的目标温度与地暖的目标温度进行折算，计算出全网的目标温度，即可以计算出同样供热效果时，地暖的供回水平均温度对应的散热器的供回水平均温度。

（3）全网目标温度计算

由各个换热站的实际供回水平均温度、换热站的面积，加权平均得到当前时刻全网的目标温度（该目标动态变化）：

$$T_{总} = \frac{\sum A_i \times \overline{t_i}}{A_{总}}$$

式中，$\overline{t_i}$——单个换热站的二次网实际供回水平均温度，℃；

A_i——单个换热站的供热面积，m²。

（4）控制参数的调整

将换热站的实际供回水平均温度与全网目标温度进行对比，如果小于全网目标温度，则开大换热站一次网调节阀，使二次网供回水平均温度提高；反之，则关小一次网调节阀。

（5）各个换热站的修正

根据室温及用户投诉率，对各个换热站的目标温度进行加减权修正，使实际控制效果更加符合实际需求。

2.2 节能降耗量计算

对比智慧供热系统投运前后的热网能耗情况，计算实施全网平衡后的节能量。一次网平衡控制软件于2020年11月21日正式投运，将2019年11月21日至2020年4月10日热网的总热量，按照实际供热面积、室外平均温度折算到2020—2021年同一天的热耗值，并与当天实际的耗热量对比，得出实施全网平衡后当天的节能量。具体计算公式如下：

$$\frac{Q_{折算}}{Q_1} = \frac{t_n - t_{s1}}{t_n - t_{s2}} \frac{A_1}{A_2}$$

式中，$Q_{折算}$——2019年某天热网耗热量折算至2020年同一天的耗热量，GJ；

Q_1——2020年某天全网的总耗热量，GJ；

t_n——供暖季用户平均室内温度，取20℃；

t_{s1}、t_{s2}——2020年、2019年结算当天的室外平均温度，℃；

A_1、A_2——2020年、2019年结算当天热网总供热面积，m²；由于两者相差不大，面积比值按1进行计算。

智慧供热系统投运前后的热网能耗对比　　表1

月度	2019—2020供暖季室外平均温度（℃）	2019—2020供暖季月度耗热量（GJ）	2020—2021供暖季室外平均温度（℃）	2020—2021供暖季月度耗热量（GJ）	2019—2020供暖季折算到2020—2021供暖季水平日能耗（GJ）	2020—2021供暖季全网平衡节能量（GJ）
11月2日～11月30日	0	80608.4	−4	86483.73	96730.08	10246.35
12月	−2.258065	2970817	−6.83839	3355128	3582159.5	227031.5
1月	−4	3345650	−4.56414	3205527	3424292	218765
2月	−0.3	2597579	3.1075	2081299	2161556.8	80257.81
3月	6.9677419	1765822	8.133871	1585867	1607815.9	21948.9
4月1日～4月10日	10	341533	9.8	271438	348363.66	76925.66
			合计	10585743	11220918	635175.20

由表1可知，在折算到同一供热水平后，由于智慧供热系统投运，2020—2021供暖季相较于2019—2020供暖季同时间段内的热网总耗热，热网节能量达到了635175.20GJ，同比2019年折算到2020年水平的总耗热量11220918GJ，该时间段内节能率为5.7%。

另外，随着电投热力在向"数据化、信息化、智慧化"发展、大力推进互联网与能源系统深度融合、提高能源利用率的同时，可助力大幅度节能减排，早日实现碳达峰[1]。按已运行供暖季节能水平，预计每供暖季可节约635175.20GJ热量，在不考虑热源效率情况下，节约标准煤21672.2t，减少二氧化碳排放56781.1t，减少二氧化硫排放184.2t，减少烟尘排放951.4t。

2.3 一次网水平失调度降低

各站二次网平均水温均匀与否，基本反映了系统调节的好坏。基于此，采用热网的水平失调度作为定量的评价指标：

$$x = \frac{1}{t_{\text{rp}} - t_{\text{W}}} \sum_{i}^{m} \alpha_i \left| \frac{t_{\text{sri}} + t_{\text{rri}}}{2} + \Delta t_r - t_{\text{rp}} \right| \times 100\%$$

式中，m —— 换热系统个数；

t_{sri}、t_{rri} —— 分别为第i换热系统二次网供水、回水温度；

t_{W} —— 室外温度；

α_i —— 第i换热系统供暖面积占全网总面积的比例；

Δt_r —— 由房间散热器结构以及用户特殊要求而决定的温度修正量；

t_{rp} —— 换热系统热力特性参数；

ζ_i —— 加权的全网平均二次网水温。

则：

$$t_{\text{rp}} = \sum_{i}^{m} \left[\zeta_i \left(\frac{t_{\text{sri}} + t_{\text{rri}}}{2} \right) \right] / \sum_{i}^{m} \zeta_i$$

二次网水平失调度综合反映了该二次网热力工况均匀程度，其值越小，说明系统调节越均匀，控制效果越好[2]。消除水力失调的最终目的就是消除系统的水平热力失调，因此二者是一致的。若全网采用按面积收费，水平失调度控制到3%以内为较佳状态。

宁夏电投热力智慧供热系统投运后，一次网整体水力平衡失调度从最开始的10.8%降低到了稳定的1.54%。如图4所示。

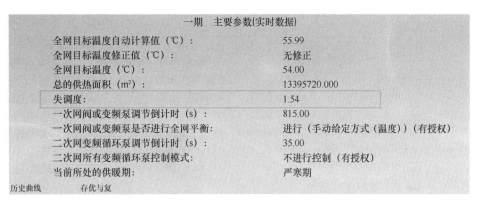

图4 智慧供热系统投运后一次网失调度大幅度降低

2.4 软件数据分析指导热源调度

根据建筑的围护结构（保温/非保温）、建筑类型（居住/办公/商业）、供暖末端类型（散热器/地暖/空调）、建筑年代等，将供热范围内的建筑进行分类。同时，根据历史气象数据以及能耗情况，采用人工智能技术，计算每一类建筑的负荷值，建立起典型建筑负荷数据库，从而根据每天的室外气温、风速、日照等参数，实现精准负荷预测，指导热源调度，如图5所示。

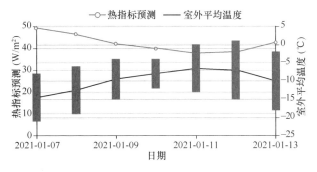

图5 精准负荷预测指导热源调度

2.5 热网调节、监控工作大大减少

（1）数据记录工作大大减少。源、网、站、户实时数据监控，热源调度实时评估，热网失调度分析，换热站排名及状态统计，历史数据及统计分析结果，一键导出日报、周报、季报，大大降低工作强度。

（2）数据报表更自由、多元。可自由选择报表生成属性，自由筛选所需数据，根据源、网、站、户分层级、按类别一键生成报表、分析图等，成为运行工作汇报的一大利器。

（3）极具便捷性的操作页面。不同于以往多业务系统、多页面反复登录切换，智慧供热系统通过整合各业务系统功能，重新开发设计操作页面，具备高效、实时的信息共享以及任务响应安排功能。

（4）贴合实际的工艺流程图。宁夏电投智慧供热系统采用人性化工艺流程设计，站内流程图与GIS地理信息系统结合，按照站内设备真实逻辑流程绘制，直观读取各管道、设备运行参数，且可按不同班组、片区、分系统数量筛选区分，支持模糊搜索，方便操作员快速响应现场问题，实施"精确诊治"（图6）。

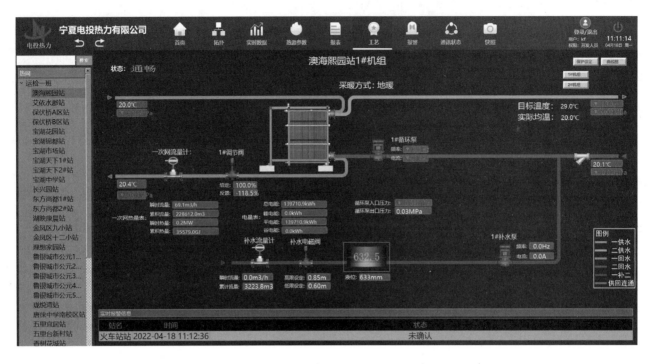

图 6　站内工艺流程图

3　智慧供热系统未来规划

3.1　结合公司业务深入智慧化建设

电投热力将通过本供暖期应用平台，覆盖全面的数据采集和视频监控，实现热网的全自动平衡控制和深度节能，实现更精准的负荷预测和热源调度，为集团提供决策依据，为公司管理和技术创新提供新动能。

3.2　利用智慧化建设提升服务质量

当前智慧平台立竿见影的作用之一是将工作流程和制度固化到平台上，能够提高各部门协同响应速度：对于抢维修工单能够做出专家级响应；对于低室温等情况能够做到投诉前处理；对于事故工况能够快速反应，降低事故影响。未来将不断利用智慧平台积累业务经验，并反哺平台使之更加实用、智慧。

3.3　依托智慧化优势架构人才梯队

智慧化平台带来的短期效果是：节省员工工作时间；员工能够利用数据和图形，对公司的生产和经营形成整体认知；带来第三方的智力成果和技术团队。这三项便利会迅速提升使用平台的技术团队能力。通过轮岗、培训、交流等形式，能够在一到两个供暖季，快速培养出公司未来的骨干技术力量。

4　结论

宁夏电投热力以高新合作为动力，以技术创新为抓手，建立起基于云技术的宁夏电投热力智慧供热平台，实现了基础数据管理信息化、供热管理可视化、供热生产调控智能化、用户服务智慧化，并由此提高了能源利用率。2020—20201供暖季比上一供暖季节热率达5.7%；热网调节、站内监控工作大幅减少，各部门协同响应速度提升。在保证热用户供暖质量、管网安全的同时，促进了互联网与能源系统的深度融合。

参考文献

[1] 张建杰，盛和群，魏涛，曹姗姗，孙春华，柳亚楠.浅谈智慧供热技术在大型供热管网中的应用[J].区域供热，2021，2：132-137，141.

[2] 方修睦.解决热水供热系统失调的技术发展历程及主要方法介绍[J].区域供热，2019，1：58-65.

太原市智慧供热平台云化迁移研究与实践

太原市热力集团有限责任公司　樊　敏　齐卫雪　石光辉　李建刚

【摘　要】太原市智慧供热平台以太古热网地理信息系统为基础，以智慧供热为顶层架构进行规划，围绕太原市热力集团有限责任公司多年建设的自控生产系统核心基础设施进行建设。平台建设以用户为目标，利用供热大数据实现决策智能化，实现系统自主地按需供热，满足人的舒适需求，达到能源消耗最优，实现供热的低碳、舒适、高效，同时促进企业转变生产方式和经营方式、整合企业内外部资源、提高企业效益。经过几年的建设，目前已经完成了主要业务模块的初步搭建及主要功能。本文主要研究在向按需供热前进中遇到的信息安全等级保护、各类服务器的云化迁移整合及调整，涉密网络架构规划，VPN 内网重新打通及 IP 地址的重新规划，数据中台建设等问题及工程实践经验。

【关键词】智慧供热　数据中心　信息安全　云平台　涉密网络　数据中台

0　引言

随着太原市近几年的发展，城区面积不断增加，太原市热力集团有限责任公司（以下简称太原热力）供热范围逐渐扩大，热用户和热力站数量逐年增多。当前，太原热力有生产分公司 11 家，管理供热面积 1.62 亿 m^2，涉及热力站 2000 余座。供热面积的逐步扩大，现有供热系统自动化程度和"信息孤岛"情况已不能有效满足供热需求，为了方便生产运行的管理与调度，太原热力从 2018 年着手进行智慧热网系统建设，目标是构建一个综合、全面、统一的管理、调度智慧供热平台，全面提升生产经营能力，实现精细化调度。然而在建设过程中，面向用户精细化和精准化管理需求的提升，对于智慧热网功能的要求逐渐提高。为更好地服务用户，平台需要采用 1∶2000 的矢量化地形图，在平台中实现楼栋和用户的精确管理。由于大量用户数据和地图信息存在敏感性，并且国家对信息安全越来越重视，现有的组网结构和分公司分散式的生产系统不能满足信息安全保护的要求。因此，智慧热网的建设，不仅需要围绕用户供热需求进一步提升供热功能软硬件平台能力，同步构建等保三级的信息安全能力，保障公司信息安全，同时需要引入数据平台整合孤立的生产数据和经营数据，发挥大数据作用，促进系统从"人治"到"数治"的转型发展[1]。

本文以太原热力建设智慧热网中遇到的问题为例，分析目前各个生产系统和组网结构的现状和存在的问题，提出在数据机房建成后生产系统云化迁移和网络安全的部署建议，在智慧热网的建设、维护和运营中进行了实践，相关经验供同行参考。

1　太原热力生产业务现状与存在问题

1.1　生产业务系统现状及存在的问题

1.1.1　生产业务系统现状

太原热力共有 11 家分公司直接供热调度运行工作，每个分公司均部署 SCADA 系统、全网平衡系统、视频监控系统和 Web 发布系统，负责分公司所属热力站的生产运行与监控工作。2016 年太古高温网投入运行，为了实现太古高温网系统六级泵的联调联控功能，增加高温网 PVSS 系统负责高温网的运行调节控制；随着太古热网的供热面积逐渐增大，为了更好地调节太古热网内各个热力站的水力平衡，增加太古热网全网平衡系统；2018 年，增加 EZ 系统，负责各分公司运行参数的汇聚采集、监控和历史数据查询；2019 年，太原热力开始实施"三供一业"改造工作，实现分户控制，管理范围由热力站延伸到了热用户，为了方便管理与调节，生产系统引入了"三供一业"控制系统，负责"三供一业"移交改造小区生产数据的采集、监控和二次网平衡调节等功能。此外，太原热力还有热计量系统，负责对部分用户用热量进行数据采集和收费管理；室温采集系统负责对用户的室温进行采集，反馈供热效果[2]。生产业务系统现状如图 1 所示。

2018 年，太原热力提出建设智慧热网平台并开始实施，采集供热运行数据，实现生产调度管理、能源管理、设施管理和数据管理等功能。目前，各个热源的主要参数、集合所有分公司热力站和关口运行数据的 E2 系统、热计量系统、室温采集系统、"三供一业"系统和太古高温网系统都已接入智慧热网，全网平衡系统和分公司的 SCADA 系统以及视频系统未接入。智慧热网接入系统如图 2 所示。

1.1.2　生产业务系统存在的问题

在智慧热网平台建设初期，没有先例可以参考，整个软、硬件的架构设计未能有效统筹规划，硬件设施以及网络安全随着业务的扩展和功能要求的提升，相关问题逐步显现并在很大程度上制约了智慧热网平台整体的发展，具体问题分析如下：

（1）分公司的各生产系统已经运行多年，个别分公司的硬件设备已经超过服役年限，设备稳定性不足，亟需换新，分散式机房硬件资源使用率低且不能共享，能耗巨大。

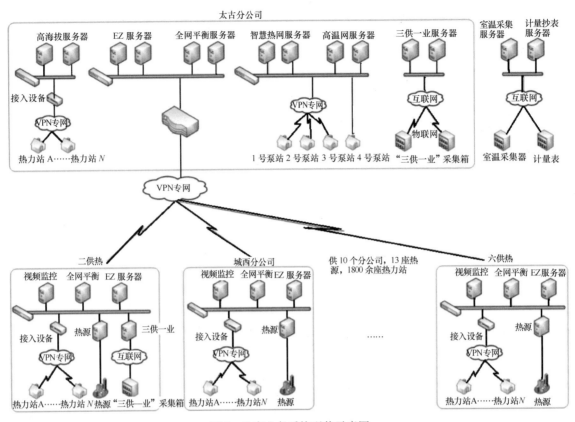

图 1　生产业务系统现状示意图

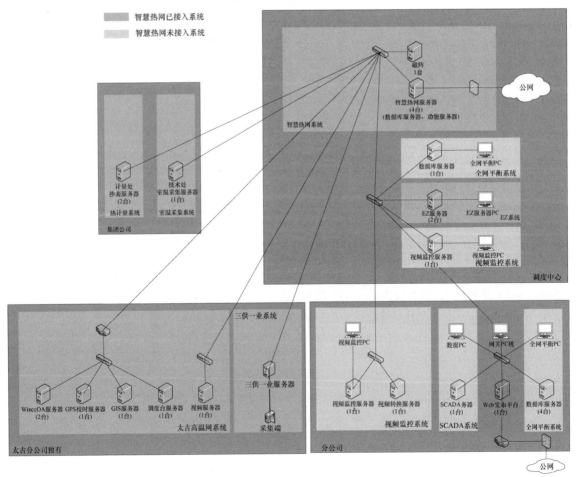

图 2　智慧热网接入系统示意图

（2）分公司各生产系统独立建设，在建设智慧热网平台时，只是将数据统一接入平台，没有进行数据的整合和治理，没有统一数据入口与出口，信息孤岛仍然存在，新数据的纳入非常繁琐，不能充分发挥数据的作用。

（3）信息安全监管要求提升，目前公司的信息与网络安全不能达到国家关于信息安全三级等保要求，如果改造分散式机房来满足等保三级要求代价过高且难以实施。

（4）现有平台部署新业务不够灵活，不仅需要重新购置硬件设施，而且生产数据需要与多个系统对接配合，实施难度大。

（5）部分机房条件差且没有专业的机房维护，多数业务缺乏高可用性保障，无法提供 7×24h 不间断服务。

1.2 网络现状及存在的问题

1.2.1 网络部署现状

太原热力 11 家供暖分公司负责不同区域的供暖工作，分公司自主选择通信运营商，实现各系统与热力站点或关口的信息传输。现网共租用三家运营商的专线数量总数为 2188 条，租用带宽从 2Mb/s 至 300Mb/s 不等，根据使用情况，宽带按月或者年计费，不同运营商宽带价格不同。按运营商统计，使用中国移动的宽带数量最多；按宽带大小统计，4M 和 300M 的宽带数量最多，都属于热力站与分公司之间的信息传输，其中 4M 宽带为专线形式，300M 宽带属于家庭式宽带应用到热力站中。按业务区分，主要是生产系统使用。具体网络详情见图 3、图 4 和表 1。

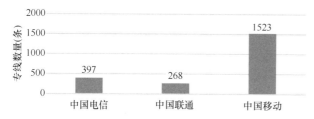

图 3 热力集团专线运营商分布情况

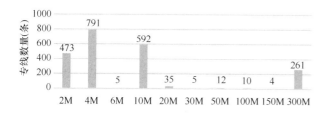

图 4 热力集团专线带宽分布情况

表 1 热力集团专线用途分布情况

用途	专线数量（条）
办公	17
办公及生产（控制室）	1
财务	18
供热计量	2
生产（分公司互联）	6
生产（控制室）	50
生产（热力站）	2092
室温监测	2
合计	2188

1.2.2 生产系统网络组网现状

分公司在自控系统建设时，热力站与分公司之间只进行生产数据的传输，没有数据或者功能需要使用互联网，因此采用数字电路的方式即可实现，以全网平衡系统为例，网络拓扑结构如图 5 所示。

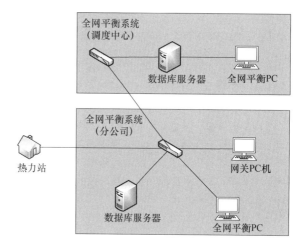

图 5 热力集团自控系统组网结构示意图

在智慧供热平台、"三供一业"平台等投入运行后，由于集团公司不在内网范围内，而且需要查看的信息和使用人数增多，生产系统开始使用互联网，以智慧热网为例，系统网络拓扑图如图 6 所示。

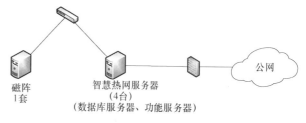

图 6 "三供一业"系统组网结构示意图

1.2.3 存在的问题

对当前太原热力使用网络现状以及业务系统的网络结构进行整理分析，存在问题如下：

（1）生产网络、管理网络、专线网络、互联网网络存在网络交叉，网络结构不清晰；网络涉及多家运营商，IP 地址三级运营商分配，地址不规范，影响整体业务。

（2）网络安全不完备，内网系统无安全设备、互联网网络仅部署防火器，缺少安全防御和信息安全管理相关系统，存在网络信息安全隐患。

（3）由于分公司生产服务器相对分散，对专线网络的需求也就相对分散,因此业务租用互联网带宽数量相对偏多,组网不够经济合理。

(4) 由于分公司与运营商只能签订单一合同,导致部分换热站受限于单一运营商网络,导致换热站数据传输缺失。

(5) 部分换热站专线开通数量不合理,或是专线租用带宽与业务需求不匹配,导致部分专线链路带宽利用率偏低、部分专线带宽过度租用等相关问题。

(6) 各运营商采用的网络技术、价格均不一致,不利于公司专线的统一维护和管理。

2 生产系统的云化迁移和网络整合

通过对太原热力生产业务系统和网络现状的分析,结合目前调度中心的建设,为满足太原热力智慧供热业务的发展,推进公司信息系统集约建设,对生产系统进行迁移上云,构建集团智慧热网云平台,整合集团公司生产网络,并进行网络安全设置,达到三级等保的要求。

2.1 生产系统云化迁移

所有分公司的生产类系统,如智慧供热、EZ 监控系统、全网平衡系统、室温采集系统、热计量系统及"三供一业"系统迁移至云计算平台,实现集约化的云化部署,提升基础资源的利用效率、降低运营成本;由于 EZ 系统和分公司 SCADA 系统功能相似,并且分公司现有 SCADA 系统已投运时间较长,系统迁移存在大量不确定性,故本期只迁移 EZ 平台至数据中心云平台,稳定后逐步代替原有的 SCADA 软件,在不影响生产的情况下原有 SCADA 系统暂时保留,作为安全备份手段。太古高温网系统承担着太原市 1/3 的供热面积,采用西门子分布式控制系统,没有系统云化的先例,存在云化迁移的不确定性和风险,重新购买支持云化的新系统费用偏高,综合考虑技术和经济性,为了保证高温网系统的安全稳定运行,现有太古高温网系统维持原方式运行,不进行云化。

在确定迁移的生产系统后,太原热力对所有需要迁移上云的系统进行详细调研,包括满足系统运行和处理的 CPU 计算资源、内存容量和数据存储的容量,以及支持程序运行的操作系统、数据库、中间件等相关支撑性软件。根据业务的差异化需求,将云计算资源细分为多个不同能力的特性资源池,通过结合业务应用场景分析虚拟化计算和存储资源需求,确定云资源池所需的 CPU、内存和存储容量,并预留未来三年每年 30%资源需求增长率作为硬件基础资源扩展,根据业务发展分期建设。

考虑到本期系统关系到太原全市的供热保障,受到信息安全侵害会对社会秩序和公共利益造成严重损害,根据国家信息安全等级保护要求,本期将迁移至云平台的自控系统纳入信息安全三级等保管理,提供安全的计算环境、安全通信网络、安全的管理中心,有效保障系统和业务的安全性。分公司不再设置生产类服务器,仅通过安全管控下远程终端进行访问,最大限度提高生产管理集约化和安全化[3]。热力站通过专线接入安全网络,经过等保安全系统的检测和防御后接入自控系统,后期综合评估成本、效益和安全,考虑热力站的边界安全建设。

2.2 生产系统硬件系统搬迁

由于多数分公司硬件系统使用时间超过服役年限,并且考虑软件系统迁移上云的不确定性,部分硬件系统不进行搬迁,作为备份手段保留在分公司;部分系统综合考虑硬件性能,部分硬件搬迁至数据中心集中化管理,并纳入安全系统管理。本期考虑太古分公司不进行云化迁移的太古高温网系统,设备使用年限较短、硬件性能较好,将太古分公司部分业务系统的组网设备(服务器、磁阵等)搬迁至数据中心,搬迁的系统纳入网络信息安全系统的管理,保障业务的安全性。

2.3 热力站网络地址整体规划

目前各分公司大约有 2026 个热力站,分公司系统上云后,结合数据中台与数据中心网络整合,实现大数据分析与应用,需将所有热力站信息统一汇聚,因此在完成云迁移后,要对各热力站的 IP 地址重新进行规划和调整,调整的基本原则如下:

(1) 对目前所有热力站的 IP 地址进行梳理,保证 IP 地址的唯一性,不冲突的网址不进行更改,尽量减少更改量。

(2) 对于需要更改 IP 地址的热力站,参考同一支、干线的热力站地址进行配置,尽量保持连续性。

(3) 对于后期新建热力站 IP 地址的分配,在每一层次上都要留有余量,在网络规模扩展时能保证地址叠合所需的连续性。

(4) 在新建热力站的 IP 地址规划时,尽量使每个地址都具有实际含义,根据地址就可以大致判断出该地址所属的设备。

2.4 专线整合方案

针对目前太原热力专线现状和问题,分别从热力专线和分公司专线进行规划整合。

2.4.1 热力站专线汇聚整合

热力站至分公司的数据传输采用数字电路专线的形式,由分公司自主选择运营商,存在三家运营商专线混用的现象。在生产系统云化迁移后,所有热力站生产数据的汇聚点由分公司调整为数据中心,并且将当前数据、视频分离的专线整合成一条综合专线,承载该热力站的所有业务(含自控、视频)。经过现网流量统计分析,热力站至分公司的流量年内峰值流量为 0.58Mb/s,平均流量为 0.036Mb/s。专线整改优化时,热力站的专线带宽统一开通 4M 带宽,以满足热力站自控数据实时上传及视频监控使用。

2.4.2 分公司数据专线优化整合

智慧热网、EZ 以及太古一级网的全网平衡等主要系统部署在太古分公司,作为热力站汇聚点的分公司需要将汇总的自控数据和视频数据上传至太古汇聚,因此需开通分公司至太古调度中心的通信网络,采用运营商的数字电路专线形式进行组网,采用星型架构组网模式,网络架构示意图如图 7 所示。

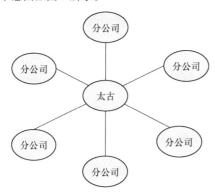

图 7　分公司-太古专线星型架构组网示意图

数据中心建立后，位于太古分公司的生产系统将搬至数据中心，考虑到数据中心与太古分公司紧邻，保留太古至 10 个分公司现有数字电路专线，将业务接口调整至数据中心，太古分公司则通过光纤直驱与数据中心互联互通，无需租用运营商专线带宽。

分公司至太古专线同样有视频专线和自控数据专线，在整合时进行合并，由 1 条专线综合承载该分公司的所有业务（含自控、视频等），现有带宽暂时保持不变。

2.4.3　智慧热网、"三供一业"、计量、室温等专线整改

智慧热网、"三供一业"、计量、室温等专线均采用运营商的互联网专线形式进行组网，在数据中心投运后，撤销智慧热网、"三供一业"、计量所有专线，智慧热网、"三供一业"、计量等所有业务均由分公司至数据中心专线承载，数据中心统一开通 2 条 1000M 互联网专线作为整个公司的唯一互联网访问出口。

整合后网络拓扑示意图如图 8 所示。

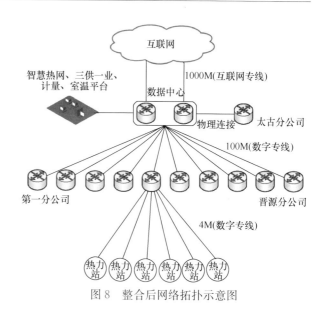

图 8　整合后网络拓扑示意图

3　网络信息安全系统建设

数据中心建成后，所有的生产数据在数据中心进行汇聚，因此数据中心成为整个公司的安全防护和管理中心，系统的整体安全尤其重要。根据国家信息安全等级保护要求，建设满足三级等级保护信息网络系统，包括新建 DDos 流量清洗系统、防火墙、IPS 入侵防御、APT 高级威胁检测、漏洞扫描、防病毒系统、数据库审计系统、安全管理平台、日志系统等安全防护系统，组成综合安全防护区，为整体智慧热网平台提供网络信息安全保障。未进行云化迁移的太古高温网系统以及其他非生产系统均根据安全保护需求，可同步纳入此安全系统，统一防御管理[4]。网络系统如图 9 所示。

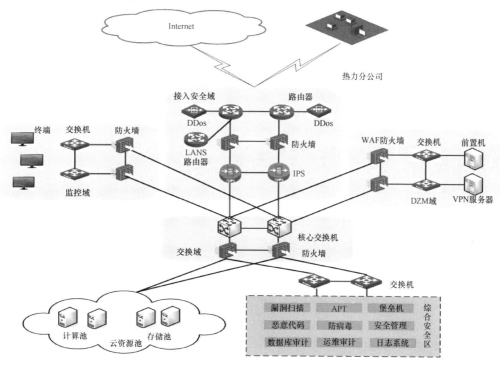

图 9　智慧热网安全中心组网结构示意图

集团公司内部、各分公司通过 VPN 专网安全访问，与互联网隔绝，再通过平台中的安全系统进行身份认证、应用识别、防攻击等过滤后，接入内部平台访问，实现内网安全访问，杜绝互访和隔绝病毒的传递。

远程互联网的安全访问，采用 VPN 认证＋平台认证的方式进行，外部用户 VPN 连接后，将与互联网隔离，只允许访问平台，杜绝了互联网的影响和安全隐患。

移动端通过运营商开通 VPDN 专网，与互联网和其他 4G 客户隔绝，利用四道加密措施（SIM 卡绑定认证、网络加密认证、电路加密、LNS 路由器用户名密码认证），再结合机卡绑定，保证任何访问平台的数据都将进行加密，隔绝互联网，确保移动端的网络安全。

4 数据中台

在生产系统云化后，系统和数据逐步汇聚到云平台中心[5]，系统依然是按照垂直化、个性化的业务逻辑部署，数据重复且不一致，烟囱式系统间的集成和协作成本高。将统一规划数据中台，对全网的数据梳理、整合、规范和统一。将数据进行有效的统一收集、处理、存储、计算、分析、共享和可视化呈现，将企业全域、海量、多源、异构的数据整合资产化，形成全网统一价值化的数据资产，优化整体的系统架构，实现数据和应用的分层解耦，为业务前台提供数据资源和能力的支撑，彻底解决信息孤岛、多源数据等问题，为实现精确供热、按需供热的精细化调节提供数据基础，实现数据驱动的精细化运营[6]。

（1）打通生产系统的数据集合。整合全网现有生产系统的数据，实现生产应用主数据的一致性、可溯性以及数据的关联性，上层应用的数据调用、操作将从统一的数据层进行数据的存储、读取和操作，相关业务主数据保持全网唯一性。

（2）数据中台具备架构和应用的灵活性，能够根据热力公司业务应用需求和数据需求，构建灵活的数据模型和数据应用。

（3）支撑数据服务，即数据管理平台上提供数据或数据分析结果的服务，能够将数据中台的统一数据提供企业应用（如 EZ 平台、全网平衡系统、室温控制系统、太古高温网系统、智慧热网等）访问和分析。

5 结论

本文介绍了太原热力生产系统和网络的现状与问题，基于目前存在的问题，讨论了在数据中心建成后如何进行现有生产系统的云化迁移和网络整合，并且解决数据分散不统一的问题。基于太原热力近几年建设智慧热网的历程，总结经验如下：

（1）在智慧热网建设之前，做好平台整体顶层规划，梳理业务系统现状，确定需要云化的系统，根据业务需求和特点，确定智慧热网云资源、池资源需求，为智慧热网平台提供坚实的硬件基础。

（2）针对公司组网，以业务场景区分，综合考虑带宽需求、网络安全、组网成本、网络运维管理等因素，整合优化网络结构和 IP 地址规划。

（3）优化公司专线，基于热力站、分公司、互联网专线、"三供一业"相关业务系统专线，以业务特点和流量进行细化分析，建设结构清晰、带宽合理、网络安全的专线。

（4）根据国家信息安全等级保护要求，构建满足等保三级的网络信息安全中心，为智慧热网提供安全可靠的网络和信息安全，保护业务和数据的安全。

（5）面向公司数据孤岛问题，提出数据中台建设方案，对全网的数据梳理、整合、规范和统一，支撑智慧热网统一数据资产管理和分析，实现数据驱动的精细化运营。

参考文献

[1] 蒋涵, 刘旭辰. 智慧供热管控平台的研究[J]. 煤气与热力. 2021, 41(5): 32-35.
[2] 太原市热力集团有限责任公司太原市智慧供热数据中心及信息网络系统建设工程项目可行性研究报告[R]. 2020.
[3] 公安部第三研究所(公安部信息安全等级保护评估中心)信息安全技术 网络安全等级保护基本要求. GB/T 22239—2019[S]. 北京: 中国标准出版社, 2019.
[4] 公安部第三研究所(公安部信息安全等级保护评估中心)信息安全技术 网络安全等级保护实施指南. GB/T 25058—2019[S]. 北京: 中国标准出版社, 2019.
[5] 朱红甫. 打造企业数据中台 推进企业智慧运营[J]. 通信企业管理, 2018, 2: 2.
[6] 陈小勇, 赫红宇, 霍励. 智慧运营企业中台的设计方案研究[J]. 数字技术与应用, 2018, 36(11): 110-111.

网络安全保障在供热工业控制系统中的应用与研究

北京市热力集团有限责任公司供热技术发展研究中心　孙思维

【摘　要】 本文对供热行业网络安全保障进行研究。现有供热控制系统中已经应用部分网络安全设备或技术手段，有一定保障能力，但是距离实质安全尚有巨大差距。针对供热行业工业控制系统的脆弱性，本文提出了网络安全保障的工作思路，从态势感知、边界防护和审计等方面提升供热工控系统持续安全运行的能力。

【关键词】 网络安全　工业控制系统　态势感知

1　研究背景

在供热行业，工业控制系统是工业智能化发展的关键信息基础设施。以工业控制系统为基础，以降本、增效、安全为目标，提高运行可靠性，降低了企业运营成本，使得工业控制系统得到迅猛发展。与此同时，针对工业领域的网络攻击和威胁也在日益加剧，2010年的"震网"病毒、2012年的"火焰"病毒，给国家和用户安全造成了严重威胁；2017年的"魔窟"勒索病毒"永恒之蓝"肆虐全球网络，不仅威胁着各重要领域的信息系统，也严重威胁着工业控制系统。

根据国家信息安全漏洞共享平台（CNVD）统计，2017年新增信息安全漏洞4798个，其中工业控制系统新增漏洞数351个，与2016年同期相比，新增数量几乎加倍，工业控制系统漏洞形势严峻且会持续呈现高发状态。随着"两化"融合的深入推进，"互联网+"的创新发展，传统工业向工业控制系统不断演进，工业领域设备、网络、控制、数据、应用等将产生新的变化，未来将面临更多安全风险。

2　供热工控系统网络安全需求

2.1　区域边界防护需求

从北京热力集团热力站当前状态来看，99%的热力站处于网络边界无防护状态，即管理中心终端可以通过各个工业控制柜对一、二次管网生产数据进行读取、下达指令，而没有设置任何网络安全控制、审计设备。

针对这种现状，应根据具体业务访问要求和边界白名单控制策略，通过检查数据包的源地址、目的地址、源端口、目的端口、传输层协议或请求的服务，确定是否允许该数据包进出该区域。

2.2　攻击检测需求

控制中心对热力站的数据访问、数据采集等操作，可能在正常信息流中产生入侵攻击行为，甚至会导致网络堵塞或遭受病毒攻击。目前，缺乏现场工业安全设备进行防护，无法及时有效地进行处理。应在区域边界设置检测，能够发现非法外联与入侵攻击。

2.3　行为事件审计需求

热力站的工业控制系统环境相对封闭，使得内部人员在各控制系统层面的正常操作、误操作、违规操作，甚至是恶意操作，都成为工业控制系统所面临的主要安全风险。由于缺乏安全意识，容易发生违规操作，给整个工业控制系统环境埋下极大的安全隐患。

3　供热工控系统网络安全保障研究

3.1　总体架构

供热行业工业控制系统网络安全架构分为三层：功能层、控制层、动作层，如图1所示。

针对供热行业工业控制系统解决方案，应该构建从端到云的安全架构，确保网络边界清晰、防护功能完备、设备可信入网、网络交互受控、信息传输保密，为供热行业工业控制系统提供"可知、可管、可控、可追溯"的网络环境。

首先，针对供热行业工业控制系统中网络安全产品的多样化、终端安全设备平台多源异构等多方面因素导致网络环境十分复杂的情形，研究适合供热行业工业控制系统的异构平台安全事件的统一管理、统一审计和安全监测。

应该采用分布式部署、插件式采集的设计思路，将安全模块、传感器模块靠近终端设备部署，收集各种安全事件和参数。定制化的安全模块和插件具有较好的适应性，可以满足安全事件收集的要求。

其次，为供热行业工业控制系统提供有效管理和控制，提高供热行业工业控制系统整体的安全性，主要研究以下几个方面：

（1）网络安全隔离：主要是指能够对网络区域进行分割，对不同区域之间的流量进行控制，控制的参数应该包括：数据包的源地址、目的地址、源端口、目的端口、网络协议等，通过这些参数可以实现对网络流量的精确控制，把可能的安全风险控制在相对独立的区域内，避免安全风险的大规模扩散。

（2）网络安全准入控制：供热系统越来越多，如何确

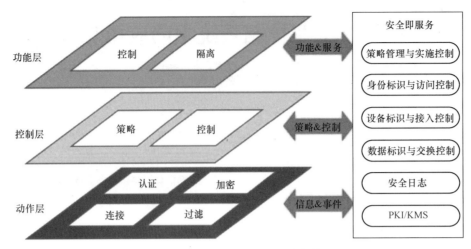

图 1 供热行业工业控制系统架构

保新设备接入后稳定运行,要建立一套行之有效的风险控制与管理手段,保障新设备在接入前是经过批准的,且已达到相应的安全水平。接入控制和安全检测服务,作为系统风险评估服务的一个部分,是在新设备上线前,对接入设备(传感器、服务器、网络、安全等)通过技术测试的手段进行风险评估,验证其是否满足既定的安全要求,并对发现的安全风险提供处理建议,提高新设备接入前的安全性。

(3)传输深度包检测:随着信息技术的不断发展,各种新的应用层出不穷,但由于缺乏有效的技术手段,许多新的应用程序无法被感知和细化管理,导致网络运营十分困难。针对供热公司业务的特点,利用 DPI(Deep Packet Inspection,深度包检测)技术,采用通信白名单机制,只有合规的业务数据才能在网络上传输,极大地降低了对核心网络的影响,同时也提高了边缘设备的安全。

(4)网络通信加密认证:网络通信安全要求通信双方身份要避免伪造,传输的数据不能被篡改,这需要采用安全加密传输,利用密码学的数字签名及加密认证等技术来保障。

3.2 工业控制系统网络安全保障措施

针对北京热力集团热力站的实际情况,按关键信息基础设备保障要求,研究制定了一套安全防护网络结构设计,详见图 2。

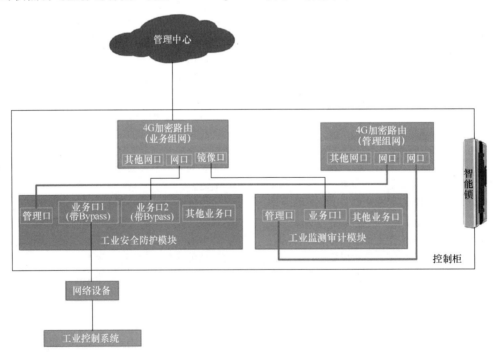

图 2 供热工业控制系统安全防护装置网络结构示意图

3.2.1 通过策略实现访问控制

通过创建策略,主要实现通用协议和工业控制协议,从 IP、端口、MAC、服务四方面明确访问阻断和直接放行。

3.2.2 入侵攻击检测

对多种协议的入侵攻击报警，如：TCP、UDP、Telnet、POP3、SMTP、SNMP、IMAP、FTP、TFTP、HTTP、HTTPS、IP、ARP、RIP、ICMP、RPC、DNS、NETBIOS、SMB、SSH、Modbus、Fins、EIP、IEC104、S7、OPC 等。对多种行为如缓冲区溢出、SQL 注入、暴力猜测、DOS 攻击、应用层漏洞、扫描探测、蠕虫病毒、木马后门、浏览器脆弱性、文件脆弱性等攻击和恶意流量进行实时检测及报警。

3.2.3 事件审计

主机事件审计主要包括开关机、加入退出网络、远程桌面访问。

网络事件审计主要包括 FTP、HTTP、SMTP、POP3、TELNET、Modbus 协议等，除记录时间、源 IP、目标 IP 之外，还包括：FTP 和 TELNET 通信的用户名口令、操作命令；HTTP 的目标 URL；SMTP/POP3 通信的发件邮箱及口令、收件邮箱、邮件主题；工业控制协议 Modbus 的事务 ID、功能码、寄存器地址。

数据库事件审计主要是对 Oracle 和 Mysql 两类数据库操作进行审计。除记录日期事件、客户端标识、数据库标识、脚本命令等，还能够审计出登录退出、授权、数据的增删查改、数据库的新建删除、数据表的新建删除、索引的增删改、实例的启停。

3.2.4 加密传输

4G 加密路由支持由国家自主设计的国密算法 SM1/2/3/4。可保障数据传输安全，防止通信过程中出现数据泄漏及数据被篡改问题，不仅满足等级保护中对通信网络要求采用密码技术来实现组网的要求，亦能满足采用经国家密码管理局核准算法的要求。

3.2.5 自身物理安全

应该使用具有防剪、强度高、难破坏的控制柜。控制柜门由智能门磁进行采集，通过低功耗广域物联网与后台系统保持通信。智能门磁可定期向后台主站发送门状态信息；当柜门在无授权状态下打开或打开超时时，管理工作站会显示门异常开启的告警信息，智能门磁能够将门状态变位告警信息实时发送给系统后台。若具备地理信息显示条件时，可结合地理信息直观地向用户展示当前告警门的位置、告警时间等信息；同时将告警信息推送给指定的锁控 APP，便于管理人员及时掌握门异动情况。

3.3 供热大数据安全态势感知

建设安全大数据存储引擎，开放大数据存储接口，实现数据采集通道所采集数据的存储，对数据进行清洗、抽取、格式化等预处理操作后，存储在大数据平台上的数据仓库中。进行数据预处理，用于基础数据的提取、清洗、融合、关联、比对、标记等各类操作，为分析程序提供分析源数据。根据业务需求，形成基础资源库、知识库、对象库和主题库。开发接口程序，能够实现对该四大类库下所有数据库的管理和应用（图 3）。

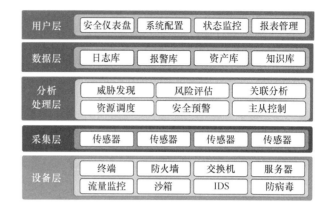

图 3 供热大数据态势感知系统架构

通过供热大数据及时有效地了解供热工业控制系统是否运转正常，对工业控制系统中安全威胁的监控，除了提供事件发生后的告警通知外，更能提供事件原因的预判信息，并为态势系统中的安全事件关联分析提供重要分析依据。威胁监测分析包括：威胁数据存储和检索、网络威胁数据分析、网络威胁事件统计分析、针对资产的网络威胁分析、业务应用系统安全性分析、网络预警分发、各单位威胁处置能力评估、与恶意代码检测系统的联动。

3.4 供热系统关键安全策略

针对供热系统工业控制系统安全现状，形成多级分布式的系统控制结构，实现采集和分析的有效结合，优化系统构造；构建风险评估的指标体系和模型，支持多因素安全风险的跟踪、分析、评估和应急处置；利用全方位、多平台、归一化的安全指标采集系统及安全可靠的风险评估模型，可实现热力系统由"被动防御"向"主动防御"的转变，达到"事前持续预警、事中协同响应、事后回溯优化"的目的，形成供热系统关键安全策略，为热力系统提供更精准的安全态势评估和应急响应联动，做好安全事件的分析和预警。

4 结束语

供热行业工业控制系统是关系到国计民生的重要基础设施，通过远程安全体系，加强对供热行业工业控制系统的管控；构建供热行业工业控制系统安全态势感知，及时发现供热系统中的安全威胁并处理；解决供热行业因系统分散、网络暴露点多导致网络面临风险严峻的问题，为供热行业工业控制系统提供更高的安全运行保障。

因此，加强供热行业生产网络安全关键技术的研究，全面提高供热行业生产网络的安全已经刻不容缓。

参考文献

[1] 李仲博, 热力行业工控安全防护方案设计和实践[J], 信息安全研究, 2019, 8: 715-721.

[2] 王文宇, 刘玉红, 工业控制系统安全威胁分析及防护研究[J], 信息安全与通信保密, 2012, 2: 33-35.

基于大数据分析的智慧供热用户数据整合系统

天津市津能滨海热电有限公司　朴成刚　张宇阳　李甲年
天津能源物联网科技股份有限公司　邵鹏勇　夏　青

【摘　要】 寒冷的天气，热用户的需求是室内有足够高的室温确保体感舒适；供热企业为保障充分供暖则需要消耗更多能源；政府既需要供热企业保障民生指标，又希望供热企业节能减排实现碳中和。在这样的约束下，室内安装测温面板，实时读取热用户的室温，根据室温数据进行生产调度作业，是供热企业进行生产管理的较优选择。然而热用户数量庞大，供热面积逐年增加，大量安装测温面板成本巨大，设备耗电、维护更新和入户沟通困难，给供热企业造成了更多的负担。本文把供热企业自身拥有的供热计量数据、测温面板数据、建筑物特性数据、气象数据、收费系统数据整合，通过大数据和人工智能算法分析，建立室温预测模型，从而以室温软测量技术实现对硬件测温面板的替代，预测精度达到±0.5℃以内，进而提升供热企业的管理能力，提高数字化转型速度、有效降低供热企业的成本，使热用户满意、政府低碳监管达标。

【关键词】 精准供热　室温软测量　供热计量　大数据

1　背景及研究意义

1.1　智慧供热行业发展形成海量大数据

近年来智慧供热模式在供热企业大量推广，终端热用户的各种表计和阀控日益增加；根据中国计量协会热能表工作委员会发布的《新形势下中国热能表行业发展前景展望》，2019年我国已安装热表总数量为3410万台，预计2023年为4980万台。据国家统计局数据显示，2018年，我国集中供热面积约为87.8亿 m^2，2019年集中供热面积已经达到100亿 m^2。随着城市集中供热面积的稳定增长，配套的各种阀控和无线远传设备也对应增加，按照马尚磊的数据分析，结合本文研究，这数以亿计的各种采集设备，每个设备十多项采集参数乘以采集频度，加上建筑物特性数据、气象数据、收费数据和客服数据，一个供暖季下来全国供热企业最低积累千亿条的终端热用户大数据。

1.2　供暖大数据发展中的新问题

随着智慧热用户采集设备的增加，各类供暖数据持续增加，数据应用不足问题明显。

（1）大量数据闲置形成数据资源的浪费。以供热计量数据为例，其本意是进行供热按需收费，由于各种原因，没有完全实现计量收费目标，但是供暖季热计量设备依然每天运行，数据每天按时产生，大量数据闲置，供热企业却无法获得收益。

（2）大量数据维护增加企业成本。由于采集设备故障、通信线路故障、数据中心的物理故障需要专人长期维护硬件；数据增加导致机房定期扩容，数据量增加和软件的持续升级，必须有专业的团队监测和维护管理，导致供热企业成本持续增加。

综上所述，如果能解决数据持续增长的过程中成本覆盖问题，或者将闲置数据挖掘出新的应用价值，帮助供热企业形成经济效益，是一个重要的研究课题。

1.3　供热数据整合的有关研究

通过查阅大量科研和案例资料，以及摸索和实验，研究发现供热计量数据结合气象数据、建筑物特性数据、客服收费数据，用大数据分析方法进行数据挖掘，推算出的用户室温数据和真实室温数据存在着强相关性，是替代硬件的室温软测量技术，研究表明：

（1）供热计量数据和室温数据：供热计量数据包括每天的热量、流量、进水温度、回水温度等重要参数，研究得出这些参数和室温面板的测温数据有高度的一致性和相关性。

（2）气象数据和室温数据：大量的科研文献和供热企业在实践中已经证实了气象对户内室温的显著影响，建立了广泛的依存性关系模型和各类信息系统。

（3）建筑物特性和室温：楼层的高低和位置、墙体的厚薄和保温材料、门窗和供热面积等三十多项参数，都对室温有相关的影响。

（4）边户、顶户、报停户和室温：实践和研究都证明，边户、顶户、报停户对周边热用户有直接的影响，同时测点室温和标准室温也存在系数差的关系。

本文将研究成果以软件应用系统方式呈现出来，以数据算法模型为核心，以终端热用户的多种数据源为依托，建立一套室温信息预测和实时室温展示系统，提供供热计量、室温数据历史查询与分析，指导供热生产。

1.4　研究意义

通过本项研究内容，实现了对终端热用户的数据价值再挖掘，避免海量数据闲置，降低测温面板硬件采购成本。提高供热企业管理能力，实现数字化转型。

（1）海量终端热用户数据找到了新的应用方向，用预测的精准室温替代大量安装室温面板，降低了企业的采购和服务成本；同时，根据预测室温调整生产，增强了管理能力，提升了企业的科技水平和数字化转型的落地应用价值。

（2）依靠人工智能和大数据分析技术下的室温预测，精度达到±0.5℃以内，供热企业在用户投诉反馈之前就可以精准调节，热用户实现了舒适用热，从而得到更好的用热体验。

（3）以往的供热管理调节依靠个人经验和传统的一些指标，对热耗的控制往往滞后，存在粗放型的浪费；而有了用户室温的直观数据，供热管理者可以精准调节生产供应的能耗，有效减少碳排放，极大地促进低碳降耗，实现"碳达峰、碳中和"的绿色环保要求。

2 系统需求分析与模型研究

2.1 系统需求分析

系统需要解决的是供热企业在生产调度中最核心的问题，即热用户的单户室温到底在多少度范围。其次是该单元的平均室温，该楼栋的平均室温，各小区级别的平均室温，管理站所辖区域的平均室温，热力公司总体的室温分布情况；以及楼栋平衡，历史曲线，预测趋势，如图1系统呈现的数据维度，才能对供热企业的供热提供有效决策。

图1 系统需要呈现的几个数据维度

需求设计把系统分为两个部分。
（1）室温面板采集的实测数据的信息分析与展示。
（2）基于大数据分析后的预测室温数据的信息展示。

系统建立一个楼宇户栋的室温测算模型，以供热计量表数据结合气象数据、建筑物特性数据、收费数据等多维参数进行数据分析，推算出相关室内温度，并据此测算整个单元的平均室温；进而测算整个楼宇，统计整个小区，热企所辖所有小区的总体室温情况，以数据集合或饼状图、折线图、可视化示意图等方式显示，从而指导供热生产调节。

2.2 预测模型研究的技术路线

1. 数据理解

查看数据，理解每一列的字段含义，初步理清数据分析的目标值，待预测的目标值是"室温"；图2是绘制的"室温"直方图统计结果，同时添加了概率密度曲线，可以看出，该数据符合正态分布，不需要额外处理。

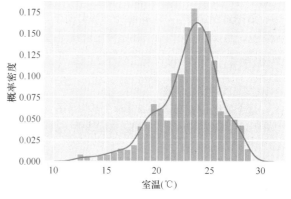

图2 室温直方图

然后进行指标之间的关联、指标的分布状态、指标的趋势异常分析，确定各种因素和室温之间的一致性和不同性，从而观察内在规律。如图3所示的指标关联图。

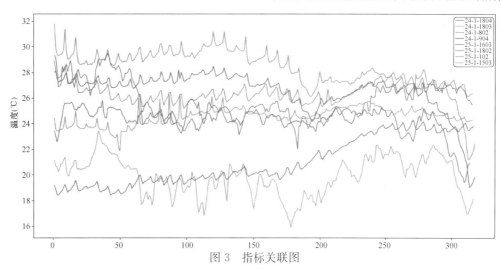

图3 指标关联图

2. 运算数据准备

主要包括数据归集、数据清洗、异常数据排除等初始化处理。

3. 数据建模

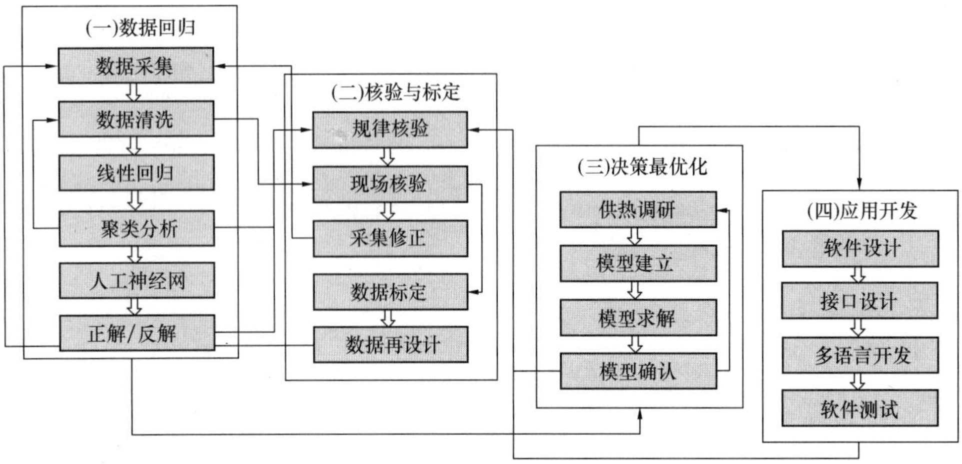

图 4 数据建模的技术路线

4. 建立应用系统

最终把数据、业务、模型和展示形成数字化系统。通过四个步骤实现该系统，如图 4 所示。

以数据的回归及神经网络等方式，进行数据处理。

2.3 预测建模的两种主要方法

本文为以天津滨海新区某小区热用户为研究对象，实地收集得到 2020 年 12 月至 2021 年 3 月的供热计量和环境数据，用来对热用户居住的室内温度预测进行研究，该研究用到两种方法，分别是多元线性回归和 MLP 神经网络方法。

1. 多元线性回归模型

在研究线性相关性条件下，两个及多个自变量对应一个因变量，称为多元线性回归，多元线性回归一般模型形式为：

$$Y = \beta_0 + \beta_1 X_1 + \beta_2 X_2 + \beta_3 X_3 + \cdots + \beta_j X_j + \cdots + \beta_k X_k + \mu \quad (1)$$

其中，β_0 是回归常数，$\beta_j (j=1,2,\cdots,k)$ 是回归系数，μ 是随机误差，由式表示方程的矩阵表达式为：

$$Y = X\beta + \mu \quad (2)$$

在式（2）中，β 的最小二乘估计值为：

$$\hat{\beta} = (X^T X)^{-1} X^T Y \quad (3)$$

参数 $\hat{\beta}$ 得出后，即求得样本多元线性样本回归方程多元线性回归模型得出后，还应对其进行检验，判定其可靠程度，回归模型的评价指标包括 MSE（平均平方误差）、RMSE（平均根误差）、MAE（平均绝对误差）、$R_{Squared}$（可决系数）即拟合优度检验。

（1）MSE（平均平方误差）：数理统计中均方误差是指参数估计值与参数值之差平方的期望值，记为 MSE。MSE 是衡量"平均误差"的一种较方便的方法，MSE 可以评价数据的变化程度，MSE 的值越小，说明预测模型描述实验数据具有更好的精确度。其计算公式为：

$$MSE = \frac{1}{m}\sum_{i=1}^{m}(Y_i - \hat{Y_i})^2 \quad (4)$$

（2）RMSE（平均根误差）：该统计参数也叫回归系统的拟合标准差，是观测值与真值偏差的平方和与观测次数 m 比值的平方根。用来衡量观测值同真值之间的偏差，是 MSE 的平方根。其计算公式为：

$$RMSE = \sqrt{\frac{1}{m}\sum_{i=1}^{m}(Y_i - \hat{Y_i})^2} \quad (5)$$

（3）MAE（平均绝对误差）：平均绝对误差是所有单个观测值与算术平均值的偏差的绝对值的平均。平均绝对误差可以避免误差相互抵消的问题，因而可以准确反映实际预测误差的大小。其计算公式为：

$$MAE = \frac{1}{m}\sum_{i=1}^{m}|Y_i - \hat{Y_i}| \quad (6)$$

通过数据的分析处理，得到多元线性回归指标分析表（表 1）。

多元线性回归指标分析表　　表 1

模型	MSE	RMSE	MAE	$R_{Squared}$
多元线性回归	4.41	2.10	1.57	0.19

由表 1 结果可知，RMSE 和 MAE 较小，$R_{Squared} = 0.19$，表明该模型的拟合优度不高。

经过多元线性回归过程，得到多元线性回归模型实测值折线（图 5）。

2. MLP（多层感知机）

MLP 是一种基于神经网络的算法模型，其基本结构包括输入层、隐含层和输出层三部分。在图 6 中，MLP 中层与层是全连接的，即上一层任何一个神经元与下一层所有神经元都连接，其最底层是输入层，中间是隐含层，最后是输出层。

神经网络主要由三个基本要素：权重、偏置和激活函数。神经元之间的连接强度由权重表示，权重的大小表示可能性的大小；偏执的设置是为了正确分类样本，是模型中的一个重要参数，保证了为了通过输入得到的输出值不能被随便激活；激活函数起到非线性映射作用，将神经元的输出程度限制在一定范围内。当向输入层输入一个 n 维

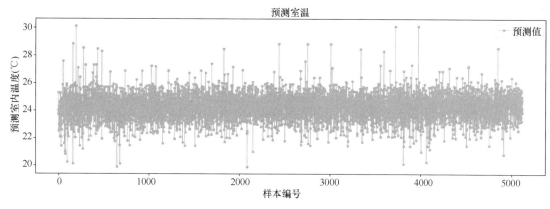

图 5 多元线性回归模型室温预测值折线

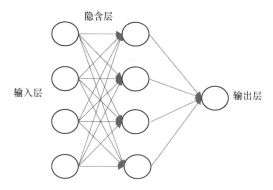

图 6 MLP 神经网络的基本结构

其中，w_1 是权重，b_1 是偏置，f 函数可以是 sigmoid 激活函数，sigmoid 函数表达式为：

$$\text{sigmoid}(a) = 1/(1+e^{-a}) \tag{7}$$

通过数据的分析处理，得到多元线性回归指标分析表（表 2）。

MLP 神经网络模型指标分析表				表 2
模型	MSE	$RMSE$	MAE	R_{Squared}
多项式回归	0.62	0.79	0.50	0.88

MLP 神经网络模型指标分析表中，MSE、$RMSE$ 和 MAE 的值均很小，$R_{\text{Squared}}=0.88$，且接近与 1，表明该模型拟合优度较高。

向量，即代表输入 n 个神经元，隐含层中的神经元由输入层得到，若输入层用向量 x 表示，隐藏层输出为 $f(w_1 x+b_1)$，

经过 MLP 神经网络过程，得到 MLP 神经网络模型预测室温值折线（图 7）。

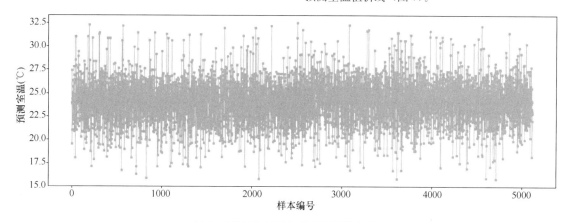

图 7 MLP 神经网络模型预测值折线

2.4 预测模型对边户、报停户的研究

由于存在报停户、边户的影响，用户实际室温的预测和调控存在一定程度的偏差。用合理的数据分析技术，构建恰当的室温影响模型；再通过控制相同的输入参数，对模型的输出结果进行比较。最后比较报停户周边住户、边户分别对中户室温的平均相对误差值，得到案例小区的边户对中户的室温影响约为 11%，报停户周边户对中户的室温影响约为 44%。具体过程如图 8 所示。

本文将收集到的小区供热计量数据按照住户在楼栋中的具体位置不同，分为边户、报停户、中户以及报停户周边户四种类型。初步观察中应用统计分析相关知识，首先得到四种类型住户的室温指标分布趋势，从而对室温数据服从的分布有初步判断；其次通过对四种住户两两分组进行假设检验，以判断它们之间是否存在相关性。检验连续型数据分布特征的意义在于：相关性判断需要对原始数据进行正态性检验，若数据本身的分布不服从正态分布，则需要对数据进行标准化处理。统计分析则是为了引用神经网络模型预测的数据准备。

完成统计分析后，对前期收集的供热计量数据相关

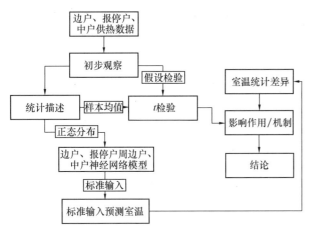

图 8 报停户、边户方法流程图

指标进行筛选,以确定影响室温的指标,通过定性判断以优化模型输入参数的选择。利用已有供热计量数据训练室温预测模型,调整模型的输入,以确定不同模型的输出参数权重差异。得到标准输入下的边户、中户、报停户周边户的室温预测模型。因为报停户本身多项指标为零,故不需要确定它的模型,它对周边户的影响在周边户的室温中已体现出来。

最后通过给定相同的输入参数值,对边户、中户、报停户周边户预测模型的输出结果进行比较。引入模型评价的相关指标,以判断边户对中户,报停户对其周边住户室温影响的程度。

3 系统设计与开发实现

3.1 系统架构及功能设计

基于大数据分析的供热用户数据整合系统的设计要求:(1) 支持快速的数据采集能力,采用时序数据库提升处理能力;(2) 支持大数据进行高效处理机制,主要依靠硬件提升算力;(3) 由于供热生产数据涉及民生,数据安全为首要保障,因此前后端均设置防火墙。网络拓扑图如图 9 所示。

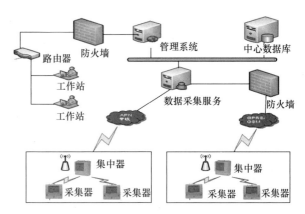

图 9 系统网络拓扑图

在系统的采集层上传所有终端热用户的必要信息,包括供热计量数据、室温面板数据(有的话)等物联网数据;集成客服收费数据、建筑物特性数据,气象数据等为支撑。

3.2 软件平台功能说明

基于大数据分析的供热用户数据整合系统是一个实用性的平台,为供热企业的精细化管理和数字化转型提供必要的数据支持,能直观地展示、灵活地交互,系统功能如表 3 所示。

大数据分析室温数据整合系统功能说明　　表 3

功能类别	功能名称	功能描述
首页	公司级室温	饼状图方式展示公司全部小区的平均室温分布情况,显示各个温度区间的热用户比例;点击可以进入对应的中心
首页	中心级室温	饼状图方式展示下属 2 个中心全部小区的平均室温分布情况,显示各个温度区间的热用户比例;点击可以进入对应的小区查看详情
首页	公司级平均室温	多种方式(折线图、柱状图)展示公司全部小区的平均室温和户外室温,按照时间维度展示平均室温和户外温度的走势,以及对应日期的工单数量
首页	中心级平均室温	多种方式(折线图、柱状图)展示中心全部小区的平均室温和户外室温,按照时间维度展示平均室温和户外温度的走势,以及对应日期的工单数量
首页	导航及其他	展示对应的栏目导航,以及阶段平均室温的最高值,最低值
数据展示	小区供热数据	可以根据小区查看所有小区的建筑节能特性、设备数量、设备厂商、平均室温、耗热量、工单等指标;点击后进入小区查看具体的温度区间占比、平均室温
数据展示	重点公建户	查看重点公共建筑用户的收费面积、位置、用热状态、进回水温度、热耗等指标。点击进入查看详细
数据展示	用户供热情况	可以根据小区查看所有热用户的供热面积、平均室温(或者预测值)、位置、用热状态、流量、热耗等指标

续表

功能类别	功能名称	功能描述
室温预测	小区整体室温情况预测	按照小区进行统计的供热面积,预测平均室温、热耗等指标
	楼栋室温平衡	根据小区所在楼栋进行热耗、平衡关系、平均室温预测
	单户预测	可选展示每个楼栋住户的某一天预测室温、实际室温(安装测温面板)、热耗、流量等信息
	单户历史分析	根据单户历史趋势和预测温度展示的折线图对比
	楼栋预测分析	根据楼栋某一选定日期的平均热耗、流量、平均室温和预测室温的对比,以及数据展示选定楼栋的数据
基础信息	参数管理	设置系统中所需的参数信息,如:供暖季参数、报警参数、集成参数等信息
	权限管理	将权限进行分类划分,划分为功能权限和业务权限,对不同权限的用户实行功能查看及数据操作方面的权限设定
	日志管理	记录系统用户进行系统登录及系统功能模块操作的日志信息
	小区信息	对小区基本信息及关联信息进行管理,包括小区所属公司、管理处、包含楼栋、楼门等信息
	热用户档案	记录热用户基本信息,如:业主姓名、联系方式、房间位置等;关联热用户热表、楼门、楼栋等信息
	室温表集抄	按照实际抄表需要进行在线实时抄表并且显示抄表结果
	设备档案	记录所有远传相关设备的基本信息,如:设备类型、设备名称、设备供电方式等;同时关联设备所在小区及位置信息
	状态监视	按照小区对设备状态进行监视,描述设备当前基本状态信息
	温度分析	根据系统用户选择需要查看的小区,系统为用户展示小区近两周的入水温度、回水温度数据及图例分析
	趋势分析	依据过去两周的室外温度及实际热耗数据分析计算,获取未来五日内室外温度数据,推测未来所查看小区的耗热趋势

3.3 软件的人机交互界面

3.3.1 真实数据的分析及展示界面

1. 首页

热力企业可总览整个区域、每个中心的供热和平均室温情况,如图10所示。

2. 小区供热用户

该模块用饼状图显示可选小区热用户室温区间占比,如图11所示。

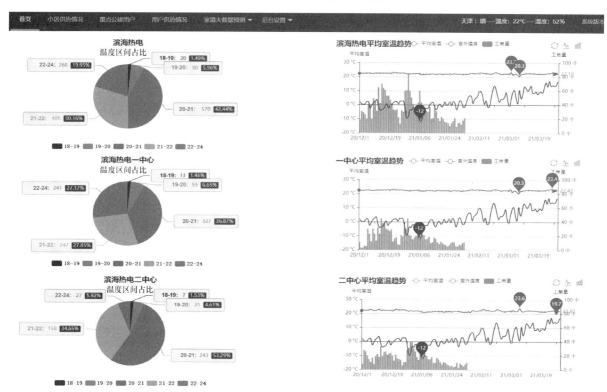

图10 系统首页

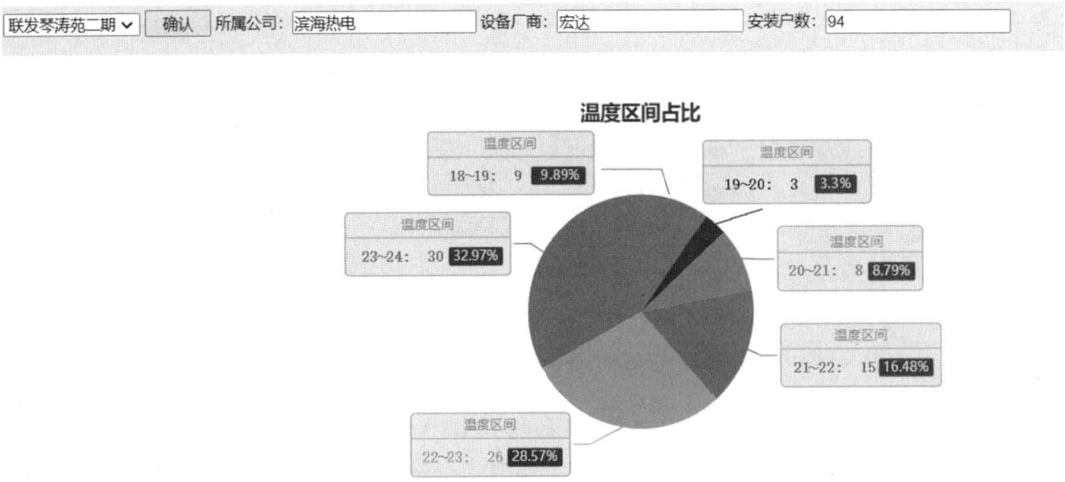

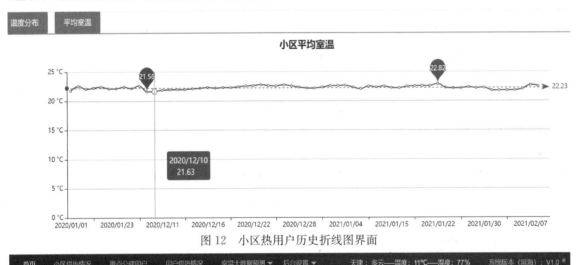

图 11 热用户室温区间占比图

可点选某一小区以折线图显示历史详细信息，可导出 Excel 表格，如图 12 所示。

3. 小区供热

可查看小区供热综合情况，如设备服务商、建筑类型热耗等，如图 13 所示。

点击小区可以查看热用户详细信息，可以整个 Eecel 表导出，方便排查，如图 14 所示。

图 12 小区热用户历史折线图界面

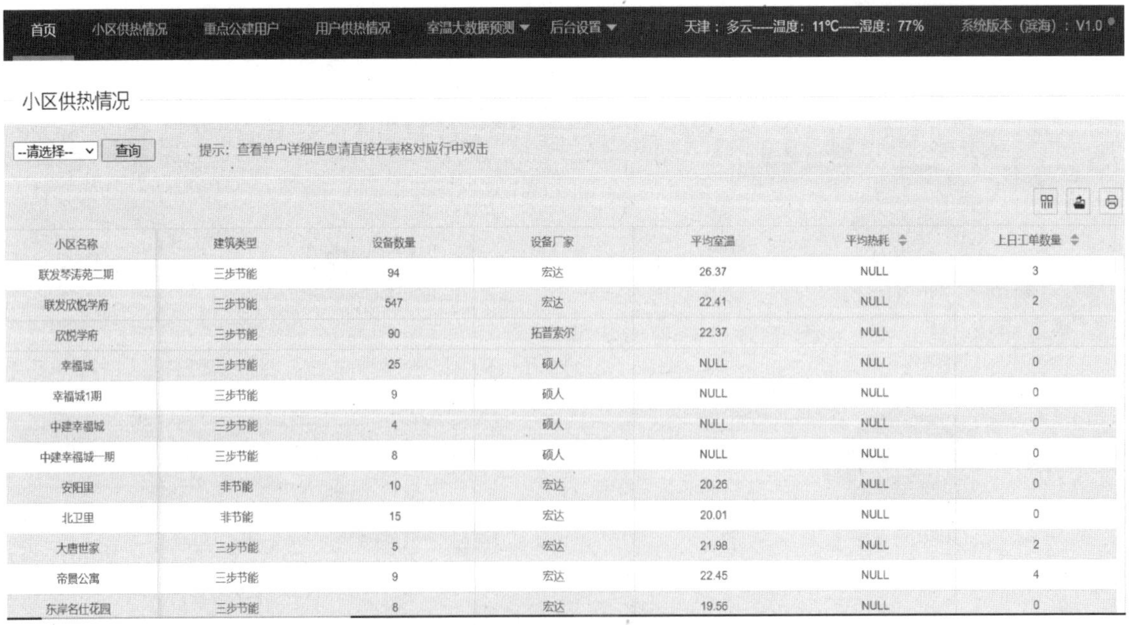

图 13 小区供热界面

热用户:欣悦学府01号楼01门202　　关注　　导出

姓名:	收费面积:80	用热状态:正常	热计量:否
分区:	位置:	热表品牌:迈拓	热表编号:180102610

序...	累计热量(kwh...	累积流量(m³)	瞬时流量(m³/...	热功率(kW)	供水温度(°C)	回水温度(°C)	温差(°C)	抄表时间
4	12320.5	2326.1	0.35	3.44	42.5	33.8	8.7	2020/11/30 2:0...
5	12240.3	2317.47	0.35	3.31	41	32.7	8.3	2020/11/29 2:0...
6	12157.1	2308.77	0.37	3.3	40.5	32.7	7.8	2020/11/28 2:0...
7	12082.7	2299.79	0.36	2.86	38	31.2	6.8	2020/11/27 2:0...
8	12011.7	2290.81	0.37	3.32	40.2	32.4	7.8	2020/11/26 16:...
9	11791.1	2263.77	0.39	3.07	38.2	31.4	6.8	2020/11/23 2:1...
10	11713.2	2254.34	0.39	2.7	36	30	6	2020/11/22 2:0...
11	11645.5	2244.97	0.39	2.49	35.3	29.7	5.6	2020/11/21 2:0...

图 14　小区档案、热用户档案

3.3.2　大数据预测室温数据的展示

1. 小区整体用热预测数据

通过计算小区每户的预测室温，累计到单元、楼栋、所有楼的综合统计结果，如图 15 所示。

2. 楼栋室温平衡预测

该模块用于判断未来二次网平衡后的楼栋预测平均室温，如图 16 所示。

单户室温可视化呈现，可查看每户每天的流量、热耗、实际室温、预测室温等如图 17 所示。

3.3.3　后台管理的设计实现

1. 用户档案

管理人员通过该模块可筛选定位到某一户，其相关基础信息展示于此，可以选择机构、小区、楼栋、楼门、门牌后查看详细结果，并可以编辑修改，如图 18 所示。

小区名称	欣悦学府	收费面积	130558m²
入住率(%)	85%	上日平均热耗	0.15W
预测平均室温	20.95℃	平均室温	21.14℃

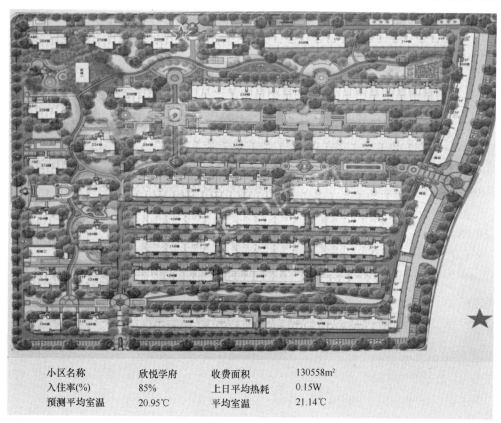

图 15　用热数据界面

欣悦学府 ⌄ 2021/03/30 查询

楼栋	楼栋总面积(m²)	楼栋总流量(t/h)	平均热耗(W/m²)	回水温度(℃)	预测平均室温(℃)
1号楼	8062.86	49.13	0.16	26.07	21.13
10号楼	198.28	9.95	0.01	24.09	22.41
11号楼	198.28	10.42	0.02	21.72	23.87
12号楼	176.12	7.42	0.02	22.44	21.7
13号楼	5238.98	16.53	0.1	24.87	21.6
14号楼	2234.25	6.48	0.13	25.1	21.69
15号楼	2222.75	5.72	0.11	25.44	21.62

图 16　楼栋室温平衡预测界面

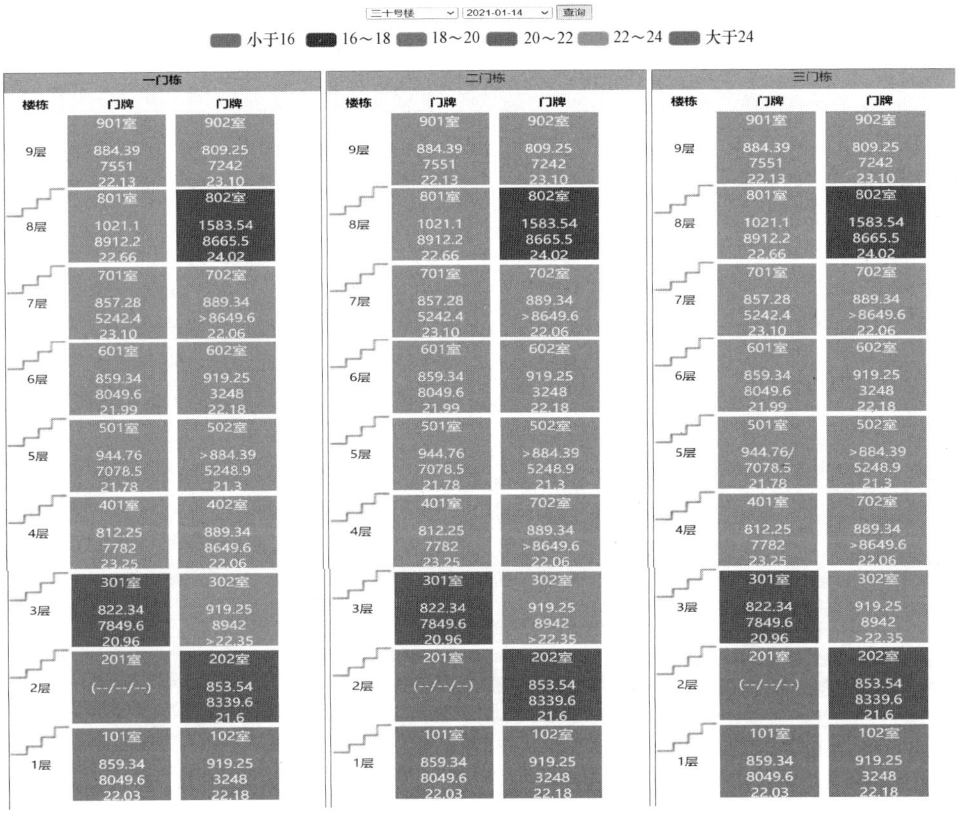

图 17　单户热耗室温数据界面

联发琴涛苑二期 ⌄ 查询

ID	换热站	机组	小区	面积 ⇕	朝向	地址	操作
							编辑
88061007	联发琴涛苑二期换热站	联发琴涛苑二期低区	联发琴涛苑二期	92.66	南北	联发琴涛苑二期 37-3-402	编辑
88061217	联发琴涛苑二期换热站	联发琴涛苑二期低区	联发琴涛苑二期	90.63	南北	联发琴涛苑二期 37-4-502	编辑
88061285	联发琴涛苑二期换热站	联发琴涛苑二期低区	联发琴涛苑二期	90.63	南北	联发琴涛苑二期 37-4-302	编辑
88061311	联发琴涛苑二期换热站	联发琴涛苑二期低区	联发琴涛苑二期	90.63	南北	联发琴涛苑二期 37-4-402	编辑
88060709	联发琴涛苑二期换热站	联发琴涛苑二期低区	联发琴涛苑二期	92.66	南北	联发琴涛苑二期 37-3-502	编辑
88061130	联发琴涛苑二期换热站	联发琴涛苑二期低区	联发琴涛苑二期	113.11	南北	联发琴涛苑二期 1-4-402	编辑
88061290	联发琴涛苑二期换热站	联发琴涛苑二期低区	联发琴涛苑二期	113.11	南北	联发琴涛苑二期 1-4-302	编辑
88061293	联发琴涛苑二期换热站	联发琴涛苑二期低区	联发琴涛苑二期	113.11	南北	联发琴涛苑二期 1-4-1102	编辑
88061204	联发琴涛苑二期换热站	联发琴涛苑二期低区	联发琴涛苑二期	113.11	南北	联发琴涛苑二期 1-2-502	编辑
88061312	联发琴涛苑二期换热站	联发琴涛苑二期低区	联发琴涛苑二期	113.81	南北	联发琴涛苑二期 1-3-802	编辑
88061335	联发琴涛苑二期换热站	联发琴涛苑二期低区	联发琴涛苑二期	113.81	南北	联发琴涛苑二期 1-2-801	编辑
88061292	联发琴涛苑二期换热站	联发琴涛苑二期低区	联发琴涛苑二期	113.81	南北	联发琴涛苑二期 1-3-302	编辑
88061294	联发琴涛苑二期换热站	联发琴涛苑二期低区	联发琴涛苑二期	113.11	南北	联发琴涛苑二期 1-2-702	编辑
88060797	联发琴涛苑二期换热站	联发琴涛苑二期低区	联发琴涛苑二期	113.11	南北	联发琴涛苑二期 1-4-602	编辑
88061135	联发琴涛苑二期换热站	联发琴涛苑二期低区	联发琴涛苑二期	113.11	南北	联发琴涛苑二期 1-4-802	编辑

图 18　用户档案数据

2. 设备档案

该模块可查看测温设备，调整和查看设备状态情况，如图 19 所示。

3. 系统档案

该模块主要用于查看小区对应的设备厂商，方便维修联络，如图 20 所示。

4. 故障展示

该模块用于发现数据异常的表计和户室情况，指导现场维保专业人员进驻核查，排除故障，如图 21 所示。

档案 - 设备档案

联发欣悦学府　查询

设备ID	安装位置	安装高度	设备厂商	设备类型	安装地址	操作
						编辑
88060865	客厅	0.2	宏达	测温面板	联发欣悦学府-15-1-503	编辑
88061107	客厅	0.2	宏达	测温面板	联发欣悦学府-15-1-601	编辑
88061035	客厅	0.2	宏达	测温面板	联发欣悦学府-15-1-602	编辑
88060952	客厅	0.2	宏达	测温面板	联发欣悦学府-15-1-603	编辑
88061022	客厅	0.2	宏达	测温面板	联发欣悦学府-15-1-701	编辑
88060972	客厅	0.2	宏达	测温面板	联发欣悦学府-15-1-702	编辑
88061105	客厅	0.2	宏达	测温面板	联发欣悦学府-15-1-703	编辑
88061095	客厅	0.2	宏达	测温面板	联发欣悦学府-15-1-801	编辑
88061046	客厅	0.2	宏达	测温面板	联发欣悦学府-15-1-802	编辑
88061143	客厅	0.2	宏达	测温面板	联发欣悦学府-15-1-803	编辑
88061066	客厅	0.2	宏达	测温面板	联发欣悦学府-15-1-901	编辑
88060976	客厅	0.2	宏达	测温面板	联发欣悦学府-15-1-902	编辑

图 19　设备档案管理界面

档案 - 系统档案

小区名称	所属公司	设备厂商	操作
			编辑
联发琴涛苑二期	滨海热电	宏达	编辑
联发欣悦学府	滨海热电	宏达	编辑
欣悦学府	滨海热电	拓普泰尔	编辑
幸福城	滨海热电	硕人	编辑
幸福城1期	滨海热电	硕人	编辑
中建幸福城	滨海热电	硕人	编辑
中建幸福城一期	滨海热电	硕人	编辑
安阳里	滨海热电	宏达	编辑
北卫里	滨海热电	宏达	编辑
大唐世家	滨海热电	宏达	编辑
帝景公寓	滨海热电	宏达	编辑
东岸名仕花园	滨海热电	宏达	编辑
富锦家园	滨海热电	宏达	编辑

图 20　系统档案

异常 - 数据中断

设备ID	中断时间	小区名称	用户地址
88060875	2018-12-01 10:43:48	联发欣悦学府	联发欣悦学府-9-2-102
88060872	2019-04-09 15:55:26	联发欣悦学府	联发欣悦学府-9-2-201
88060725	2019-04-09 18:50:05	联发欣悦学府	联发欣悦学府-9-2-201
88060860	2019-01-31 22:08:14	联发欣悦学府	联发欣悦学府-9-3-102
88060885	2019-06-26 13:59:35	联发欣悦学府	联发欣悦学府-9-3-201
88060792	2019-01-31 14:28:28	联发欣悦学府	联发欣悦学府-9-3-202
88061215	2019-01-31 19:05:38	联发欣悦学府	联发欣悦学府-9-3-402
88060918	2019-01-31 19:35:21	联发欣悦学府	联发欣悦学府-9-3-502
88061167	2019-01-31 21:00:31	联发欣悦学府	联发欣悦学府-9-3-601
88061039	2019-07-11 12:41:41	联发欣悦学府	联发欣悦学府-9-3-701
88060923	2019-07-07 09:02:07	联发欣悦学府	联发欣悦学府-9-4-102
88061114	2019-01-31 21:57:01	联发欣悦学府	联发欣悦学府-9-4-201
88060910	2019-01-31 21:51:15	联发欣悦学府	联发欣悦学府-9-4-202
88061251	2019-01-31 19:37:30	联发欣悦学府	联发欣悦学府-9-4-301

图 21　设备异常故障界面

4 结论与展望

基于大数据分析的智慧供热数据整合系统，是集合供热计量、室温业务、建筑物特性等数据整合而成的新一代信息管理系统，通过对室温的感知从而有效指导供热生产运营。系统设计实现过程中涉及的专业领域多，从建筑物特性数据、气象数据、供热参数等多个数据维度，进行了两类方法的数据模型探索，找到了最适合的模型参数；系统克服了功能模块要求多、源数据基础信息格式不统一、参数系数杂乱等难点，遵循实用性原则，务求数据来源充分、数据清洗规范、模型预测准确、系统操作简单，满足供热运营的需求。随着更多数据维度的增加，以及大数据和人工智能领域更多新算法、新工具的提出，多元数据分析的准确度将会得到更大提高，内在规律价值还有更大的挖掘潜力。未来应持续跟踪同行的新应用，坚持长期做数据分析，确保系统不断完善，促进智慧热用户科技服务行业低碳、经济、安全发展。

参考文献

[1] 马尚磊. 探析热用户大数据在供热企业中的应用及管理[J]. 建筑工程技术与设计, 2018, 10(下): 3862.

[2] 陈庆财. 基于人工智能技术预测热感觉的室内热环境控制[J]. 建筑技术, 2019, 2: 3.

[3] 庞铖铖, 戎袁杰, 刘昕, 宋梦昕, 王光旸. 基于线性回归和MLP神经网络的招标采购预测模型[J]. 宁夏电力, 2021, 1: 12-17.

[4] 张浩. 浅谈供热企业信息化—智慧供热运营平台的建设[J]. 区域供热, 2017, 23(6): 12-19.

[5] 李志杰. 民用建筑供暖施工图设计中出现的热计量与室温调控问题[J]. 暖通空调, 2015, 45(1): 33-37.

[6] 闫军威. 基于等效热模型的供冷建筑RLS-K室温预测法方[J]. 华南理工大学学报, 2018, 46(10): 42-49.

[7] 潘世英. MLP神经网络在供暖室内温度预测的应用[J]. 煤气与热力, 2019, 39(7): 5.

[8] 张景阳, 潘光友. 多元线性回归与BP神经网络预测模型对比与运用研究[J]. 昆明理工大学学报(自然科学版), 2013, 38(6): 61-67.

[9] 崔高健. 基于Elman型神经网络集中供热负荷预测模型的研究[J]. 建筑节能. 2011, 241(39): 9-11.

[10] 孙朱华, 黎展求. 基于小波和神经网络的供热负荷预测[J]. 沈阳建筑大学学报, 2007, 23(1): 4.

[11] 张茜. 利用热计量大数据, 提升供热管理水平[J], 区域供热, 2017, 1: 2.

[12] 王珣玥, 冯文亮. 基于集成学习算法的供暖室内温度预测研究[J]. 煤气与热力, 2020, 40(12): 8-11, 41-42.

基于供热数据监测的供热故障诊断专家系统

天津能源物联网科技股份有限公司　邵鹏勇　夏青　孙磊　孙淼

【摘　要】供热系统的严重故障，例如管道断裂、泵阀失效容易被发现和被及时处理，但是供热系统中的一些隐秘问题，尤其是终端入户供热中包括异常失热、阀控故障、表计故障以及一些潜在风险问题，则不容易被及时发现和派工处理。随着物联网的发展及其在供热系统中的采用，大量的供热计量数据得以被感知、远传和储存，这些数据中包含有丰富的信息。本文基于这些热计量数据，提出对供热数据进行数据挖掘，并结合对供热专家知识经验的固化，以天津某小区为例，实现了一个供热故障诊断的故障系统原型，可以用来提高系统数据感知的正确性，实现对一系列供热隐匿问题的发现，指导相应的派工维护和检修工作。

【关键词】数据挖掘　供热　专家系统　故障诊断　故障树

0 引言

随着时代不断迈向信息化、网络化，供热系统也日趋智能化。然而对于供热系统中出现的故障，大多还是需要通过专业的维修工人实地探访，才能判断故障的原因并进行维修。甚至会发生故障已经出现，却没有被发现的问题，这种故障被称为隐匿故障。例如，当仪表故障已经无法采集数据或采集的数据是异常的，单纯靠维修人员很难发现数据存在异常。为了发现供热系统中存在的异常和隐匿问题，设计一个能够实时监测数据并及时给出异常发生的故障原因、维修意见的故障诊断专家系统是极其有必要的。

赵桂林[1]主要通过模型设计和可视化仿真实现对供热管网设计和运行仿真、管网监测的诊断系统，其对于故障的处理也是在已知故障发生的前提下，对已知故障进行分析，最终得到导致故障的原因和定位故障出现的区域并建立故障诊断系统。胡珊[2]针对两类常见故障："用户侧水温偏低"和"用户侧用水量偏低"，利用故障树进行分析，最终得到故障原因，给出维修意见并建立故障诊断系统。但两者的专家知识获取均建立在故障已知的前提下对故障出现的原因及其他方面进行分析，对于一些隐匿的故障无法感知。

本文的创新点主要在于开发出的供热故障诊断专家

系统原型可以对还未发生的隐匿故障进行判断、预警，并当异常出现时，迅速判定其故障现象，并给出故障原因、维修意见。

本文以天津某小区为例，设计了一个完善的供热故障诊断专家系统，方法过程结构图见图1。先通过数据获取得到原始数据集，再通过数据挖掘对原始数据集进行分析、操作，得到故障相关的知识；接着根据数据挖掘获得的知识生成专家问卷；请专家填写专家问卷并对其分析，得到固化的专家知识，即专家规则；最后，根据专家规则建立专家系统。本文的主要内容包括下面几个方面：

（1）数据获取：先通过数据感知获取供热数据，对原始数据进行分析、整理，将所得到的原始数据整合在一起，得到原数据集，供后续对数据进行操作。

（2）数据挖掘：数据挖掘是通过使用各种数据分析方法和技术对数据进行深度分析，发现其中隐藏的模式或知识的一门技术。其中，隐藏的模式发现很重要，离群值有时更具有意义，也是本文研究的重点；知识是指正确、新颖、有用、可理解的信息。数据挖掘为决策提供信息和理论支持[3-5]。

（3）指导生成专家知识问卷：根据数据挖掘的结果制作专家问卷，邀请专家进行指导并对故障现象、故障原因、维修意见进行判断并给出修改意见，整理后获得初步的专家知识。

（4）固化专家知识：应用故障树对获得的初步的专家知识进一步分析、研究，得到专家规则，使专家知识固化并将其储存在计算机内，实现用计算机语言表达专家知识。

（5）形成专家系统：完成整个专家系统的建立，使专家系统能发现数据中存在的异常。

图 1　方法过程结构图

1　供热数据感知

1.1　目前的供热运行相关数据

1.1.1　目前的供热运行相关数据的结构、数量

目前的供热运行相关数据中，主要包括小区名称、用户编号、表号、累计热量、累计流量、热功率、流速、入水温度、回水温度、温差、抄表时间、交费类别、收费面积、建筑面积、用热状态、用户机组、高度、朝向、室温、气温、风向、风力、风速、气压、湿度、降水概率等。

1.1.2　数据的搜集方式

该小区主要是使用室温表、热计量表和热能表搜集供热数据。其中，室温表可以测量室温数据，包括室温、湿度等；热计量表综合测量了累计热量、累计流量、热功率、流速、入水温度、回水温度等。

室温表安装在热用户室内，大多数热用户安装的是普通室温表，主要测量室温，有部分热用户使用的是全能型室温表，既可以测量室温、湿度还可以监测室内的燃气、空气粉尘、$PM_{2.5}$和燃气等。

热计量表大多数安装在楼道或室外总管道。将一对温度传感器分别安装在通过载热流体的上行管和下行管上，流量计安装在流体入口或回流管上，流量计发出与流量成正比的脉冲信号，一对温度传感器给出表示温度高低的模拟信号，而计算仪采集来自流量和温度传感器的信号，利用计算公式算出热交换系统获得的热量。

计量数据通过无线数据终端（DTU）传输到云端，或者通过专网传输到指定的生产服务器。

1.1.3　安装及上传覆盖率

由于室温表不强制安装，部分热用户选择不安装，部分热用户安装。但选择安装的热用户的室温表并非全部运转正常，其中一部分室温表因没电或安装后卸除等原因无法正常运转。因此室温表的安装率在10%左右。

热计量表是必须安装的。每个入回水管道和总管道都需要安装热计量表。因此热计量表的安装率达到100%。

1.2　环境及楼宇数据

1.2.1　环境数据的加入及其必要性

佟国红[6]等人通过设计实验验证了楼宇数据对室内环境和温度有着直接影响。通过对比不同朝向用户的室内温度，结果证明室内温度、地温的变化与朝向有直接的关系。李妍[7]运用CFD模拟软件作为风环境评价的前提，通过定量和定性分析，得到结论，即当住宅处于不同风环境、不同迎风朝向、不同空间布局、不同建筑布局的情况下，人的舒适性会受到影响。而影响人的舒适性的关键因素之一便是室温。因此，本文中关于环境数据和楼宇数据对室温影响的研究是极其必要的。

1.2.2　气象数据

原始数据中并未涉及相关的气象数据，但在供热系统中，气象数据有着非常重要的参考价值，对供热过程有着显著的影响，其中众多参数中室外温度、风力及风向的影响尤其显著。2020年10月至2021年1月的风力、风向和环境温度等气象数据由网络收集得到，补充数据见表1。

补充数据及其来源　　表 1

序号	指标名称	单位	指标来源
1	气温	℃	网络收集
2	风力	级	网络收集
3	风向	—	网络收集
4	风速	m/s	网络收集
5	气压	hPa	网络收集

续表

序号	指标名称	单位	指标来源
6	相对湿度	—%	网络收集
7	降水概率	—	网络收集

1.2.3 楼宇数据

对于楼宇数据,从原始数据中可以获得收费面积、建筑面积、用热状态、用户机组、高度、朝向等相关数据,整理至 Excel 表中,数据量见表 2。

建筑特性相关数据的数据量　　表 2

序号	数据来源	属性	数据量
1	某小区建筑结构	楼层建筑特性	1617

1.3 室温数据

1.3.1 面板数据

室温面板数据主要是室内温度,数据主要来源于 XYXF 的供热数据,均统计至 Excel 表中,各表数据量见表 3。

室温及供热数据的数据量　　表 3

序号	数据来源	属性	数据量
1	2020 年 11—12 月供热	热表供热数据	39466
2	室温	用户室内温度	189317
3	2020 年 12 月—2021 年 1 月供热	热表供热数据	48853

根据上述表格,使用用热地址以及抄表时间将数据源进行关联、汇总,即将室温和天气数据以用热地址和抄表时间为关键字匹配到供热数据表中。

1.3.2 温度预测系统的建立

从预测室温系统中可以获得预测室温等相关数据,整理至 Excel 表中,表中的数据量见表 4。

室温预测相关数据的数据量　　表 4

序号	数据来源	属性	数据量
1	预测室温系统	预测室温	126372

通过综合供热计量数据和环境及楼宇数据汇总得到全部数据,见表 5。

全部数据的数据量　　表 5

序号	数据来源	属性	数据量
1	气象数据、楼宇数据及室温数据	供热数据和气象及楼宇数据	126372

2 供热数据的数据挖掘

2.1 数据的自动优劣分类与判断

数据主要是有两种,分别为优等数据和劣等数据。其中,当某数据行在逻辑上不存在错误并且数据项齐全时为优等数据;当某数据行在逻辑上存在错误、数据项不齐全或者数据值非常差时为劣等数据。事实上,不论是优等数据还是劣等数据,都可以获得一定价值的信息或知识。

对于构建诊断专家系统,劣等数据尤为重要。因为通过分析劣等数据可以发现现有的问题,以便及时解决。此外,通过分析劣等数据可以构建问题库,这可用于对未来可能发生的问题进行预判和预警,这也是构建专家系统的本意。

2.2 数据的数据挖掘

数据的挖掘主要是从室温、温差、单日流量、单日热量、累计热量、累计流量、热功率、流速、建筑数据、天气数据方面展开,找到其中的劣等数据。针对劣等数据,分别从数据缺失和数据逻辑错误进行分析,每次的数据挖掘是在整合原始数据的基础上进行统计。

2.2.1 基于室温的数据挖掘

关于室温,异常数据主要类型为缺失和逻辑错误。逻辑错误主要表现为:室温小于0、室温等于0、室温大于0但热功率等于0。

(1) 现有数据集中室温缺失的数据有 35168 条,占总数据量的 27.83%。

(2) 现有数据集中室温小于 0 的数据有 24 条,占比 0.02%。

(3) 现有数据集中室温等于 0 的数据有 79877 条,占比 63.21%。

(4) 现有数据集中室温大于 0 但热功率等于 0 的数据有 4078 条,占比 3.23%。

2.2.2 基于温差的数据挖掘

关于温差,异常数据主要表现为温差为负值、温差为 0 但热功率大于 0、温差处于 3σ 范围外。

(1) 现有数据集中温差为负值的数据含有 11422 条,占比 9.04%。

(2) 现有数据集中温差为 0 但热功率大于 0 的数据有 13 条,占比 0.01%。

(3) 通过计算得到,温差的绝对值的均值为 5.13,标准差 σ 为 6.72。因此 3σ 的上限为 25.28,3σ 的下限为 -15.02。现有数据集中超过 3σ 的上限的数据有 66 条,占比 0.05%;现有数据集中没有超过 3σ 下限的数据。

2.2.3 基于单日流量、单日热量的数据挖掘

关于单日流量、单日热量,异常数据主要表现为单日流量和单日热量小于 0、单日热量大于 0 但单日流量等于 0、单日流量大于 0 但单日热量等于 0、单日流量等于 0

但热功率大于 0、单日热量等于 0 但热功率大于 0、单日流量和单日热量等于 0 但热功率大于 0、单日流量及单日热量及热功率均等于 0。

（1）现有数据集中单日流量和单日热量小于 0 的数据有 1 条，占比 0%。

（2）现有数据集中单日热量大于 0 但单日流量等于 0 的数据有 26 条，占比 0.02%。

（3）现有数据集中单日流量大于 0 但单日热量等于 0 的数据有 427 条，占比 0.34%。

（4）现有数据集中单日流量等于 0 但热功率大于 0 的数据有 2820 条，占比 2.23%。

（5）现有数据集中单日热量等于 0 但热功率大于 0 的数据有 1760 条，占比 1.39%。

（6）现有数据集中单日流量及单日热量及热功率均等于 0 的数据有 26 条，占比 0.02%。

2.2.4 基于累计热量、累计流量、热功率、流速的数据挖掘

关于累计热量、累计流量、热功率、流速，异常数据主要表现为累计热量等于 0 但累计流量大于 0 且流速大于 0、累计热量等于 0 但累计流量大于 0 且热功率大于 0、累计热量及热功率及流速等于 0 但累计流量大于 0、热功率等于 0 但累计热量及累计流量及流速大于 0、热功率及流速等于 0 但单日热量大于 0、热功率及流速等于 0 但单日流量大于 0。

（1）现有数据集中累计热量等于 0 但累计流量大于 0 且流速大于 0 的数据有 52 条，占比 0.04%。

（2）现有数据集中累计热量等于 0 但累计流量大于 0 且热功率大于 0 的数据有 52 条，占比 0.04%。

（3）现有数据集中累计热量及热功率及流速等于 0 但累计流量大于 0 的数据有 1189 条，占比 0.94%。

（4）现有数据集中热功率等于 0 但累计热量及累计流量及流速大于 0 的数据有 1745 条，占比 1.38%。

（5）现有数据集中热功率及流速等于 0 但单日热量大于 0 的数据有 25012 条，占比 19.79%。

（6）现有数据集中热功率及流速等于 0 但单日流量大于 0 的数据有 26201 条，占比 20.73%。

2.2.5 基于建筑数据、天气数据的数据挖掘

建筑数据主要异常在于数据缺失；天气数据暂时不存在缺失、逻辑错误等异常。建筑数据缺失情况见表 6。

供热计量数据缺失情况　　表 6

序号	指标名称	缺失数量	缺失比例
1	交费类别	180	0.14%
2	收费面积	180	0.14%
3	建筑面积	126372	100%
4	用热状态	180	0.14%
5	用户机组	180	0.14%
6	高度	180	0.14%
7	朝向	180	0.14%

3 专家知识的固化

3.1 专家知识规则库的建立过程

3.1.1 知识获取

知识获取是对已经获得的知识或者固有的经验进行操作，并使用一定的规则和方式将知识储存在计算机内部，以便于计算机后期对知识进行访问。常见的知识获取方式有以下两种：

半自动知识获取：设计者通过咨询专家或者阅读书籍等方式获得知识，并对知识进行分析、分类和总结等，使知识更加系统、完善，按照一定的数据规则和存储方式将完成前述操作的知识存放于计算机内形成知识库。

自动知识获取：常使用机器学习来完成。即计算机通过自动与专家进行互动或者自动读取已有知识，按照一定的规则将知识录入知识库，自动完成知识库的建立和补充。

本文的知识获取方式主要为第一种，具体做法为：通过制作专家调查问卷并邀请专家填写，找到各个数据异常的原因，并针对异常现象提出意见。

本文专家问卷的设计本身需要保证正确性，即问卷设计包含有对意见的引导，不合理的设计会导致偏差，解决此问题主要需要从专家问卷的功能入手。专家问卷的功能主要是：数据异常（包括离群值、超差值等）容易使用数据分析方法得知，但是其造成的原因是需要专家给出的；后者也是专家知识的具体体现。设计过程是：由专家口头给出设计大略，然后系统开发者设计初稿，最后组织主要专家修改，形成问卷并分发给多个专家。

收回专家问卷后，经过汇总，对不一致的问题经过进一步专家协商形成最终知识源。

局部专家问卷（含汇总后的知识源）如图 2 所示。

3.1.2 知识数据库设计

知识库直接影响着专家系统诊断的能力，为了使知识库的结构更简单、更易于储存知识，本文将知识库分为三个数据库模块，分别为：故障现象库、故障原因库、故障结论库。故障现象库每列的内容见表 7；故障原因库每列的内容见表 8；故障结论库每列的内容见表 9。各数据库表之间的关系见图 3[8]。

故障现象库　　表 7

列名	数据类型	说明
故障编号	Int	主键
故障模式	nchar（100）	
故障现象	nchar（100）	

编号	知识假设			是否同意该假设（是/否）	专家意见		备注
	异常描述	印象	维修意见		处置上的紧急等级（高-立即处理/中-尽快处理/低-择期处理）	专家意见（如有）	
1	室温为空值	数据未上传	检查室温表和通讯设备运转是否正常，核对数据是否上传	是	中	因为数据已经上来，但是存在空的情况，所以检查热计量表，或者通信设备是否异常；设备损坏、电源故障、插座拔下；设备故障或电源断电	持续三天及以上
2	室温小于等于0，热功率大于0，户外气温小于等于0	室温表损坏或安装位置不正确；天气温低	检查室温表是否损坏，若损坏，及时维修或更换；检查室温表安装位置是否合适；检查室内通风是否过于频繁	是	中	设备故障/放置位置异常	持续三天及以上
3	室温小于等于0，热功率小于0，户外气温小于等于0	室温表、热计量表均损坏；报停户；异常停热；关闭阀门	检查室温表、热计量表是否损坏，若损坏，及时维修或更换；检查是否为报停户；检查是否异常停热，若是，及时维修供热；检查热阀门是否打开，若没有，及时打开	否	低	关闭阀门；停热；也可能室温表、热计量表均损坏。可以通过热计量表温度判断用热情况是否正常，报停户热计量表供回温相近，且明显低于其他用户	持续三天及以上
4	室温小于等于0，热功率小于0，户外气温大于0	室温表或热计量表损坏；报停户；关闭阀门	检查室温表和热计量表是否损坏，若损坏，及时维修或更换；核查是否报停户；检查热阀门是否打开，若没有，及时打开	是	低	关阀，报停户，热计量表设备异常	持续三天及以上

图 2 专家问卷表（部分）

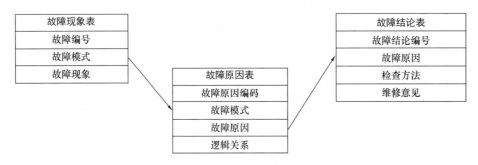

图 3 数据库间关系

故障原因库 表 8

列名	数据类型	说明
故障原因编码	Int	主键
故障模式	nchar（100）	外键
故障原因	nchar（100）	
逻辑关系	nchar（100）	

故障结论库 表 9

列名	数据类型	说明
故障结论编号	Int	主键
故障原因	nchar（100）	外键
检查方法	nchar（100）	
维修意见	nchar（100）	

3.2 专家规则

本文通过使用故障树将知识转化为规则，即将故障树分解为最小的故障树，最小故障树的数目等于诊断知识库的规则数目，分解的步骤如下：

（1）从最顶部的事件开始，找到第二层全部的最小分割集；

（2）以前述的最小分割集作为顶部事件，并预判其可能发生的现象，可能发生的现象作为子事件，在对其求最小分割集，判断该分割集中的现象是否出现；

（3）按照上述方式逐层分解，至不能分解为止[9]。

3.3 专家规则的表达

规则通常用如下方法表示：IF P THEN Q，P 表示条件，Q 表示结论或动作。具体含义：若条件 P 得到满足，则可以推出结论 Q。例如：IF 温差小于 0 THEN 温度表安装存在问题；IF 室温为空值 THEN 数据未上传；IF 室温等于 0，热功率等于 0 THEN 该户为报停户。

4 专家系统的建立及应用实验

4.1 专家系统的工作环境

系统的操作环境使用的是 Windows10 系统。知识库中的故障现象库、故障原因库和维修意见库均储存在数据库表中，通过编写数据库操纵语言调用、操作数据，数据库使用的是 SQL Server 2019。程序编写和人机操作界面设计均使用C#语言。使用 Visual Studio 2019 将数据库、专家系统、数据库访问接口集成起来，通过编写相关代码，实现供热故障诊断专家系统的设计。

4.2 专家系统的工作过程

本文中的专家系统是在后台实时运行的，其工作的基础是在供热系统运转过程上，供热系统感知的数据远传至专家系统，专家系统对于输入的数据进行实时监视并判断是否出现异常；若出现异常，则判断为故障，并根据故障现象给出故障原因和维修意见。其中，输入数据主要是供热数据，包括热计量数据、面板室温数据、预测室温数据、环境及楼宇数据；输出内容主要是供热系统是否存在异常；如果有异常，判定为故障，给出具体故障是什么、故障原因、维修意见。最后，将故障现象和故障原因、维修意见推送给用户，并针对此次故障建立台账[10]。

例如，供热系统传至专家系统的室温值为空，那么系统判定具体的故障是室温数据为空值；故障原因是数据未上传；维修意见为检查室温表运转是否正常、核对数据是否上传，并将其推送给用户、针对此次故障建立台账。

4.3 专家系统能发现的异常类型

目前专家系统可以解决的异常类型主要是在四方面：
（1）室温；
（2）温差；
（3）单日流量、单日热量；
（4）累计热量、累计流量、热功率、流速。
具体能解决的异常列举见表10。

专家系统可以解决的异常（部分） 表10

编号	异常描述	现象	维修意见
1	室温为空值	数据未上传	检查室温表和通信设备运转是否正常，核对数据是否上传
2	室温小于等于0，热功率大于0，户外气温小于等于0	室温表损坏或安装位置不正确；天气气温低	检查室温表是否损坏，若损坏，及时维修或更换；检查室温表安装位置是否合适；检查室内通风是否过于频繁
3	室温小于等于0，热功率等于0，户外气温小于等于0	室温表、热计量表均损坏；报停户；异常停热；关闭阀门	检查室温表、热计量表是否损坏，若损坏，及时维修或更换；核查是否为报停户；检查是否异常停热，若是，及时维修供热；检查热阀门是否打开，若没有，及时打开
4	室温小于等于0，热功率等于0，户外气温大于0	室温表或热计量表损坏；报停户；关闭阀门	检查室温表和热计量表是否损坏，若损坏，及时维修或更换；核查是否为报停户；检查热阀门是否打开，若没有，及时打开
5	室温等于0，热功率大于0，户外气温小于等于0	室温表损坏或天气气温低	检查室温表是否损坏，若损坏，及时维修或更换；检查室内通风是否过于频繁

4.4 专家系统的若干界面

（1）专家系统运行中的故障列表：通过定期对汇集数据的动态扫描，系统根据专家系统的故障原因自动形成警示列表，点击"操作"进入细节查看，如图4所示。

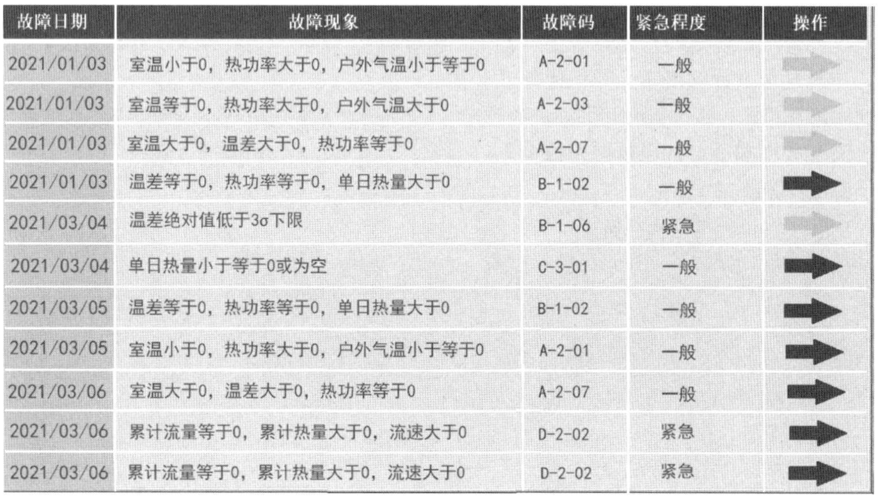

故障日期	故障现象	故障码	紧急程度	操作
2021/01/03	室温小于0，热功率大于0，户外气温小于等于0	A-2-01	一般	
2021/01/03	室温等于0，热功率大于0，户外气温大于0	A-2-03	一般	
2021/01/03	室温大于0，温差大于0，热功率等于0	A-2-07	一般	
2021/01/03	温差等于0，热功率等于0，单日热量大于0	B-1-02	一般	
2021/03/04	温差绝对值低于3σ下限	B-1-06	紧急	
2021/03/04	单日热量小于等于0或为空	C-3-01	一般	
2021/03/05	温差等于0，热功率等于0，单日热量大于0	B-1-02	一般	
2021/03/05	室温小于0，热功率大于0，户外气温小于等于0	A-2-01	一般	
2021/03/06	室温大于0，温差大于0，热功率等于0	A-2-07	一般	
2021/03/06	累计流量等于0，累计热量大于0，流速大于0	D-2-02	紧急	
2021/03/06	累计流量等于0，累计热量大于0，流速大于0	D-2-02	紧急	

图4　故障列表

（2）细节查看：每个提示的详细故障状态、可能原因、处置方案的说明，点击"启动"则按照流程进行人工排查和处理过程，绿色按钮进入下一个异常处理，如图5所示。

（3）工单消解：当日工单异常故障处理完毕，进行归档，并形成一个维修记录，已经处理为浅色箭头显示；待处理为深色箭头显示；存档管理为灰色箭头显示，如图6所示。

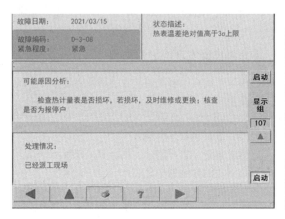

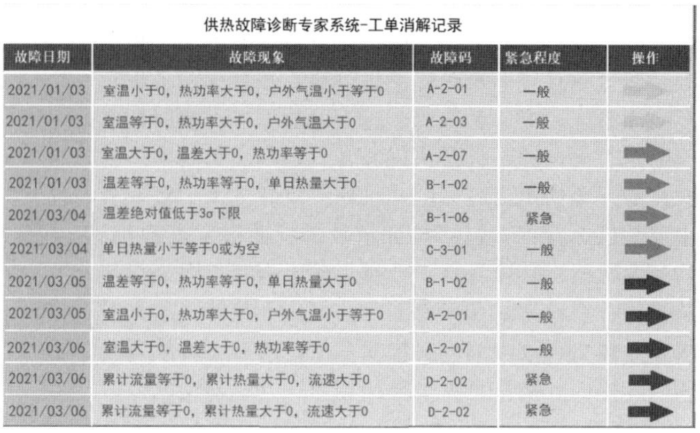

图5 故障细节

图6 工单消解

5 结论

本文论述的供热故障诊断专家系统主要是以供热系统为研究对象，针对其输出的数据和外界获取的相关数据，包括室温、温差、单日流量、单日热量、累计热量、累计流量、热功率、流速、建筑数据、天气数据，运用数据挖掘技术，采用故障树模型，实现供热故障诊断专家系统的设计。主要的研究内容和结论如下：

（1）数据挖掘技术、专家知识问卷和故障树模型相结合，实现了知识的初步获取、专家知识的确认和专家知识的固化。首先通过数据挖掘技术获取劣等数据中存在的问题，这为形成专家问卷提供了数据和知识基础；其次，通过专家知识问卷形成了初步的专家知识；最后，通过故障树模型，将专家知识固化，并可以用计算机语言来表达。

（2）建立供热故障诊断专家系统。首先，将数据和知识存储在数据库中，数据和知识包括供热数据库、故障现象库、故障原因库、维修结论库和专家规则；其次，使用计算机语言构建人机交互界面，实现与任何系统的互动，主要互动包括登录、选择功能、数据展示、知识库修改、故障诊断；最后，使用计算机语言将人机交互界面和数据库连接起来，使人机交互界面和后台程序可调用数据库，最终实现供热故障诊断专家系统。

（3）该供热故障诊断专家系统可以发现隐匿故障。系统不仅针对现有已知的故障进行分析、操作，也针对可能出现的故障进行分析、操作，并录入在系统中。因此，该供热故障诊断专家系统既可以发现已知故障，也可以发现隐匿故障，并在故障出现时立即将故障现象、故障原因、维修意见推送至用户。

参考文献

[1] 赵桂林. 区域供热管网运行故障诊断的算法研究及系统仿真[D]. 杭州：浙江大学，2004.

[2] 胡姗. 基于FTA地源热泵热水系统故障诊断专家系统研究[D]. 长沙：湖南大学，2013.

[3] 王光宏，蒋平. 数据挖掘综述[J]. 同济大学学报（自然科学版），2004，2：246-252.

[4] 周庆，牟超，杨丹. 教育数据挖掘研究进展综述[J]. 软件学报，2015，26(11)：3026-3042.

[5] 彭昱忠，王谦，元昌安，林开平. 数据挖掘技术在气象预报研究中的应用[J]. 干旱气象，2015，33(1)：19-27.

[6] 佟国红，王铁良，白义奎，刘文合. 日光温室建筑参数对室内温度环境的影响[J]. 沈阳农业大学学报，2003，3：203-206.

[7] 李妍. 夏热冬冷地区高层住区室外风环境评价及优化设计[D]. 杭州：浙江大学，2015.

[8] 林博宇. 热模锻压力机故障诊断专家系统构建与应用研究[D]. 北京：机械科学研究总院，2020.

[9] 潘学文，张福生，陆龙. 基于故障树的故障诊断专家系统设计[J]. 煤矿机械，2021，42(3)：174-176.

[10] 郭辉，张琳. 空调器故障诊断专家系统的开发[J]. 暖通空调，2006(7)：117-120.

供热室温稳定度分析与应用

北京硕人时代科技股份有限公司　史登峰　周　飞

【摘　要】 目前用户室温监测数据已经为供热行业主管部门提供了监管依据，为热力公司实施精准调控提供了数据支撑。本文通过大量数据分析得出了室温稳定度可以作为衡量室温稳定的特征参数，将室温稳定度分为三个等级，小于0.95为"差"，0.95~0.98之间的为"良"，大于0.98为"优"；有了日平均室温和室温稳定度，就可以计算出室温标准差，通过标准差估算出室温波动度，还得出了68%以上室温数据分布在 $(\bar{t}-\delta,\bar{t}+\delta)$ 区间内。实际案例中统计结果显示：室温稳定度小于0.95的为6.9%、0.95~0.98为33.8%、大于0.98的占比达到了59.3%；室温波动度小于2℃的占比达到了73.7%、2~4℃的为16.8%、大于4℃仅为9.5%。

【关键词】 日平均室温　室温稳定度　标准差　室温波动度

室温作为衡量供热企业供热效果的重要指标，是智慧供热的重要组成部分，目前很多供热公司和供热行业主管部门已经部署了室温运营云平台，监测了大量用户室温数据，用以监督和检查供热效果，为供热运行提供精准调控，节约能源。

民用建筑住宅设计室温标准为18℃，有的地方按照18±2℃实行，即16~18℃为合格；国家标准《城镇供热服务》GB/T 33833—2017规定：在正常天气条件下，且供热系统正常运行时，供热经营企业应确保热用户的卧室、起居室内的供暖温度不应低于18℃。也有的地方供热行业主管部门明确提出了卧室、起居室内的供暖温度不应低于20℃的规定。

供热运行期间用户室温合格率97%[1]，是对供热企业的考核指标，也是室温作为衡量供热效果、社会效益重要指标的具体体现。室温稳定度[2]反映室温一天内的波动情况，也能反映出供热效果的好坏；同时它的大小也对室温18℃（或20℃）和合格率97%这两个指标产生影响。本文以实际室温数据出发，试着分析室温稳定度的大小及其应用。

1 稳定度定义

室温稳定度是表征室温在一天中的波动情况，其计算公式[2]如下：

$$k_i = 1 - \frac{\delta_i}{\overline{t_{i\cdot}}} = 1 - \frac{\sqrt{\frac{\sum_{j=1}^{n}(t_{i,j}-\overline{t_{i\cdot}})^2}{n-1}}}{\overline{t_{i\cdot}}} \quad (1)$$

$$\delta_i = \sqrt{\frac{\sum_{j=1}^{n}(t_{i,j}-\overline{t_{i\cdot}})^2}{n-1}} \quad (2)$$

$$\overline{t_{i\cdot}} = \frac{\sum_{j=1}^{n}t_{i,j}}{n} \quad (3)$$

式中　k_i——第i个测点的室温稳定度，无量纲；
　　　δ_i——第i个测点日室温的标准差，℃；
　　　$\overline{t_{i\cdot}}$——第i个测点日平均室温，℃；
　　　$t_{i,j}$——第i个测点在第j时刻测得的室温，℃。

2 室温数据分布

2.1 测点分布及数据形式

室温监测以热力站为单位，测点分布如表1所示，如二号热力站供热面积33411.86m²，420个用户的起居室或卧室安装了61台室温采集器，分布在6栋楼，安装室温采集的用户比例接近15%，安装室温采集的用户供热面积占总供热面积12%以上；三号热力站所供热小区安装室温采集用户供热面积比例为4%；超过了检测室温用户的供热面积应不低于总供热面积1%~3%的要求[1]。

每台室温采集器每小时采集一次室温数据，计24条室温，称为小时室温，数据形式如表2所示。本案例分析2020年2月21~28日室温数据，共162台×8天×24h=31104条小时室温数据，1296条日平均室温数据。

三个热力站室温采集分布表　　表1

序号	一号热力站		二号热力站		三号热力站	
	楼号	供热面积（m²）	安装数量	楼号	供热面积（m²）	安装数量	楼号	供热面积（m²）	安装数量
1	1号	3154.83	8	2号	3541.76	11	3号	4735.02	2
2	2号	3201.33	6	3号	5570.76	10	4号	5027.34	10
3	3号	3174.03	4	7号	5117.02	9	7号	3656.88	8
4	4号	4014.03	2	8号	5349.58	12	8号	4261.14	4

续表

序号	一号热力站			二号热力站			三号热力站		
	楼号	供热面积（m²）	安装数量	楼号	供热面积（m²）	安装数量	楼号	供热面积（m²）	安装数量
5	5号	6478.26	5	9号	4814.36	9	9号	4295.32	6
6	6号	6316.74	8	10号	5263.37	10	10号	4563.18	11
7	7号	3431.67	5	其他	3755		其他	43902.65	
8	8号	3154.68	9						
9	9号	9756	8						
10	10号	5063.4	5						
11	物业	2472.94							
小计		50217.91	60		33411.85	61	0	70441.53	41

室温采集数据形式（单位：℃）　　　　　　　　　　　　　　　　表2

时间	2号楼1单元1层111	2号楼1单元3层301	……	10号楼1单元5层501
2020-02-21 1：00：00	23.4	24.9	……	22.4
2020-02-21 2：00：00	23.3	24.9	……	22.3
2020-02-21 3：00：00	22.8	24.9	……	22.1
……				
……				
2020-02-28 22：00：00	22	24.6	……	22.3
2020-02-28 23：00：00	22	24.5	……	22.1
2020-02-28 0：00：00	22	24.4	……	22

2.2 数据分布

整理这些室温数据，依据式（3）计算每天24h室温的平均温度，得到日室温分布（图1），图中数字2.78%表示平均室温小于16℃的数量占总数量（1269个）的百分数；平均室温小于16℃的室温有36个（下同）。如果以18℃以上为合格室温的话，本案例中低于18℃的占比达到了6.3%。为了分析方便，以下的室温分类采用16/20/24℃区间，平均室温低于16℃的为2.78%，16~20℃的为12.4%，20~24℃为55.5%，高于24℃的29.3%。本案例中大部室温集中在20~24℃。

每天的最高室温与最低室温的差就是日室温波动度[3]，以下简称室温波动度，结果如图2所示，室温波动度是小时室温的最高值与最低值之差。最大的室温波动度有超过10℃以上的，小于2℃的占比达到了73.7%，基本上达到了恒温情况；2~4℃的为16.8%；大于4℃的

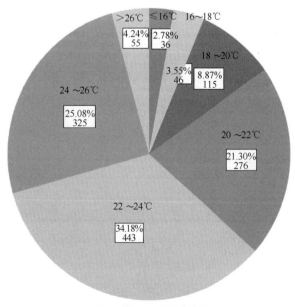

图1　日平均室温分布图

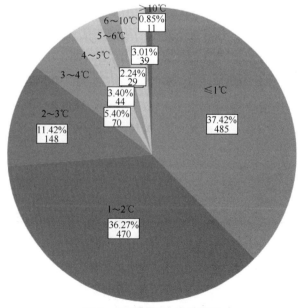

图2　日室温波动度分布图

为 9.5%。

依据式（2）计算日室温标准差，以下简称室温标准差。标准差反映了室温偏离平均室温的程度，标准差小于 0.5℃ 的占比达到了 66.9%；0.5～0.8℃ 之间的占比 19.3%；高于 0.8℃ 为 13.8%（图 3）。

依据式（1）计算日室温稳定度，以下简称室温稳定度。室温稳定度小于 0.95 的为 6.9%；0.95～0.98 为 33.8%；稳定度大于 0.98 占比达到了 59.3%（图 4）。

温与波动度关系如图 6 所示。从图中可以看出，由于室温超过 20℃ 的占比超过 84%，而波动度小于 2℃ 的占比 73.7%，因此就决定了高平均室温下波动度小的数量很多，也就是高的平均室温下室温多数都是比较稳定的。但是平均室温高时也存在波动度大的情况，并且数量也不小。同时，并不是说波动度大的平均室温就小，反之也是如此，所以平均室温与波动度的关系无法定性或定量描述。

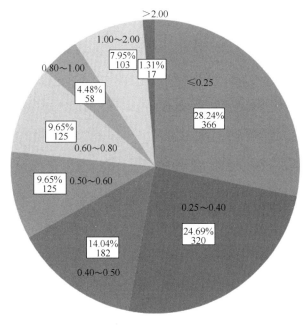

图 3　日室温标准差分布图

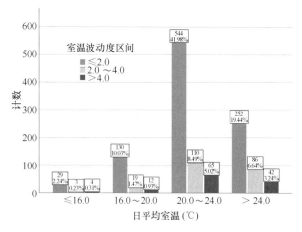

图 5　平均室温各区间下波动度分布

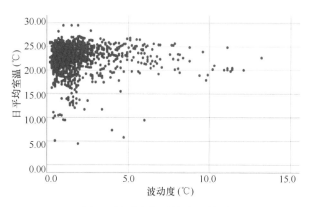

图 6　波动度与平均室温关系

3.2　平均室温与标准差的关系

各平均室温区间下标准差的分布如图 7 所示，平均室

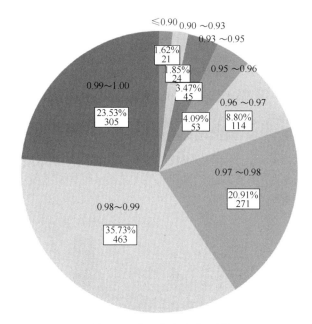

图 4　日室温稳定度分布图

3　与平均室温关系分析

3.1　平均室温与波动度的关系

各平均室温区间下波动度的分布如图 5 所示，平均室

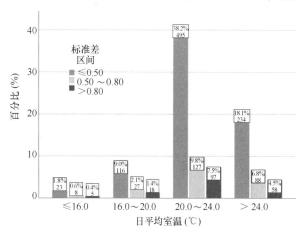

图 7　平均室温各区间下标准差分布

温与标准差关系如图 8 所示。高平均室温下，标准差大多数情况下都比较小；与上文平均室温与波动度的情况类似，平均室温与标准差的关系也无法定性或定量描述。

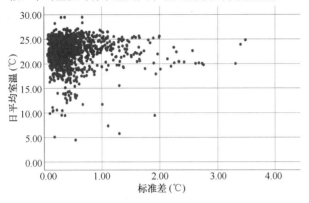

图 8　标准差与平均室温关系

3.3　平均室温与稳定度的关系

各平均室温区间下稳定度的分布如图 9 所示，平均室温与稳定度的关系如图 10 所示。平均室温为 20℃的用户室温稳定度较高，平均室温在 20℃以上而稳定度又在 0.95 以上的占了 79.6%。

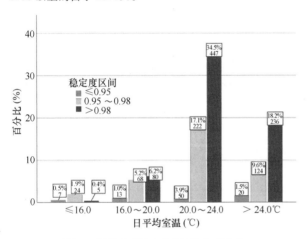

图 9　平均室温各区间下稳定度分布

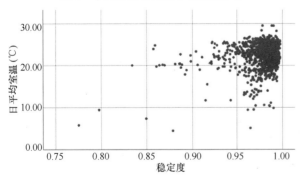

图 10　平均室温与稳定度关系

4　稳定度、室温波动度和标准差三者关系分析

4.1　室温波动度与标准差的关系

各室温标准差区间下波动度的分布如图 11 所示，标准差与波动度的关系如图 12 所示。室温标准差小于 0.5℃下波动度小于 2.0℃占了 64.8%，标准差小于 0.5℃的波动度都小于 4℃；标准差大于 0.8℃的用户室温波动度都大于 2℃。同时，波动度与标准差通过线性拟合有近似 4 倍的线性关系，因此这两个参数知道其中一个，可以得出另外一个。

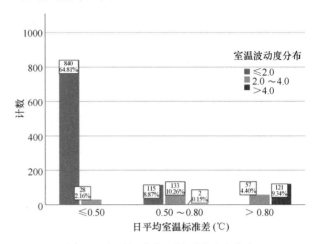

图 11　室温标准差区间下波动度分布

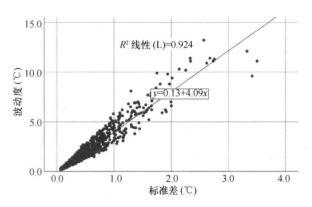

图 12　室温标准差与波动度的关系

4.2　室温稳定度与标准差的关系

由式（1）知，室温稳定度是由平均室温与标准差导出来的，各室温稳定度区间下标准差的分布如图 13 所示，标准差与波动度的关系如图 14 所示，稳定度大于 0.98

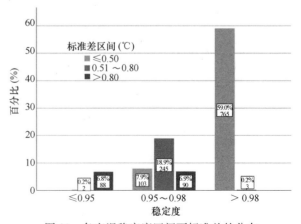

图 13　各室温稳定度区间下标准差的分布

时，标准差几乎全部小于 0.5；稳定度小于 0.95 时，标准差也几乎都大于 0.8℃；也就是说标准差大的，稳定度小；从图 13 可以清晰地看出它们之间的负线性关系。需要说明的是：由于图 13 中有几个低稳定度对线性拟合有很强影响的点，所以拟合的关系式斜率为 -18.37，否则这个值应该是日平均室温值。

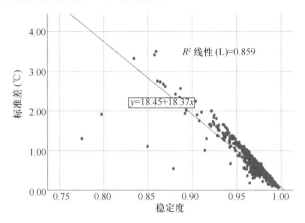

图 14　室温稳定度与标准差的关系

4.3　室温稳定度与波动度的关系

各室温稳定度区间下波动度的分布如图 15 所示，室温稳定度按波动度的堆积直方图如图 16 所示。综合这两张图可以得出：稳定度小于 0.95 时，室温波动度几乎没有低于 2℃ 的；稳定度高于 0.98 时，室温波动度几乎都小于 2℃。

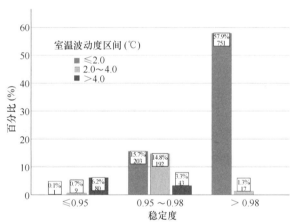

图 15　各室温稳定度区间下波动度的分布

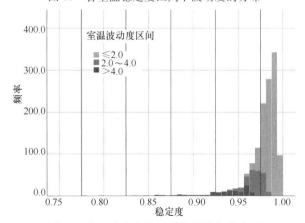

图 16　室温稳定度按波动度的堆积直方图

在式（1）和前文的分析中得出，标准差与室温稳定度是负的线性关系，斜率为日平均室温；而室温波动度与标准差有近似 4 倍的关系，因此室温波动度与稳定度也是负线性关系，斜率为近似 4 倍的日平均室温。这点也从室温稳定度与波动度的关系图得到证实，图 17 中显示波动度与室温稳定度呈现某种线性关系，图 14 中标准差与室温稳定度的拟合斜率为 -18.37，乘以 4 为 -73.48，与图 17 中的斜率 -74.63 非常接近，因此这两个参数知道其中一个，另外一个是可以估算出的。

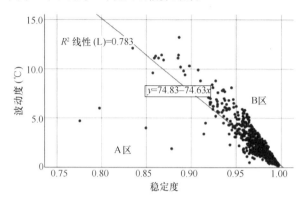

图 17　室温稳定度与波动度的关系

5　稳定度应用

5.1　室温稳定特征参数选取

供热运营要求室温合格率在 97% 以上，如果用户平均室温为 20℃、波动度在 4℃ 以上，那么室温就有可能不合格；人体的舒适感受也是室温稳定、波动度小最好。因此，室温稳定是供热运营的目标。

前文分析了平均室温、稳定度、波动度和标准差的相互关系，毫无疑问平均室温是必须作为供热室温的特征参数来衡量室温高低的；稳定度、波动度和标准差都可以作为衡量室温稳定的参数，稳定度和标准差是可以相互计算的，关键点是稳定度和波动度的选择。

如前所述，波动度是一天中室温最高值与最低值之差，在空调系统中应用较多，与空调精度对应，其波动度一般小于 4℃，但是供热系统中由于冬季室内外温差大，波动度有时会很大。在本案例中，波动度小于 2℃ 的室温占了 70% 以上，但是还是有近 10% 的室温波动在 4℃ 以上，其中还有接近 4% 的波动度在 6℃ 以上，甚至有 0.85% 的室温波动度在 10℃ 以上，按照平均温度和波动度来判断这部分用户中的室温很可能会不合格。但是实际上，这些室温一天中只有某个时刻室温高或低，其他大部分时间室温都保持稳定，如图 17 中的 B 区室温数据，室温稳定度值还比较高，有的甚至在 0.95 以上；另一方面波动度是最大室温差，而室温在一天内是频繁波动的，如图 17 中的 A 区室温数据，其波动幅度小于波动度，波动度小，但是稳定度低。因此综合来看，选择室温稳定度作为衡量室温稳定的特征参数比较合适，波动度可以通过室温稳定度估算出来。

此外,通过大量数据统计分析,室温稳定度的数据分布与图 4 的数据分布类似,因此将室温稳定度分为三个等级,小于 0.95 为"差",0.95~0.98 之间的为"良",大于 0.98 为"优"。

5.2 室温稳定度与正态性关系

图 2 中日平均室温波动度小于 2℃的占比达到了 73.7%,图 4 中室温稳定度大于 0.95 的占比近 90%,这说明大量的用户一天中室温非常稳定。

分析二号热力站某一个用户一天中小时室温数据,如图 18 所示,正态 QQ 图如图 19 所示。日平均室温为 22.5℃,稳定度为 0.9806,波动度为 1.9℃,标准差为 0.44℃,波动度与标准差近似 4 倍关系。直方图中室温数据钟型分布,两侧呈现对称,正态 Q-Q 图呈现直线,可认为是正态分布;同时 SPSS 软件输出正态性检验结果如表 3 所示,因为一天小时室温只有为 24 条,自由度为 24,选择夏皮洛-威尔克检验结果,其显著性结果为 0.536,大于 0.05,因此有理由相信这个用户的小时室温数据呈现正态分布特性[4]。

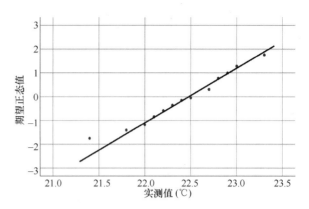

图 19 二号热力站一用户小时室温 Q-Q 图

正态性检验结果表　　　表 3

	柯尔莫戈洛夫-斯米诺夫[①]			夏皮洛-威尔克		
	统计	自由度	显著性	统计	自由度	显著性
稳定度 9806	0.194	24	0.020	0.965	24	0.536

① 里利氏显著性修正。

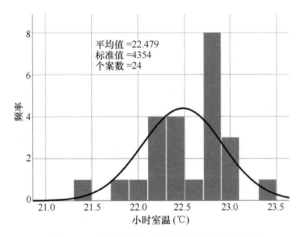

图 18 二号热力站一用户小时室温直方图

有大量数据显示稳定度高的用户小时室温数据呈现正态分布,而对于室温稳定度小于 0.95 的小时室温数据,几乎没有呈现正态分布特性。

5.3 参数估计

既然有大量用户小时室温数据呈现正态分布,那么依据数理统计知识,室温值在 $(\bar{t}-\delta,\bar{t}+\delta)$ 区间的概率为 68%,当数据量大时,频数就接近概率值[5],也就可以理解为有 68% 的数据落在 $(\bar{t}-\delta,\bar{t}+\delta)$ 区间内;有 95% 的数据落在 $(\bar{t}-2\delta,\bar{t}+2\delta)$ 区间内,这就可以解释图 12 通过数据线性拟合得出波动度与标准差有近似 4 倍的关系了。

至此,有了日平均室温和室温稳定度,就可以计算出室温标准差,通过标准差估算出室温波动度,还可以大致判断出大部分室温分布的 $(\bar{t}-\delta,\bar{t}+\delta)$ 区间内。

本文选取了 7 个不同稳定度用户室温数据,计算结果如表 4 所示,室温波动度是标准差的近似 4 倍左右,在 $(\bar{t}-\delta,\bar{t}+\delta)$ 区间内所有用户的室温数量占比都超过了 68%。

7 个不同室温稳定度用户计算结果　　　表 4

名称	用户 1	用户 2	用户 3	用户 4	用户 5	用户 6	用户 7
日平均室温(℃)	20.0	20.1	23.7	22.1	23.7	22.5	21.6
室温稳定度	0.8341	0.9055	0.9515	0.9623	0.9727	0.9806	0.9931
室温标准差(℃)	3.32	1.90	1.15	0.83	0.65	0.44	0.15
室温波动度(℃)	12.1	7.9	5.6	2.4	2.5	1.9	0.5
波动度与标准差倍数	3.6	4.2	4.9	2.9	3.9	4.3	3.3
$(\bar{t}-\delta,\bar{t}+\delta)$ 区间内室温数量占比	87.5%	91.7%	95.8%	83.3%	79.2%	75.0%	79.2%

6 结论

通过以上分析,可有如下结论:

(1) 室温稳定度可以作为衡量室温稳定的特征参数,将室温稳定度分为三个等级,小于 0.95 为"差",0.95~0.98 之间的为"良",大于 0.98 为"优"。实际案例中统计结果:室温稳定度小于 0.95 的为 6.9%;0.95~0.98 为 33.8%;稳定度大于 0.98 的占比达到了 59.3%。

(2) 有了日平均室温和室温稳定度,就可以计算出室温标准差,通过标准差估算出室温波动度,还可以得出 68% 以上室温数据分布在 $(\bar{t}-\delta, \bar{t}+\delta)$ 区间内;

(3) 实际案例统计数据结果:室温波动度小于 2℃ 的占比达到了 73.7%;2~4℃ 的为 16.8%;大于 4℃ 的仅为 9.5%。

参考文献

[1] 石兆玉,杨同球. 供热系统运行调节与控制[M]. 北京:中国建筑工业出版社,2018.
[2] 史登峰,何乐,王柯. 二次网热力平衡度概念及其分析应用[J]. 区域供热,2020,2;4.
[3] 李兆坚等. 分体空调房间夏季室温波动度的实测分析[J]. 暖通空调,2014,7;14-17.
[4] 张文彤. SPSS 统计分析高级教程(第三版)[M]. 北京:高等教育出版社,2017.
[5] 丁正生. 概率论与数理统计简明教程[M]. 北京:高等教育出版社 2015.

集中供热条件下居住建筑热环境监测调查[①]

北京工业大学绿色建筑环境与节能技术北京市重点实验室　侯启贤　谢静超　姬颖　尹鹏　赵姗姗　刘加平
北京市住宅建筑设计研究院有限公司　李庆平

【摘　要】本文以寒冷地区典型城市北京为对象,针对冬季集中供暖时期住宅建筑频发的过热现象,于 2020 年 11 月—2021 年 4 月开展了室温长期监测。本次监测对象共 231 户,分别来自 3 个不同供热厂。监测结果显示:整个供暖季居民室内温度均值为 21.6℃,三区域室温过热比例均大于 68%。造成供暖季室温分布不平衡的主要原因并不是二次网管网的水力失调,而是受楼栋内部住宅空间位置差异与整个供暖季时间维度室外气候差异影响;不同供暖时期室温分布的不均匀程度不同,过热现象在供暖末期出现的频率最高,为 82.6%;楼层间的室温分布差异明显,首层室内热环境较差,顶层容易出现过热现象,顶层平均温度较首层高 4℃,楼栋内呈明显的上热下冷分布,且高层住宅顶层的过热越普遍。

【关键词】居住建筑　集中供暖　室内热环境　长期监测

引言

我国建筑领域是能源消耗大户,其中暖通空调系统能耗作为建筑能耗的重要组成部分,约占整个建筑总能耗的 50%[1]。对于供暖系统,北方城镇建筑主要采用集中供热模式,源自于苏联的福利供暖体制[2]。在公有制体制下,城镇住宅产权归国家所有,城镇居民的住房由国家统一分配,同时也享受着"免费"的集中供暖社会"福利"。在经济体制转为市场模式后,住宅产权归个人所有,"供暖"也相应变成了一种市场"服务",即供暖由"福利"变成了"商品"。供热公司在提供供暖服务的同时,依据市场价格、对热量计量并收取供暖服务费用。用户购买了冬季室内供暖"服务",就有权要求所有房间在整个供暖期达到供暖设计温度[3]。然而,我国(包括国外)集中供热系统的基本原理、系统架构、技术水平以及控制方式等没有发生根本的变革[4-7],即在现有集中供暖技术水平下,集中供暖系统无法实现同一供暖区内每个房间同时满足供暖设计标准。根源在于:在区域供热范围内,公共建筑与住宅建筑共存、高层与低层建筑同在,即使设计满足要求,随着室外气候变化,也无法在运行过程中将所有用户都调节到设计工况。因此,为了保证供暖区最不利热用户达到室内设计温度,其他用户出现"过热"就成为必然现象,造成不必要的能源浪费[8]。

然而,冬季过热的室内温度不一定意味着更奢侈和更舒适[9-11],大量的过热导致居民冬季开窗散热现象增加,进而造成能源的浪费[12]。为了解北京地区冬季供暖情况下居住建筑的真实室温分布情况,笔者于 2020 年 11 月—2021 年 3 月,在北京市平谷区开展了长期室温监测,旨在分析供暖期间室温分布的时空不均匀性。

---

① 中国工程院咨询研究项目"北方城镇节能型低温供暖新模式"(2020-XY-12)。

1 测试概况

1.1 测试方法

通过供热数据监测平台对北京平谷地区231户住宅整个供暖季室温情况进行连续监测,监测周期为2020年11月—2021年4月,样本总供暖面积20145.98m²,被测住宅均为集中供暖,由滨河供热厂(116户)、兴谷供热厂(94户)、新城供热厂(37户)供热。测试人员通过在住户家中安装具有数据上传功能的温湿度传感器对住户室内温度进行长期监测,数据上传频率为1h一次,共得到238556个有效测点。

1.2 被测住宅概况

本次测试住户共231户,三个供热厂所供的区域大小并不相同,二次网的规模整体大小呈:滨河＞兴谷＞新城。

2 监测结果

北京市供暖开始时间为11月14日,为确保数据能够真实反映供暖期室内外热环境情况,选择供暖平稳后的第一周开始监测,测试开始时间为11月21日。

2.1 室外环境

平谷地区地处北京东北部,2020年11月21日—2021年3月15日该地区室外温度变化如图1所示。

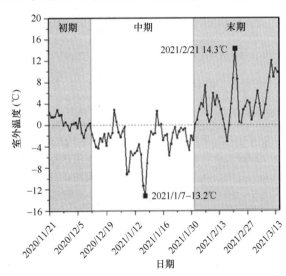

图1 测试期间室外温度

从图1中可以看出,11月21日—12月12日,室外日平均温度接近0℃,2月2日—3月15日,室外日平均温度明显高于0℃,其中2月21日达到了供暖季室外最高温14.3℃。12月12日—2月2日,室外温度明显低于0℃,其中以1月7日最冷,日均温度达到−13.2℃。为方便后文对供暖季不同时期进行描述分析,根据供暖季室外温度情况,规定当周平均温度小于0℃时为供暖中期开始,当周平均温度大于0℃时为供暖中期结束,即11月14日—12月12日为供暖初期,12月13日—1月30日为供暖中期,1月31日—3月15日为供暖末期。不同时期室外日均温度统计见表1。

不同供暖时期室外日均温度(℃) 表1

供暖阶段	均值	中位数	标准差
供暖初期	0.45	0.35	1.38
供暖中期	−2.95	−2.30	3.10
供暖末期	4.40	4.00	3.92

表1显示,不同供暖时期室外温度情况具有明显差异,供暖末期室外温度均值最高,较供暖中期高7.45℃。用标准差来衡量不同时期室外温度的离散情况,可以看出,供暖末期室外温度变化更离散,室外气象变化最不稳定,供暖初期室外温度变化较平稳,在0.45℃上下波动不明显。这与之前的研究[13]中的结果相似。由此可以看出,北京地区冬季供暖中期前后的过渡期温度变化规律并不相同,整个时间线上的变化规律为缓慢入寒,迅速回暖。因此秋季、春季两个过渡季室外气候变化规律差异明显,不宜采用相同的供热调节策略。

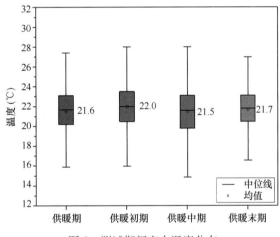

图2 测试期间室内温度分布

2.2 室内环境

测试期间所有住户室内温度分布情况如图2所示,可以看出被测住户中,整个供暖季室内温度均值为21.6℃,供暖初期和末期室内平均温度较高,分别为22℃和21.7℃。

不同地区室内温度分布如图3所示,可以看出,滨河地区整个供暖季住户整体平均室温在22℃上下浮动,供暖初末期在22℃上下浮动,较平稳,供暖中期略低于22℃,与室外温度同时在1月7日达到最低值(20.4℃);兴谷地区在20~22℃之间浮动,浮动幅度受室外温度影响,在2月17日达到最低值(19.75℃);新城区域在供暖初末期超过22℃,随时间变化浮动不明显,供暖中期在20~22℃浮动,与室外温度同时在1月7日达到最低值(20.3℃)。整体来看,供暖情况初期室内温度情况:新城＞滨河＞兴谷,供暖中期和末期滨河地区和新城地区室内温度高于兴谷,室内温度明显随室外气温变化而变化,滨河地区和新城地区均在1月7日与室外温度同时达到最低值,而兴谷地区则在供暖末期的2月17日达到最低值,说明兴谷地区供热公司在供暖末期对供热强度进行的调节力度大于另外两区。

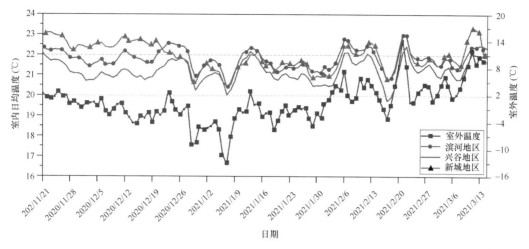

图3 不同地区供暖季室温变化情况

3 结果分析

3.1 供暖季室温时频分布

统计不同地区整个供暖季室内温度分布如图4所示,根据国内外卫生部门的研究结果,当人体衣着适宜、保暖量充分且处于安静状态时,室内温度在20℃比较舒适,18℃无冷感,因此笔者认为20℃以上为过热,24℃以上为严重过热。为可以看出三个地区住户供暖不达标(<18℃)比例分别为:滨河3%,新城4%,兴谷6%。三个地区过热(>20℃)比例为:滨河68%,84%,71%。严重过热(>24℃)比例为:滨河15%,15%,8%。可以看出整个供暖季在集中供暖条件下,三个供热厂所供地区的室温超过舒适的比例都超过了50%,说明室温分布非常不平衡。

尽管三个地区的热力公司在供暖期间都根据气候变化对供热量有所调节,其中兴谷地区调节效果最好,但是可以看出管网的水力调节对室温分布不均匀问题并没有明显作用。三个供热厂所带的管网规模并不相同,而供暖季室温分布情况却相似,说明影响供暖不均匀率的主要原因已经不再是二次网管网的水力失调,室温分布的不均匀主要源自楼栋内部热力失调造成的空间失调以及不同时期室外气候变化影响下的时间失调。因此,供暖季室温分布的不平衡主要来自于两个因素:(1)整个供暖季时间维度上的室温不平衡。(2)住宅空间位置差异造成的户间差异。下面将从这两个方面做进一步分析。

3.2 不同供暖时期室温分布

三个地区室内温度情况统计见表2,从表中的均值可以看出,供暖初期,新城地区的住户室内温度情况明显高于另外两区,均值为22.61℃,且标准差最小,说明11月14日—12月12日波动幅度较小,室温日变化不明显。供暖中期,兴谷地区的室温标准差最小(0.5),平均室温为21℃,仅比供暖初期低0.16℃,而此时室外寒冷,室外气候变化明显,说明供暖中期兴谷地区供热调节效果较好。供暖末期,三个地区室温波动幅度相当,都处于偏大的水平,主要受供暖末期室外温度变化幅度较大影响,说明三个地区的热力站在供暖末期的调节效果均不明显。整个供暖季,新城地区供热强度最高,且在中期和末期波

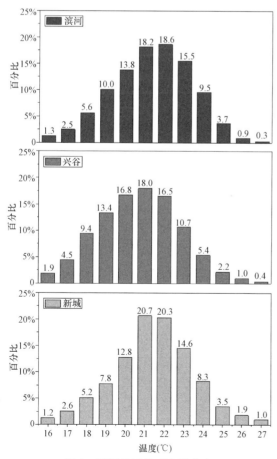

图4 不同地区供暖室温分布

动幅度均大于另外两区;滨河地区室内温度的标准差最小(0.5),整个供暖周期内该地区住户的室温变化幅度最小,供热调节水平高于另外两区。

整体分析三个地区不同时期室温的变化情况,可以看出室温波动明显受室外环境影响且存在明显滞后效应,供暖中期和末期室外温度变化幅度较大,进而造成室内温度波动明显(三个地区室温的标准差均大于0.5),说明仅靠源端的热网进行调节效果较差。

图5展示了不同供暖时期室内温度的累计频率分布。可以看出,三个时期供暖不达标(<18℃)的累计时频均小于8%,其中供暖中期的频率大于供暖前期和末期,说明室温不达标的情况主要出现在供暖中期。三个时期室温严重过热(>24℃)的比例为:供暖初期17.2%、供暖中期13.0%、供暖末期10.4%;过热(>20℃)的比例为:供暖初期77.2%、供暖中期75.2%、供暖末期82.6%。可以看出过热现象多发于供暖初期和末期,且供暖末期相对于供暖初期过热现象的比例会更高。

不同供暖时期各地区室内温度统计 表2

地区	供暖初期(11月14日—12月12日)		供暖中期(12月13日—1月30日)		供暖末期(1月31日—3月15日)		供暖季	
	均值(℃)	标准差	均值(℃)	标准差	均值(℃)	标准差	均值(℃)	标准差
滨河地区	21.86	0.31	21.68	0.52	21.92	0.54	21.81	0.50
兴谷地区	21.16	0.40	21.00	0.50	21.32	0.63	21.21	0.54
新城地区	22.61	0.28	21.66	0.62	21.94	0.66	21.95	0.68

整体来看,虽然随着冬季室外逐渐变冷,供热公司会根据气象变化对热源进行调节,使得严重过热的比例从供暖初期的17.2%逐渐降低到供暖末期的10.4%,达到了一定的效果。但是在供暖季持续的过程中,过热比例的变化却不明显,始终保持在75%以上,这无疑造成了热量浪费。

3.3 楼层间室温分布差异

图6展示了室外气象最冷日(1月7日),不同楼层住户的全天室温变化情况和分布情况。所测量小区住宅为高层共23层,中层共13层。高层住宅供暖水系统分为高区和低区。从图6中可以看出,二十三层住户和十五层住户室温在任何时刻明显高于其他住户,一层住户和十六层住户在多数时间室温明显低于其他住户,原因是一层和十六层处于供暖末端,说明热量在楼栋内存在严重的不均匀。

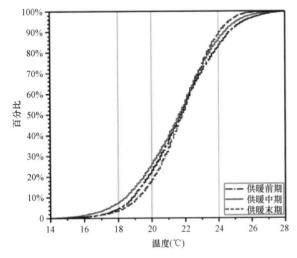

图5 不同供暖时期温度累计频率分布

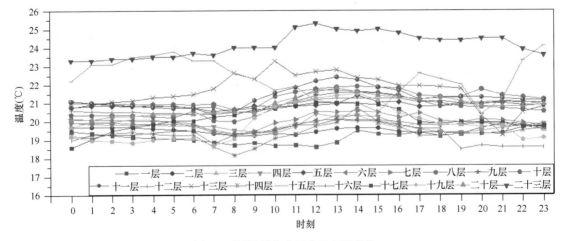

图6 不同楼层住户最冷日室温变化

根据图7可以看出随着楼层的增高，室温均值呈上升趋势，说明供暖过程中楼层间的热量差异明显，基本上呈高层热底层冷现象，在有两套水系统的建筑内，中间楼层的室温也会较低。二十三层的室温最高，说明楼层越高不均匀程度越明显，顶层的过热现象也会更严重。

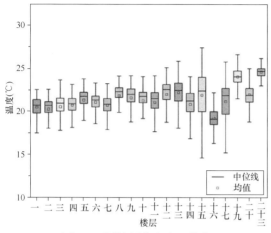

图7 不同楼层住户室温分布

4 结论

本文分析并讨论了三个供热厂所供住宅整个供暖周期的室内热环境情况及室温分布规律，主要结论如下：

（1）北方地区冬季供持续时间长达4个月，随着供暖时间的延续，室外气候变化特点复杂，在供暖初、中、末期室外温度条件具有明显差异，呈秋季缓慢入寒，春季迅速回暖规律，秋季、春季两个过渡季不宜采用相同的供热调节策略。

（2）造成供暖季室温分布不平衡的主要原因已经不是二次网管网的水力失调，而是受楼栋内部住宅空间位置差异与整个供暖季时间维度室外气候差异影响，仅靠热源热网的调节难以解决这两个因素造成的供暖期间室温分布不均匀问题，因此依靠水力调节难以解决过热问题。

（3）不同供暖时期室温分布的不均匀程度不同，过热现象在供暖末期出现的频率最高，为82.6%，供暖初期其次，为77.2%，严重供热现象在供暖初期出现的频率最高，为17.2%，大于供暖中期的13%和供暖末期的10.4%。

（4）楼层间的室温分布差异明显，首层室内热环境较差，顶层容易出现过热现象，顶层平均温度较首层高4℃，楼栋内呈明显的上热下冷分布，层与层之间的户间差异明显，且高层住宅顶层的过热现象较普遍。

参考文献

[1] 清华大学建筑节能中心．中国建筑节能年度发展研究报告2021．北京：中国建筑工业出版社，2021．
[2] 江亿．我国供热节能中的问题和解决途径．暖通空调．2006，36(3)：37-41．
[3] 中国建筑科学研究院．民用建筑供暖通风与空气调节设计规范．GB 50736—2012[S]．北京：中国建筑工业出版社，2012．
[4] Rezaie B，Rosen M A．District heating and cooling：Review of technology and potential enhancements[J]．Applied Energy，2012，93：2-10．
[5] 李丹，胡文举，李德英．城市集中供热发展现状及管网问题优化[J]．供热制冷，2017，11：20-22．
[6] 肖潇，李德英，刘珊．北方地区既有住宅建筑供暖系统综合评价体系研究[J]．建筑节能，2011，3：61-64．
[7] 邱亮．城市集中供热研究现状及发展趋势[J]．城市建设理论研究：电子版，2014，35：5396-5397．
[8] Qi Y，Liu J，Lai D，et al．Large-Scale and Long-Term Monitoring of the Thermal Environments and Adaptive Behaviors in Chinese Urban Residential Buildings[J]．Building and Environment，2020，168：106524．
[9] 纪文杰，曹彬，朱颖心．北方冬季供暖期及其前后的室内热湿环境分析及热适应性研究[J]．暖通空调，2019，49(8)：103-107．
[10] Daniel L，Baker E，Williamson T．Cold housing in mild-climate countries：A study of indoor environmental quality and comfort preferences in homes，Adelaide，Australia[J]．Building & Environment，2019，151：207-218．
[11] 王昭俊．智慧供热的目标：满足人的热舒适需求[J]．煤气与热力，2019，39(7)：8-12．
[12] Yan H，Yang L，Zheng W，Li D．Influence of outdoor temperature on the indoor environment and thermal adaptation in Chinese residential buildings during the heating season[J]．Energy and Buildings，2016，11：133-140．
[13] 向操．暖通空调室外计算参数确定方法的研究[D]．天津：天津大学，2012．

供热热负荷预测中的温度参数修正

太原市热力集团有限责任公司　马晶晶　石光辉　陈　鹏　李建刚

【摘　要】供热期间如能有效预测需热量，可对供热系统生产运行进行科学指导，以实现能源高效利用。目前太原市热力集团有限公司热负荷预测采用的温度参数为气象预报中单纯的外界气温指标。供热过程中，出现了按预测热负荷供热已达标但室内热环境仍有欠缺，用户实感温度低，导致投诉的情况。影响室内热环境的因素包括室内外热作用、建筑围护结构热工性能以及供热措施等，本文主要考虑外界风速、湿度、天气情况、人体实感温度偏差等对供热质量造成的影响，进行热负荷预测的部分温度参数修正。做到精细化调节，降低热指标，提高能源利用率。

【关键词】供热负荷预测　室外综合温度　精细化调节

1 预测热负荷

《城镇供热管网设计规范》CJJ 34—2010 中推荐使用供暖面积热指标法来进行供热设计热负荷计算，各类建筑物的供热面积热指标根据大量实测数据和理论分析计算整理得出，它随建筑物得失热量的变化而变化。供暖系统的设计热负荷是在设计室外温度 t'_w 下，为达到要求的室内温度 t_n，供暖系统在单位时间内向建筑物供给的热量 Q'。热负荷预测过程中为使实际供热的面积热指标与设计面积热指标具有可比性，不同室外温度下的设计供热面积热指标需进行如下修正：太原市设计室外平均温度 －11℃，满足用户室内设计温度 18±2℃，则：

$$q_{f实际} = q_f \cdot \varphi = q_f \cdot \frac{t_n - t_{pj}}{t_n - t'_w} \quad (1)$$

式中　$q_{f实际}$——建筑物实际供暖面积热指标，W/m²；
　　　q_f——建筑物设计供暖面积热指标，W/m²；
　　　φ——相对热负荷比[1]；
　　　t_n——室内供热设计温度；
　　　t_{pj}——室外温度参数，℃；
　　　t'_w——设计室外温度，℃。

本文拟对 t_n、t_{pj} 两个温度进行修正。根据供热初末寒期历年运行数据，太原市热力集团有限公司（以下简称太原热力）分析整理出了各自的 q_f 计算最大热指标如表1所示。

太原市热力集团有限责任公司
各热网 q_f 统计表　　表1

序号	热网名称	计算最大热指标（W/m²，－11℃）
1	中部＋中西部热网	41.87
2	北部热网	43.55
3	中东部热网	43.06
4	东南部热网	40.01
5	中南部热网	46.29
6	西南部热网	51.05
7	西部热网	52.19
8	南部热网	46.75
9	西部调峰热源	41.31
10	南部调峰热源	43.62
11	东部调峰热源	42.50
12	中东部调峰热源	40.51
13	均值	44.39

2 针对 t_n 修正——室内人体实感温度

室内热环境由室内空气温度、湿度、气流速度和平均辐射温度四个要素综合形成，以人的热舒适程度作为评价标准。室内热环境质量的高低对人们的身体健康、生活水平、工作学习效率将产生重大影响。以往使用室内空气

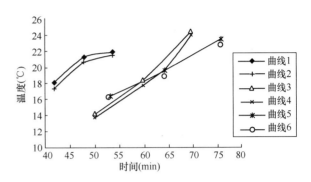

图1　三种散热器空气温度与黑球温度分布图
曲线1-钢串片散热器空气温度；曲线2-钢串片散热器黑球温度；
曲线3-钢柱散热器空气温度；曲线4-钢柱散热器黑球温度；
曲线5-扁管散热器空气温度；曲线6-扁管散热器黑球温度。

温度 t_n 进行负荷预测计算，经过对室内热环境参数测试实验并对结果进行分析，室内人实感温度与空气温度的关系为：实感温度（也称黑球温度）是人或物体受辐射和对流热交换综合作用时以温度表示的实际感觉，它能很好地反映人体的热舒适感。通过对热舒适实验的模糊分析可知，温度为18.0℃时感到舒适的人最多。从实验数据可以看出，空气温度与实感温度间总是成正向比例关系，二者差值最大为1.0℃，最小为0.0℃，实感温度略低于空气温度[2]。图1表明了三种散热器在不同表面温度下空气温度与实感温度的差别[2]。长时间逗留在恒温环境会导致人体的热应激能力退化[3]，因此室内温度不宜过高。但由于人们对室内舒适度要求越来越高，因此考虑用实感温度来表达人体的热舒适感，则考虑：t_n 修正1℃，即 $t_n = (18+1)$℃ 进行负荷预测。

3 针对 t_{pj} 修正——室外空气综合温度

建筑物外围结构受到室外温度和太阳辐射两部分的作用，将两者合二为一称为"综合温度"，本文使用室外空气综合温度 t_z 代替室外温度参数 t_{pj}，即 $t_z = t_{pj}$。考虑到太阳辐射对表面换热量的增强，相当于在室外气温上增加了一个太阳辐射的等效温度值。忽略围护结构外表面与天空和周围物体之间的长波辐射，则为了计算方便推出一个当量室外温度[4]。

$$t_z = t_{air} + aI/\alpha_{out} \quad (2)$$

式中　t_{air}——室外空气温度，℃；
　　　a——围护结构外表面对太阳辐射的吸收率；
　　　I——太阳辐射照度，W/m²；
　　　α_{out}——围护结构外表面的对流换热系数，W/(m²·℃)。

3.1 对 t_{air} 修正

由于外界空气温度、湿度及风速持续时长及大小对

室外体感温度大小的影响严重，本文近似考虑室外体感温度 T_s 代替室外空气温度 t_{air}，即：$T_s=t_{air}$。此处使用气象部门公式：

$$T_s = T - \frac{R_H - 70}{15} - \frac{v-2}{2} \quad (T \leqslant 17℃) \quad (3)$$

式中 T——天气预报室外气温，℃；
R_H——室外平均湿度，%；
v——室外风速。

3.2 aI/α_{out} 计算

考虑到太阳辐射热，因围护结构不同而对应的参数不同。围护结构主要分为非透光（墙、屋顶等）和透光（玻璃门窗和玻璃幕墙等）两种。非透光围护结构主要考虑存在热惯性，其通过围护结构的传热量和温度的波动幅度与外扰波动幅度之间存在衰减和延迟的关系，衰减和滞后的程度取决于围护结构的蓄热能力，热容量越大，蓄热能力越大，滞后的时间越长，波幅的衰减就越大[5]。

但其内表面温度波动不大，本文不予考虑，仅在做精细化调节时，考虑对部分老旧小区进行1℃的温度修正。因透光围护结构热阻低、传热系数大，是建筑保温最薄弱环节，本文主要考虑通过透光围护结构的太阳辐射热。

目前我国采用3mm厚普通玻璃作为标准透光材料，法向入射时吸收率 a 为0.126。

对透光围护结构，式（2）中 I 的计算，当太阳不在天顶，太阳高度角为 β 时，地球表面处的法向太阳直射辐射照度为：$I_N = I_0 \cdot P^m$，其中太阳常数 $I_0 = 1353W/m^2$，P 为大气透明度，越接近1大气越清澈，P 值一般为0.65~0.75，$m = \sin\beta$。经过测试可知，法向表面得热最多，垂直平面（东西向）接受的总辐射照度最小，$I_{DV} = I_N \cdot \cos\beta \cdot \cos(A+\alpha) = I_0 \cdot P^m \cos\beta \cdot \cos(A+\alpha)$，其中 A 为太阳方位角，α 为被照射面方位角[5]。太原市每年1月、2月、3月、11月、12月供热，表2给出了经过实际测试的对应太阳辐射照度。

太原市供热季月总太阳辐射照度 表2

地点	市代码	台站代码	经纬度		海拔高度(m)	采集年份	月总辐射量 [0.01MJ/(m²·月)]				
			北纬	东经			1月	2月	3月	11月	12月
太原	140101	53772	37°47′	112°23′	778	1996年	22382	33975	39730	23251	23085

α_{out} 取透光围护结构的传热系数，（表3）。

几种主要类型玻璃窗的传热系数[6] 表3

窗户构造	传热系数 [W/(m²·℃)]	窗户构造	传热系数 [W/(m²·℃)]
3mm单玻窗(中国数据)	5.8	双玻铝塑窗，氩气层12.7mm，一层镀Low-E膜，$\varepsilon=0.1$	2.22
3mm单玻塑钢窗	5.14	三玻铝塑窗，空气层12.7mm	2.25
3.2mm单玻带保温的铝合金框	6.12	三玻铝塑窗，空气层12.7mm，两层镀Low-E膜，$\varepsilon=0.1$	1.76
双玻铝塑窗，空气层12.7mm	3.0	三玻铝塑窗，氩气层12.7mm，两层镀Low-E膜，$\varepsilon=0.1$	1.61
双玻铝塑窗，空气层12.7mm，一层镀Low-E膜，$\varepsilon=0.4$	2.7	四玻窗，氩气层12.7mm或氪气层6.4mm，两层镀Low-E膜，$\varepsilon=0.1$	1.54
双玻铝塑窗，氩气层12.7mm，一层镀Low-E膜，$\varepsilon=0.4$	2.55	四玻窗，保温玻璃纤维塑框，氩气层12.7mm或氪气层6.4mm，两层镀Low-E膜，$\varepsilon=0.1$	1.23
双玻铝塑窗，空气层12.7mm，一层镀Low-E膜，$\varepsilon=0.1$	2.41	四玻不可开启窗，保温玻璃纤维塑框，氩气层12.7mm或氪气层6.4mm，两层镀Low-E膜，$\varepsilon=0.1$	1.05

注：1. 未标明玻璃厚度的均为3mm厚玻璃，导热系数为0.917W/(m²·K)。
2. 未注明不可开启的为可开启窗户，含推拉和平开，尺寸为900mm×1500mm，日字框。
3. 不可开启窗尺寸为1200mm×1200mm，口字窗。
4. ε 为发射率。

4 结论

经过如上修正得出最终计算公式如下：

$$q_{实际} = q_f \cdot \frac{(18+1) - \left[T - \frac{R_H - 70}{15} - \frac{v-2}{2} + \frac{0.126I}{\alpha_{out}}\right]}{(18+1) - (-11)} \quad (4)$$

下面以中东部热网为例，选取2020—2021供暖季初寒期 11 月 26 日数据、严寒期 12 月 16 日及 1 月 10 日数据及末寒期 2 月 25 日数据，分别根据具体实例论证进行可行性分析。具体气象参数、太阳辐射照度、透光围护结构（选取：3mm 单玻窗）的传热系数按表 4 计算（气象参数选取以天为周期，提前 3d 获得预判量）。考虑只有白天晴天受太阳辐射影响。

经过计算得出预测热指标值与实际运行生产过程中热指标值，如表 5 所示。

计算参数 表 4

时间	室外气温（℃）	室外相对湿度（%）	冬季室外风速（m/s）	太阳辐射照度 [MJ/(m²·d)]	透光围护结构的传热系数 [W/(m²·℃)]
2020.11.26	1.61	56	2.6	7.75	5.8
2020.12.16	−9	50	4	7.69	5.8
2021.01.10	−12	51	5	7.46	5.8
2021.02.25	4.0	47	2.6	11.32	5.8

预测热指标与实际热指标对比 表 5

时间	计算最大热指标（W/m²）	常规算法预测热指标（W/m²）	预测热指标（白天晴天）（W/m²）	预测热指标（夜晚）（W/m²）	实际运行热指标（W/m²）	相对误差[预测（夜晚）/实际]	有无指导性
2020.11.26	43.06	23.52	23.22	26.73	26.31	1.02	有
2020.12.16	43.06	40.09	36.93	39.70	39.62	1	有
2021.01.10	43.06	44.54	42.14	44.82	42.85	1.04	有
2021.02.25	43.06	20.78	15.38	19.48	21.91	0.89	有

通过计算可以得出：此计算方式下的预测夜晚热指标比常规算法预测热指标更接近实际运行工况，且误差较小，具有指导性。同时，通过此计算方式还可以在白天晴天结合太阳辐射情况综合考虑，有效节约热能，实现较精细化热指标预测和调节。

同时，结合太原热力冬季运行经验和站长及工作人员"访民问暖"的具体情况，可以看出，用户投诉不热的，不完全属于实际温度低，有的用户热舒适要求较高（室温 23℃以上），本文不予考虑。主要考家中实测温度确实较低的用户情形，根据数据统计，一般散热器最低在 15~16℃，地暖最低在 13~14℃，但此部分用户因家中本身地暖盘管少不足以满足用户供热需求，或边户、上下左右报停的孤户，或家中阳台较大，装修格局不同等原因而各有差异。经过上文修正且综合考虑以上因素，结合太原热力实际运行情况，为降低投诉，改善用户体验，同时以节能降耗为目标，本文建议：老旧小区及保温较差的小区供热室温维持在 19~21℃，绿色节能小区供热室温维持在 17~19℃；在运行过程中应结合不同气象条件、不同建筑，有合理的室温控制目标；初末寒期供水温度低，严寒期供水温度高；严寒期地暖系统比散热器系统供水温度高一些。

5 精细化调节

由于室内气温的分布，尤其是沿室内竖直方向分布是不均匀的，对人体热感觉的影响很大。当使用对流式散热器供暖时，沿竖直方向的温差可达 5℃以上，地板表面附近温度最低，不利于人体健康。辐射供暖时温差较小，一般为 3℃左右。精细化调节时可考虑散热器系统室内供水温度提高 1℃。若考虑能源节约、精准预测，使用 DeST 建筑环境系统模拟分析方法，将建筑物围护结构具体材料、尺寸等重要参数录入，室外温度及室内温度精准采集，在模拟软件中算法录入，进行较准确地热负荷预测，考虑到相对于气象参数，供热实际温度到达用户具有相对滞后性，因此需理论与实际结合，模拟出最佳工况。

参考文献

[1] 赵临东. 对供暖系统面积热指标的探讨[J]. 科技情报开发与经济, 2004, 6: 128-130.
[2] 薛卫华, 张旭. 供暖房间热环境参数的实验研究及人体热舒适的模糊分析[J]. 建筑热能通风空调, 2000, 2: 2-4.
[3] Juan Yu, Qin Ouyang, Yingxin Zhu, Henggen Shen, Guoguang Cao, Weilin Cui. A Comparison of the Thermal Adaptability of People Accustomed to Air Conditioned Environments and Naturally Ventilated Enviroments[J]. Indoor Air, 2012, 22: 110-118.
[4] 朱颖心. 建筑环境学[M]. 第三版. 北京: 中国建筑工业出版社, 2010.
[5] 刘家平. 城市环境物理[M]. 西安: 西安交通大学出版社, 1993.
[6] American Society of Heating, Refrigerating and Air-conditioning. 2001ASHRAE Handbook, Fundamentals(SI). Atnlanta: ASHRAE, 2001.

浅谈智慧热网室温调控运行模式

吉林省春城热力股份有限公司　李和杨　范绍鑫

【摘　要】 我国北方城市普遍采用集中供热方式进行供暖，供暖工作是一件关系民生的大事，但热力工况不稳导致的用户供暖效果不均匀的问题一直困扰着供热企业和广大居民。定时监测室温可以有效解决上述问题，并可为供暖工作提供指导和依据，使供暖温度稳定在预期范围。本文针对当前城市集中供热存在的种种问题，介绍了室温远程实时监测系统的原理及应用，并结合实例对该系统的应用进行了说明，指出监测系统的投运对指导供热运行起到显著效果，从而达到供热均衡、节能增效的目的。

【关键词】 智慧热网　温度调控　能耗效益

0　引言

随着人们生活水平的提高，城市冬季供热事关百姓生活冷暖，集中供热已成为政府关注民生、保持社会和谐稳定的重要指标，如果在没有温度有效监控下，集中供热的满意度、舒适度、经济性将无从谈起。近年来国内部分供热企业已经通过远程室温监测系统，帮助生产人员了解用户室温情况，并据此调节供热生产参数，使社会效益、经济效益达到平衡。

1　基本现状

供热企业以往采用二次网供温控制、二次网均温控制、瞬时流量控制、二次供温曲线、分布泵频率控制等策略对二次网目标供温参数进行人工辅助远程调控。但通过实际运行数据反馈来看，以上调控策略均存在着一定的不足：因室温没有直接参与供热目标参数反馈的计算，导致随着室外气象参数的变化，室温会出现较大幅度的波动，热舒适性降低。在室外温度高时，泵站二次网无法第一时间降低供水温度，会导致居民室内温度升高，造成不必要的热量浪费；在室外温度低时，泵站二次网无法第一时间升高供水温度，会导致居民室内温度降低，增加用户投诉率；居民室内温度总会出现大幅度的波动，致使室内舒适度大大降低。

2　解决方案

为了寻求更佳的运行策略，提高用户的舒适度，吉林省春城热力股份有限公司（以下简称春城热力）通过不断探索和实践，智慧热网系统多次升级更新，用户室温采集器大量安装，多家事业部部分泵站现已利用室温调控模式进行运行调节。以居民家中室内温度为目标，通过用户室温反馈来修正热力站二次网供水温度，智慧供热监控平台再根据自主研发的专家系统大数据智能挖掘分析，回归出热力站下的建筑热特性与室外气候参数（气温、风速、太阳辐射）的关系，自动下发热力站控制优化参数，追踪控制热用户室内温度给定目标值，实现精准供热、按需供热，并降低用户投诉率。

通过两个供暖期的不断实践，在用户室温调控模式运行策略下，运行调度人员只需要考虑不同小区的室温高低，通过智慧供热监控平台进行设置，热力站就可以以小区的目标室温为调控目标，自动调整热力站运行策略。

以下是在运用室温调控模式以来，永昌事业部得出的运行经验：

（1）若不采用室温调控模式调节，居民室内温度会出现大幅度波动。图 1 为普通调控模式下，居民室内温度一周曲线图；图 2 为室温调控模式下（目标值为 21.5℃），居民室内温度一周曲线图。从图中可以看出，当采用室温调控模式后，居民室温可达到稳定数值，不再出现大幅度波动。

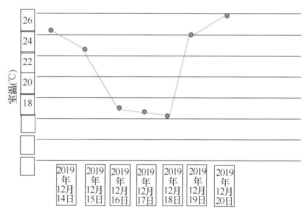

图 1　普通调控模式下居民室温曲线

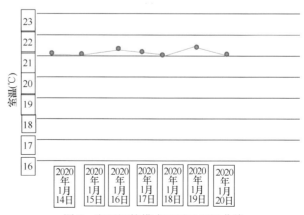

图 2　室温调控模式下居民室温曲线

（2）同规模泵站相对比，采用室温调控模式后，试验泵站热量消耗明显降低。图3为未进行室温调控下各站热耗对比，图4为进行室温调控后的热耗对比，其中8-3泵站为试验泵站。从图中可以看出，未使用室温调控模式前，8-3泵站的热单耗值高于8-1泵站及8-2泵站。使用室温调控模式后，8-3泵站的热单耗值明显降低，且低于8-1泵站及8-2泵站。

（3）同等室外平均温度下，泵站使用有效室温调控模式对比普通调控模式，消耗热量有所降低，且用户室温舒适度有所提高；使用普通调控模式，且在不同室外平均温度下，部分泵站热量消耗改变较小。

泵站	12月1～31日热单耗(GJ/m²)
明德站(8-1)	0.028152124
义和派出所站(8-2)	0.026441187
邮政义和站(8-3)	0.029561221

图3 未进行室温调控下各站热耗对比

从表1中可看出，2020年2月22日及2020年2月23日为使用室温调控后的热量消耗，2019年11月13日与2019年11月15日为不同室外平均温度下采取普通调控方法的热量消耗。从表中标黑泵站的数据统计中可以看出，使用普通调控模式，且在不同室外平均温度下，部分泵站热量消耗改变较小，而采用室温调控运行的部分泵站热量消耗有所降低。

泵站	2月16～22日热单耗(GJ/m²)	2月8～15日热单耗(GJ/m²)	2月1～7日热单耗(GJ/m²)
明德站(8-1)	0.004821266	0.004390063	0.004965973
义和派出所站(8-2)	0.004534811	0.004326687	0.00475589
邮政义和站(8-3)	0.004375679	0.003946459	0.004572053

图4 进行室温调控后的热耗对比

将这12个典型热力站在相近的室外气象参数下进行室温调控模式与普通调控模式对比分析，应用室温调控模式的时段为2020年2月23日～29日，普通调控模式的时段为2019年11月11日～17日，两个时段的室外平均温度为-3.5℃。通过分析发现，使用室温调控模式后热耗有所降低，且用户室内舒适度有所提高。表2为典型热力站两种调控模式热耗对比。

室温调控模式与普通调控模式下耗热量对比　　表1

热站名称	2020年2月22日累计耗热量（GJ）（室温调控模式）（-7℃）	2019年11月15日累计耗热量（GJ）（普通调控模式）（-7℃）	2020年2月23日累计耗热量（GJ）（室温调控模式）（-5℃）	2019年11月13日累计耗热量（GJ）（普通调控模式）（-5℃）
军区站(13-4)	23.80	25.7	21.89	25.2
国联站（2-2）	50.60	58.5	48.6	62.8
新华站(5-4)	55.05	61.67	50.11	60.56
老吉大西站（4-1）	83.30	125.4	79.2	124.3
惠民北站（9-3）	38.26	41	33.15	36.22
吉大立信站（9-2）	244.89	299.3	230.11	326.3
规划院站（5-2）	210.30	226.3	201.2	229.5
老吉大东站（4-3）	286.70	412.99	277.8	457.91
市委幼儿园站（5-5）	201.01	220.47	193.26	204.88
医大义和站（8-4）	222.50	310.09	217.59	239.11
永昌小区站（8-7）	81.66	81.39	78.33	82.95
邮政义和站（8-3）	55.83	67.22	51.28	53.06

典型热力站两种调控模式热耗对比　　表2　　续表

热站名称	室温调控模式累计耗热量（GJ）	普通调控模式累计耗热量（GJ）	热站名称	室温调控模式累计耗热量（GJ）	普通调控模式累计耗热量（GJ）
军区站(13-4)	125	130	新华站(5-4)	358	370
国联站(2-2)	129	145	老吉大西站(4-1)	1375	1403

续表

热站名称	室温调控模式累计耗热量(GJ)	普通调控模式累计耗热量(GJ)
惠民北站(9-3)	130	135
吉大立信站(9-2)	1836	1970
规划院站(5-2)	1252	1330
老吉大东站(4-3)	1565	1675
市委幼儿园站(5-5)	985	1000
医大义和站(8-4)	1745	1820
永昌小区站(8-7)	341	350
邮政义和站(8-3)	355	370

从图表中可以看出，使用有效室温调控模式对比使用普通调控模式，消耗热量有所降低，通过典型泵站热量消耗累计计算，下降幅度约为4.6%。

2019—2020供暖期春城热力永昌事业部热量消耗共计1710203GJ。若采用室温调控模式进行供热，将节约热量约78669GJ，节约成本约2453697元。

从图5可以看出，在使用室温调控模式进行供热后，室温在20~23℃的用户数量大幅度增加，室温高于25℃与低于18℃的用户大幅度降低。整体用户室温舒适度有所增加。

（4）基于以上数据，再次选出在使用有效室温调控模式的基础上，调控间隔不同的泵站，根据其数据具体分析其使用效果，如表3及图6~图9所示，其中，浅色泵站调控间隔为2h，深色泵站调控间隔为6h。

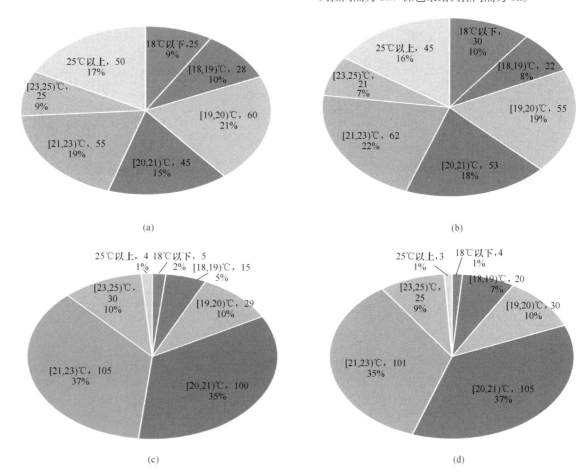

图5 用户室温分布

(a) 11月15日（普通调控模式）；(b) 11月13日（普通调控模式）；(c) 2月22日（室温调控模式）；(d) 2月23日（室温调控模式）

相关数据 表3

热站名称	（室温调控前）单耗（2019年11月11~17日，室外温度为-3.96℃）	（室温调控前）2019年11月11~17日室内温度		（室温调控后）单耗（2020年2月27日~3月4日，室外温度为-4.43℃）	（室温调控后）2020年2月27日~3月4日室内温度		历史同期单耗（2018年11月11~17日，室外平均温度-3.84℃）	历史同期单耗（2019年2月27日~3月4日，室外平均温度-3.92℃）
		低于18℃的个数	高于25℃的个数		低于18℃的个数	高于25℃的个数		
金鹤站	0.299532426	1	2	0.263136715	0	0	0.315521701	0.372017141
规划院站(5-2)	0.347632433	2	2	0.316861604	0	0	0.334679676	0.409160413

续表

热站名称	(室温调控前)单耗(2019年11月11日~17日)室外温度为-3.96℃	(室温调控前)(2019年11月11日~17日)室内温度		(室温调控后)单耗(2020年2月27日~3月4日,室外温度为-4.43℃)	(室温调控后)(2020年2月27日~3月4日)室内温度		历史同期单耗(2018年11月11日~17日,室外平均温度-3.84℃)	历史同期单耗(2019年2月27日~3月4日,室外平均温度-3.92℃)
		低于18℃的个数	高于25℃的个数		低于18℃的个数	高于25℃的个数		
送变电站(13-2)	0.303732445	2	2	0.273732445	1	0	0.347954058	0.398567987
吉大立信站(9-2)	0.368330114	2	2	0.320254498	1	1	0.422188784	0.539503142

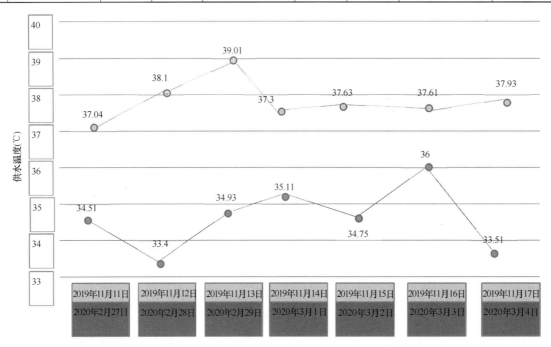

图 6　金鹤站二次网供水温度曲线

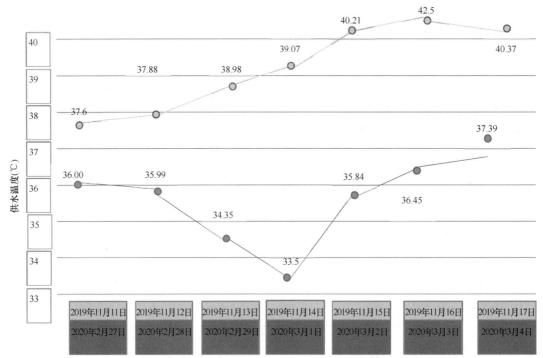

图 7　吉大立信（9-2）站二次网供水温度曲线

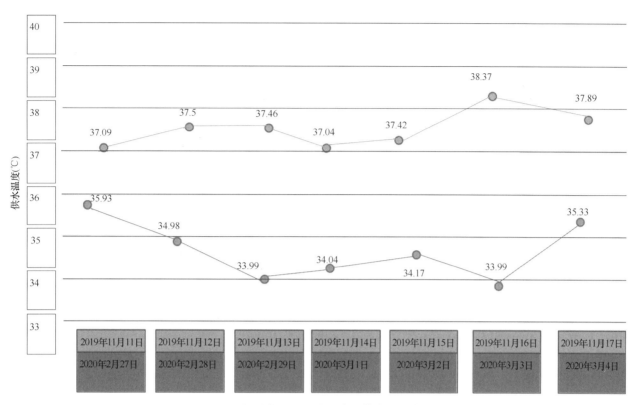

图 8 规划院（5-2）站二次网供水温度曲线

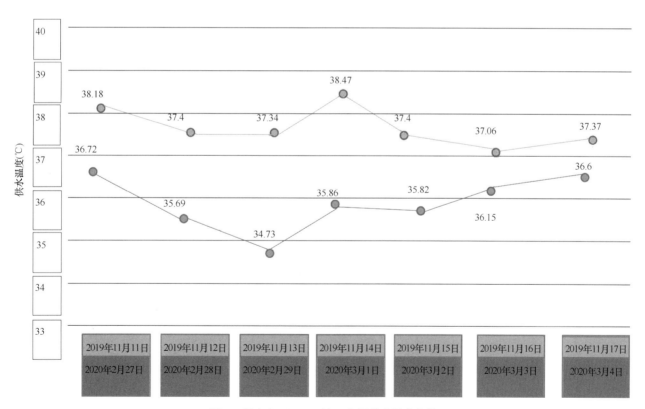

图 9 送变电（13-2）站二次网供水温度曲线

通过以上数据，可以得出以下结论：

（1）在同等室外温度下，使用有效室温调控模式后，同一泵站二次网供水温度明显下降，热单耗数值降低，且低于历史同期热单耗水平。用户室温低于 18℃ 和高于 25℃ 的个数有所下降。

（2）通过对比调控间隔分别为 2h 和 6h 的数据可以看出，热单耗下降比率基本一致，但调控间隔为 2h 的用户室温全面达到了稳定，低于 18℃ 和高于 25℃ 的用户数量为 0。

3 总结

智慧热网是利用大数据、物联网、云计算、三维可视化、智能控制等先进信息技术产品推动供热产业转型升级的高新技术产物，是一种将供热行业物理系统和业务系统全方位融合的集成体。通过对供热产业数据进行全面深度感知、实时传输转换、快速计算处理和高级建模分析，构建信息资源共享、业务流程协同、管控一体化、防控一体化的供热产业生态，对供热行业产业链、供应链、业务链的全过程数据实时监测、测量计量、质量管理、统计分析、可视化报表、综合评价、故障诊断、预测预警、优化控制、异常侦测、主动决策、应急响应、动态仿真、全面对标等，实现供热系统供需两侧的双向预测和平衡调节，为政府做好民生监管、行业推进绿色生产、企业提升供热品质、客户改善用热体验、上下游商企提高关联质量、智库增强引领功效提供有力的平台支撑。

从以上所有经验数据中可以总结出：智慧热网室温调控模式的运用可以稳定居民室内平均温度，使其不再出现大幅度波动，并且平衡了高温用户与低温用户。通过此调控模式，泵站的热量消耗大幅度降低，既实现了节能降耗又降低了投诉率，并且在使用室温调控模式后，对应泵站的退费率大幅度减少。

因此，室温调控模式必将成为供热自动化技术的新思路，并可实现经济效益与社会效益双丰收的局面，让供热运行更加平稳、高效。

无线室温监测设备常见问题及解决办法

承德热力集团有限责任公司　赵　晶　赵　阳

【摘　要】 无线室温监测设备采集的用户室温作为供热生产运行及政府对供热企业监管的重要指导参数，其采集数据的及时性、准确性对指导供热生产运行具有重要作用。在室温监测设备实际应用中，经常出现因设备离线、安装位置不适宜或人为因素而导致的采集数据失真或波动大等问题，直接影响了生产运行调控、节能降耗，甚至设备的安全稳定运行。本文从用户室温监测的重要性、设备类型及工作原理出发，指出无线室温监测设备两大类常见问题的表征及原因，并重点介绍利用大数据分析快速发现及解决问题的方法，为供热工作人员处理室温异常用户提供思路。

【关键词】 无线室温监测设备　重要性　常见问题　解决办法

0 引言

在供热生产运行过程中，热用户所处的需求侧以及供热企业所处的供给侧，用户室内温度都是供热的代表性关键参数，是供热企业指导运行调节及政府对行业监管的重要依据。无线室温监测设备作为室温采集的最重要设备，伴随供热的智能化发展，只有及时解决设备问题、准确采集与反馈用户室温，才能在满足用户用热需求的同时，实现供热运行的精准调控，做到按需供热、节能降耗。

1 用户室温监测的重要性

1.1 实时掌握供热质量的重要手段

室温数据的监测，供热企业可实时掌握用户室内温度情况，积极主动与室温异常的用户沟通、处理，降低用户的供热投诉，减少供热纠纷的发生，提高供热服务水平与用户室温满意度。此外，对个别用户通过非正当手段故意降低室内温度，减免取暖费用的行为，供热企业可通过查询用户室温历史数据的方法，找寻非供热企业问题的证据，维护供热企业的正当权益。

1.2 指导供热运行调控的重要参数

用户室内温度直接体现供热质量的好坏，是供热运行调控的重要指导参数。目前，室温监测设备采集的室温已由单一的查看用户室温情况，在人工设定热指标时作为参考依据的传统调节方式转变为室温数据修正热指标、自动调控的智能化运行方式。同时，室温数据的监测，丰富和完善了热网监控功能，在对热源、热网、换热站运行数据监测的基础上，增加用户室温数据的采集与监控，形成一个完整的闭环监控体系，全面了解整个供热系统是否处于正常、经济、合理的运行状态，避免以往凭借经验供热的行为，使供热系统真正做到"按需供热"与"精准供热"，实现节能降耗。

1.3 政府监管供热企业的重要方法

室温数据的监测，政府部门可直观、快捷地掌握用户室温情况与供热企业的供热质量，成为对供热企业监管的重要依据，实现对供热企业更加精准的指导。

2 无线室温监测设备类型

目前，常见的室温监测设备可分为壁挂式、插座式、开关式及嫁接式四种类型（图1）。

产品外观					
型号	插座式（五孔）	插座式（三孔）	开关式（单火双键）	壁挂式	嫁接式

图1 无线室温监测设备类型

插座式设备采用86盒标准，通过替换用户端原有插座，连接其220V电源实现供电。因设备功耗低，且比壁挂式设备能够反映真实温度的特性，实际应用较多。

开关式设备可代替用户室内灯具的开关，在采集用户室内温度的同时，还具备控制室内灯具的作用。它改变了室温采集器样式单一的缺点，满足了用户多样化的需求。

嫁接式设备是插座式设备的升级款，其安装方式为外框嵌入到插座内部，无需替换用户原有插座，供电方式、相关特性与插座式大体相同，由于其测量温度模块在墙体外部，采集的室温更为精确，可作为日后更新换代的主要应用设备。

3 无线室温监测系统工作原理

无线室温监测系统主要由三部分组成：无线室温监测设备、数据服务中心及远程监控设备。其工作原理为：用户端无线室温监测设备采集室温数据，通过 NB 或 GPRS 无线通信技术上传至运营商基站，基站将相应数据传输至数据服务中心，服务器将所有上传数据解析，通过可视化方式将室温数据展示在网页或手机端（图2）。

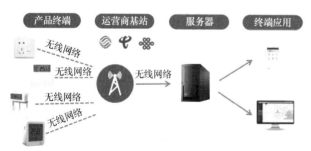

图2 无线室温监测系统原理图

4 无线室温监测设备常见问题、表征及原因分析

4.1 无线室温监测设备无室温采集数据

无线室温监测设备无室温采集数据一般有两种原因：

壁挂式设备由内置锂电池供电（电池寿命约3a）。因移动方便的特性，可根据室温监测需要进行放置，因此也易导致监测的室温失真，在实际应用中正逐步被其他类型设备替代。

一是设备损坏；二是设备离线。

问题表征：此类问题在远程室温监测平台通常表现为该小区其他设备正常采集室温且数据实时更新，但某几个或区域性的室温监测设备采集的室温数据停留在过去的某一时刻。

原因分析：无线室温监测设备损坏往往是由于受到用户有意或非有意的破坏，其中插座式无线室温监测设备由于采用用户220V的市政供电，当遇到停电后再次供电的情况，表计也易损坏。壁挂式室温监测设备电池没电或插座式室温监测设备发生区域性停电则会导致设备离线。

4.2 无线室温监测设备采集室温数据不准确

无线室温监测设备采集的室温数据不准确包括监测室温失真及监测室温波动大两类。

（1）监测室温失真问题

问题表征：通常表现为该户所采集的室温与实际室温偏差较大，或长期处于温度（低温或高温）异常的状态，而该户所在小区或楼栋其他测温点的室温均正常，若为低温用户却无不热求助工单。

原因分析：室温监测设备安放在散热器旁、阳光直射区域、边墙或阴面阳台等位置均会造成监测的室温失真。其中壁挂式设备常因用户随意放置，导致监测的室温失真；插座式设备在替换原插座进行安装时，常因用户家中插座位置不统一，导致安装位置距离地面过高或过低，且其测温点嵌入在墙内，均会与实际室温产生较大偏差，造成监测的室温失真。

（2）监测室温波动大问题

问题表征：通常表现为某用户监测的室温大部分时间均处于正常状态，仅某一日或每日的某段时间室温出现低温或高温异常，不经过任何处理又能自动恢复正常室温。

原因分析：此类问题通常是受到人的行为因素影响而发生的室温较大波动，如开窗通风、关闭室内温控阀或插座式设备插入大功率电器等。当用户开窗通风或白天家中无人而关闭室内温控阀门时，采集的室温通常先异常降低再恢复至正常；当插座式设备插入大功率电器时，采集的室温一般为先异常升高再恢复至正常。因此，导致采集的室温发生较大波动。

5 大数据分析法快速发现、解决无线室温监测设备常见问题

伴随供热智能化的发展，远程室温监测平台可实现对室温数据的自动整合、处理与运算，可对单个用户、整个小区、换热站以及公司，不同层级、多维度显示用户室温情况。供热工作人员通过大数据分析的方法可快速发现问题并及时处理。

5.1 设备离线问题的发现与处理

对于单个设备离线或区域性离线问题，经过室温监测平台对室温点监测数据的整合与处理，通过远程室温监测平台可直观掌握监测点的离线设备状态与数量等，快速发现并辨别出此类问题。

案例分析：某供热公司 8 个小区共计 29 个插座式测温设备因停电导致离线，恢复供电后，设备仍未恢复正常，如图 3 所示。因此，设备可能发生故障或损坏而无法自动恢复。

解决办法：对于上述单个设备或多设备离线，且长时间无法自动恢复的，则需要专业技术人员对设备查看及修复。为避免插座式室温监测设备断电导致的设备故障或离线问题，可增加备用电池或防断电功能。

5.2 监测室温失真问题的发现与处理

因室温监测设备安装位置不适宜而导致的监测室温与真实室温存在偏差的问题，在远程室温监测平台中通过数据的横向、纵向对比分析可快速判别出此类问题。

小区	日均室温(°C)	当前室温(°C)	优良率(%)	在线数量 15~18°C	18~20°C	20~24°C	24~27°C	温度异常	在线合计	在线率(%)	离线数量	安装总量
建安新村小区	0	0	0	0	0	0	0	0	0	0	3	3
交警队家属楼	0	0	0	0	0	0	0	0	0	0	3	3
金地南	0	0	0	0	0	0	0	0	0	0	3	3
金地庄园小区	0	0	0	0	0	0	0	0	0	0	6	6
京海佳苑	0	0	0	0	0	0	0	0	0	0	4	4
京海佳苑小区二期	0	0	0	0	0	0	0	0	0	0	3	3
康泰小区	0	0	0	0	0	0	0	0	0	0	4	4
联通家属楼	0	0	0	0	0	0	0	0	0	0	3	3

图 3 区域性设备离线图

案例分析：2020—2021 供暖期，某小区 1 个测温点长时间出现低温报警。该户所在建筑为节能建筑，中间户，楼上、楼下无断网，该户供回水温度及流量均正常。通过室温监测平台调取的数据分析，该小区其余 28 个不同楼栋测温点的平均室温均在 21～22℃，以此判断该站热指标设定合理。但该户长期处于低温状态，且无不热工单求助信息（图 4 为该户与同小区随机三户的平均室温对比图）。因此，判段此户很可能室温正常，但设备采集的室温失真。

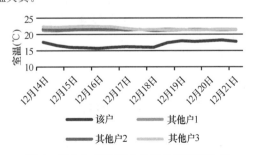

图 4 该户与其他用户的平均室温对比图

经供热工作人员现场查看，该户的室温监测设备安放在阴面房间的边墙上，设备采集的室温比实测室温低 1.7℃。经与用户协商，将设备调整到合适位置后，采集的室温在 22℃左右，与用户家的实际室温相符，体现了用户的真实室温，如图 5 所示。

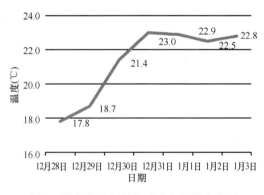

图 5 设备位置调整前后采集室温变化图

解决办法：对于案例用户，可通过生产数据及室温数据的综合对比分析，快速预估用户室温异常的原因。由于设备安装位置等原因造成的，可通过更换设备位置或设备类型等手段进行处理。插座式设备尽量选择在距地面

150cm处安装；壁挂式设备可更换为插座式等室温监测设备。此外，随着室温监测设备的普及，可对新建小区在入网规范上加以规定，由开发企业在户内的标准位置统一加装测温点。

5.3 室温波动大问题的发现与处理

室温监测设备采集的室温经常会受到人的行为因素的影响而发生较大波动，但通过大数据分析的方法也能快速辨别出该问题。

案例分析：某用户在2020—2021供暖季平均室温为20.6℃。但通过远程室温监控平台发现，该户在每天的某段时间内发生室温降低的情况，如图6所示，该户10：00前室温一直在22.4℃左右，11：00～14：00之间室温突然降低至17℃，室温监测平台出现低温报警提示，15：00后室温逐步回升到22℃以上。在此期间，供热单位未发生停热故障，工作人员未对该户进行任何温度调节工作，且室温监测设备又自动恢复至正常温度，通过进一步抽取12月份某4d的室温数据，也出现相同规律，如图7所示，因此判断该户存在人为因素导致室内温度出现异常。经核实，该户因每天下午开窗通风而导致室内温度降低。

解决办法：对于类似该户由于个人开窗通风行为造成室内温度出现阶段性异常的情况，往往无需供热工作人员做特殊处理，但由于异常温度会在远程监控平台显示或报警，在一定程度上给供热工作人员增加困扰。因此，供热工作人员可先通过大数据分析的方法，判别出室温异常原因，剔除因人为因素导致的阶段性温度异常的工单。此外，室温监测平台可增加异常室温过滤功能，自动屏蔽阶段性的异常室温，对连续超过5~8h以上的异常室温，提示低温或高温报警。

6 结束语

室温监测设备采集的室温对实时掌握供热质量、指导供热运行调控及实现政府对供热企业的精准监管具有

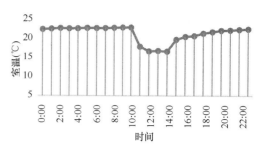

图6 用户12月11日室温变化图

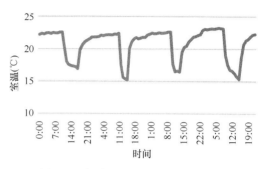

图7 用户随机4d的室温变化曲线图

重要作用。而室温监测设备在实际应用中，经常出现人为或非人为因素导致的设备损坏、离线、监测室温失真或室温波动大的问题，这些问题在远程室温监测平台均有其各自的表征，并通过大数据分析的方法可快速判断出设备的问题类型，及时采取有效措施进行处理，为供热工作人员处理室温监测设备问题及室温异常用户提供思路与帮助。

参考文献

[1] 刘志新. 室温采集设备在智慧供热中的应用[J]. 中国科技信息, 2019, 24: 37-38.
[2] 杜野. 热能用户无线室温监测系统的设计与实现[J]. 山西科技, 2014, 29(3): 50-51.

基于智慧型供热系统进行系统性运行调节的方法学研究

济南和盛热力有限公司　李　盟
航天长城节能环保科技有限公司　成　洁　韩仲杰　李明光

【摘　要】系统性运行调节是智慧型供热系统的运用和升级过程。系统性运行调节包括改造、优化和消除缺陷，也包括系统性的分析、调控和反馈过程。本文研究了一个面积为693万㎡、以热电厂作为热源单位、已经进行了智慧型热网建设的热力系统，经过进一步改造升级、开展系统性调节运行工作，实现了能效与供热效果的双向提升。建立了一套具有普适性的系统性调节运行方法学，包括全网水力平衡、以负荷预测为基础的热源调度、气候补偿算法指导下的人机结合运行过程，以及整合型用户侧管理等环节。通过开展系统性调节运行，供热系统实现了稳定运行，保证了运行质量和供热效果，也降低了冗余热损失，形成了更好的源网配合习惯。经过系统性运行调节，能耗水平会自然下降5%以上，工单量下降10%以上，室温分布合理，用热需求响应灵敏，可为智慧型供热系统的运行方式提供普适性方

法。项目两个供暖季累计CO_2减排2万t,也实现了一定的碳减排效果。

【关键词】 系统性 运行调节 智慧供热 节能运行 供热质量提升 碳减排

1 概述

1.1 智慧型供热系统

近几年,智慧供热的话题在国内城镇供热领域广泛提及,并引发了包括热力企业、技术服务企业和政府监管部门等各方在内的新一轮技术革新。2019年,由中国城镇供热协会主编的《中国供热蓝皮书2019——城镇智慧供热》,更是从中国城镇供热系统的实际出发,汇总了包括技术架构、信息系统、管理环节和生产运用等各方面涉及智慧供热的技术思路和评价体系。

智慧供热系统在系统性方法的指导下,能够改善供热系统运行工况、提升供热质量,具备推广应用的实际意义。基于实际项目运行工作,笔者在智慧供热技术措施的运用和效果评价上,作了一些探索。根据国内外先进热力企业的经验,认为以下几个原则是判断智慧供热技术是否真正对热力系统起到优化作用的研判指征:

(1) 兼顾稳定性和灵活性:在满足热源稳定性生产要求、热网基本水力平衡要求的同时,能提升对用户需求变化的响应灵敏度,减少冗余供热量;

(2) 温度水平得到优化:供回水温度更好地响应气温变化水平(度日数单耗更稳定);

(3) 能耗水平下降:排除天气影响的前提下,平均单耗(包括热耗和电耗)水平下降;

(4) 用户体验提升:具体体现为室温水平更平均、更适中;且用户反映更友好,投诉率总体可控;

(5) 具备进一步低碳转型的可能:考虑到补充性可再生热源或其他余热热源的特质,在具备上述特点的智慧供热系统中,一次能源结构才具备调整的可能。

1.2 系统性运行调节

供热系统运行调节的基础是先将系统拆分为各环节进行分析,再还原为一个整体系统进行调配。在实际工作中,既要顾及源、网、站、户各环节的工况变化,又要顾及热源及外网运行班组、客服、用户和监管部门等各方的实时需求,因此必须以系统性的方法学来指导运行调节。以两套热源系统、20个热力站、200万m^2的供热规模来说,其工况条件即使仅以简单的最高、最低和平均负荷计算,也可达到数百万个工况组合。如何实时找寻出这些组合中的最优组合,以兼顾实现上述智慧供热系统的各个指征,并持续优化,需要运行团队在建设智慧供热设施的基础上,熟练运用系统性运行调节的方法学来指导。针对本系统,笔者利用2019—2021年的两个供暖季,研究了热源调度、输配调控和用户侧管理三个方面的关键环节,以实现全时、全供热链条的整体优化提升。

2 原热力系统基本情况

2.1 热力系统基本情况

该热力企业位于华北地区,设计室外气温$-5.2℃$,法定供热时长120d,供暖季度日数在1800d·℃左右。系统热源情况见表1。

主管网管径为DN700(13.82km)、DN600(4.86km)两条水网。最长管龄超过10年。管网内存在一定高程差,末端高程较首站高出70m左右。

系统入网面积693万m^2,实供面积447万m^2。建筑类型混合、复杂,其中1号首站所带面积中节能建筑占比约84%,2号首站所带面积中节能建筑占比约33%。

系统共包含热力站47个。其中换热机组类型有所不同,一部分为管壳式换热机组,其余的为板换机组。

热源基本情况 表1

热源形式	热源组成	首站规模	循环泵
燃煤热电厂	锅炉3台:75t/h,130t/h,150t/h;抽凝式汽轮机两台:12MW/h,25MW/h;最大抽汽量约250t/h	1号站:总供热量71.4MW,汽-水换热站;循环泵并联;一次网管径DN600	1号:1800m^3/h,280kW,40m;2号:1260m^3/h,355kW,77~88m;3号:1260m^3/h,355kW,77~88m;3个泵均为电动泵;一次网管径DN600
		2号站:总供热量167.7MW;循环泵并联;与1号站管网独立,但共用1个补水定压泵	1号:1600m^3/h,500kW,80m;2号:1600m^3/h,500kW,80m;3号:1600m^3/h,500kW,80m;其中1号、2号泵为汽泵,3号泵为电泵;一次网管径DN700

2.2 原有调节手段和管理方式

系统原有调节手段主要为定流量质调节,由热力公司运行人员向热电厂提供供温水平以供参考,一日一次。热源负荷调节靠手动调节蒸汽阀门,灵活性较差,造成了一定的热量冗余。同时,1号站循环泵能力有限,难以应付大网流量的大幅调节。极寒天气下,热源能力已出现不足的情况。

系统原中控平台可实现大部分站点的一次、二次侧流量、温度水平监控,以及部分站点电动调节阀的远程人工调节。电动调节阀主要作用为一次网的静态平衡手段,调节功能并未实现统筹。热力站全部由热力公司掌控运行,每日由站长抄送上报能耗情况。系统未开展二次网水力平衡调节工作。

2.3 以智慧型升级为目标的改造工作

2.3.1 全网水力平衡

水力平衡是系统性运行调节的关键基础。从环节上说,由一次网水力平衡和二次网水力平衡两部分组成;从调节过程上说,由初调节和运行调节两个过程组成。在一次网侧,水力平衡在初调节中不仅要满足各站尽量均匀的流量分配,还要尽量留出足够的资用压头给最不利点,从而使各站都有一定的运行调节空间。在实际运行过程中,由于管龄、实际管网布局和各站实际负荷等的变化,一次网的水力平衡点会与设计值产生差异,因此不能直接套用设计值。笔者采用了历史数据追溯法,即采用过去供暖季平稳运行工况下的实际数据,做出统计分析,计算出各站满足用热需求时的水力平衡基准值。以此值作为公式中的"设计流量",计算实际的水力失调度。

流量分配的情况可以用水力失调度来表示,其计算公式如下:

$$x = g/g' \tag{1}$$

式中 x——水力失调度,无量纲;
g——运行流量,$kg/(m^2 \cdot h)$;
g'——设计流量,$kg/(m^2 \cdot h)$。

不难看出,当 x 值与 1 相比偏差越大时,其代表的水力失衡度越大。初调节后,各站点一次网水力失调度如图 1 所示。

从图 1 中可以看出,除了面积变化极大、建筑质量极不好、电动调节阀开度达到极限、需要特殊对待的个别站点之外,各站点一次网水力失调度基本在 0.5~1.2 之间,说明初调节基本达到水力平衡要求。考虑到各站点与历史年度相比都有不同程度的面积增长,自然会带来一定程度的单位面积流量的下降,加之首站循环泵能力已达上限,因此平均水力失调度小于 1 是正常的。

在二次网侧,水力平衡主要为了满足均匀分配的需求,降低水力失调度。二次网的水力平衡改造工作主要通过加装流量调节器实现静态平衡来完成。建筑物室温与系统水流量可用下式计算:

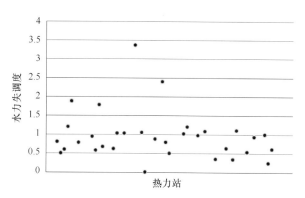

图 1 初调节后的各站点一次网水力失调度

$$t_n = \frac{\varepsilon_n \cdot G \cdot t_g / q_v + t_w}{\varepsilon_n \cdot G / q_v + 1} \tag{2}$$

式中 t_n——室内温度,℃;
ε_n——换热器有效系数,无量纲;
G——系统流量,$kg/(m^2 \cdot h)$;
t_g——供水温度,℃;
q_v——建筑物在室内外温差为 1℃ 时的耗热量,W/℃。

由式(2)可以看出,在给定供水温度 t_g、给定室外温度 t_w 时,二次网的水力失调程度显著影响室温水平,且负面影响更大。当实际流量大于设计流量时,实际室温将高于设计值,且跟随增加的幅度较缓慢;当实际流量小于设计流量时,实际室温将低于设计值,但跟随减少的幅度较快(图 2)。即:水力失调时,室温水平受到的负面影响将大于正面影响。这也是为什么在二次网平衡失调的小区,实测室温偏低的情况更为常见。为此,本项目进行了二次网水力平衡改造,尽可能减少水力失调带来的对室内温度的负面影响。

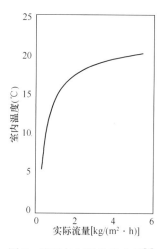

图 2 流量与室温关系曲线[1]

本项目针对二次网水力平衡改造的方案是加装流量调节器,并根据实供面积进行冷态和升温后的水力平衡调节,并控制调节后水力失调度在 0.8~1.2 之间。共加装 1641 台流量调节器,水力平衡调节达 4000 台次。以某小区为例,各单元调节后的水力失调度结果如图 3 所示。可以看出,除个别单元楼因实际供热质量问题需要特殊调整外,绝大部分单元的水力失调度在 1 左右,达到水力平衡的状态。

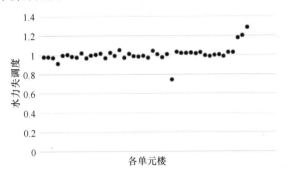

图 3　以某小区为例的二次侧系统调节后水力失调度

2.3.2　自学习型气候补偿策略的开发与植入

气候补偿策略为智慧供热控制策略中的核心,主要是为了根据气象条件(包括室外温度、辐射、风速、湿度)、室内温度反馈和用热特点分别为各组换热机组计算二次供水温度,并将计算出的二次供水温度下发给热力站控制器,指导控制电控阀开度,达到给定计算温度。主要气象条件由项目增设的两台六要素气象站收集完成。气候补偿策略的运算过程在云服务器完成,然后通过重新组态的控制系统下发到各站控制器执行。气候补偿策略分为白天模式、夜间模式以及假期模式,其二次供水温度计算公式如下:

(1) 白天模式
$$T_{si} = T_{si.eout} - T_{si.ra} + T_{si.wind} + T_{si.wet} + T_{si.in} + T_{si.offset} + T_{si.surplus} \quad (3)$$

式中　T_{si}——第 i 换热机组的给定二次供水温度,$i=1$、2、3、4;

$T_{si.eout}$——按当量室外温度[2](T_{eout})计算出的第 i 换热机组的二次供水温度,$i=1$、2、3;当量室外温度是考虑了历史温度、实测室外温度和天气预报后,加权计算出的室外温度参数;当量室外温度的设置目的是利用热力系统的惯性和建筑蓄热性,一方面预留充足的提前量以应对即将到来的气温变化,另一方面对实时气温波动带来的负荷震荡进行缓冲、稳定和预判作用;

$T_{si.ra}$——辐射对给定二次供水温度的影响;

$T_{si.wind}$——风速对给定二次供水温度的影响;

$T_{si.wet}$——湿度对给定二次供水温度的影响;

$T_{si.in}$——室内温度对给定二次供水温度的影响;

$T_{si.offset}$——偏差对给定二次供水温度的影响;

$T_{si.surplus}$——夜间转白天时的超温值。

(2) 夜间模式
$$T_{si} = T_{si.eout} + T_{si.wet} - T_{si.ra} - T_{si.wind} + T_{si.in} + T_{si.offset} - T_{si.reduce} \quad (4)$$

式中　$T_{si.reduce}$——降温模式对给定二次供水温度的影响;

其余符号同式(3)。

(3) 假日模式
$$T_{si} = T_{si.set} \quad (5)$$

式中　$T_{si.set}$——假日模式下直接给定二次供水温度,期间恒温防冻供热。

其余符号同式(3)。

气候补偿策略对不同小区的区别对待,是策略能否成功适配水温指令的另一关键。为此,笔者对气候补偿策略开发了目标激励型的自学习功能,即:根据室温情况和用户行为规律(比如几种模式的实际切换时间),利用数据驱动进行程序的自学习环路,从而实现二次网供温曲线的不断演化和优化,最终学习出适应本小区的特定二次网供温曲线。图 4 列出三条不同的曲线举例。

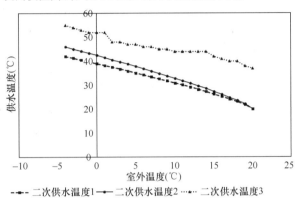

图 4　不同热力站的二次供温曲线举例

基于植入的气候补偿手段,对原智慧供热系统进行了升级和优化,使其具备自学习反馈环路,确保数据的上传、运算和下达通道畅通,并保证系统的运算能力配置处于最优层级。新架构的智慧供热系统在云服务器层级和本地控制层级均接入了新的运算能力,但数据上传和控制指令的下达还是本着充分利旧的原则,利用原系统执行。

2.3.3　监控手段与数据质量管理

数据质量对于智慧供热系统来说至关重要。一方面需要完整、准确的数据系统来保证程序运算与学习的正确性;另一方面也需要用数据来人为判断系统的运行工况,给予适当的人为干预。原系统中共有 18 个站具备 VPN 直接数据上传的条件,其他站点通信情况待完善。另外,系统中约有 16 个站的电动调节阀通过 PLC 控制系统控制,其余绝大部分站的电动调节阀是采用外加阀控箱独立远传,这部分阀门没有直接接入到 PLC,由本地 PLC 控制,无法和温度实现联动控制。针对这部分站点,进行了本地控制系统的升级改造。

另一个影响数据质量的普遍现象是仪表偏差和缺失。针对仪表进行了三轮校准,并在非供暖季组织了返厂校准工作。此外,由于缺乏有效的监测手段,室内温度难以实现精准控制,对调控手段的有效性也无法反馈。因此,增加了 117 台室温传感器和 165 套楼宇单元无线测温模块,结合入户测温,形成线上线下结合的室温监测手段。

2.3.4　其他局部改进手段

在一个热力系统中,每个热力站都是关键的。想要整个热力系统实现高效运转,需要对每个站的关键部件进行核对,确保其实际运行中的工作效率最优,排除设计冗余、负荷不匹配和运行年限等因素带来的不利影响。

由于水泵功率、流量、扬程和效率之间存在如下关系：

$$N = \frac{G \cdot H}{367\eta} \qquad (6)$$

当水泵选型过大时，效率点 η 将产生严重偏移，导致水泵能耗过高，也不利于稳定工作。因此，对站内循环泵进行了逐个核查，并替换了选型过大的 7 台水泵，另对 5 台控制方式不当的水泵进行了改造。

考虑到本系统部分热力站建设时间较久远，对换热机组效率也进行了逐一排查，并对效率严重受损的机组集中组织了清洗或更换。

此外，由于二次侧管网由开发商建设，建成后缺乏图纸等信息，造成了一些面积与换热机组系统的不对应，这将对换热机组工况、智慧型供热系统的负荷核算与自学习基础产生一定影响。因此，开展了针对每套换热机组的对应面积排查，并将其作为换热机组核定、控制程序运算和系统性调节的前提条件。

3 系统性运行调节思路

系统性运行调节需要对新架构的智慧供热系统进行由数据驱动的调试、校正和运行监测，以强化初始算法与供热系统本身的适配性，并排除由仪表偏差、历史数据缺漏和运行习惯不同等因素所带来的过量振荡，从而避免整个系统的水力、热力工况大幅振荡。同时，机器学习的过程是一个"环境因素—目标趋近—反馈激励"的闭环，这也需要在初始阶段给予适当的人为经验干预，确保该闭环是基于优化目标的"正反馈"，而不是基于原系统缺陷导致的"负反馈"。

系统性运行调节的总体思路如图 5 所示，其主要逻辑是：首先进行气候补偿条件下的负荷预测，该过程以当量室外温度为基础。预测的负荷一方面用于给热源出口下达工况参数，指导热源调度班组的工作；另一方面用于提供各换热站二次供温的目标值，指导电调阀的开关动作。为了保证大网的基本平衡不受影响，站内追温的动作一部分采用了本地自动控制，一部分采用人为远程控制（具体原因见本文第 3.2 节）。二次侧管网在静态平衡的基础上质调节。用户侧管理手段将反馈实际供热效果，从而决定采取哪一级响应措施（是对局部的二次侧水力平衡进行微调，或是对站内气候补偿程序参数进行调整，还是需要调整热源出力）。

系统性运行调节的初始阶段为 2019—2020 供暖季的前 1.5~2 个月，在此阶段，对系统进行了负荷预测及热源调度方案、输配调控方案的投运和优化，并使用优化后的成果继续指导后续供暖季的运行。此外，对于用户侧的管理贯穿整个运行期。

3.1 负荷预测及热源调度

在项目设计阶段，采用了统一的单位面积热负荷指标对项目负荷进行估算。而进入实际运行期，如果仅沿

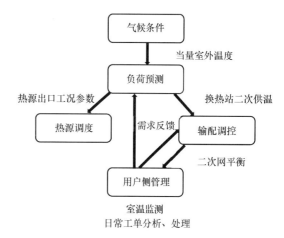

图 5 系统性调节运行逻辑

用室外温度对应的热负荷指标进行负荷预测，则会带来预测值的振荡，从而为热源调度带来难度。因此，负荷预测的一大关键因素是修正理论负荷带来的振荡，从而在负荷变化的趋势下找到平稳调度的最大可能性，既满足用热需求，又尽可能减少冗余供热量，同时实现平稳调度。为此，对项目涉及的每个换热站进行了计算程序校核，根据每个热力站所带实际建筑面积、建筑类型及用户反馈等，对气候补偿指令进行修正，再计算出实际负荷指令。修正过程由自学习程序在人工监测干预条件下完成。

以某小区的实际日均负荷与仅凭实时气温为依据的理论计算负荷对比（图 6），可以看出，经过修正之后的实际负荷曲线相对平稳，单位面积耗热量在 18.6~29.9 W/m² 之间变化，波动幅度在 −30%~14% 之间，而同一时期，理论计算负荷的变化幅度较大，单位面积耗热量在 6.8~27.1 W/m² 之间，波动幅度在 −70%~30% 之间。实际负荷贴近理论计算负荷的上限，有效去除了一部分冗余的供热量。同时，也可以看出在调试初期（12 月初以前），实际负荷在个别日出现了低于理论计算负荷的情况，也存在一定的负荷振荡，这说明刚开始的计算程序是不成熟的，需要人为干预。

在统筹各热力站的当量室外温度所对应负荷之后，计算程序将推算出热源出口负荷。由于热源运行并未纳入智慧热网控制系统，该负荷指令需要人工下达、人为调控。因此，只能最大限度做到热源出口负荷与调度趋势的匹配。图 7 反映了调度指令中的温度指标与实际运行的温度值之间的对比关系（以一号线为例），可以看出实际运行中热源运行基本贴合了调度要求。

图 8、图 9 反映了仅与实时气温对应的理论负荷、实际负荷与调度指令趋势之间的关系。可以看出，调度指令趋势与理论负荷变化趋势相一致，但更加平稳，为热源调控减轻了负担和风险。此外，两个热源在运行初期，负荷较低时都存在较大波动，这主要是因为热源低负荷运行时的灵活性有限。而进入严寒期，热源实际负荷与调度趋势相比也出现了明显差距，这主要是因为热源能力不足导致的。

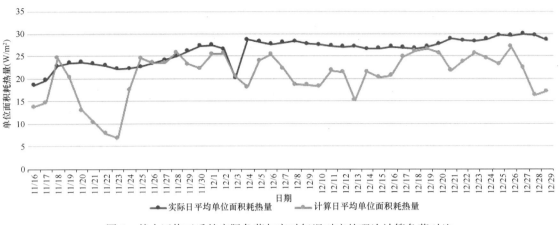

图 6 某小区修正后的实际负荷与实时气温对应的理论计算负荷对比

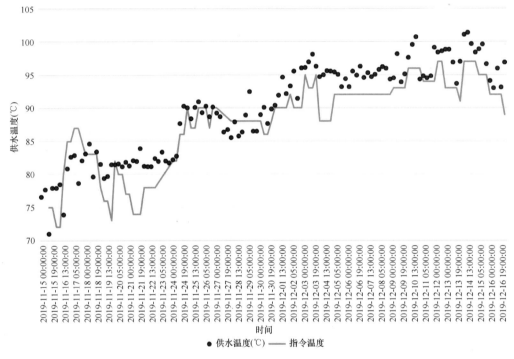

图 7 一号线调度指令温度与实际供水温度对比

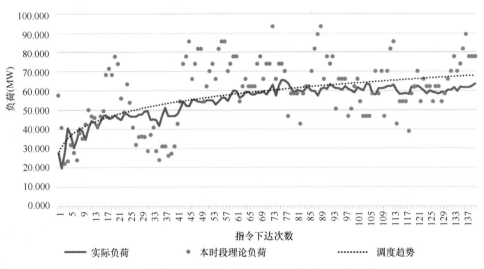

图 8 一号线理论负荷、实际负荷与调度指令趋势对比

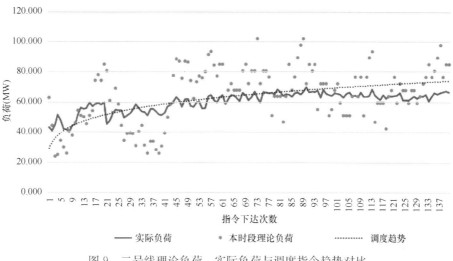

图 9　二号线理论负荷、实际负荷与调度指令趋势对比

3.2　输配调控

在 2019—2020 供暖季开始之前，通过简化的水力工况分析，对管网的整体情况进行了初步研判，以此制定合理的运行管理方案。

如图 10、图 11 所示，由于一号线的循环水泵能力有限，加上地势高程差的影响，一号线末端资用压头不够，难以实现电动调节阀的有效调节和平衡。虽然在一号线末端一个站内有安装增压泵，但此状态下开启增压泵会增加主干网的压降，造成前端站点的资用压头过小，即最不利点可能前移，从而影响临近站点的供热效果。从实际运行情况看来，其前端站点的确已经出现流量不足导致的供热效果问题，因此在策略制定中，尽量避免启用一号线末端站点的增压泵，而采用保持主干线水力平衡工况的方式指导各站运行。因此，一号线的气候补偿策略投用必须采用人机结合的方式，平缓地逐步推进。

同时，二号线的水力工况分析表明，其主干线沿程各站点可以基本保证资用压头，可以允许更自由、灵活的大网调节。因此，对二号线的策略投用采取了更迅速的方案。

实际运行后，在不同阶段调节后水力失调度变化情况如图 12 所示。必须指出，个别站点因用户局部反映进行了基础流量调整，一次网流量给予了适度放大。除此之外，在供暖季不同阶段，在不同时期、不同室外气温（从 −15.1℃ 到 7.9℃）各站点水力失调度与初调节阶段基本一致，即一次网在运行初期实现了水力平衡后，并未由于站点的气候补偿调节引起大幅的水力工况变动，基本仍保持平衡状态。

二次网的运行调节主要通过由气候补偿策略指导的电动调节阀来完成。在运行初期，需要保证所有电动调节阀都在正常的工作范围，避免由设计冗余、面积差异等情况导致的电动调节阀开度范围过高或过低。图 13 表现了排查出的几种典型的电动调节阀开度区间，可以看出，在室外温度 −5.6∼5℃ 区间时，各小区电动调节阀变化趋势基本趋同。然而，换热站 1 和 2 的电动调节阀开度始终局限在 10% 以下，超出了有效的调节范围，换热站 3 的电动调节阀也最多达到 20%，说明这几个站电动调节阀很可能选型偏大，无法在正常的调节范围内达到目标二次网

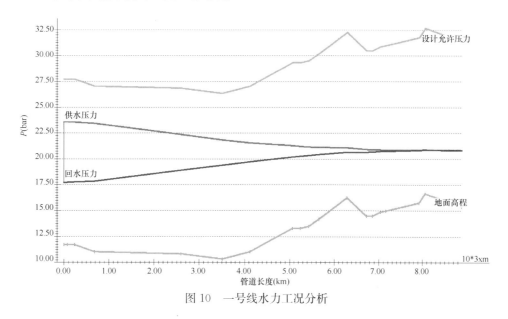

图 10　一号线水力工况分析

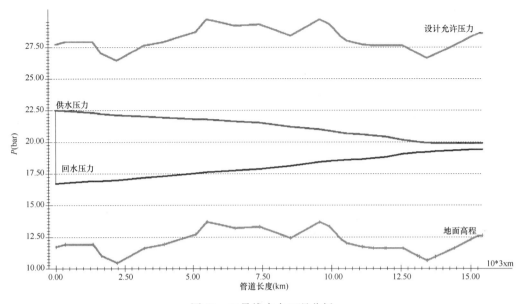

图 11 二号线水力工况分析

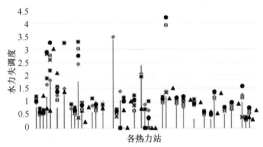

图 12 运行期不同阶段一次网水力失调度情况

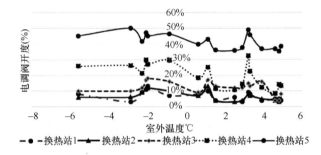

图 13 不同室外气温下的典型电调阀开度范围

供温。若不修改,很容易造成这几个站一次网流量过高,而其他需要一次网流量的站点却所获不足。因此,对范围内选型不当、调节范围极小的电动调节阀都进行了调整或更换,以获得更精准的调节效果。

在综合考虑一次网水力工况、热力站工况和用户用热需求等具体不同情况之后,热力站的控制采用人机交互的模式,部分采用自动控制,部分采用参考气候补偿指令的人工远程控制。以自动控制的热力站由本地控制系统自动执行气候补偿指令,追踪设定二次网供温值;以人工远程控制的热力站由中控平台运行人员参考气候补偿指令发出设定二次网供温,远程调节电动调节阀。两种控制方式的典型工况如图 14 和图 15 所示。采用人工远程控制的站点仍然保持各类监控数据的收集、上传,因此不会影响其运算和学习功能。

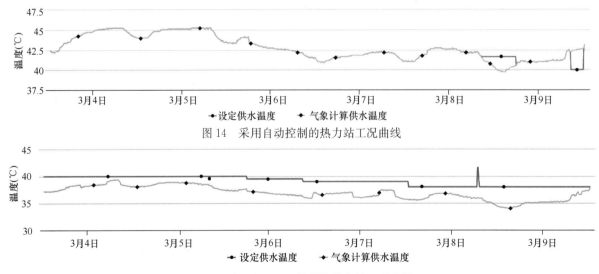

图 14 采用自动控制的热力站工况曲线

图 15 采用人工远程控制的热力站工况曲线

3.3 用户侧运行管理

对终端热用户的运行期管理是整个系统性调节工作的最后一环。该环节的管理质量将直接影响用户的体验和换热站的运行方式,也影响整体平衡和能耗水平。对此,建立了以下工作流程(图16):在日常工作中,由运行部门负责收集温度参数并进行温度和负荷情况的分析,由客服部门负责收集用户投诉并生成工单。这些信息均会传递至运行平台进行汇总,然后制定出针对局部问题和针对整体问题的两大类处理方案,并分别由中控团队和外网运行团队实施。为了保证实施效果,会对用户的反馈进行跟踪。

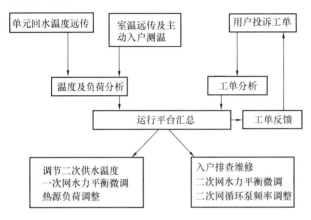

图16 用户侧运行管理工作流程

通过对工单处理机制的优化,实现了工单总量的下降,处理效率也有所提升。经过比较,在过去三个供暖季内,工单总数(以打入电话计)逐年下降(表3)。工单数量减少的背后,也伴随着室内舒适度的提升。通过室温远传、入室测温等手段,对产生工单用户室内温度进行了监控和分析,表明中位室内温度维持在合理区间(18~22℃),占比60%;室内温度在22~26℃之间的用户,占比28%(图17)。

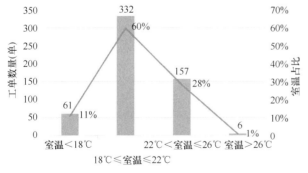

图17 2020—2021供暖季室温情况统计

4 系统性调节效果

4.1 能耗水平

通过两个供暖季的系统性调节运行,项目实现了整体节能效果,能耗水平持续下降。经过系统性调节运行后,两个供暖季分别实现了5.92%和7.62%的整体节能率,整体节电率更是超过10%(表2)。为了排除天气因素,热单耗全部以度日数进行校正,校正公式为:

$$q' = q \cdot D'_{18}/D_{18} \quad (7)$$

式中 q'——当季校正后热单耗;

Q——当季表计热单耗;

D_{18}——基准年度日数,即基准年设计室内温度为18℃的度日数,$D_{18} = Z \cdot (t_n - t_{wp})$,其中 Z 为本季累积供热天数,t_n 为设计室内温度,t_{wp} 为本季平均室外温度;

D'_{18}——当季度日数。

项目实施前后能耗对比 表2

供暖季	热单耗(GJ/m²)	节能率	节电率
2018—2019	0.3869	—	—
2019—2020	0.3424	5.92%	13.61%
2020—2021	0.3398	7.62%	9.94%

4.2 需求响应敏感度

需求响应敏感度采用度日单耗来表示,即:每度日每平方米所消耗的热能。度日单耗可以体现在用热需求随气温变化的情况下,供热调度情况与需求的跟随程度。度日单耗越平稳,跟随度越好。此外,度日单耗的整体水平也代表了为了满足设计室内温度整个热网的能耗水平。度日单耗的计算公式如下:

$$q = Q/(A \cdot D_{18}) \quad (8)$$

式中 q——度日单耗,GJ/(m²·度日);

Q——本季累积总耗热量,GJ;

A——总供热范围,m²;

D_{18}——设计室内温度为18℃的本季度日数。

从图18中可以看出,对比项目实施前后两季的室外气温波动幅度接近,项目实施前一季气温在-9~12.25℃之间波动,最大单日气温波动为5℃,主要波动期在12月和2月上旬。项目实施后一季气温在-5.6~13.6℃之间波动,最大单日气温波动为9℃,主要波动期在12月下旬和2月上旬。首先,项目实施后度日单耗较实施前更加平稳,即使气温波动幅度偏大,也实现了能耗的平稳控制。这说明系统对用热需求的敏感度有所提升,实现了更精准的按需供热。其次,项目实施后度日单耗比实施前整体下降,说明节能运行与平稳的热网调度相辅相成,节能工作并不是某一个时间段突击完成的,而是贯穿整季的系统性调节的效果。

4.3 投诉水平

通过系统性调节,供热质量也有所提升。对比项目实施前后,工单总量有明显的下降趋势(表3)。项目实施的两个供暖季内,工单总量(以打入电话计)较基准年分别下降了11.89%和35.05%,即使在疫情影响、民众反应敏感的时期,也最大限度保证了室内舒适度。对供热质量的保证使公司获得了用户的大量好评。

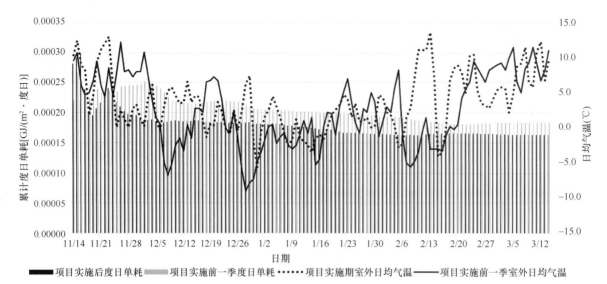

图 18 每平方米度日能耗与室外日均气温的对比

项目实施前后工单量统计　　表 3

供暖季	工单总量	较上一供热季工单下降率	较基准年下降率
2018—2019	2414	—	—
2019—2020	2127	11.89%	11.89%
2020—2021	1568	26.28%	35.05%

5　结论

系统性运行调节是智慧型供热系统的运用和升级过程。系统性运行调节包括改造、优化和消除缺陷，也包括系统性的分析、调控和反馈过程。通过这个过程，供热系统实现了稳定运行，保证了运行质量和供热效果，也降低了冗余热损失，形成了更好的源网配合习惯。经过系统性运行调节，能耗水平会自然下降 5% 以上，工单量下降 10% 以上，室温分布合理，用热需求响应灵敏，可为智慧型供热系统的运行方式提供普适性方法。

同时，智慧型供热系统提高能源利用效率促进供热行业碳减排，两个供暖季累计 CO_2 减排 2 万 t。系统具备纳入清洁热源灵活调节的能力，实现一次能源结构调整，可进一步促进低碳转型，助力实现碳达峰、碳中和目标。

参考文献

[1] 石兆玉，杨同球. 供热系统运行调节与控制[M]. 北京：中国建筑工业出版社，2018.
[2] Svend Frederiksen, Sven Werner. District heating and cooling [M]. Studentlitteratur, 2014.

基于主数据系统的供热企业数据治理实践

泰安市泰山城区热力有限公司　王　磊　陈立明　王健鹏
北京华热科技发展有限公司　　王占海　吕　青

【摘　要】在全面推进智慧供热的进程中，供热企业建设了大量信息化系统，对于多个信息化系统中共有的信息，如：热力站名称、热源名称、用户信息、设备信息、建筑物信息、面积数据、能耗数据、室温数据等分别存在多个系统，因为建设时期不同等原因难免存在数据不一致、定义标准不统一、数据难以有效共享等问题。而随着系统建设不断推进，供热系统智能化要求越来越高，随之而来的数据接口增多、无效数据、错误数据的大量加入智能化运算、系统集成难度和互联互通成本日趋增高等现象越来越严重，核心数据资产管理已成为供热企业迈向智能化供热、智慧化之路上所面临的第一大难题和需要解决的首要问题。本文以规范供热企业主数据管理为切入点，完成了主数据系统和企业服务总线系统的建设与企业核心主数据的治理工作，期间共完成 6 套热计量系统、2 套热力站控制系统、收费和客服系统和热网仿真决策支持系统的互联互通与核心主数据的数据规范化治理，大大优化了生产数据的质量，实现了核心主数据的实时共享和实现共享的频次，减少了一线管理人员每日生产运行数据的统计报表工作量，提高了数据分析能力和数据分析质量。通过主数据管理系统的建设和组织保障，逐步建立起一套科学的数据治理管理体系，实现供热企业对核心数据资产的统一管理、高效共享，充分挖掘数据资产的价值，为以后更多的供热企业开展数据治理工作提供有益的案例分享和改造实施效果参考。

【关键词】主数据　数据治理　智慧供热

0 引言

供热企业在开展智慧供热的平台建设过程中，由于过去缺少统一的系统建设规划和数据管理规划，往往存在以下几个共性的迫切需要解决的问题：第一，数据缺乏完整性、一致性、及时性；第二，多系统间的数据难以有效共享、互换；第三，由于系统较多，数据在建立或修改时容易重复工作，或造成各部门数据的不一致性。这些问题都导致供热企业的数据在管理上的混乱。因此，通过MDM（主数据管理系统）来实现关键数据的标准化和规范化，成为供热企业在智慧供热建设前的必备工作。

供热企业做好数据资产管理是实现智慧供热"源-网-荷-储"的前提，要实现真正的智慧化供热，就需要实现用户侧、热网侧和热源侧数据的有效对接。如何实现企业内、外部系统数据的可信溯源、及时准确高效共享是数据资产化管理的核心。引入主数据管理思想，结合供热企业自身发展战略目标和当且迫切需要解决的问题，有规划、有重点地逐步开展数据治理来实现数据价值的挖掘。

1 主数据定义和数据治理

主数据是在整个企业范围内统一的、相对稳定的、在系统间共享的核心数据，是用来描述企业核心业务实体的数据，如组织机构、人员、用户、产品、资产等。由于主数据是多个业务系统中最核心且需要共享的基础数据，因此主数据具有高度的业务价值，对主数据进行管理也是数据治理任务中的重中之重。

主数据管理从企业的多个业务系统中抽取主数据并进行整合，集中进行数据治理，并以服务的方式把统一、完整、准确的主数据分发给企业内的各种应用。主数据管理使得企业可以对分散的数据进行集中化的管理，不仅保证了企业主数据的一致性和完整性，降低了数据管理维护成本，同时可以有效提高数据质量，为企业决策奠定良好的数据基础。

数据治理是指将数据作为组织资产而展开的一系列具体化工作，是对数据的全生命周期管理。数据治理体系是指从组织架构、管理制度、操作规范、IT应用技术、绩效考核支持等多个维度对组织的数据模型、数据架构、数据质量、数据安全、数据生命周期等各方面进行全面的梳理、建设以及持续改进的体系。

主数据是企业的核心数据资产，相对于业务数据和分析数据，高价值、高共享、相对稳定的特征决定了其在数据资产管理中的重要地位。而基于主数据的数据治理工作必须是"一把手工程"，必须全员参与，必须坚持问题和目标导向，必须统一主数据定义和接口标准，必须梳理清晰各系统之间的属主和消费关系，重点抓好各系统使用角色之间的需求识别和各系统开发维护厂家之间的协调与整合开发工作。实现数据治理实践工作的常态化、制度化、角色化、价值化，逐步建立起与企业自身发展阶段相适应的数据资产管理体系。

2 泰山城区热力数据管理现状

2.1 数据多头管理，缺少专门对数据管理进行监督和控制的组织

泰安市泰山城区热力有限公司的信息系统建设和管理职能分散在各部门，比如自控系统归生产管理部管理、收费和客服系统归客服中心管理、热计量系统归大数据管理中心管理，致使数据管理的职责较为分散（图1～图4）。每一个信息系统都涉及相同的数据字段，比如热力站名称、热力站面积和用户面积等，各部门业务不同导致关注数据的角度也不同，缺少一个组织从全局的视角对数据进行管理，导致无法建立统一的数据管理规程、标准等，相应的数据管理监督措施无法得到落实。

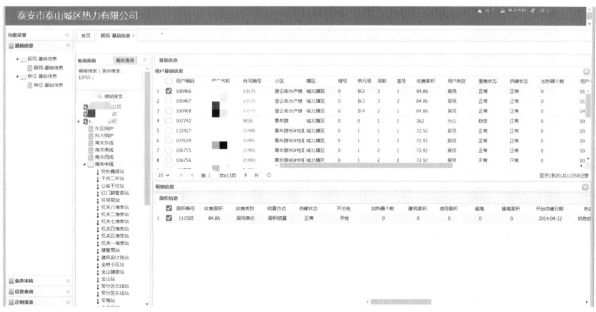

图1　泰山热力收费系统

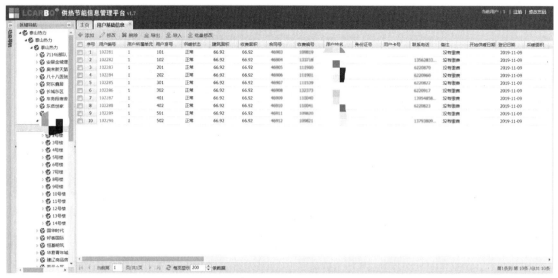

图 2 泰山热力热计量系统 1

图 3 泰山热力自控系统

图 4 泰山热力热计量系统 2

2.2 多系统分散建设，没有规范统一的数据标准和数据模型

泰安市泰山城区热力有限公司为适应快速变化的市场和用户需求，结合各部门自身业务特点逐步建立了各自的信息系统，各部门站在各自的立场生产、使用和管理数据，使得数据分散在不同的部门和信息系统中，缺乏统一的数据规划、可信的数据来源和数据标准，导致数据不规范、不一致、冗余、无法共享等问题出现，组织机构各部门对数据的理解难以用一致的语言来描述，导致理解不一致（图5、图6）。

（1）缺少统一的主数据，组织机构核心系统间的人员等主要信息并不是存储在一个独立的系统中，或者不是通过统一的业务管理流程在系统间维护。缺乏对集团公司或政务单位主数据的管理，就无法保障主数据在整个业务范围内保持一致、完整和可控，导致业务数据的正确性无法得到保障。

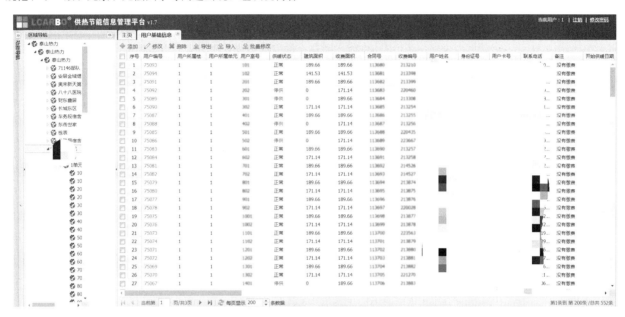

图5　热计量系统1用户面积信息缺失

图6　泰山热力收费系统用户面积信息缺失

（2）缺乏统一的集团型数据质量管理流程体系。当前现状中数据质量管理主要由各组织部门分头进行；跨局、跨部门的数据质量沟通机制不完善；缺乏清晰的跨局、跨部门数据质量管控规范与标准，数据分析随机性强，存在业务需求不清的现象，影响数据质量；数据的自动采集尚未全面实现，处理过程存在人为干预问题，很多部门存在

数据质量管理人员不足、知识与经验不够、监管方式不全面等问题；缺乏完善的数据质量管控流程和系统支撑能力。

（3）数据全生命周期管理不完整。目前，大型集团或政务单位，数据的产生、使用、维护、备份到过时被销毁的数据生命周期管理规范和流程还不完善，不能确定过期和无效数据的识别条件，且非结构化数据未纳入数据生命周期的管理范畴；无信息化工具支撑数据生命周期状态的查询，未有效利用元数据管理。

3 泰山城区热力主数据建设及数据治理

泰安市泰山城区热力有限公司根据内部信息化建设情况及现阶段存在的问题，借鉴行业经验和主流技术应用情况，通过建设主数据管理系统作为技术支撑，成立专职部门作为组织保障，对企业内部业务、流程、制度、标准等进行全面梳理，建立起一套符合企业特点的数据资产管理体系（图7、图8）。

在技术支撑上，建设主数据管理系统实现公司对主数据的统一规划、统一编码和统一管理，并固化主数据管理流程和管理规范，改变公司数据管理和利用的现状，从而更好地实现信息资源共享和最大利用。企业服务总线系统实现多个管理和业务系统的功能服务化，通过提供统一的服务注册管理、完善的总线功能等手段，实现系统之间的服务集成，从而提升系统整体集成能力。

公司主数据项目涉及的组织部门多、业务范围广、系统影响大、协调事项多，在各部门之间的数据应用环节，常用的纸质文件审批、一般电话沟通、"使用习惯""不成文的规定"等，都将是数据标准化建设时会遇到的"关卡"，能有一位有话语权的领导来强力支持和推行主数据的建设将是关键，只有公司高层领导重视甚至列入工作计划进行跟踪和考核，企业的实施涉及人员才有可能重视。

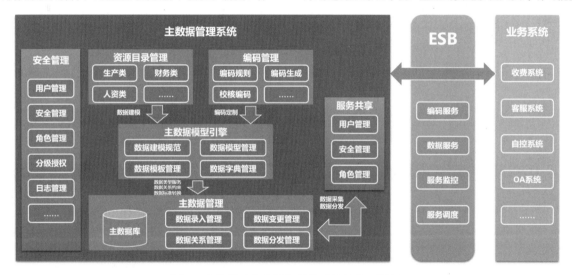

图7 主数据及企业服务总线系统整体逻辑图

图8 主数据系统首页

因此在组织保障上,公司成立专项领导小组,组建大数据与智慧化供热中心,抽调各业务部门人员,明确职责,梳理需求,制定标准和流程。对业务系统数据制定标准和规范,梳理各系统之间的属主和消费关系,协调各系统厂商与主数据系统的对接和数据整合工作。

3.1 规划设计,明确核心业务主数据

结合公司管理要求和信息化建设现状,全面对企业核心基础业务数据进行梳理,将企业在各系统中广泛存在,并具有高业务价值属性、各业务部门重复使用的数据进行标准化,确定组织架构、岗位、员工、系统用户、热源、热力站、热用户、小区、楼座、项目、合同、供应商、设备 13 项内容作为主数据的建设范围(图 9、图10)。

3.2 数据标准化和建模

主数据标准化和建模管理从模块化、功能化、标准化角度考虑主数据模型和结构,实现对元属性、数据约束条件、校验规则、编码规则等方面的定义与管理。数据模型建立后将其固化至主数据管理系统中。数据标准化和建模管理主要包括创建主数据结构、明确属主关系、制定编码规则、规则权限配置几个方面的工作。

如热用户、小区、楼座主数据的数据源来源比较单一,主要来源于公司的收费管理系统,该部分数据将作为企业运营管理的基础核心业务数据,作为该主数据项的属主系统。热源和热力站数据自于多个热网监控系统,根据管理需求制定数据内容和标准进行统一数据整合。

3.3 数据治理

在数据建模之后把所有相关的主数据进行数据整合处理,将系统中所有主数据都按照模型治理并形成标准化的数据,保证主数据的标准化和唯一化(图 11)。

对各主数据项确定的属主系统,以职责部门为主,对系统中数据不一致、数据重复、数据不准确、数据不完整、数据关系混乱、数据不及时等数据,按照制定的标准规范进行统一数据定义、名称规范、格式标准等,形成标准化的数据。

如图 12 所示,收费管理系统作为供热企业的核心基础数据,是最重要的数据资产,在与其他业务系统进行集成或整合时,各业务系统因功能定位的不同,在录入和维护基础核心数据时普遍存在数据不完善、不准确、名称不统一等问题。

图 9 主数据建设范围

图 10 泰山热力主数据系统数据内容

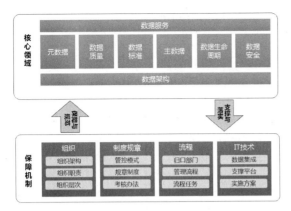

图 11 数据治理总体框架图

3.4 数据共享

主数据管理系统作为数据共享和分发的唯一平台，制定分发策略，包括分发目标系统、分发数据对象范围、分发频次和时间，由主数据管理系统通过 ESB 系统 MQ 通道等方式，向目标系统主动发送清洗后的主数据。

通过主数据管理系统中的"热源""热力站""热用户""分公司""小区""楼座""用户热计量数据"等主数据，实现将企业用户侧和热源侧的数据整合，数据实时分发到在线仿真系统，为热网调控提供数据支撑，达到节能降耗的目标（图 13）。

	用户编码	用户名称	小区名称	楼号	单元号	层数	室号	地址
收费管理系统	293394	XX	中XXX锦城	10	1	5		中XXX锦城10号楼1单元5层 室
	292301	XX	中XXX锦城	10	1	5		中XXX锦城10号楼1单元5层 室
	292304	X	中XXX锦城	10	1	6		中XXX锦城10号楼1单元6层 室
	292303	XX	中XXX锦城	10	1	6		中XXX锦城10号楼1单元6层 室
	297179	X	中XXX锦城	10	1	6		中XXX锦城10号楼1单元6层 室

	用户编码	用户姓名	小区名称	楼号	单元号	层数	室号	地址
一体化室温与温控平台	8867796	17	中XXX锦城	10号楼	1单元	5		中XXX锦城10号楼1单元50
	8871404	19	中XXX锦城	10号楼	1单元	5		中XXX锦城10号楼1单元50
	8868608	21	中XXX锦城	10号楼	1单元	6		中XXX锦城10号楼1单元60
	8870918	22	中XXX锦城	10号楼	1单元	6		中XXX锦城10号楼1单元60
	8871191	24	中XXX锦城	10号楼	1单元	6		中XXX锦城10号楼1单元60

	用户编码	用户名称	小区名称	楼号	单元号	层数	室号	地址
数据治理后	293394	XX	中XXX锦城	10	1	5		中XXX锦城10号楼1单元50 室
	292301	XX	中XXX锦城	10	1	5		中XXX锦城10号楼1单元50 室
	292304	X	中XXX锦城	10	1	6		中XXX锦城10号楼1单元60 室
	292303	XX	中XXX锦城	10	1	6		中XXX锦城10号楼1单元60 室
	297179	X	中XXX锦城	10	1	6		中XXX锦城10号楼1单元60 室

图 12 数据治理前后对比

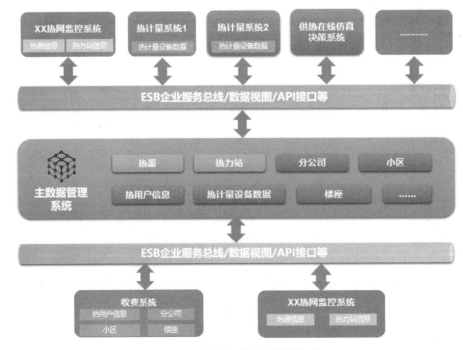

图 13 用户侧和热源侧数据集成

3.5 数据治理成果

结合公司管理要求，经过流程规范的建立和数据治理工作，取得以下成果：

（1）梳理公司业务特点，制定了一套符合企业特点的编码规范体系。

（2）建立起一套符合公司现状的内部数据集成标准和流程，确立了收费管理系统作为公司业务核心基础数据的基础。

（3）实现对各热计量厂家系统数据的统一归集，对各系统中数据的命名标准、数据格式等进行规范，实现系统数据与收费管理系统数据的一致性。

（4）统一自控系统中热力站名称的命名，并制定入网面积、收费面积、实供面积等数据定义标准，明确了数据维护流程。

（5）整合打通了用户侧和热源侧业务数据，对公司各类生产报表提供了精准的基础数据。

4 结论

通过主数据管理系统建设企业主数据标准数据库，制定统一的主数据标准，规范其编码规则及属性定义，实现对主数据全生命周期的统一管理，逐步统一企业生产经营活动中的各种信息标准；使得系统间"多对多"的数据交换关系，转变成主数据管理系统与应用系统间"一对多"的数据交换关系，降低了数据交换的复杂度，提高共享数据的一致性和准确性，为企业后续经营的信息化管理、数据分析奠定基础，为实现智慧供热提供数据支撑。通过建设主数据系统和企业服务总线系统实现了供热企业管理信息系统、工业控制系统和用户服务系统之间核心主数据的共享与交换。目前，该项目基本建设完成，已经进入数据治理工作常态化阶段。下一步，还将继续完善企业业务数据和实时数据的互联互通与整合，为更深层次的数据挖掘应用和智能化改造奠定基础。

参考文献

[1] 赵飞. 基于全生命周期的主数据管理详解与实践[M]. 北京：清华大学出版社，2015.

[2] 石秀峰. 企业数据治理的十个最佳实践.[EB/OL]. 2020-05-28[2021-12-10] https://blog.csdn.net/a934079371/article/details/106416767.

[3] 张德进，王磊，尤静，张全，明新国. 企业主数据分析与表达技术研究[J]. 机械设计与研究，2008，24(2)：67-71.

主数据系统在企业数据治理中的应用分析

承德热力集团有限责任公司　刘　利

【摘　要】 随着网络信息技术的快速发展，信息化建设不断推进，企业投入运行与规划在建的应用系统越来越多，大部分系统仍保留着各自的数据管理体系，应用孤岛和数据孤岛现象普遍存在。企业的应用系统大部分都存在着异构的问题，数据存储在异构的系统中，给系统集成带来了技术屏障。这种局面一定程度上制约了企业对于关键业务数据和管理数据的有效利用，因此充分发挥主数据管理在企业数据治理中的作用就变得尤为突出。本文结合供热企业的实际情况，论述主数据管理在供热企业信息化发展中如何帮助企业突破瓶颈，使企业各类数据更好地服务于生产运行和管理，助力智慧供热的发展。

【关键词】 主数据　数据治理　供热企业　智慧供热

1 行业背景

随着热力行业信息化建设的发展，供热企业逐步建设了各类信息化系统，典型的业务系统如：供热管理系统、客服系统、经营收费系统、热计量系统、远程抄表系统、ERP系统、供应链管理系统、协同办公系统、项目管理系统等，各系统之间的数据互联与交互十分密切。但随着信息系统的增加，数据量也随之增加，企业积累了大量的业务数据，数据不一致和数据冗余现象与日俱增，大量垃圾数据充斥在有效数据中，这就使得数据的标准化及统一管理显得越来越重要，供热企业数据治理工作已迫在眉睫。

2 企业数据治理中存在的问题

2.1 数据标准缺失

由于企业发展初期数据标准尚未建立，造成了各业务系统信息的多口采集、重复输入以及多头使用和维护，信息更新的同步性差，从而影响了数据的一致性和正确性，并使企业的信息资源拆乱分散和大量冗余，信息使用和管理效率低下，且失去了统一、准确的依据。

即使部分业务系统之间有接口，但数据的不标准使得系统间的数据交换无法实现自动处理，处理过程仍需要人为干预，这严重影响了工作的实效性和准确性，同时也会影响企业实现门户统一以及各业务系统的单点登录进程。

2.2 信息孤岛存在

由于大多数应用系统之间没有统一的技术和数据标准，数据不能自动传递，缺乏有效的关联和共享，从而形成一个个彼此隔离的信息孤岛。信息孤岛又分为应用孤岛和数据孤岛。

2.2.1 应用孤岛

企业的信息化系统通常由各业务部门自行管理，企业发展前期部分业务系统之间并未发生数据交互，业务系统也未实现对接，各业务系统自成一体，当企业发展到一定规模后各信息化系统需要业务的融合、数据的交互，但由于系统间缺乏关联和共享，就形成了应用孤岛，妨碍了信息系统之间的业务融合。

2.2.2 数据孤岛

数据孤岛分为物理性和逻辑性两种。物理性的数据孤岛指的是，数据在不同部门相互独立存储、独立维护，彼此间相互孤立，形成了物理上的孤岛。逻辑性的数据孤岛指的是，不同部门从自己的角度对数据进行理解和定义，使得一些相同的数据被赋予了不同的含义，无形中加大了各部门间数据合作的沟通成本。

信息孤岛的存在一定程度上会阻碍企业的快速发展，其不仅阻碍了数据的自由流动，降低数据的可信度和质量，也阻碍了通过数据分析为企业发展提供有效参考的价值和能力。数据的不规范管理已经影响到企业的整体管控战略，现有的系统集成手段已经无法有效解决各异构系统之间数据交互的问题，成为企业数字化转型的瓶颈。

2.3 管理缺失

企业未形成明确的数据管控模式，表现如下：数据管理机制以及数据审核校验机制不清晰，数据维护和数据稽核停留在各专业部门内部，跨专业的数据质量沟通机制不完善。

在数据管理组织和体系建设上，各业务部门普遍存在数据质量管理人员不足、知识经验不够、监管方式不全面、管理制度不健全、缺乏完善的数据质量管控流程和系统支撑能力，缺乏完善和统一的数据全生命周期管理规范和流程，缺乏信息化工具支撑数据全生命周期的管理等诸多方面的问题。

图1汇总了企业数据治理中存在的常见问题，为了解决这些问题，主数据系统在企业数据治理中的应用与分析就应运而生了。为更好地了解主数据系统，下文简单介绍主数据相关概念及主数据系统各模块在企业数据治理中发挥的作用。

图1 企业数据治理中存在的问题

3 主数据相关概念及主数据系统功能

3.1 主数据管理及系统

3.1.1 主数据

企业主数据是指企业内一致使用并共享的业务主体数据，是企业内部能够跨业务重复使用（即共享的）、高价值的数据。这些主数据在进行主数据管理之前，存在于多个异构或同构的系统中，当按照一定的规则被量化为可以记录一类信息数据的集合后，成为可以被计算机系统处理、存储和交换的数据。

3.1.2 主数据管理

主数据管理不仅仅包括硬件和软件的管理，还包括将数据作为重要资产管理的思想和办法。其最终目标是提供一个准确、及时、完整并使用于业务的主数据来源，统一企业共用数据的标准和管理，以支持业务流程和交易。

3.1.3 主数据系统

主数据系统通常融合了元数据管理、数据标准管理、数据质量管理、数据集成管理、主数据管理、数据交换管理、数据资产管理、数据安全管理、数据生命周期管理等功能，具体功能模块组成如图2所示。其他模块均服务于主数据，它们对业务数据进行处理，最终形成一套标准的主数据。最终直接与业务系统进行交互的还是主数据系统，实现数据"从业务系统中来到业务系统中去"。

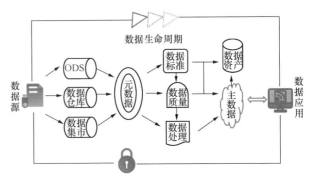

图2 主数据系统各功能模块

3.2 主数据系统功能概述

主数据系统应用架构通常分为开发层、模型层和操作层三层。各层应用在系统实际运行中的具体功能如下。

3.2.1 开发层应用功能

(1) 元数据管理

企业主数据系统通常采用基于模型驱动的技术架构，通过元数据来描述系统的各种行为，如保存数据、业务实体、用户界面等。此模式支持数据字段格式的自定义策略、数据库表的同步构建、所有数据库元素的定义、多数据源连接操作。构建元数据对象时可直接导入已存在的数据表和视图。

(2) 编码规则定义

主数据编码管理即主数据编码体系建模。主数据编码管理主要包括主数据编码体系管理原则、编码方法和对编码规则的设置，以及主数据编码功能。

3.2.2 模型层应用功能概述

(1) 主数据建模

通过主数据系统平台模型层建立数据模型，通过数据模型可以将数据库中表之间的关系搭建起来。数据模型可描述为：数据约束，主外键约束及唯一性约束，主从关系，关联关系，枚举字段定义，主键、编号生成规则，分级信息，变更记录和视图外观等。

主数据建模要能够实现数据模型集中和配置管理，支持主数据实体模型的定义与创建、数据编码定义与配置、元属性定义和配置、校验规则定义和配置、分类数据模型和通用数据模型的定义和相互引用配置。

(2) 主数据清洗

主数据建模后，依据主数据模型中的主从关系、关联关系，对系统中已存在的主数据进行清洗整合，首先清洗底层的主数据，建立数据映射关系，其次清洗次底层主数据，直到对最高层次的主数据。

主数据清洗整合包括数据获取、数据清洗、数据映射三部分。对于已经存在多个早已启用的业务系统，各业务系统主数据的内容不统一的情况，需要先对已有的业务数据中的主数据整合处理，清洗提炼出统一的标准主数据，并与各个业务系统的主数据之间建立映射关系。

(3) 主数据同步

主数据清洗后形成标准主数据库，需要将主数据下发到各业务系统中，需要基于对各个系统接口规范的梳理和标准的统一，制定数据集成与同步方案，完成主数据管理系统与业务系统的集成与数据同步，可实现多种同步模式、同步方式、数据更新方式。主数据同步涉及异构系统的集成对接，主数据平台提供多种数据集成方式。

3.2.3 操作层应用功能概述

(1) 主数据应用

主数据应用实现各类主数据的全生命周期管理，包括主数据申请、新增、下发、更新、变更、封存等功能，主数据管理支持灵活审批流定义。

(2) 数据质量管理

主数据管理需要提供数据质量管理功能，实现对主数据相关的数据分析和数据校验，为决策层提供更及时、准确的统计数据。数据校验包括空值校验、超长校验、唯一性校验、属性范围校验、关联性校验、数据规则校验、计算校验等多种校验规则，保证主数据的完整性和准确性。

基于以上对主数据相关概念及系统功能的了解，下文将结合企业数据治理中存在的实际问题，具体分析主数据系统是如何帮助供热企业突破数据治理瓶颈。

4 主数据系统帮助企业突破数据治理瓶颈的技术方案

4.1 构建主数据标准体系

企业可根据业务范围及所涉及的实体之间的关系，确定以"对象—内容—级别"三维结构构建数据标准体系。标准对象指的是各个业务板块；标准内容是指管理类标准、安全类标准和技术类标准等；标准级别则指国家标准、行业标准和企业标准。在此基础上企业需编制一套数据标准文档，如图 3 所示。

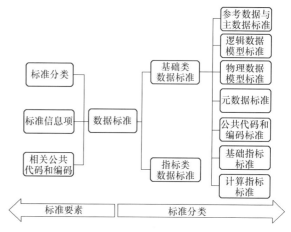

图 3 数据标准文档

主数据系统需明确主数据范围、分类标准、数据模型、编码规则、属性规范、描述规则等相关标准及规范，依据业务分析的需要，需对数据、量纲、技术规定、属性规范及口径等进行定义；然后将这些信息归类、汇总，集合成一本适用于组织整体的数据字典。如此一来，各类数据就有了统一的标准，此前由于数据标准不一致导致的问题被解决了。在数据标准体系下，企业能够立刻使用即时获取的数据进行分析，数据的时效性也得以保障。

同时，在编制数据字典的过程中，也完成了对各个业务领域数据的全面梳理，重复录入的数据被剔除，缺失信息的数据也得到了补充，数据的信息饱和度迅速提高。保证了数据的真实性、一致性、完整性、及时性，这也使得大范围的数据深度挖掘成为可能，企业可以充分挖掘历史数据并进行分析。提高了供热企业的数据质量及管控能力，为企业及各成员单位提供便捷、高效、标准、经济

4.2 改变数据交互模式

通常各异构系统完成数据交互的方式都是通过系统对接来实现的，这种数据交互的方式在企业发展初期、信息化系统不多时方便、快捷。但当企业发展到一定规模、信息化系统越来越多时，其弊端也就凸显出来了。某一业务系统所需数据稍有变化，就需要其他对接的业务系统接口进行二次开发，使得工作的时效性及数据的实时性大大降低。这种系统对接的方式并不能解决信息孤岛问题。

从根本上解决这类数据交互问题的方式就是实现主数据管理系统与各已建和在建信息化系统之间的集成对接，同时考虑与未来新建系统的扩展集成。通过主数据管理来实现各异构系统之间的数据协同。各业务系统与主数据平台进行对接，所有系统的数据均可通过主数据管理平台与其他业务系统进行交互。

由图4可以看出，传统数据交互方式并没有真正意义上解决信息孤岛问题，如 ERP 系统与 OA 系统就存在物理层面的信息孤岛。而主数据系统数据交互方式可以完全解决这个问题，从真正意义上消除应用孤岛及数据孤岛，实现主数据全生命周期管理。

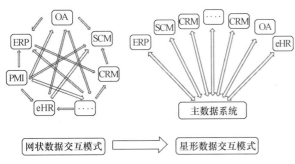

图 4 传统数据交互方式与主数据系统数据交互方式的差别

4.3 构建新的数据管理体系

主数据涉及的范围很广，涉及不同的业务部门和技术部门，是企业的全局大事。如何成立和成立什么样的管理组织，应该依据企业本身的发展战略和目标来确定。

建立主数据管理组织的目标是：统筹规划企业的数据战略；建立主数据标准规范体系、数据管理制度和流程体系、数据运营和维护体系；依托主数据管理平台，实施主数据标准化落地、推广和运营。数据管理组织职能及职责详见图5。

首先建立主数据管理组织，管理制度和规范、管理模式、管理流程，提升企业信息标准化及主数据管理水平。有效的组织机构是项目成功的有力保证，为了达到项目预期目标，在项目开始之前对组织责任分工做出规划是非常必要的。

其次，在明确了组织机构的同时，要建立和培养一支精通主数据管理理念、具备主数据管理咨询能力和掌握系统实施技能的人才团队，为后续企业主数据的全面推广实施奠定基础。同时，还要明确主数据管理岗位，如主数据系统管理员、主数据填报员、主数据审核员、数据质量管理员、集成技术支持员等。主数据管理岗位可以兼职，也可以全职，根据企业实际情况而定，但一旦从事这个岗位就必须担起这个岗位的职责。

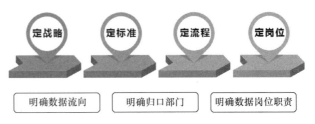

图 5 数据管理组织职能及职责

5 实际应用案例

结合主数据系统在承德热力集团有限责任公司（以下简称承德热力集团）的实际应用情况，分析主数据系统在供热企业数据治理工作中的重要性。

5.1 企业现状

承德热力集团从开展信息化建设以来，先后建立了各类业务系统，系统的种类繁多、信息交互量也相当大。而数据标准的缺失以及系统的异构使得各类问题凸显，具体表现为数据类别繁多、数据质量低下、数据孤岛严重、数据挖掘不足以及数据资产意识薄弱。此类问题极大地制约着企业的信息化发展。

5.2 信息化系统总体架构设计

针对承德热力集团的实际情况，构建了一套以主数据系统为中心的信息化系统总体架构，通过主数据系统实现各业务系统之间的数据协同与交互，将企业的各类信息化系统串联起来。主数据系统作为数据交互的核心，能够使整个信息化系统的数据真正运转起来，帮助企业完成数据治理工作。总体信息化系统具体架构如图6所示。

5.3 主数据系统应用架构设计

为了解决企业数据治理中存在的各类问题，达到数据治理的目的，承德热力集团基于信息化的总体结构搭建了符合主数据管理要求的软件平台，满足了企业主数据管理的功能性和非功能性需求。系统基于 GSP 平台构建了如图7所示的开发层、模型层、操作层三层模式的架构体系，结合各层应用的功能对企业数据进行逐级治理。

5.4 主数据系统实际运行效果分析

由图8可知，企业的任一系统均可调用其他系统的标准数据供自身使用，而且数据来源可靠。所有下发数据都经过了主数据管理平台的数据清洗，剔除了大量垃圾数据，保证了数据的准确性。

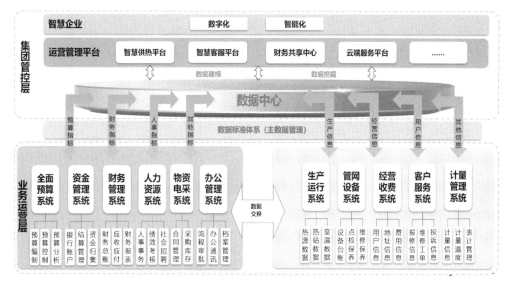

图 6 承德热力集团总体信息化系统结构图

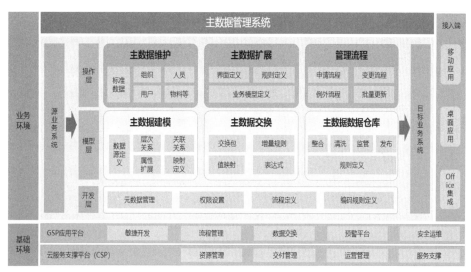

图 7 承德热力集团主数据系统应用架构图

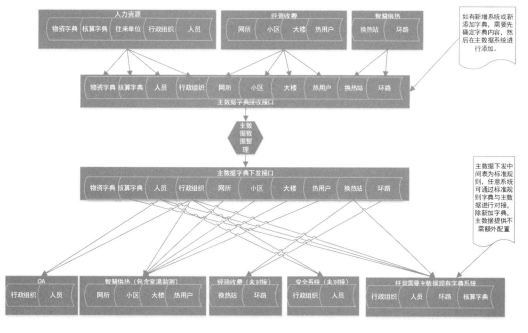

图 8 承德热力集团主数据管理系统实际运行图

同时,为满足业务系统的不同需求,数据的获取既可以是实时的动态数据,也可以是定时获取的静态数据。极大地提高了工作的时效性以及数据的实时性,进一步提升了业务系统的管理能力,使得各业务系统之间的数据协同变得更加顺畅。

6　结论

主数据系统可以辅助供热企业完成数据治理工作,能帮助企业打破数据壁垒,完成数据统一,统一管理企业级数据分类、数据标准、编码标准、管理规范。为业务系统统一主数据来源、统一业务口径,便于主数据在各业务系统间的流动和集成,节约沟通成本,提高业务数据集成效率。

主数据系统支撑着各业务系统之间的有效数据交互,实现了数据共享。同时改善了传统的决策支撑方式,有效降低了管理成本,降低了数据风险,提升了数据价值,保证了决策分析的准确性,为更好地实现智慧供热提供有力保障,为企业的数字化转型提供有力抓手。

参考文献

[1] 王兆君. 王钺. 曹朝辉. 主数据驱动的数据治理——原理、技术与实践[M]. 北京:清华大学出版社,2019.
[2] 王巍,陈泽信."云计算"在供热企业信息化中的应用研究[J]. 区域供热,2020,1:45-49.
[3] 武群惠,张岩. 集团级企业主数据资源管理及集成应用模式与实践[J]. 网信军民融合,2021,1:37-40.
[4] 冯贤凤. 陈威工. 工业企业主数据管理平台设计与实现[J]. 微型电脑应用,2021,37(2):3.
[5] 谢仁杰. 邓斌. 数字化路径:从蓝图到实施图[M]. 北京:人民邮电出版社,2021.

专题12 运行管理与降本增效

热力行业供热系统停用保养的应用

北京尤洁科技有限公司 马秀琴 盛轶 刘利捷

【摘 要】随着热力行业专业管理不断提升，管网调整手段更精细化，运行方式多样化，多热源联网清洁供暖已成为北方地区供暖的主要方式。为了保证热网系统的高效输配，适应管网运行方式，需要保证热网系统不结垢，不发生腐蚀。单一采用软化水作为补水只能保证不结钙镁垢，不能防止腐蚀。要确保不腐蚀，就必须要锅炉、换热器、管网等与水介质彻底隔离，也就是在金属表面镀上一层极薄的致密保护膜，使介质水和金属彻底隔离。保证运行和停运期间，特别是停运期间不发生电化学腐蚀。

【关键词】停用腐蚀 运行腐蚀 运行镀膜 防止锅炉爆管 防止管网泄漏

1 结垢腐蚀的影响

锅炉和管网系统水质的好坏，是影响锅炉和管网安全、经济运行的重要因素。热力行业供热方式和性质决定，如果运行期间调峰锅炉频繁启停会加重结垢腐蚀。另外，即使不是调峰炉，锅炉停用后的氧腐蚀也远大于运行腐蚀，停运腐蚀是运行腐蚀的好几倍。这主要是由于停用时大量氧气存在，大大加快了系统腐蚀。且停用时间长，这样就使腐蚀越来越严重，腐蚀产物越积越多。停运腐蚀产物又会加重运行腐蚀和垢下腐蚀，如果运行和停运管理不当就会形成恶性循环，结垢腐蚀越来越严重，导致锅炉爆管和管网泄漏等严重后果，直接影响锅炉和管网系统安全运行，影响正常供热。

2 水质管理问题对锅炉和管网保养的危害

2.1 水质管理中存在的问题

2.1.1 不监督水质或只监督水的硬度

热力行业关于管网补水存在一种错误的观念，认为只要补水是软化水就可以不结垢腐蚀了。其实，首先是新建管线或热力站并入管网时，由于条件和认识不够，系统一般不进行水清洗，即使补入合格的软化水，系统排水也是浑浊的，使管网中水硬度超标，水质不合格，造成管网结垢腐蚀；其次，即使在管网水硬度合格的情况下，补入合格的软化水只是不结钙镁垢。由于 pH 低，从 $Fe-H_2O$ 的电位图表看（图1），金属处于腐蚀区，会发生电化学腐蚀，生成腐蚀产物。随着锅炉温度升高，腐蚀产物会生成硬垢和垢下腐蚀，严重时甚至会造成穿孔，使管道泄漏，影响人身和生产安全。

从 $Fe-H_2O$ 电位图看，在区域 B 的电位和 pH 条件下，热力学上处于稳定态的固体铁的化合物，如 Fe_3O_4、Fe_2O_3、$Fe(OH)_2$ 等，这一区金属趋向于被其化合物覆盖。由于覆盖在金属表面上的金属氧化物、氢氧化物或者不溶性盐类的保护作用，金属的溶解受到阻滞，因而金属的腐蚀速度降得很慢，这一区域被称为钝化区[1]。当然，

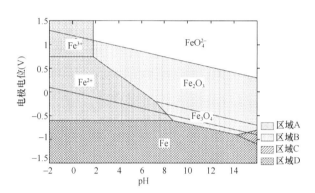

图 1 不同 pH 曲线 $Fe-H_2O$ 的电位图

金属在这一区域是否不受腐蚀，不单纯取决于金属生成的固体化合物的热力学稳定性，还与这些化合物是否能在金属表面上生成粘附性好、无孔隙、连续的膜有关。若能生成这样的膜，可防止金属本身与溶液间的接触，则保护作用是完全的；若生成的膜是多孔性的，则保护作用就可能不完全。所以钝化作用并不一定意味着完全不发生腐蚀。从后文的镀膜小型试验看，真正镀上致密保护膜的是四氧化三铁才有保护作用，不发生腐蚀，且 pH 范围在 10～12 之间。

2.1.2 向循环水中滥加药剂

实际运行中，即使进行水质处理，但由于监督管理不到位，存在向循环水中加入过量碱制剂的行为。使锅炉内管壁发生严重碱腐蚀，造成管样减薄，缩短锅炉使用寿命。

由不经过水质处理小型试验可知，随意加药，而且所加药剂不适合热网循环水质或加入的量不控制，使得锅水的 pH 超过 13。金属壁表面的氧化保护膜被 NaOH 溶解，电化学腐蚀加剧，形成碱腐蚀。反应过程如下：

$$Fe_3O_4 + NaOH \rightarrow 2NaFeO_2 + Na_2FeO_2 + 2H_2O$$

其反应产物能够溶解于高 pH 溶液中。金属就被裸露在水垢下的高 pH 锅水中，发生如下反应：

阳极反应：$Fe - 2e \rightarrow Fe^{2+}$

阴极反应：$2H^+ + 2e \rightarrow H_2 \uparrow$

反应生成的 Fe^{2+} 与炉水中的 OH^- 发生如下反应：

$$Fe^{2+} + 2OH^- \rightarrow Fe(OH)_2$$

由于 $Fe(OH)_2$ 不稳定，容易进一步和水中的 O_2 作用生成腐蚀产物，加剧了腐蚀，管样变薄，减少锅炉和管网的使用寿命，影响管网运行安全。

$$4Fe(OH)_2 + 2H_2O + O_2 \rightarrow 4Fe(OH)_3 \downarrow$$
$$Fe(OH)_2 + 2Fe(OH)_3 \rightarrow Fe_3O_4 \downarrow + 4H_2O$$

在高 pH 条件下，还会造成补水泵和循环水泵损坏，特别是补水泵，补入的高浓度、高 pH 药剂水，会导致轴承抱死、不能运行的事故。

2.2 多热源联网清洁供暖已成为北方地区供暖的主要方式

电厂加热器均为不锈钢材质，如果热力行业水质监管不到位，不仅管网会发生结垢腐蚀，当水中氯根含量超标时，还会造成电厂加热器泄漏，影响安全生产。

新建管网条件差，大部分无合格的补水，经常会采用中水、深井水等。特别是深井水中含有高氯离子，当锅水 pH 在 7～8 时，氢离子、氧离子等作为腐蚀介质很活跃。由于 pH 低，氢离子浓度高，氢离子会在腐蚀产物下进行阴极反应。当水中有溶解氧存在时，氯离子的存在将大大增加铁的腐蚀速度。这是由于水中氯离子极易被金属表面的氧化膜吸附并取代氧化膜中的氧离子，从而形成可溶的氯化物，破坏氧化膜，使金属表面继续腐蚀下去，发生局部浓缩，形成点蚀坑。若不进行清垢处理，会加重垢下腐蚀，造成炉管穿孔。

即使水质其他指标均合格，但氯离子含量高时，不锈钢加热器也会发生点蚀，造成加热器腐蚀穿孔。

3 锅炉停用期不保养的危害

热力行业供热季节性强，停用时间长。如果不采取锅炉和管网的保养措施，水系统会发生严重的氧腐蚀，这种腐蚀称为停用腐蚀。停用腐蚀可在短时间内使停用设备遭到大面积破坏，产生大量腐蚀产物。下面由一组数据来说明。

表 1 为某供热季加入了防腐阻垢剂，进行镀膜并停用保养后，在下个供热季开始前进行水冷壁割管样测定的数据。

表 2 为某个供热季加入了防腐阻垢剂，停用后未进行锅炉保养，在下个供热季开始前进行水冷壁割管样测定的数据。

加防腐阻垢剂水冷壁管垢量　　　　　　　　　　　　　　　　　　表 1

位置	1 号管样垢量 (g/m²)	2 号管样垢量 (g/m²)	平均垢量 (g/m²)	平均总垢量 (g/m²)
东横顶向火侧（老管）	68.0429	64.5476	66.2953	122.748
东横顶背火侧（老管）	180.3359	178.0664	179.2011	
西横顶向火侧（老管）	45.8197	43.5847	44.7022	102.5739
西横顶背火侧（老管）	183.9996	136.8916	160.4456	
西竖向火侧（监视管）	66.7559	42.5946	54.6753	49.1089
西竖背火侧（监视管）	48.3677	38.7174	43.5425	

只补软化水不加防腐阻垢剂水冷壁管垢量　　　　　　　　　　　　　　表 2

位置	1 号管样垢量 (g/m²)	2 号管样垢量 (g/m²)	平均垢量 (g/m²)	平均总垢量 (g/m²)
1 号内向火侧（老管）	599.3156	619.5609	609.4382	627.8014
1 号内背火侧（老管）	643.7208	648.6084	646.1646	
2 号外向火侧（老管）	577.0690	542.7931	559.9311	588.0835
2 号外背火侧（老管）	614.6491	617.8228	616.2360	
侧向火侧（监视管）	74.1258	101.0521	87.5889	126.1113
侧背火侧（监视管）	178.1009	151.1666	164.6338	

从上述两组数据可以明显看出锅炉保养的重要性。从监视管垢量看，一个不保养的锅炉水冷壁结垢量是保养锅炉垢量的 2.6 倍。水冷壁管垢使管道厚度增加，而且增加的是比金属换热系数小得多的垢，锅炉换热效率降低。同样的，管网如果不进行保养，结垢量增大，水通量减少，会增加管网水阻力，造成管道垢下腐蚀，最终发生管道渗漏。还会增加耗电量，增加运行成本。且在停运期间生成的腐蚀产物，会在运行时加剧腐蚀。

停用保养就是在运行中镀上一层致密的保护膜，把金属和介质水彻底分开，将 pH 调整在钝化区（10～12 之间），也就阻止了腐蚀发生，停运期间只要顶压湿保养即可阻止腐蚀，由此可见镀膜是关键。

4 镀膜试验

停用保养的重要措施就是控制溶解氧和为管壁镀上一层致密的保护膜。要想镀上一层致密的保护膜，清垢是关键，如果金属表面不清洁，镀上的膜就是垢。目前热力管网结垢腐蚀较严重,管网面积大,进行酸洗清垢不现实。

要镀上一层致密保护膜,首先要清垢。要求加入的防腐阻垢剂要有清垢的功能,也就是说,锅炉和管网不进行酸洗就能达到酸洗的效果。在清除老垢后,洁净的金属表面才能镀上一层致密的保护膜。否则,镀上的就是垢。表3为加入可以除垢镀膜的防腐阻垢剂固体YJ-118和液体YJ-818后,水冷壁管镀膜小型试验的结果。由于实验室条件有限,镀膜实验是在有氧的条件下模拟的。

加入 YJ-118 和 YJ-818 后水冷壁管镀膜小型试验结果   表 3

时间		项目	1号118	2号118	3号118	4号818	5号818	6号818
第一天		加药后 pH	9.77	10.00	10.68	10.41	10.04	9.61
	17:15	pH	9.17	9.36	9.91	9.76	9.25	9.12
		加药 pH	9.66	10.10	10.46	10.66	9.98	9.56
	管外壁现象		有少量的泥膜	有镀膜现象	有明显的镀膜现象	有明显的镀膜现象	有镀膜现象,但不明显	有镀膜现象,但不明显
	管内壁		无明显的垢样脱落现象					
第二天	10:00	pH	9.51	9.99	10.50	10.45	10.05	9.50
	20:00	加药 pH	9.73	10.12	10.61	10.65	10.28	9.46
	管外壁现象		有镀膜现象,但是不完整	有镀膜现象,但是不完整	有明显的镀膜现象,比较完整	有明显的镀膜,比较完整	有镀膜现象	有镀膜,但是不完整
	管内壁现象		有少量的垢样脱落现象			有部分的垢样脱落		
第三天	10:10		9.76	9.92	10.38	10.40	10.14	9.38
		加药 pH	9.60	10.09	10.57	10.48	10.21	9.58
	管外壁现象		有镀膜现象,但是不完整	有镀膜现象,但是不完整	有明显的镀膜现象,比较完整	有明显的镀膜现象,比较完整	有镀膜现象	有镀膜不完整现象
	内管壁现象		有少量的垢样脱落现象			部分垢脱落		
第四天	9:00	pH	9.56	9.95	10.49	10.39	10.08	9.32
	18:00	pH	9.56	10.13	10.46	10.45	9.99	9.53
	管外壁现象		有镀膜但不完整,有少量沉积物	有镀膜但不完整,有少量的沉积物	有明显的镀膜现象,比较完整	有明显的镀膜,比较完整	有镀膜,基本完整,有点沉积物	有镀膜,不完整,有少量沉积物
	管内壁现象		有少量的垢样脱落现象			部分垢脱落	大部分垢脱落	部分垢脱落
第五天	10:00	pH	9.56	9.99	10.46	10.43	10.03	9.47
	17:00	加水药 pH	9.44	10.08	10.47	10.49	9.98	9.52
	管外壁		变化不大					
	管内壁		有少量的垢样脱落现象			基本无垢,镀上黑亮色膜		
第七天	9:00	pH	9.66	9.81	10.33	10.47	9.79	9.48
	15:35	pH	9.64	9.75	10.27	10.40	9.80	9.42
	管内壁		有大部分垢脱落			基本无垢,镀上黑亮色膜		
第九天	8:25	pH	9.35	9.76	10.05			
	20:00	pH	9.51	9.96	10.45			
	管内壁		有少量垢有黑膜	基本无垢有黑亮膜	基本无垢有黑亮膜			
第十一天	8:30	pH	9.56	10.03	10.52			
			有少量垢有黑膜	基本无垢有黑亮膜	基本无垢有黑亮膜			

续表

时间		项目	1号118	2号118	3号118	4号818	5号818	6号818
第十三天	11：00	pH	9.30	9.85	10.33			
	18：00	加水药	9.52	10.12	10.55			
		管内壁	有少量垢有黑膜	基本无垢有黑亮膜	基本无垢有黑亮膜			
第十四天	9：00	pH	9.46	10.03	10.47			
		管内壁	和昨天一样，基本不变					
合计加药量（g）			0.499	3.4525	10.3151	0.411	3.543	8.121

由上述试验可以看出，YJ-818清垢镀膜时间快，基本在一周时间完成；YJ-118需要近半个月完成清垢镀膜；这是由于YJ-818内含碱性清洗剂的缘故。从表4的数据看，当pH在10~10.5时，两种防腐阻垢剂清垢镀膜效果均较好。所以，控制锅炉和管网中水的pH在10以上很重要。加入能够镀上致密保护膜的药剂，是锅炉和管网在运行条件下的有效保养手段；停运期间可进行保压保养过程。实践证明，这种措施效果良好，锅炉和一次管网腐蚀速率低。但二次网保养还存在很多问题，主要就是老旧管网泄漏和丢水严重，管网不严密，无法保住压力，管网中溶解氧含量无法保持在合格范围。在热力行业中，控制丢水量任重道远，依赖于各方面的支持和全民素质的提高。

由此可见，要想镀上一层致密保护膜，关键是所镀膜的金属必须是洁净的。金属表面无垢运行，才能保证镀上一层致密的保护膜，这是热力行业锅炉和管网停运保养好坏的关键。

5 锅炉湿法保压保养法适用条件

保养方法很多，但由于供热管线长，容水量大，一般采用湿法保压法进行保养。要想真正做好保养，必须做好监督管理：一是做好水质处理监督管理，二是要保证锅炉压力控制。具体要求如下：

（1）运行季做好水质处理，加入能够镀上一层致密保护膜的防腐阻垢剂，是停运保养好坏的关键。

（2）测水质是停用保养必须的，控制好水的pH、碱度、溶解氧含量。

（3）保证锅炉最高点压力大于大气压，保证水系统溶解氧含量合格，压力低时进行补水顶压。

（4）锅炉每周进行水循环一次，防止沉积物发生垢下腐蚀。

（5）由专人管理，做好管理很重要。

6 保养措施

做好机组的停用保养工作，防止锅炉发生停用腐蚀。

（1）具体方法就是运行季控制介质水pH在10左右，停炉后进行保压就可以。但在检修季若需要锅炉放水，检修时间较长时，锅炉保养要根据具体情况选择不同的保养方法。

（2）做好锅炉运行和停炉保养化学监督。对于热水锅炉和供暖系统，在运行中以CO_2腐蚀和垢下腐蚀为主，以氧腐蚀为辅，而在停运时以氧腐蚀为主。所以运行中控制好水的pH和硬度至关重要；停炉过程中，控制好pH、溶解氧至关重要。停炉检修时，为防止锅炉管壁外腐蚀，应放置石灰石干燥剂。

（3）运行期间调峰锅炉运行次数少，有的可能一个供热季都不运行，在锅炉未镀上膜的情况下，条件容许的话建议在运行季调峰锅炉通热水运行半个月以上，在锅炉管壁镀上一层极薄的保护膜，更好地防止造成锅炉管样的腐蚀，延长锅炉使用寿命。

（4）pH控制在10~12钝化区，为节约药剂可控制在10~10.5，即可达到彻底清除水垢的效果，使保护膜更致密，达到真正防止结垢和腐蚀的目的。这样既保证锅炉和大网的安全运行，减少锅炉能源消耗，同时可以大大减少之后的运行过程中的加药量，降低成本，达到节能减耗的目的，延长锅炉使用寿命。

（5）保证锅炉和大网系统在无垢和少垢条件下运行，做好锅炉运行和保养的化学监督。

（6）采用锅炉管道内窥镜检查和割管垢量测定方法检测锅炉管结垢腐蚀情况。EPRI最新的研究结果表明，热负荷最高的位置腐蚀结垢速率不一定最高。因此，水冷壁割管检查时，最好选取不同标高的位置进行割管，以便较全面地掌握水冷壁管的腐蚀结垢情况，及早发现问题。

参考文献

谢学军，王浩，邹品果，潘玲. 铁—水体系电位—pH图与氧化性水工况的腐蚀控制[J]. 华北电力技术，2011，5：23-25.

周边停热导致用户室温不达标问题的解决方法探究

承德热力集团有限责任公司　王　塞　陈慧林　牛群海

【摘　要】近年来，房地产业作为我国经济发展的重要产业，随着住房投资需求的日益增加，房屋空置率不断上涨，供热系统报停用户日益增多。由于"热"的传导性，用户报停行为必然导致户间热传导现象的发生，正常供热的用户室内热量不可避免地传导到报停用户室内，由此导致正常供热用户室内出现室温不达标问题，且该现象在供热行业日渐突出。本文主要探究如何在房屋空置率居高不下的现状下，解决周边停热导致的用户室温不达标问题。提出了整体性和针对性的解决措施，分析了两大类措施的实施效果，并提出了两类措施以外的建议。

【关键词】用户报停　室温不达标　整体措施　针对措施

1　概述

西南财经大学中国家庭金融调查与研究中心报告指出，2011—2017年我国城镇住房空置率从18.4%增至21.4%[1]。本文主要以承德市市区某分公司供热区域为研究对象，该区域全部为节能小区，目前该分公司在网面积817万m²，供热面积642万m²，报停用户面积175万m²，入住率为78.6%，空置率为21.4%。总户数7.88万户，供热户数6.20万户，报停户数1.68万户。研究表明，周边报停影响用户室温为2~7℃不等[2]，21.4%的空置率影响了约2.49万户的供热效果。在百姓对居住环境要求逐步提高的现状下，供热公司花费了大量精力解决由房屋空置率导致的室温不达标问题。

在2020—2021供暖期，为解决新建小区由周边停热导致的用户室温不达标问题，供热公司将新小区平均供热指标由设计热指标的38.3W/m²提至42.5W/m²，增幅为10.97%。每平方米耗热成本由10.41元提至11.55元，每平方米增加成本1.14元。新建小区耗热成本相较按设计热指标供热，增加732万元。此时，室温不达标用户共729户，面积7.75万m²，不达标用户周边报停用户为695户，面积7.17万m²。

2　周边停热造成的用户室温不达标问题解决措施

对于目前室温仍不达标的729户用户该怎样解决呢？本文主要采用整体性和针对性两方面措施。整体性措施为继续提高小区整体供热指标；针对性措施为对室温不达标用户进行供暖系统改造及对部分报停用户恢复供热。本小结重点分析两方面措施的实施方式、成效、投资及目前仍存在的问题。

2.1　整体性措施

首先定量分析整体热指标需要提高多少才能使全部用户室温达标。例如：以某小区入住率为62.5%，该小区15号楼3单元718用户右侧为外墙，楼上、楼下、左侧无人居住，办理报停，用户用热环境较为恶劣（图1）。718用户室温达标理论供暖热指标等于围护结构热指标加上空气换气热指标，还应该考虑5%的网损。

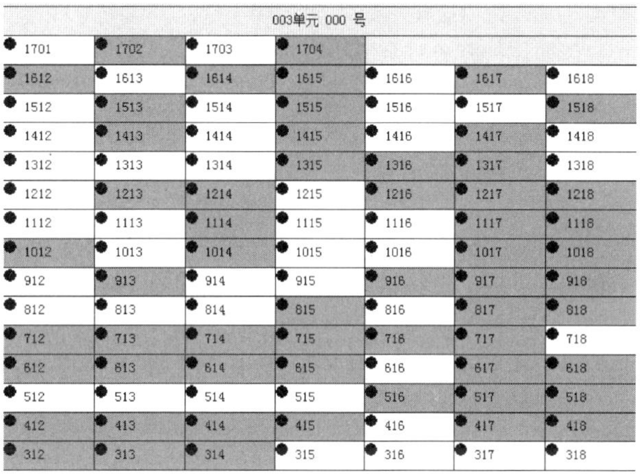

图1　某小区楼型图
注：灰底用户-暂停供热，白底用户-正常供热。

先计算用户围护结构热指标。该小区内墙保温传热系数为1.5W/(m²·K)，外墙传热系数为0.4W/(m²·K)，具体参数见表1。假设用户面积为100m²，层高为3m。室内设计温度为18℃，按照设计室外平均气温-13.3℃计算房屋耗热量。通过现场对停热用户的测温和查阅相关文件，节能建筑非供暖用户室内平衡温度为6.2~13.5℃[3]，为定量计算，取周边停暖用户室内平均温度为10℃。

用户耗热量计算公式：

$$Q_1 = K \cdot F \cdot (t_n - t_w) \cdot \alpha$$

式中　Q_1——用户耗热量，W；
　　　K——墙体传热系数，W/(m²·K)；
　　　t_n——设计室内温度，℃；
　　　t_w——室外平均温度，℃。

经计算，718用户耗热量为4888W，围护结构热指标为48.88W/m²。

718用户围护结构参数 表1

参数	内墙传热系数 [W/(m²·K)]	内墙面积 (m²)	外墙传热系数 [W/(m²·K)]	外墙面积 (m²)	外窗传热系数 [W/(m²·K)]	外窗面积 (m²)	设计室内温度 (℃)	邻室温度 (℃)	设计室外平均温度 (℃)
数值	1.5	230	0.4	70	2	20	18	10	−13.3

另一部分是空气换气耗热量，其计算公式为：

$$Q_2 = (t_n - t_e)(C_p \cdot \rho \cdot N \cdot V)/A$$

式中 Q_2——用户空气换气耗热量，W；
t_e——供暖期室外平均温度，℃；
C_p——空气比热容，kJ/(kg·℃)；
ρ——空气密度，kg/m³；
N——换气次数，0.5h⁻¹；
V——换气体积，m³。

经计算，718用户空气换气耗热量为763W，空气换气热指标为7.63W/m²。

考虑管网损失，其计算公式为：

$$Q_h = (Q_1 + Q_2)/\alpha$$

得到，理论供暖热指标为59.48W/m²。即718用户室温达标理论供暖热指标为59.48W/m²。

按照这种方法对全部小区进行计算，各小区周边用热环境最不利的用户室温达标时，对各小区理论供热指标进行加权平均，当平均供热指标达到50.77W/m²时，原来729户室温不达标的用户全部达标。

现在对"进一步提高小区整体供热指标"的方案进行评估，对84个小区642万m²采取整体提高供热指标的方式供热，从理论计算来看，当耗热指标从42.5W/m²涨到50.77W/m²，增幅19.5%时，729户用户室温全部达标。这时每平方米耗热成本由11.55元上涨到13.8元，年度耗热成本由7415万元上涨到8860万元，每年耗热成本增加1445万元。

2.2 针对性措施

2.2.1 针对性室内供暖系统改造

1. 耗热成本

通过增加散热设施来提高室内得热量，以平衡室内散热量过高的问题。根据周边用热情况及用户散热情况计算实际所需热负荷，设计明暖系统管径、散热器数量。改造室温不达标的729户，改造面积7.75万m²。改造前，室温不达标用户实际平均热指标为46.7W/m²，室内平均温度为16.4℃。

如果729户室温不达标用户全部加装散热设施，计算每年耗热成本：

$$Q_3 = S \cdot q_h \cdot \frac{t_{ne1} - t_{we}}{t_n - t_w} \cdot \tau$$

$$Q_4 = S \cdot q_h \cdot \frac{t_{ne2} - t_{we}}{t_n - t_w} \cdot \tau$$

式中 Q_3——室温不达标用户实际耗热量，W；
Q_4——假设室温不达用户室内温度提升至18℃时室内耗热量，W；
S——室温不达标用户总面积，m²；
q_h——室温不达标用户平均热指标，46.7W/m²；
τ——供暖时长，h；
t_{ne1}——供暖期室温不达标用户室内平均温度，℃；
t_{ne2}——供暖期室内达标温度，℃；
t_{we}——供暖期室外日平均温度，℃；
t_w——供暖期室外计算温度，℃；
t_n——室内供暖设计温度，℃。

如果用户平均室温由16.4℃上升到18℃，需要增加的耗热量是$Q_3 - Q_4$。如果729户室温不达标用户全部加装明暖，则年度耗热量增加2397GJ，耗热成本增加7.19万元。

2. 人工及材料成本

改造一户室内系统，需要材料费及人工费约6300元，如果729户室温不达标用户全部改造，费用为459.27万元，按照15年折旧，每年折旧费为30.6万元。

3. 针对性室内供暖系统改造成本及实施情况

通过上述成本计算，针对性室内供暖系统改造措施，每个供暖期综合成本为37.79万元。按照这种方案，729户室温不达标用户可以全部达标。

这种方法的优势是能针对性地解决室温不达标问题，且避免了整体提高供热指标带来的能源浪费。但在实际工作中发现，由于被发现的因周边停热引起的室温不达标用户，通常已完成室内精装修，或者无改造位置，用户对室内系统改造意愿很低。就承德市市区某公司而言，自2012年至2020年新入网小区共84个，而这9年间仅有2户按照设计要求，全屋加装明暖系统，室内温度达标。其余用户由于施工位置限制，只加装1~2组散热器，室内温度有所提升，但尚未达标。

2.2.2 针对性恢复部分报停用户

承德市目前执行两部制热价计费：基本热费＋计量热费，基本热费30%，计量热费70%。计算公式：

居民取暖费(元)＝建筑面积(m²)×24(元/m²)×30%
＋耗热量(kWh)×0.188(元/kWh)×调整系数

为解决因周边停热导致的室温不达标问题，2020—2021供暖期，承德市出台"送温暖"政策，即影响到周边用热的报停用户，仅需支付计量热费部分的30%，即可恢复供热。经用户同意，对部分报停用户恢复供热，并监测室温不达标用户室内温度改善情况。如表2显示，周边停热用户恢复供热后，能较大提高原室温不达标用户的室内温度。

以上一年度供热天数149d，室外平均温度−4.52℃，平均热指标42.5W/m²为参考，将报停恢复用户的耗热量进行成本分析。

$$Q_5 = q_h \cdot S \cdot \tau \cdot \alpha$$

式中 Q_5——报停用户恢复供热耗热量，W；

S——报停用户恢复供热面积，m^2；
q_h——平均热指标，W/m^2；
τ——供暖时长，h；
α——修正系数。

报停用户恢复供热前后室温不达标用户室温情况　　表 2

序号	换热站	室温不达标用户地址	房间位置	室温不达标用户温度（℃）	回访测温（℃）	报停地址	本年度停开
1	银都海棠站	6号-2-203	中间层	17.6	21	6号-103	已恢复
2	银都海棠站	8号-2-1504	边层	17	20.8	8号-1404	已恢复
3	晨都站	2B号-4-209	中间层	17.1	22.1	2B号-309	已恢复
4	碧泉站	8号-1-501	边层	17.6	21.3	8号-601	已恢复

经测算，每户用户恢复供热，用户需承担热费622元，企业承担热费570元/户。如果恢复室温不达标用户周边报停的695户，供热公司每年需承担39.62万元。

该项措施的优势在于：报停用户恢复供热后，用户室温不达标问题能立即解决，且不用破坏用户室内装修。

其劣势主要有两点，一是报停用户因需要承担部分费用，即使仅需支付计量热费部分的30%，恢复供热意愿仍较低；二是恢复供热用户，如得不到有效监管，一旦出现利用政策漏洞牟利问题，将会给供热企业造成严重损失。

2.3 小结

解决因周边停热导致的用户室温不达标问题，不能一味地靠提高整体热指标方式来解决，一定范围内提高热指标，能解决大部分室温不达标问题，但是剩下的729户如果仍然采取提高整体热指标的方式，代价相对较大。另外，由于热的传导性，一味提高整体热指标也会导致蹭热用户越来越多，用户周围供热环境越来越差的恶性循环。因此，还是建议采取针对性、分散性解决措施。

通过针对性改造室内供暖系统和针对性恢复报停用户，虽然能在付出较少代价的条件下解决周边停热导致的用户室温不达标问题，但也由于施工位置、用户意愿及监管问题，实施较困难。

3 周边停热导致用户室温不达标问题的建议

国家统计局公布的数据显示，1978—2018年，我国城市建成区面积增长速度明显高于城镇人口增长速度，城市居民人均拥有房屋数量不断提高。城镇居民家庭的住房拥有率为96%，有一套住房的家庭占比为58.4%，有两套住房的占比为31%，有三套及以上的家庭占比为10.5%，户均拥有住房1.5套。数据显示，截至2017年年底，全国城镇地区就有6500万套空置房[4]，就目前的住房拥有率、生育率及人口结构来看，空置房还将长期、大量存在，周边停热引起的室温不达标问题还将长期存在。

从目前情况来看，彻底解决室温不达标问题还有一定困难。所以应该继续坚持"房住不炒"导向，引导业主对房产有效利用、尽量避免房屋空置，从根本上规避用户报停现象，如适当收取暂停供热费。"热"的传导性决定了它区别于水、电，加之目前户间保温的缺失，用户报停行为给供热企业造成了额外的经济损失，也给周边正常供热用户带来了极大的困扰。目前部分省市（如河北省）停止对报停用户收取暂停供热费，部分省市（如辽宁省、北京市）支持对报停用户收取暂停供热费，收取比例为基本热费的10%~60%不等[5]。收取暂停供热费，能一定程度补偿报停用户带来的热能额外消耗，引导用户将房屋有效利用，避免空置。

4 结论

周边停热导致用户室温不达标问题，近年来给供热公司和用户带来了巨大的困扰，鉴于当前住房拥有率、生育率等数据，该问题还将长期存在。本文通过用户数据和案例分析，得出了解决此类问题需要采用全面提高热指标等整体性措施与针对性措施相结合的办法，并从政策层面提出了以灵活收取暂停供热费引导用户恢复供热的建议。

参考文献

[1] 西南财经大学中国家庭金融调查与研究中心.2019年中国房地产行业分析报告——市场深度调研与发展趋势研究[N].中国报告网.2020-04-26.
[2] 黄杰.关于空房率对小区建筑影响的研究[C]//2018年中国城镇供热协会学术年会，2018.
[3] 刘阳.低能耗建筑户间传热的探究[J].山西建筑，2017，43(20)：190-192.
[4] 中国人民银行调查统计司城镇居民家庭资产负债调查课题组.2019年中国城镇居民家庭资产负债情况调查[J].中国金融杂志，2019.
[5] 鲁睿.供热报停热能损耗补偿费的合理性分析[J].企业改革与管理，2017，9：2.

供热企业水电热成本控制与管理

牡丹江热电有限公司　张守礼

【摘　要】 供热企业既要应对来自社会的压力又要维持本企业的经营成果,因此,在保证供热运行安全的前提下,通过降低供热运行过程中水、电、热的消耗,才能提高供热企业经济效益。本文通过对某供热企业水、电、热等指标的统计、整理及分析,并与中国城镇供热协会的各项统计指标进行对比,同时对供热企业在水、电、热成本控制与管理中采取的一些措施及方法进行了全面系统的分析,希望对同行供热企业具有一定的借鉴作用。

【关键词】 供热企业　水电热成本　控制与管理

任何企业的生产经营都是以提高经济效益为目的,当下供热企业面临的经营形势异常严峻,一方面各项供热成本不断攀升,另一方面供热销售价格的调整跟不上成本增长的速度,导致很多供热企业生产经营成本高于销售价格,如何做好供热企业的水、电、热成本控制就变得尤为重要。

1　失水指标控制与管理

供热系统作为密闭循环系统,除正常的注水和检修外,理论上是不应失水的,不失水是供热系统的基本特征。

失水直接影响供热生产安全和供热效果,失水量过大,将危及供热系统安全,甚至影响供热企业生存。水对于供热企业来说就如同人体循环的血液,失水就是失血。

1.1　供热系统补水方式

目前供热企业补水方式一般分为集中补水及分散补水。

集中补水("一补二"):利用电力企业的设备优势、强大的化学制水能力及便捷的热力除氧方式,集中制备软化水,同时利用热电厂(电厂)的厂用电,为管网提供相应回水压力。一般情况下一次网回水压力大于二次网回水压力,因此可在换热站内将一次网回水与二次网回水联通,并设置相应的自动控制设施,利用一次网的压力将除氧软化水自动补入二次网来保证定压点的给定压力。具体原理见图1。

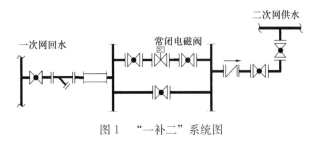

图1　"一补二"系统图

分散补水:部分供热企业在热力站内增设了水处理装置(机械式或电子式),以期使补入供热系统的水质得到改善和提高,但该方式仍未摆脱对自来水的依赖性(图2),而且初投资、运行成本及维护成本也很高。

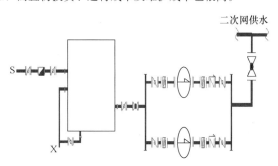

图2　自来水补水系统图

1.2　失水评价指标确定

目前多数供热企业采用失水率作为指标,指标值为1%左右,该指标属于相对数值,指标抽象,不易直接体现供热企业因失水而承受的真正损失。

牡丹江热电有限公司采用计算单位时间、单位面积的失水量来评判失水损失的大小。利用该数据可推算出一个供暖期在所供建筑面积的地面上形成的水的高度(公分数)(图3),同时亦可推算出一个供暖期失水给供热企业带来的人均损失。

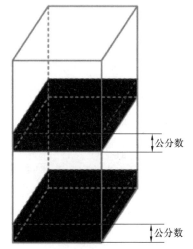

图3　建筑物地面水高度示意图

供暖期人均损失计算：

人均损失(元) = 日失水量(m^3)×19.3(元/m^3)/员工人数×183d

注：因补入系统为软化除氧水，经测算价格为19.3元/m^3。

地面水高度计算：

地面水高度（cm）= 日均失水量（m^3/万m^2）×183d÷100

1.3 失水原因分析

1.3.1 一次网失水原因

一次网失水主要由供热设备及设施失水及生产运行操作失水造成。

（1）供热设备及设施失水：包括供热设备的跑、冒、滴、漏及老旧管线的漏水。

（2）生产运行操作失水：供热系统运行中，水的体积变化量随着温度的升高逐渐增大，温度越高体积变化量越大。

1.3.2 二次网失水原因

1. 供热管网失水

（1）供热管网的正常泄漏、检修后注水、老旧供热管网腐蚀严重失水及突发事故造成失水。

管道、阀门、软连接、三通、弯头等设备受到外力作用或系统内部应力影响而突然损坏，从而产生失水问题。

2. 人为放水

人为放水分为放水取热和营业性放水两种。

放水取热：在供热系统运行中会受到各种因素的影响，例如，室外温度波动、供热系统水力失调等，从而导致用户室内温度不足。而很多用户通过对室内散热器放水的手段来加速室内热水循环，以实现增加室内温度。

营业性放水：有个别用户取用供暖系统中的循环水，用于洗漱、煮饭、冲洗等，也有一些洗车店、浴池等取用供暖系统中的循环水用于洗车及洗澡。

1.4 确定失水原因及漏点定位

1.4.1 小时监测法

对各个换热站加装高精度的工业级超声波流量表，具备小时水量存储功能，完成对换热站24h失水量情况的监测（图4），绘制小时监测曲线，分析换热站的失水原因，对症施治。

以图4为例，分析某小区小时失水量曲线，24h最低时刻水量为3m^3，说明该换热站存在漏泄点，同时在一天的不同时段出现明显的波峰（6：00～9：00；17：00～22：00）、波谷（1：00～5：00；10：00～16：00），且峰谷差值较大，而且一般与人们日常生活起居时间相吻合。这可以说明用户休息时间取用热网水，判定为人为失水。通过小时失水曲线分析，该换热站失水原因是以泄漏为主，人为放水为辅的失水性质。

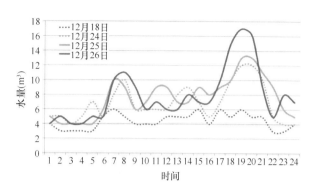

图4 某小区换热站小时监测曲线

1.4.2 温枪巡线法

沿着已知管线走向，利用手持式红外温枪，测量管线地面的温度，查找管网漏点。同时，利用下雪的时机，重点标记融雪位置，测量地表温度，通过对地表温度的分析，确定相应漏点。

1.4.3 红外成像法

对于已确定的疑似漏点，利用红外成像仪进行泄漏点的精准定位，减少因漏点位置不准造成的开挖损失。

1.4.4 气味及颜色法

通过向二次管网循环水中投放带有特殊味道（固体节水剂、液体节水剂）和颜色的节水剂（玫瑰红）辅助定位漏水点位置。固体节水剂适用于地板供暖系统及散热器供暖系统，但造价较高。液体节水剂适用于散热器供暖系统，造价相对较低，需加入装置。

1.5 失水治理方法

1.5.1 一次管网失水治理

根据造成一次网的失水原因，可采取不同的处理措施。

1. 加强老旧管网改造，减少一次管网漏泄量

对运行年限过长、常年泡在水中、腐蚀严重的一次管网进行彻底更换改造，是解决一次管网跑冒滴漏的重要手段。

2. 控制管网供水温度升降造成补水量的变化

严格控制供热系统升温的时间，避免升降温过快造成的管网应力作用给管网造成的损害及因此带来的管网寿命的下降。

3. 运行前打压操作

供暖期运行前对管网进行打压操作，通过打压及时发现管网漏点隐患，降低供暖期泄漏事故的发生率。

管网打压一般在23：00开始升压操作，至4：00结束。该时段人员流动性相对少，可以最大限度地减少因漏点造成的损失（图5、图6）。

图 5　打压泄漏管线

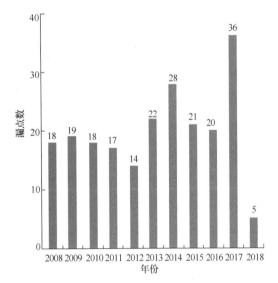

图 6　各年度一次网打压漏点数分布图

1.5.2　二次管网失水治理

1. 总量及均量前十分析法

每天统计并公示换热站失水总量前十名及失水性质恶劣（均量）前十名，由所在分公司按失水原因、如何治理、谁负责及何时完成治理在每日 16：00 的生产例会上汇报。

失水性质恶劣的换热站，从失水总量上看很小，但均量高。统计供暖期失水总量和均量进入前十的次数，可及时提醒、督促所在分公司进行治理。

2. 放水取热用户治理

加强热用户的测温工作，对于室温确实偏低的用户，要积极协助用户进行处理和解决，减少用户的无谓失水量。对于室温达标的用户，要采取相应的措施，积极取证，依法依规主张供热企业的权利。

3. 人为放水用户治理

通过小时监测曲线，确定为人为放水为主要失水原因的换热站，要适度加入节水剂，控制失水量，同时要保证节水剂的浓度，达到遏制失水的目的。

4. 加强对放水危害宣传

加强用户关于供热常识的宣传很有必要。供热企业应当在网站、电视、报纸等媒体上发布相关供热知识，让用户了解到我国对于禁止私自取用供热用水的法律规定，并让用户认识到供热用水为多次循环利用的水，水中会有较多的化学物质，而且还具有一定的腐蚀性，不可以用于洗涤衣物、煮饭、洗车等用途，让用户主动改正对供热用水的取用行为。

5. 举报放水用户及管道泵用户奖励机制

建立用户举报机制，对于举报查实的用户，给予适度的奖励。2016—2018 三个供暖期牡丹江热电有限公司对放水用户的统计见表1。

6. 法律诉讼

根据《黑龙江省城市供热条例》相关规定，放水即是犯罪，2016—2018 供暖期合计法律诉讼 11 件，其中包括浴池等大宗人为放水用户。

2016—2018 供暖期放水用户统计表　　　表 1

公司名称	供热面积（万 m²）	供暖用户数（户）	2016—2017 供暖期查处放水户数（户）	2017—2018 供暖期查处放水户数（户）	2018—2019 供暖期查处放水户数（户）
东安分公司	657	76781	47	42	25
西安分公司	934	106662	68	89	102
江南分公司	425	44594	8	22	18
总公司	2016	228037	123	153	145

1.6　失水治理效果分析

牡丹江热电有限公司 2004—2020 供暖期二次管网万平方米均失水曲线如图 7 所示。与中国城镇供热协会 2018—2019 供暖期统计平均值对比如表 2 所示和图 8、图 9 所示。

图 7 2004—2019 供暖期二次管网失水曲线图

二次网失水量指标对比表　　表 2

	2018—2019供暖期协会平均值 [kg/(m²·月)]	公司指标 [kg/(m²·月)]	除氧软化水单价（元/t）	节约金额（万元）	折合工资（月）
水指标	7.4	1.4	19.3	1463	4.1

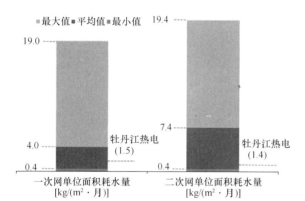

图 8 一、二次网单位面积耗水量对标曲线图

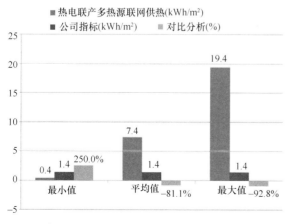

图 9 热电联产多热源水指标对标曲线图

2 电指标控制与管理

2.1 变频节电分析

随着变频开度的下降，每赫兹变频开度的节耗电比例都在增加，变频开度在25Hz时的耗电仅是工频耗电的1/8，即工频耗电是25Hz时的8倍，如果变频继续下降，差距还会加大（表3）。

自2002年开始，牡丹江热电有限公司所有循环水泵的电机均实现了变频控制。

变频节电计算表　　表 3

频率（Hz）	实际转速（r/min）	扬程（m）	实际功率（kW）	节电率（%）	升频耗电（%）	降频节电（%）
50	1	1	1	0	6.25	
49	0.98	0.96	0.94	5.90	6.38	5.88
48	0.96	0.92	0.88	11.50	6.52	6.00
47	0.94	0.88	0.83	16.90	6.66	6.12
46	0.92	0.85	0.78	22.10	6.82	6.25
45	0.9	0.81	0.73	27.10	6.97	6.38
44	0.88	0.77	0.68	31.90	7.14	6.52
43	0.86	0.74	0.64	36.40	7.31	6.66
42	0.84	0.71	0.59	40.70	7.50	6.82
41	0.82	0.67	0.55	44.90	7.69	6.97
40	0.8	0.64	0.51	48.80	7.89	7.14
39	0.78	0.61	0.47	52.50	8.10	7.31
38	0.76	0.58	0.44	56.10	8.33	7.50
37	0.74	0.55	0.41	59.50	8.57	7.69
36	0.72	0.52	0.37	62.70	8.82	7.89
35	0.7	0.49	0.34	65.70	9.09	8.10

续表

频率(Hz)	实际转速(r/min)	扬程(m)	实际功率(kW)	节电率(%)	升频耗电(%)	降频节电(%)
34	0.68	0.46	0.31	68.60	9.37	8.33
33	0.66	0.44	0.29	71.30	9.67	8.57
32	0.64	0.41	0.26	73.80	9.99	8.82
31	0.62	0.38	0.24	76.20	10.34	9.09
30	0.6	0.36	0.22	78.40	10.71	9.37
29	0.58	0.34	0.2	80.50	11.10	9.67
28	0.56	0.31	0.18	82.40	11.53	9.99
27	0.54	0.29	0.16	84.30	11.99	10.34
26	0.52	0.27	0.14	85.90	12.49	10.70
25	0.5	0.25	0.13	87.50	13.03	11.10

2.2 节电控制方法

2.2.1 换热站运行方式
二次网运行采用分阶段的变流量调节,期初、期末电量低,尖寒期电量高(图10)。

2.2.2 周耗电分析
每周统计出耗电均量高的前十换热站见表4,由所在分公司在工作例会上进行分析,并提出相应的整改措施。

2.2.3 一大一小循环水泵配比
换热站循环水泵采用一大一小进行配置,且选用低扬程、大流量水泵(图11)。

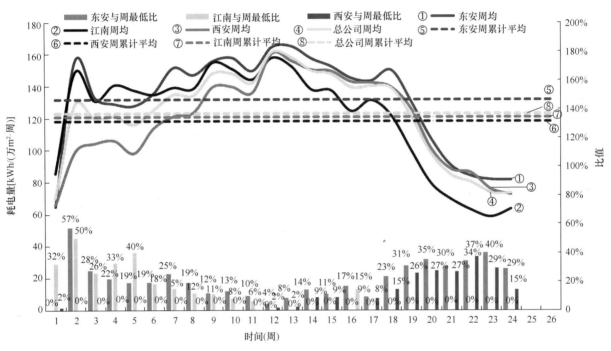

图10 供暖期周耗电曲线图

变频节电计算表　　表4

名次	分公司	经营所	换热站名称	供热面积(万 m^2)	单耗(kWh/万 m^2)	耗电量(kWh)	万平方米均水泵功率(kW/万 m^2)
1	东安	牡丹	远东	0.24	401.4	97	12.42
2	东安	牡丹	育华中学	0.51	253.7	130	4.29
3	东安	牡丹	轻纺	0.68	204.8	139	3.24
4	江南	六峰湖	环龙湾	15.15	258.8	3920	9.24
5	江南	六峰湖	白桦原墅	12.84	230.5	2960	4.71
6	江南	乜河	江山悦一期	18.57	189.5	3520	3.18
7	西安	南江	妇产医院	0.78	274.3	214	10.89
8	西安	南江	立新锅炉房	10.07	211.6	2130	3.68
9	西安	平安	铁路二配电	0.95	211.2	200	5.81
10	西安	景福	兰翎	3.77	198.3	747	1.99

图 11 换热站循环水泵现场配比图

2.2.4 水泵电机调换

对于供暖期发现运行电耗偏高的换热站,采取更换水泵或调整电机运行功率等方法进行综合治理(表5)。

冬病夏治水泵调换表 表 5

公司名	套数	原功率合计（kW）	更换后功率合计（kW）	下降百分比（%）	备注
东安公司	8	162.5	128.5	-20.9	调整水泵运行功率
西安公司	18	197.7	141.6	-28.4	调整水泵运行功率及更换同功率水泵厂家
江南公司	1	5.5	5.5	0	更换水泵厂家
合计	27	365.7	275.6	-24.6	—

2.2.5 采用"一补二"补水

牡丹江热电有限公司建成的供热系统均采用"一补二"补水模式,实现了从热源到热网、从换热站到用户室内供暖系统全部采用热电厂软化除氧水自动补水。利用电磁阀作为主要控制设备(替换原有补水泵),电磁阀功耗仅为44W,节省大量电耗。

2.2.6 设计案例

以3万 m^2 换热站确定一大一小循环水泵配置(表6)

水泵选型表 表 6

项目	供热面积（m^2）	循环流量（m^3/h）	扬程（m）	电机功率（kW）
大泵	30000	156	18	11
小泵		128	15	7.5

注:1. 室内系统为地辐射供暖系统,供热温差10℃。
　　2. 二次网供热半径300m,管道比摩阻30Pa/m。

2.3 耗电治理效果分析

牡丹江热电有限公司2004—2020供暖期二次管网单位面积月均耗电曲线如图12所示。与中国城镇供热协会2018—2019供暖期统计平均值对比如表7和图13、图14所示。

通过耗电治理,按中国城镇供热协会2018—2019供暖期二次网单位面积行业统计平均值计算,节约金额折合全体员工4.8月应发工资。

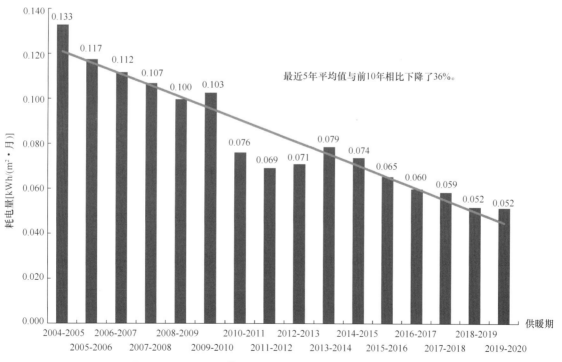

图 12 2004—2020供暖期二次网单位面积月均耗电量曲线图

二次网运行耗电量指标对比表　　表7

2018—2019供暖期协会平均值（kWh/m²）	公司指标（kWh/m²）	电单价（元/kWh）	节约金额（万元）	折合工资（月）
电指标 1.4	0.052	0.7156	1719	4.1

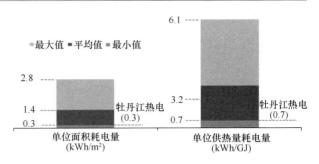

图13　单位面积耗电量及单位供热量耗电量对标曲线图

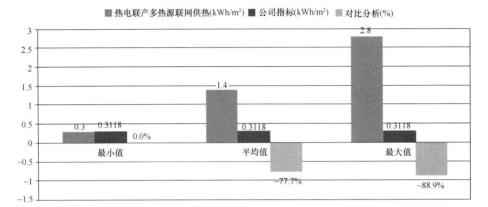

图14　热电联产多热源电指标对标曲线图

3　热指标控制与管理

3.1　厂网一体化运行模式

牡丹江热电有限公司自1991年开始供热运行，1994年实现厂网一体化，克服了电厂与供热公司相互"拉锯"的弊端：供暖初末期热量富余，受电量计划等因素影响尖寒期热量不足。厂网一体化可以实现真正意义上的以热定电，通过热源运行方式的优化组合（图15），实现效益的最大化。

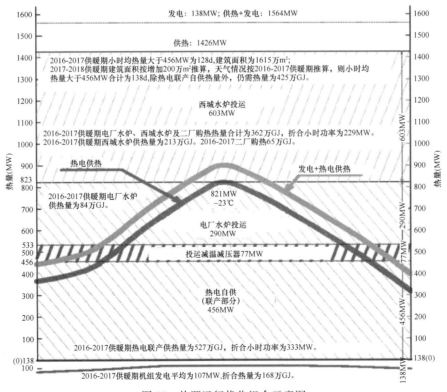

图15　热源运行优化组合示意图

3.2 确定运行调节曲线

按照不同室外平均温度，编制热指标运行调节曲线，如图 16 所示。

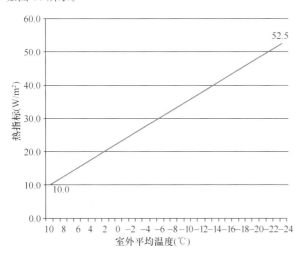

图 16　供热运行调节曲线图

3.3 引入度日数热指标

供暖度日数（HDD18）：一年中当某天室外日平均温度低于 18℃时，将低于 18℃的度数乘以 1d，所得出的乘积的累加值。其单位为℃·d。

度日数热指标定义：1m² 供热建筑面积在 1 度日数（℃·d）的条件下，1d 所消耗的热量（kJ）。

度日数热指标计算方法：日供热量（kJ）/［供热建筑面积（m²）·度日数（℃·d）］。

度日数热指标意义：通过采用度日数热指标计算，使得不同地区、不同室外温度、不同供暖天数的供热企业可以直接进行供暖期耗热量的对比。

历年度日数热指标对比见图 17。

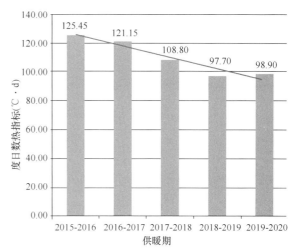

图 17　历年度日数热指标对比曲线图

3.4 全网平衡策略应用

全网平衡控制是一种以换热站为单位的均匀性控制方式，即：使热网内符合条件的换热站以某一控制参数目标为基准，通过调节泵或调节阀达到目标值，使各个换热站的供热状态趋于一致（图 18）。

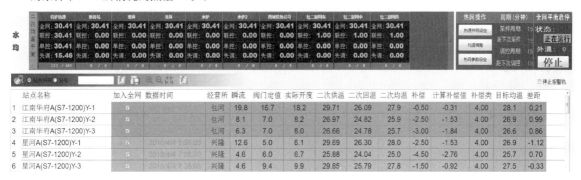

图 18　全网平衡系统运行截屏图

3.5 单元及热用户平衡

3.5.1 定值流量阀的加装

对新建建筑的用户加装定值流量阀（不同口径的节流孔板），按照不同的位置加装不同口径的定值流量阀（图 19、图 20）。在一定的范围内可以控制超温用户，提高低温用户的温度，达到用户平衡的目的。

3.5.2 二次网单元平衡控制

二次网单元平衡原理如图 21 所示，其安装示意如图 22 所示。

图 19　定值流量阀（节流孔板）外形图

位面积行业统计平均值计算，节约金额折合全体员工5.2个月应发工资（表8和图23、图24）。

单位面积耗热量指标对比表　　表8

	2018—2019供暖期协会平均值	公司指标	热单价（元/GJ）	节约金额（万元）	折合工资（月）
热指标	0.3GJ/m² （供暖期121d）	0.2767 GJ/m²	37.5	1840	5.2

图20　定值流量阀安装示意图

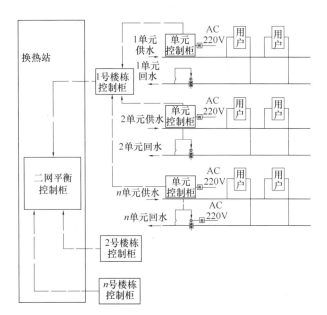

图21　二次网单元平衡原理

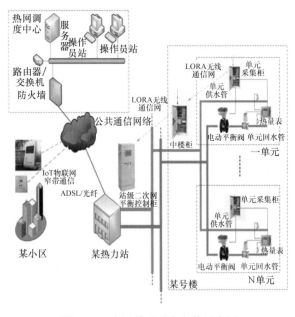

图22　二次网单元平衡安装示意图

3.5.3　与协会2018—2019供暖期统计平均值对比

通过耗热治理，按协会2018—2019供暖期二次网单

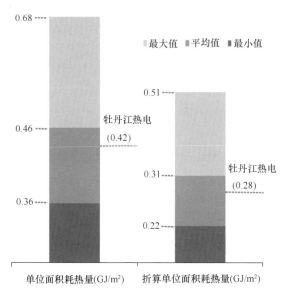

图23　单位面积耗热量对标曲线图

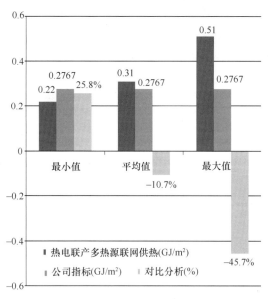

图24　热电联产多热源热指标对标曲线图

4　水、电、热综合效益

综合水、电、热指标，与同行业统计平均值相比（表9），可减少支出14.1个月应发工资，大大提高了企业的经济效益。

水电热指标综合效益对比表				表 9
	2018—2019供暖期协会平均值	公司指标	单价	节约金额(万元)	折合工资(月)
水	7.4 kg/(m²·月)	1.4 kg/(m²·月)	19.3	1463	4.1
电	1.4 kWh/m²	0.3118 kWh/m²	0.7499	1719	4.8
热	0.3 GJ/m² (供暖期121d)	0.2767 GJ/m² (供暖期121d)	37.5	1840	5.2
合计				5022	14.1

5 结束语

通过对供热企业水、电、热运行指标的控制与管理，大大降低了供热企业的运行成本，取得了一定的经济效益，对供热同行具有一定的借鉴作用。

供热企业作为经济组织，经济效益直接关系着企业的生存与发展，只有不断进行运行指标的优化与控制，才能使企业更好地实现成本的下降，取得更大的经济效益。

论优质服务在供热领域的重要性

郑州热力集团有限公司　夏晓一

【摘　要】本文以某供热公司为例，依据2019—2020年及连续两个供暖期数据，从走进社区宣传活动服务，尤其供热系统中出现技术问题进行现场答疑服务；狠抓技能考核，通过一线服务人员技能比武，提升业务素质；建立对一线服务人员考核绩效，加强服务意识等环节入手，解析优质服务在供热领域起到的重要作用。另外，本文还讲述了查找服务的不足，来年供暖期前消除；提高优质服务的举措（学习计划）。

【关键词】优质服务　供热系统　社会效益　热用户　专管员　一次网　二次网　热力站

1　某供热公司基本概况

2019—2020供暖期，该供热公司管理人员6名，一线服务人员32名，其中为热用户工作服务人员（专管员）28名、客服热线人员4名；所辖供热面积670万m²；用热单位既有宅用节能建筑、非节能建筑，也有工厂、学校、办公等；热源为热电厂。

2　夏季非供热期加强小区现场宣传服务，对热用户普及供热常识

夏季非供暖期，成立"阳光服务"小分队和"不忘初心担使命　为民服务解难题"服务队，进社区、进万家。

从4月至10月，共走进165个小区开展供热服务，清洗入户过滤器以及帮助解决用热问题1701个，入户走访及帮助用户检查用热设施1794户，接受现场咨询4120人，发放宣传资料（包括用户服务指南、安全用热明白卡、热费交纳明白卡、供热法规单页、供热小常识）4700余套，发放供热环保袋4700余个。由于该供热公司领导高度重视，在统筹安排、精心组织下，开展了扎扎实实的现场活动，取得了预期效果。在往年小区现场活动的基础上加大了深度和广度，覆盖面积596.3万m²，覆盖率89%，得到用户一致好评。

3　狠抓技能考核，服务人员技能比武

为了更好地服务于热用户，客服热线人员苦练基本功，利用夏季非供暖期组织服务人员学习，由聘用的专业技术人员授课，内容包括：客户服务管理制度；热线员服务规范；供热服务常见问题；客服人员受理流程操作手册（新职工）；客服热线员岗位技能培训手册；供热退费管理办法；供热服务优胜单位和优胜班组考核办法；新消法环境下的疑难投诉管控与处理策略；供热服务常见问题应答；郑州市城市供热与用热管理条例；河南省热力运行工习题集等。每天小考，每周大考，每月总结性考试，对成绩突出者给予奖励。为期两个多月的强化业务培训，为提升服务质量，冬季供热安全运行打下了基础。

4　制定服务人员考核规章制度

《一线服务人员工作考核细则》是该供热公司服务人员最详细的考核办法。为保证供热质量和输配管网的正常运行，降低热能损耗，提升服务质量，规范工作标准，

增强一线服务人员职业责任意识,该供热公司特制定地考核细则,包含各个一线服务工种,赏罚分明,约束一线服务人员,以最佳的服务态度和服务技能面对热用户,提升供热公司社会形象。

5 结对帮扶服务

每个用热小区都有孤寡老人、空巢老人、老红军、军烈属等,该供热公司结对帮扶,向他们宣传供热常识、上门收取热费、每周至少一次上门问寒问暖、及时发现问题立马处理,时刻保持老人家中室温在20℃以上。

6 冬季供热期,成立"访民问暖"服务队和"热力某师傅服务队"小分队

上述服务队由抽出的技术骨干组成,走访供热问题较集中的小区及投诉量大的用户,现场查找原因,并解决问题,他们秉承"辛苦我一人,幸福千万家"宗旨,"供热暖身,服务暖心"的服务理念,以饱满的热情,保持高昂的工作热情,逐户解决不热问题。"访民问暖"服务队共走进105个小区开展供热服务,清洗入户过滤器以及帮助解决用热问题1201个,入户走访及帮助用户检查用热设施984户;"热力某师傅服务队"小分队上门解决疑难用热问题112户。

7 一分耕耘一分收获(提高服务质量带来的成果)

7.1 服务热线受理情况比较

2019—2020供暖期为2019年11月15日至2020年3月15日,共计接到用户来电19275个,较上一个供暖期少13092个。

7.2 市长电话室转办件,政府机构职能部门电话受理及回访情况

2019—2020供暖期,市长网络转办件156件,市政府职能部门转办件5件,共计161件,较上个供暖期少631件。

7.3 接待来访人员

2019—2020供暖期,接待来访人员较往年明显下降,共接待来访人员163人次,较上个供暖期少1372人次。

7.4 2019—2020供暖期与2018—2019供暖期受理数量对比分析

该供热公司定期去所管辖小区举办"阳光服务"活动、"不忘初心担使命 为民服务解难题"服务队及"访民问暖"活动,加大供热宣传力度和深度,使广大市民深深认识到供热所带来的"温度",自愿加入到集中供热行列。由于宣传服务到位,虽然本供暖期供热面积比上个供暖期增加3%,但是实际用热缴费比上个供暖期多32%(表1)。

表1 收费到户用户数量对比

项目	2018—2019供暖期	2019—2020供暖期	差值	超差
供暖时间	11月15日到次年3月15日			
供暖天数(d)	120	121	1	
收费到户面积(万m²)	650	670	20	3%
交费用热数量(户)	33084	43802	10718	32%

从表2可以看出,2019—2020供暖期不热电话量比上个供暖期明显下降很多,主要归功于该供热公司领导组织统筹安排、实施计划得当,夏季大修技改、维护保养、人员精心安排到位和运行前做好充分准备。因此,只要大家团结一心,劲往一处使,优质服务到位没有克服不了的困难。

表2 整个供暖期反映不热电话总量及其他分类对比

项目	2018—2019供暖期	2019—2020供暖期	差值	超差
供暖时间	11月15日至次年3月15日			
供暖天数(d)	120	121	1	
不热类电话数量	4009	1799	-2210	-55%
咨询(含建议、其他、举报)电话数量	6160	4856	-1304	-21%
测温电话数量	395	86	-309	-78%
报修电话数量	143	64	-79	-55%

7.5 咨询类电话分析

咨询类中"开阀单"占83.02%(图1),可以看出,用户开阀投诉量较多,因此,进入9月份对于湿保养小区已缴费的用户,采取一切措施加大开阀力度(上门服务),每天跟踪开阀情况,坚决遏制供热初期由于开阀单增加投诉量;对于咨询小类"公司相关政策与供热相关",2020年夏季进入到每个小区加大供热宣传,争取来年咨

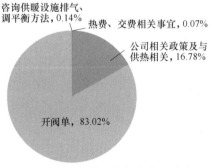

图1 2019—2020供暖期咨询类电话分析图

询类电话量明显大大降低。

7.6 不热类电话分析

如图 2 所示，不热类中，"入楼入户装置故障造成不热""因室内系统故障造成不热"占比较高。"入楼入户装置故障造成不热"主要是入户滤网堵塞，用户要求上门清洗滤网占大多数。因此，夏季工作中，对各小区加大清洗滤网作业，防止来年此类工单增多；"因室内系统故障造成不热"，主要是新用热用户，不懂排气、室内微循环调节，家里有点不热就打电话投诉，因此进社区"阳光服务"宣传供热常识势在必行，需进一步加大力度。

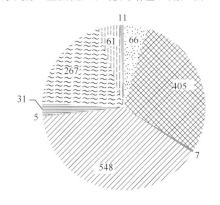

- 因第三方原因造成用户停热，4.71%
- 入楼入户装置故障造成不热，28.91%
- 因欠费停热，0.5%
- 因室内系统故障造成不热，39.11%
- 因私加管道泵或入住率低造成不热，0.36%
- 换热站故障造成不热或停热，2.21%
- 二次网故障造成用户不热或停热，19.06%
- 用户要求过高，实际室温已达标，4.35%
- 属于供热公司原因造成用户不热，0.79%

图 2　2019—2020 年供暖期不热类电话分析图

8 查找不足、来年运行前消除，根据供暖期服务质量，提出相应的工作措施及建议

8.1 多措并举，尽可能缩短热线高峰期持续时间

2019—2020 供暖期，虽然一线服务人员准备较为充分，热线峰值持续时间较往年有所减少，但高峰期仍旧存在，服务热线电话还是成为用户的首选，日接入量超过 100 个的天数有 26d，这说明前期的热线纳入量不足，专管员处理问题的技术能力还有待提高，造成峰值累积，持续时间较长，有反复打电话的用户出现。

造成热线电话拥堵的原因主要是用户服务需求得不到满足，即产生较大的心理落差，从而产生投诉。而供热初期热线拥堵截断了用户与供热公司之间的沟通渠道，用户无处发泄，再转向其他地方投诉时，情绪上会进一步激化。同时也要看到，供热初期大量用户涌入客服热线，是鉴于对供热公司的信任和托付。

下一供暖期，应采取以下措施缓解高峰期热线拥堵的问题：一是加大供热初期反复电话的回拨，抽派专人及时联系拨打次数较多的用户，减少这部分用户产生的投诉；二是进一步强化专管员上门服务质量，并纳入考核项目中。

建议：公司在有条件的情况下，适当增加高峰期的热线服务人员，提高日接听能力、纳入量，保证用户与供热公司之间有较为畅通的沟通渠道。

8.2 加强服务意识，是保证服务效率的前提

随着供热公司供热面积逐年增加，而服务人员人数却每年不变、甚至人数还减少，这就影响服务效率的提升。虽然该供热公司每年也聘用季节工，但季节工缺乏统一的培训和管理，服务形象、技能都难以达到要求。另外，高峰期客服热线员既要多接电话，还要尽可能地远程指导用户排除用热故障，并通过减少派单的形式减轻服务人员的工作压力，这样会出现通话时长增加、接通率下降的问题。而没有接进来的热线转而向别的部门投诉，造成外围转单量激增，舆情压力较大，也影响到内部工单的办理。

（1）内部挖潜，依靠自身力量尽可能解决高峰期用工难的问题。一是梳理公司人员，在热线高峰期进入应急状态，尽力提高一线服务人员的占比；二是对办公室人员通过一定的培训后帮助一线服务人员解决实际问题，缓解服务人员不足的问题。

（2）明确季节工的工作内容，既要数量，更要"质量"，可以尝试对劳务公司进行供暖期服务大包，以指标考核来规范人员管理，让季节工发挥作用，达到"劳"有所值的目的。

（3）充分发挥专管员的主观能动性，建立有效的绩效管理体系，让多劳者多得。

8.3 消除服务薄弱点，在提升用户满意率上下功夫

近年来，通过优质服务三项考核，该供热公司整个服务体系的建设已日趋完善，但在用户满意率和优质服务体验上，还存在一定差距，如服务过程不是很规范，服务人员服务意识还有待加强等，针对这些问题可采取以下措施：

（1）设专人在回访上下功夫，及时了解用户满意率。一是加强供热初期的热线回访，特别是多次来电的用户，主动跟踪、了解服务过程和处理结果，预防投诉升级；二是增加回访内容，了解服务过程的规范性；三是加强质保期小区用户的来电回访，及时协调解决质保期用户反映的不热问题；四是将回访不满意的工单及时反馈给公司专职负责人，加大督办和结果跟踪。

（2）加大开阀力度。有条件湿保养的小区，进入 9 月份对已缴费用户随交随开，但也要防止误开误关现象，夏

季加强管道井入户标识牌的安装工作，减少运行初期因开阀造成的电话堆积。

（3）提高服务品质，增加用户满意度。专管员一接到工单马上上门服务，不能马上上门的，向用户说明情况，得到用户理解，减少用户的等待时间，进一步提高用户满意率。

8.4 客服中心回答用户关于技术方面来电不够精准

针对客服中心回答用户关于技术方面来电不够精准的问题，建议采取以下措施：

（1）客服中心是个"万金油"部门，各方面技术都要懂才能准确回答用户，因此要加强各方面技术培训、现场技术学习和操作。如热源、一次网、二次网、热力站、用户供热设施及系统的相关知识都要掌握，做到有的放矢。

（2）进一步提高礼貌用语、接待客户方式和方法。聘请专业人员进行培训；现场观摩和学习，弥补不足。

（3）去除客服人员个性，端正服务态度，用客服专用语言约束自己，提升客服用语，让用户满意。

（4）关于反馈总公司客服工单时，书写语言不精准，增加客服中心审核工单时工作量的问题。建议加强热线员培训，强化书写专业用语能力。

（5）钻研用户心理与需求，接待不同来访用户用不同的方法处理，或请专业老师培训。

9 提高优质服务任重而道远（下一步计划）

（1）客服热线人员100%上岗操作，能流利回答用户各项问题，基本能单独解决用户提出技术问题；专管员对用户需求做出快速反应，及时处理现场疑难问题。

（2）接待所辖区域热用户，继续保持往年供暖期间零上访记录。争取在最短时间内解决用户问题，最大化满足每个来访用户需求，让用户满意而归。

（3）细化各项考核制度，赏罚分明，做到有据可查。

（4）加强上门服务质量，回访用户满意率争取达到100%。

（5）保证应约测温、定点测温实事求是，验证供热质量，为一次网热量是否均衡、二次网调平提供依据。

（6）组织计划好各场下社区活动，提升供热公司形象，提升社会效益。

（7）做好供热舆情预案以及服务人员对突发事件应对措施，做好解答工作。

（8）有条不紊、扎扎实实做好市长热线派单、回访，市长信箱、中原微信网等反馈及时率、办结率达到100%。

（9）处理现场技术疑难问题，为用户提供技术支持。愿来年该供热公司优质服务再上一层楼。

浅析省煤器漏泄的原因

牡丹江热电有限公司　范先君

【摘　要】 省煤器是热电厂锅炉的重要组成部分，它的好坏直接影响到锅炉运行的安全性和经济性。随着国家对大气污染物排放要求进一步提高，促使各发电供热企业对原有锅炉进行脱硫脱硝系统升级改造，以满足国家对环保指标的要求。但是脱硝系统升级改造后的锅炉总会出现一些意想不到的缺陷，需要进一步研究探讨。

牡丹江热电有限公司1号、2号、3号锅炉脱硝改造后省煤器出现使用周期缩短，漏泄次数增多的现象，特别是3号锅炉省煤器表现尤为明显。本文结合运行工况及检修检查的相关资料，进行事故原因分析。

【关键词】 省煤器　脱硝改造　磨损　飞灰

0 引言

牡丹江热电有限公司位于牡丹江市区的东南，牡丹江北岸，是热电联产企业，主要负责牡丹江市市区居民冬季供暖，供热面积2600多万m²，占牡丹江市区供热面积65%以上。

牡丹江热电有限公司的3号锅炉为哈尔滨锅炉厂生产的HG-220/9.8-YM10型煤粉锅炉，额定蒸发量220t/h，于2003年投入运行。

2015年对3号锅炉进行了低氮燃烧器改造和SNCR+SCR脱硝改造，以尿素作为还原剂，出口NO_x小于200mg/Nm³，2019年对脱硝系统进行升级，出口NO_x小于50mg/Nm³。

3号锅炉省煤器采用鳍片式省煤器，最近一次更换高温省煤器是2015年8月，更换低温省煤器是2016年7月。

根据2015—2020年供暖期运行情况及2015年更换省煤以后历年夏季检修检查记录，3号锅炉高温省煤器只漏泄了一次，低温省煤器没有漏泄，预计3号锅炉高、低温省煤器最早更换时间在2022年，也就是在2022年夏季检修时更换。但在 2020—2021 供暖期的 6 个月时间里，3 号锅炉高、低温省煤器漏泄次数达 9 次之多（其中高温省煤器 4 次，低温 5 次），严重影响了正常生产，因此对 3 号锅炉漏泄次数如此集中进行技术讨论分析，查找可能的原因。

1 3号锅炉省煤器漏泄情况简介

自 2015 年脱硝改造后，重新安装了 3 号锅炉的高、低温省煤器。2015—2020 年，3 号锅炉的低省煤器运行平稳，没有发生漏泄；高温省煤器仅在 2020 年 4 月漏泄 1 次，但在 2020 年 10 月至 2021 年 4 月供暖期的 6 个月时间，高温省煤器漏泄 4 次，低温省煤器漏泄 5 次。表 1、表 2 统计的是 3 号锅炉高、低温省煤器更换的时间及运行时间间隔。

3 号炉高温省煤器更换时间及两次更换间隔　　表 1

更换时间	2002 年 12 月安装	2009 年 5 月	2015 年 8 月	2021 年 5 月
运行间隔时间(h)	—	29683	35560	35203
累计漏泄次数(次)	—	7	4	5

3 号炉低温省煤器更换时间及两次更换间隔　　表 2

更换时间	2002 年 12 月安装	2010 年 5 月	2016 年 6 月	2021 年 5 月
运行间隔时间(h)	—	31834	32237	31298
累计漏泄次数(次)	—	0	4	5

2 原因分析

省煤器漏泄的原因多种多样，主要原因是磨损和腐蚀，3 号锅炉省煤器漏泄原因主要表现为磨损。影响磨损速度的因素有烟气中粉尘浓度、粉尘的硬度及烟道内烟气流速等，另外省煤器的结构形式及状况也会影响对省煤器的磨损。

（1）燃煤中灰分含量越大，低位发热量越小，同样负荷下，燃煤量增加，烟气中粉尘的浓度相对要高些；另外，灰分占比多，粉尘的硬度也要大些，对省煤器的磨损速度也就要快一些。

从表 3 可以看出，2017 年以来，锅炉燃煤的发热量较前几年最少降低了 200kcal/kg，降低了 5% 左右；灰分也有所增加，增加约 7%；每年供热期锅炉处于满负荷状态，燃煤量增加是必然的，所以烟气中粉尘浓度也相应增多，对锅炉省煤器的磨损加快也就不可避免了。

近几年入炉煤煤质情况　　表 3

年份	水分(%)	灰分(%)	挥发分(%)	固定碳(%)	低位发热量(kcal/kg)	年运行累计时间(h)
2014	7.57	31.24	30.76	47.10	5048.52	4997

续表

年份	水分(%)	灰分(%)	挥发分(%)	固定碳(%)	低位发热量(kcal/kg)	年运行累计时间(h)
2015	7.5	30.92	30.54	47.5	5105.56	5354
2016	7.31	32.81	30.15	46.42	5069.47	4897
2017	6.9	35.65	31.43	43.7	4846.07	5615
2018	7.23	37.45	32.79	41.68	4652.98	7592
2019	7.69	36.73	32.82	42.08	4649.07	4510
2020	8.49	35.39	34.75	41.7	4671.75	4454

（2）低氮燃烧器改造后，飞灰含碳量增加，导致磨损加剧。改造前 3 号锅炉飞灰含碳量平均为 2.41；改造后平均为 3.66，高出 50%。飞灰含碳量大的粉尘的硬度要高些，粉尘硬度增加也会加剧对管排的磨损。

（3）影响磨损速度的另一个因素就是烟气的流速，烟气中粉尘对省煤器的磨损，除了粉尘自有的特性和浓度外，还有流动速度，若烟气流速为 v，烟气中粉尘浓度为 C，那么在 t 时间内尘粒对省煤器的磨损量 $A = K \cdot C \cdot v^3 \cdot t$，其中 K 为比例系数，与煤中的灰分含量有关，灰分含量越多，K 值越大。

所以烟气的流速对省煤器的冲刷磨损更加迅速，当省煤器局部形成烟气走廊，流速高于正常设计值，对管子的磨损速度是以三次方的关系，也有可能是四次方、五次方……，磨损量大大提升。

3 号锅炉低省煤运行温度在 220～240℃ 之间，脱硝改造后，脱硝改造后的副产物硫酸氢氨在这个温度区间内的特性是强附着力和粘结力，所以低温省煤器和其后的空气预热器容易积灰。省煤器外壁积灰结成壳状，管排间距变小，烟气流通面积也减少，流速也就不可避免地增大了。

（4）设计人员对省煤器设计时认为，通过省煤器的烟气流场是比较平均的，烟气中的粉尘是类似均匀分布的。但实际上省煤器管排在安装和使用过程中，管排间距离不可能达到 100% 均匀，势必形成部分管排间某些部位的烟气流速偏高或偏低，其中流速偏高的位置也就是常说的"烟气走廊"，"走廊"程度越剧烈，烟气流速就越大，该部位的磨损就越快。而且在惯性力的作用下，在烟道的转向和拐弯处，外侧的磨损比内侧高出数倍，如高温省煤器靠近后墙的省煤器管排磨损量要比靠近前墙的高出 3 倍多，所以通常靠近后墙的省煤器先出现漏泄情况。

另外，省煤器在使用过程中，管排受热无法自由膨胀而产生变形，使得管排不平整，造成局部管排间距远大于设计值，使得该处烟气流通面积超过其他部位很多，形成一条烟气通道，对附近管子进行高速冲刷，加剧其磨损。

低温省煤器和空气预热器正常运行时的温度为 180～240℃，而脱硝的副产物硫酸氢铵的液化温度正在这个温度范围，液化的硫酸氢铵具有很强的黏性，与烟气中的粉尘一起附在省煤器管排上，不仅降低管排的传热系数，影响锅炉的热效率，还会减小烟气的流通面积，增加烟气流速，加快磨损速度。另外，液化的硫酸氢铵粘附在空气预热器上，容易造成空气预热器堵管，如果大面积堵管，烟气在没有堵的管子中的流速就会增加，带动其中的粉尘，对附近的管排进高速冲刷。

3 建议与措施

（1）针对低氮燃烧器改造后，引起飞灰含碳量升高的情况，一般可以采取以下措施治理：

1）将煤粉细度调低，提高煤粉均匀性指数。煤粉细度越细，燃尽时间越短，燃尽率越高，飞灰含碳量越低；在煤粉细度相同的情况下，煤粉均匀性指数越高，粗颗粒越少，飞灰含碳量越低。

2）调速锅炉燃烧工况，使煤粉能够燃烧更充分，可以降低飞灰含碳量。

（2）调整运行参数，在保证锅炉正常运行的情况下，降低炉内烟气流速，从而降低对受热面的磨损量。

（3）调整脱硝运行，减少 SCR 产生的氨逃逸量，严格控制氨逃逸量小于或等于 3PPm，减少低温省煤器外壁结垢。另外，可以考虑在低温省煤器和空气预热器处加装吹灰装置，及时清理省煤器管排和空气预热器管子上的附着物。

（4）为了延长省煤器的使用周期，减少或消除省煤器管排中的"烟气走廊"，使通过省煤器管排的烟气流速比较均匀，避免流速骤增骤降的现象。在安装省煤器管排时，要保证其管排间距与设计一致，这是确保管排均匀磨损极为重要的一步，所以，安装省煤器管排时必须保证其管排均匀，不偏不斜。

对于烟气在转角或拐弯处走近路的特点，可考虑安装前在管排上加装防磨盖板，例如对于后墙处 3～5 排加防磨盖板，或者对后几排安装时适当减小其管排间距。总之，减小后几排的烟气流速，或增强其耐磨强度均能达到延长其使用周期。

（5）及时清除空气预热器、尾部烟道及过热器烟廊中的积灰，保证烟气流通顺畅，避免局部烟气流速过快，也可以减少对省煤器管排的磨损。如空气预热器堵管，不仅提高了排烟温度，降低了锅炉热效率，也减少了烟气流通面积，烟气流速就会增加，从而加剧了另一部分通道对应的管排的磨损。

4 结束语

省煤器的主要作用是吸收烟气余热加热锅炉给水，降低排烟温度，进一步提高锅炉热效率。给水温度提高后进入汽包，减小给水管路与汽包壁之间的温差，从而使汽包壁热应力下降，有利于延长汽包的使用寿命。

另外，给水在进入蒸发受热面之前，先在省煤器中加热，减少了水在蒸发受热面中的吸热量，这就相当于用省煤器取代了部分蒸发受热面。

所以省煤器是对锅炉安全性和经济性而言是不可分割的一部分，省煤器正常运行直接影响锅炉的运行，保证省煤器的运行时间就是保证锅炉的运行周期，也就是保证热电厂设备的安全性和经济性。

燃煤蒸汽锅炉省煤器磨损的原因是多种多样的，这里仅对降低飞灰含碳量、灰分及减小"烟气走廊"进行了分析，远不足以达到全面分析的要求，了解其真正的原因需要从各个不同的侧面进行总结分析。

加强漏水治理，降低供热成本

牡丹江热电有限公司　于贵山　于文涛　陆　俊

【摘　要】通过对换热站日失水量及日万平方米均失水曲线的分析，提出不同供热期失水量的变化时段，并提出相应的失水原因及治理方法。以不同时期治理的案例，做出治理前后的对比结果，说明降低失水成本的可行性。通过对一次网失水的治理，说明全面分析的重要性，提高漏点查找的概率，减少治理成本，达到降低供热成本的目的。

【关键词】一次网失水　二次网失水　室内系统失水　打压实验　阀门关断实验

0 引言

供热行业是一个有关民声的微利企业，一旦管理不到位就可能造成亏损。近些年也出现了供热行业是"看天吃饭"的说法，一旦出现燃料涨价或严冬耗热量的增加，就可能会造成一些供热企业的弃管现象，给热用户的生活造成困难。

因此，如何降低供热成本，提高供热企业的生存能力，是每个供热企业都要研究的课题，本文仅从供热失水方面提出自己的看法。

根据各地区供热时间的长短不同，及各供热企业管理不同，每个供热企业都有自认的合理失水量。然而，供热系统是一个封闭的系统（过去的高位水箱定压系统除外），如果不出现热用户放水及管道泄漏，是不应该出现水量消耗的，这可通过一些换热站的失水得到证明，例如：牡丹江热电有限公司的司法局换热站，2015年除初始补水外，当年运行补水量为9t（多是装修放水），在之后的5个供暖期仅补水2t，有4个供暖期为零失水。

从牡丹江热电有限公司的二级单位江南供热分公司近几年的失水量指标及曲线图上看（表1、图1），失水量指标逐年下降，2020—2021供暖期更是达到每万平方米42.68t。

江南供热分公司历年失水指标对比　　　　　　　　　　　　　　　　　　　　　　　　　表1

供暖期	2013—2014	2014—2015	2015—2016	2016—2017	2017—2018	2018—2019	2019—2020	2020—2021
指标（t/万 m^2）	135.14	115.53	100.34	99.05	81.17	68.94	51.29	42.68
同期对比（%）		-14.51	-13.15	-1.28	-18.05	-15.07	-25.60	-16.78
累加对比（%）		-14.51	-25.75	-26.70	-39.93	-48.99	-62.05	-68.42

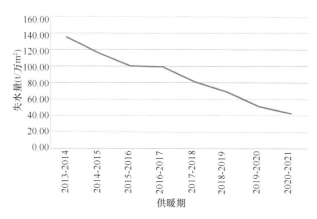

图1　江南分公司各供暖期失水量指标对比曲线

但从2015—2020年6个供暖期的合计日失水量曲线图上看，失水存在前高后低的现象，如图2所示。

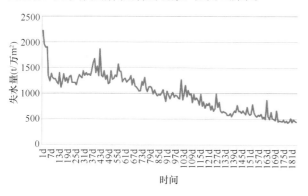

图2　江南分公司6个供暖期合计日失水量曲线图

若按失水量和失水时间又可以大致划分出三个区段：(1) 高失水区段，即供热期的前两个月，失水量占供暖期总失水量的45.96%；(2) 失水过渡区段，即供热期中间的两个月，失水量占供暖期总失水量的34.45%；(3) 失水平稳区段，即供热期的后两个月，失水量占供暖期总失水量的19.59%。供热初期的失水带来的不仅是供热成本的增加，还标志着供热质量的下降，如何降低前两个阶段的失水量，是供热企业所要研究的课题。

当然，图2所体现的仅是换热站二次网及室内系统的失水现象，一次网失水单独统计，并不在本文讨论范围，但同样是供热成本的体现。

1 换热站失水

根据换热站失水位置的不同，又可划分为二次网系统与室内系统失水两种，换热站失水多为室内系统失水，主要是供热前期系统存气造成的部分用户不热，冲洗排气或用户自己放水取热，要想减少供热前期的失水量，就要减少系统的存气现象，并及时处理用户室内不热问题。

二次网系统失水体现在稳定的失水量（有时用户长期放水也会有此现象），而用户放水则多为不定时，在失水量上体现出波动；无论是哪种失水，都要经过排查之后才能确定。

失水的排查一般采用先大后小、先近后远的方式，即先从换热站按系统排查，再按分支排查，后按楼宇及单元至用户进行排查。如果不能下力度仔细排查，失水量是不会自己下降的。

1.1 二次网系统失水

二次网系统一般是指出换热站至楼宇进户前的供热管道，多为直埋敷设，这给查漏带来了一定的困难。除失水量较大的二次网漏点会在地面上有所体现外，失水量较小的漏点除非通过融雪点排查及红外线热成像仪扫描，一般很难发现。二次网漏点查找一定要有准确的竣工图纸或者有熟悉管线分布的人，二次网漏点多在应力较大的弯头及三通部位。

例如：黄金武警支队换热站是2009年小锅炉并网的换热站，并网时住宅楼进行了分户改造，而营区二次网为地沟敷设，管线没有改造，并网后地沟漏点多发，本着"谁的产权谁负责"的原则，一直由产权单位负责处理；2018—2019供暖期，又发现有失水现象，产权单位经过排查后没有发现漏点；经过牡丹江热电有限公司工作人员排查确定，是一号楼二次网存在漏点，管线位置如图3所示。

由于该楼在换热站内是一个单独分支，并且在出营区的墙外设有楼宇关断井，经过关断实验确定是营区内直埋管道存在漏点（但由于漏点较小听不到声音），而在管道的上面是仅有棚盖的简易仓库，并且放置了大量的矿井钻探钻杆，无法进行融雪点排查及热成像仪扫描，只好暂停维修，待停热后再处理。

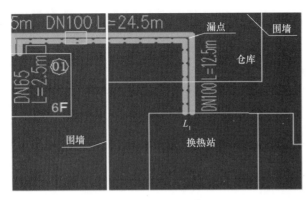

图 3 换热站与一号楼管线位置图

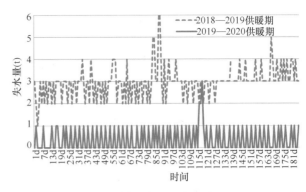

图 6 两供暖期日失水量对比图

漏点处理后,供暖期失水下降 87.74%。

1.2 室内系统失水

室内系统失水多为系统存气放水,或用户不满意现有的室温而放水取热(也有新并网用户装修放水,可加玫瑰红等有颜色的节水剂)。减少供热初期的气堵现象,就能减少失水量;用户放水时间短、查找困难,因此应通过全网平衡系统及时发现失水开始的时间,并及时安排人员查找,只有找到放水用户才能根本解决问题。

例如:2020 年 11 月 5 日,在全网平衡系统上发现,德远天辰换热站(地下换热站)有失水现象,从分区上看是北低区。通过换热站分集水器关断确定(有两大分支),是南侧分支(10~15 号楼),虽然该小区有楼宇关断阀及热计量表,但楼宇井在半地下,井门开关困难,且每栋楼仅有两个单元,因此直接采取单元关断,然而关断了该分支的所有楼,并没有发现放水用户;经过换热站及地库供热管线走向判断,是施工人员将标注弄反了,于是对另一个分支进行排查,很快就查到放水用户,并对该用户进行了查处,补交了热水损失。

停热后,为了防止楼宇关断阀门不严产生误判,首先在关断井内做打盲板试验,又在营区内仓库外做断管打盲板试验,最后确定漏点就在仓库内的钻杆下面。根据图纸中管线的走向,确定了哪些是需要挪移的钻杆,直到 7 月份才腾出作业空间开始查漏,首先在弯头部位进行探查,管道弯头受应力影响,导致焊口处开裂所致(图 4、图 5)。

处理前后两个供暖期的失水量对比图及对比表如图 6、表 2 所示。

图 4 仓库内管线位置图

图 5 漏点位置图

江南绿苑换热站是 2018—2019 供暖期并网的换热站,并网后一直有 1t 的基础失水量,换热站排查发现是低区系统有失水,于是对低区各楼宇进行关断实验,结果并没有发现失水楼宇,因此怀疑是二次网存在漏点(在过去的新并网小区有发现),但对冬季融雪点的观察却没有发现可疑之处;2019—2020 供暖期初期失水量相对稳定,12月 29 日后,失水量突然增加,于是在元旦休假之后,再次对所有低区楼宇进行关断实验,仍没有发现失水楼宇,

表 2 黄金武警支队两供暖期失水对比

供暖期	失水量(t)	失水指标(t/万 m²)	对比
2018—2019 供暖期	563	146.1	
2019—2020 供暖期	69	17.9	-87.74%

图 7 用户地热跑风排气放水

只好对高区楼宇进行关断实验，终于在1月6日发现了失水楼宇，原来是施工队在高低区热计量表标注时标反了，原来的基础失水量是一用户将跑风打开忘记了关闭（图7左下角的细管因长期放水已变色），后增加的失水量是一楼的门市地热管出现变形而产生漏点（图8）。

图8　门市地热管变形跑水

两个供暖期的日失水量曲线图如图9所示。

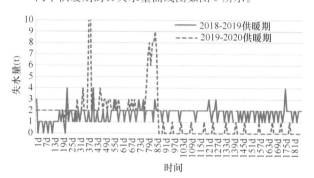

图9　两供暖期日失水量对比图

世茂103二期门市放水：2020年11月，工作人员在换热站巡视检查时发现，该换热站商服系统频繁启动补水，经过系统分支关断实验（仅有17号、18号、19号、20号四栋楼），确定是18号楼门市放水，于是对该楼室外关断阀进行排查，很快发现了放水用户，原来是幼儿园觉得室温较低放水取热。事后对全网平衡控制系统失水曲线检查发现，放水时间不超过30min，这是我们查找放水用户用时最短的一次。通过对幼儿园室温测量，室内温度确实不高，18～19℃，因为对该分支系统进行过调整，该分支的回水温度是商服系统中最高的，不应该有这样的室温，于是对换热站商服系统的回水温度与分支热计量表反映的回水温度进行校核（图10），结果发现18号楼与19号楼的温度反向，检查热计量表回水探头，结果发现是回水探头装反了，从新调节后该系统再没有出现放水现象。

1.3　系统气堵问题的预防

供热初期用户不热的原因一般是分支阀门关闭，或系统存气产生气堵，也有新用户调节不到位造成分支流量不足等原因。其中能够造成大量失水的只有气堵一种，

图10　换热站集水器与上部回水热表

因此，通过预防措施减少气堵现象，就可避免大量的失水。对气堵现象的预防应做好以下几个方面：

（1）对供热系统进行水保养。夏季停热期间要对供热系统进行水保养，即及时补充系统中丢失的水量，避免系统倒空，产生空气溶解。

（2）系统补水时减少一次网所带的气体进入二次网。系统改造后补水时，要充分利用换热站内的自动跑风，或手动跑风管阀门，将一次网所带的游离空气及析出气体能尽量多地排出，减少二次网的气堵现象。

（3）检查各单元自动跑风是否灵敏。自动跑风是解决系统存气唯一方法，自动跑风不发挥作用，就会产生空气聚集，造成气堵，特别是供水的自动跑风不发挥作用，空气就会进到用户。因此，自动跑风损坏要及时更换，避免空气进入系统。

（4）对已经产生气堵的用户及时处理。对由于跑风损坏及其他原因已经造成气堵的用户，要及时进行冲洗，根据管道的走向及有无管道倒坡现象，确定管道的冲洗方向及冲洗点，一定要保证维修的效果。

2　一次网失水的治理

供热系统失水不仅换热站有，一次网系统也有，事实证明，电厂向一次网补充的水量，总是大于各换热站失水量之和，即便在非供暖期也是这样。由于牡丹江热电有限公司的供热介质采用的是软化除氧水，对水量的产出能力有一定的限制，当二次网出现大量失水时，可以关闭"一补二"补水系统，采用自来水补水，影响的仅是一个换热站；一旦一次网出现大量失水，也只好用自来水补充不足的部分，这会对全网产生影响。因此，为了避免类似的事故发生，牡丹江热电有限公司采取了一系列保护办法。

2.1　对一次网进行不定期巡视

首先将供热管线分段落实到人，明确责任，在供热运行时期以雪为令，将有融雪点的疑似漏点记录备案，以备后期重点关注（图11）。

2.2　供热结束后的关断实验

每年供热结束后都要进行一次网阀门关断实验，无论是分支管网阀门，还是环网关断阀门。实验的目的有两个：一是验证阀门的严密性，为以后的事故处理提供保

证；二是检查分段区域内有无管道泄漏，有融雪点的管道是此时重点关注对象。

图 11　冬季一次网融雪点位置

2.3　夏季一次网管道的打压实验

为了及早发现一次网管道的薄弱点，避免冬季维修带来的大面积停热影响，利用电力全停检修时间前进行管网打压实验，并在全停时间内进行检修，打压期间的压力是冬季供热运行时的 1.5～2 倍，目的是将管道上的薄弱点破坏性地打漏，以便及早发现处理。

打压期间要加强管道巡视，重点关注补偿器、阀门井、弯头及三通位置，当然也不能忽视了有融雪点的位置及管道有泄漏的区段。

特别是补偿器（套筒补偿器），不但打压期间要重视，打压之后恢复运行时也要进行检查，因为打压期间没有温度的波动，恢复运行后由于温度的变化产生伸缩，此时极易泄漏。

2.4　案例

2.4.1　海浪河路 DN800 补偿器泄漏

2019 年 12 月末，工作人员在一次网巡视时发现，海浪河路 DN800 直埋补偿器地面温度异常，气温零下 16.6℃，地面温度却达到 44.2℃（图 12、图 13）。于是通知公司有关部门，并联系施工队进行开挖，探坑挖开后发现，坑内没有水，只有蒸汽，温度较高。

由于该管线是三条跨江管线中的一条，如果处理会影响 300 多万 m² 的热用户，影响较大，并且该点的泄漏量不大，于是公司领导作出决定，暂不处理，每天测温观察泄漏量是否有变化，视泄漏量变化再定；该泄漏点直到 2020 年 7 月份才处理。

图 13　漏点之上地面温度

2.4.2　兴隆街 DN300 补偿器泄漏

每年的 9 月 1 日是开始打压的时间，2020 年的打压也如期开始，9 月 25 日恢复运行。

工作人员在 9 月 26 日的例行检查中发现，兴隆街第一中学西侧正在修建的中学路口的电信检查井有热气冒出（取样化验证实是一次网水），随即关闭相关的环网井及分支井阀门，在第一中学换热站进行监测，发现供水管线有泄漏，相关的管线长度有 500m，如何准确找到泄漏点位置成了处理漏点的关键。

由于是在路口发现的热水，首先在路口的危险点进行探坑检查。该路口各种管道交叉太多，走向复杂，如图 14 所示。

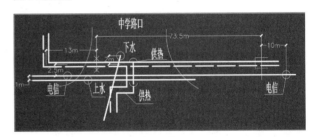

图 14　中学路口各种管线位置示意图

9 月 27～30 日进行探坑探测，首先对电信井南侧开挖，之后是东侧弯头处，西侧固定墩两侧，及环网分支点进行探测，但都没有发现漏点，在此期间多次利用夜间及早晨气温较低时间段，用红外线成像仪沿管线走向进行测试，均没有发现温度异常点。在环网分支点探测时有电信包封交叉通过，破开电信管发现热水来自西侧，对固定墩西侧 73.5m 处的补偿器进行测试也没有发现异常（当时补偿器井口被埋，深度达到 1.2m），检查补偿器井西侧约 10m 的电信井也没有发现热气（直到查出漏点也没有发现热气）；排除了路口有漏点后，查漏只好暂时告一段落（图 15、图 16）。

由于环网分支点是后期改造的，原有 DN300 管线是

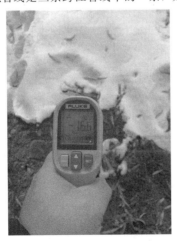

图 12　漏点外围地面温度

图 15　包封内水流向确定

图 17　对应雨水与补偿器位置

图 16　中学路口探坑恢复

图 18　漏点位置

图 19　更换的补偿器及管道位置

2007年建设，环网改造是在2016年完成，环网建设时相连的供水翻身点是在人行道上，建设中学路后，翻身点移到了路中，距路面埋深仅有50cm，修路时在上面铺了钢板进行防护，本次查漏后改成了钢筋水泥防护，为的就是怕出现漏点，新路不让开挖维修。

10月4日早再次对管线进行测试，由于气温的下降，道路的雨水（距补偿器井水平距离仅4m）有了少许的热气，通过红外线测温仪也发现了补偿器井位置有了温度异常（井口在图17中桦树的左侧），井口处温度高出近2℃。

10月7日休假上班后进行探测，很快找到了漏点位置，原来是补偿器前端管道出现了腐蚀漏点，随即对补偿器及部分管道进行了更换（图18、图19）。

漏点分析：由于补偿器前端锈蚀腐烂，耐压能力下降，在打压时已经产生漏点，但由于漏点较小，失水量较少，在地面没有体现，并且由于打压期间水温较低，温度变化也没有体现到地面，因此在打压期间没有发现失水现象。正常运行后，随着水温的升高，在电信井内发现有升温现象，但漏点位置却没有体现；随着运行时间的增长，温度的变化逐渐体现到地面，并且由于气温下降，产生了肉眼可见的蒸汽，才准确查找到漏点位置。但有一点无法解释，地面呈现东低西高，进入包封管的水是由西向东流动，但在补偿器井西侧的电信井一直没有出现蒸汽。

3　结束语

供热系统是一个相对封闭的系统，在没有泄漏与人为放水的前提下，完全能够做到供热系统零失水。

做好系统养护、及时处理用户系统气堵，可以大量的降低供热前期的失水量。

利用各种可行的方法进行数据积累，能够尽快查找漏点，找到放水用户，达到减少供热成本的目的。

管网故障影响度及管网故障影响率在供热中的应用

郑州热力集团有限公司　王卫杰

【摘　要】 本文主要介绍了近年来郑州热力集团有限公司,在供热管网故障对用户的影响方面,提出的定量评价指标"故障影响度""故障影响率",为我们的故障预估定性、故障决策、故障分析提供依据,在供热故障应急领域有很好地应用及推广价值。

【关键词】 管网故障指标　管网故障影响度　管网故障影响率

0　引言

在供热中常用的指标有:热单耗[W/m²、GJ/万(m²·d)]、水单耗[t/万(m²·d)]、电单耗[kWh/(万 m²·d)],但在供热管网故障对用户的影响方面,缺少一个定量评价指标。如果仅用影响面积而忽略持续时间,不能客观判断故障影响的大小。为此,郑州热力集团有限公司提出"故障影响度"的概念,即故障影响度(万 m²·h)=影响面积(万 m²)×影响时间(h),它是受影响的供热面积在时间上的累积,概括了故障影响的范围、故障持续时间两个因素。在"故障影响度"的基础上还尝试引入"故障影响率",所谓故障影响率,就是故障影响度相对于全网面积与供热总天数的乘积,即故障影响率=故障影响度/(供暖期平均供热面积×总供热天数×24h)×100%,能更直观地反映整个供暖期的管网总体情况。

1　安全事故的划分

集中供热系统是由热源、一次热网、热力站、二次热网、用户末端设备等多个环节组成的复杂系统。其中任何一个环节出现问题,都会影响到用户的供热质量,都可视为供热故障。判断供热故障影响程度有三个重要指标:人员伤亡、影响面积和持续时间。

在安全生产领域,郑州热力集团有限公司(以下简称郑州热力)规定,根据事故的可控性、严重程度和影响范围的不同,将供热事故分为四个等级。

一级安全生产事故:对人身安全、社会财产、社会秩序及生态环境造成损害,或发生 2 人以上伤亡事故,或影响供热面积在 100 万 m² 以上须由集团公司乃至市政府有关部门协调才能有效处置的安全生产事故。

二级安全生产事故:影响供热面积在 50 万 m² 至 100 万 m² 以内或发生 1 人伤亡事故,需由集团公司及以上职能部门协调才能有效处置的安全生产事故。

三级安全生产事故:影响供热面积在 15 万 m² 至 50 万 m² 以内,影响时间超过 4h,需由集团公司协调才能有效处置的安全生产事故。

四级安全生产事故:影响面积在 15 万 m² 以内,事发单位可以有效处置的安全生产事故。

参照上述规定,安全部门可以根据事故等级启动相应的应对程序。

但是对于供热运行管理来说,安全事故等级只能对供热故障进行定性评估,并不能完全满足供热决策和事故评价的需要。为此,引入了"管网故障影响度"的概念,综合供热面积和持续时间两个因素,对供热故障所造成的影响给出了一个统一的定量评价指标。

2　管网故障影响度的应用

2.1　管网故障影响度的概念

供热运行中,管网起到介质热量的输配作用。在供热期间,如果管网出现故障,需要解列后抢修时,就会影响到热用户的供热。故障影响度是受影响的供热面积在时间上的累积,概括了故障影响的范围、故障持续时间两个因素的影响,在故障评估、处理决策、事后分析各个环节都有很好的使用价值。

2.2　管网故障影响度的应用

与以往仅看影响面积不同,故障影响度最大的特点是加入了时间的影响。一个故障的发生只要导致一定面积的用户不热,就会产生故障影响度。随着时间的推移,故障影响度不断累加。如果一个故障造成大规模停热,但能够即刻恢复,那么我们也认为故障没有造成多大影响;如果故障仅造成一个用户不热,但持续时间特别长,那么同样会造成非常恶劣的影响。所以,用故障影响度衡量故障影响,更加科学准确。根据这一量化指标,最直观地判断故障的恶劣程度,以此作为故障分析和处理的重要依据。表 1 为郑州热力在 2019—2020 供暖期供热故障影响度统计表。

表 1 中因管网故障对造成停热的影响统计,需要解列处理造成多个热力站停运的漏点故障共 30 处。表中只需要解列处理的漏点进行统计,统计中考虑各分公司的管理区域分界基本不变的前提,故障影响度按分公司管理区域进行统计,然后对 2019—2020 供暖期各管理区域的故障影响度进行对比。然后,再对近 3 个供暖期的总故障影响度进行对比分析,详见表 2。

2019—2020供暖期供热故障影响度统计表　　　　　　表1

序号	区域	时间	持续时间(h)	故障地点	影响站点(座)	影响面积(万m²)	故障影响度(万m²·h)
1	北区	11月19日15∶50～11月20日2∶50	11.0	三全路普庆路东100m	21	167.00	1837.0
2		11月28日14∶00～11月29日13∶23	23.5	丰乐路与东风路西南角	11	65.14	1530.8
3		11月28日18∶15～11月30日00∶50	30.5	黄河南路黄河街	8	26.10	796.1
4		12月4日14∶00～12月5日1∶55	12.0	经七路工会干校站外（支线）	3	2.75	33.0
5		1月2日17∶50～1月4日11∶00	41.0	农业路绿文抽纱支线井内	2	5.94	243.7
6		3月7日20∶22～3月7日23∶42	3.5	冉屯东路与煤仓北街交叉口预留管被施工单位破坏	5	52.58	184.0
小计		6起					4624.6
7	东区	11月15日00∶00～11月15日20∶35	20.5	黄河东路众意路	2	2.56	52.5
8		11月16日23∶04～11月18日6∶52	32.0	东风南路与商都路西南角	7	36.90	1180.8
9		11月28日14∶00～11月28日21∶14	7.0	黄河路熊儿河南	29	100.05	700.4
10		12月8日11∶30～12月9日1∶50	14.5	城南路与紫荆山路东南角（商都幸福花园支线）	15	50.76	736.0
11		12月9日8∶25～12月9日19∶10	11.0	福元路医药公司家属院支线	2	1.98	21.8
12		12月14日10∶35～12月15日4∶20	18.0	郑汴路大城小爱站外	2	2.46	44.2
小计		6起					2735.7
13	西区	11月15日00∶00～11月15日11∶00	11.0	工人路市委办公厅下线阀门锈蚀	8	33.35	366.9
14		11月15日00∶00～11月15日21∶00	21.0	合作路棉纺路	5	38.00	798.0
15		11月15日00∶00～11月15日13∶00	13.0	京广路康复前街	7	30.06	390.8
16		11月16日16∶50～11月16日20∶30	3.5	兴华街龙源世纪家园支线院内	5	41.48	145.2
17		11月19日1∶20～11月20日21∶10	45.0	桐柏路市场街	8	24.90	1120.5
18		11月23日2∶00～11月24日21∶30	43.5	京广路建新街	7	17.28	751.6
19		11月29日15∶44～11月29日17∶52	2.0	大学路建设路南100米	2	7.80	15.6
20		1月8日7∶00～1月9日11∶00	28.0	中原路核五院、炮院支线井北侧	4	18.20	509.6
21		1月21日18∶50～1月22日9∶20	16.5	市场街24中支线	4	4.22	69.7
22		2月11日10∶00～2月11日20∶45	11.0	嵩山路同位素支线	2	6.50	71.5
23		2月15日15∶9～2月15日20∶10	5.0	棉纺路合作路一次网泄漏	2	18.90	94.5
24		2月17日10∶00～2月17日19∶36	9.5	棉纺路合作路一次网泄漏（原漏点附近出现新漏点）	2	18.90	179.6
小计		12起					4513.3
25	南区	11月19日10∶00～11月20日0∶30	14.5	桐柏路龙源新城支线	12	29.40	426.3
26		11月20日00∶23～11月20日13∶20	13.0	西三环绿都城支线（院内）	3	23.07	299.9
27		12月7日18∶11～12月9日0∶40	30.5	航海路黄科大对面支线	7	27.20	829.6
28		2月28日18∶30～2月29日2∶40	8.0	西三环绿城三期下线井西侧	3	23.07	184.6
29		3月5日16∶30～3月5日21∶40	5.0	京广路航海路南（中州大学）管网因施工挖漏	19	60.98	304.9
小计		5起					2045.3
30	枣庄	12月13日2∶30～12月15日8∶25	54.0	龙湖中环南路众意路	6	57.80	3121.2
小计		1起					3121.2
共计		共30起					17040.0

近3个供暖期管网故障度对比表（单位：万 m²·h） 表2

区域	北区	东区	西区	南区	枣庄	经开区	合计	次数（起）
2019—2020 供暖期	4624.6	2735.7	4513.3	2045.3	3121.2	0	17040.1	30
2018—2019 供暖期	6490.9	6493.9	13823.9	999.4	1659.5	210.0	29677.6	49
2017—2018 供暖期	7977.7	3257.0	2786.5	9464.4	1319.7	0	25536.1	56
与 2018—2019 供暖期同比超差（%）	28.8	57.9	67.4	−104.6	−88.1	100.0	42.6	38.8
与 2017—2018 供暖期同比超差（%）	42.0	16.0	−62.0	78.4	−136.5	/	33.3	46.4

在近3个供暖期，郑州热力将故障影响度成功应用到故障应急处理中，用故障影响度指标判断预估故障大小、做出处理决策，取得了一定的实践效果。

3 管网故障定量评估

供热管网故障发生后，首先要预估出故障影响度的大小。不同的故障影响度需要不同职能部门和不同的处理流程。

表3是推荐的根据故障影响度数量级划分的管网故障等级。管网泄漏事件发生后，应尽量采用故障影响度较小的方案。

供热故障影响度等级划分 表3

故障影响度数量级（万 m²·h）	故障事例	处理部门	处理措施
0	泄漏管网可带压堵漏	管网维护公司	漏点抢修
100	管网泄漏小范围解列	调度中心；管网维护公司；供热分公司	解列方案、漏点抢修、用户公告
1000	管网泄漏一定规模解列	公司领导；调度中心；管网维护公司；供热分公司	解列方案、漏点抢修、用户公告、媒体应对
10000	热电厂停运；管网大规模长时间解列	总公司或更高职能部门	领导协调、故障抢修、用户公告、媒体应对

当管网漏点可以带压堵漏抢修时，故障影响度为0。此时，仅需管网维护公司带压堵漏抢修即可。

当管网故障一旦需要解列用户，产生故障影响度，就需要由调度中心参与，与管网维护公司共同制定解列方案，以漏点附近的可靠阀门为解列点，解列尽量少的用户，以降低故障影响度。同时，需要分公司向受影响的用户进行公告。

当解列区域达到一定的规模，或者抢修持续时间较长，故障影响度达到1000万 m²·h以上，就可能有一定的用户投诉量或媒体关注度，这时除了尽快抢修漏点外，还需要宣传部门和客服部门做好应对准备。

故障影响度超过10000万 m²·h的情况，一般是管网的超大规模解列或热源厂故障停热。这种故障威胁整个供热区域，也必然引起一定的社会关注。由调度中心立即上报集团公司领导，迅速制定应对方案，降低故障影响。

4 管网故障的处理决策

在管网故障处理过程中，管网故障影响度可以作为处理决策的参考依据。郑州热力曾经发生的一次管网故障，做以下介绍（表4）。

东风路文博西路管网故障处理流程 表4

日期	方案	故障影响度（万 m²·h）	效果
1月30日	带压堵漏	0	失败
2月1日	关闭3处阀门，解列13万 m²	156	失败
2月1日12时	关闭4处阀门，解列86万 m²	2055	失败
2月2日10时	关闭9处阀门，解列860万 m²	43860	漏点抢修完毕

1月31日，北区分公司东风路文博西路管网故障。故障处理第一方案是带压堵漏，预估故障影响度为0。

2月1日，因管网漏点位于管网折角下部，作业位置受到限制，带压抢修失败，必须解列用户抢修。上报调度中心，并制定解列方案。以尽可能少地影响用户为原则，关闭3处最近阀门，解列供热面积13万 m^2。此方案持续12h，故障影响度达到156万 $m^2 \cdot h$。因阀门井内积水无法抽出等问题，该方案失败。

2月1日12：00，调整方案，扩大解列范围，解列面积达86.3万 m^2，预估故障影响度突破1000万 $m^2 \cdot h$。故障情况上报集团公司领导。此方案持续23h，故障影响度增至2055万 $m^2 \cdot h$。因阀门故障，仍然解列不严，无法完成抢修。

2月2日10：00，继续扩大解列范围，影响供热面积860万 m^2。北区大部门用户停热达20h，两座电厂出力大幅削减。最终故障影响度达到43860万 $m^2 \cdot h$，发展为重大供热故障。集团公司领导亲临现场指挥抢修，公司层面多方协调处理，终于在2月3日恢复正常。

纵观整个故障处理过程，始终以故障影响度最小作为抢修方案的依据，虽然因阀门严密性问题经历了多次解列失败，但不断累加的故障影响度指导工作人员在关键时刻果断调整抢修方案，尽最大努力缓解管网故障带来的影响。

5 管网故障影响率

故障影响度是对故障影响的一个量化值，但每个供暖期的供热面积、热网的总长度都在大幅度增加，实际供热天数也不尽相同，如果直接采用每个供暖期的累计故障影响度来横向对比，显然不够客观。为此，郑州热力提出"管网故障影响率"的理念，即故障影响率＝故障影响度/（供暖期平均供热面积×总供热天数×24h）×100%。

从表5可以看出：如果单从各运行期的累计故障度分析，2018—2019供暖期的故障影响度是3个供暖期中最高的，但综合考虑供热面积因素后，2018—2019供暖期的故障影响率低于2017—2018供暖期。在管网改造优化建设上，郑州热力加大对老旧管网以及用户支线的改造力度，更换阀门来提高阀门严密性，减少了老旧管网的泄漏故障。所以，笔者认为"故障影响率"这一数值能反映整个供暖期故障影响与正常状态的比率，更有对比性，也更加客观。

近3个供暖期管网故障影响度、管网故障影响率一览表　　表5

运行期	解列故障次数	累计故障影响度（万 $m^2 \cdot h$）	平均供热面积（万 m^2）	供热天数（d）	管网故障影响率（100%）
2019—2020供暖期	30	17040.1	8816.6	129	0.06
2018—2019供暖期	49	29677.6	8331.5	120	0.12
2017—2018供暖期	56	25536.1	6820.8	120	0.13

6 降低管网故障的做法

6.1 科学制定调度方案

通过严密的水力工况计算，模拟实际运行工况，优化多热源联网的配置，综合考虑水力、热力工况，保证各热源运行中的出口压力、温度不超过安全规定值，是热网安全运行管理最为重要的前提。

6.2 管网改造及优化

加大力度对服役时间超过20年的老旧管网进行改造，全面更换经常出现漏点的薄弱管网，提高管网承压能力。优化管网，打通关键路段管网节点，提升管网输配能力。确保阀门严密性，对一次主管网阀门及用户下线阀门的可靠性进行排查和记录，及时更换关闭不严密的阀门，确保故障点能够有效隔离。在管网故障时，尽量做到不解列或者少解列，将对用户的影响降到最低。

6.3 建设大型补水点

加快大型补水点建设步伐，确保在管网出现故障泄漏时足够供给补水量，满足该供热区域内的正常以及事故状态下的补水需求，确保管网回水压力稳定，保证热网循环水泵等设备的安全运行，避免因失水量过大造成循环水泵停运引起的停热。补水能力要满足甚至高于《城镇供热管网设计规范》CJJ 34—2010关于事故补水的规定，即闭式热力网补水装置的流量，应为供热系统循环流量的2%，供热事故补水量应为供热循环流量的4%[1]。

6.4 非运行期冷态模拟运行

在非供暖期做好管网满水带压湿保养，每月启动热网循环水泵，实施冷态动循环，按冬季多热源联网方案在非运行期模拟实际运行，及时发现并消除管网出现的隐患故障。

7 结束语

随着城市热网框架的不断拉大，以及集中供热用户的急速增加，对热网的安全运行提出了更高的要求。郑州热力在加大老旧管网改造力度的同时，要求各电厂严格控制升降温速度，降低了因温度波动过快造成的热网应力突变，减少热网漏点故障次数。"故障影响度""故障影响率"的量化综合评价指标，使郑州热力更加提高对管网故障的重视程度，不断加大对老旧管网改造力度，更好地做出应对工作，满足广大市民对美好生活向往。

参考文献

北京市煤气热力工程设计院有限公司等．CJJ 34—2010城镇供热管网设计规范．CJJ 34—2010[S]．北京：中国建筑工业出版社，2010．

"互联网＋安全"助力青岛能源恒源热电安全生产管理水平再提升

青岛恒源热电有限公司　单晶晶　刘　胜
青岛能源集团有限公司　康在龙

【摘　要】《论语·子张》："日知其所亡，月无忘其所能"。多年来，青岛恒源热电有限公司紧贴热电联产企业实际，安全生产运营创新求变，牢固树立"安全第一，预防为主，综合治理"的方针，严格贯彻"党政同责、一岗双责"，全面推进安全生产目标管理责任制，积极推进安全管理创新、强化安全培训、安全应急预案演练，助力"双体系"建设，主动"走出去"，横向标杆找差距，纵向自身补短板，充分利用"互联网＋"思维，搭建消防维保监督系统＋APP、安全管理微平台、点设备巡检系统、LOTO（上锁挂牌）等多种创新科技的融合，集合监控平台与大数据系统，组建安全风险管控体系，大大提高了安全生产管理水平，实现了企业安全健康良性发展。

【关键词】热电联产　集中供热　LOTO　安全文化　互联网＋

0　引言

在信息化的今天，"互联网＋"思维和手段已逐渐被应用到诸多行业的安全生产监管当中。通过建立监管信息大数据系统平台，既可以有效解决监管信息不对称的问题，又能提高监管透明度和企业履行主体责任穿透力，从而显著提升监管的长期性和有效性。

1　"互联网＋设备"点巡检系统　巡检安全管理再上新台阶

针对传统巡检模式中的"两票三制"在巡查中既存在漏巡、漏记、补记等质量不高，报表不够真实等现状，又存在数据不便于保存、统计和测评，更不便于数据分析，造成巡查和监督都不能及时、准确、全面反映现场设备的实际情况，给生产运行和安全管理工作增加了不确定性风险隐患，青岛恒源热电有限公司（以下简称恒源热电）对接开发了设备点巡检管理系统（APP），通过整合基础信息管理、缺陷管理、设备档案、任务控制、巡检查询、系统维护等数据模块，广泛、有效地采集和整合设备运行过程中的状态和参数进行综合分析诊断，通过公司的局域网，使生产技术人员能及时、准确了解和掌握现场全部设备的即时运行状态，实现了设备运行维护的全面管理和全员参与，达到了设备巡检的计划管理、缺陷管理、两票管理、日常和数据维护的信息化监管，并推动了巡检管理由纸质化向电子信息化的新跨越（图1）。

设备点巡检信息管理系统实现了缺陷管理、"两票"管理的电子信息化，使工作人员能够在电脑上填写、处理缺陷以及办理工作、操作票，极大地提高了运行及检修车间的工作效率。系统投入使用后，提高了设备点巡检效率，设备的安全运行状态处于集成管理之中，降低了设备的故障率，在提高锅炉、汽轮机组等运行设备连续无故障运行天数的同时，降低检修设备的经济成本，取得了显著

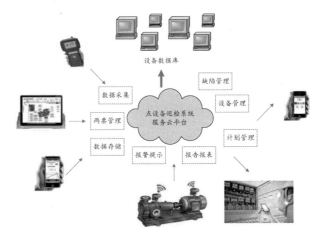

图1　设备点巡检信息管理系统功能路径

的效果：

第一，实现信息共享，提高工作效率。该系统建立在计算机信息系统上，通过公司局域网分级权限管理方式实现了管理层、技术及操作层之间的信息共享。系统应用以来，点巡检人员按照计划在规定的时间内持采集设备仪器到生产现场的巡检点采集设备运行的即时数据，并及时将数据上传到服务器。系统在降低漏检、误检的基础上，及时准确地向专业技术人员提供所需的各种原始记录表和统计报表，既缩短了信息传递的时间，提高了信息的准确性，又向无纸化办公管理迈进了一大步，将安全生产管理工作水平提高到新的层面。

第二，缺陷处理、检修消缺、缺陷统计等缺陷管理的快捷统计与显示。只要打开系统明细查询的"缺陷管理"，就能将监控范围内的日常点巡检工作现状、设备运行维护的缺陷处理现状及设备运行中的异常状况直接统计出来，如图2所示。公司分管领导及技术人员可通过该系统随时了解设备运行情况，通过分析、比较等方式查找生产系统、设备运行中存在的薄弱环节，然后更好地指挥安全、生产、技术等方面的力量，解决现场问题。

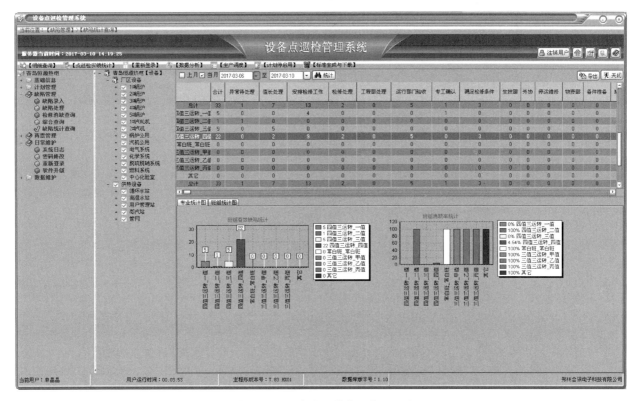

图 2　恒源热电设备点巡检信息管理系统界面

第三，高效进行设备性能劣化分析。设备性能劣化是指设备在运行过程中，由于零部件磨损、腐蚀、元器件老化、裂纹等原因，使原有性能逐级降低的现象，通常是正常磨损到急剧磨损的临界过程，由于设备的使用时间越长，设备的有形磨损和无形磨损越严重，从而导致设备的维修护理费用增加。不同设备表现出不同的劣化值，以球磨机为例，通过煤粉细读和电流数据曲线，可分析球磨机性能指标的变化，得到衬板和钢球的磨损程度，通过东西瓦温、油压及振幅参数等数据曲线或磨机运行时的声音，可判断球磨机的运行状况和劣化值趋势。

2　"互联网＋LOTO"，为安全"上锁挂牌"

恒源热电在能源热电范围内率先开展 LOTO（上锁挂牌）制度培训与落地实施，LOTO 主要是将已关闭的能源、机械、电气等危险能量源按规范程序（图 3）进行隔离上锁的同时，进行挂牌示警告知，以确保在此区域内进行维护和保养设备的操作人员免受伤害（图 4）。

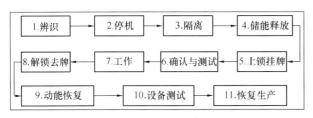

图 3　LOTO（上锁挂牌）程序路径

据统计，所有生产事故中约有 10% 是由于危险能量源未得到有效控制所导致的，而严格执行上锁挂牌制度，

图 4　恒源热电 LOTO（上锁挂牌）管理实例
（a）LOTO（上锁挂牌）培训；（b）阀门上锁挂牌；
（c）锁具工作站；（d）隔离钥匙箱

对危险能量源进行有效控制，可将生产事故伤亡率降低 25%～50%。上锁挂牌在运行车间、检修车间、外网及工程等项目中的落地，可有效避免系列安全事故的发生，为作业区各项生产作业提供安全保障。

上锁挂牌制度对有效遏制事故的发生，创造安全的工作环境起到了有效作用，但仅解决设备本质安全问题还不行，还要解决人的行为习惯养成问题，因此公司在前期 LOTO 实施的基础上，深化上锁挂牌管理：一是加强相关人员的培训，实施 LOTO 程序和日常监督管理；二是深化换班时的有效沟通；三是开拓新思路，将二维码管理与LOTO（上锁挂牌）有效衔接，实现设备的实时数据化掌控。

3 互联网+消防安全监管平台

"于治忧乱，防危杜渐"，在完成消防重点部位、消防维保、电检、消检及防雷检测定期巡检的基础上，借助消防安全技术，强化系统监管力度，通过运行"山东省消防维保监督系统"及APP软件，打造联动的安全生产综合监控平台。借助互联网汇聚到消防数据分析中心，实现防火、维保、消防部门的信息联动，系统及时记录、分析、汇总消防设施运行及维保状况，数据的精准性、安全性、时效性确保消防设施安全运行，显著提高维保质量，保障消防安全。同时，也提升了紧急情况下的应急救援反应速度和能力。

通过防汛、防火、防高空坠落、消防器材使用等应急演练视频"回头看"总结经验，验证应急预案的可行性和符合实际情况的程度，及时发现应急预案存在的问题和不足，以便及时改进，切实提高员工在突发情况的疏散、逃生、救护能力和抢险、救援能力，使应急人员熟悉各类应急操作和整个应急行动的程序，增强应急人员的熟练性和信心。

4 "互联网+"指尖上的安全实时动态管理

以科技创新为抓手，优化管理，创建、维护并管理"恒源安全分享群"，借助微信平台，确保信息渠道畅通，所发布信息及时有效。

第一，"微培训"促安全。不定期发布安全政策法规、知识技能、事故案例、工作动态等信息，借助微视频、图片、公众号等多样化的新媒体信息手段，多年来累积发布了11.93万条共享资源，提高培训交流与学习互动渠道，增强安全意识，提高安全应急技能。

第二，"微排查"保安全。恒源热电充分利用安全生产微信、安全生产大数据库、安全生产监控平台，实现安全生产工作的实时交流、预警、监督、曝光，员工随时随地将发现的隐患上传至群平台，相关责任人当即落实解决，而由班子成员、部门负责人、专工、安全员及班长组成的微信群成员进行监督。分专业、分工种，组织全员参与隐患排查，消除了距离限制因素，随时随地、每时每刻都是安全监管第一线，安全生产监管、隐患排查速度更加快捷，安全隐患消除更加有效，安全监管效率倍增，较好地引导员工关注安全，经由指尖上拧紧"安全阀"。

第三，"微评选"话安全。根据曝光违章违纪行为，发现并处理安全隐患，定期反馈一线员工工作状态，月度评选"月度安全之星""安全报喜"等形式，激励基层员工参与"共享安全"的积极性，推进安全生产由"严格监督"向"自主管理"阶段有序发展。

5 "互联网+安全"，加快"微"时代安全文化阵地建设

为实现安全生产理念全面覆盖和普及，创新安全生产宣传模式，充分运用"互联网+"思维，将"微宣传"作为接地气、连民心的重要创新载体，恒源热电创建了安全生产公众微博、微信，用指尖上的沟通互动，打造出安全生产"微宣传"新模式。

"欲流远必清源，求木长必固本"。安全是企业发展的根本，随着安全思想和安全理念的不断深化，企业安全文化作为一种提升软实力的核心要素，已成为安全生产中弘扬和倡导的主旋律。

让职工参与其中去感受和领悟，从而形成内化于心、固化于行的东西，远比外部强制的效果要好得多。恒源热电近来推广了"我为安全微代言""发布安全微隐患""安全生产微视频""安全文化宣传栏评选"等新媒体平台，开启安全文化宣传"微"时代，塑造安全幸福观。

我为安全"微"代言。恒源热电开展"我为安全生产代言"微接力行动，号召广大职工在微信平台以一句精炼简洁的语言或口号进行微信接力。活动启动后，各部门负责人、专工、安全员带头接力，全体职工踊跃参与，仅一个小时，就发布了百余条微语录，营造了"人人讲安全"的"微"氛围。

发布安全"微"隐患。积极开展"身边隐患随手拍"活动，体现"大安全"理念，真正实现人人都是安全员，组织全员参与隐患排查。恒源热电成立了由班子成员、部门负责人、专工、安全员及班长组成的安全生产群，随时发布安全隐患，员工随时可将发现的隐患上传至群平台，相关责任人当即落实解决，其他成员进行监督，有效提高了隐患排查范围和治理时限。

安全文化宣传栏评比。评比活动成立了以公司领导及各部门负责人为主的安全文化宣传栏评比小组，按照公司例行安全检查并结合宣传栏活动主题、内容、生产实际及图文、版面布局设计等评分细则，在运行车间（甲、乙、丙、丁值）、检修车间及供热部范围内每月进行一次评比，按照成绩对前两名进行相应的奖励。此举旨在发挥安全文化建设的先进部门、车间在公司安全生产的示范引领作用，提醒员工"想"安全，帮助员工掌握安全技能，督促员工"掌握"安全，注重安全质量管理，促使员工"保"安全，营造安全生产"追、赶、比、帮、超"的安全生产机制与文化氛围，共享安全文化理念，形成有效的安全文化导向。

"有竹人不俗，茗兰室自馨"。安全文化宣传评比不是为了争"牌子"，"里子"比"面子"更重要，展板上图文并茂地展示着公司安全文化理念、安全行为准则、安全事故案例、安全生产法规等，内容丰富、通俗易懂、发人深思，通过系列安全文化活动，使企业安全文化思想深入人心，引导员工把守安全作为自觉行动，从心底筑起了那道更加坚实的"防火墙"。

6 成效与成绩

多年来，恒源热电借助"互联网+安全"，为恒源热电安全生产管理工作提供了有效的平台，使得现代生产安全管理的目标能更便利、快捷的实现，取得了显著的成效：

首先，全面强化了安全生产风险分级管控与隐患排查治理"双体系"建设，夯实了安全生产对标管理，优化了安全隐患治理管控流程，提高了规章制度的执行力，使安全管理责任层层落实，现场安全管理进一步规范。

其次，以优化单元竞赛活动为载体，提升了安全生产班组管理，改进了管理方法和手段，建立了规范、闭环式的管理体系和考核机制，提高了安全运行效率。

再次，提高了全员对安全管理标准化的认识，进一步增强了安全生产意识，全员培训率100%，作业岗位100%持证，提升了安全管理的知识和技能。

第四，进一步夯实了安全生产基础，提升了安全管理水平，推动安全生产局面稳步改善。截至2021年5月20日，恒源热电实现了连续安全生产5285d。

最后，安全生产管理水平的提升，得到了集团的肯定和上级主管部门的认可，三年来恒源热电先后荣获了"安全生产A级单位""全国安康杯竞赛优胜班组""黄岛区安全生产基层先进单位""青岛市安全生产优胜班组""安全生产网格化管理示范基层单位"、第十四届、第十五届、第十六届"暖到家"杯安全生产优胜单位等诸多安全生产类殊荣。

7 建议与展望

"互联网+"凭借着自身优势和外延优势催生社会和管理变革。一言以蔽之，"互联网+"在安全生产的前期有效预防、中期合理监管、后期快捷处理等方面都有着巨大的潜力和价值。

第一，互联网+智能化巡检。安全生产工作的最终落脚点在于人，供热安全管理首先是人身安全，其次是设备安全；巡检线路设备，提升线路设备安全运行水平，关键在人，但供热行业面临巡检线路多数靠步行、大量靠笔记录的现状，在总结2016年青岛香港中路11·8供热管线破裂漏水经验教训中，"互联网+"凸显科技潜力与价值，研究开发巡检APP。巡检人员利用手机登录软件，系统根据GPS定位在地图上形成巡检轨迹文件，将文件发送至大数据中心，相关技术人员可在PC端查看巡检人员的巡检状况，同时将多项管网运行重要参数指标与数据中心连接，参数超过设定范围，软件实现自动预警或故障提示，巡检人员根据信号定位，第一时间做出判断并解决故障源，实现可视化巡检，让管网线路安全平稳运行有保障。

第二，"互联网+安全"现场管理。为保障供热平稳运行，恒源热电每年会在非供暖季进行千余项技改大小修或项目施工，大小项目广泛，设备繁多，人员复杂，人员流动快，最大的风险隐患就是人身和设备安全。可以借鉴超市的电子射频管理模式，在重要设备上喷涂二维码，通过扫描的方式对重要设备的具体信息进行掌上掌控。同时，可为施工人员建立身份二维码，不管是安全监管人员还是现场管理人员，进入施工现场使用手机扫描二维码，能对施工作业人员的信息了如指掌，既便于识别核查人员情况，也能有效控制施工人员的随意流动和超资质能力施工，实现现场人员安全管理的实时管控。

第三，"互联网+安全"考试管理。集团、基层单位每年组织"每月一考""安全知识竞赛"等安全类考试十余次，但因时间和考试场次所限，很多考试多数是随机抽选部分作业人员参加。为实现全员100%考试，节省往返考试人工、时间等成本，可以开发APP考试软件，建立一套对线上线下的涵盖安全、生产、财务、服务、党政、技能笔试等各岗位、专业于一体的考务管理系统，针对在线考试，APP可以实现整个考试过程的题库、选题、考试、阅卷、成绩排名等一系列的循环程序，重要的是通过该模块设计，可进行碎片化考试管理，外围作业人员无需舟车劳顿即可在各自岗位上利用碎片化时间实现全员100%参与答题。系统可每隔一段时间自动汇总所有移动答题的结果，生成排名等各类报表。

第四，"互联网+网上课堂"安全培训。鉴于安全技术培训既有理论知识学习，也有诸多实操技能培训，以及培训时间短、内容多等现状，可搭建网上课堂，将安全生产月、设备管理月、安全管理标准化、7S管理、技能抢修等实操性强的环节或案例借助微媒体技术，实现在网上平台共享与讨论，以点带面把安全管理优秀经验推广到兄弟单位，全面提高能源热电安全生产管理水平，进一步推进"互联网+安全"的实施。此举既是对线下培训的有益补充，更可以提高全员的培训效度。

安全生产永远在路上，安全工作，重在执行。必须把供热系统的安全运行放在各项工作的首位。安全工作也是一个系统工程，以上所采取的各项措施都很关健，哪一项措施都不能不重视。任何一个小的失误都可能造成严重的后果。因此，必须认真对待每一个环节、每一个部位、每一项措施，才能把事故消灭在萌芽之中。

一个有前途的企业，不应是只抓效益，也不应是只注重企业自身的安全管理。在大的社会环境下，营造具有本行业企业特色的安全管理不仅是必要的、必须的，也是能够做到的。有远见、有头脑的企业家都在这方面做出努力，成果喜人。供热企业在改革和管理的实践中，都应把企业安全管理的建设贯穿全过程，其含量和质量代表了企业的生机与活力，是企业生存与发展的根本需要。

参考文献

[1] 张俊发，乔晨晔，王魁吉. 供热系统的安全运行与事故预防[J]. 区域供热，2014，4：25-29.

[2] 刘洋，杜成华，孙忠民，孙会昌. 浅析供热企业安全管理[J]. 科技创新与应用，2014，2：249-250.

[3] 李仲博. 热力行业工控安全防护方案设计和实践[J]. 信息安全研究，2019，7：715-721.

[4] 刘志民. 热力管网施工现场安全管理刍议[J]. 合作经济与科技，2015，6：154-156.

[5] 李建军. 试论热力管网安全管理工作[J]. 建材与装饰，

2017，1：201-202.

[6] 刘涛. 如何做好热力公司的安全生产管理[J]. 科技与企业，2018，20：65-67.

[7] 杨玉玺. 论热力企业的安全生产管理体系建设[J]. 新疆有色金属，2010，7：147-149.

[8] 孙以峰. 热力工程施工现场的安全管理[J]. 时代农机，2016，4：147-148.

[9] 俞树荣. 集中供热系统热力站换热机组的新型配置及安全运行[J]. 区域供热，2001，2：14-18.

[10] 张永禄，马骥，刘胜. 供热企业安全管理研究[J]. 江西建材，2014，15：265-266.

专题13 运行管理与水泵节电

提升集中供热企业热力管网应急抢险效率的思考

泰安市泰山城区热力有限公司　刘海涛　左新鹏　范国良

【摘　要】随着人们生活水平的进一步提高，我国北方地区冬季集中供暖的供暖率迅速上升，供暖行业也呈现出现代化、规模化发展的趋势。供热管网的安全稳定运行不仅成为衡量公众生活的重要指标，而且与我国和谐社会的建设密切相关。然而，由于大跨度的供热管网网络、热负荷规模的进一步扩大，加上更多的管道组件和管网使用寿命的延长，管网故障所造成的社会影响愈发大了。本文以此为研究出发点，从应急管理、调度指挥以及具体的现场研究入手，对热力管网的应急抢险时效问题进行了研究，在应急抢险抢修的基础上，对当前管网运行状况和故障进行调查和统计分析。

【关键词】热力管网　应急抢修　效率提升

0　引言

居民供暖用热，关乎社会民生，供热管网运行安全，亦关系亿万百姓生活和社会安定，因此保障供热可靠性及故障快速抢修就显出极为重要的价值。当前，随着我国经济快速发展，城市化建设步伐加快，大型或超大型供热管网正在日趋形成，各种管网事故日益增多，如：焊缝开裂、管道下沉变形、管道腐蚀泄漏、阀门破损、补偿器泄漏等。所造成的经济损失和社会影响较大，特别是在极寒天气条件下，管道应急抢修作业时间的长短尤为重要。因此，如何高效推进抢险进度，极力缩短应急抢修时间，成为所有供热企业面临的难题。

1　热力管网应急抢修现状调查分析

供热系统组成复杂，涉及热源、管网、换热站、用户等多个环节。热源又分热电联产、区域锅炉、工业余热等。结合我国供热现状，供热事故危害主要体现在停热、人员伤亡、重大物资损失等。如：热源厂锅炉、机组以及辅助设施等发生故障、爆炸、火灾，导致无法正常供热或人身伤亡；供热管网爆管影响大面积区域供热；换热站运行故障导致大面积停热或人身伤亡；室内供暖系统爆裂，导致大面积停热或人身伤亡；地震、洪水、滑坡、泥石流等自然灾害，破坏供热系统，导致大面积停热等。

按照供热突发公共事件可能危害程度、影响范围、人员及财产损失等情况，由高到低划分为特别重大（Ⅰ级）、重大（Ⅱ级）、较大（Ⅲ级）和一般（Ⅳ级）四个级别。其中，特别重大事故为发生供热事故造成一次死亡30人以上或者造成直接经济损失1亿元以上，或者造成特别严重社会影响。重大事故为发生供热事故造成一次死亡10人以上30人以下，或者造成直接经济损失5千万元以上1亿元以下或者造成严重社会影响；发生供热事故，造成停热，影响供热面积500万 m^2 以上，24h内无法恢复供热。较大事故为发生供热事故造成一次死亡3人以上10人以下，或者造成直接经济损失500万元以上5000万元以下，或者造成较大社会影响；发生供热事故，造成停热，影响面积100万 m^2 以上500万 m^2 以下，24h内不能恢复供热。一般事故为造成停热影响面积20万 m^2 以上100万 m^2 以下，12h内不能恢复供热。

1.1　热力管网故障调查统计及其原因分析

根据有关部门对多家热力公司的一级管网和元部件的事故调查统计，集中供热管网故障主要为管道故障和元部件故障两大类。其中管道故障约占56%，元部件故障约占37%，其他故障约占7%。

管道故障主要包括管道腐蚀泄漏和焊缝开裂两种情况，其中腐蚀泄漏问题约占管道故障的98%。管道腐蚀分为内腐蚀、外腐蚀以及内外腐蚀同时发生，但外腐蚀较内腐蚀更加严重。小口径管道较大口径管道发生腐蚀泄露的次数更多。多为施工过程中对细节重视不够、接口防腐保温达不到质量要求、外界介质渗透到钢管处发生腐蚀或者作业不规范损伤管道形成易锈蚀部位。小口径管道如排气管、泄水管由于管材管壁较薄，耐腐蚀能力较弱，其泄漏事故也更多。焊缝开裂造成的故障仅占管道故障的2%，体现出管网施工中最重要的焊接工序把关较严，发生故障率较低。

管道上的元部件主要是阀门和补偿器，阀门故障约占65%，补偿器故障约占35%。阀门故障主要是法兰泄漏、阀门腐蚀、开关失效、关闭不严，而法兰泄漏、阀门腐蚀是阀门损坏的主原因。波纹补偿器发生故障主要是由于补偿器材质多为不锈钢，水中的氯离子对不锈钢有腐蚀作用，造成波纹管内外腐蚀穿透，出现多层开裂[1]。

1.2　典型案例分析

案例（1）：管道腐蚀泄漏

2020—2021供暖季，某日14：00管网巡线人员发现某热力检查井处有热气冒出，打开井室听到明显漏水声响。经抢修部门入内查探后，由现场指挥部制定抢修方案，对漏水的一次网供水 DN400 管道进行"贴瓜皮"（采用相同管径的新管切割后焊接在管道泄漏处，达到临时堵漏作用）处理。当日凌晨抢修结束，恢复供热。

故障原因分析：地下管沟积水潮湿，局部保温防腐有损坏，破损处出现孔洞状腐蚀。

抢修方案分析：故障发生于11月份，正值供暖期间，该线作为热力管道主干线之一，对管网运行起着重要作用。如果长时间停热，将会造成大面积停暖。

该井室入口长1.5m、宽1.5m、深4m，为独眼（只有一个井孔）检查室，空间狭小，不利于大型抢修设备的使用，无法对腐蚀管线进行更换。漏点位于井盖东侧路面下方供水DN400管道上部，管道腐蚀面积较小，故障点周边管材情况良好。考虑到管线的重要性、井室环境及腐蚀情况等因素，现场采取"贴瓜皮"的抢修方案最为快捷合理。

案例（2）：补偿器腐蚀泄漏

2019—2020供暖季，某日20:00左右，供热分公司接到用户求援，某社区管道井内漏水。供热管理人员与抢修人员至现场后关闭分支阀门对漏点进行查看，故障为楼道分支立管补偿器泄漏，现场指挥部制定抢修方案，更换DN65补偿器为短管，抢修于当日23:00结束并及时恢复供热。

故障原因分析：补偿器发生局部锈蚀，出现开裂。

抢修方案分析：故障发生于1月底，处于供暖的关键期，停供影响约1000m²供热面积。当晚无法找到同型号补偿器，为了缩短停热时间，在制定抢修方案时采取了焊接法兰加装短管的方式。

2 优化完善调度指挥系统

2.1 理清应急抢修管理流程

围绕集中供热的故障应急抢修管理，其实就是将应急管理的基础和理论知识，结合集中供热的行业特色，开展特色鲜明、专业突出的应急抢险救援。其流程就是当故障发生时，按照事先做好的应急预案，各部门在抢险总指挥的统一调度下，各司其职，相互配合，尽可能多地发挥能力，共同完成应急抢修，确保人身和财产安全，把事故的危害降到最低[2]。热力应急抢修是一项系统性和综合性的工作，是多种学科知识的融合，在紧急情况下，不仅是供热专业的知识应用，同时是调度指挥管理协调知识理论的体现。热力应急抢修管理程序如图1所示。

集中供热应急抢修管理需要多个部门协调配合，例如：企业、公安、交警、消防、医疗救援队等部门联合开展工作，将涉及的各个部门和行业领域的功能发挥到最佳状态，综合指挥调度，各部门协同起来，强强联合，共同高效完成抢修。同时，现场突发事件的救援也至关重要。集中供热应急抢修管理的整个流程可以分为四个阶段，如图2所示。这些阶段往往是具有相互交叉的，某一阶段往往是和其有关的上下两个阶段的连接体。

2.2 完善供热应急抢修调度指挥

供热应急抢修的整个过程中，需要总指挥下达调度指令，有时由于突发事故的事态进展出现新情况，还需要若干个部门协商制定处置方法，就需要指挥调度系统，尤其是需要具备共同参与在线讨论功能的指挥调度系统来解决这些问题。

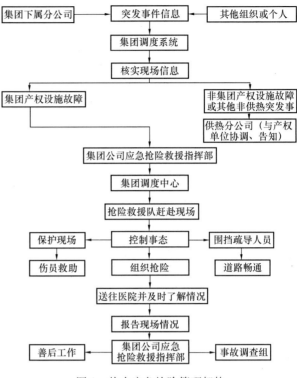

图1 热力应急抢险管理架构

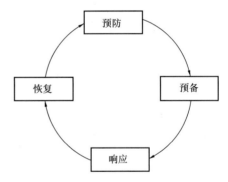

图2 热力应急抢修阶段管理

调度是总指挥对其调度支配的人员下达执行命令的行动，在当今信息技术发达的条件下，调度信息的执行传递更多地依赖于现代通信科技。调度首先要确定所要调度的目的是什么，要达到什么样的效果，明确目标并且细化各个时期的详细目标，通过调度各种可以利用的条件和人力等把效益提升到最佳状态。调度行动中，有很多资源可以利用，结合热力的应急抢险调度，可以说，在整个调度过程中例如车辆、仓库、材料、抢险队等以及它们之间的信息交互和物资传递都视为调度的要素。调度要在充分了解事件各方面信息的基础上，经过认真思考、讨论，明确目标，细化任务，为了达到调度的目的和通过调度来达到的效果，进而对事件的未来动向进行推测，然后做出可以执行的整体规划和具体的一步步开展方法。同时在环境的不断变化下，找出并使用最佳的计划方案。依据方案展开对各种元素的组织，优化各自的搭配协调，使其更好地组合，实现预期达到的目标和效果。另外，还可以对具体实施的效果进行评价和督查，一步步达到目标效果。通过总体调度指挥，可以使各被调度对象发挥其最大的能力，在总指挥调度的统一支配下，可以实现人尽其才、物尽其用的效果。各级调度不能滥用职权、瞎指挥，所以调度有权也应担当起与调度支配权力相当的责任。调度也不是只有总指挥说了算，尤其是在调度目标的制定方面，更应集思广益，实现全局优化调度。调度的整个过程如图3所示。

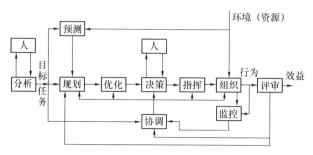

图3 热力抢修调度过程

2.3 探索远程化调度技术和方法

方法是达成调度功能、高效抢修的重要途径，在科技日益发达的今天，现代化调度系统综合多个学科、多种先进技术，采用智能的科学调度等，更加完善系统调度的作用。对调度目标和任务作出科学的分析，尤其是多数对事态发展的推测，可采用建立模型以及模拟推进的方法来更加准确地预测，以使预测更加符合事物的发展。这样做出的计划和规划更有意义；同时在规划方面也是采用运筹学、线性代数等，借助现代计算机技术，实现科学调度，科学规划。采用建立动、静不同的数学模型，并且使用相关的优化技术来求解问题。建立比较先进决策支持系统，辅助决策，以使决策更趋合理和可行。利用现代计算机、通信、控制技术，实现指挥的迅速性，同时建立信息管理自动系统，为调度做出更好的服务；在线监测系统可以实时采集相关数据，为指挥调度提供可以参考的数据，实时了解抢修最新进展情况，而现代的监控和远程IP摄像机网络技术，可以为调度的远程化提供技术支持[3]。

2.4 基于典型案例的抢修分析

通过总结大量的热力突发应急抢修案例，可以发现其中70%的供热事故是由于腐蚀造成的[4]。

案例分析：直埋保温管末端未作收缩端帽造成事故。

某日19：10，某供热分公司接到集团调度指挥中心通知：有居民反映某小区路面出现大量热水，供热分公司立即组织人员到现场进行确认。经查看明确，故障为某支线热力小室东侧直埋段供水管道末端发生爆裂。信息返回调度中心随即展开故障分析：该支线热力小室以东为直埋管道敷设，管道末端在建设施工过程中未按照《城镇供热直埋热水管道技术规程》CJJ/T 81—2013中直埋保温管道安装相关规定进行发泡及收缩端帽。管道末端未做任何处理，长期受外来水浸泡后，钢管腐蚀发生爆裂。调度中心迅速制定抢修方案：关闭阀门进行放水，安排抢修施工，将该支线热力小室东侧直埋段管道供、回水末端短截去掉，加堵板并进行发泡及收缩端帽处理。当晚22：00恢复供热，迅速高效的抢修调度获得居民赞誉。

3 缩短现场抢险时间并提升抢修工作效率

热力管网抢修看似一件很普通的工作，具体做起来并不是想象得那么简单。在抢修过程中涉及其他设施会遇到这样那样的问题叠加在一起，致使抢修进度放慢，特别在冬季严寒时段无法及时恢复系统的正常运行，会造成供暖中断，影响热力用户的正常使用。为了避免长时间中断热力供应给热力用户造成损失，因而传统的应急抢修工作应进行优化和创新，力争用最短的时间完成抢修任务，恢复热力系统的正常运行。

下面以某供热企业热力管网泄漏与管道爆裂抢修为例进行分析。

3.1 热力管网泄漏与管道爆裂的主要原因

3.1.1 管网材料质量与自然冲刷磨损

调度中心接到报告后通过对泄漏点分析发现，同一段管材泄漏点周围区域管材的厚度很正常，只有泄漏点小区域通透，说明是管道生产质量的问题，泄漏点区域含碳量或其他合金成分不足而造成泄漏区域的强度与耐磨性降低导致磨损通透后泄漏；再者管网长时间连续运行在流体介质的冲测下磨薄、泄漏，属于自然磨损范畴。

3.1.2 不同管径相互交叉焊接承受应力不同

实际中发现热力管网的泄漏点大多产生在管道弯头和应力集中部位及管道的十字交叉连接处或弯头连接处或管网焊口密集处，这些部位焊缝自焊接应力偏大，加之不同管径的管道受热后产生的胀力不一致，很容易将管道拉裂撕断产生泄漏事故。

3.1.3 热力管网焊缝失效

焊缝失效的主要原因是管道施工安装过程埋下的隐患，如：焊缝在焊接过程中各种焊接缺陷的存在，焊接材料选择不当，焊工操作技能资质不匹配，焊接工艺的不到位，焊接检验、监理、验收不够严谨，导致管道经过一定时间的运行后焊缝失效产生泄漏。

3.1.4 恶劣气候变化的影响

冬季最冷的季节也是管网泄漏最集中的时间段，特别是地下直埋管网泄漏最为频繁，究其主要原因是地表地基的变化所致。冬季寒冷天气下地表收缩很大，而此时热力管道正处于加温加压运行状态，使得管道胀力与地表收缩力叠加在一起，导致管道局部受力过大拉裂而造成爆裂泄漏。

3.2 提升现场热力管网管道应急抢修进度的方法

热力管网在具体现场抢修过程中所遇到的情况非常复杂，这也为高效抢险、抢修增加了难度。特别在冬季严寒时段抢险、抢修的难度更大。无法及时恢复系统的正常运行，会造成供暖中断，影响热力用户的正常使用。为了避免长时间中断热力供应给热力用户造成损失，因而传统的应急抢修工作应进行优化和创新，而如何力争用最短的时间完成抢修任务并恢复热力系统的正常运行就成为每个供热企业共同面临的问题。

下面以某供热企业热力管网泄漏与管道爆裂抢修为例进行分析。

3.2.1 建设优秀抢险（抢修）队伍

热力管网应急抢修工作，有时在地沟或阀门井内，作业温度高达 50℃ 左右，在这种高温环境下作业身体很容易脱水，工作更替或工作结束后户外温度接近 −20℃，内外温差接近 70℃，抢修人员往往会因风寒而感冒；或者是对泄漏处进行开挖抢修，属于冬季户外作业，泥、水、气、严寒等相互交织在一起，作业环境恶劣，人体在极寒环境中很难承受长时间连续作业。此时一定要选配年富力强、有相应资质且作业技能娴熟、责任心较强的员工组成的抢修小组，争取在最短的时间完成一次抢修作业任务。

3.2.2 充分的基础保障

供热管道应急快速抢修的基础保障来自各种备品、备件、材料的充足，同时还应确保抢修所使用的各种设备与工具状态良好，这也是保障热力管道高效抢险、抢修作业顺利进行的前提，因此要求平时必须保养好各种设备，并定期实验，确保设备随时能够满负荷出力工作。

3.2.3 革新抢修材料与技术应用

热力管道抢修要切实把好作业的关键环节。在管道应急抢修过程中焊接作业是关键环节，但由于部分管道泄漏点位于弯头、弯管处或十字交叉处，发生拉裂泄漏后管道易产生位移，施工时管道对接的下料和对口比较困难，特别是遇到"死口"对接更是困难，最好的办法就是根据现场实际情况可以将工作总量进行分解，或改变原来固有的连接方式，如焊接连接改为法兰加柔性伸缩器连接，弯管处或焊口多的管道改为法兰加短节加不锈钢波纹柔性管（法兰式）连接法[4]，其他焊接工作可在生产车间同步加工完成后现场组装，最少可节约一半以上的时间。

4 结语

长管线、多部件的大型管网出现，其所带的负荷大，发生故障的可能性也逐年增加，出现管网安全事故社会影响面大[5]。即使从事供热的人员对供热安全高度重视，超前预防，超前谋划，通过优秀的设计、施工、效验，极力减少故障发生的可能性，但管网故障甚至是事故仍是不可避免的。不断优化生产调度系统、建设技术过硬抢修队伍、做好充分的基础保障并不断革新材料技术，是保障供热安全、不断提升供热企业热力管网应急抢修效率的根本和突破重点。

参考文献

[1] 吉忠平. 大型供热管网安全问题的分析与思考[J]. 同煤科技, 2011, 127(3): 20-21.

[2] 江亿. 我国供热节能中的问题和解决途径. 暖通空调, 2020, 36(3): 37-41.

[3] KON F, CAMPBELL R H. DePendence management in comPonent-baseddistributed systems [J]. IEEE Concurrency, 2018, 8(1): 26-36.

[4] 30. B. Fischer. Deduction based Software ComPonent retrieval [D]. Passas: Universityof Passau, 2001.

[5] 李晨龙, 李小静, 张若浩, 等. 热力一级管网抢修对策分析[C]//供热工程建设与高效运行研讨会论文集, 2019.

高压变频器 IGBT 故障原因分析

太原市热力集团有限责任公司　白达人　齐卫雪

【摘　要】在太古长输供热系统中，高功率水泵和变频器的安全高效运行是保证热网及隔压站稳定运行的重中之重，是长输供热的关键所在，是供热链条当中不可或缺的重要一环。对于变频器，IGBT 模块损坏是常见故障，工作电压突变以及开关电源所带负载损坏也会导致集成模块损坏。本文简要介绍了 IGBT 的结构和原理，结合太古供热系统五年来运行的实际情况，和导致变频器中 IGBT 模块故障的原因进行了详细分析，并对问题模块以及单元控制板进行了检测，就硬件本身存在的质量问题要求厂家更换问题硬件，同时对变频器室的室内环境做出了整改，如：修正电控参数、完善保护范围、改善变频室的室内环境以及降温方法等，整改之后 IGBT 模块故障明显减少。

【关键词】太古供热系统　IGBT　故障　损坏　分析

0 引言

太古供热系统的平稳运行主要依赖于 4 座泵站的高功率水泵的正常运转，而高功率水泵的调节则要依靠高压变频器。变频器作为一个重要的电气元件，在水泵的运转过程中起到了举足轻重的作用，IGBT 作为变频器一个功率半导体器件，也叫绝缘栅双极型晶体管，是由双极结型晶体三极管与MOS管合成的复合全控型—电压驱动式—功率半导体器件，由功率元件IGBT和控制元件IGBT控制单元组合使用。它同时具备了MOS管和双极结晶体管的大部分优点，具备低驱动功率、高输入阻抗、驱动简单、饱和压降低等性能，因而被广泛应用于工业、电器及新能源等领域的半导体开关器件中，也被作为开关电源、变频调速等许多电力电子装置的理想功率开关器件，进一步提升变频控制、工业加热、风力发电、电动汽车等工控领域工作效率。

IGBT作为变频器的核心器件，以其可靠性高、开关频率高、无需缓冲电路等特点，发挥着重要的作用，给高压变频器注入新的活力。在太古长输供热系统中，高功率水泵和变频器的安全平稳运行是热源顺利传输的重要保障，是长输供热的关键所在。因而减少因工作电压突变、机械应力、开关电源所带负载损坏等原因，导致IGBT（模块）损坏的故障，具有十分重要的意义。

1 IGBT结构和原理

IGBT的结构剖面如图1所示，其纵向结构类似于MOS晶闸管，也相当于一个VD-MOS与PN结二极管串联的复合器件，为PNP型结构。在VD-MOS中加入了电导调制，对N^-区导通时的电阻进行调制，从而达到降低器件的通态电阻，提高工作电流密度的目的。从图1中可以看出，由衬底P^+引出的端子称为该器件的阳极（或集电极）C，与晶体管PNP的发射极相对应；由表面N^+引出的是该器件的阴极（或发射极）E，这也是晶体管NPN的集电极；通过栅介质再引出的端子是IGBT的栅极G。综合以上情况，IGBT的内部实质上由3个PN构成：P^+N结、N^-P结和PN^+结，分别用J_1、J_2及J_3来表示，属于三端四层的电力电子器件。

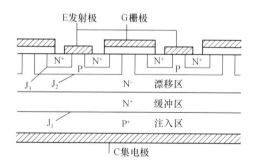

图1 IGBT结构剖面图

器件IGBT的内部是由主导元件GTR和驱动元件MOSFET共同构成的一个典型的达林顿复合结构。这就决定了器件IGBT是电压控制型，它的开启与MOS器件相同，其导通与关断都是通过栅极电压来实现控制的。图2为IGBT的等效电路图，其中R_N是PNP晶体管基区内的调制电阻。

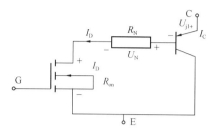

图2 IGBT简化等效图

IGBT根据是否存在N^+缓冲区可划分为非穿通型和穿通型两种类型，有N^+缓冲区的IGBT称为非穿通型IGBT（NPT），它的优点主要有正向压降低、关断时间较短、关断时尾部电流较小等；反向阻断能力相比较弱是它的一个缺陷。无N^+缓冲区的IGBT被称为穿通型IGBT（PT），其具有双向阻断能力好等优点，而穿透型IGBT在正向压降、关断时间及关断时尾部电流等参数性能上相对于NPT都略显不足。

电压控制型的IGBT器件的开和关由栅极与射极间电压的大小及方向决定。当在栅极与射极间加正向电压时，MOSFET管内就形成导电沟道，由此形成的电流会不间断地为晶体管PNP提供基极电流，使得IGBT导通。在图1中，对N^-区进行电导制调的就是由P^+区注入N^+区的少子——空穴，从而有效减小了N^-区的电阻；反之，当在栅极与射极间加负向电压时，MOSFET管内的导电沟道随即消失，PNP基极电流消失，IGBT关断。

2 IGBT故障统计及原因分析

2.1 IGBT故障统计

太古长输供热工程中，4座泵站共使用10kV高压变频器53台，其中除二号泵站的16台由ABB公司提供之外，其余3座泵站共计37台均为西门子公司提供。变频器安全、平稳运行是保证供热系统能够正常运行的关键所在，为了预防变频器可能出现的一切故障，要提前对设备定期保养，对容易发生故障的位置认真检查，排除隐患。盘查太古项目投运五年来变频器出现的各种问题可以看出，因IGBT故障导致的停机就多达30余次，针对此类故障，通过自身检查并结合厂家的分析讨论，总结概括出模块故障的几类问题，并根据故障类型提出解决方案。表1中列举出了五年内部分有代表性的变频器IGBT故障。

变频器IGBT（模块）故障统计　　　　表1

时间	故障	时间	故障
2017年10月20日	三号泵站4号泵变频器模块C2报故障	2018年03月14日	系统Ⅰ高温网二号泵站供水3号泵变频器模块5012故障
2017年10月24日	二号泵站回水2号泵变频器IGBT模块故障	2018年03月27日	系统Ⅰ高温网一号泵站4号泵变频器C1光纤连接错误

续表

时间	故障	时间	故障
2017年11月02日	系统Ⅰ能源站高温网1号泵变频器非饱和故障	2018年03月28日	系统Ⅱ高温网一号泵站3号泵变频器C6光纤连接错误
2017年11月06日	系统Ⅱ二号泵站供水3号变频器功率模块HB2短路故障	2017年10月15日	一号泵站3号电机接线绝缘柱破裂
2017年12月13日	系统Ⅰ二号泵站供水3号泵跳泵,故障为功率模块故障	2017年10月15日	能源站高温网系统Ⅱ1号泵在启动过程中报故障,原因为PLC到变频器之间线虚接
2018年03月01日	系统Ⅱ高温网二号泵站回水2号泵变频器B8功率模块短路	2018年03月28日	检查低压配电柜导致车间Ⅱ高温网1号、2号泵跳泵
2018年03月04日	系统Ⅱ高温网二号泵站回水1号泵变频器5010故障	2017年12月29日	变频器进风量压力低持续报警
2018年12月09日	2号泵站系统Ⅱ回水1号泵变频器A8模块短路停泵	2019年01月07日	中继能源站一车间高温网2号泵变频器B6光纤连接错误故障
2019年01月29日	一车间低海拔一级网1号泵因变频器B2光纤连接错误导致跳泵	2019年03月29日	一车间低海拔一级网1号泵因变频器风机故障导致变频器输入故障保护跳泵
2020年10月02日	3号泵站系统Ⅰ3号泵C7模块故障停泵	2020年10月13日	3号泵站系统Ⅰ2号泵B7模块故障停泵
2020年10月13日	2号泵站系统Ⅱ供水3号变频器B3模块故障停泵	2021年02月18日	2号泵站系统Ⅰ回水4号变频器C6模块故障停泵
2021年02月23日	2号泵站系统Ⅱ回水2号变频器C5模块故障停泵	2021年03月01日	2号泵站系统Ⅰ供水4号变频器C6模块故障停泵

2.2 IGBT故障检测分析及故障原因

2.2.1 ABB变频器故障记录及分析

1. 故障检测

由故障曲线图可知,当变频器发生故障时,图中C相曲线发生突变,这在实际运行过程中会引起电压和电流的波动,引起故障跳闸。现场技术人员在排除电机及电缆原因后,可确定故障点在功率单元模块上,通过对故障模块进行更换后故障排除,设备可以正常运行。

2. 故障原因分析

对变频器运行环境、设备运行时间以及模块内部环境等情况进行检查,可以发现设备内部均存在较为严重的积尘,现场情况如图3～图6所示。

(1) 变频器滤网积尘严重,已不能起到隔绝灰尘的作用(图3)。

(2) 变频器功率单元柜内、功率单元上、内部电路板上均有严重的积尘、积灰(图4～图6)。

因设备仅用于供暖季供热,非长年持续运行,当设备停运后,放置时间较长。大量功率单元内积尘与空气中湿汽结合后覆盖到电路板上,因此设备仅投运5年,变频器滤网及功率单元均已积尘严重。设备在此工况下长时间运行,会加速电路板老化,且在运行过程中可能造成电路板短路,导致设备发生停机故障。

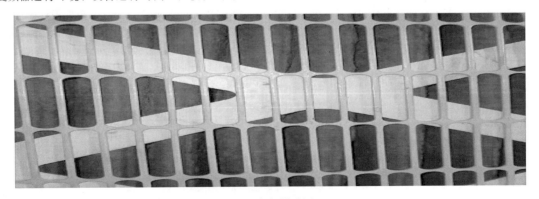

图3 变频器滤网

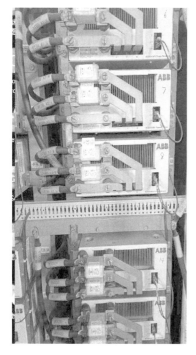
图4　功率单元柜

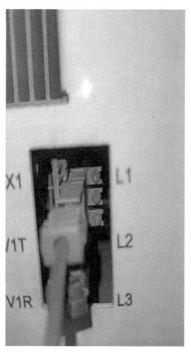
图5　内部光纤插口板

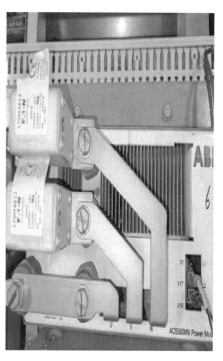
图6　整体功率单元

2.2.2　西门子故障检测及原因

西门子变频器单元控制板的外观如图7所示。

图7　西门子变频器的单元控制板外观图

西门子变频器的IGBT故障主要集中在单元控制板上，下面对西门子变频器的IGBT故障原因进行检测：

（1）将CCB板安装到测试设备中，固定电压探头、连接通信光纤、连接IGBT驱动线缆及辅助信号插头，测试电路如图8所示。

图8　CCB测试电路图

（2）调节直流电压，当直流电压上升到CCB工作电压时，记录电压探头采集的电压值，测试电压正常，如图9所示。

图9　测试电压

（3）Link状态灯检查及CCB反馈信号检测正常。

（4）在CCB板反馈信号正常的情况下，进行IGBT驱动测试。

（5）在IGBT驱动测试正常的情况下，调节占空比，通过CCB控制IGBT输出交流电压，如图10所示。

图10　占空比调节

（6）额定电压输出运行15min后，对CCB板重新进行上电测试。测试过程中，出现link故障，如图11所示。

通过对单元控制板进行全面检测，暴露通信故障问题，这也正是在运行期间出现频率最高的问题。对此，西门子厂家进行分析后反馈导致故障的原因主要有以下两点：
（1）光纤头不干净、松动；（2）板件个别器件性能不稳定。

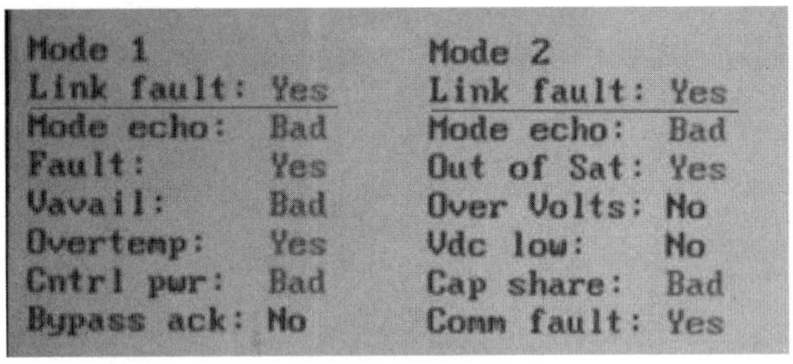

```
Mode 1              Mode 2
Link fault: Yes     Link fault: Yes
Mode echo:  Bad     Mode echo:  Bad
Fault:      Yes     Out of Sat: Yes
Vavail:     Bad     Over Volts: No
Overtemp:   Yes     Vdc low:    No
Cntrl pwr:  Bad     Cap share:  Bad
Bypass ack: No      Comm fault: Yes
```

图 11　link 故障

3　解决方案

（1）针对功率模块过流保护现象：在保证 IGBT 短路保护功能可以正常工作的前提下，适当延长保护检测时间，过滤掉高温下的瞬时过流现象，优先保证柜体的可靠运行。

（2）针对 IGBT 直接过压击穿的现象：结合现场实际情况，更换柜体的过滤棉型号，以达到更高的灰尘承载量，降低在过滤棉变脏过程中的进风量下降幅度，提升柜体长期的过滤性能和冷却效果。

（3）封闭电气室，改善现场电气室进风口的设计，增加电气室进风量，并在风口增加过滤装置，及时清理更换过滤棉，提升整体电气室的进风效果。

（4）清理功率模块。禁止拆解模块内部构件，需要厂家工程师现场指导，现场打开功率模块外壳进行清理。根据厂家提出的解决措施，对模块进行除尘处理，对电气室环境及进风量进行整改，效果尤为明显。根据 2021 年的变频器故障数据显示，因模块故障导致的停机现象较之前相比大幅度的降低。

（5）针对变频器单元控制板的故障问题：通过分析，多数故障发生在同一批次的面板，说明单元控制面板本身存在缺陷。鉴于这种情况，要求厂家对存在问题的面板批次进行全部更换，避免同样故障再次发生。

4　结论

太古长输供热系统承担着太原市区近 1/3 的供热面积，是重要民生工程，系统的安全平稳运行至关重要。文中通过太古长输供热系统变频器五年的运行情况，统计变频器 IGBT 故障原因并对其进行分析，并提出相应的解决方案。整改之后，IGBT 的故障频次明显降低。通过故障原因分析以及整改之后的效果，总结经验如下：

（1）详细记录故障 IGBT 模块的信息，并统计分析，寻找故障原因。本文通过对 IGBT 模块详细信息的记录分析，判断大部分故障 IGBT 模块属于同一批次，推断此批模块存在缺陷，更换整批设备，保护使用单位的利益。

（2）IGBT 模块属于电子器件，对环境要求较高。因此在考虑到散热的同时，也要做好变频器室的洁净，减少灰尘进入。

（3）对于模块的过流保护现象，应该根据具体使用情况进行差异化调整，保证系统稳定运行。

参考文献

[1] 孙秀华. IGBT 模块的工作原理、特性及注意事项[J]. 农业科技与装备，2009，5：54-58.
[2] 王映波. IGBT 故障状态测试[J]. 变频器世界，2008，11：101-102.
[3] 李宏. MOSFET、IGBT 驱动集成电路及应用[M]. 北京：科学出版社，2013.

热电联产管网中继泵站一键启停自动控制的应用与探讨

天津市热电设计院有限公司　祝成文　董现海　苏亚忠

【摘　要】在大中型城市热力管网中设置中继泵站能够增大管网输送距离、减小管网管径、优化供热系统运行工况。泵站的自控系统可以保证中继泵站的安全、经济、节能、稳定运行。本文吸取以往的运行事故经验并借鉴现代化控制技术，在实际工程中增加一键启停自动控制系统，实现电厂首站—两级中继泵站—热力站四级增压联调联控，实现电能损耗最小化，助力"碳达峰、碳中和"目标的顺利实现。

【关键词】中继泵站　一键启停　自动控制　节能降耗　碳达峰　碳中和

1　设计背景

集中供热系统自动化可及时了解并掌握热源、热网的参数与运行状况。通过热源、中继泵站、热力站的远传设备，可在集团调度中心随时异地监视系统各个位置的温度、压力、流量与热量的状况，便于管理，利于节能降耗，利于实现减员增效，利于及时发现故障、确保供热安全，利于建立运行档案，形成企业信息，实现量化管理。将运行的数据形成数据库，便于查询、分析与总结。推进和优化集中供热安全、有序、稳定、经济运行，对原有集中供热系统进行电耗精细化管控，尽最大可能实现节能降耗。

某热电联产管网一级中继泵站为2011年竣工达产，循环流量10000t/h，供热面积1300万m^2，至2018年运行已8个供暖季。当时自控系统设计考虑到系统投资造价等情况，采用S7-300可编程控制器，未考虑热冗余设置。泵站原有自控系统仅实现了中继泵站基础联锁保护功能，但自动控制系统基本处于远程下发指令、现场手动操作状态，增大了现场人工操作工作量。改造前存在泵站启动、停止、故障倒泵需要过多的运维人员、过长的启动停止及故障排除时间、过高的电能损耗等问题。一旦泵站故障，将造成大面积供热不达标，并存在极大可能造成供热管网的不安全，造成极大的经济损失和社会影响，因此降低故障隐患及故障影响时间，提高安全性，提高供热质量，降低人为操作，实现全自动运行，及时发现、解列和消除故障，将故障扼杀在摇篮中就尤为重要。为保证设备及系统安全而进行本次自控系统改造。

2 大中型泵站一键启动设计的必要性

（1）泵站承担着市区1300万m^2的供热系统增压，安全、稳定、经济运行需求迫切。

（2）由于原有控制系统硬件产品本身性能，难以进行系统扩容及拓展，不符合自动控制升级需求。

（3）甲方需要实现自控系统CPU及通信网络的热冗余，提高自动运行策略，降低人为操作，实现在少量人为干预下的全自动运行策略，达到中继泵站无人值守的控制目标，迫切需要进行自控系统升级改造。

3 设计目的

本次自控系统改造的目标是实现中继泵站无人值守，在远程（或监控中心）人员的少量干预下实现中继泵站自控系统的全自动运行。

4 技术路线

选用的DCS系统具备双DPU系统，主备DPU系统具备热冗余，可以实现毫秒级无扰自动切换，替代原有PLC控制系统，作为泵站控制室主站，各个大型设备（如高压变频器、高压电机、大型电动阀门等）自带控制器作为现场子站，形成泵站控制系统，结合上位机组态程序和远程通信设备，站内控制室及集团调度中心可实时信号采集、状态调整、界面可视、数据可信任。

优化运行逻辑并编辑一键启停程序，形成泵与阀门的联锁、互锁，实现大中型中继泵站启动前大型设备自检、全站一键启动、全站一键停止、主备泵自动切换，有效降低人员操作量，减少误操作。

泵站运行数据实时上传到集团调度中心，并接收集团调度中心指令，随时调整运行状态。在DCS中编入程序实现供热主管网一、二级泵站联调联控，自动解决倒压差和过压差难题，提高天津市主城区主管网运行稳定性、安全性。同时实现电厂首站—两级中继泵站—热力站四级增压联调联控，保证热力主管网平稳运行，沿程水力损失最小，使高低压水泵运行在最高效区间，实现用电设备的最大节能降耗，推进和优化全市集中供热安全、有序、稳定、经济运行。

4.1 设计原则

（1）设置齐全的中继泵站温度、压力等测点，包括高低温中继泵本体测点、中继泵冷却系统测点、高压变频反馈测点、电动开关阀阀位反馈等。

（2）供回水侧旁路电动开关阀与供回水出口电动开关阀全程互锁，保证泵出口电动开关阀与旁路电动开关阀至少有一处流通，保障主管网畅通。

（3）设置完善的联锁保护逻辑，保护各大型设备本体安全。

（4）设置故障泵自动解列程序，同时自动启动备用泵，保障供热稳定性。

（5）设置自动控制调节系统框图，四级增压泵联调联控，防止倒压差和正压差。

选用的DCS系统各输入输出模块具备带电热插拔、自动寻址功能，各通道之间采用光电隔离，最大限度保证系统硬件的安全性和更换方便性，同时降低硬件故障造成的危害性；具备多种通信方式，同时采用MODBUS-TCP标准协议进行数据传输；支持双网络热冗余。

4.2 自控系统功能

（1）完善中继水泵联锁保护控制逻辑：回水中继水泵联锁控制逻辑详见图2；供水中继水泵联锁控制逻辑图与回水中继泵类似，但增加了冷却水温度判断；根据回水压力自动启停调节补水泵，当水箱水位超低时联锁停止补水泵及冷却水泵运行。

（2）回水中继水泵启动前需进行电机本体自检、阀门阀位自检，确认无误后按照联锁逻辑图进行启动，回水中继水泵运行逻辑图如图1所示。

（3）中继泵站根据入口压力情况自动判断是需要启动中继水泵增压运行还是打开旁路阀门运行。当需要启动中继水泵增压运行时，先启动回水增压水泵运行，当回水增压水泵不足以满足工况需求时再启动供水中继水泵；退出时先退出供水中继水泵，再退出回水中继水泵；

（4）中继水泵启动运行为叠加水泵运行，当一台中继水泵不满足流量需求时，再启动下一台中继水泵。一键启动流程图如图2所示。

（5）中继水泵停止运行为递减水泵运行，当两台中继水泵最低频率运行仍超流量时，启动停泵程序停止一台中继水泵，然后根据需要继续停止另一台中继水泵。一键停止流程图如图3所示。

（6）供水及回水中继水泵自动控制设定值以调度监控中心下发数据为准，当通信全部故障时，中继水泵由出口母管压力控制在运水泵自动运行，维持系统稳定性。

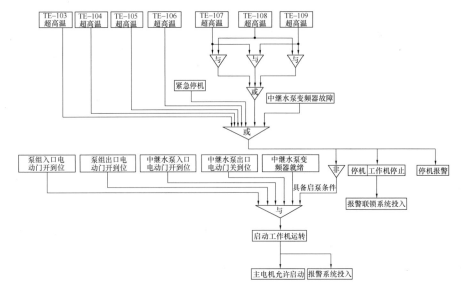

图 1 回水中继水泵运行逻辑图

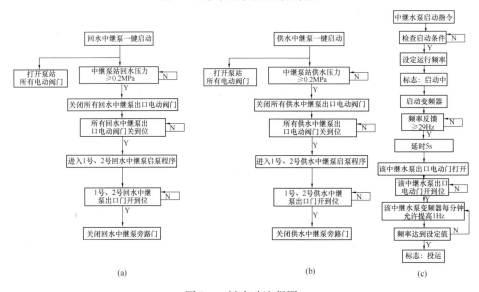

(a) (b) (c)

图 2 一键启动流程图
（a）回水中继泵一键启动流程图；（b）供水中继泵一键启动流程图；（c）单台泵启泵程序

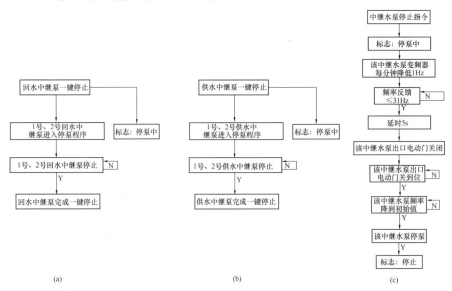

(a) (b) (c)

图 3 一键停止流程图
（a）回水中继泵一键停止流程图；（b）供水中继泵一键停止流程图；（c）单台泵停泵程序

(7) 中继水泵一键启动、停止逻辑的解除: 在一键启动过程中, 可以随时退出一键启动状态, 但一键启动时需要投入联锁保护状态。所有的联锁保护均设置有联锁投入、联锁解除软按钮, 方便故障及初运行和调试使用。

(8) 倒压差、正压差全自动调节: 供热主管网现设有一、二级两座中继泵站, 在以往手动调节过程中, 经常存在二级泵站倒压差或者过压差, 需在一级中继泵站 DCS 中设置自动调节程序。一、二级泵站压差调整流程图如图 4 所示。

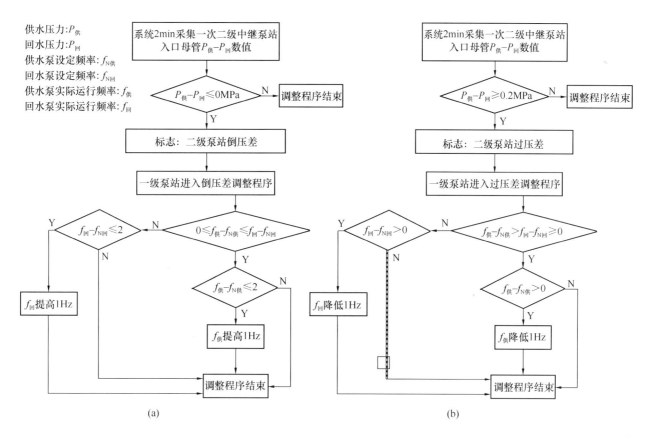

图 4 压差调整流程图
(a) 二级泵站倒压差升频调整流程图; (b) 二级泵站过压差降频调整流程图

5 运行效果及现实意义

项目自 2019 年供暖季投入使用, 已完整运行两个供暖季, 事故发生率为 0, 一级中继泵站 6 台中继泵无非计划停机, 完全避免人工误操作, 减少运维人员 80%, 启动时间缩减 70%。通过四级增压水泵联调联控, 减少二级泵站投运时长, 配合电费计量方式改造, 东北郊主管网电费支出大幅降低, 每个供暖季全管网四级增压泵总电费支出较往年节省超 900 万元。

通过对大中型中继泵站实施一键启动停止自动控制, 可大幅提升自动化水平, 节省人力支出, 大幅降低电能损耗, 同时主管网运行稳定性显著提升, 符合国民经济与社会发展的需求, 有利于助力早日实现碳达峰、碳中和目标。

参考文献

[1] 中国化学工程第十一建设有限公司. 自动化仪表工程施工及质量验收规范. GB 50093—2013 [S]. 北京: 中国计划出版社, 2013.

[2] 北京市煤气电热力工程设计院有限公司. 城镇供热管网设计规范. CJJ34—2010 [S]. 北京: 中国建筑工业出版社, 2011.

[3] 程广振. 热工测量与自动控制 (第二版). 北京: 中国建筑工业出版社, 2013.

中继泵站基于电网晃电现象电气升级改造案例分析

泰安市泰山城区热力有限公司　杨闻名

【摘　要】 随着城市化建设步伐加快，高压变频设备的使用越来越广泛，设备运行的稳定性已成为不容忽视的问题。本文以供热行业为例，结合实际技改经验，浅谈电网晃电对设备进而对整个供热主管网的影响和改造案例。

【关键词】 晃电　5s断电自启　跟随转速启动　备自投

0　引言

晃电（Sway Electric）是指因雷击、短路或其他原因造成的电网短时电压波动或者短时断电现象，其基本类型有电压骤降、骤升、短时断电、电压闪变。晃电多为变电站开关瞬时跌落，经过重合闸，时间通常在1.5~2s之内（不同地区重合闸整定值不尽相同），又恢复正常供电的现象。

随着电网并网、环网的日益扩大，以及馈电变压器容量增大带来的配出回路的增多，电源瞬时失压即"晃电"的现象越来越频繁。晃电引起接触器释放，高、低压变频器突然停机，从而影响热力主管网水循环，甚至造成热源厂锅炉超温、超压，引起重大事故并存在长期安全隐患。

1　项目概述

新华城中继泵站是泰安市泰山城区热力有限公司为配合国能电厂热电联产项目而建立的回水加压泵站，承担热源厂近80%的热能输送任务。泵站按照国家Ⅱ类负荷标准建设，电源由同一变电站不同10kV母线段引入（双回路电源），一用一备、手动切换，为4台315kW高压水泵提供动力。水泵由10kV高压变频器控制，2020—2021供暖季电网"晃电"现象频发，变频器非故障停机次数也随之增加，对供热系统的稳定运行造成较大影响。为适应当前的供电环境，确保水泵长期稳定运行，决定对其进行升级改造。

2　改造方案

方案1：从两个变电站分别敷设一条专用线路至中继泵站。

专线供电能有效减少"晃电"次数，安全保障性较高，同时不会因一个变电站故障导致变电站瘫痪造成水泵长时间停运。但是敷设两条专线面临着造价成本高、路途远、施工难度大、技改周期长等问题，而且并不能彻底解决变电站母线开关重合闸引起的"晃电"问题。

方案2：加装蓄电设备，在电网晃电期间，为设备的运行提供动力。

同时使用的4台水泵，不仅需要大量蓄电设备，还要占用有限的泵站空间，蓄电模块使用年限短、易发生故障等自身问题过多，该方案暂不考虑。

方案3：厂家修改内部参数，实现低电压穿越或者增加自启功能。

高压变频器对电源的检测间隔时间约为20ms，系统默认最大设定值也仅为300ms，无法穿越变电站"晃电"间隔（1.5~2s）。如果强行延长检测时间，会导致其他保护功能失效，得不偿失。因此，只能考虑修改变频器内部程序以实现断电自启功能。

方案4：两路电源自动切换、互为备用。

将泵站供电系统改为两路进线分别负担系统各50%的负荷，单路电源分别为中继泵站两台泵供电，即：将10kV母排一分为二，中间增加母联、隔离开关，备自复式备自投装置，实现双电源自动切换。

通过对四种方案进行比较，最终确定同时采用方案3、方案4进行改造。

3　改造与试验

本次改造方案，分两阶段进行。

3.1　冬季短时停机改造

升级变频器内部程序，实现变频器非故障停机自启功能。

（1）为变频器操作系统增加UPS不间断电源，防止停电后变频器内部程序无法运行。

（2）升级PLC操控屏，以满足变频器内部程序更新的硬件要求。

保持变频器关于电网超压部分的原厂设定不变，仅对系统电压骤降、电网"晃电"的设定进行修改。电业局重合闸时间为1.5~2s，双电源备自投切换（设定为延时2s动作避开电业局重合闸、停电线路断路器分闸与联络柜合闸间隔时间1.5s，断路器动作及信号采集时间预留1.5s），最终确定以5s为基点。即：变频器自启动功能有效时长应大于5s。

根据厂家提供资料：变频器的正常运行电压范围10~6kV，变频器内部18组功率单元对应的电压应为1000~650V。主线停电后，变频器维持合闸、待机状态，功率单元母线电压由1000V开始下降。若功率单元母线电压降至650V以下，PLC默认当前电网长期停电，变频器正常分闸停机。若在此期间主线供电恢复，则 PLC 默认高压变频器设备处于热备用状态、设备无需再经过自检、合闸等程序，直接启动恢复运行。根据此思路，联系厂家对变频器内部程序进行修改。

因其他 3 台水泵处于运行状态，程序更改后无法直接断开进线开关柜模拟"晃电"试验（待停暖后补做），只能进行变频旁路柜手动分闸试验：当变频器按照 45Hz 正常频率运行时，旁路柜进线开关手动分闸，观察变频器触摸屏显示的功率单元母线电压衰减情况。当电压衰减至 700V 时恢复手动合闸旁路柜进线开关，模拟电网重合闸恢复供电。变频器成功越过分闸、停机、自检预合闸、合闸等程序自启正常，计时 12.42s。试验证明：高压变频器技改后已具备"5s 断电自启"功能。现场操作如图 1、图 2 所示。

图 1　试验现场

图 2　试验计时

上述程序修改，未对变频器恢复正常运行的过程做出更改，变频器只能按照 5Hz 的初始给定值开始逐渐恢复到正常运行频率。为加快高压水泵恢复正常的速度，对该部分程序做出必要补充，即：变频器自带 10s 以上"跟随转速启动"功能。

通过水泵停机试验：将其中 1 台水泵出口关闭并调整到 30Hz 运行的状态下，突然断电停机。现场记录从停电到输泵叶轮停转所用时间，进而推算出停电后任一时刻电机转速对应的大致转动频率。如果在此时段内主电源恢复供电，变频器默认发出一次合闸指令，再核实变频器合闸情况，并按照当前时刻对应频率为初始频率启动，逐步恢复到正常运行频率。同时考虑到水泵的启动频率是 5Hz，低于 5Hz 时水泵按照 5Hz 频率自启动。当对应频率降低至 0 后，该功能终止，这样就提高了水泵恢复速度。

再次通过变频旁路柜手动分闸模拟电网"晃电"试验，以 5s 时长作为基点，关闭水泵出口阀门，设定频率 30Hz 运行，测试转速跟随启动功能，观察人机界面上变频器的运行参数。经试验，当停电 5.43s 后恢复供电时，变频器按照 14.28Hz 初始频率开始恢复运行（图 3）。通过计算，每秒实际降低频率约 2.9Hz，如果水泵出口打开，秒降频率设定值还应减小（待供暖期结束时进行修正）。

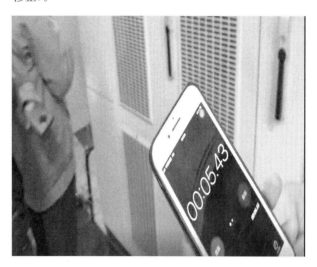

图 3　试验计时

由此推算：当水泵以正常频率 45Hz 运行时，只考虑电网重合闸的情况下（停电 1.5s 以内），水泵的运行基本不受影响；在备自投动作的情况下（停电 5s 以内），电自启的跟随频率应在 30.5Hz 以上，能快速恢复正常运行。

3.2　夏季停电改造

新增 10kV 高压联络柜、隔离柜，联络柜配置自复式备自投装置。改造目标：由原负荷两路进线（一用一备）共同为站内设备供电，改为两路进线分别为 2 台水泵供电。

当其中一路电源故障（变电站重合闸失败）后，另一路电源通过备自投装置，断开故障电源进线断路器，合闸母联断路器，为所有（4 台）水泵供电。

当备自投装置检测到故障线路恢复供电后，备自投自复位功能启动。设备自动分闸母联断路器，合闸原故障线路断路器，恢复两路电源分带负荷的初始设定，对降低热源厂锅炉超温、超压风险的效果显著。

改造要点：

（1）新增母联、隔离柜置于原开关柜一侧，不移动原有开关柜能有效预防因柜体移动造成出线电缆长度不够而更换电缆，缩短改造时间、节约成本。

（2）新增母联和隔离柜，需要加装双向电气联锁，即：当断路器合闸时禁止操作隔离手车，当隔离手车处于试验/工作位置时，才允许母联断路器合闸。

备自投装置设定 2s 延迟，避过电业局重合闸时间。

（3）备自投装置需要加装投/退保护压板，第一次停、送电时，需要将保护切除，防止保护误动作。

（4）备自投装置应自带内置 UPS 电源，防止停电后设备无法操作。

（5）若负荷侧存在非自动投切的无功补偿等电容设备，需要备自投装置发出分闸信号，优先分闸无功补偿柜再分闸故障进线断路器；恢复正常设置供电时，顺序与之相反。

该部分所用自复式备自投装置技术成熟，此处不再深入讨论。

4 结论

本文结合工程实例，对电网"晃电"现象的改造方案制定和实施流程进行详细阐述，得出以下主要结论和建议：本次改造为高压变频设备应对电网"晃电"现象提供了改造经验，通过升级变频器内部程序，实现变频器非故障停机自启功能，由一路电源为4台水泵供电改为两路电源分别为2台水泵供电，增强了高压水泵的运行稳定性。

仅在变电站两路母线同时长期停电的情况下，中继泵站才会停止运行，将电网"晃电"甚至停电对泵站设备的影响降到了最低。

2021—2022供暖季近3个月运行情况反馈：改造后设备运行良好，杜绝了设备因"晃电"、单母线停机造成水泵非故障停机事件的发生。

参考文献

[1] 邬海军. 电力系统防晃电技术应用[J]. 中国科技纵横, 2016, 1: 260.
[2] 李高桥. 防晃电技术的原理及应用[J]. 自动化与仪器仪表, 2019, 241(11): 183-186.

三元流叶轮在热网循环泵节能改造中的应用

北京京海人机电泵控制设备有限公司　韩玉华　张　磊　徐庆东

【摘　要】 本文介绍了"三元流动理论"的原理与应用技术特点，运用该技术对万海能源开发（海城）有限公司首站1号循环水泵、奥福能源有限公司煤气发电循环水泵、北京市热力集团东湖供热厂一次热网循环泵进行叶轮改造，在不改变泵体、管路和电机的情况下，有的使泵流量增大20%以上，有的在泵流量不变的情况下使电机驱动功率减少了10%～20%。用实际效果证明了该技术具有推广价值。最后和采用变频器节能改造方法进行了比较。

【关键词】 三元流应用技术　循环水泵　叶轮　节能改造

0 引言

目前，我国能源、冶金、化工以及区域供热行业的管网循环水泵大多是采用传统的"一元流理论"设计的泵型，受设计水平和制造工艺等条件的限制，其效率比国际先进水平低5%～10%，加上用户在建设规划期水泵选型保守、投产后工艺需求变化以及管网改扩建等因素的影响，很多水泵实际运行工况点经常严重偏离其高效区，造成水泵效率低、单耗非常高，进一步造成不必要的能源浪费。该情况通常采用切削叶轮、更换新泵或者安装变频器等办法予以解决，然而这些办法都有较大的局限性，不能从根本上解决低效率、高能耗问题。

国产水泵，特别是过流部件相对较少的单级离心泵，如果运用先进的流体机械"三元流动理论"，针对实际工作的参数，重新优化设计高效叶轮，替换原来的普通叶轮，在不需改变泵体、电机及管路的情况下，就能更简便、更彻底地解决问题，这个方法简称"三元流应用技术"，以此技术为基础而设计的离心泵叶轮称为"三元流叶轮"。

1 三元流应用技术原理及计算方法

三元流应用技术，实质上就是通过使用先进的泵设计软件《射流——尾迹三元流动理论计算方法》，结合生产现场实际的运行工况，重新进行泵内水力部件（主要是叶轮）的优化设计。具体步骤是：根据用户的实际情况，先对"在用"离心泵的流量、压力、电机耗功等进行测试，并提出常年运行的工艺参数要求，作为泵的设计参数；再使用泵设计软件设计出新叶轮，保证可以和原型互换，在不改变泵体、管路、电路等条件下实现节能或扩大生产能力的目标。

1.1 一元、三元流动基本概念

图1（a）是叶轮的局部视图，图1（b）是把叶轮内两个相邻叶片和前、后盖板形成的流道abcdefgh作为一个计算分析研究的单元。aehd、bfgc是两个相邻的叶片，dcnghid是叶轮前盖板，bkfeja是叶轮后盖板。传统的"一元流理论"，就是把叶轮内的曲形流道abcdefgh，视为一个截面变化的弯曲流管，认为沿流线的流速大小仅随截面大小而变化，但假定在每个横断面上如abcd、ijkn、efgh等，流速是相同的。这样在流体力学计算中，流动

速度（w）就只是流线长度坐标（s）的一元函数。这种简化使泵内部流体力学的计算可以用手工算法得以实现。国内广为采用的单级双吸水平中开泵，就是采用这种理论设计的。

然而由于叶轮流道 abcdefgh 的三元曲线形状，又是高速旋转的，流速（或压力）不但沿流线变化，而且沿横截面 abcd，ijkn，efgh 等，任一点都是不相同的，即流速是三元空间圆柱坐标（R、ϕ、Z）的函数。特别是叶片数也是有限的，流速和压力沿旋转周向（ϕ 坐标）的变化，正是水泵向流体输入功的最终体现，忽略这一点就无法计算水泵内部的压力变化，这也就是为什么一元流动理论只能计算叶轮进口、出口参数，而不能准确分析叶轮内部流动参数的原因。水泵的效率显然与其内部流动状况的好坏是密不可分的，一元流理论固然简单，但不能完全反映泵内的真实流动，这就在设计上阻碍了泵效率的提高。

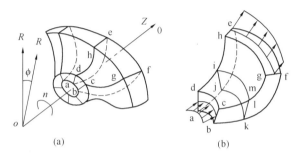

图 1 叶轮、圆柱坐标（R、ϕ、Z）及流动速度 w

1.2 "射流—尾迹"三元流动

最早在航空用离心压气机中，用激光测速技术观察到"射流—尾迹"现象，如图 2 所示，弧状弯曲线 dh 和 cg 分别代表两个相邻的叶片，dc 为叶片进口边，hg 为叶片出口边，w_1 为叶片进口流速，w_2 为叶片出口流速，都是不均匀的。t 是流动分离点，htv 即是尾迹区，是一些低能量流体组成，类似一个旋涡。cdtvg 则是射流区，可视为无黏性的位流区，可按通常的三元流理论方法计算。关于尾迹区的计算，目前还没有准确的方法，只能依靠半经验的方法加以计算。

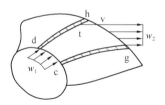

图 2 "射流—尾迹"模型

研究表明，由于流体黏性和压力梯度的存在，叶轮出口沿叶片吸力面及前盖板表面都会有流体的脱流，形成"尾迹"区，它们不但消耗了有用功，降低泵效率，而且由于流道的堵塞，使流量减少，这些都是一元流动理论无法预测和分析的，只有通过"射流—尾迹"三元流动计算才能得出定量分析，这样才能通过改善叶轮内流动状态，减少进口冲击和出口尾迹脱流等损失，使泵效率真正得以提高。

1.3 基本方程及解法

完全三元流动的计算方法，数学上是极端困难的，作为一大突破，把三元降为二元，提出了 S_1、S_2 两类流面的概念，这是我国科学家吴仲华 1951 年在世界上首创的，是叶轮机械三元流动理论的奠基石。运动方程为：

$$\left.\begin{array}{l}\dfrac{\mathrm{d}w}{\mathrm{d}s_1}=c_{11}w+c_{12}\dfrac{\mathrm{d}w}{\mathrm{d}L}+c_{13}\\[2mm]\dfrac{\mathrm{d}w}{\mathrm{d}s_2}=c_{21}w+c_{22}\dfrac{\mathrm{d}w}{\mathrm{d}L}+c_{23}\end{array}\right\} \quad (1)$$

式中 w——液体在叶轮中的相对流速；

$c_{11} \sim c_{23}$——流线几何形状的函数；

L——流线（S_1、S_2 两类流面的交线，定名为流面坐标）。

连续方程可写为：

$$\int_1^{I_0}\int_1^{J_0}w\cos(\alpha-\alpha_n)\cos\beta\,|\overrightarrow{\mathrm{d}s_1}\times\overrightarrow{\mathrm{d}s_2}|=Q/z_b \quad (2)$$

上式中 $|\overrightarrow{\mathrm{d}s_1}\times\overrightarrow{\mathrm{d}s_2}|$ 为图 1 中通流截面上一个微元流管的面积。

1986 年在电子计算机上实现了两类流面交叉迭代求出三元流动的方法，并用于离心泵叶轮的流动计算，与通常三元解不同的是还需对旋涡分离区——尾迹的形状作修正。经计算可以得出叶轮内的完全三元分离流场中空间各点的流速及压力分布，为设计高效率叶轮提供理论依据。

2 项目实施及结果

三元流叶轮在水泵节能改造中的应用，自 20 世纪末首先从电力、化工行业开始，21 世纪初逐步扩展到冶金、能源、市政领域，目前在热力行业的管网循环泵改造中也取得了明显效果，下面介绍几个改造典型案例。

2.1 案例一：增大流量、消除电机过载——RW14-6A 型供热管网循环泵叶轮改造

万海能源开发（海城）有限公司首站 1 号循环水泵为国产水平中开双吸泵，型号为 RW14-6 A，铭牌参数如下：流量 $Q=1250\mathrm{m}^3/\mathrm{h}$，扬程 $H=125\mathrm{m}$；配套电机的额定功率 $N_e=710\mathrm{kW}$，额定电压 $U=6000\mathrm{V}$，额定电流 $I=83\mathrm{A}$。

实际运行情况为：泵进口压力 0.18MPa，出口阀门开度 26%，出口压力 1.53MPa，汇管压力 $0.57\sim0.6$MPa，流量 $Q=1100\sim1180\mathrm{m}^3/\mathrm{h}$；电机工作电流 $I=58\sim59\mathrm{A}$，工作电压 $U=6000\mathrm{V}$，电机实际功率 $512\sim521\mathrm{kW}$。水泵只能憋压运行，若全开阀门使流量达到生产需要的 $1300\mathrm{m}^3/\mathrm{h}$ 以上，则电机超载。

为了减轻电机负荷，叶轮曾切割过，但效果甚微。

2.1.1 叶轮水力设计

根据上述情况，重新选定改型泵的设计参数：流量 $Q=1400\mathrm{m}^3/\mathrm{h}$，扬程 $H=75\mathrm{m}$。

可以计算出泵的比转数 $N_s=92.2$，由此算出叶轮外径、叶轮出口宽度、叶片出口角，最终得出叶片形式的

设计。

1. 叶轮外径 D_2
$$D_2 = \frac{60K_{u2}\sqrt{2gH}}{n\pi} = 530\text{mm}$$

2. 叶轮出口宽度 b_2
$$b_2 = \frac{Q}{\pi D_2 \phi_2 K_{m2} 2\sqrt{2gH}} = 62\text{mm}$$

3. 叶片出口角 β_2

为了增大泵的通流能力,使之在大流量区有较高的效率,选取比较大的出口角40°。

4. 叶片形式设计

根据上述方法重新设计出的三元流叶轮与普通叶轮的比较:有相同安装尺寸(轴孔、键、密封环),但叶片形状有很大的变化。其区别见图3。

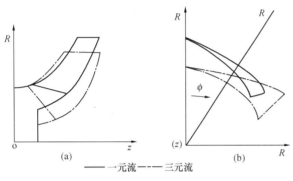

图3 叶轮叶片的示意图

图3(a)为叶轮叶片的子午面视图,只画出了双吸叶轮的左半面,图3(b)为一个叶片的前视图,其主要区别在于:

(1)子午流道三元流叶片加宽了许多,特别是轮毂减小,以增大流通能力;

(2)子午流道三元流叶轮直径减小,而出口宽度增大;

(3)三元流叶片扭曲度较一元流大很多;

(4)三元流叶片进口边向来流进口伸展,减少进口损失。

应当指出,叶轮的这种变化,实际上是将原泵改变成一种全新的泵,其泵效率最高点与目前的流量和扬程使用工况相对应,这是靠选取现有的、普通型号的新泵无法做到的。

2.1.2 测试对比结果

改造前后该泵的测量数据对比见表1。

RW14-6 A型双吸泵改造前后运行数据测试对比

表1

状态	流量 (m³/h)	汇管压力 (MPa)	电流 (A)	电机功率 (kW)
改造前	1100	0.57	58	512.33
改造后	1350	0.80	43	379.83

改造前阀门仅开26%,继续开大电机会超载;改造后阀门全开,汇管压力提高,流量增大,比改造前增加22.7%,电机功率反而减少了132.5kW,相对节电率25.86%。按当地供暖期从每年11月1日到次年3月31日(时间按3600h)计算,年度节电量为132.5×24×150=477000kWh,完全达到技改目的。

图4是三元流叶轮和普通叶轮的外形对比剖视图。

图4 三元流叶轮(右)和普通叶轮(左)
的径向对比图

2.2 案例二:增大流量、避免换泵停产损失——600S32型双吸泵叶轮改造

兰州奥福新能源有限公司1×30MW煤气发电系统现有600S32型循环水泵2台,铭牌参数:流量$Q=3170\sim3600\text{m}^3/\text{h}$,扬程$H=32\sim27\text{m}$;配套电机额定功率$N_e=400\text{kW}$,额定电压10000V,额定电流29.5A。

2020年6月实际运行情况:单泵流量$Q=3000\sim3100\text{m}^3/\text{h}$,出口压力0.16MPa,电机工作电流22A。

该泵2014年投产初期可以满足当时的生产要求,但近几年凝结器7000m³/h的最大冷却水量需求使得2台泵并运时流量(6000~6200m³/h)仍然不足,而投产不到5年的水泵全部更换,不仅意味着资源浪费和较大的资金投入,还难以避免全面停产施工造成的间接损失。为此,2018年用户更换了原厂提供的改进型叶轮,但仍不能满足上述供水需要。

2.2.1 叶轮水力设计

根据上述情况,重新选定改型泵的设计参数:$Q=3900\text{m}^3/\text{h}$,扬程$H=22\text{m}$。采用与2.1.1节相同的计算方法,设计叶轮外径、叶轮出口宽度、叶片出口角,最终得出叶片形式的设计。根据上述方法重新设计出的三元流叶轮与普通叶轮比较:安装尺寸相同(轴孔、键、密封环),但叶片形状有很大的变化,且叶轮直径减小(由535mm改为510mm),叶轮出口宽度加大(由66mm加宽至74mm)。

2.2.2 测试对比结果

600S-32型循环水泵改造前后测量数据对比见表2。

**600S-32型循环水泵改造前后运行参数对比
(2020年7月测试)**

表2

阶段	流量 (m³/h)	出口 压力 (MPa)	工作 电流 (A)	工作 电压 (V)	转速 (r/min)	电机 功率 (kW)
改前	3000~3100	0.16	22	10000	980	316

续表

阶段	流量 (m³/h)	出口压力 (MPa)	工作电流 (A)	工作电压 (V)	转速 (r/min)	电机功率 (kW)
改后	4000~4100	0.17	22	10000	980	316

600S-32型循环水泵改造前后性能曲线图对比见图5，由图可见，换装三元流叶轮后，该泵的"流量—扬程"曲线、"流量—效率"曲线整体向右、向上移动和提升，这与切割叶轮、安装变频器等常见改造方法只能简单地向下平移曲线的效果是完全不同的，叶轮改造后的水泵运行高效区更宽广，更贴合用户的实际需求。

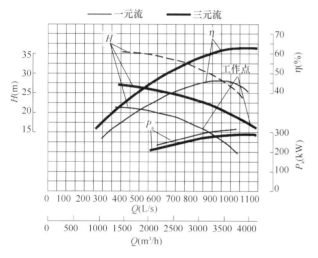

图 5　600S-32型循环水泵改造前后
性能曲线对比图（η=980r/min）

图中虚线是 600S-32 原型泵样本中的"流量—扬程"曲线，看似指标很高，而实际运行根本达不到，只能如图中细实线所示，这种实际指标远低于样本指标的现象是当前国产水泵普遍存在的问题，也是三元流叶轮要解决的主要问题。

改造后的 600S-32 型水泵在电机工作电流、输出功率不变的情况下，单泵流量增大了 1000m³/h，增幅超过 32%，有效解决了供水量不足的生产难题，用较少的投入，避免了换泵产生的采购费用和停产损失超过一百万元。图 6 是改造前后叶轮对比照片。

2.3　案例三：流量不变、降低电耗——北京市热力集团东湖供热厂一次热网循环泵节能改造

位于北京市望京地区的东湖供热厂现有 AAB-SWR250-470（1）型一次热网循环泵 7 台，其中东锅炉房 4 台（1～4 号），西锅炉房 3 台（5～7 号），铭牌参数：流量 Q=1000m³/h，扬程 H=70m；配套电机额定功率 N_e=280kW，额定电压 380V，额定电流 497A。该泵冬季运行时存在原设计参数与系统实际需求不匹配的情况，实际仅需要流量 800～900m³/h，扬程 35～40m，"大马拉小车"现象严重，虽采用变频器减少了一些电耗，但水泵实际运行效率只有 52% 左右，经济性较差。2020 年 11～12 月换装了根据实际需要设计的三元流叶轮之后，在不

图 6　三元流叶轮（右）与普通叶轮（左）对比照片

（a）600S-32 原型叶轮与三元流叶轮外形对比，虽然外形相似，但通过测量得知，三元流叶轮的直径小，轴向尺寸大；（b）轴向对比，原型叶轮由 6 个叶片组成，改型叶轮由 7 个叶片组成；（c）叶形对比，三元流叶轮的叶片扭曲度明显大于原型叶轮的叶片

影响冬季正常供暖的前提下，进行了多次不同工况、不同对比方式的运行检测。

2.3.1　单泵运行对比

受天气及生产安排影响，改造后的 1 号泵单泵运行方式只出现在供暖初期，时间较短，与未改造的、整个供暖季一直运行的西锅炉房 7 号泵数据对比如表 3 所示。

从表 3 中测试数据可以看出：在同样是单泵运行的状态下，改型 1 号泵与未改的 7 号泵相比，流量为 800m³/h 时，前者比后者节省轴功率 166.2－134.1=32.1（kW），节电率为 32.1/166.2×100%＝19%；流量为 850m³/h 时，前者比后者节省轴功率 180.8－147.6=33.2（kW），节电率为 33.2/180.8×100%＝18%。

改造后的 1 号泵与未改的 7 号泵运行数据对比

表 3

泵号	汇管流量 (m³/h)	工作电流 (A)	工作电压 (V)	轴功率 (kW)	记录日期
7号（原型）	800	295	380	166.2	2020年12月2日
	850	321	380	180.8	2020年12月22日

续表

泵号	汇管流量 (m³/h)	工作电流 (A)	工作电压 (V)	轴功率 (kW)	记录日期
1号 (改型)	800	238	380	134.1	2020年11月2日
	850	262	380	147.6	2020年11月2日

注：1. 轴功率＝额定功率×工作电流/额定电流。
   2. 该泵配套电机额定功率280kW，额定电流497A。

2.3.2 两泵并运对比

两台泵并运是供热厂东锅炉房冬季持续时间最长的运行方式，且2021年1月北京地区出现55年以来的极寒天气，管网循环水流量达到峰值，此时改造后的1号泵＋4号泵并运与未改造的2号泵＋3号泵并运数据对比如表4所示。

两台泵并运数据对比　　表4

泵号	汇管流量 (m³/h)	工作电流 (A)	工作电压 (V)	轴功率 (kW)	记录日期
2号（原型）	1980	350	380	197.2	2021年2月3日
3号（原型）		343	380	193.2	
1号（改型）	1990	316	380	178	2021年1月25日
4号（改型）		323	380	182	

从表4的测试数据可以看出：在流量同样是990m³/h（两泵并运总流量1980m³/h）的情况下，未改造的2号泵和3号泵平均轴功率为(197.2＋193.2)/2＝195.2kW，而改造后的1号泵和4号泵平均轴功率为(178＋182)/2＝180kW，每台泵节约功率195.2－180＝15.2 kW，节电率为：15.2/195.2×100%＝7.8%。

上述不同运行方式测得的节电率在7.8%～19%之间，其中流量为800～850m³/h时节电率最高，水泵实际运行效率经测算提升10个百分点以上，每台泵每个供暖季（120d）可节电5.5万kWh（详见文献[4]）。

2.4 其他成功实例

（1）北京龙熙兴瑞热力站G1035-37-200、G826-42-200、G395-35-90型等型号水泵改造，节电率15%～25%，每个供暖季的节电量超过30万kWh。

（2）北京门头沟区大台煤矿沸腾炉锅炉房GJ320-45-75型水泵改造，节电率14%。

（3）京棉危改A2站G290-35-45等型号水泵改造，节电率超过15%。

（4）北京亚运村供热服务中心北辰供热厂560kW一次热网循环泵改造，节电率达20%。

3 综合分析与对比

由上文的理论介绍与案例说明可见"三元流动理论"在水泵设计方面的优势，通过三元流应用技术直接对水泵的叶轮进行改造，不但能提高水泵的运行效率，实现节能，而且在一定条件下还可以实现"保证电机不超载的情况下，改变扬程，增大流量"的技术目标，这是采用变频器节能改造无法做到的。因为变频器通常是降频，只能通过降低运行转速而节省功率，但流量随转速的一次方降低，扬程却是随转速的二次方降低，并且伴随水泵水力效率的降低，节省功率实际是以降低扬程和降低流量为代价的，单耗未必减少，节省功率一个指标不代表机泵系统效率的提高。此外，变频器投资大，运行维护费用高，因此只有在类似城市供水这样的每天运行工况在非常大的一个范围内频繁变动的环境中，采用变频器才合适，而在冶金、电力、化工、区域供热等行业中许多运行工况比较稳定的供水系统，更适合采用三元流叶轮对水泵进行改造，两者彼此不能取代。

4 结论

叶轮是水泵的"心脏"，它决定了水泵的流量、扬程、效率，对各行各业正在使用中的泵，特别是大功率设备（200kW以上），叶轮改造无疑是最直接、最简捷的技改措施。这些设备初投资巨大，不可能轻易地全部更换，否则不但采购费用和施工量大，而且影响正常生产。所以根据水泵的实际情况，设计可互换的高效率三元流叶轮，换装于原泵内，不改变泵体、电机、管路等，施工简单，见效快，改造后泵效率高于现有产品，投入产出比优于换泵和安装变频器，具有很好的应用前景和推广价值，热网循环泵自然也不例外。

三元流叶轮理论上可用于大多数离心泵的设计和改造，但在实际操作中考虑到用户泵站的现场条件、项目的综合效益等因素，通常优先选择以下几种情况进行推广：（1）运行工况稳定；（2）监测仪表齐全（压力表、流量计、电流表）；（3）水泵性能与管网工艺需求不匹配（大马拉小车、电机过载或用户有增大流量的需求）；（4）电机额定功率200kW以上（或者预期改造后每台泵或每组泵节约功率20kW以上）。

参考文献

[1] 吴仲华. A General Theory Three-Dimensional Flow in Subsonic and Supersonics Turbo machines of Axial-, Radial-and Mixed-Flow Types [J]. NASA, 1952, TN2604.

[2] 刘殿魁. 离心泵内具有射流—尾迹模型的三元流动计算[J]. 工程热物理学报, 1986, 7(1): 8-13.

[3] 刘殿魁. 机泵节能新思维—射流-尾迹三元流动理论及其应用[M]. 西安：西安交通大学出版社, 2010.

[4] 京海人机. 应用"三元流叶轮"对望京东湖供热厂循环泵进行节能改造的运行效果报告[R]. 2021.

[5] 京海人机. 北辰供热厂循环泵节能改造运行效果报告[R]. 2021.

长输热网吸收式换热机组电耗经济性分析

太原市热力集团有限责任公司　王林文　王晶晶　陈　鹏

【摘　要】 吸收式换热机组作为太古长输供热工程的关键技术组成，在节能降耗方面发挥着巨大作用，但对于初末寒期机组的启动与停运时间，高温网和一次网各供热单位一直存在争议。吸收式换热机组在较低供水温度下，性能降低，能耗不降反增，为此，初末寒期存在最佳启停时间。本文以太古热网为例，结合2020—2021供暖季换热机组投运耗电情况，就电耗经济性方面分析比较，得出初寒期当一次网供水温度升至75℃以上时，启动吸收式换热机组；末寒期当一次网供水温度降至85℃时，停运机组，此时较为节电，整体经济成本最优。

【关键词】 长输供热　吸收式换热机组　启停时间　电耗经济性

0　引言

"碳达峰、碳中和"开启了零碳发展的序幕，作为全面落实国家节能减排政策、推进城市清洁供热的示范样板项目，太古供热工程开创了全国乃至世界供热先河。作为其关键技术环节的大温差输送，大大提高了供热能力。在输送相同热量情况下，由于吸收式换热机组的投运，大幅度降低长输热网的回水温度，增大供回水温差，系统流量减少，水泵运行频率显著降低，使该部分电量消耗得以减少。但由于机组本身属于耗电设备，启动与停运的时间节点不同，必然对总电耗的增大与减少产生影响。因此，需要对比两者（水泵电量减少节约的电费和机组耗电增加的电费）之间的关系，以衡量吸收式换热机组电耗的经济性。

1　长输管线概况

太古长输供热工程，共敷设4根DN1400，长度为37.8km的供热管线，高差180m。为克服距离远、高差大等难题，系统共设置6级循环泵实行分布式梯级加压，分别为电厂内加压泵，1号泵站回水加压泵，2号泵站供、回水加压泵，3号泵站回水加压泵，中继能源站回水加压泵。每套系统每级加压泵均设置4台（4用0备），共计48台。管线流程如图1所示，各泵组基本参数见表1。

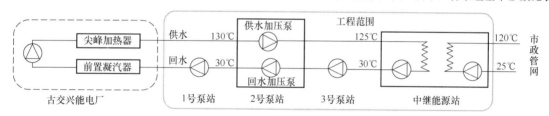

图1　太古长输管线图与温度设计参数

长输管线各加压泵组基本参数　表1

站名	地面标高(m)	与热源距离(km)	循环泵参数					备注
			流量(t/h)	扬程(m)	功率(kW)	转速(r/min)	台数	
古交兴能电厂	1025	0	4300	90	1400	990	4	回水加压
1号中继泵站	972	12.6	4300	70	1250	990	4	回水加压
2号中继泵站	955	17.2	4300	90	1400	990	4	供水加压
			4300	100	1800	990	4	
3号中继泵站	897	36.2	4300	70	1250	990	4	回水加压
中继能源站	845	37.8	4300	90	1400	990	4	回水加压

吸收式换热机组是采用热泵原理，通过溴化锂—水溶液的循环实现热交换，主要耗能设备为机组溶液泵、冷剂泵。以2020—2021供暖季太古热网运行参数为依据，初末寒期吸收式换热机组按照标定功率的25%（运行经验值）计算电耗，得到网内7个分公司所有启动的机组日耗电量共计21330kWh，目前热力站电价为0.5771元/kWh，可得日电费成本为12310元，如表2所示。

2020—2021供暖季太古热网内吸收式换热机组
启用及耗电情况　表2

分公司	吸收式换热机组启动数量(台)	额定功率(kW)	耗电量(kWh)	电费(元)
一供热	125	1172.3	7033.8	4059
二供热	27	120.75	724.5	418
四供热	54	366.2	2197.2	1268
城南	19	151.4	908.4	524
城西	104	1149.8	6898.8	3981
晋源	26	224.5	1347	777
太古	42	370.1	2220.6	1282
合计	397	3555	21330	12310

2020—2021供暖季吸收式换热机组实际启动和停运

时间及相应参数情况如表3所示，其中4座泵站耗电量单价约为0.43元/kWh。

2020—2021供暖季吸收式换热机组启停当日参数　　　表3

指令	指令下达时间	当日供热负荷(MW)	电厂供/回水温度(℃)	流量(t/h)	一次网供/回水温度(℃)	4座泵站当日耗电量(kWh)	4座泵站当日电费(元)
启动	11月17日	1163.7	84/35	21000	75/35.5	456190	196162
停运	2月26日	1253.4	96/34	18400	82/34.5	384405	165294

2 吸收式换热机组启动、停运数学拟合分析

吸收式换热机组启动指令从2020年11月17日开始下达，依据该时间节点前，未启动吸收式换热机组时，电厂总流量与4座泵站总电耗二者实际数据统计，拟合得出总流量与总电量对应关系式。

结合每日实际供热负荷Q和不同电厂供回水温差ΔT得出计算流量，将其代入关系式，继而得出吸收式换热机组延迟开启条件下的计算耗电量。将每日计算耗电量折算成电费变化曲线，与11月17日之后实际总电费比较，得出吸收式换热机组延迟启动的经济性。

同理，拟合吸收式换热机组稳定运行阶段，电厂总流量与4座泵站和吸收式换热机组总电耗二者关系式，结合每日实际供热负荷Q和不同电厂供回水温差ΔT，得出吸收式换热机组提前启动的经济性。

吸收式换热机组停运指令从2021年2月26日开始下达，依据该时间节点前，吸收式换热机组稳定运行阶段，电厂总流量与4座泵站和吸收式换热机组总电耗二者实际数据统计，拟合得出总流量与总电量对应关系式。

结合每日实际供热负荷Q和不同电厂供回水温差ΔT得出计算流量，将其入关系式，继而得出大温差机组延迟停运时的计算耗电量。将每日计算耗电量折算成电费变化曲线，与2月26日之后实际总电费比较，得处吸收式换热机组延迟停运的经济性。

同理，拟合吸收式换热机组全部停运后，电厂总流量与4座泵站总电耗二者关系式，结合每日实际供热负荷Q和不同电厂供回水温差ΔT，得出吸收式换热机组提前停运的经济性。

3 吸收式换热机组启动温度判断标准

根据2020年11月17日吸收式换热机组启动指令下达（电厂供回水温差约为47℃，对应一次网供水温度约为80℃），拟合2020年11月1~16日电厂系统一、系统二总流量与4座泵站总电费二者数据对应变化曲线，预测2020年11月16日之后（6d时间内），在未启动吸收式换热机组的情况下4座泵站的总电费，与实际运行情况下的电费比较，结果如图2所示。

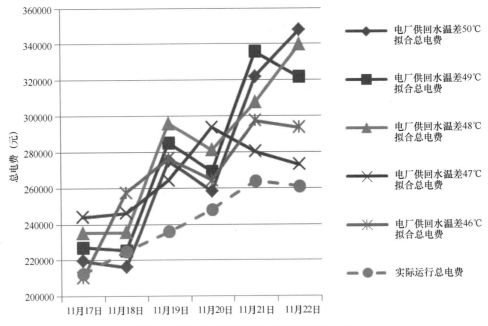

图2 吸收式换热机组延迟开启预测总电费

通过分析图2数据可知，当吸收式换热机组延迟开启时，拟合得到的总电费均明显高于实际运行电费。

再根据2020年11月17日吸收式换热机组启动指令下达，拟合2020年11月28日~12月10日电厂系统一、系统二总流量与4座泵站总电费二者数据对应变化曲线，预测2020年11月17日之前（6d时间内），在提前启动吸收式换热机组的情况下4座泵站及所带热力站的总电费，与实际运行情况下的电费比较，结果如图3所示。

通过对比分析图 3 数据可知，当兴能电厂供回水温差在 44℃ 以上时，对应一次网供水温度升至约 75℃ 以上，开启吸收式换热机组后拟合得到的总电费较实际运行电费有明显减少。

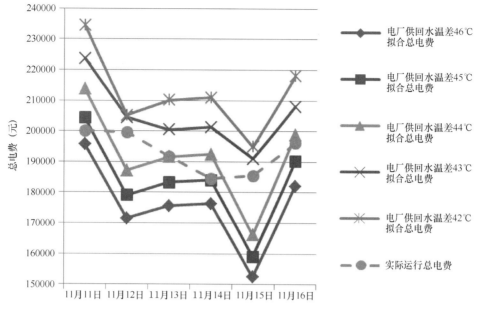

图 3　吸收式换热机组提前开启预测总电费

4　吸收式换热机组停运温度判断标准

根据 2021 年 2 月 26 日吸收式换热机组停运指令下达（电厂供回水温差 58℃ 左右，对应一次网供水温度在 80℃ 左右），拟合 2021 年 2 月 15～25 日兴能电厂系统一、系统二总流量与 4 座泵站总电费二者数据对应变化曲线，预测 2021 年 2 月 25 日之后（6d 时间内），在延迟停运吸收式换热机组的情况下 4 座泵站的总电费，与实际运行情况下的电费比较，结果如图 4 所示。

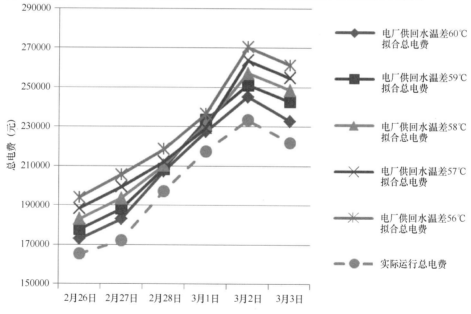

图 4　吸收式换热机组延迟停运预测总电费

通过对比分析图 4 数据可知，在电厂供回水温差降至 60℃ 以下时，对应一次网供水温度在 85℃ 以下时，延迟停运吸收式换热机组后拟合得到的总电费均明显高于实际运行电费。

再根据 2021 年 2 月 26 日吸收式换热机组停运指令下达，拟合 2021 年 2 月 26 日～3 月 15 日电厂系统一、系统二总流量与 4 座泵站总电费二者数据对应变化曲线，预测 2021 年 2 月 26 日之前（6d 时间内），在提前停运吸收式换热机组的情况下 4 座泵站的总电费，与实际运行情况下的电费比较，结果如图 5 所示。

通过对比分析图 5 数据可知，在电厂供回水温差降至 60℃，对应一次网供水温度 85℃ 时，停运吸收式换热机组后拟合得到的总电费较实际运行电费有明显减少。

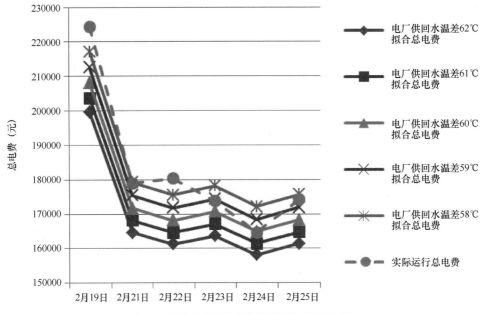

图 5 吸收式换热机组提前停运预测总电费

5 结论与展望

综上所述，以太古热网 2020—2021 供暖季运行数据分析，得出以下结论：

（1）在不考虑大机组设备投资回报等经济因素的前提下，得到最优启停机组时刻：初寒期当一次网供水温度升至 75℃以上时（对应电厂供回水温差在 44℃以上，供热负荷在 1100MW 以上），可考虑启动吸收式换热机组；末寒期，当一次网供水温度降至 85℃时（对应电厂供回水温差降至 60℃时，供热负荷在 1400MW 以下），可考虑停运吸收式换热机组。此时运行电耗成本较低，较经济。

（2）基于供热运行精细化管理的目标，热力站未来需加装单独针对吸收式换热机组的电计量装置，更为直观地得出在不同供回水温度条件下，其能效与电费的实时变化情况，综合分析吸收式换热机组的经济性。

（3）大温差换热机组启停条件依据相关实测数据，通过拟合推算得出，需在 2021—2022 供暖季进行验证，进一步完善拟合结果与实际情况的吻合程度。

（4）吸收式换热机组贡献的低温回水，有利于电厂回收乏汽余热，虽然对节能降耗有着深远意义，但是现阶段由于热价恒定，本文仅针对电耗方面展开论述。未来的研究重点可以从热价浮动与电耗相结合展开深入分析，得到供热运行调节方面更为科学、合理的策略引导。

（5）本文以太古热网为例进行分析，对其他长输热网机组启停时刻标准可参照本文的方法具体分析。

参考文献

[1] 王林文、刘文凯、齐卫雪、杜世聪. 长输供热系统大温差机组实际效能评价[J]. 区域供热，2020，208(5)：32-38.

[2] 姜鸿基. 大温差机组供热浅析[J]. 建筑工程技术与设计，2018，20：3799.

[3] 张爱军，张绍庭，赵至蓬，等. 吸收式大温差供热机组. CN210463189U[P]. 2020.

[4] 刘鹏刚. 大温差混水热泵机组系统研究[J]. 节能，2018，37(4)：40-42.

循环泵节电技术

牡丹江热电有限公司　于贵山　于文涛

【摘　要】本文是在实际工作中的经验总结，是在循环泵变频器普及，以及二次网调节平衡的前提下，通过对实际运行中的循环泵的数据监测及对比分析，探讨在同一供热系统中循环泵的节电方式。通过对循环泵参数的对比，说明不同参数对循环泵节电的影响；通过对循环泵参数的分析，选择节电循环泵，降低供热成本；通过对循环泵出力的校核对比，提高对比的准确性；通过对不同时期二次网供回水温差的计算分析，确定循环泵的变频开度，在保证正常供热的情况下，减少运行电耗；通过换热站改造，减少系统阻力，提高循环泵的效率，达到减少电量消耗，降低用电成本的目的。

【关键词】 循环泵　流量　扬程　功率　变频开度　气温　供回水温差　旁通管

0 引言

在供热行业中，水、电、热三项是供热企业必须付出的成本，如何减少成本支出是各供热企业所要研究的课题，本文仅对循环泵节电的方法进行探讨。

一种方法是否实用可行，通过实践检验之后就会一清二楚。江南供热分公司 2014—2020 7 个供暖期的耗电指标如表 1 所示。

江南供热分公司 7 个供暖期节电情况对比　　表 1

供暖期	2014—2015	2015—2016	2016—2017	2017—2018	2018—2019	2019—2020	2020—2021
指标	5144	4582	4033	3358	3093	2811	2617
对比值		−10.93%	−11.98%	−16.74%	−7.90%	−9.12%	−6.89%
累加对比值		−10.93%	−21.60%	−34.72%	−39.88%	−45.36%	−49.12%

从表 1 中可以看出，耗电指标逐年下降，供暖期最大电耗降低幅度为 16.74%，6 个供暖期累计下降 49.12%。

影响电耗成本的因素有很多，首先是选择节电循环泵，其次是正确选择循环泵的变频开度，并对耗电指标较高的换热站进行循环泵更换改造，通过系统养护与改造减少系统阻力等，达到降低电耗的目的。

无论采用哪种方式，供热系统平衡调整贯穿始终，没有网络的平衡，节电难以进行。

1 循环泵的参数对比

电耗成本能否下降，循环泵选型是至关重要的一步。循环泵的型号（参数）一经确定，就决定了该循环泵相对其他循环泵是否节电，节电比例是多少。这可以通过比例定律在理论上进行计算。

根据比例定律，循环泵的参数：流量、扬程、轴功率与叶轮转数（变频频率）之间存在如下计算公式：

$$G/G_m = (H/H_m)^{1/2} = (N/N_m)^{1/3} = n/n_m$$

式中　G——流量；
　　　H——扬程；
　　　N——轴功率；
　　　n——叶轮转数。

供热系统阻力计算公式：

$$\Delta P = SQ^2$$

式中　ΔP——管道的阻力损失；
　　　S——阻力系数；
　　　Q——流量。

由上述公式可知，在同一供热系统中，不同参数的循环泵，在出力（流量）相同的情况下，循环泵的扬程一定相同，此时对比在该系统中哪台循环泵节电，就是对比在相同出力（流量）的情况下，两台循环泵的电机运行功率或耗电量的大小。

例如，2020—2021 供暖期投入运行的保利一期换热站，首次引进威乐品牌循环泵，仅有现运行的几种参数，但通过参数对比可知，耗电差异较大，如表 2 所示。

保利一期换热站在小功率循环泵 30 赫兹扬程流量相等情况下（理论）功率对比表　　表 2

序号	系统	型号	额定参数			运行参数				对比值
			流量(m³/h)	扬程(m)	功率(kW)	频率(Hz)	流量(m³/h)	扬程(m)	功率(kW)	
1	高区	IL100/250-7.5/4	100	16.7	7.5	30	60	6.01	1.62	2.36%
		IL100/270-11/4	120	20.8	11	26.2	59.7	6.01	1.58	
2	中区	IL100/250-7.5/4	100	16.7	7.5	30	60	6.01	1.62	2.36%
		IL100/270-11/4	120	20.8	11	26.2	59.7	6.01	1.58	
3	低区 1	IL150/250-15/4	160	17.2	15	30	96	6.19	3.24	36.55%
		IL150/270-22/4	280	19.8	22	23.8	96.6	6.19	2.37	
4	低区 2	IL150/250-15/4	160	17.2	15	30	96	6.19	3.24	36.55%
		IL150/270-22/4	280	19.8	22	23.8	96.6	6.19	2.37	
5	商服	IL150/270-22/4	280	19.8	22	30	168	7.13	4.75	14.69%
		IL200/315-37/4	400	26.6	37	24.1	167.2	7.13	4.1	
6	合计	小							14.47	20.06%
		大							12.05	

有人认为，小功率循环泵应该比大功率循环泵节电，但对比的结果却正相反。循环泵是否节电要通过参数对比才能确定，与电机功率的大小没有直接关系。一般情况下，大功率循环泵的电机效率与泵体效率都高于小功率循环泵（特别要说明功率在3kW以下的循环泵耗电量会更高）。

通过表2中节电循环泵（大功率循环泵）与非节电循环泵（小功率循环泵）分组运行，可以看出非节电循环泵比节电循环泵分组理论上多耗电20.06%。

2021年1月22～31日对该换热站循环泵按理论分析进行分组，对实际耗电情况进行了监测，首先根据大功率循环泵正常运行时的变频开度，选择对应的小功率循环泵分组的变频开度，对比结果如表3所示。

保利一期换热站在系统流量相等情况下分组（实际）功率及耗电对比表　　　表3

序号	系统	型号	额定参数			运行参数						
			流量(m³/h)	扬程(m)	功率(kW)	频率(Hz)	日均瞬时流量(m³/h)	对比值	理论功率(kW)	对比值	日均耗电(kWh)	对比值
一组	低1	IL150/250-15/4	160	17.2	15	44.2	195.6	11.66%	10.36	6.80%	444.4	39.22%
	低2	IL150/250-15/4	160	17.2	15	33.5	186.2	14.22%	4.51	37.74%		
	服	IL150/270-22/4	280	19.8	22	17.4	73.3	0.54%	0.93	14.15%		
	高	IL100/250-7.5/4	100	16.7	7.5	24	44.5	1.20%	0.83	1.78%		
	中	IL100/250-7.5/4	100	16.7	7.5	18.3	65	1.42%	0.37	2.01%		
	合计						564.8	8.75%	17.00	13.58%		
二组	低1	IL150/270-22/4	280	19.8	22	35	175.2		9.70		319.2	
	低2	IL150/270-22/4	280	19.8	22	26.5	163.1		3.28			
	服	IL200/315-37/4	400	26.6	37	14	72.9		0.81			
	高	IL100/270-11/4	120	20.8	11	21	44		0.81			
	中	IL100/270-11/4	120	20.8	11	16	64.1		0.36			
	合计						519.3		14.96			

从表3中可以看出，小功率循环泵分组虽然多耗电39.22%，但分组合计流量却多出8.75%，不符合出力相等的对比条件；但从电机理论功率对比值（13.58%）与实际耗电对比值（39.22%）上看，实际耗电对比值大于理论功率对比值，说明该换热站耗电异常（对比值大小应该相反），这是因为理论计算仅是循环泵之间的对比，实际耗电体现了电机、泵体的效率及循环泵出力的合格程度，以及除循环泵之外的所有电器耗电，如补水泵、电磁阀、变频器及照明等。

因为理论计算的基础是建立在电机效率、泵体效率及产品合格出力相等的前提下（因为很多循环泵泵体没有标注效率，无法准确计算），然而，实际运行时不同功率的循环泵电机效率并不相同，泵体效率也不相同，导致循环泵的出力同样也存在差异。因此导致表3中理论计算与实际出力（流量）的差异，特别是低区系统的差异更大。根据流量与转数（变频开度）呈线性变化的性质，要根据目标流量（原循环泵平均流量），及对比循环泵的平均流量（运行流量）与变频开度（运行变频）再次进行校核，计算出相同流量时的实际变频开度（校核变频），计算公式如下：

校核变频＝运行变频/运行流量·目标流量

通过变频校核，可以列出下列对比表格。

保利一期换热站在系统流量相等情况下分组（实际）功率及耗电对比表　　　表4

序号	系统	型号	额定参数			运行参数						
			流量(m³/h)	扬程(m)	功率(kW)	变频(Hz)	日均瞬时流量(m³/h)	对比值	理论功率(kW)	对比值	日均耗电(kWh)	对比值
一组	低1	IL150/250-15/4	160	17.2	15	39.7	178.7	2.03%	7.51	−0.50%	337	5.57%
	低2	IL150/250-15/4	160	17.2	15	29.4	160.5	−1.58%	3.05	−6.90%		
	服	IL150/270-22/4	280	19.8	22	17.3	73.1	0.17%	0.91	12.20%		
	高	IL100/250-7.5/4	100	16.7	7.5	23.6	44.3	0.60%	0.79	−3.23%		
	中	IL100/250-7.5/4	100	16.7	7.5	18	64.3	0.20%	0.35	−2.92%		
	合计						520.8	0.29%	12.61	−1.57%		

续表

序号	系统	型号	额定参数			运行参数					
			流量 (m³/h)	扬程 (m)	功率 (kW)	变频 (Hz)	日均瞬时流量 (m³/h)	对比值	理论功率 (kW)	对比值	日均耗电 (kWh)	对比值
二组	低1	IL150/270-22/4	280	19.8	22	35	175.2		7.55		319.2	
	低2	IL150/270-22/4	280	19.8	22	26.5	163.1		3.28			
	服	IL200/315-37/4	400	26.6	37	14	72.9		0.81			
	高	IL100/270-11/4	120	20.8	11	21	44		0.81			
	中	IL100/270-11/4	120	20.8	11	16	64.1		0.36			
	合计						519.3		12.81			

由表4可以看出，通过变频校核之后，分组的合计流量差距明显缩小（相差0.29%），可以看作流量相同，此时对比日耗电量，可以看出两组循环泵电耗仅相差5.57%（小功率循环泵电耗较大）；但此时循环泵理论功率之和的大小却出现反转，这说明循环泵的出力（合格率）出现了问题。

按国家规范要求，循环泵的实际出力大于额定出力的90%即为合格，然而在90%~100%之间的电耗差别却很大（最大可达33.1%），有时由于循环泵扬程选择过大，会导致出力大于100%，由于合格率的差别，也会导致理论与实际电耗对比值的反转，因此要对循环泵的出力进行效验。

由于受循环泵扬程校验孔径及所配变径承受压力限制，仅对低2区系统两种参数的循环泵进行了扬程校验，结果如表5所示。

低区两种不同参数循环泵实测合格程度对比　　表5

型号	额定参数			实测参数			扬程对比（倍）	出力对比（倍）
	流量 (m³/h)	扬程 (m)	功率 (kW)	工频流量 (m³/h)	工频扬程 (m)	闭阀扬程 (m)		
IL150/250-15/4	160	17.2	15	296	14.8	19	1.10	1.59
IL150/270-22/4	280	19.8	22	332	19.4	22	1.11	1.16

从表5中可以看出，闭阀扬程与额定扬程的比值大于1.1，说明两种参数的循环泵都是合格循环泵，从出力（流量）对比上看（笔者认为，循环泵流量随系统阻力的增加而减小，单纯用流量进行对比误差会较大，而用工频流量与扬程之积与额定流量与扬程之积的比值进行对比会更精确），小功率循环泵的输出效率要远高于大循环泵，相差43%，这也是造成理论与实际耗电差别增大或反转的一方面原因。

从理论流量与实际流量对比图（图1、图2）也可以看出，小功率循环泵的实际出力较额定流量高出很多。

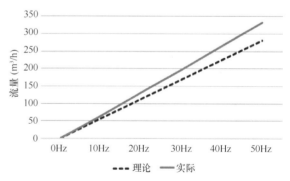

图2　理论与实际流量对比图

图1　理论与实际流量对比图

图3是循环泵扬程的测试图片，由于供热循环系统不是一个稳定的系统，是有一定波动的，因此，在循环泵扬程测试时要保证在同一时间对两块压力表进行读数。

图3　循环泵出力验证照片

因此用系统就地压力表进行循环泵扬程测试就存在如下的弊端：

（1）精度不够，不能精确地将压力表小数点后三位准确读出。

（2）由于系统压力波动，指针摆动，无法准确读数。

（3）读表的角度与视觉误差，会增大读数误差。

（4）由于两块压力表相距较远，无法同时读数。

（5）由于就地压力表与循环泵的距离，增大了管道阻力，一定会降低循环泵扬程。

由于不能对各系统循环泵进行扬程精确检测，只好用就地表进行闭阀扬程对比，结果如表6所示。

保利一期换热站各系统循环泵闭阀扬程对比表 表6

序号	系统	型号	额定参数			实验结果		
			流量 (m^3/h)	扬程 (m)	功率 (kW)	扬程 (m)	对比值	差距
一组	低1	IL150/250-15/4	160	17.2	15	17.9	104.07%	−4.52%
	低2	IL150/250-15/4	160	17.2	15	19	110.47%	2.38%
	服	IL150/270-22/4	280	19.8	22	21.5	108.59%	−13.59%
	高	IL100/250-7.5/4	100	16.7	7.5	20	119.76%	4.38%
	中	IL100/250-7.5/4	100	16.7	7.5	19	113.77%	3.20%
二组	低1	IL150/270-22/4	280	19.8	22	21.5	108.59%	
	低2	IL150/270-22/4	280	19.8	22	21.4	108.08%	
	服	IL200/315-37/4	400	26.6	37	32.5	122.18%	
	高	IL100/270-11/4	120	20.8	11	24	115.38%	
	中	IL100/270-11/4	120	20.8	11	23	110.58%	

闭阀扬程与额定扬程的比值大于1.1是判断循环泵是否合格的首要条件（由于准确度的原因，表6仅供参考）。

各系统用工频理论流量与实际流量对比结果（参考）如表7所示。

保利一期换热站各系统循环泵工频出力（流量）对比表 表7

序号	系统	型号	额定参数			实验结果		
			流量 (m^3/h)	扬程 (m)	功率 (kW)	流量 (m^3/h)	对比值	差距
一组	低1	IL150/250-15/4	160	17.2	15	276.1	172.56%	62.46%
	低2	IL150/250-15/4	160	17.2	15	271.5	169.69%	59.54%
	服	IL150/270-22/4	280	19.8	22	229	81.79%	16.54%
	高	IL100/250-7.5/4	100	16.7	7.5	126.8	126.80%	4.30%
	中	IL100/250-7.5/4	100	16.7	7.5	139.6	139.60%	8.68%
二组	低1	IL150/270-22/4	280	19.8	22	308.3	110.11%	
	低2	IL150/270-22/4	280	19.8	22	308.4	110.14%	
	服	IL200/315-37/4	400	26.6	37	261	65.25%	
	高	IL100/270-11/4	120	20.8	11	147	122.50%	
	中	IL100/270-11/4	120	20.8	11	157.1	130.92%	

实际出力是否大于额定出力的90%是判断一个循环泵是否合格的另一个条件，当实际出力小于90%时，要分析是什么原因造成的，设计阻力偏小或供热系统分期供热都会造成出力偏小，除此之外才是循环泵的原因。例如在《再谈循环泵节电技术》中提到的红日高区系统就是分期供热造成的。而同样在该换热站商服供热系统中，是两期共用一套系统，目前仅一期完工供热，因此该系统阻力大，出力也不达标。

从表7中还可以看出，在同一系统中小功率循环泵的出力大于大功率循环泵，即小功率循环泵的合格程度高于大功率循环泵，这就是造成理论与实际运行差距的一方面原因。

另外，在理论计算上，流量与变频开度是呈线性变化的，而事实上流量是在该线的上下波动的，即便是某一时间段的平均流量也是波动变化的，如表8所示。

各系统变频一定时平均流量对比表 表8

序号	换热站名称	2月27日 瞬时流量(m³/h)	对比值	3月1日 瞬时流量(m³/h)	对比值	3月1日 瞬时流量(m³/h)	对比值	3月2日 瞬时流量(m³/h)	对比值	3月2日 瞬时流量(m³/h)	对比值	3月3日 瞬时流量(m³/h)	对比值	3月4日 瞬时流量(m³/h)	对比值	3月5日 瞬时流量(m³/h)	对比值
1	天辰-1	173.5	-0.21%	173.5	0.04%	173.5	-0.04%	173.7	0.16%	173.8	0.05%	173.7	-0.07%			174.9	-0.08%
2	天辰-2			132.2	-0.61%	132.4	0.14%	132.4	0.01%	132.6	0.10%	132.5	-0.08%			140.6	0.16%
3	天辰-3	66	-0.88%	66	-0.01%	66.1	0.13%	66.2	0.11%	67.1	1.41%	66.9	-0.25%	66.3	-0.94%	65.2	-1.63%
4	海关-1	4.3	-4.36%	4.4	3.45%	4.4	-0.51%	4.4	0.99%	4.3	-3.78%	4.5	4.78%	4.4	-2.09%	4.3	-1.06%
5	江山悦A-1	136.6	-1.97%			131.8	2.57%	130.9	-0.67%					121.3	3.10%	127.4	5.03%
6	江山悦A-2	139.8	-0.15%			126.1	0.18%	124.9	-0.98%					117.6	-1.22%	118	0.27%
7	江山悦B-2	57.2	-0.64%			56.5	0.16%	56.4	-0.05%	56.4	0.01%	56.6	0.23%	56.5	-0.12%	56	-0.90%
8	103四期-2	57.5	-0.76%	57.8	0.49%	58.1	0.52%	58.3	0.40%	58.5	0.24%	58.1	-0.64%	57.3	-1.45%		
9	103四期-3	57	-0.51%	57	0.11%	57	-0.09%	56.8	-0.35%	56.9	0.21%	56.1	-1.44%			51.7	-0.97%
10	103三期-1	43.4	-0.50%	43.3	-0.21%	43.6	0.62%	43.4	-0.43%	43.6	0.50%	43.8	0.43%			41.6	-1.58%
11	103三期-2	89.1	-0.51%	89.3	0.23%	89.2	-0.22%	89.2	-0.22%	89.6	0.54%	89.5	-0.21%			85.1	-1.03%
12	雍华庭-1	81.3	-0.05%	81.1	-0.35%	81.3	0.33%	81.2	-0.10%	81.3	0.13%			79.9	-2.06%	80.4	0.60%
13	雍华庭-2	77.3	0.00%	77.1	-0.31%	77	-0.06%	77.1	0.07%	77.3	0.29%	77.2	-0.11%	75.9	-1.69%	76.6	0.95%
14	雍华庭-3	64.3	0.01%	64.2	-0.17%	64.2	0.06%	64.2	0.06%	64.5	0.45%	64.3	-0.35%	63.2	-1.75%	64.2	1.60%
15	未来城北-2	43.9	0.00%	43.8	-0.30%	43.7	-0.20%	43.7	-0.01%	43.9	0.38%	43.7	-0.33%	43.7	-0.05%	43.5	-0.40%
16	未来城北-3	102.2	-0.49%	102	-0.18%	102.4	0.43%	102.5	0.04%	102.2	-0.25%	102.5	0.32%	102.1	-0.42%	101.1	-0.97%
17	未来城南-1	156.9	-0.06%	156.7	-0.13%	154.9	-1.13%	156.5	1.02%	157.5	0.61%	156.9	-0.38%	156.7	-0.10%	156.2	-0.35%
18	未来城南-2	104.1	-0.10%	104	-0.03%	103.5	-0.87%	104.7	1.12%	104.8	0.16%	104.8	-0.05%	104.6	-0.14%	103.9	-0.74%
19	最小比例		-4.36%		-0.61%		-1.13%		-0.98%		-3.78%		-1.44%		-2.09%		-1.63%
20	最大比例		0.01%		3.45%		2.57%		1.12%		1.41%		4.78%		3.10%		5.03%

表8是长时间观察中的一部分，波动最大的是海关换热站，能达到±10%的波动，是由于该站变频开度较小，仅有7Hz；其次是江山悦的低区，波动也能达到±(5%~6%)，应该是电机功率选择过大所致（15kW），其他系统波动在±2%以下，表中空白部分是变频调整无可比性。

因为流量呈线性波动，因此对循环泵变频校核时，一定要用某一时间段的平均流量来计算，只有这样误差才能小点。

2 如何对循环泵进行选型

循环泵的设计与选型都是由设计部门完成，而设计部门通过并网面积大小选择流量，通过运行管径的大小、管件的多少与管线长度来确定系统的阻力（即循环泵扬程）。再根据流量、扬程参数及下列电机功率选择公式计算选择电机功率：

$$P = \frac{Q \times H}{367 \times \eta} \times 1.15$$

式中 P——电机功率；
Q——设计流量；
H——设计扬程；
η——电机效率。

然而，符合上述流量及扬程的循环泵会有一系列参数，但不同参数的循环泵的耗电结果是不一样的，只有电机功率与实际所需功率接近才会最省电。

例如：以保利一期低区现用的15kW循环泵为例，其型号为IL150/250-15/4，流量160m³/h，扬程17.2m，功率15kW。根据上述公式，电机效率选择90%，此时电机功率11kW就能满足（这也是造成低区循环泵理论与实际耗电误差大的原因），如此选择理论上可以节电26.67%；如果在功率、扬程不变的情况下，将流量最大化，此时流量可以达到183.7m³/h，对比原有流量又可以节电14.45%。三种情况下的节电比如表9所示。

循环泵参数调整及理论运行参数对比表 表9

参数	型号	额定参数			运行参数				对比值
		流量(m³/h)	扬程(m)	功率(kW)	变频(Hz)	流量(m³/h)	扬程(m)	功率(kW)	
原有	IL150/250-15/4	160	17.2	15	50	160	17.2	15	
调整1	IL150/250-15/4	160	17.2	11	50	160	17.2	11	-26.67%
调整2	IL150/250-15/4	183.7	17.2	11	47.8	160.5	17.2	9.6	-35.93%

从表 9 中可以看出,电机功率降一档可以节电 26.27%,如果再将循环泵流量最大化可以节电 35.93%。虽然理论与实际耗电会存在一定的差异,但变化的方向不会变。

因此,在循环泵选型时,厂家应该多提供一些满足设计参数的循环泵,使用单位也应及早介入,参与选择具有节能参数的循环泵,这样才可能选择到相对节电的循环泵。

3 循环泵运行变频开度的选择

根据比例定律可知,在保证供热系统正常运行的情况下,变频开度越低,节电、耗电比例越高。因此,循环泵变频开度确定得正确与否,是实现节电的根本,即便使用的是高效率的节电循环泵,如果不能合理控制变频开度,同样不能达到节电的效果。

3.1 流量与散热量的关系

在遇到有用户室温不达标时,很多人首先想到的是如何提高用户的流量,这对于因流量较低(低于平均流量)造成室温不达标的用户是可行的,但并不适合于所有用户,这从流量与散热器性能的关系图中可以看出(图 4)。

从图 4 中可以看出,不同温差的散热器,在设计流量以下时,随着流量百分比的增大,散热百分比的增长幅度较大;但在设计流量之上时,随着流量百分比的增大,散热百分比虽然也在增加,但增长的幅度较小,此时散热效率受到限制;特别是现在的热用户多为地板供暖,设计温差为 10℃,若无限地增加系统流量,只能增加耗电成本,而散热效率提高甚微。因此,当个别用户因流量不足影响供热时,应通过系统平衡调整或改造来提高用户的流量或散热量,决不要将换热站整体提高流量,这样就增大了循环泵的变频开度,造成电量的浪费。

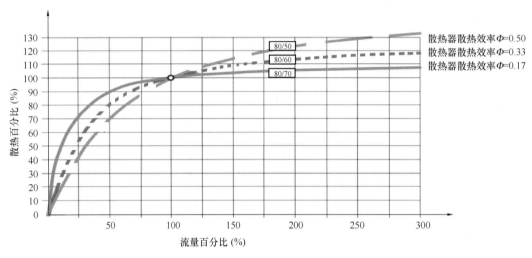

图 4 流量与散热器性能的关系

例如,百福汇小区 4 号楼 1 单元 1802 室位于该楼的东北角顶层,光照时间短,冷山墙面积较大,散热较多,虽然将室内温控阀取消,进行户间调整,将进户流量调到平均流量的两倍以上,但卧室室温无变化,温度最低时 15～16℃。后来经过协商,由开发商、供热单位及用户三方出资,为用户两个卧室的冷山墙及顶棚在室内做了保温,使用户的室温达到 20～21℃,没做保温的方厅也由原来的 18～19℃ 上升到 20～21℃。

3.2 二网供回水温差的确定

根据热量计算公式:
$$Q = G \cdot C \cdot (t_g - t_h)$$

式中 Q——热量;
G——流量;
C——比热容;
t_g——供水温度;
t_h——回水温度。

在热量一定时,流量与温差成反比,即在保证换热站运行热量不变的情况下,可以适当加大温差,降低流量(也就是降低变频开度),达到节电的效果。

根据我国集中供热的要求,日平均气温低于 5℃ 时开始供热,而供热的初末期,由于室外气温相对较高,如果不加大供回水温差,用户就感觉不到供热的温度。因此,在保证安全运行的情况下,更应适当降低变频开度,增大温差(一般应尽量不低于 5℃),减小循环流量,也能达到节电的效果。

根据牡丹江地区的尖峰期设计气温(平均 −24℃),及牡丹江热电有限公司的运行情况,以地暖系统为例,可以列出气温与温差的对比表,如表 10 所示。

室外平均温度与供回水温差参考表　　表 10

室外平均温度(℃)	5	4	3	2	1	0	−1	−2	−3	−4
供回水温差(℃)	5	5.17	5.34	5.52	5.69	5.86	6.03	6.21	6.38	6.55
室外平均温度(℃)	−5	−6	−7	−8	−9	−10	−11	−12	−13	−14
供回水温差(℃)	6.72	6.90	7.07	7.24	7.41	7.59	7.76	7.93	8.10	8.28
室外平均温度(℃)	−15	−16	−17	−18	−19	−20	−21	−22	−23	−24
供回水温差(℃)	8.45	8.62	8.79	8.97	9.14	9.31	9.48	9.66	9.83	10

当然，由于各地区的气温不同，应以当地的实际温度列表，或者根据各自的需要列表，该表仅供参考。

3.3 变频调节开度的计算

变频调整要在保证供热效果、供回水温差的情况下进行，并参照室外气温的变化情况同步进行；要根据现有的供回水温差、变频开度及所要达到的目标供回水温差对比调整，调整幅度要适当，切忌大起大落。

根据热量计算公式，温差变化与变频开度有如下关系：

变频调整开度＝现有变频开度＋现有变频开度·（现有温差－目标温差）/目标温差

根据上述关系式及实际运行的全网平衡数据，可以得到变频调整计算表（表11）。

供暖期部分系统变频调整计算表　　　　表11

换热站	系统名称	实际运行部分		计算部分			
		循环泵频率（Hz）	二网温差（℃）	平均9.55℃升降变频（Hz）	目标10℃升降变频（Hz）	平均9.55℃变频开度（Hz）	目标10℃变频开度（Hz）
德远天辰	南低	23.5	8.8	－1.8	－2.8	21.7	20.7
	北低	23	8.7	－2.0	－3.0	21.0	20.0
	高区	19.3	11.8	4.6	3.5	23.9	22.8
江南华府	低区1	35	9.2	－1.3	－2.8	33.7	32.2
	中区1	30	9.3	－0.8	－2.1	29.2	27.9
	高区1	21	7.9	－3.6	－4.4	17.4	16.6
	低区2	38	10	1.8	0.0	39.8	38.0
	中区2	38	11	5.8	3.8	43.8	41.8
江山悦	低区1	44.2	9.1	－2.1	－4.0	42.1	40.2
	低区2	33.6	9.1	－1.6	－3.0	32.0	30.6
	中区	17.4	7.8	－3.2	－3.8	14.2	13.6
	高区	24	10.2	1.6	0.5	25.6	24.5
	商服	18.3	9.7	0.3	－0.5	18.6	17.8
世贸103二期	住宅	16.5	10.2	1.1	0.3	17.6	16.8
	商服	29.5	9.8	0.8	－0.6	30.3	28.9
世贸103四期	低区	28.1	10.3	2.2	0.8	30.3	28.9
	高区	22.1	10.7	2.7	1.5	24.8	23.6
	商服	20	9.5	－0.1	－1.0	19.9	19.0
世贸103三期	低区	16.5	9	－0.9	－1.7	15.6	14.9
	高区	18	9.4	－0.3	－1.1	17.7	16.9
	低区	17	9	－2.5	－1.7	14.5	15.3

表11是利用全网平衡系统，于2021年1月30日8：14导出的数据，是部分换热站不同系统的变频实际运行开度与二次网温差（平均9.55℃），并利用上述关系式做出的计算变频调整开度，在该变频开度下短时间内可以达到目标温差，但由于一次网系统是一个质、量并调的系统，会引起二次网系统供热量的变化，并且由于室外气温和时间的变化，温差会形成一定的变化，虽不能一次调整到位，但也可以无限地接近目标值。因此变化是永恒的，调整是无限的。

4 换热站改造

换热站改造有两个方面：一是选择节电循环泵代替原有循环泵；二是减少系统阻力。

4.1 循环泵改造

换热站循环泵一般多为两台相同参数的循环泵（牡丹江热电有限公司近年的设计均为两台不同参数的循环泵），经过供热运行，设计时留有的余量及系统阻力都一目了然，设计是否合理，电耗是否过高，还有没有通过改造节电的余地，也都有所显现。

例如：2007年并网的绿地世纪城换热站耗电指标较高，该换热站分三期建设，设计为3套系统，低区设计3台循环泵，为开二备一（实际运行一直是开一备一），高区与地库为开一备一，地库一直没有供热，各区参数如表12所示。

绿地世纪城换热站参数 表12

序号	系统	型号	流量（m³/h）	扬程（m）	功率（kW）	台数（台）	供热面积（万m²）
1	低区	Y2K811208	700	28	75	3	20.37
2	高区	TP200-400/4	433	35	55	2	7.14

待三期工程完工全部投入运行后，2016年夏季对该换热站进行了循环泵替换改造（图5、图6）。根据上一个运行期高低区循环泵的变频开度，选出了替换循环泵，在相同出力时循环泵的理论运行功率对比情况如表13所示。

图5 改造后的低区循环泵

图6 改造后的高区循环泵

从表14中可以看出，低区循环泵预计节电11.15%，高区虽然节电较少，但其循环泵是其他换热站扩容后淘汰的（无成本），小循环泵也便于调节控制。

改造前后5个供暖期的耗电对比如表14所示。

绿地世纪城换热站循环泵对比 表13

序号	系统	型号	流量（m³/h）	扬程（m）	功率（kW）	变频（Hz）	运行功率（kW）	对比值
1	低区	TP200-290/4	517	21	37	36.5	14.39	−11.15%
		Y2K811208	700	28	75	30	16.20	
2	高区	TP150-280/4	249	24.5	22	40.6	11.78	−0.85%
		TP200-400/4	433	35	55	30	11.88	

绿地世纪城换热站各供暖期节电情况对比 表14

供暖期	2015—2016	2016—2017	2017—2018	2018—2019	2019—2020	2020—2021
年耗电量（kWh）	174444	148608	120144	129000	105120	97296
年相对节电量（kWh）		25836	28464	−8856	23880	7824
年累积节电量（kWh）		25836	54300	45444	69324	77148
年总计节电量（kWh）		25836	80136	125580	194904	272052
耗电指标（kWh/万m²）	7274	6255	4958	5230	4245	3891
年对比值		−14.00%	−20.74%	5.48%	−18.84%	−8.32%
累加对比		−14.00%	−31.84%	−28.10%	−41.65%	−46.51%

从表15可以看出，以2015—2016供暖期为基础进行对比，耗电指标仅有2018—2019供暖期指标较同期增加（这是管理人员更换造成的），5个供暖期总计节电272052kWh，累计节电比例为46.51%。

4.2 减少系统阻力改造

在供热设计时供热系统的阻力是一定的。然而，随着供热运行时间的增加与供热调整的深入，各种设备的阻力都会增大，除了及时清掏和刷洗除污器与换热器，还应该考虑如何减少一些不必要设备，例如：取消循环泵逆止阀，取消集水器上的平衡阀等。而笔者要说的是增加换热器旁通管。

例如，近几年牡丹江热电有限公司在换热站设计时，为了减少换热器的阻力，在换热器出口增加了旁通管，也有通过改造后增加的旁通管，如图 7、图 8 所示。

图 7　原设计的换热器连通管

原设计的换热器旁通管是在换热器分支管上连接的，后改造的换热器旁通管是在换热器母管上连接的。

以德远天辰换热站为例进行理论对比分析。根据循环泵参数对比，该换热站除高区小功率循环泵耗电较少外，另两个区均是小功率循环泵，耗电多，大小功率循环泵分组理论对比如表 15 所示。

但通过实际运行，以大功率循环泵分组运行数据为基础进行对比，选择小功率循环泵变频开度，并通过流量校核，对比结果如表 16 所示。

图 8　后期改造的换热器连通管

由表 17 可以看出，流量校核后分组流量差距仅为 0.29%，并且在任何一个系统中都是大功率循环泵节电，理论上大功率循环泵分组可以节电 14.33%，但实际测试结果却是节电 5.57%，两者差距很大，这是因为有其他电器用电，这些电器耗电不会因为变频而变化，这种差距会随着变频的降低而拉大。

因为测试的结果是大功率循环泵组节电，因此旁通管的关闭与开启对耗电的影响实验也用大功率循环泵组进行对比，如表 17 所示。

德远天辰换热站在小循环泵 30 赫兹扬程流量相等情况下（理论）功率对比表　　　表 15

序号	系统	型号	额定参数			运行参数				对比值
			流量 (m³/h)	扬程 (m)	功率 (kW)	变频 (Hz)	流量 (m³/h)	扬程 (m)	功率 (kW)	
1	北低	TP150-220/4	278	18.2	18.5	30	166.80	6.55	4.00	6.56%
		TP200-240/4	488	18	30	25	167.58	6.55	3.75	
2	南低	TP200-200/4	437	14	22	30	262.20	5.04	4.75	5.25%
		TP200-290/4	517	21	37	24.8	262.86	5.04	4.51	
3	高区	TP150-200/4	253	16.4	15	30	151.80	5.90	3.24	−1.08%
		TP150-250/4	296	20.4	22	26.5	152.27	5.90	3.28	
4	合计	小							11.99	3.88%
		大							11.54	

德远天辰换热站在系统流量相等情况下分组（实际）功率及耗电对比表　　　表 16

序号	系统	型号	额定参数			运行参数						
			流量 (m³/h)	扬程 (m)	功率 (kW)	变频 (Hz)	理论电机功率 (kW)	对比值	日均瞬时流量 (m³/h)	对比值	日均耗电 (kWh)	对比值
一组	北低	TP150-220/4	278	18.2	18.5	21.8	1.53	9.55%	173.90	2.03%	337	5.57%
	南低	TP200-200/4	437	14	22	20.1	1.43	22.42%	140.50	−1.58%		
	高	TP150-250/4	253	16.4	15	14	0.33	5.52%	66.66	0.17%		
	合计						3.29	14.33%	381.06	0.29%		

续表

序号	系统	型号	额定参数			运行参数						
			流量(m³/h)	扬程(m)	功率(kW)	变频(Hz)	理论电机功率(kW)	对比值	日均瞬时流量(m³/h)	对比值	日均耗电(kWh)	对比值
二组	北低	TP200-240/4	488	18	30	18	1.40		174.05		319.2	
	南低	TP200-290/4	517	21	37	15.8	1.17		140.77			
	高	TP150-200/4	296	20.4	22	12.3	0.31		66.19			
	合计						2.88		381.01			

德远天辰换热站在系统流量相等情况下分组（实际）功率及耗电对比表　　表17

序号	系统	型号	额定参数			运行参数						
			流量(m³/h)	扬程(m)	功率(kW)	变频(Hz)	理论电机功率(kW)	对比值	日均瞬时流量(m³/h)	对比值	日均耗电(kWh)	对比值
关阀	北低	TP200-240/4	488	18	30	24.7	3.62	23.85%	195.14	−0.15%	264.4	36.46%
	南低	TP200-290/4	517	21	37	25.1	4.68	29.97%	223.33	0.28%		
	高	TP150-200/4	296	20.4	22	24.5	2.59	259.04%	75.90	0.15%		
	合计						10.89	50.30%	494.37	0.09%		
开阀	北低	TP200-240/4	488	18	30	22	2.92		195.44		193.8	
	南低	TP200-290/4	517	21	37	23	3.60		222.71			
	高	TP150-200/4	296	20.4	22	16	0.72		75.79			
	合计						7.24		493.94			

通过开关旁通管阀门进行节电、耗电对比，在流量校核后分组流量差距仅为0.09%，发现理论上可以节电50.3%，而实际运行节电36.46%。虽然每个旁通管的管径相同（都是DN80），但节电结果却相差很大，特别是阻力较大的高区系统（换热器截面积小），关闭旁通管阀门多耗电达259.3%。

因此笔者建议，旁通管不应设计统一管径，应根据换热器的阻力及出口管径来设计。另外，加旁通管是为了减少换热器阻力，也就不应在旁通管上加阻力较大的调节阀门，应加阻力较小的阀门。

德远天辰换热站是2018—2019供暖期并网的换热站，并网运行后换热器旁通管一直没有投入使用，2019—2020供暖期投入使用，三个供暖期的同期电耗对比如表18所示。

德远天宸换热站耗电指标对比　　表18

供暖期	供热面积(m²)	耗电指标(kWh/万m²)	对比值
2018—2019	172481	2262	
2019—2020	172481	1317	−19.25%
2020—2021	172481	1267	−3.85%

增加换热器旁通管可以降低换热器的阻力，起到节电的作用，但也会引起一次网回水温度的升高，对于电厂余热的回收及一次网的输送能力都有一定的影响，因此是否增加换热器旁通管应全面考虑。

5　结束语

节电本身并不是简单的节约电量，因为节电首先要进行系统平衡调整，也就同时会起到节热的作用；节电的基础是选择节电循泵，只有选择耗电较少的循环泵才有利于节电；节电的根本是控制好变频开度，在换热站整体热量没有增加的情况下，增大变频开度，增加系统流量，缩小供回水温差，就是在浪费电量；在控制好变频开度上限的前提下，根据室外气温变化情况，实时控制好系统的供回水温差才能更细致地节电；通过对耗电较高的换热站进行循环泵更换改造，减少电量消耗，但一定保证改造的成功率，事实上有很多的改造没有通过参数对比，改造后无法使用或没有达到预期效果；合理增设换热器旁通管，可以减少系统阻力，更好地节电。但无论哪种方法，都需要调动人的积极性，适当的奖励可以更好地促进调节，达到降低供热成本的目的。

以上只是本人的工作感悟，望专业人士批评指正，欢迎大家共同探讨。

专题 14　热力站与建筑物末端节能

供热系统差异化热平衡调节及应用分析

哈尔滨哈投投资股份有限公司供热公司　郭晓涛　李保国　徐　欣　冯杨洋　高　帅

【摘　要】为提升供热系统对热用户室温调节能力，降低运行能耗，同时改善系统失调问题，本文提出了适用于热用户由于围护结构耗热量不同导致室温出现较大差距的供热系统的差异化热平衡调节方法。通过异化热平衡调节方法在 LM 换热站的实践应用，证明了该调节方法在在技术上可行、效果明显，为日后此类型的供热系统的热平衡调节提供了方法与思路。

【关键词】热平衡调节　水力平衡　热力平衡　节能降耗

0　引言

哈尔滨哈投投资股份有限公司供热公司（以下简称哈投供热公司）2000 年及以前建成的换热站近 100 座，受限于当时设计理念与设计水平，其对系统中每个热用户的调节能力十分有限。但随着人们生活水平的提高，政府与热用户对供热企业的期望与要求也逐年提高，供热从原有的保障正常生产生活逐步的转变到对生活环境舒适的追求，由于同一个供热系统中不同类型的热用户对室温舒适的感知不同，如何加强老旧供热系统对用户室温的调节能力是各供热企业急需解决的问题。

我国集中供热规模大，发展速度快，《中国建筑节能年度发展研究报告 2015》中指出，我国北方的冬季供暖面积每年以 14% 的速率在增长。哈投供热公司在历年拆并小锅炉项目中建成的换热站其供热建筑建成年限、建筑的保温性能都有较大差异，在生产运行中在部分用户达不到合格供热温度的同时，部分用户则发生过量供热。研究表明，此类能源浪费约占总供热量的 20%。因此，提出"差异化热平衡调节"方法，来降低此类换热站运行能耗高与系统间各用户室温不平衡的问题。

1　"差异化热平衡调节"原理分析

1.1　"差异化热平衡调节"原理

本次热平衡调节首先将供热系统中围护结构情况接近、室温达标的热用户（非不利用户）作为一个整体，通过手动平衡阀对各热用户进行水力平衡调节，均衡各非不利用户室温，同时也将各热用户室温保持在一合适温度；对由于围护结构的面积等因素造成耗热量大的热用户（不利用户）与水力平衡调节完毕后的非不利用户间通过调整系统供热参数方法进行热力平衡调节，将原有非不利用户超供的部分热量转移分配给不利用户，在不增加供热系统整体能耗的前提下，提升不利用户的室温。

1.2　"差异化热平衡调节"理论计算

围护结构耗热量计算方法见式（1）。

$$Q_1 = KF(t_n - t_w)\alpha \tag{1}$$

式中　K——围护结构传热系数，$W/(m^2 \cdot ℃)$；
　　　F——围护结构面积，m^2；
　　　t_n——室内温度，℃；
　　　t_w——室外温度，℃；
　　　α——围护结构温差修正系数。

从式（1）可以看出，即使处在同一供热系统不同位置的热用户由于围护结构耗热量的不同，也会出现供给的热负荷与需要的热负荷不一致的情况，进而造成热用户间室温的差异。

低温地板辐射供暖的地板表面平均温度计算方法见式（2）。

$$t_{pj1} = t_n + 9.82\left(\frac{q}{100}\right)^{0.969} \tag{2}$$

式中　q——单位地面面积的散热量，W/m^2；
　　　t_{pj1}——地板表面平均温度，℃；

低温地板辐射供暖系统的地板表面平均温度主要受加热管内热水计算平均温度影响，调节中热用户加热管内热水计算平均温度变化较小，故采用加热管内热水计算平均温度的修正值 t_{pj} 作为地板表面平均温度。

由式（2）得：

$$q = 9.47(t_{pj} - t_n)^{1.032} \tag{3}$$

考虑地板向下的热损失，因此将式（3）中的 q 乘以一个向下散热损失系数 β（取 $\beta=1.11$）。

当供热系统稳态运行时，在忽略管道输送热损的前提下，则用户地面散热量、围护结构耗热量、供热系统输送给热用户的热量应该相等，即：

$$9.47\beta F_1(t_{pj} - t_n)^{1.032} = KF(t_n - t_w)\alpha = 1.163G(t_g - t_h) \tag{4}$$

式中　F_1——敷设加热管的地面面积，m^2；
　　　t_g——供暖热用户的供水温度，℃；
　　　t_h——供暖热用户的回水温度，℃；
　　　G——供暖热用户的循环水量，kg/h。

若以带"'"标符号表示在某室外计算温度下的运行参数，不带上标符号表示在系统调节后的运行参数，相应热负荷之比称为相对供暖热负荷比 $\overline{Q}$，其流量之比为相对流量比 $\overline{G}$，为了便于计算，假设供暖热负荷与室内外温差成正比，则：

$$\overline{Q} = \frac{Q_1}{Q_1'} = \frac{Q_2}{Q_2'} = \frac{Q_3}{Q_3'} = \frac{Q_i}{Q_i'} = \frac{t_n - t_w}{t_n' - t_w'} \tag{5}$$

$$\overline{G} = \frac{G}{G'} \quad (6)$$

可得出系统调节后供、回水温度的计算公式:

$$t_{\mathrm{g}} = t_{\mathrm{n}} + (t'_{\mathrm{pj}} - t_{\mathrm{n}})\overline{Q}^{0.969} + \left(\frac{t'_{\mathrm{g}}+t'_{\mathrm{h}}}{2} - t'_{\mathrm{pj}} + \frac{t'_{\mathrm{g}}-t'_{\mathrm{h}}}{2\overline{G}}\right)\overline{Q} \quad (7)$$

$$t_{\mathrm{h}} = t_{\mathrm{n}} + (t'_{\mathrm{pj}} - t_{\mathrm{n}})\overline{Q}^{0.969} + \left(\frac{t'_{\mathrm{g}}+t'_{\mathrm{h}}}{2} - t'_{\mathrm{pj}} - \frac{t'_{\mathrm{g}}-t'_{\mathrm{h}}}{2\overline{G}}\right)\overline{Q} \quad (8)$$

1.3 "差异化热平衡调节"分析

1.3.1 提高不利用户室温方法

从式(3)可知,可以通过提高用户加热管内热水计算平均温度增加用户地板散热量,从而提升用户室温。提高加热管内热水计算平均温度方法有提高运行流量与提高供热参数。

对于低温热水地面辐射供暖来说,供、回水管的温差较小,故提高运行流量方法在流量增加受限的情况下,其对用户室温提升的能力十分有限,甚至会出现单独采用提高运行流量方法无法解决用户室温不达标情况。故生产中多采用提高供热参数的方法提高加热管内热水计算平均温度。

1.3.2 非不利用户运行流量的调节

通过提高不利用户供热参数可提高不利用户室温,但在实际运行中无法单独提升某一热用户供热参数,只能提升供热系统整体供热参数,但这会造成供热系统运行能耗的升高。故在确定各非不利用户在某一运行工况下的理想温度后,需根据不利用户提升供热参数的情况对其水力平衡调节的理想流量进行修正,确保调节前后非不利用户耗热量不变,由式(4)得到:

$$G = G' \frac{(t'_{\mathrm{g}} - t'_{\mathrm{h}})}{(t_{\mathrm{g}} - t_{\mathrm{h}})} \quad (9)$$

$$t_{\mathrm{g}} + t_{\mathrm{h}} = t'_{\mathrm{g}} + t'_{\mathrm{h}} \quad (10)$$

2 "差异化热平衡调节"应用实践

2.1 LM换热站运行情况

LM换热站的供热建筑为一座建成于2000年的塔式住宅,建筑共16层,每层5户,供热总建筑面积为10204m²,供热方式为低温地板辐射供暖。供热系统为2个并联环路,其中环路1供热对象为一～九层用户,供热建筑面积为5643.5m²(其中低区一层、二层为商业用户);环路2供热对象为十～十六层用户,供热建筑面积为4560.5m²。

1603热用户相较于同单元其他热用户围护结构多了屋顶部分,同时由于建筑为塔式住宅,使得该用户不利房间有三侧围护结构为冷山。在运行中1603热用户多次投诉其东北卧室(不利房间)室温较低。在大幅提升换热站供热参数后,1603热用户不利房间室温从14.5℃达到17℃,此时该单元部分用户运行流量、供回水温度以及不利房间的围护结构信息情况见表1。

热用户运行参数对比表　　表1

用户	围护结构面积(m²)		供水温度(℃)	回水温度(℃)	平均温度(℃)	运行流量(m³/h)	卧室温度(℃)	用户耗热量(W)
	外墙	屋顶						
703	28.2	0	50.7	40.8	45.75	0.51	22.7	5871
1603	28.2	22.8	50.7	44.1	47.4	1.62	17	12279

通过对比表1中各用户循环流量可以看出:1603热用户实际运行流量接近703用户的3倍,同时1603热用户供回水平均温度较703用户高1.65℃,但对应的房间温度却比703用户低5.7℃。

此外,LM换热站热单耗是与其建筑年限、供热方式相同的BC站的1.64倍,若继续通过整体提高供热系统供热参数的方法来提高不利用户室温,将导致供热系统运行能耗在现有基础上继续升高。

2.2 LM换热站"差异化热平衡调节"实践

2.2.1 非不利用户平衡调节理想流量的计算

非不利用户平衡调节理想流量计算以3单元热用户为例,调节前部分3单元用户实际运行流量、室温等参数见表2。

3单元部分热用户调节前用户运行信息表　表2

序号	门号	运行流量(m³/h)	建筑面积(m²)	单位面积流量(kg/h)	室温
1	403	0.32	110	2.91	20.7
2	703	0.51	110	4.64	23.5

续表

序号	门号	运行流量(m³/h)	建筑面积(m²)	单位面积流量(kg/h)	室温
3	1203	1.41	110	12.82	26.1
4	1503	1.49	110	13.55	26.7
5	低区平均流量	0.45	110	4.09	

从表4可以看出,3单元热用户实际循环流量在0.32～1.51m³/h之间,室温在20.7～26.7℃之间。综合投诉与节能两方面,使用低区3单元热用户的平均循环流量作为该单元用户的理想流量,通过式(7)可计算出调节后3单元用户室温约为23℃,并以此方法计算出其余各单元热用户在此供热参数下的理想流量。

水力平衡调节前各用户的调节阀都处于完全开启状态,调节时在关小某一热用户调节阀过程中,其余热用户的实际流量会有所增加,结合以往水力调节数据,预计水力调节完毕后1603热用户流量升高约20%,在此基础上通过提升供热参数的方法将1603用户不利房间室温提高到20℃,通过式(7)可计算出系统供水温度需提高2℃。

通过式(9)、式(10)可计算出各非不利热用户修正后的理想流量为修正前的71%,修正后各门热用户理想流量见表3。

各单元热用户理想流量表　　表3

单元号	1单元	2单元	3单元	4单元	5单元
理想流量(m³/h)	0.28	0.32	0.32	0.36	0.21

2.2.2 非不利用户水力平衡调节实践

本次水力平衡调节在"简易快速法"的基础上,使用手动数字型平衡阀,配合室内温度采集器进行水力平衡调节。根据系统形式将高区十~十二层、低区三~六层作为近端用户,其初始设定流量为理想流量的90%,十三~十五层、七~九层作为末端用户,其初始设定流量为理想流量。各热用户初调节时实际流量与初调完毕后实际流量见表4。

部分热用户初调节初始设定流量与调节后实际流量表　　表4

序号	楼层	所属环路	1单元流量(m³/h)		2单元流量(m³/h)		3单元流量(m³/h)		4单元流量(m³/h)		5单元流量(m³/h)	
			初设流量	完毕后流量	初设流量	完毕后流量	初设流量	完毕后流量	初设流量	完毕后流量	初设流量	完毕后流量
1	七	低区	0.28	0.28	0.31	0.31	0.31	0.33	0.36	0.38	0.19	0.21
2	九	低区	0.27	0.28	0.31	0.32	0.31	0.33	0.36	0.38	0.21	0.21
3	十	高区	0.27	0.28	0.30	0.32	0.27	0.30	0.33	0.36	0.22	0.23
4	十五	高区	0.32	0.33	0.32	0.33	0.33	0.34	0.35	0.37	0.19	0.20
5	理想流量		0.28		0.32		0.32		0.36		0.21	

从表4可以看出,调节后绝大部分热用户流量与理想流量偏差都在10%以内,基本实现水力平衡。

2.2.3 热力平衡调节

热力平衡调节前、后1403用户运行参数见表5。

1403热用户热力平衡调节前、后运行参数表　　表5

运行状态	运行流量(m³/h)	供水温度(℃)	回水温度(℃)	供回水温差(℃)	平均温度(℃)	1403不利房间(℃)
调节前	0.47	50.7	39.4	10.9	44.85	23.5
调节后	0.31	52.5	37.5	15	45	23.2

从表5可以看出,调节后1403热用户供水温度提高了1.8℃,实际流量降为原理想流量的66%,卧室温度仅变化0.3℃,考虑到采集与调节设备精度等因素,认为调节前后1403用户不利房间室温未发生变化,调节前、后非不利用户室温情况与预期计算相符。

热力平衡调节前、后1603用户运行参数见表6。

1603热用户热力平衡调节前、后运行参数表　　表6

序号	运行状态	供水温度(℃)	回水温度(℃)	供回水温差(℃)	平均温度(℃)	1603卧室温度(℃)
1	调节前	50.7	44.1	6.6	47.4	17
3	调节后	52.5	46.8	5.7	49.65	20.1

从表6可以看出,调节后1603热用户供回水平均温度较调节前提高了2.25℃,同时其不利房间温度从17℃提升到20.1℃,与预期相符。

3 "差异化热平衡调节"效果分析

3.1 供热系统对各热用户室温的调节能力方面

"差异化热平衡调节"减小了供热系统整体的循环流量,使得输送干管的压力损失降低,加大了不利用户的资用压头,在提高不利用户循环流量的同时,配合供热参数的调整,增加了不利用户供回水平均温度的调节上限,使得系统对不利用户室温的调控能力增强。

对于非不利用户,调节后供热系统整体运行温差加大,增大了非不利用户供回水平均温度的调节范围,同时各非不利用户资用压头与用户调节阀压降之和有所提高,后期可通过调整各用户调节阀开度进而改变调节阀实际压降的方式来调节用户资用压头,实现不同用户对室温的不同需求,加强系统对用户室温的调节能力。

3.2 降低供热系统能耗方面

"差异化热平衡调节"前、后LM换热站能耗对比见图1。

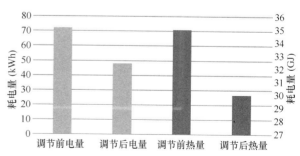

图1　热力平衡调节前后换热站能耗对比图

从图1可看出,"差异化热平衡调节"后在室外温度接近时换热站运行耗热量较调节前降低14.3%,换热站运行耗电量较调节前降低33%。换热站热耗与电耗情况相较于调节前都有明显的改善。

3.3 平衡用户室温方面

"差异化热平衡调节"前、后3单元部分热用户与十五层热用户室温的变化分别见图2、图3。

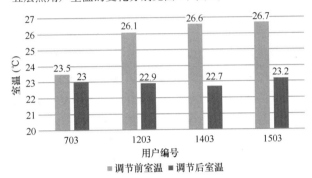

图2 垂直失调情况室温对比图

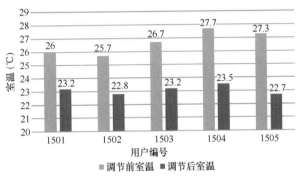

图3 水平失调情况室温对比图

由图2可以看出,热平衡调节后3单元非不利热用户间最大室温差从3.2℃降低至0.5℃以内,系统垂直失调问题得到了明显改善。由图3可以看出,调节后十五层各热用户间最大室温差从1.7℃降低至0.7℃,热平衡调节在一定程度上改善了系统水平失调问题。

4 结论

通过理论计算与实践调节可以看出,"差异化热平衡调节"技术上可行,能根据供热系统的实际情况对系统中不同热用户使用不同的室温调节方法。在实践应用中能有效提升不利用户与不利房间室温,提高供热系统对各热用户室温的调节能力与室温调节范围,同时避免了既有调节方法易造成供热系统能耗升高情况的发生,降低了供热系统能耗。

"差异化热平衡调节"适用于热用户围护结构保温性能、面积相差较大的供热系统与存在相邻热用户都办理停热的"孤岛"型热用户供热系统的热平衡调节。接下来我们将继续探索各建筑间由于供热方式的不同产生的失调问题的调节方法,从而进一步降低企业运行成本。

参考文献

[1] 江亿. 我国建筑能耗趋势与节能重点[J]. 建筑科技,2006,7:10-13,15.

[2] 江亿,等. 中国建筑节能年度发展研究报告(2015)[M]. 北京:中国建筑工业出版社,2015.

[3] 狄洪发. 供热计量收费后所面临的若干技术问题[J]. 供热信息,2006,2:26-28.

[4] 王红霞,石兆玉,李德英. 水系统简易快速初调节法在某工程中的应用[J]. 暖通空调,2004,34(2):65-67.

某换热站壁挂炉调峰运行及氮氧化物排放分析

山东建筑大学 林逸飞 江悦悦 邰传民 王歆涛 兰聪 田贯三

【摘 要】本文针对换热站在严寒期热负荷不足、用户投诉率高的情况加装6台燃气壁挂炉,对加装后换热站的热负荷进行分析,测试二次网供回水温度、热负荷等数据,从二次网供水温度、供热负荷、用户投诉率等方面分析换热站的调峰效果,调峰负荷约占总负荷的22%;得出了6台壁挂炉正反平衡热效率和折算后壁挂炉的污染物排放浓度。该调峰方式可为换热站调峰提供借鉴。

【关键词】严寒期 调峰 热负荷 污染物

0 引言

随着清洁能源普及以及"双碳"目标的提出,本文对换热站热负荷不足加装6台壁挂炉的运行特性及氮氧化物排放进行分析。燃气壁挂炉以燃气作为驱动热源,当壁挂炉感知有供暖需求时,燃气进入燃烧仓燃烧后加热主换热器中的锅炉水用于热交换,并将热水送出与二次系统热交换用于供暖。燃气壁挂炉以燃气这一清洁能源代替传统能源进行驱动,不仅顺应政策推动下的天然气供暖大趋势,还可以增加清洁能源在供暖中的份额。燃气壁挂炉除了具有热效率高、节能效果显著的突出优点外,还具备噪声低、安全性能高、占用空间小等优势。

文献[1]中研究热电厂作为基础热源,集中锅炉房作为调峰热源根据调峰位置不同时对热网初投资和循环水泵输送电耗的影响；文献[2]根据供热负荷和调峰系数计算确定小区换热站的调峰技术路线，从经济、环境效益和烟气排放方面分析设小区换热站的可行性；文献[3]中采用温频法计算某供热工程的年耗热量，并针对该工程就二级调峰方案和现有供热方案进行比较，表明二级调峰方案具有较好的节能效果。上述研究对二级调峰的设计与运行具有一定的指导和应用价值，但是针对燃气壁挂炉在换热站调峰实际运行过程中的运行特性和调峰效果方面的测试和分析有待加强。

1 热负荷分析

1.1 热负荷现状

换热站覆盖区域属于既有非节能建筑，于2019年建成并接入热力管道，纳入集中供热管网范围内，暂时解决了该小区的供暖问题。然而该区域建筑老旧和管网不完善导致供热不稳定，存在热负荷不足等问题。此外，测试阶段位于济南室外最低温度低于-10℃，加剧了换热站供热负荷不足的问题。

经测试，主热源提供的热负荷约为1600kW，二次网的供水温度约51.4℃。根据某热电公司提供的设计参数（表1），换热站未达到设计供热负荷以及供水温度。

设计参数与实际参数对比			表 1
实际供热负荷（kW）	1600	设计供热负荷（kW）	2100
实际供水温度（℃）	51.4	设计供水温度（℃）	53

1.2 调峰方案

为满足室内供暖需求，该换热站在供暖和燃气设施完善且具备安装燃气壁挂炉的条件下，添加6台燃气壁挂炉进行供热调峰，表2为换热站燃气壁挂炉参数表。

燃气壁挂炉参数	表 2
名称	数值或说明
锅炉型号	LN1GBQ72-MCA 80
额定热功率（kW）	80
设计压力（MPa）	0.6
最高温度（℃）	90

由于二次网供水温度未能达到设计温度，调峰方案设计将部分供水进入燃气壁挂炉进行二次加热，加热后的供水再次与未经过燃气壁挂炉的供水混合，起到提升温度的作用，从而达到设计温度，满足热负荷要求（图1）。

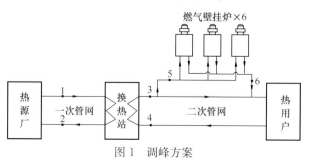

图 1 调峰方案

2 现场测试

2.1 测试方案

从正平衡和反平衡两个角度计算燃气壁挂炉的热效率，需要测量在测量工况下的壁挂炉耗气量、循环水量、测点温度、排烟温度、排烟处O_2、NO_x含量等数据[5]，测试过程中各测点布置如图1所示。

锅炉耗气量耗电量：采用现场的燃气流量计和电表读取数据；

循环水量：采用现场流量计直接读取数据，或者采用超声波流量计测试；

测点温度：采用现场管路中安装的温度计直接读取数据；

排烟温度测量、排烟处O_2、CO、NO_x含量测量：采用烟气分析仪测量，分析仪的探头要在排出烟气的均匀流段测试，待仪器稳定后读取数据。

测试当天，室外最低温度低于-10℃，属于严寒天气，为保证居民的供暖需求，当天6台燃气壁挂炉均开启。

此次测量主要采用烟气分析仪和超声波流量计，仪器参数如表3所示。

相关设备参数表		表 3
仪器	型号	测试精度
烟气分析仪	OPTAMA7	±0.1%
超声波流量计	TDS-100h	±0.1

2.2 计算方法

本次测试主要根据《热水锅炉及供暖系统》和《工业锅炉热工性能试验规程》GB/T 10180—2017进行方案设计，测试了机组总制热量Q_Z，壁挂炉调峰换热量Q_H和正反平衡热效率η。

机组总制热量Q_Z和壁挂炉调峰制热量Q_H均可通过式（1）计算：

$$Q_H = c \times G \times \Delta T \times \rho \quad (1)$$

式中 Q_H——制热量，W；
c——比热容，J/(kg·℃)；
G——体积流量，m^3/h；
ρ——密度，kg/m^3。

正平衡利用效率按照式（2）计算：

$$\eta = \frac{Q_H}{Q_r} \quad (2)$$

式中 η——燃气利用效率，%；
Q_r——燃气供热量，W，$1m^3$燃气的低热值取35.02MJ。

反平衡利用效率按照式（3）计算：

$$\eta_2 = 100 - (q_2 + q_3 + q_4 + q_5) \quad (3)$$

式中 q_2——排烟热损失，%；
q_3——气体不完全燃烧热损失，%；
q_4——固体不完全燃烧热损失，%（燃气锅炉$q_4=0$）；

q_5——散热损失，%。

排烟热损失 q_2 按照式（4）计算：

$$q_2 = (m + n\alpha_{py})\left(\frac{t_{py} - t_{lk}}{100}\right)\left(1 - \frac{q_4}{100}\right) \quad (4)$$

式中　t_{py}——排烟温度，℃；
　　　t_{lk}——冷空气温度，℃；
　　　q_4——固体不完全燃烧热损失 $q_4=0$；
　　　α_{py}——排烟处过量空气系数；
　　　m，n——计算系数，见表4。

气体不完全燃烧热损失 q_3 按照式（5）计算：

$$q_3 = 3.2\alpha_{py}CO \quad (5)$$

式中　CO——烟气中一氧化碳的容积百分数。

散热损失 q_4：考虑测试换热站的燃气壁挂炉炉体较小，因而散热损失较小，散热损失取 0.6%[5]。

3 结果分析

3.1 效率分析

测试当天处于严寒条件下，6台壁挂炉均开启运行，且管网运行稳定，现场测试过程中，根据测试时间内的耗气量、仪表读数以及式（1）、式（2）计算得出正平衡热效率，为 97.3%～97.7%，具体数据变化如图2所示。

表4　m、n 计算系数表

燃料种类	褐煤	烟煤	无烟煤	油、气
m	0.6	0.4	0.3	0.5
n	3.8	3.6	3.5	3.45

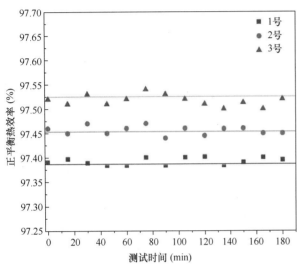
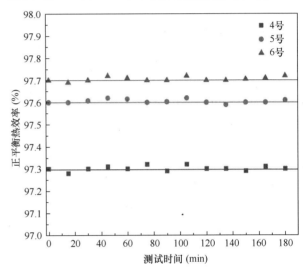

图2　测试时间内正平衡热效率的变化

根据烟气分析仪测试数据和式（3）～式（5）计算出两台燃气壁挂炉的反平衡热效率，燃气壁挂炉的反平衡热效率如图3所示。由图可得，壁挂炉的热效率基本在 96.7%～96.8%。

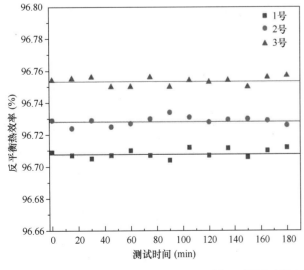
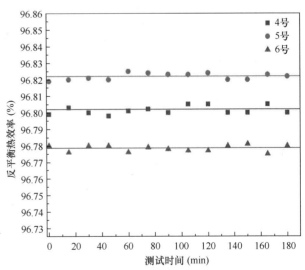

图3　测试时间内反平衡热效率的变化

经计算测试的6台燃气壁挂炉各自正反平衡热效率基本维持稳定，然而对比燃气壁挂炉热效率的计算结果，发现相同型号的壁挂炉仍存在一定的误差。经研究分析，造成误差主要是由烟囱安装位置、炉内压力、壁挂炉安装位置等因素造成的。除此之外，壁挂炉本身在制造过程中也会存在一定的差异造成误差产生。

对比正反平衡热效率的计算结果，不同的计算方法也存在一定的误差。产生误差的原因主要有三点：第一，方法差异。反平衡热效率的计算根据烟气分析仪测试氧气的含量，根据公式计算得出热效率，燃气的热值由燃气公司提供数值与实际数值存在一定的偏差，导致误差产生。第二，成分差异。在计算输入热量时只考虑燃料的低位热值和热焓，而不包括助燃空气的焓，这显然是不合理的，烟气是气体燃料与助燃空气燃烧形成的。除此之外，天然气中含有 N_2、CO_2 等不燃性物质，均可能导致误差产生。第三，操作差异。在测试过程中人为因素也会造成误差，如仪表精度问题致使数据读取存在一定的差异。

3.2 调峰效果分析

换热站针对供热需求开启不同的供热方式，当室外温度相对较高，居民所需的热量未在峰值时，利用一次网运行流量大、供回温差低的特点，作为主力热源进行供热，能够在保障居民用热需求的同时有效降低用热成本。当严寒条件下主力热源不满足供热需求时，采用壁挂炉进行换热站调峰，保证居民的用热需求。测试当天室外最低温度低于 −10℃，换热站开启壁挂炉进行调峰运行。图 4 为未经壁挂炉加热的供水温度与经壁挂炉加热后的供水温度的对比，经壁挂炉进行热量调节，提温后二次供水温度在 53.5℃ 左右，达到设计供水温度，满足居民的用热需求。

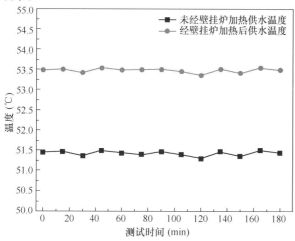

图 4　经壁挂炉加热与未经壁挂炉加热供水温度的对比

计算结果表明，调峰负荷大约为 460kW，占供热总负荷的 22%，满足设计热负荷。这样既有利于在发挥既有一次管网输配能力的基础上，来完善和提升二次网的新用户开发能力及小区应对事故工况下的供热保障能力。图 5 为测试时间段内主热源提供热负荷与调峰热源的供热负荷的统计。

为了解居民对增设调峰设备后的满意度，某供热公司对换热站供热区域的用户进行调研，结果显示，居民对 2020 冬季供热工作满意度 98%，与 2019 年供暖季同期相比，供热质量投诉率下降 24%，末端供热质量有较大提高。

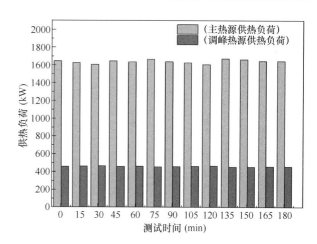

图 5　主热源供热负荷与调峰负荷的变化

3.3 优势分析

国内常见的调峰方式是把调峰系统全部放在供热一次网内，运行管理仅限制在一次网内，而二次网调峰则是仅设置热源厂作为唯一主热源，调峰热源设置在一次网。本次测试中将壁挂炉设在换热站进行二次网调峰，保证在严寒条件下用户的用热需求。比较两种不同的调峰方式，二次网调峰优势明显，主要体现在以下几个方面：

首先，在热源厂处建设燃气调峰装置进行热量运输具有延迟性。热源厂距离用户约 7km，假设管线的流速为 1.5m/s，热量自热源厂送至末端需要 1.3h（表 5），而自换热站输送到用户末端需要的时间近乎不计。

热源厂至末端所需时间		表 5
热源厂距离小区	管线流速	热量自热源厂送至末端所需时间
7km	1.5m/s	1.3h

其次，长距离的热量输送导致热量损失。在热源厂处建设燃气调峰设施，需要扩大一次网管径或增加升压设备，一次网输送动力消耗与沿程热损失大。根据热电公司上一供暖季统计数据显示，在一次管网内进行调峰时温度提高 3℃，到达换热站时温度仅能提高 1℃，由此可见在热源厂调峰的热量损耗严重。

最后，一次网调峰需要提高一次网供水温度，提高热源供热温度容易造成"上游用户过热，下游用户不热"的现象。若将燃气壁挂炉设在换热站内参与调峰，则可以实现精准调峰，避免上述现象的出现，也减少热量的浪费。

3.4 污染物排放分析

根据《锅炉大气污染物排放标准》GB 13271—2014 的相关规定，燃气锅炉氮氧化物应折算到过量空气系数 $a=1.2$ 时的浓度，NO_x 排放浓度按照下式计算：

$$C = C' \times \frac{a'}{a} \qquad (6)$$

式中　C——折算到的氮氧化物浓度，mg/m^3；
　　　C'——实测的氮氧化物浓度，mg/m^3；
　　　a'——排放点测得的过量空气系数；

a——标准过量空气系数。

图6中燃气锅炉和测试换热站的燃气壁挂炉折算后的氮氧化物排放浓度。

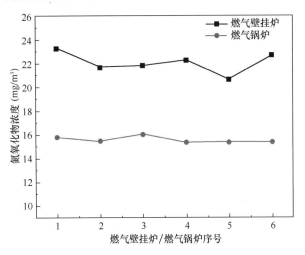

图6 燃气壁挂炉与燃气锅炉氮氧化物排放浓度对比

根据图6可得，折算到标准过量空气系数后燃气锅炉的氮氧化物浓度比燃气壁挂炉低，这是由于锅炉采取烟气回流的方式以降低氮氧化物浓度，然而烟气回流的过程中产生沿程损失导致锅炉热效率的降低；而燃气壁挂炉在不采取任何降氮措施的条件下的热效率维持在97%左右，使得天然气得到有效的利用。

济南市《关于加快推进全市锅炉深度治理有关工作的通知》中规定燃气锅炉氮氧化物排放浓度不高于50mg/m³，鼓励按照30mg/m³进行改造。对比可以得出6台燃气壁挂炉的氮氧化物排放标准符合济南市排放规定。

4 结论

本文实测换热站调峰的运行特性和污染物浓度并展开分析，得到如下结论：

（1）壁挂炉占地面积小，适合安装在空间狭小的换热站内；造价低，具有较高的经济性；壁挂炉全自动运行，方便运行管理。

（2）在换热站内采用壁挂炉调峰能量损耗小，为一次管网调峰的1/3；换热站距离热用户近，可实现精准调峰。

（3）燃气壁挂炉污染物的排放浓度均符合山东省排放标准，且燃气壁挂炉的热效率高达97%，可以有效提高天然气的利用率；换热站内采用壁挂炉的调峰方式可为热负荷不足的换热站调峰提供参考。

参考文献

[1] 王海超，邹平华，焦文玲. 调峰锅炉房位置对以热电厂为基本热源供热系统的能耗和经济性影响分析[C]// 集中供热优化运行系统节能技术交流研讨会，2014.
[2] 史凯. 小区换热站升级末端能源站的研究与应用[D]. 济南：山东建筑大学，2020.
[3] 郑雪晶，由世俊，姜南. 二级网调峰集中供热系统运行调节方案[J]. 天津大学学报，2007，12：125-130.
[4] 由世俊，朱晏琳，郑雪晶，等. 供热二级网侧设置燃气调峰锅炉的探讨及节能分析[J]. 暖通空调，2007，37(1)：48-51.
[5] 张健，邰传民，明星，等. CVVFV热电公司燃气锅炉效率测试及污染物排放结果分析[J]. 区域供热，2020，204(1)：42-48.
[6] 辛立刚，吕昕宇，潘景景，等. 燃气供暖热水炉测试装置热损失测试方法[J]. 煤气与热力，2019，39(4)：37-42.

寒冷地区某大型集中供热系统热力站热耗指标基准及节热潜力分析

河北工业大学能源与环境工程学院　陈　云　孙春华　冯浩宇　夏国强　高晓宇
河北工大科雅能源科技股份有限公司　吴向东

【摘　要】随着人们生活水平和建设低碳社会要求的提高，如何在满足用户需求的同时，实现节能减排，是供热行业研究的重点。本文针对某大型集中供热系统热力站2019—2020年度热耗数据，首先以累计频率分布法建立热力站热耗指标基准，再利用过热损失率、理论日耗热量调控误差分析热力站节能潜力。通过对各种类型热力站热耗数据及影响因素的分析，统计得出热力站能耗高低的原因，可为相似热力站的节能运行提供指导。

【关键词】热力站　热耗指标基准　节热潜力

0 引言

近十年来，我国集中供热领域迅速发展，年均增长13%，2018年中国城镇集中供热总面积已达104亿m²，建筑集中供热的能耗占据建筑总能耗的50%~60%[1]。供热系统普遍存在高能耗现象，不但造成了能源的浪费，还加大了环境问题的压力[2]。

国内学者对热力站能耗及节能潜力做了一些研究，结兄等人采用统计分析的方法，对300多个热力站计算单位供热面积电耗，发现75%的热力站已超出国家标准值1.0～1.5kWh/m²，并以巨海三热力站为例，通过调整循环泵的选型及二次网水力平衡，耗电量降至国家标准，为后续热力站实现节能降耗提供指导[3]。李飞等人分析北京6个热力站能耗，基于热工性能及气象条件，分析其节能潜力，发现热耗节能潜力最大[4]。郝伟统计北京近几年热力站能耗数据，分析能耗损失情况，并提出多种节能降耗措施，改善及优化热力站高热耗情况，最大限度提升节能潜力，为供热行业实现节能改造提供指导作用[5]。赵俊锁基于设备选型配置和运行管理两方面，谈及具体热力站的节能途径与措施，发现热力站的节能潜力很大[6]。刘雅斌应用带一次限温的二次供温气候补偿控制及二次温差与循环压差串级控制的节能新方法，以典型热力站为对象验证其节能效果，得出高低区热耗相比之前节省6.0%、5.7%[7]。杨跃威从实际案例出发，分析不同类型热力站热耗变化规律，得出热耗占比较大，且在不同供暖方式下，由于地暖用户室温高于散热器，因此地暖热力站高于散热器热力站热耗[8]。吴就阐述了供热系统能耗产生差异的原因，并从热能生产环节、热能传输环节、热能使用环节分析供热系统节能潜力[9]。李郡基于累计频率分布法建立不同地区住宅建筑能耗基准，为后续评估建筑节能潜力提供重要基础[10]。

鉴于此，本文采用统计分析法研究热力站的热耗指标，并依据过热损失率、运行调控水平等指标对热力站进行节热潜力分析，为热力站热耗指标确定及节能运行提供依据。

1 研究内容及方法

本文以寒冷地区某大型集中供热系统热力站2019—2020供暖季耗热量数据为对象，利用箱线图法对异常值进行剔除，用累计频率分布法确立热耗指标，并利用过热损失率、运行调控水平等指标进行热力站热耗节能潜力分析。具体研究流程如图1所示。

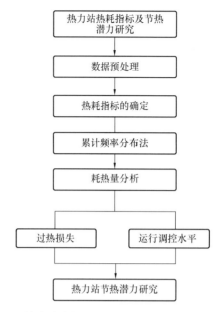

图1 热力站热耗指标基准及节热潜力分析方法

1.1 热耗指标基准确立方法

累计频率分布法是将样本数据划分为若干个小的数值区间段，分别对每个区间段内的数据出现的频率进行统计并逐段累计求和，该方法可以表示某一特定值出现的概率，累计频率分布法通常采用25%与50%的值作为期望与基准水平，如图2所示。

如图2所示，对于累计频率分布法而言，50%所处的位置可作为热力站热耗基准线，可用来评估热力站的节热潜力，而25%所处的位置可作为热力站期望达到的用热水平。

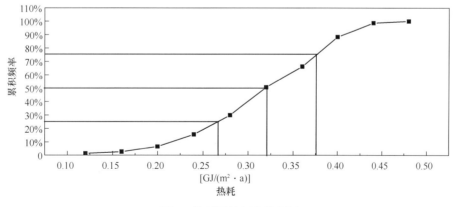

图2 热耗累计频率分布图

1.2 节热潜力分析理论方法

1. 过热损失率

用户的室温需求可以反映是否存在过热现象，过热损失的计算主要涉及室内温度、室外温度等，具体如式(1)所示。

$$\varepsilon = \frac{T_{np} - T_n}{T_{np} - T_0} \quad (1)$$

式中 ε——热力站过热损失率，%；
T_n——室内设计温度，取20℃；
T_0——供暖季室外平均温度，℃；
T_{np}——供暖季实际累积室内平均温度，℃。

2. 运行调控水平

热力站的实际日耗热量与理论日耗热量之间的差异能够反映出热力站的实际调控水平，可以利用公式计算得到各热力站在不同室外日平均温度条件下的理论日耗热量值，并结合平均绝对百分比误差（MAPE）对热力站的调控水平进行评价，具体如式（2）、式（3）所示。

$$Q_l = Q \frac{T_n - T_0}{T_n - T_{0min}} \quad (2)$$

式中 Q_l——理论日耗热量，$GJ/(m^2 \cdot d)$；
Q——设计日耗热量，$GJ/(m^2 \cdot d)$；
T_n——室内设计温度，取 20℃；
T_0——室外日平均空气温度，℃；
T_{0min}——最冷日室外平均空气温度，℃。

$$MAPE = \left[\frac{1}{n} \sum_{i=1}^{n} \left(\frac{|\hat{Y}_i - Y_i|}{Y_i} \right) \right] \cdot 100\% \quad (3)$$

式中 $\hat{Y}_i$——理论日耗热量，$GJ/(m^2 \cdot d)$；
Y_i——实际日耗热量，$GJ/(m^2 \cdot d)$；
n——供暖天数，d。

2 热力站耗热量分析

2.1 热力站概况

以寒冷地区某大型集中供热系统热力站 2019—2020 供暖季供热数据为研究对象，对 788 个热力站，按耗热量及二次供回水均温、保温性能聚类为 8 种，供暖方式主要为散热器、空调、地暖三种，如表1及表2所示。

各类热力站耗热量聚类中心及分布情况　表1

聚类类别	耗热量 [GJ/(m²·a)]	保温性能	二次供回水均温（℃）	热力站数量（个）	占比（%）
第一类	0.43	A1	42.12	28	3.55
第二类	0.34	A2	40.64	70	8.88
第三类	0.32	A3	40.64	77	9.77
第四类	0.31	B1	39.79	122	15.48
第五类	0.29	B2	39.16	203	25.76
第六类	0.27	C1	35.36	152	19.29
第七类	0.26	C2	35.36	64	8.12
第八类	0.25	D1、D2	35.36	72	9.14

热力站耗热量数据统计情况　表2

类别	保温性能	三种供暖方式的热力站数量		
		地暖（个）	空调（个）	散热器（个）
第一类	A1	0	0	28
第二类	A2	3	1	66
第三类	A3	2	4	71
第四类	B1	12	2	108
第五类	B2	34	1	168
第六类	C1	88	7	57
第七类	C2	37	3	24
第八类	D1、D2	43	3	26

热力公司技术人员对每一个热力站管辖范围内的建筑保温性能进行确定，分别为 A1、A2、A3、B1、B2、C1、C2、D1、D2 九个等级，排名越靠前的保温性能越差，排名越靠后的保温性能越好。

2.2 耗热量指标基准分析

利用累计频率分布法对 8 类热力站建立耗热量指标基准。不同供暖方式下的耗热量指标分布情况如表3所示。

各类别热力站不同供暖方式下耗热量指标　表3

类别	保温性能	不同供暖方式耗热量指标[GJ/(m²·a)]		
		地暖	空调	散热器
第一类	A1	—	—	0.446
第二类	A2	0.284	0.266	0.343
第三类	A3	0.363	0.185	0.323
第四类	B1	0.291	0.187	0.317
第五类	B2	0.285	0.166	0.284
第六类	C1	0.274	0.144	0.273
第七类	C2	0.268	0.169	0.252
第八类	D1、D2	0.246	0.129	0.215

由表3可以得出，不同供暖方式下的热力站耗热量存在一定的差别，空调相较于地暖、散热器均较低，一般情况下耗热量指标基准低于两者。而且在同一供暖方式下，热力站的保温性能越好，耗热量越低。如第八类热力站的保温性能是最优的，热力站的耗热量相对较少，第一类热力站保温性能最差，整体耗热量也相对较高。

3 热力站节热潜力分析

由于热力站数量较多，且热力站节热潜力理论分析方法相同，故选择第七类热力站三种供暖方式的热耗数据进行典型案例分析，第七类热力站三种供暖方式的热耗指标如图3所示。

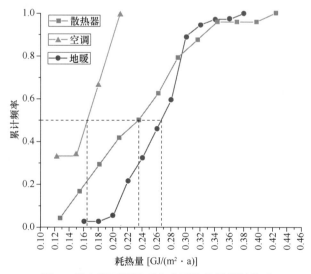

图3　第七类不同供暖方式下的热耗指标基准

注：地暖的耗热量指标基准：0.268GJ/(m²·a)；空调的耗热量指标基准：0.169GJ/(m²·a)；散热器的耗热量指标基准：0.232GJ/(m²·a)。

3.1 过热损失率

由于获得的耗热量类别过多，过热损失率计算方法相同，故选择第七类三种供暖方式的热耗数据进行典型案例分析，然后对每一类中热力站过热损失率进行统计分析。第七类热力站热耗指标具体情况如图4所示。

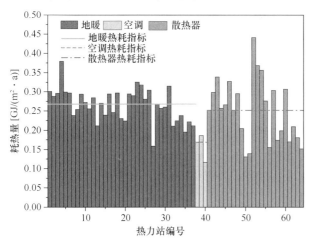

图4 第七类热力站热耗指标基准

由图4可知，地暖热力站中有51.4%的热力站热耗值大于基准站热耗值；空调热力站中有33.3%的热力站热耗值大于基准站热耗值；散热器热力站中有54.2%的热力站热耗值大于基准站热耗值。因此第七类热力站热耗数据充足，可以作为典型案例进行分析。

为获得三种供暖方式中每一个热力站的过热损失率，可将每一种供暖方式中低于热耗基准值的热力站记为工况一；将热耗基准值站记为工况二；热耗值高于基准值站的记为工况三，地暖热力站过热率具体情况如图5所示。

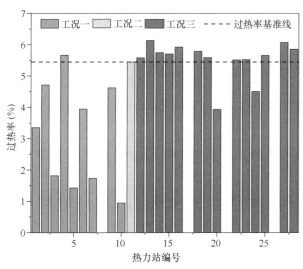

图5 地暖热力站过热率

如图5所示，工况二热力站的过热率为5.45%，可将其视为基准过热率。工况一热力站的过热指标中仅4号站的过热率高于基准站，其余热力站的过热率都低于基准站的过热率；工况三热力站的过热指标中16、20、21、24、26号站的过热率低于基准站，由于地暖热耗值相差不大，除个别热力站以外，其余热力站的过热率均高于基准站的过热率。

如图6所示，工况二热力站的过热率为3.89%，可将其视为基准过热率，工况一热力站的过热指标中所有热力站的过热率都小于基准站的过热率；工况三中热力站的过热指标中仅有17号站的过热率高于于基准站，其余热力站过热率低于基准站的过热率。

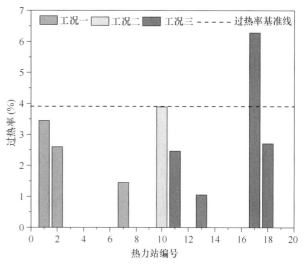

图6 散热器热力站过热率

综合图5、图6、图7可得，由于所选第七类热力站的保温性能较好，在三种供暖方式中，工况一的过热率超过基准站的只有地暖热力站，其余两种供暖方式的热力站过热率均低于基准站；工况三的过热率超过基准站的包括地暖、散热器。因此当用户室温满足需求时，可以降低室内温度至基准站的室温，减少热力站热耗。

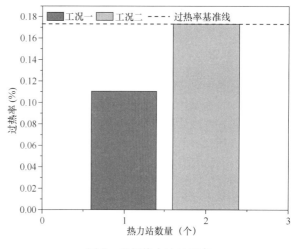

图7 空调热力站过热率

3.2 运行调控水平

根据各个热力站的理论日耗热量与实际日耗热量之间的差异水平，能够得出热力站按照室外温度对热力站进行调控水平优劣的评价方法。首先选取第七类基准站与一个耗热量高于基准站的实际情况进行详细分析，具体理论日耗热量与实际日耗热量的关系如图8、图9所示。

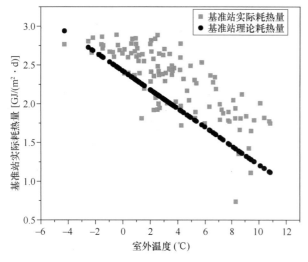

图 8 典型热力站调控水平分析——基准站

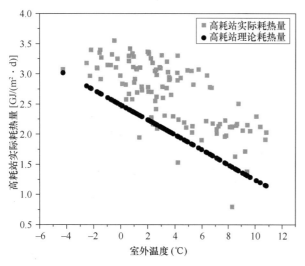

图 9 典型热力站调控水平分析——高耗站

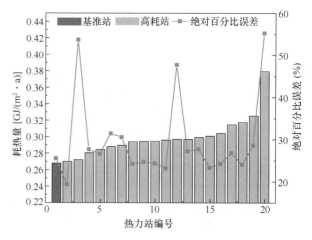

图 10 第七类热力站调控水平分析——地暖

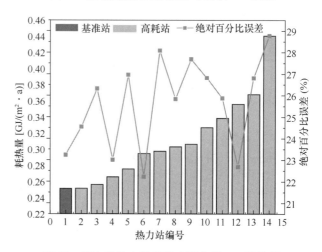

图 11 第七类热力站调控水平分析——散热器

如图8和图9所示,基准站的理论日耗热量距离实际日耗热量数据的中间区域较近,表示基准热力站在整个供暖季中基本按照室外天气变化对热力站进行调控;而高耗站的理论日耗热量处于实际日耗热量数据的边缘区域,表示高耗热力站在整个供暖季中没有随着室外天气变化对热力站进行调控。

上述分析中仅仅从两个站的情况对热力站耗热量分析调控水平显然不够充足,所以选择第七类中地暖热力站和散热器热力站中基准站与高耗站的耗热量数据进行比较分析,得到该类型整体调控水平对比情况,如图10、图11所示。

由图10可以得出,地暖基准站的绝对百分比误差为23.65%,热力站的绝对百分比误差大致集中在30%左右,其中3号站、12号站绝对百分比误差值较大,表明其运行调控水平较低,且耗热量大的热力站其绝对百分比误差是最大的。其余地暖热力站在相同水平耗热量下的热力站平均绝对百分比误差接近,可以得出同一水平下的热力站运行调控水平基本接近。由图11可以得出,散热器基准站的绝对百分比误差为23.23%,其余散热器热力站的绝对百分比误差大致集中在22%~29%,且耗热量大的热力站其绝对百分比误差是最大的。在相同水平耗热量下的热力站平均绝对百分比误差接近,热力站运行调控水平基本接近。综合图10、图11,可得,散热器的运行调控水平高于地暖。

4 结论

通过对某大型集中供热系统热力站热耗指标基准确立及节热潜力分析,得到以下结论:

(1)对于采用累计频率分布法建立的热耗指标基准,50%所处的位置作为热力站热耗基准线,可作为相似热力站调控指导及节能潜力分析的基础。

(2)对于同类型(保温性能接近)的热力站,热耗指标低于基准值的热力站,则室温过热率相对较低;热耗指标高于基准值的热力站,则室温过热率相对较高。

(3)对于同类型(保温性能接近)的热力站,热耗指标低于基准值的热力站,则通过分析可看出调控水平相对较好。

参考文献

[1] 中华人民共和国住房和城乡建设部.《中国城乡建设统计年鉴2018》[M]. 北京:中国统计出版社,2020.

[2] 李富波. 分析节能潜力同供热系统能耗现状的关系[J]. 科技与企业, 2013, 9: 297.
[3] 结兄, 张小松. 集中供热热力站的节能潜力分析[J]. 区域供热, 2017, 6: 99-104.
[4] 李飞, 张永宁. 北京6个热力站系统节能诊断与节能潜力分析[J]. 建筑节能, 2012, 40(2): 67-70, 79.
[5] 郝伟. 北京地区集中供热热力站能耗现状及节能效果研究[D]. 北京: 北京建筑大学, 2016.
[6] 赵俊锁. 供暖热力站的节能途径与措施[J]. 中国住宅设施, 2016, Z3: 76-79.
[7] 刘雅斌. 集中供热系统区域热力站节能控制方法的优化[J]. 区域供热, 2015, 3: 1-8, 26.
[8] 杨跃威. 太原市某区集中供热热力站能耗分析[J]. 山西建筑, 2020, 46(21): 88-90.
[9] 吴就. 集中供热系统运行能效评价及节能潜力分析[J]. 大众标准化, 2020, 6: 57-58.
[10] 李郡. 基于数据挖掘的住宅建筑能耗基准及用能评价研究[D]. 长沙: 湖南大学, 2016.

供热系统分时段串联运行调节方法的应用研究

哈尔滨哈投投资股份有限公司供热公司　　高　帅　李保国　张　黎　赵晶巍　郭晓涛

【摘　要】为进一步降低换热站侧一次网回水温度, 减小二次网回水温度对一次网回水温度降低幅度的限制, 提升既有管网热能输送能力, 本文在换热机组串联方法理论分析和实际应用研究的基础上, 提出了换热站内供热系统分时段串联运行方式。文中介绍了如何通过理论计算, 设计运行模式、设定切换时间间隔和温度调节曲线, 并结合实际改造案例分析, 在供热系统分时段串联运行调节方法的实践应用中, 证明了其技术改造可行性, 在工程上具有推广应用价值, 也为今后换热站升级改造提供有力依据。

【关键词】供热系统　分时段　串联　时间间隔　温度

0　引言

哈尔滨哈投投资股份有限公司供热公司（以下简称哈投供热公司）历经多年时间, 采用多种技术改造手段, 将严寒期热源一次网回水温度从58℃降为45℃（相当于严寒期散热器供热系统二次网回水温度）, 整网供热能力提高了近22.4%。然而一次网回水温度降低程度受二次网回水温度约束, 若在保证热负荷不变的条件下, 二次网采用"小流量、大温差"的运行方式, 可以一定程度降低二次网回水温度, 而改变原有运行工况, 易导致供热系统水力失调情况加重, 加大了热平衡调节难度, 影响供热的质量[1]。

为进一步降低一次网回水温度, 哈投供热公司曾采用"换热机组串联"的改造方式。经过多年的运行, 效果较好且经济效益高[2]。但这种改造模式仅适用于换热站中供热机组二次网回水温度高、低不同的情况（通常采用地热供热系统和散热器供热系统组合）。而针对用户端供暖形式相同的供热系统则需通过进一步技术改造才能实现应用。研究表明, 在连续供热情况下, 由于建筑的蓄热性能, 供热系统的供热量与用户的需热量只需在一段时间内满足平衡, 对于节能建筑, 即使在严寒地区最冷月, 12~24h内启停供热系统, 对用户的生活影响不大[3,4]。因此, 哈投供热公司探讨出"供热系统分时段串联运行"的改造模式, 采用分时段高、低交替运行调节模式, 在不影响居民用热质量的前提下, 有效降低了换热站一次网回水温度, 提高了既有管网热能输送能力。

1　"供热系统分时段串联运行"基本原理

"供热系统分时段串联运行"的调节方式是通过技术改造, 将两组并联供热系统一次网分别利用两根连通管串联。实际运行时, 可通过调整运行温度曲线分时段将两组供热系统交替设为高温系统和低温系统, 使原本换热站供热系统中相近的二次网回水温度产生高、低差异。并通过切换阀门, 使一次网供水经过高温系统换热后进入低温系统再次换热, 即高温系统的一次网回水作为低温系统的一次网供水, 此时, 整个系统的一次网回水温度的降低程度便因低温系统二次网回水温度的降低而增大。图1为供热系统分时段串联运行示意图。

运行时段1时, 关闭阀门F_{m1}、F_{m4}, 打开F_{m2}、F_{m3}, 提高供热系统a运行温度, 降低供热系统b运行温度, 一次网回水经过a进入b系统板式换热器进行二次换热。运行一定时间后, 进入时段2, 关闭阀门F_{m2}、F_{m3}, 打开F_{m1}、F_{m4}, 同时提高供热系统b运行温度, 降低供热系统a运行温度, 一次网回水经过b进入a系统板式换热器进行二次换热。如此交替往复运行, 在保证用户侧室温且温度波动范围小的同时, 实现了换热站一次网回水温度的大幅降低。

2　"分时段串联运行"可行性分析

单纯的分时段运行在供热行业中较为常见, 例如高等院校, 其用热需求具有明显的周期性和阶段性。根据此特点, 可在热负荷需求较低时段, 采用低温运行模式; 在

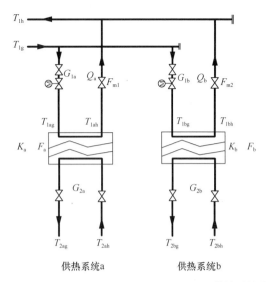
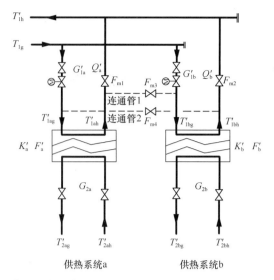

图 1　供热系统分时段串联运行示意图

热负荷需求较高时段,供热系统按照既定温度曲线运行,来满足用户供热需要,真正做到按需供热、节约能耗。这种供热方式为"分时段串联运行"提供了研究思路。对于同一换热站内串联的不同供热系统,交替设置为前端高温机组,在保证供热需求的同时,使整体一次网回水温度趋近较低供热系统的二次网回水温度。

2.1　运行模式的理论计算

对于单个供热系统,忽略热水输送热损失,依据热平衡原理可知,管网输送的供热量、散热器散热量、热用户的热负荷相同,均等于:

$$Q = 1.163 G(t_g - t_h) = KF\left(\frac{t_g + t_h}{2} - t_n\right) = q_v V_w (t_n - t_w) \tag{1}$$

式中　Q——管网输送的供热量、散热器散热量、热用户的热负荷,W;
　　　G——系统循环流量,kg/h;
　　　t_g、t_h——系统供、回水温度,℃;
　　　K——散热器在设计工况下的传热系数,W/(m²·℃);
　　　F——散热器的散热面积,m²。

本文分析计算,忽略太阳辐射强度、风速、空气湿度等室外气象条件对热负荷的影响,仅考虑室外空气温度因素。那么相对负荷比与室内外温度的关系为:

$$\overline{Q} = \frac{t'_n - t_w}{t_n - t_w} \tag{2}$$

式中　t_n——改造前用户室内温度,℃;
　　　t'_n——改造后用户室内计算温度,℃;
　　　t_w——改造前用户室外温度,℃;
　　　t'_w——改造后用户室外计算温度,℃。

在二次网流量不变的条件下,供热系统 a 变温运行,室外计算温度 t_w 不变,用户室内计算温度为 t'_n 时,二次网供、回水温度分别为:

$$T'_{2ag} = t'_n + 0.5 \cdot (T_{2ag} + T_{2ah} - 2t_n) \cdot \left(\frac{t'_n - t'_w}{t_n - t_w}\right)^{1/(1+b)} + 0.5(T_{2ag} - T_{2ah}) \cdot \left(\frac{t'_n - t'_w}{t_n - t_w}\right) \tag{3}$$

$$T'_{2ah} = t'_n + 0.5 \cdot (T_{2ag} + T_{2ah} - 2t_n) \cdot \left(\frac{t'_n - t'_w}{t_n - t_w}\right)^{1/(1+b)} - 0.5(T_{2ag} - T_{2ah}) \cdot \left(\frac{t'_n - t'_w}{t_n - t_w}\right) \tag{4}$$

式中　b——散热器传热系数计算公式中的指数。

当高温系统一次网回水完全进入低温供热系统换热时,高温系统供热量不变,低温系统一次网回水温度等于其一次网回水温度。根据换热器传热基本原理,假定串联前后水流速、温度变化对传热系数影响不大,改造后低温供热系统热量传递时,换热器所需的换热面积 F'_h,可通过如下计算得出:

$$F'_h = \frac{Q'}{K_h \cdot \Delta T_p} \tag{5}$$

式中　Q'——二次网需要的热量,W;
　　　K_h——换热器的传热系数,W/(m²·℃);
　　　ΔT_p——加热与被加热流体之间的对数平均温差,℃。

为探究和评价两供热系统不同串联方式的可行性,比较所需换热面积与原有换热面积。两者相差不大时,意味着高温系统一次网回水完全进入低温供热系统换热的方式可行;两者相差较大时,供热系统需增加或减少换热面积,以及考虑高温系统一次网回水混合一次供水或部分进入低温供热系统的模式。可见,针对实际工程运行改造时,可通过计算设计出运行模式,保证供热需求。

2.2　切换时间间隔理论分析

为保证供热系统稳定运行,要探讨出一个合理的调节频率。调节过于频繁不利于系统稳定、降低设备使用寿命,但调节频率太低又导致用户侧供热需求得不到满足,同时可能造成热能浪费,违背了改造初衷。针对两个串联供热系统,通常存在三种不同情况:后端供热系统低温防冻运行、热负荷需求大体相同、热负荷需求不同。针对不同的运行情况,切换时间间隔也不相同。

2.2.1 低温防冻运行调节时间的设定

根据建筑物热需求的特征，如高等院校教学楼等对热需求周期性较强建筑，供热系统一天的供热过程分为两个阶段：白天热需求较高时段，保持系统流量和温度按照设计条件运行；夜间热需求较低，室温仅需达到在防冻温度以上的目标。此时，将热需求较高的供热系统一次网回水作为低温供热系统的一次网供水，进行二次换热，降低一次网回水温度。相关研究表明，热量调节后，用户温度升温的延迟时间与流量、管径等因素相关，因此，在调节低温防冻机组温度时要注意延迟时间，提前调节。

2.2.2 分时段串联运行调节时间间隔的设定

分时段串联运行周期内，通过控制切换时间比，使单个供热系统在整个周期的散热量保持不变，设定时段 a（供热系统 a 一次网回水进入供热系统 b）运行时间为 τ_1，时段 b（供热系统 b 一次网回水进入供热系统 a）运行时间为 τ_2，即：

$$\frac{\tau_1(Q_a + \Delta Q_a) + \tau_2(Q_a - \Delta Q'_a)}{\tau_1 + \tau_2} = Q_a \quad (6)$$

$$\frac{\tau_1(Q_b - \Delta Q_b) + \tau_2(Q_b + \Delta Q'_b)}{\tau_1 + \tau_2} = Q_b \quad (7)$$

经推导则有调节时间比：

$$\frac{\tau_1}{\tau_2} = \frac{Q_a \Delta Q_b + Q_b \Delta Q'_a}{Q_b \Delta Q_a + Q_a \Delta Q'_b} \quad (8)$$

式中 ΔQ_a、$\Delta Q'_a$——分时段串联运行时供热系统 a 热量升高值和降低值，W；

ΔQ_b、$\Delta Q'_b$——分时段串联运行时供热系统 b 热量升高值和降低值，W。

根据以上公式可知，无论两供热系统热负荷是否相同，均可通过调整计算串联运行室温波动幅度，使两供热系统热量升高值与降低值相等，调节时间比等于 1；两供热系统热负荷不同，计算室温变化一致时，两供热系统热量升高值与降低值不同，则可根据计算调节时间比来指导切换时间。此外，串联机组切换时间受到多因素的影响，尤其是建筑围护结构保温性能。供热系统供水温度降低相同程度时，外墙保温性能越好的建筑，其室内热稳定性越好[5]。意味着建筑保温性能好的分时段串联运行系统，切换时间间隔可相对较长。而对于供热区域内底层北向靠山墙房间，为最不利房间，运行温度降低时，其室温下降最快，热稳定性最差，所以分时段调节运行温度时，仍需要充分考虑用户侧最不利房间的室温，保证其室温满足需求。同时还应实时关注自然温度、供热系统数据，并以此为依据调节切换时间间隔，保证系统稳定运行。

2.3 运行曲线设定理论计算

采用分时段串联运行模式时，需要调节两供热系统的运行参数，使二次网回水温度存在高低差异。为防止调整温度幅度过大引起的压力、用户室温波动，影响供热系统稳定，同时保证最大限度地增大两供热系统的二次网回水温差，可通过如下理论计算，得出不同时段下的运行温度和用户端室温变化。

分时段串联运行时，a 系统、b 系统热负荷交替升高和降低，为保证供热系统整体热负荷平稳，本文计算 a 系统热负荷升高或降低值与 b 系统相同，调节时间比为 1，即：

$$\Delta Q_a = 1.163 G_a \left[(T'_{2ag} - T'_{2ah}) - (T_{2ag} - T_{2ah}) \right] \quad (9)$$

$$\Delta Q_b = 1.163 G_b \left[(T_{2bg} - T_{2bh}) - (T'_{2bg} - T'_{2bh}) \right] \quad (10)$$

$$\Delta Q_a = \Delta Q_b \quad (11)$$

式中 G_a、G_b——a、b 供热系统循环流量，kg/h。

由式（3）、式（4）可知，相较计算室内温度提高一定值时，可求得 a 系统二次网实际运行温度，结合式（9）～式（11），两供热系统负荷变化值相同，亦可得出 b 系统二次网实际运行温度及用户室温变化。

3 "供热系统分时段串联运行"改造案例

3.1 运行温度理论计算

LT、GD、ND 三个换热站中两系统供热面积相差不大，热负荷相近。为探究"供热系统分时段串联运行"方法的可行性和实际运行效果，2019—2020 年，哈投供热公司对三个换热站供热系统进行了串联改造。

根据上述公式计算室外平均温度为−10℃时，LT 站中地用户和高地用户室温波动分别为 1.8℃、2.6℃，得到两供热系统调温分别为 2.5℃ 和 3.5℃；GD 站 1 号和 2 号用户室温波动分别为 2℃、0.8℃，得到两供热系统调温分别为 3℃ 和 1.2℃；计算室外平均温度为 −5℃ 时，ND 站公共用户和直埋用户室温波动分别为 3.6℃、2.2℃，得到两供热系统调温分别为 5℃ 和 3℃。

3.2 技术改造分析

经过理论计算与实际技术改造可行性分析，2019—2020 年，哈投供热公司对 LT、GD、ND 三个换热站供热系统进行了改造，并投入运行。高地、1 号、公共为 a 供热系统，直埋、中地、2 号为 b 供热系统，"时段 a"即一次网回水经高地进入中地、经 1 号进入 2 号、经公共进入直埋，"时段 b"切换运行方式。各换热站供热系统调节前与串联投运稳定时，实际运行参数如表 1 所示，前后一次网流量变化如图 2 所示。

可见，分时段运行方式投运后各换热站一次网回水温度、流量均明显降低。一次网回水温度由 33.2～

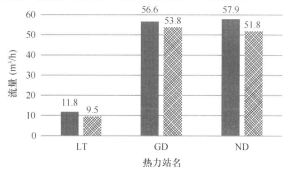

图 2 分时段串联前后一次网流量变化图

40.7℃降为29.4～39.3℃，流量平均下降11.6%，特别是ND站公共、直埋系统分时段运行后，一次网回水温度可低至调节前二次网回水温度31.3℃（两供热系统较小值）以下，实现了减小换热站一次网流量的目标。

哈投供热2019—2020年供热系统分时段串联运行参数　　　　表1

热力站名	系统名称	供热面积（万 m²）	调节前运行温度（℃）				时段a操作时间	时段a运行稳定时温度（℃）				时段b操作时间	时段b运行稳定时温度（℃）			
			一次网供水	一次网回水	二次网供水	二次网回水		一次网供水	一次网回水	二次网供水	二次网回水		一次网供水	一次网回水	二次网供水	二次网回水
LT	高地	1.8	103.5	36.7	37.8	32.5	9：00	102.0	36.5	40.1	34.2	14：00	102.3	30.7	32.2	30.4
	中地	2.2			40.5	35.7				36.2	33.1				42.7	37.1
GD	1号	8.3	100.9	40.7	45.7	40.7	10：00	102.3	37.5	48.7	43.1	14：30	103.4	39.3	42.6	38.1
	2号	11.3			45.6	38.8				43.0	36.5				49.3	42.1
ND	公共	8.7	64.7	33.2	36.8	31.3	8：35	65.8	29.9	42.3	35.1	13：35	64.7	29.4	31.9	28.0
	直埋	8.6			37.0	32.3				32.1	28.8				41.8	35.6

为更好地分析分时段运行前后整体运行状态和效果，本文对LT站的运行数据进行详细分析。LT站供热建筑物为低温地面辐射供暖，2021年3月2日9：00，根据计算将高地系统供水温度调高4℃（本站自控调节仅可为整数）、中地系统供水温度调低3℃，同时切换阀门使高地系统一次网回水进入中地系统；14：00，高地、中地系统供水温度在原有基础上调节分别为−4℃、+3℃，切换阀门使高地系统一次网回水进入中地系统。对两供热系统运行参数及所辖用户室温跟踪测试，研究分时段串联运行的参数变化趋势和可行性，监测数据如图3、图4所示。

从一次网回水温度、流量来看，LT站一次网回水平均温度由调整前的36.7℃降为34.3℃，平均流量下降了12.4%。特别是中地串高地时，一次网回水温度趋近高地供热系统二次网回水温度，19：00降至30.6℃，改造效果显著。同时可以看出，温度曲线调节后一定时间内，二次网瞬时热量的变化，导致一次网流量略有波动。实际运行时，可通过更加精细的调节方式如分多次升温或降温来解决。

从用户侧室温来看，3月2日全天中地、高地系统所辖用户室温分别为21.7±0.8℃和22.05±0.95℃，相较于3月1日的用户室温21.4±0.8℃、22.05±0.85℃变化幅度不大，且分时段串联运行时，用户室温波动幅度不高于2℃，无用户投诉，也就是说，合理设定分时段串联运行的温度调节曲线，未影响供热质量，可满足用户舒适度要求。

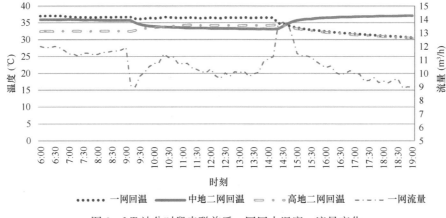

图3　LT站分时段串联前后一网回水温度、流量变化

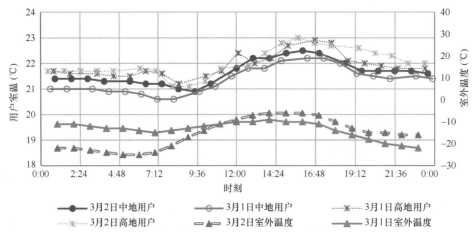

图4　LT站分时段串联前后两供热系统用户侧室温变化

4 结论

理论分析和实际应用证明,"供热系统分时段串联运行"改造技术可行。根据换热站供热系统运行情况,因地制宜采用该运行模式,可有效减小二次网回水温度对一次网回水温度降低的限制,大幅降低换热站一次网回水温度及流量,提升既有管网热能输送能力。该方法具有改造施工简单、占地面积小、投资成本低、运行效果显著的特点,供热运行期间可随时切换为原运行工况,保证运行安全、稳定、可控、可靠。随着介质温度、运行流量变化,供热系统传热性能一定程度上有所改善,现有管网供热潜能得到进一步挖掘。

值得注意的是,"供热系统分时段串联运行"适用于供热系统热负荷差异不大,且一次网存在一定的富裕压头,以保证串联运行时两系统负荷满足实际需求。供热系统温度曲线调整幅度较大时,可分多次调整,避免因温度变化引起系统压力变化而影响安全稳定运行。分时段调节时间间隔不宜过短或过长,防止供热系统运行失稳或供热量与用户侧需求的不匹配。此外,在后期运行时,要注意建筑围护结构保温性能对温度设定以及切换频率的影响。

未来我们将不断完善分时段串联运行控制方式,可通过改变连通阀门为可自动化控制的三通阀,加装时间继电器、交流接触器等电气原件,实现分时段串联的自动切换,降低人工成本;并针对供热系统不同的调节方式,深入研究采用分时段量调节、质—量并调等方式的可行性和实际效益。

参考文献

[1] 李叶茂,夏建军,江亿. 通过末端通断控制降低热网回水温度[J]. 区域供热, 2015, 4: 45-49.
[2] 高帅,李保国,郭晓涛,张黎. 换热机组串联降低一次网回水温度的应用研究[J]. 区域供热, 2020, 6: 52-58.
[3] 赵琦,师涌江. 负荷变化条件下供热系统质调节最佳时间间隔研究[D]. 张家口: 河北建筑工程学院, 2020.
[4] 王海燕,孙德兴,张斌. 节能建筑启停供热后房间温度变化分析[J]. 低温建筑技术, 2006, 2: 99-101.
[5] 王洲,高立新. 利用建筑蓄热特性进行供热调节的初步研究[D]. 哈尔滨: 哈尔滨工业大学, 2016.

北京市石景山区集中供热的节能措施研究

北京市热力集团有限责任公司石景山分公司   董燕京   尹海全

【摘　要】 为达到在集中供热系统中既满足居民用热需求,又降低能源消耗的目的,尤其对于老旧建筑较多的集中供热系统,需要采取相关的节能措施进行调节控制。石景山热力对整个供暖季进行了时段划分,分别为初寒期、严寒期和末寒期,并在此基础上制定了各个时期每天不同时段的供热调节方法,以杨庄北区热力站为例进行了热耗分析,结果表明一个供暖季热耗降低比例约为 4.1%,热单耗降低 76.22GJ/万 m^2;同时进行了挑空屋顶保温工程的试验研究和分析,结果表明围护结构加装保温材料,可显著提高室温,节能降耗。

【关键词】 集中供热   节能措施   分时段调节   保温工程

0 引言

随着我国城市化建设的快速推进,集中供热的面积和规模也在逐渐扩大,截至 2020 年年底,我国集中供热面积近 94 亿 m^2[1],北方冬季供暖的能源消耗量占据了国家年能源消耗量的大部分[2]。我国提出"碳达峰、碳中和"的目标对社会的可持续发展具有重大意义,同样为供热行业的高质量发展提供了机遇和挑战。石景山热力通过分析建筑节能等级、二次系统类别和天气变化情况等因素,制定了相关的供热节能措施,包括对供热系统的精细化调节和围护结构保温等,一方面提高了供热品质;另一方面提高了热量的利用效率,节能降耗。

1 基本概况

石景山热力供热区域具有居民建筑大于公共建筑且不节能的老旧建筑所占比例较大的特点(图1和图2),因此很难快速的实现全面智能化供热,再加上随着城市集中供热面积和规模的逐步增大,热力站的运行方式和二次管网的系统形式也变得多样化和复杂化,因此对集中供热的运行调节提出更高的要求。在确保用户供热品

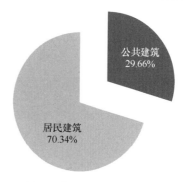

图 1 　建筑类别所占百分比

质的前提下,通过人工的精细化调节和节能改造,降低供热运行成本,提高供热系统技术管理水平,从而达到节能降耗的目的。

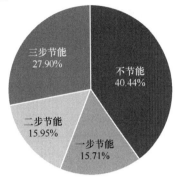

图2 建筑节能等级所占百分比

2 集中供热的节能措施

2.1 系统调节

集中供热系统具有分布复杂、惯性大、滞后性大的特性[3],因此在对集中供热系统二次管网进行调节时,不仅要实现流量的均衡分配,供热稳定,更要考虑室外温度的变化情况,对热负荷做出预测,减少不必要的能源消耗。北京的供暖天数是121d,为每年的11月15日至次年的3月15日,根据供暖期间室外温度情况,可将供暖季分为初寒期、严寒期和末寒期三个阶段[4],本文分析了北京市2019年11月15日至2020年3月15日和2020年11月15日至2021年3月15日两个供暖季的室外日均温度变化情况,如图3和图4所示。从图中可以得出,两个供暖季从供暖开始至12月中旬,日均温度大部分均在0℃以上,平均温度分别为2.0℃和2.2℃,从12月中旬至次年2月上旬日均温度相对较低,平均温度分别为−1.1℃和−2.6℃,从2月上旬至供暖结束,日均温度相对较高,平均温度分别为4.5℃和5.2℃。故确定11月15日至12月15日为初寒期(31d),12月16日至次年2月5日为严寒期(52d),2月6日至3月15日为末寒期(38d/39d)。根据三个供暖期间的室外温度特征,对供热系统实施不同的调节策略,以达到节能降耗的目的。

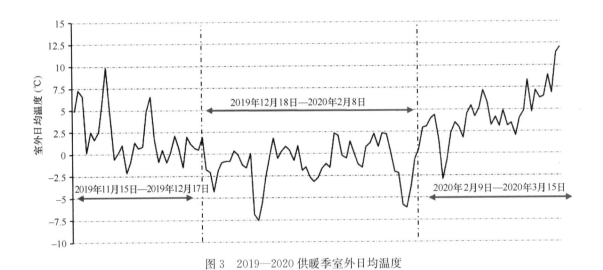

图3 2019—2020供暖季室外日均温度

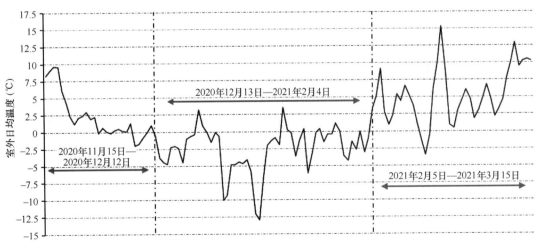

图4 2020—2021供暖季室外日均温度

2.1.1 初寒期调节

2019—2021年两个供暖季初寒期的室外温度变化情况如图5所示。从图中可以得出，10:00~21:00室外温度变化较明显且高于其他时间段，因此对供热系统的每日调节主要分两个时段进行。时段一为10:00~21:00，平均温度为3.9℃；时段二为21:00~次日10:00，平均温度为0.2℃，其中14:00~16:00温度最高，平均温度为5.3℃。在此基础上，又参考了用户的生活工作习惯，将调节方案分为工作日版与节假日版，工作日为周一至周五，节假日为周六日及法定假日。

以杨庄北区热力站为例，供热面积为422334m²，面积热指标为30.5kcal/(m²·h)，所供热用户3434户，其中居民户3400户，根据供热系统的基础数据和时间等参数计算出一天内不同时段的室外温度条件下供热量分布情况如表1和表2所示。对供热系统进行调节时，工作人员根据各时段供热量计算出的一次管网瞬时流量进行调节。初寒期为31d，其中节假日8d，工作日23d，按照上述调节策略，杨庄北区热力站初寒期耗热量相比计划耗热量减少0.12%，节省热量29.20GJ。

图5 初寒期室外温度变化情况

节假日不同时段的供热量分布情况 表1

日均温度	计划日供热量	10:00~21:00 平均温度	10:00~21:00 供热量	21:00~次日 10:00 平均温度	21:00~次日 10:00 供热量
1.8℃	776.61GJ	3.7℃	314.20GJ	0.2℃	462.21GJ

工作日不同时段的供热量分布情况 表2

日均温度	计划日供热量	10:00~14:00 16:00~21:00 平均温度	10:00~14:00 16:00~21:00 供热量	21:00~次日 10:00 平均温度	21:00~次日 10:00 供热量	14:00~16:00 平均温度	14:00~16:00 供热量
1.8℃	776.61GJ	3.4℃	262.46GJ	0.2℃	462.21GJ	5.3℃	50.74GJ

2.1.2 严寒期调节

2019—2021年两个供暖季严寒期室外温度变化情况如图6所示。

从图中可以得出，室外温度变化情况主要分为三个时段：时段一为9:00~17:00，室外温度相对较高，平均

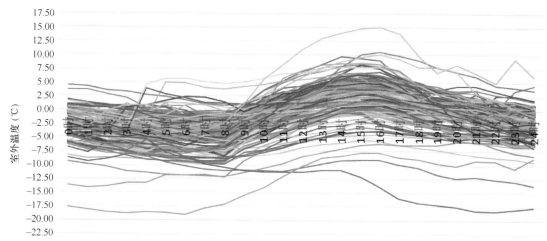

图6 严寒期室外温度变化情况

温度为1.06℃；时段二为17:00~22:00,室外温度逐渐降低,平均温度为-0.7℃；时段三为22:00~次日9:00,温度处于较低水平,平均温度为-3.7℃。经调研可知,大部分用户出门工作时间为9:00~17:00,这与室外温度的第一时段基本吻合,因此对供热系统的每日调节主要分三个时段进行,一方面减少了能源消耗,另一方面符合用户的用热需求。

同样以杨庄北区热力站为例,根据供热面积和热指标等基础数据及供热时间计算出严寒期一天内三个时段不同室外温度条件下的供热量分布情况,如表3所示,对供热系统进行调节时,工作人员根据各时段供热量计算出的一次管网瞬时流量进行调节。严寒期为52d,按照每天三时段的调节策略,杨庄北区热力站严寒期耗热量相比计划耗热量减少0.06%,节省热量29.08GJ。

三个时段的供热量分布情况 表3

日均温度	计划日供热量	9:00~17:00 平均温度	9:00~17:00 供热量	17:00~次日22:00 平均温度	17:00~次日22:00 供热量	22:00~次日9:00 平均温度	22:00~次日9:00 供热量
-1.5℃	934.80GJ	1.06℃	270.69GJ	-0.7℃	186.76GJ	-3.7℃	476.79GJ

2.1.3 末寒期调节

2019—2021年两个供暖季末寒期室外温度变化情况如图7所示。

从图7中可以看出,相比初寒期和严寒期,末寒期室外温度相对较高,因此在核算全天热量时,将白天的计算温度值设定为:日均温度+3℃,在保证用户用热需求的同时,降低了热量消耗。从图中还可得出,同一天内,8:00~20:00的室外温度明显高于其他时间段,其他时段温度变化较缓慢且相对较低,因此对供热系统的每日调节主要分两个时段进行:时段一为8:00~20:00,室外温度相对较高,平均温度为6.9℃；时段二为20:00~次日8:00,室外温度相对较低,平均温度为2.5℃。另外,两个供暖季的末寒期共77d,室外平均温度大于或等于5℃的天数为30d,占比为38.96%；室外平均温度大于或等于10℃的天数为9d,占比为11.69%。因此在分时段调节时,室外日平均温度比较高的情况下,采取间歇式供热的调节方案。综合上述因素,在末寒期采用三种调节方案：当室外平均温度小于5℃时,8:00~20:00时段的计算温度值设定为：日均温度+3℃,20:00~次日8:00时段的计算温度为日均温度；当5℃≤室外平均温度<10℃时,8:00~20:00时段的计算温度值设定为：日均温度+3℃,20:00~次日8:00时段的计算温度为日均温度,其中11:00~12:00和14:00~15:00时段为间歇供热时段；当室外平均温度大于或等于10℃时,8:00~20:00时段的计算温度值设定为：日均温度+3℃,20:00~次日8:00时段的计算温度为日均温度,其中10:00~12:00和14:00~16:00时段为间歇供热时段。

以杨庄北区热力站为例,末寒期为38d,室外平均温度小于5℃的天数为24d,5℃≤室外平均温度<10℃的天数为10d,室外平均温度大于或等于10℃的天数为4d,根据供热系统的基础数据和时间等参数计算出供热量分布情况如表4所示。从表中可以得出,杨庄北区热力站末寒期耗热量相比计划耗热量减少12.87%,节省热量3160.76GJ。

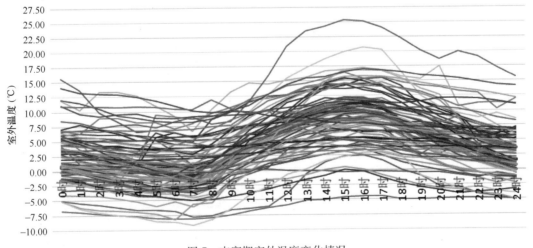

图7 末寒期室外温度变化情况

不同时段的供热量分布情况 表4

室外平均温度<5℃					
日均温度	计划日供热量	8:00~20:00 设定温度	8:00~20:00 供热量	20:00~次日8:00 设定温度	8:00~20:00 供热量
2.3℃	752.64GJ	5.3℃	304.41GJ	2.3℃	376.32GJ

续表

5℃≤室外平均温度<10℃					
日均温度	计划日供热量	8:00~20:00 设定温度	8:00~20:00 供热量	20:00~次日 8:00 设定温度	20:00~次日 8:00 供热量	11:00~12:00 14:00~15:00 间歇供热
7.0℃	527.32GJ	10.0℃	159.80GJ	7.0℃	263.66GJ	0.0

室外平均温度≥10℃					
日均温度	计划日供热量	8:00~20:00 设定温度	8:00~20:00 供热量	20:00~次日 8:00 设定温度	20:00~次日 8:00 供热量	10:00~12:00 14:00~16:00 间歇供热
11.6℃	306.81GJ	14.6℃	54.33GJ	11.6℃	153.40GJ	0.0

2.2 围护结构改造

为提高供热品质，降低能源消耗，除通过对供热系统的精细化调节外，还要考虑建筑的保温性能对室内温度的影响情况，因此本文选取了石门南路一号院 12 号楼作为试验对象，该楼内单元一楼为挑空楼层，由于单元门长期处于敞开状态，且挑空区窗户关闭不严，因此造成该区域内的冷风渗透现象明显，严重影响了整个挑空区域正上方用户的冬季供暖效果。通过在挑空区域上方屋顶安装保温材料，并与未安装保温材料的单元进行对比分析。

2.2.1 同一建筑加装保温材料前后的温度比较

选取石门南路一号院 12 号楼 3 单元 201 室作为试验对象，分别对加装保温材料前后的室内环境进行了温度测试，并进行了对比分析。测试结果如表 5 和表 6 所示。

加装保温材料前室内温度情况　　　　表 5

时间	室外温度	室内温度（客厅）	散热器温度（客厅）	客厅地板温度	客厅墙面温度	镂空楼板温度	镂空楼道温度
1月9日 19:45	-2℃	15.6℃	46.3℃	13℃	12.4℃	-0.8℃	2.4℃
1月10日 20:05	-3℃	14.8℃	47℃	11℃	10.8℃	-1.5℃	1.8℃
1月11日 20:12	-2℃	15.2℃	46.8℃	12℃	11.2℃	-0.6℃	2.7℃

加装保温材料后室内温度情况　　　　表 6

时间	室外温度	室内温度（客厅）	散热器温度（客厅）	客厅地板温度	客厅墙面温度	镂空楼板温度	镂空楼道温度
1月16日 19:16	-2	19℃	42℃	17℃	17.8℃	2.4℃	1℃
1月17日 20:20	-1	21℃	44℃	21.2℃	21℃	5℃	3℃
1月18日 20:24	-4	20.7℃	40.5℃	20℃	17℃	5.1℃	4.5℃

由表 5 和表 6 中可以看出，加装保温材料对大部分室内环境的温度都有所提高，为进一步明晰保温材料的保温效果，将加装保温材料前后的室内平均温度进行对比分析，如图 8 所示。

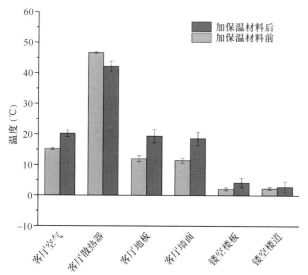

图 8　加装保温材料前后室内平均温度对比

由表 5 和表 6 可以计算出，加装保温材料前后室外温度均为 -2.33℃，室内平均温度由 15.2℃ 提升到 20.2℃，达到国家标准值（16℃）。由图 8 也可以看出，加装保温材料后，虽室内散热器温度略有下降，但其他环境的温度均有所提高。由此说明，在相同的室外环境下，加装保温材料可有效提高室内温度，减少热量损失。

2.2.2 相同户型建筑有无保温材料的温度比较

在研究加装保温材料前后室内温度对比的情况基础上，进一步研究了相同户型的建筑在有无保温材料的条件下，室内温度的对比情况。选取加装保温材料的石门南路一号院 12 号楼 3 单元 201 室和未加装保温材料的石门南路一号院 5 号楼 3 单元 201 室作为试验对象，测试时间均为 1 月 16 日至 18 日连续 3 日，测试结果如表 7 所示。

由表 6 和表 7 可以看出，在相同的室外环境下，有保温材料的大部分室内环境的温度高于无保温材料的，为进一步明晰保温材料的保温效果，将有无保温材料的室内平均温度进行对比分析，如图 9 所示。由表 6 和表 7 可以计算出，在相同的室外环境下，有保温材料的室内平均温度为 20.2℃，达到国家标准值（16℃），而无保温材料的室内平均温度仅为 14.4℃。由图 9 也可明显看出，有保温材料的室内各环境温度均高于无保温材料的。由此说明，在相同的室外环境下，保温材料可有效保持室内温度，减少热量损失。

无保温材料室内温度情况   表 7

时间	室外温度	室内温度（客厅）	散热器温度（客厅）	客厅地板温度	客厅墙面温度	镂空楼板温度	镂空楼道温度
1月16日 19:16	−2	15℃	40℃	10℃	13℃	1.5℃	0.7℃
1月17日 20:20	−1	14℃	41℃	11℃	13℃	−2℃	−0.3℃
1月18日 20:24	−4	14.3℃	40℃	12℃	14.3℃	3℃	2℃

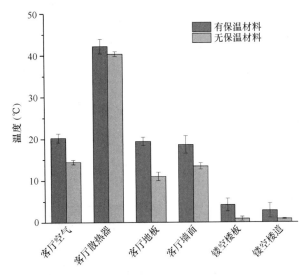

图 9　有无保温材料室内平均温度对比

3　结论

本文基于老旧建筑集中供热系统采取了适用于实际现状的节能措施，一方面通过供暖期间对供热系统进行不同时段的精细化调节，可有效降低热量消耗，一个供暖季降低比例约为 4.1%，热单耗降低 76.22GJ/万 m^2；另一方面采取加装保温材料，可显著提高室内温度。集中供热系统以维持室内温度适宜、节能降耗为目的，将来更多、更高效实用的节能措施会不断出现和拓深。

参考文献

[1] 观研天下. 2021 年中国城市供热产业分析报告-市场深度分析与发展潜力评估[R]. 2021.
[2] 许慧莹, 张宏喜, 刘洋, 等. 张家口某小区供热系统节能改造分析[J]. 河北建筑工程学院学报, 2020, 38(4): 6.
[3] 刘雅斌. 集中供热系统区域热力站节能控制方法的优化[J]. 区域供热, 2015, 3: 9.
[4] 昝宇飞. 集中供热系统运行的调节管理分析[Z]. 2020.

某热力站高层建筑直连供热系统改造方案的研究

包头市热力（集团）有限责任公司　周　浩　叶　龙

【摘　要】高层建筑直连供热技术较好地解决了高层建筑用户与低层建筑用户在相同供热系统中的运行工况互不干扰的问题，具有结构简单、投资成本较低等优点，但是也存在系统运行电耗较高、故障较多、不易调节的问题。本文结合某热力站高层建筑直连供热系统的改造，提出了一种更便于供热单位维护管理，能够实现精准调节、节约供热能耗的方案和改造思路。
【关键词】高层建筑直连供供热　减压调压　热偶平衡

0　引言

随着集中供热行业的发展，城市建筑物类型和风格的多样性，对供热技术方案的制定提出了新的要求。一些街区内插建的高层建筑物，受到空间狭小的影响，无法系统地规划建设一次网、二次网和热力站系统，但是在接入供热系统时必须从技术方案上实现与原有低层建筑共同使用一套热力站和一次网供热系统，且高层建筑用户与低层建筑用户运行工况互不干扰。高层建筑直连供热技术的出现，较好地解决了这一问题。

相比间接连接换热系统而言，高层建筑直连供热机组具有结构简单、初期投资成本低的优势，但是传统的高层直连供热工艺也存在运行电耗高、自动化程度低、设备运行故障较多的问题。

本文中，笔者结合某热力站高层建筑直连供热系统改造的实际案例，对高层建筑直连供热技术的优化改进进行了研究。

1 案例简介

某热力站现有集中供热面积13万m^2，其中11.2万m^2为2000年以前的多层建筑（多为6层），2009年进行了既有建筑节能改造，用户散热系统为散热器供暖方式。

1.8万m^2为2011年原小区内公共设施拆除后插建的高层建筑（13层），按照二步节能标准建设，用户散热系统为地板辐射供暖方式，室内供热系统未采用分区形式。

小区设有一座集中供热换热站，安装一套7MW换热机组，换热机组配备板式换热器两台，二次网循环泵2台，一备一用，循环流量260m^3/h，扬程27mH_2O，电机功率30kW。热力站采用独立补水方式，补水泵参数为：流量15m^3/h，扬程35mH_2O。供热期间运行压力为0.38/0.28MPa。尖寒期供热二次网温度：供水温度55～58℃，回水温度42～45℃。

2012年为解决插建高层建筑的供热问题，安装1套高层直连供热机组，机组配备循环加压泵2台，一备一用，型号为：ISG100/160，增压泵循环流量65m^3/h，扬程32mH_2O，电机功率11kW。配备直径为$DN600$的减压调压装置，配套安装独立的计量热表。

高层直连供热机组投运后，基本能够满足系统供热需要，冬季高层供热区域运行压力为0.65/0.63/0.28MPa，高层系统循环量45～53m^3/h，二次网循环电耗8.3kW/m^2，尖寒期供热二次网供水温度与热力站其他环路相近，但是回水温度略高于该热力站二次网平均回水的2℃左右。运行人员通过调节减压调压装置中的导向阀杆，只能对高层系统进行粗略调节，无法实现精准调节。2018年冬季运行期间，高层直连供热机组出现故障，主要表现为，供热效果较差、减压调压装置中调节导向阀杆操作困难、站内噪声较大。同时，高层用户与热力站低区用户共用二次网，由于高层直连供热机组用户端回水温度较高，导致热力站二次网供回水平均温度明显高于集中供热系统其他热力站，存在明显的超供问题，造成了能源浪费。

2019年夏季，通过对高层直连供热机组减压调压装置解体检查，发现减压调压罐内的调压板与活塞板锈蚀严重出现粘连，导致管内调节导向阀杆难以动作，同时出水节流孔（第二节流孔）与封板通孔之间组成的流通孔径过小（仅有20mm左右）。经过分析认为，高层直连供热系统属于开式系统，运行时系统内存在大量气泡，在与管件碰撞过程中极易出现气蚀和氧腐蚀现象，同时夏季泄水导致减压调压装置内部部件经过氧化腐蚀，锈蚀脱落的氧化物造成减压调压罐内配件间隙变小，甚至出现堵塞和卡死现象，节流孔无法调节导致循环介质严重节流，产生噪声。同时，高区系统循环流量减小，由原来的45m^3/h下降为22m^3/h，导致用户供热质量下降。

针对上述问题，结合该热力站二次网循环电耗偏高，二次网存在超量供热的问题，笔者制定了高层直连供热机组的改造方案。

2 高层直连供热技术的原理

高层直连供热技术的原理是，通过设置高层供热区域加压循环泵，将运行压力较低的供热介质的压力提升到满足高层供热区域需要的工作压力，同时提供高层供热需要的循环动力，当供热介质完成高区散热之后，通过减压装置，使供热介质的工作压力减至低层用户运行压力返回低区二次网。高层直连供热机组工艺流程如图1所示。高层直连供热机组的核心部件是减压调压装置，如图2所示。

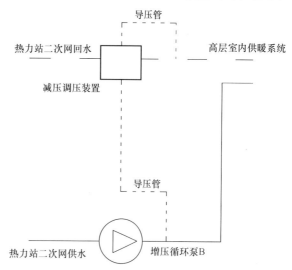

图1 原高层直连供热机组工艺流程图

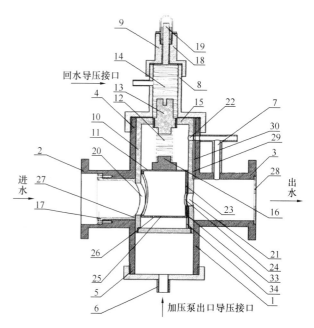

图2 高层直连供热减压装置分解示意图

1—设备主壳体；2—水平进水管；3—出水管；4—低压驱动腔；5—高压驱动腔；6—进水管；7—连通管；8—上封头；9—封帽；10—活塞板；11—调节板；12—调节弹簧；13—调节导向杆；14—启闭弹簧；15—上顶板；16—连接件；17—密封筒；18—封帽体；19—调节螺杆；20—进水流通孔；21—出水流通孔；22—连通孔；23—后侧封板；24—封板通孔；25—底部封板；26—小通孔；27—密封圈；28—二级环；29—限位键；30—键槽

在减压调压装置中，利用高压驱动腔 5 与低压驱动腔 4 的水压力差向上推动活塞板 10 并连动调节板 11 打开，从而使得高区回水依次通过封板通孔 24、出水流通孔 21、二级环 32 环孔并进行减压。当系统流量降低致使出水流通孔 21、二级环 32 环孔间控制压力高于设定值时，调节弹簧 12 下压，联动调节板 11 下移，封板通孔 24、出水流通孔 21 相互错开，孔口关小，反之孔口开大，从而保持压力恒定。

减压调压装置同时包含了三种功能：

（1）节流减压功能：将高层回水压力通过节流减压降至低区二次网总回水压力值。

（2）流量压力调节功能：通过调节导向阀杆的行程，改变封板流通孔 24 与出水流通孔 21 相互交错行程的闭合通道的流通截面面积，从而实现流量和回水压力的调节。

（3）自力式启闭功能：高区增加泵启动后，泵出口处压力大于系统回水压力，压力差推动活塞向上运动，打开节流装置，保证系统正常运行；高区增加泵停止后，泵出口处压力与系统回水压力持平，活塞阀在弹簧作用下复位，关闭节流装置，高区介质不会倒流回低区系统产生"水锤"。

3 高层直连供热系统改造

3.1 高层直连供热系统改造要实现的目标

（1）保证高用户和低层用户安全正常用热。

（2）提高高层直连系统的运行稳定性，降低机组维护难度。

（3）能够实现高层用户供热温度的精准控制，科学节电、节热。

3.2 技术方案的制定原则

（1）沿用原有高层直连供热机组的工作原理，即改造后同时具备减压、调压和自动启闭功能。

（2）将原机组减压调压罐的减压、调压和停泵启闭功能，分别由节流孔板、电动调节阀、自力式回水启闭阀三个组件串联实现；为了避免节流部件介质流速高，出现噪声，改造时设计了两级节流孔板串联使用，每一级孔板均按照流通量为 $25m^3/h$，减压范围为 $8mH_2O$（约 0.08MPa）进行设计，由此两级节流孔板可消除 $16mH_2O$（约 0.16MPa）左右的静水压头；剩余 $1\sim2mH_2O$ 左右的静水压头，通过电动调节阀在调节高温介质循环流量的过程中消除。

参考《火力发电厂汽水管道设计技术规定》DL/T 5054—2016 与《管路的限流孔板的设置》HG/T 20570.15—1995 中有关节流孔板的计算方法。节流孔板孔径按照下式计算：

$$D_k = \sqrt{\frac{421.6G}{\sqrt{\rho \Delta p}}}$$

式中 D_k——孔板孔径，mm；
　　G——通过节流孔板的流量，m^3/h；
　　ρ——流体密度，kg/m^3，计算选取 40℃时水的密度 $992kg/m^3$；
　　Δp——节流孔板前后压差，MPa。

经计算，节流孔板的设计流通孔径为 34mm。

（3）由于高区供热回水压力需要经节流装置减压后才能回到低区供热系统，在减压后，由于压力降低水中空气的溶解度减小，会析出大量的气泡，气泡与管件碰撞破裂会产生气蚀，对设备造成损伤。为了保护电动调节阀，工艺改造时，沿着水流方向依次安装了电动调节阀、多级节流装置和自力式回水启闭阀，确保电动调节阀始终处于高压区。

需要注意的是，高层直连供热技术在微小型供热系统中使用时比较稳定，但是在大型集中供热系统应用中，由于二次网跑冒滴漏和运行不稳定的因素，会出现停机恢复之后，大量的反复排气问题。

（4）鉴于原有高层直连机组增压泵既要为高层运行提供一定的静水压头，又要克服供热系统循环过程中沿程阻力，增压泵功耗很大，克服高层用户静水压头需要 $15\sim17mH_2O$，克服沿程阻力需要的扬程只有 $3\sim5mH_2O$。地板辐射供暖系统需要的循环流量大约是散热器供暖系统的 $1.5\sim2$ 倍。因此，克服高层用户静水压力消耗的电功耗占机组总电耗的 80% 以上。合理优化机组工艺是降低运行电耗的关键。本次改造将增压循环泵分解为增压泵和循环泵，增设解耦平衡管，使增压系统与高区循环系统独立运行，从而减少增压过程中水泵的流量，实现电耗的降低；高层用户循环泵采用低扬程水泵，使循环泵功耗更加趋于合理。

（5）完善机组自动化控制系统，增加 PLC 控制系统，将高区运行压力和高区系统供回水平均温度作为控制要素。高区系统增压泵和循环泵采用联锁启动方式，增压泵停止后，循环泵自动停止，为了防止水锤，增压泵和循环泵出口需安装止回阀。

高层直连供热系统改造前、改造后设备对比见表 1 和表 2。

改造前设备配置明细　　　　　表 1

序号	设备名称	型号	技术参数	单位	数量	功能
1	增压循环泵	ISG100/160	流量 $65m^3/h$，扬程 $32mH_2O$	台	2	提供高区静压压力和高区循环动力。一用一备
2	减压调压装置	DN600	流量 $40\sim60m^3/h$，减压范围 $20\sim35mH_2O$	台	1	节流消除高区剩余压头，停泵自动关闭，防止高区介质出现水锤
3	配电柜	—	—	套	1	水泵启停控制，高区静水压力控制

改造后设备配置明细　　　　　表 2

序号	设备名称	型号	技术参数	单位	数量	功能
1	高区增压泵	IL40-200-7.5/2	流量 $25m^3/h$，扬程 $38mH_2O$	台	1	提供高区静压压力和高温介质流量

续表

序号	设备名称	型号	技术参数	单位	数量	功能
2	高区循环泵	IL65-140-1.1/4	流量40m³/h,扬程6mH₂O	台	1	提供高区循环动力
3	多级节流孔板	DN100	流量45～50m³/h,减压范围23～26mH₂O	套	1	分级消除高区剩余压头
4	电动调节阀	DN40	—	台	1	精准控制高温介质流量
5	回水自动启闭阀	DN100	—	台	1	高区增压泵停泵,自动关闭,防止高区介质出现水锤
6	热偶平衡管	DN125	—	套	1	混合高温介质和低温介质
7	PLC控制系统	—	—	套	1	精准控制运行参数,控制水泵和调节阀的运行状态

高层直连供热机组改造后的工艺流程如图3所示。

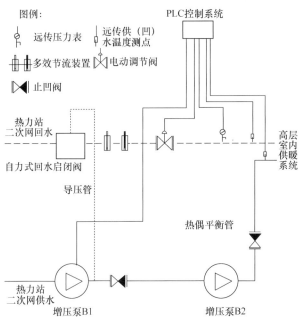

图3 改造后高层直连供热机组工艺流程图

4 改造后的自动化控制逻辑

改造后高层直连供热机组自控逻辑如图4所示。

5 改造后的节能效果分析

对高层直连供系统改造后,在满足系统正常运行的同时,机组运行电耗、热耗都得到了合理控制。

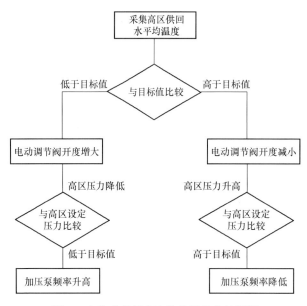

图4 改造后高层直连供热机组自控逻辑

5.1 节约运行电耗

本改造方案,节约运行电耗体现在两个方面:一方面,高层加压泵循环流量按照散热器供暖参数设计,实际循环流量(范围)仅为25～28m³/h,比改造前增压循环流量(范围45～53m³/h)节约44%。另一方面,随着电动调节阀对二次网供回水平均温度的控制,在保证高区压力稳定的情况下,增压泵的频率实时波动,波动范围24～35Hz,多数情况下维持在30Hz左右运行,由此节约了增压泵的运行电耗(图5)。

改造前,增压泵变频器频率为40Hz,瞬时功率为5.8kW,2018—2019供暖期,机组耗电量为2.56万kWh。

改造后,增压泵变频器频率为30Hz,瞬时功率为2.1kW,循环泵运行频率为44Hz,瞬时功率为0.5kW,合计功率2.6kW。2019—2020供暖期,机组耗电量为1.62万kWh,比2018—2019供暖期节约36.7%;2020—2021供暖期,机组耗电量为1.49万kWh,比2018—2019供暖期节约41.8%。

5.2 热量的节约

改造前,高层供热区域由于循环流量需求较大,用户端的回水温度较高,用户室内温度偏高,造成高层建筑供热系统热量消耗量较大,2018—2019供暖期,高层供热系统累计耗热量为7383GJ,供暖期(183d)单位面积耗热量为0.411GJ/m²。

改造后,高层供热区域增压系统的循环流量可以根据用户供回水温度平均值进行调整,高区用户的循环流量由循环泵单独提供,可以充分满足热量输配的需要。鉴于地板辐射供暖方式相对散热器供暖方式具有一定的节能优势。高区供热系统实际运行时供回水平均温度相对于热力站的二次网供回水平均温度逐年调低,2019—2020供暖期偏低1℃,2020—2021供暖期偏低2℃,运行期间,无用户投诉问题。通过对实际用热量统计,2019—2020供暖期,高层供热系统累计耗热量为6900GJ,供暖期（183d）单位面积耗热量为 0.39GJ/m²，节约热量的比率为 5%；2020—2021 供暖期，高层供热系统累计耗热量为 6657GJ，供暖期（183d）单位面积耗热量为 0.37GJ/m²，节约热量的比率为 10%（图 6）。

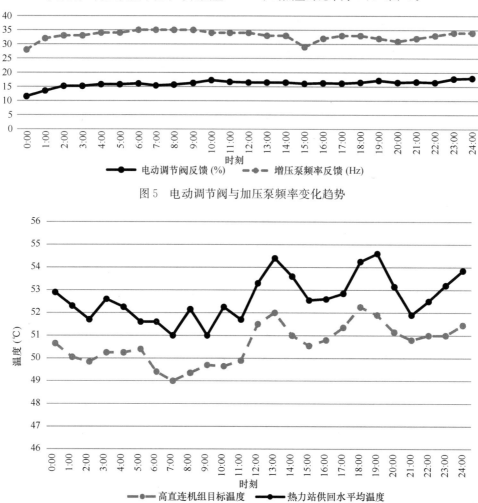

图 5　电动调节阀与加压泵频率变化趋势

图 6　热力站供回水平均温度与高直连机组目标温度的偏差

6　结论

（1）高层直连供热技术的出现，丰富了集中供热的技术体系，在热力站空间狭小、供热管线敷设困难的特定场合，可以解决不同层高用户共用一套供热系统的运行问题，但是由于供热时增压泵要把压力提起来，而在介质回流时又需要增加节流装置把压头减下去，因此存在大量的无效做功，导致供热运行并不经济。

（2）高层直连供热系统减压、调压和防水锤功能单独设立，对于系统运行的稳定性具有极大的好处，更加有利于供热企业的维护管理。

（3）采用增压系统和供热循环系统分离技术，是降低增压环节的水泵功耗、精准调节供热温度、优化高层直连供热工艺的有效途径。

参考文献

[1] 刘梦真. 高层建筑无水箱直连供暖系统探讨[J]. 暖通空调, 1997, 27(4): 5.
[2] 刘梦真. 高层建筑无水箱直连供暖系统在工程上的应用[J]. 暖通空调, 1998, 28(6): 4.
[3] 刘梦真. 高层建筑无水箱直连供暖技术[J]. 中国建设信息供热制冷专刊, 2001, 11.
[4] 许维波. 高层建筑直连供暖加压与节能[J]. 中国新技术新产品, 2011, 20: 1.
[5] 张宝峰. 多级节流孔板的设计计算[J]. 西北电力技术, 2005, 5: 27-30.

基于红外测温的建筑室温及热损失敏感性分析[①]

赤峰学院资源环境与建筑工程学院　张　宇　王春林
清华大学建筑节能研究中心　卜　凡　燕　达

【摘　要】 本文提出了基于红外测温推算建筑室内温度与建筑热损失的方法。该方法首先通过回归分析对红外热像仪测温进行修正，实现建筑外围护结构温度的精准采集，接着将实际测量与理论分析相结合，基于敏感性分析，提出了简化测量参数的推算建筑室内温度与热损失的方法。

【关键词】 红外热像仪　敏感性分析　建筑　室内温度　热损失

0　引言

能源的合理利用，提高能源的利用效率，是文明形态演进的重要基石和必由之路，为实现经济社会高质量发展、可持续发展提供了强劲驱动力。随着全球经济发展，能源需求将逐步增加，越来越多的国家开始关注能源问题。

具体来说，建筑供暖的能耗主要由两方面决定：一是建筑围护结构的热损失，二是供暖方式的效率。由上述背景，针对建筑围护结构的能耗，展开进一步研究，是建筑节能工作中最重要的环节，研究围护结构的热工性能以及测试方法对建筑节能具有重要意义[1]。

在红外测温应用到建筑检测方面，D. González-Aguilera等基于热图图像进行建模，提出了一种使用自动基于图像的建模技术生成热成像3D模型和正交图像的新方法，对红外3D图像温度进行提取，分析整个建筑的热损失[2]；B. Lehmann等人对某建筑进行了数值研究，以量化空气和天空温度、风能、太阳辐照、综合传热系数和热图像评价等参数与外墙的关系[3]；解国梁等人对利用红外热像仪对小区住宅楼采用非接触测量，绝对误差小于10%，测量结果满足工程检测需求[4]；唐鸣放等人利用红外热像仪测量窗户外表面平均温度和利用热流计测量窗户外表面对流换热系数，提出快速测量窗户传热系数的简易方法[5]。

1　红外测温影响因素分析

1.1　实验设计

对于一般设备，环境对红外热像仪测温精度有较大影响。本实验旨在研究实测过程中环境因素，如拍摄距离、环境温度、环境湿度、风速共同作用下对红外热像仪测温的影响。

1.2　测试指标

利用FLIR C2红外热像仪测量外墙温度，拍摄间隔5s以上，在拍摄过程中，使用WSZY-1温湿度自记仪10s记录一次环境温、湿度，并使用FB-1风速表连接PC端实时记录风速。

1.3　数据统计

部分测试数据与不同距离下环境参数变化范围汇总见表1和表2。

部分测试数据　　　　　　　　　　　　　　　　　表1

距离(m)	红外温度(℃)	环境温度(℃)	相对湿度(%)	风速(m/s)	外墙温度(℃)	拍摄时间
1	5.8	4.8	19.7	0.19	7.6	20：53：51
1	5.9	4.8	19.7	0.27	7.6	20：53：54
1	6	4.8	19.8	0.23	7.6	20：53：58
1	5.9	4.7	19.8	0.1	7.5	20：54：02
1	5.4	4.7	19.8	0.15	7.5	20：54：07
……						
30	3.9	2.2	27.9	0.09	6.5	22：11：44
30	3.9	2.2	27.9	0.11	6.5	22：11：51

---

① 教育部2020年产学合作协同育人项目（202002304023）；赤峰学院服务赤峰市经济社会发展应用项目（cfxyfc201856）

续表

距离 (m)	红外温度 (℃)	环境温度 (℃)	相对湿度 (%)	风速 (m/s)	外墙温度 (℃)	拍摄时间
30	4.2	2.2	27.9	0.13	6.5	22:11:58
30	4.2	2.2	27.7	0.11	6.4	22:12:04
30	4.2	2.2	27.7	0.1	6.4	22:12:10

测试信息汇总　　　　　　　　　　　　　　　　　　　　　　　　　　　　　　　　　　　表2

测试时间（2021年）	测试距离（m）	风速（m/s）	相对湿度	环境温度（℃）	拍摄次数
3月15日 20:40~20:55	1~15	0.17~2.99	24.4%~27.6%	1.7~2.1	132
3月16日 21:50~22:10	1~30	0~0.76	19.7%~30.5%	2.1~4.8	740
4月14日 20:00~22:30	1~30	0.09~1.19	18.3%~34.2%	10.1~11.8	181

1.4 相关性分析

将红外测试温度（IRT），以及环境温度（AT）、环境相对湿度（RH）、风速（F）、与被测墙面的距离（D），在SPSS中进行相关性分析，结果如表3所示。

相关性分析　　　　　　　　　　　　　　　　　　　　　　　　　　　　　　　　　　　　表3

		红外测试温度（℃）	距离（m）	环境温度（℃）	相对湿度（%）	风速（m/s）
红外测试温度（℃）	皮尔逊相关性	1	−0.116**	0.799**	−0.529**	−0.678**
	Sig.（双尾）		0.001	0.000	0.000	0.000
	个案数	872	872	872	872	872
距离（m）	皮尔逊相关性	−0.116**	1	−0.578**	0.715**	−0.304**
	Sig.（双尾）	0.001		0.000	0.000	0.000
	个案数	872	872	872	872	872
环境温度（℃）	皮尔逊相关性	0.799**	−0.578**	1	−0.862**	−0.387**
	Sig.（双尾）	0.000	0.000		0.000	0.000
	个案数	872	872	872	872	872
环境相对湿度（%）	皮尔逊相关性	−0.529**	0.715**	−0.862**	1	0.091**
	Sig.（双尾）	0.000	0.000	0.000		0.007
	个案数	872	872	872	872	872
风速（m/s）	皮尔逊相关性	−0.678**	−0.304**	−0.387**	0.091**	1
	Sig.（双尾）	0.000	0.000	0.000	0.007	
	个案数	872	872	872	872	872

** 在0.01级别（双尾），相关性显著。

结果发现因变量红外测试温度与自变量各环境因素相关性显著，拍摄的红外温度与环境温度呈显著正相关，与被测墙面的距离、环境相对湿度、风速呈现显著负相关。

1.5 多元线性回归

以红外测试温度（IRT）为因变量，以环境温度（AT）、环境相对湿度（RH）、风速（F）、与被测墙面的距离（D）为自变量，在SPSS进行多元线性回归分析，分析结果如表4所示。

回归后可得到红外测试温度与环境温度、环境相对湿度、风速、距离的多元线性回归方程。

$$IRT = D \cdot 0.049 + AT \cdot 1.563 + RH \cdot 0.089 - F \cdot 0.625 - 2.844 \tag{1}$$

以红外测试温度与温度自记仪实测外墙温度差值进行多元线性回归，也可以得到红外测试温度与实测外墙温度差值的回归方程，对红外热像仪测温进行补偿。

$$IRT_{补} = 4.452 - D \cdot 0.29 - AT \cdot 0.635 - RH \cdot 0.002 + F \cdot 0.288 \tag{2}$$

为保证测试精度，进行第三次测试，得到的红外热像仪补偿方程为：

$$IRT_{补} = 19.178 - D \cdot 0.032 - AT \cdot 1.372 - RH \cdot 0.037 - F \cdot 0.081 \tag{3}$$

系数 a							表4
模型		未标准化系数		标准化系数	t	显著性	共线性统计
		B	标准错误	Beta			容差	VIF
1	(常量)	−2.844	0.538		−5.282	0		
	距离(m)	0.049	0.004	0.309	12.883	0	0.315	3.178
	环境温度(℃)	1.563	0.053	1.055	29.769	0	0.144	6.947
	环境相对湿度(%)	0.089	0.016	0.176	5.469	0	0.174	5.737
	风速(m/s)	−0.625	0.069	−0.192	−9.075	0	0.404	2.474

a 因变量:红外测试温度(℃)。

1.6 回归模型的检验

由表5、图1可知,模型的独立性假设、正态性均达到要求,拟合度较高。

模型摘要					表5
模型	R	R^2	调整后 R^2	标准估算的错误	德宾-沃森
1	0.918	0.843	0.843	0.5026	2.064

① 预测变量:(常量),风速(m/s),环境相对湿度(%),距离(m),环境温度(℃)。
② 因变量:红外测试温度(℃)。

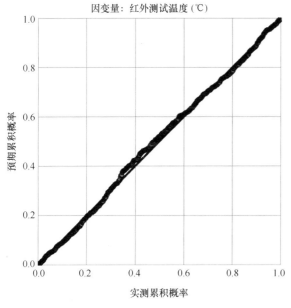

图1 正态 P-P 图

2 红外测温误差对室内温度的敏感性分析

敏感性分析是分析系统输入参数对输出参数影响的方法,输入参数对输出参数影响的大小称为敏感度,通常针对一个系统有多个影响因素时,分析影响系统因素的大小,对影响因素进行对比,排除对系统影响最小的因素,对系统模型进行简化,提高系统的计算效率。敏感性分析分为两种方法:局部敏感性和全局敏感性,局部敏感性是分析一个参数对系统的影响程度,而全局敏感性是考虑多个参数同时对系统产生的影响。局部敏感性计算简单快捷,一般分析使用这种方法。

敏感性分析的定义为[6]:

$$E_{(x_k)} = \left| \frac{\Delta y}{\Delta x_k} \frac{x_k}{y} \right| \quad k=1,2\cdots n \quad (4)$$

当 $|\Delta x_k|$ 趋于0时,可表示为如下形式:

$$E_{(x_k)} = \left| \frac{d_y}{d x_k} \frac{x_k}{y} \right| \quad k=1,2\cdots n \quad (5)$$

由式(2)可获得敏感度曲线,当 $x_k = x_{k*}$ 时,便可得到敏感度 $E_{(x_{x*})}$:

$$E_{(x_{x*})} = \left| \left[\frac{d_y}{d x_{x_k}} \right] \frac{x_{k*}}{y^*} k \right| \quad k=1,2\cdots n \quad (6)$$

$E_{(x_{x*})}$ 值越大,说明敏感度越高。

2.1 红外测温推算室温原理

将围护结构的传热过程简化为固体壁面传热(图2),在稳态条件下,将上述壁面的传热过程分为空气对流与内壁面换热再与内壁面至外壁面的导热过程,以及外壁面和室外冷空气对流换热的过程,计算公式如下[7]:

$$\Phi = K_{in} \cdot (t_n - t_{ext}) \quad (7)$$

$$\Phi = h_1 \cdot (t_w - t_{ext}) \quad (8)$$

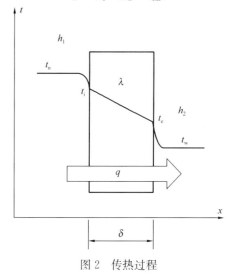

图2 传热过程

将上述方程联立即可得到:

$$t_n = \frac{h_1}{k_n}(t_{ext} - t_w) + t_{ext} \quad (9)$$

式中 Φ——热通量,(W/m²);

K_{in}——从室内空气至墙体外壁面的综合传热系数,W/(m²·K);

h_1——冷空气与墙体的对流换热系数，W/(m^2·K)；
t_n——用户室内温度，℃；
t_w——室外温度，℃；
t_{ext}——墙体外表面温度，℃。

K_{in}计算公式如下：

$$K = \frac{1}{\frac{\delta}{k_w} + \frac{1}{h_2}} \quad (10)$$

式中 δ——墙体厚度，m；
k_w——墙体导热率，W/(m·K)。

h_1计算公式如下：

$$h_1 = 4.967 + 0.365v \quad (11)$$

式中 v——风速，m/s。

h_2计算公式如下：

$$h_2 = \frac{h_1}{4} \quad (12)$$

2.2 测试结果

利用红外热像仪对已测建筑推算室内温度，本实验的目的是研究红外测温的误差对推算室内温度的影响，分析误差对室内温度的敏感性。在测试环境下，红外热像仪补偿温度如式（3）所示。

宿舍楼测试选取15min内（22:00~22:15）数据进行分析，整理后相关参数如表6所示。

测试相关参数　　　　　　表6

项目	指标
室外温度	11.54℃
平均风速	0.23m/s
K_{in}	0.52W/(m^2·K)

2.3 室温推算结果

将红外测试和实测参数代入式（6）。在测试期间，温度自记仪实测室内温度为25.6℃，推算室内温度为24.1℃，相差1.5℃。

2.4 误差对推算室温的敏感度

误差分析因素分别为距离D、环境温度AT、环境相对湿度RH、风速F。各因素的变化范围取基准值的±50%，各因素的变化区间、步长及基准值如表7所示。

各因素的变化区间步长及基准值　　　表7

因素	变化区间	步长	基准值
D（m）	1.5~4.5	0.8	3.0
AT（℃）	5.9~17.6	2.9	11.5
RH（%）	10.7~32.1	5.4	21.4
F（m/s）	0.12~0.35	0.1	0.2

通过计算可以得到各因素在变化区间时的敏感度曲线，将基准值带入后得到基准值下的敏感度，降序排列后如表8所示。

各因素敏感度　　　　　　表8

因素	AT（℃）	RH（%）	D（m）	F（m/s）
敏感度	6.9862	0.0428	0.0426	0.0037

红外热像仪测温时，环境因素产生的误差对室内温度推算的敏感性，依次为环境温度、环境湿度、距离、风速。但是根据敏感度的大小可知，风速对红外热像仪产生的误差，影响推算室内温度准确度的程度远远小于环境湿度、距离及风速。

3 红外测温误差对热损失的敏感性分析

3.1 红外测温推算外墙传热系数原理

将围护结构的传热过程简化为固体壁面传热，在稳态条件下，将上述壁面的传热过程分为两部分，用如下两个公式进行描述传热过程：

$$\Phi = K \cdot (t_n - t_{ext}) \quad (13)$$

$$\Phi = h \cdot (t_{ext} - t_w) \quad (14)$$

将上述方程联立得到传热系数推算公式：

$$K = h_1 \cdot (t_{ext} - t_w)/(t_n - t_{ext}) \quad (15)$$

式中 K——围护结构的传热系数，W/(m^2·K)；
其他符号均与前文公式相同。

3.2 传热系数推算结果

将相关信息代入式（15），在测试期间实测外墙传热系数与推算传热系数如表9所示。

传热系数信息　　　　　　表9

项目	数值
实测传热系数[W/(m^2·K)]	0.44
推算传热系数[W/(m^2·K)]	0.46
差值[W/(m^2·K)]	0.02

3.3 外墙与外窗热损失

本次估算外窗热损失，参照同类建筑耗热量占比的方法，具体外墙与外窗耗热量占比如表10所示，估算时采用窗墙比平均值的方法。

实测同类窗墙比与热损失比关系　　表10

地点	窗墙比	窗墙耗热损失比
1号楼	0.2	0.66
3号楼	0.24	0.47

3.4 房间冷风渗透量

房间冷风渗透量采用传统民用建筑的换气次数法，计算公式如下：

$$Q_2 = 0.278 n_k V_n c_p \rho_w (t_n - t_w) \quad (16)$$

式中 c_p——空气的比热容，在测试工况下一般取1kJ/(kg·℃)；
n_k——概算换气次数，h^{-1}，见表11；
V_n——研究对象空气体积，m^3；
ρ_w——空气密度，通常取1.29kg/m^3。

概算换气次数取值   表 11

房间外墙暴露情况	n_k (h^{-1})
一面有外窗或外门	1/4～2/3
两面有外窗或外门	1/2～2/3
三面有外窗或外门	1
门厅	2

本次测试为"一面有外窗或外门"概算换气次数,取推荐值平均值 0.46h^{-1}。

3.5 估算热损失与实际损失对比

测试期间估算热损失与实测热损失如表 12 所示,外窗估算值较实测值偏小,冷风渗透量较实测值偏大,实测房间热损失为 215.5W,推算热损失为 211.5W,相差 4W。

热损失对比   表 12

参数	实测值	估算值
外墙热损失（W）	46.0	48.3
外窗热损失（W）	46.5	29.5
冷风渗透量（W）	123	133.7
总热损失（W）	215.5	211.5

3.6 误差对推算热损失的敏感度

误差分析因素分别为距离 D、环境温度 AT、环境相对湿度 RH、风速。各因素的变化范围取基准值的 ±50%,各因素的变化区间、步长及基准值如表 13 所示。

各因素的变化区间、步长及基准值   表 13

因素	变化区间	步长	基准值
D (m)	1.5～4.5	0.8	3.0
AT (℃)	5.9～17.6	2.9	11.5
RH (%)	10.7～32.1	5.4	21.4
F (m/s)	0.12～0.35	0.1	0.2

通过计算可以得到各因素在变化区间的敏感度曲线,将基准值带入后得到基准值下的敏感度,降序排列后如表 14 所示。

各因素敏感度   表 14

因素	AT (℃)	RH (%)	D (m)	F (m/s)
敏感度	14.44	0.7383	0.0891	0.0007

同样,红外热像仪测温时,环境因素产生的误差对热损失推算的敏感性依次为环境温度、环境湿度、距离、风速。但是根据敏感度的大小可知,风速对红外热像仪产生的误差,影响推算热损失准确度的程度,敏感度量级远不如其他三项。

4 公式简化

上文对产生误差的影响因素进行了敏感性分析,环境温度和风速的量级出现了两个极端,而环境相对湿度与距离量级相近,为了简化红外推算室温及热损失的测量过程中,补充红外测试温度误差的环境参数,对红外补偿公式自变量进行降维简化。

4.1 环境湿度简化

由于环境温度与环境相对湿度存在一定关系,通过回归找到本次测试环境下环境温度与环境相对湿度的关系,得到回归方程为:

$$RH = 145.103 - AT \cdot 11.135 \quad (17)$$

4.2 风速简化

由于风速影响产生的误差对室内温度和热损失推算敏感性与其他敏感度量级相比极低,现将补偿公式中自变量风速去除,仅保留距离、环境温度、环境相对湿度。简化后回归方程为:

$$IRT_{补} = 19.581 - AT \cdot 1.4 - RH \cdot 0.041 - D \cdot 0.03 \quad (18)$$

4.3 对流换热系数估算

本次测试期间,风速变化为 0.09～1.19m/s,平均风速为 0.32m/s,由前文可知高风速会加快对流换热,使外表面温度降低,将补偿温度与风速建立关联,使测量过程简化。得到回归方程为:

$$F = 0.304 + 0.008 \cdot \Delta T \quad (19)$$

4.4 简化公式推算室温及热损失

简化后,关于建筑外部信息用到的参数为:环境温度、红外拍摄温度、距离,其他均采用回归公式估算的方法。采用公式简化后估算结果与之前测试结果对比如表 15 所示。

简化后推算室温   表 15

项目	简化前	简化后
D (m)	3.0	3.0
AT (℃)	11.5	11.5
RH (%)	21.4	17.1
F (m/s)	0.23	0.32
$IRT_{补}$ (℃)	2.5	2.6
$T_{n推算}$ (℃)	24.07	25.76
$T_{n实测}$ (℃)		25.6

由表 15 可知,简化后推算的环境相对湿度和风速有一定差距,但由于其对推算室温影响较小,采用推算的环境相对湿度和风速计算推算出的室内温度为 25.76℃,与简化前推算温度相差为 0.69℃,与真实温度相差为 0.16℃。

由表 16 可知,由于估算热损失推算的参数为外墙传热系数,其他参数采用概算。简化后推算传热系数为 0.463W/(m²·℃),同简化前相差 0.003W/(m²·℃),同实测值相差为 0.027W/(m²·℃)。

简化后推算外墙传热系数　　表16

项目	简化前	简化后
风速（m/s）	0.23	0.32
h_1 [W/(m²·℃)]	5.05	5.09
$K_{推算}$ [W/(m²·℃)]	0.460	0.463
$K_{实测}$ [W/(m²·℃)]		0.49

5　总结

对于热损失估算，由于红外热像仪不能获取玻璃外表面温度，推算传热系数而获得热损失，采取同类实测建筑，折算窗墙耗热量占比的方式估算，实测建筑样本容量提升会对估算结果有进一步提升。

对于一般红外热像仪，将环境参数等信息考虑为利用公式补偿，而不是传统上将环境参数输入相机内部来处理，这样会极大地提高红外热像仪测温精度及后续分析。

参考文献

[1] 屈成忠，郭海明. 基于红外热像法的建筑围护结构传热系数与风速的关系研究[J]. 建筑节能，2018，46（12）：50-53.

[2] D. González-Aguilera, S. Lagüela, P. Rodríguez-Gonzálvez, D. Hernández-López. Image-based thermographic modeling for assessing energy efficiency of buildings façades[J]. Energy & Buildings, 2013, 65.

[3] B. Lehmann, K. Ghazi Wakili, Th. Frank, B. Vera Collado, Ch. Tanner. Effects of individual climatic parameters on the infrared thermography of buildings[J]. Applied Energy, 2013, 110.

[4] 解国梁，申向东，郭敬红. 红外热像仪用于建筑围护结构传热系数的现场检测[J]. 河北理工大学学报（自然科学版），2010，32(4)：103-107.

[5] 唐鸣放，王海坡，李耕，等. 节能建筑外窗传热系数现场测量的简易方法[J]. 节能技术，2007，1：36-37，55.

[6] 刘鸿恺，白莉，郭禹岐. 水平直埋供热管道热损失影响因素敏感性分析[J]. 吉林建筑大学学报，2020，37（5）：41-48.

[7] 董凌彰，李文鑫，郭放，等. 无人机遥感测量围护结构传热性能及室内温度的应用研究[J]. 区域供热，2020，6：37-45，71.

楼宇式吸收式换热站与楼宇常规换热站的对比分析

赤峰学院资源环境与建筑工程学院　姜　楠　石宏岩
清华大学建筑学院　谢晓云

【摘　要】北方地区采用的常规换热站在实际运行过程中失水严重、电耗过高、末端温度过低、水力失调等问题日益突出。随着"碳达峰、碳中和"目标的提出，降低能耗变得更为重要。在欧洲国家，区域供热常见的做法是将大面积的供暖区域划分为一块块小的区域，分区供热，这样不仅解决了常规换热站的占地问题，还可以按需供热，解决了庭院管网的失水以及末端用户的水力失调问题，减少能耗。如果同时采用楼宇式吸收式换热器，还可以增大一次网的供回水温差，增加一次网的输送能力，同时还可以降低所需的热源品位。本文对黑龙江大庆市和内蒙古赤峰市的楼宇式机组进行分析，并与楼宇式吸收式换热站对比，分析研究补水方式、多分区供热方法、变负荷调节方法、耗电情况以及经济性，从多个角度给出楼宇式常规换热站与楼宇式吸收式换热站的对比结果。

【关键词】楼宇式吸收式换热站　楼宇式常规换热站　换热效能　耗电量

0　引言

楼宇式常规换热站是指，将集中式换热站热缩小到楼宇规模，热源热量通过一次网直接输送到每一栋楼，减小了二次网的敷设面积，由两部分组成：一部分是小型的、集成的换热机组系统，包括板式换热器、循环泵、补水泵等；另一部分是完整的变流量计量供热系统设备，包括气候补偿、电动调节阀或分布式水泵、水泵变频器、压差动态控制阀、楼栋热表、自动控制和调节设备等，可以满足分户计量供热系统的变流量运行的个性化的需求。

国内一次网多采用"大温差、小流量"的方式输送热量，而二次网多采用"大流量、小温差"的方式输送热量，导致了常规供热系统的一次侧与二次侧流量不匹配，热源提供的介质温度远大于末端实际所需的介质温度，这个供暖过程会造成很大的㶲耗散。而楼宇式吸收式换热技术作为一种新式换热技术，适用于两股流量不匹配流体之间的换热过程，这是由于吸收式换热器可以在不改变二次侧参数的前提下，将一次侧出水温度从45℃降低至25℃，一次侧的出水温度低于二次侧进水温度，从而形成一部分负面积，减少传热过程中的㶲耗散。

对于楼宇常规换热站，主要研究内容为换热站的供热面积、占地面积、末端供热形式、换热站内的电耗、二次管网管道的具体情况、二次网补水量等。并且还要对板式换热器进行分析，计算其传热系数，分析站内压降与循环泵和补水泵扬程，分析压降是否合理。本文主要对楼宇式吸收式换热站的原理及流程与常规换热站进行对比，故对于楼宇式吸收式换热器来说，不考虑其内部的溶液浓度、温度、压力等参数，只考虑机组的外部工况，同时也需要通过换热效能对整机的换热能力有一个评价。而电耗方面，由于楼宇式吸收式换热器的水泵包括二次循环泵、冷剂水泵、溶液泵，因此需要单独拆分每一项的电耗进行具体分析。

1 机组调研

1.1 黑龙江大庆市楼宇机组系统概况

1.1.1 机组概况

黑龙江大庆市目前建有楼宇常规换热机组的小区有 5 个，分别有 851 小区、悦澜湾小区、联谊宾馆、九号院以及大庆热力集团院。

楼宇换热机组运行流程如图 1 所示。一次侧的热网水直接通到每一栋楼进入板式换热器，与二次网进行换热，不设置补水箱，补水系统由一次侧热网水直接补入二次侧，二次回水定压压力为 0.23MPa，当压力低于 0.23MPa 时开启补水泵。管线上设有超压报警装置。控制系统由传感器、控制器、执行机构及通信系统等组成，采用集中控制方式，完成换热机组生产过程中工艺参数的采集、显示、记录和控制。

1.1.2 能耗测试

对黑龙江大庆市的楼宇常规换热站进行调研，以 851 小区、悦澜湾小区、联谊宾馆和大庆热力集团为主。其中 851 小区、联谊宾馆为改造小区，末端散热方式为散热器，悦澜湾小区为新建小区，分住宅和商用建筑，住宅区分高低区，末端散热方式为地板辐射供暖，商用建筑末端散热方式为散热器。

2019—2020 供暖季能耗测试结果如表 1 所示。

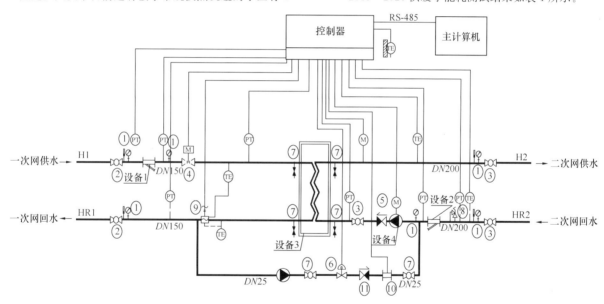

图 1 楼宇换热机组流程图

2019—2020 供暖季能耗 表 1

小区名称	单位电耗 (kWh/m²)	耗热指标 (W/m²)	单位水耗 (kg/m²)
851 小区	1.4	40.3	74.1
联谊宾馆	1.1	51.0	64.4
热力集团	2.6	82.1	19.6
悦澜湾	1.5	40.3	8.5

2020—2021 供暖季能耗测试结果如表 2 所示。

2020—2021 供暖季能耗 表 2

小区名称	单位电耗 (kWh/m²)	耗热指标 (W/m²)	单位水耗 (kg/m²)
851 小区	1.55	37.7	31.7
联谊	2.69	282	272.8
悦澜湾	1.95	28.6	11.9

通过两个供暖季的对比发现，2020—2021 供暖季与 2019—2020 供暖季相比，热耗、电耗均有提升。联谊宾馆在 2020—2021 供暖季的单位面积水耗极高，经排查为用户偷水。以 2020—2021 供暖季来看，851 小区平均热耗为 37.7W/m²，悦澜湾小区平均热耗为 28.6W/m²，851 小区为老旧小区，保温措施差，而悦澜湾小区为新建小区，保温措施强。

通过观察压力表，判断压力损失情况。由图 2 可以看出，压力主要损失在换热器及用户侧，为 5mH₂O 左右，部分用户侧压降偏大；除污器的压降不同，部分除污器压降偏大，应及时对除污器进行清理。

1.1.3 变负荷运行调节方式

一次网调节和常规热力站调节方式一致，为质调节、量调节相结合的方式。

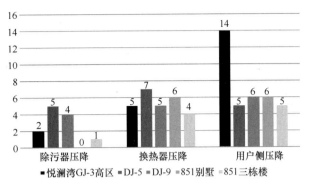

图 2 各部分压力损失情况

该换热机组采用气候补偿器自动控制二次网的温度调节,根据室外温度和二次侧供回水温度自动调节一次侧供水流量,调节变频控制器改变循环水泵转速。当室外温度改变时,通过气候补偿器自动采集温度,改变一次侧流量,使二次侧给水温度达到设计温度。

1.1.4 机组运行情况

(1) 站内温度采集

一、二次侧供回水温度采集情况如图3所示。

每小时进行一次数据采集,采集了从2020年11月1日到2021年3月25日(共145d)一、二次网供回水温度的数据,一次侧给水温度基本在80～100℃之间,波动较大;一次侧回水温度在40～60℃之间。二次侧供回水温差较小,保持在5℃左右,变化趋势与一次侧回水一致。

(2) 板式换热器传热系数

各机组板式换热器传热系数如图4所示,换热系数大于2000W/(m²·℃)的机组只有一台,占总数的3.8%,传热系数大于1000W/(m²·℃)的机组有9台,占总数的34.6%,其余机组换热器换热系数小于1000W/(m²·℃),平均换热系数为977W/(m²·℃),总体来看换热系数偏小。

通过机组的实际运行负荷,与机组的设计负荷做比值得到机组的负荷率,如图5所示,板式换热器的传热系数和负荷率有很大关联,负荷率小则换热系数小,而平均负荷率仅为28.6%,导致换热器的平均传热系数偏小。

(3) 室内温度采集

以851小区为例,采集的该小区的室内温度如图6所示。整个供暖季室内温度逐渐升高,基本维持在22～26℃之间,室内设计温度为20℃,所以851小区存在过量供热问题。

从供暖季中,截取24h的室内温度情况,如图7所示,24h内室内温度基本不变,维持在24℃左右,没有"白天热,晚上冷"的情况出现。

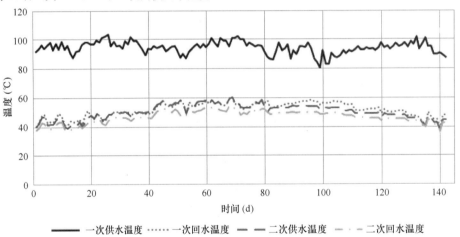

图 3 851小区一、二次网供回水温度变化情况

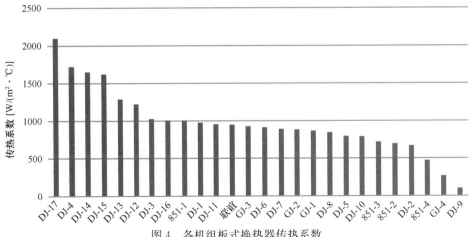

图 4 各机组板式换热器传热系数

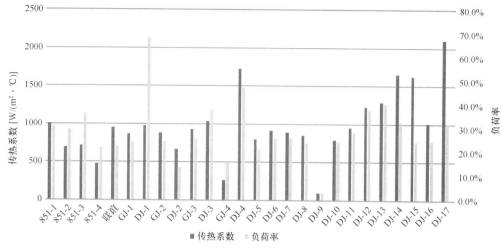

图 5 各机组板式换热器传热系数及负荷率

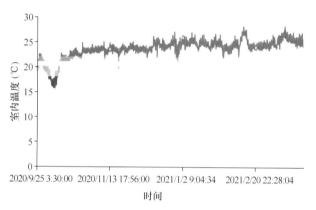

图 6 851 小区 24h 室内温度采集情况

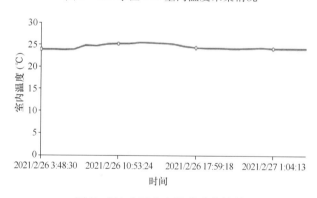

图 7 851 小区室内温度采集情况

1.1.5 小区舒适性调研

对老旧小区 851 小区以及新建设小区悦澜湾小区进行舒适性调研，调研方式为小区内问卷调查。问卷调查结果（样本容量 62）如图 8 所示。对悦澜湾小区问卷调查结果（样本容量 76）如图 9 所示。

通过问卷调查可知，851 小区年龄在 60 岁以上的用户占比较大，为 36%，由于小区内机组为箱式，安放位置在室外，用户基本没有噪声反馈，而悦澜湾小区机组安放位置为地下室，即使采取了一些隔声措施，还是有 36%（用户对噪声影响反映较大和适中）的用户认为有噪声影响，建议采用静音泵，并对除污器等结构经常维护清理。

1.2 赤峰市楼宇机组情况调研

1.2.1 机组概况

内蒙古赤峰市锦泰榕城小区采用楼宇式常规换热站，小区内 12 栋建筑，总供热面积 239000m²，共有楼宇式机组 34 台。赤峰市楼宇机组是将原有的集中供热机组缩小到楼宇的规模，进行楼宇供热。该机组占地面积大于大庆市楼宇机组，均为无箱式，楼宇式常规换热站直接建在地下室，区分高低区，每套机组只带单独一栋楼的一个分区。

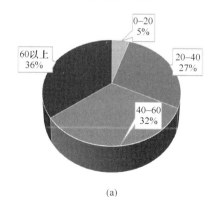

(a)

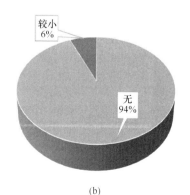

(b)

图 8 851 小区舒适性问卷调查结果（一）

(a) 用户年龄占比；(b) 用户对于噪声的反映情况

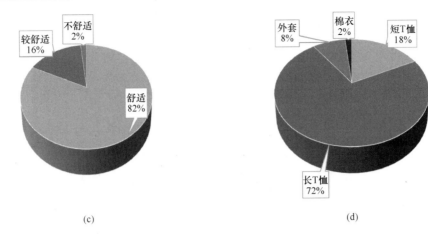

图 8　851 小区舒适性问卷调查结果（二）
（c）用户对于室内温度的舒适情况；（d）用户在室内穿着情况

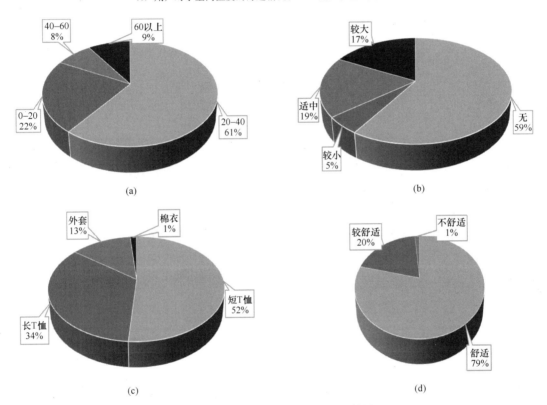

图 9　悦澜湾小区舒适性问卷调查结果
（a）用户年龄占比；（b）用户对于噪声的反映情况；（c）用户日常穿着情况；（d）用户对于室内温度的舒适情况

赤峰市楼宇式换热机组流程如图 10 所示，与大庆市楼宇机组流程相比，不同点为补水方式，赤峰市楼宇式常规换热机组设有补水箱，使用补水箱补水，每栋楼单独设置一个补水箱为高低区分别补水。当压力低于给定压力时开启补水泵。

1.2.2　能耗测试

对 2020—2021 供暖季赤峰市楼宇式换热机组进行能耗调研结果如表 3 所示。

赤峰市楼宇机组能耗情况　　表 3

楼号	单位电耗 （kWh/m²）	耗热指标 （GJ）	单位水损 （kg/m²）
锦泰榕城 1 号楼	0.47	0.49	5.00

续表

楼号	单位电耗 （kWh/m²）	耗热指标 （GJ）	单位水损 （kg/m²）
锦泰榕城 2 号楼	0.40	0.32	3.50
锦泰榕城 3 号楼	0.41	0.33	3.06
锦泰榕城 4 号楼	0.51	0.49	7.32
锦泰榕城 5 号楼	0.47	0.47	2.65
锦泰榕城 6 号楼	0.44	0.48	12.32
锦泰榕城 7 号楼	0.52	0.47	6.54
锦泰榕城 8 号楼	0.60	0.50	3.81
锦泰榕城 9 号楼	0.47	0.49	3.55
锦泰榕城 10 号楼	0.40	0.49	4.41
锦泰榕城 11 号楼	0.41	0.43	4.60
锦泰榕城 12 号楼	0.41	0.49	7.76

赤峰市楼宇式换热机组 2020—2021 供暖季为第一年运行，平均单位耗热量为 0.5GJ/m²，供暖期为 180d；电耗方面，相比于大庆平均电耗 2kWh/m²，赤峰机组平均电耗 0.46kWh/m²，要少得多，大庆市机组单位面积流量为 6.6kg/(m²·h)，而赤峰市为 3.0kg/(m²·h)，这种情况会使得大庆市楼宇机组电耗偏高。

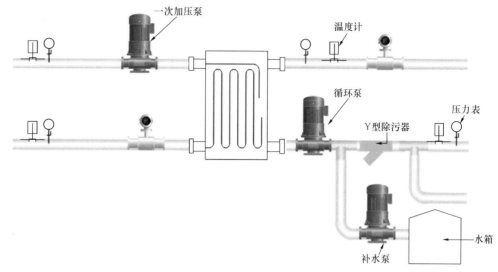

图 10　机组流程图

2　楼宇式吸收式换热站

2.1　二十一小学机组

2.1.1　机组概况

所测试的两台机组为赤峰市楼宇吸收式换热器，换热流程均与常规楼宇吸收式换热机组相同。机组分为左右结构式和上下结构式，供暖面积共 8000m²，功率为 320kW。

2.1.2　机组流程介绍

吸收式换热器取热流程如图 11 所示。高温一次网水换热流程：一次供水首先经过一级发生器、二级发生器与溶液逆流换热、再到水—水板式换热器，再经过二级高压蒸发器，一级低压蒸发器降温经过一次泵加压回到热源处。二次回水分成三股，彼此独立，其中两股分别依次进入到两级热泵的吸收器（与溶液逆流换热），再到冷凝器（吸收水蒸气汽化潜热）。另一股进入到水—水板式换热器，与一次网水直接换热。三股流体汇和通过二次泵加压供给用户。

2.2　机组运行情况

2.2.1　站内温度采集

机组一次侧给水温度在初、末寒期较低，在 60～80℃之间，严寒期维持在 80～100℃，如图 12 所示。

2.2.2　末端状况

为了解吸收式换热机组的运行效果，对二十一小学进行末端室温测试，末端供暖系统为单管系统加旁通管的上供下回系统，测试时间为末寒期（3 月 30 日）。此时只开左右结构机组一台。对小学内行政楼各个房间进行室温测试，测试结果如表 4 所示。

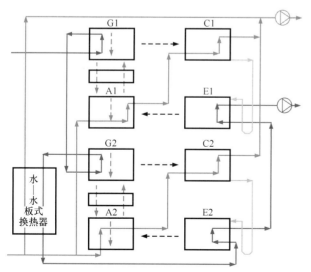

→ 溴化锂溶液走向　→ 高温热源走向　→ 热网水走向
→ 冷剂水走向　→ 水蒸气走向
图 11　吸收式换热器取热流程

行政楼不同楼层室温变化			表 4
位置	温度（℃）	位置	温度（℃）
1 楼西侧	18.7	1 楼东侧	20.9
2 楼西侧	19	2 楼东侧	20.6
3 楼西侧	21.9	3 楼东侧	21.5
4 楼西侧	22.3	4 楼东侧	22.4
1 楼大厅	16.9		

散热器供水温度为 34～35℃，回水温度为 32～33℃，供热温差小，如图 13 所示。

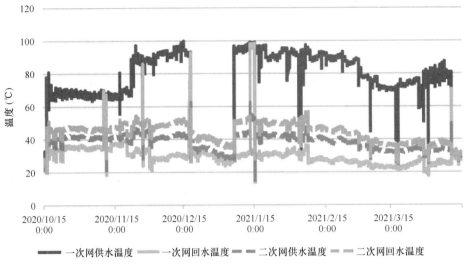

图 12 左右结构机组一二次侧供回水温度变化情况

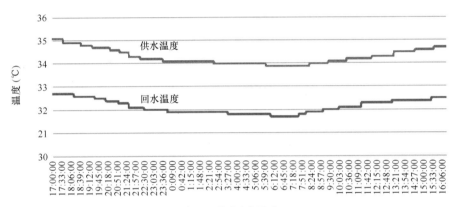

图 13 供/回水温度

2.3 能耗测试

对 2020—2021 供暖季楼宇式吸收式换热站进行了能耗测试,如表 5 所示,二十一小学单位面积电耗为 0.81kWh/m²,相比于楼宇式常规换热站,其单位面积电耗更大,耗热量为 24.8W/m²,单位耗水量为 0.69kg/m²。

楼宇式吸收式机组能耗 表 5

参数	数值
单位电耗(kWh/m²)	0.81
耗热指标(W/m²)	24.8
单位水耗(kg/m²)	0.69

3 两种机组对比

3.1 性能对比

3.1.1 换热效能对比

吸收式换热器从外部看与常规换热器相同,均为一次网向二次网的换热过程,整机总体换热性能评价方法可类比常规换热器的换热效能 ε。

$$\varepsilon = \frac{T_{h,in} - T_{h,out}}{T_{h,in} - T_{c,in}}$$

式中 $T_{h,in}$——一次侧进口温度,℃;
$T_{h,out}$——一次侧出口温度,℃;
$T_{c,in}$——二次侧进口温度,℃。

本次测试选取了两种机组 24h 的换热参数计算其换热效能。对于楼宇常规换热器,由于一次网出口温度无法低于二次网进口温度,因而其换热效能不能大于 1,一般在 0.8~1.0 之间。对于楼宇式吸收式换热器,由于一次网出口温度可以低于二次网进口温度,因而其换热器效能可以大于 1,可以达到 1.25 左右,如图 14 所示。由图可见,楼宇式吸收器较楼宇式常规换热器有明显优势。

3.1.2 能耗对比

表 6 给出了楼宇式常规换热站与楼宇式吸收式换热站能耗对比数据。以赤峰机组为例,热耗方面,楼宇式吸收式换热机组大于楼宇式常规换热机组;电耗方面,由于公用建筑单位面积循环水量也更大一些,这也就导致了楼宇式吸收式换热机组电耗的增加。

楼宇式常规换热站与楼宇式吸收式
换热站能耗对比 表 6

参数	楼宇式常规换热站	楼宇式吸收式换热站
电耗(kWh/m²)	0.46	0.81
热耗(GJ/m²)	0.32	0.37

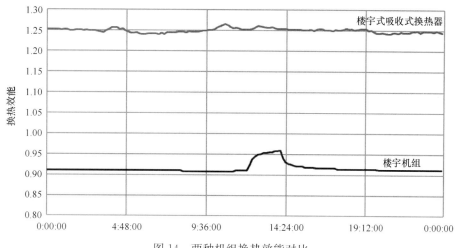

图 14 两种机组换热效能对比

3.1.3 㶲耗散

用 T-Q 图来表示两种机组传热过程中流量不匹配问题，如图 15 和图 16 所示，楼宇式吸收式换热器一次网出水温度可以低于二次网回水温度，从机组外部工况来看，不仅㶲耗散变小了，对热源品位的需求也降低了。

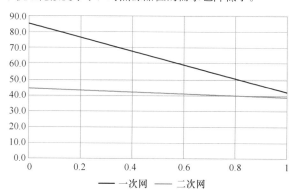

图 15 楼宇式常规换热器换热 T-Q 图

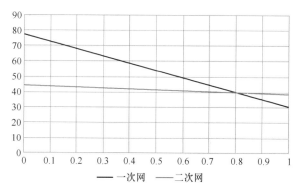

图 16 楼宇式吸收式换热器换热 T-Q 图

3.2 经济性分析

表 7 为楼宇式常规换热站与楼宇式吸收式换热站成本对比。在供热面积为 8000m² 的小区，楼宇式吸收式换热站的初投资要大于楼宇式常规换热站；在运行费用方面，楼宇式吸收式换热器的电耗和热耗均大于楼宇式常规换热站，所以在总的运行费用方面，楼宇式常规换热站要优于楼宇式吸收式换热站。初投资的折旧按 10 年来计算，则楼宇式常规换热站折算到每年的费用为 18.8 万元（包括初投资和运行费用），楼宇吸收式换热站每年费用为 21.8 万元。

楼宇式常规换热站与楼宇式吸收式换热站成本对比　　表 7

	楼宇常规换热站	楼宇吸收式换热站
供热面积（m²）	8000	8000
供热量（kW）	400	400
庭院管网长度（m）	1000	1000
温度参数		
一次网供水温度（℃）	90	90
一次网回水温度（℃）	45	25
二次网供水温度（℃）	50	50
二次网回水温度（℃）	40	40
初投资		
管径（mm）	60	60
管网总价格（万元）	115	115
建设成本元（W）	0.36	0.8
装机费用（万元）	14.4	32
总初投资（万元）	129.4	147
运行费用		
单位面积耗热量（GJ/m²）	0.32	0.38
总耗热量（GJ）	2560	3040
热价（元/GJ）	22	22
总热价（万元）	5.63	6.68
单位用电量（kWh/m²）	0.5	0.81
用电量（kWh）	4000	6480
电费（kWh/元）	0.65	0.65
总电价（万元）	0.26	0.4212
总运行费用（万元）	5.89	7.11
每年费用（万元）	18.83	21.81

而随着供暖面积的增加，投资也会随之改变。图17可以看出，在初投资折旧期为10年，热价为22元/GJ的情况下，随着供暖面积的增大，楼宇式常规换热站的优势会更明显一些，如果考虑楼宇式吸收式换热机组可以降低一次网出水温度回收电厂或者工厂的余热的话，电厂与热力公司之间结算热费时，热量按20元/GJ计算，则楼宇式吸收式换热站的优势会更大。

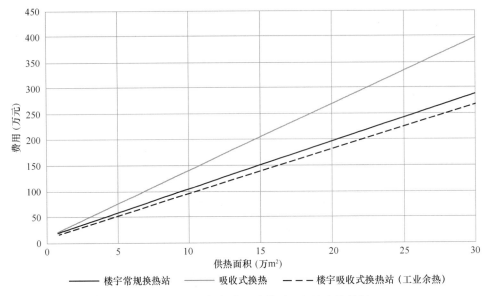

图17　两种机组每年费用随供暖面积的变换情况

4　总结

本文通过调研大庆市和赤峰市楼宇式换热站补水方式、变负荷调节方法、能耗情况，并与赤峰市的楼宇式吸收式换热站进行对比分析，得到如下结论：

（1）在补水方式上，大庆市常规楼宇式换热机组与赤峰市楼宇式换热机组有所不同，大庆市楼宇机组并没有设置补水箱对二次网补水，减少了水箱的占地面积及投资。

（2）在换热效能方面，楼宇式吸收式换热器换热效能为1.2~1.3，远大于楼宇式常规换热器，换热效能更好。

（3）电耗方面，由于公用建筑单位面积循环水量也更大一些，这也就导致了楼宇式吸收式换热器的电耗增加。另外，楼宇式吸收式换热器水泵分为溶液泵、冷剂水泵、二次循环泵，溶液泵、冷剂水泵效率低，则整机泵效率小。开的小泵越多，机组的整体泵效率就越会下降。这也是楼宇式吸收式换热器电耗大的原因。

（4）从收益来讲，楼宇式吸收式换热器由于末端为公用建筑，在初投资和运行费用上均不占优势，但是如果考虑楼宇式吸收式换热机组可以降低一次网出水温度，回收电厂或者工厂余热的话，电厂与热力公司之间结算热费时，热量按20元/GJ计算，则楼宇式吸收式换热站的投资更低。同时，如果吸收式换热器末端为住宅时，其优势将更加明显。

综上所述，当热源为高品位热源时，楼宇式常规换热器更经济，当热源为低品位热源时，楼宇式吸收式换热站相比较楼宇常规供热方式在多个方面都有较大优势。在倡导能源生产与消费革命的大背景下，楼宇式吸收式换热站有望成为未来的一种全新供热模式。

特此致谢：赤峰学院青年科研基金项目（cfxyqn202135）的支持。

参考文献

[1] 胡姗，张洋，燕达等. 中国建筑领域能耗与碳排放的界定与核算[J]. 建筑科学，2020，36(S2)：288-297.

[2] 江亿，谢晓云，朱超逸. 实现楼宇式热力站的立式吸收式换热器技术[J]. 区域供热，2015(4)：38-44.

[3] 朱超逸，谢晓云，江亿. 楼宇式吸收式换热器的研发及应用[J]. 区域供热，2019，5：1-10，59.

[4] 王力杰，庞印成，辛奇云. 楼宇换热站技术特点与应用分析[J]. 区域供热，2014，6：59-63.

[5] 赵鹏飞. 基于某地热供暖系统换热站位置对系统经济性影响分析[D]. 西安：西安工程大学，2017.

[6] 马海涛. 关于区域供热系统的优化控制分析[J]. 建材与装饰，2016，18：148.

板式热交换器机组能效测试与评价方法研究

西安交通大学动力工程多相流国家重点实验室　韦虹宇　骆政园　白博峰
西安市热力集团有限责任公司　任纪罡　蔡　斌
全国锅炉压力容器标准化技术委员会热交换器分技术委员会　周文学

【摘　要】板式热交换器机组是供热系统中连接热源和热用户的关键环节，其能效高低直接影响整个供热系统的经济性和热用户的舒适度，目前仍缺乏有效的能效测试与评价方法。本文提出了一种机组能效测试方法，对测试参数、测试方法、测试工况以及数据处理进行了规定。依据机组结构和运行特点，提出了机组能效指标 EEI 和功效比 Q/N 作为机组能效水平评定的依据。机组能效指标 EEI 通过改进现有板式热交换器能效指标得到，全面考虑了热交换器、循环泵、管道、阀门等结构的阻力性能，并通过权重系数考虑了机组实际运行中一、二次侧流量显著不同的特性；功效比 Q/N 考虑了循环泵—电机自身的能量损耗，由此更能体现机组的总功耗。依据机组能效测试与评价方法对某企业板式热交换器机组进行了测试评价。
【关键词】集中供热　板式热交换器机组　能效测试　能效评价

0　引言

《2021 中国统计年鉴》显示，截至 2019 年年底，城市集中供热面积达到 92.51 亿 m^2 且逐年增长[1]，集中供热能耗占社会总能耗的 4.5% 以上，碳排放占社会总碳排放的 5.0% 以上[2]，因此我国供热行业节能减排任务艰巨。国务院发布的《新时代的中国能源发展》白皮书提出要推广工业节能技术装备，推动终端用能产品与高耗能行业提升能效水平[3]。国家发展改革委、国家能源局印发的《能源生产和消费革命战略（2016—2030）》提出以节约优先为方针，要提高能源利用效率，把工业作为推动能源消费革命的重点领域，要求新增工业产能主要耗能设备能效达到国际先进水平[4]。集中供热系统包括热源、热网、热力站和用户等多个环节[5]，板式热交换器机组作为集中供热系统中连接一次网和二次网的关键部件，其能效高低直接影响二次网的运行效率及用户取暖满意度，提升热交换器机组运行能效水平是促进集中供热系统节能减排的关键之一。

板式热交换器机组是由板式热交换器、循环泵以及连接管道、阀门组成的集成热交换系统[6]。它具有标准化、模块化的设计，配置齐全、安装方便、高效节能、运行可靠、操作简便，是首选的高效节能产品[7,8]。2016 年，我国板式热交换器机组市场规模已达到 420 亿元以上，随着国家与地方政府的大力支持，近年来仍然呈阶梯性增长趋势。国内外对热交换器机组的研究主要集中在通过改变机组的运行参数和运行方式来减小能耗。翟灿灿等人以天津市公共建筑内换热站运行情况为例，分析并联换热机组一次侧循环流量分配方式对一、二次侧供回水温差和二次侧循环流量的影响，表明并联换热机组各支路一次侧循环流量均等分配时，一、二次侧供回水温差增加，二次侧循环泵的泵功消耗减少，系统运行更稳定[9]。为解决一次网难以扩容导致输送能力不足的问题，高帅等人提出换热机组并联改串联的方法，并对比该方法与增加热交换器板片方法的降温效果和改造成本，得出换热机组并联改串联的方法能够有效降低一次网供回水温差，且该方法的改造成本更低，能够有效提高一次网的供热能力[10]。为了统一评价不同改进方法和不同型号的热交换器机组能效，需要提出一个科学有效的能效评价方法。

目前，对换热机组能效测试技术及能效评价研究甚少。我国发布了国家标准《城镇供热用换热机组》GB/T 28185—2011[11]、《板式热交换器机组》GB/T 29466—2012[6]，对板式热交换器机组产品进行规定，但这些标准仅是用以规定换热机组的型号、技术要求、检验规则等。格力公司等在《板式热交换器机组换热效率评价方法》(征求意见二稿)[12]中提出基于㶲效率的板式换热器机组能效评价方法，但㶲效率本质上评价热量的做功能力，与供热系统关注热量传热能力的特征相悖，且㶲效率受环境温度影响大、稳定性差，不能比较不同应用条件换热机组的能效特性。针对板式热交换器机组中的板式热交换器，中国特种设备检测研究院编制的《热交换器能效测试与评价规则》TSG R0010—2019 提出了能效指标的计算公式 EEI，根据板式热交换器行业能效水平，将能效等级分为 3 级[13-17]。但板式热交换器仅是板式热交换器机组中的一个单元，板式热交换器机组在热交换器的基础上增加了除污器、循环泵、管道、阀门等结构，其带来的流动压降与热交换器压降相当，是影响机组能效水平的重要因素。另外，供热用板式热交换器机组在实际运行过程中一、二次侧流量显著不同，现有板式热交换器能效评价方法不能考虑两侧流量差异，因此不能采用板式热交换器能效指标评价机组性能[18]。

目前仍缺乏有效的热交换机组能效测试和评价方法，制约了板式热交换器机组性能改进与能效提升，无法对板式热交换器机组市场实施有效监督。由此板式热交换器机组存在传热效率低、运行成本高，产品不满足实际使用需求的问题，阻碍行业的进步。本文介绍了板式热交换器机组性能测试平台，提出了板式热交换器机组能效测试方法，对板式热交换器机组的测试参数、测试方法、测试工况以及数据处理进行规定,提出了机组能效指标 EEI 和功效比 Q/N 作为板式热交换器机组能效评定的依据,并依据板式热交换器机组能效测试与评价方法对某公司板式热交换器机组进行测试。

1 板式热交换器机组测试系统及方法

1.1 测试系统

本次测试在西安热力集团建成的热交换器及板式热交换器机组能效测试平台进行。目前该平台已取得了CNAS认可,具有第三方检验检测资质。图1为热交换器及板式热交换器机组能效测试平台实景图,平台主要由冷回路系统、热回路系统、外循环冷却系统、蒸汽管路系统和数据采集系统组成。图2为板式热交换器机组测试系统流程图。冷、热流体经过被测机组进行换热后,蒸汽管路(图2浅色管线)对热回路系统(图2次浅色管线)中的流体加热升温至要求的温度,加热后的蒸汽通过过冷器冷凝排放外界,冷回路系统(图2深色管线)中的流体经冷却器降温至要求的温度,外循环冷却系统(图2次深色管线)的水通过风机冷却后再重新进入冷却器,如此循环使用。

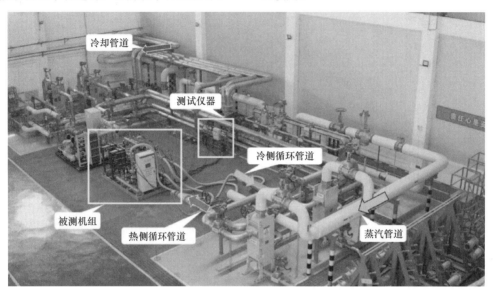

图1 西安热力集团热交换器及机组能效测试平台

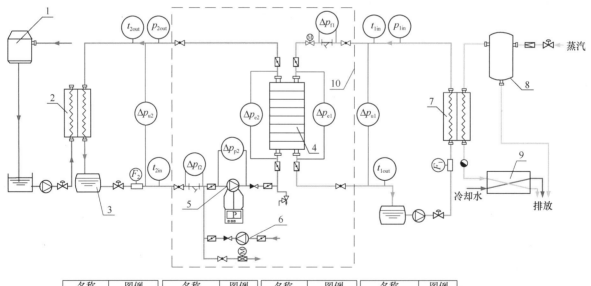

图2 液—液板式热交换器机组测试系统流程图

1—冷却塔;2—冷却器;3—液体储槽;4—板式热交换器;5—机组循环泵;6—机组补水泵;7—加热器;
8—分离器;9—过冷器;10—液-液板式热交换器机组

1.2 测试样机

本次测试样机选取的是某公司高效智能板式热交换器机组,实物图如图3所示。该机组的主要部件包含一个板式热交换器、两个循环泵、两个补水泵、一个Y形过滤器和一个控制柜。机组的主要参数如表1所示。

图3 板式热交换器机组实物图

板式热交换器机组设计参数　　表1

参数	单位	数值
热侧体积流量	m³/h	61.40
冷侧体积流量	m³/h	240.76
热侧进/出口温度	℃	85/45
冷侧进/出口温度	℃	40/50
热侧压力	MPa	0.80
冷侧压力	MPa	0.80

1.3 测试方法及工况参数

板式热交换器机组能效测试方法分为设计工况测试和标准工况测试。其中设计工况是根据出厂参数进行测试;标准工况则是参考我国供热系统中板式热交换器机组常见运行工况给出了标准工况参数的选定方法。

本次测试介质采用水—水。实验测量参数包括:机组热侧进、出口温度,机组热侧进口压力,机组热侧进、出口压降,热侧流量,冷侧进、出口温度,机组冷侧出、口压力,机组冷侧进、出口压降,机组冷侧除污器压降,机组冷侧循环泵压降。板式热交换器机组的测点布置如图4所示。由于机组冷侧循环泵升压的效果,会使得循环泵的后端压力增大,导致机组冷侧出口压力大于进口压力,

仅测量机组冷侧进、出口压降无法获得机组冷侧实际压降值,且该压降测量值为负值,因此机组测试在板式热交换器能效测试的基础上增加循环泵压降的测点,机组冷侧实际压降值为循环泵压降与机组进、出口压降之差。同时,为了得到机组中每个辅助部件的阻力性能,还增加了除污器、热交换器压降的测量。设计工况测试和标准工况测试所用仪表准确度等级和量程的选取分别见表2、表3。

测试前,按图4将被测机组与机组性能测试平台连接,并接入测试仪表,检查测试机组、管线以及测量仪表的可靠性。将所有阀门开至全开状态,将所有压差表正负连通,处于停表状态。排净测试机组内的气体,使测试机组在完全充满测试流体的条件下运行。打开所有压差表,调节冷、热侧流量至测试流量,打开系统补水泵,调节冷、热侧压力至设计压力的0.5倍。开启泄水阀门,缓慢开启蒸汽阀门,预热管道,待残液排净后,关小泄水阀,让蒸汽进入系统加热器,加热机组热侧液体。

进行设计工况测试。调节蒸汽阀和冷却外循环泵,固定热侧进口温度、冷侧出口温度至设计值,测试6个工况,即调节冷、热侧流量从设计流量的70%、75%、80%、90%、100%、110%变化;每个测试工况下稳定运行不少于10min,当热平衡在±5%之内时,方可进行数据采集,每组数据间隔不少于1min,最少应采集3组数据。

进行标准工况测试。调节被测机组循环泵频率,固定冷侧热交换器板间流速为0.5m/s,调节冷却外循环系统的循环泵频率、热侧循环泵频率和蒸汽阀,将冷侧进、出口温度调至40℃、55℃,热侧进口温度依次调至65℃、85℃、100℃;将冷侧进、出口温度调至37℃、45℃,热侧进口温度依次调至65℃、85℃、100℃。当热平衡在±5%之内时,方可进行数据采集,每组数据间隔不少于1min,最少应采集3组数据。

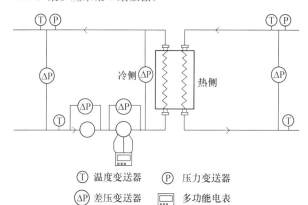

图4 某公司高效智能板式热交换器机组的测点布置图

设计工况测试所用仪表准确度等级及量程　　表2

测量项目	流量		温度		压力	压降					功率
准确度等级	0.1%		±0.2℃		0.075%	0.075%	0.1%	0.075%	0.1%	0.1%	0.5%
量程	0~1200m³/h	0~800m³/h	0~150℃	0~100℃	0~100℃	0~1.6MPa	0~10kPa	0~160kPa	0~60kPa	0~160kPa	0~600kPa	0~720kW
测试工位	热侧	冷侧	热侧进口	热侧出口	冷侧进出口	冷/热侧	热侧机组进出口	冷侧机组进出口	冷侧除污器进出口	冷侧热交换器进出口	冷侧循环泵进出口	冷侧循环泵-电机

标准工况测试所用仪表准确度等级及量程　　　表3

测量项目	流量		温度			压力	压降					功率
准确度等级	0.1%		±0.2℃			0.075%	0.075%	0.1%	0.075%	0.1%	0.1%	0.5%
量程	0~1200m³/h	0~800m³/h	0~150℃	0~100℃	0~100℃	0~1.6MPa	0~10kPa	0~160kPa	0~60kPa	0~160kPa	0~600kPa	0~720kW
测试工位	热侧	冷侧	热侧进口	热侧出口	冷侧进出口	冷/热侧	热侧机组进出口	冷侧机组进出口	冷侧除污器进出口	冷侧热交换器进出口	冷侧循环泵进出口	冷侧循环泵-电机

1.4 参数定义及数据处理

热侧流体热流量 Φ_1、冷侧流体热流量 Φ_2 和换热量 Q 的计算式分别如下：

$$\Phi_1 = q_{v1}\rho_1 c_{p1}(t_{1in} - t_{1out}) \quad (1)$$

$$\Phi_2 = q_{v2}\rho_2 c_{p2}(t_{2out} - t_{2in}) \quad (2)$$

$$Q = (\Phi_1 + \Phi_2)/2000 \quad (3)$$

式中　q_{v1}——热侧流体体积流量，m³/s；

q_{v2}——冷侧流体体积流量，m³/s；

t_{1in}——机组热侧进口温度，℃；

t_{1out}——机组热侧出口温度，℃；

t_{2in}——机组冷侧进口温度，℃；

t_{2out}——机组冷侧出口温度，℃。

两流体间的热平衡相对误差符合下列要求：

$$|(\Phi_1 - \Phi_2)/\Phi_2| < 5\% \quad (4)$$

总传热系数 K 的计算公式如下：

$$K = \frac{(\Phi_1 + \Phi_2)}{2A\Delta t_m} \quad (5)$$

式中　A——热交换器的换热面积，m²；

Δt_m——流体区域对数平均温差，℃，其计算公式如下：

$$\Delta t_m = \frac{(t_{1in} - t_{2out}) - (t_{1out} - t_{2in})}{\ln[(t_{1in} - t_{2out})/(t_{1out} - t_{2in})]} \quad (6)$$

机组冷、热侧总压降 Δp_2、Δp_1 的计算公式如下：

$$\Delta p_2 = \Delta p_{p2} - \Delta p_{u2} \quad (7)$$

$$\Delta p_1 = \Delta p_{u1} \quad (8)$$

式中　Δp_{p2}——机组冷侧循环泵压降，kPa；

Δp_{u2}——机组冷侧进出口压降，kPa；

Δp_{u1}——机组热侧进出口压降，kPa。

机组循环-电机总效率为输出功率与输入电功率之比，计算公式为：

$$\eta = \frac{q_{v2}\Delta p_{p2}}{P} \quad (9)$$

式中　P——机组冷侧循环泵-电机电功率，kW。

1.5 机组能效评价指标

对于板式热交换器机组，能效体现为其实现的换热效果与运行能耗之比，由此本文基于热力学第一定律提出了机组能效指标 EEI 和功效比 Q/N 作为机组能效水平评定的依据，两种指标都综合考虑了被测机组的传热与流动性能。

机组能效指标 EEI 通过改进现有板式热交换器能效指标而得到，该指标全面考虑了热交换器、除污器、循环泵、管道、阀门等结构的阻力性能，其物理意义是板式热交换器机组消耗单位折合流动压降下所获得的总传热系数，EEI 越大，机组能效水平越高。机组能效指标 EEI 的计算公式如下：

$$EEI = \frac{K}{\left(\omega_1 \frac{\Delta p_1}{l_{e1}} + \omega_2 \frac{\Delta p_2 - \Delta p_{u2}}{l_{e2}}\right)^{0.31}} \quad (10)$$

式中　K——机组总传热系数；

Δp_1 和 Δp_2——分别为板式热交换器机组热侧和冷侧总压降；

l_{e1} 和 l_{e2}——分别为机组中板式热交换器热侧和冷侧纵向角孔中心距；

ω_1 和 ω_2——分别为机组热侧和冷侧权重系数计算公式如下：

$$\omega_1 = \frac{q_{v1}}{q_{v1} + q_{v2}} \quad (11)$$

$$\omega_2 = \frac{q_{v2}}{q_{v1} + q_{v2}} \quad (12)$$

式中　q_{v1} 和 q_{v2}——分别为板式热交换器机组热侧和冷侧流体的体积流量。

板式热交换器机组功效比 Q/N 的物理意义是消耗单位泵功下所获得的换热量，相同工艺条件下，Q/N 越大，机组性能越好。该指标除了考虑了机组的传热、阻力性能外，还考虑了循环泵-电机自身的能量损耗，由此更能反映板式热交换器机组整体的功耗。功效比 Q/N 的计算公式如下：

$$Q/N = \frac{(\Phi_1 + \Phi_2)/2000}{(P - q_{v2}\Delta p_{v2}) + q_{v1}\Delta p_{u1}} \quad (13)$$

式中　Φ_1、Φ_2——分别为板式热交换器机组热侧和冷侧热流量，W；

P——机组冷侧循环泵消耗的电功率，kW；

q_{v1} 和 q_{v2}——分别为板式热交换器机组热侧和冷侧流体的体积流量，m³/s；

Δp_{u1}、Δp_{u2}——分别为板式热交换器机组热侧和冷侧进出口压降，kPa。

2 机组测试结果

2.1 机组传热性能

图5为不同设计流量百分比下，机组换热量与总传热系数的柱状图。可以看出，当设计流量的百分比增加时，机组换热量与总传热系数均增加。当冷、热侧流量和温度

处于设计工况时，测得机组换热量为3022.88kW，总传热系数为3452.23W/(m²·K)。该机组出厂的设计热负荷为2.80MW，设计总传热系数为3453.00W/(m²·K)。对比机组测试结果与机组出厂设计参数，可得测试的换热量与总传热系数与设计值分别偏差7.96%和0.02%，所测机组换热量比设计值大是因为在设计时机组厂家为应对极寒天气留有余量。所测机组换热量与总传热系数与设计值偏差均小于10%，由此证明测试平台的可靠性。

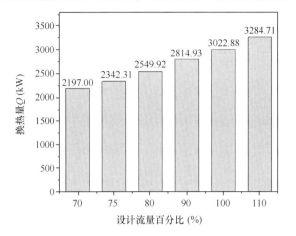 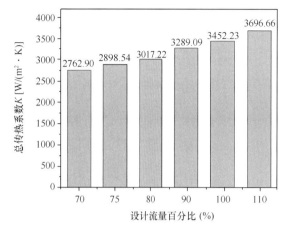

图5　不同设计流量百分比下，换热量与总传热系数柱状图

2.2　机组流动性能

图6为不同设计流量百分比下，机组热侧和冷侧压降的柱状图。可以看出，当设计流量的百分比增加时，机组热侧和冷侧压降均增加。由于机组冷侧管道相比于热侧管道长，冷侧的设备除了板式热交换器及其管道阀门外还增加了除污器，另外，机组冷侧设计流量比热侧大，因此机组冷侧压降相比于机组热侧压降大。通过机组能效测试，可得冷、热侧流量和温度处于设计工况下的机组热侧压降为4.81kPa，冷侧压降为122.29kPa，板式热交换器冷侧压降为89.20kPa。通过计算可得除了板式热交换器外，机组其余辅助部件的压降为33.09kPa，该值约占机组冷侧压降的1/4。若利用板式热交换器能效测试方法对机组进行测量，得到的阻力性能偏小，因此板式热交换器能效测试方法不适用于板式热交换器机组。

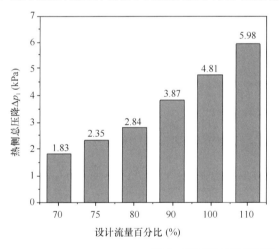 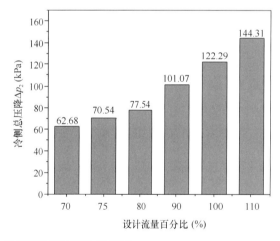

图6　不同设计流量百分比下，热侧和冷侧压降的柱状图

2.3　机组能效指标

通过对某公司板式热交换器机组的能效测试，可根据等流道与不等流道板式热交换器、等流道板式热交换器机组与本文提出的板式热交换器机组能效指标公式计算得到四种能效指标值。

等流道与不等流道板式热交换器的能效评价指标的表达式如式（14），该指标代表了热交换器工作过程中消耗单位泵功所获得的总传热量。

$$EEI = \frac{K}{\left(\omega_1 \frac{\Delta p_{e1}}{l_{e1}} + \omega_2 \frac{\Delta p_{e2}}{l_{e2}}\right)^{0.31}} \quad (14)$$

式中　Δp_{e1}和Δp_{e2}——分别为板式热交换器热侧和冷侧压降。

等流道板式热交换器的能效指标与不等流道板式热交换器的能效指标的区别在于权重系数的选取，等流道板式热交换器的冷侧和热侧当量直径相等，冷侧和热侧压降权重系数为0.5，不等流道板式热交换器冷侧和热侧权重系数是依据两侧不同流量由式（11）、式（12）计算得到。

为考虑热交换器、循环泵、管道、阀门等结构的阻力性能，等流道板式热交换器机组的能效评价指标的表达式如下：

$$EEI = \frac{K}{\left(0.5\dfrac{\Delta p_{u1}}{l_{e1}} + 0.5\dfrac{\Delta p_{p2} - \Delta p_{u2}}{l_{e2}}\right)^{0.31}} \quad (15)$$

图 7 为标准工况下四种能效指标的计算结果。对比图 7（a）与（c）、（d）可得，标准工况下利用不等流道板式热交换器和等流道板式热交换器公式计算的能效指标值大于本文提出的机组能效指标值。这是因为不等流道与等流道的板式热交换器能效指标公式仅包含了板式热交换器自身的压降，使得不等流道和等流道的板式热交换器能效指标值中的阻力性能偏小，导致计算得到的能效指标值偏大，因此不等流道与等流道板式热交换器机组能效指标不能直接用于评价板式热交换器机组。对比图 7（a）与（b）可得，标准工况下利用等流道板式热交换器机组公式计算的能效指标值大于本文提出的机组能效指标值，在标准工况中板式热交换器机组冷侧流量大于热侧流量，因此机组两侧压降不同，若此时权重取值相等，会使机组单位折合流动压降偏小，不能反映出机组的实际压降分布，因此该指标不能用于评价板式热交换器机组。

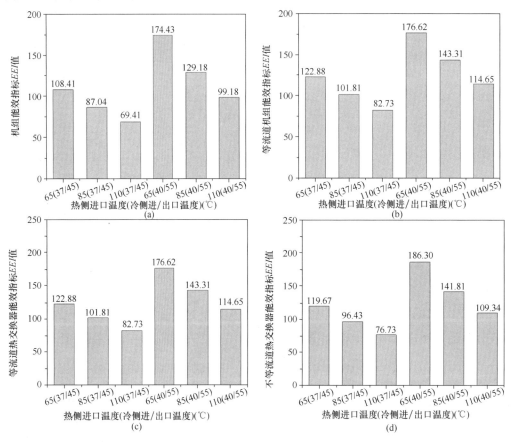

图 7 标准工况下，四种能效指标的计算结果

综上所述，本文提出的机组能效指标全面考虑了热交换器、除污器、循环泵、管道、阀门等结构的阻力性能，并且通过权重系数考虑了机组实际运行中一、二次侧流量显著不同的特性。因此，本文提出的机组能效指标更适用于评价板式热交换器机组能效特性。

图 8 为标准工况下，机组功效比 Q/N 的柱状图。在标准工况下，机组的平均功效比为 286.45。相同工艺条件下，Q/N 越大，机组性能越好。该指标除了考虑了机组的传热、阻力性能外，还考虑了循环泵—电机自身的能量损耗，由此更能反映板式热交换器机组整体的功耗。该指标的物理意义为消耗单位泵功下所获得的换热量，可用于比较不同型号机组的能效水平，为后续机组能效水平分级奠定了基础。

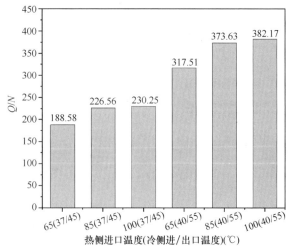

图 8 标准工况下板式热交换器机组 Q/N 的柱状图

3 总结

本文介绍了板式热交换器机组性能测试平台，并依据机组出厂的设计参数和我国供热系统中板式热交换器机组常见运行参数，提出了板式热交换器机组的能效测试方法，该方法规定了板式热交换器机组的测试参数、测试方法、测试工况以及数据处理。为全面考虑热交换器、循环泵、管道、阀门等结构的阻力性能，本文基于现有板式热交换器能效指标进行改进，提出了适用于板式热交换器机组的能效指标 EEI，并通过权重系数反映了机组实际运行中一、二次侧流量显著不同的特性。为考虑循环泵—电机自身的能量损耗，提出了功效比 Q/N，该指标更能反映板式热交换器机组整体的功耗。本文还利用该方法对某公司高效智能板式热交换器机组进行测量，得到设计工况下的换热量、总传热系数、机组冷热侧压降和标准工况下的机组能效指标 EEI 和功效比 Q/N，验证了板式热交换器机组测试平台的测试能力。

参考文献

[1] 中华人民共和国统计局. 中国统计年鉴 2021[M]. 北京：中国统计出版社，2021.
[2] 江亿. 中国建筑节能年度发展研究报告 2020. 北京：中国建筑工业出版社，2020.
[3] 国务院新闻办公室.《新时代的中国能源发展》白皮书[R]. 2021.
[4] 国家发改委，能源局.《能源生产和消费革命战略（2016-2030）》[R]. 2016.
[5] 韦虹宇，蔡斌，白博峰，等. 集中供热系统板式热交换器污垢清洗后的能效特性研究[J]. 区域供热，2021，2：5-12.
[6] 甘肃蓝科石化高新装备股份有限公司. 板式热交换器机组 GB/T 29466—2012[S]. 北京：中国标准出版社，2012.
[7] 张程. 简析换热机组在集中供热中的优势及问题[J]. 科学技术创新，2018，23：165-166.
[8] 刘俊成. 全自动板式换热机组的设计选用[J]. 科学技术创新，2019，6：191-192.
[9] 翟灿灿，付强，陈轲，等. 换热站并联换热机组一次侧流量分配节能性研究[J]. 建筑节能（中英文），2021，49（2）：53-56.
[10] 高帅，李保国，郭晓涛，等. 换热机组串联降低一次网回水温度的应用研究[J]. 区域供热，2020，6：52-58.
[11] 中国市政工程华北设计研究总院.《城镇供热用换热机组》GB/T 28185—2011[S]. 北京：中国标准出版社，2011.
[12] 珠海格力电器股份有限公司.《板式热交换器机组换热效率评价方法》（征求意见二稿）[Z]. 2018.
[13] Zhang Y, Jiang C, Shou B, et al. A quantitative energy efficiency evaluation and grading of plate heat exchangers[J]. Energy, 2018, 142: 228-233.
[14] Jiang C, Bai B, Wang H, et al. Heat transfer enhancement of plate heat exchangers with symmetrically distributed capsules to generate counter-rotating vortices[J]. International Journal of Heat and Mass Transfer, 2020, 151: 119-130.
[15] 中国特种设备检测研究院.《热交换器能效测试与评价规则》TSG R0010—2019[S]. 2019.
[16] 张延丰，蒋琛，寿比南，等. 板式热交换器能效评价方法[J]. 科学通报，2016，61（8）：802-808.
[17] 西安交通大学.《板式热交换器机组性能测试方法》（征求意见稿）[Z]. 2021.
[18] 白博峰，蔡斌，周文学，等. 一种供热用板式热交换器机组的能效测试与评价方法[P]. 2021.

楼宇式换热站与常规式换热站的对比分析

赤峰富龙市政公用工程有限责任公司　孙铭泽　孟凡会
清华大学建筑学院　谢晓云
赤峰学院资源环境与建筑工程学院　石宏岩

【摘　要】 我国北方地区采用的常规换热站在实际运行过程中，失水严重、电耗过高、末端温度过低、水力失调等问题日益突出。在欧洲国家，区域供热常见的做法是将大面积的供暖区域划分为一块块的小区域，分区供热，这样不仅解决了常规换热站的占地问题，还可以按需供热，十分便利。本文对黑龙江省大庆市的楼宇式机组进行分析，并与常规的区域换热站进行对比，分析研究补水方式、多分区供热方法、变负荷调节方法、耗电情况以及经济性，从多个角度给出楼宇式换热器与常规区域换热器全面对比结果。
【关键词】 楼宇式换热器　常规板式换热器　初投资　耗电量　经济性

0 引言

近年来，随着我国城镇化高速发展，大量人口从乡村迁移到城镇，2019 年北方城镇供热能耗为 2.13 亿 tce，约占全国建筑总能耗的 20.8%。从我国建筑运行能耗的用能总量来看，北方供暖占全国用能的 1/4，并且北方供暖的能耗强度也比较高。大量使用化石能源进行供热，既造成了资源的浪费，也污染了环境。

我国北方地区使用的换热站大多数为供热对象是建

筑群的常规式大型换热站,在实际运行过程中,失水严重、电耗过高、末端温度过低、水力失调等问题日益突出,造成了大量的能源浪费。但是在北欧国家,已经逐渐将常规式换热站取代为楼宇式换热站。

国内外有不少专家学者对楼宇式换热站进行了研究。王力杰等人对楼宇式换热站的建设运行情况,投资建设费用及投资回报进行了探究与讨论,得出楼宇式换热站在适应热计量系统和建筑节能方面显示出了全面的技术优势,具有良好的发展前景[1]。

Peng Wang, Kari Sipilä 就常规式换热器与楼宇式换热器进行了经济性分析,预测到 2040 年楼宇式换热器的年成本将降低 11%～13%[2]。

清华大学江亿院士与谢晓云教授等人提出了一种可以增大换热端差的楼宇式吸收式换热器,改善了供热末端,将低品位余热充分利用,对楼宇式换热器进行了完善,并肯定了其具有潜力的发展前景[3]。

德国在 20 世纪 90 年代之前普遍使用常规式换热站进行供热,随着技术的发展,昂贵的大型的常规式换热站已逐步被低成本、较灵活的楼宇式换热站所代替。芬兰的楼宇式换热机组集生活热水、供暖与制冷于一体,一套机组有两套换热装置,控制系统均为自控装置,几乎无人值守,循环流程见图 1。

如今我国已对楼宇式换热器进行了定点实验,与世界银行联合设立了"中国供热改革与建筑节能项目"(简称 HRBEE 项目)。承德嘉和广场、乌鲁木齐南湖观邸楼宇换热技术示范项目,是全国第一批大规模采用楼宇换热技术的完整的新建节能 65% 居住小区[4]。黑龙江省大庆市的楼宇式换热机组也已经在多数小区安置,本文将对该市的楼宇式换热机组进行分析与讨论。

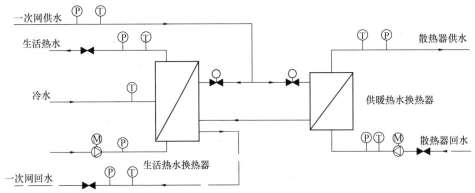

图 1 芬兰楼宇式换热器供热流程图

1 楼宇式换热站的基本信息

1.1 实际调研背景与具体流程

大庆市热力集团有限公司辖区有供热热源 6 座,管辖热力站 181 座,供热面积约 4000 万 m²,占东部主城区供热面积的 83%。该公司现已有 5 个小区改换为楼宇式换热机组进行供热,其流程图见图 2,补水方式均为用一次网回水来补二次网。

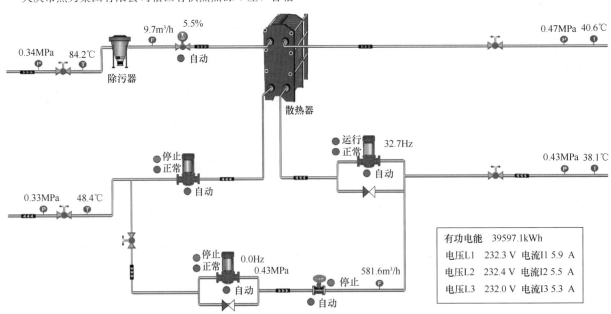

图 2 大庆市楼宇式换热机组系统流程图

1.2 调研情况

由于大庆市楼宇式换热机组为同一厂家生产，供热方式均相同（9号公馆除外），所以本文将对几个典型站进行具体分析。

1. 公司站

该站位于大庆市热力集团大院内部，该站由4套楼宇式换热机组供热，机组形式为有箱式与无箱式，供热对象有公共建筑、办公楼、宿舍，总供热面积为9065m²，供热末端都为散热器。该站之所以改造为楼宇式换热站，是因为该站处于原有常规式换热站的供热末端，室内温度普遍较低，由于该站所供面积不是很大，并且改造后供热时间不是很长，所以补水量及电耗均在合理的范围内（表1）。

公司站机组参数（2021年3月25日）　　表1

站名	公司-1	公司-2	公司-3	公司-4
建筑类型	住宅	公建	办公	办公
供热面积（m²）	2420	1645	2000	3000
一次网进口温度（℃）	92.8	93.1	97	91.6
一次网出口温度（℃）	40.8	40.8	51.7	37.5
二次网供水温度（℃）	38.5	42.5	40.9	39.5
二次网回水温度（℃）	34.3	38.5	37.1	36.5
一次网流量（m³/h）	1.2	1.2	4.3	1.4

2. 9号公馆站

该站的供热对象为9号公馆大院，院内均为独栋别墅，每栋别墅下均有一套楼宇式换热机组。由于原有换热站供热能力差，导致末端不热，所以将其改造，是大庆市最早一批改造为楼宇式换热器的小区。9号公馆的楼宇式换热机组是从芬兰引进的纯进口楼宇式换热机组，集供热、制冷与提供生活热水于一体，温度以及流量均为自动控制。由于该机组直接放置于公寓的地下室或者一层，当机组距离供热对象较近时，就会有噪声问题。在实际调研中，9号公馆1号楼的换热机组由于循环泵原有轴承密封圈脱落，当换上国产的密封圈后，由于与原芬兰的设备不是很匹配，导致当循环泵转速变快时，噪声会很大，即使在门外也会听见循环泵的声音。

3. 851小区站

该站有4套机组为851小区供热，供热对象有别墅区、公共建筑、住宅，供热面积为35807.9m²，末端均为散热器，供热方式为上供下回。851小区于2019年夏季将原有的大型集中式换热站改换为楼宇式换热机组进行供热，主要原因为：

（1）由于851小区处于原有的大型集中式换热站的最不利环路上，末端温度普遍偏低。

（2）住户均为退休人员及家属，年龄多在60岁以上，并且大庆市冬季室外温度较低，所以对室内温度需求偏高，改造前冬季平均室温18℃左右。

（3）由于管道老化，漏水现象严重，补水量巨大，总站需承担较大负荷。

改造后的851小区，室内温度均在25℃左右（图3）。但是由于该小区建设年代久远，二次网跑水漏水现象严重，并且由于特殊原因管道维护与修理困难，所以该站的补水量一直很大。有用户反映有噪声问题，室内管道时不时会振动，使用户感到不适。经过调查发现是由于机组距离用户家里过近导致的，由于该站补水量很大（表2），并且供热温度很高，导致一、二次网循环泵一直高频转动，造成了很大的噪声。

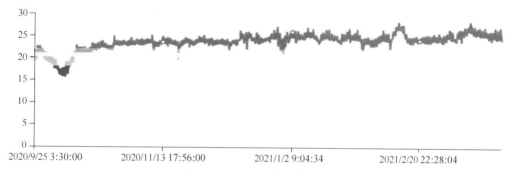

图3　851小区室温采集情况

851小区机组参数（2021年3月25日）　　表2

站名	851-1	851-2	851-3	851-4
建筑类型	住宅	别墅	别墅	办公
供热面积（m²）	16361.8	7012.5	7405.6	5028
一次网进口温度（℃）	90.4	87.4	89	91.5
一次网出口温度（℃）	48	44.5	48	42.8
二次网供水温度（℃）	41.1	43	43	38.4
二次网回水温度（℃）	37	37.6	38.6	35.3
一次网流量（m³/h）	1.7	3.3	4.5	1.6

2 对比分析

2.1 常规式换热站与楼宇式换热站的对比分析

本文将大庆市巨鹏小区的常规式换热站与大庆市851小区的楼宇式换热站进行对比，两个小区供热面积均为3.5万m²左右，且建设年限与围护结构类似。分析在一个供暖季内，常规式换热站与楼宇式换热站的耗电情况、补水情况与所耗热量情况（图4）。可以看出，在耗电量、补水量以及耗热量方面，常规式换热站均略高于楼宇式换热站，并且851小区的楼宇式换热机组相比于其他的楼宇式换热机组来说一直处于供热多、补水多、耗电量大的情况。

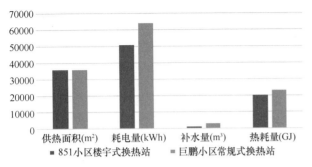

图4　851小区与巨鹏小区的机组参数对比

常规式换热站在能耗上高于楼宇式换热站的原因可能有：

（1）在耗热量方面，巨鹏小区的常规式换热站所供末端一直存在楼内间的不均匀传热，使得过量供热现象出现。并且巨鹏小区距离换热站较远的用户末端温度不达标，所以为了使末端用户室温达标，也会出现过量供热现象。

（2）在耗电量方面，常规式换热站的循环泵由于需要克服二次管网的阻力以及供热末端的压降，其电耗一直高居不下。根据计算，巨鹏小区常规式换热站的板式换热器的传热系数为723W/(m^2·K)，传热系数较小，说明板式换热器有水垢产生，循环水泵的电耗也会因此增加。

（3）常规式换热站的补水对象是二次管网，由于巨鹏小区存在用户放水现象，并且二次管网已经使用较长时间，管道的阀门以及弯头处均已老化，经常会出现跑水漏水现象，造成二次网大量失水。

与常规式换热站相比，楼宇式换热站有以下特点：

（1）自动化水平高。热力站、用户末端均采用自动控制，调节方式也为自动调节，节约了大量人力资源。常规式换热站的运行调节基本为工作人员根据经验调节。

（2）楼宇式换热站占地面积小，直接安置于楼内，可以根据自身需求进行供热，与常规式换热站相比，解决了楼栋之间的不均匀受热，减少了过量供热现象，能从根本上解决楼内之间的不平衡问题。

（3）由于楼宇式换热站取消了复杂的二次管网，循环水泵所需克服的阻力仅为换热站内部阻力以及楼内间的压降，使得耗电量大幅减少。

（4）节能效果好。芬兰技术研究中心指出，由于楼宇式换热站接近热用户，这样更加方便楼内间的温度调节，按照用户需求进行供热。实验表明，在中欧楼宇式换热站替代街区换热站后，系统平均节能15%[5]。山东威海市供热系统的测试结果也表明，楼宇式换热站比街区换热站节能12%，河北承德市嘉和广场的示范项目测试结果显示，楼宇式换热站比街区换热站系统节约了11%的耗热量[6]。

2.2　楼宇式换热站对比分析

我国由于长期运用集中式常规换热站进行供热，楼宇式换热站发展起步较晚，除去试点城市外，三四线城市还在使用常规式换热站进行供热。本文将对大庆市楼宇式换热站与赤峰市楼宇式换热站进行对比分析。

锦泰榕城小区位于赤峰市松山区，于2020年开始供热运行，是赤峰市第一个引用楼宇式换热站供热的小区。该小区共有12栋楼，每栋楼地下室都分别安置了为高中低区供热的楼宇式换热机组，共有36套楼宇式换热器，本文将对该小区仅供低区的楼宇式换热站进行分析。

从表3可以看出，在单位水耗方面，赤峰市的楼宇式换热与大庆市楼宇式换热站的唯一不同点为，前者的补水方式为使用水箱进行补水，后者是运用一次网回水进行补水。由于锦泰榕城小区属于新建小区，并且末端用户几乎没有放水现象，所以补水量很小。从电耗方面看，锦泰榕城小区的单位电耗为1.2kWh/m^2，相对于悦澜湾小区楼宇式换热站来说较为节能。

楼宇式换热站机组参数对比　　　　表3

小区名称	供热面积（m^2）	单位热耗（W/m^2）	单位水耗（kg/m^3）	单位电耗（kWh/m^2）
锦泰榕城	60693	32.3	5.3	1.2
悦澜湾小区	183903.2	28.6	11.9	1.55

2.3　经济性分析

楼宇式换热站替代目前常规式换热站，取消了大型热力站和二次管网。在投资方面来看，将原有的热力站替换为楼宇式换热站，节约了大型热力站的建设费用与土地使用费用，原有常规式换热站的二次管网被一次管网取代，庭院管网的建设投资也会降低。

从运行方面来看，首先将原有的二次管网取代为一次网，不仅会使二次网循环泵的泵耗大幅度降低，也消除了楼内间的不均匀传热，减少了受热不均匀导致的热损失。二次管网的取消也会使得补水量减少。本文以大庆市巨鹏小区的常规式换热站与851小区楼宇式换热站为例，进行综合成本对比与投资回收分析，如表4所示。

楼宇式换热机组与常规式热力站的成本对比　　表4

	常规式换热器	楼宇式换热器
供热面积（m^2）	35960	35807
一次网供水温度（℃）	57	90
一次网回水温度（℃）	38	48
二次网供水温度（℃）	30	41
二次网回水温度（℃）	28	37
庭院管网总流量（m^3/h）	50	38.85
管网平均直径（mm）	125	100
庭院管网长度（m）	1000	1000
庭院管网材料+铺设（万元）	150	140
换热机组成本（万元）	43.15	0
吸收式换热站成本（万元）	0	71.614

续表

初投资		
总初投资（万元）	193.15	211.61
运行费		
整个供暖季耗热量（GJ）	23167.3	20122.2
热价（元/GJ）	26.69	26.69
整个供暖季热费（万元/a）	61.83	53.71
电耗（kWh）	64039.7	50697.4
电价（元/kWh）	0.7	0.7
整个供暖季电费（万元）	4.48	3.55
整个供暖季补水量（m³）	2965	1224
水价（元/m³）	7.1	7.1
整个供暖季水费（万元）	2.11	0.87
投资回收期（a）		1.8

从表4可以看出，供热面积差不多的常规式换热站与楼宇式换热站，前者比后者总投资增加了18.46万元。楼宇式换热站整个供暖季所节约的热费、电费及水费共10.30万元，投资回收期约为1.8年。可见，将现有的常规式换热站改造为楼宇式换热站后，大约在两年之内就可以通过减少热损失以及节省二次泵耗回收增加的投资。可见采用楼宇式换热站进行供热具有较高的经济性。

3 总结

本文通过实际调研与分析，从不同角度对常规式换热站与楼宇式换热机组进行全面的对比。

3.1 楼宇式换热站的优势

占地面积：楼宇式换热站的占地面积远小于常规式换热站。由于楼宇式换热站供热时所占面积小、安装方便、操作简单、结构更加紧凑，供热时采用的各类传感器、仪表、阀门、水泵等主要部件都逐渐采用整体式的部件，维护和搬运成本更低[7]。

控制系统：楼宇式换热站虽然供热面积小，但是调节的灵活性强，通过对二次网的质调节与量调节相结合的方式，可以根据供热末端的不同需求及时调节运行参数。楼宇式换热机组还有一套完整的自控系统，可以在较长时间内实现温度的自动控制与调节，减少了人力成本。楼宇式换热站可以借助无线以及有线信号来实现远程控制，并且通过对供热信息的实时监控和处理，将控制信号发送到控制中心，再按照信号的特点完成模式设定，从而实现对供暖系统的控制[7]。

机组能耗：由于将原有的常规式换热站的二次管网取代为一次管网，避免了由二次管网的失水、管网水力失调产生的热量损失。并且由于楼宇式换热机组不再承担由二次网带来的管网压降，使得循环水泵的泵耗也大幅降低。

管道敷设：如今小区多为高层建筑，常规式换热站的二次管网需敷设高、中、低区的供热管道，所以小区内的供热管道往往分为两个或者三个回路，使得小区内二次管网的占地面积过大，并且维修困难。楼宇式换热站只需敷设一个供热回路即可，因为供热面积小，所以管道管径较小，大大降低了管网的施工难度与成本。

3.2 楼宇式换热站的劣势

噪声问题：与常规式换热站相比，由于楼宇式换热站与所供末端距离较近，所以站内所产生的噪声难免会经管道或者墙体传到用户末端，造成噪声问题。可以通过楼宇式换热站墙体粘贴隔声材料、选择静音泵等，减少噪声的产生。

初投资：楼宇式换热站的初投资相对于常规式换热站来说会更高。

综上所述，楼宇式换热站相比常规式换热站在多个方面都有较大优势，在倡导能源生产与消费革命的大背景下，楼宇式换热站有望成为未来的一种全新供热模式。

参考文献

[1] 王力杰，庞印成，辛奇云．楼宇换热站技术特点与应用分析[J]．区域供热，2014，6：59-63．
[2] Frederiksen S, Werner S. District Heating and Cooling[M]. Sweden: Exaktaprinting AB, 2013.
[3] 江亿，谢晓云，朱超逸．实现楼宇式热力站的立式吸收式换热器技术[J]．区域供热，2015，4：38-44．
[4] 辛坦．世界银行"中国供热改革与建筑节能项目"成效综述[J]．建设科技，2013，22：17-23，27．
[5] Kari Sipilä, Arto Nuorkivi, Jorma Pietiläinen. The building level substation the innovation of district heating system (Version II)[M]. Finland: VTT Technical Research Center of Finland Ltd, 2016.
[6] 任盼红．换热站分布模式技术经济研究[D]．哈尔滨：哈尔滨工业大学，2016．
[7] 迟扬．浅谈楼宇换热站供热技术[J]．黑龙江科技信息，2016，5：219．

专题 15　二次网平衡与调节

基于 AI 群控的二次网单元平衡调节案例介绍

泰山城区热力有限公司　刘海涛　陈立明　杨　超
北京科技大学　刘兰斌　李灵秀
北京暖流科技有限公司　刘亚萌

【摘　要】本文阐述了位于山东省泰安市岱岳花园小区二次网水力平衡调节案例，此小区规模较大，共 106 个单元入口，水力平衡调节困难，以回水温度一致为目标，采用 AI 群控算法，对其二次网进行调节。对调节的结果进行分析，重点探讨了调节过程中发现的一些问题和现象。调节后 106 个单元楼的回水温度显示，其最高温度与最低温度之差（极差）由 6.9℃ 降低为 2.5℃，回水温度的方差由 1.688 降低至 0.299，且 5d 后仍稳定在较窄范围。结果表明：基于 AI 群控算法调节的方式可以很快将回水温度调为一致。采用 AI 群控调节的算法不仅不受阀门数量的限制，也不受系统耦合性影响，收敛快，算法性能优越。

【关键词】二次网　水力平衡　回水温度一致　AI 群控算法

0　引言

近年来，集中供热管网的规模不断扩大，新建小区不断增多。随着二次网规模的扩大，原有管网结构不断复杂化，造成二次网水力平衡调节困难，甚至影响原有小区水力平衡，水力平衡失调严重，影响用户供热的效果。为解决这一问题，运营商通常会提高供水温度来满足供热需求，但这大大增加了供热能耗，并未从本质上解决水平失调的问题。

传统手动调节单元阀的方法仅凭运行经验判断和调节，效率低、调节精度差。应与信息化及自动控制领域相关技术相结合，在单元热力入口的回水管道上设置附带温度监测的电动调节阀，可以远程监测回水温度及调节楼栋流量，提高调节效率、节约人力。

本文提出了一种基于 AI 群控算法的调节方法，其目标为各单元回水温度一致即认为水力基本达到平衡，即回水温度一致的原则。以山东省泰安市岱岳花园调节案例为例，对此调节方法进行验证。

1　二次网水力平衡调节方法

针对二次网水力平衡自动调节，目前存在两种不同的方法：（1）利用云端 AI 群控算法集中调节；（2）各个阀门按照单元入口设定的回水温度独立跟踪调节。

方法 2 存在以下问题需要讨论：（1）方法 2 调节的是水力平衡吗？（2）如何确定回水温度？是用热力站的回水温度，还是用各单元的平均回水温度？（3）回水温度在时间尺度上如何变化？（4）水力工况的耦合影响如何解决。

首先，回水温度是随着负荷的变化而变化的，理论上每时每刻的负荷都不同，回水温度也应该不同，即使放大尺度到以"天"为调节周期，每天的回水温度也应该是不同的，如何确定回水温度就是一个很大的难题。水力平衡调节的本质，从字面意思也可以看到核心是"平衡"，即所有用户在空间上的水量分配是均匀的，解决的是空间均匀性问题，不是解决各自独立调节的问题。方法 2 把用户的独立调节等价于水力平衡不太合适，独立调节是一种纯反馈的调节方式（把水量分配不均匀的空间因素和把天气冷暖随时间变化的时间因素不作区分，比如通断时间面积法的末端控制），这种方式必须用室温作为反馈（注意是室温而不是回水温度），因为室温目标明确，无论天气如何，任何时候室温目标都是 18℃ 或 20℃，再配以系统层面的考虑，也许是可以实现的，但这就不是水力平衡的概念了，而是末端独立调节。

其次，在现有的方式下，各个阀门独立调节的方式可能会引起系统振荡甚至水力平衡恶化。举例来说，当某个时刻所有负荷需求都没有发生变化，仅仅因为某个原因导致供水温度突然降低，则为了保持设定的回水温度，必然会导致所有阀门开大，二次侧总流量增大，进一步会使得供水温度降低，最后的结果就是所有阀门都开到最大，相比没有自动调节方式，前后端更加失衡，水力平衡反而恶化。上述现象还没考虑升温或降温到达各个用户的时间延迟不一致所带来调节的耦合影响，这就有可能导致所有阀门在开大、关小中来回振荡。

基于所要解决的是水力失衡的问题，追求的是空间平衡的概念，并不是追求某一时刻回水温度的绝对平衡，该案例采用方法 1，不仅有效避免前述问题，而且实现时空因素的解耦，空间水量分配不平衡按照空间方式解决，随时间变化的天气冷暖由热力站的集总调度策略解决（时间方式）。

2　项目简介

位于山东省泰安市岱岳区的岱岳花园小区二次管网规模较大，一共 106 个单元入口，水力平衡调节一直是一个比较困难的问题，用户供热品质受到了一定的影响。为了提升用户供热品质，同时降低能耗，在各个楼栋单元热力入口的回水管道上安装附带温度监测的电动调节阀进行楼栋单元流量的远程平衡调节，依据回水温度的实时监测与分析，并利用 AI 群控算法，实现二次网的水力平衡，图1是改造原理图，图2是安装实景图。

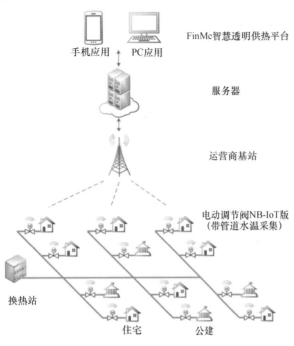

图1 二次网楼栋单元热力入口改造原理图

图2 楼栋单元热力入口改造安装实景图

3 调节效果分析

岱岳花园二次网平衡调节从供暖初期开始，2020年12月对调节算法进行优化后再次调节，本次对岱岳花园的回水温度一致性调节从2021年1月12日18:00开始，如图3所示，经过6h的调控（1h调节1次），在23:00，回水温度收敛到了39.8～42.3℃之间。一百多个单元楼的回水温度，其最高温度与最低温度之差（极差）由6.9℃降低为2.5℃，回水温度的方差由1.688降低至0.299（图4）。

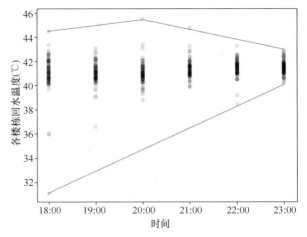

图3 调节过程中回水温度变化

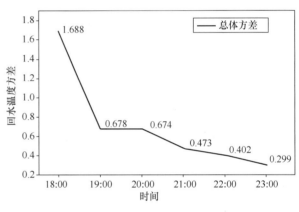

图4 调节过程中回水温度方差变化

图5是调节前和调节后随机取的一组回水温度数据（2021年1月17日17:09）对比，虽然调节后已经过去5d，但极差仍保持在2.5℃以内。图6是两组数据的分

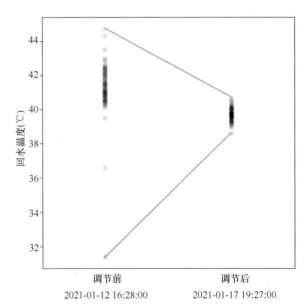

图5 调节前后回水温度的变化

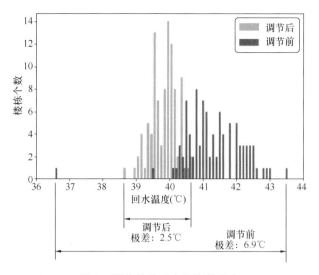

图 6　调节前后回水温度的分布

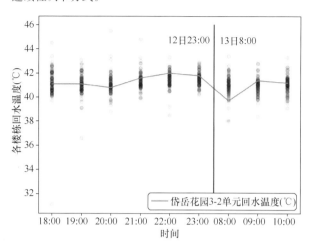

图 7　太阳升起后回水温度阈的变化

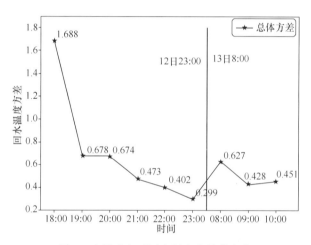

图 8　太阳升起后回水温度方差的变化

布，通过进一步分析还可以看到，回水温度分布区间大幅度收窄，106 个单元楼回水温度中，仅有 5 个超出均值 ±1℃ 的区间，剩下 101 个站都在 40℃±1℃ 内，占总数的 95.3%。

综上可知：即使诸如岱岳花园这种 106 个单元调节阀门的大系统，如果以回水温度一致作为调节目标，采用 AI 群控调节的算法不仅不受阀门数量的限制，也不受系统耦合性影响，收敛快，算法性能优越。

4　问题探讨

虽然实践应用效果表明，基于 AI 群控调节的方式可以很快将回水温度调为一致，但在调节过程中也发现了一些问题或有意义的现象，在这里跟大家一起来探讨。

4.1　水力空间平衡是应该一次性调节还是连续性调节?

理论上空间平衡是解决水量分配的问题，一次性分配好即可，但以回水温度一致来表征空间平衡的方式就会带来一个问题，即回水温度是受外界影响而发生变化的，比如太阳辐射、用户的行为等。如图 7 所示，岱岳花园的回水温度在 2021 年 1 月 12 日 18:00～23:00，回水温度收敛到了 39.8～42.3℃ 之间，方差为 0.299，之后一直稳定在低位。直至早上 8:00，回水温度差异扩大，方差扩大至 0.627（图 8），造成这一现象的原因是不同用户获取的太阳辐射不同，导致已经收缩较窄的回水温度区间扩大。

由此带出问题，即空间平衡调节是一次性的还是随着时间变化动态连续调节的？是不停获取各个单元的回水温度进行连续调节，始终保持回水温度一致，还是以某个时刻（晚上某个时刻点，避免太阳辐射的干扰）回水温度到达一致即可？笔者认为应该是一次性调至一个比较窄的收缩区间（以晚上某个时刻点作为检验依据），然后根据回水温度极差值的变化幅度大小，在供暖季进行若干次微调，主要解决散热末端传热系数随着供水温度变化不一致的影响，而不是解决太阳辐射的影响。不宜采用连续性调节方式。

4.2　流动过程延迟对回水温度一致调节的影响

图 9 是通过回水温度辨识出来的各个支线水流从热力站达到近端和远端的时间，可以看到热力站供水温度升高，达到北线近端只需要 34min（包含楼内循环），但流动到远端需要 60min，相差 26min；南线近端和远端相差 19min，东西线分支相差 20min。这就说明当热力站某个时刻升温时，有 30min 以上的过渡期，在这 30min 内，各个单元的回水温度不一致是正常现象，此时若进行回水一致性调节，就会破坏本来调好的平衡。这也是有时候明明回水温度已经调一致了，但在线查看回水温度数据时却表现出平衡"恶化"的原因，可以称之为"伪恶化"。因此，应在调节过程中应注意两点：（1）尽量保持供水温度不变，但由于末端阀门调节作用，二次侧流量变化，如果热力站不是采用恒温控制，供水温度就一定发生变化；（2）调节周期尽可能大于过渡时长，也即水流流动至最远单元热力入口的最长时间。

同时，这一事实也说明采用实时回水温度的阀门独立调节方式不可取。

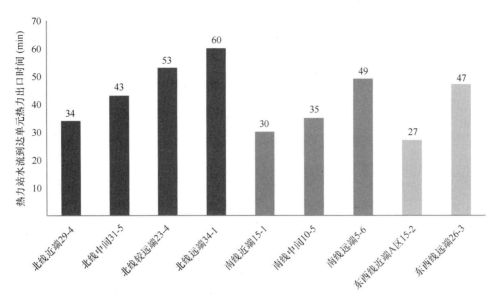

图 9　热力站水流到达单元出口时间

4.3 阀门开度越大，回水温度越低的"悖论现象"解释

如图 10 所示，阀门开大，回水温度上升，阀门关小，回水温度降低，这是调节过程中的正常响应。但是在调节过程中发现一种奇怪的"悖论现象"，即阀门开大，回水温度降低，阀门关小，回水温度升高，如图 11、图 12 所示。经过检查，首先排除了阀门开度和回水温度传感器故障的可能。如果不能解释此现象，则所追求的阀门调节回水温度一致、回水温度一致等价于室温一致的理论基础就不存在。

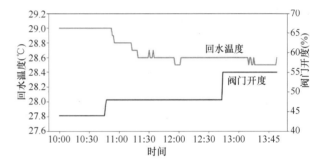

图 12　6-2 单元中区阀门开度与回水温度的"悖论现象"

经过反复查找，终于找到了发生这一现象的原因：管道内存在大量小颗粒泥沙（能透过单元热力入口的过滤器，但不能透过用户热力入口的过滤器），当阀门开大后，高流速的水流将泥沙带到各户热力入口过滤器内，造成过滤器堵塞，户内循环流量减小，回水温度降低。在初期不了解情况继续增加电动调节阀开度，使得更多的泥沙带入，出现过滤器反复清洗的情况。后期将电动调节阀开度降低，过滤器全部清理后（图 13），调节效果恢复正常。

这一现象也表明采用回水温度一致的水力平衡调节

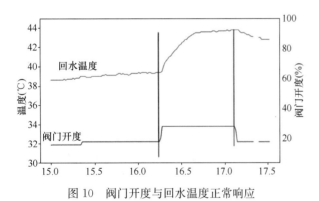

图 10　阀门开度与回水温度正常响应

图 11　6-1 单元中区阀门开度与回水温度"悖论现象"

图 13　过滤器清理图

方式可能会遇到各种各样的问题，不能简单机械套用方法，需要结合实际情况及时调整。

4.4 "回水温度一致"和"室内温度一致"的关系

同一围护结构的回水温度一致是否代表室温一致？理论上回水温度是室温的间接表现，但室温不是影响回水温度的唯一因素，其他还包括供热末端的形式、散热面积的富余程度、空置率等。多数情况下，回水温度分布能表征室温分布，但在实际中发现一些比较严重的问题，即用户可以随意更改末端散热设备，不仅富余程度与设计相去甚远，甚至散热末端形式也可以完全改变，导致散热器和地暖混用。此外还有空置率较高的问题，这些情况都会影响回水温度一致和室温一致的对应关系。由于岱岳花园缺乏室温数据，后续结合室温再进一步分析回水温度一致和室温一致的关系。在算法层面，目前解决了各自回水温度不同，赋予不同权重仍能快速收敛的问题，不过核心是这些回水温度应该赋予何种不同的权重。

4.5 二次网平衡调节的注意事项

目前市场上推广二次网平衡调节方案的公司很多，在方案比选以及实施过程中，应特别注意几点：①目前用于二次网调节的电动阀门多为V形球阀结构，其本身质量应可靠，调节性能要好，特别是小开度下的调节性能；②阀门选型要与系统匹配，最好通过水力计算确定阀门口径，阀门口径选型过大或过小，都会影响调节效果；③由于水力工况的耦合和系统的滞后性，应具备比较好的算法，群控群调的方式能够有效避免振荡。

5 主要结论

本文利用AI群控算法对二次网回水温度进行调节，调节5次后，岱岳花园106个单元楼的回水温度收敛到了1℃左右。调节速度快，效率高，不受系统耦合性影响。调节过程中发现了一些有意义的问题，主要结论如下：

（1）水力空间平衡应一次性将回水温度调至一个比较窄的收缩区间，再进行若干次微调，不宜采用连续性调节。

（2）为减小流动过程延迟对回水温度一致调节的影响，应保持供水温度恒定，同时调节周期大于过渡时间。

（3）"阀门开度越大，回水温度越低"的现象是泥沙堵塞过滤器所致。所以在以回水温度一致法进行调节时会遇到各种问题，不应机械套用，要结合实际情况灵活调节。

（4）回水温度一致和室温一致的对应关系受末端形式和空置率的影响。

（5）二次网调节应特别注意：用于二次网调节的电动阀门质量应可靠，调节性能要好；阀门选型要跟系统匹配；应有比较好的算法避免振荡。

供热分户系统水力平衡调控技术应用

济南和康热力有限公司　文　超　徐瑞祥

【摘　要】本文总结了目前几种二次网水力平衡调试方案及户用温控装置技术路线的不足，提出了一种结合户用热量表和户用智能控制阀进行精细到户的二次网水力平衡控制方案，可在供暖初期高效、快捷地完成二次网从换热站到单元再到户全自动平衡调试工作，并通过试点案例验证方案可行性。

【关键词】二次网　水力失衡　户用热量表　全自动平衡

1 背景

1.1 供热远控水平现状

目前济南热电一次网经过多年的升级改造，已经实现市政级的热网平衡与远程控制，目前已经能够以历史记录为标尺的负荷预测，智慧热网中的热源、管网部分基本建设完毕。目前二次网的水力平衡调节手段只能到楼宇一级，使用平衡阀或压差阀调节，多数停留在人工手动调节的状态，工作量大，调节难度高，应对每年入住率变化的调节能力不足。

1.2 一线班组及终端用户

目前一线班组直面投诉用户，对一些孤岛用户、特殊用户、面对室温不达标的情况没有高效的调节手段，面对供热面积的不断扩大，工作人员并没有同比上升，导致人均服务面积快速增长，供热初期压力很大。

随着建筑保温性能越来越好，在现有供热条件下，用户室内温度能够基本达标，但是各热用户室内温度不均衡，多数用户存在攀比心理，虽然温度舒适，但心理落差大，容易造成投诉。

1.3 公司现行分户计量温控装置技术路线存在的问题

（1）地暖、挂暖都使用分户通断阀，缺乏精细调整能力，阀门只能全开和全关，无法实现分户流量调节的功能。

（2）通断调节只能满足室内温度基本保持恒定，但存在室温升高、降低来回反复的过程，在阀门关闭的时间段内，散热器是凉的，容易造成用户投诉。

（3）分户热量表仅作为计量装置使用，且目前只被少数热计量合同用户使用，供热公司投入大量资金安装热量表，却未发挥作用，而热量表可采集用户供回水温度、流量、瞬时热耗等多种参数，通过热表数据采集与分析，可与户用控制阀一起进行二次网的水力平衡调节工作。

2 目前二次网水力平衡调试方案不足及改进方案

2.1 传统二次网平衡调试方案不足

由于用户一级没有开度调节阀门，目前二次网平衡只能调节到单元一级。目前单元多数安装动态压差或流量平衡阀，需要班组人员手动调节阀门开度，且需要每个单元按照顺序调节，由于水力系统各管路之间存在相互干扰，上个单元流量调节结束后，进行第二个单元调节时，上个单元流量又发生了变化，存在反复调节的过程，耗时耗力。随着高层建筑越来越多，只调节到单元一级只能保证单元流量基本满足要求，而单元内各用户由于垂直水力失衡造成有的用户流量偏大，部分用户流量不足，造成室温不达标的情况。

传统的调节方案没有数据反馈，只能粗略的或凭经验手动调节，效果不好。且用户端与换热站、热源端无法有效联动调节，缺乏完整信息链反馈。如某小区在进行水力平衡调试后，各单元流量已经接近设计流量，但是后期运行时发现，换热站循环泵在"大扬程，小流量"的工况下运行，并不在高效工作点下运行。这种结果就是系统缺乏联动机制，缺乏数据分析造成的。

2.2 目前几种效果较好调节方法的优劣剖析

根据以上不足，各供热公司和厂家探索了多种改良调试方案，目前多数方案中都在用户一级安装了户用电动调节阀，通过在阀门上安装温度传感器，或者在室内安装温度采集装置等，通过采集数据配合阀门进行调节。

2.2.1 使用回水温度进行调节

目前多数方案偏向于使用回水温度作为二次网平衡的调控指标，认为当各热用户回水温度达到一致时，各热用户可基本达到热力平衡，即供暖室内温度基本相同。但此方案适用于建筑特性较为一致的小区，建筑特性包括散热形式和散热装置是否与设计一致，如一个小区内既有地暖又有暖气片，则用户不能使用同一回水温度调节，而对于地暖用户，家里装修是地砖还是木地板会影响地暖管的散热特性，木地板用户回水温度高，但散热量不足，导致室温低，如果木地板用户和地砖用户使用同一回水温度指标进行调节，木地板用户的散热量肯定不足以维持与地砖用户相同的室内温度。

而确定一个合理的基准回水温度也需考虑多种因素，如各用户达到平衡时对应不同的室外温度需有不同的回水温度，系统调节时使用什么样的基准值很难合理确定。

回水温度作为热平衡的反馈参数，为慢响应参数，变化较为缓慢，水力工况发生变化后，一般需半天左右回水温度才会稳定，系统调节时间较长。

2.2.2 使用流量进行二次网调节

供热运行中，通过质调节和量调节来满足用户的用热需求，是较常用的调节手段。供热稳定后，供热运行人员通常采用的调节方式是质调节。其中，水力平衡度（实际流量与设计流量的比值）是衡量分户供热系统水力工况的指标之一，也是实现均衡质调节的工作基础。

若室内供暖装置散热性能正常，通过质调节方式完全可实现分户供热精细化调节。日常工作中，供热运行人员通过观察热表数据进行人工调节，但安装实时调节装置则涉及系统控制、数据分析、设备维护及投资等问题，实施难度不小。

2.2.3 使用室内温度进行二次网调节

室内温度调节法是目前新兴的一种水力平衡调节手段，很多新建建筑户内都安装了室内温度采集装置，室内温度数据较容易获取。使用室内温度调节二次网平衡的思路是：将各用户的室温调节在相同区间，如22～23℃，室内温度作为衡量供热水平的关键指标，室内温度基本相同才能真正说明各用户在用热舒适度方面达到了平衡，享受到了相同的供暖服务。

而目前室内温度调节法的最大问题就是室温的有效性。目前用户室温采集装置一般一户只有一个温度测点，一般装在客厅位置，室温数据只能代表一个房间的温度，无法体现整个户型的综合室温，有时客厅温度能够达到预设温度，其他房间温度却偏低。而对于部分孤岛用户或者特殊用户，由于散热量太大，即使阀门全开也无法满足室温需求，而此时多出的流量并未能够提高室温，但却分走了其他用户的有效流量。

2.2.4 总结

回水温度调节法效果一般，但思路简单，数据容易采集。流量调节法调节效果较好，但是数据很难获取，设备投资高。室内温度能够真实反映用户的用热情况，但是数据有效性差，不能保证调节效果。

综合以上几种方案，我们希望得到一种数据易获取、调节效果好、设备投资少的二次网水力平衡调节方案。下面介绍一种基于户用热量表和智能控制阀的二次网水力平衡调控新思路。

3 基于户用热量表和智能控制阀的二次网水力平衡调节方案

3.1 方案背景

由上文可知，我们希望提高管网设备的利用率，在有限设备使用情况下，达到最好的平衡调整效果。由于济南市供热分户热计量的要求，目前济南市老旧小区及新建建筑都安装了分户热量表，分户热量表的数据采集频率一般为一天4次，除了用户用热量的采集之外，还采集了用户供回水温度（℃）、瞬时流量（m³/h）、瞬时热耗（W）等其他数据。目前安装的多数二级表的计量准确度为±2%，此精确度完全可支持水力平衡的调节精度。

由于新建建筑高层建筑居多，除单元间的水平失调外，垂直失调也是二次网失调中的重要问题，所以改变之前只调节到单元一级的思路，安装分户电动调节阀，精细调整到每个用户。根据以上条件，研发出一套基于户用热量表数据和户用智能控制阀的二次网水力平衡精细调控方案。

3.2 方案架构

庭院二次网水力平衡系统分为"用户热源控制系统""终端控制系统"和"数据中心"（图1）。其中"用户热源控制系统"主要侧重于对二次网"热源"换热站部分的控制，二次网水力平衡不仅仅在于用户端的调控，换热站的循环泵要与用户端联动，最终保持循环泵工作在高效工作点，实现系统的水力工况最优运行。"终端控制系统"包括调节单元水平失衡的"单元远控电动阀"和调节分户平衡的"分户电调阀"，分户热量表采集终端用户用热数据，同时多数用户室内安装室内温控面板，在采集室温的同时，用户具备一定的自主调节能力，可以自主控制阀门动作。系统所有硬件设备的数据上传到数据中心，数据中心具备数据采集、分析、设备参数下发的功能，将计量数据、运行数据、天气数据等统计采集、统一分析，打破数据壁垒，发挥数据最大价值。

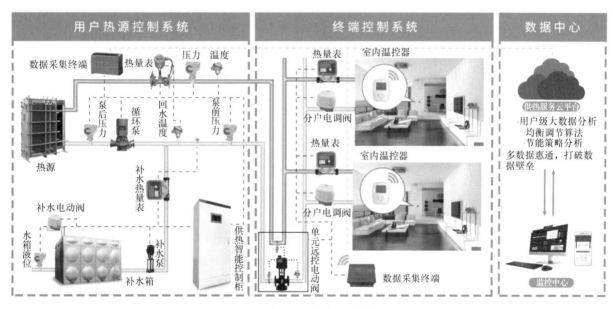

图1 二次网层级控制系统架构图

3.3 关键设备

单元级的流量控制设备为"楼宇平衡阀"，其支持远程电动调节，开度控制分辨率为百分之一，可通过安装压力变送器、温度传感器采集单元管网数据。户用智能控制阀为非通断阀，为精细调节用户端流量的开度调节阀，拥有两百分之一的调节精度，在一般用户正常水压下流量控制精度可达±0.01m³/h，以此作为精细调节垂直立管单元间水力平衡的基础，同时，改良后的球阀结构具有流量线性调节的性能（图2）。

3.4 二次网平衡调节技术路线

3.4.1 控制策略

二次网整体控制路线分为"冷运初调节""热态细调节""数据积累"三个阶段。在"冷运初调节"阶段，主

图2 楼宇平衡阀及户用智能控制阀

要进行流量调节。首先根据用户的供暖面积以及散热形式，给定每户一个基础运行流量，基础流量为供暖面积和基础流量指标的乘积，基础流量指标可以由设计热指标和设计供回水温差计算得到，也可由小区供暖的平均流量指标水平得到。在给定每户的流量指标时，要考虑到边角顶户的热耗需求比其他户高的情况，适当加大这些用户的流量指标，保证其热耗需求。计算得到每户的基础运行流量以后，就可计算出系统的整体流量，也可以统计出某个单元下所用用户的总流量，此时机组循环泵的总循环流量、单元阀流量指标、户用流量都可得到，首先按照此流量指标将各系统调节完毕。

第一轮的"冷运初调节"结束后，可以保证用户端的基本循环量达到要求，不会出现总流量不足的情况，达到"水到、量够"的状态。当供暖水温上升后，开始进行第二阶段的"热态细调节"，该阶段的调节目的是要保证各用户之间达到室温均衡，第一阶段调节结束后，即使流量指标给定考虑了多种因素，但由于用户端散热设备散热能力的差异性，室内温度还会有差异，存在室温过高和过低户，此时根据用户室温情况进行二次优化调整，将室温偏高用户的流量指标适当减小，室温偏低用户的流量指标适当加大，以达到各用户室温均衡的目标。此步骤中使用的室内温度不仅仅是室温采集装置上传的室内温度，而是将热量表数据和周边用户室温综合分析后的室温，代表了某户的综合室内温度，避免了单一室温点的数据无效问题。

3.4.2 全自动化控制逻辑

基于户用热量表的二次网平衡调节系统由于有了每户实际采集数据的支撑，系统可完成全自动化调节，依次将换热站—单元—终端用户设备调节到最佳水力工况。

首先进行换热站一级的调节，将同一系统下所有用户的流量指标加和，得到整个系统的总循环流量，将末端单元阀及户阀全部打开，保证系统最小阻力，调节循环泵变频，观察机组流量数据，将流量调节到整体需求流量的1.2倍左右，如果换热站自控机组支持定压差调节，也可使用定压差控制模式。换热站控制结束后，开始调节单元平衡阀。单元平衡阀开始动作时，户阀保持全开，所有单元阀根据户表实时统计出的单元流量同步动作，调节频率为15min一次，避免调节过频引起管网振荡，每轮调节结束后，将实际流量与流量参考值对比，给出下次调整时阀门动作指令，直到所有单元的流量都调整到参考值附近。单元阀调整结束后，以系统末端单元阀的开度为参考，优化换热站参数，如末端阀门开度较小，换热循环泵变频转速应降低，当末端单元阀开度接近全开时，换热站参数达到最优。

单元阀调节结束后，户阀开始动作，户阀动作时，热量表数据的采集频率加快，默认为0.5h采集一次，每轮热量表流量值采集上来以后，数据中心比较每户实际流量与设置流量的关系，数据中心计算出下一轮阀门动作的开度，进行开度调整，调整后继续比较二者关系，直到实际流量调整到规定指标。全部调整结束后，户阀、单元阀达到固定开度模式，用户端流量保持稳定运行。

3.4.3 用户自主调控

目前安装热量表的部分用户按照热计量收费，用户可以自主进行温控调节。目前系统调控思路是首先由数据中心指导系统进行整体调控，调控时给定的流量和室温都为用户的最高值，即热力公司拥有最高级权限，热用户只可以在最高流量和最高室内温度下进行调控，不能超出系统规定的最大流量和室内温度，从而满足系统基本的水力平衡和热力平衡。用户室内安装的温控面板可以进行室温设置，室内面板与户用智能控制阀绑定，通过开度控制室内温度。

4 试点案例

4.1 试点小区简介

西城·济水上苑小区位于山东省济南市槐荫区泰安路506号，小区分为南北两个区，各有一个换热站，改造试点范围为南区。南区总建筑面积129400m^2，今年供暖套内面积85467m^2，小区散热形式为散热器，供暖分高低区，低区1~18层，高区为18层以上。由于北区未改造，且北区入住率略高于南区，可以就南、北区今年的供暖数据进行横向对比。

4.2 小区改造前水力工况展示

南区分为三个机组，图3中横坐标以楼宇距离换热站的距离排序，从近到远排列，由于各个楼宇供暖状况基本一致，建筑特性也基本相同，需求流量应基本一致，但从实际运行数据上看，距离换热站最近的楼宇流量指标较高，距离换热站较远的楼宇流量指标较小，且存在下降确实，存在明显的水力失衡现象。

选择3号机组中距离换热站最近的13号楼和最远的8号楼，将一个楼宇内不同用户的指标进行对比分析（图4），同一楼宇内不同用户的流量指标需求应基本一致。但实际数据显示不同用户的流量指标相差也较大，且室内温度分布不均，存在室温偏高和过低的现象，即存在垂直水力失衡和热力失衡。

4.3 设备改造方案

原单元回水管上安装了动态压差调节阀，将此阀拆除，安装远程楼宇平衡阀（图5）。原入户装置供回水都安装了除污器，将回水除污器拆除，安装户用智能控制阀（图6）。

4.4 调试后水力工况展示

由图7可见，改造前上一个供暖季水平水力工况存在水力失衡现象，从换热站由近到远流量指标有明显下降趋势，系统改造后经过二次网调整各楼宇流量指标基本相同，且平均流量指标维持在3L/(m^2·h)左右，较改造之前下降幅度明显，水力工况得到大幅度改善。

距离换热站最近和最远的两个楼宇中的垂直用户流量指标接近一致，离散度明显降低，垂直水力工况也得到了很大程度的改善（图8）。

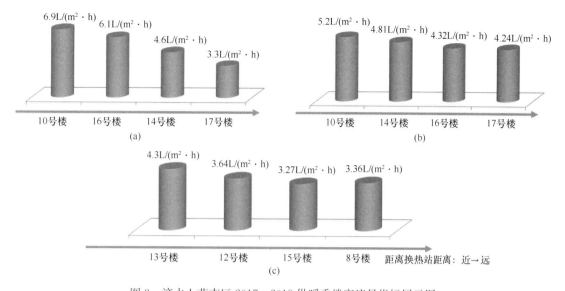

图 3 济水上苑南区 2017—2018 供暖季楼宇流量指标展示图
(a) 1 号机组各楼单位面积流量；(b) 2 号机组各楼单位面积流量；(c) 3 号机组各楼单位面积流量

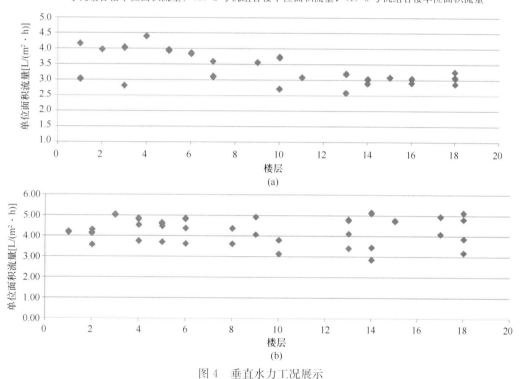

图 4 垂直水力工况展示
(a) 8 号楼（距换热站最远）；(b) 13 号楼（距换热站最近）

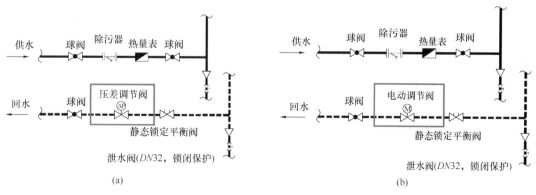

图 5 单元热力入口装置改造示意图
(a) 原单元热力入口装置大样图；(b) 改造后单元热力入口装置大样图

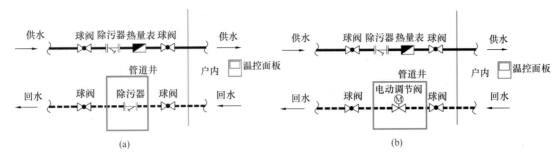

图 6 入户装置改造示意图
（a）原热力入户装置大样图；（b）改造后热力入户装置大样图

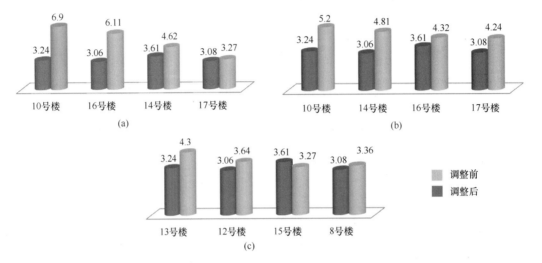

图 7 济水上苑南区调试前后水平水力工况对比［单位：L/(m²·h)］
（a）1号机组各楼单元面积流量；（b）2号机组各楼单位面积流量；（c）3号机组各楼单位面积流量

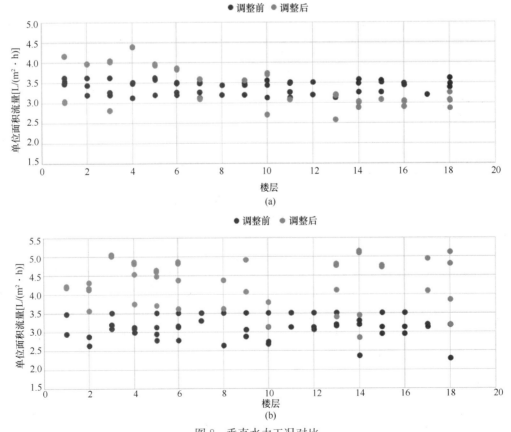

图 8 垂直水力工况对比
（a）8号楼（距换热站最远）；（b）13号楼（距换热站最近）

4.5 系统节能分析

南区热耗与北区相比下降4.6%，单位面积循环量下降17.5%，循环电耗下降14.2%（图9）。系统各项运行指标都有效得到了控制，达到了预期效果。

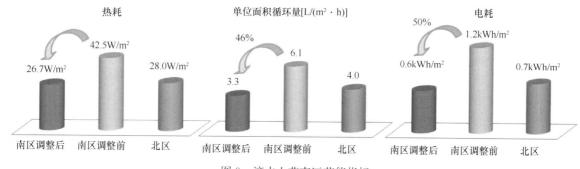

图9 济水上苑南区节能指标

5 大数据分析技术在二次网平衡调控中的应用举例

5.1 综合室内温度预测

一般的用户端热网调控中，往往使用用户室内测温装置采集的室温数据，由于室温采集装置安装的位置并不固定，所以各个用户测量室温并不一定在一个参考标准之下，有的用户将室温采集装置装在客厅，有的放在卧室，有的放置在散热器上方，室内温度肯定是偏高的。希望使用的室内温度是能够反映用户用热舒适度的综合室内温度，所以不能仅使用室温采集装置的上传室温，而需要通过各项数据分析得到用户的"综合体感温度"。

影响用户室温的有多种参数，主要分为用户散热量和得热量两项，影响建筑散热量的主要因素是天气，即室外温度、风力、光照等，影响建筑得热量的参数都可由热量表数据获得，与供回水温度、流量等有关。综合以上所有参数，结合部分用户的室温数据，进行综合室内温度的预测分析，使用多种算法，提高室内温度预测的准确率（图10）。

通过预测用户综合室温，可以挑选出室温过高和过低户，在二次网平衡调整第二阶段"热态细调节"中，将室温过高户的流量适当下降，室温过低户的流量指标适当提升，从而达到室温均衡的调控效果。

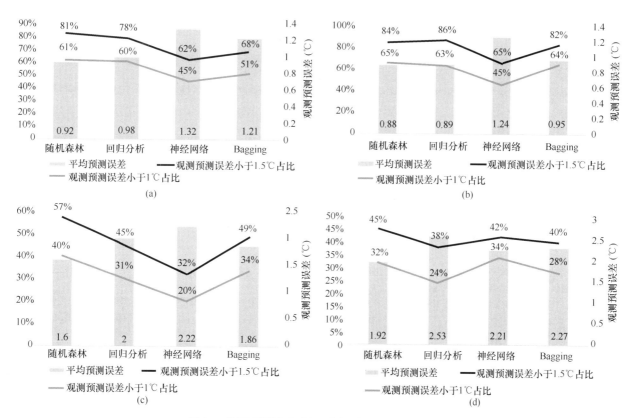

图10 使用不同算法进行不同用户的室温预测效果
（a）供暖中间户；（b）供暖边户；（c）未供暖中间户；（d）未供暖边户

5.2 二次网供温预测

二次网水力平衡调节结束之后，各单元平衡阀、用户控制阀的开度基本保持固定，保证用户端的基本循环量。面对因室外温度变化造成的负荷变化，需要根据室外温度得到合适的供水温度，调节供水温度的目的是在不同的室外温度下，保证用户的室内温度保持基本稳定。

首先建立室外天气—供水温度—用户室内温度的关系模型，然后以用户室内温度作为恒定量，改变室外天气，得到供水温度，由于供水温度给定后系统循环、散热都需要时间，所以存在一定滞后性，需要研究此滞后时间，在室外温度变化前给定此供水温度，保证调控效果。

济水上苑共有3个机组，一系统的供温一天改变两次，白天一个供水温度，晚上一个供水温度；三系统是根据智能调控算法调控后的室内温度，室内温度使用的是该机组下所有用户室温的平均值，明显可以看出经过调控后，一天中室内温度波动变小，中午时刻的室内温度上升幅度减小，室内温度的降低热耗也会同步降低，实现系统的节能（图11）。

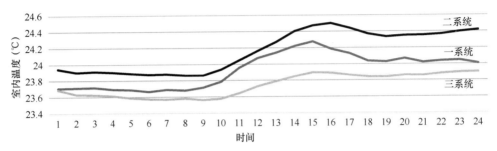

图11 经过供温调整后的室内温度对比

6 结论

将热量表数据应用到二次网平衡调控中，真正实现了所有热用户、单元管网、热力站的全部数据监控，并且为水力平衡调控提供了多种参数，为信息化、精细化打造二次网管控体系提供了数据支撑。通过流量室配合进行调控，改善了其他方案的一些调控弊端，使调控效果更优，而通过流量法调控，实现了换热站、单元与用户端的联动调控，使整个二次网系统都保持在最优的水力工况。大量的用户端数据也为目前新兴的大数据及AI技术融入供热行业提供了条件，目前几项数据分析成果已经在实际应用中初见成效。

未来二次网管控体系建立之后，希望二次网作为一个小系统，能够实现自调节及负荷预测功能，将各换热站预测负荷相加之后，联动一次网及热源，最终能够实现热从源头处开始就得到管控，实现整个智慧热网系统。

耗热量指标在供热调控中的节能分析与实践应用

西安瑞行城市热力发展集团有限公司　张燕子　来　婷
西安市阎良区城北热力有限公司　周　磊

【摘　要】 品质供热和节能供热是供热企业的核心工作。如何评价一个小区（换热站）供给流量够不够、供热量是超供还是欠供、是否实现气候补偿按需调节，用以指导一线人员工作重点、研究技改措施、合理确定能耗定额，是热企总工办的工作和职责重心。

本文通过换热站热量表对严寒期能耗进行逐日统计，计算出各小区建筑物的耗热量指标。通过小区耗热量指标分析小区保温状况，稽查偷热面积，合理确定小区能耗定额；再通过小区耗热量指标和每日室外平均温度，细化出逐日能耗考核目标，推动各小区按照室外温度及时调节、按需供热。通过技术手段狠抓稽查面积和气候补偿两项工作，取得了显著的经济效益。

【关键词】 小区耗热量指标　按需供热

0 引言

供热能耗是建筑能耗乃至民用能耗的重要组成部分，供热节能对建筑节能乃至全国节能工作都有着重大的意义。

影响供热能耗的主要因素有：（1）建筑物围护结构保温体系的质量水平；（2）建筑物室内外环境温度；（3）供

热系统的能效水平;(4)按需供热的调控水平;(5)入住率和交费率等。以往供热节能工作的重心在设备、设计和施工水平,即提高建筑物保温性能、管网输送效率和热源产热效率等,用以降低设计能耗指标;而供热企业在接手运行之后,只能立足于当前现状开展工作,运行管理的工作重点在于合理确定能耗定额、调节水力平衡、稽查供热面积、检查跑冒滴漏、实现气候补偿、上马技改措施等。

1 小区耗热量指标的测定

设计能耗指标是指在设计室外温度下保证室温达标的设计负荷参数,是瞬时功率,是设计院选型计算的重要依据,一般情况下设计院都会在计算参数的基础上乘以放大倍数;建筑物能耗指标是指在标准年气象参数下,单位面积建筑物在标准供暖季的平均功率,这个参数也是以指导设计为主,实际供热运行中少有建筑物能实现这个指标。至于局部的墙体传热系数,只能说明某部件的性能参数,在整个体系中用处不大。

由于多数供热企业的热量表安装在换热站,所以供热企业可以实测的、运行角度的耗热量指标就是小区耗热量指标。如果将来热量表普及到楼宇建筑物,就能得到建筑物耗热量指标了。至于通过分户热量表计算分户耗热量指标,由于邻室传热的影响,使用起来并不方便。本文所做的工作就是测算应用小区耗热量指标。

实际建筑保温施工质量、供热工程施工质量、设备运行效率、用户供暖行为等,都与设计工况有较大差距,导致长期以来人们都说"节能建筑不节能",所以小区耗热量指标不可能通过设计资料得出。因此,通过实测分析确定小区耗热量指标,指导实践应用。将来数据量越来越大,期待可以拿实测运行耗热量指标和理论设计耗热量指标做对比分析。

1.1 小区耗热量指标的计算

《居住建筑节能检测标准》JGJ 132—2009 给出了实际测算建筑物耗热量指标的方法。本文参照此公式,在分母增加了温差,测算小区(换热站)耗热量指标:

$$q = \frac{\Delta Q \times 10^9}{(t_n - t_w) \times 24 \times 3600 \times A} \qquad (1)$$

式中 q——换热站的耗热量指标,W/(m²·K);
ΔQ——换热站的日耗热量,GJ/d,可通过换热站热量表得到;
t_n——当日室内平均温度,℃;
t_w——当日室外平均温度,℃;
A——换热站供热的折算建筑面积,m²。

小区耗热量指标的测算应注意以下细节:

(1) 逐时测算没有意义,逐日测算足够准确。

(2) 当日换热站耗热量可以通过换热站热量表在当日24时和0时的累积热量值相减得出。

(3) 室外平均温度可以通过气象台气象实报逐时数据平均得出(时间段必须同步),不可用气象预报数据。

(4) 换热站供热建筑面积中,报停、停供或者未入住面积,可按照至少50%有效的方式折算面积(因为邻室传热影响较大,不宜采用30%及以下系数,笔者目前采用的是30%,今后将做出调整)。

(5) 室内平均温度难以准确获得,即使在户内大量安装室温采集器,由于没有统计楼道等公共区域的室温,室内温度测量值也不准确。但是在严寒期,即使存在测量误差,影响也比较小。因此,以上测算工作都在严寒期进行。

1.2 小区耗热量指标的确定

由于目前在换热站一次水都安装了热量表,而且已经实现了远程数据传输,可以比较容易地计算出逐日的小区耗热量指标。

从逐日数据看,该指标数据有波动离散性,分析原因是换热站供热量调节不稳定,存在局部超供和欠供,而由于建筑物热惰性大,室内温度变化很小,而且室内温度计受自由热(free heat,或译为免费热)影响很大,导致结果不准,于是将每相邻3日数据取平均值,平滑整个曲线,详见式(2)。

同时,逐日数据呈"两头高、中间低"的趋势,即天气越冷指标越低,分析原因是严寒期用户开窗散热越少,计算指标越低,数据也就越准,因此取严寒期一段时间的最小值,确定为小区耗热量指标。

$$\overline{q_d} = \frac{q_{d-1} + q_d + q_{d+1}}{3}$$

$$L_{hdd} = \min(\overline{q_d}, \overline{q_{d+1}}, \overline{q_{d+2}}, \overline{q_{d+3}}, \cdots) \qquad (2)$$

式中 L_{hdd}——小区耗热量指标,W/(m²·K);
q_d——d 日的当日小区耗热量指标,W/(m²·K);
$\overline{q_d}$——d 日(供暖期内某一日)的3日小区耗热量指标平均值,W/(m²·K)。

1.3 小区耗热量指标的计算实例

通过上述方法,于 2020—2021 供暖季开展了大量实测工作,表1为实测计算的下属某子公司46个换热站的小区耗热量指标。

换热站小区耗热量指标实测结果　　表1

站名	室外平均温度(℃)	室内平均温度(℃)	折算用热建筑面积(m²)	小区耗热量指标[W/(m²·K)]
1号换热站	-7.17	21.8	302625	1.295
2号换热站	-7.17	20	27900	1.594
3号换热站	-7.17	20	120866.37	2.217
4号换热站	-7.17	19.8	95777.94	1.274
5号换热站	-7.17	20	251552	1.460
6号换热站	-7.17	21	119450	1.559
7号换热站	-7.17	20	27061.6	1.279
8号换热站	-7.17	18	19880.83	2.040
9号换热站	-7.17	20.5	16832.37	1.928
10号换热站	-7.17	20	42067.64	1.964
11号换热站	-7.17	20	7720	1.180

续表

站名	室外平均温度(℃)	室内平均温度(℃)	折算用热建筑面积(m^2)	小区耗热量指标[$W/(m^2·K)$]
12号换热站	−7.17	20	73303.51	1.509
13号换热站	−7.17	22	137969.61	0.814
14号换热站	−7.17	19.5	4470	1.479
15号换热站	−7.17	20	10363	1.241
16号换热站	−7.17	18.5	6087	2.727
17号换热站	−7.17	20	4516.47	1.310
18号换热站	−7.17	20	7374.1	1.182
19号换热站	−7.17	21	15160	1.753
20号换热站	−7.17	20	35346.22	1.609
21号换热站	−7.17	18.2	124015.73	1.592
22号换热站	−7.17	20	52910.24	1.314
23号换热站	−7.17	18	103660.5	1.556
24号换热站	−7.17	20	12706.1	1.424
25号换热站	−7.17	20	156340	1.511
26号换热站	−7.17	22	56849.81	1.425
27号换热站	−7.17	22	34060.07	1.301
28号换热站	−7.17	20	35000	1.161
29号换热站	−7.17	20	109722	0.814
30号换热站	−7.17	21	76818	1.469
31号换热站	−7.17	18	297010	1.104

续表

站名	室外平均温度(℃)	室内平均温度(℃)	折算用热建筑面积(m^2)	小区耗热量指标[$W/(m^2·K)$]
32号换热站	−7.17	18	104018	1.413
33号换热站	−7.17	20	166322	1.445
34号换热站	−7.17	20	261706	1.505
35号换热站	−7.17	18	217306	1.279
36号换热站	−7.17	20	62441	1.265
37号换热站	−7.17	20	105470	1.348
38号换热站	−7.17	19	80000	1.555
39号换热站	−7.17	20	14000	1.056
40号换热站	−7.17	20	6049	0.963
41号换热站	−7.17	20	675.9	2.527
42号换热站	−7.17	22	4200	2.328
43号换热站	−7.17	20	8682	1.092
44号换热站	−7.17	20	8352	1.625
45号换热站	−7.17	20	3571	0.898
46号换热站	−7.17	20	3853	1.231

2 小区耗热量指标的应用

通过实测，得到了46个换热站的小区耗热量指标，如图1所示。对比分析计算结果后，发现小区耗热量指标整体分布在1.0~1.6W/(m^2·K)之间。

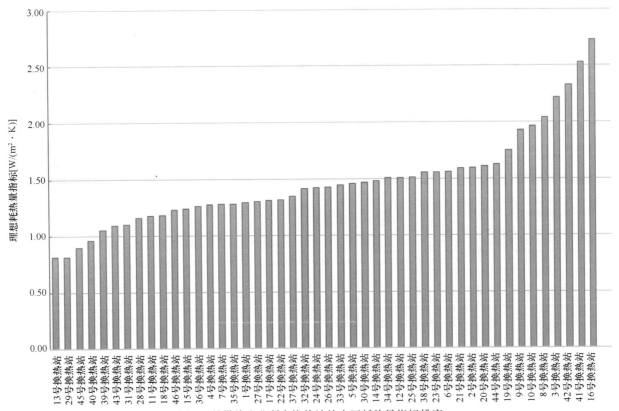

图1 某供热企业所有换热站的小区耗热量指标排序

2.1 反映建筑物围护结构的保温质量

小区耗热量指标受建筑物围护结构保温质量的影响最大，建筑保温质量越好，耗热量指标就越低；保温结构越差，耗热量指标就越高。本文选取了指标较大的换热站逐一分析。

8号换热站的耗热量指标为 2.040W/(m²·K)，比其他换热站的指标明显偏高。在夜晚拍摄了8号换热站的建筑物热成像图，如图2所示。8号换热站的小区内建筑物由于外墙无保温，通过墙体损失的热量较高，故耗热量指标较高。同理，29号换热站的耗热量指标最低，经调研其建筑物为外保温节能建筑。

这些工作说明小区耗热量指标能够真实反映建筑保温质量，能够用于合理确定小区能耗定额。

图 2 采用热成像仪检查建筑外墙

2.2 指导供暖面积稽查

在与一线生产人员一起分析小区能耗指标数据时，发现某些换热站为新建节能建筑，却与条件相近的小区指标数据相距甚远。因此怀疑小区物业和用户虚报停热面积，着手重点检查这些小区。

1. 3号换热站

3号换热站的耗热量指标为 2.127W/(m²·K)，而该小区建筑物的保温较好。首先案头检查该小区停热率较高，然后在傍晚现场巡检发现楼房开灯率较高，继而通过热成像仪巡检发现很多报停用户私自开阀、正常用热，抓到了偷热用户（图3）。

2. 16号换热站

16号换热站是耗热量指标最高的站点，为 2.727W/(m²·K)。经与市场部核实，该小区的实际入住率不到50%，故户间传热损失大，热用户的耗热量较高，今后将报停用户能耗按照50%折算，数据会更准确。

3. 41号换热站

经查实，41号换热站的建筑面积实为 675.9m²，面积过小，体形系数过大，故该站点的耗热量指标过高。

4. 21号换热站

21号换热站的耗热量指标为 1.592W/(m²·K)，经生产部门查实，该换热站所供小区为新建建筑，外墙保温

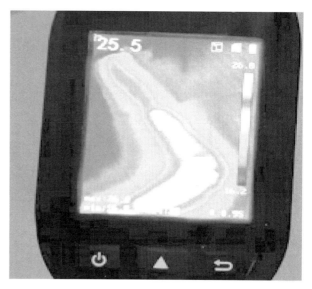

图 3 用热成像仪检查入户管道，显示报停住户正常用热

较好。通过生产部与市场部的全力配合，该小区的物业公司向我企业补交了 5 万 m² 的供热合同。

在 2020—2021 供暖季，通过测算分析各换热站的小区耗热量指标，指导生产部门和市场部门，发现了很多"偷热"的换热站。全集团迅速调整工作重点为面积稽查，截至供暖期结束，合计稽查出数十万平方米"偷热面积"，为企业挽回了近千万元的巨大效益损失。

2.3 推动气候补偿调节

供热行业俗称"看天烧火""靠天吃饭"，在严寒时满负荷全力供热，在初末寒根据室外温度调节供热出力，在保证室温的基础上大幅节能，减少过量供热，即努力实现气候补偿精调功能。在初寒重点调节一次网水力平衡，严寒期重点测算小区耗热量指标并稽查供暖面积，在后半个供暖季，主要工作就是推动换热站气候补偿。

国内供热企业都重视气候补偿，但多数都在热源处调节总出力，鲜有积极调节换热站的，绝大多数换热站自控系统没有启动气候补偿自动功能。而欧洲集中供热系统，楼前配置气候补偿器，室内有恒温阀，我们与其的差距很大。

通过前文测算出的小区耗热量指标，结合气象台实报的室外日平均温度，得出每日合理耗热量，分析评价各换热站气候补偿，督促运行人员积极调节，从而达到节能的目的。

2.3.1 计算合理的小区日供热量

在严寒期得到每个换热站合理的耗热量指标后，再变化公式，反算合理的小区日供热量。已知小区耗热量指标、室外日平均温度（气象实报或预报）、室内温度设定为20℃，可以求得换热站日、周、月乃至全年的合理耗热量：

$$\Delta Q = \frac{q \cdot (t_n - t_w) \times 24 \times 3600 \times A}{10^9} \tag{3}$$

图 4 为某换热站合理调节供热效果，每日的耗热量与

室外日平均温度呈对称分布。室外温度升高，换热站的耗热量就降低；室外温度降低，换热站的耗热量就增大。在满足用户热舒适性（室温恒定）的同时，避免了热量多余的浪费。

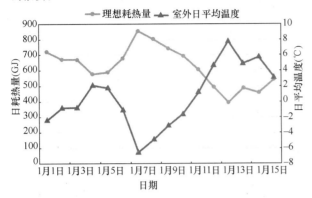

图 4 某换热站的合理供热调节效果（2021 年）

2.3.2 实际气候补偿效果

尽管供热企业目前在换热站内普遍都安装自控装置，但实际绝大多数换热站只起到了无人值守的效果，很少有真正能实现气候补偿调节的换热站。多数供热企业只是在热源做调节干预，很少在换热站自控调节。于是，实际调节效果如图 5 所示，可以看出，实际耗热量并没有随室外温度的升高或降低适当调整，整个图形呈不对称分布，造成室内温度波动，供热过度或者供热不足。

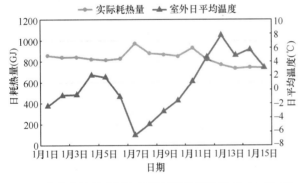

图 5 某换热站的实际气候补偿供热调节效果（2021 年）

2.3.3 考核换热站的气候补偿运行调节

通过对比换热站每日的合理耗热量与实际耗热量，可以看出换热站每天是否根据天气变化调节供热量。图 6 为某换热站 2021 年 1 月 1～15 日的实际耗热量与合理预测耗热量的逐日对比。可以看出，1 月 7 日～1 月 9 日，室外平均温度较低，实际耗热量低于预测理想耗热量，即表明该换热站实际供热不足；其他日期的实际耗热量均高于预测理想耗热量，特别是室外温度较高的 1 月 11～15 日，该站点过量供热，节能潜力最大。因此，无论换热站是否安装自控设备，供热企业都可以评价其按需供热的调节好坏。

进一步以供暖季逐日偏离比例数据，做方差统计，对每个公司、每个换热站进行气候补偿排名，其中有的子公司没有上马自控，却靠着员工积极手动调节，得到了优异排名，更加值得表扬和学习。

2020—2021 年供暖季，尽管西安出现极寒天气，但是整个供暖季室外温度波动较大，平均温度较高，整体依然为暖冬。从气候补偿的节能效果来看，与严寒期相比，初寒期和末寒期才是节能的关键时刻。由于初寒期和末寒期室外温度较高，若供给热量过多，为保持室内温度的舒适性，大多用户会选择开窗，破坏了围护结构的保温，增大了建筑的传热系数，造成热量的严重浪费。

因此，确定每个换热站的合理耗热量指标后，热力集团按照每日计算得到的理想耗热量，严格考核各子供热企业、各换热站是否按照气候调节供热，推动了各换热站的气候补偿运行。在上个供暖季取得了明显的节能效果，各子公司能耗实现历史最低，取得了巨大的节能效益。

2.4 合理制定能耗考核定额

为促进供热节能，集团每年会给每个子公司制定全年能耗定额并加以考核。以前的子公司能耗定额都是统一值，如 $0.34 GJ/(m^2 \cdot a)$，没有考虑供暖度日数差异和建筑保温差异，对有些子公司很不公平，有了小区耗热量指标之后，就能合理制定考核指标。

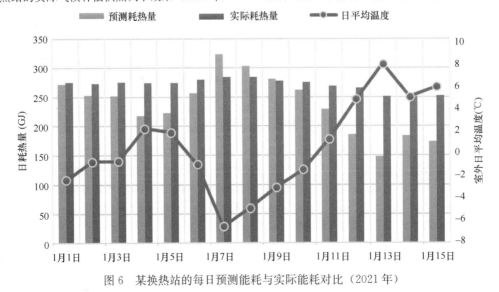

图 6 某换热站的每日预测能耗与实际能耗对比（2021 年）

按前文的计算方法，测算了子公司 A 和 B 的每个换热站的合理耗热量指标后，引入当地标准度日数，计算得出每个换热站的标准年供暖季能耗指标：

$$q_{bz} = HDD_{bz} \cdot q \times 24 \times 3600 \times 10^{-9} \quad (4)$$

式中 q_{bz}——换热站标准年整个供暖季的能耗指标，$GJ/(m^2 \cdot a)$；

HDD_{bz}——当地的标准年供暖度日数；

q——换热站的小区耗热量指标，$W/(m^2 \cdot K)$。

图 7 和图 8 分别为子公司 A（位于西安市）、子公司 B（位于韩城市，陕西省东北部）的小区耗热量指标分布情况。可以看出，子公司 A 约 50% 的换热站能耗分布在 $0.20 \sim 0.30 GJ/(m^2 \cdot a)$；子公司 B 约 40% 的换热站能耗分布在 $0.25 \sim 0.35 GJ/(m^2 \cdot a)$。

经调研分析可知，由于西安市内建筑多为高层塔楼节能建筑，而韩城市内多为多层板楼非节能建筑，保温差距明显。此外，由于韩城市靠近黄河，室外平均温度比西安市温度低 $2 \sim 3℃$，供暖度日数存在差距。故子公司 B（韩城）的能耗定额应该高于子公司 A（西安）。

因此，集团在考核公司 A 和子公司 B 的供热节能效益时，韩城公司的全年能耗考核指标应大于西安公司的全年能耗考核指标。由此可见，在实际工程中，热力集团应根据具体情况，个性化制定供热企业或换热站的能耗考核指标。

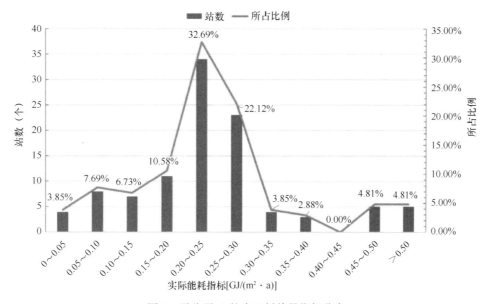

图 7 子公司 A 的小区耗热量指标分布

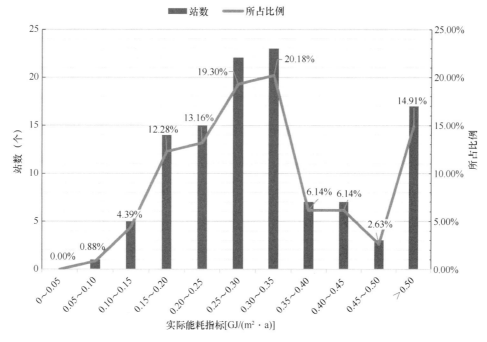

图 8 子公司 B 的小区耗热量指标分布

3 结语

作为热力公司技术人员，笔者从运行实践的角度，通过换热站热量表数据，在严寒期对每个小区耗热量指标进行了实际测算，拿出来具体可行的计算方法，得到了具体合理的计算结果，并得到了以下实践效果：

（1）根据小区耗热量指标计算结果，分析各个换热站乃至子公司的建筑保温质量，指导供热面积稽查，查出很多偷热面积，挽回了可观的经济损失。

（2）根据小区耗热量指标计算结果，计算各个换热站乃至子公司的每日合理能耗，督促生产人员及时调节热量，实现气候补偿功能，取得了显著节能效果，实现可观经济效益。

（3）根据小区耗热量指标计算结果，能够公平合理确定各个换热站乃至子公司的能耗考核定额，推动在集团内部乃至整个行业的各公司之间公平竞争和能耗对标。

随着工作的不断深入总结，下一步还能够应用小区耗热量指标，梳理清楚以下工作：

（1）可以观测总结小区耗热量指标随着入住率的变化而变化的规律，合理确定空置房的能耗比例。

（2）可以通过分析小区耗热量指标与设计院计算的建筑物耗热量指标的差异和原因，从供热行业运行角度对设计施工单位提出意见和建议，划分清楚建设和运行责任，不断挖掘供热计量的实际节能作用。

（3）小区耗热量指标的测算，近似于欧盟普遍推行的供热能源审计，可以对建筑物划分节能评级，评价建筑保温竣工验收效果。

（4）长期以来供热和用暖间存在模糊地带，即供热企业注重供多少热量，而用户注重的是供暖室温，随着指标的普及应用，能耗和室温呈一一对应关系，通过量化手段，有利于减少纠纷和矛盾。

（5）小区耗热量指标是指导和检验节能技改、老旧管网技改和建筑物围护结构改造等工作的重要评价依据。

本文通过研究和实测小区耗热量指标，指出了供热企业实际调控运行的重难点，并有效指导了供热企业的人员管理和实际运行，在保证供热质量的同时，最大化发掘了供热企业的节能潜力，技术、管理、经济均收获了巨大的效益。同时，这项工作还有重要的前景和意义，对行业将产生越来越多、越来越大的贡献。

参考文献

[1] 清华大学建筑节能研究中心. 中国建筑节能年度发展研究报告2019[M]. 北京：中国建筑工业出版社，2019.
[2] 石兆玉. 供热系统节能潜力与节能技术[J]. 供热制冷，2010，12：60-63.
[3] 中国建筑科学研究院. 居住建筑节能检测标准[S]. JGJ 132—2009[M]. 北京：中国建筑工业出版社，2009.

智慧供热架构下几种二次网平衡调控方式效果探讨

宁夏电投热力有限公司　韩国杰
同方节能工程技术有限公司　程万里

【摘　要】 二次网平衡改造的目的在于消除供热二次网系统的水平热力失调，保证整个系统供热的均匀性，随着供热技术不断进步、信息科技日新月异，基于平台对二次网的平衡调节已是智慧供热的基础功能之一。而在采用回水温度法消除热力失调时，由于平衡设备控制到不同层级（如到楼栋、单元和到户）的调节范围不同，导致调控过程与运行效果不尽相同。为了后续更好地构建新型数字化、智能化二次网平衡系统，需对以上三种平衡调控方式从经济性、水力平衡、热力平衡等方面进行对比。结果表明，宜优先采用控制到单元的回水温度远程调控方式。

【关键词】 热平衡　二次网　回水温度　室温偏差　智慧供热

0 引言

2020年10月，宁夏电投热力有限公司对地调所北院、同安苑1号、兴庆小区三个小区分别搭建了到户、到单元和到楼栋的二次网平衡调节系统，开展不同调控层级的调控效果及经济性研究。该系统由可调物联网平衡阀、数据采集箱、通信模块、同方物联网水力平衡云平台、智慧供热管控平台、室温采集系统等部分组成。运行一个供暖季以来，通过持续的精细化调控，基本实现二次网的水力、热力平衡，整体失调度大幅度降低，各热力入口回水温度及所控小区室温不同程度地趋于一致，系统运行稳定。

结果表明，从经济性上看，一般控制到户投资成本最高，控制到单元次之，但由于现场施工条件影响，实际上控制到单元投资可能会更高；从调控范围、运行效果上看，控制到户与控制到单元效果均优于控制到楼栋，且两者水平接近。该案例为后续二次网智能化改造提供了大量工程经验，确定了以物联网平衡阀控制到单元为主要改造技术路线，并引发了在智慧供热架构下如何更好地调控二次网平衡的思考。

1 项目概况

三个小区建筑总体情况如表1所示。

三个小区建筑总体情况　　　　表1

小区	供热面积（万 m²）	楼栋数	单元数	户数	楼层
地调所北院（到户）	3.49	11	47	566	5～6
同安苑1号（到单元）	8.29	22	89	1026	5～6
兴庆小区（到楼栋）	2.6	11	41	404	5
总计	14.38	44	177	1996	—

1.1 二次网改造系统架构

（1）兴庆小区和同安苑1号分别采用控制到楼栋、单元的改造方式。物联网平衡阀安装在楼前或楼栋立管中便于接收手机信号及连接电源的最佳位置，阀门执行器通过RS 485有线通信，物联网平衡阀将采集到的二次网回水温度和阀位等参数传输给外置DTU控制器，外置DTU控制器接收到二次网调控参数后传至数据处理中心，并得到各物联网平衡阀的调控指令，指导物联网平衡阀进行相应的调节，直到各楼栋二次网回水温度趋于一致。

（2）地调所北院采用户用智能调节阀的控制方案。在分户管路上安装户用智能调节阀（按户安装），通过对该用户供暖系统的循环水进行控制来实现对该户的室温控制。在用户室内安装温度采集面板，根据实测室温与设定值之差，确定在一个控制周期内开度的调节，以此调节送入室内热量，保证各用户的供热效果均匀一致，把水力平衡解决到热用户层级。两种改造技术路线的通信方式如图1所示。

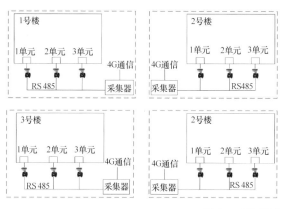
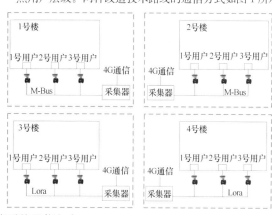

图1　二次网平衡系统通信方式

1.2 二次网改造工程清单

三个小区二次网改造设备如表2所示。

三个小区二次网改造设备清单　　　表2

序号	设备名称	型号规格	数量（台/套）	
			单位	数量
同安苑1号（到单元）				
1	单元调节阀	DN40	台	178
2	数据采集箱	含通信模块	套	22
地调所北院（到户）				
1	户用调节阀	DN25	台	566
2	数据采集箱	含通信模块	套	11
兴庆小区（到楼栋）				
1	楼栋调节阀	DN80	台	9
2	楼栋调节阀	DN100	台	1
3	楼栋调节阀	DN125	台	1
4	数据采集箱	含通信模块	套	11

2 智慧供热架构下整体二次网控制方案

（1）调平前工作。将物联网平衡阀全开，系统失调度运行至最大后，同方物联网水力平衡云平台自动记录调平前室温、各阀回水温度等数据。

（2）投入平衡调整。由同方物联网水力平衡云平台根据各热力入口回水温度值，自动计算后下发指令，对物联网平衡阀实现远程控制实时调节，同时监控中心服务器对系统温度进行自动调节，确保温度恒定，实现二次网水力平衡。待失调度降至稳定后平台自动记录调平后室温、各阀回水温度等数据。

（3）精准调节。配合上位智慧管控平台，进行数据实时采集、记录、分析工作，并对房间散热器结构类别以及用户有特殊要求的换热系统，通过室温采集系统数据反馈，由二次网平台进行适当的温度自动修正，从而达到与其他换热系统相同的供暖效果。

（4）节能降耗。配合一次网全网平衡控制软件，根据调平后整体室温数据，针对小区所在换热站进行适当换热站供回水平均温度减权，减少该小区供热量，从而起到节热作用。

（5）系统重复以上流程。

3 二次网平衡调节效果展示

3.1 失调度前后对比

表3为三个小区调节前后系统水平失调度对比:

三个小区调节前后失调度对比　　　表3

调节前（3月20日前）		调节后（4月7日后）	
小区名称	失调度	小区名称	失调度
地调所北院（到户）	8.7	地调所北院（到户）	2.9
同安苑1号（到单元）	4.1	同安苑1号（到单元）	2.17
兴庆小区（到楼栋）	2.2	兴庆小区（到楼栋）	0.77

注: 1. 兴庆小区、地调所北院于3月20日开始调试，调试前整体失调度值为3月10～19日失调度平均值，调试后失调度值为调试稳定后4月1～9日失调度平均值。
2. 同安苑1号于4月5日开始调试，调试前整体失调度值为3月31日～4月4日失调度平均值，调试后失调度值为调试稳定后4月8～4月10日失调度平均值。
3. 由于兴庆小区只控到楼栋，参与失调度计算的回水数据点较少，故平台计算所得失调度值反而显得较小。

各站二次网平均水温均匀与否，基本反映了系统调节的好坏。基于此，采用热网的水平失调度作为定量的评价指标:

$$x = \frac{1}{t_{rp} - t_w} \sum_{i=1}^{m} \alpha_i \left| \frac{t_{sri} + t_{rri}}{2} + \Delta t_r - t_{rp} \right| \times 100\%$$

式中　m ——换热系统个数;

t_{sri}, t_{rri} ——分别为第 i 换热系统二次网供水、回水温度, ℃;

t_w ——室外温度, ℃;

α_i ——第 i 换热系统供暖面积占全网总面积的比例;

Δt_r ——由房间散热器结构以及用户特殊要求而决定的温度修正量;

t_{rp} ——以换热系统热力特性参数 ζ_i 加权的全网平均二次网水温:

$$t_{rp} = \sum_{i=1}^{m} \left[\zeta_i \left(\frac{t_{sri} + t_{rri}}{2} \right) \right] / \sum_{i=1}^{m} \zeta_i$$

二次网水平失调度综合反映了该二次网热力工况均匀程度，其值越小，说明系统调节越均匀，控制效果越好。消除水力失调的最终目的就是为了消除系统的水平热力失调，因此二者是一致的。若全网采用按面积收费，水平失调度可以控制到3%以内。

3.2 回水温度变化趋势

1. 地调北院（到户）

为分析不同阶段各户回水温度偏差范围，选取地调北院伊地小区1号楼、2号楼各户阀回水温度数据，并剔除故障点，得到地调北院调平前、调平中、调平完成各个阶段的户阀回水温度实际值，变化趋势如图2所示。

可以看到，调平前（3月20日）各户阀回水温度分布在28～36℃，温度最大偏差为8℃；随着调节工作的开展，控制平台开始自动调平，人为进行修正，同时检查阀门故障点，至4月7日地调北院二次网调平工作完成时，各户阀回水温度趋于一致，各户阀回水温度分布在24～27℃，最大偏差在3℃以内。回水温度最大偏差值从8℃变为3℃，说明热力平衡经调节后得到较大改善。

可以看到，经二次网平衡调节后，地调北院各户阀回水温度趋于一致（图3），波动幅度大为减小，水平失调明显降低，因调整水泵频率，二次网温差变大，且调试完成时临近供暖季结束，故回水温度有所降低。

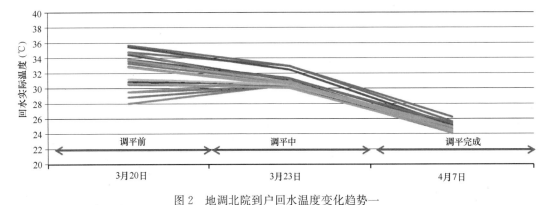

图2　地调北院到户回水温度变化趋势一

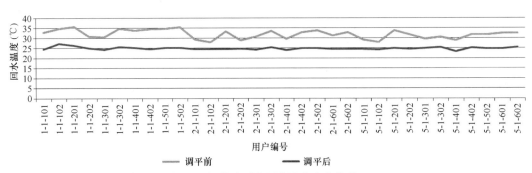

图3　地调北院到户回水温度变化趋势二

2. 同安苑1号（到单元）

随机挑选同安苑1号的15个单元查看回水温度变化情况，发现：调平前同安苑1号各单元阀回水温度分布在28~32.5℃，温度最大偏差为4.5℃（图4）；随着调节工作的开展，至4月9日供暖季进入尾声时，同安苑1号各单元阀回水温度开始处于一致，各单元阀回水温度此时分布在26.7~28.6℃，最大偏差在1.9℃以内（图5）。

尽管由于供暖季结束，同安苑1号各单元之间热力平衡调节尚未全部完成，但可以看到，回水温度最大偏差从4.5℃变为1.9℃，各单元之间的回水温度趋于一致，热力平衡经调节后得到极大改善。

由图5可知，经二次网平衡调节后，同安苑1号各单元阀回水温度趋于一致，波动幅度大为减小。

3. 兴庆小区（到楼栋）

同理，可查看兴庆小区回水温度偏差范围和波动幅度情况，如图6、图7所示。

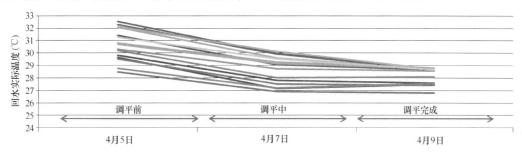

图4 同安苑1号到单元回水温度变化趋势一

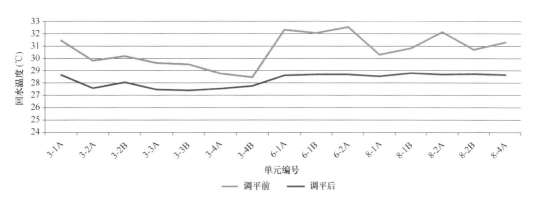

图5 同安苑1号到单元回水温度变化趋势二

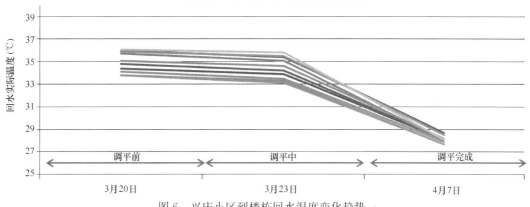

图6 兴庆小区到楼栋回水温度变化趋势一

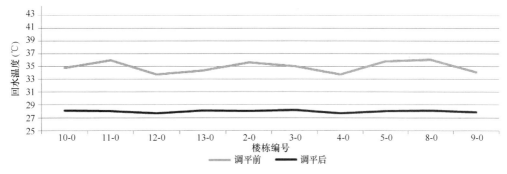

图7 兴庆小区到楼栋回水温度变化趋势二

3.3 室温偏差变化趋势

1. 地调北院（到户）

通过分析三个小区各用户室温随二次网平衡调节的趋势变化情况，展现二次网调节后均匀供热效果。选取地调北院伊地小区 6 号楼各户室温实际数据，并剔除故障点，绘制室温趋势曲线，如图 8 所示。

可以看到，调平前（3 月 20 日）各户室温分布在 15～24℃，温度最大偏差为 9℃；随着二次网平衡调节工作的展开，至 4 月 7 日地调北院二次网调平工作完成时，各户室温逐渐趋于一致，各户室温分布在 20～22℃，最大偏差在 2℃以内。

由图 9 可知，经二次网平衡调节后，各用户室温趋于一致，热力失调明显降低，满足均匀供热要求，且以往欠供严重用户供暖质量均得到了保障。

2. 同安苑 1 号（到单元）

随机选取同安苑 1 号小区 20 个用户，统计 4 月 5 日、4 月 7 日、4 月 9 日 3 天的室温采集数据并绘制室温趋势曲线，如图 10 所示。

由图 11 可知，调平前（4 月 5 日前）各户室温分布在 17～26℃，温度最大偏差为 9℃；随着二次网平衡调节工作的展开，至 4 月 9 日同安苑 1 号二次网调平工作完成时，各户室温开始趋于一致，各户室温分布在 20.7～23.4℃，最大偏差在 3℃以内。

需要说明的是，由于同安苑 1 号调节时间较短，考虑到围护结构的热惰性，各用户室温之间仍存在较大偏差。下一供暖季开始后，将着重开展这部分工作。

3. 兴庆小区（到楼栋）

由于兴庆小区未装测点，室温数据为入户测量得来，数据不全，测量室温时很难遵循室温测量对象的一致性，故暂时无法形成同一批热用户相同时间段内的横、纵向对比分析。

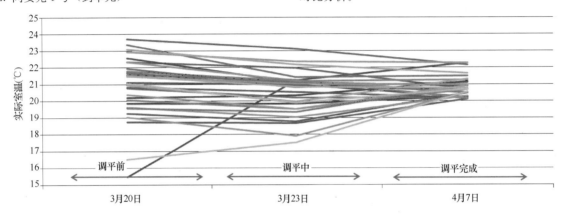

图 8　地调北院到户室温变化趋势一

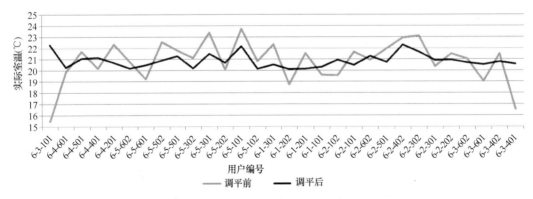

图 9　地调北院到户室温变化趋势二

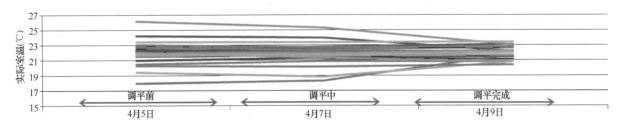

图 10　同安苑 1 号到单元室温变化趋势一

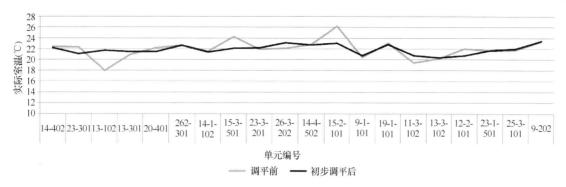

图 11 同安苑 1 号（到单元）室温变化趋势二

4 不同改造方式投资对比

三个小区投资情况如表 4、表 5 所示。

2020 年改造的三个典型小区工程投资　表 4

序号	设备名称	型号规格	数量（台/套）		总价（含系统调试费、安装费）（元）
			单位	数量	
同安苑 1 号（到单元）					
1	单元调节阀	DN40	台	178	687522
2	数据采集箱	含通信模块	套	22	
地调所北院（到户）					
1	户用调节阀	DN25	台	566	283954
2	数据采集箱	含通信模块	套	11	
兴庆小区（到楼栋）					
1	楼栋调节阀	DN80	台	9	74279
2	楼栋调节阀	DN100	台	1	
3	楼栋调节阀	DN125	台	1	
4	数据采集箱	含通信模块	套	11	

2020 改造的三个典型小区物联网平衡阀单价　表 5

小区	供热面积（万 m^2）	工程总价（元）	单价（元/m^2）（含采集箱、系统调试费、安装费）
地调所北院（到户）	3.49	283954	8.14
同安苑 1 号（到单元）	8.29	687522	8.30
兴庆小区（到楼栋）	2.6	74279	2.86

需要说明的是，采用物联网平衡阀技术路线时，控制到户和单元的工程投资之所以较高，控制到楼栋较低廉，是因为控制到户时，需要安装的物联网平衡阀数量较多，高达 566 个；而控制到单元时，同安苑 1 号施工难度较大，需要在每个单元立管处焊接安装物联网平衡阀，而部分单元立管井空间狭窄，使得同安苑 1 号改造施工费较一般工程更高。根据以往工程经验，物联网平衡阀单价控制为 6.5～7.0 元/m^2。

5 结论

本项目实施后，3 个典型小区整体的失调度、室温偏差范围、回水温度偏差范围都有了较明显的改善：水平失调度均控制到了 3% 以内，以地调所北院为代表的室温最大偏差在 2℃ 以内，以同安苑 1 号为代表的回水温度最大偏差在 1.9℃ 以内，二次网水热平衡均得到了较大改善。

从 3 种不同改造方式的实施效果来看，尽管调试时间不长，调节效果未完全发挥，但明显可以看出，采用物联网平衡阀控制到户、单元时，回水温度反馈值更丰富、控制点更多、回水温度偏差值更方便把控。这意味着，相较控制到楼栋的改造形式，控制到户、单元对热平衡调节更精准细化。

总体而言，结合本案例及以往工程经验，控制到单元的改造方式在投资额、失调度改善、单位面积节能效益等方面综合表现最佳。

6 下一步工作

实行节电、节热两手抓。一方面，根据末端压差降低站内循环泵频率，减少电耗；另一方面，深度结合一次网全网平衡控制系统，依据各换热站所供小区调节平衡后供暖状态，统一对各站进行减权处理，并配合热源调度减少购热量，从而既能解决二次网水力失调、用户供热不均问题，提升热用户满意度，又实现节能降耗、大幅提高经济效益的目的。

参考文献

[1] 方修睦. 解决热水供热系统失调的技术发展历程及主要方法介绍[J]. 区域供热，2019，1：58-65.
[2] 贺平主编. 供热工程（第四版）[M]. 北京：中国建筑工业出版社，2009.

二次网平衡技术调节控制策略分析

吉林省春城热力有限责任公司　王永春
吉林大学　张寒冰

【摘　要】长期以来，二次网平衡技术一直是供热行业研究的重要课题之一，也是供热企业积极探索、努力尝试的方向。随着信息化技术的进步与通信技术的发展，二次网调控技术也从最初的手动水力平衡调节发展到现在的基于综合数据平台的二次网热力平衡自动调节。本文以吉林省春城热力有限责任公司所辖某小区为研究对象，通过对2020—2021供暖期不同控制策略的数据分析，研究了在相同的控制目标下，不同控制策略的平衡效率、平衡效果与应用场景。

【关键词】二次网平衡　控制策略　回温调控　室温调控　温差调控

0　引言

根据《中国建筑节能年度发展研究报告2020》，我国建筑碳排放2019年达到约21亿t，其中北方供暖约排放5.5亿吨CO_2，排放强度约$37kgCO_2/m^2$。对于供热企业来说，实现"双碳"目标，主要有两种途径：一方面降低热源对化石能源的依赖，另一方面提高管理、控制水平以提高热利用率降低热损失。欧洲供热行业为了有效降碳，采取了降低一次网温度参数、发展热泵、蓄热技术等。对于国内大型区域供热而言，二次网的平衡调节，可有效消除冷热不均，降低能源消耗。

由于规划、设计、施工以及运行管理等多方面因素影响，二次网的水力、热力失衡成为较为普遍的现象。对于失衡较为严重的系统往往通过加大二次网的循环流量来掩盖不利点的不足。这种非比例失衡进一步导致了近端用户的过热，甚至出现较长时间开窗降温的情况，不仅增加了热量的消耗，也增加了电能消耗。

长期以来，供热系统学者、专家以及技术人员一直致力于二次网平衡技术的探索与研究。早期由于受到通信技术及信息处理技术的制约，考虑到运行调节的人力资源及技术水平，主要采用普通手动球阀、静态平衡阀、动态压差控制阀、自力式流量平衡阀为控制手段，这些阀门只能安装到楼栋的单元入口或楼栋入口，控制策略主要有温差法与压差法。这些阀门的控制能力及不足在文献[1]中已有分析，在此不再赘述。随着信息技术的提高及物联网技术的发展，物联网阀门在二次网平衡应用中得到了广泛的普及，控制的粒度进一步细化，精度得到了长足提高。因此，本文中项目采用总线式户阀，通过集中采集计算器与上位平台进行数据的遥测与远动。

1　项目背景

该项目建设小区位于长春市净月开发区，该小区在网面积$62360.47m^2$，实供面积$46557.04m^2$，在网用户391户，停栓用户100户。

本项目采用户控调节为主方案，包含以下改造内容：

（1）每栋楼安装楼栋热量表，用于计量本栋楼累计用热量，计算各楼栋单位面积流量及热量消耗，分析各楼二次网水力及热力失调情况。同时，为后续热计量工作做出准备。

（2）每个单元安装单元智能平衡阀，用于二次网单元平衡调节，为户控调节进行水平粗调节。同时，减少近端管网过多资用压头。

（3）每户安装户用智能调节阀。该智能阀带有供、回水温度测点。以每户流量作为调节对象，以室温为调节目标，按照不同控制策略进行精细调节。

（4）每户安装室内温度采集控制器，用于监测用户供热质量以及进行用户室温的精准控制。同时，用户可以通过该控制器进行自主调节。因用户接受程度不同，实际安装率为68%。

（5）建立数字供热终端用户管控平台，实现供热全流程的掌控，实现二次网及用户的可计量、可调节、可控制。

2　策略分析

首先以各单元的回水温度作为调节目标，调节各单元智能平衡阀，使各单元回水温度趋于一致。待达到户级初平衡后，根据各单元用户之间的差异再作小幅度调整。

户阀采样频率为24次/d，调控频率为24次/d，户阀调控幅度为每档10%，特殊情况或达到初级平衡后调整幅度为5%。控制的步长与幅度可根据不同情况灵活调整。

根据文献[2]提供室温与供回水温度的关系表达式：

$$(t_g + t_h)/2 = t_n + \frac{1}{2}(t'_g + t'_h - 2t'_n)\left(\frac{t_n - t_w}{t'_n - t'_w}\right)^{1/(1+B)}$$

(1)

式中　t_g——供水温度，℃；
　　　t_h——回水温度，℃；
　　　t_n——室内温度，℃；
　　　t_w——室外温度，℃；
　　　t'_g——设计供水温度，℃；
　　　B——散热器散热系数。

由式（1）可知，用户的供、回水平均温度，在室内温度一定的情况下，与室内温度为一一对应的函数。由式（1）可推出：

$$t_h = 2t_n + (t'_g + t'_h - 2t'_n)\left(\frac{t_n - t_w}{t'_n - t'_w}\right)^{1/(1+B)} - t_g \quad (2)$$

式（2）表明，当供水温度一致时，用户的回水温度在同一时刻（相同的室外温度）为室内温度的函数。同时也表明，在供水温度不一致时，采取回水温度控制会产生较大偏差。控制策略主要有三种：按照回水温度控制、按照用户室内温度控制以及按照供、回水温差控制。

本文以该小区 4 号楼为研究对象。该楼共 2 个单元，边户与中间户正好对半，同时停栓面积占比为 23.7%。调节难度较大，其数据具有典型意义，因此采用该楼栋用户运行工况数据进行分析。本文中分析数据对停栓用户未纳入统计，但对周围用户影响予以考虑。

从图 1 可知，无论是回水温度还是室内温度，离散度都比较高。回水温度均值 $E = 31.82℃$，方差 $\sigma^2 = 17.18$；室内温度均值 $E = 23.65℃$，方差 $\sigma^2 = 14.49$。因按回水温度及温差调控时，都需要考虑偏差系数进行修正，所以回水温度数据在本文中不做分析。

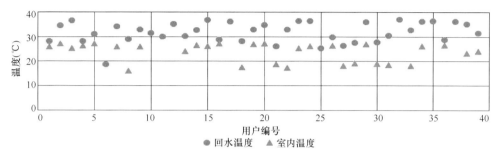

图 1　用户回水温度与室内温度分布

2.1　回水温度调控

该策略以每户回水温度为调控目标，但由于即使位于一个小区内，不同户型的物理属性不同，即使回水温度相同，室内温度也会有较大差异。因此，需要加上户型属性校正功能，即根据各户周边停供热分类，每户落位边、角、顶、底以及房间朝向等属性分类，同时须综合考虑气象因素的影响程度，通过加减偏差值或修正系数进行修正。调控前、后室内温度如图 2 所示。

图 2 中用户 4 为边户，用户 10 为中间用户，调节前后，室温变化较小。用户 4 楼下用户调节前后回水温度分别为 30.78℃、28.92℃，对应室温分别为 25.3℃、23.4℃；楼上用户阀门未动，此次调节前、后回水温度分别为 30.12℃、28.18℃，对应室温分别为 22.4℃、24.5℃。分析其室温数据不应该为 17.5℃，存在异常。通过走访了解为室内温控器摆放问题。用户 10 情况相似，不再赘述。

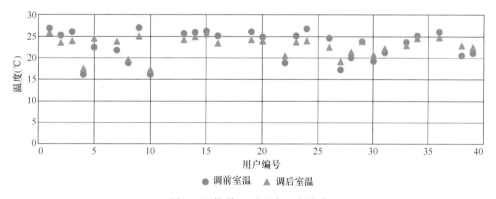

图 2　调控前、后室内温度分布

该策略偏差值需复杂计算，但控制目标直接，误差较小，因而控制响应相对较快。从图 1、图 2 可以看出，因为受到诸多非线性因素影响，同时，这些影响因素会随着时间或客观条件的改变而改变，修正的偏差值难以精确计算。该策略适合热网波动后的迅速平衡收敛。

2.2　室温调控

该策略以每户室内温度为调控目标。该策略所控即所得，不需要进行任何修正与折算。因而控制的复杂度最低，控制结果最直接。调前、后室内温度分布如图 3 所示。

从图 3 可见，调整后室内温度分布离散程度明显减弱，均值与方差对比如表 1 所示。

该策略的控制目标完全依赖于室内温度控制器的温度测量。对于可移动式室温采集控制器而言，因用户的摆放位置不同或产品的品质不同，温度测量值会产生较大差异，甚至还会出现人为因素的干扰。

2.3 温差调控

该策略以入户供回水温度的差值作为控制的目标。与回水温度调控策略一样,需要加上户型属性校正功能,根据各户周边停、供热分类,每户落位边、角、顶、底以及房间朝向等属性分类,通过加减偏差值进行修正。调控前、后室温分布如图4所示。

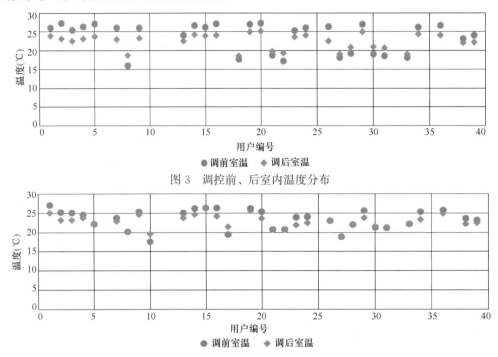

图3 调控前、后室内温度分布

图4 调控前、后室内温度分布

该策略适合热源有一定扰动或同一控制区域内有不同的供热系统。如在二次网循环流量不变的前提下,二次网的供水温度有一定的波动。此时,如果按照回水温度或室内温度的期望值进行控制,那么二次网平衡调节幅度与周期必会加大,甚至会产生调节上开环振荡。这种情况下采用温差调控策略可使二次网调节迅速收敛,调节的时效性与可靠性都可以得到有效保障。

表1对各种控制策略的控制效果从样本的均值及离散程度上进行了对比。

不同工况下均值及离散程度对比　　表1

	未调控	回温调控	室温调控	温差调控
均值(E)	23.64667	22.84138	22.43333	22.76774
方差(σ_2)	14.48649	4.890012	3.986222	3.04025

2.4 能耗分析

因各控制策略应用时段,气象条件及适用场景不同,各控制策略的能耗数据横向对比不足以充分、客观地说明各控制策略的优劣。因此,本文主要以用户室温的离散程度进行了简要分析。能耗的分析主要以2020—2021供暖期的自动平衡调节与2019—2020供暖期的手动调节进行总体对比,热单耗节能17.8%,电单耗节能15.3%,节能效果达到预期水平。

3 结论

本文分析数据为现场采集某一时刻暂态原始数据,未对缺失或异常数据进行多重插值或回归拟合插值等平滑处理,不能完全说明现场的客观情况,但可以充分体现控制的整体效果。同时,各种控制策略实施的时段、气象条件、热网工况以及调控前的失调度等诸多因素都不尽相同,因此不能通过表1说明各种控制策略的优与劣。

各种控制策略并不是毫无关联的,需根据不同的场景而应用。对于这三种控制策略的控制目标,需用户侧热交换达到相对平衡时才具有决策价值。同时,不同控制策略还需充分考虑离散程度来调整控制频率。由于回水温度调控策略的控制目标与反馈值相较室温调控策略而言,受人为、环境影响因素较小,控制直接、可靠,更适于热网动荡后的粗调节;粗调节达到平衡状态后,由于室温的离散程度已得到有效控制,可采用室温调控策略进行精细调节,同时控制频率可以进一步加大。

二次网调控不仅受到诸多非线性客观因素影响,还会受到一些偶然事件及人为因素的显著影响。因此,在调控的过程中要充分利用大数据对用户数据的纵向分析,以及各用户之间数据的横向分析,包括行为、习惯分析,结合人工智能算法进行一定程度的精准控制。

参考文献

[1] 朱翼虎,王芃. 水力平衡技术的现状分析与物联网水力平衡阀的应用[J]. 区域供热,2017,5:80-83,117.

[2] 石兆玉. 供热系统运行调节与控制[M]. 北京:清华大学出版社,1994.

集中供热系统二次网节能技术应用分析

吉林省春城热力股份有限公司　刘亚男　张　迪　代　斌

【摘　要】 集中供热系统是城乡基础建设必不可少的一个重要环节，然而当前城市集中供热系统二次网却存在着缺乏长久的室温调控机制、系统控制策略不够完善和自动化水平较低等问题。本文在充分分析集中供热系统原理和不足的基础上，以用户端温度调控为目的，以整个二次网供热设备调控为核心，分别在不同小区采用单元控、户控、单元控＋户控、贴片式温度计四种节能技术，分析其运行数据，并最终得出四种节能技术的优缺点。

【关键词】 二次网平衡　水力失衡　节能降耗　控制模式

1　发展现状

近几年，随着供热技术的发展，各供热企业开始对供热系统的硬件设备进行改造升级，配备先进的仪器仪表、传感器等，随之产生了一批能够实现无人值守的换热站，基本迈入了信息化、智能化建设阶段，但是其控制水平良莠不齐，多数换热站只能不停地向监控中心上传数据，缺少相应的调控设备和策略，从而造成了室温过低投诉、室温过高开窗通风等非正常现象发生，导致热能利用率低，资源浪费严重。

随着供热事业的发展，热网的覆盖面积逐年增加，人们对生活舒适性的要求越来越高，对供热质量的要求也越来越高，按需供热与热用户的舒适度和节约能源有着直接关系，当大规模热用户的热负荷发生变化时，就需要对供热系统的流量、供水温度等进行适当调节。充分了解管网的水力平衡，有利于热网运行管理时调节操作的协调性，加强热网运行的稳定性，可以尽量避免运行中由于种种客观建设原因与主动操作不当引起的资源浪费和用户温度要求不符合等问题。

2　二次网平衡调节的意义

二次网水力出现不平衡的原因往往是因为居住在离换热站比较近的热用户，室温相对较高，但是距离相对较远的热用户供热温度不达标，在这种情况下供热企业一般采取提高供水温度或流量的方式满足不利环路热用户的供热需求，这就必然造成热能的流失和水电的浪费。如果在供热期间做好二次网水力调节，就会将上述存在的资源浪费现象降低或避免，在单耗数据上降低水、电、热的成本，同时避免热用户因室温不足随意放水的现象。

3　水力失衡

供热系统中各热用户的实际流量与设计流量之间的不一致性，称为该热用户的水力失衡，如在设计阶段减小管网计算流量、加大设计供回水温差，若流量减小过多，会出现严重的"水力失衡"。

3.1　水力失衡形成的原因

（1）供水的压力不足：循环水泵的供给压力下降，或者管网失水严重，系统不能维持正常运行所需的压力，导致水力失衡。

（2）管网设计不合理，或管网堵塞造成系统的压力损失过大。

（3）系统缺少合理分配水量的手段，为解决末端用户不热的问题而加大循环水量，因而增加了管网的压力损失造成系统压力不足，导致水力失衡。

（4）供热管网新接入热用户或停运部分热用户，全网阻力特性改变，导致水力失衡。

（5）热用户室内水力工况改变，比如随意增减散热器或开关调整阀门等，导致水力失衡。

3.2　水力失衡的表现

（1）"水平失衡"的表现为热源近端用户房间温度过高、末端用户房间温度过低。

（2）"垂直失调"的表现为高层的房间温度过高，低层的房间温度过低。产生"垂直失衡"的主要原因是由于小流量、大温差运行时，由于温差大的水密度差比较大，在不同楼层产生了不同的"温差动力"。供回水温差越大，楼层越高，形成的"温差动力"越大，水流速度越快，流量越大，热量也越多。

3.3　二次网水力平衡调节的原理

1. 散热器的散热特性

（1）设计供回水温差越大（既流量越小），流量变化对散热器散热量的影响越大。

（2）当系统供回水温度一定，散热器的散热量随流量的增加而增加，但增加的幅度有一定的限度（图1），二次网供回水温差介于 5～15℃ 之间，当 G 大于 50% 时，散热量仅增加 0～10%；当 G 大于 100% 后，散热量基本上不再增加。

（3）当散热器流量减少时，散热量也会减少，但在 G 为 50%～100% 这一范围内，散热量减少得不多（不超过 10%），而当 G 小于 50% 时，散热量会急剧减少。

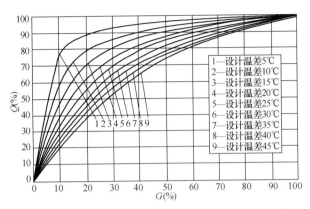

图 1 散热器流量与散热量的关系曲线

2. 调节原则

平衡调节至少要保证远端大多数用户实际流量不少于设计流量的 50%，近端用户实际流量不超过设计流量的 100%，这样就可以认为其水平热力失调基本可以接受。

（1）在管网中要安装流量调节装置，如静态平衡阀、电动调节阀等实现水力平衡。热网是一个系统工程，要从全局考虑，要由近及远根据需要全部安装，不能有遗漏。

（2）对基础资料较为完整的系统要进行水力平衡计算，依据计算结果对需要装设的调节装置选型安装。并详细记录水力平衡装的位置、所带面积、规格、所调流量、室内温度、回水温度、有无漏装、有无堵塞。

（3）无论采用哪种调节方法，实际热态运行时要根据室温、回水温度反复细调，做到室温在 18～20℃ 以内，回水温度基本一致（相差 1℃ 以内）。发现不热现象，应先检查过滤器有无堵塞、阀门有无问题、系统是否积气等。

（4）加强供热系统运行管理，改进调节过程中的失衡。运行调节过程中的水力失调现象，人为因素影响较大，系统在日常运行中必须加强管理，以保证供热质量，并使系统安全、经济地运行。系统运行过程中要严格按制度办事，避免管网系统因污物堵塞、"空气塞"、排污不及时等原因造成的水力失调。管网系统设立巡回检查制度，以便及时发现系统不热、漏水和其他不正常现象。

4 二次网回水温度调节法调节原理

当实际流量大于设计流量时，供回水温差减小，回水温度高于规定值；当实际流量小于设计流量时，供回水温差增大，回水温度低于规定值。

把各用户的回水温度调到相等（当供水温度相等）或供回水温差调到相等（管道保温效果差，供水温度略有不同），就可以使各热用户得到和热负荷相适应的供热量，达到均匀调节的目的。

5 水力平衡实施方案

5.1 手动平衡调节方案

在楼栋供暖入口、单元支干管安装变色测温贴片。变色测温贴片是一种能够随物体温度的变化而改变颜色并由此可掌握物体的温度变化的产品。此方案原理为回水温度法。

5.1.1 安装示意图

图 2 中深色区域回水安装变色测温贴片，并在每个单元立杠回水同时安装此贴片。

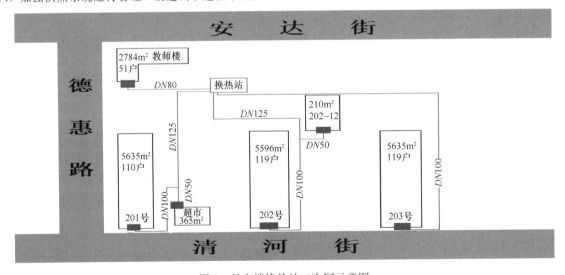

图 2 教室楼换热站二次网示意图

5.1.2 调节过程

（1）记录各楼栋回水温度及每个单元立管回水温度，并和换热站总回水温度作比较。

（2）第一轮调整，近端用户阀门关闭应过量。记录各用户阀门关闭圈数。

（3）第一轮调整完毕，待总回水温度稳定后记录各楼栋回水温度及每个单元立管回水温度，和调节前作比较，再和换热站总回水温度作比较，进行第二轮调整。

（4）如此反复进行调整，直至回水温度几乎达到一致。

（5）在初调节时，可以将热源近端的用户阀门开度控制在10%左右，中端用户的阀门开度控制在20%~30%，远端用户阀门全开（蝶阀开度为10%时，其流通能力达30%；开度为20%~30%时，其流通能力达50%；开度为60%时，流通能力就已达到最大值）。部分阀门调节性能差，调节时需将管网近端的闸阀先行关死，然后缓慢开启，听见有截流声即可。

5.1.3 变色测温贴片优缺点

1. 变色测温贴片的优点
（1）便于巡视检查，温度发生变化，就引起颜色变化。
（2）产品轻巧，便于携带，安装简便。如带有不干胶的测温变色贴片，用时很方便，揭下来一贴就可以了。
（3）较经济，在测量相同数目的测温点时，比其他测温工具节省费用，每条2~3元。

2. 变色测温贴片的缺点
（1）所贴的测温部位应较清洁，最好用汽油或其他溶剂清洗，否则显示温度与实际偏差较大。
（2）变色测温贴片在制造时已严格检测，但由于工艺问题，温度点误差1~2℃，需选择手动测试误差相近的一批产品用在同一对比行列里。
（3）测温贴片贴到测温部位后，只要不超温，能用2~3年，使用寿命较短。
（4）每次调节后需要经过一段时间后再手动记载记录。

5.1.4 调控成果

通过手动记录每次调控结果，调节过程比较漫长、繁琐，并且最终各单元回水温度很难达到一致，偏差在1~3℃，只是较比调控前略有好转，二次网循环流量初步可降低5%，换热器二次网温差由原来的4~6℃提高至5~7℃。

5.2 自动平衡调节方案

5.2.1 单元控模式

在各单元回水管安装智能平衡阀，利用管网智能平衡系统，解决单元之间的水平水力失调，缓解各单元间的冷热不均现象。为了实现二次网平衡，先通过单元平衡阀按回水温度控制目标，进行各单元平衡阀的自动调节，同时，减少管网近端多余资用压头，更有利于户阀的精细调节，主要过程如下：

（1）考虑到单元控模式的特性，只解决水平失衡问题，首先需避免大面积的垂直失衡问题。先使两侧单元智能平衡阀处于70%开度，中间单元智能平衡阀处于60%开度，待趋于稳定后再调整。

（2）观察各单元回水温度，通过平衡的启动，控制超温单元，并使低温单元有一定的温度提升，单元智能平衡阀最低开度不能低于40%，避免垂直水力失衡现象发生，热网慢慢趋于平衡。

（3）根据室温采集器反馈数据进行单元内的垂直水力失衡调整，等待1~2d观察室温情况，再针对个别特殊用户进行调整。

（4）与换热站联动调控，实现二次网热量和电量的进一步降低。实现二次网"大温差、小流量"的运行方式。

（5）调控成果：投入智能平衡调控后，对不同类型用户进行回水温度修正，整体室温控制效果较好，明显改善冷热不均现象。以御景名都为例，介绍调控成果。

1）回水温度

经过一段时间的运行之后，进行调整前、后的单元回水温度对比分析，从图3可以看出，单元回水温度都在设定值附近，回水温度离散度变小。

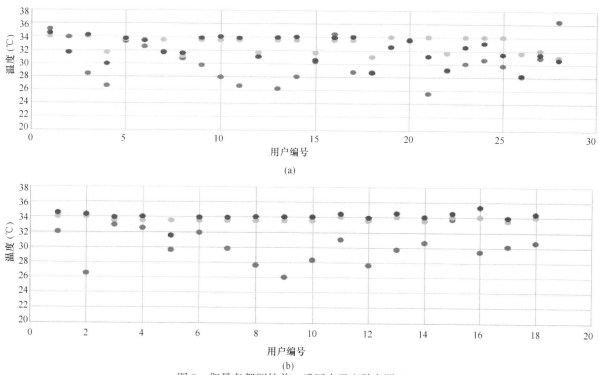

图3 御景名都调控前、后回水温度散点图（一）
(a) A区低区；(b) A区中区

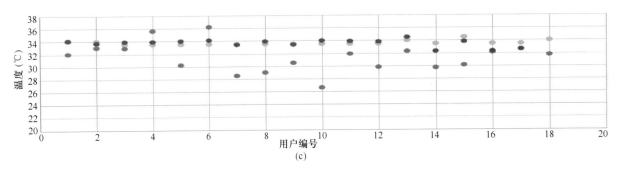

图 3 御景名都调控前、后回水温度散点图（二）
(c) A 区高区

2) 热站流量及水泵频率

通过单元调控之后，A、B 区的高、中、低区的循环水泵频率都有所降低，其中 A 区低、中、高区降幅分别为 11.8%、14.6%、12.8%，二次侧流量分别降低 37.9%、24.4% 和 1%；B 区低、中、高区循环水泵频率降幅分别为 14.3%、11.8%、17.4%，二次侧流量分别降低 19.5%、27.5% 和 40.8%。

3) 室内温度

调整前 A 区低、中、高区用户的室内温度较为分散，甚至室内温度高于 25℃ 的用户较多，经过对单元回水温度调整之后，室内温度相对调整前比较集中，高温用户降低较多，但相比户控小区室内温度明显分散，下一步还有待手动进行调节入户阀进行控制，见图 4。

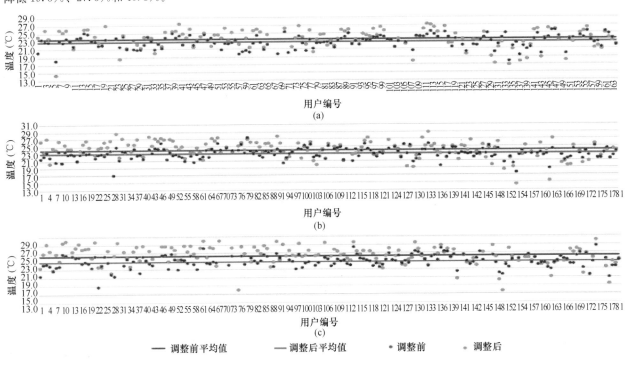

图 4 御景名都调控前、后室内温度及室内平均温度散点图

5.2.2 户控模式

对终端热用户，安装户用智能调节阀和室温监测设备，并建立远程监控系统，对用户管网平衡和室温进行远程实时监控，解决户与户之间的垂直失调现象，实现用户室温的精准控制。主要过程如下：

（1）根据户间回水温度与室内温度采集器采集的室温，对室温超高的用户给予回水温度的补偿。

（2）由于热用户对热计量二次网平衡改造的了解有限，室温采集器的安装难度颇大，目前安装率在 50% 左右，无法启动室温调控的控制策略。同一单元、户型的用户参照安装室内温度采集器的用户回水温度模拟室内温度进行调节。

（3）与换热站联动调控，实现二次网热量和电量的进一步降低。实现二次网"大温差，小流量"的运行方式。

（4）调控成果（以政协花园为例）：

原有的供热方式，二次网管网的近端和远端、楼栋的中户与边户之间，存在着较大的差异。有些入户流量很大，有些很小，这样导致用户温度非常不均。从整个供热系统数据平台上发现，很多用户阀门全开情况下，用户侧测量得到的流量和回水温度很低，到现场对这些住户进行了过滤器清洗，流量和回水温度都恢复正常。

将管路的异常情况排除后，又针对系统离出线设备派专人到现场检查，发现个别用户将设备断电导致离线，将设备重新上电并确保设备运行正常后系统开始启动热平衡控制。首先通过单元阀调节每个单元的入口流量，各单元的回水温度、流量基本平衡后，再智能调节每一台平衡热量表的阀门开度，使二次网管网的近端和远端、楼栋的边户和中户、各户达到了一个基本的平衡。

调控前回水温度在29.76～36.7℃之间分布，离散性较大。通过自动调节将回水温度均控制到设定值附近，如表1所示，回水温度均被控制在32～33℃之间。

平衡后楼栋各户实时数据表 表1

序号	单元	名称	面积(m²)	位置	区	出厂编号	地址	端口	流量(m³/h)	进水温度(℃)	回水温度(℃)
1	1单元	101	65.16	底套	低区	2015400351	6	1	0.301	41.18	33.19
2	1单元	102	96.44	底套	低区	2012300311	7	1	0.313	40.93	33.19
3	1单元	201	94.59	边套	低区	2012300308	8	1	0.38	41.07	33.64
4	1单元	202	96.44	中套	低区	2012300267	9	1	0.365	41.11	33.63
5	1单元	301	94.59	边套	低区	2012300255	10	1	0.922	41.13	37.33
6	1单元	302	96.44	中套	低区	2012300310	11	1	0.346	40.95	33.92
7	1单元	401	94.59	边套	低区	1935300464	12	1	0	18.07	27.31
8	1单元	402	96.44	中套	低区	1939300039	13	1	0.308	40.76	33.24
9	1单元	501	94.59	边套	低区	1933300119	14	1	0.33	40.97	33.63
10	1单元	502	96.44	中套	低区	1935300447	15	1	0.26	40.85	33.51
11	1单元	601	94.59	边套	低区	1935300512	16	1	0.29	40.73	32.96
12	1单元	602	96.44	中套	低区	1935300510	17	1	0.302	40.81	33.58
13	1单元	701	94.59	边套	低区	1933300074	18	1	0.254	40.77	33.19
14	1单元	702	96.44	中套	低区	1938300042	19	1	0	18.57	27.24
15	1单元	801	94.59	边套	低区	1935300446	20	1	0.339	40.71	33.34
16	1单元	802	96.44	中套	低区	1935300452	21	1	0.414	40.63	33.69
17	1单元	901	94.59	边套	低区	1932300328	22	1	0.331	40.78	33.68
18	1单元	902	96.44	中套	低区	1935300455	23	1	0.298	40.33	33.2
19	1单元	1001	94.59	边套	高区	2012300358	24	1	0.258	40.52	33.41
20	1单元	1002	96.44	中套	高区	2012300361	25	1	0.405	40.56	33.55
21	1单元	1101	94.59	边套	高区	2012300353	26	1	0.275	40.39	32.79
22	1单元	1102	96.44	中套	高区	2012300354	27	1	0.178	40.41	32.57
23	1单元	1201	94.59	边套	高区	2012300292	28	1	0.215	40.37	32.34
24	1单元	1202	96.44	中套	高区	2012300227	29	1	0.317	40.39	33.32

5.2.3 户控+单元控模式

在各单元回水管安装智能平衡阀，对终端热用户安装户用智能调节阀和室温监测设备，并建立远程监控系统，对用户管网平衡和室温进行远程实时监控，既解决水平水力失调，又解决户与户之间的垂直失调现象，最终实现用户室温的精准控制。调节过程初期将平衡调节的实时平均回水温度作为调控依据，让各类用户回水温度达到设定的目标值，若用户回水温度高于目标值，则将阀门开度适当调小，若用户回水温度低于目标值，则将阀门开度适当调大，后期再根据室温情况做精细调整，最终使各类用户室温保持一致。主要过程如下：

（1）手动调控阶段主要用于调控初期，此刻阀门大多处于全开状态，每次调控间隔建议在6h以上，手动调控的目的是让系统快速达到基本水力平衡状态，保证管网前端用户和后端用户的供热效果基本均衡，将过热用户阀门快速关小，不热用户阀门开至最大。

（2）自动调控阶段用于精细化调控阶段。在手动调控阶段结束后，通过自动调控使平衡度更高，自动调控过程在一周左右，在调控期间系统回水温度保持恒定。自动调控仍依据平均回水温度进行调整，阀门的回水温度自动与设定的目标值做比对，并可以根据温差大小自动调整当前阀门的开度。中间户、孤岛户、楼上报停户及楼下报停户，不同类别的用户散热量不同，因此对回水温度进行补偿：

中间户：中间户散热量较小，回水温度补偿值设置为－2～1℃；

楼上报停户：楼上报停户散热量偏大，回水温度补偿

值设置为 $-1\sim0$℃；

楼下报停户：楼下报停户散热量适中，回水温度补偿值设置为 $-0.5\sim0$℃；

孤岛户：孤岛户散热量较大，回水温度补偿值设置为 $2\sim3$℃。

(3) 精细平衡调控阶段。观察分析各类用户室温情况，根据室温差异调整回水温度目标，如果室温偏高，将回水温度目标值适当下调，如果室温偏低，将回水温度目标值适当上调，最终让四类用户室温尽量一致。

(4) 与换热站联动调控，实现二次网热量和电量的进一步降低。实现二次网"大温差，小流量"的运行方式。

(5) 调控成果（以吾悦广场一期为例）：

1) 楼宇间平衡状况分析：楼宇间平衡情况如图5所示，各楼宇回水温度差异控制在 1.5℃ 之内，楼宇间基本平衡。

2) 室温平衡效果分析：针对安装了室温采集器的用户，对室温情况进行统计分析，调控过程中，不同室温区间用户数量变化情况如表2所示。

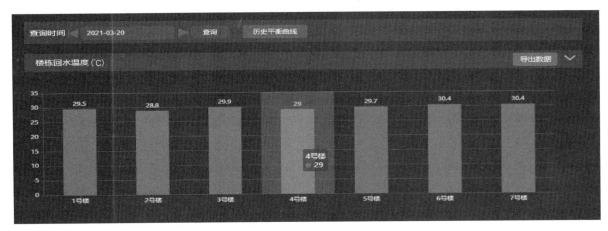

图5 楼宇平衡情况

用户室温平衡情况统计表　　　　表2

时间	平均室温	各类室温区间用户数量							各类室温区间用户比例					
		低于平均室温2℃用户	低于平均室温1—2℃用户	平均室温±1℃用户	高于平均室温1—2℃用户	平均室温±2℃用户	高于平均室温2℃用户	总计	低于平均室温2℃用户	低于平均室温1—2℃用户	平均室温±1℃用户	高于平均室温1—2℃用户	平均室温±2℃用户	高于平均室温2℃用户
2021年3月8日9:00	25.28	25	29	131	43	203	14	242	10.3%	12.0%	54.1%	17.8%	83.9%	5.8%
2021年3月9日9:00	25.39	26	29	134	51	214	15	255	10.2%	11.4%	52.5%	20.0%	83.9%	5.9%
2021年3月10日21:00	25.53	21	28	153	47	228	8	257	8.2%	10.9%	59.5%	18.3%	88.7%	3.1%
2021年3月11日8:00	25.42	20	29	161	44	234	6	260	7.7%	11.2%	61.9%	16.9%	90.0%	2.3%
2021年3月12日8:00	25.36	21	26	158	49	233	6	260	8.1%	10.0%	60.8%	18.8%	89.6%	2.3%
2021年3月13日11:00	25.78	15	38	149	45	232	11	258	5.8%	14.7%	57.8%	17.4%	89.9%	4.3%
2021年3月14日14:00	25.58	14	37	154	43	234	10	258	5.4%	14.3%	59.7%	16.7%	90.7%	3.9%
2021年3月15日23:00	24.92	18	17	171	47	235	4	257	7.0%	6.6%	66.5%	18.3%	91.4%	1.6%
2021年3月16日9:00	24.75	18	24	157	49	230	6	254	7.1%	9.4%	61.8%	19.3%	90.6%	2.4%
2021年3月21日14:00	25.05	13	29	161	46	236	6	255	5.1%	11.4%	63.1%	18.0%	92.5%	2.4%

经过二次网精细化平衡调控，低于平均室温 2℃ 的用户由 25 户降低至 13 户，占比由 10.3% 下降至 5.1%；高于平均室温 2℃ 的用户由 14 户降低至 6 户，占比由 5.8% 下降至 2.4%；处于平均室温 ±1℃ 的用户由 131 户增加至 161 户，占比由 54.1% 增加至 63.1%；处于平均室温 ±2℃ 的用户由 203 户增加至 236 户，占比由 83.9% 增加至 92.5%。用户室温逐渐趋近于小区整体平均室温，室温平衡情况得到明显改善。

3) 回水温度平衡效果分析：经过二次网精细化平衡调控，低于平均回水温度 2℃ 的用户由 113 户降低至 46 户，占比由 10.9% 下降至 4.5%；高于平均回水温度 2℃ 的用户由 143 户降低至 103 户，占比由 13.8% 下降至 10%；处于平均回水温度 ±1℃ 的用户由 493 户增加至 615 户，占比由 47.7% 增加至 59.6%；处于平均回水温度 ±2℃ 的用户由 777 户增加至 883 户，占比由 75.2% 增加至 85.6%（表3）。用户回水温度逐渐趋近于小区整体平均回水温度，回水温度平衡情况得到明显改善。

用户回水温度平衡情况统计表　　　　　　　　　　　　　　　　表3

时间	所有用户平均回水温度	各类回水温度区间用户数量						各类回水温度区间用户比例					
		低于平均回水温度2℃用户	低于平均回水温度1—2℃用户	平均回水温度±1℃用户	高于平均回水温度1—2℃用户	高于平均回水温度2℃用户	总计	低于平均回水温度2℃用户	低于平均回水温度1—2℃用户	平均回水温度±1℃用户	高于平均回水温度1—2℃用户	平均回水温度±2℃用户	高于平均回水温度2℃用户
2021年3月8日 9:00	32.26	113	80	493	204	777	143	1033	10.9%	7.7%	47.7%	19.7%	75.2%	13.8%
2021年3月9日 9:00	30.9	112	81	498	200	779	142	1033	10.8%	7.8%	48.2%	19.4%	75.4%	13.7%
2021年3月10日 21:00	30.86	112	74	511	197	782	139	1033	10.8%	7.2%	49.5%	19.1%	75.7%	13.5%
2021年3月11日 8:00	30.52	103	103	703	84	890	40	1033	10.0%	10.0%	68.1%	8.1%	86.2%	3.9%
2021年3月12日 8:00	29.51	70	47	687	160	894	69	1033	6.8%	4.5%	66.5%	15.5%	86.5%	6.7%
2021年3月13日 11:00	29.95	60	84	638	174	896	79	1035	5.8%	8.1%	61.6%	16.8%	86.6%	7.6%
2021年3月14日 14:00	29.11	50	114	624	160	898	79	1033	4.8%	11.0%	60.4%	15.5%	86.9%	8.2%
2021年3月15日 23:00	28.72	50	142	581	155	878	101	1029	4.9%	13.8%	56.5%	15.1%	85.3%	9.8%
2021年3月16日 9:00	28.88	53	160	565	167	892	88	1033	5.1%	15.5%	54.7%	16.2%	86.4%	8.5%
2021年3月21日 14:00	29.09	46	122	615	146	883	103	1032	4.5%	11.8%	59.6%	14.1%	85.6%	10.0%

6 节能效果

从表4可以看出，户控+单元控模式能耗下降率最大，达到16%，单元控和户控模式能耗下降率几乎持平，达到10%。根据用户开栓率和换热站水单耗分析，应用户控模式的御翠豪庭小区二次网失水量相比上一年度高出近30%，所以热单耗相比上一年度几乎持平，如加强二次网查水力度，户控模式节能率还是明显高于单元控模式。

二次网平衡改造能耗对比分析表　　　　　　　　表4

公司名称	小区名称	小区开栓面积（万m²）	控制模式	2020—2021年度热单耗（GJ/m²）	上一年度热单耗（GJ/m²）	下降率（%）	2020—2021年度电单耗（kWh/m²）	上一年度电单耗（kWh/m²）	下降率（%）	开栓率（%）	水单耗（kg/m²）
宽城事业部	金禹阳光	4.6	户控	0.37	0.4412	16	1.486	1.674	11	80.4	7.5
东岭事业部	御翠豪庭	15.6	户控	0.374	0.386	3	0.87	1.07	18	75	55
平均值				0.372	0.4136	10	1.178	1.372	15	77.7	31.25
净月事业部	净月恒大公馆	10	户控+单元控	0.344	0.398	43	1.035	1.186	13	75	33
富裕事业部	力旺弗朗明歌	6.2	户控+单元控	0.31	0.377	18	1.11	1.31	15	74.66	30
平均值				0.3270	0.3875	10	1.0725	1.2480	14	75	32
宽城事业部	新城吾悦广场二期	18.1	单元控	0.362	0.377	4	1.42	1.527	7	79	47.8
二道事业部	御景名都区	30	单元控	0.307	0.344	18	0.711	1.025	30	71	35
解放事业部	中信御园	7.1	单元控	0.4	0.43	7	1.89	2.16	12	66.5	6
净月事业部	潭泽溪郡	6.8	单元控	0.459	0.494	7	1.435	1.487	3.6	68	38
富裕事业部	中海国际社区	6.8	单元控	0.34	0.377	10	1.15	1.52	24	73.74	39
平均值				0.3736	0.4044	9	1.3212	1.5438	15	72	33
朝阳事业部	教师楼	2	变色测温贴片	0.4196	0.4325	3	1.211	1.261	4	82	11

7 二次网平衡改造建议

7.1 提前设计，预留安装空间

新建建筑，从设计环节就建议保留安装智能平衡阀位置，避免未来没有安装空间，需要改造管路。

7.2 加强宣传，促进用户配合

二次网智能平衡系统建设是为了提高热力公司供热管理水平，实现用户室温精准调控，解决用户室内温度分布不均衡问题，提高整体供热质量，应该加强宣传，促进用户配合安装室温采集器。建议安装 25%~35% 的室温采集器即可，通过典型用户室温估测其他用户室温，对没有安装室温采集器的用户进行平衡调控，而并非对安装室温采集器的用户重点调节，否则很容易引起用户的不满情绪，进而引发设备损坏，投诉增加的问题。

7.3 项目提前开始，提前调试

为了避免用户适应超高室内温度以后，再进行二次网平衡调试，引起室内温度下降，导致用户投诉。建议未来项目在正常供热前完成二次网平衡调试，避免引起用户投诉。

7.4 楼栋热量表改单元热量表

由于回水温度不能完全代表室内温度，可以通过热量表的流量及热量辅助分析二次网平衡结果，楼栋热量表包含面积过大，为了更精细分析二次网平衡运行数据，建议将楼栋热量表改为单元热量表。

7.5 换热站联动调节

由于二次网平衡调节是一个系统工程，需要热力站和用户端进行联动调节，才能实现最佳节能效果。由于换热站内控制系统不能实现按压差自动运行，在二次网平衡调控过程中，需要人工调整循环泵频率，在及时性和调控程度中，未能达到预期效果，导致阀门开度较小，造成管网阻力增大，未能达到预期节电目标。

7.6 装设用户侧调节阀

单元平衡项目，能很好地实现单元之间的热力平衡调节，但无法解决同单元内户与户之间的室温差异。要解决户与户的温度差异，实现用户室温的精准控制，必须增加户用电动调节设备，才能够有效解决户与户之间的垂直失调问题。

参考文献

[1] 耿晓龙. 集中供热二次网节能控制方法研究[J]. 科学与财富, 2018, 1.
[2] 张立启. 城市集中供热系统节能技术及热力站控制系统的研究[D]. 太原：太原理工大学, 2014.
[3] 杨斌. 南昌市经开区集中供热(冷)可行性研究[D]. 石家庄：华北电力大学, 2013.

二次管网水力失调分析与节能改造实例

牡丹江热电有限公司　王勇磊

【摘　要】 随着全网平衡系统的全面应用，各换热站供热量逐渐趋于合理，利用高热量来弥补末端热用户室内温度不达标现象逐渐减少。2019供暖期对用户测温走访时发现，某小区距离换热站前端热用户室内温度过高，管网末端热用户室内温度不达标，并且换热站耗热量高于同类型围护结构建筑的5.3%。根据测温结果对各级阀门调节，距换热站近端阀门调节到极限（最小），末端用户室温仍无法达标。通过分析研究并确立该小区二次管网平衡性及节能改造方案。并对改造前、后始末端热用户室内温度变化情况及供暖期运行数据对比和经济效益分析。

【关键词】 二次管网水力平衡　室温不达标用户改造　二次管网扩径改造

0 引言

由于设计、施工和运行等多种原因，供热系统往往很难完全按照设计水力工况运行，有时甚至差别很大。对于已经存在问题的换热站或者小区，往往采用的是大流量小温差的供热方式，这样虽然解决了部分供热失调，却造成了换热站的高能耗。每年供暖期运行结束时，牡丹江热电有限公司都会对运行能耗指标前十的换热站进行原因分析及问题汇总。首先判断是否因人为调整不及时而造成换热站能耗指标过高。如非人为因素，则可通过小区的管网平面图或者根据该小区的管网工程内页查看是否存在设计及施工方面的问题。对待问题要"对症下药"，从根本上解决问题，用最小的改造成本解决最大的实际问题。本文以某公司2020年夏季"木工住宅二次管网扩径改造方案"及"金桥画苑取消楼宇平衡阀改造方案"为例进行分析。

1 建筑物基本情况

木工住宅换热站所辖供热区域共计4栋楼，供热建筑面积46037.53m²，图1中南侧2栋楼宇于1992年建成，墙体为49砖墙，外墙无保温层，用户室内均为双玻铝塑窗。换热站内机组为散热器机组（即A机组），供热建筑面积21514.59m²。该小区原为上供下回供暖系统。后经2005年小区热计量分户改造后，室内供暖系统改造为异程式系统，用户室内供暖方式为水平串联式。

图1中北侧2栋楼宇于2002年建成，墙体为37砖墙，外墙采用10cm厚保温苯板，双玻铝塑窗。换热站内

机组为地板辐射供暖系统（即 B 机组），供热建筑面积 24522.94m^2。该小区并网至今未曾进行管网改造。位于南侧楼宇中间偏西的房屋即为换热站所在位置。

图 1　金桥画苑及木工住宅小区

2　A、B 机组运行情况分析及问题查找

2.1　A 机组供热情况分析

A 机组供热的 25 号楼及 26 号楼在运行期间出现部分不达标用户以后，对该机组所供热的楼宇进行各级分支阀门调节。首次调节完毕后，对热用户走访测温，并对结果进行分析。从表 1 中发现，25 号楼 1～5 单元室温普遍偏高，只有 6 单元室温过低，并且该单元整体供热效果较差。26 号楼 1～5 单元室温也普遍偏高，26 号楼 6 单元与 25 号楼 6 单元存在同样问题，整个单元平均温度不达标。

当对各级阀门调节无效后，便着手对换热站内 A 机组二次管网总流量进行测量，检查换热站内循环设备是否存在出力不足情况。利用外夹式流量计测量，结果显示为 79.2m^3/h。检测结果与循环泵的额定流量基本相符。再通过对各单元立管进行流量测量，测量后发现各单元之间流量差异较大，并且出现了严重的"近大远小"现象，其中 25 号楼 6 单元与设计流量相差 28%，按建筑面积计算平均流量分配相差 51%；26 号楼 6 单元与设计流量相差 19%，按建筑面积计算平均流量分配相差 55%；各单元之间存在着严重的水力失调现象（表 2）。

木工住宅小区测温记录汇总表　　　　表 1

序号	小区名称及楼号	用户测温情况					
		单元-房间号	地热/散热器	户位置	卧室(℃)	卧室(℃)	方厅(℃)	居室平均(℃)
1	木工住宅 25 号楼	1-102	散热器	底层中间户	24.6	25.1	24.2	24.6
2	木工住宅 25 号楼	1-301	散热器	冷山户	23.4	24.6	24.5	24.2
3	木工住宅 25 号楼	1-602	散热器	中间户	25.8	25.6	25.7	25.7
4	木工住宅 25 号楼	1-801	散热器	顶层冷山户	23.6	23.8	24.3	23.9
5	木工住宅 25 号楼	2-202	散热器	中间户	24.6	24.3	24.4	24.4
6	木工住宅 25 号楼	2-403	散热器	中间户	24.4	24.5	24.7	24.5
7	木工住宅 25 号楼	3-103	散热器	底层中间户	23.6	23.8	24.1	23.8
8	木工住宅 25 号楼	3-501	散热器	中间户	24.1	24.3	24.5	24.3
9	木工住宅 25 号楼	4-303	散热器	中间户	23.2	23.3	23.6	23.4
10	木工住宅 25 号楼	4-803	散热器	顶层中间户	22.8	22.6	23.2	22.9
11	木工住宅 25 号楼	5-102	散热器	底层中间户	22.6	22.8	23.1	22.8
12	木工住宅 25 号楼	5-702	散热器	次顶层中间户	22.2	22.3	21.9	22.1
13	木工住宅 25 号楼	6-104	散热器	底层冷山户	16.8	16.4	16.6	16.6
14	木工住宅 25 号楼	6-201	散热器	次底层冷山户	15.4	14.8	16.1	16.1
15	木工住宅 25 号楼	6-303	散热器	中间户	15.8	16.2	16.9	16.3
16	木工住宅 25 号楼	6-401	散热器	冷山户	14.2	15.4	15.9	15.2
17	木工住宅 25 号楼	6-703	散热器	次顶层冷山户	14.1	15	14.6	14.6
18	木工住宅 25 号楼	1-102	散热器	底层中间户	22.4	22.3	22.4	22.4
19	木工住宅 25 号楼	1-403	散热器	中间户	23.1	23.2	23.4	23.2
20	木工住宅 25 号楼	1-501	散热器	冷山户	21.6	21.4	22	21.7
21	木工住宅 26 号楼	2-202	散热器	次底层中间户	22.6	22.4	22.8	22.6

续表

序号	小区名称及楼号	单元-房间号	地热/散热器	户位置	卧室(℃)	卧室(℃)	方厅(℃)	居室平均(℃)
22	木工住宅26号楼	2-501	散热器	中间户	22.3	22.5	22.4	22.4
23	木工住宅26号楼	2-702	散热器	次顶层中间户	21.8	22.1	22	22.0
24	木工住宅26号楼	3-302	散热器	中间户	22.1	22.3	22.4	22.3
25	木工住宅26号楼	3-601	散热器	中间户	20.8	21.1	21.6	21.2
26	木工住宅26号楼	3-702	散热器	次顶层中间户	21.6	22.1	22.3	22.0
27	木工住宅26号楼	4-301	散热器	中间户	21.2	21.6	21.4	21.4
28	木工住宅26号楼	4-503	散热器	中间户	21.8	22	22.2	22.0
29	木工住宅26号楼	5-102	散热器	底层中间户	20.6	20.8	21	20.8
30	木工住宅26号楼	5-303	散热器	中间户	21.1	21.3	21.5	21.3
31	木工住宅26号楼	5-801	散热器	顶层中间户	19.8	20	20.2	20.0
32	木工住宅26号楼	6-104	散热器	底层中间户	18.6	18.9	19.2	18.9
33	木工住宅26号楼	6-105	散热器	底层冷山户	17.6	17.5	18.1	17.7
34	木工住宅26号楼	6-203	散热器	次底层中间户	18.2	17.8	18.4	18.1
35	木工住宅26号楼	6-305	散热器	中间户	17.8	18.2	18.1	18.0
36	木工住宅26号楼	6-504	散热器	中间户	17.6	17.8	17.5	17.6
37	木工住宅26号楼	6-705	散热器	次顶层冷山户	16.2	16.5	16.8	16.5
38	木工住宅26号楼	6-801	散热器	顶层中间户	16.2	16.1	16.3	16.2

A机组二次网循环流量　　表2

序号	小区名称及楼宇号	单元	建筑面积(m^2)	流量(m^3/h)	单位面积流量[$m^3/(m^2 \cdot h)$]
1	木工住宅25号楼	1	1573.4	7.4	0.0047
2	木工住宅25号楼	2	1533.8	7.3	0.0048
3	木工住宅25号楼	3	1536.4	7.1	0.0046
4	木工住宅25号楼	4	1530.1	7	0.0046
5	木工住宅25号楼	5	1531.2	6.6	0.0043
6	木工住宅25号楼	6	3008.2	5.4	0.0018
7	木工住宅26号楼	1	1558.9	6.9	0.0044
8	木工住宅26号楼	2	1551.9	6.8	0.0044
9	木工住宅26号楼	3	1587.8	6.8	0.0043
10	木工住宅26号楼	4	1557.8	5.9	0.0038
11	木工住宅26号楼	5	1568.9	5.2	0.0033
12	木工住宅26号楼	6	2785.1	5.6	0.0020
13	车棚		48.5	0.4	0.0082
14	文具店		143.3	0.8	0.0056
合计流量				79.2m^3/h	

A机组换热站内设备分析：首先判断换热站内机组设备是否存在选型不合理。换热站内循环泵：型号TP80-270/4、扬程为22.4m、流量为78.5m^3/h。板式换热器：型号BRB0.8-54-1.6-E、单台换热器，换热面积54m^2、二次网管径DN150、每平方米板式换热器供热面积398m^2。

确定二次管网所需的设计流量：

$$G = Q/[c \cdot (t_g - t_h)]$$

式中　G——计算水流量，kg/h；

Q——热用户的设计热负荷，W；

c——水的比热，$c=4187$J/(kg·℃)；

t_g、t_h——供热系统的设计供、回水的温度，℃。

通过计算，该机组设计所需要的循环流量为53.65m^3/h。

53.65m^3/h＜79.2m^3/h，现有循环泵额定流量符合机组的循环流量要求。

该换热站内二次管网口径为DN200，板式换热器压降为38kPa（满足板式换热器厂家设计要求，即小于50kPa），立式直通除污器5kPa压降，设备选型均符合要求。已知换热站内的二次网总循环流量，通过查表法可知换热站内的二次网比摩阻为27Pa/m，满足经济比摩阻在30～70Pa/m之间的要求。

对换热站内循环泵进出口压力表数值及分集水器压力表数值对比计算：换热站内的压降$\Delta H_n=47$kPa，换热站外的压降$\Delta H_w=43$kPa。通过压降可以判断，换热站内无阀门未开启以及堵塞异物情况。下一步就是对换热站外的二次管网进行分析检查。

2.2　B机组供热情况分析

通过对热用户的走访测温分析，B机组所供热的金桥画苑小区热用户室内温度整体偏差不大（表3）。二次管网初始端到末端单元平衡阀开度为46%～100%，呈现逐渐开大趋势。从单元内的平衡阀开度状态分析，并不存在初始端开度过小和末端单元流量不足的情况。

金桥画苑小区测温记录汇总表 表3

序号	小区名称及楼号	单元-房间号	地热/散热器	户位置	卧室(℃)	卧室(℃)	方厅(℃)	居室平均(℃)
				用户测温情况				
1	金桥画苑1号楼	1-202	地热	中间户	20.8	21.7	22.5	21.7
2	金桥画苑1号楼	2-101	地热	底层中间户	19.9	20.2	21	20.4
3	金桥画苑1号楼	2-303	地热	中间户	20.6	21.1	21.9	21.2
4	金桥画苑1号楼	3-102	地热	底层中间户	20.8	21.2	21.4	21.1
5	金桥画苑1号楼	3-402	地热	中间户	21.1	21.8	22.3	21.7
6	金桥画苑1号楼	5-301	地热	中间户	21.6	22.3	22.4	22.1
7	金桥画苑1号楼	5-403	地热	中间户	22.1	22.3	22.6	22.3
8	金桥画苑1号楼	6-701	地热	顶层	19.5	20.1	22	20.5
9	金桥画苑1号楼	7-602	地热	中间户	22.5	22.7	22.8	22.7
10	金桥画苑1号楼	9-201	地热	中间户	21.2	20.9	20.5	20.9
11	金桥画苑1号楼	9-202	地热	中间户	22.3	22.4	22.6	22.4
12	金桥画苑1号楼	10-302	地热	中间户	22.1	22.3	22.4	22.3
1	金桥画苑2号楼	1-203	地热	中间户	21.5	21.5	22.8	21.9
2	金桥画苑2号楼	2-704	地热	顶层冷山户	18.5	18	20.4	19.0
3	金桥画苑2号楼	4-203	地热	中间户	21.8	21.6	21.9	21.8
4	金桥画苑2号楼	4-302	地热	中间户	21.6	21.5	21.7	21.6
5	金桥画苑2号楼	5-303	地热	中间户	19.1	21.1	21.6	20.6
6	金桥画苑2号楼	7-301	地热	中间户	21.9	21.8	21.7	21.8
7	金桥画苑2号楼	7-303	地热	中间户	22.1	22.4	22.4	22.3
8	金桥画苑2号楼	8-203	地热	中间户	21.2	22.3	22.5	22.0
9	金桥画苑2号楼	8-403	地热	中间户	21.4	21.9	21.5	21.6
10	金桥画苑2号楼	8-503	地热	中间户	22.1	21.9	21.8	21.9
11	金桥画苑2号楼	8-501	地热	中间户	22.3	22.1	22.5	22.3
12	金桥画苑2号楼	9-702	地热	顶层中间户	20.2	20.6	21.2	20.7

对换热站内B机组二次管网总循环流量进行测量，测量结果为118.5m³/h，实际测量数值与循环泵的额定流量偏差较大（表4）。再对各单元内立管进行流量测量，测量结果与各单元热用户建筑面积基本相符，说明各单元分支管网之间平衡性良好，并未存在严重的水力失调现象。

B机组二次网循环流量 表4

序号	小区名称及楼宇号	单元	建筑面积(m²)	流量(m³/h)	单位面积流量[m³/(m²·h)]
1	金桥画苑1号楼	1	563.7	2.6	0.0046
2	金桥画苑1号楼	2	1455.0	6.8	0.0047
3	金桥画苑1号楼	3	1466.5	7.0	0.0048
4	金桥画苑1号楼	4	1310.5	6.3	0.0048
5	金桥画苑1号楼	5	1442.1	7.0	0.0048
6	金桥画苑1号楼	6	1398.1	6.8	0.0048
7	金桥画苑1号楼	7	1508.9	7.3	0.0048
8	金桥画苑1号楼	8	1455.6	7.1	0.0049
9	金桥画苑1号楼	9	988.7	4.9	0.0050
10	金桥画苑1号楼	10	572.9	2.9	0.0051
1	金桥画苑2号楼	1	573.2	2.6	0.0046
2	金桥画苑2号楼	2	1467.1	6.9	0.0047
3	金桥画苑2号楼	3	1441.8	6.9	0.0048
4	金桥画苑2号楼	4	1383.8	6.7	0.0048
5	金桥画苑2号楼	5	1479.3	7.1	0.0048
6	金桥画苑2号楼	6	1423.3	6.9	0.0048
7	金桥画苑2号楼	7	1528.2	7.4	0.0048
8	金桥画苑2号楼	8	1427.7	7.0	0.0049
9	金桥画苑2号楼	9	993.9	5.0	0.0051
10	金桥画苑2号楼	10	642.5	3.3	0.0051
合计流量				118.5m³/h	

B机组换热站内设备分析：通过对换热站内设备运行参数进行分析，检查换热站内是否存在管道设备偏小，导致循环泵无法满足额定流量。换热站内循环泵：型号TP100-330/4、扬程为25.2m、流量为151.4m³/h。通过计算换热站设计流量应为122.3m³/h，现有循环泵的实际运行流量略小于设计要求。换热站内实际管道比摩阻为61Pa/m。板式换热器：型号M15-MFG、两台板式换热器合计换热面积62m²、二次网管径DN150、每平方米板式换热器供热面积395m²。换热站内设备参数均符合设计要求。

该换热站现内二次网管径为DN200，板式换热器压降为52kPa（略高于板式换热器的设备选型要求），立式直通除污器压降为12kPa。

对换热站内循环泵进出口压力表数值及分集水器压力表数值对比计算：换热站内的压降 $\Delta H_n = 68kPa$，换热站外的压降 $\Delta H_w = 81kPa$。虽然 ΔH_n 略高，但换热站内同样可以确定无阀门未开启以及堵塞异物情况。

3 二次管网水力失调的原因分析

3.1 设计原因

A机组所供的木工住宅小区出换热站分为两套环路，

25号楼管径为DN125，供热面积为6662m²，管网始端比摩阻为32.1Pa/m，末端单元比摩阻为27.5Pa/m。该分支整体管径选择比较合理。26号楼分支管径为DN150，供热面积为11875m²，管网初始端比摩阻为37Pa/m，当经过4单元以后二次主管网比摩阻为87.3Pa/m，26号楼5单元、6单元及25号楼6单元分支管比摩阻都在110Pa/m以上。并且从图2中可以看出，该楼住宅用户热计量改造时，二次管网未考虑到末端单元的用户面积，对所有单元都改造为DN65立管。随着全网平衡控制的投入，一次网供给各换热站的热量逐渐均衡，超指标供热的换热站逐渐减少，小区内二次网前端热用户超温现象逐渐减少的同时，末端的不热问题越来越凸显，最终因二次管网水力失调和单元内的垂直失调，导致用户室内冷热不均现象严重化。

B机组所供的金桥画苑小区二次管网干管口径设计略小，在管网设计时比摩阻略高，循环泵虽然选型偏大，但可以通过对循环泵的变频调节，降低换热站耗电量。通过查看该小区的二次管网竣工图发现，该小区在设计时为了增加管网平衡性，在图2（b）中圆圈区域对两栋楼分支均安装了自力式恒流量阀。现考虑通过减少二次管网阻力，利用管网末端调节手段进行调节，取消该处阀室井内的自力式恒流量阀，安装通径焊接式球阀。

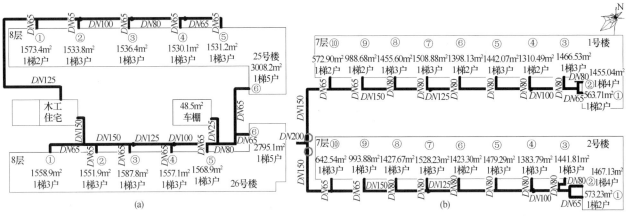

图2 木工住宅及金桥画苑小区二次管网平面图
（a）木工住宅小区；（b）金桥画苑小区

3.2 运行原因

木工住宅小区由原上供下回系统改造为分户水平串联系统，热用户在改造过程中室内擅自改动管线布置，增加室内供暖设施，这些都将增大管网的阻力，加大管路实际流量与理论设计流量的偏差，对供热管网的水力工况产生很大影响，但通过温度调节法，基本能保证用户的室内温度大致相同。所以，木工住宅小区并不是因为运行原因导致室内温度过低（供热一直使用除氧软化水，管网内不存在因为锈蚀而发生堵塞现象，以及管壁锈蚀结垢严重等现象）。

金桥画苑小区在检查二次管网阀室井时发现，位于图2（b）中圆圈处的楼宇阀室井因小区下水管线泄漏，阀室井内阀门已经长期被下水浸泡，无法进行操作，并且原阀门为对夹式蝶阀，下水通过蝶阀法兰进入保温层内，

既腐蚀管道也增加管道的散热量（图3）。

4 解决方案

4.1 A机组问题解决方案

对木工住宅26号楼局部二次管网进行扩径改造。水平失调解决办法：将26号楼4单元管径由DN100扩管至DN125，经过5单元以后，径缩到DN100直至末端6单元入户前端。垂直失调解决办法：25号6单元和26号6单元，一梯5户居民用户增设一套DN65单元立管，原有立管带01、02及03户，新增设单元立管带04和05（05为冷山户）。同时取消这两个单元使用的KPF-3型平衡阀，更换为通径焊接式球阀（图4）。改造后可将原有管网的比摩阻从110Pa/m以上降低至36.1Pa/m。通过减小

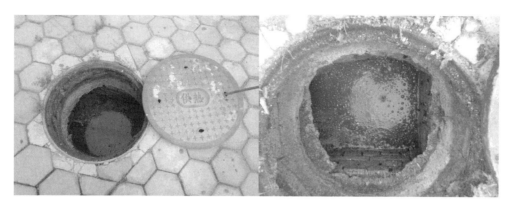

图 3 金桥画苑二次网分支阀室井

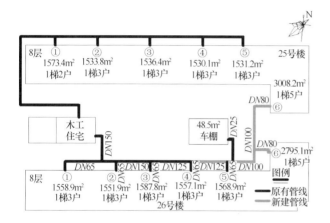

图 4 木工住宅二次管网改造方案平面图

末端管网阻力,实现管网整体阻力下降,增加了管网的平衡性,既有效降低了换热站的能耗,也解决了用户室内温度偏差较大、不易调节的问题。

4.2 B机组解决问题方案

金桥画苑小区因阀室井管道完全浸泡,无法更换阀室井内阀门,只能采取降水施工,废除阀室井改为直埋管道,将现有管道改造至地上,并安装通径焊接式球阀(图5)。其改造目的有两点:一是降低二次管网的整体阻力,同时也满足关断需求。二是降低管网热损失以及防止管道腐蚀。

图 5 金桥画苑二次网分支阀门改造后图片

5 改造后用户室内温度及节能降耗对比分析

通过此次改造,A机组所供的木工住宅25号楼、26号楼热用户室内温度明显比改造前均衡,末端用户室内温度有明显改善,冷热不均现象得到了解决(表5)。既降低了热用户的投诉率,又提高了供热的服务质量。

木工住宅小区改造后测温记录汇总表   表5

序号	小区名称及楼号	单元-房间号	地热/散热器	户位置	卧室(℃)	卧室(℃)	方厅(℃)	居室平均(℃)
1	木工住宅25号楼	2-203	散热器	次底层中间户	21.8	21.7	22.4	22.0
2	木工住宅25号楼	2-403	散热器	中间户	20.5	21.3	20.3	20.7
3	木工住宅25号楼	3-201	散热器	次底层中间户	22.6	22.4	22.9	22.6
4	木工住宅25号楼	3-603	散热器	中间户	22.3	22.5	22.8	22.5

续表

序号	小区名称及楼号	单元-房间号	地热/散热器	户位置	卧室 (℃)	卧室 (℃)	方厅 (℃)	居室平均 (℃)
								用户测温情况
5	木工住宅25号楼	3-702	散热器	顶层中间户	22.3	22.7	23	22.7
6	木工住宅25号楼	4-501	散热器	中间户	22.6	22.8	22.9	22.8
7	木工住宅25号楼	5-303	散热器	中间户	21.8	22.6	22.9	22.4
8	木工住宅25号楼	5-702	散热器	顶层中间户	22.8	22.1	22.9	22.6
9	木工住宅25号楼	6-502	散热器	中间户	22.2	22.4	21.7	22.1
10	木工住宅25号楼	8-203	散热器	次底层中间户	22.7	21.8	21.5	22.0
11	木工住宅25号楼	8-403	散热器	中间户	21.4	21.7	22.3	21.8
12	木工住宅25号楼	2-302	散热器	中间户	22.7	22.4	22.9	22.7
13	木工住宅25号楼	5-202	散热器	次底层中间户	22.6	22.1	22.8	22.5
14	木工住宅25号楼	5-503	散热器	中间户	22.5	22.3	22.7	22.5
15	木工住宅25号楼	6-203	散热器	次底层中间户	21.9	22.8	22.6	22.4
16	木工住宅25号楼	6-402	散热器	中间户	21.4	21	21.2	21.2
17	木工住宅25号楼	6-505	散热器	中间户	20.2	19.4	20.1	19.9
18	木工住宅25号楼	6-703	散热器	顶层中间户	19.4	19.6	20.2	19.7
19	木工住宅25号楼	6-705	散热器	顶层冷山户	18.6	18.4	19.1	18.7
20	木工住宅26号楼	1-501	散热器	冷山户	21.4	21.2	21.6	21.4
21	木工住宅26号楼	2-202	散热器	次底层中间户	19.8	19.6	19.6	19.7
22	木工住宅26号楼	2-501	散热器	中间户	22.8	22.7	21.6	22.4
23	木工住宅26号楼	2-702	散热器	顶层中间户	22.6	22.4	22.4	22.5
24	木工住宅26号楼	3-302	散热器	中间户	21.2	21.6	21.2	21.3
25	木工住宅26号楼	3-601	散热器	次顶层中间户	21.2	22.6	21.8	21.9
26	木工住宅26号楼	3-702	散热器	顶层中间户	21.2	21.4	22.2	21.6
27	木工住宅26号楼	4-301	散热器	中间户	22	22.7	22.2	22.3
28	木工住宅26号楼	4-503	散热器	中间户	22.8	22.6	22.2	22.5
29	木工住宅26号楼	5-102	散热器	底层中间户	22.9	22.7	22.6	22.7
30	木工住宅26号楼	5-303	散热器	中间户	21.3	22.1	21.7	21.7
31	木工住宅26号楼	5-701	散热器	顶层中间户	21.2	22.1	22.4	21.9
32	木工住宅26号楼	6-104	散热器	底层中间户	21.4	21.6	21.7	21.6
33	木工住宅26号楼	6-105	散热器	底层冷山户	20.8	20.6	20.6	20.7
34	木工住宅26号楼	6-203	散热器	次底层中间户	21.2	20.9	20.8	21.0
35	木工住宅26号楼	6-305	散热器	中间户	22.5	21.8	21.8	22.0
36	木工住宅26号楼	6-504	散热器	中间户	22.8	22.8	22.6	22.7
37	木工住宅26号楼	6-705	散热器	顶层冷山户	19.2	19.2	18.8	19.1
38	木工住宅26号楼	6-801	散热器	顶层中间户	20.6	22.5	20.6	21.2

改造后A机组二次管网整体流量略有增加，各单元之间流量更加均衡，末端单元管道流量增加明显，二次管网流量达到平衡状态。改造后B机组换热站内二次网总循环流量从118.5m³/h增加至126.6m³/h，总循环增长6.84%，循环泵的循环量增加显著（表6）。

A机组二次网循环流量　　　表6

序号	小区名称及楼宇号	单元	建筑面积 (m²)	流量 (m³/h)	单位面积流量 [m³/(m²·h)]
1	木工住宅25号楼	1	1573.4	7.03	0.0045
2	木工住宅25号楼	2	1533.8	7.10	0.0046

续表

序号	小区名称及楼宇号	单元	建筑面积（m²）	流量（m³/h）	单位面积流量[m³/(m²·h)]
3	木工住宅25号楼	3	1536.4	6.90	0.0045
4	木工住宅25号楼	4	1530.1	6.94	0.0045
5	木工住宅25号楼	5	1531.2	6.13	0.0040
6	木工住宅25号楼	6	3008.2	10.90	0.0036
7	木工住宅26号楼	1	1558.9	6.24	0.0040
8	木工住宅26号楼	2	1551.9	6.24	0.0040
9	木工住宅26号楼	3	1587.8	6.13	0.0039
10	木工住宅26号楼	4	1557.1	5.96	0.0038
11	木工住宅26号楼	5	1568.9	5.91	0.0038
12	木工住宅26号楼	6	2785.1	11.20	0.0040
13	车棚		48.5	0.22	0.0046
14	文具店		143.3	0.50	0.0035
合计流量				87.4m³/h	

在对 A、B 机组进行二次网流量测量的同时，记录了换热站内两套机组循环泵在不同频率时的各项运行指标：二次网总循环流量、当前频率流量与工频流量占比、电度表当前有功总电量、电度表当前正向有功总电量与有功总电量占比、某单元立管流量以及当前频率立管与工频流量占比。通过对这些数据的采集，能够为该换热站日后的节能降耗提供极大的帮助。在室外温度变化频繁时，可根据二次网流量有效调节用户室内温度，从而达到用户室内温度更加均衡。

6 经济分析

通过 2020 年夏季木工住宅庭院内二次管网工程改造，该换热站内的 A、B 机组各项指标均有所下降，且下降幅度明显。A 机组的工程造价为 62658 元，B 机组工程造价为 24570 元，合计费用 87228 元。改造后木工住宅小区换热站耗电量对比 2019 供暖期年节省 1966.76 元。因用户不热而导致的私自放水现象明显减少，失水量下降趋势明显，从失水量计算预计年节约资金 7590 元。因本供暖期平均室外温度比上一供暖期下降 8%，采用度日值对比两个供暖期木工住宅小区换热站的耗热量，可以计算出本供暖期该站耗热量下降 1.98%，预计年节约资金为 3899 元。总计年节约资金 13455.8 元。预计该项改造工程可在 6.5 年回收工程改造费用（表 7）。

木工住宅小区换热站二次网改造后经济回收期预算　　　　　表7

换热站机组	耗电量		失水量			耗热量			合计（元）
	节约电量	年节约资金（元）	改造前三年平均值（t/万m²）	改造后（t/万m²）	年节约资金（元）	上采暖期（GJ/万m²）	改造后指标（GJ/万m²）	年节约资金（元）	
A 机组	1844	1321.2	221.19	56.34	7590	3739	3747	3899.0	13455.8
B 机组	901	645.6							

7 结束语

很多供热企业都在积极推动二次管网的改造工作，但在查找问题时却存在盲目性，对管网存在的问题分析不够透彻，改造时考虑的问题不够全面，有时往往容易疏忽最根本的探知环节。供热上存在的问题需要逐一解决，很多问题不可能一蹴而就，要逐步摸索。如果问题存在较多，就需要对问题逐渐深挖，把所有问题都理清头绪，逐年制定改造计划，然后逐步改善。

供热系统存在问题时，会在冬季最寒冷的那一段时间中凸显出来。查找问题的方向可以从设计原因、施工原因、运行原因等入手。虽然这些问题在冬季运行时无法解决，但是可以将问题逐一排查出来，并制定相应的解决方案，待夏季检修时一同改造。近几年国家一直在开展"城镇供热'冬病夏治'专项行动"，这便是解决问题很好的契机。供热管网的改造工程是民生工程，18℃ 始终作为供热企业的最低标准温度。但是这并不是人们的舒适温度，人的舒适室温冬天应为 (20±2)℃。但是如何让庞大的供热管网能够均衡供热，一直是供热人不断努力奋斗的目标。

基于"三供一业"改造基础上的二次网水力平衡调控技术分析及应用

太原市热力集团有限责任公司　孙　婧　张　斌

【摘　要】近年来，随着国有企业小区"三供一业"供热改造工程的推进，大部分企业移交的小区建成年代久远、保温性能差、管网老旧，且多采用上供下回单管供热系统，上供下冷且缺乏调节手段无法解决。"三供一业"改造系统为分户供热，改造完成并网运行后，整个系统水力需重新调节。本文以某小区户内系统和二次管网的"三供一业"供热改造工程为背景，投入全网平衡运行后，通过对整个小区进行智能调控，使整个供热系统的水力失调度明显减小，实现水力平衡的目标，保证用户的用热需求。

【关键词】智能调控　水力失调　全网平衡　三供一业

0　引言

节能降耗是现阶段我国供热事业发展过程中非常重要的一项任务，也是供热企业提升供热质量、降低供热成本的重要途径，避免水力失调导致的过量供热仍是当前供热事业发展的重点。"三供一业"涉及的小区多为老旧小区，供热系统设计年代久，建设标准低，改造施工及多年运行管路老化堵塞等，导致各楼栋及各单元流量分配不均，使二次网系统实际流量与所需流量不匹配。二次网供热系统缺乏有效的调节手段，运行期绝大多数通过大量的人工手动调节，周期长，精准度低，很难实现二次网的水力平衡[1]。本文结合工程改造实例，通过加装楼栋阀门、单元远传智能水力平衡阀、户用调节阀等调节阀门，投入二次网全网平衡，人工配合操作楼栋阀，进行智能调控，实现较为精准的调节，同时大大减少了工作量。

1　水力失调

1.1　系统水力失调度的概念

供热系统中实际流量与理论需求流量不匹配称为水力失调。水力失调程度 x 可用下式计算：

$$x = V_s / V_g \qquad (1)$$

式中　x——系统的水力失调度；
　　　V_s——热用户的实际流量，kg/h；
　　　V_g——热用户的理论需求流量，kg/h。

1.2　系统水力失调的表征

二次管网最常见的问题就是近端用户流量大、室内温度偏高；远端用户流量小，室内温度偏低，近端、远端用户受热不匀。由于缺乏有效控制阀门，欲达到末端用户标准室温，传统的调节方式通常通过提高二次网运行参数的方式来解决。在一次网供热参数不变的情况下，通过增加循环流量弥补二次网水力失调现象，循环水泵的功率相应增加，这样影响了整个二次网的运行工况[2]。原来室温已达标的近端住户由于缺乏二次网的调控手段而温度偏高，近端住户往往通过开窗的方式降温，造成过量供热。

2　水力失调的调控方式

2.1　传统的调控方式

实际运行中，为了减少供热管网水力失调现象，通常减小网路干管沿程阻力、增大循环流量或通过增加调节阀的方法进行调节。

"三供一业"改造的小区多为20世纪90年代所建，当时的调节方式较为单一，设计上多通过管径选择、同程布置等达到获得静态平衡的目的。增大循环流量，通常需要更换更大功率的水泵以满足末端用户室温的需求，会导致初投资增加。

若管网主干线比较长，最近、最远分支通过管径调整难达到平衡，可通过增加调节阀的方式来增大末端用户系统的压降。供热工程中，调节阀有很多，静态平衡阀、动态平衡阀（自力式压差、流量平衡阀）的调节性能较好，闸阀、截止阀的调节性能比较差。通常闸阀阀门开度达到50%后，流量基本不随阀门开度的变化而变化。

自力式压差平衡阀通过压差作用来调节阀门的开度，在系统流量变化时，保持供回水压差恒定。它可消耗系统的多余压头及压力波动引起的流量变化，防止用户间流量变化互相干扰，有助于稳定系统的运行工况[3]。

运行期，传统的调节方式主要是用测温枪对二次网每个分支、单元的供回水温度进行测量，然后根据经验值对分支阀门的开度进行手动调节，需投入大量人力多次反复调节，只能用于粗略的调节。若各楼栋、单元安装流量表，可根据二次网总流量，计算出各单元应设的流量，然后对静态平衡阀开度进行调节，也需要大量人工配合，一次调节时间长，而且不能实时调控。

2.2　"三供一业"供热改造

2012年以来，国务院国资委、财政部先后在10个省份对国有企业的职工家属区开展了"三供一业"改造。为落实国家"三供一业"改造的政策，2019年开始，太原市开始国有企业"三供一业"供热分离移交工作，改善小区供热效果。

"三供一业"改造主要从三个部分进行：第一是二次网的部分，将原有二次管网及供暖系统拆除，重新规划设计，每栋楼设置一个独立分支小室，小室内供水管安装关断阀门、Y形过滤器，回水管安装关断阀门。第二部分是楼梯间的部分，楼梯间采用异程式垂直双管系统，供水管安装关断阀门，回水管安装关断阀门、远传智能水力平衡阀。入户前设分户装置，供水管安装关断阀门、Y形过滤器、远传智能调节阀（通断控制类），回水管安装锁闭球阀。第三部分是户内改造的部分，户内供暖系统主要由散热器的数量决定。散热器数量小于或等于6组的供暖系统采用水平单管串联系统；散热器数量大于6组的系统，采用同程式双管并联系统。

"三供一业"改造还增加了自控平衡系统，在加装静态平衡阀的基础上通过智能平衡调控系统实现动态调控，大大缩短了调节时间降低了人工成本。

2.3 远程智能调控系统

智能调控系统由户用智能调节阀（此处是远传智能锁闭阀）、温度采集面板、单元远传智能水力平衡阀、数据采集箱、平台软件组成。此外，在调度中心内设立分户表联控系统，配备相关供热云端服务器、智慧供热系统、自控组态软件、固定监控设备PC端操作界面等，该系统具有阀门和热量表数据采集功能、数据分析功能、运行状态监测功能、全网平衡调节等功能。

"三供一业"改造，在楼栋代表性住户家中安装温控面板，实时反馈用户室内温度。各楼栋安装数据采集箱，实现与调度中心的数据传输。远传智能水力平衡阀、楼栋代表性住户温控面板均自带回水温度传感器，实时采集到的数据通过有线传输至每栋楼的数据采集箱内，数据采集箱的数据再以移动DTU通信模块形式无线传输至调度中心，实现远程对二次网的管理和调节（图1）。

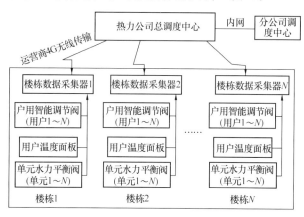

图1 远程智能调控系统流程图

二次网全网平衡系统以热力站为单位，根据该热力站供热范围内各智能水力平衡阀采集到的回水温度，统一设定回水目标温度，对接收到的远传数据进行分析，实时自动调整智能水力平衡阀开度，能迅速及时地解决全网动态水力失衡，避免人员手动调节造成的热平衡偏差，为实现全网的按需供热、节能降耗打好基础。由于此次改造选用的远传智能锁闭阀是通断类阀门，且温度面板仅选取了楼栋代表性的用户，数量安装不足，在调节过程中也需人工配合。在实现智能化调节情况下大量减少了工作量，实现了按需供热。通过二次网供热平衡，降低了二次网水力失调和供热系统的能耗。

3 案例分析

3.1 小区概况

对某热力站"三供一业"改造后的小区进行试点调控，该小区共50栋楼，172个单元，热力站所带供热面积14.70万m^2，其中地暖系统8栋楼、散热器系统有42栋楼。热力站设置一套系统，地暖系统和暖气片系统混合运行。站内分集水器分3趟分支，其中一趟DN150分支承担地暖楼座，两趟DN250分支承担散热器楼座。该小区房屋建成年代久远，外墙无保温，散热量大。既有管网管道腐蚀老化严重，户内立管、散热器存在不同程度的堵塞。改造前，散热器系统42栋楼为上供下回串联供暖系统，地暖系统8栋楼为异程式双管并联供暖系统。

3.2 平衡调控过程

"三供一业"改造后，首先对整个小区的三条主管线进行调节。根据水力计算，算出三条主管线理论流量，利用流量计再测得三条主管线的实际流量，通过反复调整阀门开度使实际流量与理论流量接近，最终使得两条DN250主管线流量均达到$25m^3/$（万m^2·h）的标准，一条DN150主管线流量达到$30m^3/$（万m^2·h）的标准。

然后进行水平调节。水平调节是通过二次网平衡调节系统进行的，以所有单元立管回水温度的平均值作为目标温度，通过调整单元水力平衡阀开度使得各个单元实际回水温度与目标回水温度基本相同。水平调节的同时也进行垂直调节，"三供一业"改造后，运行初期根据用户的反馈，对户用调节阀进行预设置，采用预设比例的方法调节，不区分户型。散热器楼栋调节阀开度：一、二层开度20%，三、四层开度30%，五层开度50%，六层开度100%；地暖楼栋调节阀开度：一、二层开度40%，三、四层开度42%，五层开度50%，六层开度100%。

热力站内自控柜及智慧供热平台二次网平衡系统自动调节的结果显示：热力站内DN150分支、两条DN250分支回水温度分别为28℃、31℃、31℃。散热器系统回水目标温度为30.81℃，地暖系统回水目标温度为27.81℃，50楼栋单元回水温度基本与目标温度一致，二次网基本达到初平衡（图2、图3）。

然后对每栋楼进行室温检测，根据入户实测室温数据，地暖各层用户室温基本一致，散热器顶层、底层用户及边户的室温比中间层中间户低，而且同一户型不同楼层温差较大，最大温差4.5℃，存在明显的垂直失调现象。

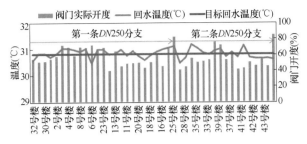

图 2 42 栋散热器系统温度分布图

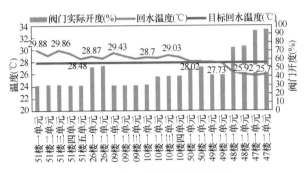

图 3 8 栋地暖系统温度分布图

对入户户用调节阀预设比例再次进行调整，进一步关小中间层中间户的调节阀，开大边户和底层的用户调节阀，经过 4 次调节，最终的测温结果显示不同层之间的室温差异逐渐减小，最大温差小于 2℃，垂直失调现象基本消失，基本实现热量平衡（图 4）。

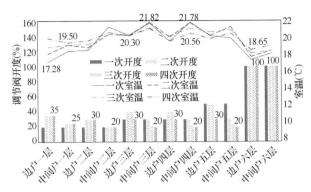

图 4 4 次调节户阀、入户测温温度分布图

经过精调节后，智慧供热平台二次网自动平衡调整结果显示：（1）同一条主管线末端单元水力平衡阀阀门开度大，前端单元水力平衡阀阀门开度整体较小。（2）同一栋楼不同单元的差异不大，单元数量多的末端单元水力平衡阀阀门开度大，单元数量少的单元水力平衡阀阀门开度基本一样（图 5）。

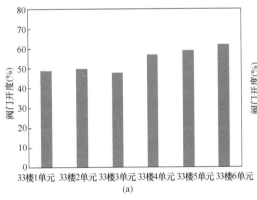

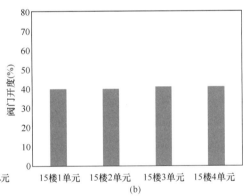

图 5 阀门开度示意图
(a) 33 号楼阀门开度；(b) 15 号楼阀门开度

3.3 热力站内参数平衡调节前后对比

热力站运行调节前，系统的循环泵频率为 41Hz，流量为 400m³/h，热力站内供回水压差为 0.1MPa。初调节后，热力站内供回水压差升至 0.14MPa，运行人员将循环泵频率降至 38Hz，流量降至 375m³/h，热力站内供回水压差降至 0.1MPa。精调节后，热力站内供回水压差升至 0.12MPa，运行人员将循环泵频率降至 36Hz，流量降至 330m³/h，热力站内供回水压差降至 0.1MPa，以现状运行（表 1）。循环泵频率从 41 降低到了 36，满足运行的同时，降低了能耗，相比较改造前节约能耗约 26%。

表 1 调节前后参数对比

时间	启泵台数	运行频率(Hz)	流量(m³)	单位面积流量[m³/(万 m²·h)]	供回水压差(MPa)	备注
调节前	2	41	400	27.5	0.1	—
初调节平衡后	2	41	384	26.1	0.14	—
	2	38	375	25	0.1	
精调节平衡后	2	38	348	23.6	0.12	
	2	36	330	22.4	0.1	运行现状

4 小结

在"三供一业"改造基础上，通过远程智能调控系统，实现对二次网的管理和调节，避免人员手动调节造成的热平衡偏差。对某热力站"三供一业"改造后的小区进行试点调节，通过水平和垂直调节后，循环泵频率下降5Hz，相比未改造前节约能耗约26%，为后续节能降耗提供了方向。

由于户用调节阀（即远传智能锁闭阀）未能投入全网平衡，在调节过程中需人工配合调节户阀，不能实现精准调节。二次网实现全网平衡是一个反复过程，在调节完成一次后需对用户进行室温检测，通过4次调节、4次测温，最终消除水力失调，实现热量平衡。

参考文献

[1] 张维. 浅析热网二次网系统调节[J]. 区域供热, 2020, 3: 85-90.
[2] 史登峰, 何乐, 王珂. 二次网热力平衡度概念及其分析应用[J]. 区域供热, 2020, 2: 106-109.
[3] 史凯, 花博, 侯家涛, 吴炜杰, 郝洪涛. 集中供热外网水力调节的几种常见方法基于动态压差平衡阀和静态平衡阀的供热二次管网水力平衡案例分析[J]. 区域供热, 2018, 6: 81-88.

岳康园高区户间热平衡系统的优化与分析

天津市热电有限公司　张　杰　赵　睿　朱　雷　尹　飞　孙　琪　孟　晨

【摘　要】2019年10月对岳康园高区搭建了户间热平衡系统，该系统由可调控热量表、集线器、集抄器和数据中心等部分组成，通过调试应用，2019—2020供暖季在保证供热效果的前提下，初步实现了户间动态热平衡，通过从户到换热机组的运行效果分析，热量较2018—2019供暖季节省30.2%，电量节省26.3%。同时，发现了系统运行过程中的一些问题和不足，并制定了后续优化方案。本文将重点阐述2020—2021供暖季实施的相关优化方案和实施效果分析，并对户间热平衡系统进行总结展望。
【关键词】户间动态热平衡　L值调控　站户联动　质量同调　按需供热

0　引言

岳康园商区户间热平衡系统自2019年11月份投入运行以来，通过5个月的持续调试和应用，运行稳定，节能效果显著，且该系统采用L值调控（控温差调流量）的方式，可随室外温度、二次网供水温度等参数变化自动调整，缓解了供水温度的滞后性，初步建立了户间动态热平衡。但该系统仍存在以下三个主要问题：

（1）2019—2020供暖季，岳康园高区循环泵定频运行，与用户侧流量变化没有形成联动，导致供热末期可调控热量表前后压头过大，调节阀开度对流量变化较敏感，流量波动较大，增加了调控难度，对管网和设备的安全稳定运行造成一定影响。

（2）由于该区域历史供温总体偏高，为减少热用户对室内温度感应的落差感，系统运行第一年的L值设置相对偏高，室内平均温度约23℃。

（3）二次网供水温度虽然能按照设定曲线自动调控，但曲线下发由人工完成，无法及时匹配室外环境变化，滞后明显，增加户间调控难度。

1　背景简介

岳康园高区由3幢公寓的高层部分组成，共7层(十一～十七层)，2009年建成，包含49户住宅，采用散热器或地暖，建筑面积4875m²，套内面积4130m²，2019年报停4户，2020年报停3户，采用独立的换热机组供热，循环泵功率2.2kW，额定流量20.5t/h，2018—2019供暖季运行方式为工频运行，2019—2020供暖季运行方式为定频45Hz运行。

2　优化方案

针对上述问题，对应实施了以下三个优化方案：

2.1　循环泵定压差自动变频运行

如何将循环泵变频调节和电动阀调节有机结合，并加以科学合理的利用是困扰供热企业多年的难题。泵阀联动技术在供热运行调节中应用越来越广泛，如何将其合理科学应用越来越重要，本文给出的解决方案简述如下：

2020年9月24日，在二次网循环泵前后加装两支压力变送器，接入变频器AI1和AI2端子，设定变频器为定压差自动变频模式，如图1所示。

当设定压差为1.4Bar（140kPa）时，频率为50.0Hz，当设定压差为1.0Bar（100kPa）时，频率为42.5Hz，如图2所示。

结合历史运行数据和顶层单位面积流量，最终将压差定为1.1bar（110kPa），经统计分析，2021供暖季频率最低为42.0Hz，最高为47.5Hz。在实现了定压差自动变频后，基本消除了因压差不足而导致末端流量不足或因压差过大而导致前端调控过程中流量波动过大的现象。

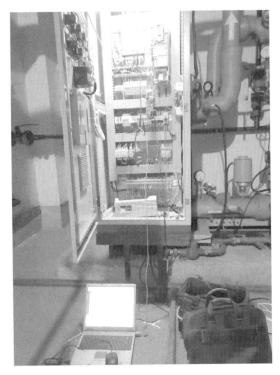

图 1 循环泵定压差变频方案实施现场

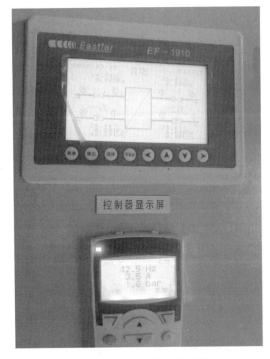

图 2 定压差变频调试过程

2.2 L 值优化与前后对比分析

2.2.1 L 值算法的原理剖析

$$L = (T_2 - T)/(T_1 - T) \quad (1)$$

式中 L——系数；

T——室内期望温度，一般设置为 20℃；

T_1——热量表二次网供水温度，℃；

T_2——热量表二次网回水温度，℃。

L 一般取值为 0.3~0.9 之间。极端情况下，当 $L=1$ 时，此时默认 $T_1=T_2$，热量表阀门将全开；当 $L=0$ 时，满足条件的是 $T_2=T$，阀门将处于关闭状态。可见，对于同一热用户，L 值越大，流量越大，L 值越小，流量越小。由式（1）转化变形可得式（2）：

$$T_1 - T_2 = (T_1 - T) \cdot (1 - L) \quad (2)$$

对于给定的室内期望温度 T 和二次网供水温度 T_1，每一个 L 值对应唯一的二次网供回水温差 $\Delta T(T_1-T_2)$，如表 1 所示。

L 值取值与温度关系 表 1

L 值	T (℃)	T_1 (℃)	T_2 (℃)	T_1-T_2 (℃)
0	20	45	20	25
0.1	20	45	22.5	22.5
0.2	20	45	25	20
0.3	20	45	27.5	17.5
0.4	20	45	30	15
0.5	20	45	32.5	12.5
0.6	20	45	35	10
0.7	20	45	37.5	7.5
0.8	20	45	40	5
0.9	20	45	42.5	2.5
1	20	45	45	0

对于给定的 L 值和室内期望温度 T，二次网供水温度 T_1 越高，温差越大，二次网供水温度越低，温差越小，如表 2 所示。

L 值为 0.5，T 为 20℃时，T_1 与温差关系 表 2

L 值	T (℃)	T_1 (℃)	T_2 (℃)	T_1-T_2 (℃)
0.5	20	40	20	10
0.5	20	41	22.5	10.5
0.5	20	42	25	11
0.5	20	43	27.5	11.5
0.5	20	44	30	12
0.5	20	45	32.5	12.5
0.5	20	46	35	13
0.5	20	47	37.5	13.5
0.5	20	48	40	14
0.5	20	49	42.5	14.5
0.5	20	50	45	15

综上所述，L 值调控是一种控温差、调流量的调控方式，在某一环境下，若热源充足，必然存在一个 L 值使热用户的室内温度达到室温期望值，且该值一旦确定，可调控热量表便可在 L 值调控的作用下，针对不同的室外环境和二次网供水温度自动调整流量，实现户间动态热平衡。

L 值调控的过程是一个通过控制用户供回水温差来调

控流量的过程。在二次网供水温度不变的前提下，上游或前端热用户的温差可由 L 值设定，通过阀门开关来控制流量大小，解决了用户侧前端流量大、温差小的难题。通过实际应用，用户侧实际供回水温差只会大于或等于 L 值调控下的设定温差，而不会小于设定温差。

2.2.2 L 值优化前后对比分析

基于信息平台对站、楼栋及热用户进行远程平衡调节，应是智慧供热的基本功能之一。为了进一步探索 L 值调控下各楼栋、各热用户的流量变化，2020年9月27日做了一个小测验，所有热用户的可调控热量表阀门全开，循环泵 50Hz 工频运行（此时电机实际耗电量约2.3kWh，合每天55.2kWh），统计各楼栋、各户流量和单位面积流量（表3）。

调控前各楼门流量明细　　表3

楼栋号	面积(m²)	总流速(t/h)	单位面积流速[kg/(m²·h)]
8	1671	8.1	4.85
9	1245	6.3	5.06
10	1214	8.5	7.00
合计	4130	22.9	5.54

通过近两个供暖季的 L 值优化，在定压差自动变频运行模式下，统计2021年2月12日15:00左右各楼栋、各户流量和单位面积流量，如表4所示。

调控后各楼门流量明细　　表4

楼栋号	面积(m²)	总流速(t/h)	单位面积流速[kg/(m²·h)]
8	1671	4.8	2.87
9	1245	3.3	2.65
10	1214	3.3	2.72
合计	4130	11.4	2.76

由表3、表4可知，调控前，10号楼供热面积最小，但总流量和单位面积流量都偏高，8号楼面积最大，单位面积流量最小，存在明显的栋间流量不平衡现象，通过连续两个供暖季的调控，每栋楼的单位面积流量均降至 $2.65\sim2.87\text{kg/(m}^2\cdot\text{h)}$，总流量降至调控前的一半，日耗电量降至33.2kWh，降幅为39.86%，电耗节省显著。

进一步对每一户的流量进行调控前后变化对比分析，详见表5~表7。

8号楼各户调控前、后流量变化　　表5

| 房间号 | 面积(m²) | 调控前 | | 调控后 | | 户阀开度(%) |
		流量(t/h)	单位面积流量[kg/(m²·h)]	流量(t/h)	单位面积流量[kg/(m²·h)]	
1101	62.79	0.924	14.716	0.132	2.102	19
1102	62.26	0.312	5.011	0.174	2.790	30
1103	113.68	0.325	2.859	0.313	2.754	36
1201	62.79	0.710	11.308	0.145	2.309	25
1202	62.26	0.289	4.642	0.188	3.026	23
1203	113.68	0.299	2.630	0.435	3.826	100
1301	62.79	0.778	12.391	0.188	2.987	31
1302	62.26	0.307	4.931	0.143	2.296	12
1303	113.68	0.310	2.727	0.225	1.980	29
1401	62.79	0.000	0.000	0.000	0.000	0
1402	62.26	0.295	4.738	0.241	3.869	55
1403	113.68	0.307	2.701	0.186	1.636	34
1501	62.79	0.646	10.288	0.195	3.102	31
1502	62.26	0.194	3.116	0.158	2.540	29
1503	113.68	0.315	2.771	0.410	3.604	49
1601	62.79	0.756	12.040	0.151	2.402	19
1602	62.26	0.024	0.385	0.000	0.000	100
1603	113.68	0.235	2.067	0.322	2.828	31
1701	62.79	0.721	11.483	0.289	4.609	15
1702	62.26	0.144	2.313	0.233	3.745	53
1703	113.68	0.258	2.270	0.708	6.224	89

由表5可知，调控前，即使8号楼的单位面积流量在各栋楼中是最小的，但其前端热用户的单位面积流量仍然有过高现象，如表5中深色区域，单位面积最高流量达到了 $14.716\text{kg/(m}^2\cdot\text{h)}$（1101室），而末端热用户的单位面积流量最低的仅为 $2.270\text{kg/(m}^2\cdot\text{h)}$（1703室），存在明显的垂直失调现象。通过调控前流量分析，基本可以解释之前的热耗和电耗偏高的原因主要是为了保证顶层末端热用户供热达标，采取高供温、大流量和小温差的供热模式，从而导致前端热用户热量过供，2019年12月入户测温，前端用户温度普遍偏高（最高测温达27℃），且存在开窗现象，进一步增加了热量的流失。调控后，前端热用户单位面积流量明显下降（深色区域用户降幅最大），仅1101室1户就可节省流量约0.8t/h，降幅达85.7%，最终使8号楼总体流量由8.1t/h降低至4.8t/h，同时使末端热用户（如浅色区域用户）单位面积流量普遍升高，在供温不变甚至降低的情况下，通过提升末端用户流量来提高供热量，从而保证各用户室温达标。

9号楼调控前后效果对比与8号楼基本一致（表6），均是通过降低前端过供户，提高末端用户流量，降低总流量，实现低供温、小流量和大温差的运行方式。

9号楼各户调控前、后流量变化　　表6

房间	面积	调控前 流量(t/h)	调控前 单位面积流量[kg/(m²·h)]	调控后 流量(t/h)	调控后 单位面积流量[kg/(m²·h)]	户阀开度(%)
1101	87.53	0.993	11.345	0.158	1.804	30
1102	90.37	0.609	6.739	0.372	4.121	25
1201	87.53	0.688	7.860	0.315	3.596	10
1202	90.37	0.000	0.000	0.000	0.000	0
1301	87.53	0.594	6.786	0.216	2.468	18
1302	90.37	0.637	7.049	0.186	2.061	22
1401	87.53	0.663	7.575	0.208	2.375	25
1402	90.37	0.512	5.666	0.127	1.410	22
1501	87.53	0.299	3.416	0.177	2.017	17
1502	90.37	0.480	5.311	0.154	1.704	19
1601	87.53	0.308	3.519	0.203	2.319	16
1602	90.37	0.000	0.000	0.233	2.579	19
1701	87.53	0.219	2.502	0.513	5.861	30
1702	90.37	0.266	2.943	0.459	5.081	30

10号楼调控前各热用户都存在过供现象，包括末端顶层用户，调控后，总流量由8.5t/h降至3.3t/h（表7）。其中1202室和1402室为用户自主关小室内阀门，导致可调控热量表阀门全开，1301室在2020年由报停变更为恢复供热。

10号楼各户调控前、后流量变化　　表7

房间	面积	调控前 流量(t/h)	调控前 单位面积流量[kg/(m²·h)]	调控后 流量(t/h)	调控后 单位面积流量[kg/(m²·h)]	户阀开度(%)
1101	86.71	1.488	17.161	0.252	2.907	35
1102	86.86	0.601	6.919	0.074	0.847	20
1201	86.71	0.000	0.000	0.153	1.769	21
1202	86.86	0.213	2.452	0.081	0.928	100
1301	86.71	0.000	0.000	0.373	4.301	29
1302	86.86	0.994	11.444	0.224	2.579	21
1401	86.71	0.996	11.487	0.264	3.039	29
1402	86.86	0.063	0.725	0.099	1.138	100
1501	86.71	0.910	10.495	0.310	3.577	31
1502	86.86	1.333	15.347	0.184	2.119	18
1601	86.71	0.237	2.733	0.336	3.870	100
1602	86.86	0.622	7.161	0.021	0.246	39
1701	86.71	0.532	6.135	0.581	6.698	33
1702	86.86	0.526	6.056	0.379	4.364	27

以上各热用户调控后的流量（取样时间为2月12日15:00）并不是固定不变的，在L值调控作用下，会随着室外温度、日照、风速、风向和二次网供水温度等变化。例如，其他条件不变的情况下，当室外温度降低，二次网回水温度会降低，导致L值实际值低于设定值，此时可调控热量表阀门将自动开大，提高入户流量，直到二次网回水温度回升，使实际L值与设定L值一致。L值调控的目的是通过控温差变流量的调控方式，实时补偿因室外温度、光照、风速、风向等变化导致的室内温度的降低或增加，使室内保持在一个恒定的温度范围内，最终实现每一户的动态热平衡。

2.3 站户联动，闭环控制

为了探索换热站机组侧和用户侧的联调联动，实现闭环控制，先后尝试了两种运行模式：L值调控基础上的变频控温运行模式和L值调控基础上室外温度控温变频运行模式。

2.3.1 L值调控基础上的变频控温运行模式

L值调控基础上的变频控温运行模式的基本方法是：根据室外温度大小设定换热机组二次网供水温度后，由频率变化决定二次网供水温度变化：频率增加触发二次网供水温度增加，即通过上位机向换热站控制器下发设定温度值；频率降低触发二次网供水温度降低，向换热站控制器发送相应降温指令。

通过实际运行分析（图3），基本验证了该运行模式的可行性，实现了频率和温度的同升同降，但存在如下问题：

（1）频率测量精度和控温精度不够高，当室外天气缓慢变化时，无法做出及时反馈，导致二次网供水温度变化不明显或缓慢，造成热量浪费或用户投诉，而为了提高测量精度所需成本过高，可行性不高。

（2）对管网密闭性要求较高，若系统失水，易造成误升温。

综上所述，此运行模式可作为一种理想模型进行研究，但缺乏实用性和稳定性。

2.3.2 L值调控基础上室外温度控温变频运行模式

L值调控基础上室外温度控温变频运行模式的基本方法是：根据历史温度曲线，拟合出一条室外温度和二次网供水温度曲线，根据室外温度变化，定期自动下发二次网供水温度设定值，用户端由可调控热量表进行L值调控，换热机组循环泵定压差自动变频运行。

通过实际运行分析（图4），该站户联动闭环调控模式弥补了变频控温模式调控不及时和误升温的缺陷，3月18~22日期间，二次网供水温度曲线变化明显，二次网流量在10~14t/h内变化，循环泵频率在42~44Hz内变化，质调节为主，量调节为辅，质量同调，基本实现了站户联调、闭环控制的目标，大大解放了人力。下一步，将对供温曲线进行优化，例如对夜间升温幅度进行限制，降低不必要的热量消耗。

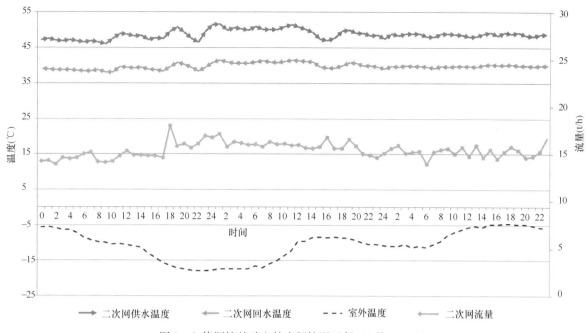

图 3　L 值调控基础上的变频控温运行（1月6~8日）

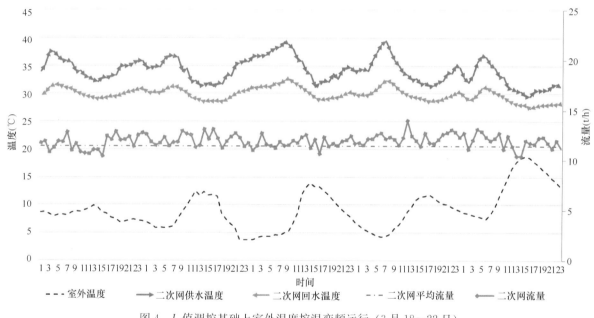

图 4　L 值调控基础上室外温度控温变频运行（3月18~22日）

3　调控效果分析

3.1　热量消耗分析

三个供暖季耗热量对比如图 5 所示。

3.2　电量消耗分析

三个供暖季耗电量对比如图 6 所示。

3.3　机组侧参数分析

机组侧主要分析二次网流量、供水温度和供回温差，详见表 8。

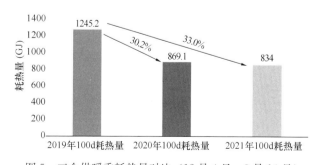

图 5　三个供暖季耗热量对比（12月4日~3月14日）

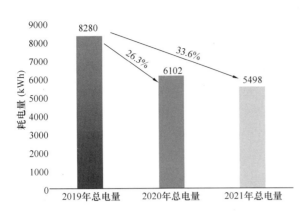

图 6 三个供暖季耗电量对比（11 月 1 日～3 月 31 日）

三个供暖季机组侧二次网流量、供水温度
和供回温差　　　　　　　　　表 8

时间 参数	2018—2019 供暖季	2019—2020 供暖季	2020—2021 供暖季
平均二次网流量（t/h）	22.9	14.8	12.0
平均二次网供水温度（℃）	43.8	42.5	39.9
平均供回水温差（℃）	3.7	4.94	5.42
平均室外温度（℃）	4.72	4.81	4.47

由表 8 可知，即便 2020—2021 供暖季平均室外温度是三个供暖季最低的，但在户间动态热平衡的调控下，平均二次网流量和平均二次网供水温度逐年降低，平均供回水温差逐年拉大，小流量、低供温、大温差的运行模式基本实现。这种运行方式更适用于燃气等热源成本高或太阳能、地热和风能等非化石能源的供热区域，在节省能源消耗的同时，大大提高了能源使用效率，为北方城市如何实现低温供暖提供了一个实际的解决方案。

4 结语与展望

（1）用户侧的可调控系统（不局限于本文所介绍系统）一户一策，单户自主调控，可实现个性化供热，彻底解决了过去因为个别用户室温不达标而整体升温或升频的问题。

（2）控温差变流量调节，精准供热，在距热源较远区域，可有效克服供温滞后性。同时，为如何真正实现站户闭环控制提供了一套完整的解决方案。

（3）站户联动，解放人力，高效运行，继续寻找节热与节电空间，不断优化控温算法，为智慧供热打下基础。

（4）用户侧数据进一步完善，可通过户间温度流量等数据分析，及时发现室内散热系统堵塞、泄漏、供温不达标等典型问题，主动与用户取得联系并消除问题，变被动为主动，大幅提高服务质量和安全稳定运行水平。

（5）户间热平衡的研究与应用表明，在节省能源消耗的同时，提高了能源使用效率，符合国家低碳发展的要求。

参考文献

[1] 刘亚男，江泽. 泵阀联动技术在智慧热网运行调节中的应用案例[J]. 区域供热，2019，4：64-69.

[2] 方修睦. 解决热水供热系统失调的技术发展历程及主要方法介绍[J]. 区域供热，2019，1：58-65.

[3] 方豪，夏建军，林波荣，江亿. 北方城市清洁供暖现状和技术路线研究[J]. 区域供热，2018，1：11-18.

通过热计量数据分析不同平衡调节方式的可行性

北京华大智宝电子系统有限公司　张一帆　梁欢　李明　王云　王林

【摘　要】对于供热行业，二次网的过量供热能耗占到总供热能耗的 20%，对二次网的调节已迫在眉睫。二次网的调节方式有基于回水温度、供回水平均温度、供回水温差和流量调节，各种调节方式均需要大量的传感器，随着热计量的实施，热网的运行参数逐渐透明化，为热网平衡调节提供了数据基础。本文通过总结热计量的数据，分析建筑空置率对耗热量的影响，以及不同调节方式在老旧管网热平衡调节的适用性。数据分析得出对于室内温度大多数介于 22～24℃时，楼栋的空置率小于 10% 时，空置率对供暖季单位面积热消耗量影响较小；对于运行年限较长的管网，建筑耗热量与回水温度的关联性较差，可以考虑采用供回水温差和流量指导热网平衡调节。

【关键词】热计量　二次网调节　空置率

0 引言

随着碳达峰、碳中和目标的提出，节能减排在各行业越来越被重视，包括钢铁、煤炭行业在内纷纷提出了碳达峰的时间节点。对于供热行业，包括源、网、用户三方面，热源目前主要依赖于热电联产，热源的节能降耗在于新能源的发展和就地余热的利用，热网和热用户的减排主要依赖于供热行业的精细化调控和管理。对热网进行精细化调节需要安装大量的传感器，尽可能多地获得热网的实际运行参数,从而全面掌握系统热量的变化规律,制定个性化的运行方案,在满足用户用热需求的条件下最大限度减少系统能源消耗。

我国从2003年开始推行供热计量,现阶段已明确要求稳步推行按用热量计量收费制度,促进供热、用热双方节能,新建住宅和公共建筑必须安装楼前热计量表和散热器恒温控制阀,具备分户热计量条件[1]。随着热计量的实施,小区或楼栋报停用户也可以被统计,可以分析得到供暖季小区的空置率,通过分析空置率供热企业可以规划供暖季的供热量。此外,由于二次网自动化程度相对较低,造成严重的水力失调,导致供热不均,能耗过高[2]。统计数据显示,由二次网导致供热不均造成的过量供热率达到20%[3]。目前常用的二次网调节平衡的方法有基于回水温度、供回水平均温度、供回水温差和流量的方式,无论何种调节方式都需要在管网中安装大量的传感器采集运行数据,增加运行成本,但施行热量计量的小区,二次管网中用户或楼栋末端的供回水温度、流量、室温等参数都可以被采集,可以直接采用热计量数据来分析热网的性能,指导系统调节。

1 空置率对建筑耗热量影响

选取热计量平台中北京市建筑年代为2000—2005年的居民热计量建筑,为两步节能建筑,建筑保温性能相差不多,在同一城市,可看作室外环境相同的环境下,建筑耗热量的差异主要表现在空置率的影响。

在本文附表中列出了文中分析的27个小区的热计量数据,包括每一单元的供暖季空置率、热指标、平均室温和折标热指标。分析27个小区所有单元的热指标随空置率的变化规律(图1),可以观察到两组数据可近似拟合为一条开口向上的抛物线,当居住建筑空置率为0~8%时,建筑热指标波动范围较小,在25W/m²上下波动,当空置率大于8%时,热指标随着空置率的增大表现出上升的趋势,表明能耗增加。

图1所示的建筑热指标曲线未考虑用户室温的影响,施行热计量用户可设定室内温度,实现按需供热。2020—2021供暖季用户室内温度分布如图2所示,从图中可以看出平均室温大多介于22~24℃,有1/4的单元平均室温高于24℃,仅有2%的单元平均室温处于20~22℃,平均室温高于26℃的单元占统计数量的1%,整体表现为超温和低温用户数量极少,绝大部分用户室温处于舒适范围,室温分布均匀,热力失调情况得到有效改善,可以

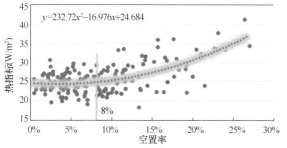

图1 2020—2021供暖季不同空置率下居住建筑热指标变化

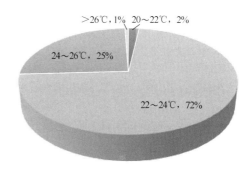

图2 2020—2021供暖季居住建筑室温分布情况

满足用户冬季供热要求。

根据供暖季平均室温分布和供暖季室外平均温度,可计算居住建筑折标热指标,通过折标热指标可以对比所用建筑在同一室内外温度条件下的耗热量情况。

折标热指标计算公式:

$$q_z = (t_{nz} - t_{wz}) \cdot q/(t_n - t_w)$$

式中 q_z ——折标热指标,W/m²;
t_{nz} ——折标室内计算温,℃,本文取16℃;
t_{wz} ——折标室外计算温,℃,本文取−1.6℃;
q ——建筑热指标,W/m²;
t_n ——供暖季室内温度,℃;
t_w ——供暖季室外温度,℃,2020—2021供暖季北京室外平均温度为1.24℃。

图3为居住建筑折标热指标随空置率的变化规律,从图中可以看出其变化规律与图2相似,均表现为抛物线的变化规律,这是因为单元平均室温在供暖季表现为分布均匀,室温接近,折标后变化较小。图3与图2的区别体现在当建筑空置率大于10%时,建筑单位面积耗热量随空置率的升高而逐渐增大。可以认为供暖季居住建筑室温分布均匀的情况下,建筑空置率低于10%时,空置率对建筑耗热量的影响较小,可以忽略,当空置率大于10%时,建筑单位面积耗热量随空置率的增大逐渐增大,且空置率越高,耗热量增长速率越大,在计划建筑供热量时需考虑空置率的影响。

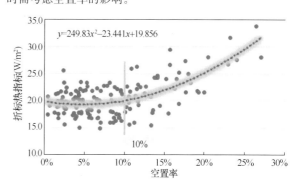

图3 2020—2021供暖季不同空置率下居住建筑折标热指标变化

2 热计量数据指导热网平衡调节

热计量平台记录有楼栋入口的供回水温度、瞬时流量、累计流量、瞬时耗热量、累计耗热量和供热面积,通

过对这些数据的分析，可以有效指导二次网平衡调节。表1为某小区2021年1月10日热计量原始数据，小区建造年代为2004年，建筑年代较早，该小区共22个结算单元，结算单元的空置率介于3%～8%之间，空置率较低，不考虑空置率的影响。每一结算单元的供回水温度、瞬时流量、瞬时耗热量和供热面积统计于表中，本文采用该数据分析楼栋口供回水温度和流量对热网平衡调节的原则。

小区热计量原始数据　　　　表1

楼栋编号	供水温度(℃)	回水温度(℃)	瞬时流量(t/h)	瞬时耗热量(kW)	供热面积(m²)
1	60.14	44.41	24.48	439	13867.19
2	63.45	45.6	23.52	478	13742.99
3	62.89	49.1	8.82	138.7	3733.92
4	62.24	50.19	9.3	127.7	3733.77
5	62.02	46.43	28.8	512	10843.65
6	60.8	48.05	27.84	405	12919.86
7	62.29	49.52	8.35	123	3466.7
8	59.31	44.85	7.99	132	3466.7
9	61.54	48.89	22.56	325	10260.88
10	60.76	46.34	26.64	441	13907.53
11	60.89	49.79	9.64	122	3770.33
12	58.3	46.14	22.56	315	12841.23
13	60.9	48.66	11.08	155	3769.81
14	59.32	43.58	7.34	131	3772.48
15	62.44	46	5.9	111	3776.58
16	62.78	48	7.84	133	3735.49
17	61.77	48.6	44.64	670	18851.81
18	61.34	47.53	28.56	450	12529.83
19	60.88	46.17	44.64	749	23110.33
20	59.61	44.91	32.4	543	17176.57
21	58.89	46.37	25.92	372	12510.28
22	59.69	47.08	13.1	188	5824.48

2.1 供回水温度分析

供热管网平衡调节中常用的方法为回水温度一致调节，图4为各楼栋回水温度与耗热量的关系，从图中可以看出对于同一小区，建筑年代和保温特性相同，回水温度与单位供热面积耗热量之间不都是正相关或负相关的关系。对于楼栋1～3，回水温度与楼栋耗热量成正相关，但对于楼栋4～6，回水温度与楼栋耗热量无明显相关性，楼栋18～20，回水温度与楼栋耗热量成负相关关系，总体来看，二者之间的关系不明确，不利于回温调节的实施。

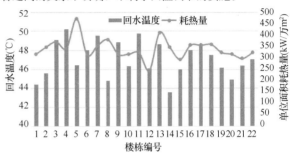

图4　楼栋回水温度与单位面积耗热量关系图

对于出现图4现象的原因，笔者认为主要是因为回水温度一致调节是基于用户或楼栋的供水温度一致或接近进行调节，对于本文涉及的运行年限较长，通过观察楼栋口供回水温度分布图（图5）可以发现由于各楼栋口距离换热站距离的不同，导致各楼栋口的供水温度分布存在差异，供水温度介于58～64℃之间，存在6℃温差，不具备回水温度一致的调节方式的调节基础。可以考虑通过其他参数调节热网平衡或通过特定算法结合其他参数如室温对各楼栋口或用户的回水温度进行个性化修正，从而对回水温度进行调节。

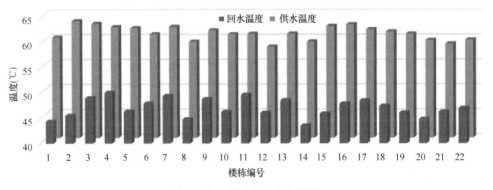

图5　楼口供回水温度分布图

此外，热网平衡调节常用的方法还有认为散热器的供回水平均温度一致时，系统达到平衡。图6为楼栋供回水平均温度与单位面积耗热量的关系，可以发现二者之间的关联性与回水温度与单位面积耗热量相同，不存在明显的正相关或负相关关系，考虑主要影响因素为存在部分用户为改善室内供热效果，自行增加室内换热器的面积，自行改造的部分不易统计，导致对于供回水平均温度的修正难度加大，使得这种调节方式的可行性降低。

温度调节方法除上述两种方法外，还有通过调节供回水温差的方式，使得各用户得到和热负荷相适应的供热量，达到均匀调节的目的。图7所示的是楼栋供回水温差与单位面积耗热量的关系，与图4和图6相比，楼栋供回水温差与耗热量的相关性更强，可以考虑将温差参数作为调节依据。

2.2 流量分析

近年来，随着计算机的快速发展，模拟分析法和模拟阻力法相继被用于调节热网平衡。这两种模拟方法都是

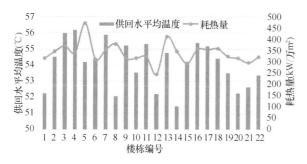

图 6 楼栋供回水平均温度与单位面积耗热量关系图

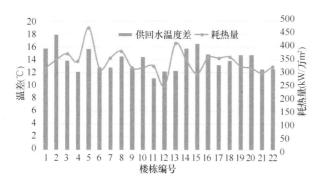

图 7 楼栋供回水温差与单位面积耗热量关系图

计算在用户获得设定流量情况下所需要的阀门或局部阻力，是基于用户流量的调节方式，对于采用热计量的小区，末端可直接读取流量参数，适用于计算机方法调节。图 8 为楼栋单位面积循环流量与耗热量的关系，二者所表现出的关联性比温差和耗热量之间的关联性更强。楼栋13~16，温差与耗热量之间无明显的关联性，耗热量表现出的增减性与流量的多少一致。

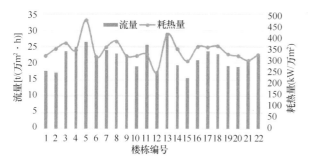

图 8 楼栋单位面积循环流量与单位面积耗热量关系图一

将单位面积循环流量按照从小到大的顺序重新排列，观察耗热量的变化，图 9 表示耗热量总体随着流量的升高而升高，但由于流体热量的强耦合性，热量是流量和温差的乘积，流体的流量改变，其供回水温度也会发生相应的改变，所以耗热量和流量之间并非线性关系。在采用模拟方式对热网进行平衡调节时，可先初步设定每一楼栋的供应流量值，在用户达到设定流量时，根据供回水温差或室温分布情况对流量进行微调，根据修正流量再次计算阀门的开度，直到用户是实现按需供热。

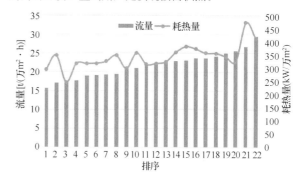

图 9 楼栋单位面积循环流量与单位面积耗热量关系图二

3 结论

（1）在用户室内温度分布均匀的情况下，大部分用户室温介于 22~24℃时，楼栋的空置率小于 10%时，空置率对建筑供暖季单位面积热消耗量影响较小，当空置率大于 10%时，建筑单位面积的耗热量随着空置率的增加而增加。

（2）对于管网运行年限较长，管道保温情况变化较大的庭院管网，各楼栋供水温度差别较大，建筑耗热量与回水温度的关联性较差，不适用于采用回温一致和供回水平均温度一致的方法调节热网平衡；建筑耗热量与楼口供回水温差存在一定的关联性，可以考虑采用供回水温差指导热网平衡调节。

（3）对于施行热计量的小区，末端具备流量监测条件，可以采用计算模拟的方式直接计算各楼栋获得供热需求流量所需要的阀门阻力或开度，对管网进行初调，初调节完成后根据供回水温差或室温对流量进行修正，再次对阀门进行微调，最终实现按需供热。

参考文献

[1] 齐大全. 供热计量技术应用现状与研究[J]. 山西建筑，2019，45(1)：96-97.

[2] 曹进喜. 热量计量数据在二次热网智能调节中的应用[J]. 中国计量，2019，9：46-51.

[3] 刘兰斌，邹艾娟，刘亚萌，马丽霞. 区集中供热系统水力平衡调节节能潜力分析[J]. 建筑科学，2014，30(6)：77-82.

附表

27 个小区的热计量数据

小区编号	单元	建设年代	空置率（%）	热指标（W/m²）	室温（℃）	折标热指标（W/m²）
1	1 号楼	2001 年	22.90	33.49	23.24	26.79
	2 号楼		15.66	33.93	23.64	26.66
	3 号楼		17.60	36.04	24.41	27.37

续表

小区编号	单元	建设年代	空置率(%)	热指标(W/m²)	室温(℃)	折标热指标(W/m²)
1	4号楼	2001年	9.56	28.68	24.48	21.72
	5号楼		6.83	26.16	24.44	19.85
	6、7号楼		10.51	25.61	24.15	19.67
2	1号楼	2002年	12.02	29.24	24.14	22.47
	2号楼		10.50	26.94	24.14	20.71
	3号楼		6.63	29.57	24.61	22.27
	4号楼		5.17	28.93	24.53	21.86
3	1号楼		11.23	21.80	25.42	15.87
	2号楼		10.62	22.13	26.26	15.57
	3号楼		8.26	21.33	24.88	15.88
	5号楼		8.61	21.86	25.39	15.93
	6号楼		9.57	21.78	24.83	16.25
4	2号楼	2001年	5.71	21.64	23.22	17.33
	3号楼		5.91	20.29	22.57	16.74
	1号楼		13.34	26.08	23.35	20.76
	10号楼		8.89	21.15	24.12	16.27
	11号楼		13.55	23.12	24.09	17.80
	13号楼		4.41	20.72	25.66	14.93
	2号楼		9.30	23.07	25.34	16.85
	5号楼		16.86	24.90	23.75	19.47
	6号楼		5.49	22.41	23.54	17.69
	8号楼		9.04	22.47	23.71	17.60
5	2号楼	2005年	2.40	24.95	23.73	19.53
	1号楼		19.29	29.38	25.22	21.56
	3号楼		8.31	26.57	23.43	21.08
	4号楼		11.52	28.09	23.52	22.19
	5号楼		8.31	23.55	24.31	17.97
6	1区1号楼	2005年	4.11	24.65	23.63	19.37
	1区2号楼		4.35	25.33	23.39	20.13
	1区3号楼		2.05	26.71	22.91	21.69
	1区4号楼		2.47	28.82	23.00	23.31
	1区5号楼		2.52	19.57	23.30	15.61
	2区1号楼	2004年	7.09	20.19	23.61	15.88
	2区2号楼		0.47	25.70	23.03	20.76
	2区3号楼		7.10	26.46	22.57	21.83
	2区4号楼		6.03	27.05	23.08	21.80
	2区5号楼		4.81	27.31	23.32	21.77
	2区6号楼		1.66	27.09	23.58	21.34
	3区1号楼	2005年	3.63	25.60	23.45	20.29
	3区2号楼		6.20	25.67	23.11	20.66

续表

小区编号	单元	建设年代	空置率（%）	热指标（W/m²）	室温（℃）	折标热指标（W/m²）
6	3区4号楼	2005年	2.72	26.81	23.13	21.55
	3区5号楼		9.71	24.96	21.93	21.23
	3区6号楼		3.31	26.14	22.93	21.21
	3区7号楼		8.75	27.21	22.55	22.47
7	1号楼		5.91	23.63	22.48	19.58
8	3号院1号楼	2000年	2.46	23.22	22.85	18.91
	3号院2号楼		3.10	24.37	23.11	19.61
	3号院3号楼		0.45	22.04	23.42	17.49
	3号院4号楼		1.60	23.16	22.82	18.89
	3号院6号楼		4.02	23.21	23.11	18.68
	3号院7号楼		4.31	23.82	22.88	19.37
9	1号楼		5.42	22.57	23.12	18.16
	2号楼		1.78	23.51	23.01	19.01
	4号楼		6.81	22.31	23.00	18.05
	5号楼		11.66	25.03	23.40	19.88
	6号楼		14.44	23.93	23.36	19.04
10	1号楼	2003年	2.99	24.90	23.72	19.49
	2号楼		1.78	22.81	24.14	17.53
	3、4号楼		3.70	23.56	22.67	19.35
	5号楼		3.90	26.77	22.88	21.77
11	1号楼	2003年	10.87	33.13	23.71	25.95
	2号楼		11.52	33.50	23.64	26.32
	3号楼		16.55	31.28	24.17	24.01
	4号楼		13.77	31.82	24.30	24.29
	5号楼		10.65	27.78	23.79	21.68
	6号楼		11.39	27.21	24.23	20.83
	7号楼		12.67	28.95	23.73	22.66
	8号楼		14.18	31.62	24.22	24.22
	9号楼		16.28	28.01	23.39	22.26
12	三区5号楼	2003年	7.85	26.27	21.55	22.76
	三区6号楼		2.41	30.58	22.31	25.54
	三区7号楼		2.78	27.59	22.90	22.42
	三区8号楼		6.65	24.36	22.59	20.08
	三区9号楼		5.41	27.95	23.01	22.60
	三区10号楼		6.66	23.85	22.83	19.44
	三区11号楼		4.76	24.20	22.70	19.85
13	4号楼	2000年	3.95	20.80	23.01	16.81
	5号楼		3.87	25.14	22.71	20.61
	6号楼		4.57	28.41	22.62	23.39
	7号楼		5.30	29.61	23.63	23.28
	8号楼		1.48	26.63	23.31	21.24

续表

小区编号	单元	建设年代	空置率（%）	热指标（W/m²）	室温（℃）	折标热指标（W/m²）
13	9号楼	2000年	4.76	25.68	23.74	20.09
	10号楼		2.55	23.73	23.66	18.63
	11号楼		2.58	24.21	24.32	18.46
	13号楼		8.37	26.59	24.57	20.06
14	26号楼	2001年	8.18	29.22	23.33	23.28
	27号楼		4.02	26.14	23.64	20.54
	28号楼		9.04	27.86	23.37	22.16
15	1号楼	2004年	15.71	35.91	22.69	29.46
	2号楼		23.11	37.76	22.22	31.68
	3号楼		26.40	41.15	22.66	33.81
	4号楼		22.67	33.69	22.97	27.28
	5号楼		20.47	33.32	22.17	28.02
	6号楼		26.97	34.30	22.76	28.05
	7号楼		19.12	28.16	24.00	21.78
	8号楼		21.02	32.29	23.16	25.92
	9号楼		16.81	30.51	22.56	25.19
	10号楼		18.32	28.04	22.42	23.30
	13号楼		22.82	33.06	22.41	27.48
	14号楼		17.98	30.89	23.03	24.95
16	1号楼	2005年	4.43	27.57	23.13	22.16
	2号楼		17.71	26.33	22.78	21.52
	3号楼		11.72	28.08	22.79	22.94
	4号楼		1.46	23.88	22.89	19.41
	5号楼		15.21	30.21	23.32	24.08
	6号楼		14.16	30.64	23.17	24.59
	7号楼		7.49	27.71	22.74	22.68
	8号楼		13.90	29.44	22.61	24.25
	9号楼		12.53	25.19	21.99	21.36
	11号楼		19.99	26.39	22.78	21.56
	12号楼		23.99	33.36	22.52	27.59
17	1号楼	2004年	10.21	23.06	22.78	18.84
	2号楼		9.41	20.89	23.06	16.85
	3号楼		10.05	22.09	22.97	17.89
	4号楼		6.66	21.12	23.39	16.78
	6号楼		15.55	22.23	23.41	17.65
	7号楼		13.58	22.82	23.21	18.28
18	1号楼	2005年	0.68	23.00	22.48	19.06
	2号楼		2.68	24.23	22.83	19.75
	3号楼		4.64	22.03	22.84	17.95
	4号楼		3.85	19.96	22.40	16.60
	5号楼		3.69	20.92	22.05	17.69
	6号楼		2.68	23.41	23.50	18.51

续表

小区编号	单元	建设年代	空置率（%）	热指标（W/m²）	室温（℃）	折标热指标（W/m²）
19	1号楼	2004年	4.27	26.88	23.82	20.95
20	3		6.61	25.59	23.44	20.29
	2		4.25	27.14	23.52	21.44
	1		2.27	27.01	24.28	20.63
	4		10.28	29.31	23.99	22.67
21	2号楼	2003年	5.94	24.90	25.28	18.23
22	C座		11.78	23.10	22.42	19.20
	D座		13.36	18.34	22.19	15.41
	E座		6.95	23.81	22.11	20.08
23		2003年	8.55	22.80	23.58	17.96
24	1号楼	2005年	1.66	24.30	22.66	19.96
	2号楼		1.81	21.58	23.99	16.70
	3号楼		2.14	26.04	24.14	20.02
25	2号楼	2004年	3.51	22.04	23.64	17.32
	3号楼		5.47	23.74	24.21	18.19
	4号楼		4.34	23.48	24.44	17.81
	5号楼		10.69	24.53	24.53	18.54
	8号楼		6.74	21.85	24.01	16.89
	9号楼		5.63	23.88	24.07	18.41
	10号楼		5.63	21.98	24.26	16.81
	11号楼		4.01	22.72	24.59	17.12
	12号楼		3.69	23.31	24.44	17.69
	13号楼		8.66	21.59	23.86	16.80
	14号楼		7.03	19.12	23.88	14.86
26	1号楼	2003年	9.27	22.78	24.22	17.44
	2号楼		2.47	22.85	24.06	17.62
	3号楼		4.63	22.78	23.99	17.63
	4号楼		1.34	23.00	23.97	17.81
27	1号楼	2004年	9.55	27.78	23.60	21.87